德国西门子 S7-200PLC 版

机床电气与PLC控制技术

理实一体化教程

主编　高安邦　石　磊　张晓辉

参编　董泽斯　褚雪莲　韩维民

徐饮周　田　敏　俞　宁　审

机 械 工 业 出 版 社

本理实一体化教程是以德国西门子公司 S7-200PLC 为样机而编写的。它凸现工学结合、学用一致，理实一体、“教、学、做”一体化的现代教学特色，从注重对高职学生进行高素质和高技能培养与提高的实用角度出发，将“机床电气与 PLC 控制技术”课程教学目标分解为 6 个工作过程（项目）：①如何阅读机床设备的电气控制电路图；②如何阅读机床设备的 PLC 控制系统图；③如何设计机床设备的电气控制系统；④如何设计机床的 PLC 控制系统；⑤如何进行机床电气与 PLC 控制系统常见故障的维修；⑥拓展与提高：几种常用典型复杂机床设备电气与 PLC 控制设计/维修案例。每个项目又分为若干个有针对性的工作任务，以工作过程（项目）为导向，通过任务驱动、理实一体化教学以及师生互动，最终完成本课程能真正阅读分析、设计、维修机床电气与 PLC 控制系统的教学目标。

本理实一体化教程可作为高职高专院校、高级技工学校以及技师学校等机电一体化专业、机械设计制造及自动化专业、数控机床专业、汽车工程专业、自动控制工程专业、电气工程专业、工企自动化专业、计算机应用专业等相关专业教材及参考书；也可作为相关技术培训的实用教材及参考书；还可供教学、科研和工矿企事业单位的工程技术人员在学习掌握机床电气控制与 PLC 技术以及设计改造传统机床、机电控制设备的应用中参考；更是一部培养卓越工程师的实用自学课程。

图书在版编目（CIP）数据

德国西门子 S7-200PLC 版机床电气与 PLC 控制技术理实一体化教程/高安邦，石磊，张晓辉主编. —北京：机械工业出版社，2012. 2
ISBN 978-7-111-36908-0

Ⅰ. ①德…　Ⅱ. ①高…②石…③张…　Ⅲ. ①机床－电气控制－高等职业教育－教材②plc 技术－高等职业教育－教材　Ⅳ. ①TG502. 35②TM571. 6

中国版本图书馆 CIP 数据核字（2011）第 270879 号

机械工业出版社（北京市百万庄大街 22 号　邮政编码 100037）
策划编辑：黄丽梅　责任编辑：黄丽梅
版式设计：霍永明　责任校对：张晓蓉
封面设计：陈　沛　责任印制：杨　曦
北京中兴印刷有限公司印刷
2012 年 4 月第 1 版第 1 次印刷
169mm×239mm · 38. 5 印张 · 885 千字
0 001—4 000 册
标准书号：ISBN 978-7-111-36908-0
定价：68. 00 元

凡购本书，如有缺页、倒页、脱页，由本社发行部调换
电话服务　　　　　　　　　　　策划编辑：(010)88379770
社服务中心：(010)88361066　网络服务
销售一部：(010)68326294　门户网：http://www.cmpbook.com
销售二部：(010)88379649　教材网：http://www.cmpedu.com
读者购书热线：(010)88379203　**封面无防伪标均为盗版**

序

历史的车轮已经跨入了公元 2012 年，我国高等教育的规模已是世界之最，2011 年就达到了 3 105 万人，进入了高等教育大众化阶段。根据教育部《关于全面提高高等职业教育教学质量的若干意见》等文件精神，职业教育要积极构建与生产劳动和社会实践相结合的学习模式，把工学结合作为各类职业教育人才培养模式改革的重要切入点，带动专业调整与建设，引导课程设置、教学内容和教学方法改革。由此，我国职业教育的教学改革也进入了一个崭新阶段。

我国的职业教育是一种新型的专科教育模式，其培养的人才应当是应用型、操作型人才，是高级蓝领。新型的教育模式需要我们改变原有的教育模式和教学方法，改变没有相应的专用教材和相应的新型师资力量的现状。

为了使职业教育的办学更有特色，毕业生更有专长，需要建立“以就业为导向”的新型人才培养模式。为了达到这样的目标，教育部提出了“以就业为导向，要从教材异样化开始”的改革思路，打破传统教育使用教材的统一性，根据各院校专业和生源的差异性，因材施教。为此，着重编写实用、适用职业教育不同类型的教材，同时根据各院校所在地经济条件的不同和学生兴趣的差异，编写出形式活泼、授课方式灵活、满足社会需求的教材是当务之急。

为了更有效地推进我国的职业教育，完成“投巨资创建万人学校，集众智打造职教航母”的战略布署和目标，淮安信息职业技术学院和三亚市高级技工学校在重拳出击、狠抓师资培养内涵建设的同时，还大胆决策引进了一批高层次的专家教授，形成两校优质办学和创示范性职业教育院校的整体合力。高安邦教授就是该两校引进的人才之一。

高安邦教授不失众望，以主人翁的态度，积极参加了淮安信息职业技术学院的教学评估获优和创建江苏省首批示范性高职院校的工作，竭尽全力做出了自己力所能及的贡献：

1）发挥特聘教授“传帮带”作用，创建了江苏省首批优秀教学团队，培养了大批中青年教授和高层次骨干教师。

2）大胆引进世界高科技，凸现办学和创示范的高品位。

3）以引进的两项世界高科技为支撑，成功申报并完成了多项国家与省市“十一五”规划教学与科研课题，获得了一批优秀教学与科研成果。

4）校企合作共建了高新技术研发中心和大学生创新实践训练基地。

5）积极参加创建省级特色专业、精品课程、精品教材和国家级精品课程建设，在教学发展上有新突破。

6）大力开展大学生创新实践主体活动，荣获了省、市创新大赛和省、院毕业设计多项大奖。

7）主持著书立说和发表学术论文，开展学术交流活动，努力提高淮安信息职业技术学院的学术水平。

8）积极参加高档次的国家级学术交流活动，把改革建设和创新发展的新成果推向全国，竭力提高淮安信息职业技术学院的知名度和影响力。

9）为了“机电一体化”新专业的可持续发展，积极建议将“机电一体化”新专业调整到电气工程系来办，实现以“机械”为主体，“控制”和“计算机”为技术核心，“机械＋电气＋计算机”三分天下的教学格局，为创建“机电一体化”品牌专业做了一些准备，支持着目前淮安信息职业技术学院电气系的生存和发展。

进入2012年，高安邦教授又被国家级重点技工学校/国家中等职业教育改革发展示范建设学校/国家高技能人才培养示范基地/海南省三亚高级技工学校聘请为特聘教授，其主要任务是倾力打造职业航母，着手筹建技师学院。

作为“机电一体化”新专业的学术带头人，高安邦教授多年来一直承担着“机床电气与PLC”课程的教学研究和科研开发工作。早在哈尔滨理工大学任职期间，他就创建了“机电传动控制（含PLC）”学校和黑龙江省精品课程；完成了“在‘机电一体化’专业课中实现素质教育研究与实践”的省级教育科学研究课题，荣获了黑龙江省优秀教学成果二等奖和论文一等奖”；主编的“机电传动控制（含PLC）”全国统编教材由高等教育出版社2002年12月出版，现已10多次印刷。特别是从事职业教育以来，他作为“机床电气与PLC”课程的首席主讲教师，深感以往教材和教学中，机床电气控制与PLC控制技术的严重脱节，学生学习完该课程后不会用PLC高新技术改造传统落后的旧机床和创新设计PLC控制的新机床，甚至不知道PLC技术是如何控制机床设备的。课程的教学改革和创新必须从教材抓起，于是他从编写校本教材开始，后又在机械工业出版社立项，于2008年3月正规编写出版了工学结合教材《新编机床电气与PLC控制技术》，现已第4次印刷，被遴选为2009年江苏省高校评优精品教材。为了与时俱进，紧跟职业院校新一轮项目化教学改革和创新的步伐，他又在《新编机床电气与PLC控制技术》的基础上改编了《机床电气与PLC控制技术项目教程》，更加适合于职业教育教学。该书于2010年1月由机械工业出版社出版，现已第2次印刷，也深受读者欢迎。现在，高安邦教授在这个基础上，又以德国西门子S7-200PLC为样机，编写了这部《机床电气与PLC控制技术理实一体化教程》。该教材最大的特点是工学结合、理实一体、实用性强，既针对职业院校学生的特点，首先教会学生掌握阅读分析、设计和维修常用典型机床电气与PLC控制的专业技术知识及方法，又通过大量示教示范案例和强化实践训练，使学生掌握本课程重在动手实践的专业岗位技能，特别是该教程不是一般的概念性介绍，而是给出了能设计出机床电气与PLC控制系统常用电动机和各种低压电器的具体选用技术参数、能维修机床电气与PLC控制装置的具体方法和步骤。利用该教程，就能阅读分析、设计和维修真实机床的电气与PLC控制系统，变传统教材的纸上谈兵为真枪实弹的演练和上岗培训。

我们衷心祝贺这部“理实一体化教程”新作的出版，希望它能为我国职业教育的蓬勃发展和崛起腾飞发挥作用。

三亚市老教授协会副会长/哈尔滨理工大学教授

淮安信息职业技术学院院长/教授/研究员级高级工程师

淮安信息职业技术学院副院长/教授/研究员级高级工程师

前　言

“机床电气与PLC控制技术”是综合了机床设备、电气控制和PLC应用技术的一门新兴学科，是实现机械加工、工业生产、科学研究以及其他各个领域自动化的重要技术之一，它是“机械设计制造及其自动化”、“机械电子工程（机电一体化）”、“数控机床”、“电气工程”、“工企自动化”、“计算机应用”以及“自动化”等专业的一门重要的新专业课，应用特别广泛。该新兴技术教学的目的无疑是使学生掌握典型机床加工设备的机械结构组成、生产工艺过程、对电气控制的要求以及传统机床设备电气控制特点，并了解传统机电技术上的落后，从而采用先进的PLC技术加以改造和研发创新。这是一门工学结合、学用一致、理实一体，能有效培养当代大学生分析和解决生产实际问题的工程实践创新能力和综合素质的应用技术。本书的主要编者就是一些多年来奋战在教学和科研的第一线，从事“机电一体化”新学科教学发展和科研开发的专家教授，他们也一直承担着“机床电气与PLC控制技术”这门新专业课的教学研究和科研开发工作。

然而遗憾的是目前图书市场上传统的“机床电气与PLC控制技术”教材，没有一本是将机床设备、电气控制和PLC应用技术三者融会贯通在一起，尤其是把PLC技术真正用在机床设备的改造设计上，并且所选用的PLC也多是日本三菱公司的F系列PLC。本书编者从事该课程教学多年，深感此类教材学和用、理论和实践的严重脱节，即学习过“机床电气与PLC应用技术”课程的学生改造或设计不了真实机床的电气和PLC控制系统，画不出符合国际与国家最新制图标准的机床电气与PLC控制图样。

大学生素质和技能教育的教学课程改革必须从教材改革入手，“机床电气与PLC应用技术”课程的教学目的和宗旨就是要学生学会机床电气控制技术和PLC应用技术，并能把两种技术有机地融合在一起，用先进的PLC技术改造传统落后的机床及机械设备，设计出现代化的机床PLC控制系统，达到工学结合、理论教学服务于生产实践的目标。

目前，在众多类型的PLC中，日本的三菱和欧姆龙、德国的西门子、法国的施耐德、美国的通用电气公司是中国PLC市场最大的5大供应商，其产品占据了中国市场份额的70%以上。早期开发的三菱PLC主要侧重于小型和微型领域的应用；而后起之秀的德国西门子S7系列PLC目前已发展成为现代工业应用的强劲主流产品，其开发应用的深度和广度越来越高，工程控制系统也越来越庞大复杂。但目前图书市场中有关西门子S7系列PLC的介绍还多为简单的普及性基本知识的介绍，其知识的实用性已远远落后于工程应用开发的时代要求。尤其是基于德国西门子S7系列PLC的“机床电气与PLC控制技术”的教材还不多见。基于此，我们组织编写了这部《德国西门子 S7-200PLC 版机床电气与 PLC 控制技术理实一体化教程》，以满足目前全国职业教育院校竞相开展的“西门子 S7-200 系列 PLC 技术”教学发展和科研开发之急需，具有重要的实用价值。

该教程的编写是我校创建国家级重点技工学校、国家中等职业教育改革发展示范建设学校、国家高技能人才培养示范基地的标志性成果之一；也是我校“十二五”发展规划所确定的“倾力打造职业航母，着手筹建技师学院，大力开展理实一体化示范教学，创建精品课程和样板教材”之急需。该教程的编写既是编者多年来从事教学研究和科研开发实践经验的概括和总结，又博采了目前各教材和著作之精华。参加该书编写工作的有高安邦教授（本书策划、选题、立项、制定编写大纲、前言和附录、项目6、参考文献等）、石磊校长/高级讲师/硕士（项目1）、张晓辉副校长/电气高级讲师/高级技师/高级考评员（项目2）、董泽斯人事科长/高级讲师（项目3）、褚雪莲电工电子教学部主任/讲师（项目5）、韩维民电工电子教学部副主任/高级讲师/硕士（项目4）。全书由海南省三亚高级技工学校和淮安信息职业技术学院特聘教授、哈尔滨理工大学教授、硕士生导师高安邦主持编写和负责统稿；聘请了三亚市老教授协会副会长/哈尔滨理工大学教授徐饮周、淮安信息职业技术学院院长/研究员级高级工程师田敏教授和淮安信息职业技术学院副院长/研究员级高级工程师俞宁教授进行审稿，他们对本书的编写提供了大力支持，并提出了最宝贵的编写意见；硕士/讲师杨帅、薛岚、陈银燕、关士岩、陈玉华、刘晓艳、毕洁廷、姚薇、王玲等及学生邱少华、王宇航、马鑫、陆智华、余彬、邱一启、张纺、武婷婷、司雪美、朱颖、杨俊、周伟、陈忠、陈丹丹、杨智炜、霍如旭、张旭、宋开峰、陈晨、丁杰、姜廷蒙、吴国松、朱兵、杨景、赵家伟、李玉驰、张建民、施赛健等也为本书做了大量的辅助性工作，在此表示最衷心的感谢！该书的编写得到了海南省三亚高级技工学校、淮安信息职业技术学院、三亚市老教授协会和哈尔滨理工大学的大力支持，在此也表示最真诚的感激之意！任何一本新书的出版都是在认真总结和引用前人知识和智慧的基础上创新发展起来的，本书的编写无疑也参考和引用了许多前人优秀教材与研究成果的结晶和精华。在此向本书所参考和引用的资料、文献、教材和专著的编著者表示最诚挚的敬意和感谢！

鉴于编者的水平和经验有限，书中错误、疏漏、不足之处肯定不少，恳请读者和专家们不吝批评指正，以便今后更好地完善、充实和提高。

编　者

目　录

项目1 如何阅读机床设备的电气控制电路图

一、项目目标

按照机电一体化专业高素质、高技能应用型人才培养目标和高职高专学生就业职业岗位技能的要求，本项目首先要求学生学会阅读、分析常用机床的电气控制电路图，即能看懂常用机床的电气控制电路图，把前人的智慧精华和经验总结学好并继承下来。要实现能够维护、检修和设计常用机床电气控制设备的职业岗位技能最终目标，必须首先得看懂一些常用机床的电气控制电路图。

二、任务驱动

根据项目目标，将其工作过程分解为9个工作任务。通过项目引导和任务驱动，使学生工学结合、理实一体化、学用一致，既要掌握高素质、高技能应用型人才必备的专业技术理论知识，更着重训练学生工程实践的动手能力，培养学生创新意识和综合素质，最终完成能看懂常用机床的电气控制电路图的项目目标。

任务1　了解机床的结构、主要运动形式和对控制的要求

任务2　熟识机床传动中的三相交流电动机

任务3　掌握机床控制常用的低压电器

任务4　了解机床电气制图与识图方法

任务5　熟知机床控制中常用的电路环节

任务6　掌握机床控制常用的控制原则

任务7　嵌入中级电工考级的机床电气控制基础实践训练

任务8　典型实用机床电气控制电路阅读分析的综合训练

任务9　回答应知应会问题，进行自我专业技术知识和岗位技能测试

三、任务驱动流程图（见图1-0）

四、项目情景条件

1）实用机床或者车床教学模型。

2）实用机床的电路图。

3）实用机床传动电动机或者电动机教学模型。

4）三相交流异步电动机结构分解挂图或者动画演示图。

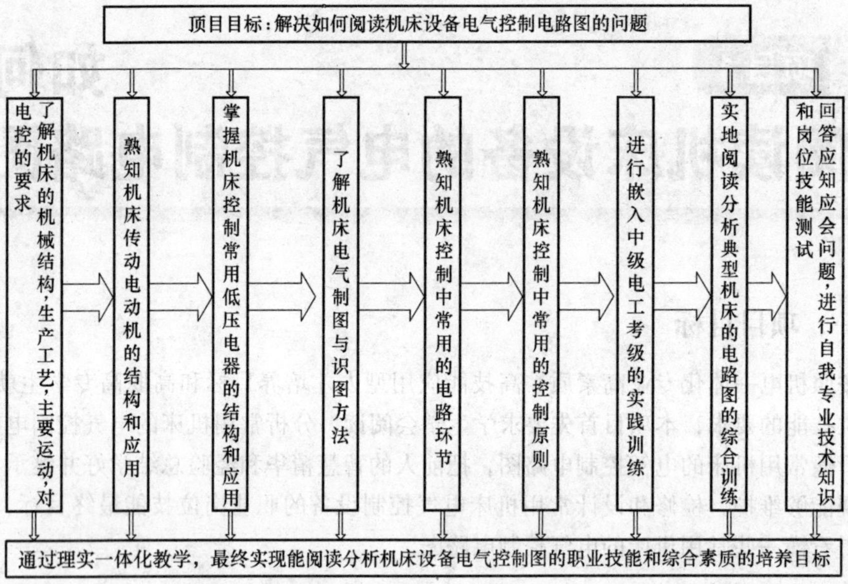

图 1-0　任务驱动流程图

5）机床控制常用的各种低压电器实物和机床电气操作箱、控制柜等。

6）各种低压电器结构分解挂图或者动画演示片。

7）电气制图国家最新标准 GB/T 4728. 1 ~ 13-1996 ~ 2000《电气简图用图形符号》。

8）机床控制常用的各种基本电路环节挂图或者动画演示片。

9）机床电气元器件安装、接线、维修常用电工工具及万用表等。

10）机床电气控制实验、实训、工程实践训练基地或者校企合作实习工厂等。

五、教学环境设置和教学方法选择

任务 1　选用图示教学和观看实际生产演示或实习等现场教学

任务 2 ~ 任务 3　选用实物或图示教学

任务 4　图示和课堂讲解相结合

任务 5 ~ 任务 6　课堂讲解/图示/动画教学相结合，提升阅图/分析理解能力

任务 7　嵌入中级电工考级要求，进行实践动手能力强化训练

任务 8　组织学生选择典型车床电气控制电路图进行实地阅读分析演练，培养综合能力

任务 9　通过回答应知应会问题，进行自我专业技术知识和岗位技能测试，考核本项目目标真实的完成情况

引　言

机床是机械制造业中的主要加工设备，机床的质量、数量及自动化水平，直接影响整个机械工业的发展，机床的自动化水平在提高生产效率和产品质量，减轻操作人员的体力劳动等方面都起到极为重要的作用。

机床的电气控制对于现代机床的发展有着非常重要的作用，从广义上说，现代机床电气控制的重要标志是自动调节技术、电子技术、检测技术、计算技术、综合控制技术在机床中的应用。虽然目前机床采用各种不同的动力设备，如液压装置、气压装置及电气设备等，但其中电气设备使用最广泛，是最主要的动力设备；即使使用液压或气压装置做动力，也离不开电气控制，电气自动控制装置的配置情况正是机床自动化水平的重要标志。

机床设备电路图是机床工程技术人员进行技术交流的工程语言，能阅读分析机床设备电路图是每个机床工程技术人员最基本的职业岗位技能，更是每个机电一体化专业高职高专学生应知应会的基本功。

所谓电气控制电路，就是把工作电源、控制装置（如开关电器等）和负载（用电设备或器具）等用导线连接起来，且形成从电源的一端到另一端的闭合回路，这个闭合回路称为电气控制电路。

根据电气设备的工作原理，按照一定的技术规则，用特定的图形符号、文字符号以及数字标号来表达电气装置中各电器元件间的工作关系和作用的图，称为电气控制电路图。

识图分析就是认识并确定电路图上所画电气设备和电器元件的名称、型号和规格。再以图中的电气图形符号、文字符号及回路标号为依据，了解图样所表达的电气控制电路中的电气设备、装置或元件的工作原理、电气功能、状态、特性以及接线方向、顺序和规则，从而应用图样完成安装接线、维护检修和操作运行管理。

任务1　了解机床的结构、主要运动形式和对控制的要求

对于任何机床电控系统，不论其复杂程度如何，都是用来控制机电生产设备，为其生产工艺服务的。因此要阅读分析机床设备电控线路图，必须首先了解生产工艺及生产设备对电控系统的控制要求。这就需要先对机床设备的机械结构、运动过程和操作方式等有一定的了解。否则，由于对被控制的机床对象不熟悉，不弄清其动作过程就很难阅读分析或设计绘制其电控线路图。

机床的种类和产品繁多。车床是机械加工业中应用最广泛的一种机床，约占机床总数的25%~50%左右。在各种车床中，使用最多的是普通车床。普通车床主要用来车削外圆、内圆、端面和螺纹等，还可以安装钻头或铰刀等进行钻孔和铰孔等加工。本工作任务就以车床为例来初识机床。

1.1.1　普通车床的结构

CA6140普通车床的结构如图1-1所示，主要由床身、主轴变速箱、进给箱、挂轮

箱、溜板箱、溜板与刀架、尾架、丝杠、光杠等部分组成。其结构组成示意图如图 1-2 所示。

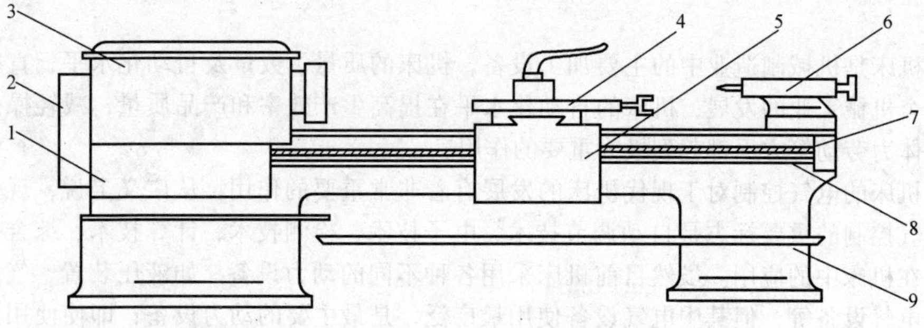

图 1-1　CA6140 普通车床的结构示意图

1—进给箱　2—挂轮箱　3—主轴变速箱　4—溜板与刀架　5—溜板箱
6—尾架　7—丝杠　8—光杠　9—床身

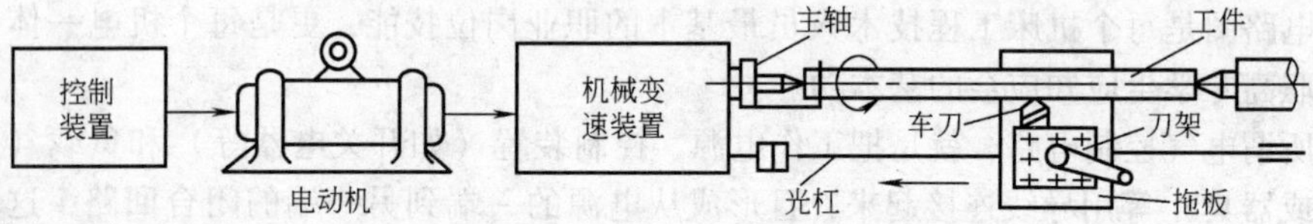

图 1-2　CA6140 普通车床的结构组成示意图

1.1.2　车床的运动形式

由图 1-2 可以看出，车床在加工各种旋转表面时必须具有切削运动和辅助运动。切削运动包括主运动和进给运动；而切削运动以外的其他运动皆称为辅助运动。

车床的主运动为工件的旋转运动，由主轴通过卡盘或顶尖去带动工件旋转，它承受车削加工时的主要切削功率。车削加工时，应根据被加工零件的材料性质、工件尺寸、加工方式、冷却条件及车刀等来选择切削速度，这就要求主轴能在较大的范围内调速。对于普通车床，调速范围 D 一般大于 70。调速的方法可通过控制主轴变速箱外的变速手柄来实现。车削加工时一般不要求反转，但在加工螺纹时，为避免乱扣，要求反转退刀，再纵向进刀继续加工，这就要求主轴能够正、反转。主轴旋转是由主轴电动机经传动机构拖动的，因此主轴的正、反转可通过操作手柄采用机械方法来实现。

车床的进给运动是指刀架的纵向或横向直线运动，其运动形式有手动和机动两种。加工螺纹时，工件的旋转速度与刀具的进给速度应有严格的比例关系，所以车床主轴箱输出轴经挂轮箱传给进给箱，再经光杆传入溜板箱，以获得纵、横两个方向的进给运动。

车床的辅助运动有刀架的快速移动和工件的夹紧与松开。

图 1-3 为普通车床传动系统的方框图。

1.1.3　车床对控制的要求

1）主轴能在较大的范围内调速。

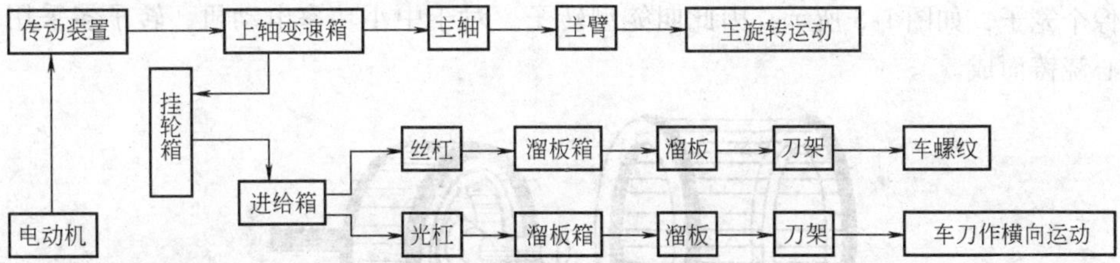

图 1-3 普通车床传动系统的方框图

2）调速的方法可通过控制主轴变速箱外的变速手柄来实现。

3）加工螺纹时，要求反转退刀，这就要求主轴能够正、反转。主轴的正、反转可通过采用机械方法（如操作手柄）获得；也可通过按钮直接控制主轴电动机的正、反转。

任务 2　熟识机床传动中的三相交流异步电动机

从图 1-2 和图 1-3 可以看出，机床的传动控制主要就是电动机的控制，电动机包括普通交直流电动机和控制电动机，控制方法有继电器-接触器控制、交直流调速控制、步进电动机控制、伺服驱动控制、PLC 控制、单片机控制、计算机数控等。随着电力电子技术的发展，还会出现各种各样新的控制方法，这些方法将是普通机床传动控制的基础。因此，要学好机床电气和 PLC 控制必须首先了解和掌握机床传动电动机及其拖动的基本知识。而在普通机床中应用最多的还是本任务所要熟识的三相交流异步电动机。

1.2.1　交流异步电动机的结构组成

图 1-4 是一台三相异步电动机的结构图、外形与图形符号。它主要由定子、转子两大部分构成，定子与转子之间有一定的气隙。定子是静止不动的部分，由定子铁心、定子绕组和机座组成。转子是旋转部分，由转子铁心、转子绕组和转轴组成。

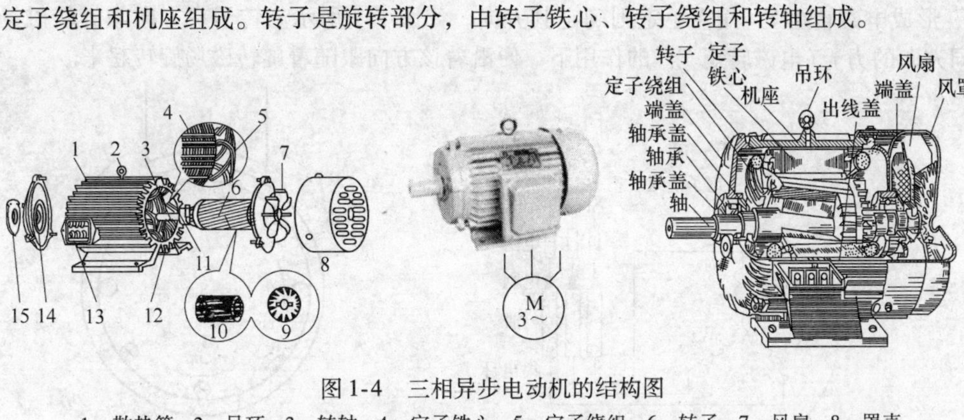

图 1-4　三相异步电动机的结构图

1—散热筋　2—吊环　3—转轴　4—定子铁心　5—定子绕组　6—转子　7—风扇　8—罩壳
9—转子铁心　10—笼型绕组　11—轴承　12—机座　13—接线盒　14—轴承盖　15—端盖

笼型电动机的转子绕组与定子绕组大不相同，它是在转子铁心槽里插入铜条。再将全部铜条焊接在两个端铜环上，如果将转子铁心拿掉，则可看出，剩下来的绕组形状像个笼子，如图 1-5 所示，因此叫笼型转子。对于中小功率电动机，转子多采用铝离心浇铸而成。

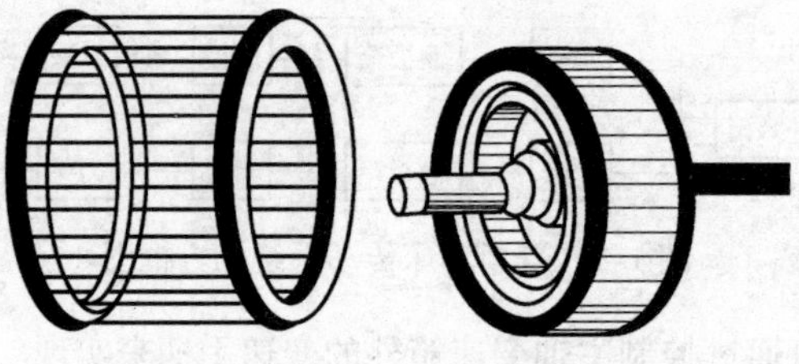

图 1-5　三相异步电动机的结构图
a）笼型绕组　b）转子外形

绕线式异步电动机的转子绕组与定子绕组一样，是由线圈组成绕组放入转子铁心槽里，转子可以通过电刷和集电环外串电阻以调节转子电流的大小和相位的方式进行调速，如图 1-6 所示。

笼型异步电动机不能使转子电阻改变而调速，但同绕线式电动机相比要坚固而价廉，在机床等实际工业现场使用的电动机当中，绝大多数是笼型异步电动机。

1.2.2　交流异步电动机的工作原理

异步电动机的工作原理如图 1-7 所示。当定子接三相对称电源后，电动机内便形成圆形旋转磁场，如图 1-8 所示。设其方向为顺时针旋转，假设速度为 n_0。若转子不转，转子笼型导条与旋转磁场有相对运动，转子导条中便感应有电动势 e，方向由右手定则确定。由于转子导条彼此在端部短路，于是导条中便有感应电流。不考虑电动势与电流的相位差时，电流方向同电动势方向。这样，载流导条就在磁场中感生电磁力 f，形成电磁转矩 T，用左手定则确定其方向，如图 1-7 所示。转子在方向与旋转磁场同方向的力 f（电磁转矩 T）的作用下，便沿着该方向跟随着旋转磁场旋转起来。

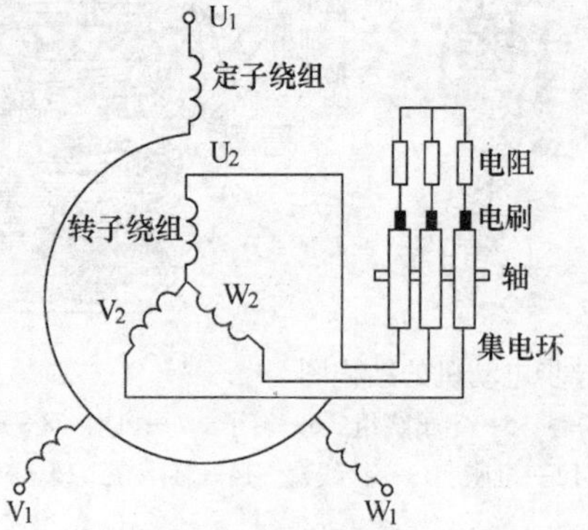

图 1-6　绕线式异步电动机定转子绕组及外加电阻的接线方式

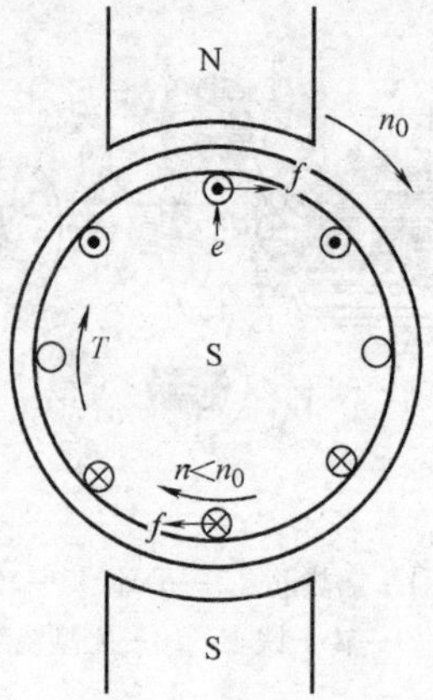

图 1-7　异步电动机的工作原理

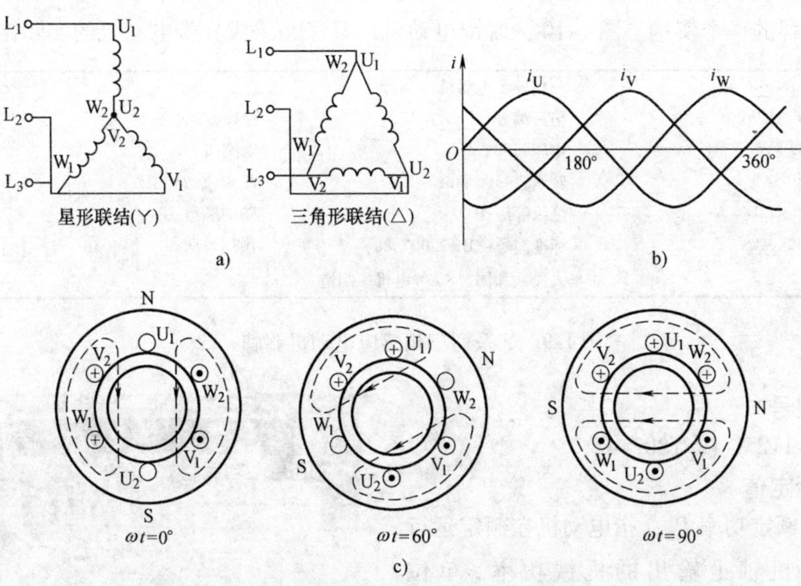

图 1-8　三相交流异步电动机圆形旋转磁场的产生

a）定子接法　b）三相对称电源波形　c）圆形旋转磁场的产生

转子旋转后，假设其转速为 n，只要 $n<n_0$，转子导条与磁场之间仍有相对运动，产生与转子不转时相同方向的电动势、电流及受力 f，电磁转矩 T 仍旧为顺时针方向，转子继续旋转，最终稳定运行在电磁转矩 T 与负载转矩 T_L 相平衡的状况下。

异步电动机内部磁场的旋转速度 n_0 被称作同步转速。在电动机运行时，电动机轴输出机械功率，异步电动机的实际转速 n 总是低于旋转磁场转速 n_0，也就是说转子的旋转速度 n 总是与同步转速 n_0 不等，异步电动机的名称由此而来。另外，由于转子电流的产生和电能的传递是基于电磁感应现象，故异步电动机又称为感应电动机。

异步电动机的同步转速 n_0 与定子绕组磁极对数 P（等于磁极数的一半）成反比，与定子侧电源频率 f_1 成正比（对于交流电动机其定子侧的物理量习惯用下标 1 或者下标 s 表示，对其转子侧的物理量习惯用下标 2 或者下标 r 表示），故有：$n_0=60f_1/P$。

带有负载的电动机转子实际转速 n 要比电动机的同步转速 n_0 低一些，常用转差率来描述异步电动机的各种不同运行状态。转差率 s 定义为：$s=(n_0-n)/n_0$；故近似有 $n=n_0\ (1-s)$。

当电动机为空载（输出的机械转矩近似为零，忽略摩擦转矩，转速近似为 n_0 时，转差率 s 近似为零。而当电动机为满负载（产生额定转矩）时，则转差率 s 一般在 1.5%～6% 范围内。转子不转时（$n_0=0$），$s=1$。

1.2.3　交流异步电动机的铭牌

铭牌是电动机的身份证，认识和了解电动机铭牌中有关技术参数的作用和意义，可以帮助正确地选择、使用和维护它。图 1-9 是我国使用最多的 Y 系列三相感应异步电动机铭牌的一个实例。图 1-10 为皖南电动机厂某三相感应异步电动机的实际铭牌。

商标：××××	三相异步电动机	
型号：Y-112M-4	出厂编号：××××	接线方式：△
功率：4.0kW	电压：380V	电流：8.7A
频率：50Hz	转速：1440r/min	噪声值：74dB(A)
工作制：S1	绝缘等级：B	防护等级：IP44
质量：49kg	标准编号：ZBK22007-88	出厂日期：　年　月　日
中华人民共和国××××电机厂制造		

图 1-9　Y 系列三相感应电动机铭牌

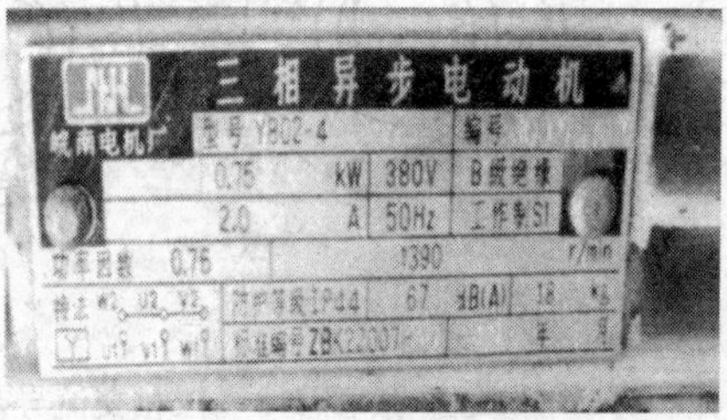

图 1-10　皖南电动机厂某三相感应异步电动机的铭牌

1. 型号

如 Y-112M-4、Y802-4。

2. 额定值

（1）额定功率 P_N　指电动机在额定运行时，电动机轴上输出的机械功率，单位为 kW。

（2）额定电压 U_N　指额定运行状态下加在电动机定子绕组上的线电压，单位为 V。

（3）额定电流 I_N　指电动机在定子绕组上施加额定电压、电动机轴上输出额定功率时的线电流，单位为 A。

可以根据电动机的额定电压、电流及功率，利用三相交流电路功率计算公式计算出电动机在额定负载时定子边的功率因数 $\cos\Phi$。例如图 1-9 所示铭牌的电动机在额定负载时的功率因数 $\cos\Phi = 4000/(3^{1/2} \times 380 \times 8.7) = 0.699$。

（4）额定频率 f_N　我国规定工业用电的频率是 50Hz，国外有些国家采用 60Hz。

（5）额定转速 n_N　指电动机定子加额定频率的额定电压、轴端输出额定功率时电动机的转速，单位为 r/min。可以根据额定转速与额定频率计算出电动机的极数 P 和额定转差率 s_N。

3. 噪声值（LW）

指电动机在运行时的最大噪声。一般电动机功率越大，磁极数越少，额定转速越高，噪声越大。

4. 工作制式

指电动机允许工作的方式，共有 S1 ~ S10 十种工作制。其中，S1 为连续工作制；S2 为短时工作制；其他为不同周期或者非周期工作制。

5. 绝缘等级

绝缘等级与电动机内部的绝缘材料有关。它与电动机允许工作的最高温度有关，共分 A、E、D、F、H 五种等级。其中 A 级最低，H 级最高。在环境温度额定为 40℃时，A 级允许的最高温升为 105℃，H 级允许的最高温升为 140℃。

6. 连接方法

三相电动机交流电动机接线端子如图 1-11 所示，有Y/△两种方式。请注意有些电动机只能固定一种接法，有些电动机可以两种切换工作。但是要注意工作电压，防止错误接线烧坏电动机。高压大、中型容量的异步电动机定子绕组常采用Y接线，只有三根引出线。对中、小容量低压异步电动机，通常把定子三相绕组的六根出线头都引出来。根据需要可接成Y形或△形，如图 1-12 和图 1-13 所示。

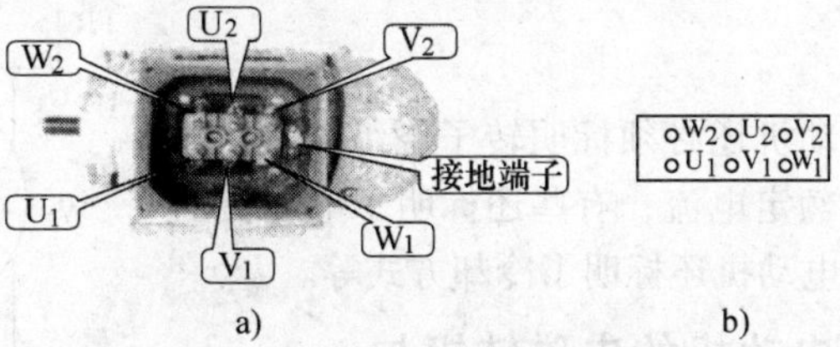

图 1-11　三相电动机交流电动机接线端

a）接线端子　b）接线端子示意图

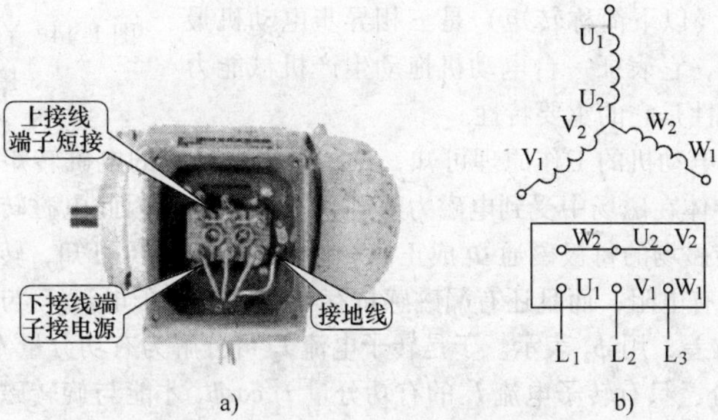

图 1-12　三相异步电动机的Y引出线

a）线端的排列　b）Y联结

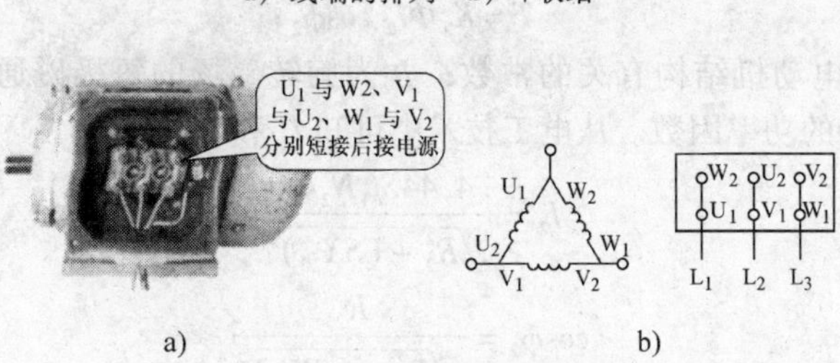

图 1-13　三相异步电动机的△引出线

a）线端的排列　b）△联结

另外，有一点需要说明的是，在电动机启动过程中，为了减小启动冲击电流［I_Q = (5～7) I_N］对于电网的影响，一种简单、实用、低成本的方法是采用如图 1-14 所示的Y/△减压启动。启动过程中用Y联结（KM_1 和 KM_3 闭合，KM_2 断开），启动过程结束后切换为△联结（KM_1 和 KM_2 闭合，KM_3 断开）运行。

7. 防护等级

IP 为防护代号，第一位数字（0~6）规定了电动机防护体的等级标准。第二位数字（0~8）规定了电动机防水的等级标准。如 IP00 为无防护，数字越大，防护等级越高。

8. 其他

对于绕线转子电动机还必须标明转子绕组接法、转子额定电动势及转子额定电流；有些还标明了电动机的转子电阻；有些特殊电动机还标明了冷却方式等。

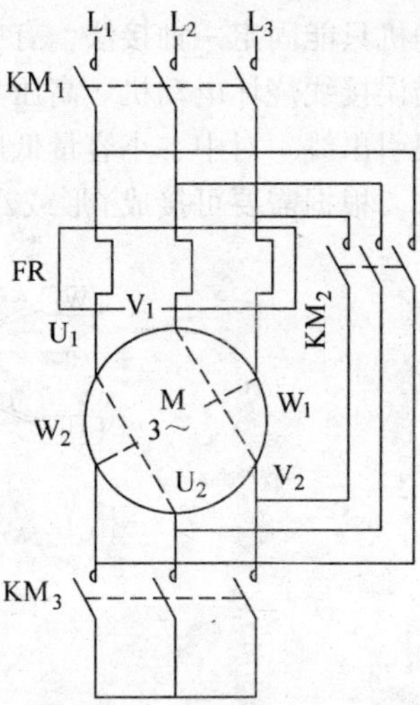

图 1-14　Y/△降压启动的接线图

1.2.4　交流异步电动机的电磁转矩与机械特性

1. 交流异步电动机的电磁转矩

电磁转矩 T（以下简称转矩）是三相异步电动机最重要的参数之一，它表征一台电动机拖动生产机械能力的大小。机械特性是它的主要特性。

从三相异步电动机的工作原理可知，三相异步电动机的电磁转矩是由于具有转子电流 I_2 的转子导体在磁场中受到电磁力 F 作用而产生的，因此电磁转矩的大小与转子电流 I_2 以及旋转磁场的每极磁通 Φ 成正比。从转子电路分析可知，转子电路是一个交流电路，它不但有电阻，而且还有漏磁感抗存在，所以转子电流 I_2 与转子感应电动势 E_2 之间有一相位差，用 ϕ_2 表示。于是转子电流 I_2 可分解为有功分量 $I_2\cos\phi_2$ 和无功分量 $I_2\sin\phi_2$ 两部分，只有转子电流 I_2 的有功分量 $I_2\cos\phi_2$ 才能与旋转磁场相互作用而产生电磁转矩。也就是说，电动机的电磁转矩实际与转子电流 I_2 的有功分量 $I_2\cos\phi_2$ 成正比。综上所述，三相异步电动机的电磁转矩表达式为

$$T = K_T \Phi I_2 \cos\phi_2 \tag{1-1}$$

式中，K_T 为仅与电动机结构有关的常数；Φ 为旋转磁场的每极磁通；I_2 为转子电流；$\cos\phi_2$ 为转子回路的功率因数。从电工技术中可知 I_2 和 $\cos\phi_2$ 为

$$I_2 = \frac{4.44 S f_1 N_2 \Phi}{\sqrt{R_2^2 + (SX_{20})^2}} \tag{1-2}$$

$$\cos\phi_2 = \frac{R_2}{\sqrt{R_2^2 + (SX_{20})^2}} \tag{1-3}$$

将式（1-2）和式（1-3）代入式（1-1），并考虑到 $E_1 = 4.44 f_1 N_1 \Phi$ 和忽略定子电阻 R_1 和漏感抗 X_1 上的压降，则 $U_1 = E_1$，可得出转矩的另一个表达式为

$$T = K\frac{SR_2U_1^2}{R_2^2 + (SX_{20})^2} = K\frac{SR_2U^2}{R_2^2 + (SX_{20})^2} \tag{1-4}$$

式（1-2）~式（1-4）中，K 为与电动机结构参数、电源频率有关的一个常数；U_1、U 分别为定子绕组相电压、电源电压；R_2 为转子每相绕组的电阻；X_{20} 为电动机不动（$n=0$）时，转子每相绕组漏感抗；s 为转差率；f_1 为频率；N_2 为绕组数。电磁转矩 T 与每

相电压有效值 U_1 的平方成正比。由此可见，当电源电压变化时，对电磁转矩影响很大；当电压 U_1 一定，转子参数 R_2 和 X_{20}一定时，电磁转矩与转差率 s 有关。

2. 交流异步电动机的机械特性

在异步电动机中，在定子电压 U_1、频率 f_1 和参数一定的条件下，电动机电磁转矩 T 与转差率 s 的关系 $T=f(s)$ 通常叫做 T-s 曲线。为了符合习惯画法，可将 T-s 曲线转换成转速 n 与转矩 T 之间的关系曲线 $n=f(T)$，称为异步电动机的机械特性。它有固有机械特性和人为机械特性之分。

（1）固有机械特性　异步电动机在额定电压和额定频率下，用规定的接线方式，定子和转子电路中不串联任何电阻或电抗时的机械特性称为固有（自然）机械特性，如图 1-15 所示。曲线 1 为电源正相序时的固有机械特性；曲线 2 为负相序时的曲线。其特点如下：

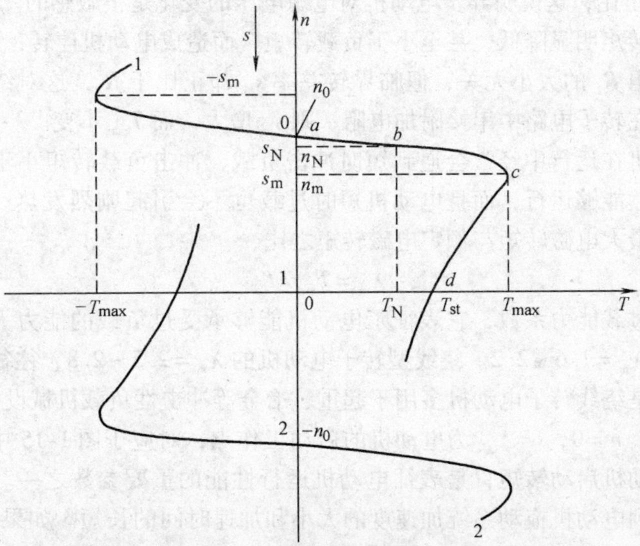

图 1-15　电动机的固有机械特性

1）在 $0<s\leqslant 1$，即 $0<n<n_0$ 的范围内，特性在第一象限，电磁转矩 T 与转速 n 都为正，电动机工作在电动状态，电动机轴输出机械功率。

2）在 $s<0$ 范围内，$n>n_0$，特性在第二象限，电磁转矩 $T<0$ 为负值，工作在发电状态，电动机的轴机械功率转化为电能。

3）在 $s>1$ 范围内，$n<0$，特性在第四象限。$T>0$，电动机处于一种制动状态。

从特性曲线上可以看出，其中有 4 个特殊点可以决定特性曲线的基本形状和异步电动机的运行性能，这 4 个特殊点是：

1）$T=0$，$n=n_0$，$s=0$，电动机处于理想空载转速（同步转速）n_0。实际上由于摩擦力矩的存在，电动机的理想空载转速只是一个理论值，对应图 1-15 中的 a 点。

2）$T=T_N$（电动机输出额定转矩），$n=n_N$，$s=s_N$ 为电动机额定工作点，对应

图 1-15 中的 b 点。此时，$T_N = 9550P_N/n_N$，$s_N = (n_0 - n_N)/n_0$。一般 $n_N = (0.94 \sim 0.85)\ n_0$；$s_N = 0.06 \sim 0.15$。

3）$T = T_{max}$，$n = n_m$，$s = s_m$，为电动机的临界工作点，对应图 1-15 中的 c 点。此时的转矩 T_{max} 称为电动机最大转矩，速度 n_m 为临界速度，转差率 s_m 为临界转差率，是表征电动机运行性能的重要参数之一。当电动机的负载转矩超过此点时，电动机的输出转矩将会急剧下降，转速也会随之下降，甚至造成堵转。

由式（1-4），令 $dT/ds = 0$，得到临界转差率为

$$s_m = R_2/X_{20} \tag{1-5}$$

将式（1-5）代入式（1-4），可得

$$T_{max} = KU^2/2X_{20} \tag{1-6}$$

从式（1-5）和式（1-6）可看出，最大转矩 T_{max} 的大小与定子每相绕组上所加电压 U 的平方成正比，这说明异步电动机对电源电压的变化是很敏感的。电源电压过低，会使轴上输出转矩明显降低，甚至小于负载转矩，而造成电动机停转；最大转矩 T_{max} 的大小与转子电阻 R_2 的大小无关，但临界转差率 s_m 却正比于 R_2，这对绕线转子异步电动机而言，若在转子电路中串接附加电阻，则 s_m 增大，而 T_{max} 不变。

异步电动机在运行中经常会遇到短时冲击负载，冲击负载转矩小于最大电磁转矩时，电动机仍然能够运行，而且电动机短时过载也不会引起剧烈发热。通常把在固有机械特性上的最大电磁转矩与额定电磁转矩之比

$$\lambda_m = T_{max}/T_N$$

称为电动机的过载能力系数，它表征了电动机能够承受过负载的能力大小。一般三相异步电动机的 $\lambda_m = 1.6 \sim 2.2$。绕线型转子电动机的 $\lambda_m = 2.5 \sim 2.8$，往往大于笼型异步电动机，这就是绕线转子电动机多用于起重、冶金等冲击性负载机械设备上的原因。

4）$T = T_{st}$，$n = 0$，$s = 1$，为电动机的启动工作点，对应于图 1-15 中的 d 点。此时的转矩称为电动机启动转矩，是表征电动机运行性能的重要参数之一。因为启动转矩的大小将影响到电动机拖动系统加速度的大小和加速时间的长短。如果启动转矩太小，在一定负载下电动机有可能启动不起来。

将 $s = 1$ 代入式（1-4），可得

$$T_{st} = K\frac{R_2U^2}{R_2^2 + (SX_{20})^2} \tag{1-7}$$

可见异步电动机的启动转矩 T_{st} 与定子每相绕组上所加电压 U 的平方成正比，当施加在定子每相绕组上的电压 U 降低时，启动转矩下降明显；当转子电阻适当增加时，启动转矩会增大，这是因为转子电路电阻增加后，提高了转子回路的功率因数，转子电流的有功分量增大（此时 E_{20} 一定），因而启动转矩增大；若增大转子电抗，则启动转矩会大为减小，这是所不需要的。通常把在固有机械特性上的启动转矩与额定转矩之比 $\lambda_{st} = T_{st}/T_N$ 作为衡量异步电动机启动能力的一个重要数据，一般 $\lambda_{st} = 1 \sim 1.2$。

在实际应用中，用式（1-4）计算机械特性非常麻烦，如把它化成用 T_{max} 和 s_m 表征的形式则方便多了。为此，用式（1-4）除以式（1-5），经整理后可得

$$T = 2T_{max}/(s/s_m + s_m/s) \quad (1\text{-}8)$$

此式为“转矩-转差率”特性的实用表达式，也叫规格化“转矩-转差率”特性。根据该式，当转差率 s 很小，即 $s < s_m$ 时，则 s/s_m 远远小于 s_m/s，若忽略 s/s_m，则有 $T = 2T_{max}s/s_m$。

此式表示转矩 T 与转差率 s 成正比的直线关系，即异步电动机的机械特性呈线性关系。工程上常把这一段特性曲线作为直线来处理，这一段曲线叫做机械特性曲线的线性段。一般三相异步电动机在运行中，负载会变化（如车床切削进给量的大小，起重重物的改变等），使电动机的转速 n 随负载转矩的变化而变化。从图 1-15 可见，当负载转矩 T 增大时，其转速 n 会下降；随着转速 n 的下降，转差率 s 增大，又使转子电流 I_2 增加，同时也使 $\cos\phi_2$ 减小，使电动机转矩不断增大。当电动机转矩等于变化后的负载转矩时，电动机将在较低的转速 n 下稳定运行。所以电动机带负载运行时，一般应工作在图 1-15 所示的线性段。

（2）人为机械特性　由式（1-4）可知，异步电动机的机械特性除与电动机的参数有关外，还与外加定子电压 U_1、定子电源频率 f_1、定子或者转子电路中串入的电阻或电抗等有关，将这些参数人为地加以改变而获得的机械特性称为异步电动机的人为机械特性。在机床控制系统中，人们可以通过合理地利用人为机械特性对异步电动机进行启动或者调速控制等，下面介绍几种人为机械特性。

1）降低电动机电源电压时的人为机械特性。当电源电压降低时，由 $n_0 = 60f/p$、式（1-5）和式（1-6）可以看出，理想空载转速 n_0 和临界转差率 s_m 与电源电压无关，而最大转矩 T_{max} 却与 U^2 成正比。当降低定子电压时，n_0 和 s_m 不变，而 T_{max} 大大减小。在同一转差率情况下，人为机械特性与固有机械特性的转矩之比等于两者的电压平方之比。因此，在绘制降低电源电压时的人为机械特性时，是以固有机械特性为基础，在不同的 s 处，取固有机械特性上对应的转矩乘以降低电压与额定电压比值的平方，即可作出人为机械特性曲线，如图 1-16 所示。从图中可以看出，降低电压后电动机的机械特性是通过 n_0 点的曲线族，其线性段的斜率增大。例如当 $U_a = U_N$ 时，$T_a = T_{max}$；当 $U_b = 0.8U_N$ 时，$T_b = 0.64T_{max}$；当 $U_c = 0.5U_N$ 时，$T_c = 0.25T_{max}$。电压越低，人为机械特性曲线越往左移。由式（1-7）可知，启动转矩 T_{st} 也随 U^2 成比例降低。故异步电动机对电源电压的变化非常敏感，运行时，如果电压降得太多，会大大降低它的过载能力和启动转矩，甚至电动机会发生带不动负载或根本不能启动的现象。例如，电动机运行在额定负载 T_N 下，即使 $\lambda_m = 2$，若电网电压下降到 70% U_N，由于这时 $T_{max} = \lambda_m T_N\ (U/U_N)^2 = 2 \times (0.7)^2 T_N = 0.98T_N$，电动机就会停转。此外，电网电压下降，在负载不变的条件下，将使电动机转速下降，转差率 s 增大，电流增加，引起电动机发热，甚至烧坏。

在实用中，常采用的软启动器就是采用晶闸管（SCR）调压调速的原理而设计的启动装置。

2）定子电路接入电阻或电抗时的人为机械特性　在电动机定子电路中外串电阻或电抗后，电动机端电压为电源电压减去定子外串电阻或电抗上的压降，致使定子绕组相电压降低，这种情况下的人为特性与降低电源电压时相似。如图 1-17 所示。图中实线 1 为降低电源电压的人为特性；虚线 2 为定子电路串入电阻或电抗时的人为特性。从图中可以看出，串入电阻或电抗后的最大转矩 T_{max} 要比直接降低电源电压时的最大转矩 T_{max} 大一些。因为随着转速的上升和启动电流的减小，在电阻或电抗上的压降减小，加在电动机定子绕组上的端电压自动增大，致使最大转矩大一些。而降低电源电压时的人为特性在整个启动过程中，定子绕组上的端电压是恒定不变的。

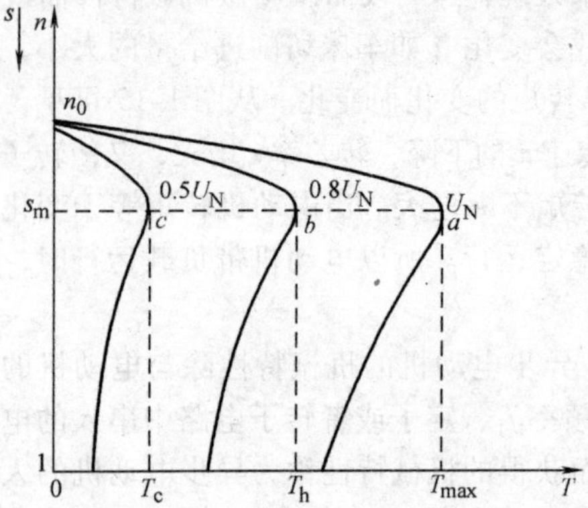

图 1-16　改变电源电压时的人为机械特性

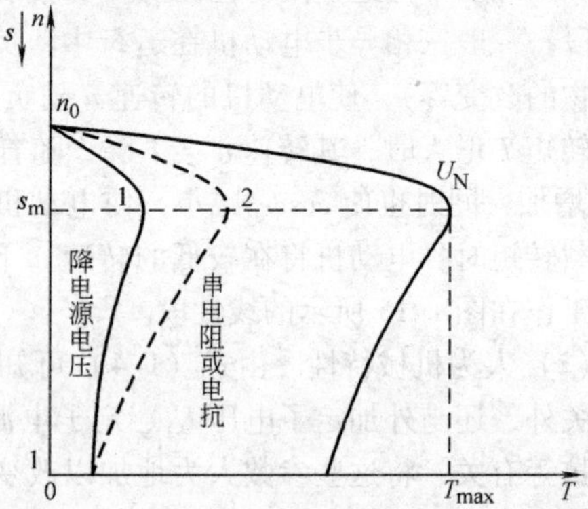

图 1-17　定子电路外接电阻或电抗时的人为机械特性

因此，在一些要求低成本的电动机启动的场合，在启动过程中，通常采用串接电阻或电抗器启动的方法，以减小对电网的冲击。常用的手动启动补偿器就属于采用串接电抗器降压启动的实例。

3）改变定子电源频率时的人为机械特性　改变定子电源频率 f_1 对三相异步电动机机械特性的影响是比较复杂的，下面仅定性地分析一下 $n=f(T)$ 的近似关系。根据 $n_0=60f/p$ 和式（1-5）~式（1-7），并注意到上列式中 $X_{20}\propto f$，$K\propto 1/f$，且一般变频调速采用恒转矩调速，即希望最大转矩 T_{max} 保持为恒值，为此在改变频率 f 的同时，电源电压 U 也要做相应的变化，使 $U/f=$ 常数，这在实质上是使电动机气隙磁通保持不变。在上述条件下就存在有 $n_0\propto f$，$s_m\propto 1/f_1$ 和 T_{max} 不变的关系，即随着频率 f_1 的降低，理想空载转速 n_0 要减小，临界转差率 s_m 要增大，启动转矩 T_{st} 要增大，而最大转矩 T_{max} 维持不变，如图 1-18 所示。

4）转子电路串入电阻时的人为机械特性　在三相绕线转子异步电动机的转子电路中串入对称电阻 R_{2r}，如图 1-19a 所示。此时转子电路中的电阻为 R_2+R_{2r}，由 $n_0=60f/p$、式（1-5）和式（1-6）可以看出，R_{2r} 的串入对理想空载转速 n_0、最大转矩 T_{max} 没有影响，但临界转差率 s_m 则随着 R_{2r} 的串入而增大，人为机械特性的线性部分斜率也随着 R_{2r} 的串入而增大，此时的人为机械特性将是一根比固有机械特性较软的一条曲线，如图 1-19b 所示。很明显，串入的电阻越大，临界转差率亦越大。可选择适当的电阻 R_{2r} 串入转子电路中，使 T_{max} 发生在 $s_m=1$ 的瞬间，即使最大转矩发生在启动瞬间，以改善电动机的启动性能。

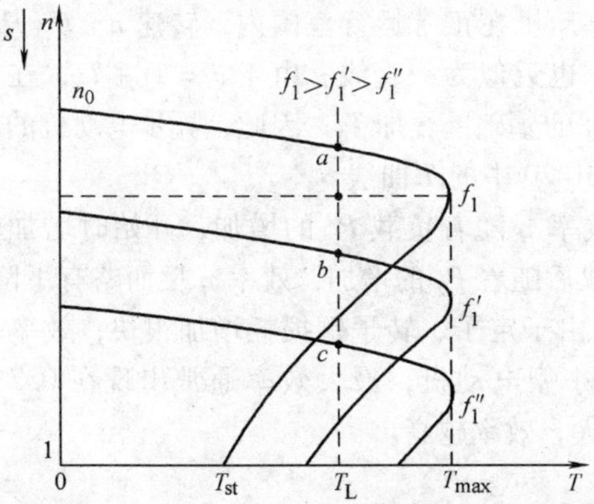

图 1-18　改变定子电源频率时的人为机械特性

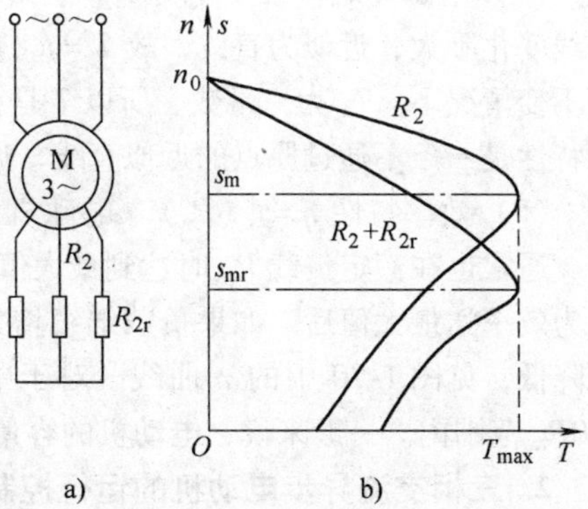

图 1-19　转子电路串入电阻的人为机械特性

1.2.5　交流异步电动机的运行控制

1. 交流异步电动机的工作特性

异步电动机的工作特性是指当外加电源电压 U_1 为常数、电源频率 f_1 为常数时，异步电动机的转速 n、转矩 T、定子绕组电流 I_1、定子功率因数 $\cos\phi_1$ 及效率 η 与该电动机输出功率 P_2 的关系曲线。这些曲线可用实验方法测得。从异步电动机的工作特性曲线可以判断它的工作性能好坏，从而达到正确选用电动机，以满足不同工作要求。异步电动机的不同工作特性曲线如图 1-20 所示。

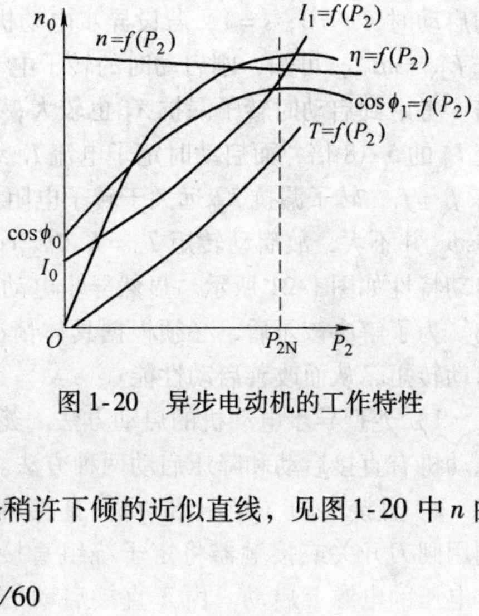

图 1-20　异步电动机的工作特性

（1）转速特性 $n=f(P_2)$　异步电动机的转速 n 在电动机正常运行的范围内随负载 P_2 的变化不大，所以 $n=f(P_2)$ 的曲线是一条稍许下倾的近似直线，见图 1-20 中 n 曲线。如果略去电动机的机械损耗，则输出功率

$$P_2 = 2\pi nT/60$$

则

$$T = 30P_2/\pi n$$

式中，P_2 的单位为 kW；n 的单位为 r/min；T 的单位为 N · m。

（2）定子电流特性 $I_1=f(P_2)$　随着负载的增加，转速下降，转子电流增大，定子电流也增大，定子电流几乎随 P_2 按比例地增大，见图 1-20 中 I_1 曲线。

（3）功率因数特性 $\cos\phi_1=f(P_2)$　异步电动机在空载时功率因数很低，随着负载 P_2 的增加，开始时 $\cos\phi_1$ 增加较快，通常在额定负载 P_{2N} 时达到最大值。当负载再增加时，由于转差率 s 增大，使转子漏感抗 $X_2=sX_{20}$ 变大，因而使 $\cos\phi_1$ 反而降低，转子电流的无功分量增加，因而定子电流的无功分量随之增加，使电动机定子功率因数又重新开始下降，见图 1-20 中 $\cos\phi_1$ 曲线。

(4) 电磁转矩特性 $T=f(P_2)$　由于电动机在正常运行范围内，转速 $n=f(P_2)$ 曲线变化不大，近似为直线，故 $T=f(P_2)$ 也近似为一直线。由于 $T=T_2+T_0$，在转速不变情况下。T_0 为一常数，所以 T 是在 T_2 的基础上叠加 T_0。因此，异步电动机的转矩特性是一条不通过原点的近似直线，见图 1-20 中的 T 曲线。

(5) 效率特性 $\eta=f(P_2)$　电动机的效率 η 随着负载 P_2 的增加，开始时增加较快，通常也在额定负载 P_{2N} 时达到最大值；以后随着 P_2 的增加，效率 η 反而略有下降；因为效率达最大值后，如果负载继续增大，由于定子、转子铜损耗增加很快，效率反而降低，见图 1-20 中的 η 曲线。对于中、小型电动机，最大效率通常出现在 $0.7\sim1.0P_N$ 范围内。一般来说，电动机的容量越大，效率越高。

2. 三相交流异步电动机的运行控制

三相交流异步电动机的运行控制主要包括启动、调速、正反转和制动等。

(1) 三相异步电动机的启动控制　评价异步电动机的启动性能时，主要是看它的启动转矩和启动电流。一般期望在启动电流比较小的情况下，能得到较大的启动转矩。但异步电动机直接接入电网启动瞬时，由于转子处于静止状态，定子旋转磁场以最快的相对转速（即同步转速）切割转子导体，在转子绕组中感应出很大的转子电势。在刚启动时，$n=0$，$s=1$，若设异步电动机在额定转速 n_N 转动时的转差率 $s_N=0.05$。由于 $E_{2N}=sE_{20}$，可知，刚启动时的转子电动势 E_{20} 可达额定转速时的转子电动势 E_{2N} 的 20 倍。考虑到启动时转子漏抗 X_{20} 也较大，因此实际上启动时转子电流 I_{2st} 约为额定转子电流 I_{2N} 的 5~8 倍，而启动时定子电流 I_{1st} 约为额定定子电流 I_{1N} 的 4~7 倍。因启动时 $s=1$，$f_1=f_2$，转子漏抗 X_{20} 远大于转子电阻，转子功率因素 $\cos\phi_2$ 很低，使其有功分量 $I_{2st}\cos\phi_{2st}$ 并不大，故启动转矩 $T_{st}=K_T\Phi I_{2st}\cos\phi_{2st}$ 也不大。一般 $T_{st}=(0.8\sim2.2)T_N$，固有启动特性如图 1-21 所示。显然异步电动机的这种启动性能和生产机械的要求是相矛盾的。为了解决该矛盾，必须根据具体情况，采用不同的启动方法限制启动电流，增大启动转矩，从而改善启动性能。

1) 笼型异步电动机的启动方法。笼型异步电动机有直接启动和降压启动两种方法。

① 直接启动（全压启动）。直接启动就是利用闸刀开关或接触器将定子绕组直接接入额定电压的电源上启动。由于直接启动的启动电流很大，因此在什么情况下才允许采用直接启动，有关供电、动力部门都有所规定，主要取决于电动机的功率与供电变压器的容量之比值。一般在有独立变压器供电的情况下，若电动机启动频繁，电动机的功率小于供电变压器的容量的 20%，则允许直接启动。若电动机不经常启动，电动机的功率小于供电变压器的容量的 30%，则允许直接启动。如果没有独立的变压器（即与照明共用电源），电动机启动又比较频繁，则常按经验公式来估算，满足下面的关系则可直接启动：

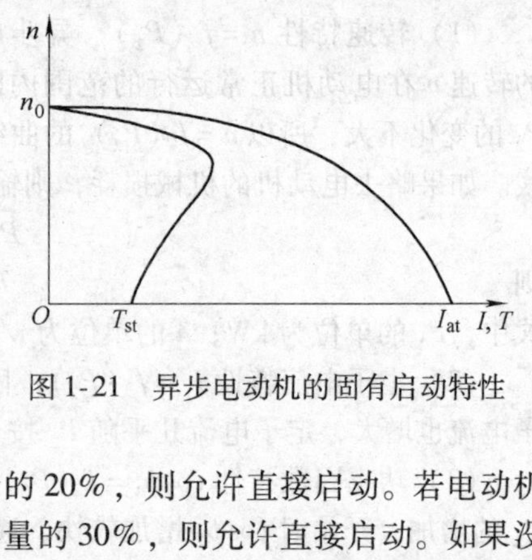

图 1-21　异步电动机的固有启动特性

$$I_{st}/I_N \leqslant 3/4 + 电源总容量/4 \times 电动机功率 \quad (1\text{-}9)$$

直接启动无需附加启动设备，操作和控制简单、可靠，所以在条件允许的情况下应尽量采用。考虑到目前在大中型厂矿企业中，变压器容量已足够大，为此，一般对于20～30kW以下的异步电动机都可以采用直接启动。

② 降压启动。不允许直接启动时，则可以采用降压启动，即在启动时利用某些设备降低加在电动机定子绕组上的电压，减小启动电流。笼型异步电动机降压启动常用下面几种方法：

a）定子串入电阻或电抗器降压启动。这种启动方法的优点是启动平稳，运行可靠，设备简单。其缺点是：启动转矩随定子电压的平方关系下降，只适用于空载或轻载启动的场合；不经济，在启动过程中，电阻器上的消耗能量大；不适用于经常启动的电动机。若采用电抗器代替电阻器，则所需设备费较贵，且体积大。

b）Y/△降压启动。Y/△降压启动的方法只适用于正常运行时定子绕组联结成△的电动机。设 U_1 为电源线电压，I_{stY} 及 $I_{st\triangle}$ 为联结成Y或△的启动电流（线电流），Z 为电动机在启动时每相绕组的等效阻抗，则有 $I_{stY}=U_1/(\sqrt{3}Z)$，$I_{st\triangle}=\sqrt{3}U_1/Z$。所以，$I_{stY}=I_{st\triangle}/3$，即定子绕组联结成Y时的启动电流等于联结成△时启动电流的1/3。而联结成Y时的启动转矩 $T_{stY}\propto(U_1/\sqrt{3})^2=U_1^2/3$；联结成△时的启动转矩：$T_{st\triangle}\propto(U_1)^2$；所以，$T_{stY}=T_{st\triangle}/3$，即定子绕组联结成Y时的启动转矩只有联结成△时启动转矩的1/3。

此种启动方法的优点是设备简单，经济，运行可靠，维修方便，启动电流小。缺点是启动转矩小，且启动电压不能按实际要求调节，故只适用于空载或轻载启动的场合。由于这种方法应用广泛，我国已专门生产有能采用Y/△换接启动的三相异步电动机，其定子额定电压为380V，此即为电源线电压，联结方式为△。

c）自耦变（调）压器降压启动。这种启动方法是利用一台降压的自耦变压器（又称启动补偿器），使施加在定子绕组上的电压降低，待启动完毕后，再把电动机直接接到电源上。

图1-22所示为自耦变压器启动的一相等效电路，由变压器的原理可知，此时二次侧电压与一次侧电压之比 $K=U_2/U_1=N_2/N_1<1$。启动时，加在电动机定子每相绕组上的电压 $U_2=KU_1$，只有全电压启动的 K 倍，即 $I_2=KI_{st}$（注意：I_2 是自耦变压器的二次侧电流）。但变压器一次侧电流 $I_1=KI_2=K^2I_{st}$，此时从电网吸取的电流 I_1 只有直接启动时的 K^2 倍。

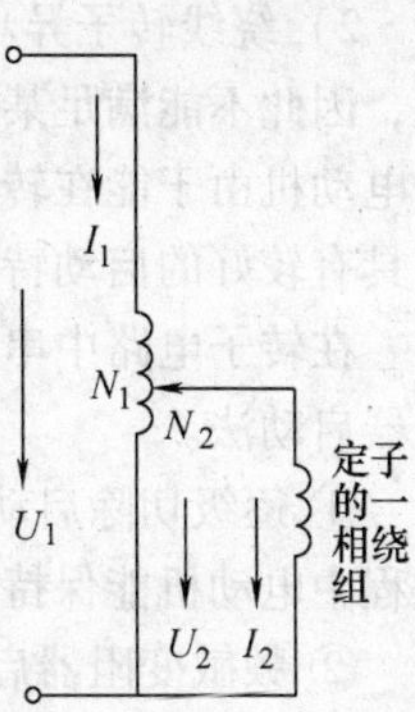

图1-22　一相等效电路

这种启动方式的优点是：在降压比 K 一定、启动转矩一定的条件下，采用自耦变压器降压启动，比前述的各种降压启动的电流小，即对电网的冲击电流小，或者说在启动电流一定的情况下，启动转矩增大了，启动不受电动机转子绕组接法的限制，并且电压比可以改变，即启动电压大小可调。其缺点是自耦变压器的体积大，质量大，价格高，维修麻烦。启动用自耦变压器的设计是按短时工作考虑的，启动时自耦变压器在过电流（超过额定电流）状态下运行，因此不适于启动频繁的电动机，每小时内允许连续启动的次数和每次启动的时间，在产品说明书上都有明确的规定，选配时应充分注意。它在启动不大频繁，要求启动转矩较大，容量较大的异步电动机上应用较为广泛。通常自耦变压器的输出端有固定抽头（一般有$K=80\%$、65%和50%三种电压，可根据需要进行选择）。

为了便于根据实际要求选择合理的启动方法，现将上述几种常用启动方法的启动电压、启动电流和启动转矩的相对值列表于表1-1中。表中U_N、I_{st}和T_{st}为电动机的额定电压、全压启动时的启动电流和启动转矩，其数值可从电动机的产品目录中查到；U_{st}、I_{st}和T_{st}为按各种方法启动时实际加在电动机上的线电压、实际启动电流（对电网的冲击电流）和实际的启动转矩。

表1-1　笼型异步电动机几种启动方法的比较

启动方法	启动电压相对值 $K_U=U_{st}/U_N$	启动电流相对值 $K_I=I'_{st}/I_{st}$	启动转矩相对值 $K_T=T'_{st}/T_{st}$
直接（全压）启动	1	1	1
定子电路串电阻或电抗器减压启动	0.8 0.65 0.5	0.8 0.65 0.5	0.64 0.42 0.25
Y—△减压启动	0.57	0.33	0.33
自耦变压器减压启动	0.8 0.65 0.5	0.64 0.42 0.25	0.64 0.42 0.25

d）延边三角形启动。需要厂家提供特殊电动机，目前已很少使用。

笼型异步电动机除了可在定子绕组想办法减压启动外，还可以通过改进笼的结构来改善启动性能，这类电动机主要有深槽式和双笼式。

2）绕线转子异步电动机的启动方法。笼型异步电动机的启动转矩小，启动电流大，因此不能满足某些生产机械需要高启动转矩、低启动电流的要求。而绕线转子异步电动机由于能在转子回路中串入电阻，因此具有较大的启动转矩和较小的启动电流，即具有较好的启动特性。

在转子电路中串入电阻启动，常用的方法有两种：逐级切除启动电阻法和频敏变阻器启动法。

① 逐级切除启动电阻法。采用逐级切除启动电阻的方法，主要是为了使整个启动过程中电动机能保持较大的加速转矩，缩短启动时间。启动过程如图1-23所示。

② 频敏变阻器启动法。采用逐级切除启动电阻的方法来启动绕线转子异步电动机时，由于转矩的突变会引起机械上的冲击。为了克服这一缺点，常采用我国自主研制的频敏变阻器作为启动电阻。其特点是：它的电阻值会随着转速的上升而自动减小，即能做到自动变阻，使电动机平稳地完成启动，而且不需要控制电器。频敏变阻器的结构、接线和等效电路如图1-24所示。

（2）异步电动机一般调速方法　异步电动机实际转速n与电动机输入定子电源频

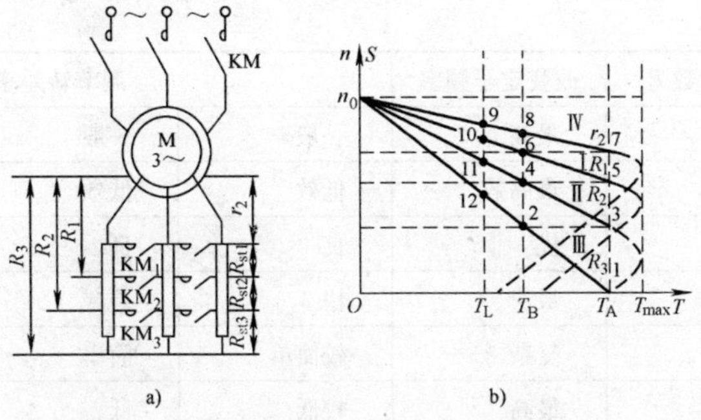

图 1-23　逐级切除启动电阻法的启动过程

a）原理接线图　b）启动特性

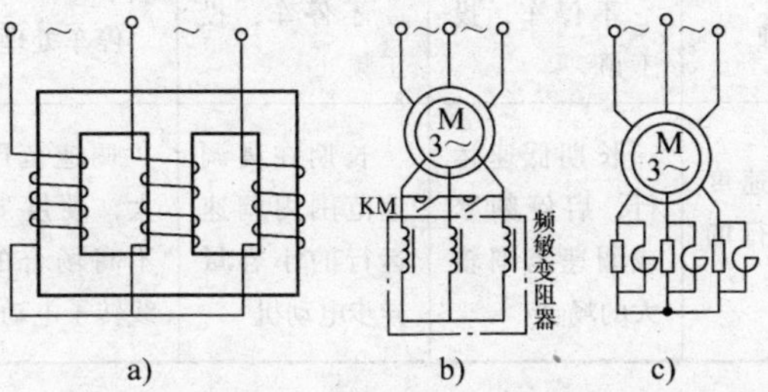

图 1-24　频敏变阻器启动法

a）结构示意　b）接线图　c）等效电路图

率 f_1、转差率 s 和电动机磁极对数 P 的关系式为：$n=60\times(f_1/P)\times(1-s)$。可以看出，异步电动机的调速可通过改变磁极对数 P、调节转差率 s 及改变定子频率 f_1 三种方式。常用的异步电动机调速方法及其比较见表 1-2，由表中的对比可以看出，PWM 变频调速是最理想的调速方式，属于现代高新技术，将在以后变频调速课程中做专门阐述。几种调速方法的机械特性可参考上述人为机械特性。

表 1-2　常用的异步电动机调速方法及其比较

调 速 方 法	磁极对数 P	改变定子频率	调节转差率 s		
调速根据	改变电动机磁极对数 P	PWM 变频（变 f/U）	改变定子输入交流电压值	改变转子串接电阻值	改变逆变器逆变角 β，调节转差电压
调速类别	有极	无极	无极	有极，调速平滑性差	调速范围小时可做到无极平滑调速
调速范围	25/50/100（%额定）	100～0（%额定）	100～80（%额定）	100～50（%额定）	100～50（%额定）

（续）

调 速 方 法	磁极对数 P	改变定子频率	调节转差率 s		
调速精度	高	最高	一般	一般	高
节能效果	高效	最高效	低效	低效	高效
功率因数	良	优	良	良	差
动态响应	快	最快	快	差	较快
控制装置	简单	复杂	较简单	简单	较复杂
初投资	低	最高	较低	低	中
电网干扰	无	有	大	无	较大
维护保养	最易	较易	易	易	较难
装置故障处理方法	停车处理	不停车，投工频	不停车，投工频	停车处理	停车处理
适用范围	在几挡速度下恒速运行的场合	长期低速运行，启停频繁或调速范围较大的场合	长期在高调速范围内调速运行的小容量异步电动机	调速范围不大，硬度要求不高场合的绕线转子电动机	调速范围不大，单象限运行，对动态性能要求不高的绕线转子电动机

（3）异步电动机的反转　从三相异步电动机的工作原理可知，电动机的旋转方向取决于定子旋转磁场的旋转方向。因此只要改变旋转磁场的旋转方向，就能使三相异步电动机反转。实用中常用两台接触器进行换相，即任意调换电动机的两根电源接线即可，如图 1-25 所示。

图 1-25　正反转接触器的换相

（4）异步电动机的制动　上述电动机在启动、调速和反转运行时有一个共同的特点，即电动机的电磁转矩和电动机的旋转方向相同，故称电动机处于电动运行状态。

三相异步电动机还有一类运行状态称为制动，包括机械制动和电气制动。机械制动是利用机械装置使电动机从电源切断后能迅速停转。它的结构有好几种形式，应用较普遍的是电磁抱闸，它主要用于起重机械上吊重物时，使重物迅速而又准确地停留在某一位置上。电气制动是指电动机所产生的电磁转矩和电动机的旋转方向相反状态，如在负载转矩为位能转矩的机械设备中（例如起重机下放重物时，运输工具在下坡运行时）使设备保持一定的运行速度；在机械设备需要减速或停止时，电动机能实现减速和停止。

电气制动通常可分为能耗制动、反接制动和再生（反馈）制动三类。

1）能耗制动。将运行着的异步电动机的定子绕组从三相交流电源上断开后，立即接到直流电源上，这种方法是将转子的动能转变为电能，消耗在转子回路的电阻上，所以称为能耗制动。

对于采用能耗制动的异步电动机，既要求有较大的制动转矩，又要求定、转子回路中电流不能太大而使绕组过热。根据经验，能耗制动时对鼠笼式异步电动机取直流励磁电流为（4~5）I_0，对绕线式异步电动机取直流励磁电流为（2~3）I_0，制动所串电阻

$$R=(0.2\sim0.4)\frac{E_{2N}}{\sqrt{3}I_{2N}}$$

能耗制动的优点是制动力强，制动较平稳。缺点是需要一套专门的直源电源供制动用。能耗制动时的原理电路图及机械特性如图 1-26 所示。

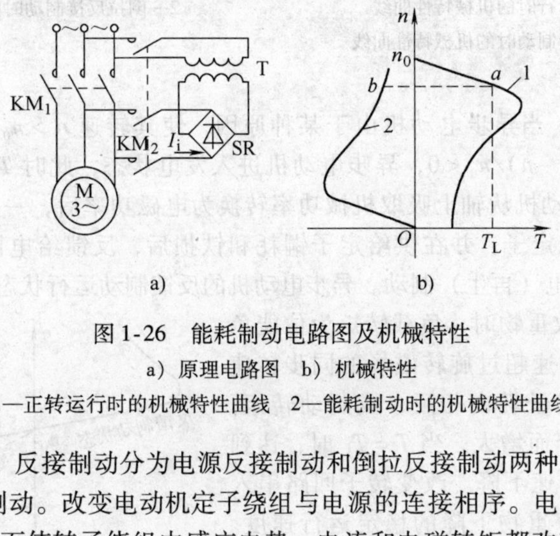

图 1-26 能耗制动电路图及机械特性

a）原理电路图 b）机械特性

1—正转运行时的机械特性曲线 2—能耗制动时的机械特性曲线

2）反接制动。反接制动分为电源反接制动和倒拉反接制动两种。

① 电源反接制动。改变电动机定子绕组与电源的连接相序。电源的相序改变，旋转磁场立即反转，而使转子绕组中感应电势、电流和电磁转矩都改变方向，因机械惯性，转子转向未变，电磁转矩与转子的转向相反，电动机进行制动，此称电源反接制动。电源反接制动的机械特性如图 1-27 所示。

② 倒拉反接制动。当绕线式异步电动机拖动位能性负载时，在其转子回路串入很大的电阻。在位能负载的作用下，使电动机反转。因这是由于重物倒拉引起的，所以称为倒拉反接制动（或称倒拉反接运行）。倒拉反接制动时的机械特性如图 1-28 所示。

绕线式异步电动机倒拉反接制动状态常用于起重机低速下放重物。

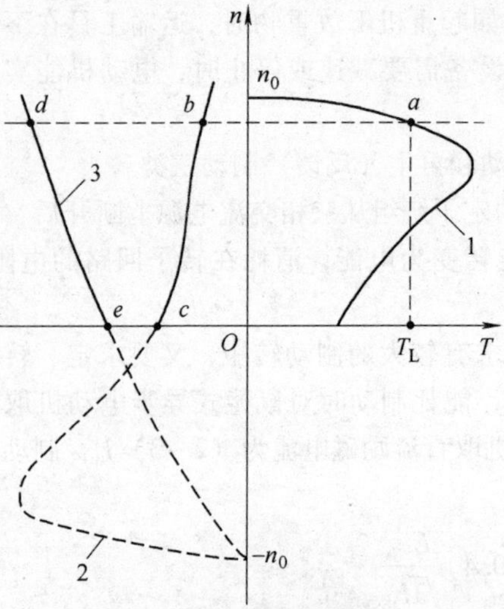

图 1-27 电源反接制动的机械特性

1—正转运行时的机械特性曲线

2—反转运行时的机械特性曲线

3—电源反接制动时的机械特性曲线

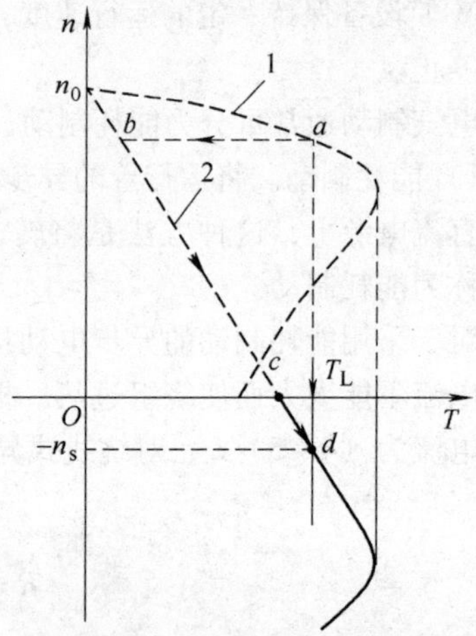

图 1-28 倒拉反接制动时的机械特性

1—正转运行时的机械特性曲线

2—倒拉反接制动时的机械特性曲线

3）反馈制动。当异步电动机由于某种原因，使其转速 $n > n_0$（理想空载转速）时，转差率 $s = (n_0 - n)/n_0 < 0$，异步电动机进入发电状态，此时 T 与 n 的方向相反，T 起制动作用。电动机从轴上吸取机械功率转换为电磁功率后，一部分转子铜耗，大部分通过气隙进入定子，并在供给定子铜耗和铁损后，反馈给电网，所以被称为反（回）馈制动或发电（再生）制动。异步电动机的反馈制动运行状态有两种情况。

① 起重机下放重物时，负载转矩为位能负载。当电动机的转速超过旋转磁场的同步转速时，转矩方向与转子转向相反，成制动转矩，并随着转速的下降而增大。当 $T = T_L$ 时，达到稳定状态，重物匀速下降。改变转子回路串入的电阻，可以调节重物下降的稳定运行速度。为了限制下放速度过高，转子回路不应串入过大的电阻。其机械特性如图 1-29 所示。

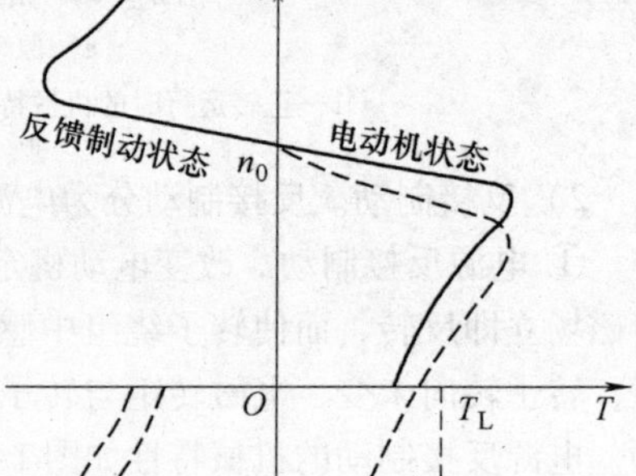

图 1-29 下放重物时的机械特性

② 电动机在变极或变频调速时使其同步转速 n_0 突然降低时，转子转速 n 将超过同步转速 n_0，$s<0$，异步电动机进入反馈制动状态，特性曲线进入第三象限的发电区域内。此时转子所产生的电磁转矩为负，和负载转矩一起，迫使电动机降速，电动机将运动系统中的动能转换成电能反馈到电网。当电动机将高速挡所储存

的动能消耗完后，便进入低速挡稳定运行。其机械特性如图 1-30 所示。

三相异步电动机四象限运行及制动特性如图 1-31 所示。

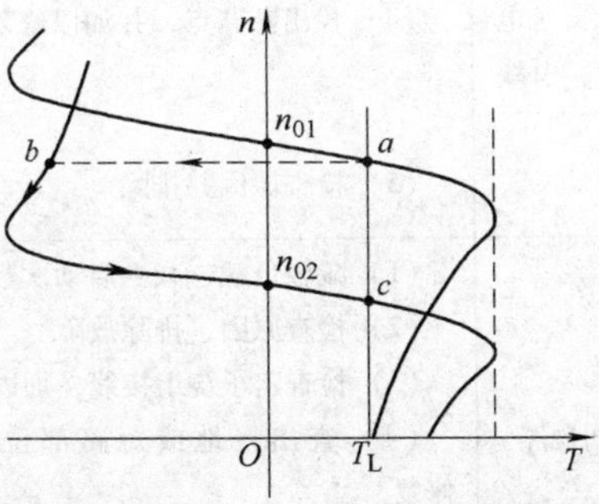

图 1-30　突降转速时的机械特性

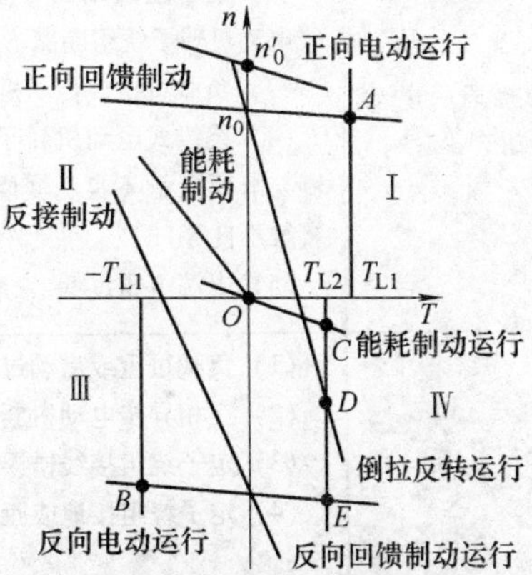

图 1-31　四象限运行及制动特性

1.2.6　机床电动机的一般故障维修

异步电动机的故障可分为机械故障和电气故障两类。机械故障如轴承、铁心、风叶、机座转轴等的故障，一般比较容易观察与发现。电气故障主要是定子绕组、转子绕组、电刷等导电部分出现的故障。不论电动机出现机械故障或电气故障，都将给电动机的正常运行带来影响。故障处理的关键是通过电动机在运行中出现的种种不正常现象来进行分析，从而找到电动机的故障部位与故障点。由于电动机的结构、型号、质量、使用和维护情况的不同，要正确判断故障，必须先进行认真细致的研究、观察和分析，然后进行检查与测量，找出故障所在，并采取相应的措施予以排除。检查电动机故障的一般步骤是：

1. 调查

首先了解电动机的型号、规格、使用条件及年限，以及电动机在发生故障前的运行情况，如所带负荷的大小、温升高低、有无不正常的声音、操作使用情况等，并认真听取操作人员的反映。

2. 察看

察看的方法要按电动机故障情况灵活掌握，有时可以把电动机接上电源进行短时运转，直接观察故障情况再进行分析研究。有时电动机不能接电源，可通过仪表测量或观察来进行分析判断，然后再把电动机拆开，测量并仔细观察其内部情况，找出其故障所在。

异步电动机的常见故障及排除方法见表 1-3。

表 1-3 异步电动机的常见故障及排除方法

故障现象	造成故障的可能原因	处理方法
电源接通后电动机不启动	（1）定子绕组接线错误 （2）定子绕组断路、短路或接地，绕线电动机转子绕组断路 （3）负载过重或传动机构被卡住 （4）绕线式电动机转子回路断线（电刷与滑环接触不良、变阻器断路、引线接触不良等） （5）电源电压过低	（1）检查接线，纠正错误 （2）找出故障点，排除故障 （3）检查传动机构及负载 （4）找出断路点，并加以修复 （5）检查原因并排除
电动机温升过高或冒烟	（1）负载过重或启动过于频繁 （2）三相异步电动机断相运行 （3）定子绕组接线错误 （4）定子绕组接地或匝间、相间短路 （5）笼型电动机转子断条 （6）绕线转子电动机转子绕组断相运行 （7）定子、转子相擦 （8）通风不良 （9）电源电压过高或过低	（1）减轻负载、减少启动次数 （2）检查原因，排除故障 （3）检查定子绕组接线，加以纠正 （4）查出接地或短路部位，加以修复 （5）铸铝转子必须更换，铜条转子可修理或更换 （6）找出故障点，加以修复 （7）检查轴承、转子是否变形，进行修理或更换 （8）检查通风道是否畅通，对不可反转的电动机检查其转向 （9）检查原因并排除
电动机振动	（1）转子不平衡 （2）带轮不平稳或轴弯曲 （3）电动机与负载轴线不对 （4）电动机安装不良 （5）负载突然过重	（1）校正平衡 （2）检查并校正 （3）检查、调整机组的轴线 （4）检查安装情况及底脚螺栓 （5）减轻负载
运行时有异声	（1）定子转子相擦 （2）轴承损坏或润滑不良 （3）电动机两相运行 （4）风叶碰机壳等	（1）见上面 （2）更换轴承，清洗轴承 （3）查出故障点并加以修复 （4）检查并消除故障
电动机带负载时转速过低	（1）电源电压过低 （2）负载过大 （3）笼式电动机转子断条 （4）绕线电动机转子绕组一相接触不良或断开	（1）检查电源电压 （2）核对负载 （3）见上面 （4）检查电刷压力、电刷与滑环接触情况及转子绕组

（续）

故障现象	造成故障的可能原因	处理方法
电动机外壳带电	（1）接地不良或接地电阻太大 （2）绕组受潮 （3）绝缘有损坏、有脏物或引出线碰壳	（1）按规定接好地线，消除接地不良处 （2）进行烘干处理 （3）修理，并进行浸漆处理，消除脏物，重接引出线

任务3　掌握机床控制常用的低压电器

机床电气控制系统不仅需要电动机或液压、气动装置来驱动，还需要一套电气控制装置来控制，包括各类低压电器，用以实现机床的各种工艺要求。因此要阅读机床电控图，不能不掌握机床电气控制常用的各类低压电器，重点是常用的各类低压电器的结构组成、工作原理和图形及符号说明。

1.3.1　常用低压电器分类

所谓电器，就是指能控制电的器具，即对电能的生产、输送、分配和使用起控制、调节、检测、转换及保护作用的电工器械。所谓低压电器，是指工作在交流电压1200V或直流电压1500V及以下的电路中起通断、检测、保护、控制或调节作用的电器产品。常见的部分低压电器如图1-32所示。

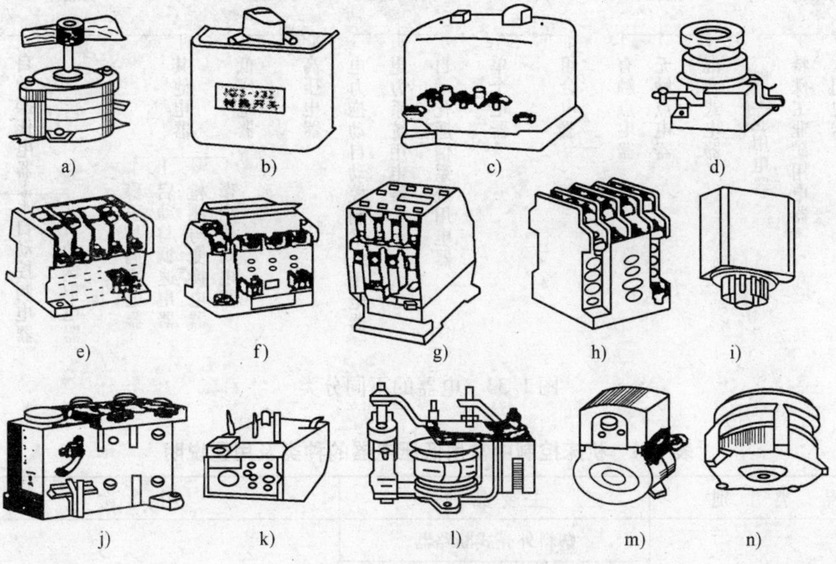

图1-32　机床中常见的部分低压电器图示

a）HZ10/3型组合开关　b）HZ3型转换开关　c）DZ5-20型自动开关　d）RL螺旋式熔断器　e）CJ10-10型交流接触器　f）CJ10-20型交流接触器　g）JDB型交流接触器　h）JZ7型中间继电器　i）JDS型中间继电器　j）JR0型热继电器　k）UA型热继电器　l）JT4型过电流继电器　m）JFZ0型速度继电器　n）JY1型速度继电器

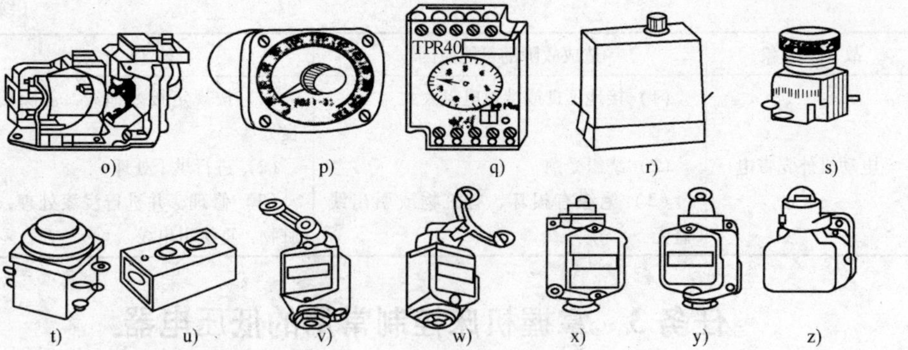

图 1-32　机床中常见的部分低压电器图示（续）

o）JS7 型空气阻尼式时间继电器　p）JS11 型电动式时间继电器　q）TBR 型电动式时间继电器　r）JS14 型晶体管式时间继电器　s）LA19 型按钮　t）LA18 型按钮　u）LA10 型按钮　v）JLXK1-111 型行程开关　w）JLXK1-211 型行程开关　x）JLXK1-311 型行程开关　y）JLXK1-411 型行程开关　z）X2-N 型行程开关

电器的种类很多，分类的方法也不同。图 1-33 为电器的不同分类；图 1-34 为常用的各种低压电器；表 1-4 为机床控制中常用低压电器的种类及用途说明。

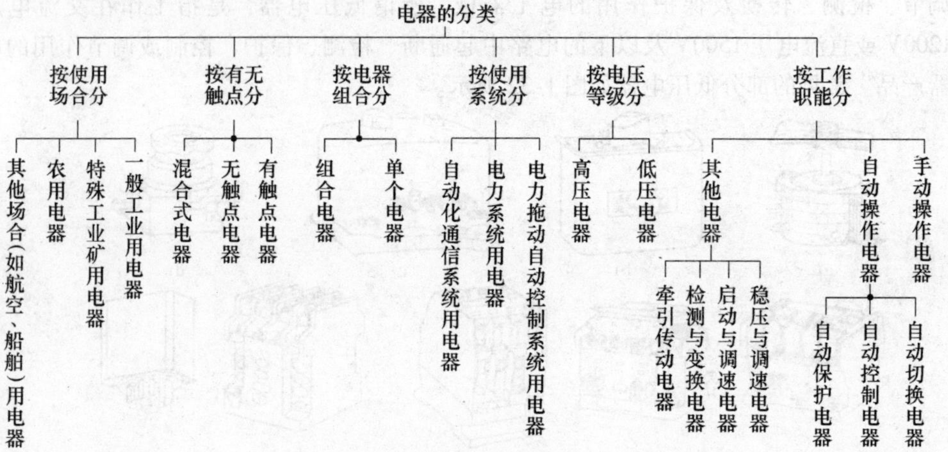

图 1-33　电器的不同分类

表 1-4　机床控制中常用低压电器的种类及用途说明

序号	类　别	主要品种	用　途
1	断路器	塑料外壳式断路器	主要用于电路的过负荷保护、短路、欠电压、漏电压保护，也可用于不频繁接通和断开的电路
		框架式断路器	
		限流式断路器	
		漏电保护式断路器	
		直流快速断路器	

（续）

序号	类　别	主要品种	用　途
2	刀开关	开关板用刀开关	主要用于电路的隔离，有时也能分断负荷
		负荷开关	
		熔断器式刀开关	
3	转换开关	组合开关	主要用于电源切换，也可用于负荷通断或电路的切换
		换向开关	
4	主令电器	按钮	主要用于发布命令或程序控制
		限位开关	
		微动开关	
		接近开关	
		万能转换开关	
5	接触器	交流接触器	主要用于远距离频繁控制负荷，切断带负荷电路
		直流接触器	
6	启动器	磁力启动器	主要用于电动机的启动
		星三启动器	
		自耦减压启动器	
7	控制器	凸轮控制器	主要用于控制回路的切换
		平面控制器	
8	继电器	电流继电器	主要用于控制电路中，将被控量转换成控制电路所需电量或开关信号
		电压继电器	
		时间继电器	
		中间继电器	
		温度继电器	
		热继电器	
9	电磁铁	制动电磁铁	主要用于起重、牵引、制动等场合
		起重电磁铁	
		牵引电磁铁	
10	熔断器	有填料熔断器	主要用于电路短路保护，也用于电路的过载保护
		无填料熔断器	
		半封闭插入式熔断器	
		快速熔断器	
		自复熔断器	

若按电器在机床中的用途又可分以下三大类：

（1）信号及控制电器　用于发送控制指令及实现机床控制电路中逻辑运算、延时等功

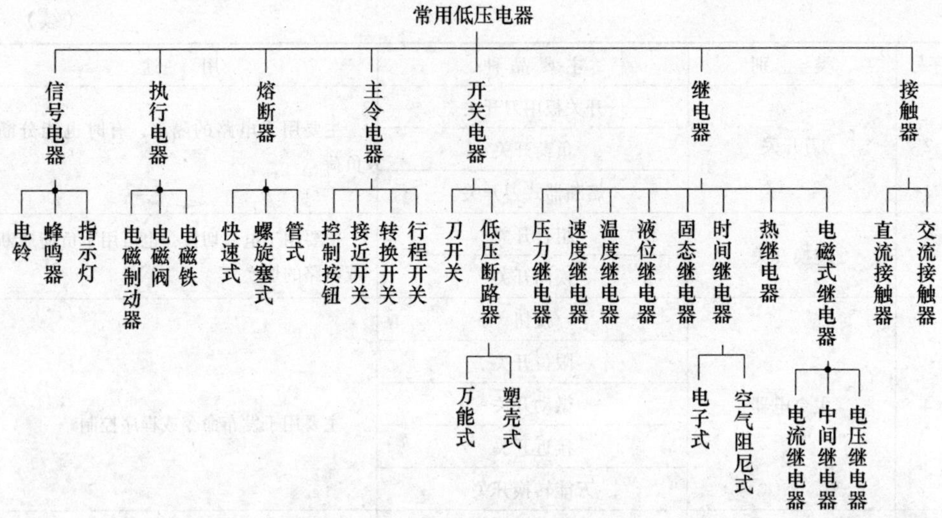

图1-34 常用的各种低压电器

能的电器。如按钮开关、行程开关、刀开关、中间继电器、时间继电器、速度继电器等。

(2) 执行电器 用于完成传动或实现机床某种动作的电器。如接触器、电磁阀、电磁铁、电磁离合器等。

(3) 保护电器 用于保护机床控制电路及其用电设备安全的电器。如熔断器、热继电器、过欠电流(压)继电器等。

本任务就从使用的角度出发，按其在机床控制中的用途来分类介绍它们的结构、动作原理和图形符号说明。

1.3.2 信号及控制电器

1. 非自动切换信号及控制电器

(1) 按钮(SB) 按钮又称控制按钮或按钮开关，是一种手动控制电器。它只能短时接通或分断5A以下的小电流电路，向其他自动电器发出指令性的电信号，控制其他自动电器动作。由于按钮载流量小，不能直接用于控制主电路的通断。按钮的作用是发布命令，在控制电路中可用于远距离频繁地操纵接触器、继电器，从而控制电动机的启动、运转、停止。按钮的结构和图形符号如图1-35所示。常态时，动断(常闭)触点闭合，动合(常开)触点断开。按下按钮，动断(常闭)触点断开，动合(常开)触点闭合，松开按钮，在复位弹簧作用下使触点复位。为避免误操作，常将按钮做成不同的颜色来区别，如以红色作为停止和急停，绿色作为启动和运行，黄色表示干预；黑色表示点动；蓝色表示复位；另外还有黄、白等颜色和一些形象化符号供不同场合使用。其形象化符号如图1-36所示。

LA系列部分按钮的外形图和触点系统如图1-37所示。

按钮在选择使用时应从使用场合、所需触点数、触点形式及按钮帽的颜色等因素考虑。

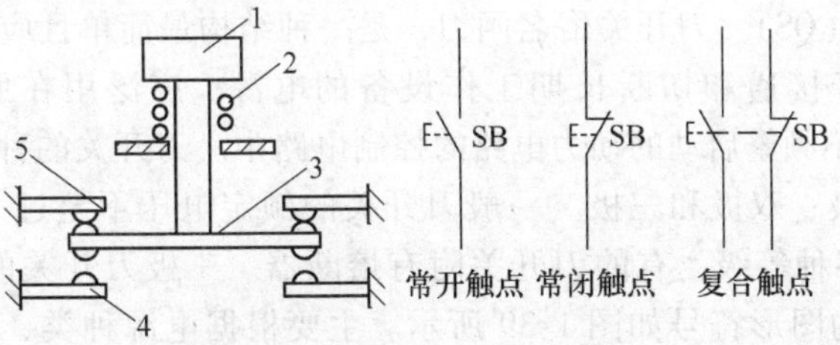

a)　　　　　　　　　　b)

图 1-35　按钮的结构和图形符号

a）按钮的结构　b）按钮的图形符号

1—按钮帽　2—复位弹簧　3—桥式动触点　4—常开静触点　5—常闭静触点

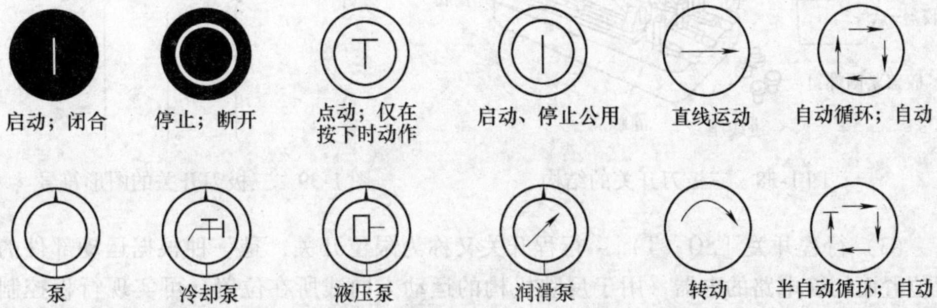

图 1-36　按钮的形象化符号

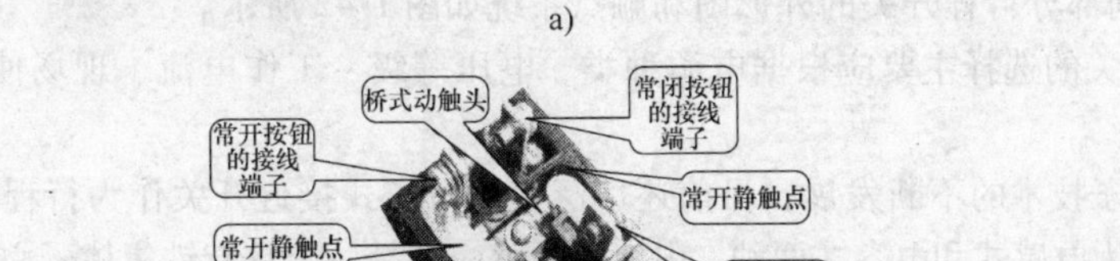

a)

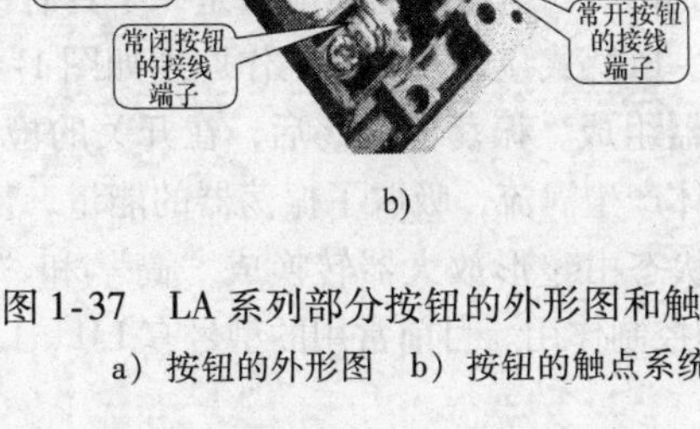

b)

图 1-37　LA 系列部分按钮的外形图和触点系统

a）按钮的外形图　b）按钮的触点系统

（2）刀开关（QS） 刀开关俗名闸刀，是一种结构最简单且应用最广泛的手控低压电器，主要用于接通和切断长期工作设备的电源。广泛用在照明电路和小容量（5.5kW 以下）、不频繁启动的动力电路的控制电路中。刀开关的种类很多，根据通路的数量可分为单极、双极和三极。一般刀开关的额定电压不超过 500V。额定电流有 10A 到上千安培多种等级，有的刀开关附有熔断器。三极刀开关的结构如图 1-38 所示。三极刀开关的图形符号如图 1-39 所示。主要根据电源种类、电压等级、工作电流、所需极数选择刀开关。

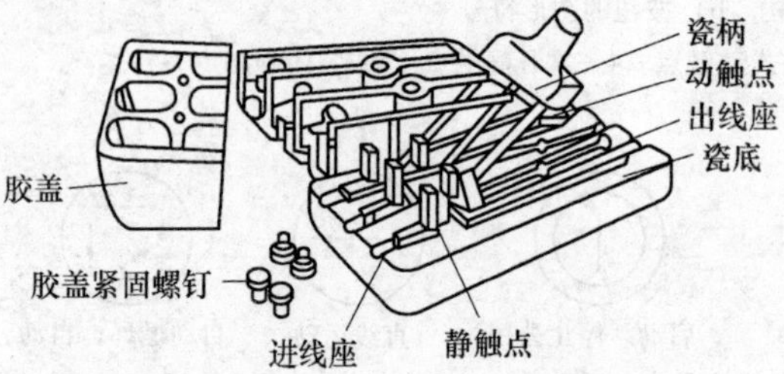

图 1-38 三极刀开关的结构

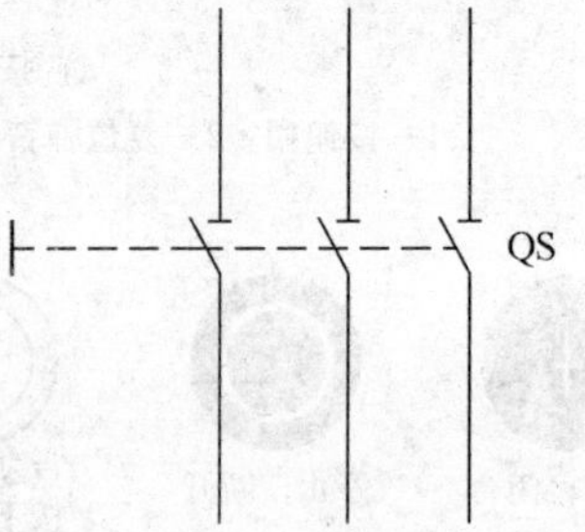

图 1-39 三极刀开关的图形符号

（3）行程开关［SQ（T）］ 行程开关又称为限位开关，是一种根据运动部件的行程位置而切换电路的电器，用于反映机构的运动方向或所在位置，可实现行程控制及极限位置的保护。行程开关分为有触点式和无触点式两种。有触点行程开关动作原理与按钮类似，动作时碰撞行程开关的顶杆。按结构可分为直动式、微动式和滚轮式三种。直动式结构简单，因其触点的分合速度取决于挡块的移动速度，当挡块的移动速度低于 0.4m/min 时，触点切断太慢，使电弧在触点上停留太长，易于烧蚀触点。此时可以选用有盘形弹簧机构能瞬时动作的滚轮式行程开关，其特点是通断时间不受挡块移动速度的影响，动作快；缺点是结构复杂，价格高。为克服直动式结构的问题，还可以选用有弯片状弹簧的微动式行程开关，这种行程开关更为灵巧、敏捷，缺点是不耐用。行程开关的结构与图形符号如图 1-40 所示。三种行程开关的结构特点如图 1-41 所示。

LX 系列部分行程开关的外形图和触点系统如图 1-42 所示。

行程开关的选择主要应根据电源种类、电压等级、工作电流、现场使用环境条件等进行。

随着电子技术的不断发展，目前还广泛使用电子式接近开关作为行程或位置控制。接近开关分为电感式和电容式两种，电感式的感应头是一个具有铁氧体磁心的电感线圈，故只能检测金属物体的接近。电感式接近开关的工作原理如图 1-43 所示。它主要由一个高频振荡器和一个整形放大器组成，振荡器振荡后，在开关的检测面产生交变磁场。当金属体接近检测面时，金属体产生涡流，吸取了振荡器的能量，使振荡器减弱以致停振。“振荡”和“停振”这两种状态由整形放大器转换成“高”和“低”两种不同的电平，从而起到“开”和“关”的控制作用。目前常用的型号有 LJ1、LJ2 等系列。

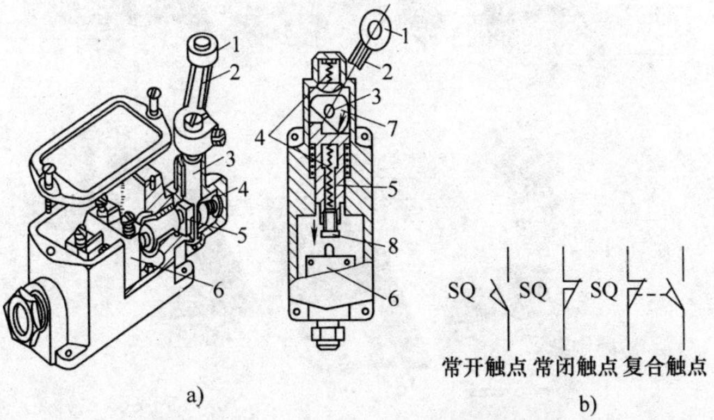

图 1-40　行程开关的结构与图形符号

a）行程开关的结构　b）行程开关的图形符号

1—滚轮　2—杠杆　3—转轴　4—复位弹簧　5—撞块　6—微动开关

7—凸轮　8—调节螺钉

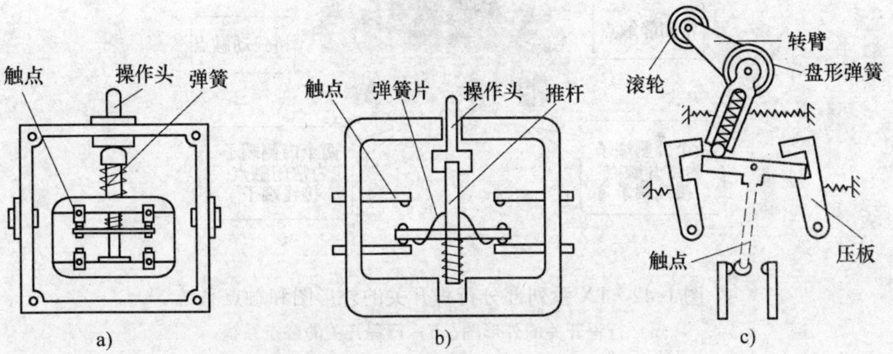

图 1-41　三种行程开关的结构特点

a）直动式　b）微动式　c）滚轮式

电感式接近开关的外形图如图 1-44 所示。其分类较多，有双线、三线及四线等，也有 PNP 型和 NPN 型等。NPN 型的接线方式如图 1-45 所示。

接近开关采用非接触型感应输入线路，具有可靠性高、寿命长、操作频率高、定位精度好、反应迅速等优点，其电路原理和图形符号如图 1-46 所示。

由图 1-46 可知，电路由三极管 V_1、振荡线圈 L 及电容器 C_1、C_2、C_3 组成电容二点式高频振荡器，其输出经由 V_2 级放大，V_7、V_8 整流成直流信号，加到三极管 V_3 的基极，晶体管 V_4、V_5 构成施密特电路，V_6 级为接近开关的输出电路。

a)

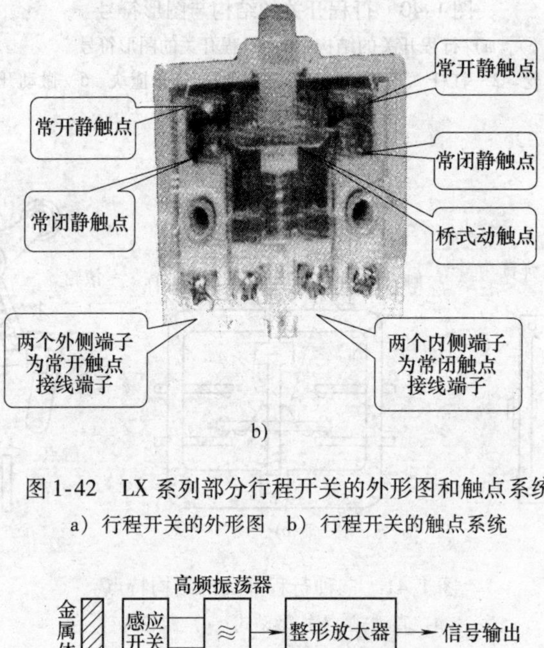

b)

图 1-42　LX 系列部分行程开关的外形图和触点系统

a）行程开关的外形图　b）行程开关的触点系统

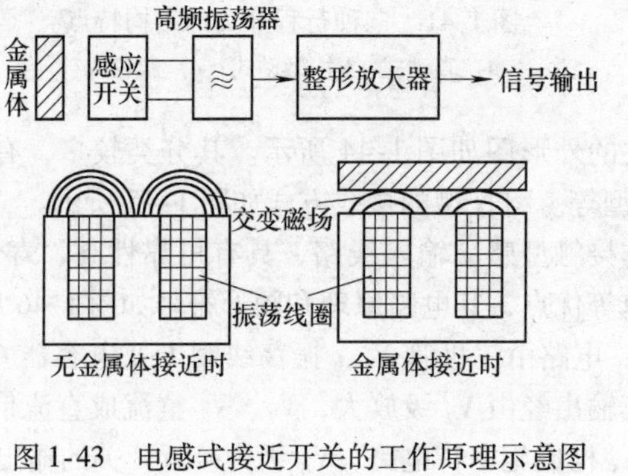

图 1-43　电感式接近开关的工作原理示意图

图 1-44　电感式接近开关的外形图

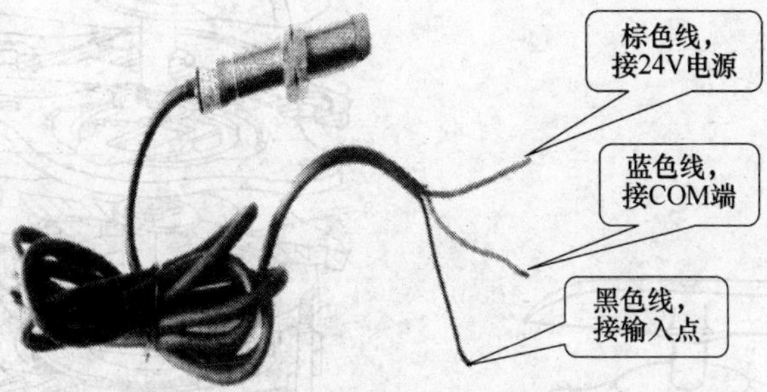

图 1-45　NPN 型三线电感式接近开关的接线图

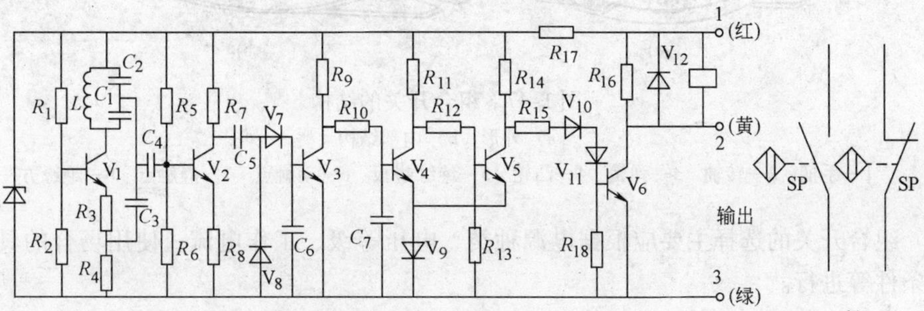

a)　　b)

图 1-46　接近开关的电路原理和图形符号

a）LJ2 系列晶体管接近开关原理　b）接近开关的图形及文字符号

当开关附近没有金属物体时，高频振荡器谐振，其输出经由 V_2 放大并经 V_7、V_8 整流成直流，使 V_3 导通，施密特电路截止，V_7 饱和导通，输出级 V_8 截止，接近开关无输出。

当金属物体接近振荡线圈 L 时，振荡减弱，直至停止，这时 V_3 截止，施密特电路翻转，V_7 截止，V_8 饱和导通，即有输出。其输出端可带继电器或其他负载。

电容式接近开关的感应头只是一个圆形平板电极，这个电极与振荡电路的地线形成一个分布电容。当有导体或介质接近感应头时，电容量增大而使振荡器停振，输出电路发出电信号。由于电容式接近开关既能检测金属，又能检测非金属及液体。因而在国外应用得十分广泛，国内也有 LXJ15 系列和 TC 系列等产品。

（4）组合开关　它实质上也是一种特殊刀开关，只不过一般刀开关的操作手柄是在垂直安装面的平面内向上或向下转动，而组合开关的操作手柄则是平行于安装面的平面内向左或向右转动而已。组合开关多用在机床电气控制线路中，作为电源的引入开关，也可以用作不频繁地接通和断开电路、换接电源和负载及控制 5kW 以下的小容量电动机的正反转和星三角启动等。组合开关的结构如图 1-47 所示。组合开关的图形符号如图 1-48 所示。

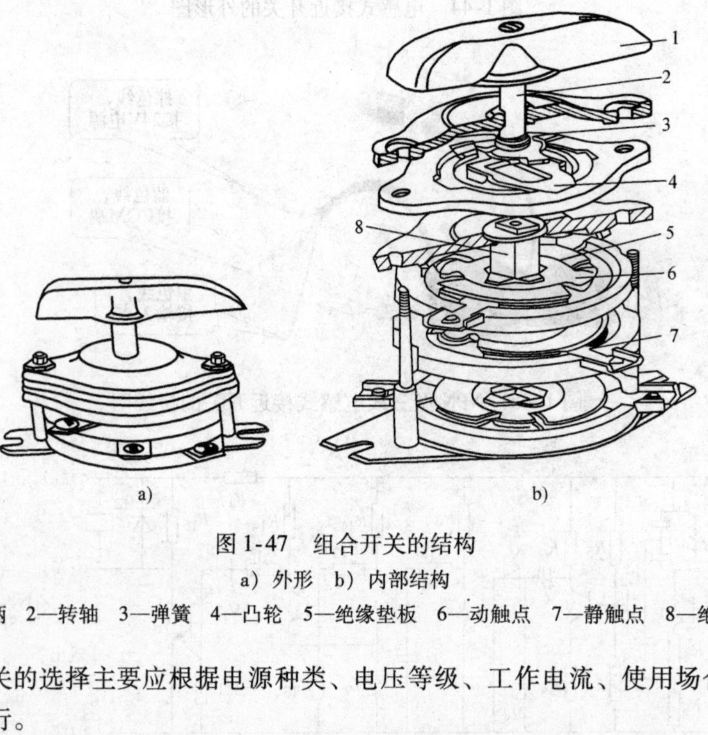

a)　　b)

图 1-47　组合开关的结构

a）外形　b）内部结构

1—手柄　2—转轴　3—弹簧　4—凸轮　5—绝缘垫板　6—动触点　7—静触点　8—绝缘方

组合开关的选择主要应根据电源种类、电压等级、工作电流、使用场合的具体环境条件等进行。

（5）万能转换开关　具有更多操作位置和触点、能够连接多个电路的一种手动控制电器。由于它的挡位多、触点多，可控制多个电路，能适应复杂线路的要求。

万能转换开关的结构如图 1-49 所示。其实物图、图形符号及开关表如图 1-50 所示。

万能转换开关的选择也应根据电源种类、电压等级、工作电流、使用场合的具体环境条件等进行。

（6）主令控制器　主令控制器是用来发出信号指令的电器。触点的额定电流较小，不能直接控制主电路，而是通过接通、断开接触器或继电器的线圈电路，间接控制主电路。

图 1-51 为主令控制器外形及结构原理，手柄通过带动凸轮的转动来操作触点的断开与闭合。目前常用的有 LK14、LK15 系列主令控制器。机床上常用的“十”形转换

开关也属于主令控制器，这类开关一般用于多电动机拖动或需多重连锁的控制系统中。

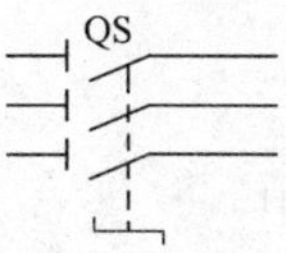

图 1-48　组合开关的图形符号

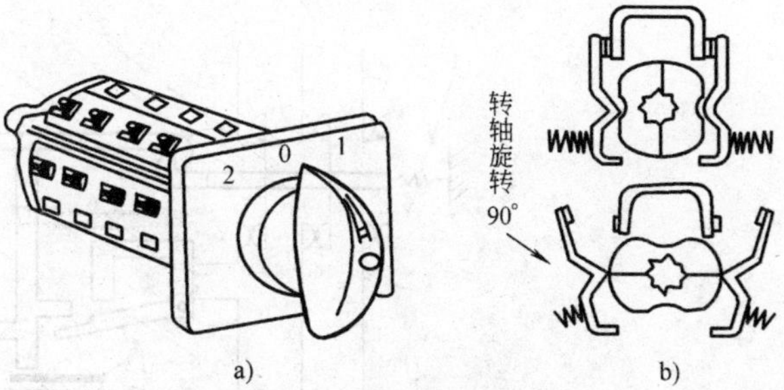

图 1-49　万能转换的结构

a）外形　b）凸轮通断触点示意图

触点 \ 开关位置	Ⅰ	O	Ⅱ
1	×	×	–
2	–	×	×
3	×	×	–
4	–	×	×
5	–	×	×

c)

图 1-50　万能转换开关的实物图、图形符号和开关表

a）实物图　b）图形符号　c）开关表

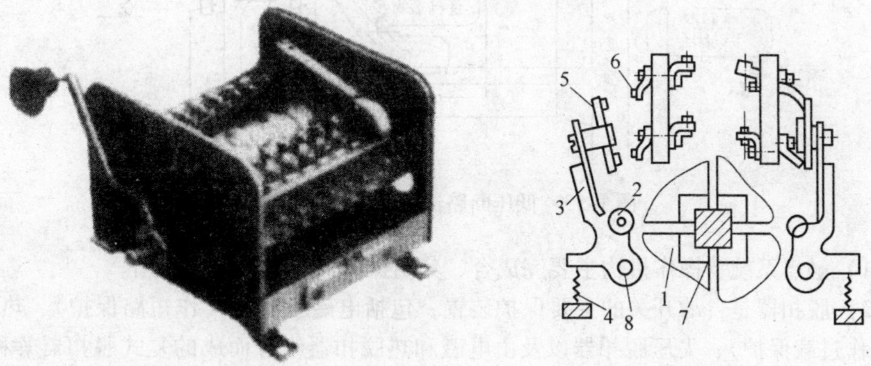

图 1-51　主令控制器外形及结构原理

1—凸轮　2—滚子　3—杠杆　4—弹簧　5—动触点　6—静触点　7—转轴　8—轴

（7）低压断路器（QF）　低压断路器又名自动开关，是一种集操作控制和多种保护功能于一身的电器。它除主要能完成接通和分断电路外，还能对电路或电气设备发生的短路、过载、失压等故障进行保护。常用作低压配电的总电源开关和电动机主电路的短路、过载、失压保护开关。其结构如图 1-52、图 1-53 所示。低压断路器主要由

触点系统、操作机构、各种脱扣器和灭弧装置等组成。

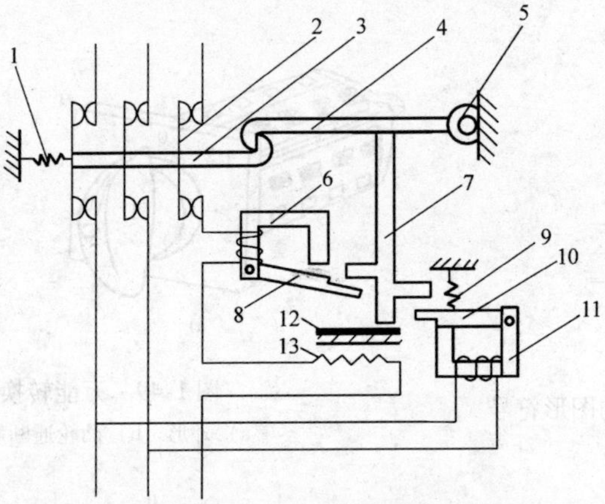

图 1-52 自动开关的原理

1、9—弹簧 2—触点 3—锁键 4—搭钩 5—轴 6—过电流脱扣器 7—杠杆 8、10—衔铁 11—欠电压脱扣器 12—双金属片 13—电阻丝

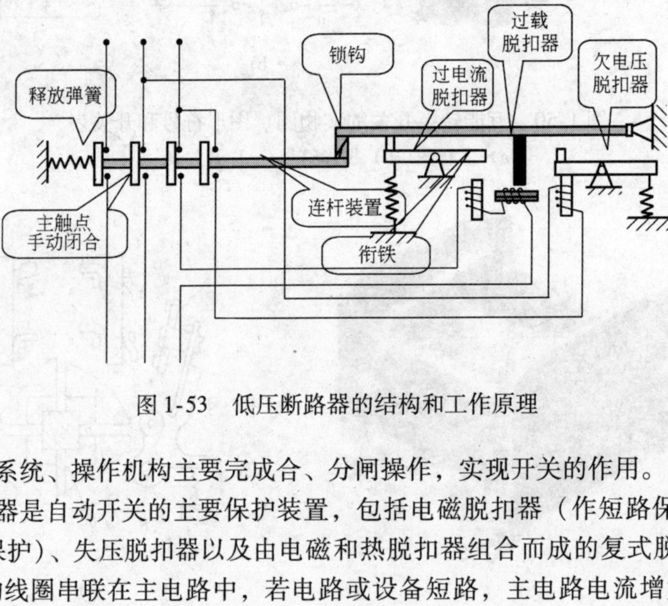

图 1-53 低压断路器的结构和工作原理

1）触点系统、操作机构主要完成合、分闸操作，实现开关的作用。

2）脱扣器是自动开关的主要保护装置，包括电磁脱扣器（作短路保护）、热脱扣器（作过载保护）、失压脱扣器以及由电磁和热脱扣器组合而成的复式脱扣器等种类。电磁脱扣器的线圈串联在主电路中，若电路或设备短路，主电路电流增大，线圈磁场增强，吸动衔铁，使操作机构动作，断开主触点，分断主电路而起到短路保护作用。电磁脱扣器有调节螺钉，可以根据用电设备容量和使用条件手动调节脱扣器动作电流的大小。

3）热脱扣器是一个双金属片热继电器。它的发热元件串联在主电路中。当电路过载时，过载电流使发热元件温度升高，双金属片受热弯曲，顶动自动操作机构动作，断开主触点，切断主电路而起过载保护作用。

低压断路器以结构形式分类有开启式和装置式两种。开启式又称为框架式或万能式，装置式又称为塑料壳式。框架式 DZ47 型低压断路器的外形及低压断路器的图形符号如图 1-54 所示。

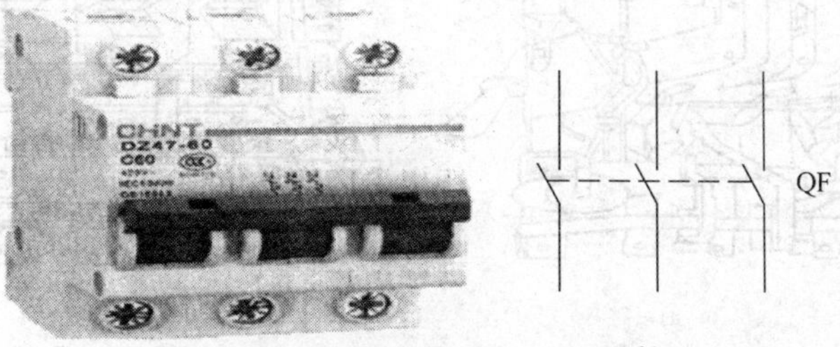

a) b)

图 1-54 低压断路器的外形与图形符号

a）DZ47-60 型低压断路器外形 b）低压断路器的图形符号

低压断路器的选择应考虑额定电压、额定电流和允许切断的极限电流以及脱扣器的整定值等和所控制的主电路相匹配。

（8）负荷开关 为保障机床供电主电路大电流的安全可靠，还常采用封闭式的电源开关，如铁壳开关或带有熔断器的三相低压断路器。它们均为负荷开关，即可在带负荷大电流状态下直接分断大负荷主电路。

铁壳开关的结构如图 1-55 所示。DW10 和 DW16 系列三相低压断路器的结构如图 1-56 所示。其图形符号同图 1-54b 所示低压断路器的图形符号。

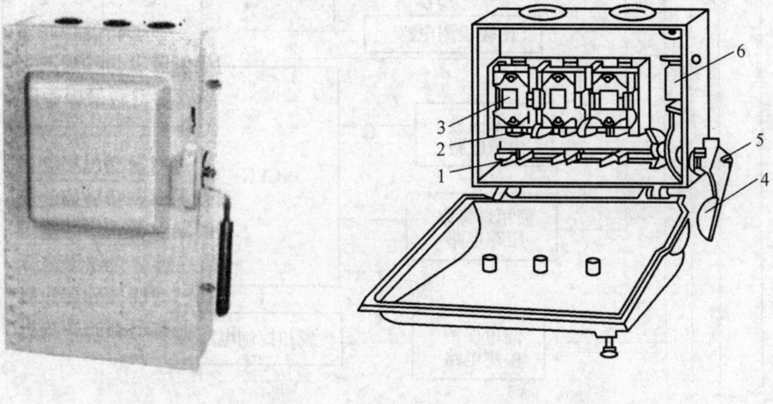

图 1-55 铁壳开关的结构

1—闸刀 2—夹座 3—熔断器 4—手柄 5—转轴 6—速断弹簧

（9）智能化断路器 传统断路器的保护功能是利用热效应或电磁效应原理，通过机械系统的动作来实现的。智能化断路器的特征是采用以微处理器或单片机为核心的智能控制器（智能脱扣器）。它不仅具备普通断路器的各种保护功能，同时还具备实时显示电路中的各种电气参数（电流、电压、功率因数等），对电路进行在线监视、测量、试验、自诊断和通信等功能；还能够对各种保护功能的动作参数进行显示、设定

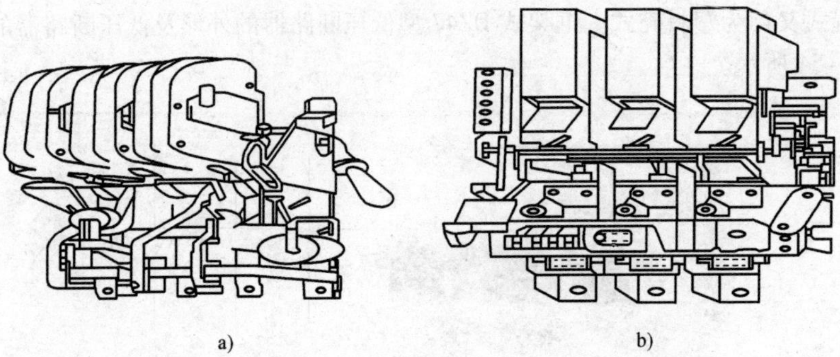

图 1-56　DW10 和 DW16 系列三相低压断路器的结构

a）DW10 系列　b）DW16 系列

和修改。将电路动作时的故障参数存储在非易失存储器中以便查询。智能化断路器原理框图如图 1-57 所示。

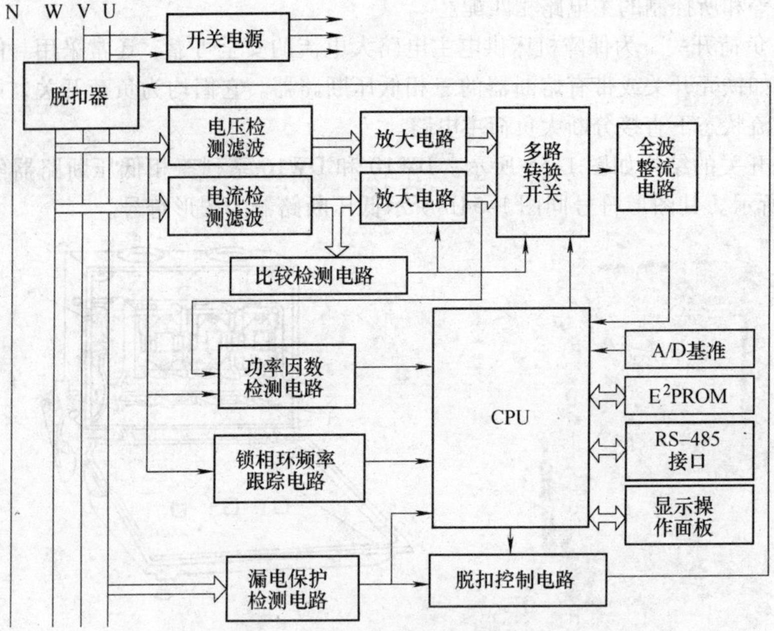

图 1-57　智能化断路器原理框图

智能化断路器有框架式和塑料外壳式两种。框架式主要用作智能化自动配电系统中的主断路器。塑料外壳式主要用在配电网络中分配电能和作为线路及电源设备的控制与保护，也可用做三相笼型异步电动机的控制。智能化控制器一直是创新型国家的重点开发项目。

2. 自动切换信号及控制电器

自动切换信号及控制电器是指主要借助电磁力或某个物理量的电磁继电器。继电器主要用于传递控制信号，其触点通常接在控制电路中。继电器种类很多，机床电气控制系统中常用的主要有电磁式中间继电器、速度继电器、时间继电器等。继电器的工作特点是阶跃式的输入输出特性，如图1-58所示。当继电器输入量 x 由零增加到 x_2 以前，继电器输出为零；当输入量 x 增加到 x_2 时，继电器吸合，通过其触点的输出量突变为 y_1 并保持不变。若 x 再增加，输出 y_1 不变。当 x 减少到 x_1 时，继电器释放。输出 y 从 y_1 降到零。x 再小，输出仍为零。

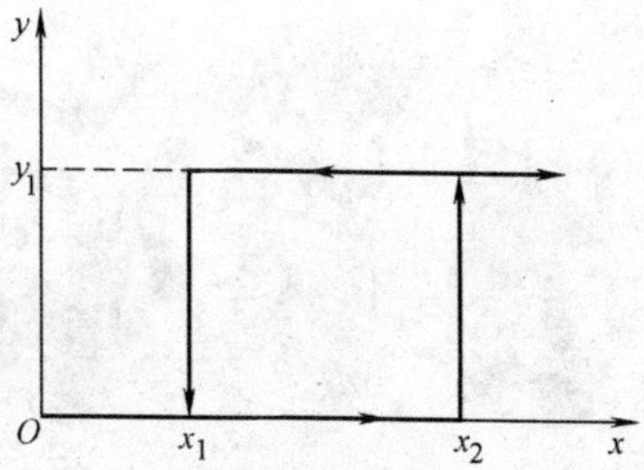

图1-58　继电器特性曲线

（1）中间继电器（KA）　中间继电器也是一种电压继电器，其主要用途是进行电路的逻辑控制或实现触点的转换和扩展（增加触点的数量和容量），故触点的数量多（可多达六对或更多），触点通断电流大（额定电流5～10A），动作灵敏（动作时间小于0.5s）。JZC1-44型中间继电器的结构与图形符号如图1-59所示。它由电磁系统、触点系统和动作结构组成。当中间继电器的线圈得电时，其衔铁和铁心吸合，从而带动常开触点闭合，常闭触点断开；一旦线圈失电，其衔铁和铁心释放，触点复位为原始状态。

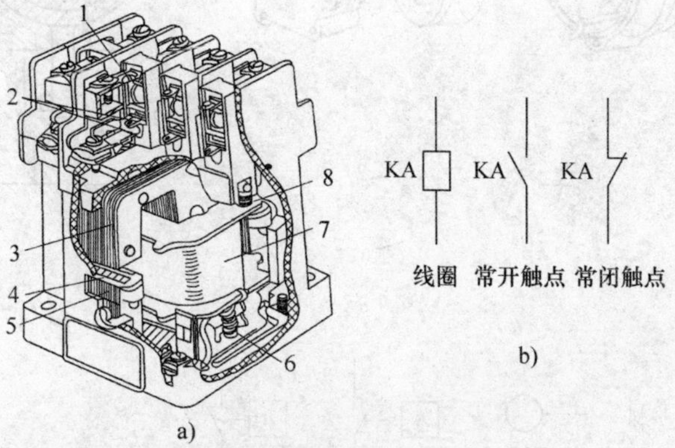

图1-59　JZC1-44型中间继电器的结构与图形符号

a）JZC1-44型中间继电器的结构　b）图形符号

1—常闭触点　2—常开触点　3—动铁心　4—短路环　5—静铁心　6—反作用弹簧　7—线圈　8—复位弹簧

部分JZ中间继电器的外形和JZC1-44型中间继电器触点系统如图1-60所示。

（2）速度继电器（KS）　速度继电器是测量设备转速的元件。它能反映设备转动的方向以及是否停转，因此广泛用于异步电动机的反接制动中。其结构和工作原理与笼型电动机类似，主要有转子、定子和触点三部分。其中转子是圆柱形永磁铁，与被控旋转机构的轴连接，同步旋转。定子是笼形空心圆环，内装有笼形绕组，它套在转子上，可以转动一定的角度。当转子转动时（当转子转速大于120r/min时），在绕组

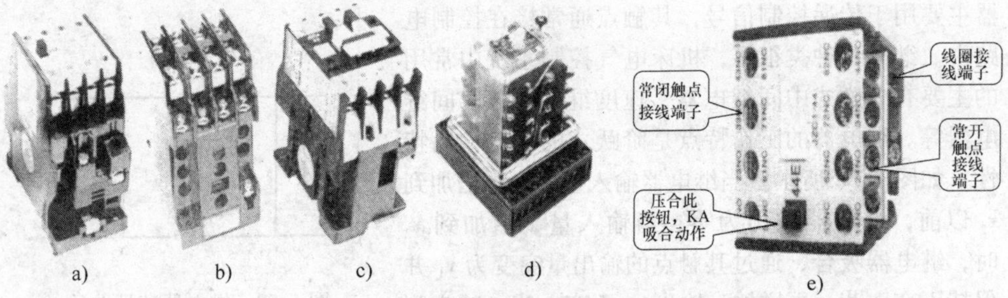

图 1-60　部分 JZ 中间继电器的外形和 JZC1-44 型中间继电器触点系统

a）JZC 系列　b）JZ7 系列　c）JZC4 系列　d）JZ14 系列　e）JZC1-44 型中间继电器触点系统

内感应出电动势和电流，此电流和磁场作用产生转矩使定子柄向旋转方向转动，拨动簧片使触点闭合或断开。当转速接近零（约 100r/min）时，转矩不足于克服定子柄重力，触点系统恢复原态。JY1 型速度继电器的结构原理与图形符号如图 1-61 所示。

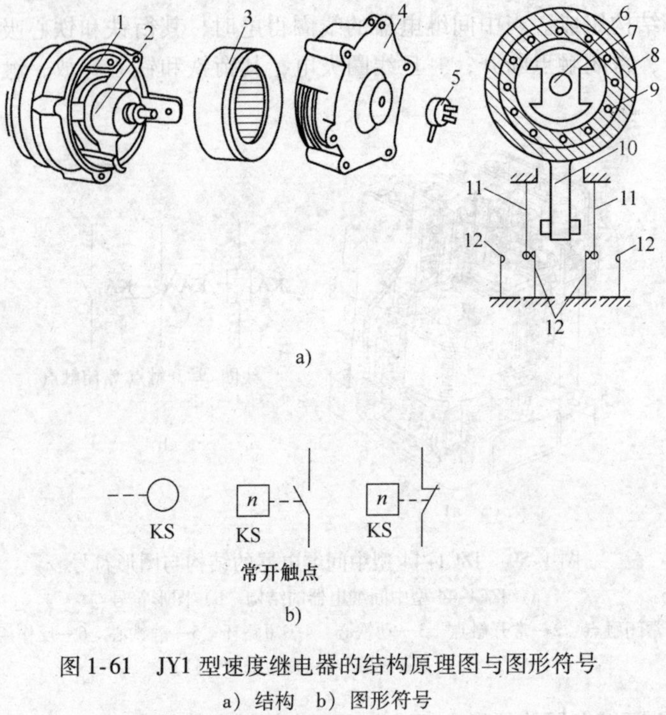

图 1-61　JY1 型速度继电器的结构原理图与图形符号

a）结构　b）图形符号

1—可动支架　2—转子　3、8—定子　4—端盖　5—连接头　6—转轴　7—转子

9—定子绕组　10—胶木摆杆　11—动触点　12—静触点

JY1 型速度继电器的外形和触点系统及与电动机的连接如图 1-62 所示。

（3）时间继电器（KT）　时间继电器是用来定时的电器元件，是一种按照时间原则进行控制的电器。时间继电器的外形和结构如图 1-63 所示。

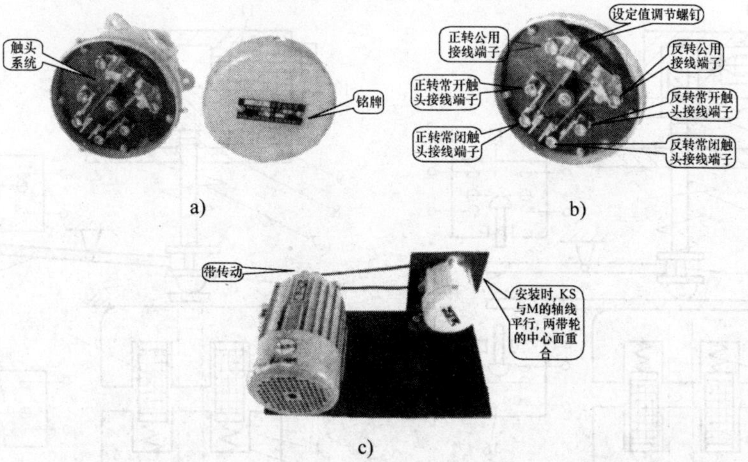

图 1-62　JY1 型速度继电器的外形和触点系统及与电动机的连接

a）外形　b）触点系统　c）与电动机的连接

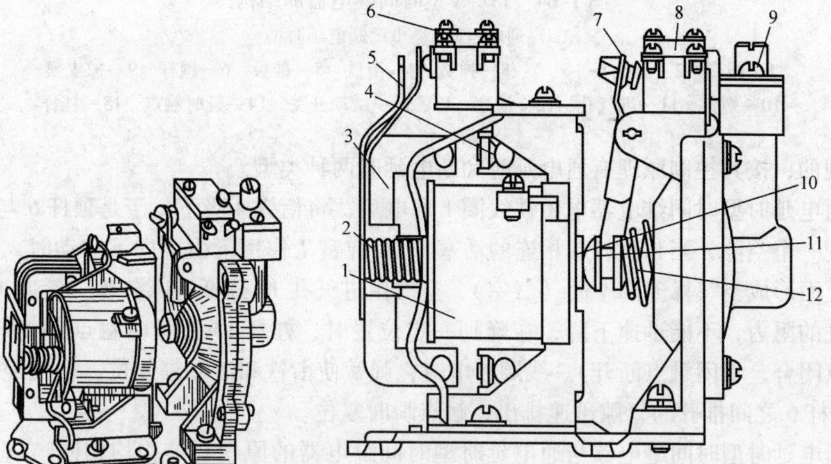

图 1-63　时间继电器的外形和结构

a）外形　b）结构

1—线圈　2—反力弹簧　3—衔铁　4—静铁心　5—弹簧片　6、8—微动开关　7—杠杆　9—调节螺钉　10—推杆　11—活塞杆　12—宝塔簧片

时间继电器按工作方式可分为通电延时动作型和断电延时动作型两类；按动作原理分为空气阻尼型、电磁式、电动机式、半导体式。

1）空气阻尼型时间继电器。常见空气阻尼型时间继电器有 JS7-A 型，延时范围为 0.4～180s。JS7-A 型时间继电器的结构如图 1-64 所示。

JS7-A 由电磁机构、工作触点及气室三部分组成，它的延时是靠空气的阻尼作用

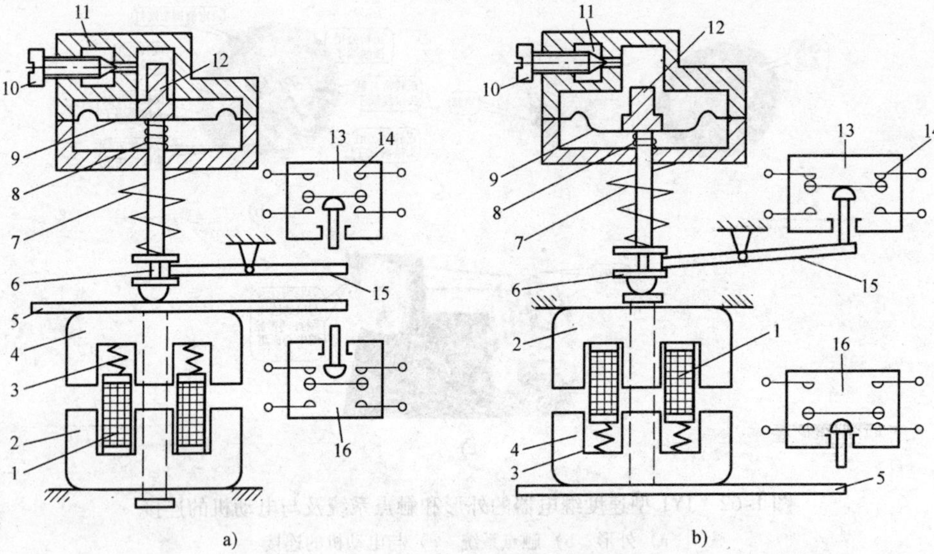

图 1-64　JS7-A 型时间继电器的结构图

a）通电延时型　b）断电延时型

1—线圈　2—静铁心　3、7、8—弹簧　4—衔铁　5—推板　6—顶杆　9—橡皮膜

10—螺钉　11—进气孔　12—活塞　13、16—微动开关　14—延时触点　15—杠杆

来实现的，按其控制原理有通电延时和断电延时两种类型。

通电延时型时间继电器电磁铁线圈 1 通电后，将衔铁 4 吸下，于是顶杆 6 与衔铁 4 间出现一个空隙，当与顶杆 6 相连的活塞 12 在弹簧 7 作用下由上向下移动时，在橡皮膜 9 上面形成空气稀薄的空间（气室），空气由进气孔 11 逐渐进入气室，活塞 12 因受到空气的阻力，不能迅速下降，在降到一定位置时，杠杆 15 使延时触点 14 动作（常开触点闭合，常闭触点断开）。线圈断电时，弹簧使衔铁和活塞等复位，空气经橡皮膜 9 与顶杆 6 之间推开的气隙迅速排出，触点瞬时复位。

断电延时型时间继电器与通电延时型时间继电器的原理与结构均相同，只是将其电磁机构翻转 180°安装，即为断电延时型。

空气阻尼式时间继电器延时时间有 0.4～180s 和 0.4～60s 两种规格，具有延时范围较宽、结构简单、工作可靠、价格低廉、寿命长等优点，是机床交流控制线路中常用的时间继电器。

时间继电器的图形符号如图 1-65 所示。应特别注意：在分析和记忆时间继电器的图形符号时，首先要看其接点是常开触点还是常闭触点？然后再将是闭合时延时还是开启时延时加上就可以了，这样不容易混淆。常用的有（记忆时宜选择每组中的“右开右闭”触点为标准）：①延时闭合的常开触点（开启时不延时）；②延时开启的常开触点（闭合时不延时）；③延时开启的常闭触点（闭合时不延时）；④延时闭合的常闭触点（开启时不延时）。

2）电磁式时间继电器。电磁式时间继电器只能直流断电延时动作，一般在直流

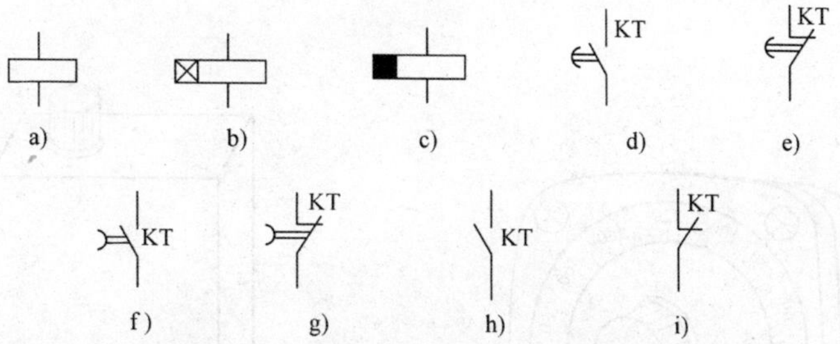

图 1-65　时间继电器的图形符号

a）线圈一般符号　b）通电延时线圈　c）断电延时线圈　d）延时闭合常开触点　e）延时断开常闭触点
f）延时断开常开触点　g）延时闭合常闭触点　h）瞬动常开触点　i）瞬动常闭触点

电器控制电路中应用较广。它的结构与电磁式继电器结构相同，主要是靠铁心柱上的金属阻尼套筒来实现延时。即当线圈断电后，通过铁心的磁通要迅速减少，由于电磁感应，在阻尼套筒内产生感应电流。根据电磁感应定律，感应电流产生的磁场总是阻碍原来磁场的减弱，使铁心继续吸引衔铁一小段时间，从而达到了延时的目的。

这种时间继电器延时时间长短是靠改变铁心与衔铁间非磁性垫片的厚度或改变反力弹簧的松紧来调节的。垫片厚则延时短，薄则延时长；弹簧紧则延时短，松则延时长。

电磁式时间继电器结构简单，价格低廉，但延时较短，一般可达 0.2 ~ 10s，一般只能用于直流断电延时。常用的通用时间继电器的型号有 JT18 系列等。

3）电动式时间继电器。电动式时间继电器主要由同步电动机、电磁离合器、减速齿轮、触点与延时调整机构等组成，其外形如图 1-66 所示。

电动式时间继电器具有如下特点：

① 因同步电动机的转速只与电源频率有关，不受电源电压波动和环境温度变化的影响，所以延时精度很高。

② 延时范围宽，可从几秒到几十小时。

③ 缺点是结构复杂、价格高、寿命短。

常用电动式时间继电器有 JS11、JS17 系列等。

4）电子式时间继电器。电子式时间继电器体积小、机械结构简单、寿命长、精度高、可靠性好。随着电子技术的飞速发展，正在获得越来越广泛的应用，其外形如图 1-67 所示。

晶体管式时间继电器也称半导体式时间继电器，是电子式时间继电器的典型产品，具有延时范围广（最长可达 3600s）、精度高（一般为 5% 左右）、体积小、耐冲击震动、调节方便和寿命长等优点，它的发展很快，使用也日益广泛。

晶体管式时间继电器是利用 RC 电路中电容电压不能跃变，只能按指数规律逐渐变化的原理——电阻尼特性获得延时的。所以，只要改变充电回路的时间常数即可改变延时时间。由于调节电容比调节电阻困难，所以多用调节电阻的方式来改变延时。

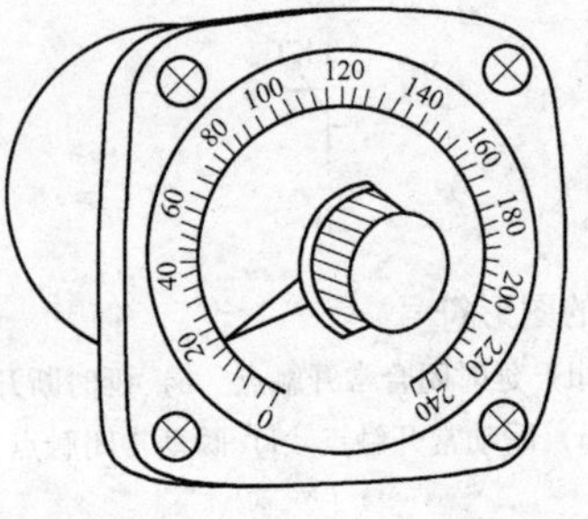

图 1-66 电动式时间继电器外形

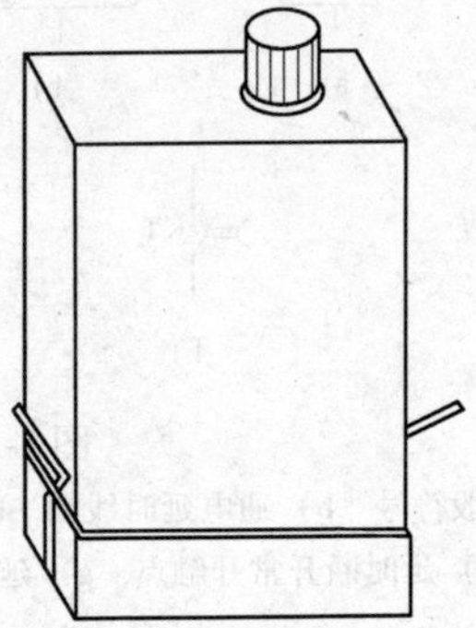

图 1-67 电子式时间继电器外形

晶体管式时间继电器常用的产品有 JSJ、JS13、JS14、JS15、JS20 型等。现以 JSJ 型为例说明晶体管式时间继电器的工作原理。图 1-68 为 JSJ 型晶体管式时间继电器的原理图。

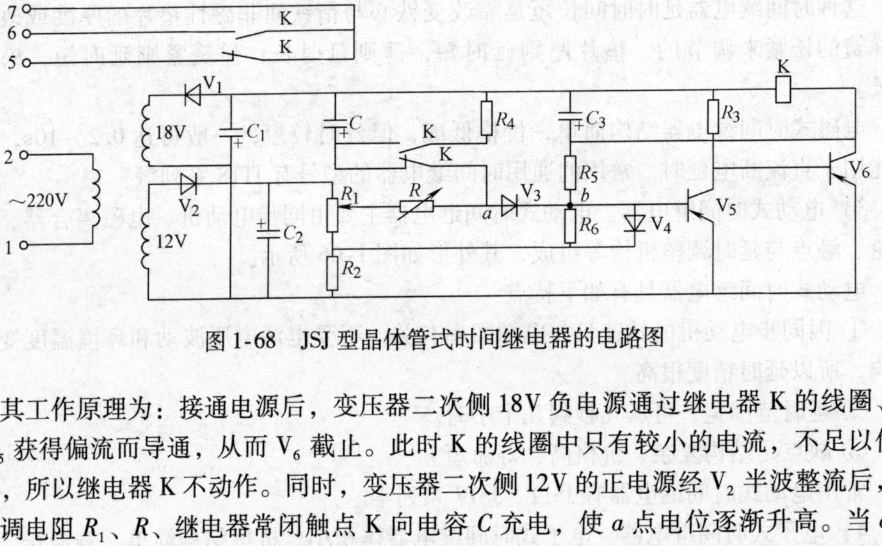

图 1-68 JSJ 型晶体管式时间继电器的电路图

其工作原理为：接通电源后，变压器二次侧 18V 负电源通过继电器 K 的线圈、R_5 使 V_5 获得偏流而导通，从而 V_6 截止。此时 K 的线圈中只有较小的电流，不足以使 K 吸合，所以继电器 K 不动作。同时，变压器二次侧 12V 的正电源经 V_2 半波整流后，经过可调电阻 R_1、R、继电器常闭触点 K 向电容 C 充电，使 a 点电位逐渐升高。当 a 点电位高于 b 点电位并使 V_3 导通时，在 12V 正电源作用下 V_5 截止，V_6 通过 R_3 获得偏流而导通。V_6 导通后继电器线圈 K 中的电流大幅度上升，达到继电器的动作值时使 K 动作，其常闭打开，断开充电回路，常开闭合，使 C 通过 R_4 放电，为下次充电作准备。继电器 K 的其他触点则分别接通或分断其他电路。当电源断电后，继电器 K 释放。所以，这种时间继电器是通电延时型的，断电延时只有几秒钟。电位器 R_1 用来调节延时范围。

机床中常用的 JSZ3 系列部分时间继电器外形和引腿及其功能如图 1-69 所示。

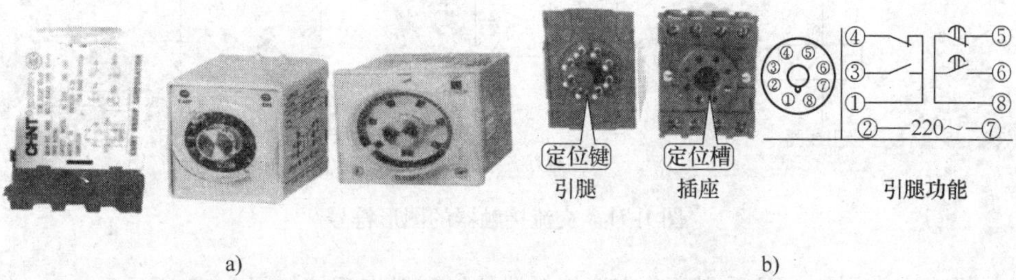

图 1-69　机床中常用的 JSZ3 系列部分时间继电器外形和引腿及其功能
a）JSZ3 系列部分时间继电器外形　b）引腿及其功能

1.3.3　执行电器

执行电器以电磁式为主，常用的有接触器、固态继电器和电磁执行电器等。

1. 接触器（KM）

接触器是一种接通或切断电动机或其他负载主电路的自动切换电器。它是利用电磁力来使开关打开或断开的电器，适用于频繁操作、远距离控制强电电路，并具有低压释放的零压保护性能。接触器通常分为交流接触器和直流接触器，其主要结构包括触点系统、电磁机构、灭弧机构以及反作用弹簧等。接触器的工作原理是当线圈得电后，衔铁被吸合，带动三对主触点闭合，接通电路，辅助触点也闭合或断开；当线圈失电后，衔铁被释放，三对主触点复位，电路断开，辅助触点也断开或闭合。大容量的接触器都具有快速灭弧装置，使用安全可靠。

交流接触器外形和结构如图 1-70 所示。交流接触器的图形符号如图 1-71 所示。

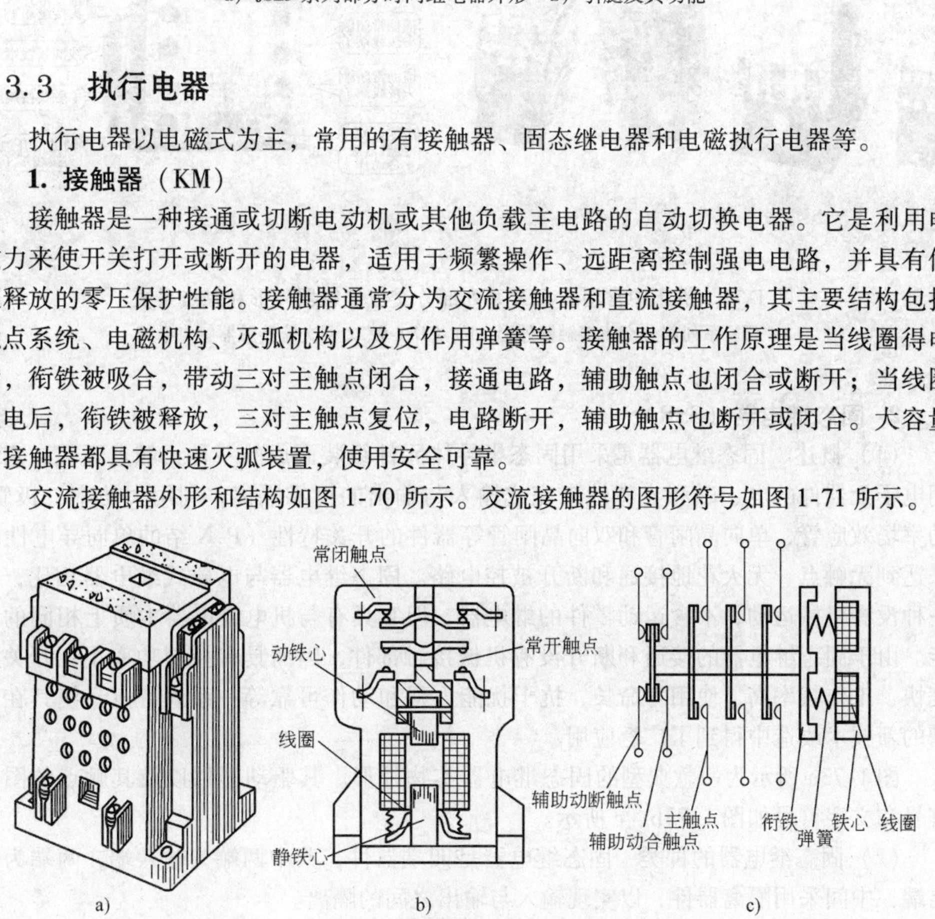

图 1-70　交流接触器外形和结构
a）外形　b）结构　c）结构示意

选择接触器主要考虑以下参数：①触点通断电源种类：交流或直流；②主触点额定电压和电流；③辅助触点种类、数量及触点额定电流；④电磁线圈的电源、种类及频率。

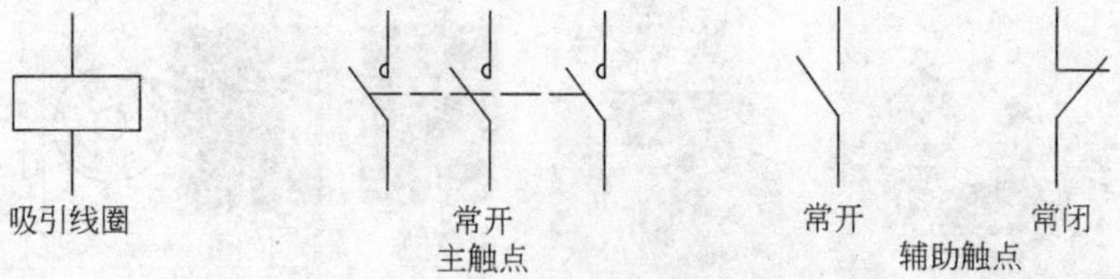

图 1-71　交流接触器的图形符号

机床中常用的 CJX 系列部分交流接触器外形和触点系统如图 1-72 所示。

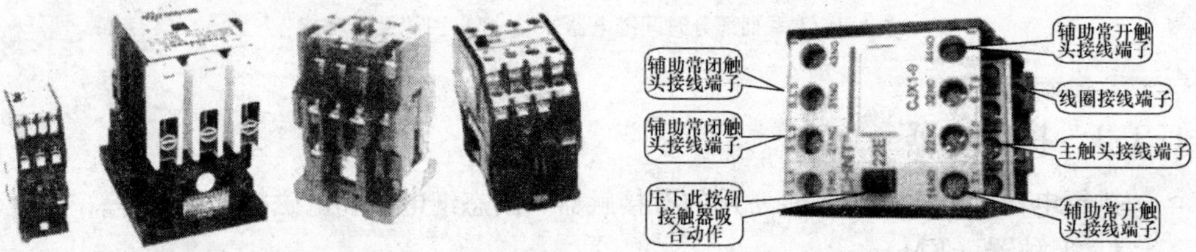

a)　　　　　　　　　　　　　　b)

图 1-72　机床中常用的 CJX 系列部分交流接触器外形和触点系统

a）CJX 系列部分交流接触器外形　b）CJX1-9/22 型交流接触器触点系统

2. 固态继电器（SSR）

（1）概述　固态继电器是采用固态半导体元件组装而成的一种无触点开关。它利用电子元器件的电、磁和光特性来完成输入与输出的可靠隔离，利用大功率二极管、功率场效应管、单向晶闸管和双向晶闸管等器件的开关特性（P-N 结的单向导电性），来达到无触点、无火花地接通和断开被控电路。固态继电器与电磁式继电器相比，是一种没有机械运动，不含运动零件的继电器，但它具有与机电继电器本质上相同的功能。由于固态继电器的接通和断开没有机械接触部件，因而具有控制功率小、开关速度快、工作频率高、使用寿命长、抗干扰能力强和动作可靠等一系列特点，使其在机床的新技术改造中得到了广泛应用。

图 1-73a 所示为一款典型的固态继电器实物外形。其驱动器件以及其触点的图形符号和文字符号如图 1-73b、c 所示。

（2）固态继电器的种类　固态继电器是四端器件，共中两端为输入端，两端为输出端，中间采用隔离器件，以实现输入与输出之间的隔离。

1）按切换负载性质分，有直流固态继电器和交流固态继电器。

2）按输入与输出之间的隔离分，有光电隔离固态继电器和磁隔离固态继电器。

3）按控制触发信号方式分，有过零型和非过零型、有源触发型和无源触发型。

（3）固态继电器的优缺点　固态继电器的主要优点是：

1）高寿命，高可靠性。SSR 由固态器件完成触点功能，但没有机械零部件。由于没有运动的零部件，因此能在高冲击与振动的环境下工作。由于组成固态继电器的元

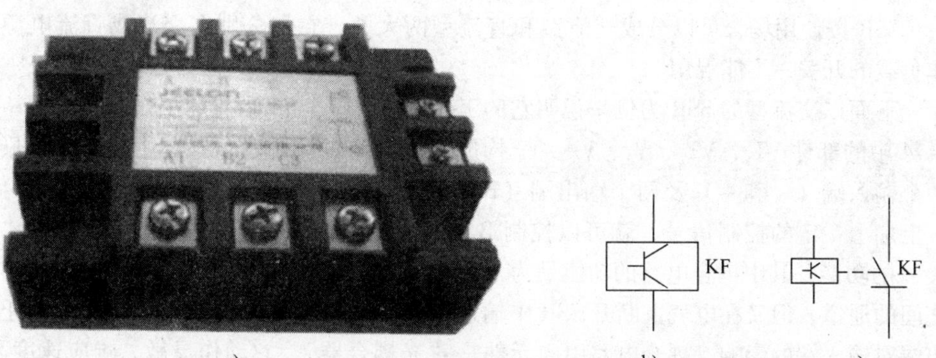

图 1-73　固态继电器外形和驱动器件以及其触点的图形符号

器件的固有特性，决定了固态继电器的寿命长，可靠性高。

2）灵敏度高，控制功率小，电磁兼容性好。固态继电器的输入电压范围较宽，驱动功率低，可与大多数逻辑集成电路兼容，而不需加缓冲器或驱动器。

3）转换速度快。固态继电器因为采用固体器件，所以切换速度可从几毫秒至几微秒。

4）电磁干扰小。固态继电器没有输入“线圈”，没有触点燃弧和回跳，因而减少了电磁干扰。大多数交流输出固态继电器是一个零电压开关，在零电压处导通，零电流处关断，减少了电流波形的突然中断，从而减少了开关瞬态效应。

尽管固态继电器有众多优点，但与传统的继电器相比，仍有其不足之处。如漏电流大、接触电阻大、触点单一、使用温度范围窄、过载能力差及价格偏高等，在使用中需要有可靠的保护设施。

（4）固态继电器的工作原理　固态继电器作为一种无触点通断电子开关的四端有源器件，其中两端为输入控制端，另两端为输出受控端，中间采用光电隔离，作为输入输出之间电气隔离（浮空）。在输入端加上直流或脉冲信号，输出端就能从关断状态转变成导通状态（无信号时呈阻断状态），从而控制较大负载。整个器件无可动部件及触点，可实现相当于常用的机械式电磁继电器一样的功能。光电耦合式固态继电器的工作原理图如图 1-74 所示。

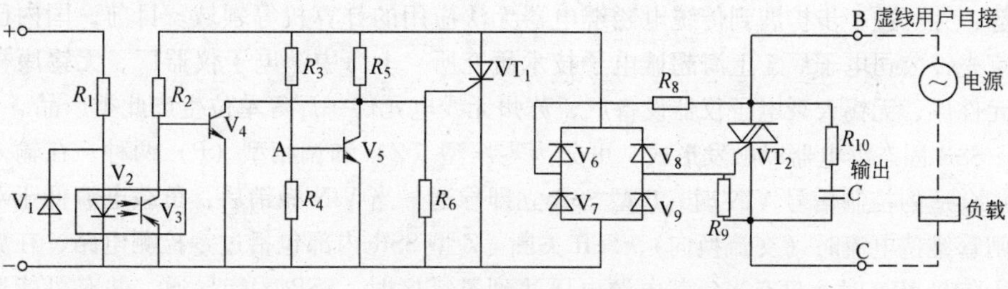

图 1-74　光电耦合式固态继电器的工作原理

SSR 按使用场合可以分成交流型和直流型两大类，它们分别在交流或直流电源上作负载的开关，不能混用。

下面以交流型的 SSR 为例来说明它的工作原理，图 1-74 是它的工作原理框图，图 1-74 中的部件 VT_1、VT_2、V_2、V_6 ~ V_9 构成交流 SSR 的主体，从整体上看，SSR 只有两个输入端（+和-）及两个输出端（B 和 C），是一种四端器件。工作时只要在+、-上加上一定的控制信号，就可以控制 B、C 两端之间的“通”和“断”，实现“开关”的功能，其中耦合电路的功能是为+、-端输入的控制信号提供一个输入/输出端之间的通道，但又在电气上断开 SSR 中输入端和输出端之间的（电）联系，以防止输出端对输入端的影响。耦合电路用的元件是“光耦合器”，它动作灵敏、响应速度高、输入/输出端间的绝缘（耐压）等级高；由于输入端的负载是发光二极管，这使 SSR 的输入端很容易做到与输入信号电平相匹配，在使用可直接与计算机输出接口相接，即受“1”与“0”的逻辑电平控制。触发电路的功能是产生合乎要求的触发信号，驱动开关电路（VT_2）工作，但由于开关电路在不加特殊控制电路时，将产生射频干扰并以高次谐波或尖峰等污染电网，为此特设“过零控制电路”。所谓“过零”，是指当加入控制信号，交流电压过零时，SSR 即为通态；而当断开控制信号后，SSR 要等待交流电的正半周与负半周的交界点（零电位）时，SSR 才为断态。这种设计能防止高次谐波的干扰和对电网的污染。吸收电路（R_{10}和 C）是为防止从电源中传来的尖峰、浪涌（电压）对开关器件双向可控硅管的冲击和干扰（甚至误动作）而设计的，一般是用“R-C”串联吸收电路或非线性电阻（压敏电阻器）。

直流型的 SSR 与交流型的 SSR 相比，无过零控制电路，也不必设置吸收电路，开关器件一般用大功率开关三极管，其他工作原理相同。不过，直流型 SSR 在使用时应注意：①负载为感性负载时（如直流电磁阀或电磁铁），应在负载两端反向并联一只二极管以吸收电磁能，极性要正确，二极管的电流应等于工作电流，电压应大于工作电压的 4 倍；②SSR 工作时应尽量把它靠近负载，其输出引线应满足负荷电流的需要；③使用电源是经交流降压整流所得的，其滤波电解电容应足够大。

由于固态继电器是由固体元件组成的无触点开关元件，所以与电磁继电器相比具有工作可靠、寿命长，对外界干扰小，能与逻辑电路兼容、抗干扰能力强、开关速度快和使用方便等一系列优点，因而具有很宽的应用领域，有逐步取代传统电磁继电器之势，并可进一步扩展到传统电磁继电器无法应用的计算机等领域。目前，国内已有北京先锋公司电子厂、上海超诚电子技术研究所、上海中沪电子仪器厂、无锡康裕电器元件厂、无锡天豪电子仪器设备厂、苏州无线电元件一厂等单位生产此类产品。

SSR 固态继电器以触发形式，可分为零压型（Z）和调相型（P）两种。在输入端施加合适的控制信号 VIN 时，P 型 SSR 立即导通。当 VIN 撤销后，负载电流低于双向晶闸管维持电流时（交流换向），SSR 关断。Z 型 SSR 内部包括过零检测电路，在施加输入信号 VIN 时，只有当负载电源电压达到过零区时，SSR 才能导通，并有可能造成电源半个周期的最大延时。Z 型 SSR 关断条件同 P 型，但由于负载工作电流近似正弦波，高次谐波干扰小，所以应用广泛。

3. 电磁执行电器

常用的主要是电磁铁、电磁阀、电磁离合器和电磁制动器，其性能的好坏直接影响到机床各种运动功能和性能的实现。

（1）电磁铁　电磁铁是利用通电的线圈在铁心中产生的电磁吸力来吸引衔铁或钢铁零件，即把电磁能转换为机械能，带动机械装置完成一定的动作。如接触器、继电器及电磁电磁吸盘等均利用电磁铁实现其功能。

电磁铁主要由励磁线圈、铁心和衔铁三部分组成，其结构如图1-75所示，当励磁线圈通以电流后，铁心被磁化而产生电磁吸力，吸引衔铁动作。

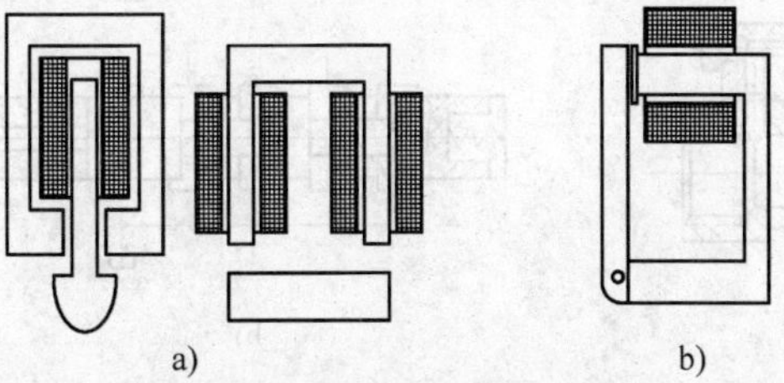

图1-75　电磁铁的结构

a）直动式　b）转动式

根据励磁电流的不同，电磁铁分为直流电磁铁和交流电磁铁。电磁铁的主要技术数据有：额定行程、额定吸力、额定电压等。选用电磁铁时应考虑这些技术数据，即额定行程应满足实际所需机械行程的要求；额定吸力必须大于机械装置所需的启动吸力。电磁铁的表示符号如图1-76a所示。

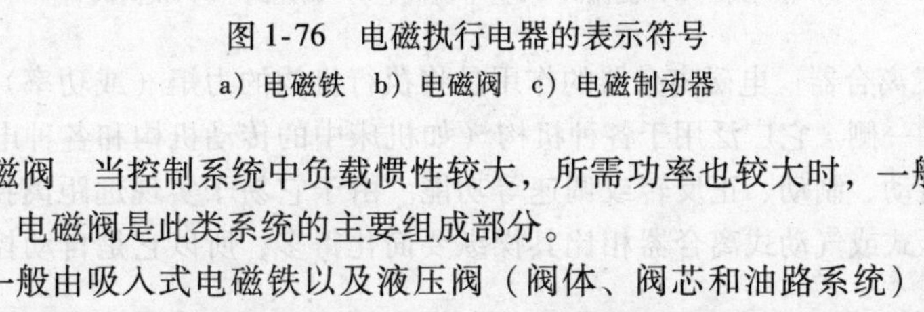

图1-76　电磁执行电器的表示符号

a）电磁铁　b）电磁阀　c）电磁制动器

（2）电磁阀　当控制系统中负载惯性较大，所需功率也较大时，一般用液压或气压控制系统，电磁阀是此类系统的主要组成部分。

电磁阀一般由吸入式电磁铁以及液压阀（阀体、阀芯和油路系统）两部分组成。其基本工作原理为：当电磁铁线圈通/断电时，衔铁吸合或释放，由于电磁铁的动铁心与液压阀的阀芯连接，就会直接控制阀芯位移，来实现液体的流通、切断和方向变换，操作机构动作，如气缸的往返，马达的旋转，油路系统的升压、卸荷和其他工作部件的顺序动作等。其结构如图1-77a所示。

电磁阀一般无辅助触点，需借助中间继电器传递逻辑关系。电磁阀的结构性能通常用其“位置”数和“通路”数表示，“位”是指滑阀位置，“通”是指流体的通道数，常用的有两位三通、两位四通、三位五通等。两位四通电磁阀结构图和图形符号如图 1-77b 所示。一般电磁阀的表示符号如图 1-76b 所示；两位四通电磁阀的表示符号如图 1-77c 所示。图中，P 为进油口，T 为出油口，A、B 为工作油口。

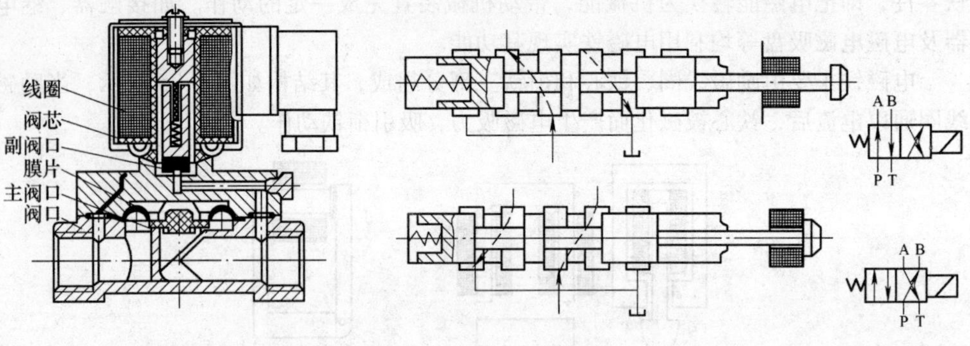

图 1-77　电磁阀结构和图形符号

a）电磁阀一般结构［通电开型（常闭型）］　b）二位四通电磁阀结构　c）图形符号

在气动或液动的系统中，与电磁阀配套使用的几种常见液压元件的图形符号如图 1-78 所示。它们是组成电液（气）控制系统的常用器件。

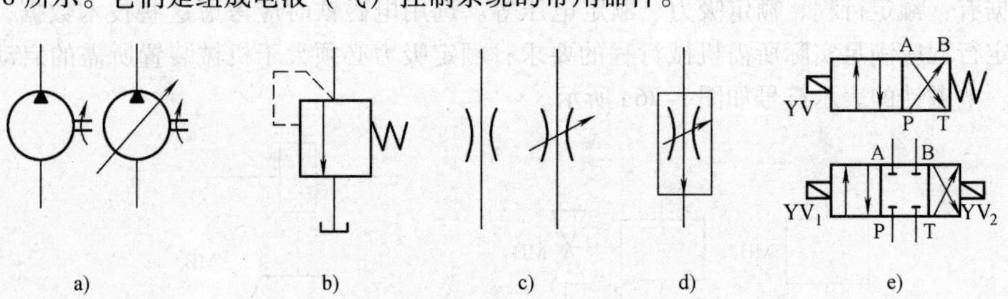

图 1-78　几种常见液压元件的图形符号

a）液压泵　b）溢流阀　c）节流阀　d）调速阀　e）换向阀

（3）电磁离合器　电磁离合器的作用是将执行机构的力矩（或功率）从主动轴一侧传到从动轴一侧。它广泛用于各种机构（如机床中的传动机构和各种电动机机构），以实现快速启动、制动、正反转或调速等功能。由于它易于实现远距离控制，和其他机械式、液压式或气动式离合器相比其操纵要简化得多，所以它是自动控制系统中一种重要的元件。

按工作原理分，电磁离合器主要有摩擦片式、牙嵌式、磁粉式或感应转差式等。摩擦片式电磁离合器的结构如图 1-79 所示。其工作原理如下：

在主动轴的花键轴上装有主动摩擦片，它可沿花键轴自由移动，同时又与主动轴花键连接，所以主动摩擦片可随主动轴一起旋转。从动摩擦片与主动摩擦片交替叠装，其外缘凸起部分卡在与从动齿轮固定在一起的套筒内，因此可随从动齿轮一起旋转，在主动、从动摩擦片未压紧之前，主动轴旋转时它不转动。

当电磁线圈通入直流电产生磁场后，在电磁力的作用下，主动摩擦片与衔铁克服弹簧反力被吸向铁芯，并将各摩擦片紧紧压住，依靠从动摩擦片与主动摩擦片之间的摩擦力，使从动摩擦片随主动摩擦片旋转，同时又使套筒及从动齿轮随主动轴旋转，实现了力矩的传递。

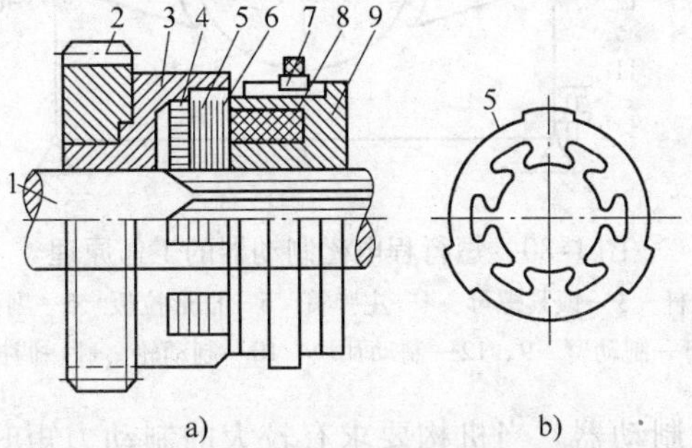

图 1-79　摩擦片式电磁离合器的结构图

a）结构示意图　b）从动摩擦片示意图

1—主动轴　2—主从动齿轮　3—主套筒　4—主衔铁　5—从动摩擦片　6—主动摩擦片　7—集电环　8—线圈　9—铁心

当电磁离合器线圈断电后，装在主动、从动摩擦片之间的圈状弹簧使衔铁和摩擦片复位，离合器便失去传递力矩的作用。

（4）电磁制动器　制动器是机床的重要部件之一，它既是工作装置又是安全装置。根据制动器的不同构造可分为块式制动器、盘式制动器、多盘式制动器、带式制动器和圆锥式制动器等。根据操作情况不同又分为常闭式、常开式和综合式。根据动力不同，又可分为电磁制动器和液压制动器。

常闭式双闸瓦制动器具有结构简单、工作可靠的特点，平时常闭式制动器抱紧制动轮，当机床工作时才松开，这样无论在任何情况下停电闸瓦都会抱紧制动轮。

1）短行程电磁式制动器。图 1-80 所示为短行程电磁制动器的工作原理。制动器借助主弹簧，通过框形拉板使左右制动臂上的制动瓦块压在制动轮上，借助制动轮和制动瓦块之间的摩擦力来实现制动。制动器松闸借助于电磁铁。当电磁铁线圈通电后，衔铁吸合，将顶杆向右推动，制动臂带动制动瓦同时离开制动轮。在松闸时，左制动臂在电磁铁自动作用下左倾，制动瓦块也离开了制动轮。为防止制动臂倾斜过大，可用调节螺钉来调整制动臂的倾斜量，以保证左右制动瓦块离开制动轮的间隙相等，副弹簧的作用是把右制动臂推向右倾，防止在松闸时，整个制动器左倾而造成右制动瓦块离不开制动轮。

短行程电磁瓦式制动器动作迅速、结构紧凑、自重小；铰链比长行程式少，死行程少；制动瓦块与制动臂铰链连接，制动瓦与制动轮接触和磨损均匀。但由于行程小、制动力矩小，多用于制动力矩不大的场合。

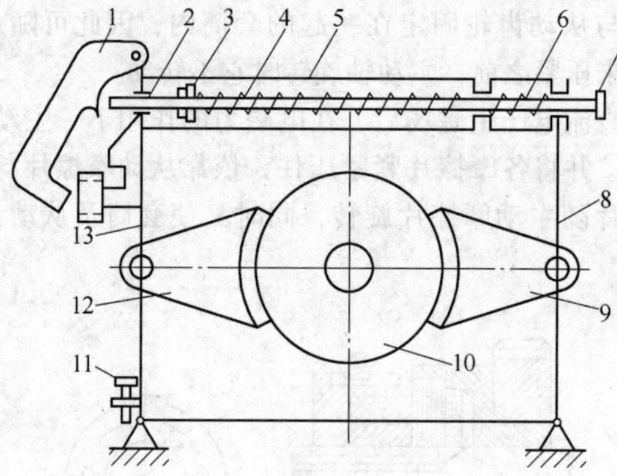

图 1-80　短行程电磁制动器的工作原理

1—电磁铁　2—顶杆　3—锁紧螺母　4—主弹簧　5—框形拉板　6—副弹簧　7—调整螺母
8、13—制动臂　9、12—制动瓦块　10—制动轮　11—调控螺钉

2）长行程电磁式制动器。当机构要求有较大的制动力矩时，可采用长行程制动器。由于驱动装置和产生制动力矩的方式不同，又分为重锤式长行程电磁铁、弹簧式长行程电磁铁、液压推杆式长行程及液压电磁铁等双闸瓦制动器。

图 1-81 为长行程电磁制动器的工作原理。它通过杠杆系统来增加上闸力。其松闸通过电磁铁 5 产生电磁力经杠杆系统实现，紧闸借助弹簧力通过杠杆系统实现。当电磁线圈通电时，水平杠杆抬起，带动螺杆 4 向上运动，使杠杆板 3 绕轴逆时针方向旋转，压缩制动弹簧 1，在螺杆 2 与杠杆作用下，两个制动臂带动制动瓦 7 左右运动而松开。当电磁铁线圈断电时，靠制动弹簧的张力使制动瓦闸住制动轮 6。

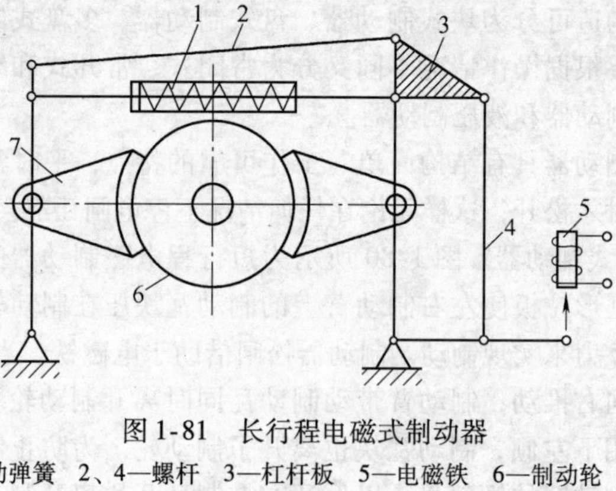

图 1-81　长行程电磁式制动器

1—压缩制动弹簧　2、4—螺杆　3—杠杆板　5—电磁铁　6—制动轮　7—制动瓦

上述两种电磁铁制动器的结构都简单，能与它控制的机构用电动机的操作系统连锁，当电动机停止工作或发生停电事故时，电磁铁自动断电，制动器抱紧，实现安全操作。但电磁铁吸合时冲击大，有噪声，且机构需经常启动、制动，电磁铁易损坏。

与短行程电磁瓦式制动器相比，由于长行程电磁制动器采用三相电源，制动力矩大，工作较平稳可靠，制动时自振小。连接方式与电动机定子绕组连接方式相同，有三角形连接和星形连接。

电磁制动器的应用示意图如图 1-82 所示，其表示符号如图 1-76c 所示。

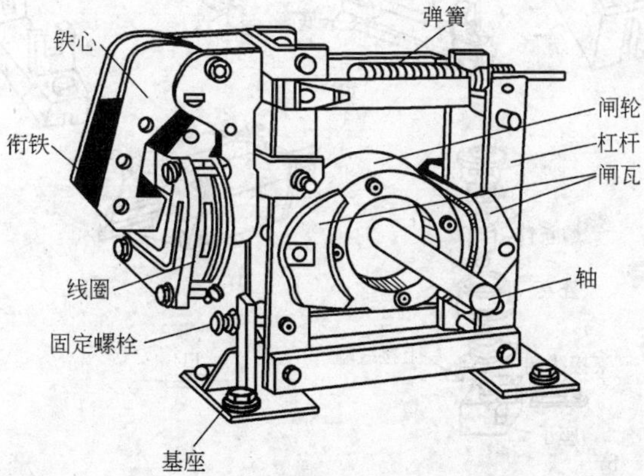

图 1-82 电磁制动器的应用示意图

1.3.4 保护电器

机床电气控制中除了使用操作控制电器外，还必须有安全可靠的保护电器，常用的有如下几种。

1. 熔断器（FU）

熔断器是一种在短路或严重过载时利用熔化作用而切断电路的保护电器，熔断器主要由熔体（俗称保险丝）和安装熔体的熔管两部分组成。熔体由易熔金属材料铅、锡、锌、银、铜及其合金制成，通常做成丝状或片状，熔体既是敏感元件又是执行元件。熔断器的熔体与被保护的电路串联，当电路正常工作时，熔体允许通过一定大小的电流而不熔断。当电路发生短路或严重过载时，熔体中流过很大的故障电流，当电流产生的热量达到熔体的熔点时，熔体熔断切断电路，从而实现保护目的。熔管是装熔体的外壳，由陶瓷、绝缘钢纸或玻璃纤维制成，在熔体熔断时兼有灭弧作用。熔断器种类很多，常见的有瓷插式、螺旋式、封闭管式和自复式等，如图 1-83 所示。

RT18 系列熔断器的外形图如图 1-84 所示。

选择熔断器，主要选择熔断器的额定电压、额定电流等级和熔体的额定电流。对没有冲击电流的电路，熔体的额定电流应稍大于线路工作电流，对有冲击电流的电路，熔体的额定电流应取为最大电流的 0.4 倍。

2. 热继电器（KR 或 FR）

热继电器是利用电流热效应原理进行动作的一种保护电器，它在电路中主要用于过载保护。电动机具备一定的过载能力，在实际运行中，只要过载不严重，时间较短，温升不超过容许值，电动机仍能工作。若过载严重，时间长，使电动机温升过高，会老化绕组绝缘，严重时还会使绕组烧毁，因此连续工作制的电动机工作时都需要有过

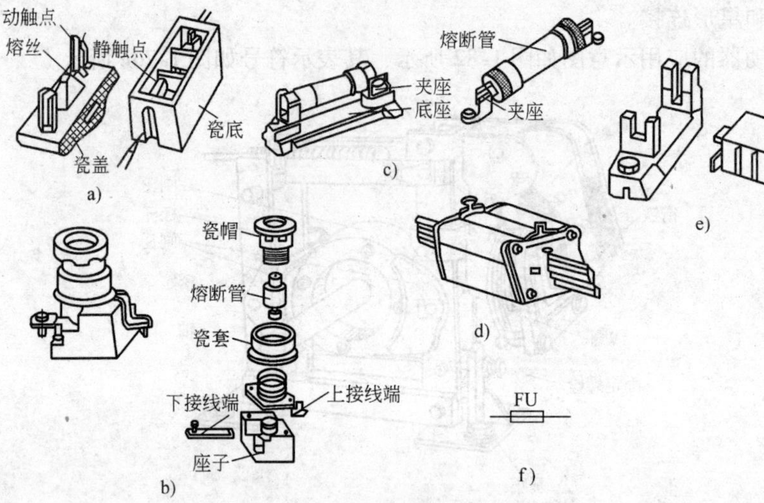

图 1-83　常用的部分熔断器的结构

a) RC1A 系列瓷插式　b) RL1 系列螺旋式　c) RM 系列无填料封闭管式

d) RT0 系列有填料封闭管式　e) NT 系列有填料封闭管式　f) 符号

图 1-84　RT18 系列熔断器的外形

载保护装置。但热继电器有惯性、对短时间大电流不会立即动作，不能用于短路保护。热继电器种类很多，应用最广泛的是基于双金属片的热继电器，其外形及结构如图 1-85所示，主要由驱动器件（热元件）、双金属片和触点三部分组成。热继电器的常闭触点串联在被保护的二次回路中，它的热元件由电阻值不高的电热丝或电阻片绕成，串联在电动机或其他用电设备的主电路中。靠近热元件的双金属片，是用两种不同膨胀系数的金属用机械辗压而成，为热继电器的感测元件。热继电器中双金属片与加热元件串接在接触器负载端（电动机电源端）的主回路中。当电动机正常运行时，热元件产生的热量虽能使双金属片弯曲，但还不足以使继电器动作。当电动机过载时，流过热元件的电流增大，热元件产生的热量增加，使双金属片产生的弯曲位移增大，主双金属片推动导板，并通过补偿双金属片与推杆将触点（即串接在接触器线圈回路的热继电器常闭触点）分开，以切断电路保护电动机。

为防止机床的拖动电动机在缺相故障情况下运行而烧坏电动机，对重要负荷还常采用带有缺相保护设施的热继电器。热继电器的动作结构原理如图 1-86 所示。带有缺

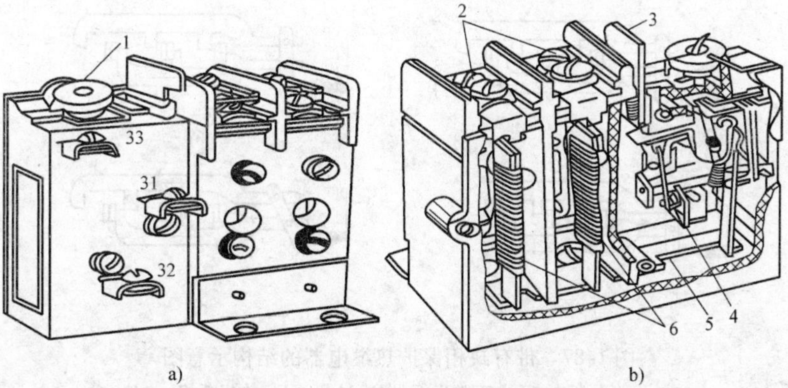

图 1-85　热继电器的外形和结构

a）　外形　b）结构

1—电流整定装置　2—主电路接线柱　3—复位按钮　4—常闭触点　5—动作机构　6—热元件

31—常闭触点接线柱　32—公共动触点接线柱　33—常开触点接线柱

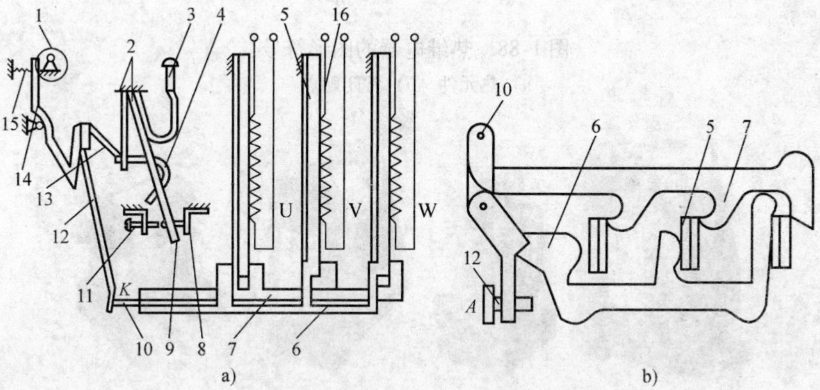

图 1-86　热继电器的结构示意图

a）结构原理示意图　b）差动式断相保护示意图

1—电流条件凸轮　2—簧片　3—手动复位机构　4—弓簧　5—主双金属片　6—外导板

7—内导板　8—常闭触点　9—静触点　10—杠杆　11—复位条件螺钉　12—补偿双金属片

13—推杆　14—连杆　15—压簧　16—热元件

相保护设施的热继电器的结构原理如图 1-87 所示。热继电器的图形符号图 1-88 所示。热继电器的选择主要是根据电动机的额定电流来确定型号与规格，热继电器元件的额定电流应接近或略大于电动机的额定电流。在一般情况下，可选用两相结构的热继电器。在恶劣工作环境可选用三相结构的热继电器。

JRS 系列部分热继电器的外形及其触点系统如图 1-89 所示。

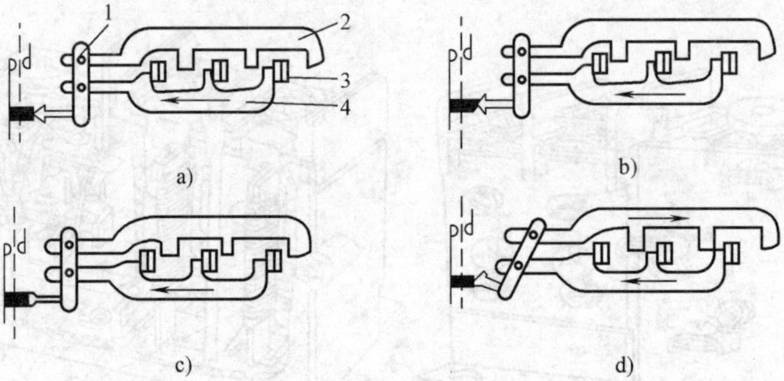

a) b) c) d)

图 1-87　带有缺相保护热继电器的结构示意图

a）断电　b）正常运行　c）过载　d）单相断相

1—杠杆　2—上导板　3—双金属片　4—下导板

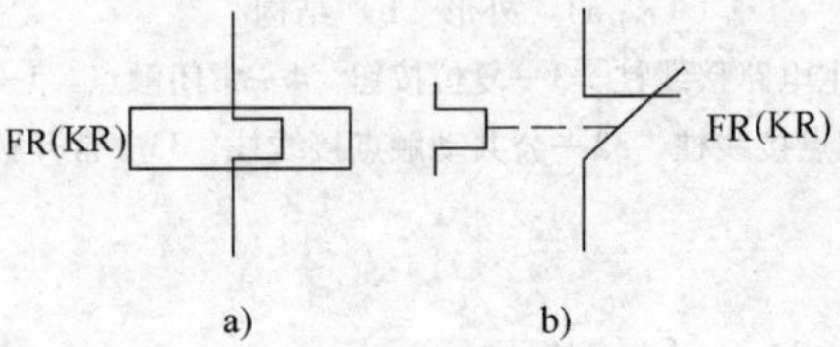

a) b)

图 1-88　热继电器的图形符号

a）热元件　b）常闭触点

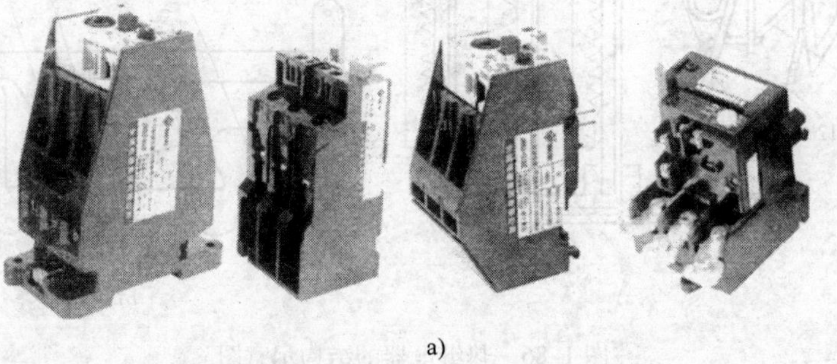

a)

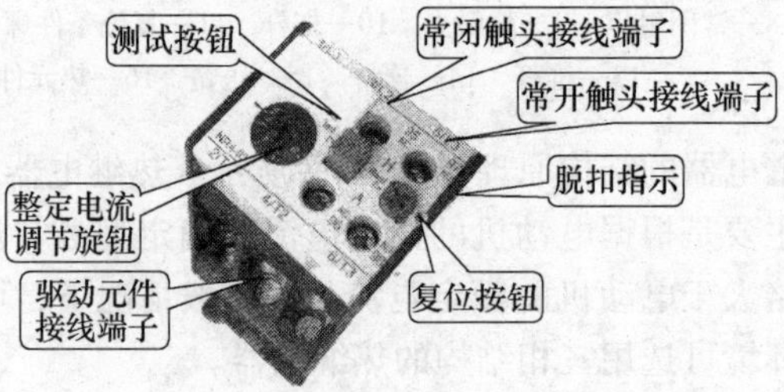

b)

图 1-89　JRS 系列部分热继电器的外形及其触点系统

a）JRS 系列部分热继电器的外形　b）JRS2-63/F 型热继电器的触点系统

3. 电流和电压继电器

电流继电器的作用是反映电路中电流的变化，需将其线圈串在被测电路中，为不影响电路正常工作，要求线圈的匝数少、导线粗、阻抗小。电压继电器的作用是反映电路中电压的变化，和电流继电器相比其线圈要并联在被测电路，故要求线圈的匝数多、导线细。

电流和电压继电器主要用于保护电路中，按其用途又可分为过电流和过电压继电器和欠电流和欠电压继电器。前者是电流或电压超过规定值时衔铁吸合，后者是电流或电压低于规定值时衔铁释放。电磁式电流继电器和电压继电器的结构分别如图 1-90 和图1-91所示。其图形符号如图 1-92 所示。

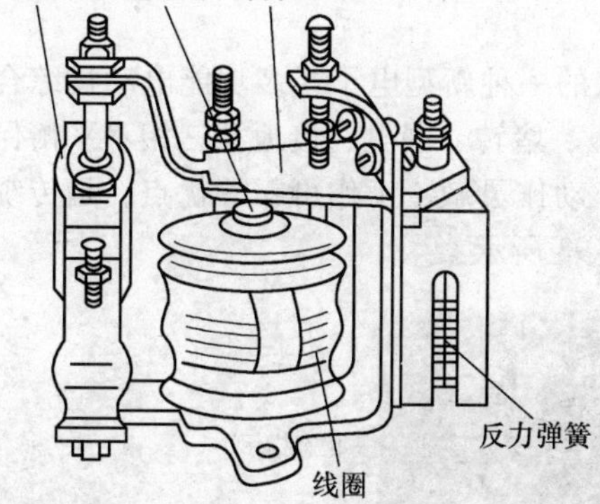

图 1-90　电磁式电流继电器的结构

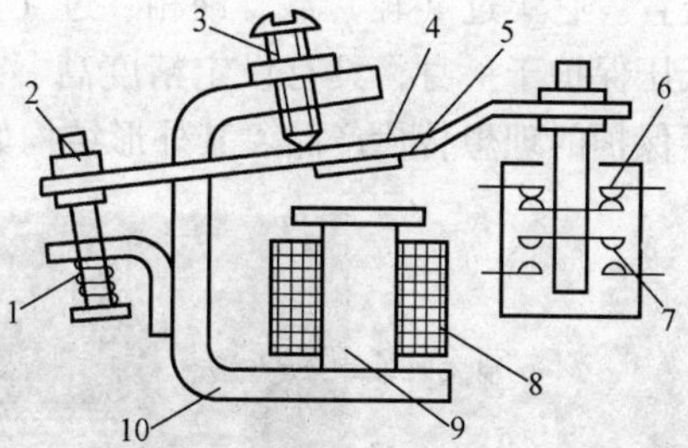

图 1-91　电磁式电压继电器的结构

1—复位弹簧　2—调节螺母　3—调节螺钉　4—衔铁
5—垫片　6—动断触点　7—动合触点
8—吸引线圈　9—铁心　10—磁轭

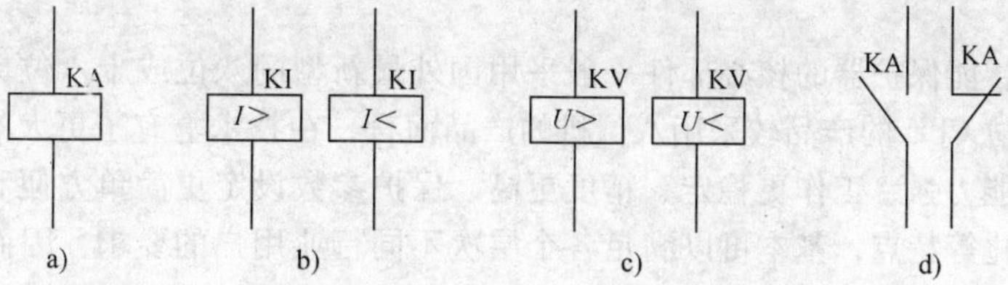

图 1-92　电流和电压继电器的图形符号

a）一般线圈　b）电流继电器线圈　c）电压继电器线圈　d）触点

根据输入（线圈）电流大小而动作的继电器称为电流继电器。按用途还可分为过电流继电器和欠电流继电器。过电流继电器的任务是当电路发生短路及过流时立即将电路切断，因此过流继电器线圈流过小于整定电流时继电器不动作，只有超过整定电流时，继电器才动作。过电流继电器的动作电流整定范围，交流过流继电器为（110% ~350%）I_N；直流过流继电器为（70% ~300%）I_N。欠电流继电器的任务是当电路电流过低时立即将电路切断，因此欠电流继电器线圈通过的电流大于或等于整定电流时，继电器吸合，只有电流低于整定电流时，继电器才释放。欠电流继电器动作电流整定范围，吸合电流为（30%～50%）I_N，释放电流为（10%～20%）I_N，欠电流继电器一般是自动复位的。

与此类似，电压继电器是根据输入电压大小而动作的继电器，过电压继电器动作电压整定范围为（105%～120%）U_N，欠电压继电器吸合电压调整范围为（30%～50%）U_N，释放电压调整范围为（7%～20%）U_N。

电流（压）继电器选用时主要依据继电器所保护或所控制对象对继电器提出的要求，如触点的数量、种类，返回系数，控制电路的电压、电流、负载性质等。由于继电器触点容量小，所以经常将触点并联使用。有时增加触点的分断能力，也可以把触点串联起来使用。

4. 电动机智能保护器

电动机智能保护器是最近十多年才发展起来的一种新型电子式多功能电动机综合保护装置。它集过（轻）载、缺相、过（欠）压、堵转、漏电、接地及三相不平衡保护等低压保护于一身，具有设定精度高、节电、动作灵敏、工作可靠等优点，是传统继电器保护的理想替代产品。其外形结构如图 1-93 所示。

图 1-93　电动机智能保护器外形结构

电动机智能保护器的核心部件一般采用国外最新型的八位或十六位单片微机。其中使用十六位 CPU 的产品较采用八位机的产品而言，在技术上有了更大的进步。它们具有抗干扰能力强、工作更稳定、精度更高、保护参数设定更简单方便和数字化、智能化、网络化等特点，基本可以满足各个层次不同行业用户的要求，因而在机床电气控制等工业电动机及三相电力拖动系统得到了广泛应用。

电动机智能保护器，特别是具有 RS-485 远程通信接口的新型产品，支持 MODBUSRTU、PROFIBUS-DP 协议和 4～20mA 模拟量输出接口，可方便地和数控系统及后台机组成网络系统。从而实现运行状态监视和历史数据查询，成为现在保护控制产品的主流。它由电流传感器、比较电路、单片机、出口继电器等几个部分组成。其基本原理及工作过程如图 1-94 所示。

传感器将电动机的电流变化线性地反映至保护器的采集端口，经过整流、滤波等环节后，转换成与电动机电流成正比的直流电压信号，送到相应部分与给定的保护参数进行比较处理，再经单片机回路处理，推动功率回路，使继电器动作。当电动机由

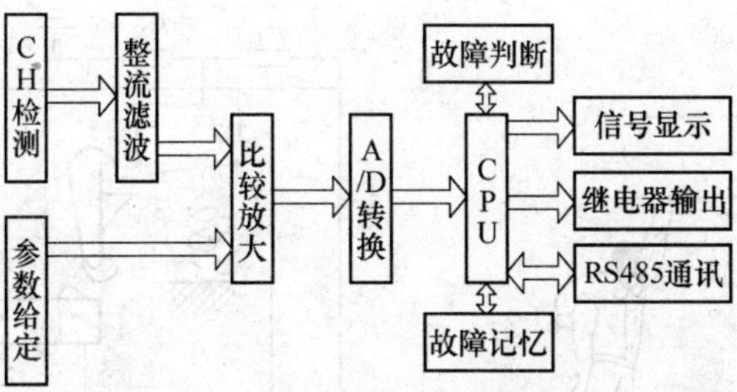

图1-94　电动机保护器工作原理及工作过程

于驱动部分过载导致电流增大时，从电流传感器取得的电压信号将增大，此电压值大于保护器的整定值时，过载回路工作，RC 延时电路经过一定的（可调）延时，驱动出口继电器动作，使接触器切断主电路。欠压及缺相保护等功能部分的工作原理也大体相同。

目前，国内广泛使用的电动机智能保护器产品主要有 JDB-2K 系列、JDB-YR 系列等。

5. 漏电保护器

自人类发明用电以来，电不仅可给人类带来很多方便，也可给人类带来灭顶之灾。当使用不当时，它不仅会烧坏设备，引起火灾；还可能使人触电，危及人的生命安全。如果有一种设备可以使人们安全地使用电，将会避免很多不必要的损失。所以在五花八门的电器接踵而来的同时，也诞生了各式各样的保护电器。其中有一种是专门保护人的，称为漏电保护器。漏电保护器又称漏电保护开关，是一种新型的电气安全装置，在两网改造中，大量使用了剩余电流动作漏电保护器。其主要用途是：①防止由于电气设备和电气线路漏电引起的触电事故；②防止用电过程中的单相触电事故；③及时切断电气设备运行中的单相接地故障，防止因漏电引起的电气火灾事故；④随着工农业生产的发展和人们生活水平的日益提高，工业用电和家用电器不断增加，在用电过程中，由于电气设备本身的缺陷、使用不当和安全技术措施不利而造成的人身触电和火灾事故，给人民的生命和国家财产带来了不应有的损失，而漏电保护器的出现，对预防各类事故的发生，及时切断电源，保护设备和人身安全，提供了可靠而有效的技术手段。

在了解触电保护器的主要原理前，有必要先了解一下什么是触电。触电指的是电流通过人体而引起的伤害。如图 1-95 所示，当人手触摸电线并形成一个电流回路的时候，人身上就有电流通过；当流过人体的电流足够大时，就能够被人感觉到以至于形成危害。当触电已经发生的时候，要求在最短的时间内切除电流，比如说，当通过人的电流是 50mA 时，要求在 1s 内切断电流；如果是 500mA 的电流通过人体，那么时间限制是 0.1s；否则就会危及人的生命。

图 1-96 是简单的漏电保护装置的原理图。从图中可以看到漏电保护装置安装在电源线进户处，也就是电度表的附近，接在电度表的输出端即用户端。图中把所有的用电电器用一个电阻 R_L 替代，用 R_N 替代接触者的人体电阻。

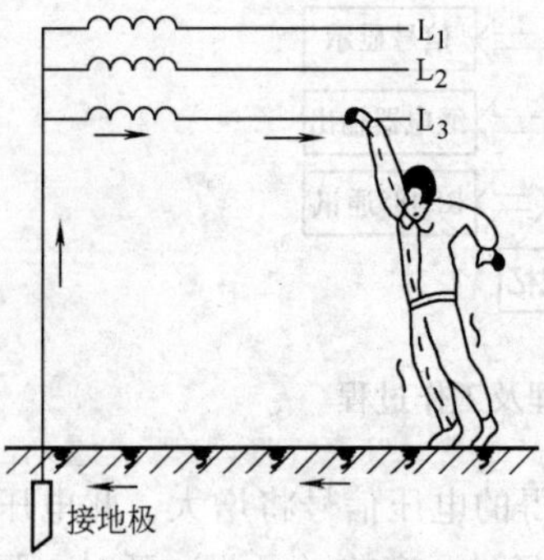

图 1-95　人体触电示意图

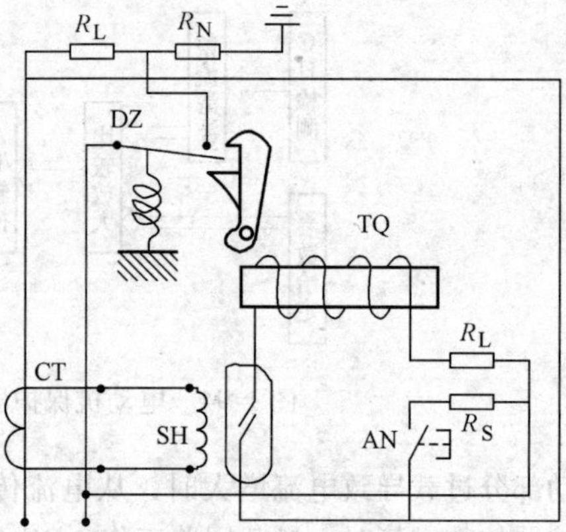

图 1-96　漏电保护装置原理图

图中的 CT 表示“电流互感器”，它是利用互感原理测量交流电流用的，所以叫“互感器”，实际上是一个变压器。它的一次线圈是进户的交流线，把两根线当作一根线并起来构成一次线圈。二次线圈则接到“舌簧继电器”SH 的线圈上。

所谓的“舌簧继电器”，就是在舌簧管外面绕上线圈，当线圈里通电的时候，电流产生的磁场使得舌簧管里面的簧片电极吸合，来接通外电路。线圈断电后簧片释放，外电路断开。总而言之，这是一个灵巧实用的继电器。

原理图中开关 DZ 不是普通的开关，它是一个带有弹簧的开关，当人克服弹簧力把它合上以后，要用特殊的钩子扣住它才能够保证处于通的状态；否则一松手就又断了。

舌簧继电器的簧片电极接在“脱扣线圈”TQ 电路里。脱扣线圈是个电磁铁的线圈，通过电流就产生吸引力，这个吸引力足以使上面说的钩子解脱，使得 DZ 立刻断开。因为 DZ 就串在用户总电线的火线上，所以脱了扣就断了电，触电的人就得救了。

不过，漏电保护器之所以可以保护人，首先它要“意识”到人触了电。那么漏电保护器是怎样知道人触电了呢？从图中可以看出，如果没有触电的话，电源来的两根线里的电流肯定在任何时刻都是一样大的，方向相反。因此 CT 的原边线圈里的磁通完全地消失，副边线圈没有输出。如果有人触电，相当于火线上有经过电阻，这样就能够连锁导致副边上有电流输出，这个输出就能够使得 SH 的触点吸合，从而使脱扣线圈得电，把钩子吸开，开关 DZ 断开，从而起到了保护的作用。

值得注意的是，漏电保护器一旦脱了扣，即使脱扣线圈 TQ 里的电流消失也不会自行把 DZ 重新接通。因为没人帮它合上是无法恢复供电的。触电者离开，经检查无隐患后想再用电，需把 DZ 合上使其重新扣住，便恢复了供电。

目前电器市场上漏电保护器的种类品牌繁多，其外形图如图 1-97 所示，漏电保护关系人的生命安全，使用中一定要注意选择。

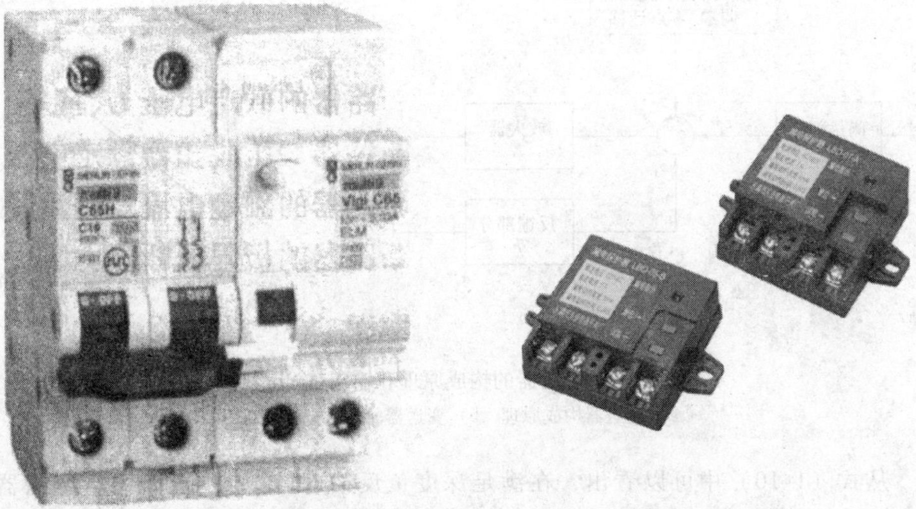

图 1-97　漏电保护器的外形图

1.3.5　机床控制中常用的其他器件

1. 常用检测仪表

单位时间内连续变化的信号称为模拟量信号，如流量、压力、温度等。用于检测模拟量信号的仪器仪表一般在过程控制系统中使用较多，但在机床电气与 PLC 控制系统中也少不了这些器件和设备，只不过不像在过程控制系统中那样大量地集中使用罢了。为此，适当了解一些常用检测仪表的知识对本课程也是必要的。

（1）变送器　几乎所有的能输出标准信号（1～5V 或 4～20mA）的测量仪器都是由传感器加上变送器组成的。传感器用来直接检测各种具体的物理量信号，变送器则把这些形形色色的工艺变量（如温度、流量、压力、物位等）信号交换成控制器或控制系统能够使用的统一标准的电压或电流信号。变送器基于负反馈原理设计，它包括测量部分、放大器和反馈部分，其构成原理如图 1-98a 所示。

测量部分用以检测被测变量 x，并将其转换成能被放大器接收的输入信号 z_i（电压、电流、位移、作用力或力矩等信号）。反馈部分则把变送器的输出信号 y 转换成反馈信号 z_f，再回送到输入端。z_i 与调零信号 z_0 的代数和与反馈信号 z_f 进行比较，其差值送入放大器进行放大，并转换成标准输出信号 y。由图 1-98a 可以求得变送器输出与输入之间的关系为

$$y=\frac{K}{1+KF}\left(Cx+z_0\right) \tag{1-10}$$

式中　K——放大器的放大系数；

F——反馈部分的反馈系数；

C——测量部分的转换系数。

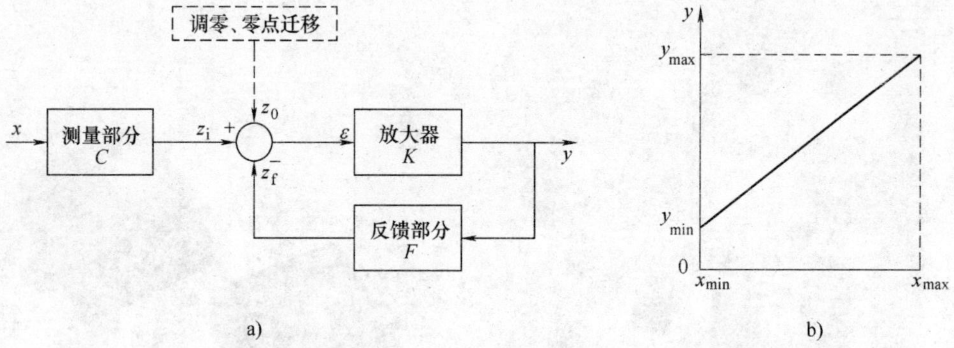

图1-98　变送器的构成原理和输入/输出特性
a）变送器构成原理　b）变送器的输入/输出特性

从式（1-10）中可以看出，在满足深度负反馈 KF >> 1 的条件下，变送器输出与输入之间的关系取决于测量部分和反馈部分的特性，而与放大器的特性几乎无关。如果转换系数 C 和反馈系数 F 为常数，则变送器的输出与输入之间将保持良好的线性关系。如图 1-98b 所示，x_{max}和 x_{min}分别为被测变量的上限值和下限值，y_{max}和 y_{min}分别为输出信号的上限值和下限值。它们与统一标准信号的上限值和下限值相对应。

现在，变送器还可以提供各种通信协议的接口，如 RS-485、PROFIBUS- PA 等。

（2）机床中常用的检测仪表

1）压力检测及变送器。根据测量原理不同，有不同的检测压力的方法。常用的压力传感器有应变片压力传感器、陶瓷压力传感器、扩散硅压力传感器和压电压力传感器等。其中陶瓷压力传感器、扩散硅压力传感器在工业上最为常用。

压力变送器可以把压力信号变换成标准的电压或电流信号。图 1-99a 所示为输出信号是电压信号的压力变送器通用符号。输出若为电流信号，可把图中文字改为 p/I，可在图中框中文字下部的空白处增加小图标表示传感器的类型。压力变送器文字符号为 BP。

2）温度检测及变送器。各种测温方法大都是利用物体的某些物理化学性质（如物体的膨胀率、电阻率、热电势、辐射强度和颜色等）与温度具有一定关系的原理。测出这些参量的变化，就可知道被测物体的温度。测温方法可分为接触式与非接触式两大类。接触式测温方法有使用液体膨胀式温度计、热电偶、热电阻等。非接触式测温方法有光学高温计、辐射高温汁、红外探测器测温等。接触式测温简单、可靠、测量精度高，但由于达到热平衡需要一定时间，因而会产生测温的滞后现象。此外，感温元件往往会破坏被测对象的温度场，并有可能受到被测介质的腐蚀。非接触式测温是通过热辐射来测量温度的，感温速度一般比较快，多用于测量高温；但由于受物体的发射率、热辐射传递空间的距离、烟尘和水蒸气的影响，故测量误差较大。下面介绍测温中常用的热电阻和热电偶。

① 热电阻。利用金属和半导体的电阻随温度的变化也可以用来测量温度。其特点

是准确度高，在低温下（500℃）测量时，输出信号比热电偶要大得多，灵敏度高。它适合的温度测量范围是－200～500℃。

② 热电偶。当在两种不同种类的导线的接头（节点）上加热时，会产生温差热电势。这是金属和合金的特性，这两种不同种类的导线连接起来就成为热电偶。热电偶价格便宜、制作容易、结构简单、测温范围广、准确度高。

温度变送器接受温度传感器信号并将它转换成标准信号输出。图 1-99b 所示为输出信号为电压信号的热电偶型温度变送器，输出若为电流信号，可把图中文字改为 θ/I。其他类型变送器可更改图中方框下部的小图标。温度变送器文字符号为 BT。

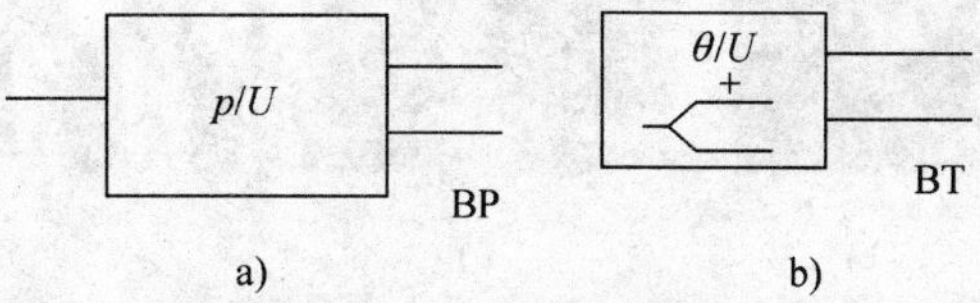

图 1-99　变送器表示符号

a）压力变送器　b）温度变送器

2. 常用安装附件

安装附件是机床电气控制系统的电气控制柜或配电箱中必不可少的物品。该类产品的品种很多，主要用于控制柜中元器件和导线的固定和安装。常用的安装附件有：

（1）走线槽　由锯齿形的塑料槽和盖组成，有宽、窄等多种规格，用于导线和电缆的走线，可以使柜内走线美观、整洁，如图 1-100a 所示。

（2）扎线带和固定盘　尼龙扎线带可以把一束导线扎紧到一起，根据长短和粗细有多种型号，如图 1-100b 所示。固定盘上面有小孔，背面有粘胶，它可以粘到其他平面物体上，用来配合扎线带的使用，图 1-100c 所示为固定盘。

（3）波纹管、缠绕管　用于控制柜中裸露出来的导线部分的缠绕或作为外套，保护导线。一般由 PVC 软质塑料制成，如图 1-100d、e 所示。

（4）号码管、配线标志管　空白号码管内 PVC 软质塑料制成，管、线上面可用专门的打号机打印上各种需要的符号，套在导线的接头端，用来标记导线。配线标志管则已经把各种数字或字母印在了塑料管上面，并分割成为小段，使用时可随意组合，图 1-100f 所示为配线标志管。

其他的常用安装附件如图 1-100g～j 所示。

任务 4　了解机床电气制图与识图方法

电气图样是使用维护机床电控设备的重要文件，是进行技术交流的工程语言。要读懂机床电气图样，必须了解机床电气制图与识图方法，掌握这种工程语言。

电气线路根据电流和电压的大小可分为主电路和控制电路。主电路是流过大电流或高电压的电路，如机床主轴电动机所在的电路；控制电路是流过小电流或低电压的

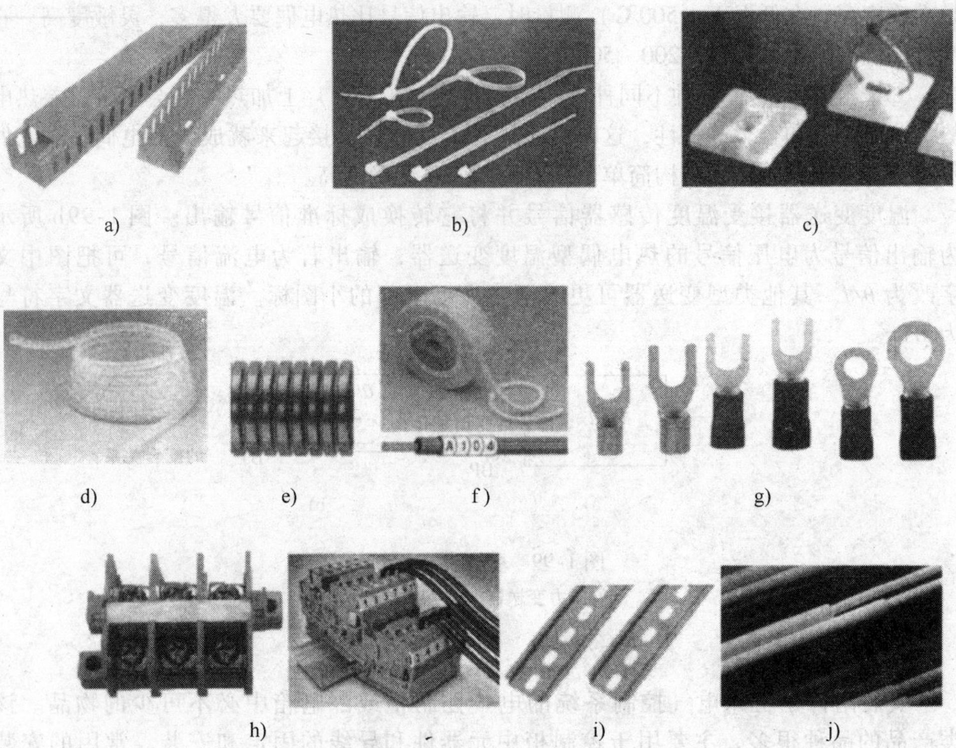

图 1-100　常用安装附件

a）走线槽　b）扎线带　c）固定盘　d）缠绕管　e）波纹管　f）配线标志管
g）接线插　h）接线端子　i）安装导轨　j）热缩管

电路，如接触器和继电器的线圈所在电路以及耗能低的保护电路、连锁电路。电气控制系统图就是指根据国家电气制图标准，用规定的电气符号、图线来表示系统中各电气设备、装置、元器件的连接关系的电气工程图。电气控制系统图通常包括：①电气原理图；②电器元件布置图；③电气安装接线图等。

1.4.1　机床电气原理图

机床电气控制原理图表示机床电气控制线路的工作原理，即表示电流从电源到负载的传送情况和各电器元件的动作原理及相互关系，而不考虑各电器元件实际安装的位置和实际连线情况。绘制电气控制原理图时，一般应遵循以下原则：

1. 所有电动机、电器等元件都要采用国家最新统一规定的图形符号和文字符号来表示

（1）文字符号　用来表示电气设备、装置、元器件的名称、功能、状态和特征的字符代码。例如，FR 表示热继电器，KM 表示接触器等，见附录 A。

（2）图形符号　用来表示一台设备或概念的图形、标记或字符。例如，“~”表示交流，R 表示电阻等。国家电气图用符号标准 GB/T 4728.1 ~ GB/T 4728.13 规定了电气简图中图形符号的画法，该标准及国家电气制图标准 GB/T 6988.1 重新修订于 2008 年 11 月 1 日正式开始执行，见附录 A。

2. 电气原理图绘制原则

某车床电气原理图的绘制样例如图 1-101 所示。其绘制原则概括为：

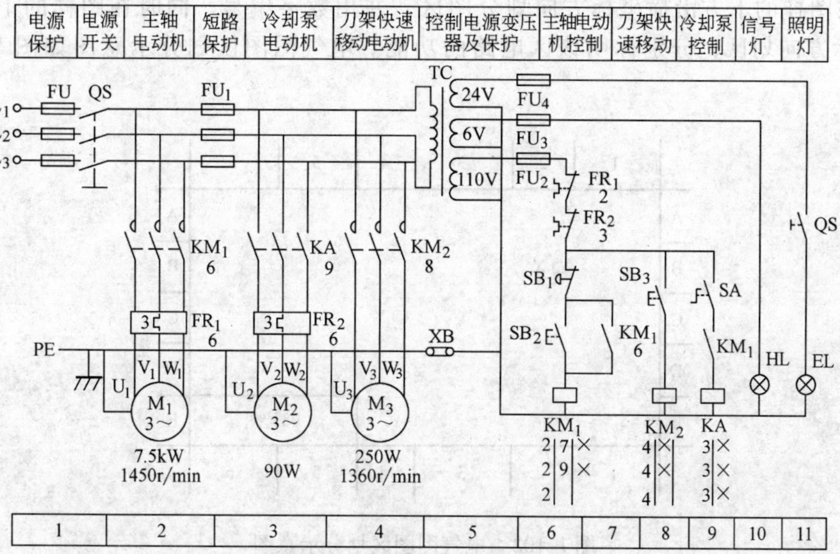

图 1-101　某车床电气图绘制样例

1）电气控制线路分主电路和控制电路。一般主电路用粗线条画在左侧或上方，控制电路用细线条画在右侧或下方。

2）所有电器元件，均采用国家标准规定的图形符号和文字符号表示。需要测试和拆、接外部引线的端子，应用图形符号“空心圆”表示。电路的连接点用“实心圆”表示。

3）同一电路的不同部分（如线圈、触点）可分散在图中不同部位。按功能布置，分别放在它们完成逻辑作用的地方。为易于识别，同一电器的不同部位使用同一文字符号标明；若有多个同一种类的电器元件，可在文字符号后加上数字符号的下标，如 KM_1、KM_2 等。

4）电气控制线路的所有按钮、触点均按没有外力作用和没有通电时的原始状态画出。“原始状态”对按钮、行程开关等是指没有受到外力时的触点状态；而对于接触器、继电器等是指线圈未通电时的触点状态。

5）控制电路的分支电路，原则上按动作顺序和信号流自上而下或从左到右的原则绘制。电路图应按主电路、控制电路、照明电路、信号电路分开绘制。直流和单相电源电路用水平线画出，一般画在图样上方，相序自上而下排列。中性线（N）和保护接地线（PE）放在相线之下。主电路与电源电路垂直画出。控制电路与信号电路垂直画在两条水平电源线之间。耗电元件（如电器的线圈、电磁铁、信号灯等）直接与下方水平线连接。控制触点连接在上方水平线与耗电元件之间。当图形垂直放置时，各元器件触点图形符号以“左开右闭”绘制。当图形为水平放置时以“上闭下开”绘制。其触点动作的方向是从下向上、由左到右。

3. 图区的划分

在图样的下方沿横坐标方向划分图区，并用数字编号。同时在图样的上方沿横坐标方向划区，分别标明该区电路的功能。电气图图区划分示意图如图 1-102 所示。

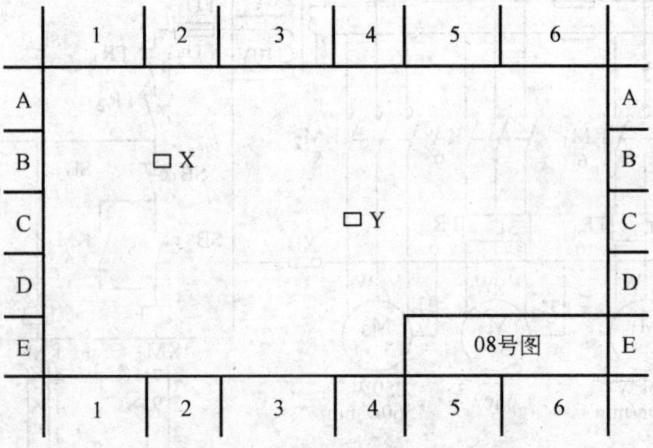

图 1-102　电气图图区划分示意图

4. 符号位置的索引

元件的相关触点位置的索引用图号、页次和区号组合表示。

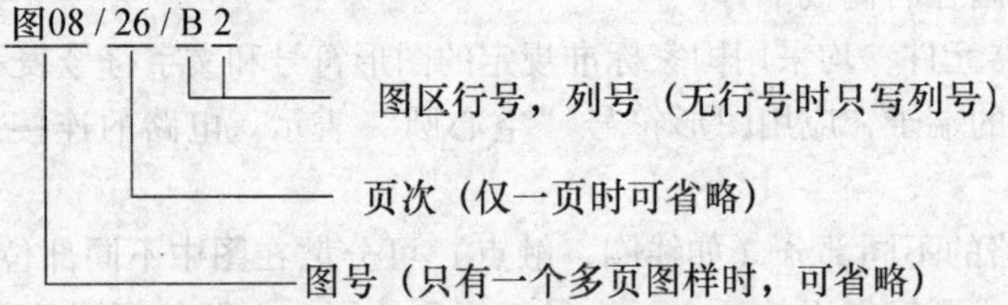

接触器和继电器的触点位置可采用附图的方式表示。

接触器各栏的含义：

左栏	中栏	右栏
主触点的图区号	辅助动合触点的图区号	辅助动断触点的图区号

继电器各栏的含义：

左栏	右栏
动合触点的图区号	动断触点的图区号

5. 主电路各接点标记

三相交流电源引入线采用 L_1、L_2、L_3 标记。电源开关之后的分别按 U、V、W 顺序标记。分级三相交流电源主电路可采用1U、1V、1W；2U、2V、2W 等。各电动机分支电路各接点可采用三相文字代号后面加数字来表示，如 U11、U21 等，数字中的十位数字表示电动机代号，个位数字表示该支路的接点代号。

控制电路采用阿拉伯数字编号，一般由三位或三位以下的数字组成。

1.4.2 机床电器元件布置图

机床电器元件布置图表示各种电气设备在机床设备和电气控制柜中的实际安装位置。各电器元件都要按照在安装底板（或电气控制箱、控制柜）中的实际安装位置绘出；元件所占据的面积按它的实际尺寸依照适当的比例绘制；一个元件的所有部件应画在一起，并用虚线框起来。各电器元件之间的位置关系视安装底板的面积大小、长宽比例及连接线的顺序来决定，并要注意不得违反安装规程。各电器元件的安装位置是由机床结构和工作要求决定的，如电动机要和被拖动的机械部件在一起，行程开关应放在要取得信号的地方，操作元件放在操作方便的地方，一般电器元件放在电气控制柜内。电器元件布置图详细绘制出电气设备、零件的安装位置。绘制电器元件布置图时应遵守以下原则：

1）在一个完整的自动控制系统中，由于各种电器元件所起的作用不同，各自安装的位置也不同。因此，在进行电器元件布置图绘制之前应根据电器元件各自安装的位置划分各组件。

根据机床设备的工作原理和控制要求，将控制系统划分为几个组成部分称为部件；根据电气设备的复杂程度，每一部分又可划分为若干组件。同一组件内，电器元件的布置应满足以下原则：

① 体积大和较重的元件应安装在电器板的下面，发热元件应安装在电器板的上面。

② 强电与弱电分开应注意弱电屏蔽，防止外界干扰。

③ 需要经常维护、检修、调整的电器元件安装位置不宜过高或过低。

④ 电器元件的布置应考虑整齐、美观、对称。结构和外形尺寸较类似的电器元件应安装在一起，以利于加工、安装、配线。

⑤ 各种电器元件的布置不宜过密，要有一定的间距。

2）各种电器元件的位置确定之后，即可以进行电器元件布置图的绘制。电器元件布置图根据电器元件的外形进行绘制，并要求标出各电器元件之间的间距尺寸。其中，每个电器元件的安装尺寸（即外形大小）及其公差范围应严格按其产品手册标准进行标注，以作为安装底板加工依据，保证各电器元件的顺利安装。

3）在电器元件的布置图中，还要根据本部件进出线的数量和采用导线的规格，选择进出线方式及适当的接线端子板或接插件，按一定顺序在电器元件布置图中标出进出线的接线号。为便于施工，在电器元件的布置图中往往还留有 10% 以上的备用面积及线槽位置。

某机床电器元件布置示意图如图 1-103 所示，图中各电器代号应与有关电路和电器清单上所有元器件代号相同。

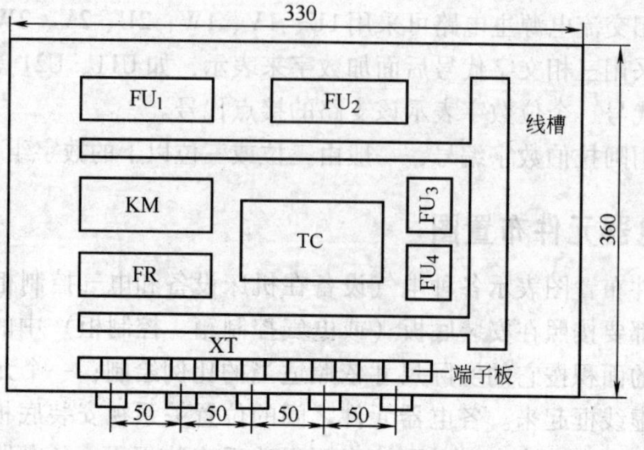

图 1-103　某机床电器元件布置示意图

1.4.3　机床电气安装接线图

电气安装接线图是按照电器元件的实际位置和实际接线绘制的，它根据电器元件布置最合理、连接导线最经济等原则来安排，它为安装电气设备、电器元件之间进行配线及检修电气故障等提供了必要的可靠依据。图 1-104 为某机床三相笼型异步电动机正反转控制的安装接线图。绘制安装接线图时应遵循以下原则：

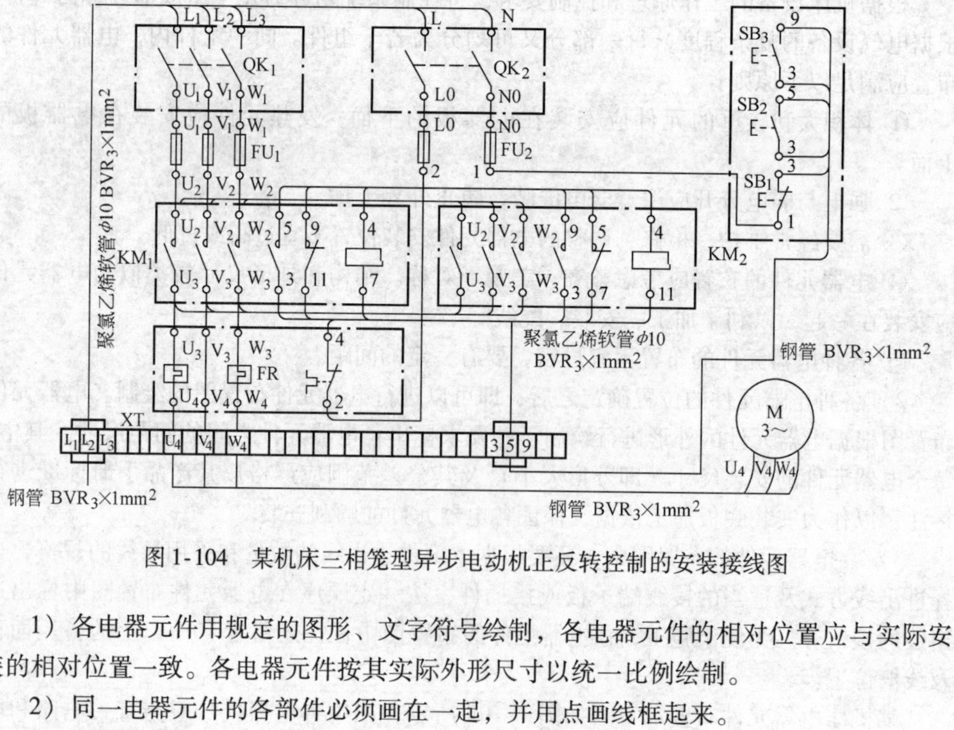

图 1-104　某机床三相笼型异步电动机正反转控制的安装接线图

1）各电器元件用规定的图形、文字符号绘制，各电器元件的相对位置应与实际安装的相对位置一致。各电器元件按其实际外形尺寸以统一比例绘制。

2）同一电器元件的各部件必须画在一起，并用点画线框起来。

3）各电器元件上凡需接线的端子均应予以编号，且与电气原理图中的导线编号必须一致。

4）在接线图中，所有电器元件的图形符号、各接线端子的编号和文字符号必须与原理图中的一致，且符合国家的有关规定。

5）电气安装接线图一律采用细实线。成束的接线可用一条实线表示。接线很少时，可直接画出电器元件间的接线方式；接线很多时，接线方式用符号标注在电器元件的接线端，标明接线的线号和走向，可以单线画出或者不画出两个元件间的接线。

6）在接线图中应当标明配线用的电线型号、规格、标称截面。穿管或成束的接线还应标明穿管的种类、内径、长度等及接线根数、接线编号。

7）安装底板内外的电器元件之间的连线需通过接线端子板进行，并按电气原理图进行接线连接。

8）注明有关接线安装的技术条件。

1.4.4 机床电气识图方法与步骤

1. 识图方法

(1) 结合电工基础知识识图　在掌握电工基础知识的基础上，准确、迅速地识别电气图。如改变电动机电源相序，即可改变其旋转方向的控制。

(2) 结合典型电路识图　典型电路就是常见的基本电路，如电动机的启动、制动、顺序控制等。不管多复杂的电路，几乎都是由若干基本电路组成的。因此，熟悉各种典型电路，是看懂较复杂电气图的基础。

(3) 结合制图要求识图　在绘制电气图时，为了加强图样的规范性、通用性和示意性，必须遵循一些规则和要求，利用这些制图的知识能够准确地识图。

2. 识图步骤

(1) 准备　了解机床设备生产过程和工艺对电路提出的要求；了解各种用电设备和控制电器的位置及用途；了解图中的图形符号及文字符号的意义。

(2) 主电路　首先要仔细看一遍电气图，弄清电路的性质，是交流电路还是直流电路。然后从主电路入手，根据各元器件的组合判断电动机的工作状态。如电动机的启停、正反转、调速和制动等。

(3) 控制电路　分析完主电路后，再分析控制电路。对复杂的控制电路要化整为零，抓住最基本的控制环节，按动作顺序对每条小回路逐一分析研究；然后再全面分析各条回路相互间的配合（连锁）和制约（互锁）关系，要特别注意与机械、液压部件的动作关系。

(4) 阅读检测、保护、照明、信号指示等部分。

任务5　熟知机床控制中常用的电路环节

任何一个复杂的机床电气控制线路，总是由一些基本的控制环节、辅助环节和保护环节，根据机床生产工艺的要求，按照一定的规律组合起来的。因此，要阅读一台复杂机床电气控制电路图，必须首先掌握这些基本的控制环节，这也是设计机床电气控制线路的基础。

1.5.1 机床的启动电路环节

1. 机床的全电压启动控制电路

机床启动实际上就是指机床所用电动机的转子由静止状态变为正常运转状态的过程。笼型交流异步电动机的启动电流很大，约为额定值的 4～7 倍，过大的启动电流一方面会引起供电线路上很大的压降，影响线路上其他用电设备的正常运行；另一方面电动机频繁启动会严重发热，加速线圈老化，缩短电动机的寿命。由经验公式，当 $I_{st}/I_N \leqslant (3/4 + P_S/4P_N)$ 时，中小型电动机可全电压直接启动。式中，I_{st} 为电动机启动电流（A）；I_N 为电动机额定电流（A）；P_S 为电源容量（kVA）；P_N 为电动机额定功率（kW）。图 1-105 为两种全电压直接启动控制电路。图 1-105a 为开关直接启动，适用于小型风机、电钻、冷却设备。图 1-105b、c 为按钮和接触器组成的“启-保-停”直接启动，是机床最常用电路，适用于中小型机床。

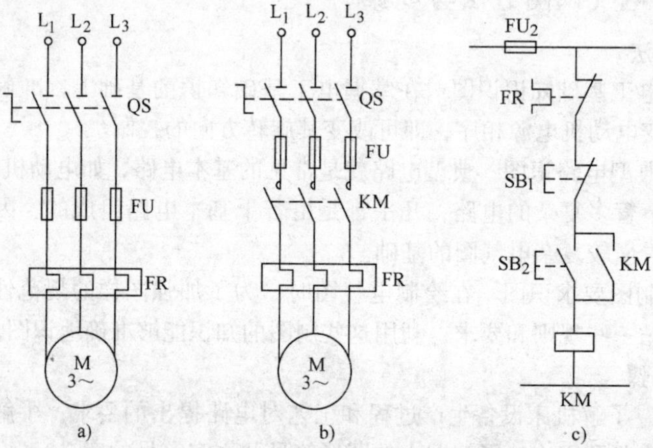

图 1-105　两种全电压直接启动控制电路

2. 机床的既能点动又能长动控制电路

机床常常需要试车、调整对刀或齿轮变速，刀架、横梁、立柱也常需要快速移动等，此时需要所谓的“点动”动作，即按下按钮，电动机转动，带动生产机械运动；放开按钮，电动机停转，生产机械就停止运动。正常工作时又要求连续工作，按下启动按钮，接触器 KM 的线圈通电，其主控触点 KM 吸合，电动机启动，此时辅助触点也吸合；若松开按钮，接触器 KM 线圈通过其辅助触点可以继续保持通电，维持其吸合状态，电动机继续转动。这里是用接触器的辅助触点 KM 来代替按钮闭合导通回路。这种利用接触器自身的触点来使其线圈保持长期通电的环节，叫“自锁（保）环节”。要停车时，按下停车按钮，接触器 KM 的线圈失电，主触点断开，电动机失电停转。长动与点动的主要区别就在于接触器 KM 能否自锁。

如果生产机械既要能点动又要能连续工作，则可以采用图 1-106 电路来实现。图 1-106a 用按钮来实现；图 1-106b 用开关来实现；图 1-106c 用中间继电器来实现。其共同点是能自保的即为长动；不能自保的即为点动。

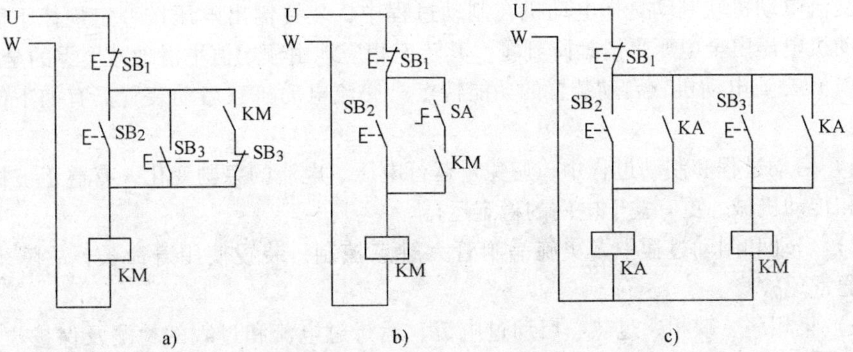

图 1-106　既可点动又可长动（带自锁）的控制线路

a）用按钮实现长动与点动的控制电路　b）用开关实现长动与点动的控制电路

c）用中间继电器实现长动与点动的控制电路

3. 机床的减压启动控制电路

由于大容量笼型异步电动机启动电流很大，会引起电网电压降低，使电动机转矩减小，甚至启动困难，而且还会影响其他设备的正常工作。常采用减压启动控制电路以限制启动电流和对电网及设备的冲击。图 1-107 为自耦变压器减压启动控制线路，即启动时采用低电压，运行时切换到全电压。

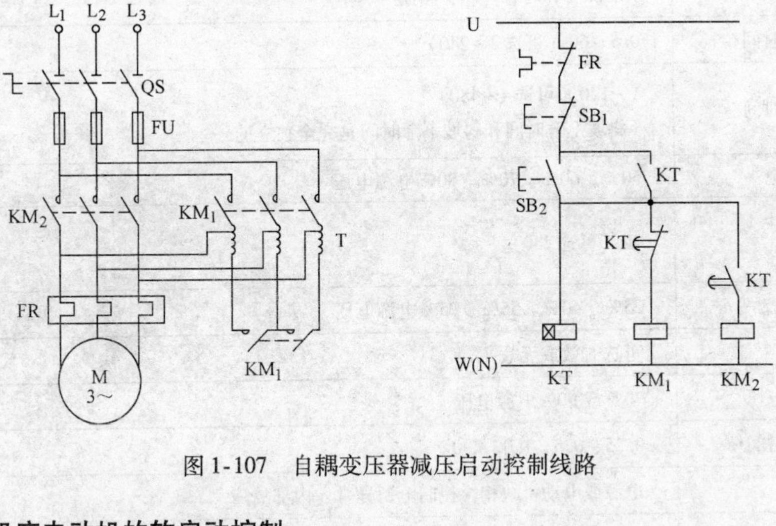

图 1-107　自耦变压器减压启动控制线路

4. 机床电动机的软启动控制

交流异步电动机软启动技术成功地解决了交流异步电动机启动时电流大、线路电压降大、电力损耗大以及对传动机械带来破坏性冲击力等问题。交流电动机软启动装置对被控电动机既能起到软启动作用，又能起到软制动作用。

交流电动机软启动是指电动机在启动过程中，装置输出电压按一定规律上升，被控电动机电压由起始电压平滑地升到全电压，其转速随控制电压变化而发生相应的特性变化，即由零平滑地加速至额定转速的全过程，称为交流电动机软启动。

交流电动机软制动是指电动机在制动过程中，装置输出电压按一定规律下降，被控电动机电压由全电压平滑地降到零，其转速相应地由额定值平滑地减至零的全过程。

（1）交流电动机软启动装置的功能特点　交流电动机软启动装置具有如下的功能特点：

1）启动过程和制动过程中，避免了运行电压、电流的急剧变化，有益于被控制电动机和传动机械，更有益于电网的稳定运行。

2）启动和制动过程中，实施晶闸管无触点控制，装置使用寿命长，故障事故率低，通常免检修。

3）集相序、缺相、过热、启动过电流、运行过电流和过载的检测及保护于一身，节电、安全、功能强。

4）能实现以最小起始电压（电流）获得最佳转矩的节能效果。

（2）交流电动机软启动装置系列产品介绍

1）JDRQ 系列交流电动机软启动器。JDRQ 系列软启动器是微电脑全数字自动控制的交流电动机软启动器，采用双向晶闸管输出，利用晶闸管的输出随着触发脉冲宽度的变化而变化的软特性实现控制，适用于普通的笼形感应电动机软启动和软制动的控制。JDRQ 系列技术数据见表 1-5。

表 1-5　JDRQ 系列技术数据

电源电压/V	AC380 ± 10%，三相，50Hz
斜坡上升时间/s	0.5 ~ 60（可选 2 ~ 240）
斜坡下降时间/s	1 ~ 120（可选 4 ~ 480） （斜坡上升时间和斜坡下降时间是完全独立的）
阶跃下降电平	50%、60%、70%、80% 电源电压
最大电流极限上升保持时间/s	30（可选 240）
起始电压	25%、40%、55%、75% 电源电压
突跳启动	可选有效或无效
突跳启动电压	70% 或 90% 电源电压
突跳启动时间/s	0.25、0.5、1.0、2.0
故障检测	电源或电动机缺相、控制电源异常、内部故障
微电脑和显示器能诊断显示的信号	L1 控制电源，L2 斜坡上升/相序错误（闪烁），L3 斜坡下降，L4 故障，L5 限流，L6 启动完成，L7 散热器过热，因此，利用 LED 和继电器信号，能使用户掌握有关软启动器和负载状态的详细信号

① JDRQ-A 系列软启动器型号规格见表 1-6。

表 1-6　JDRQ-A 系列软启动器型号规格

序　号	型　号	电流/A	功率/kW
1	JDRQ-A35	35	15
2	JDRQ-A42	42	18.5
3	JDRQ-A50	50	22
4	JDRQ-A65	65	30
5	JDRQ-A80	80	37
6	JDRQ-A100	100	45
7	JDRQ-A120	120	55
8	JDRQ-A160	160	75

② JDRQ 系列交流电动机软启动器电气主线路和控制线路原理图如图 1-108 所示。

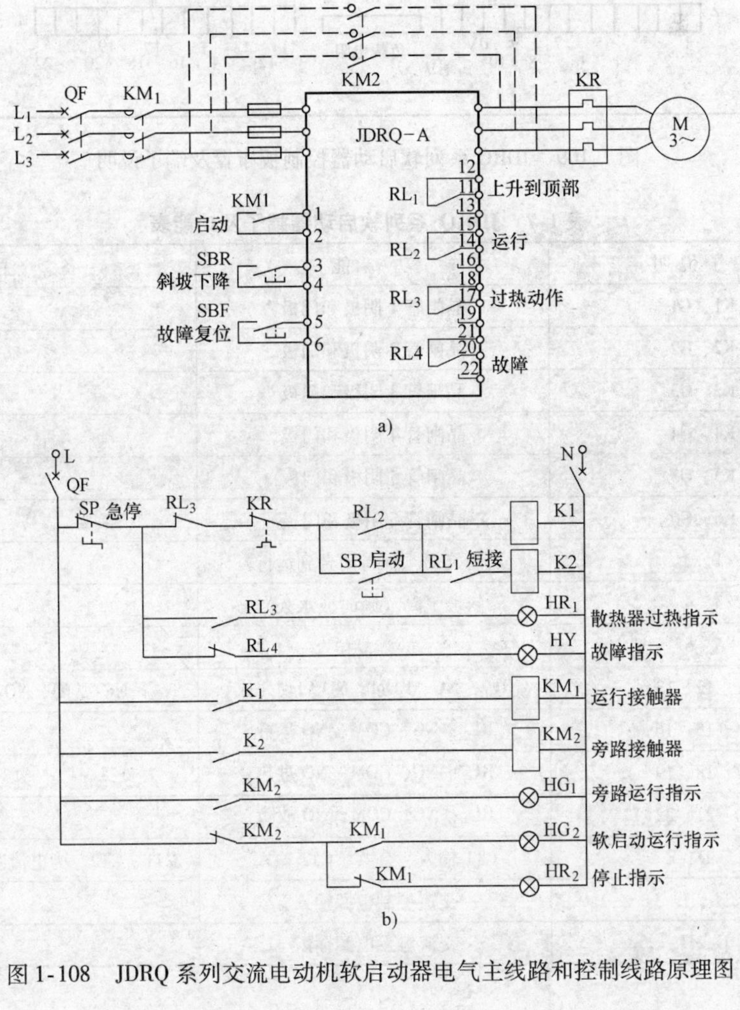

图 1-108　JDRQ 系列交流电动机软启动器电气主线路和控制线路原理图

③ JDRQ 系列软启动器控制板布置及端子说明如图 1-109 所示，端子及功能见表 1-7。

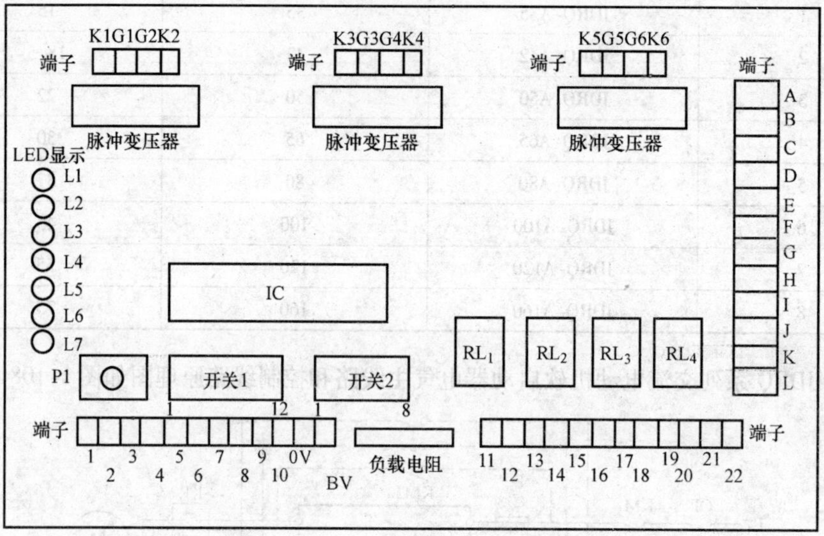

图 1-109　JDRQ 系列软启动器控制板布置及端子说明

表 1-7　JDRQ 系列软启动器端子及功能表

端子说明	功　能	备　注
K1、G1	晶闸管 1 阴极和门极	
K2、G2	晶闸管 2 阴极和门极	
K3、G3	晶闸管 3 阴极和门极	
K4、G4	晶闸管 4 阴极和门极	
K5、G5	晶闸管 5 阴极和门极	
K6、G6	晶闸管 6 阴极和门极	
1、2	启动（必须保持闭合到运行）	
3、4	斜坡下降（瞬时或永久）	
5、6	故障复位	
11、12、13	RL_1：NC、COM、NO 启动完成	NC-常闭，NO-常开
14、15、16	RL_2：NC、COM、NO 运行	
17、18、19	RL_3：NC、COM、NO 过热	
20、21、22	RL_4：NC、COM、NO 故障	
C、D、E	CT1 输入、公共、CT2 输入	CT1、CT2、为电流互感器二次
K、L、I、J	交流控制电源输入	
G、H	交流触发电源输入	

2）CDJR1 系列数字式电动机软启动器。CDJR1 系列数字式软启动器可应用在 5.5～500kW 交流电动机的启动及制动控制上。它可以替代Y-△启动、电抗器启动、自耦减压启动等老式启动设备，可应用于机床、冶金、化工、建筑、水泥、矿山、环保等工业领域中。

① CDJR1 系列数字式软启动器技术数据见表 1-8。

表 1-8 CDJR1 系列数字式软启动器技术数据

功能		设定范围	出厂值	说明
代号	名称			
0	起始电压/V	40～380	120	电压模式有效
1	起始时间/s	0～20	5	电压模式有效
2	启动上升时间/s	0～500	10	电压模式有效
3	软停车时间/s	0～200	2	设为零时自由停车
4	启动限制电流（%）	50～400	250	限流模式有效
5	过载电流（%）	50～200	150	测定值百分比
6	运行过流（%）	50～300	200	额定值百分比
7	启动延时/s	0～999	0	外控延时启动
8	控制模式	0～1	0	0：限流启动　1：斜坡电压启动
9	键盘控制	1～6	1	1：键盘　2：外控 3：键盘+外控　4：PC 5：PC+键盘　6：PLC+外控
A	输出断相保护	0～1	0	0：有　1：无
B	显示方式	0～500	0	0：按额定电流百分比 XXX：选实际功率额定值
C	外部故障控制	0～2	0	0：不用　1：用　2：多用一备
D	远控方式	0～1	0	0：三线控制：1：双线控制
E	本机地址	0～60	0	用于串口通信
F	参数设定保护	0～1	0	0：允许修改　1：不允许修改
EY	修改设定保护	此状态下允许改变数据		
A	启动上升状态	1. 显示电流值 XXXA 或额定值百分比 2. 延时启动时显示时间 DETTT		
–A	运行状态			
–A	软停车状态			

注：X 为 0～9 数值，Y 为 0～F 数字。

② 软启动控制图

a）CDJR1 系列软启动电气设备电路连接如图 1-110 所示。

b）CDJR1 系列软启动器基本电路框图如图 1-111 所示。它利用晶闸管可控制的输

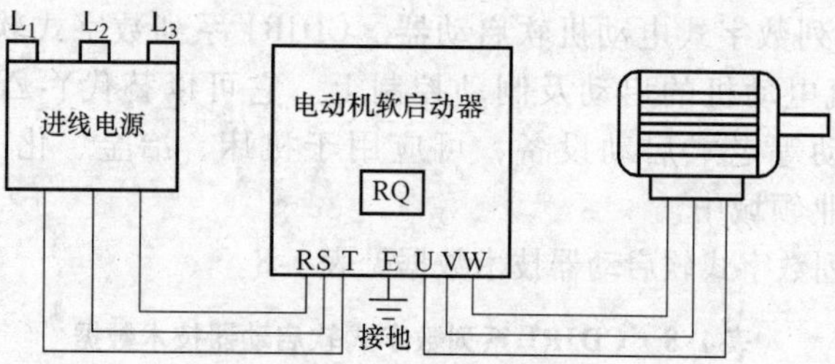

图 1-110　CDJR1 系列软启动电气设备电路连接图

出特性来实现对电动机软启动的控制。当电动机启动之后，晶闸管退出，交流接触器投入。

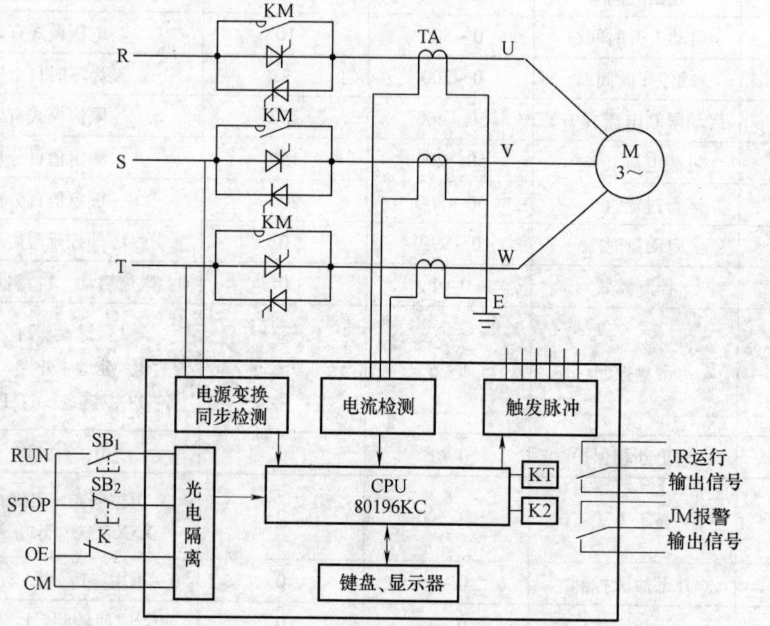

图 1-111　CDJR1 系列软启动器基本电路框图

③ 主电气回路和控制回路接线端子见表 1-9。

表 1-9　主电气回路和控制回路接线端子

	端子标记	端子名称	说　明
主回路	R　S　T	主回路电源端	连接三相电源
	U　V　W	启动器输出端	连接三相电动机
	E	接地端	金属框架接地（防电击事故和干扰）
控制回路	端子标记	端子名称	说　明
	CM	接点输入公共端	接点输入信号的公共端

（续）

	端子标记	端子名称	说　明
控制回路	RUN	启动输入端	RUN-CM 接通时电动机开始运行
	STOP	停止输入端	STOP-CM 断开时电动机进入停止状态
	OE1、2、3	外部故障输入端	OE-CM 断开时电动机立即停止
	JRA、B、C	运行输出信号	JRA-JRB 为常开触点，JRB-JRC 为常闭触点
	JMA、B、C	报警输出信号	JMA-JMB 为常开触点，JMB-JMC 为常闭触点

可见，启动控制器有七个接线端，R、S、T 通过空气断路器接入（无相序要求）。E 端必须牢固接地，U、V、W 为输出端与电动机连接。经试运转可通过换接 R、S、T 中任意两端或换接 U、V、W 中任意两端改变电动机转向。

1.5.2　机床的正反向可逆运行控制电路环节

因大多数机床的主轴或进给运动都需要正反两个方向运行，常要求电动机能够正反转。只要把电动机定子二相绕组任意两相调换一下接到电源上去，电动机定子相序即可改变，从而电动机就可改变转向了。如果用两个接触器 KM_1 和 KM_2 来完成电动机定子绕组相序的改变，那么控制这两个接触器 KM_1 和 KM_2 来实现正转与反转的启动和转换控制线路就是正反转控制线路，如图 1-112 所示。当然，机床设备的正反转也可由机械装置来实现，这就要增加机械结构的复杂性，而采用电动机正反转比较简单方便。

从图 1-112 主回路上看，如果 KM_1 和 KM_2 同时接通，就会造成主回路的短路，故

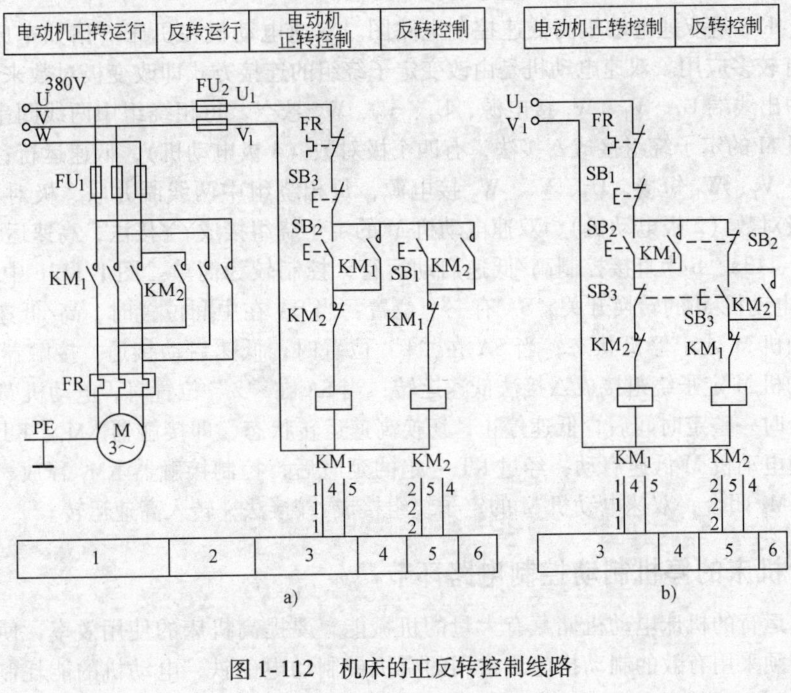

图 1-112　机床的正反转控制线路

需要应用互锁环节，即两线圈动断触点互相串联在对方的控制回路中，这样当一方得电时，由于其动触点打开，使另一方线圈不能通电，此时即使按下按钮，也不能造成短路。

从图1-112a中可以看出，如果电动机正在正转，想要反转，需先停止正转，然后才能启动反转，显然操作不方便。可以使用复合按钮解决这一问题，如图1-112b所示，正反转可以直接切换，使用复合按钮同时还可以起到互锁作用。这是由于按下SB_2时，只有KM_1可得电动作，同时KM_2回路被切断。同理按下SB_3时，只有KM_2可得电动作，同时KM_1回路被切断。

但要注意：如果只用按钮进行互锁，而不用接触器动断触点之间的互锁，是不可靠的。因为在实际中可能会出现这样的情况，由于负载短路或大电流的长期作用，接触器的主触点被强烈的电弧“烧焊”在一起，或者接触器的机构失灵，使衔铁卡住总是处在吸合状态，这都可能使主触点不能断开，这时如果另一接触器动作，就会造成电源短路事故。如果用的是接触器动断触点进行互锁，不论什么原因，只要一个接触器是吸合状态，它的互锁动断触点就必然将另一接触器线圈电路切断，这就能避免事故的发生。图1-112b为按钮和接触器双重互锁正反转控制线路，其中接触器动断触点之间的互锁是必不可少的。

1.5.3 机床的高低速控制电路环节

机床在加工过程中要根据材质、进刀量等变换速度，常用机械变速箱来完成。但要求变速级数较多时，会使机械变速箱过于复杂，制造困难，可采用多速电动机来配合变速，目前有双速、三速、四速电动机等类型。

图1-113是双速电动机高低速控制电路图。双速电动机在机床（诸如车床、铣床等）中有较多应用。双速电动机是由改变定子绕组的连接方式即改变极对数来调速的。若将图中出线端U_1、V_1、W_1接电源，U_2、V_2、W_2悬空，每相绕组中两线圈串联，双速电动机M的定子绕组接成△接法，有四个极对数（4极电动机），低速运行；如将出线端U_1、V_1、W_1短接，U_2、V_2、W_2接电源，每相绕组中两线圈并联，极对数减半，有两个极对数（2极电动机），双速电动机M的定子绕组接成YY接法，高速运行。

图1-113a、b为直接控制高/低速启动运行，控制较为简单。图1-113c中，SA为高/低速电动机M的转换开关，SA有三个位置：当SA在中间位置时，高/低速均不接通，电动机M处于停机状态；当SA在“1”位置时，低速启动接通，接触器KM_1闭合，电动机M定子绕组接成△接法低速运转；当SA在“2”位置时，电动机M先低速启动，延时一整定时间后，低速停止，切换高速运转状态，即接触器KM_1、KT首先闭合，双速电动机M低速启动，经过KT一定的延时后，控制接触器KM_1释放、接触器KM_2和KM_3闭合，双速电动机M的定子绕组接成YY接法，转入高速运转。

1.5.4 机床的停机制动控制电路环节

高速运行的机床电动机储藏有大量的机械能，要提高机床的使用效率，使它快速停机，必须采用有效的制动措施，常用的有机械制动电磁铁，电动机的能耗制动、反

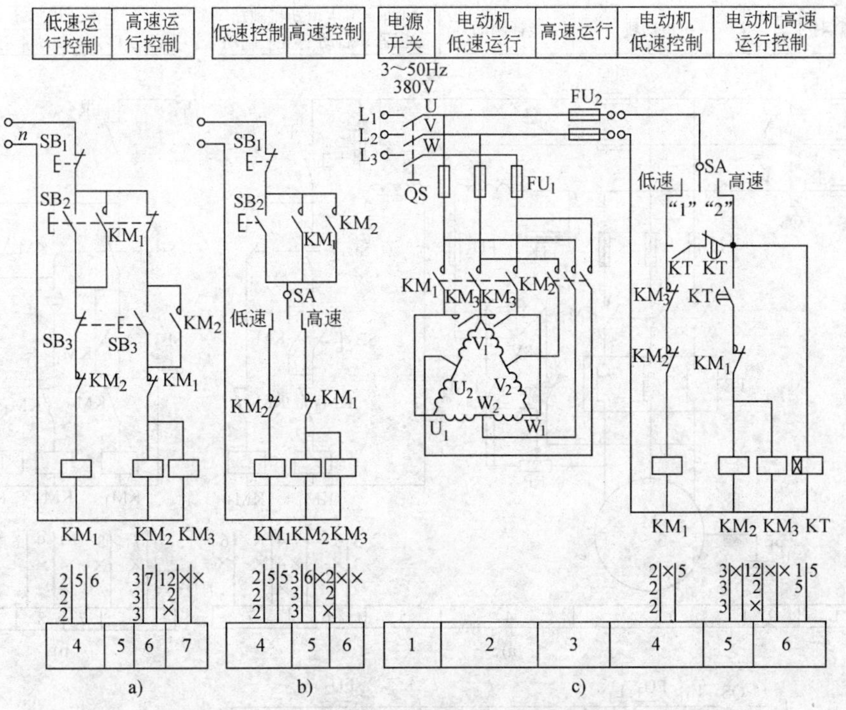

图 1-113　双速电动机高低速控制电路图

接制动等。

图 1-114 就是机床电动机最常用的能耗制动控制线路图。三相异步电动机的能耗制动是在电动机定子绕组交流电源被切断后，在定子两相绕组间加进直流电源，产生一个恒定磁场，利用惯性转动的机床电动机转子切割其磁力线变电动机为发电机，所产生的转子电流快速地消耗在转子电路中。储藏的机械能消耗掉了，电动机也就停机了。

在图 1-114b 控制线路中，SB_2 用于启动，SB_1 用于制动，KM_2 为制动用接触器。若在电动机正在运行时，按下 SB_1，KM_1 断电，切除交流运行电源。制动接触器 KM_2 及时间继电器 KT 得电，KM_2 得电自锁使直流电接入主回路进行能耗制动，KT 得电开始计时。当速度接近零时，延时时间到，KT 的延时动断触点打开，KM_2 失电，主回路中 KM_2 主触点打开，切断直流电源，制动结束。

图 1-114c 是采用单管半波整流电源能耗制动控制线路图，用于简易控制线路。

1.5.5　机床的电液控制电路环节

液压传动系统能够提供较大的驱动力，并且运动传递平稳、均匀、可靠、控制方便。当液压系统和电气控制系统组合构成电液控制系统时，很容易实现自动化，电液控制被广泛地应用在各种机床设备上。电液控制是通过电气控制系统控制液压传动系统按给定的工作运动要求完成动作。液压传动系统的工作原理及工作要求是分析电液

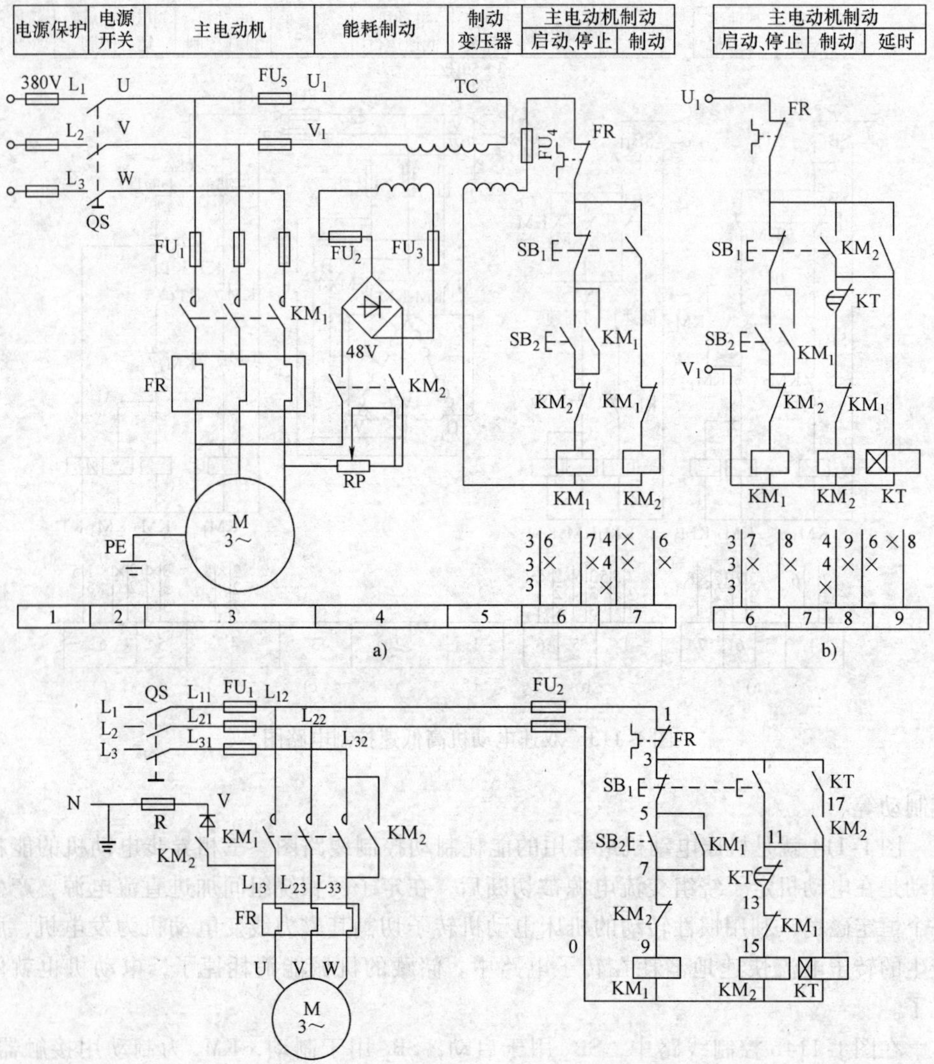

图 1-114　时间继电器控制的机床能耗制动控制线路图

控制电路工作的一个重要环节。

1. 液压系统组成

如图 1-115a 所示，液压传动系统主要由 4 个部分组成：

1）动力装置（液压泵及传动电动机）。

2）执行机构（液压缸或液压马达）。

3）控制调节装置（压力阀、调速阀、换向阀等）。

4）辅助装置（油箱、油管等）。

由电动机拖动的液压泵为电液系统提供压力油，推动执行件液压缸活塞移动或者

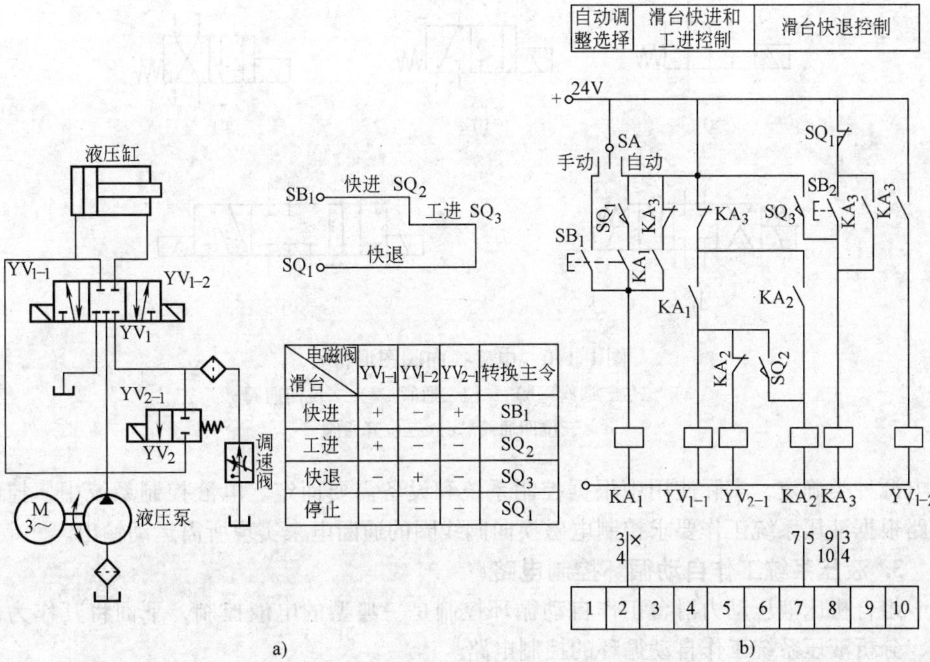

电磁阀 / 滑台	YV_{1-1}	YV_{1-2}	YV_{2-1}	转换主令
快进	+	−	+	SB_1
工进	+	−	−	SQ_2
快退	−	+	−	SQ_3
停止	−	−	−	SQ_1

图 1-115　组合机床液压动力滑台电液控制系统

液压马达转动，输出动力。控制调节装置中，压力阀和调速阀用于调定系统的压力和执行件的运动速度，方向阀用于控制液流的方向或接通、断开油路，控制执行件的运动方向和构成液压系统工作的不同状态，满足各种运动的要求。辅助装置提供油路系统。

液压系统工作时，压力阀和调速阀的工作状态是预先调整好的固定状态，只有方向阀根据工作循环的运动要求而变化工作状态，形成各工步液压系统的工作状态，完成不同的运动输出。因此对液压系统工作自动循环的控制，就是对方向阀工作状态进行控制。

方向阀因其结构的不同而有不同的操作方式，可用机械、液压和电动方式改变阀的工作状态，从而改变液流方向，或接通、断开油路。电液控制中是采用电磁铁吸合推动阀芯移动，改变阀工作状态的方式，实现控制。

2. 电磁换向阀

由电磁铁推动改变工作状态的阀称为电磁换向阀，其图形符号如图 1-116 所示。从图1-116a ~ c 可知二位阀的工作状态，当电磁阀线圈通电时，换向阀位于一种通油状态；线圈失电时，在弹簧力的作用下，换向阀复位处于另一种通油状态；电磁阀线圈的通断电控制了油路的切换。图 1-116d ~ e 为三位阀，阀上装有两个线圈，分别控制阀的两种通油状态；当两电磁阀线圈都不通电时，换向阀处于第三种的中间位通油状态；需注意的是两个电磁阀线圈不能同时得电，以免阀的状态不确定。

电磁换向阀有两种，即交流电磁换向阀和直流电磁换问阀，由阀上电磁阀线圈所

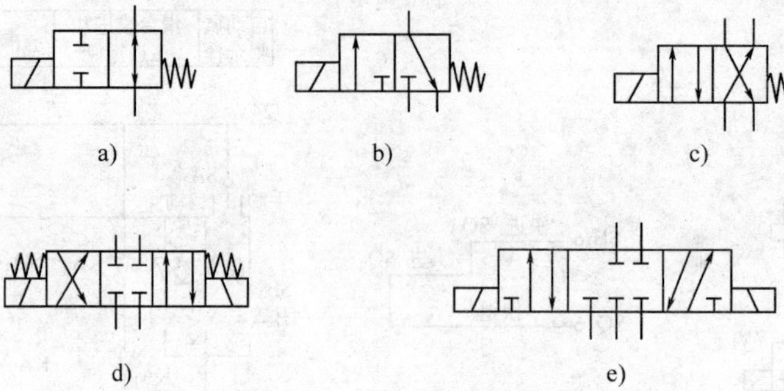

图 1-116　电磁换向阀图形符号

a）二位二通阀　b）二位三通阀　c）二位四通阀

d）三位四通阀　e）三位五通阀

用电源种类确定，实际使用中根据控制系统和设备需要而定。电液控制系统中，控制电路根据液压系统工作要求控制电磁换向阀线圈的通断电来实现所需运动输出。

3. 液压系统工作自动循环控制电路

组合机床液压动力滑台工作自动循环控制是一典型的电液控制，下面将其作为例子，分析液压系统工作自动循环的控制电路。

液压动力滑台是机床加工工件时完成进给运动的动力部件，由液压系统驱动，自动完成加工的自动循环。滑台工作循环的工步顺序与内容，各工步之间的转换主令，和电动机驱动的自动工作循环控制一样，由设备的工作循环图给出。电液控制系统的分析通常分为三步：

1）分析工作循环图，以确定工步顺序及每步的工作内容，明确各工步的转换主令。

2）分析液压系统的工作原理，确定每工步中应通电的电磁阀线圈，并将分析结果和工作循环图给出的条件通过动作表的形式列出，动作表上列有每个工步的内容、转换主令和电磁阀线圈通电状态。

3）分析控制电路，根据动作表给出的条件和要求，逐步分析电路如何在转换主令的控制下完成电磁阀线圈通断电的控制。

液压动力滑台一次工作进给的控制如图 1-117 所示。电路液压动力滑台的自动工作循环共有 4 个工步：滑台快进、工进、快退及原位停止，分别由行程开关 SQ_2、SQ_3、SQ_1 及 SB_1 控制循环的启动和工步的切换。对应于 4 个工步，液压系统有 4 个工作状态，满足活塞的 4 个不同运动要求。其工作原理如下：动力滑台快进，要求电磁换向阀 YV_1 在左位，压力油经换向阀进入液压缸左腔，推动活塞右移，此时电磁换向阀 YV_2 也要求位于左位，使得液压缸右腔回油经 YV_2 阀返回液压缸左腔，增大液压缸左腔的进油量，活塞快速向前移动。为实现上述油路工作状态，电磁阀线圈 YV_{1-1} 必须通电，使阀 YV_1 切换到左位，YV_{2-1} 通电使 YV_2 切换到左位。动力滑台前移到达工进起点时，压下行程开关 SQ_2，动力滑台进入工进的工步。动力滑台工进时，活塞运动方向不变，但移动速度改变，此时控制活塞运动方向的阀 YV_1 仍在左位，但控制液压缸右腔

回油通路的阀 YV_2 切换到右位，切断右腔回油进入左腔的通路，而使液压缸右腔的回油经调速阀流回油箱，调速阀节流控制回油的流量，从而限定活塞以给定的工进速度继续向右移动，YV_{1-1} 保持通电，使阀 YV_1 仍在左位，但是 YV_{2-1} 断电，使阀 YV_2 在弹簧力的复位作用下切换到右位，满足工进油路的工作状态。工进结束后，动力滑台在终点位压动终点限位开关 SQ_3，转入快退工步。滑台快退时，活塞的运动方向与快进、工进时相反，此时液压缸右腔进油，左腔回油，阀 YV_1 必须切换到右位，改变油的通路，阀 YV_1 切换以后，压力油经阀 YV_1 进入液压缸的右腔，左腔回油经 YV_1 直接回油箱，通过切断 YV_{1-1} 的线圈电路使其失电，同时接通 YV_{1-2} 的线圈电路使其通电吸合，阀 YV_1 切换到右位，满足快退时液压系统的油路状态。动力滑台快速退回到原位以后，压动原位行程开关 SQ_1，即进入停止状态。此时要求阀 YV_1 位于中间位的油路状态，YV_2 处于右位，当电磁阀线圈 YV_{1-1}、YV_{1-2}、YV_{2-1} 均失电时，即可满足液压系统使滑台停在原位的工作要求。控制电路中 SA 为选择开关，用于选定滑台的工作方式。开关扳在自动循环工作方式时，按下启动按钮 SB_1，循环工作开始，其动作顺序如图 1-117 所示。SA 扳到手动调整工作方式时，电路不能自锁持续供电，按下按钮 SB_1 可接通 YV_{1-1} 与 YV_{2-1} 线圈电路，滑台快速前进，松开 SB_1，YV_{1-1} 与 YV_{2-1} 线圈失电，滑台立即停止移动，从而实现点动向前调整的动作。SB_2 为滑台快速复位按钮，当由于调整前移或工作过程中突然停电的原因，滑台没有停在原位不能满足自动循环工作的启动条件，即原位行程开关 SQ_1 必须处于受压状态时，通过压下复位按钮 SB_2，接通 YV_{1-1} 线圈电路，滑台即可快速返回至原位，压下 SQ_1 后停机。其动作过程顺序分析如图 1-117 所示。

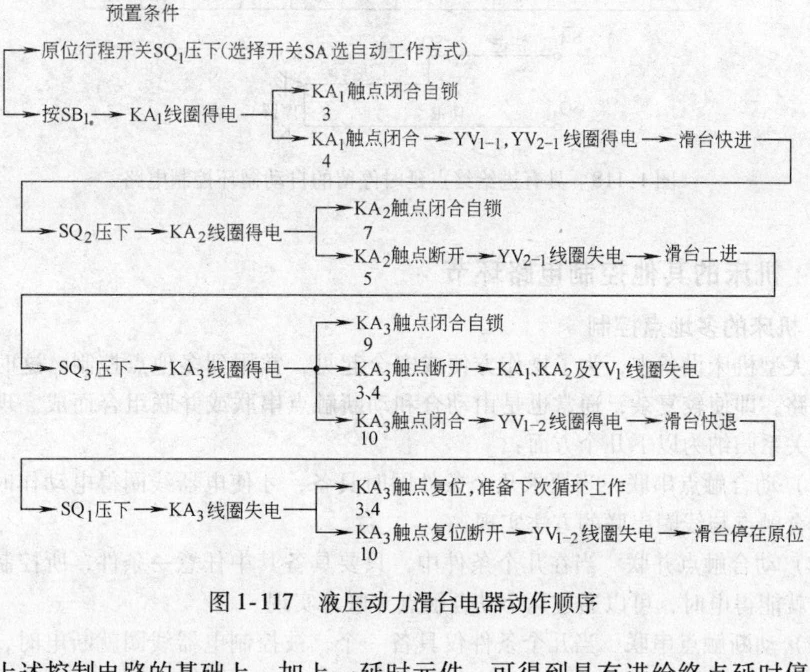

图 1-117　液压动力滑台电器动作顺序

在上述控制电路的基础上，加上一延时元件，可得到具有进给终点延时停留的自动循环控制电路，如图 1-118 所示。当滑台工进到终点时，压动终点限位开关 SQ_1，接通时间继电器 KT 的线圈电路，KT 的瞬时动断触点使 YV_{1-1} 线圈失电，阀 Y_{V1} 切换到中间位置，使滑台停在终点位，经一定时间的延时后，KT 的延时动合触点接通滑台快速退回的控制电路，滑台通过进入快退的工步，退回原位后行程开关 SQ_1 被压下，切断电磁阀线圈 YV_{1-2} 的电路，滑台停在原位，其他工步的控制和调整控制方式，带有延时停留的控制电路与无终点延时停留的控制电路类同。

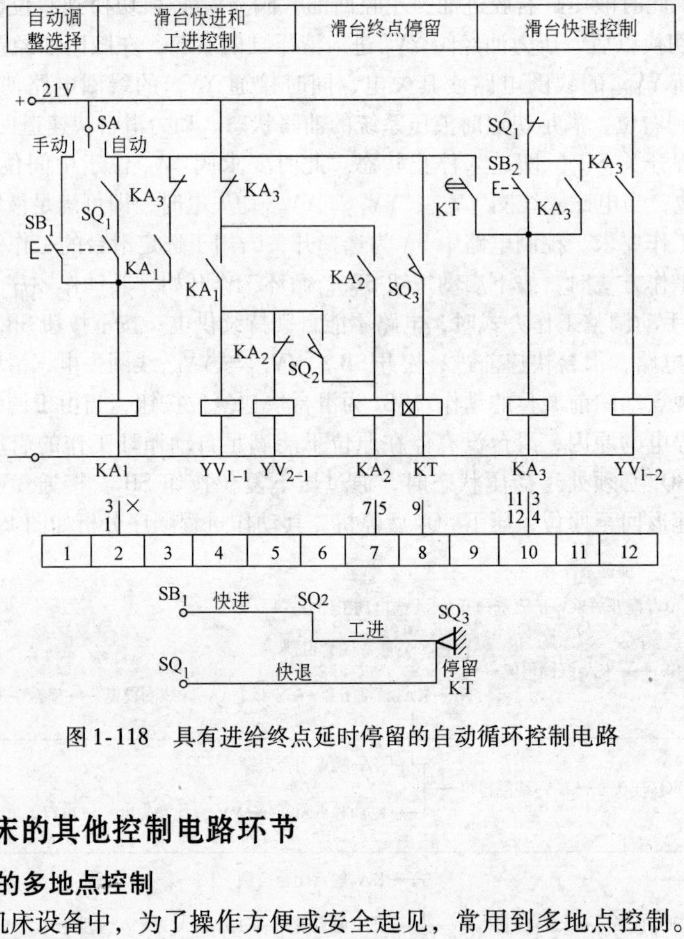

图 1-118　具有进给终点延时停留的自动循环控制电路

1.5.6　机床的其他控制电路环节

1. 机床的多地点控制

在大型机床设备中，为了操作方便或安全起见，常用到多地点控制。这时的电气控制线路，即使较复杂，通常也是由动合和动断触点串联或并联组合而成。现把它们的相互关系归纳为以下几个方面：

（1）动合触点串联　当要求几个条件同时具备，才使电器线圈得电动作时，可用几个动合触点与线圈串联的方法实现。

（2）动合触点并联　当在几个条件中，只要具备其中任意一条件，所控制的继电器线圈就能得电时，可以通过几个动合触点并联来实现。

（3）动断触点串联　当几个条件仅具备一个，被控制电器线圈就断电时，可用几个动断触点与被控制电器线圈串联的方法来实现。

（4）动断触点并联　当要求几个条件都具备，电器线圈才断电时，可用几个动断触点并联，再与被控制的电器线圈串联的方法来实现。

图 1-119 为三地点控制的电路图。图 1-119a 是为了操作方便而设置的可三地点分别启停操作控制的电路图；图 1-119b 是重要机床为了安全必须三地点同时启动操作控制的电路图。

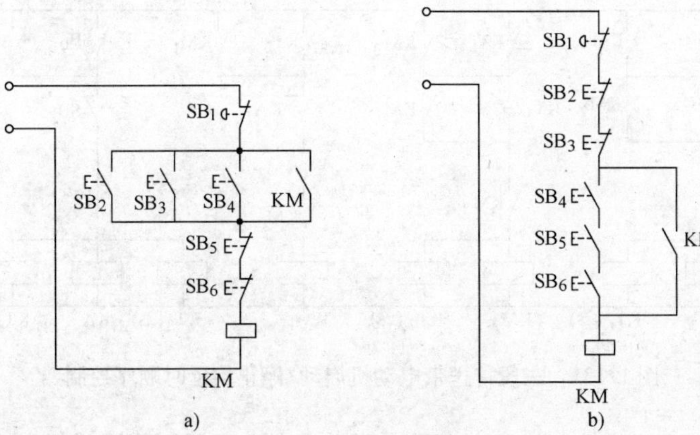

图 1-119　三地点控制

2. 机床的连锁和互锁控制

(1) 连锁　在机床控制线路中，常要求电动机或其他电器有一定的得电顺序。如某些机床主轴须在液压泵工作后才工作；龙门刨床工作台移动时，导轨内必须有足够的润滑油；在主轴旋转后，工作台方可移动等。这种先后顺序配合的关系称为连锁。图 1-120 为 4 台电动机启动顺序控制，前级电动机不启动时，后级电动机也无法启动，如电动机 M_1 不启动，则电动机 M_2 也无法启动；依此类推，前级电动机停止时，后级电动机也停止，如电动机 M_2 停止，则电动机 M_3、M_4 也停止。

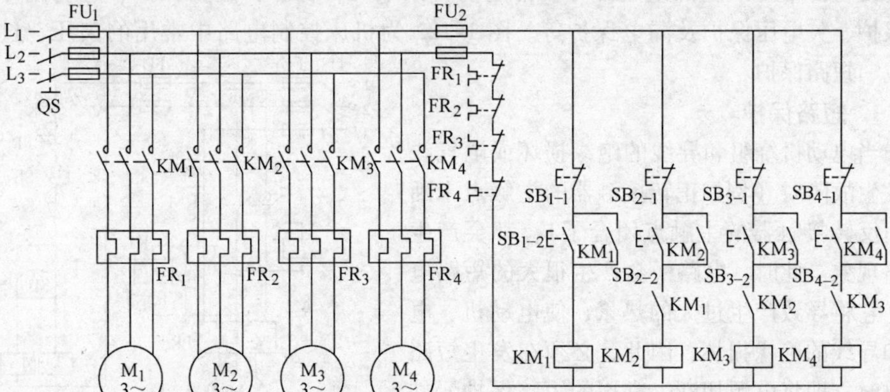

图 1-120　启动顺序控制

图 1-121 为三段传送带电动机启动/停止均延时的顺序控制（或称正启逆停顺序控

制）。当按下启动按钮 SB_1 时，电动机 M_3 启动运行，2s 后电动机 M_2 启动运行，再过 2s 后电动机 M_1 启动运行；按下停止按钮 SB_0 停止时，电动机 M_1 立刻停止，延时2s 后 M_2 停止，M_3 在 M_2 停 2s 后停止。图 1-121 中，KT_1 ~ KT_3 的整定时间为 2s；KT_4 的整定时间为 4s。

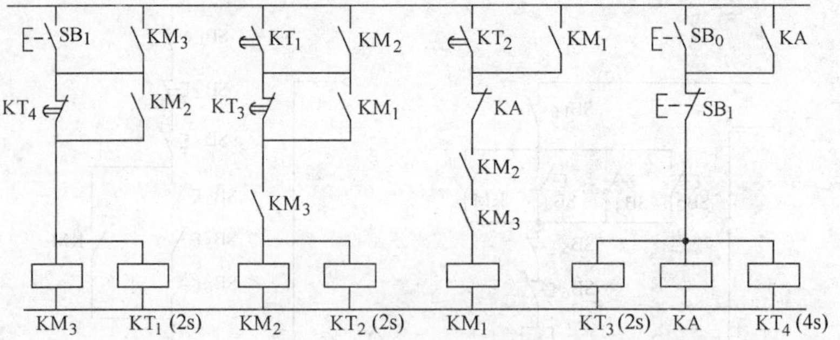

图 1-121　三段传送带电动机启动/停止均延时顺序控制

（2）互锁　在机床控制线路中，要求两个或多个电器不能同时得电动作，相互之间有排他性，这种相互制约的关系称为互锁。如控制电动机的正反转的两个接触器如同时得电，将导致电源短路。在比较复杂的机床中，不仅运动方向上有互锁关系，各运动之间也有互锁关系。故常用操作手柄和行程开关形成机械和电气双重互锁，如图 1-112b 所示，三相交流电动机的正反转的这种相互禁止的控制关系，就是互锁。

1.5.7　机床的保护电路环节

机床控制保护环节的任务是保证机床电动机长期正常运行，避免由于各种故障造成电气设备、电网和机床设备的损坏，以及保证人身的安全。保护环节是机床等所有生产设备都不可缺少的组成部分。常用的有以下几种保护：短路保护、过电流保护、热保护、欠电压保护及漏电保护等。图 1-122 为机床控制电路中常用的欠压、过流、过载、短路保护。

1. 短路保护

当电动机绕组和导线的绝缘损坏或电气线路发生故障时（例如正转接触器的主触点未断开而反转接触器的主触点闭合了），都会产生短路现象。此时，电路中会产生很大的短路电流，它将导致产生过大的热量，使电动机、电器和导线的绝缘损坏。因此，必须在发生短路现象时立即将电源切断。常用的短路保护元件是熔断器和断路器。

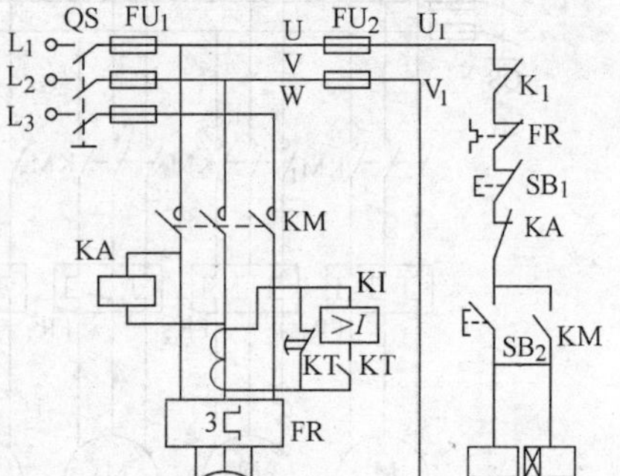

图 1-122　机床控制电路中常用的欠压、过流、过载、短路保护

熔断器的熔体串联在被保护的电路中，当电路发生短路或严重过载时，它自动熔断，从

而切断电路，达到保护的目的。断路器俗称自动开关，它有短路、过载和欠电压保护功能。通常熔断器比较适用于对动作准确度要求不高和自动化程度较差的系统中；当用于三相电动机保护时，在发生短路时有可能会使一相熔断器熔断，造成单相运行。但对于断路器，只要发生短路就会自动跳闸，将三相电路同时切断。断路器结构复杂，广泛用于要求较高的场合。

2. 过电流保护

不正确的启动和过大的负载转矩以及频繁的反接制动，都会引起过电流。为了限制电动机的启动或制动电流过大，常常在直流电动机的电枢回路中或交流绕线转子电动机的转子回路中串入附加的电阻。若在启动或制动时，此附加电阻已被短接，就会造成很大的启动或制动电流。另外，电动机的负载剧烈增加，也要引起电动机过大的电流，过电流的危害与短路电流的危害一样，只是程度上的不同，过电流保护常用断路器或电磁式过电流继电器。将过电流继电器串联在被保护的电路中，当发生过电流时，过电流继电器 KI 线圈中的电流达到其动作值，于是吸动衔铁，打开其常闭触点，使接触器 KM 释放，从而切断电源。这里过电流继电器只是一个检测电流大小的元件，切断过电流还是靠接触器。如果用断路器实现过电流保护，则检测电流大小的元件就是断路器的电流检测线圈，而断路器的主触点用以切断过电流。

对于交流异步电动机，因其启动电流较大，允许短时间过电流，故一般不用过电流保护。若要用过电流保护，如图 1-122 所示，可用时间继电器 KT 躲过启动时的过电流。

3. 过载（热）保护

热保护又称长期过载保护。所谓过载，通常是指发生了“小马拉大车”现象，使电动机的工作电流大于了其额定电流。造成过载的原因很多，如负载过大、三相电动机单相运行、欠电压运行等。当长期过载时，电动机发热，使温度超过允许值，电动机的绝缘材料就要变脆，寿命降低，严重时使电动机损坏，因此必须予以保护。常用的过载保护元件是热继电器（FR）。热继电器可以满足这样的要求：当电动机为额定电流时，电动机为额定温升，热继电器不动作；在过载电流较小时，热继电器要经过较长时间才动作；过载电流较大时，热继电器则经过较短时间就会动作；即具有反时限的特点。

由于热惯性的原因，热继电器不会因电动机短时过载冲击电流或短路电流而立即动作。所以在使用热继电器作过载保护的同时，还必须设有短路保护，并且选作短路保护的熔断器熔体的额定电流不应超过 4 倍热继电器发热元件的额定电流。

4. 零电压与欠电压保护

当电动机正在运行时，如果电源电压因某种原因消失，为了防止电源恢复时电动机自行启动的保护称为零电压保护，零电压保护常选用零压保护继电器 KHV。对于按钮启动并具有自锁环节的电路，本身已具有零电压保护功能，不必再考虑零电压保护。

当电动机正常运行时，电源电压过分地降低将引起一些电器释放，造成控制线路不正常工作，可能产生事故。因此，需要在电源电压降到一定允许值以下时，将电源切断，这就是欠电压保护。欠电压保护常用电磁式欠电压继电器 KV 来实现。欠电压继电器的线圈跨接在电源两相之间，电动机正常运行时，当线路中出现欠电压故障或零压时，欠电压继电器线圈 KA 得电，其常闭触点打开，接触器 KM 释放，电动机被切断电源。

5. 弱磁保护

直流并励电动机、复励电动机在励磁磁场减弱或消失时，会引起电动机的“飞车”现象。此时，有必要在控制线路中采用弱磁保护环节。一般用弱磁继电器，其吸上值一般整定为额定励磁电流的 1.2 倍。

6. 限位保护

对于做直线运动的机床设备常设有限位保护环节。如机床工作台的前进、后退限位保护、升降台的上升、下降限位保护等。通常用行程开关的动合触点完成自动换向，用行程开关的动断触点来实现限位保护。

7. 漏电保护

漏电保护采用漏电保护器，主要用来保护人身生命安全。其应用见本项目图 1-96、图 1-97 所示漏电保护装置。

任务 6　掌握机床控制常用的控制原则

通过前面任务的介绍，已经知道可将电器元件的动合、动断触点进行某种组合，形成机床的基本控制环节，以满足机床各种操作控制和保护要求。从前面任务的讨论还可以看出，机床控制过程的开始和结束以及中间状态的转换都是借助于扳动开关、按动按钮等人工操作实现的，而实际运行中还经常伴随着行程（位置）、时间、速度、电流（力或转矩）、电源频率等物理量的变化。如何根据这些物理量的变化而实现机床工作的自动控制呢？关键是将这些物理量（模拟量）用相应的检测装置转换成开关量并应用于控制线路中。在本任务中将要着重掌握机床电气控制线路常用的一些控制原则。

1.6.1　机床的行程控制原则

行程控制就是按照机床被控制对象的位置变化进行控制。行程控制需要行程开关来实现，当机床运动部件到达某一位置或在某一段距离内时，行程开关动作并使其动合触点闭合、动断触点断开。机床工作台的工作流程和控制线路如图 1-123 所示。

在图 1-123b 所示的机床工作台控制线路中，行程开关 ST_1 的动断触点串联在 KM_1 控制电路中，而它的动合触点与 KM_2 的启动控制按钮 SB_2 相并联，这样当工作台由 KM_1 控制前进（向左）到一定位置碰触到 ST_1 时，由于 ST_1 断触点受压断开，KM_1 失电，工作台停止前进；而 ST_1 动合触点受压闭合，启动 KM_2，KM_2 得电自锁，控制工作台自动退回（向右）；当退至原位触碰 ST_2 时，ST_2 动断触点断开，又使 KM_2 关断，使工作台停止后退。继而 ST_2 动合触点闭合又重新启动 KM_1，使工作台再次前进；即实现了工作台的自动往复工作。上述工作过程可用图 1-123a 所示的动作图进行描述。

除行程开关 ST_1 和 ST_2 外，还有开关 ST_3 与 ST_4 安装在行程极限位置。当由于某种原因工作台到达 ST_1 与 ST_2 位置时，未能切断电动机电源，工作台将继续移动到极限位

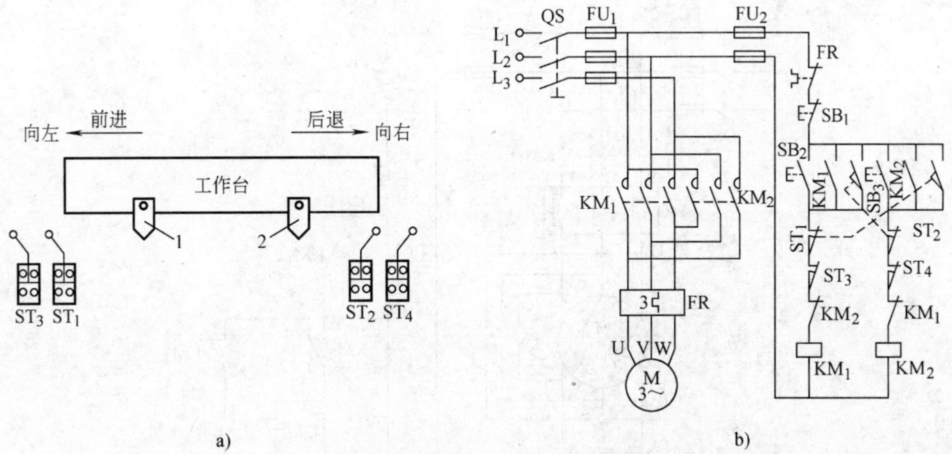

图 1-123　机床工作台的工作流程和控制线路

1—右行时的撞铁　2—左行时的撞铁

置，压下 ST_3 或 ST_4，此时可使电动机停止，避免由于超出允许位置所导致的事故，因此 ST_3 与 ST_4 起到超行程限位保护作用。

工作台往复工作自动循环控制线路，实现的是两个工步交替执行的顺序控制，两个行程开关交替发出切换信号，控制两个工步的转换。当在某个工艺过程中包含有多个工步时，可由若干个行程开关顺序来实现工步切换。

1.6.2　机床的时间控制原则

时间控制就是按照机床被控制对象的时间变化顺序进行控制。时间控制需用时间继电器。时间继电器具有延时动作触点，以这种触点发出的开关信号作为受控系统的转换信号，是时间控制线路的关键。时间继电器有通电延时型和断电延时型两类。

图 1-124 是机床电气控制中常用的三相异步电动机Y-△减压启动控制线路，KT 为得电延时型时间继电器。在正常运行时，电动机定子绕组是连接成三角形的，启动时把它连接成星形，启动完成后再恢复到三角形连接。从主回路可知 KM_1 和 KM_3 主触点闭合，使电动机接成星形，并且经过一段延时后 KM_3 主触点断开，KM_1 和 KM_2 主触点闭合再接成三角形，从而完成减压启动，而后再自动转换到正常速度运行。

控制线路的工作过程是：按下 SB_2，KM_1 得电自锁，KM_1 在电动机运转期间始终得电；KM_3 和时间继电器 KT_1 也同时得电，电动机Y联结启动。延时一段时间后，KT 延时触点动作，首先是延时动断触点断开，使 KM_3 失电。主回路中 KM_3 主触点断开，电动机启动过程结束；随之 KM_3 互锁触点复位，KT_1 延时动合触点闭合，使 KM_2 得电自锁，且其互锁触点断开，又使 KT_1 线圈失电，KM_3 不容许再得电。电动机进入△联结正常运行状态。

Y-△减压启动的条件是需要电动机接线盒有 6 个出线端子。当一台内部接好线后其接线盒只有 3 个出线端子时，就不能采用Y-△减压启动。这时可采用所图 1-125 所示的时间继电器控制串电阻减压启动控制线路。它的控制特点是当按下启动按钮 SB_2

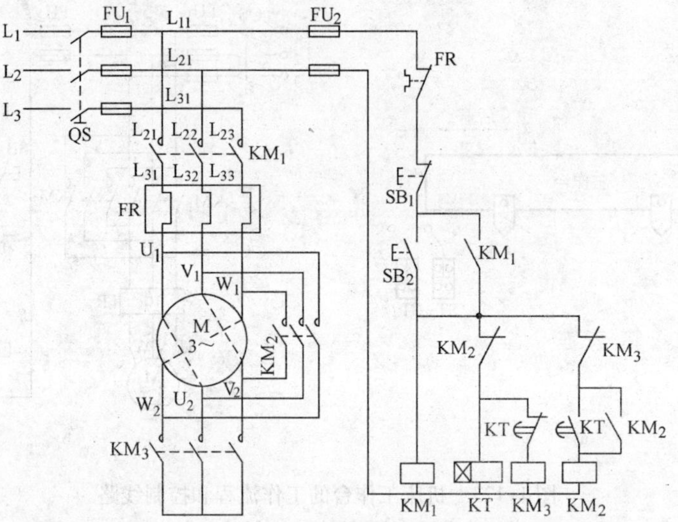

图 1-124　时间继电器控制机床Y-△减压启动控制线路

时，接触器 KM_1 首先闭合，电动机 M 串电阻减压启动；经过预定的时间后，接触器 KM_2 闭合，切除串电阻 *R*，电动机 M 全压运行。

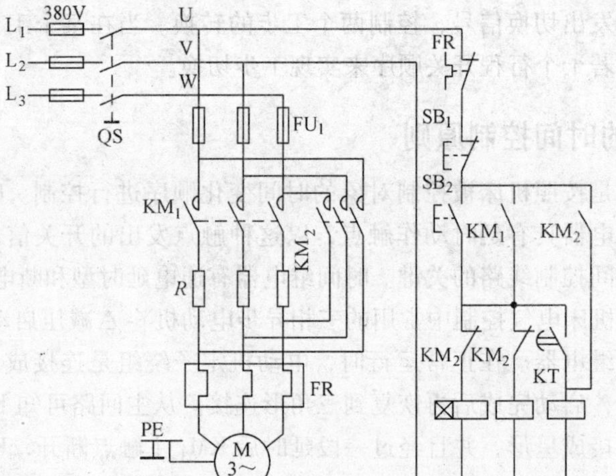

图 1-125　时间继电器控制机床串电阻减压启动控制线路

1.6.3　机床的速度控制原则

利用电动机转速的变化也可实现机床运行状态的控制，常用于交流异步电动机反接制动控制线路。电动机正常运行时，速度继电器 KS 的动合触点闭合。当需要制动时变换其中任意两相电源相序并使电动机定子绕组串入限流电阻，使其立即进入反接制动状态。当电动机转速下降接近于零时，KS 动合触点必须立即断开，快速切断电动机电源，否则电动机会反向启动。

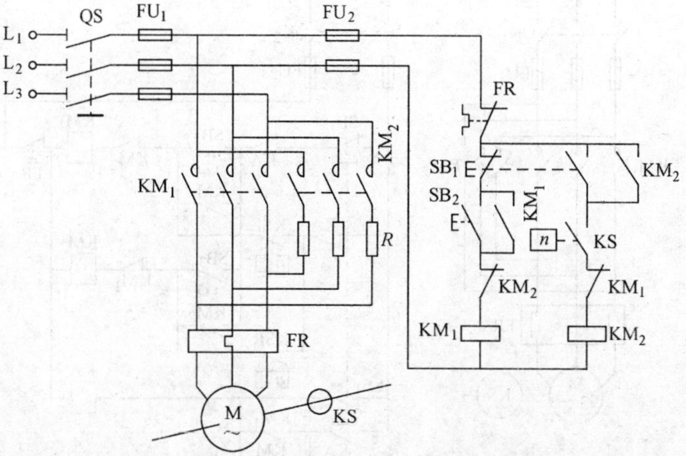

图 1-126　三相异步电动机单向反接制动控制电路原理图

三相异步电动机反接制动控制电路原理图如图 1-126 所示。按钮 SB_2 为电动机 M 正转启动按钮，SB_1 为电动机 M 的制动停止按钮；KS 为速度继电器。串接在反转电路中的速度继电器的常开触点 KS 为电动机制动触点，电动机在启动过程中，当其速度达到 120r/min 时，这个触点闭合，为电动机停机时加反接制动电源做好准备。当停机时按动停止按钮 SB_1 后，正常运行的接触器 KM_1 断开，切断正常运行的电源；反接制动的接触器 KM_2 闭合，接通反接制动的电源，电动机开始反接制动；当电动机转速下降到 100r/min 时，其正常运行时为电动机反接制动做好准备的速度继电器已闭合的常开触点 KS 及时断开，切除了反接制动的电源，反接制动结束，电动机及时停机，又防止了反方向启动。这里采用速度控制及时准确、安全可靠，恰到火候。

图 1-127 为三相异步电动机双向反接制动控制电路原理图。按钮 SB_2 为电动机 M 正转启动按钮，SB_3 为电动机 M 的反转启动按钮，SB_1 为电动机 M 的制动停止按钮；KS 为速度继电器。串接在反转电路中的速度继电器的常开触点 KSR 为电动机正转制动触点，电动机正转过程中，当其速度达到 120r/min 时，这个触点闭合，为电动机正转反接制动做好准备。串接在正转电路中的速度继电器的常开触点 KSF 为电动机反转制动触点。电动机反转过程中，当其速度达到 120r/min 时，这个触点闭合，为电动机反转反接制动做好准备。当停机时按动停止按钮 SB_1 后，中间继电器 KA 得电自保，正常运行的接触器断开，切断正常运行的电源；反接制动的接触器闭合，接通反接制动的电源，电动机开始反接制动；当电动机转速下降到 100r/min 时，其正常运行时为电动机反接制动做好准备的相应速度继电器已闭合的常开触点（KSR 或 KSF）及时断开，切除了反接制动的电源，反接制动结束。

中间继电器 KA 是为更安全可靠而增加的。因为在停车期间，如遇调整、对刀等，需用手转动机床主轴，则速度继电器的转子也将随着转动，其动合触点闭合，反向接触器得电动作，电动机处于反接制动状态，不利于调整工作。为解决这个问题，故在

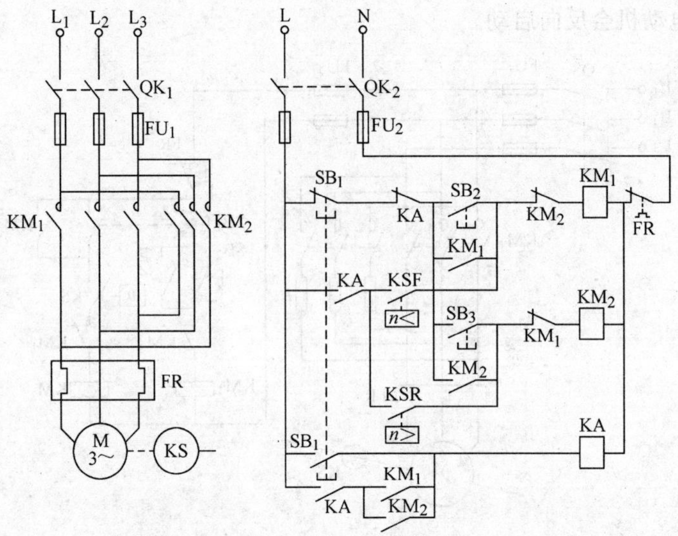

图 1-127　双向反接制动的机床电气控制线路

该控制线路中增加了一个中间继电器 KA，这样在用手转动电动机时，虽然 KS 的动合触点闭合，但只要不按停止按钮 SB_1，KA 失电，反向接触器不会得电，电动机也就不会反接于电源。只有操作停止按钮 SB_1 时，制动线路才能接通，保证了操作者的人身安全。

1.6.4　机床的电流控制原则

电流的强、弱既可作为电路或电器元件保护动作的依据，也可反映机床控制中其他物理量（如卡紧力或扭矩等控制信号）的大小。通常电流控制是借助于电流继电器来实现的，当电路中的电流达到某一预定值时，电流继电器的触点动作，切换电路，达到电流控制的目的。图 1-128 是绕线转子交流电动机根据转子电流大小的变化来控制电阻短接的启动控制电路，图中主电路转子绕组中除串接启动电阻外，还串接有电流继电器 KA_2、KA_3 和 KA_4 的线圈，三个电流继电器的吸合电流都一样，但是释放电流不同，KA_2 释放电流最大，KA_3 次之，KA_4 最小。刚启动时，启动电流很大，电流继电器全部吸合，控制电路中的动断触点打开，接触器 KM_2、KM_3、KM_4 的线圈不能得电吸合，因此全部启动电阻接入，随着电动机转速升高，电流变小，电流继电器根据释放电流的大小等级依次释放，使接触器线圈依次得电，主触点闭合，逐级短接电阻，直到全部电阻都被短接，电动机启动完毕，进入正常运行。

图 1-129 为机床用直流电动机的串电阻启动和能耗制动控制电路图。其电枢回路需要有限制过电流的控制，故在电枢回路串入过电流继电器 KA_1。当电枢回路的电流超过设定值时，过电流继电器动作，KM_1 断开，切断电枢回路，保护直流电动机电枢回路中电流不超过设定值；其磁场回路中有励磁绕组欠磁场保护控制，故在电枢回路串入欠电流继电器 KA_2，当励磁绕组中电流太弱或失磁时 KA_2 动作，切断电枢回路，

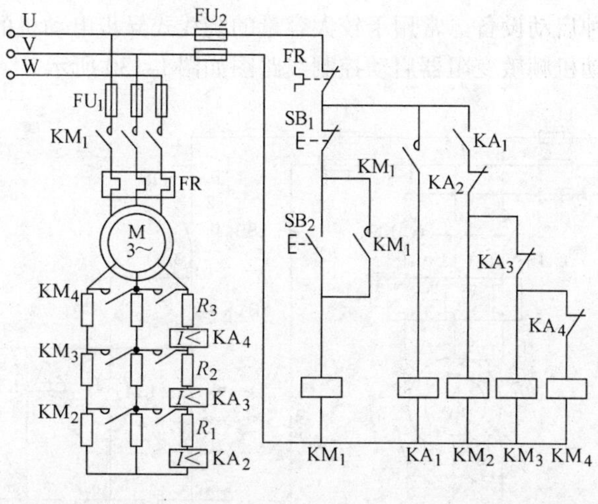

图 1-128　绕线转子交流电动机串电阻限制启动电流的控制电路

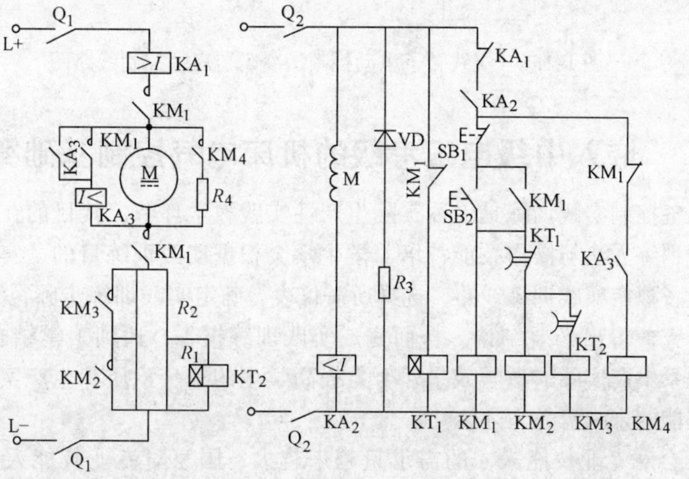

图 1-129　机床用直流电动机的串电阻启动和能耗制动控制电路图

防止直流电动机弱磁转速过高或发生失磁飞车事故。

1.6.5　机床的频率控制原则

利用电动机转子频率的变化也可实现机床运行状态的控制，例如绕线转子电动机频敏变阻器启动控制。我国独创的频敏变阻器是利用铁磁材料的频敏特性，制成阻抗随转子频率（即转差率 s）自动变化的启动器。当电动机启动时，转子频率较高，在频敏变阻器内与频率平方成正比的涡流损耗 r_m 较大，起到了限制启动电流及增大启动转矩的作用。随着转速上升，转子频率不断下降，r_m 跟着下降。当转速接近额定值时，转子频率很低，等效电阻很小，满足了电动机平滑启动要求。启动过程结束后，应将集电环短接，把频敏变阻器切除。适于轻载和重轻载启动。它是绕线式转子异步电动机较为理想的一种启动设备。常用于较大容量的绕线式异步电动机的启动控制。

绕线转子电动机频敏变阻器启动控制线路图如图 1-130 所示。

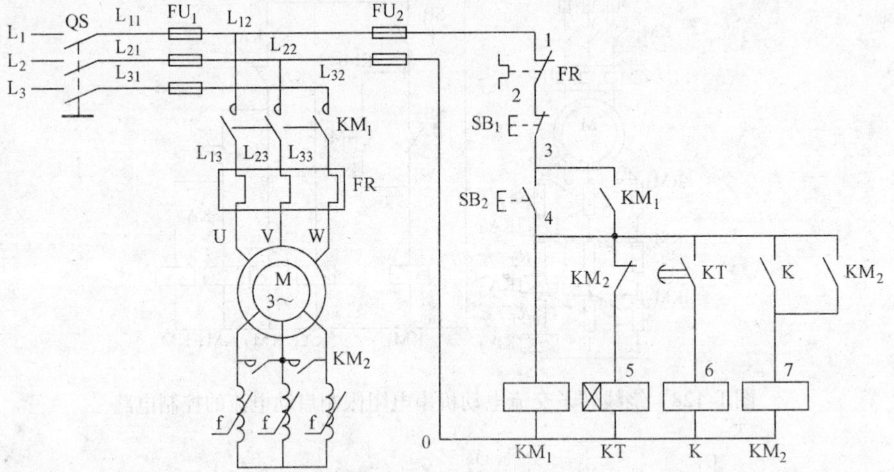

图 1-130　绕线转子电动机频敏变阻器启动控制线路图

任务 7　嵌入中级电工考级的机床电气控制基础实践训练

机床电气控制实践训练是一种实际生产性实践教学环节，其目的在于使学生掌握基本的实践训练方法与操作技能；培养学生学会根据实践训练目的、实践训练内容及实践训练设备拟定实践训练线路，选择所需仪表，确定实践训练步骤，测取所需数据，进行分析研究，得出必要结论，从而完成实践训练报告；达到工学结合、学用一致、理论密切联系生产实际的教学效果，努力提高学生的综合素质和生产实践技能，铸造高素质高技能的未来蓝领人才。

当今社会对专业技能人才的需求量越来越大，国家对专业技能人才实行技能鉴定证书制度，只有持有证书才能上岗。这一方面可以对特殊行业加强管理，另一方面也将为进入行业设立了严格的准入门槛。因此，作为高职教育，培养社会需求的知识型高级劳动者，应该将获得国家行业技能证书的要求嵌入高职教育的培养目标。

1.7.1　机床电气控制基础实践训练的基本要求和注意事项

电工考工是自动化类专业的专业实践性课程，是提高学生专业知识，专业动手能力的重要课程之一。而机电一体化专业是国家新修订专业目录自动化类学科的第一类专业，根据国家中级维修电工考试标准，要求学生掌握相应的理论知识和实践技能，通过考试，取得由国家劳动技能鉴定部门发放的中级维修电工证书，从而锻炼学生的职业劳动技能，并得到社会用人单位的认可，提高学生就业的社会竞争力，实现高职培养目标。为此，必须将电工考工训练纳入本课程的实践训练。电工考工训练的理念为：

1）坚持以高职教育培养目标为依据，遵循“结合理论联系实际，以应知、应会为原则，以培养锻炼劳动技能为重点。”

2）注重培养学生的专业思维能力和专实践能力。

3）把创新素质的培养贯穿于教学中。

4）培养学生分析问题、解决问题的能力。

5）通过技能鉴定考试，获得国家技能证书。

根据考试大纲确定课程内容标准，包括两个方面内容：

1）中级维修电工必须掌握的理论知识（应知）。

2）中级维修电工必须掌握的劳动技能（应会）。

为此，带着问题学习，启发式、互动式、交互式教学方式并存，从实践到理论，又由理论到实践，进而在理论指导下进行实践，提高了实践的知识含量，使学生既知道该怎么做，又知道为什么这样做。既是电工考工训练的要求，也是本课程实践训练的要求。在整个实践训练过程中，要求学生必须集中精力，严肃认真做好实践训练。实践训练分为基础实践训练和综合实践训练。现按基础实践训练过程提出下列基本要求和安全注意事项。

1. 实践训练前的准备

实践训练前应充分复习教科书有关章节，认真预习、研读实践训练指导书，了解实践训练目的、项目、方法与步骤，明确实践训练过程中应注意的问题（有些内容可到实践训练室对照实践训练预习，如熟悉组件的编号，使用及其规定值等），并按照实践训练项目准备记录抄表等。

实践训练前应写好预习报告，经指导教师检查认为确实做好了实践训练前的准备，方可开始作实践训练。

认真做好实践训练前的各项准备工作，对于培养同学独立分析问题和解决问题的工作能力，提高实践训练质量和保护实验设备都是至关重要的。

2. 实践训练的实施进行

（1）建立小组，合理分工　每次实践训练都以小组为单位进行，每组由2~3人组成，实践训练进行中的接线、调节负载、保持电压或电流、记录数据等工作每人应有明确的分工，以保证实践训练操作协调，记录数据准确可靠。

（2）选择组件和仪表　实践训练前先熟悉该次实践训练所用的组件，记录电动机铭牌和选择仪表量程，然后依次排列组件和仪表便于测取数据。

（3）按图接线　根据实践训练线路图及所选组件、仪表按图接线，线路力求简单明了，按接线原则是先接串联主回路，再接并联支路。为查找线路方便，每路可用相同颜色的导线或插头。

（4）启动电动机，观察仪表　在正式实践训练开始之前，先熟悉仪表刻度，并记下倍率，然后按一定规范启动电动机，观察所有仪表是否正常（如指针正、反向是否超满量程等）。如果出现异常，应立即切断电源，并排除故障；如果一切正常，即可正式开始实践训练。

（5）测取数据　预习时对电动机的实践训练方法及所测数据的大小做到心中有数。正式实践训练时，根据实践训练步骤逐次测取数据。

（6）认真负责　实践训练有始有终，实践训练完毕，须将数据交指导教师审阅。

3. 实践训练报告

实践训练报告是根据实测数据和在实践训练中观察和发现的问题，经过自己分析研究或分析讨论后写出的心得体会。

实践训练报告要简明扼要、字迹清楚、图表整洁、结论明确。

实践训练报告包括以下内容：

1）实践训练名称、专业班级、学号、姓名、实践训练日期、室温（℃）。

2）列出实践训练中所用组件的名称及编号，电动机铭牌数据（P_N、U_N、I_N、n_N）等。

3）列出实践训练项目并绘出实践训练时所用的线路图，并注明仪表量程、电阻器阻值、电源端编号等。

4）数据的整理和计算。

5）按记录及计算的数据用坐标纸画出曲线，图纸尺寸不小于8cm×8cm，曲线要用曲线尺或曲线板连成光滑曲线，不在曲线上的点仍按实际数据标出。

6）根据数据和曲线进行计算和分析，说明实践训练结果与理论是否符合，可对某些问题提出一些自己的见解并最后写出结论。实践训练报告应写在一定规格的报告纸上，保持整洁。

7）对每次实践训练，每人要独立完成一份报告，按时送交指导教师批阅。

4. 实践训练中的安全事项

本实践训练要接触到强电电路，安装与接线错误及操作不当会损坏设备，危及人的生命安全，必须严肃认真、格外注意实践训练中的设备和人身安全。

1）强电电路的实践训练，必须至少有两人进行，一人负责接线和操作，一人负责监护。

2）强电电路的安装与接线要穿戴好必要的保护设施（绝缘鞋及绝缘手套等）。

3）强电电路的安装与接线及调试要养成单手作业的习惯。

4）掌握必要的故障下的自救和抢救方法。

1.7.2　机床电气控制实践训练指导

实践训练1　机床电动机的点动和长动（连续）控制

1. 实践训练目的

1）通过实践训练熟悉机床控制中常用的各种低压电器。

2）通过实践训练进一步加深对点动控制和长动控制特点的理解。

3）通过对三相异步电动机点动控制和长动控制线路的实际安装接线，掌握由电气原理图变换成安装接线图的知识。

4）通过实践训练进一步加深理解点动控制和长动控制的特点以及在机床控制中的应用技能。

2. 选用组件

按图 1-131 选择必备的低压电器元件：

1）三相交流异步笼型电动机一台。

2）三极刀开关或自动空气开关一台。

3）起、停、点动按钮（绿、红、黑）各一个。

4）三相交流接触器一台。

5）熔断器（与三极刀开关配套使用）四个。

6）热继电器一台。

7）中间继电器一台。

8）连接导线（绿、红、黄）各一捆。

注：低压电器元件的选择参数应根据所选用电动机的容量计算确定。

3. 三相异步电动机点动和长动控制参考电路图（见图 1-131）

4. 实践训练过程

（1）点动控制（如图 1-131b 中无自锁）

连线接好经指导老师检查无误后，按下列步骤进行实践：

1）先合上 QS，接通三相交流电动机主电路和控制电路电源。

2）按下启动按钮 SB，对电动机 M 进行点动操作，观察电动机 M 运行。

3）松开启动按钮 SB，对电动机 M 进行停机操作，观察电动机 M 停机。

4）反复操作几次，比较按下 SB 和松开 SB 时电动机 M 的运转情况。

5）体验机床点动操作的内涵。

（2）连动控制（如图 1-132b 中有自锁）

连线接好经指导老师检查无误后，按下列步骤进行实验：

1）先合上 QS，接通三相交流电动机主电路和控制电路电源。

2）按下启动按钮 SB_2，对电动机 M 进行连动操作，观察电动机 M 运行。

3）松开启动按钮 SB_2，观察电动机 M 运行情况。

4）按下停止按钮 SB_1，对电动机 M 进行停机操作，观察电动机 M 停机。

5）反复操作几次，比较按下 SB_2 和按下 SB_1 时电动机 M 的运转情况。

6）体验机床点动和连动操作的内涵；体会自锁的控制概念。

5. 实践训练报告要求

（1）实践训练目的

（2）实践验训练设备和器材

（3）实践训练内容和步骤

（4）画出所用实践训练电路图

（5）进行实践训练结果分析和实践训练结论小结

（6）回答问题

1）什么是自锁？点动和连动控制的根本区别在哪里？

2）交流电动机为何都普遍采用接触器进行操作控制？

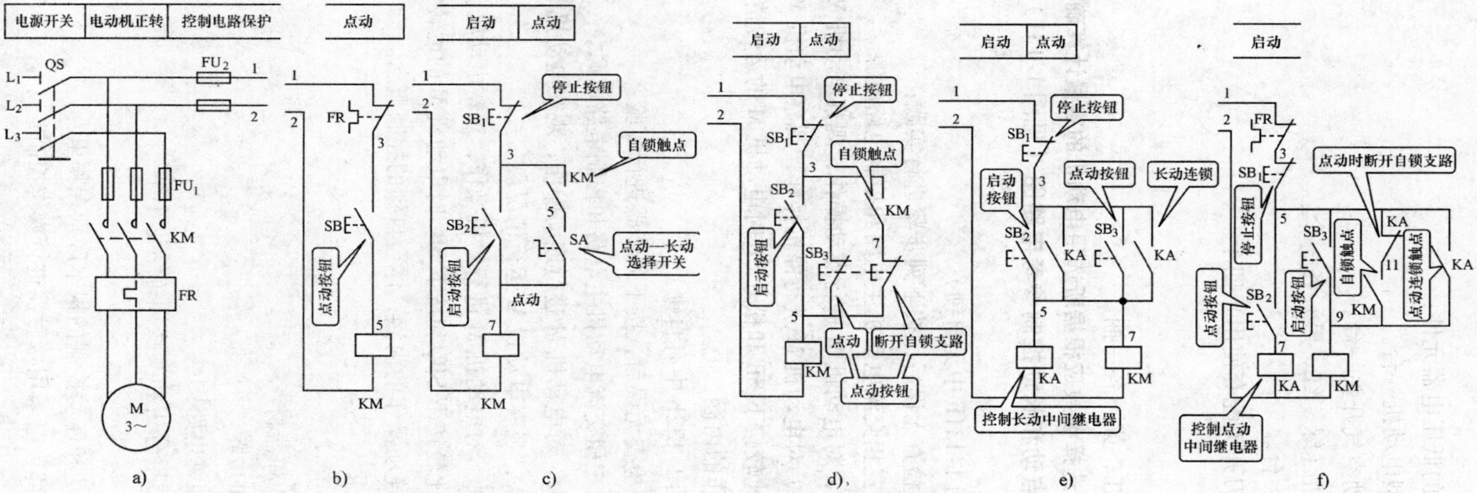

图 1-131　三相异步电动机点动和长动控制参考电路图

a）主电路　b）点动　c）用选择开关实现选择性连锁　d）用复合按钮实现选择性连锁
e）用中间继电器实现选择性连锁 1　f）用中间继电器实现选择性连锁 2

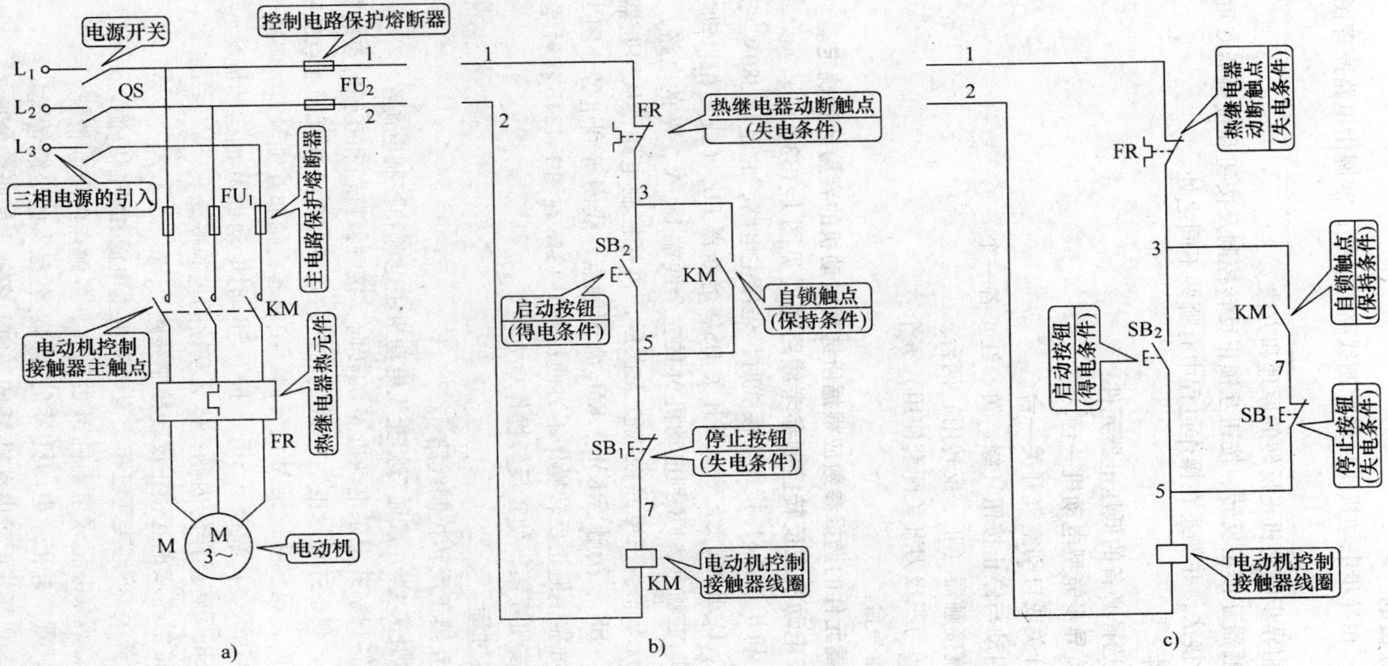

图 1-132 三相异步电动机长动“启-保-停”控制参考实验电路

实践训练 2　机床电动机的正反转控制

1. 实践训练目的

1）通过对三相异步电动机正反转控制线路的接线，掌握由电路原理图接成实际操作电路的方法。

2）掌握三相异步电动机正反转的原理和方法。

3）掌握接触器互锁正反转、按钮互锁正反转控制及按钮和接触器双重互锁正反转控制线路的不同接法，并熟悉在操作过程中有哪些不同之处。

2. 选用器件

按图 1-133 选择必备的低压电器元件：

1）三相交流异步笼型电动机一台。

2）三极刀开关或自动空气开关一台。

3）正、反启动与停止按钮（绿、黄、红）各一个。

4）三相交流接触器（正、反转用）两台。

5）熔断器（与三极刀开关配套使用）五个。

6）热继电器一台。

注：低压电器元件的选择参数应根据所选用电动机的容量计算确定。

3. 三相异步电动机正反转控制参考线路图（见图 1-133）

按图 1-133a 和 b（或 c）接线。接线时，先接主电路，它是从 380V 三相交流电源的输入端 L_1、L_2、L_3 开始，经三极刀开关 QS、熔断器 FU_1（或三相自动空气开关），接触器 KM_1、KM_2 主触点、FR 到电动机 M 的三个线端 U、V、W 的电路，用导线按顺序串联起来，各有三路。主电路经检查无误后，再接控制电路，从熔断器 FU_2 开始，经 FR、按钮 SB_1 ~ SB_3、接触器 KM_1、KM_2 常闭触点、线圈等到电源。图 1-133b 为接触器互锁，安全可靠，但正反转操作不方便；图 1-134c 在图 1-134b 接触器互锁的基础上又增加了操作按钮互锁，使正反转操作也方便了。

4. 实践训练过程

（1）接触器互锁正反转控制线路

1）合上电源开关 QS，接通三相交流电动机主电源和控制电源。

2）按下 SB_2，观察并记录电动机 M 的转向、接触器自锁和互锁触点的吸断情况。

3）按下 SB_3，观察并记录电动机 M 的转向、接触器自锁和互锁触点的吸断情况。

4）再按下 SB_1，观察并记录 M 的转向、接触器自锁和互锁触点的吸断情况。

5）反复操作几次，比较按下 SB_2 和按下 SB_3 时电动机 M 的运转情况。

6）体验机床正反转操作的内涵；体会互锁的控制概念。

（2）按钮和接触器双重互锁正反转控制线路

1）合上电源开关 QS，接通三相交流电动机主电源和控制电源。

2）按下 SB_2，观察并记录电动机 M 的转向、各触点的吸断情况。

3）按下 SB_3，观察并记录电动机 M 的转向、各触点的吸断情况。

4）按下 SB_1，观察并记录电动机 M 的转向、各触点的吸断情况。

5）反复操作几次，比较按下 SB_2 和按下 SB_3 时电动机 M 的运转情况。

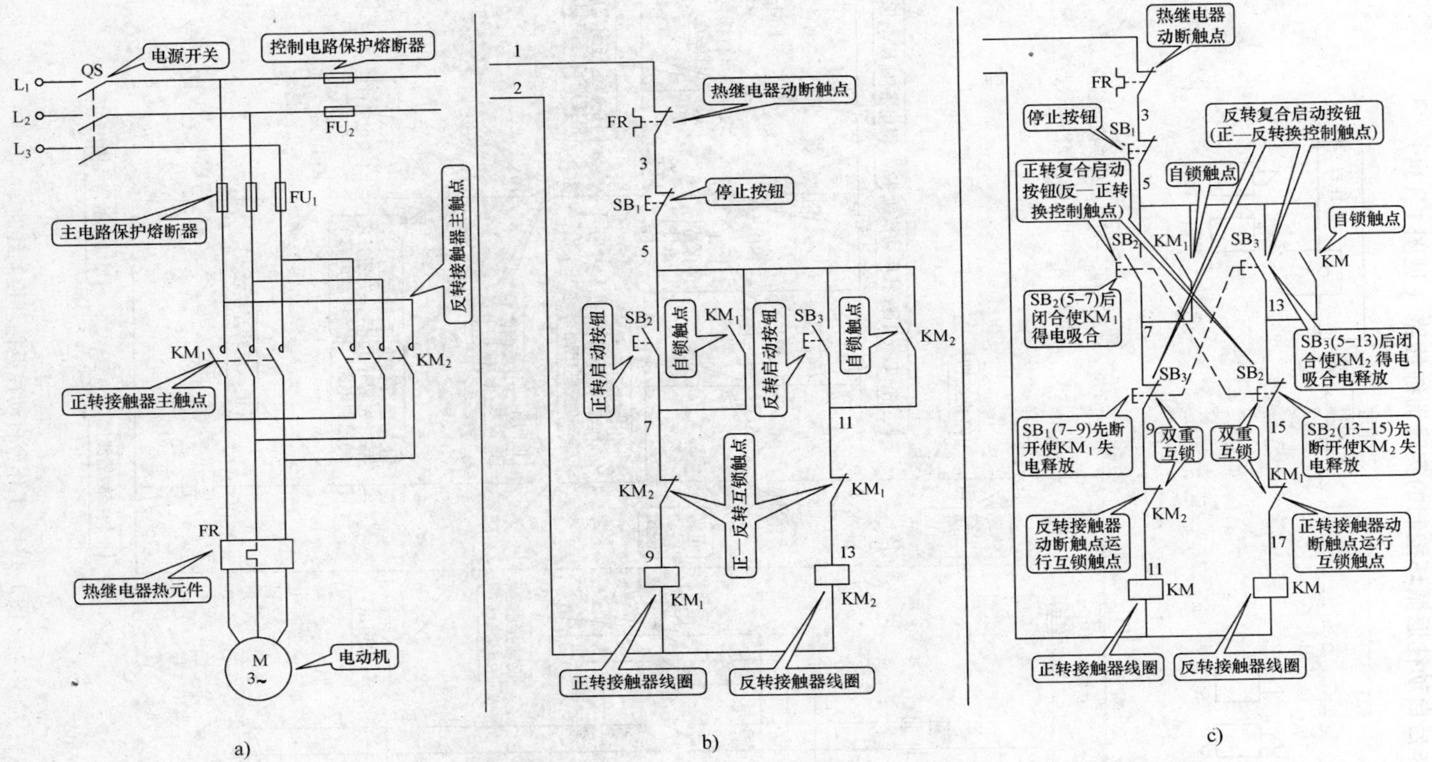

图 1-133　三相异步电动机正反转控制参考线路图

a）主电路　b）接触器单互锁　c）接触器和操作按钮双互锁

6）体验机床按钮和接触器双重互锁操作的内涵；体会操作互锁的控制概念。

5. 工作台自动往返循环控制的实践训练线路（见图 1-134）

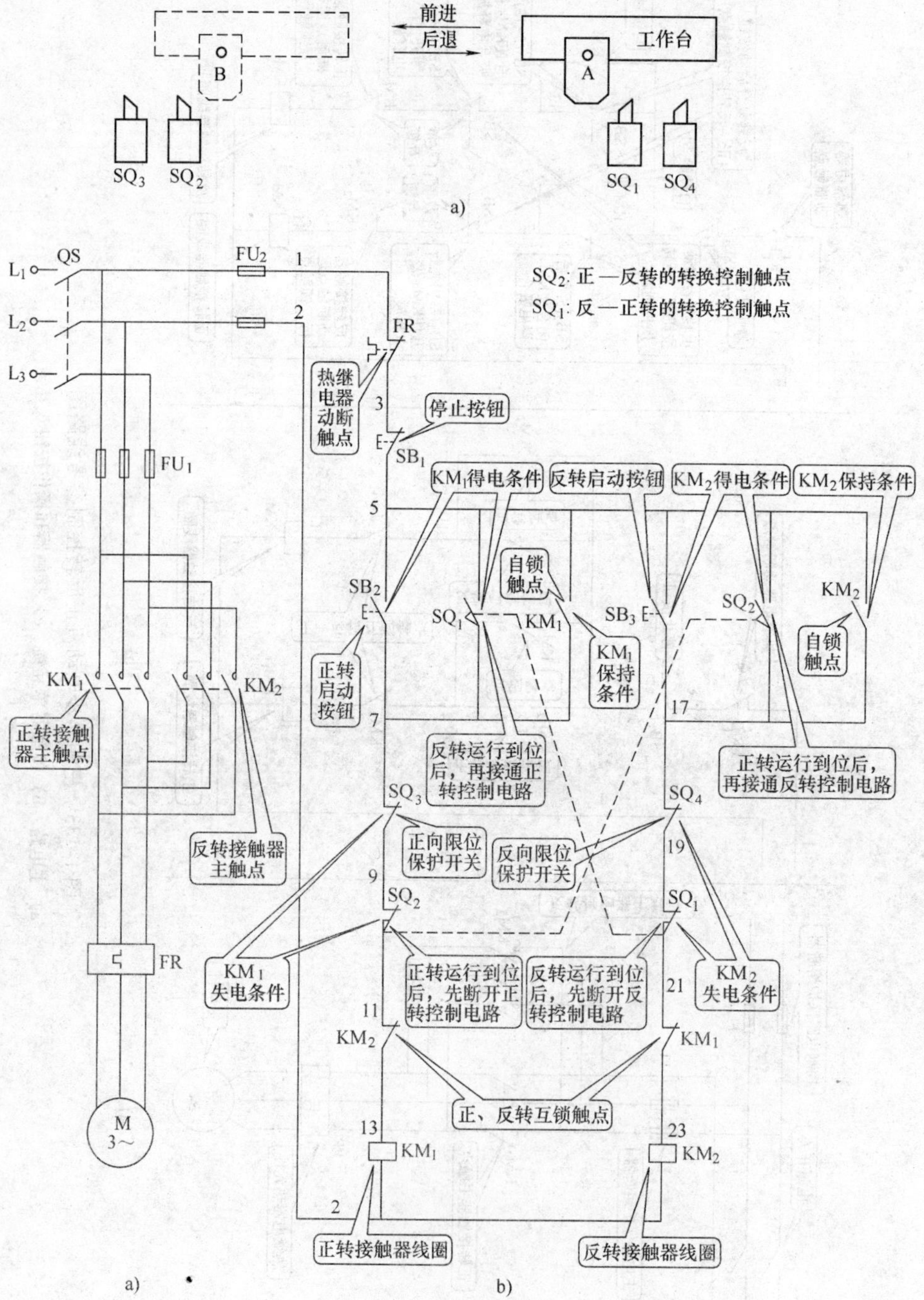

图 1-134　工作台自动往返循环控制线路

a）工作台自动往返循环示意图　b）电路图

6. 实践训练报告要求

（1）实践训练目的

（2）实践训练设备和器材

（3）实践训练内容和步骤

（4）画出所用实践验训练电路图

（5）进行实践训练结果分析和实践训练结论小结

（6）通过实践训练，回答问题

1）交流异步电动机的正反转是如何实现的？自锁和互锁有何不同？

2）交流异步电动机的正反转不能实现直接切换的可能故障有哪些？

3）什么情况下容易发生两相电源短路故障？

4）交流异步电动机若有一相熔断器熔断，可能会产生什么故障？

5）交流异步电动机的正反转为何一定要带有接触器互锁？

6）用按钮完成交流异步电动机的正反转操作互锁有何好处？能否单独使用按钮完成交流异步电动机的正反转互锁？为什么？

7）用按钮和接触器双重互锁交流异步电动机的正反转有何特点？

8）画出你在实践训练过程中所遇到故障现象的原理图，并分析故障原因及排除方法。

实践训练3　机床电动机的Y-△启动控制

1. 实践训练目的

1）通过对三相异步电动机Y-△启动控制线路的接线，掌握由电路原理图接成实际操作电路的方法。

2）掌握三相异步电动机Y-△启动的原理和方法。

3）掌握三相异步电动机Y-△启动的控制原则及时间继电器的应用。

4）掌握三相异步电动机Y-△启动过程中Y启动接线和△运行接线之间的互锁控制关系。

2. 选用器件

按图1-135选择必备的低压电器元件：

1）三相交流异步笼型电动机一台。

2）三极刀开关或自动空气开关一台。

3）启动与停止按钮（绿、红）各一个。

4）三相交流接触器（线路、Y、△接线用）三台。

5）熔断器（与三极刀开关配套使用）五个。

6）热继电器一台。

7）时间继电器一台。

注：低压电器元件的选择参数应根据所选用电动机的容量计算确定。

3. 三相异步电动机Y-△启动控制参考电路图（见图1-135）

按图1-135接线。接线时，先接主电路，它是从三相交流电源的输出端 L_1、L_2、L_3 开始，经三相刀开关QS、熔断器 FU_1（或三相自动空气开关），接触器 KM_1、KM_2、

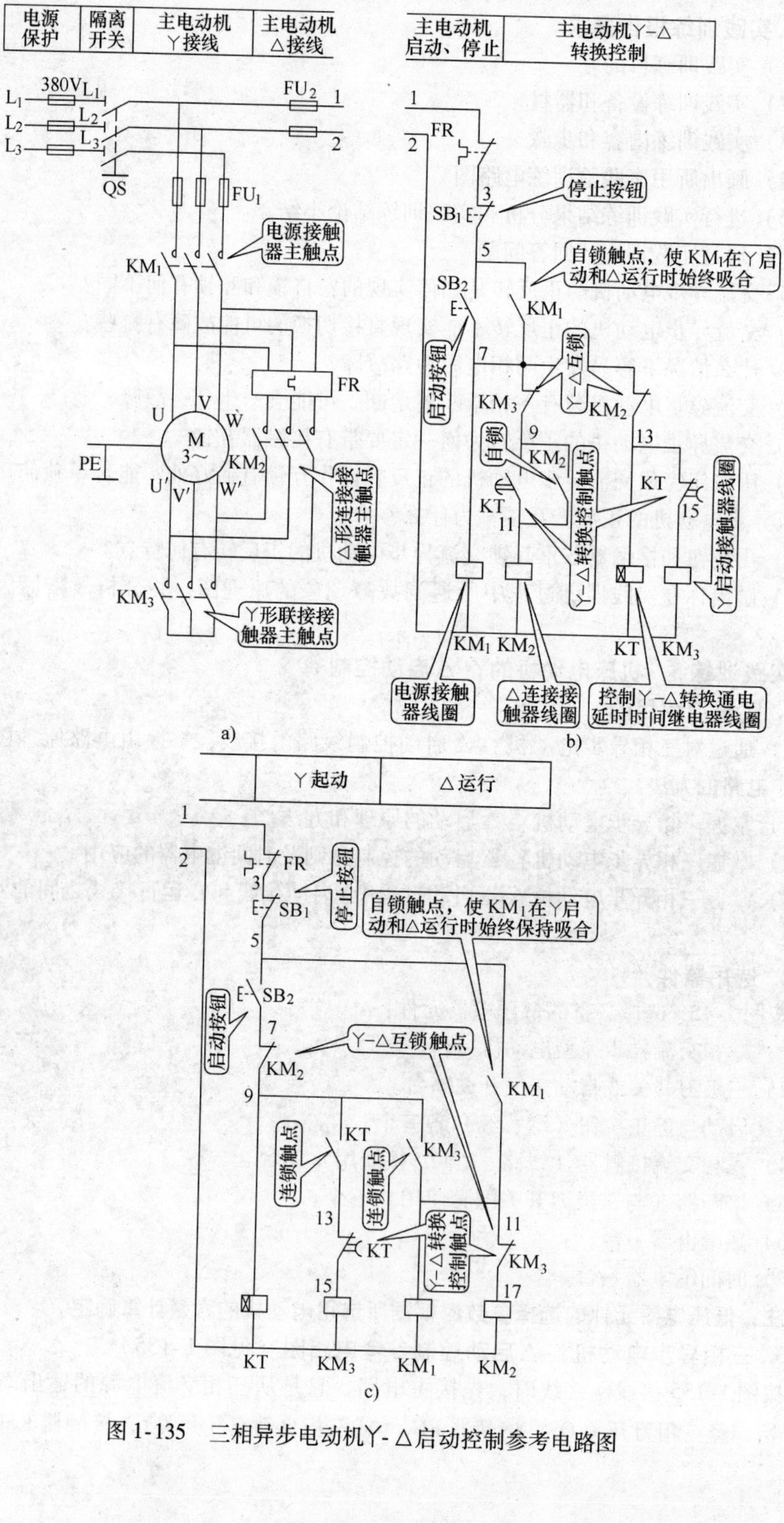

图 1-135 三相异步电动机Y-△启动控制参考电路图

KM_3 主触点、FR 到电动机 M 的六个接线端 U_1、U_2、V_1、V_2、W_1、W_2，用导线按顺序串联起来，有三条主电路。主电路经检查无误后，再接控制电路，从熔断器 FU_2 开始，经 FR、按钮 SB_1、SB_2、接触器 KM_1 ~ KM_3 及 KT 的接点、KM_1 ~ KM_3 及 KT 的线圈到 FU_2。要严格按照原理图接线，不得有误。

4. 实践训练过程

1）启动控制屏，合上电源开关 QS，接通三相交流电动机主电源和控制电源。

2）按下 SB_2，电动机作Y接法启动，注意观察启动时，电流表最大读数 $I_{Y启动}$ = ______A。

3）延迟一定时间后，使电动机为△接法正常运行，注意观察△运行时，电流表电流为 $I_{△运行}$ = ______A。

4）比较 $I_{Y启动}/I_{△启动}$ = ______，结果说明什么问题？

5）按下 SB_1，电动机 M 停止运转。

5. 其他参考实践训练电路图

三相异步电动机Y-△启动控制其他参考线路图如图 1-136 所示。

6. 实践训练报告要求

（1）实践训练目的

（2）实践训练设备和器材

（3）实践训练内容和步骤

（4）画出所用实践训练电路图

（5）进行实践训练结果分析和实践训练结论小结

（6）回答问题

1）交流异步电动机的Y-△启动是如何实现的？时间继电器有何作用？

2）采用Y-△减压启动的方法时对电动机有何要求？

3）采用Y-△减压启动的控制原则是什么？

4）采用Y-△减压启动的目的是什么？

5）采用Y-△减压启动最终控制的是什么物理量？

6）采用Y-△减压启动时，其电压能降低多少？其电流能降低多少？

实践训练 4　机床电动机的能耗制动控制

1. 实践训练目的

1）通过对三相异步电动机能耗制动控制线路的接线，掌握由电路原理图接成实际操作电路的方法。

2）掌握三相异步电动机能耗制动的原理和方法。

3）掌握三相异步电动机能耗制动的控制原则及时间继电器的应用。

4）掌握三相异步电动机能耗制动过程中交流运行电源接线和直流制动电源接线之间的互锁控制关系。

2. 选用器件

按图 1-137 选择必备的低压电器元件：

1）三相交流异步笼型电动机一台。

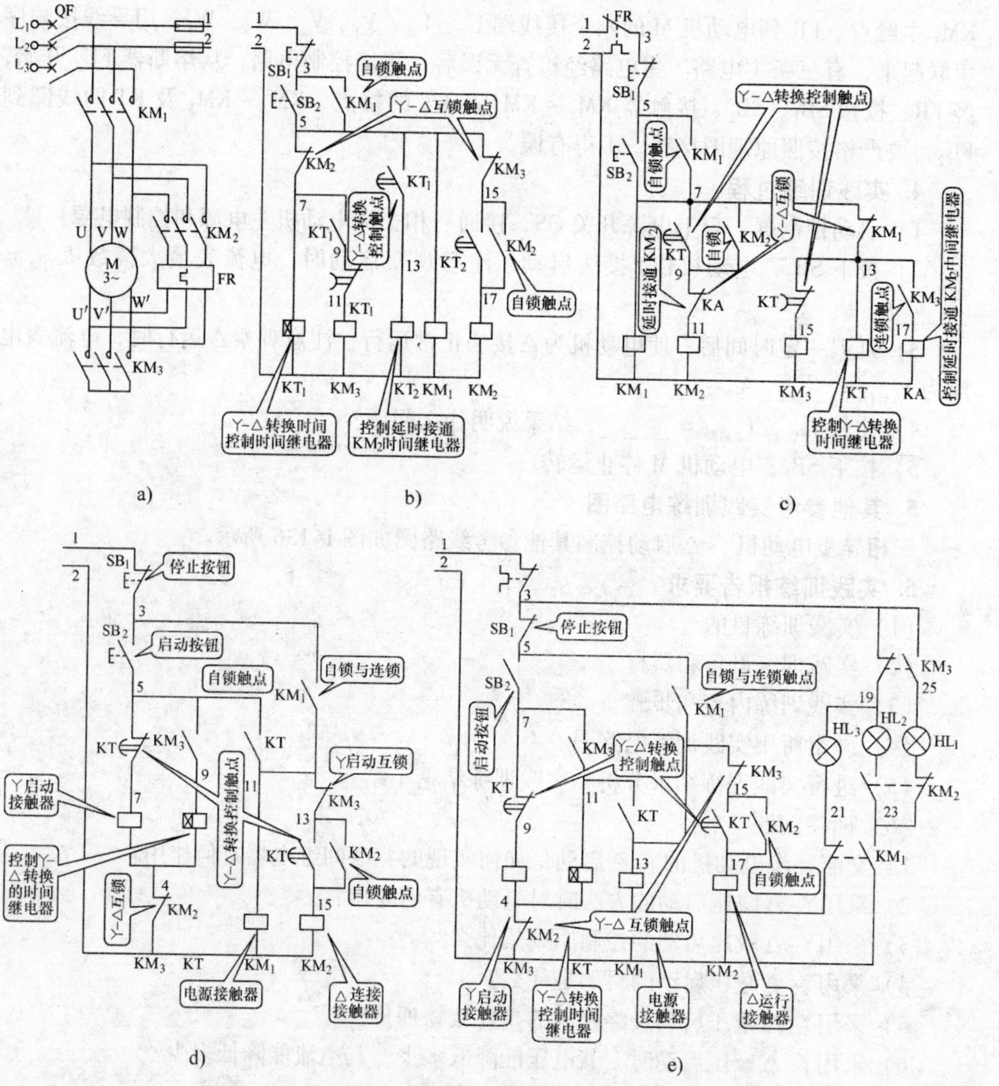

图 1-136　三相异步电动机Y-Δ启动控制其他参考线路图

2）三极刀开关或自动空气开关一台。

3）启动与停止按钮（绿、红）各一个。

4）三相交流接触器（交直流电源路接线用）二台。

5）熔断器（与三极刀开关配套使用）五个。

6）热继电器一台。

7）时间继电器一台。

8）48V 直流电源（硅整流桥及整流变压器等）一台。

9）硅整流二极管一个。

注：低压电器元件的选择参数应根据所选用电动机的容量计算确定。

3. 三相异步电动机能耗制动控制参考线路图（见图 1-137）

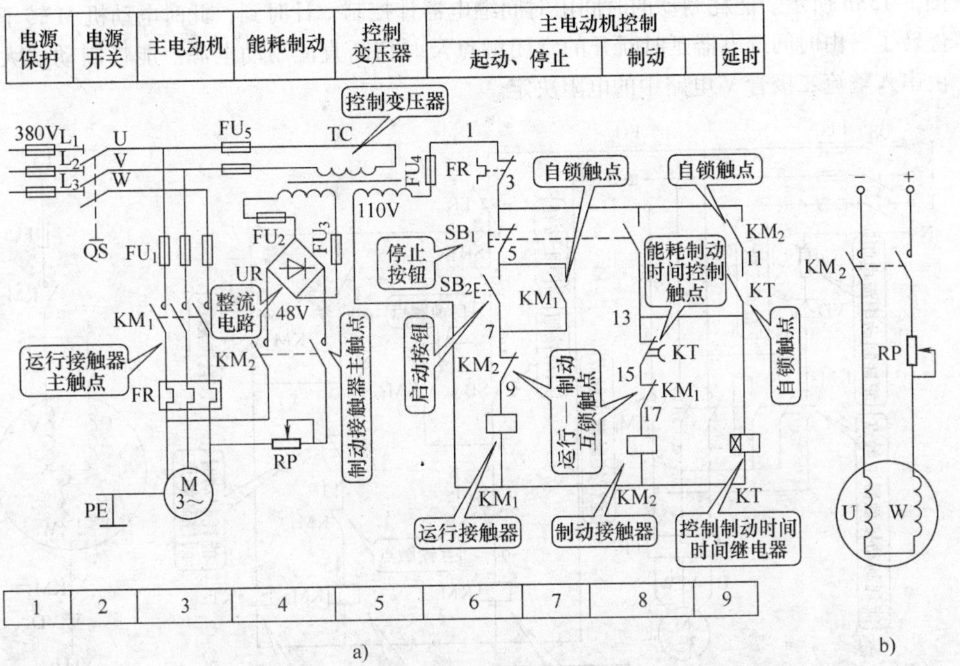

图 1-137　三相异步电动机能耗制动控制参考线路图

a）电路图　b）制动时的接线图

4. 实践训练过程

在图 1-137a 控制电路中，当按下停止复合按钮 SB_1 时，其动断触点切断接触器 KM_1 的线圈电路，同时其动合触点使 KM_2 和时间继电器 KT 的线圈得电并自锁，电动机开始制动，KT 开始计时。SB_1 按钮松开复位且当转速接近于 0 时，时间继电器 KT 的延时时间到（延时时间可根据制动实效而调节），制动结束，时间继电器 KT 的动断触点及时断开 KM_2 线圈电路，切断直流制动电源。

能耗制动的制动转矩大小与通入直流电电流的大小及电动机的转速 n 有关。同样转速下，通入的直流电流大，制动作用强。一般接入的直流电流为电动机空载电流的 3 ~ 5 倍，过大会烧坏电动机的定子绕组，电路采用在直流电源回路中串接可调电阻的方法，来调节制动电流的大小。

按下停止复合按钮 SB_1，观察能耗制动的效果，分析能耗制动的特点。

5. 其他参考电路

能耗制动也可采用无变压器单相半波整流能耗制动电路，如图 1-138 所示。当按下启动按钮 SB_2 时，电动机 M 启动后高速运转。当按下制动停止按钮 SB_1 时，切断电动机 M 的交流运行电源，同时按钮 SB_1 在电路中 3 号线与 11 号线间的常开触点闭合，接触器 KM_2 通电自保，单相电源从 L_3 号线经过闭合的接触器 KM_2 的触点进入电动机定子绕组（U 和 V 并联后在与 W 串联），然后从 W 号线出来，经整流二极管 V 整流，在电动机 M 的定子绕组中通入了直流电流，从而使得电动机 M 转子开始能耗制动，如图 1-138b 所示。能耗制动的时间由时间继电器计控制，计时到，此时电动机 M 转子也停转了，由时间继电器延时断开的常闭触点及时切断直流制动电源。能耗制动的大小由串入整流二极管 V 电路中的电阻决定。

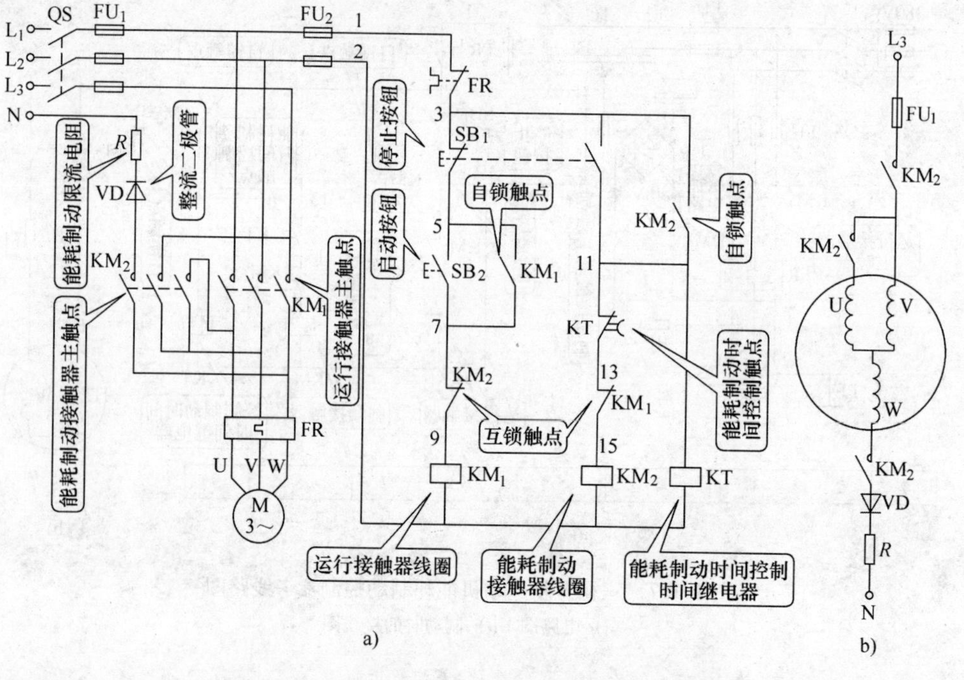

图 1-138　采用无变压器的单相半波整流能耗制动

a）电路图　b）制动时的接线图

6. 实践训练报告要求

（1）实践验训练目的

（2）实践训练设备和器材

（3）实践训练内容和步骤

（4）画出所用实践训练电路图

（5）进行实践训练结果分析和实践训练结论小结

（6）回答问题

1）交流异步电动机的能耗制动是如何实现的？时间继电器有何作用？

2）采用能耗制动时对电动机有何要求？

3）采用能耗制动的控制原则是什么？

4）采用能耗制动的目的是什么？

5）采用能耗制动最终控制的是什么物理量？

6）采用能耗制动时，其制动效果的强弱由什么决定？如何调整？

7）比较图 1-137 和图 1-138 两种整流能耗制动电路各有什么特点？

实践训练5　机床电动机的顺序控制

1. 实验训练目的

1）通过对多台三相异步电动机顺序控制线路的接线，掌握由电路原理图接成实际操作电路的方法。

2）掌握多台三相异步电动机顺序控制的原理和方法。

3）掌握多台三相异步电动机顺序控制的控制原则及时间继电器的应用。

4）掌握多台三相异步电动机顺序控制过程中接触器连锁控制环节的重要应用。

2. 选用器件

按4台三相异步电动机顺序控制选择必备的低压电器元件：

1）三相交流异步笼型电动机四台。

2）三极刀开关或自动空气开关一台。

3）启动与停止按钮（绿、红）各四个。

4）三相交流接触器四台。

5）熔断器（与三极刀开关配套使用）五个。

6）热继电器四台。

7）时间继电器四台。

注：低压电器元件的选择参数应根据所选用电动机的容量计算确定。

3. 多台三相异步电动机顺序控制参考线路图

(1) 两台三相异步电动机的顺序控制和顺启逆停控制参考线路图（见图1-139）

(2) 由主电路（QS_2）完成两台三相异步电动机的顺序控制（见图1-140）

(3) 三台三相异步电动机的顺启逆停控制参考线路图（见图1-141，主电路省略）

4. 实践训练过程

在图1-139b所示控制电路中，当液压泵电动机启动后，给主轴电动机送出一个连锁常开触点串接在主轴电动机启动电路中，使液压泵电动机启动后主轴电动机才有可能启动运行。主轴电动机启动运行后，又给液压泵电动机送出一个连锁常开触点并联在液压泵电动机的停止按钮上，使主轴电动机停机后液压泵电动机才有可能停机。实现了两台电动机的顺启逆停控制。

用同样的方法可实现三台电动机及更多台电动机的顺启逆停控制。

顺启逆停利用的是多台电动机的连锁控制环节；

顺启：只要把前级的连锁常开触点串接在后级的启动电路中（前后按启动顺次）；

逆停：只要把前级的连锁常开触点并接在后级的停止按钮上（前后按停机顺次）。

依次顺序操作各台电动机，观察顺序控制的效果，分析顺序控制的特点。

5. 其他参考电路

顺序控制可推广到更多台异步电动机，也可利用时间继电器实现延时顺序控制。

(1) N台三相异步电动机的顺序控制（见图1-142，主电路省略）

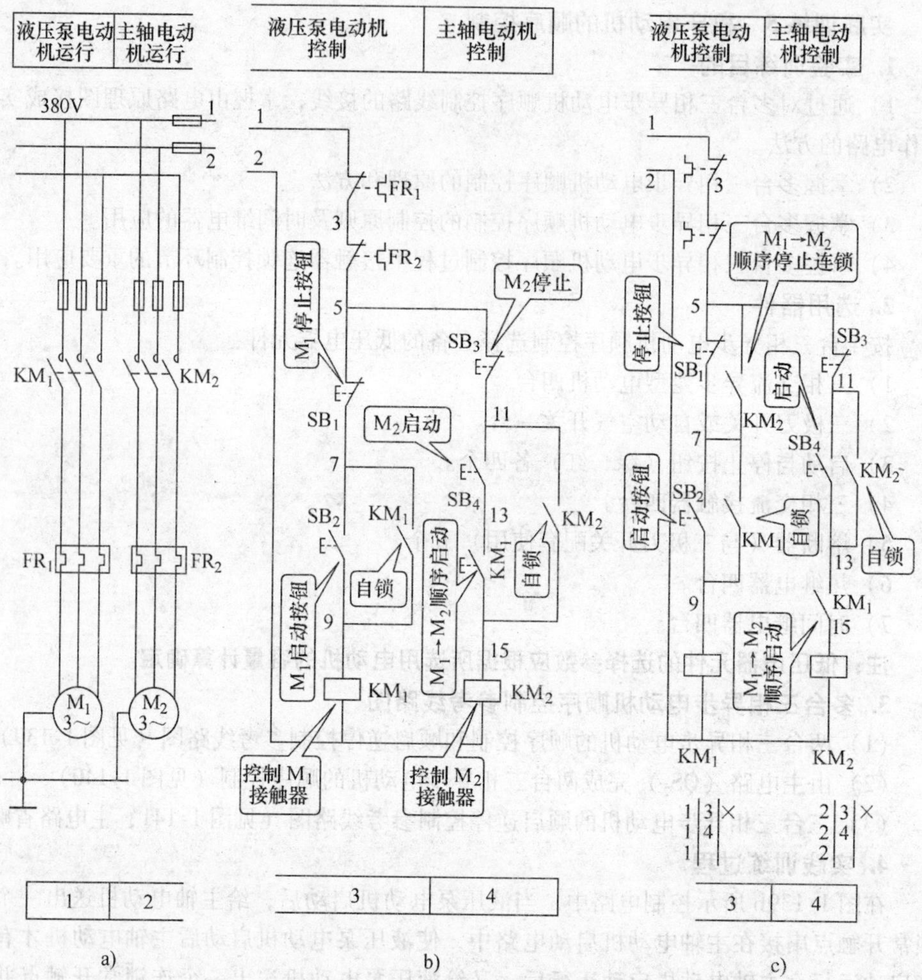

图 1-139 两台三相异步电动机的顺序控制和顺启逆停控制参考线路图

a）主电路 b）顺序控制 c）顺启逆停控制

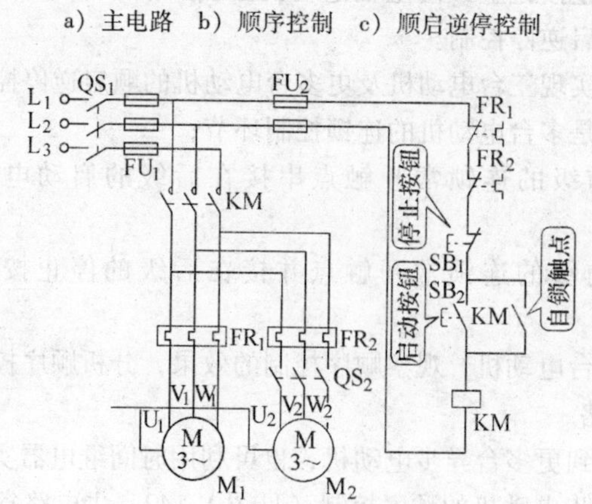

图 1-140 主电路完成顺序控制

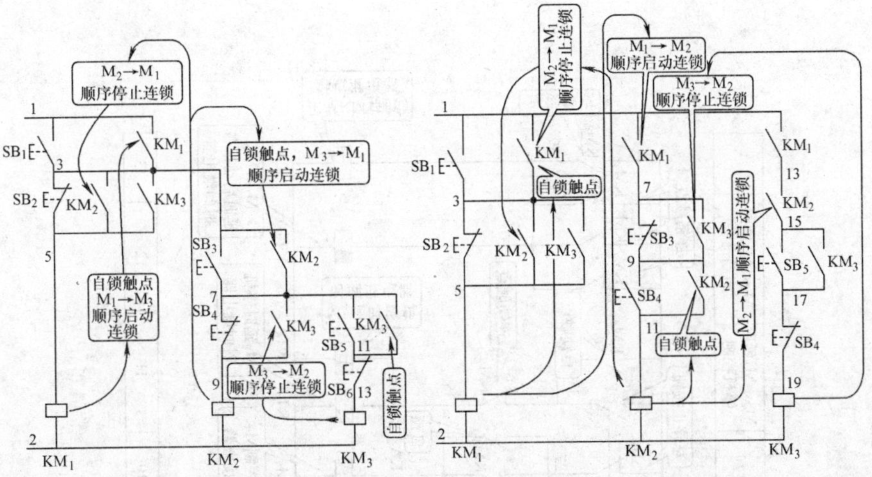

图 1-141　三台电动机的顺启逆停控制

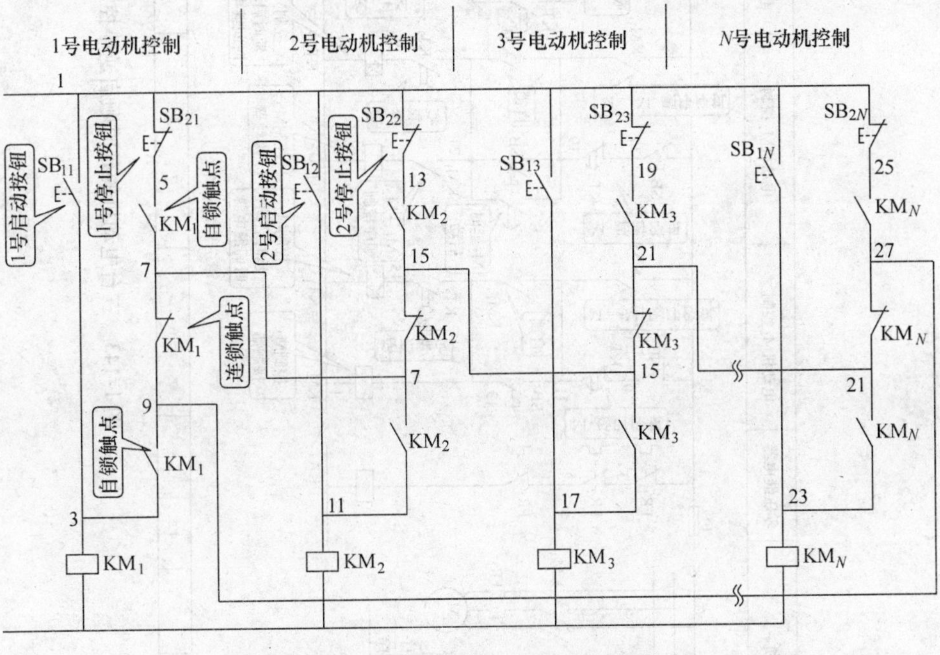

图 1-142　N 台三相异步电动机的顺序控制

（2）用时间继电器控制原则实现的三台电动机的延时顺启逆停控制（见图 1-143）

6. 实践训练报告要求

（1）实践训练目的

（2）实践验训练设备和器材

（3）实践训练内容和步骤

（4）画出所用实践训练电路图

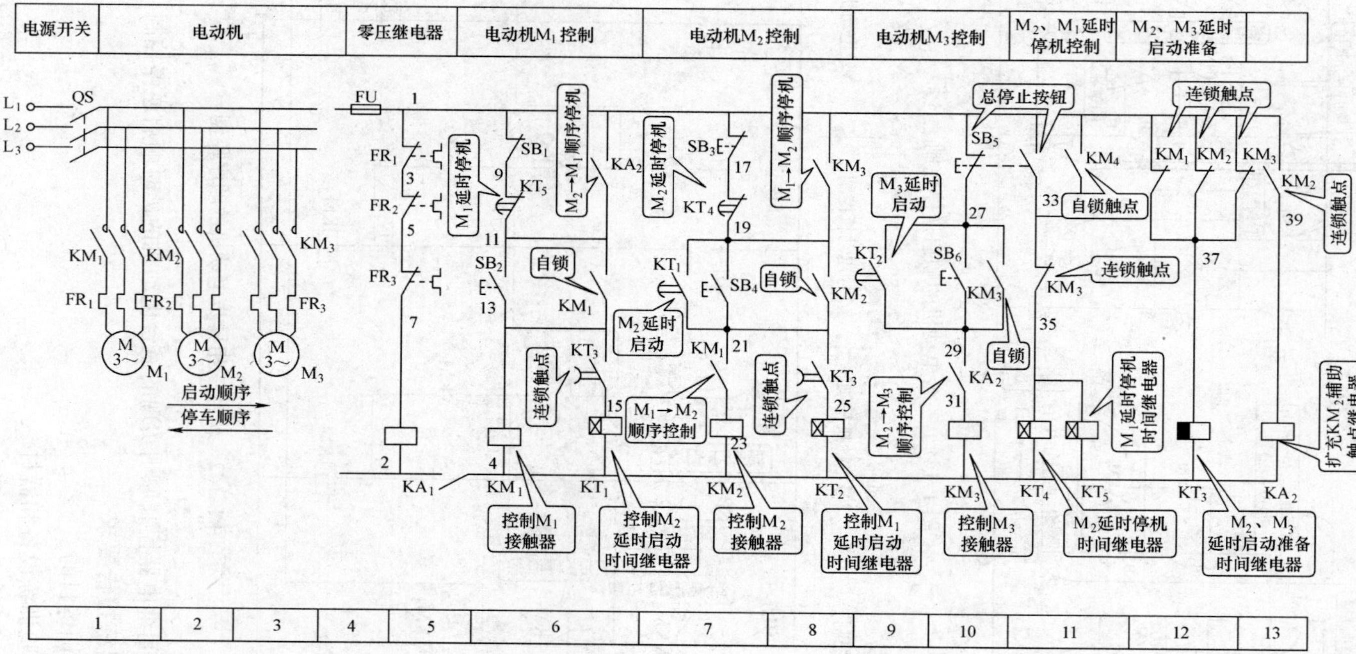

图 1-143　三台电动机的延时顺启逆停控制

（5）进行实践训练结果分析和实践训练结论小结

（6）回答问题

1）顺序控制是如何实现的？

2）顺启逆停控制是如何实现的？

3）延时顺启逆停是如何实现的？

4）连锁控制环节对顺序控制有何作用？

5）如何实现更多台电动机的顺启逆停？

实践训练6　机床电动机的多地点控制

1. 实践训练目的

1）通过对一台三相异步电动机的多地点控制线路的接线，掌握由电路原理图接成实际操作电路的方法。

2）掌握一台三相异步电动机的多地点控制的原理和方法。

3）掌握一台三相异步电动机多地点控制过程中接触器自锁控制环节的重要应用。

2. 选用器件

按一台三相异步电动机三地点控制选择必备的低压电器元件：

1）三相交流异步笼型电动机一台。

2）三极刀开关或自动空气开关一台。

3）启动与停止按钮（绿、红）各三个。

4）三相交流接触器一台。

5）熔断器（与三极刀开关配套使用）五个。

6）热继电器一台。

注：低压电器元件的选择参数应根据所选用电动机的容量计算确定。

3. 一台三相异步电动机的多地点控制参考线路图

一台三相异步电动机三地点控制的参考线路图（见图1-144）

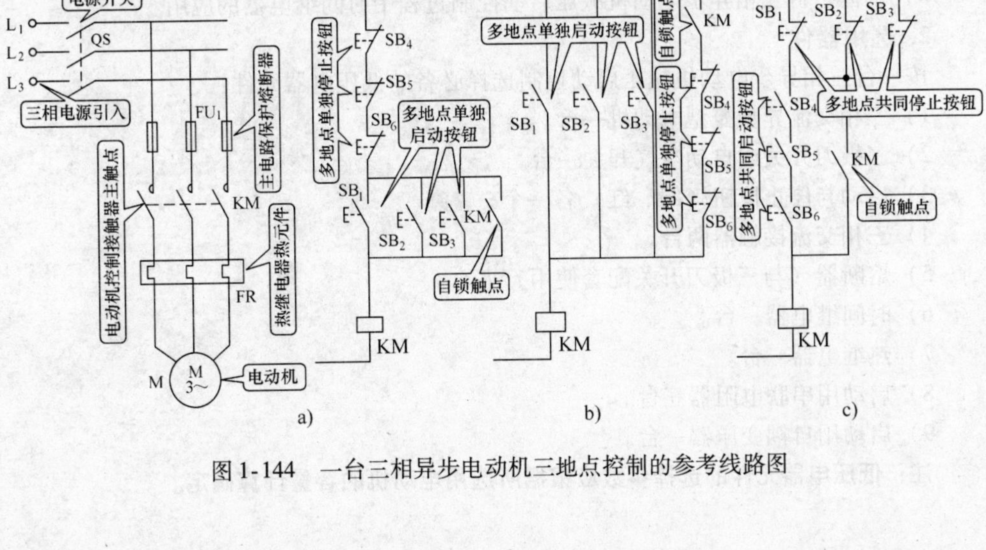

图1-144　一台三相异步电动机三地点控制的参考线路图

4. 实践训练过程说明

图1-144a和b为三地点单独控制一台电动机，所采用的仍然是具有自锁控制环节的“启-保-停”控制电路，只是需要将三个启动用的常开触点并联后再与接触器的“自锁”常开触点并联，三个停止用的常闭触点相串联；三个地点分别需要安装一套“启/停”按钮。图1-144c为三地点共同控制一台电动机，所采用的也是具有自锁控制环节的“启-保-停”控制电路，只需要将三个启动用的常开触点串联后再与接触器的自锁常开触点并联，三个停止用的常闭触点并联；三个地点分别需要安装一套“启/停”按钮，常用于对重要设备的共同控制。

分别从不同地点操作启/停电动机，观察多地点控制的效果，分析多地点控制的特点。

5. 实践训练报告要求

（1）实践训练目的

（2）实践训练设备和器材

（3）实践验训练内容和步骤

（4）画出所用实践训练电路图

（5）进行实践训练结果分析和实践训练结论小结

（6）回答问题

1）三地点单独控制一台电动机是如何实现的？

2）三地点共同控制一台电动机是如何实现的？

3）自锁控制环节在多地点控制中有什么重要作用？

实践训练7　机床电动机的减压启动控制

1. 实践训练目的

1）通过对一台三相异步电动机采用减压启动控制线路的接线，掌握由电路原理图接成实际操作电路的方法。

2）掌握一台三相异步电动机的减压启动控制的原理和方法。

3）掌握一台三相异步电动机减压启动控制过程中时间继电器的应用。

2. 选用器件

按一台三相异步电动机减压启动控制选择必备的低压电器元件：

1）三相交流异步笼型电动机一台。

2）三极刀开关或自动空气开关一台。

3）启动与停止按钮（绿、红）各一个。

4）三相交流接触器两台。

5）熔断器（与三极刀开关配套使用）五个。

6）时间继电器一台。

7）热继电器一台。

8）启动用串联电阻器三台。

9）启动用自耦变压器一台。

注：低压电器元件的选择参数应根据所选用电动机的容量计算确定。

3. 一台三相异步电动机的串电阻减压启动控制参考线路图（见图 1-145）

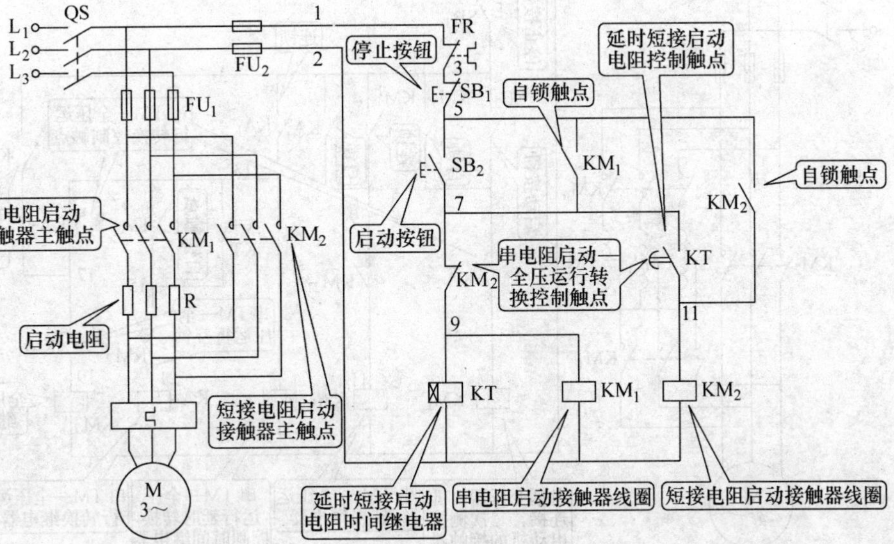

图 1-145　一台三相异步电动机串电阻减压启动控制的参考线路图

4. 实践训练过程说明

电动机减压启动的目的是为了减少启动电流，图 1-145 是采用串电阻减压启动的方法。按启动按钮 SB_2，KM_1 得电自保，电动机串电阻减压开始启动，时间继电器开始计时；当启动电流降下来后，时间继电器延时时间到，以时间控制原则切除串联的电阻，将串电阻减压启动切换到全压运行。

反复操作几次，观察减压启动控制的效果，分析减压启动控制的特点。

5. 其他参考电路

1）对笼型电动机还可采用自耦变压器减压启动的方法（见图 1-146 和图 1-147）。

2）对绕线转子异步电动机还可采用转子串电阻逐级切除的方法减少启动电流（见图 1-148）。

6. 实践训练报告要求

（1）实践训练目的

（2）实践训练设备和器材

（3）实践训练内容和步骤

（4）画出所用实践训练电路图

（5）进行实践训练结果分析和实践训练结论小结

（6）回答问题

1）三相异步电动机串电阻减压启动控制是如何实现的？

2）三相异步电动机自耦变压器减压启动控制是如何实现的？

3）绕线转子异步电动机采用转子串电阻逐级切除的方法减少启动电流是如何实现的？

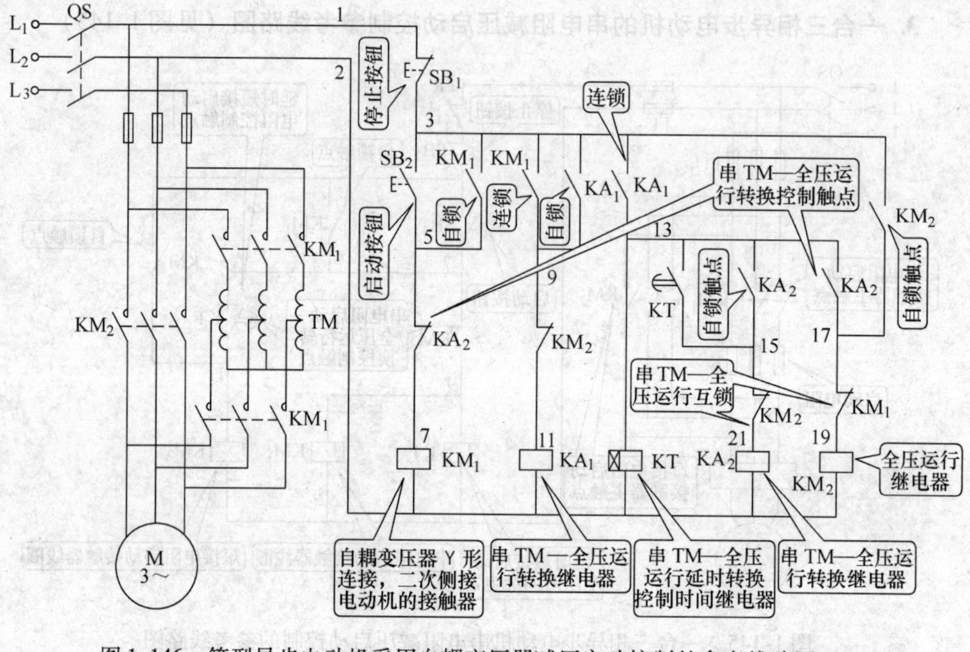

图 1-146　笼型异步电动机采用自耦变压器减压启动控制的参考线路图（1）

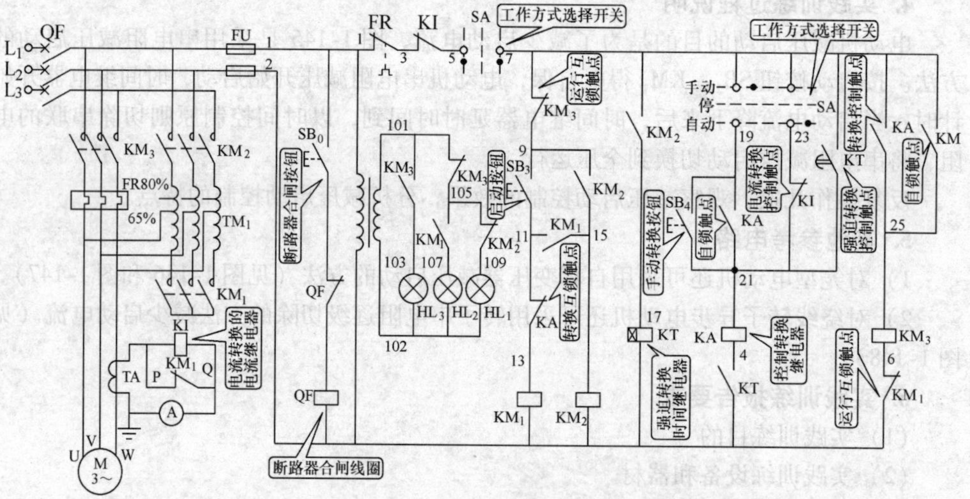

图 1-147　笼型异步电动机采用自耦变压器减压启动控制的参考线路图（2）

4）在三相异步电动机采用减压启动控制线路中，时间继电器有什么作用？

实践训练 8　机床电动机的反接制动控制

1. 实践训练目的

1）通过对三相异步电动机反接制动控制线路的接线，掌握由电路原理图接成实际操作电路的方法。

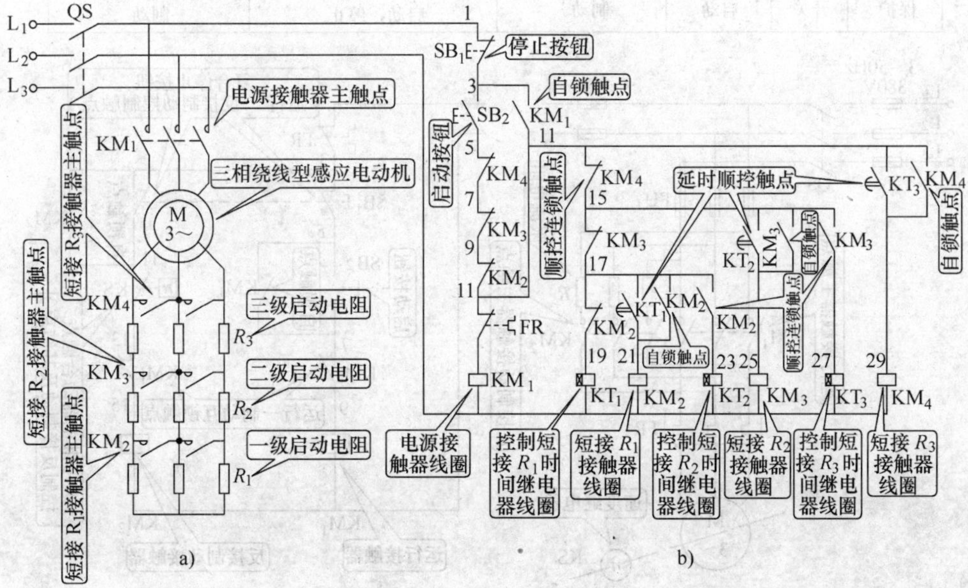

图 1-148　绕线转子异步电动机采用转子串电阻逐级切除的方法减少启动电流

a）绕线转子电动机单元主电路　b）绕线转子电动机单元控制电路

2）掌握三相异步电动机反接制动的原理和方法。

3）掌握三相异步电动机反接制动的控制原则及速度继电器的应用。

4）掌握三相异步电动机反接制动过程中交流运行电源接线和反接制动电源接线之间的互锁控制关系。

2. 选用器件

按照异步电动机正反转双向反接制动控制选择必备的低压电器元件：

1）三相交流异步笼型电动机一台。

2）三极刀开关或自动空气开关一台。

3）启动与停止按钮（绿、红）绿二个、红一个。

4）三相交流接触器二台。

5）熔断器（与三极刀开关配套使用）五个。

6）热继电器一台。

7）速度继电器一台。

注：低压电器元件的选择参数应根据所选用电动机的容量计算确定。

3. 三相异步电动机反接制动控制参考线路图（见图 1-149）

4. 实践训练过程说明

电动机反接制动的目的是为了快速停机。图 1-149 是三相异步电动机单向反接制动控制。按启动按钮 SB_2，KM_1 得电自保，电动机开始启动，电动机转速从 0 开始上升

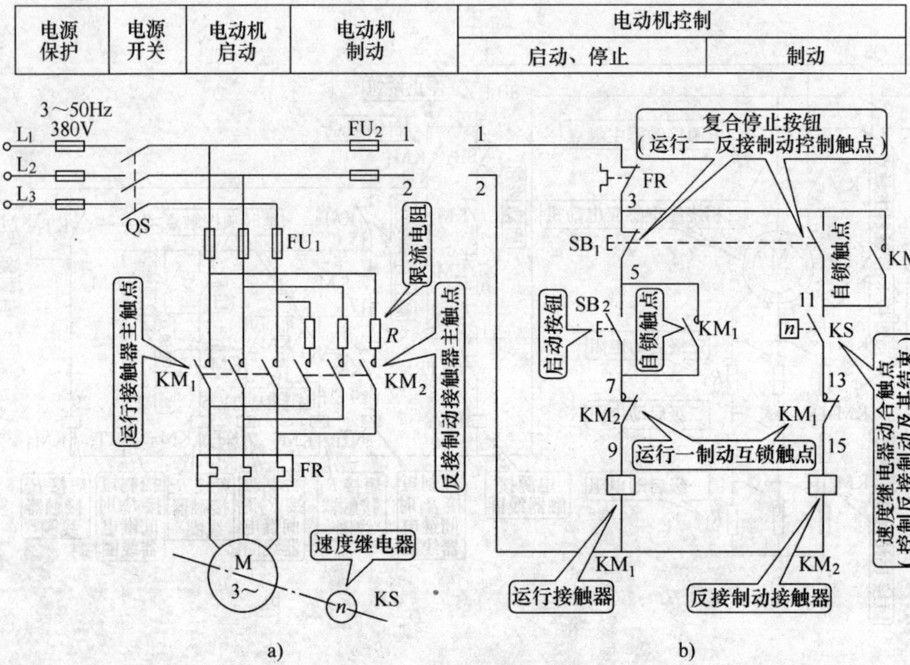

图 1-149　三相异步电动机反接制动控制参考线路图

到 n_N 后正常运行。当 $n>120$r/min 时，速度继电器的动合触点闭合，为电动机停机时加反接制动电源做好准备。

按停止按钮 SB_1，KM_1 失电，切除电动机运行电源；同时 KM_2 得电自保，电动机开始反接制动，电动机转速快速下降，当 $n<100$r/min 时，速度继电器的动合触点复位打开，及时切断反接制动电源。这里采用转速控制原则是为了当电动机转速接近于 0 时能准确及时地切断反接制动电源，防止电动机反向启动。

按下停止复合按钮 SB_1，观察反接制动的效果，分析反接制动的特点。

5. 其他参考电路（见图 1-150、图 1-151）

6. 实践训练报告要求

（1）实践训练目的

（2）实践训练设备和器材

（3）实践训练内容和步骤

（4）画出所用实践训练电路图

（5）进行实践训练结果分析和实践训练结论小结

（6）回答问题

1）三相异步电动机单向反接制动控制是如何实现的？

2）三相异步电动机双向反接制动控制是如何实现的？

3）三相异步电动机双向反接制动控制为什么一定要采用转速控制原则？

4）在三相异步电动机采用反接制动控制线路中，互锁有什么作用？

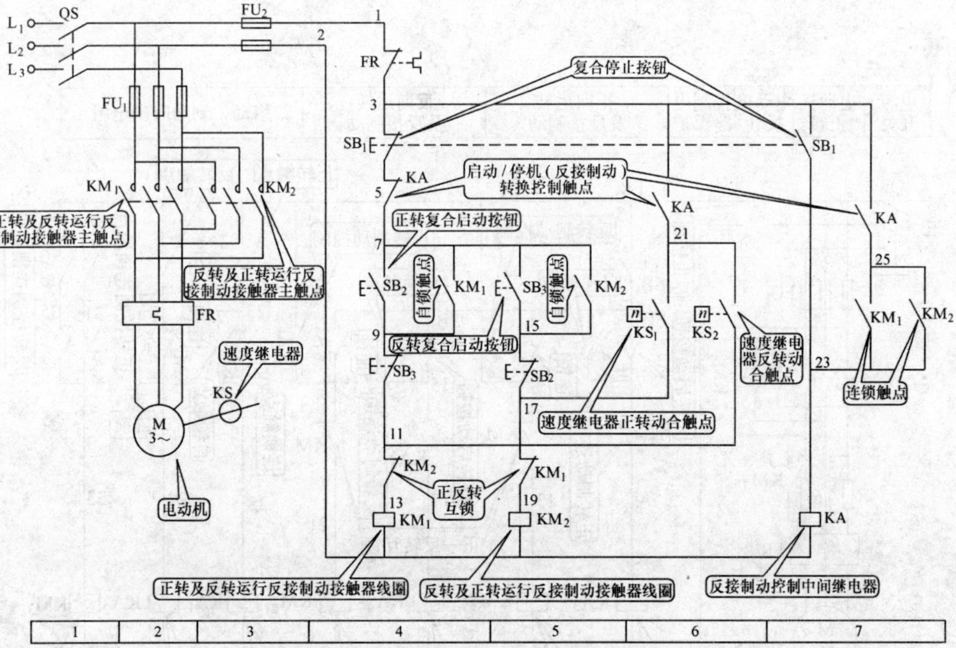

图 1-150　三相异步电动机正反转双向反接制动控制电路（1）

实践训练 9　机床电动机的高/低速制动控制

1. 实践训练目的

1）通过对双速异步电动机的高/低速控制线路的接线，掌握由电路原理图接成实际操作电路的方法。

2）掌握双速异步电动机的高/低速控制的原理和方法。

3）掌握双速异步电动机的高/低速控制的控制原则及时间继电器的应用。

4）掌握双速异步电动机高/低速控制过程中高/低速控制之间的互锁控制关系。

2. 选用器件

按图 1-153 选择必备的低压电器元件：

1）能变极（P）的三相交流异步电动机一台。

2）三极刀开关或自动空气开关一台。

3）启动与停止按钮（绿、红）各一个。

4）转换开关一个。

5）三相交流接触器三台。

6）熔断器（与三极刀开关配套使用）五个。

7）热继电器两台。

8）时间继电器一台。

注：低压电器元件的选择参数应根据所选用电动机的容量计算确定。

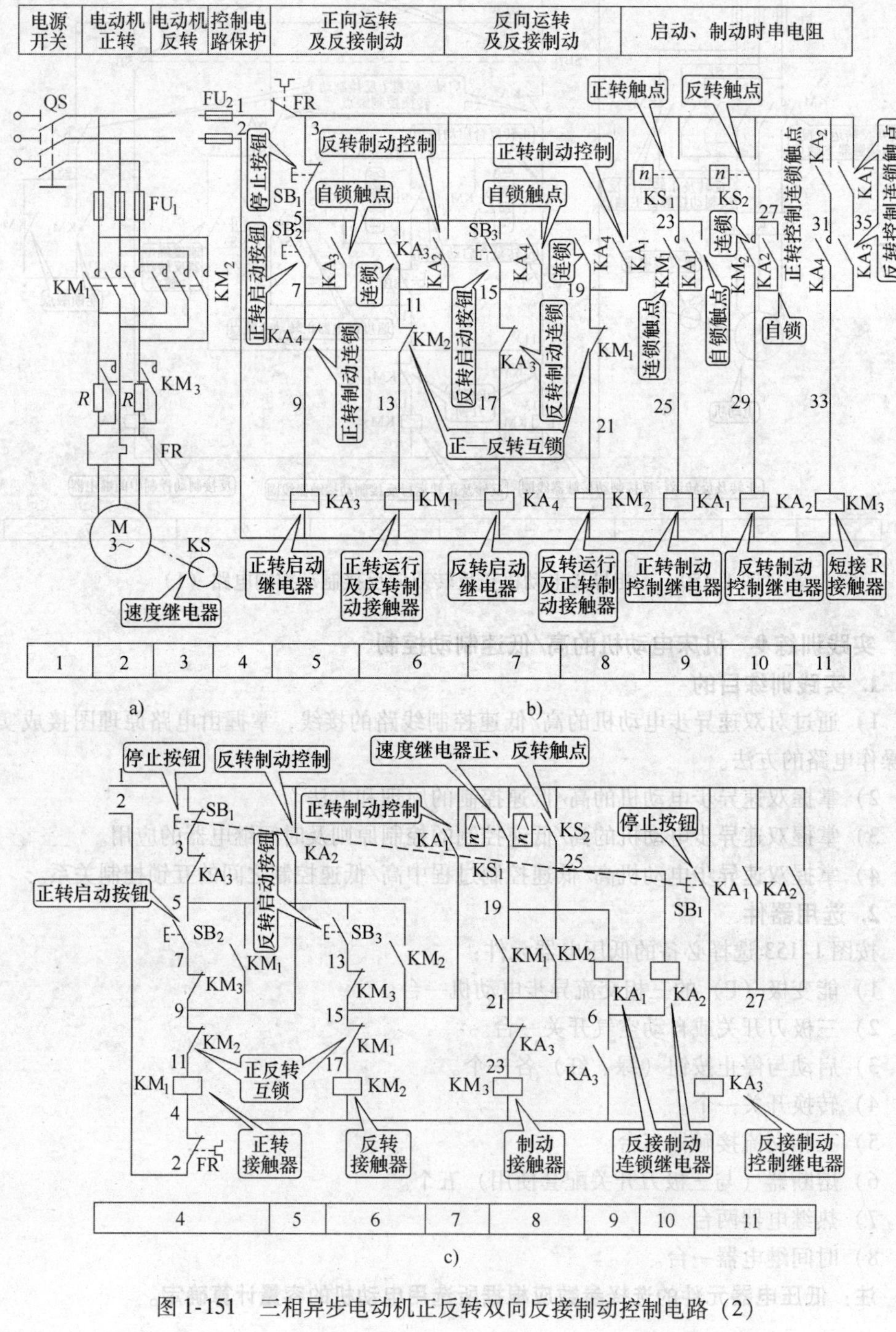

图 1-151　三相异步电动机正反转双向反接制动控制电路（2）

3. 三相异步电动机高/低速控制参考线路图（见图 1-152 和图 1-153）

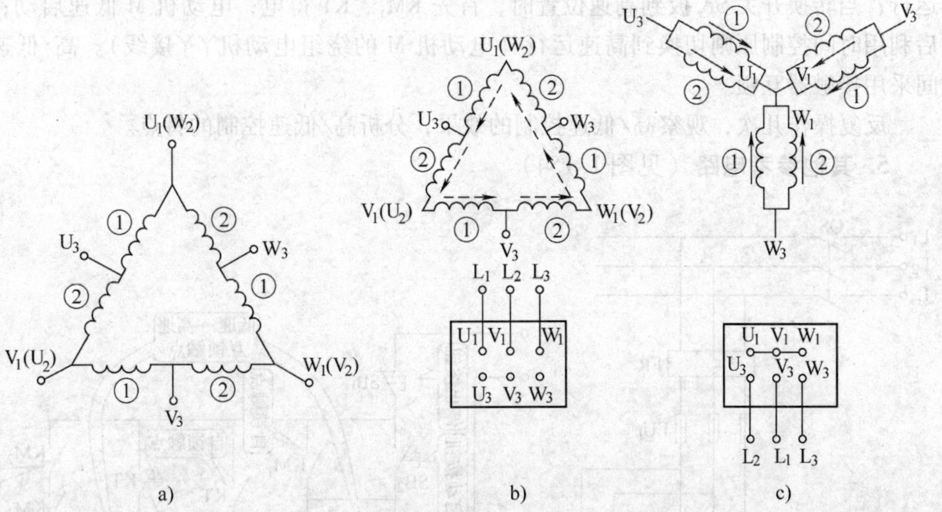

图 1-152　三相异步电动机高/低速控制的绕组接线方式

a）绕组形式　b）△接法——低速　c）丫丫接法——高速

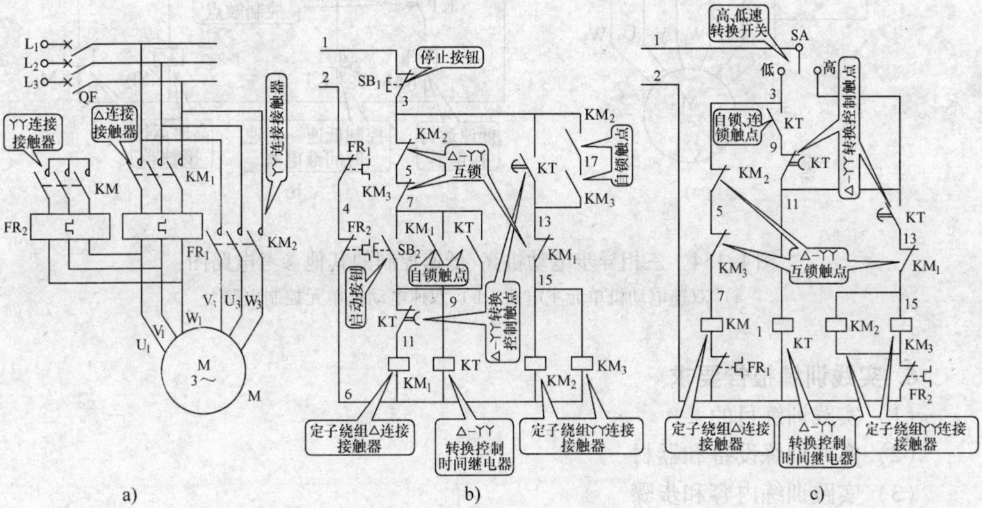

图 1-153　三相异步电动机高/低速控制的参考电路图

4. 实践训练过程说明

三相异步电动机高/低速控制是为了调速。图 1-152 是三相异步电动机高/低速控制的绕组接线方式，采用的是变极（P）调速方法。图 1-153 是三相异步电动机高/低速控制的电路图。图 1-153b 是低速启动，高速运行，利用时间控制原则切换的电路图。图 1-153c 是既能低速运行，又能高速运行的电路图，利用转换开关转换。在图

1-153c中，当转换开关SA扳到低速位置时，KM_1得电，电动机M的绕组△接线，低速运行；当转换开关SA扳到高速位置时，首先KM_1、KT得电，电动机M低速启动；然后利用时间控制原则切换到高速运行（电动机M的绕组电动机YY接线）。高/低速之间采用接触器互锁。

反复操作几次，观察高/低速控制的效果，分析高/低速控制的特点。

5. 其他参考电路（见图1-154）

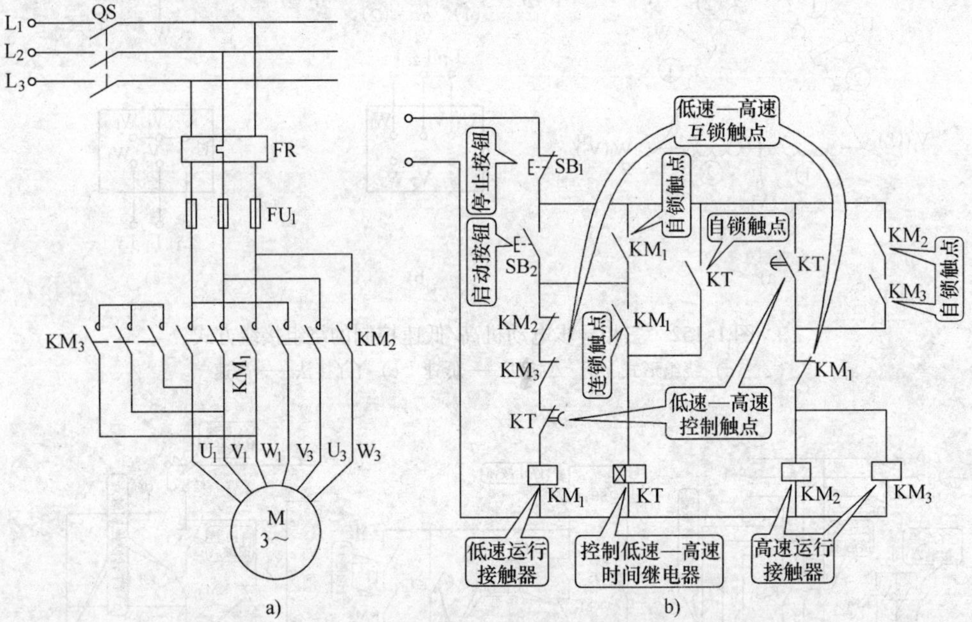

图1-154 三相异步电动机高/低速控制的其他参考电路图

a）双速电动机单元主电路 b）双速电动机单元控制电路

6. 实践训练报告要求

（1）实践训练目的

（2）实践训练设备和器材

（3）实践训练内容和步骤

（4）画出所用实践训练电路图

（5）进行实践训练结果分析和实践训练结论小结

（6）回答问题

1）三相异步电动机高/低速控制采用的是什么调速方法？

2）三相异步电动机高/低速控制是如何实现的？

3）三相异步电动机在高速运行时为什么要先低速启动，然后再高速运行？

4）在三相异步电动机高/低速控制线路中，互锁有什么作用？

5）三相异步电动机高/低速切换的控制原则是什么？

实践训练10 机床电动机常用的保护控制

1. 实践训练目的

1）通过对三相异步电动机常用的保护控制线路的接线，掌握由电路原理图接成实际操作电路的方法。

2）掌握三相异步电动机常用的保护控制的原理和方法。

3）掌握三相异步电动机常用的保护控制的控制原则及保护器件的应用。

4）掌握三相异步电动机常用的保护控制的相互关系。

2. 选用器件

按图1-155选择必备的低压电器元件：

1）三相交流异步电动机一台。

2）三极刀开关或自动空气开关一台。

3）启动与停止按钮绿色两个、红色一个。

4）转换开关一个。

5）三相交流接触器两台。

6）熔断器（与三极刀开关配套使用）五个。

7）热继电器两台。

8）欠电压继电器一台。

9）过电流继电器一台。

10）中间继电器一台。

注：低压电器元件的选择参数应根据所选用电动机的容量计算确定。

3. 三相异步电动机常用的保护控制参考线路图（见图1-155）

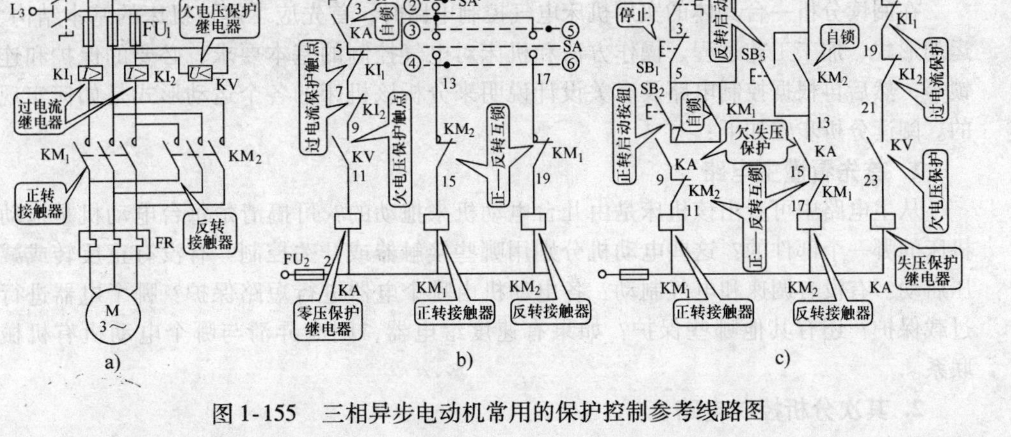

图1-155 三相异步电动机常用的保护控制参考线路图

4. 实践训练过程说明

三相异步电动机常用的保护设施是电动机安全可靠运行的保障。三相笼型异步电动机一般设有短路、过载、零压、欠电压、自锁、互锁等保护。笼型电动机一般不设有过电流，若设有过电流则必须采取措施，要使其过电流的整定值躲过笼型电动机的启动电流，否则笼型电动机启动不了。电动机保护设施的动作，是在故障状态发生的，故其实验只能是模拟。

反复模拟操作几次，观察各种保护设施的效果，分析各种保护设施的特点。

5. 实践训练报告要求

（1）实践训练目的

（2）实践训练设备和器材

（3）实践训练内容和步骤

（4）画出所用实验训练电路图

（5）进行实践训练结果分析和实践训练结论小结

（6）回答问题

1）三相异步电动机短路保护是如何实现的？

2）三相异步电动机过载保护是如何实现的？

3）三相异步电动机零压保护是如何实现的？

4）三相异步电动机欠电压保护是如何实现的？

5）三相异步电动机过电流保护如何实现？

6）三相异步电动机过载保护能否代替短路保护？

7）三相异步电动机短路保护能否代替过载保护？

8）三相异步电动机过载保护和过电流保护有何不同？

任务8　典型实用机床电气控制电路阅读分析的综合训练

1.8.1　阅读分析实用机床电气控制电路的一般步骤

在阅读分析一台具体的实用机床电气控制电路时，首先应了解该机床的基本结构、运动形式、加工工艺过程、操作方法和机床对电气控制的基本要求、必要的保护和连锁等，然后再根据控制电路及有关设计说明来分析该机床的各个运动形式是如何实现的。阅读分析步骤如下：

1. 首先看懂主电路

从主电路中可看出该机床是由几台电动机来拖动的？可搞清楚每台电动机是拖动机床的哪一个部件的？这些电动机分别用哪些接触器或开关控制？有没有正反转或减压启动？有没有调速和电气制动？各电动机由哪个电器进行短路保护？哪个电器进行过载保护？还有其他哪些保护？如果有速度继电器，则应弄清与哪个电动机有机械联系。

2. 其次分析控制电路

控制电路一般可以分为几个单元，每个单元一般主要控制一台电动机。可将主电路中接触器的文字符号和控制电路中的相同文字符号一一对照，分清控制电路中哪一部分电路控制哪一台电动机？如何控制？分析时应同时搞清楚它们之间的连锁是怎样的？机械操作手柄和行程开关之间有什么联系？各个电器线圈通电，它的触点会引起或影响哪些部件动作？对于有些电器应结合开关/触点闭合表，有时还要参看电气安装图来分析其闭合情况。

3. 分析机床中其他电路

如照明与信号指示等电路。

1.8.2 CA6140 车床的实用电气控制电路阅读分析案例

1. CA6140 普通车床结构和运动情况

普通车床的结构图见图 1-1 和图 1-3，它主要由床身、主轴变速箱、进给变速箱、溜板箱、溜板与刀架、尾架、光杠和丝杠等几部分组成。

切削时，主运动是工件作旋转运动，而刀具作直线进给运动。电动机的动力由三角带通过主轴变速箱传给主轴。变换主轴变速箱外的手柄位置，可以改变主轴转速。主轴通过卡盘带动工件作旋转运动。主轴一般只要求单方向旋转，只有在车螺纹时才需要反转来退刀。它是用操纵手柄通过机械的方法来改变主轴旋转方向的。

由于其进给运动消耗的功率很小，所以也由主轴电动机拖动，不再另加单独的电动机拖动。

进给几个方向的快速移动，由快移电动机拖动。

2. CA6140 车床电气原理图的阅读分析

CA6140 车床的外形图和电气原理图如图 1-156 所示。

（1）主电路分析　电源经熔断器由 QF 引入。该开关为漏电自动开关。在自动开关旁有一小孔，其内有漏电试验按钮，以备检查漏电是否正常；电气箱盖内有漏电开关 SQ_2，当电气箱盖打开时，SQ_2 的触点闭合，使漏电电阻 R 通电，电源开关 QF 自动跳闸；当车床钥匙开关 SA_3 在闭合状态时，操作者把机床关断，使 SA_3 闭合，则机床电源开关合不上，车床无法开动。欲开车床，必须用钥匙把 SA_3 触点打开，方可运行。主轴电动机 M_1 的运转由接触器 KM_1 的三个常开主触点的接通和断开来控制。电动机 M_1 的容量不大，故采用直接启动。冷却泵电动机 M_2 的运转和停止由接触器 KM_2 的三个常开主触点的接通和断开来控制。快移电动机 M_3 的运转与停止由接触器 KM_3 的三个常开主触点的接通与断开来控制。

漏电自动开关 QF 兼作短路保护。主轴电动机设有过载保护 FR_1。冷却泵电动机、快移电动机容量很小，用熔断器 FU_1、FU_2 作短路保护。M_2 又加了过载保护 FR_2。M_3 因间歇短时运行，故不加热继电器进行过载保护。为了防止电动机外壳带电发生人身事故，电动机外壳均与地线连接。

（2）控制电路分析　控制电路采用 110V 交流电压供电，由熔断器 FU_6 作短路保护。

控制原理如下：先用钥匙将锁子开关置于“1”位置，此时将开关 SA_3 断开，检漏电阻 R 不通电，若电气箱盖子盖好，漏电自动开关将接通电源，因电气箱盖子将 SQ_2 开关打开，检漏电阻 R 不通电。再按下按钮 SB_1，若无电器动作，则说明开关 SQ_1 未闭合，SQ_1 为挂轮箱罩压的开关，挂轮箱罩未放上或未放好，都使 SQ_1 不能闭合，整机不

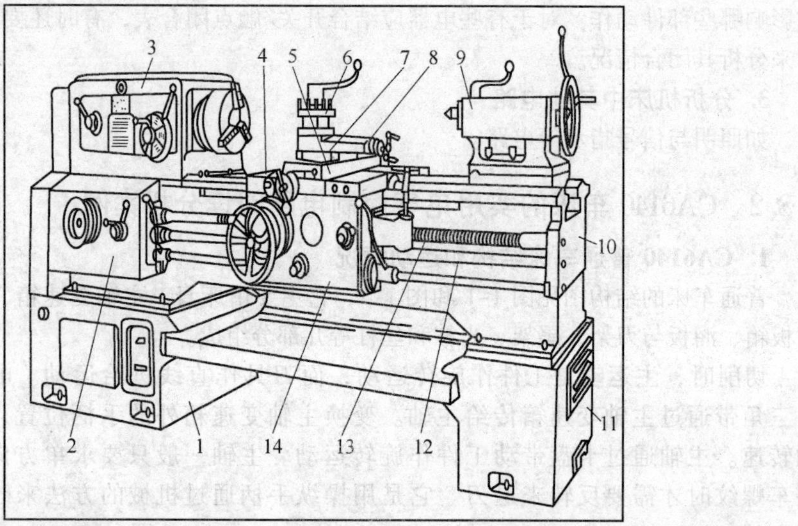

a)

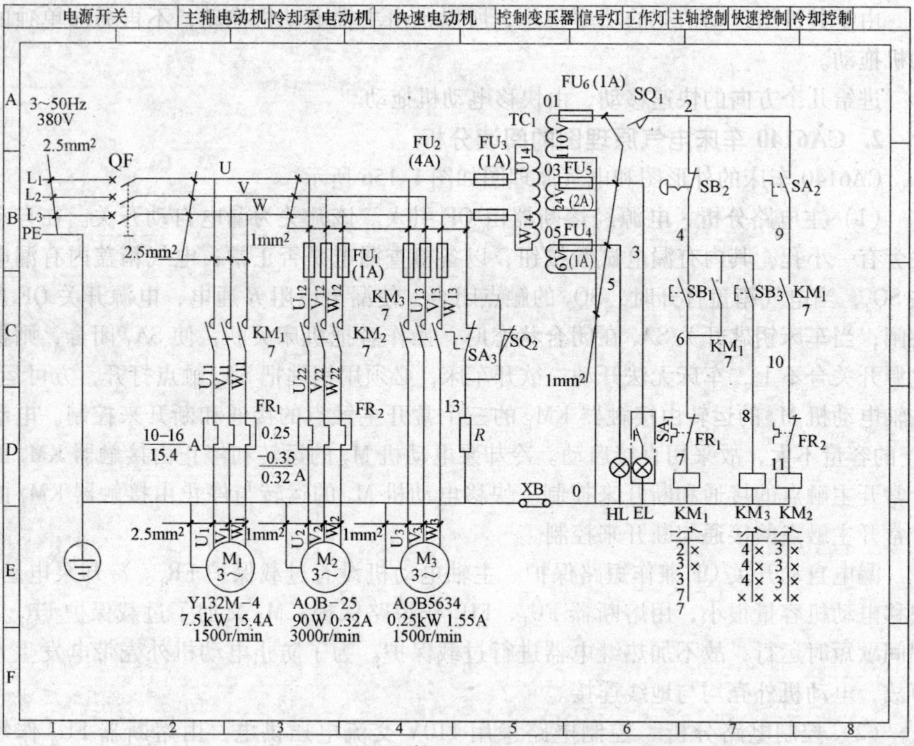

b)

图 1-156　CA6140 车床的外形图和电气原理图

a）外形图　b）电气原理图

1、11—床卧　2—进给箱　3—主轴箱　4—床鞍　5—中溜板　6—刀架　7—回转盘　8—小溜板

9—尾座　10—床身　12—光杠　13—丝杠　14—溜板箱

能启动。此时待放好挂轮箱罩后，再按下 SB_1，接触器 KM_1 线圈通电，KM_1 的铁心吸合，主电路上 KM_1 的三个常开主触点闭合，主轴电动机 M_1 启动运转。同时 KM_1 的一个常开辅助触点（4-6）也闭合，进行自锁，保证主轴电动机 M_1 在松开按钮 SB_1 后能连续运转。按下停止按钮 SB_2，接触器 KM_1 线圈断电而释放，它的三对常开主触点断开，主轴电动机 M_1 便停止。热继电器 FR_1 的常闭触点串联在 KM_1 线圈电路中，所以只要主轴电动机 M_1 过载，FR_1 的常闭触点就会断开，KM_1 便断电，M_1 电动机停止，实现过载保护。

该电路具有零压保护功能，在电源切断后，接触器 KM_1 释放；当电源电压再次恢复正常时，如没按下启动按钮 SB_1，则电动机不会自行启动，不致发生事故。该电路还具有欠电压保护功能，当电源电压太低时，接触器 KM_1 因电磁吸力不足而自动释放，电动机自行停止，以避免欠电压时电动机因电流过大而烧坏。

当主轴电动机运转时，KM_1 的常开辅助触点（9-10）已闭合待命；此时若旋转转换开关 SA_2，使其闭合，将会使 KM_2 接触器线圈通电，KM_2 铁心吸合，主电路上 KM_2 的三个常开主触点闭合，冷却泵电动机 M_2 启动运转，带动冷却泵泵出冷却液供加工使用。当主轴电动机停止时，冷却泵电动机因 KM_2 线圈电路中串联的 KM_1 常开辅助触点（9-10）断开而断电释放，冷动泵电动机 M_2 也停止。这种控制关系称为连锁。但下次主轴电动机 M_1 再运转时，冷却泵电动机 M_2 也将同时运转。若不需要冷却液时，可旋转转换开关 SA_2 使其断开，KM_2 线圈断电释放，M_2 停止。冷却泵不转，就无冷却液流出。热继电器 FR_2 的常闭触点串联在 RM_2 线圈电路中，所以只要 M_2 电动机过载，使热继电器 FR_2 常闭触点断开，KM_2 接触器线圈断电释放，电动机 M_2 停止，实现过载保护。由此可见，冷却泵电动机只有在主轴电动机运转时方可旋转，这由串联在 KM_2 线圈电路中的 KM_1 触点（9-10）连锁实现。M_2 电动机的失压、欠压保护由接触器 KM_1 实现。

按下按钮 SB_3，接触器 KM_3 线圈通电，KM_3 铁心吸合，使主电路上 KM_3 的三个常开主触点闭合，快移电动机 M_3 启动运转，实现快移。由装在溜板箱上的十字手柄扳到所需要的方向并按下按钮 SB_3 即可得到所需移动方向的快速移动。松开按钮 SB_3，快移电动机 M_3 便停机，此控制电路称为点动控制电路。该电路为独立控制电路，就是主轴不运转时也可以进行快速移动操作。

（3）照明电路分析　为工作安全，照明电路采用 24V 安全交流电压供电。照明电路由开关 SA_1 接 24V 低压灯泡 EL 组成。灯泡 EL 的另一端必须接地，以防止变压器一、二次绕组间一旦短路时发生触电事故。熔断器 FU_5 是照明电路的短路保护器件。

（4）指示电路　指示电路采用 6V 交流电压供电。指示灯泡 HL 接低压 6V，熔断器 FU_4 是指示电路的短路保护器件。

3. CA6140 普通车床的主要电气设备元器件清单

表 1-10 列出了 CA6140 普通车床的主要电气设备元器件表。

表 1-10　CA6140 普通车床的主要电气设备元器件表

电器代号	名称用途	技术数据	数量	元件型号	备　注
SB_1	启动按钮	500V，5A	1	LA19—11	
SB_2	停止按钮		1	LA□—01JZ	
SB_3	快速按钮	500V，5A	1	LA9	
SA_1	工作灯开关		1	KN3—2—1	在灯具内
SA_2	冷却泵开关		1	LAY3—X/2	旋转式
SA_3	电源开关		1	LAY3—Y/2	钥匙式
SQ_1	挂轮箱安全开关		1	LXW3—N	
SQ_2	电气箱安全开关		1	LXW3—N	
KM_1	主轴电动机接触器	线圈 110V	1	CJ0—20B	
KM_2	冷却泵电动机接触器	线圈 110V	1	JZ7—44	
KM_3	快移电动机接触器	线圈 110V	1	JZ4—44	
FR_1	主轴电动机热继电器	$\frac{10-16}{15.4}$A	1	JR16—20/30	
FR_2	冷却泵电动机热继电器	$\frac{0.25-0.35}{0.32}$A	1	JR16—20/30	
R	检漏电阻	7.5W，3.9kΩ	1	RXYC	
HL	电源指示灯		1	ZSD—O	
EL	机床照明灯		1	JC11	
QF	漏电自动开关		1	DZ15L—40/3901	
TC_1	控制、照明变压器		1	JBK2—100	
FU_1	冷却泵熔断器	熔体 1A	3	BZ001	
FU_2	快移电动机熔断器	熔体 4A	3	BZ001	
FU_3	变压器一次熔断器	熔体 1A	2	BZ001	
FU_4	指示灯熔断器	熔体 1A	1	BZ001	
FU_5	照明灯熔断器	熔体 2A	1	BZ001	
FU_6	控制回路熔断器	熔体 1A	1	BZ001	
M_1	主轴电动机	7.5kW，15.4A	1	Y132M—4	
M_2	冷却泵电动机	90W，0.32A，3000r/min	1	AOB—25	
M_3	快移电动机	0.25kW，1.55A，1500r/min	1	AOS5634	

4. CA6140 车床电控系统的安装接线图及部分电器在 CA6140 车床上的实际安装位置

为了使读者能更直观明了地掌握 CA6140 车床的电气系统，便于维护检修，图 1-157给出了 CA6140 车床的电气安装接线图；图 1-158 绘制了部分电器在 CA6140 车床上的安装位置。其他电器（如熔断器、变压器、接触器、继电器等）都安装在电气配电箱内的控制板上。

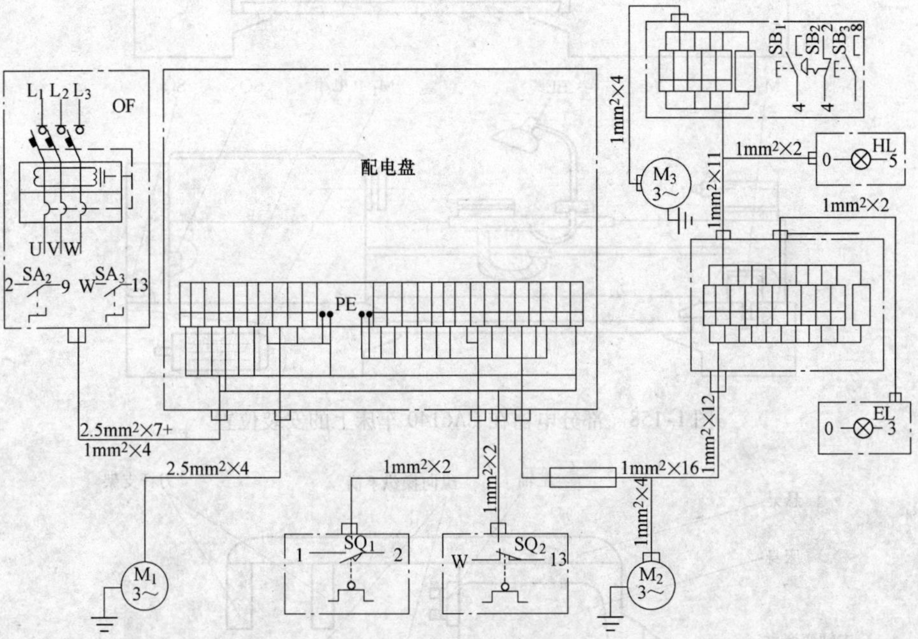

图 1-157 CA6140 车床的实用电气安装接线图

1.8.3 X6132 铣床的实用电气控制电路阅读分析案例

在金属切削机床中，铣床在数量上占第二位。铣床的种类很多，有卧铣、立铣、龙门铣、仿形铣等各种专用铣床，其中以卧铣和立铣床应用最为广泛。铣床可以用来加工平面、斜面和沟槽等。如果装上分度头，可以铣切直齿齿轮和螺旋面。如果装上圆工作台，还可以加工凸轮和弧形槽等。下面仅以 X6132 为例阅读分析铣床的电气控制图。

1. X6132 铣床的主要结构和运动情况

（1）主要结构　X6132 万能铣床构造组成如图 1-159 所示，主要由床身、悬梁及刀杆支架、工作台、溜板和升降台等几部分组成。

（2）运动情况　铣床的主运动是铣刀的旋转运动。随着铣刀直径、工件材料和加工精度的不同，要求主轴的转速也不同。主轴的旋转由三相笼型异步电动机拖动，没有电气调速，而是通过机械变换齿轮来实现调速。为了适应顺铣和逆铣两种铣削方式

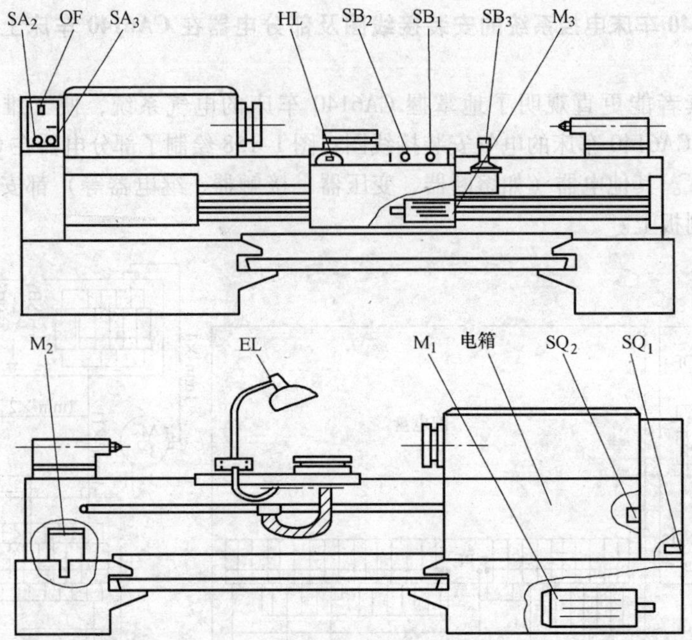

图 1-158　部分电器在 CA6140 车床上的安装位置

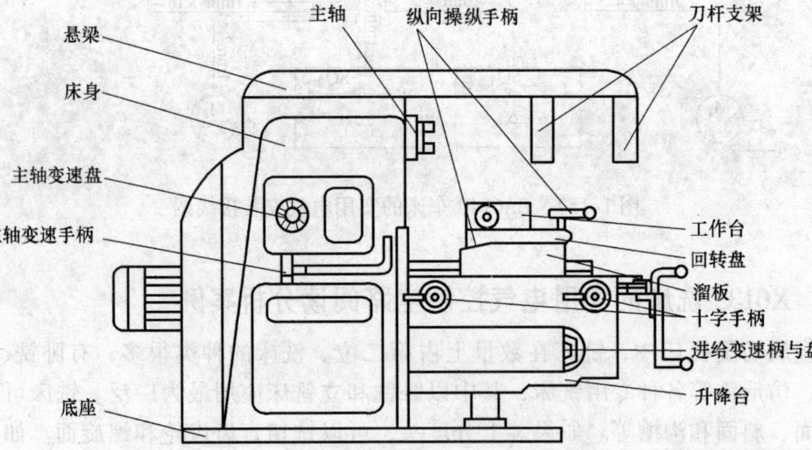

图 1-159　X6132 万能铣床构造组成图

的需要，主轴应能正反转，该铣床中是由电动机的正反转来改变主轴的方向。为了缩短停车时间，主轴停车时采用电磁离合器机械制动。

进给运动是工件相对于铣刀的移动。进给运动有工作台的左右、上下和前后进给运动。装上附件圆工作台，还可作旋转进给移动。工作台用来安装夹具和工件。在横向溜板上的水平导轨上，工作台沿导轨作左、右移动。在升降台的水平导轨上，使工作台沿导轨前、后移动。升降台依靠下面的丝杠，沿床身前面的导轨同工作台一起上、下移动。各进给方向共同由一台三相笼型异步电动机拖动，各进给方向的选择由机械手柄切换来实现，进给速度由机械变换齿轮来实现变速。为了使进给时可以上下、左右、前后移动，进给电动机应能正反转。从安全的角度考虑，某一时刻内只允许有一个方向进给，不允许双向或双向以上方向的进给。

为了使主轴变速和进给变速时变换后的齿轮能顺利地啮合好，主轴变速时主轴电动机应能转动一下，进给变速时进给电动机也应能转动一下。这种变速时电动机稍微转动一下称为变速冲动。

其他运动有：进给几个方向的快移运动；工作台上下、前后、左右的手摇移动；回转盘使工作台向左、右转动±45°；悬梁及刀杆支架的水平移动等。除进给几个方向的快移运动由电动机拖动外，其余均为手动。

进给速度与快移速度的区别，只不过是进给速度低，快移速度高，在机械方面由改变传动链来实现。

2. X6132 铣床电气控制原理图的阅读分析

X6132 铣床电气控制原理图如图 1-160 所示。

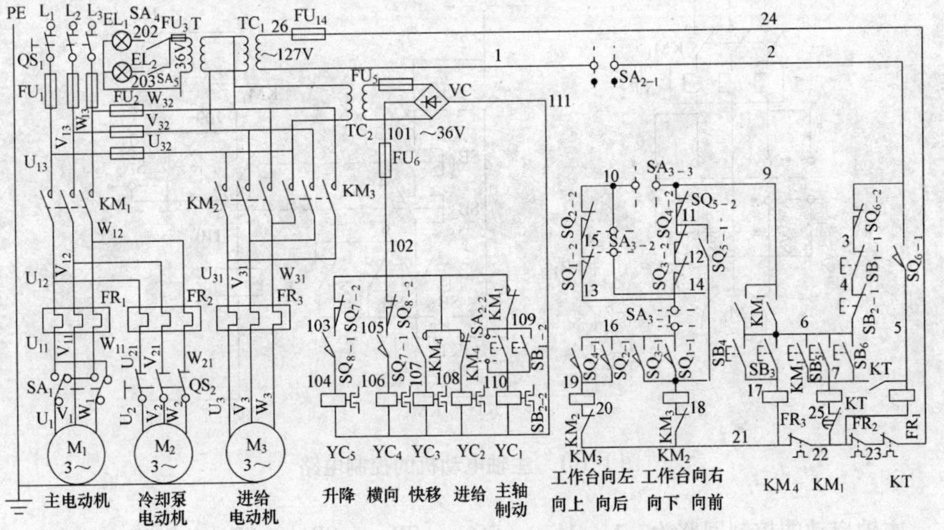

图 1-160　X6132 铣床电气控制原理图

（1）主电路分析　转换开关 QS_1 为本机床的电源总开关。熔断器 FU_1 为总电源的短路保护。本机床共有三台电动机：M_1 为主轴电动机；M_2 为冷却泵电动机；M_3 为进给电动机。主轴电动机 M_1 的启动与停止由接触器 KM_1 的常开主触点控制，其正转与反转在启动前用组合开关 SA_1 预先选定。主轴换向开关 SA_1 在换向时只调换两相相序，使供给电动机的确电源相序相反，电动机实现反向旋转。热继电器 FR_1 为主轴电动机的过载保护。

进给电动机 M_3 的正反转由接触器 KM_2 和 KM_3 的常开主触点控制，用 FU_2 作短路保护，热继电器 FR_3 作过载保护。

主电路中，冷却泵电动机 M_3 接在接触器 KM_1 的常开主触点之后，所以，只有主轴电动机 M_1 工作时冷却泵电动机 M_3 才能启动。由于它容量很小，故用转换开关 QS_2 直接控制它的启停，用热继电器 FR_2 作它的过载保护。

（2）控制电路分析

1）主轴电动机的控制

① 主轴的启动。图 1-161 示出主轴电动机的控制电路。为了操作方便，主轴电动机的启停在两地点中的任何一地点进行操作，一地点设在工作台的前面，另一地点设在床身的侧面。启动前，先将主轴换向开关 SA_1 旋转到所需要的旋转方向。然后按下启动按钮 SB_5 或 SB_6，接触器 KM_1 因线圈通电而吸合，其常开辅助触点（6-7）闭合实现自锁；其三对常开主触点闭合，电动机 M_1 便拖动主轴旋转。在主轴启动的控制电路中串联有热继电器 FR_1 和 FR_2 的常闭触点 22-23 和 23-24。这样，当电动机 M_1 和 M_2 中只要有任一台电动机过载，其热继电器常闭触点的动作将使两台电动机都停止运行。

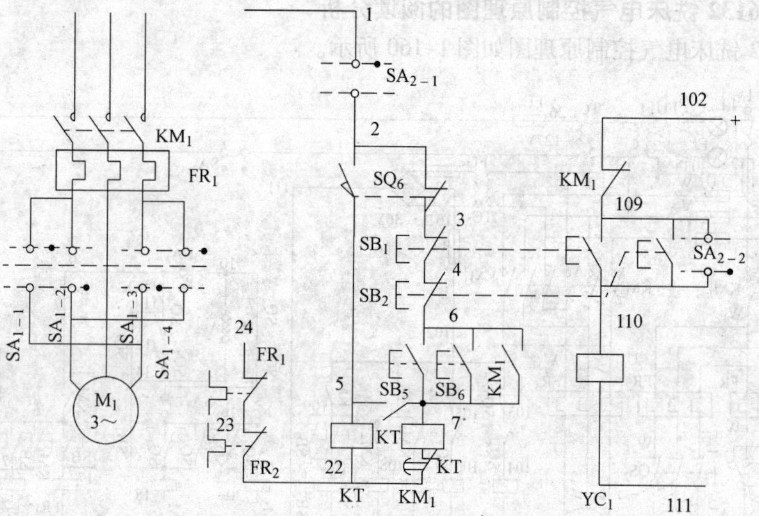

图 1-161　主轴电动机的控制电路

主轴启动的控制回路为：$1 \to SA_{2-1} \to SQ_{6-2} \to SB_{1-1} \to SB_{2-1} \to SB_5$（或 SB_6）$\to KM_1$ 线圈 $\to KT \to 22 \to FR_2 \to 23 \to FR_1 \to 24$。

② 主轴的停车制动。按下停止按钮 SB_1 或 SB_2，其常闭触点 3-4 或 4-6 断开，接触器 KM_1 因断电而释放，但主轴电动机因惯性仍然在旋转。按停止按钮时应按到底，这时其常开触点 109-110 闭合，主轴制动离合器 YC_1 因线圈通电而吸合，使主轴抱闸制动，迅速停止旋转。

③ 主轴的变速冲动。主轴变速时，在把变速手柄推回原来位置的过程中，通过机械装置使冲动开关 SQ_{6-1} 闭合一次，SQ_{6-2} 断开。SQ_{6-2} 2-3 断开时，切断了 KM_1 接触器自锁回路，SQ_{6-1} 瞬时闭合时，时间继电器 KT 通电，其常开触点 5-7 瞬时闭合，使接触器 KM_1 瞬时通电，则主轴电动机作瞬时转动，以利于变速齿轮进入啮合位置；同时，延

时继电器KT线圈通电，其常闭触点25-22延时断开，又断开KM_1接触器线圈电路，以防止由于操作者延长推回手柄的时间而导致电动机冲动时间过长，变速齿轮转速高而发生打坏轮齿的现象。

主轴正在旋转时要变速也不必先按停止按钮再变速。这是因为在变速手柄推回原来位置的过程中，通过机械装置使SQ_{6-2}2-3触点断开，使接触器KM_1因线圈断电而释放，电动机M_1便自动停止转动了。

④ 主轴换刀时的制动。为了使主轴在换刀时不随意转动，换刀前应将主轴制动。将转换开关SA_2扳到换刀位置，它的一个触点SA_{2-1}1-2断开了控制电路的电源，以保证人身安全；另一个触点SA_{2-2}109-110接通了主轴制动电磁离合器YC_1，使主轴不能转动。换刀后再将转换开关SA_2扳回工作位置，使触点SA_{2-1}1-2闭合，触点SA_{2-2}109-110断开，断开主轴制动离合器YC_1，接通控制电路电源。

2）进给电动机的控制。将电源开关QS_1合上，启动主轴电动机M_1，接触器KM_1吸合并自锁，进给控制电路有电压，就可以启动进给电动机M_3。

① 工作台纵向（左、右）进给运动的控制。先将圆工作台的转换开关SA_3扳在断开位置，这时通断情况见表1-11。

表1-11　圆工作台转换开关SA_3的通断表

触　点	圆工作台位置	
	接　通	断　开
SA_{3-1}13-16	−	+
SA_{3-2}10-14	+	−
SA_{3-3}9-10	−	+

由于SA_{3-1}13-16闭合，SA_{3-2}10-14断开，SA_{3-3}9-10闭合，所以这时工作台的纵向、横向和垂直进给控制电路如图1-162所示。

将操纵工作台纵向运动手柄扳到右边位置（见图1-163）时，一方面机械机构将进给电动机的传动链和工作台纵向移动机构相联接，另一方面压下向右进给的微动开关SQ_1，其常闭触点SQ_{1-2}13-15断开，常开触点SQ_{1-1}14-16闭合。触点SQ_{1-1}的闭合使正转接触器KM_2因线圈通电而吸合，进给电动机M_3就正向旋转．拖动工作台向右移动。

向右进给的控制回路是：9→SQ_{5-2}→11→SQ_{4-2}→12→SQ_{3-2}→13→SA_{3-1}→16→SQ_{1-1}→14→KM_2线圈→18→KM_3→21。

当将纵向进给手柄向左扳动时，一方面机械机构将进给电动机的传动链和工作台纵向移动机构相联接，另一方面压下向左进给的微动开关SQ_2，其常闭触点SQ_{2-2}10-15断开，常开触点SQ_{2-1}16-19闭合。触点SQ_{2-1}的闭合使反转接触器KM_3因线圈通电而吸合，进给电动机M_3就反向转动，拖动工作台向左移动。

向左进给的控制回路是：9→SQ_{5-2}→11→SQ_{4-2}→12→SQ_{3-2}→13→SA_{3-1}→16→SQ_{2-1}→19→KM_3线圈→20→KM_2→21。

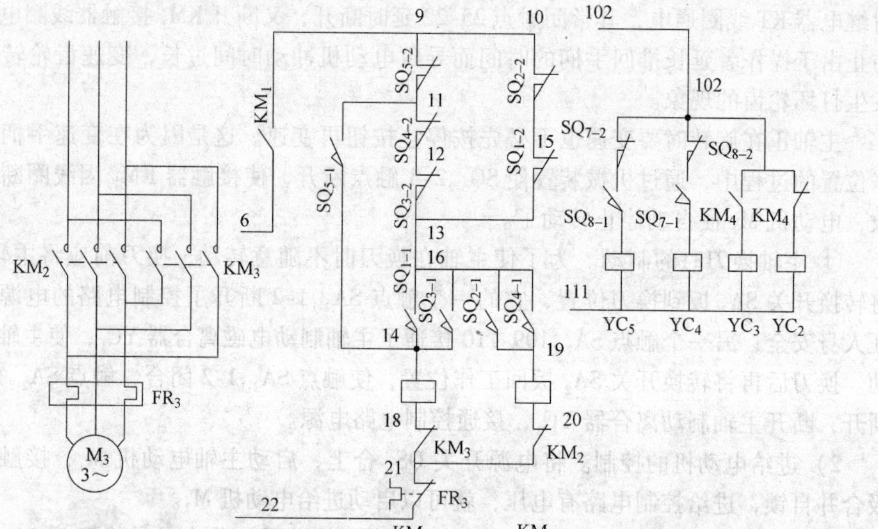

图 1-162　工作台的纵向、横向和垂直进给控制电路

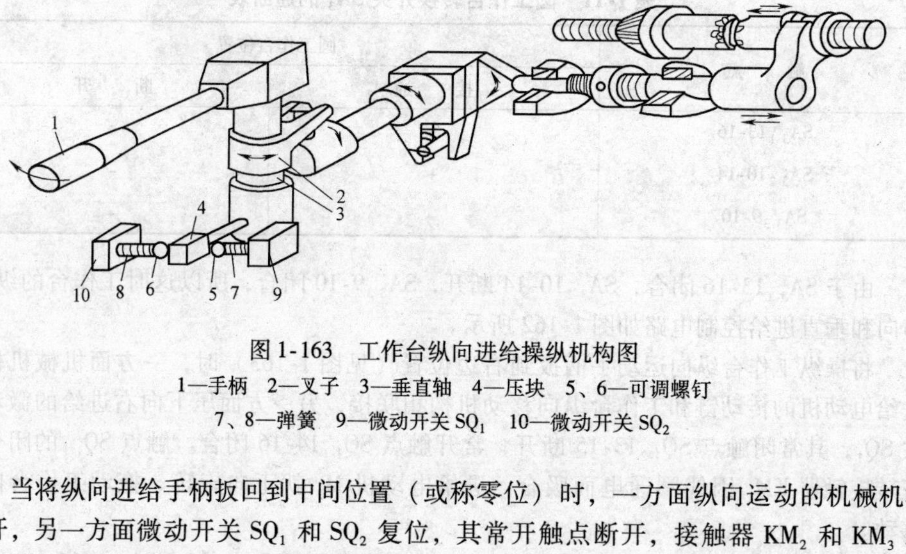

图 1-163　工作台纵向进给操纵机构图

1—手柄　2—叉子　3—垂直轴　4—压块　5、6—可调螺钉
7、8—弹簧　9—微动开关 SQ_1　10—微动开关 SQ_2

当将纵向进给手柄扳回到中间位置（或称零位）时，一方面纵向运动的机械机构脱开，另一方面微动开关 SQ_1 和 SQ_2 复位，其常开触点断开，接触器 KM_2 和 KM_3 释放，进给电动机 M_3 停止，工作台也停止。

在工作台的两端各有一块挡铁，当工作台移动到挡铁碰动纵向进给手柄位置时，会使纵向进给手柄回到中间位置，实现自动停车，这就是终端限位保护。调整挡铁在工作台上的位置，可以改变停车的终端位置。

② 工作台横向（前、后）和升降（上、下）进给运动的控制。首先也要将圆工作台转换开关 SA_3 扳到断开位置，这时的控制电路也如图 1-162 所示。

操纵工作台横向进给运动和升降进给运动的手柄为十字手柄。它有两个，分别装在工作台左侧的前、后方。它们之间有机构连接，只需操纵其中的任意一个即可。手柄有上、下、前、后和零位共五个位置。进给也是由进给电动机 M_3 拖动。扳动十字手柄时，通过联动机构压下相应的行程开关 SQ_3 或 SQ_4，与此同时，操纵鼓轮压下 SQ_7 或 SQ_8，使电磁离合器 YC_4 或 YC_5 通电，在电动机 M_3 旋转下，实现横向（前、后）进给或升降（上、下）进给运动。工作台的操纵机构示意图如图 1-164 所示。

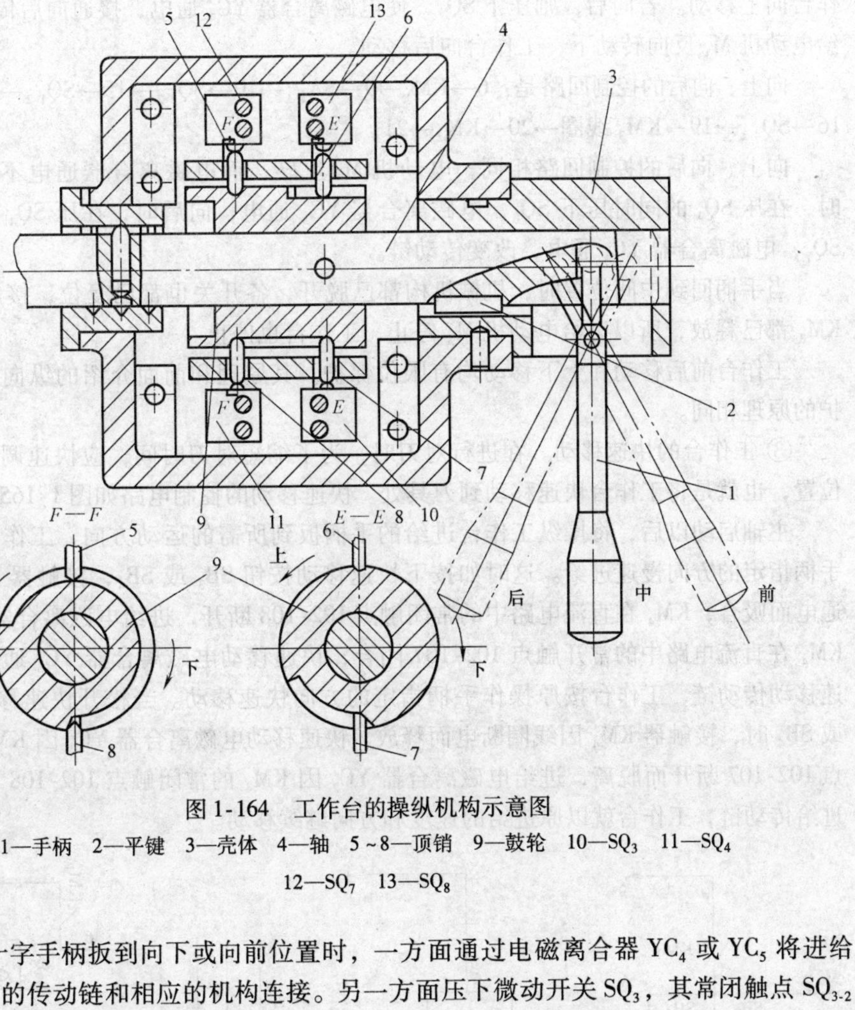

图 1-164　工作台的操纵机构示意图

1—手柄　2—平键　3—壳体　4—轴　5～8—顶销　9—鼓轮　10—SQ_3　11—SQ_4

12—SQ_7　13—SQ_8

当将十字手柄扳到向下或向前位置时，一方面通过电磁离合器 YC_4 或 YC_5 将进给电动机 M_3 的传动链和相应的机构连接。另一方面压下微动开关 SQ_3，其常闭触点 SQ_{3-2} 12-13 断开，其常开触点 SQ_{3-1} 14-16 闭合，正转接触器 KM_2 因线圈通电而吸合，进给电动机 M_3 正向转动。当十字手柄压 SQ_3 时，若向前，则同时压 SQ_7，使电磁离合器 YC_4 通电，工作台向前移动。若向下，则同时压 SQ_8，使电磁离合器 YC_5 通电，接通升降传动链，工作台向下移动。

向下、向前的控制回路是：6→KM_1→9→SA_{3-3}→10→SQ_{2-2}→15→SQ_{1-2}→13→SA_{3-1}→16→SQ_{3-1}→14→KM_2 线圈→18→KM_3→21。

向下、向前的控制回路相同，而电磁离合器通电不一样。向下时压 SQ_8，电磁离合器 YC_5 通电；向前时压 SQ_7，电磁离合器 YC_4 通电，改变传动链。

当将十字手柄扳到向上或向后位置时，一方面压下微动开关 SQ_4，其常闭触点 SQ_{4-2} 11-12 断开，其常开触点 SQ_{4-1} 16-19 闭合，反转接触器 KM_3 因线圈通电而吸合，进给电动机 M_3 反向转动。另一方面操纵鼓轮压下微动开关 SQ_7 或 SQ_8，若向上，则压下 SQ_8，使电磁离合器 YC_5 通电，接通向上传动链，在进给电动机 M_3 反向转动下，工作台向上移动。若向后，则压下 SQ_7，使电磁离合器 YC_4 通电，接通向后传动链，在进给电动机 M_3 反向转动下，工作台向后移动。

向上、向后的控制回路是：6→KM_1→9→SA_{3-3}→10→SQ_{2-2}→15→SQ_{1-2}→13→SA_{3-1}→16→SQ_{4-1}→19→KM_3 线圈→20→KM_2→21。

向上、向后的控制回路相同，电动机 M_3 反转，而电磁离合器通电不一样。向上时，在压 SQ_4 的同时压下 SQ_8，电磁离合器 YC_5 通电；向后时，在压 SQ_4 的同时压下 SQ_7，电磁离合器 YC_4 通电，改变传动链。

当手柄回到中间位置时，机械机构都已脱开，各开关也都已复位，接触器 KM_2 和 KM_3 都已释放，所以进给电动机 M_3 停止，工作台也停止。

工作台前后移动和上下移动均有限位保护。其原理和前面介绍的纵向移动限位保护的原理相同。

③ 工作台的快速移动。在进行对刀时，为了缩短对刀时间，应快速调整工作台的位置，也就是将工作台快速移动到刀具处。快速移动的控制电路如图 1-165 所示。

主轴启动以后，将操纵工作台进给的手柄扳到所需的运动方向，工作台就按操纵手柄指定的方向慢速进给。这时如按下快速移动按钮 SB_3 或 SB_4，接触器 KM_4 因线圈通电而吸合，KM_4 在直流电路中的常闭触点 102-108 断开，进给电磁离合器 YC_2 脱离。KM_4 在直流电路中的常开触点 102-107 闭合，快速移动电磁离合器 YC_3 通电，接通快速移动传动链，工作台按原操作手柄指定的方向快速移动。当松开快速移动按钮 SB_3 或 SB_4 时，接触器 KM_4 因线圈断电而释放。快速移动电磁离合器 YC_3 因 KM_4 的常开触点 102-107 断开而脱离，进给电磁离合器 YC_2 因 KM_4 的常闭触点 102-108 闭合而接通进给传动链，工作台就以原进给的速度和方向继续移动。

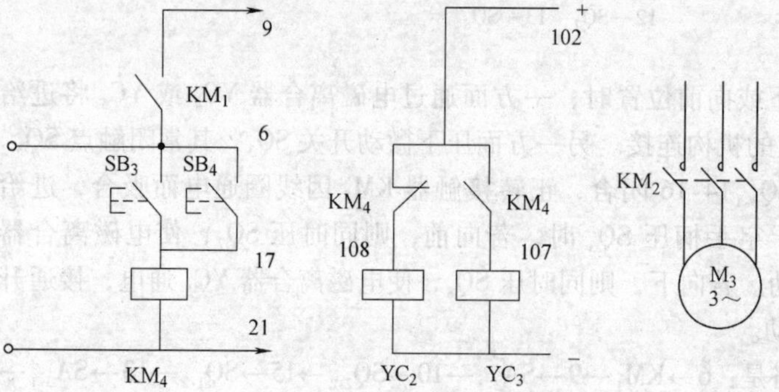

图 1-165　工作台快速移动的控制电路

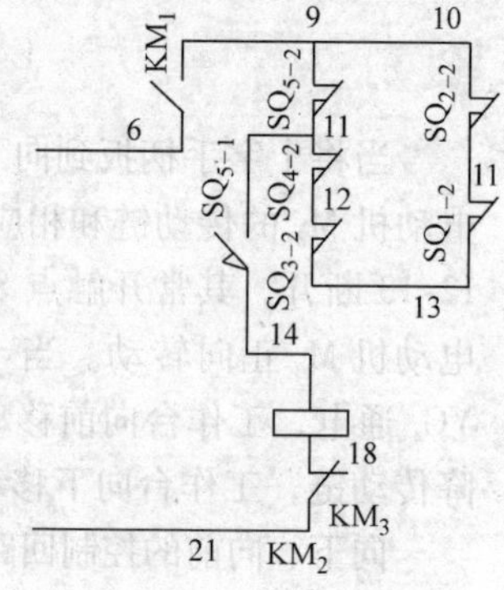

图 1-166　进给变速冲动控制电路

④ 进给变速冲动。为了使进给变速时齿轮容易啮合，进给也有变速冲动。进给变

速冲动控制电路如图1-166所示。变速前也应先启动主轴电动机 M_1，使接触器 KM_1 吸合，它在进给变速冲动控制电路中的常开触点6-9闭合．为变速冲动做好准备。

变速时将变速盘往外拉到极限位置，再把它转到所需的速度，最后将变速盘往里推。在推的过程中挡块压一下微动开关 SQ_5，其常闭触点 SQ_{5-2} 9-11断开一下，同时，其常开触点 SQ_{5-1} 11-14闭合一下，接触器 KM_2 短时吸合，进给电动机 M_3 就转动一下。当变速盘推到原位时，变速后的齿轮已啮合完毕。

变速冲动的控制回路是：6→KM_1→9→SA_{3-3}→10→SQ_{2-2}→15→SQ_{1-2}→13→SQ_{3-2}→12→SQ_{4-2}→11→SQ_{5-1}→14→KM_2 线圈→18→KM_3→21。

⑤ 应用圆形工作台时的控制。圆工作台是机床的附件。在铣削圆弧和凸轮等曲线时，可在工作台上安装圆工作台进行铣切。圆工作台由进给电动机 M_3 经纵向传动机构拖动。在启动圆工作台前，应先将圆工作台转换开关 SA_3 转到接通位置。由表1-11可见，SA_3 的触点 SA_{3-1} 13-16断开，SA_{3-2} 10-14闭合，SA_{3-3}9-10断开。这时，圆工作台的控制电路如图1-167所示。工作台的进给操作手柄都扳到中间位置。按下主轴启动按钮 SB_5 或 SB_6，接触器 KM_1 吸合并自锁，圆工作台的控制电路中 KM_1 的常开辅助触点6-9也同时闭合。由图1-167可见，接触器 KM_2 也紧接着吸合，进给电动机 M_3 正向转动，拖动圆工作台转动。因为只能接触器 KM_2 吸合，KM_3 不能吸合，所以圆工作台只能沿一个方向转动。

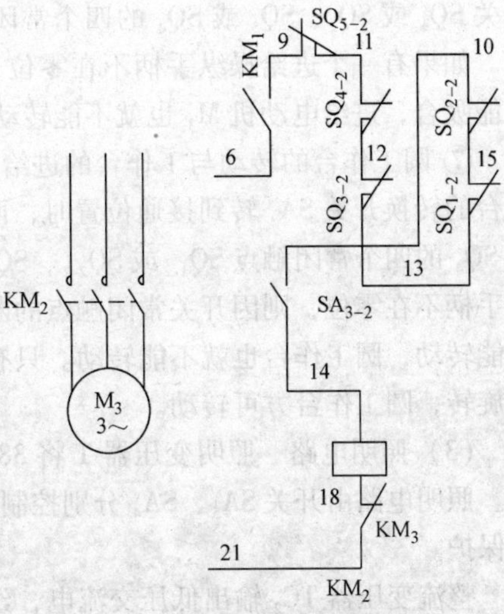

图1-167 圆工作台的控制电路

圆工作台的控制回路是：6→KM_1→9→SQ_{5-2}→11→SQ_{4-2}→12→SQ_{3-2}→13→SQ_{1-2}→15→SQ_{2-2}→10→SA_{3-2}→14→KM_2 线圈→18→KM_3→21。

⑥ 进给的连锁

a）只有主轴电动机 M_1 启动后才可能启动进给电动机 M_3。主轴电动机启动时，接触器 KM_1 吸合并自锁，KM_1 常开辅助触点6-9闭合，进给控制电路有电压，这时才可能使接触器 KM_2 或 KM_3 吸合而启动进给电动机 M_3。如果工作中的主轴电动机 M_1 停止，进给电动机也立即跟着停止。这样，可以防止在主轴不转时，工件与铣刀相撞而损坏机床。

b）工作台不能几个方向同时移动。工作台两个以上方向同时进给容易造成事故。由于工作台的左右移动是由一个纵向进给手柄控制，同一时间内不会又向左又向右。工作台的上、下、前、后是由同一个十字手柄控制，同一时间内这四个方向也只能有一个方向进给。所以只要保证两个操纵手柄都不在零位时，工作台不会沿两个方向同时进给即可。控制电路中的连锁解决了这一问题。在连锁电路中，将纵向进给手柄可能压下的微动开关 SQ_1 和 SQ_2 的常闭触点 SQ_{1-2}13-15和 SQ_{2-2}10-15串联在一起，再将垂直进给和横向进给的十字手柄可能压下的微动开关 SQ_3 和 SQ_4 的常闭触点 SQ_{3-2}12-13 和 SQ_{4-2}11-12 串联在一起，并将这两个串联电路再并联起来，以控制接触器 KM_2 和 KM_3 的线圈通路。如果两个操作手柄都不在零位，则有不同支路的两个微动开关被压下，其常闭触点的断开使两条并联的支路都断开，进给电动机 M_3 因接触器 KM_2 和 KM_3 的线圈都不能通电而不能转动。

c）进给变速时两个进给操纵手柄都必须在零位。为了安全起见，进给变速冲动时不要有进给移动。由图 1-166 可知，当进给变速冲动时，短时间压下微动开关 SQ_5，其常闭触点 SQ_{5-2}9-11 断开，其常开触点 SQ_{5-1}11-14 闭合，两个进给手柄可能压下的微动开关 SQ_1 或 SQ_2、SQ_3 或 SQ_4 的四个常闭触点 SQ_{1-2}、SQ_{2-2}、SQ_{3-2} 和 SQ_{4-2} 是串联在一起的。如果有一个进给操纵手柄不在零位，则因微动开关常闭触点的断开而接触器 KM_2 不能吸合，进给电动机 M_3 也就不能转动，防止了进给变速冲动时工作台的移动。

⑦ 圆工作台的转动与工作台的进给运动不能同时进行。由图 1-167 可知，当圆工作台的转换开关 SA_3 转到接通位置时，两个进给手柄可能压下的开关 SQ_1 或 SQ_2、SQ_3 或 SQ_4 的四个常闭触点 SQ_{1-2} 或 SQ_{2-2}、SQ_{3-2} 或 SQ_{4-2} 是串联在一起的。如果有一个进给操纵手柄不在零位，则因开关常闭触点的断开而使接触器 KM_2 不能吸合，进给电动机 M_3 不能转动，圆工作台也就不能转动。只有两个操纵手柄恢复到零位，进给电动机 M_3 方可旋转，圆工作台方可转动。

（3）照明电路　照明变压器 T 将 380V 的交流电压降到 36V 的安全电压，供照明用。照明电路由开关 SA_5、SA_4 分别控制灯泡 EL_1、EL_2。熔断器 FU_3 用作照明电路的短路保护。

整流变压器 TC_2 输出低压交流电，经桥式整流电路供给五个电磁离合器 16V 直流电源。控制变压器 TC_1 输出 127V 交流控制电压。

3. X6132 铣床主要电气控制设备元器件清单

表 1-12 列出了 X6132 铣床的主要电气控制设备元器件清单。

表 1-12　X6132 铣床的主要电气设备元器件清单

符　号	名称及用途
M_1	主轴电动机
M_2	冷却泵电动机
M_3	进给电动机
KM_1	主轴接触器
KM_2	进给正转接触器
KM_3	进给反转接触器
T	照明变压器
TC_1	控制变压器
TC_2	整流变压器
VC	整流装置

(续)

符　号	名称及用途
FR_1	主轴电动机用热继电器
FR_2	冷却泵电动机用热继电器
FR_3	进给电动机用热继电器
FU_1	总电源保护熔断器
FU_2	进给电动机保护熔断器
FU_3	照明保护熔断器
FU_4	控制保护熔断器
FU_5	整流电路保护熔断器
FU_6	直流电路保护熔断器
QS_1	电源转换开关
QS_2	冷却泵电动机起停用转换开关
SA_1	主轴正反转用转换开关
SA_2	主轴制动和松开用主令开关
SA_3	圆工作台转换开关
SA_4、SA_5	照明开关
YC_1	主轴制动电磁离合器
YC_2	进给电磁离合器
YC_3	快速移动电磁离合器
YC_4	横向进给电磁离合器
YC_5	升降电磁离合器
SQ_1	向右用微动开关
SQ_2	向左用微动开关
SQ_3	向下、向前用微动开关
SQ_4	向上、向后用微动开关
SQ_5	进给变速冲动开关
SQ_6	主轴变速冲动开关
SQ_7	横向开关
SQ_8	升降开关
EL_1、EL_2	照明灯
SB_1、SB_2	主轴停止、制动按钮
SB_3、SB_4	快速移动按钮
SB_5、SB_6	主轴起动按钮
KT	主轴变速冲动用通电延时时间继电器

4. 电器元件位置图

为了使读者能更直观明了地掌握 X6132 万能铣床的电气系统，便于维护检修，图 1-168 给出了 X6132 万能铣床部分电器元件安装位置图。

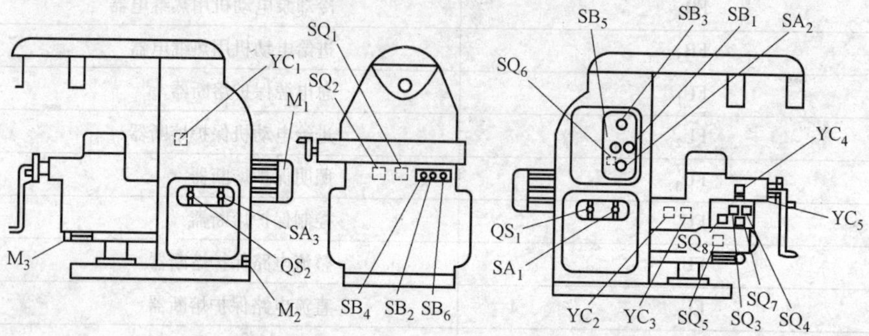

图 1-168　X6132 万能铣床部分电器元件安装位置图

1.8.4　阅读分析实用机床电气控制电路的示范案例概括总结

本任务示范性地进行了两种最常用典型机床的实用电气控制电路的阅读分析，其目的绝不仅仅在于单纯地掌握某一机床具体的控制电路，更重要的是通过典型机床电路的阅读分析示范，归纳总结出分析一般生产机床电气控制的方法，并在熟悉掌握继电器-接触器控制典型控制环节基础上，培养阅读分析常用机床电气控制电路的职业技术能力，也为下一步设计一般电气控制电路和排除电路故障打下牢固的基础。

要对机床电气控制有一个真正的理解，首先应了解该机床的基本结构、运动形式和工艺要求。在此基础上先阅读分析主电路，看主电路如何反映拖动特点，各电动机的控制和保护情况。然后再阅读控制电路，看控制电路是如何实现这些控制的，在分析控制电路时可将控制电路“化整为零”来看，因为控制电路再复杂也是由一些“基本环节”组成的。将各个环节弄清楚，再进一步注意各环节间的连锁关系，以明确电路必须的工作程序和互锁保护。然后再全面地看整个电路，这就是“积零为整看全部”。因此，在阅读分析控制电路时，可按“化整为零看局部，积零为整看全部”来进行。最后，再阅读其他辅助电路。在生产实际中逐步提高阅读电气控制电路的能力。

在阅读分析机床电气原理图的基础上，就可以分析进而掌握机床电气线路图设计和诊断故障、排除故障的方法了。

任务 9　回答应知应会问题，进行自我专业技术知识和岗位技能测试

1.9.1　应知专业技术知识

1）三相交流异步电动机的基本结构组成有哪些？按转子结构分类有哪几种？

2）三相交流异步电动机的工作原理、工作特性如何？

3）三相交流异步电动机如何进行调速？

4）在使用中应如何选用三相交流异步电动机？

5）什么是电器？什么是低压电器？从使用的角度，其分类有哪几种？

6）什么是信号及控制电器？常用的有哪几种？

7）什么是执行电器？常用的有哪几种？

8）什么是主令电器？常用的有哪几种？

9）什么是保护电器？常用的有哪几种？

10）什么是接触器？其分类、主要结构、工作原理、图形符号、用途、选用方法如何？

11）什么是继电器？其分类、主要结构、工作原理、图形符号、用途、选用方法如何？

12）什么是开关？其分类、主要结构、工作原理、图形符号、用途、选用方法如何？

13）什么是熔断器？其分类、主要结构、工作原理、图形符号、用途、选用方法如何？

14）在电液控制系统中，常用的液压元件有哪几种？其图形符号如何？

15）时间继电器的图形符号和文字符号是如何规定的？试举例说明。

16）什么是漏电断路器？它的工作原理和用途是什么？

17）KM、K、SB、FR、FU、KT、KS、SQ 等各代表什么电器？

18）电气控制系统图通常包括哪些图？

19）电气控制原理图基本的绘图原则有哪些？

20）试述自锁、连锁、互锁的含义，并举例说明各自的作用。

21）短路保护、过电流保护及热继电器保护有何区别？各自常用的保护元件是什么？

22）为什么机床电动机应具有零电压和欠电压保护？

23）电磁继电器与接触器的区别主要是什么？

24）为什么热继电器不能作短路保护而只能作长期过载保护？熔断器则相反，为什么？

25）机床电气控制常设有哪些保护电路？其保护的原理是什么？

1.9.2 应会专业岗位技能

1）能画出机床电动机点动和长动电路图，并会实际安装接线。

2）能画出机床电动机正反转电路图，并会实际安装接线。

3）能画出机床电动机Y/△启动电路图，并会实际安装接线。

4）能画出机床电动机能耗制动电路图，并会实际安装接线。

5）能画出机床电动机多地点控制电路图，并会实际安装接线。

6）能画出多台机床电动机顺启逆停控制电路图，并会实际安装接线。

7）能画出机床各种常用保护环节的电路图，并会实际安装接线。

8）会阅读分析机床工作台电动机正反转自动循环控制电路图。

9）会阅读分析机床电动机双向反接制动控制电路图。

10）会阅读分析机床双速电动机高低速制动控制电路图。

11）会阅读分析机床动力头电液控制电路图。

12）会阅读分析 C6140 实用车床电气控制原理图，并指出它采用了哪几种基本电路环节。

13）会阅读分析 C650 实用车床电气控制原理图，并指出它采用了哪几种基本电路环节。

14）会阅读分析 C6132 万能铣床电气控制原理图，并指出它采用了哪几种基本电路环节。

15）试说明图 1-169 所示三速交流电动机电气控制原理图是由哪些基本电路环节组成的。

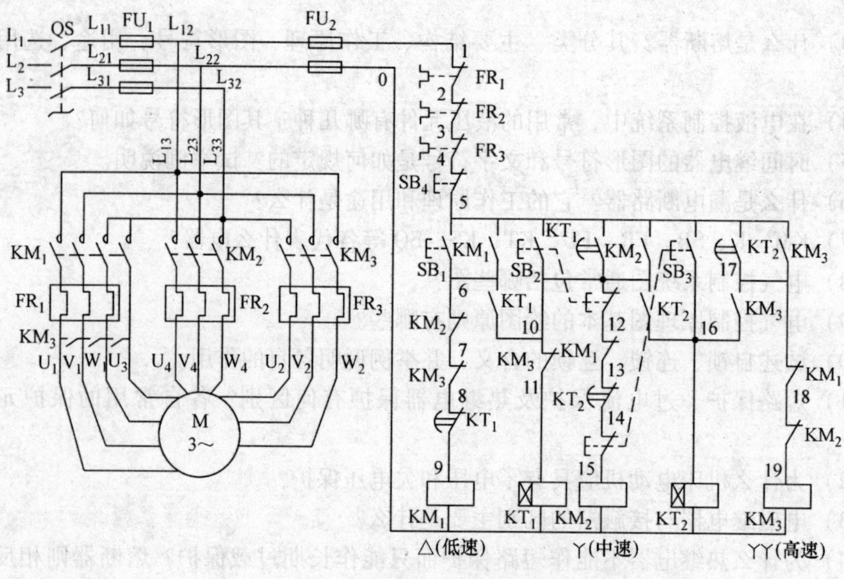

图 1-169　三速交流电动机电气控制原理图

本项目小结

本项目从使用的角度出发，以工作过程为导向，将项目目标分解为 9 项任务。以工作任务来驱动，使学生熟知普通机床设备的机械结构、主要运动形式和对控制的要求；机床电气控制中常用三相交流电动机的基本结构、工作原理、机械特性和调速方法；机床控制常用低压电器的基本结构、工作原理和图形符号说明；机床电气制图与识图知识；机床电气控制常用电路的基本环节；进行了嵌入中级电工考证的工程实践训练；以实地阅读分析 CA6163 型卧式车床和 X6132 万能铣床电气控制线路图为示范案例掌握阅读典型机床电气控制线路图的方法和技能；回答应知应会问题，进行自我专业技术知识和岗位技能测试。工学结合、学用一致、理实一体、“教 + 学 + 做”一体化，使学生既掌握高技能应用型人才必备的理论知识，又训练了高职院校学生重实践的岗位技能、创新意识和综合素质，最终实现能熟练阅读分析典型机床电气控制线路图的项目目标。

项目2 如何阅读机床设备的 PLC 控制电路图

一、项目目标

按照机电一体化专业高素质、高技能应用型人才培养目标和高职高专学生就业职业岗位技能的要求，本项目同样要求学生学会阅读常用机床的 PLC 控制电路图，即能看懂常用机床的 PLC 控制电路图，把前人所进行机床 PLC 控制改造或创新设计的智慧精华和经验总结继承下来。要实现能够调试、维护、检修和设计常用机床 PLC 控制设备的职业岗位技能最终目标，必须首先看懂一些常用机床的 PLC 控制电路图。

二、任务驱动

根据项目目标，将其工作过程分解为 8 个工作任务。通过项目引导、任务驱动，使学生工学结合、理实一体、学用一致，既要掌握高素质、高技能应用型人才必备的专业技术理论知识，更着重训练学生工程实践的动手能力，培养学生创新意识和综合素质，最终完成能看懂常用机床的 PLC 控制电路图的项目目标。

任务 1　快速认识机床控制中的 PLC 技术
任务 2　熟知所使用 PLC 的硬/软件资源
任务 3　会使用所选用 PLC 最常用的编程器或编程工具软件
任务 4　掌握 PLC 基本指令编程规则和编程技巧
任务 5　掌握机床 PLC 控制常用的基本编程环节
任务 6　进行嵌入 PLC 程序设计师（4 级）考试的实践训练
任务 7　进行典型机床 PLC 控制电路案例分析
任务 8　回答应知应会问题，进行自我专业技术知识和岗位技能测试

三、任务驱动流程图（见图 2-0）

四、项目情景条件

1）实用机床或者机床教学模型。
2）实用机床 PLC 控制电路图。
3）机床所使用的 PLC 主机。
4）所使用 PLC 的编程工具或带有 PLC 编程软件的计算机。

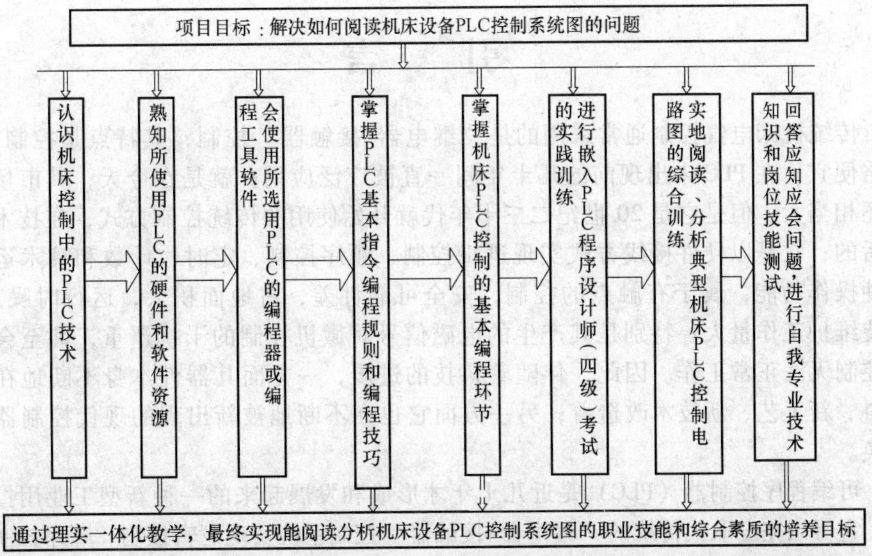

图 2-0　任务驱动流程图

5）所使用 PLC 的硬件组成结构分解挂图及工作原理演示图。

6）所使用 PLC 的编程器件图解及编程应用举例演示图。

7）所使用 PLC 的软件编程方法图解及编程举例演示图。

8）机床 PLC 控制常用的各种基本电路环节挂图或者动画演示图。

9）机床 PLC 调试、安装、接线、维修常用电工工具及万用表等。

10）机床 PLC 控制实验、实训、工程实践训练基地或者校企合作实习工厂等。

五、教学环境设置和教学方法选择

任务 1　采用多媒体图示和黑板讲解相结合的方法教学

任务 2 和任务 4　采用实物、多媒体图示和黑板讲解相结合的方法教学

任务 3　采用多媒体图示讲解和上机实践操作相结合的方法教学

任务 5　课堂讲解、图示、动画教学相结合，提升阅图、分析理解能力

任务 6　嵌入 PLC 程序设计师（4 级）考证要求，进行实践动手能力强化训练

任务 7　组织学生选择典型车床 PLC 控制电路图进行实地阅读分析演练，培养综合能力

任务 8　回答应知应会问题，进行自我专业技术知识和岗位技能测试，考核本项目目标真实的完成情况

引　言

传统机床电气控制通常采用的是“继电器-接触器”控制，其特点是控制简便、价格便宜，在PLC未出现前的几十年间一直被广泛应用；就是在今天，其市场占有量还相当大。但是它是20世纪二三十年代就开始使用的传统控制方式，在技术上是落后的；它是以硬件接线方式实现逻辑控制、顺序控制、定时、计数和算术运算等各种操作功能，属于有触点的控制，安全可靠性差，占地面积大，运行时噪声大，安装维护工作量大；特别是其产生的电磁信号对微机控制的干扰严重，甚至会使微机控制无法正常工作。因此，伴随着科技的进步，一方面其器件本身不断地在被新材料、新工艺、新技术改造着；另一方面它也在不断地被新出现的现代控制器件所替换。

可编程序控制器（PLC）是近几十年才形成和发展起来的一种新型工业用控制装置。它可以完全取代传统的“继电器-接触器”控制系统实现逻辑控制、顺序控制、定时、计数和算术运算等各种操作功能，大型高档PLC还能像微型计算机（PC）那样进行数字运算、数据处理、模拟量调节以及联网通信等。它具有通用性强、可靠性高、指令系统简单、编程简便易学、易于掌握、体积小、维修工作量少、现场连接方便、便捷联网通信等一系列显著优点，已广泛应用于机床、机械制造、冶金、采矿、建材、石油、化工、汽车、电力、造纸、纺织、装卸、环境保护等各行各业。在自动化领域，PLC与数控机床、工业机器人、CAD/CAM并称为现代工业技术的四大支柱，尤其在机械加工、机床控制中的应用更是越来越广泛，已成为改造传统旧机床和研发现代新机床等机电一体化产品最理想的首选控制器；其应用的深度和广度也代表了一个国家工业现代化的先进程度。本项目将围绕如何阅读机床设备的PLC控制系统图，着重认识有关这种新型工业控制器的结构组成、功能特点、工作原理，掌握其硬件资源、软件编程语言、编程方法与技巧以及在机床控制中的典型应用等内容，以便在传统机床PLC技术改造和现代机床PLC控制创新设计中得到工程实践应用。

任务1　快速认识机床控制中的PLC技术

2.1.1　PLC的基本概念

1. PLC的定义

可编程序控制器（Programmable Controller）简称PC；个人计算机（Personal Computer）也称PC。为了避免混淆，目前都将最初多用于逻辑控制而发展起来的可编程序控制器叫做PLC（Programmable logic Controller）。

国际电工委员会在1987年颁布的PLC标准草案中对PLC作了如下定义：“PLC是一种专门为在工业环境下应用而设计的数字运算操作的电子装置。它采用可以编制程序的存储器，用来在其内部存储执行逻辑运算、顺序运算、定时、计数和算术运算等操作的指令，并能通过数字式或模拟式的输入和输出，控制各种类型的机械或生产过程。PLC及其有关的外围设备都应按照易于与工业控制系统形成一个整体，易于扩展其功能的原则而设计。”定义中有以下几点应值得注意：

1）PLC是“数字运算操作的电子装置”，其中带有“可以编制程序的存储器”，可以进行“逻辑运算、顺序运算、定时、计数和算术运算”工作，可以认为PLC具有计算机的基本特征。事实上，PLC无论从内部构造、功能及工作原理上看都不折不扣地是一种计算机。

2）PLC是“为工业环境下应用”而设计。工业环境和一般办公环境有较大的区别，PLC具有特殊的构造，使它能在高粉尘、高噪声、强电磁干扰和温度变化剧烈的环境下正常工作；为了能控制“机械或生产过程”，它又要能“易于与工业控制系统形成一个整体”，这些都是个人计算机不可能做到的。因此PLC又不是普通的计算机，它是一种能满足工业现场恶劣环境下使用的工业控制计算机。

3）PLC能控制“各种类型”的工业设备及生产过程。它“易于扩展其功能”，它的程序能根据控制对象的不同要求，让使用者“可以编制程序”。也就是说，PLC较之以前的工业控制计算机，如单片机等工业控制系统，具有更大的灵活性，它可以方便地应用在各种场合，它又是一种通用的工业控制计算机。

通过以上定义还可以了解到，相对于一般意义上的计算机，PLC并不仅仅具有计算机的内核，它还配置了许多使其适用于工业控制的器件。它实质上是经过了一次开发的工业控制用计算机。但是，从另一个方面来说，它是一种通用机，但不经过二次开发，它就不能在任何具体的工业设备上使用。不过，自其诞生以来，电气工程技术人员感受最深刻的也正是PLC二次开发编程十分容易。它在很大程度上使得工业自动化设计从专业设计院走进了厂矿企业，变成了普通工程技术人员甚至普通电气工人都力所能及的工作。再加上其体积小、可靠性高、抗干扰能力强、控制功能完善、适应性强、安装接线简单等众多显著优点，PLC在问世后的短短十几年中便获得了突飞猛进的发展，在工业控制中得到了极其广泛的应用，已跃居现代工业四大支柱（PLC、数控机床、工业机器人、CAD/CAM）之首。

2. PLC的特点及应用

(1) PLC的特点

1）可靠性高，抗干扰能力强。高可靠性是电气控制设备最重要的关键性能。PLC由于采用现代超大规模集成电路技术，严格的生产工艺制造，内部电路采用了先进的抗干扰技术，具有很高的可靠性。例如日本三菱公司生产的F系列PLC平均无故障时间已高达30万h。一些使用冗余CPU的PLC的平均无故障工作时间则更长。从PLC的机外电路来说，使用PLC构成控制系统，和同等规模的“继电器-接触器”控制系统相比，电气接线及开关接点已减少到原来的数百甚至数千分之一，故障也随之大大降低。此外，PLC具有硬件故障的自我检测功能，出现故障时可迅速及时地发出报警信息。在应用软件中，用户还可以编入外围器件的故障自诊断程序，使系统中PLC以外的电路及设备也获得故障自诊断保护。这样，就使整个PLC系统都具有了极高的可靠性。

2）配套齐全，功能完善，适用性强。PLC发展到今天，已经形成了大、中、小、微等各种规模的系列化产品，可以用于各种规模的工业控制场合。除了逻辑控制功能外，现代 PLC 大都具有完善的数据运算能力，可用于各种数字控制领域。近年来 PLC 的功能模块大量涌现，使 PLC 已渗透到了位置控制、运动控制、过程控制、温度控制、计算机数控（CNC）等各种工业控制中。加上 PLC 通信能力的增强及人机界面技术的发展，使用 PLC 组成各种控制系统变得非常容易。

3）易学好懂易用，深受工程技术人员欢迎。PLC 作为现代通用工业控制计算机，是面向工矿企业的工控设备，其编程语言易于为工程技术人员接受。像梯形图语言的图形符号和表达方式与继电器电路图非常接近，只用 PLC 的少量开关逻辑控制指令就可以方便地实现“继电器-接触器控制电路”的功能；像步进式顺序控制的状态转移图（SFC），简单，直观，容易设计复杂的多流程顺序控制，并且能够减少程序条数，使程序易于理解。

4）系统设计周期短，维护方便，改造容易。PLC 用存储逻辑代替接线逻辑，大大地减少了控制设备外部的接线，使控制系统设计周期大大缩短，同时维护也变得容易起来。更重要的是使同一设备经过改变程序便可改变生产过程成为可能，因此很适合多品种、小批量的生产场合。

5）体积小，重量轻，能耗低。以超小型 PLC 为例，其新近产品的品种底部尺寸小于 $100mm^2$，重量小于 150g，能耗仅数瓦。由于体积小很容易嵌入机械内部，是实现机电一体化首选的最理想控制器件。

（2）PLC 的应用　目前，PLC 在国内外已广泛应用于机械制造、机床、钢铁、石油、化工、电力、建材、轻纺、交通运输、环保及文化娱乐等各个行业，使用情况可归纳为以下几大类：

1）开关量的逻辑控制。这是 PLC 最基本、最广泛的应用领域，可用它取代传统的“继电器-接触器控制电路”，实现逻辑控制、顺序控制、定时、计数等，既可用于单机设备的控制，又可用于多机群控制及自动化流水线。如数控与组合机床、磨床、包装生产线、电镀流水线、电梯控制、高炉上料、注塑机、印刷机等。

2）模拟量控制。在工业生产过程中，有许多连续变化的模拟量，如温度、压力、流量、液位和速度等。为使 PLC 能处理模拟量信号，PLC 厂家都生产有配套的 A/D 和 D/A 转换模块，使 PLC 可直接用于模拟量控制。

3）运动控制。PLC 可以用于圆周运动或直线运动的控制。从控制机构配置来说，早期直接用开关量 I/O 模块连接位置传感器和执行机构；现在可使用专用的运动控制模块，如可驱动步进电动机或伺服电动机的单轴或多轴位置控制模块。世界上各主要 PLC 厂家的产品几乎都有运动控制功能，广泛地用于机械、机床、机器人、电梯等场合。

4）过程控制。过程控制是指对温度、压力、流量等模拟量的闭环控制。作为工业控制计算机，PLC 能编制各种各样的控制算法程序，完成闭环控制。PID 控制是一般闭环控制系统中常用的控制方法。目前不仅大中型 PLC 都有 PID 模块，而且许多小型 PLC 也具有 PID 功能。PID 处理一般是运行专用的 PID 子程序。过程控制在冶金、化工、热处理、锅炉控制等场合有非常广泛的应用。

5）数据处理。现代 PLC 具有数学运算（含矩阵运算、逻辑运算）、数据传送、数据转换、排序、查表、位操作等功能，可以完成数据的采集、分析及处理。这些数据可以与储存在存储器中的参考值比较，完成一定的控制操作，也可以利用通信功能传送给别的智能装置，或将它们打印制表。数据处理一般用于大型控制系统，如无人控制的柔性制造系统；也可用于过程控制系统，如造纸、冶金、食品工业中的一些大型控制系统。

6）通信及联网。PLC 通信包含 PLC 之间的通信以及 PLC 与其他智能设备之间的通信。随着计算机控制技术的不断发展，工厂自动化网络的发展也将会更加迅猛，各 PLC 厂商都十分重视 PLC 的通信功能，纷纷推出各自的网络系统。最新生产的 PLC 都具有通信接口，实现通信非常方便。

PLC 的主要应用示意图如图 2-1 所示。

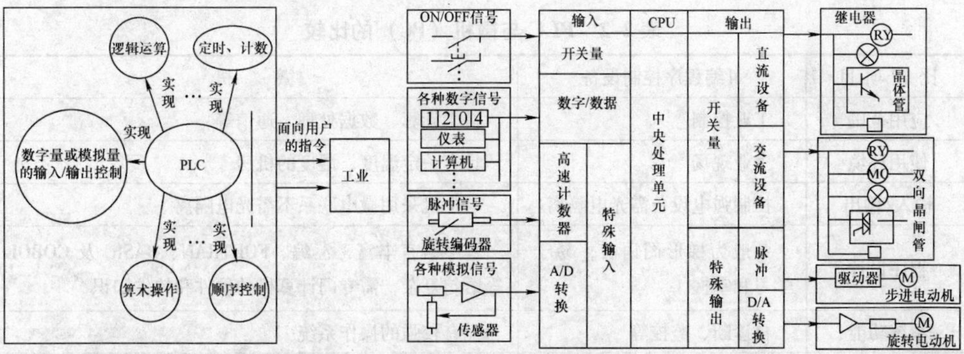

图 2-1　PLC 的主要应用示意图

3. PLC 与“继电器-接触器”控制系统的比较

在 PLC 出现以前的一个世纪中，“继电器-接触器”硬件电路是逻辑控制、顺序控制的唯一执行者，它结构简单，价格低廉，一直被广泛应用。但它与 PLC 控制系统相比却有许多缺点，见表 2-1。

表 2-1　PLC 与继电器逻辑控制系统的比较

比较项目	继电器逻辑	可编程序控制器
控制逻辑	体积大，接线复杂，修改困难	存储逻辑体积小，连线少，控制灵活，易于扩展
控制速度	通过触点开闭实现控制作用，动作速度为几十毫秒，易出现触点抖动	由半导体电路实现控制作用，每条指令执行时间在微秒级，不会出现触点抖动
限时控制	由时间继电器实现，精度差，易受环境温度影响	用半导体集成电路实现，精度高，时间设置方便，不受环境、温度影响
设计与施工	设计、施工、调试必须顺序进行，周期长，修改困难	在系统设计后，现场施工与程序设计可同时进行，周期短，调试修改方便

（续）

比较项目	继电器逻辑	可编程序控制器
可靠性与可维护性	寿命短，可靠性与可维护性差	寿命长，可靠性高，有自诊断功能，易于维护
价格	使用机械开关、继电器及接触器等，价格便宜	使用大规模集成电路，初期投资较高

4. PLC与微机（PC）的区别

采用微电子技术制作的PLC，是由CPU、RAM、ROM、I/O接口等五大件构成的，与微机有相似的构造，但又不同于一般的微机，特别是它采用了特殊的抗干扰技术，使它更能适用于恶劣环境下的工业现场控制。PLC与微机各自的特点见表2-2。

表2-2　PLC与微机（PC）的比较

比较项目	可编程序控制设备	微　机
应用范围	工业控制	科学计算、数据处理、通信等
使用环境	工业现场	具有一定温度、湿度的机房
输入/输出	控制强电设备需光电隔离	与主机采用微电联系不需光电隔离
程序设计	一般为梯形图语言，易于学习和掌握	程序语言丰富，汇编、FORTRAN、BASIC及COBOL等语句复杂，需专门计算机的硬件和软件知识
系统功能	自诊断、监控等	配有较强的操作系统
工作方式	循环扫描方式及中断方式	中断方式

5. PLC的新发展

PLC作为现代工业四大支柱之首，在先进发达工业国家中已成为自动化控制系统重要的基本电控装置。它具有控制方便、可靠性高、容易掌握、体积小、价格适宜等显著特点。据不完全统计，当今世界PLC生产厂家约200多家，生产300多个品种，占工控机市场份额的50%以上，PLC将在工控机市场中占有主要地位，并保持继续上升的势头。目前主要应用在汽车（23%）、粮食加工（16.4%）、化学/制药（14.6%）、金属/矿山（11.5%）、纸浆/造纸（11.3%）等行业。PLC在20世纪60年代末引入我国时，只用作离散量的控制，其功能只是将操作接到离散量输出的接触器等，最早只能完成以继电器梯形逻辑的操作。新一代的PLC具有PID调节功能，它的应用已从开关量控制扩大到模拟量控制领域，广泛地应用于航天、冶金、轻工、建材等行业。目前正向着以下几个方面迅猛发展：

（1）微型、小型PLC功能明显增强　很多著名的PLC厂家相继推出高速、高性能、小型特别是微型的PLC。三菱的FXOS14（8个24VDC输入，6个继电器输出），其尺寸为58mm×89mm，仅大于信用卡几个毫米，而功能却有所增强，使PLC的应用领域扩大到远离工业控制的其他行业，如快餐厅、医院手术室、旋转门和车辆等，甚至引入家庭住宅、娱乐场所和商业部门。

（2）集成化发展趋势增强　由于现代高新技术控制内容的复杂化和高难度化，使PLC向集成化方向发展，PLC与PC集成、PLC与DCS集成、PLC与PID集成等，并强化了通信能力和网络化功能，尤其是以PC为基础的控制产品增长率最快。PLC与PC集成，即将计算机、PLC及操作人员的人-机接口结合在一起，使PLC能利用计算机丰富的软件资源，而计算机能和PLC的模块交互存取数据。以PC为基础的控制容易编程和维护用户的利益，开放的体系结构提供较大的灵活性，最终将提高生产率和降低生产成本。

（3）向开放性转变　PLC目前存在的最严重缺点，主要是PLC的软、硬件体系结构是封闭的而不是开放的，绝大多数的PLC是专用总线、专用通信网络及协议，编程虽多为梯形图，但各公司的组态、寻址、语言结构不一致，导致各种PLC互不兼容，致使广大PLC用户开发应用互不统一，使用很不方便，学用开发费力费神、劳民伤财。国际电工协会（IEC）在1992年颁布了IEC1131-3《可编程序控制器的编程软件标准》，为各PLC厂家编程的标准化铺平了道路。现在开发以PC为基础、在Windows平台下，符合IEC1131-3国际标准的新一代开放体系结构的PLC正在规划中。

（4）新一代PLC将要实现

1）CPU处理速度进一步加快。

2）控制系统分散化。

3）可靠性进一步提高。

4）控制与管理功能一体化。

5）向两极化（大型化和小型化）方向发展。

6）编程语言和编程工具向标准化和多样化发展。

7）I/O组件标准化、功能组件智能化。

8）通信网络化。

9）大记忆容量，快处理速度发展。

10）发展故障诊断技术和容错技术。

总之，PLC的新发展可概括为以下几个方面：

1）在系统构成规模上，向超大型、超小型方向发展。

2）在增强控制能力和扩大应用范围上，进一步开发各种智能I/O模块。

3）在系统集成方面进一步提高安全性、可靠性。

4）在控制与管理功能一体化方面，进一步增强通信联网能力。

5）在编程语言与编程工具方面，达到多样化、高级化、标准化。

在全球PLC制造商中，根据美国Automation Research Corp（ARC）调查，世界PLC主导厂家分别为Siemens（西门子）公司、Allen-Bradley（A-B）公司、Schneider（施耐德）公司、Mitsubishi（三菱）公司、Omrom（欧姆龙）公司，他们的销售额约占全球总销售额的2/3。我国的PLC产品市场目前也还被外国人垄断。

我国的PLC生产目前也有一定的发展，小型PLC已批量生产；中型PLC已有产品；大型PLC已开始研制。国内PLC形成产品化的生产企业约30多家，国内产品市场占有率不超过10%，主要生产单位有：苏州电子计算机厂、苏州机床电器厂、上海兰星电气有限公司、天津市自动化仪表厂、杭州通灵控制电脑公司、北京机械工业自动化所和江苏嘉华实业有限公司等。目前国内产品在价格上占有明显的优势，而在质量上还稍有欠缺、不足。

2.1.2 PLC 的基本结构

目前 PLC 生产厂家很多，产品结构也各不相同，其典型组成、逻辑结构与逻辑功能如图 2-2 ~ 图 2-4 所示。可以看出，PLC 采用了典型的计算机结构，主要包括 CPU、RAM、ROM 和 I/O 接口电路等。其内部采用总线结构进行数据和指令的传输。如果把 PLC 看做一个系统，该系统由“输入变量→PLC→输出变量”组成。外部的各种开关信号、模拟信号以及传感器检测的各种信号均可作为 PLC 的输入变量；它们经 PLC 外部输入端子输入到内部寄存器中，经 PLC 内部逻辑运算或其他各种运算处理后送到输出端子，它们是 PLC 的输出变量；由这些输出变量对外围设备进行各种控制。因此也可以把 PLC 看做一个中间处理器或变换器，它将工业现场的各种输入变量转换为能控制工业现场设备的各种输出变量。

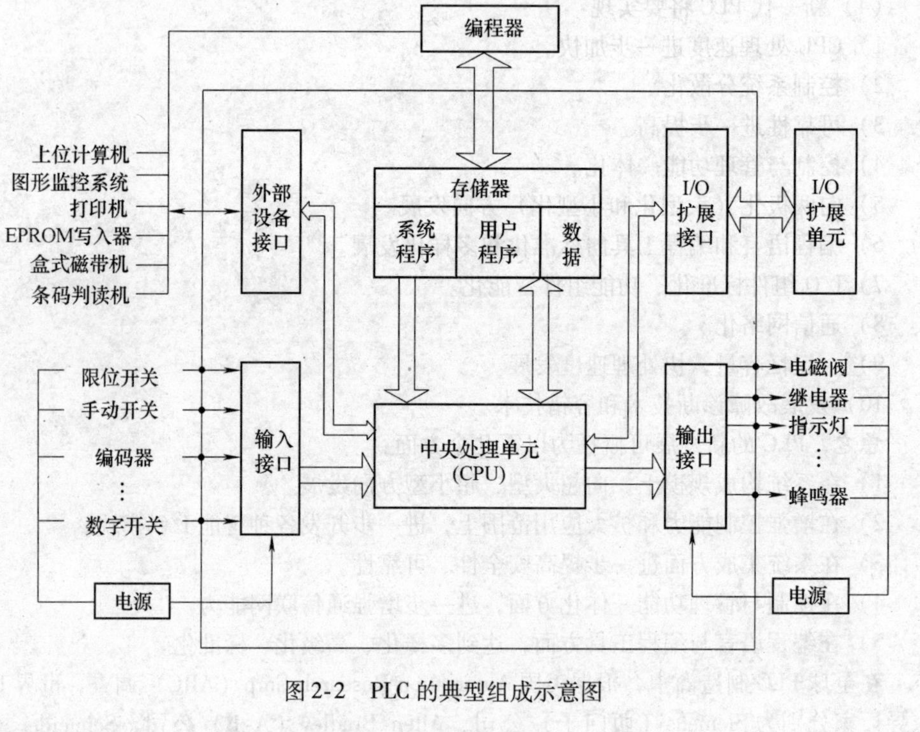

图 2-2 PLC 的典型组成示意图

下面结合图 2-2 ~ 图 2-4，具体介绍各部分的作用。

1. CPU

CPU 是计算机中央处理器的英文缩写。CPU 一般由控制电路、运算器和寄存器组成。它作为整个 PLC 的核心，起着总指挥和总调度的作用。它主要完成以下功能：

1）将输入信号送入 PLC 中存储起来。

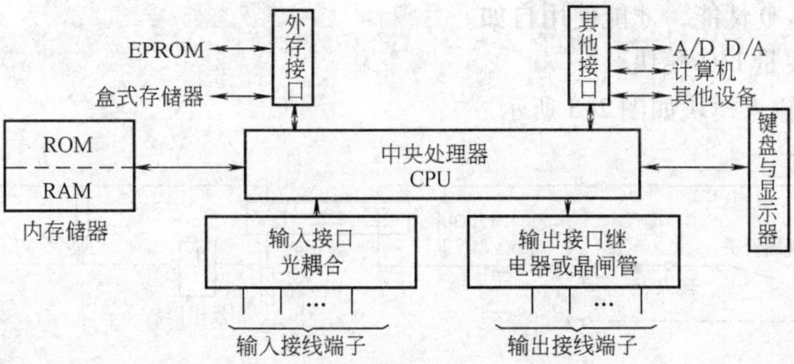

图 2-3　PLC 的逻辑结构示意图

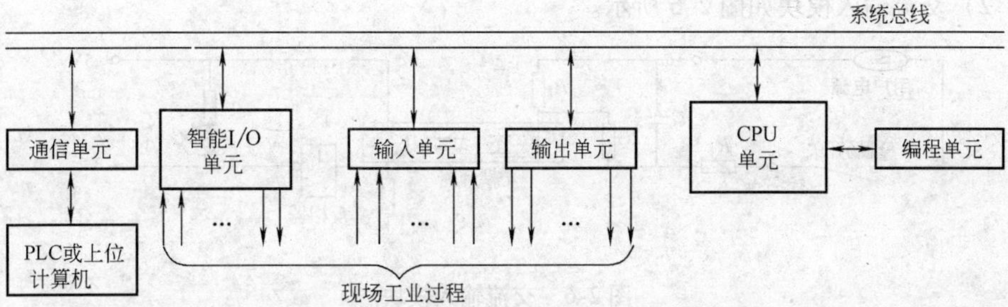

图 2-4　组合式 PLC 的逻辑功能示意图

2）按存放的先后顺序取出用户指令，进行编译。

3）完成用户指令规定的各种操作。

4）将结果送到输出端。

5）响应各种外围设备（如编程器、打印机等）的请求。

目前 PLC 中所用的 CPU 多为单片机，在高档机中现已采用 16 位甚至 32 位的 CPU。

2. 存储器

存储器是具有记忆功能的半导体电路，用来存放系统程序、用户程序、逻辑变量和其他一些信息。PLC 内部存储器有两类：一类是 RAM（即随机存取存储器），可以随时由 CPU 对它进行读出、写入；另一类是 ROM（即只读存储器），CPU 只能从中读取而不能写入。RAM 主要用来存放各种暂存的数据、中间结果及用户程序。ROM 主要用来存放监控程序及系统内部数据，这些程序及数据在出厂时已固化在 ROM 芯片中。

在 PLC 中，为了读写修改方便，其用户程序通常是放在 RAM 中。为防止用户程序在 PLC 断电时丢失，采用锂电池保持，一般可保持 5 ~ 10 年时间。

3. 输入、输出接口电路

它起着 PLC 和外围设备之间传递信息的作用。PLC 通过输入接口电路将开关、按钮、传感器等输入信号转换成 CPU 能接收和处理的信号。输出接口电路是将 CPU 送出的弱电流控制信号转换成现场需要的强电流信号输出，以驱动被控设备。为了保证 PLC 可靠地工作，设计者在 PLC 的接口电路上采取了不少措施。输入、输出接口电路是用户使用 PLC 唯一要进行的硬件连接，从使用的角度考虑，每个用户都必须清楚地了解 PLC 的 I/O 性能，才能使用自如。

（1）开关量 I/O 模块

1）直流输入模块如图 2-5 所示。

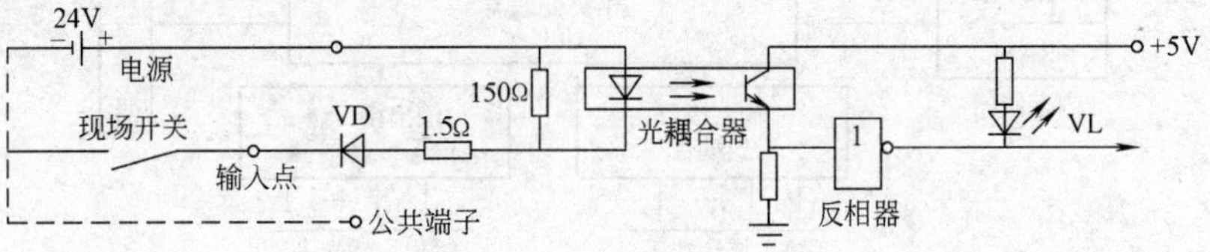

图 2-5　直流输入模块

2）交流输入模块如图 2-6 所示。

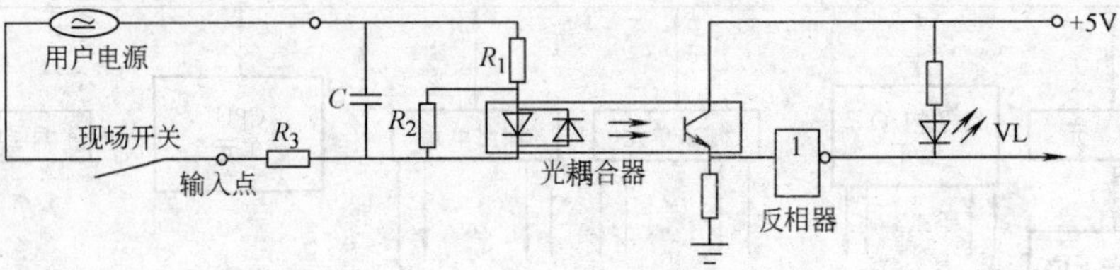

图 2-6　交流输入模块

3）直流输出模块如图 2-7 所示。

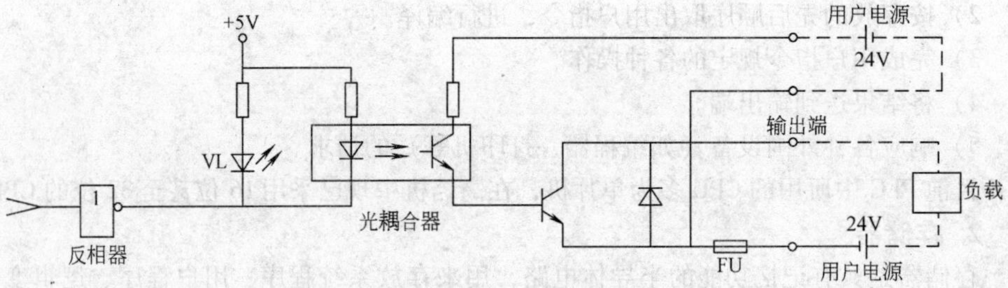

图 2-7　直流输出模块

4）交流输出模块如图 2-8 所示。

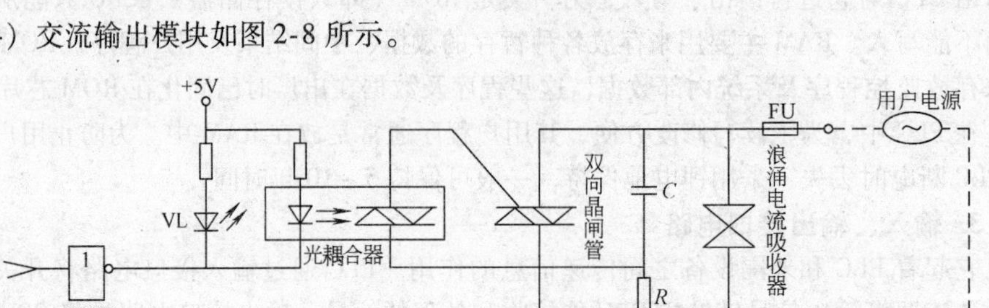

图 2-8　交流输出模块

5）交/直流输出模块如图 2-9 所示。

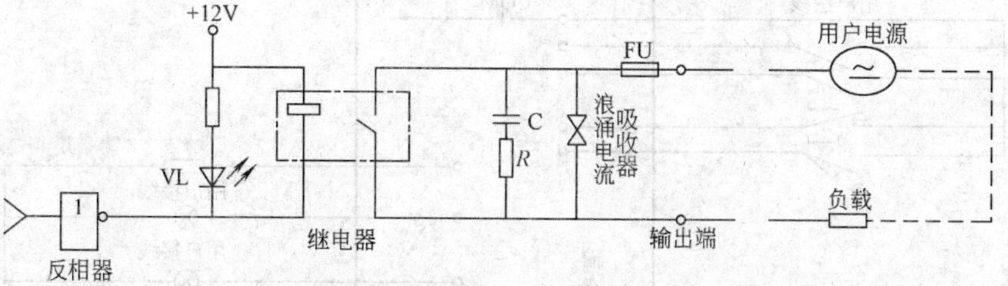

图 2-9　交/直流输出模块

（2）开关量 I/O 模块的外部接线

1）输入模块的外部接线

① 汇点式输入接线如图 2-10 所示。

② 独点（分隔）式输入接线如图 2-11 所示。

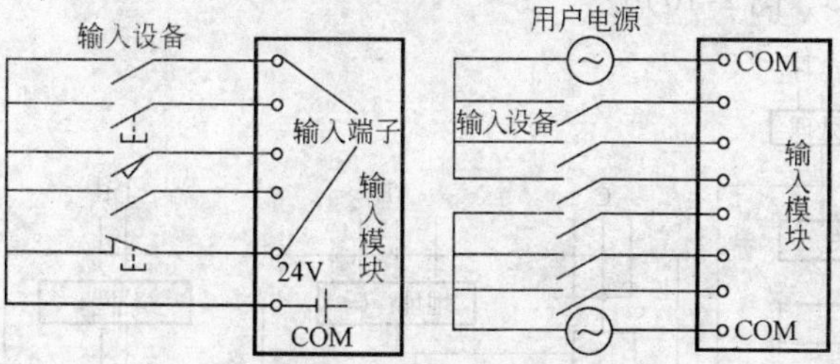

图 2-10　汇点式输入接线

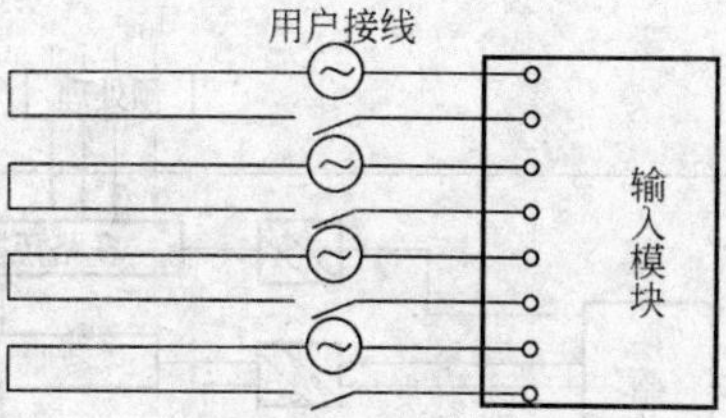

图 2-11　独点（分隔）式输入接线

2）输出模块的外部接线

① 汇点式输出接线如图 2-12 所示。

② 独点（分隔）式输出接线如图 2-13 所示。

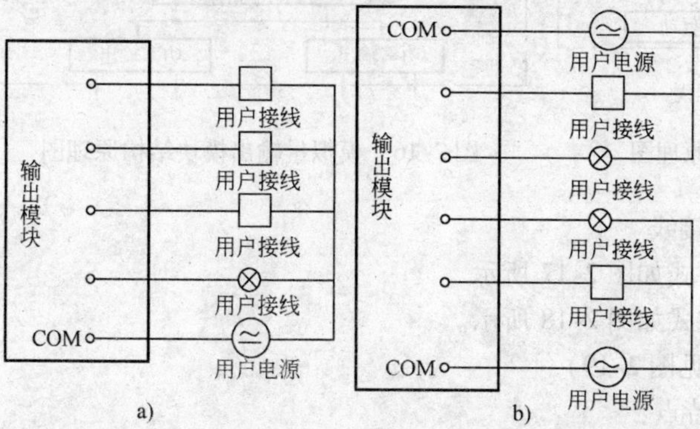

图 2-12　汇点式输出接线

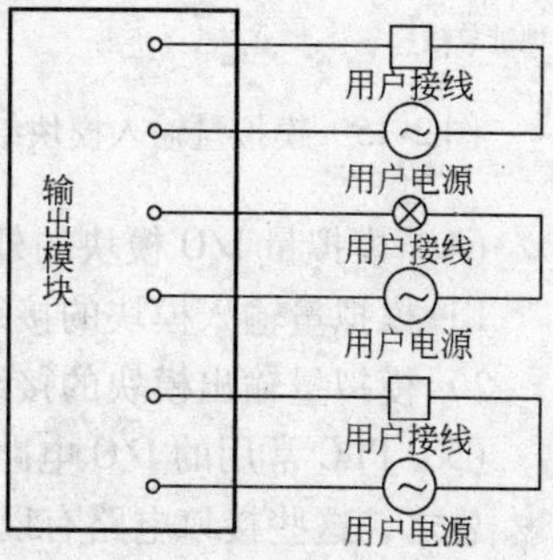

图 2-13　独点（分隔）式输出接线

3）输入/输出模块的外接线如图 2-14 所示。

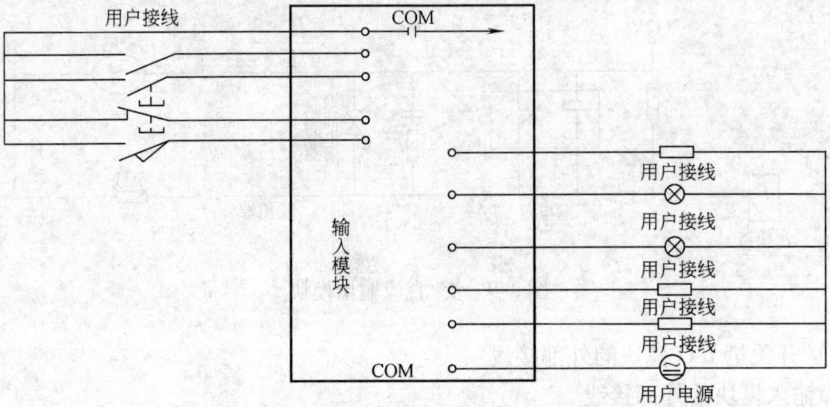

图 2-14　输入/输出模块的外接线

（3）模拟量 I/O 模块（见图 2-15、图 2-16）

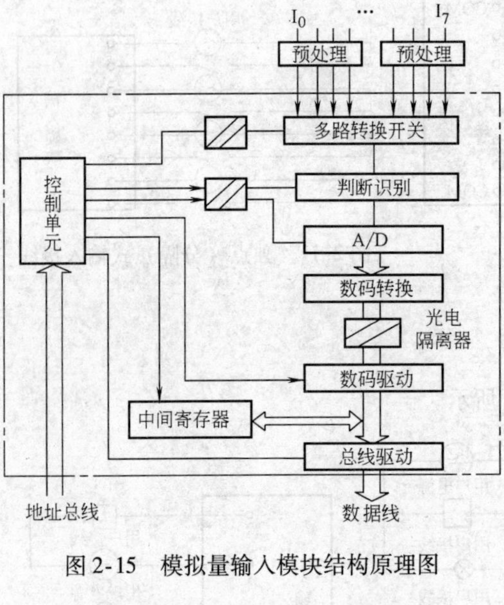

图 2-15　模拟量输入模块结构原理图

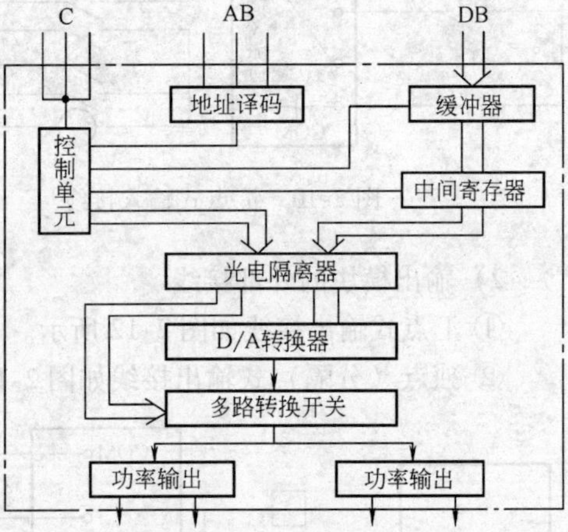

图 2-16　模拟量输出模块结构原理图

（4）模拟量 I/O 模块的外部接线

1）模拟量输入模块的接线方式如图 2-17 所示。

2）模拟量输出模块的接线方式如图 2-18 所示。

（5）PLC 常用的 I/O 电路（见图 2-19）

总之，这些接口电路有以下特点：

1）输入端采用光电耦合电路，它可以大大减少电磁干扰。

2）输出端采用光电隔离电路，并分为三种类型（见图 2-19）：继电器输出型、晶闸管输出型和晶体管输出型，这使得 PLC 可以适合各种用户的不同要求。其中继电器

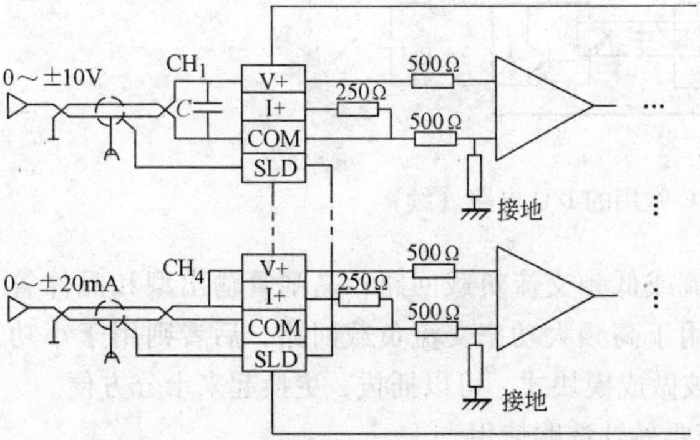

图 2-17　模拟量输入模块的接线方式

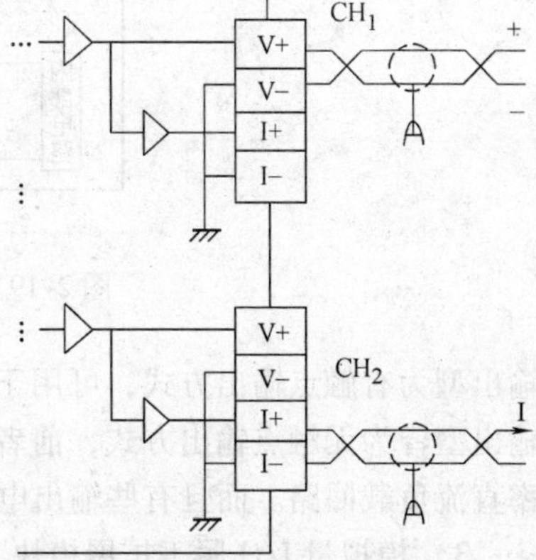

图 2-18　模拟量输出模块的接线方式

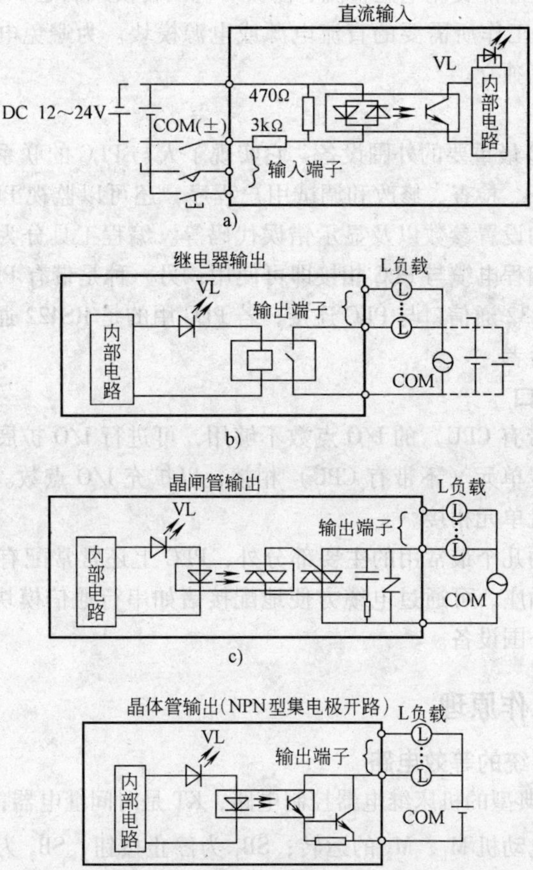

图 2-19　PLC 常用的 I/O 电路

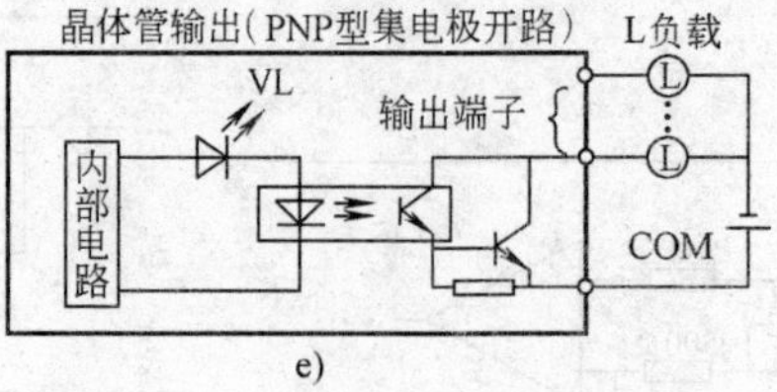

图 2-19　PLC 常用的 I/O 电路（续）

输出型为有触点输出方式，可用于直流或低频交流负载回路；晶闸管输出型和晶体管输出型皆为无触点输出方式，前者可用于高频大功率交流负载回路，后者则用于小功率直流负载回路。而且有些输出电路被做成模块式，可以插拔，更换起来十分方便。

3）模拟量 I/O 属于扩展模块，需要另外选购使用。

4. 电源

PLC 电源是指将外部交流电经整流、滤波、稳压转换成满足 PLC 中 CPU、存储器、I/O 接口等内部电路工作所需要的直流电源或电源模块。为避免电源干扰，接口电路的电源回路彼此相互独立。

5. 编程工具

编程工具是 PLC 最重要的外围设备，它实现了人与 PLC 的联系对话。用户利用编程工具不但可以输入、检查、修改和调试用户程序，还可以监视 PLC 的工作状态、修改内部系统寄存器的设置参数以及显示错误代码等。编程工具分为两种，一种是手持编程器，只需通过编程电缆与 PLC 相接即可使用；另一种是带有 PLC 专用工具软件的计算机，它通过 RS232 通信口与 PLC 连接；若 PLC 用的是 RS422 通信口，则需另加适配器。目前多使用后者。

6. I/O 扩展接口

若主机单元（带有 CPU）的 I/O 点数不够用，可进行 I/O 扩展，即通过 I/O 扩展接口电缆与 I/O 扩展单元（不带有 CPU）相接，以扩充 I/O 点数。A/D、D/A 单元一般也通过接口与主机单元相接。

除了上面介绍的几个最常用的主要部分外，PLC 上还常常配有连接各种外围设备的接口，并均留有插座，可通过电缆方便地配接诸如串行通信模块、EPROM 写入器、打印机、录音机等外围设备。

2.1.3　PLC 的工作原理

1. PLC 控制系统的等效电路

图 2-20 是一个典型的机床继电器控制电路，KT 是时间继电器；KM_1、KM_2 是两个接触器，分别控制电动机 M_1、M_2 的运转；SB_1 为停止按钮，SB_2 为启动按钮。控制过程如下：按下启动按钮 SB_2，电动机 M_1 开始运转，10s 后，电动机 M_2 开始运转；按下停止按钮 SB_1，电动机 M_1、M_2 同时停止运转。

在控制线路中，当按下 SB_2 时，KM_1、KT 的线圈同时通电，KM_1 的一个常开触点

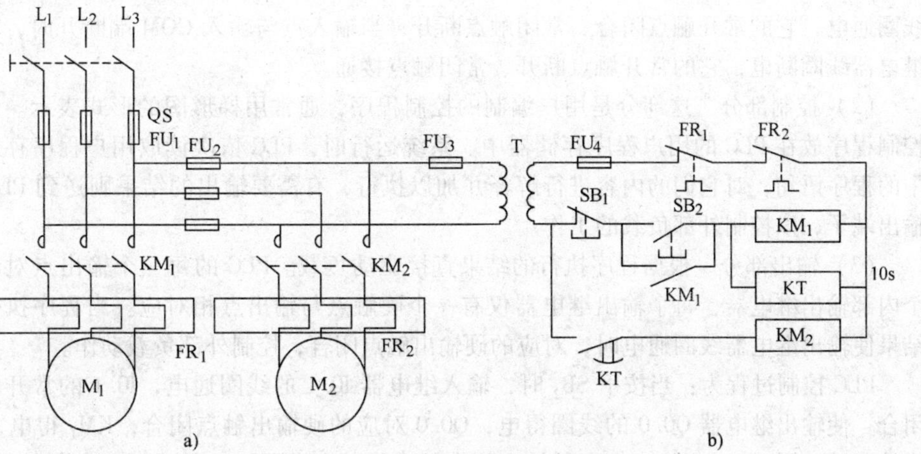

图 2-20　一个典型的机床继电器控制电路

闭合并自锁，M_1 开始运转；KT 线圈通电后开始计时，10s 后 KT 的延时常开触点闭合，KM_2 线圈通电，M_2 开始运转。当按下 SB_1 时，KM_1、KT 线圈同时断电，KM_2 线圈也断电，M_1、M_2 随之停转。

现改用德国西门子公司生产的 S7-200 系列小型 PLC 来实现上述的控制功能，图 2-21为改用 PLC 控制的等效电路图。在 PLC 的面板上有一排输入端子和一排输出端子，输入端子和输出端子各有自己的公共接线端子 COM，输入端子的编号为 I0.0、I0.1、…，输出端子的编号为 Q0.0、Q0.1、…。停止按钮 SB_1、启动按钮 SB_2、热继电器 FR_1 与 FR_2 的一端接到输入端子上，另一端接到输入公共端子 COM 上；接触器 KM_1、KM_2 的线圈接到输出端子上，输出公共端子 COM 上接 AC220V 负载驱动电源。PLC 控制的等效电路由三部分组成：

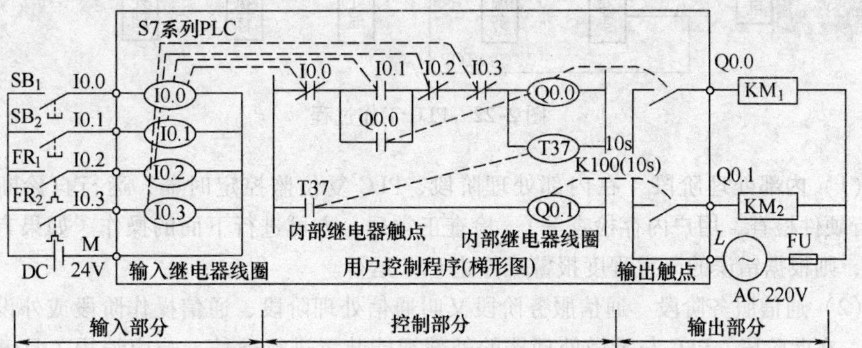

图 2-21　将图 2-20 改用 PLC 控制的等效电路图

（1）输入部分　接收操作指令（由启动按钮、停止按钮、开关等提供），或接收被控对象的各种状态信息（由行程开关、接近开关、各种传感器信号等提供）。PLC 的每一个输入点对应一个内部输入继电器，当输入点与输入 COM 端接通时，输入继电器线圈通电，它的常开触点闭合、常闭触点断开；当输入点与输入 COM 端断开时，输入继电器线圈断电，它的常开触点断开、常闭触点接通。

（2）控制部分　这部分是用户编制的控制程序，通常用梯形图的形式表示。用户控制程序放在 PLC 的用户程序存储器中。系统运行时，PLC 依次读取用户程序存储器中的程序语句，对它们的内容进行解释并加以执行，有需要输出的结果则送到 PLC 的输出端子，以控制外部负载的工作。

（3）输出部分　根据程序执行的结果直接驱动负载。PLC 的每一个输出点对应一个内部输出继电器，每个输出继电器仅有一个硬触点与输出点相对应。当程序执行的结果使输出继电器线圈通电时，对应的硬输出触点闭合，控制外部负载动作。

PLC 控制过程为：当按下 SB_2 时，输入继电器 I0.1 的线圈通电，I0.1 的常开触点闭合，使输出继电器 Q0.0 的线圈得电，Q0.0 对应的硬输出触点闭合，KM_1 得电，M_1 开始运转；同时 Q0.0 的一个常开触点闭合并自锁；定时器 T37 的线圈通电开始计时，延时 10s 后 KT 的常开触点闭合，输出继电器 Q0.1 的线圈得电，Q0.1 对应的硬输出触点闭合，KM_2 得电，M_2 开始运转。当按下 SB_1 时，输入继电器 I0.0 的线圈通电，I0.0 的常闭触点断开，Q0.0、T37 的线圈均断电，Q0.1 的线圈也断电，Q0.0、Q0.1 对应的两个硬输出触点随之断开，KM_1、KM_2 断电，M_1、M_2 停转。

2. PLC 的工作过程

PLC 采用循环扫描工作方式，其工作过程如图 2-22 所示。PLC 通电后，有两种基本的工作状态，即运行（RUN）状态与停止（STOP）状态。在运行状态，PLC 的工作过程分为内部处理、通信服务、输入处理、程序执行和输出处理 5 个阶段。在停止状态，PLC 只进行内部处理和通信服务。

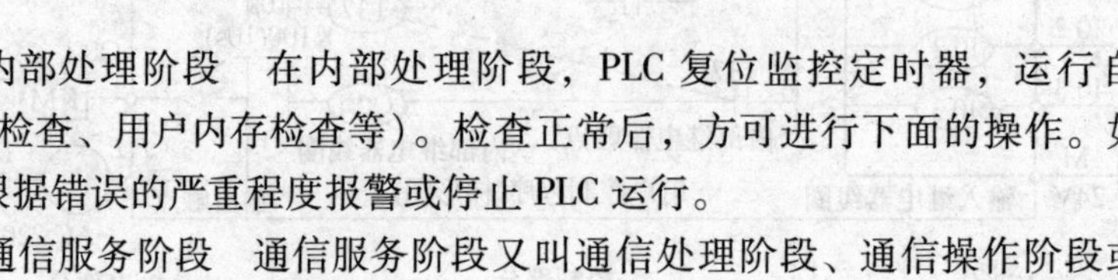

图 2-22　PLC 工作过程

（1）内部处理阶段　在内部处理阶段，PLC 复位监控定时器，运行自诊断程序（进行硬件检查、用户内存检查等）。检查正常后，方可进行下面的操作。如果有异常情况，则根据错误的严重程度报警或停止 PLC 运行。

（2）通信服务阶段　通信服务阶段又叫通信处理阶段、通信操作阶段或外设通信阶段。在此阶段，PLC 与带微处理器的外部智能装置进行通信，响应编程工具键入的命令，更新编程工具的显示内容。

当 PLC 处于停止状态时，只执行以上两个阶段的操作；当 PLC 处于运行状态时，还要完成以下三个阶段的操作。

（3）输入处理阶段　输入处理阶段又叫输入采样阶段、输入刷新阶段或输入更新阶段。在此阶段，PLC 中的 CPU 把所有外部输入电路的接通/断开（ON/OFF）状态通过输入接口电路读入输入映像寄存器（此时输入映像寄存器的状态被刷新），接着进入程序执行阶段。在输入处理阶段，如果外接的输入触点电路接通，对应的输入映像寄存器为“1”状态，梯形图中对应的输入继电器的常开触点接通，常闭触点断开；如果外接的输入触点电路断开，对应的输入映像寄存器为“0”状态，梯形图中对应的输入继电器的常开触点断开，常闭触点接通。在输入处理阶段完成后，输入映像寄存器与外界隔离，即使外部输入信号的状态发生了变化，输入映像寄存器的状态也不会随之而变。输入信号变化了的状态只有等到下一个扫描周期的输入处理阶段到来时才能通过 COU 送入输入映像寄存器中，这种输入工作方式称为集中输入工作方式。

（4）程序执行阶段　PLC 的用户程序由若干条指令组成，指令在存储器中按步序号顺序排列。在没有跳转指令时，则从第一条指令开始，逐条顺序地执行用户程序，直到用户程序结束之处；然后，进入输出处理阶段。在程序执行阶段，CPU 对程序按从左到右、先上后下的顺序对每条指令进行解释、执行，从输入映像寄存器、输出映像寄存器和元件映像寄存器中将有关编程元件的“0”/“1”（“OFF”/“ON”）状态读出来，并根据用户程序给出的逻辑关系进行相应的逻辑运算，运算的结果再写入到对应的输出映像寄存器和元件映像寄存器中。因此，各编程元件的映像寄存器（输入映像寄存器除外）的内容随着程序的执行而变化。

（5）输出处理阶段　输出处理阶段又叫输出刷新阶段或输出更新阶段。在此阶段，将输出映像寄存器的“0”/“1”状态传送到输出锁存器，然后经输出接口电路和输出端子再传送到外部负载。在梯形图中，如果某一输出继电器的线圈“通电”，对应的输出映像寄存器为“1”状态，相应的输出锁存器也为“1”状态。信号经输出接口电路的隔离和功率放大后（继电器型输出接口电路中对应的硬件继电器的线圈通电，其常开触点闭合），驱动外部负载通电工作；反之，外部负载断电，停止工作。在输出处理阶段完成后，输出锁存器的状态不变，即使输出映像寄存器的状态发生了变化，输出锁存器的状态也不会随之改变。输出映像寄存器变化了的状态只有等到下一个扫描周期的输出处理阶段到来时才能通过 CPU 送入输出锁存器中，这种输出工作方式称为集中输出工作方式。

根据 PLC 的上述循环扫描工作过程，可以得出从输入端子到输出端子的信号传递过程，如图 2-23 所示。

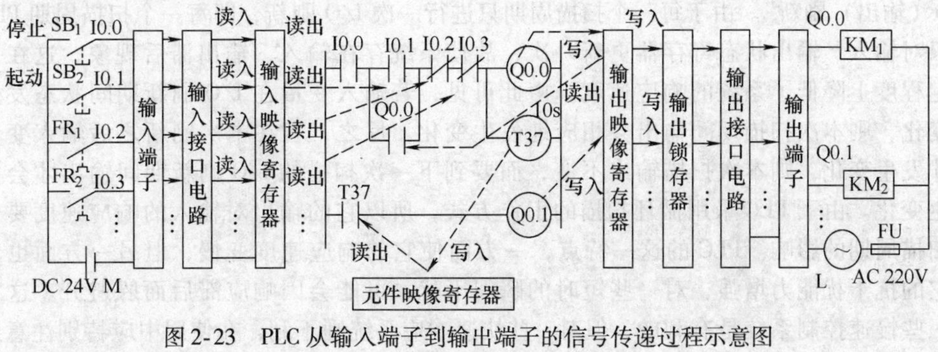

图 2-23　PLC 从输入端子到输出端子的信号传递过程示意图

在输入处理阶段，CPU 将 SB_1、SB_2、FR_1、FR_2 触点的状态读入相应的输入映像寄存器，外部触点接通时存入输入映像寄存器的是二进制数“1”，反之存入“0”。

在程序执行阶段，当执行第一条指令时，从输入映像寄存器 I0.0、I0.1、I0.2、I0.3 和输出映像寄存器 Q0.0 中读出二进制数进行逻辑运算（（触点串联对应“与”运算，触点并联对应“或”运算），其运算结果写入输出映像寄存器 Q0.1 和元件映像寄存器 T37 中。当执行第二条指令时，从元件映像寄存器 T37 中读出二进制数，然后写入输出映像寄存器 Q0.1 中。

在输出处理阶段，CPU 将各输出映像寄存器中的二进制数写入输出锁存器并锁存起来，再经输出电路传递到输出端子，从而控制外部负载动作。如果输出映像寄存器 Q0.0 和 Q0.1 中存放的是二进制数“1”，外接的 KM_1 和 KM_2 线圈将通电，反之将断电。

PLC 的循环扫描工作方式为 PLC 提供了一条死循环自诊断功能。PLC 内部设置了一个监控定时器 WDT，其定时时间可由用户设置为大于用户程序的扫描周期，PLC 在每个扫描周期的内部处理阶段将监控定时器复位。正常情况下，监控定时器不会动作，如果由于 CPU 内部故障使程序执行进入死循环，那么，扫描周期将超过监控定时器的定时时间，这时监视定时器动作，运行停止，以示用户。

综上所述，PLC 虽具有微机的许多特点，但它的工作方式却与微机有很大不同。微机一般采用等待命令的工作方式，而 PLC 则采用循环扫描的工作方式。在 PLC 中用户程序按先后顺序存放，如图 2-24 所示。

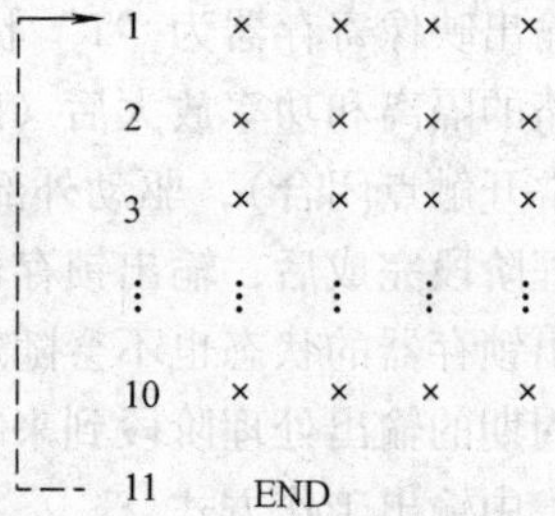

图 2-24　PLC 循环扫描方式图

对每个程序，CPU 从第一条指令开始执行，直至遇到结束符 END 后又返回第一条，如此周而复始不断循环，每一个循环称为一个扫描周期。扫描周期的长短主要取决于以下几个因素：一是 CPU 执行指令的速度；二是执行每条指令占用的时间；三是程序中指令条数的多少。

一个扫描周期大致可分为 I/O 刷新和执行指令两个阶段。所谓 I/O 刷新，是指 PLC 先将上一次扫描的执行结果送到输出端，再读取当前输入的状态，也就是将存放输入、输出状态的寄存器内容进行一次更新，故称为“I（输入）/O（输出）刷新”。由于每一个扫描周期只进行一次 I/O 刷新，即每一个扫描周期 PLC 只对输入、输出状态寄存器更新一次，故使系统存在输入、输出滞后现象，这在一定程度上降低了系统的响应速度。由此可见，若输入变量在 I/O 刷新期间状态发生变化，则本次扫描期间输出会相应地发生变化。反之，若在本次刷新之后输入变量才发生变化，则本次扫描输出不变，而要到下一次扫描的 I/O 刷新期间输出才会发生变化。由于 PLC 采用循环扫描的工作方式，所以它的输出对输入的响应速度要受扫描周期的影响。PLC 的这一特点，一方面使它的响应速度变慢，但另一方面也使它的抗干扰能力增强，对一些短时的瞬间干扰，可能会因响应滞后而躲避开。这对一些慢速控制系统是有利的，但对一些快速响应系统则不利，在使用中应特别注意这一点。

总之，采用循环扫描的工作方式，是 PLC 区别于微机和其他控制设备的最大特点，使用者对此应给予足够的重视。再如图 2-25 所示为一加电输出禁止程序，该程序运用了西门子 PLC 的特殊标志位存储器 SM0.3。SM0.3 为加电接通一个扫描周期，使 M1.0 置位为“1”，这时 I2.0、I2.1 无论处于什么状态，Q1.0 和 Q1.1 均无输出。其 PLC 具体的循环扫描工作过程图与工作流程图如图 2-26 和图2-27所示。

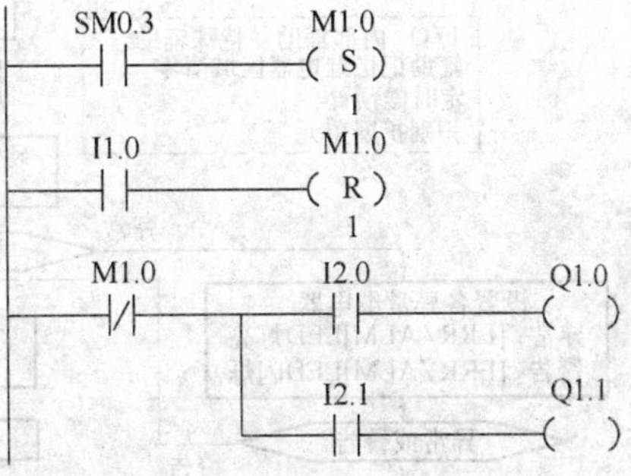

图 2-25　加电输出禁止程序

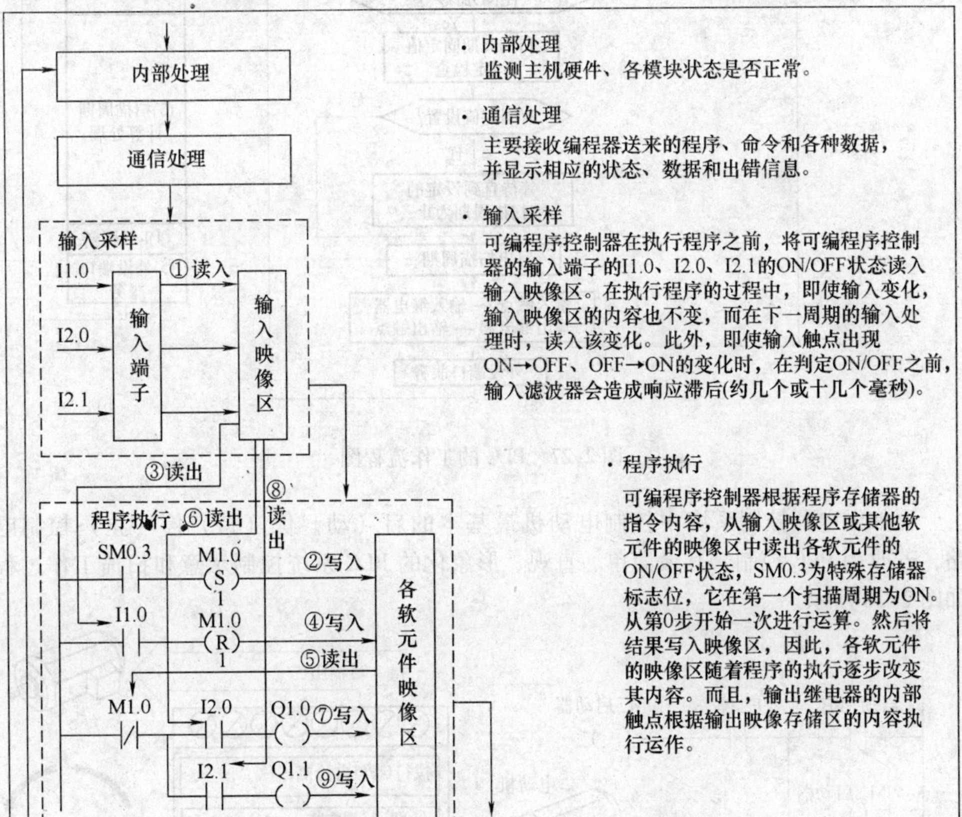

图 2-26　PLC 的循环扫描工作过程图

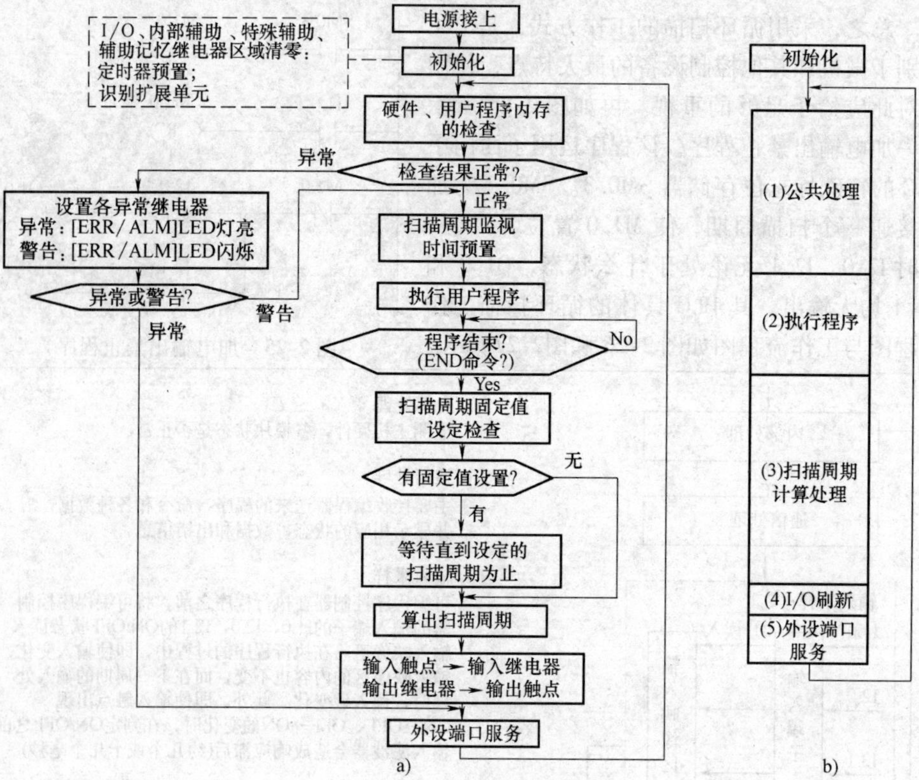

图 2-27　PLC 的工作流程图

再如继电器控制系统中控制电动机最基本的启（动）-保（持）-停（止）控制电路，若改用 PLC 控制，其最简单、直观、形象化的 PLC 系统控制示意和扫描工作过程如图 2-28 所示。

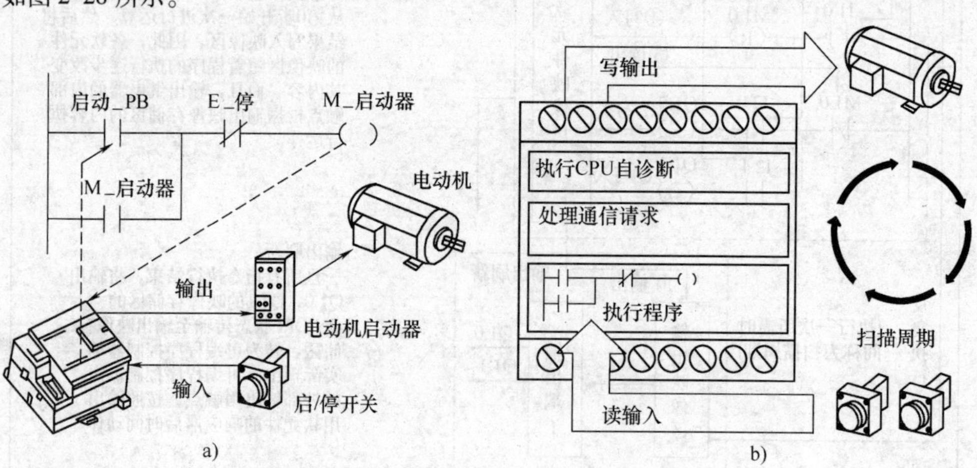

图 2-28　PLC 系统控制示意和扫描工作过程
a）系统控制示意　b）扫描工作过程

3. PLC 的扫描周期

PLC 在运行状态时，执行一次图 2-22 所示的扫描操作所用的时间称为扫描周期（工作周期），其典型值为几十毫秒。扫描周期 T 的计算公式为

$$T = T1 + T2 + T3 + T4 + T5$$

式中，$T1$ 为内部处理时间；$T2$ 为通信服务时间；$T3$ 为输入处理时间；$T4$ 为程序执行时间；$T5$ 为输出处理时间。

如德国西门子公司 CPU226CN 型 PLC，配置数字量输入 24 点，数字量输出 16 点，用户程序为 1000 步，不包含功能指令，PLC 运行时不连接编程器等外部设备。CPU226CN 型 PLC 的 I/O 扫描速度为 0.03ms/8 点，用户程序的扫描速度为 0.37μs/步，内部处理所需要的时间为 0.96ms，则：

内部处理所需要的时间 $T1 = 0.96\text{ms}$

通信服务所需要的时间 $T2 = 0\text{ms}$

输入处理所需要的时间 $T3 = (0.03\text{ms}/8\text{点}) \times 24\text{点} = 0.09\text{ms}$

程序执行所需要的时间 $T4 = (0.74\mu\text{s}/\text{步}) \times 1000\text{步} = 0.74\text{ms}$

输出处理所需要的时间 $T5 = (0.03\text{ms}/8\text{点}) \times 24\text{点} = 0.06\text{ms}$

一个扫描周期 T 为

$$T = T1 + T2 + T3 + T4 + T5 = 0.96\text{ms} + 0\text{ms} + 0.09\text{ms} + 0.74\text{ms} + 0.06\text{ms} = 1.85\text{ms}$$

该例中假设用户程序中没有功能指令，而在实际的控制程序设计中，稍微复杂一点的程序都包含有功能指令。对于功能指令，逻辑条件满足与否，执行时间不同甚至差异较大，计算出的扫描周期也不一样。

2.1.4 PLC 的技术性能

由于各厂家的 PLC 产品技术性能不尽相同，且各有特色，故不可能一一介绍，只能介绍一些最基本的技术性能。

1. 基本技术性能

（1）输入/输出点数（即 I/O 点数）　这是 PLC 最重要的一项技术指标。所谓 I/O 点数，即是 PLC 外部的输入、输出端子数。这些端子可通过螺钉或电缆端口与外部设备相连，它直接决定了 PLC 能控制的输入与输出量的多少，即控制系统规模的大小。

（2）程序容量　一般以 PLC 所能存放用户程序的多少来衡量。在 PLC 中程序是按“步”存放的（一条指令少则 1 步、多则十几步），一“步”占用一个地址单元，一个地址单元占用两个字节。

（3）扫描速度　PLC 工作时是按照扫描周期进行循环扫描的，所以扫描周期的长短决定了 PLC 运行速度的快慢。因扫描周期的长短取决于多种因素，故一般用执行 1000 步指令所需时间作为衡量 PLC 速度快慢的一项指标，称为扫描速度，单位为“ms/k”。扫描速度有时也用执行一步指令所需的时间来表示，单位为“μs/步”。PLC 的 I/O 响应时序图如图 2-29 所示，从中可以了解 PLC 扫描周期和扫描速度的内涵。

（4）指令条数　这是衡量 PLC 软件功能强弱的主要指标。PLC 具有的指令种类越

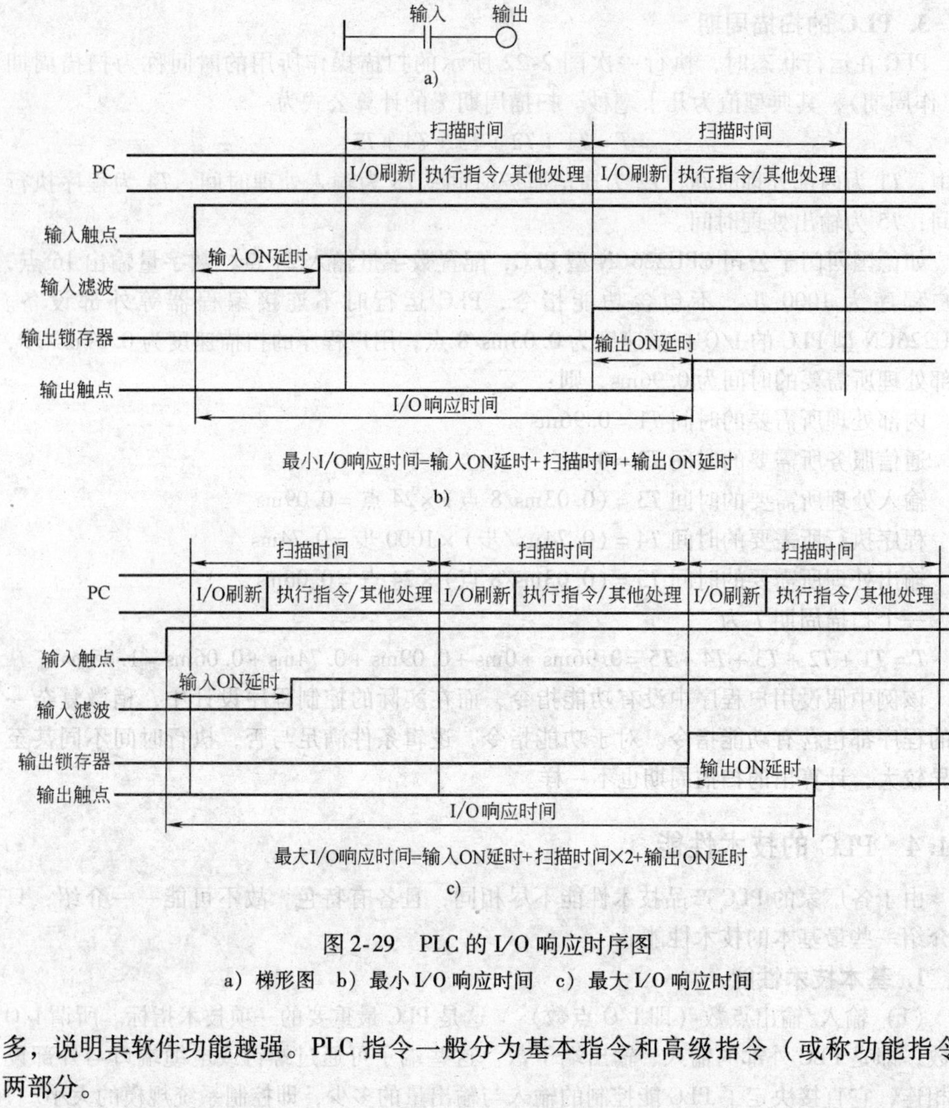

图 2-29 PLC 的 I/O 响应时序图

a）梯形图 b）最小 I/O 响应时间 c）最大 I/O 响应时间

多，说明其软件功能越强。PLC 指令一般分为基本指令和高级指令（或称功能指令）两部分。

（5）内部继电器和寄存器 PLC 内部有许多继电器和寄存器，用以存放变量状态、中间结果、数据等，还有许多具有特殊功能的辅助继电器和寄存器，如定时器、计数器、系统寄存器、索引寄存器等。用户通过使用它们，可简化整个系统的设计。因此内部继电器、寄存器的配置情况是衡量 PLC 硬件功能的一个指标。

（6）编程语言及编程手段 编程语言一般分为梯形图、助记符语句表、状态转移图、控制流程图等几类，不同厂家的 PLC 编程语言类型有所不同，语句也各异。编程手段主要是指用何种编程装置，编程装置一般分为手持编程器和带有相应编程软件的计算机两种。

（7）高级（功能）模块 PLC 除了主控模块外还可以配接各种高级模块。主控模块实现基本控制功能，高级模块则可实现某种特殊功能。高级模块的种类及其功能的强弱常用来衡量该 PLC 产品的技术水平高低。目前各厂家开发的高级模块种类繁多，主要有以下一些：A/D、D/A、高速计数、高速脉冲输出、PID 控制、模糊控制、运动控制、位置控制、网络通信以及各种物理量转换模块等。这些高级模块使 PLC 不但能进行开关量顺序控制，而且能进行模拟量控制，以及精确的速度和定位控制。特别是网络通信模块的迅速发展，使得 PLC 可以充分利用计算机和互联网的资源，实现远程监控。近年来出现的网络机床、虚拟制造等就是建立在网络通信技术的基础上的。

2. PLC 的内存分配及 I/O 点数

在使用 PLC 之前，深入了解 PLC 内部寄存器的配置和功能，以及 I/O 分配情况对使用者来说是至关重要的。下面是一般 PLC 产品的内部寄存器区划分情况：

I/O 继电器区	内部通用继电器区	数据寄存器区
特殊继电器区	特殊寄存器区	系统寄存器区

每个区分配一定数量的内存单元，并按不同的区命名编号。下面分别介绍各个区。

（1）I/O 继电器区　I/O 区的寄存器可直接与 PLC 外部的输入、输出端子传递信息。这些 I/O 寄存器在 PLC 中具有“继电器”的功能，即它们有自己的“线圈”和“触点”。故 PLC 中又常称这一寄存器区为“I/O 继电器区”。每个 I/O 寄存器由一个字（16 个 bit）组成，每个 bit 位对应 PLC 的一个外部端子，称作一个 I/O 点。I/O 寄存器的个数乘以 16 等于 PLC 总的 I/O 点数。如某 PLC 有 10 个 I/O 寄存器，则该 PLC 共有 160 个 I/O 点。在程序中，每个 I/O 点又都可以看成是一个“软继电器”，有常开触点，也有常闭触点。同一个命名的触点可以反复使用，其使用次数不限。这里的“软继电器”实际上就是 PLC 内部的逻辑电路或只是一些存储的逻辑量。在 PLC 中常常用这样的逻辑量代替实际的物理器件，用这种“软继电器”代替“硬继电器”可以大大减少外部接线，增加系统设计的灵活性，便于实现柔性制造系统（FMS）。这可以说是“继电器-接触器控制”设计上的一个革命，也是 PLC 之所以能逐渐取代传统“继电器-接触器”控制的一个重要原因。

不同厂家的 PLC 对 I/O 寄存器有不同的编号，西门子是以 I、Q 分别表示输入、输出端，以下标数字进行编号；还有的用序号为输入、输出分区编号。不同型号的 PLC 配置有不同数量的 I/O 点，一般小型的 PLC 主机有十几至几十个 I/O 点。

若一台 PLC 主机的 I/O 点数不够，可进行 I/O 扩展。一般 I/O 扩展模块中只有 I/O 接口电路、驱动电路，而没有 CPU。它只能通过接口与主机相连使用，不能单独使用。PLC 的最大扩展能力主要受 CPU 寻址能力和主机驱动能力的限制。

（2）内部通用继电器区　这个区的寄存器与 I/O 区结构相同，即能以字为单位（16 个 bit）使用，也能以位为单位（1 个 bit）使用。不同之处在于它们只能在 PLC 内部使用，而不能直接进行输入/输出控制。其作用与中间继电器相似，在程序控制中可存放中间变量。

（3）数据寄存器区　这个区的寄存器只能按字使用，不能按位使用，一般只用来存放各种数据。

（4）特殊继电器、寄存器区　这两个区中的继电器和寄存器的结构并无特殊之处，也是以字或位为一个单元，但它们都被系统内部占用，专门用于某些特殊目的，如存放各种标志、标准时钟脉冲、计数器和定时器的设定值和经过值、自诊断的错误信息等。这些区的继电器和寄存器一般不能由用户任意占用。

（5）系统寄存器区　系统寄存器一般用来存放各种重要信息和参数，如各种故障检测信息、各种特殊功能的控制参数以及 PLC 产品出厂设定值。这些信息和参数保证 PLC 的正常工作。在某些 PLC 产品中，这些寄存器是以十进制数进行编号的，它们各自存放着不同的信息。这些信息有的可以进行修改，有的是不能修改的。当需要修改系统寄存器时，必须使用特殊的命令，这些命令的使用方法见有关的使用手册。而通过用户程序，不能读取和修改系统寄存器的内容。

上面介绍了 PLC 的内部寄存器及 I/O 点的概念，这对使用者是十分重要的。但对于具体的寄存器及 I/O 编号和分配使用情况，则必须结合具体机型进行针对性的学习和掌握，才有实际意义。

2.1.5 PLC 的分类

目前各个厂家生产的 PLC，其品种、规格及功能都各不相同。其分类也没有统一标准，这里仅介绍常见的三种分类方法供参考，见表 2-3 ~ 表 2-5。

表 2-3　按结构分类

分　类	结构形式	主要特点
一体式	将 PLC 的各部分电路包括 I/O 接口电路、CPU、存储器、稳压电源均封装在一个机壳内，称为主机，主机可用电缆与 I/O 扩展单元、智能单元、通信单元相连接	结构紧凑、体积小、价格低。一般小型 PLC 机采用这种结构。常用于单机控制的场合
模块式	将 PLC 的各基本组成部分做成独立的模块，如 CPU 模块（包括存储器）、电源模块、输入模块、输出模块。其他各种智能单元和特殊功能单元也制成各自独立的模块。然后通过插槽板以搭积木的方式将它们组装在一起，构成完整的系统	对被控对象应变能力强，便于灵活组合。可随意插拔，易于维修。一般中、大型机都采用这种结构

表 2-4　按 I/O 点数和程序容量分类

分　类	I/O 点数	程序容量
超小型机	64 点以内	256 ~ 1000B
小型机	64 ~ 256	1 ~ 3.6KB
中型机	256 ~ 2048	3.6 ~ 13KB
大型机	2048 以上	13KB 以上

表 2-5 按功能分类

分类	主要功能	应用场合
低档机	具有逻辑运算、定时、计数、移位及自诊断、监控等基本功能。有的还有少量的模拟量 I/O、数据传送、运算及通信等功能	主要适用于开关量控制、顺序控制、定/计数控制及少量模拟量控制的场合
中档机	除了进一步增加以上功能外，还具有数制转换、子程序调用、通信联网功能，有的还具有中断控制、PID 回路控制等功能	适用于既有开关量又有模拟量的较为复杂的控制系统，如过程控制、位置控制等
高档机	除了进一步增加以上功能外，还具有较强的数据处理功能、模拟量调节、特殊功能的函数运算、监控、智能控制及通信联网的功能	适用于更大规模的过程控制系统，并可构成分布式控制系统，形成整个工厂的自动化网络

注：以上分类并不十分严格，特别是目前市场上许多小型机已具有中、大型机功能，故表中所列仅供参考。

2.1.6 PLC 的编程语言

PLC 的编程语言目前常用的主要有以下几种：

1. 梯形图（Ladder Diagram，LAD）

梯形图是最常用的 PLC 图形编程语言。梯形图与“继电器-接触器”控制系统的电路图很相似，具有直观易懂的优点，很容易被熟悉“继电器-接触器”的电气工程技术人员掌握，它特别适用于开关量逻辑控制。有时也把梯形图称为电路或程序。“启-保-停”电路的梯形图示例如图 2-30 所示。

梯形图由触点、线圈和用方框表示的功能块组成。触点代表逻辑输入条件，如外部的开关、按钮和内部条件等；线圈通常代表逻辑输出结果，用来控制外部的指示灯、交流接触器和内部的输出条件等；功能块用来表示定时器、计数器或者数学运算等附加指令。

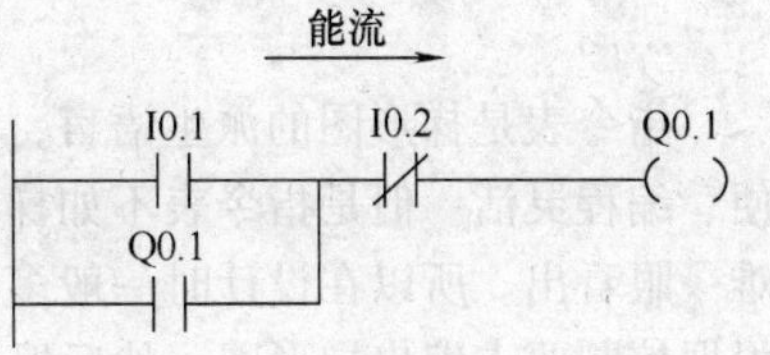

图 2-30 梯形图示例

在分析梯形图中的逻辑关系时，为了借用“继电器-接触器”控制系统电路图的分析方法，可以想象左右两侧垂直母线（右侧垂直母线可省略）之间有一个“左正右负”的直流电源，当图 2-30 所示的梯形图中 I0.1 与 I0.2 的触点接通，或 Q0.1 与 I0.2 的触点接通时，有一个假想的“能流”（Power Flow）流过 Q0.1 的线圈。利用能流这一概念，可以直观、形象、更好地理解和分析梯形图，能流只能从左向右单方向流动。

在西门子 PLC 中，把触点和线圈等组成的独立电路称为网络（Network），用编程软件生成的梯形图和语句表程序中有网络编号，允许以网络为单位，给梯形图加注释。在网络中，程序的逻辑运算按从左到右的方向执行，与能流的方向一致。各网络按从上到下的顺序执行，执行完成所有的网络后，返回到最上面的网络重新执行。使用编程软件可以直接生成和编辑梯形图，并将它下载到 PLC 中。

2. 指令表（Instruction List）

用梯形图等图形编程虽然直观、简便，但要求 PLC 配置 LRT 显示器方可能输入图形符号。在许多小型、微型 PLC 的编程器中没有 LRT 屏幕显示，或没有较大的液晶屏幕显示，就只能用一系列 PLC 操作命令组成的指令程序将梯形图控制逻辑描述出来，并通过编程器输入到 PLC 中去。

S7 系列 PLC 将指令表称为语句表（Statement List）。PLC 的指令表（语句表、指令字程序、助记符语言）是由若干条 PLC 指令组成的程序。PLC 的指令类似于计算机汇编语言的形式，它是用指令的助记符来编程的。但是 PLC 的指令系统远比计算机汇编语言的指令系统简单得多。PLC 一般有 20 多条基本逻辑指令，可以编制出能替代继电器控制系统的梯形图。因此，指令表也是一种应用很广的编程语言。

PLC 中最基本的运算是逻辑运算，最常用的指令是逻辑运算指令，如“与”、“或”、“非”等。这些指令再加上“输入”、“输出”和“结束”等指令，就构成了 PLC 的基本指令。不同厂家的 PLC，指令的助记符不相同。S7 系列 PLC 常见指令的助记符为：

LD/LDN 表示逻辑操作开始，分别为常开触点/常闭触点与左母线连接；

A/AN 表示逻辑“与”/“与反”，分别为常开触点/常闭触点与左边的触点相串联；

O/ON 表示逻辑“或”/“或反”，分别为常开触点/常闭触点与上边的触点相并联；

ALD/OLD 表示逻辑块“与”/“或”；

= 表示对线圈输出；

……

指令表是梯形图的派生语言，它保持了梯形图的简单、易懂的特点，并且输入方便、编程灵活。但是指令表不如梯形图形象、直观，较难阅读，其中的逻辑关系也很难一眼看出。所以在设计时一般多使用梯形图语言；而在使用指令表编程时，也是先根据控制要求编出梯形图，然后根据梯形图转换成指令表后再写入 PLC 中，这种转换的规则是很简单的。在用户程序存储器中，指令按步序号顺序排列。

指令表比较适合熟悉 PLC 和逻辑程序设计的经验丰富的程序员，指令表还可以实现某些不能用 LAD 或 FBD 实现的功能。

S7-200 CPU 在执行程序时要用到逻辑堆栈，FBD 利用 FBD 编辑器自动地插入处理栈操作所需要的指令。在语句表中，必须由编程人员加入这些堆栈处理指令。

3. 顺序功能图（Sequential Function Chart，SFC）

这是一种位于其他编程语言之上的图形语言，用来编制顺序控制程序。

SFC 提供了一种组织程序的图形方法，在顺序功能图中可以用别的语言嵌套编程。步、转换和动作是顺序功能图中的几种主要元件，步是一种逻辑块，即对应于特定的控制任务的编程逻辑；动作是控制任务的独立部分；转换是从一个任务变换到另一个任务的原因或条件，如图 2-31 所示。可以用顺序功能图来描述系统的功能，根据它可以很容易地编写出梯形图程序。

4. 功能块图（FBD）

功能块图是一种类似于数字逻辑电路的编程语言，有数字电路基础的人很容易掌握。该编程语言用类似“与门”、“或门”、“非门”的方框来表示逻辑运算关系，方框的左侧为逻辑运算的输入变量，右侧为输出变量，输入、输出端的小圆圈表示“非”运算，信号是自左向右流动的。功能块图如图2-32所示。

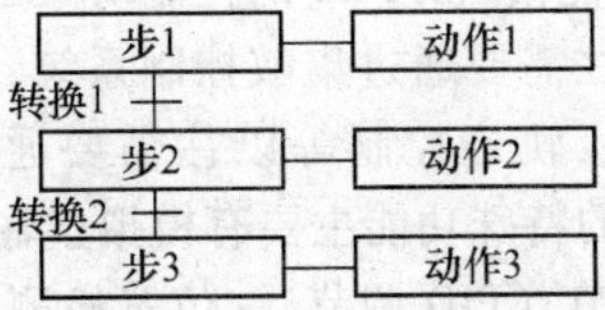

图2-31　顺序功能图

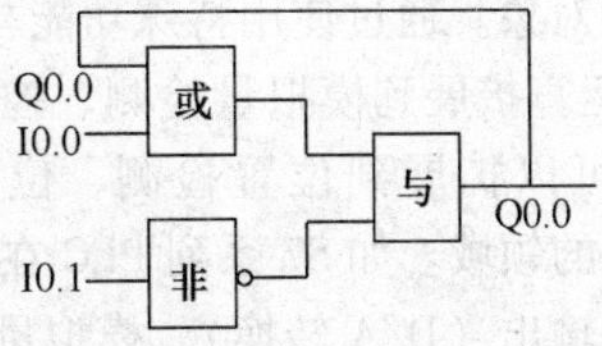

图2-32　功能块图

5. 结构文本（Structured Text，ST）**及其他高级编程语言**

结构文本是为IEC1131-3标准创建的一种专用的高级编程语言，与FBD相比，它能实现复杂的数学运算，编写的程序非常简捷和紧凑。

目前也有一些PLC可用BASIC和C等高级语言进行编程，但使用尚不普遍，本书从略。

虽然PLC有5种编程语言，但在S7-200的编程软件中，用户只可以选用LAD、FBD和STL这三种编程语言，其中FBD不常用。STL程序较难阅读，其中的逻辑关系很难一眼看出，所以在设计复杂的开关量控制程序时一般都使用LAD语言。但STL可以处理某些不能用LAD处理的问题，且STL输入方便快捷，还可以为每一条语句加上注释，便于复杂程序的阅读。在设计通信、数学运算等高级应用程序时建议使用语句表语言。LAD程序中输入信号与输出信号之间的逻辑关系一目了然，易于理解，与“继电器-接触器”控制系统电路图的表达式极为相似，设计开关量控制程序时建议选用LAD语言。

2.1.7　PLC的特殊功能

1. PLC特殊功能的特点与分类

（1）PLC特殊功能的特点　不断开发各种特殊功能与特殊功能模块，是当代PLC区别于传统PLC的重要标志之一。随着PLC技术的发展，其应用领域正在日益扩大。目前，PLC除在传统的逻辑控制、顺序控制等通用领域广泛应用外，在过程控制、运动控制等特殊领域也已经被大量应用。特殊功能与通用功能比较，其主要区别在于程序处理方式、控制对象、控制范围3个方面。

1）程序处理方式。作为PLC的特殊功能与特殊功能模块，为了提高处理速度，CPU对程序的处理可以不使用常规的“循环扫描”方式，用户程序的执行不再需要经过输入采样、执行指令、输出刷新3个阶段，而是直接由PLC的操作系统进行处理。PLC的集成中断处理、高速计数与高速脉冲输出功能即属于这一范畴。

对于部分特殊功能模块，其本身就带有独立的处理器、存储器等基本硬件与必要的软件，有的模块还可以独立使用，此类模块通常称为智能模块。PLC 对智能模块的控制，只需要在用户程序中调用标准程序块（通常由 SIEMENS 公司提供，用户只需要在程序中调用），并通过标准程序块向模块发送必要的控制指令或检测其处理结果。

因此，总地来说，PLC 特殊功能的处理速度通常比普通的顺序逻辑控制程序的处理速度更快，可以用于高速系统的控制。

2）控制对象。通过使用特殊功能与特殊功能模块，PLC 的控制对象可以从传统的开关量逻辑运算扩展到模拟量检测、控制等以往需要通过集散控制系统（DCS）解决的领域，还可以扩展到位置检测、位置控制、轨迹控制等以往需要通过数控系统（CNC）解决的领域。如 S7 系列 PLC 在这方面的特殊功能主要有模拟量输入（A/D 转换）、模拟量输出（D/A 转换）、模拟量闭环调节（PID 调节）、位置检测、位置控制、多轴插补等。

3）控制范围。使用特殊功能与特殊功能模块，PLC 的控制范围可以超出控制对象本身，如借助于网络与通信手段，PLC 可以与外部设备进行信息交换，实现网络链接与数据通信。S7 系列 PLC 在这方面的特殊功能主要有各种通信处理功能、网络链接功能等。

（2）特殊功能的实现形式　为了降低成本、增强用户使用的灵活性，在 PLC 中经常将某些简单的功能，如高速计数、脉冲输出、模拟量输入/输出等，直接集成于 PLC 的 CPU 模块（或基本单元）上，此类实现形式统称为“PLC 集成功能”。

由于 PLC 结构、成本等方面的限制，集成功能的应用范围通常较狭隘，功能也相对较简单，多用于中小规格的 PLC。如 S7-200 系列与 S7-300 系列中的紧凑型 PLC 模块即具备中断控制、高速计数、脉冲输出、模拟量输入/输出等简单特殊功能。

对于过程控制、位置控制等场合所需要的复杂功能，一般都需要通过专门的模块才能实现。此类模块被称为特殊功能模块或功能模块。

当采用特殊功能模块时，模块可以直接安装于 PLC 的机架上，或与 PLC 的扩展接口进行连接，以构成集中式 PLC 控制系统。

根据不同的用途，特殊功能模块的内部组成与功能相差甚大。部分特殊功能模块本身就带有独立的处理器（CPU）、可编程门阵列（Field Programmable Gate Array，FPGA）、存储器等组件。模块既可以通过 PLC 进行控制，也可以独立使用，甚至还可利用 PLC 的 I/O 模块进行输入/输出点的扩展，其性能与独立的控制装置相当。

2. 特殊功能的分类

从功能用途上，PLC 的特殊功能大致可以分为计数、脉冲输出与位置控制类，A/D、D/A 转换类，温度测量与控制类，通信网络类等四大类。特殊功能模块的品种与规格可以多达数十种（根据 PLC 型号与模块用途而不同）。

（1）计数、脉冲输出与位置控制类　高速计数、脉冲输出是 PLC 的常用功能。高速计数功能用于速度、位置等系统的转速、位置测量，它可以对来自编码器、计数开关等的输入脉冲信号进行计数，从而获得实际控制系统的转速、位置的实际值，以供 PLC 运算、处理使用（见图 2-33）。

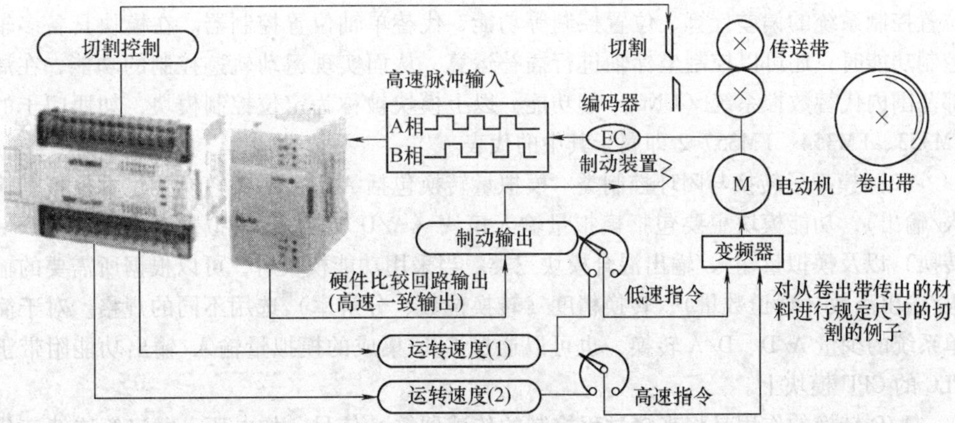

图 2-33　高速计数功能的应用

脉冲输出与位置控制功能用于自动定位控制，它可以将 PLC 内部的位置给定值转换为输出脉冲数与频率可变的速度、位置脉冲输出，达到改变速度、位置的目的。

当脉冲输出为集成功能时，输出形式一般为集电极开路晶体管驱动输出；当采用功能模块时，脉冲输出的形式可以是差动输出、集电极开路晶体管输出或者通过高速总线输出，驱动器可以是步进电动机驱动器或交流伺服驱动器，但必须具有位置控制功能，并且能够直接接受位置脉冲输入信号或是总线信号，如图 2-34 所示。

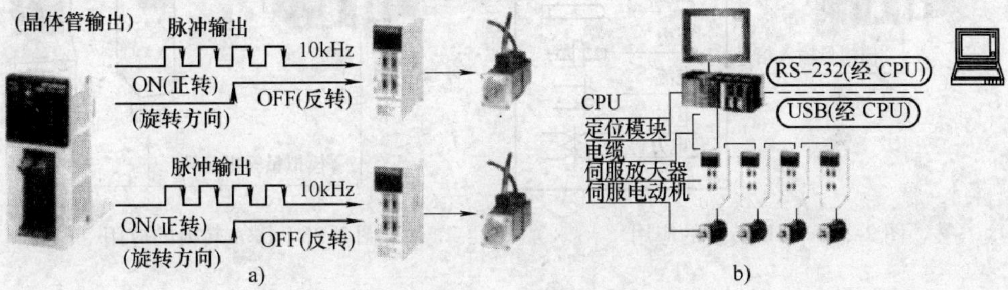

图 2-34　脉冲输出、位置控制功能的应用
a）脉冲输出型　b）总线控制型

对于简单控制系统的少量要求不高的高速计数与脉冲输出，通常可以选用具有集成 I/O 的 PLC-CPU 模块，但在需要进行多点、极高频率的计数与脉冲输出，或是实现较复杂位置控制的场合，需要选用专门的功能模块。

此外，为了对简单的位置控制系统进行控制，在 S7 系列 PLC 中还可以选用 FM351、FM352 等简易位置控制模块。此类模块本身不具备脉冲输出功能，但模块的位置测量功能完善，它们可以根据不同的定位控制要求，以开关量的形式输出简单的控制信号（如高低速转换信号、正反转信号等），控制普通电动机、变频电动机等，构成简易位置开环控制系统或代替传统的凸轮控制器使用。

当高速计数、高速脉冲（或速度给定模拟量）输出功能合成后，便可以实现闭环位置控制系统的偏差计算、位置控制等功能，代替单轴位置控制器。在模块具备多轴控制功能时，还可以控制坐标轴进行插补运算，从而实现运动轨迹控制的功能，在局部范围内代替数控系统（CNC）的功能。以上模块被称为定位控制模块，如西门子的FM353、FM354、FM357-2即属于其中的代表。

（2）模拟量转换与闭环控制类　模拟量转换包括A/D、D/A转换（也称模拟量输入/输出），功能模块主要包括模拟量输入模块（A/D转换）、模拟量输出模块（D/A转换）以及模拟量输入/输出混合模块三类。当采用功能模块时，可以根据所需要的输入/输出点数（通道数量）、转换精度（转换位数、分辨率）选用不同的规格。对于简单系统的少量A/D、D/A转换，也可以通过CPU集成的模拟量输入/输出功能附带于PLC的CPU模块上。

A/D转换的作用是将来自过程控制的传感器输入信号，如电压、电流等连续变化的物理量（模拟量）直接转换为一定位数的数字量信号，以便PLC内部的数学运算指令对其进行运算与处理（见图2-35）。

D/A转换的作用是将PLC内部的数字量信号转换为电压、电流等连续变化的物理量（模拟量）输出。它可以用作变频器、伺服驱动器等控制装置的速度、位置给定输入，或用来作为外部仪表的显示信号（见图2-36）。

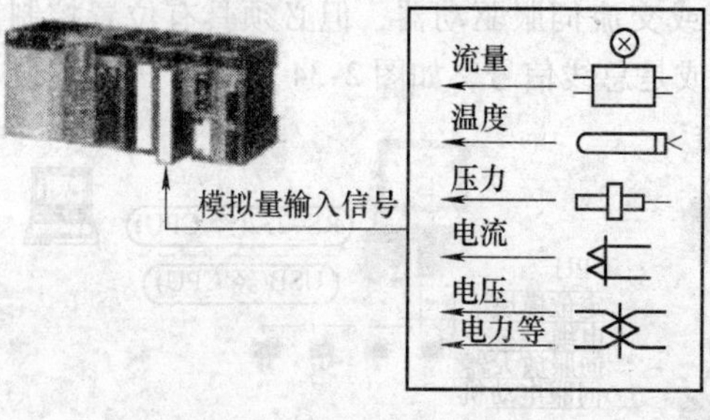

图2-35　A/D转换的应用

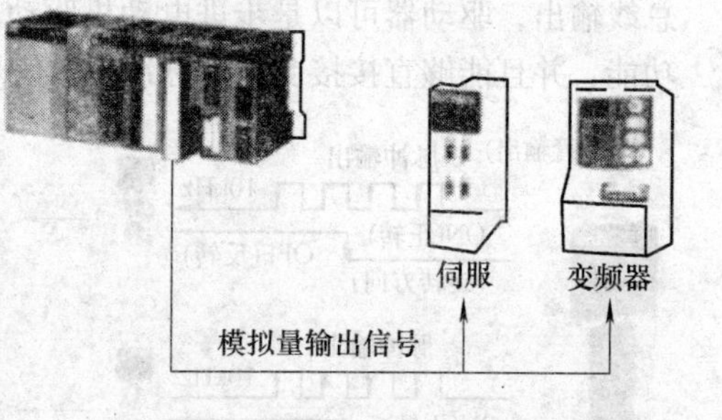

图2-36　D/A转换的应用

A/D、D/A转换可以结合PLC内部的PID调节功能一起使用，实现对模拟量控制系统的闭环调节与控制。

当A/D、D/A转换与PID调节器等功能合成后，便可以直接作为闭环模拟量控制系统的偏差计算、调节器部分，在闭环控制系统中使用，此类模块称为闭环控制模块，如西门子的FM355、FM355-2即属于其中的代表。

（3）温度测量与控制类　PLC用于温度测量与控制的功能模块包括温度测量与温度控制两类。温度测量功能可以将来自过程控制的热电偶、铂电阻等温度测量元件的输入信号，转换为一定位数的数字量，以供PLC内部进行运算、处理（见图2-37）。

温度测量模块实质上是模拟量输入的一种，只是其变化量一般为电阻值，传感器本身为无源检测元件，需要PLC提供测量电源，因此，在PLC中经常将温度测量与模拟量输入功能集成在同一模块中。

温度控制功能可以将来自过程控制的温度测量输入与系统的温度给定信号进行比

较，并通过可编程的PID调节与模块的自动调谐功能，实现温度的自动调节与控制。温度测量元件可以是热电偶、铂电阻等。在温度控制功能模块中，还可以输出对应的温度控制信号（触点输出、晶体管输出等），以控制加热器的工作状态（见图2-38）。

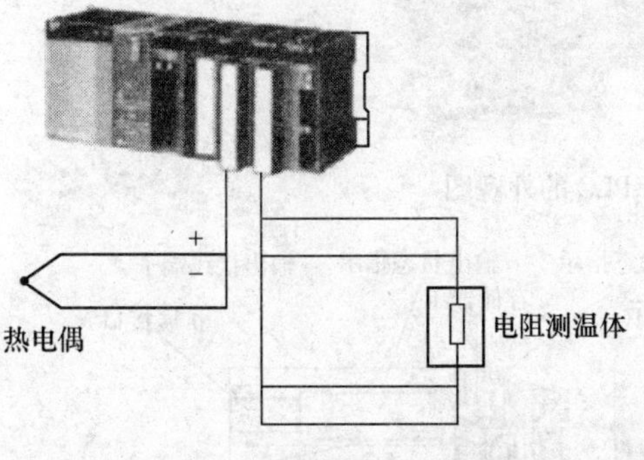

图2-37　温度测量功能的应用

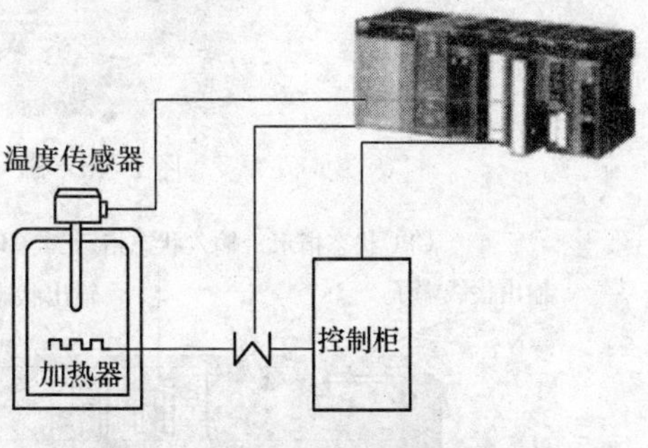

图2-38　温度控制功能的应用

（4）通信网络类　通信网络类集成功能与功能模块包括串行通信、远程I/O主站、AS-i主站、Ethemet网络连接、PROFIBUS网络连接等。西门子的工业自动化通信网络如图2-39所示，根据不同的网络与连接线的形式，有多种规格可供灵活选择。

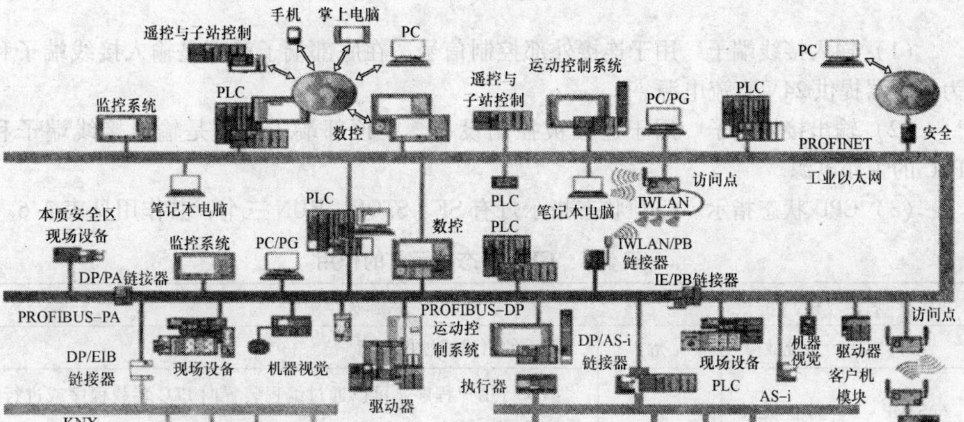

图2-39　西门子的工业自动化通信网络

任务2　熟知所使用PLC的硬/软件资源

PLC的种类繁多，发展迅猛。S7-200 PLC属于S7-200/300/400/1200家族中功能最精简、I/O点数最少、扩展性能最低的PLC系列产品，可以称为微型PLC系列产品。本节就以S7-200系列PLC作为目标机型，介绍它的开发应用，为今后更好地学习S7-300/400/1200打下基础。S7-200系列PLC作为SIMATIC PLC家族中的最小成员，以其超小体积、灵活的配置、指令丰富、内置功能强大、通信能力强劲、性价比高等特点，在工业控制领域得到了广泛的应用。其外观图与外部结构图如图 2-40 和图 2-41 所示。

图 2-40　S7-200 PLC 的外观图

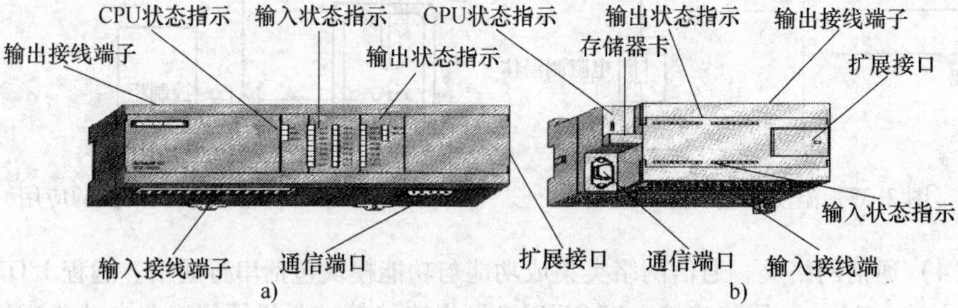

图 2-41　S7-200 PLC 的外部结构图
a）S7-21X 系列　b）S7-22X 系列

（1）输入接线端子　用于连接外部控制信号。在底部端子盖下是输入接线端子和为传感器提供 24V 直流电源。

（2）输出接线端子　用于连接被控制设备。在顶部端子盖下是输出接线端子和 PLC 的工作电源。

（3）CPU 状态指示　CPU 状态指示灯有 SF、STOP、RUN 三个，其作用见表 2-6。

表 2-6　CPU 状态指示灯的作用

名　称		状态及作用	
SF	系统故障	亮	严重的出错或硬件故障
STOP	停止状态	亮	不执行用户程序，可以通过编程装置向 PLC 装载程序或进行系统设置
RUN	运行状态	亮	执行用户程序

（4）输入状态指示　用于显示是否有外部控制信号（如控制按钮、行程开关、接近开关、光电开关及传感器等数字量信号）接入。

（5）输出状态指示　用于显示 CPU 是否有信号输出到执行设备（如接触器、电磁阀、指示灯等）。

（6）扩展接口　通过扁平电缆连接数字量 I/O 扩展单元、模拟量 I/O 扩展单元、热电偶模块、通信模块等。CPU 与扩展模块的连接如图 2-42 所示。

（7）通信接口　通信接口支持 PPI、MPI 通信协议，有自由口通信能力，用于连接编程器（手提式或 PC）、文本/图形显示器、PLC 网络等外部设备，如图 2-43 所示。

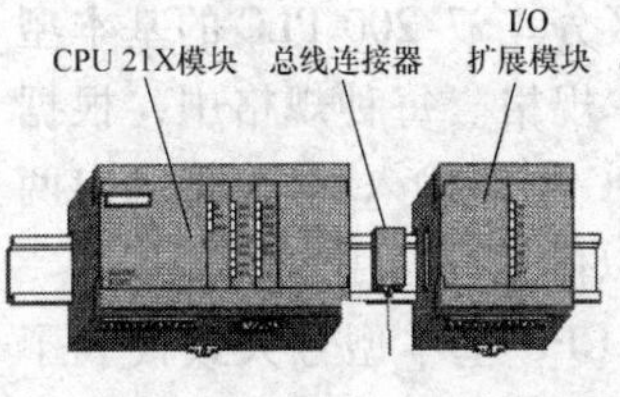

图 2-42　CPU 与扩展模块的连接

图 2-43　PLC 与 S7-200 的连接

（8）模拟电位器　用来改变特殊寄存器（SM_{28}、SM_{29}）中的数值，以改变程序运行时的参数，如定时器、计数器的预置值、过程量的控制参数等。

（9）输入/输出端子接线　　其典型代表 CPU224 的输入/输出端子接线如图 2-44 所示。

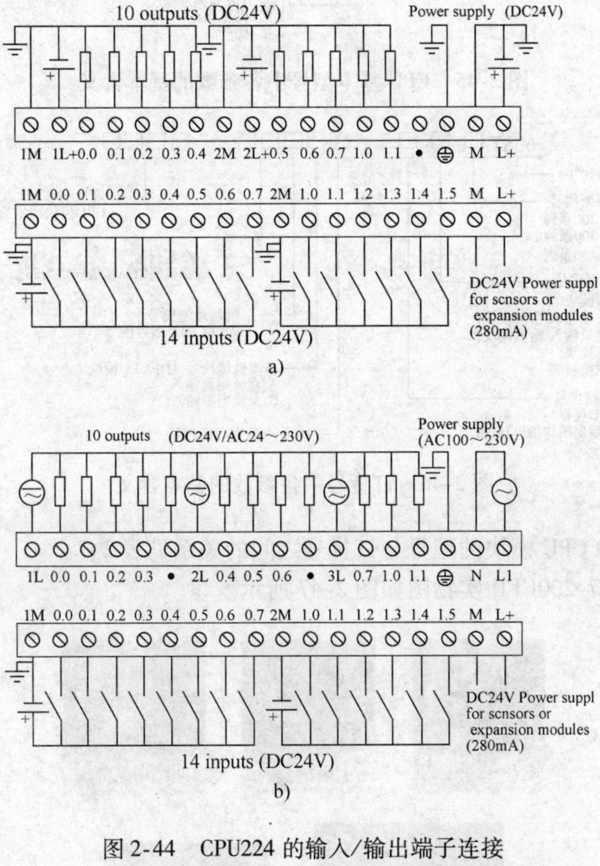

图 2-44　CPU224 的输入/输出端子连接

a）直流供电，晶体管输出　b）交流供电，继电器输出

2.2.1　S7 系列 PLC 型号名称的含义

1. S7-200 系列 PLC 的基本型号模块

S7-200 系列 PLC 有 CPU21X 和 CPU22X 两代产品，其不同的型号主要是通过集成

的输入/输出点数、程序和数据存储器容量、可扩展性等来区分。S7-200 PLC 的基本型号通过基本单元——CPU 模块进行区分，共有上述五种基本规格。每种规格中，根据 PLC 电源的不同，还可以分为 AC 电源输入/继电器输出与 DC 电源输入/晶体管输出两种类型，因此，该系列 PLC 有 10 种不同的基本型号模块可以供用户选用。

S7 系列 PLC 的型号可以分为 CPU 基本型号与订货号。CPU 基本型号大致代表了 PLC 的基本性能；订货号为产品的具体规格，包括电源输入等使用条件。

CPU 基本型号和订货号中各参数的基本含义分别如图 2-45 和图 2-46 所示。

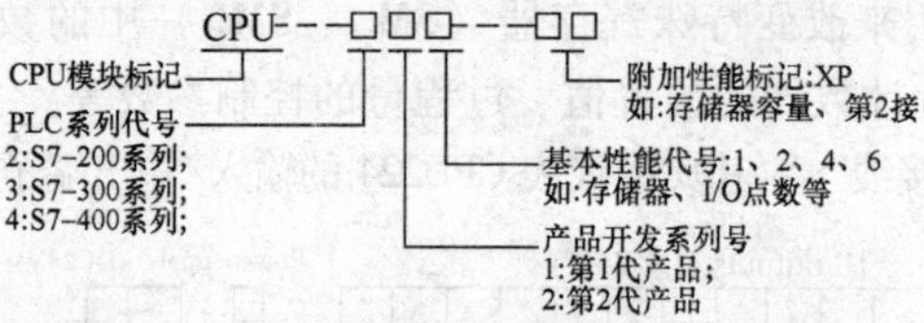

图 2-45　CPU 基本型号中各参数的基本含义

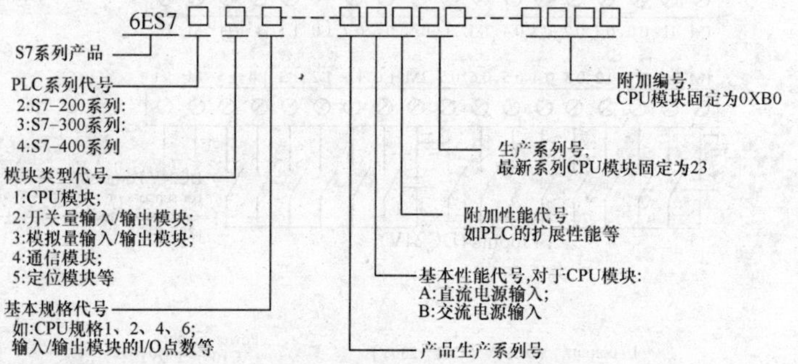

图 2-46　订货号中各参数的基本含义

S7-22X 10 种 CPU 模块的型号与订货号之间的关系见表 2-7。

5 种不同的 S7-200CPU 实物图如图 2-47 所示。

图 2-47　5 种不同的 S7-200 CPU 实物图

表 2-7　CPU 模块的型号与订货号之间的关系

CPU 型号	订　货　号	电源与集成 I/O 点
CPU221	6ES7 211-0AA23-0XB0	DC24V 电源，DC24V 输入，DC24V 晶体管输出
	6ES7 211-0BA23-0XB0	AC100～230V 电源，DC24V 输入，继电器输出
CPU222	6ES7 212-1AB23-0XB0	DC24V 电源，DC24V 输入，DC24V 晶体管输出
	6ES7 212-1BB23-0XB0	AC100～230V 电源，DC24V 输入，继电器输出
CPU224	6ES7 214-0AD23-0XB0	DC24V 电源，DC24V 输入，DC24V 晶体管输出
	6ES7 214-0BD23-0XB0	AC100～230V 电源，DC24V 输入，继电器输出
CPU224XP	6ES7 214-2AD23-0XB0	DC24V 电源，DC24V 输入，DC24V 晶体管输出
	6ES7 214-2BD23-0XB0	AC100～230V 电源，DC24V 输入，继电器输出
CPU226	6ES7 216-2AD23-0XB0	DC24V 电源，DC24V 输入，DC24V 晶体管输出
	6ES7 216-2BD23-0XB0	AC100～230V 电源，DC24V 输入，继电器输出

1）CPU221 集成 6 输入/4 输出共 10 个数字量 I/O 点，无 I/O 扩展能力。它包括 6KB 程序和数据存储空间，4 个独立的 30kHz 高速计数器，两个独立的 20kHz 高速脉冲输出。它还有 1 个 RS485 通信/编程口，具有 PPI 通信协议、MPI 通信协议和自由方式通信能力。CPU221 是非常适合于少点数控制的微型控制器。

2）CPU222 集成 8 输入/6 输出共 14 个数字量 I/O 点，可连接两个扩展模块，最大扩展至 78 路数字量 I/O 点或 10 路模拟量 I/O 点。它包括 6KB 程序和数据存储空间，4 个独立的 30kHz 高速计数器，两个独立的 20kHz 高速脉冲输出。它也有 1 个 RS485 通信/编程口，具有 PPI 通信协议、MPI 通信协议和自由方式通信能力。CPU222 也是非常适合于少点数控制的微型控制器。

3）CPU224 集成 14 输入/10 输出共 24 个数字量 I/O 点，可连接 7 个扩展模块，最大扩展至 168 路数字量 I/O 点或 35 路模拟量 I/O 点。它包括 16KB 程序和数据存储空间，6 个独立的 30kHz 高速计数器，两个独立的 20kHz 高速脉冲输出，具有 PID 控制器。它有 1 个 RS485 通信/编程口，具有 PPI 通信协议、MPI 通信协议和自由方式通信能力。其 I/O 端子排可很容易地整体拆卸，是具有较强控制能力的控制器。

4）CPU224XP 是在 CPU224 基础上的扩展，其模拟量 I/O 点最大可扩展至 38 路；6 个独立的 100kHz 高速计数器，两个独立的 100kHz 高速脉冲输出，具有 PID 控制器。它有两个 RS485 通信/编程口，具有 PPI 通信协议、MPI 通信协议和自由方式通信能力。

5）CPU226 集成 24 输入/16 输出共 40 个数字量 I/O 点，可连接 7 个扩展模块，最大扩展至 248 路数字量 I/O 点或 35 路模拟量 I/O 点。它包括 22KB 程序和数据存储空间，6个独立的30kHz高速计数器，两个独立的20kHz高速脉冲输出，具有PID控制器。它有两个RS485通信/编程口，具有PPI通信协议、MPI通信协议和自由方式通信能力。其I/O端子排可很容易地整体拆卸，可用于较高要求的控制系统。它具有更多的输入、输出点，更强的模块扩展能力，更快的运行速度和功能更强的内部集成特殊功能，因此可完全适应于一些复杂的中小型控制系统。CPU226XM是在原有CPU226的基础上将程序存储空间和数据存储空间扩大了一倍。

2. S7-200系列PLC的扩展模块

S7-200 PLC的扩展模块主要有开关量与模拟量的输入/输出扩展模块、通信、定位及总线扩展模块等。S7-200PLC扩展模块的型号与订货号含义分别如图2-48和图2-49所示。

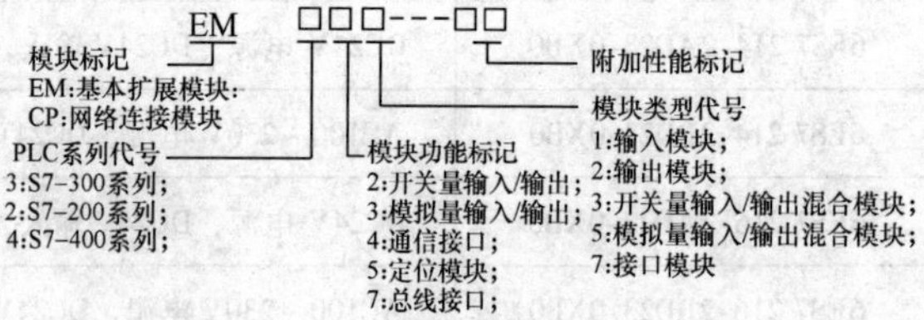

图2-48　扩展模块的型号含义

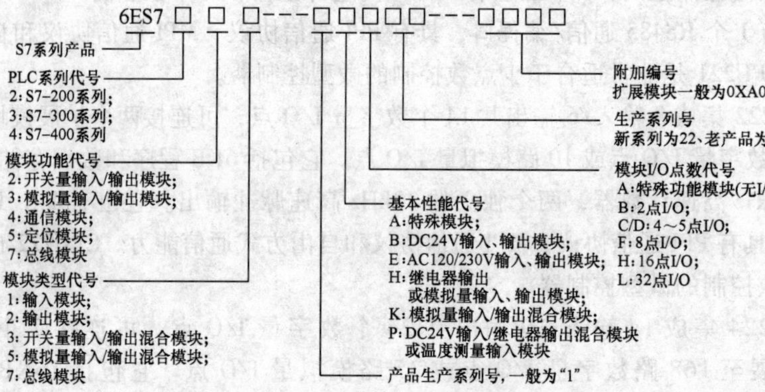

图2-49　扩展模块的订货号含义

（1）开关量输入扩展模块　最新S7-200 PLC（CPU221除外）可以选用25种不同的扩展模块，以增加PLC的I/O点数或功能。开关量输入/输出扩展模块的型号与规格见表2-8。

（2）模拟量输入/输出扩展　S7-200PLC（CPU221除外）可以通过选用5种模拟量I/O扩展模块（包括温度测量模块），增加PLC的温度、转速、位置等的测量、显示与调节功能。S7-200系列模拟量输入/输出扩展模块的型号与规格见表2-9。

表 2-8 S7-200 PLC 开关量扩展模块的型号与规格

型号	名称	主要参数	DC5V 消耗	功耗	订 货 号
EM221	开关量输入	8 点，DC24V 输入	30mA	1W	6ES7 221-1BF22-0XA0
		8 点，AC120/230V 输入	30mA	3W	6ES7 221-1EF22-0XA0
		16 点，DC24V 输入	70mA	3W	6ES7 221-1BH22-0XA0
BM222	开关量输出	8 点，DC24V/0.75A 输出	50mA	2W	6ES7 222-1BF22-0XA0
		8 点，2A 继电器接点输出	40mA	2W	6ES7 222-1HF22-0XA0
		8 点，AC120/230V 输出	110mA	4W	6ES7 222-1EF22-0XA0
		4 点，DC24V/5A 输出	40mA	3W	6ES7 222-1BD22-0XA0
		4 点，10A 继电器接点输出	30mA	4W	6ES7 222-1HD22-0XA0
EM223	开关量输入/输出混合模块	4 输入/4 输出，DC24V	40mA	2W	6ES7 223-1BF22-0XA0
		4 点 DC24V 输入/4 继电器输出	40mA	2W	6ES7 223-1HF22-0XA0
		8 输入/8 输出，DC24V	80mA	3W	6ES7 223-1BH22-0XA0
		8 点 DC24V 输入/8 点继电器输出	80mA	3W	6ES7 223-1PH22-0XA0
		16 输入/16 输出，DC24V	160mA	6W	6ES7 223-1BL22-0XA0
		16 点 DC24V 输入/16 点继电器输出	150mA	6W	6ES7 223-1PL22-0XA0

表 2-9 S7-200 系列模拟量输入/输出扩展模块的型号与规格

型号	名称	主 要 参 数	DC5V 消耗	功耗	订 货 号
EM231	模拟量输入	4 点，DC0 ~ 10V/0 ~ 20mA 输入，12 位	20mA	2W	6ES7 231-0HC22-0XA0
		2 点，热电阻输入，16 位	87mA	1.8W	6ES7 231-7PB22-0XA0
		4 点，热电偶输入，16 位	87mA	1.8W	6ES7 231-1PD22-0XA0
EM232	模拟量输出	2 点，-10V ~ +10V/0 ~ 20mA，12 位	20mA	2W	6ES7 232-0HB22-0XA0
EM235	模拟量输入/输出混合模块	4 输入/1 输出，DC0 ~ 10V/0 ~ 20mA 输入，DC -10V ~ +10V/0 ~ 20mA 输出	30mA	2W	6ES7 235-1 KD 22-0XA0

（3）定位扩展模块　S7-200 PLC（CPU221 除外）可以通过选用一种定位扩展模块增加 PLC 的位置控制与调节功能。其模块的主要参数见表 2-10。

（4）网络扩展　S7-200 PLC（CPU221 除外）除了可以通过 CPU 模块的集成 RS-422/485 接口与外部设备进行通信外，还可以通过 4 种网络链接模块增加网络功能，以构成 PLC 网络控制系统。网络链接扩展模块的主要性能见表 2-11。

表 2-10　S7-200 系列定位扩展模块一览表

型号	名称	主要参数	DC5V 消耗	功耗	订货号
EM253	模拟量输入	位置输出：两相脉冲（RS422 接口驱动） 脉冲频率范围：12～200kHz	190mA	2.5W	6ES7 253-1AA22-0XA0

表 2-11　S7-200 系列网络链接扩展模块一览表

型号	名称	主要参数	DC5V 消耗	功耗	订货号
EM277	PROFIBUS-DP 总线接口	接口类型：RS-485 通信速率：9.6kbit/s～12Mbit/s 每段最多站数：32 每网络最多站数：126 连接电缆长度：100～1000m（与通信速率有关）	150mA	2.5W	6ES7 277-0AA22-0XA0
CP243-1	以太网接口模块	接口类型：RJ45 通信速率：10/100Mbit/s 最大同时通信数量：8 个	55mA	1.75W	6GK7 243-1EX00-0XE0
CP243-11T	以太网接口模块	接口类型：RJ45 通信速率：10/100Mbit/s 最大同时通信数量：8 个	55mA	1.75W	6GK7 243-1GX00-0XE0
CP243-2	远程 I/O 链接模块	接口类型：AS-i 占用 PLC 地址：2 个 I/O 模块 最大安装数量：2 个	220mA	2W	6GK7 243-2AX00-0XA0

基本单元通过其右侧的扩展接口用总线连接器与扩展单元左侧的扩展接口相连接，如图 2-50 所示。

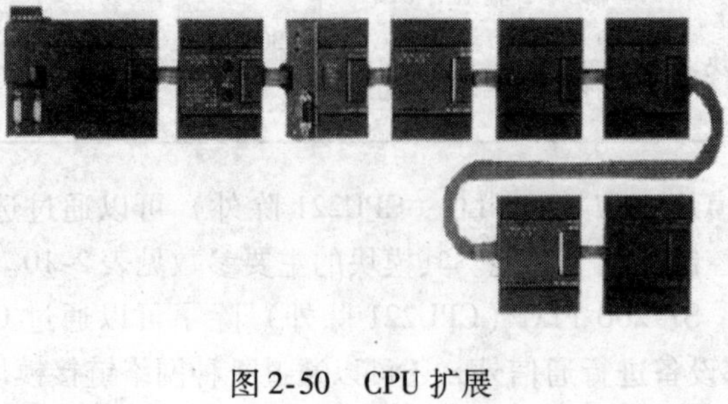

图 2-50　CPU 扩展

2.2.2 S7-200系列PLC的主要硬、软件性能指标

1. 硬件性能指标

S7-200系列PLC的硬件性能指标包括电源规范、输入规范、输出规范、主要性能参数等，见表2-12～表2-15。使用中必须符合这些性能指标。

表2-12 电源规范

项目	AC电源型CPU					DC电源型CPU				
	221	222	224	224XP	226	221	222	224	224XP	226
功耗	3W	5W	7W	8W	11W	6W	7W	10W	11W	17W
额定输入电压	AC120/240V					DC24V				
允许输入电压范围	AC85～264V					DC20.4～28.8V				
额定频率	50/60Hz（47～63Hz）					—				
电源熔断器	250V/3A					250V/2A				
电源消耗（仅CPU）/mA	30/15	30/15	60/30	70/35	80/40	80	85	110	120	150
电源消耗（带负载后）/mA	120/60	120/60	200/100	220/100	320/160	450	500	700	900	1050

表2-13 输入规范

项目	AC、DC电源型				
	CPU221	CPU222	CPU224	CPU224XP	CPU226
CPU集成输入点数	6	8	14	14	24
输入信号电压	DC24V，允许范围：DC15～30V				
输入信号电流	4mA/DC24V				
输入ON条件	≥2.5mA/DC 15V（CPU224XP型：10.3～10.5为8mA/DC 4V）				
输入OFF条件	≤1.0mA/DC 5V（CPU224XP型：10.3～10.5为1mA/DC1V）				
允许最大输入漏电流	1.0mA				
输入响应时间	0.2～12.8ms（可以选择）				
输入信号形式	接点输入或NPN集电极开路输入（源/汇点通用输入）				
输入隔离电路	双向光电耦合				
输入显示	输入ON时，指示灯（LED）光				

表 2-14 输出规范

项目	AC、DC 电源型	
CPU 集成输出点数	CPU221：4 点；CPU222：6 点；CPU224：10 点；CPU224XP：10 点；CPU226：16 点	
输出类型	继电器输出	晶体管输出
输出电压	AC：5～250V；DC：≤5～30V	DC20.4～28.8V（CPU224XP 型：Q0.0～Q0.4 为 DC5～28.8V）
最大输出电流	≤2A/点：公共端≤10A	≤0.75A/点：公共端≤6A（CPU224XP 型：≤3.75A）
驱动电阻负载容量	≤30W/点（DC）：≤200VA/点（AC）	≤5W/点
输出“1”信号	——	≥20V/0.75A
输出“0”信号	——	≤0.1V/10kΩ 负载
输出开路漏电流	——	≤10μA
输出响应时间（接通）	≈10ms	一般输出≤15μs：Q0.0/Q0.1 为 2μs（CPU224XP 型 0.5μs）
输出响应时间（断开）	≈10ms	一般输出≤130μs：Q0.0/Q0.1 为 10μs（CPU224XP 型 1.5μs）
输出隔离电路	触点机械式隔离	光电耦合隔离
输出显示	输出线圈 ON 时，指示灯（LED）亮	光电耦合 ON 时，指示灯（LED）亮

表 2-15 主要性能参数

S7-200 系列 PLC	CPU 221	CPU 222	CPU 224	CPU 224XP	CPU 226
集成数字量输入输出	6 入/4 出	8 入/6 出	14 入/10 出	14 入/10 出	24 入/16 出
可连接的扩展模块数量（最大）	不可扩展	2	7	7	7
最大可扩展的数字量输入输出点数	不可扩展	78	168	168	248
最大可扩展的模拟量输入输出点数	不可扩展	10	35	38	35
用户程序区（在线/非在线）/(KB/KB)	4/4	4/4	8/12	12/16	16/24
数据存储区/KB	2	2	8	10	10
数据后备时间（电容）/h	50	50	50	100	100
后备电池（选件）持续时间/d	200	200	200	200	200

（续）

S7-200 系列 PLC	CPU 221	CPU 222	CPU 224	CPU 224XP	CPU 226
编程软件	Step7 – Micro/WIN	Step 7 – Micro/WIN	Step7 – Micro/WIN	Step7 – Micro/WIN	Step7 – Micro/WIN
每条二进制语句执行时间/μs	0.22	0.22	0.22	0.22	0.22
标识寄存器/计数器/定时器数量	256/256/256	256/256/256	256/256/256	256/256/256	256/256/256
高速计数器	4 个 30kHz	4 个 30kHz	6 个 30kHz	6 个 100kHz	6 个 30kHz
高速脉冲输出	2 个 20kHz	2 个 20kHz	2 个 20kHz	2 个 100kHz	2 个 20kHz
通信接口	1 * RS485	1 * RS485	1 * RS485	2 * RS485	2 * RS485
硬件边沿输入中断	4	4	4	4	4
支持的通信协议	PPI，MPI，自由口	PPI，MPI，自由口，Profibus DP	PPI，MPI，自由口，Profibus DP	PPI，MPI，自由口，Profibus DP	PPI，MPI，自由口，Profibus DP
模拟电位器	1 个 8 位分辨率	1 个 8 位分辨率	2 个 8 位分辨率	2 个 8 位分辨率	2 个 8 位分辨率
实时时钟	外置时钟卡（选件）	外置时钟卡（选件）	内置时钟卡	内置时钟卡	内置时钟卡
外形尺寸（$W \times H \times D$）/mm	90 × 80 × 62	90 × 80 × 62	120 × 80 × 62	140 × 80 × 62	196 × 80 × 62

2. 软件性能指标

S7-200 系列 PLC 的软件性能指标包括编程功能、编程器件和特性、高速计数脉冲输出功能、通信功能及其他功能等，见表 2-16 ~ 表 2-21，供编程使用时参照。

表 2-16　S7-200 PLC 编程功能一览表

主 要 参 数	CPU221	CPU222	CPU224	CPU224XP	CPU226
用户程序存储容量	4KB	4KB	8KB	12KB	16KB
数据存储器容量	2KB	2KB	8KB	10KB	10KB
编程软件	Step 7-Micro/WIN				
逻辑指令执行时间	0.22μs				
标志寄存器数量	256，其中：断电记忆型 112 点（EEPROM 保存）				
定时器数量	256，其中：1ms 定时 4 个，10ms 定时 16 个，100ms 定时 236 个				
计数器数量	256（电池保持）				
中断输入	2 点，分辨率 1ms				
上升/下降沿中断输入	共 4 点				

表 2-17 S7-200 PLC 的编程器件和特性

描述	范围					存取格式			
	CPU221	CPU222	CPU224	CPU224XP	CPU226	位	字节	字	双字
用户程序区	4096B	4096B	8192B	12288B	16384B				
用户数据区	2048B	2048B	8192B	10240B	10240B				
输入映像寄存器	I0.0 ~ I15.7	I0.0 ~ I15.7	I0.0 ~ I15.7	I0.0 ~ I15.7	I0.0 ~ I15.7	Ix.y	IBx	IWx	1Dx
输出映像寄存器	Q0.0 ~ Q15.7	Q0.0 ~ Q15.7	Q0.0 ~ Q15.7	Q0.0 ~ Q15.7	Q0.0 ~ Q15.7	Qx.y	QBx	QWx	QDx
模拟输入（只读）		AIW0 ~ AIW30	AIW0 ~ AIW62	AIW0 ~ AIW62	AIW0 ~ AIW62			AIWx	
模拟输出（只写）	—	AQW0 ~ AQW30	AQW0 ~ AQW62	AQW0 ~ AQW62	AQW0 ~ AQW62			AQWx	
变量存储器	VB ~ VB2047	VB0 ~ VB2047	VB0 ~ VB8191	VB0 ~ VB10239	VB0 ~ VB10239	Vx.y	VBx	VWx	VDx
局部存储器 1	LB0 ~ LB63	LB0 ~ LB63	LB0 ~ LB63	LB0 ~ LB63	LB0 ~ LB63	Lx.y	LBx	LWx	LDx
位存储器	M0.0 ~ M31.7	M0.0 ~ M31.7	M0.0 ~ M31.7	M0.0 ~ M31.7	M0.0 ~ M31.7	Mx.y	MBx	MWx	MDx
特殊存储器（只读）	SM0.0 ~ SM179.7 SM0.0 ~ SM29.7	SM0.0 ~ SM299.7 SM0.0 ~ SM29.7	SM0.0 ~ SM549.7 SM0.0 ~ SM29.7	SM0.0 ~ SM549.7 SM0.0 ~ SM29.7	SM0.0 ~ SM549.7 SM0.0 ~ SM29.7	SMx.y	SMBx	SMWx	SMDx
定时器	256（T0 ~ T255）					Tx		Tx	
保持接通延时 1ms 保持接通延时 10ms 保持接通延时 100ms	T0，T64 T1 ~ T4，T65 ~ T68 T5 ~ T31，T69 ~ T95								
接通/断开延时 1ms 接通/断开延时 10ms 接通/断开延时 100ms	T32，T96 T33 ~ T36，T97 ~ T100 T37 ~ T63，T101 ~ T255								
计数器	C0 ~ C255	C0 ~ C255	C0 ~ C255	C0 ~ C255	C0 ~ 255	Cx		Cx	
高速计数器	HC0， HC3 ~ HC5	HC0， HC3 ~ HC5	HC0 ~ HC5	HC0 ~ HC5	HC0 ~ HC5				HCx
顺控继电器	S0.0 ~ S31.7	S0.0 ~ S31.7	S0.0 ~ S31.7	S0.0 ~ S31.7	S0.0 ~ S31.7	Sx.y	SBx	SWx	SDx
累加器	AC0 ~ AC3	AC0 ~ AC3	AC0 ~ AC3	AC0 ~ AC3	AC0 ~ AC3		ACx	ACx	ACx

（续）

描述	范围					存取格式			
	CPU221	CPU222	CPU224	CPU224XP	CPU226	位	字节	字	双字
跳转/标号	0~255	0~255	0~255	0~255	0~255				
调用/子程序	0~63	0~63	0~63	0~127	0~127				
中断程序	0~127	0~127	0~127	0~127	0~127				
中断号	0~12 19~23 27~33	0~12 19~23 27~33	0~23 27~33	0~33	0~33				
PID 回路	0~7	0~7	0~7	0~7	0~7				
通信端口	端口 0	端口 0	端口 0	端口 0.1	端口 0.1				

注：1. LB60~LB63 为 STEP 7Micro/WIN 32 V3.0 或更高版本保留。

2. 若 S7-200PLC 的性能提高而使参数改变，作为教材，恕不能及时更正，请参考西门子的相关产品手册。

表 2-18　操作数的有效编址范围

寻址方式	CPU 221	CPU 222	CPU 224	CPU 224XP	CPU 226
位存取（字节，位）	I0.0~15.7　Q0.0~15.7　M0.0~31.7　S0.0~31.7　T0~255　C0~255　L0.0~63.7				
	V0.0~2047.7		V0.0~8191.7	V0.0~10239.7	
	SM0.0~165.7	SM0.0~299.7	SM0.0~549.7		
字节存取	IB0~15　QB0~15　MB0~31　SB0~31　LB0~63　AC0~3　KB（常数）				
	VB0~2047		VB0~8191	VB0~10239	
	SMB0~165	SMB0~299	SMB0~549		
字存取	IW0~14　QW0~14　MW0~30　SW0~30　T0~255　C0~255　LW0~62　AC0~3　KW（常数）				
	VW0~2046		VW0~8190	VW0~10238	
	SMW0~164	SMW0~298	SMW0~548		
	AIW0~30　AQW0~30		AIW0~62　AQW0~62		
双字存取	ID0~12　QD0~12　MD0~28　SD0~28　LD0~60　AC0~3　HC0~5　KD（常数）				
	VD0~2044		V0~8188	VD0~10236	
	SMD0~162	SMD0~296	SMD0~546		

表 2-19　S7-200 PLC 高速计数脉冲输出功能

项　目		功　能				
		CPU221	CPU222	CPU224	CPU224XP	CPU226
内置高速计数功能	总计	4 点	4 点	6 点	6 点	6 点
	单相	4 点，30kHz	4 点，30kHz	6 点，30kHz	2 点，200kHz 4 点，30kHz	6 点，30kHz
	两相	2 点，20kHz	2 点，20kHz	4 点，20kHz	3 点，20kHz 1 点，100kHz	4 点，20kHz
高速脉冲输出		2 点，20kHz	2 点，20kHz	2 点，20kHz	2 点，100kHz	2 点，20kHz
高速脉冲捕捉输入		6	8 点	14 点	14 点	24 点

表 2-20　S7-200PLC 通信功能

项　目		功　能				
		CPU221	CPU222	CPU224	CPU224XP	CPU226
接口类型		RS-485 串行通信接口				
接口数量		1			2	
波特率	PPI、DP/T	9.6、19.2、187.5kbit/s				
	无协议通信	1.2 ~ 15.2kbit/s				
通信距离	不使用中继器	50m				
	使用中继器	与波特率有关，187.5kbit/s 时为 1000m				
PLC 网络连接方式		PPI、MPI、PROFIBUS-DP、Ethernet 网（需要网络模块支持）				

表 2-21　S7-200PLC 其他功能

项　目	功　能
时钟与计时功能	内置实时钟，可进行时间设定、比较与 PLC 运行时间计时等
恒定扫描功能	利用参数固定 PLC 扫描周期
输入滤波时间调整	可通过程序改变输入滤波时间
注释功能	可对编程元件进行注释
在线编程功能	可在 PLC 运行状态下，改变 PLC 程序
程序的密码保护功能	可用 8 位密码保护用户程序
数据记录与归档功能	可以按照时间记录过程数据，并且永久性保存
配方功能	可以利用存储器卡，将 STEP 7-Micro/WIN 编程软件设定的组态信息写入 PLC
PID 自动整定功能	PLC 可以根据响应速度，自动进行调节器参数的优化，并选择最佳调节器参数

2.2.3 S7-200系列PLC的13大编程软元（器）件-数据存储区

S7-200PLC的编程软元（器）件-数据存储区的总体框图如图2-51所示，可分为13个部分，它们的功能各不相同。编程软元（器）件的类型和元件号由字母和数字表示，其中I、Q、V、M、SM、L、S均可以按位、按字节、按字、按双字来编址与存取，如图2-52所示。

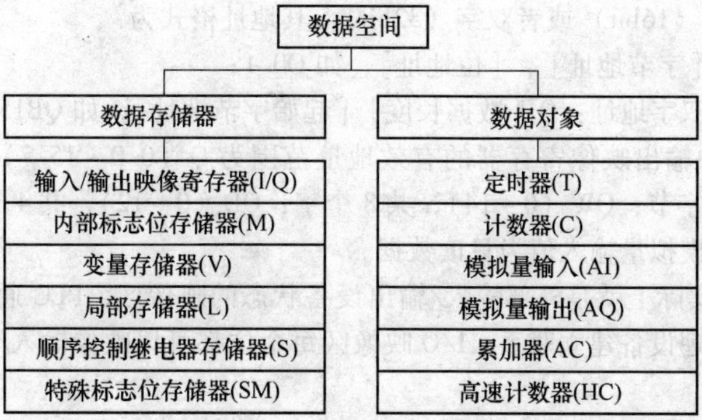

图2-51　S7-200PLC的编程软元（器）件-数据存储区的总体框图

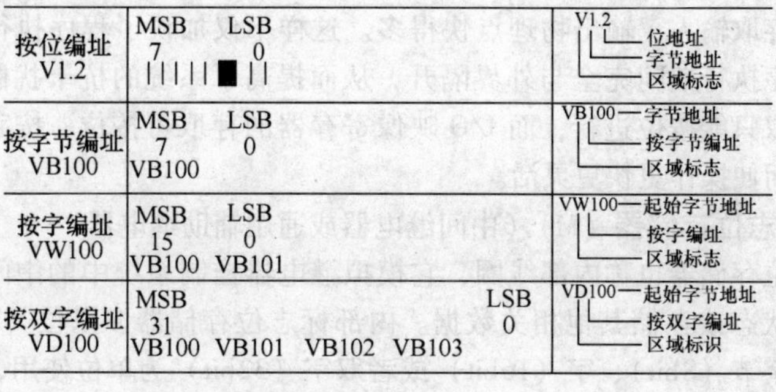

图2-52　位、字节、字、双字的编址

1. 输入映像寄存器（I）（输入继电器）

PLC的输入端子是从外部接收输入信号的窗口，每一个输入端子与输入映像寄存器的相应位对应。在每次扫描周期开始（或结束），CPU对输入点进行采样，并将采样值存于输入映像寄存器中，作为程序处理时输入点状态的依据。输入映像寄存器的状态只能由外部输入信号驱动，而不能在内部由程序指令来改变。输入映像寄存器的数据可以是位（1bit）、字节（8bit）、字（16bit）或者双字（32bit）。其地址格式为

位地址：I［字节地址］.［位地址］，如I0.1；

字节、字、双字地址：I［数据长度］［起始字节地址］，如IB15、IW14、ID12；

CPU226 模块输入映像寄存器的有效地址范围为 I（0.0～15.7），共 128 点；IB（0～15），共 16 字节；IW（0～14），共 8 个字；ID（0～12），共 4 个双字。

2. 输出映像寄存器（Q）（输出继电器）

PLC 的输出端子是 CPU 向外部负载发出控制命令的窗口，每一个输出端子与输出映像寄存器的相应位对应。CPU 将输出判断结果存放在输出映像寄存器中，在每次扫描周期的结尾，CPU 以批处理方式将输出映像寄存器的数值复制到相应的输出端子上，通过输出模块将输出信号传送给外部负载。输出映像寄存器的数据可以是位（1bit）、字节（8bit）、字（16bit）或者双字（32bit）。其地址格式为

位地址：Q［字节地址］.［位地址］，如 Q0.1；

字节、字、双字地址：Q［数据长度］［起始字节地址］，如 QB15、QW14、QD12；

CPU226 模块输出映像寄存器的有效地址范围为 Q（0.0～15.7），共 128 点；QB（0～15），共 16 字节；QW（0～14），共 8 个字；QD（0～12），共 4 个双字。

应当指出，模拟量输入值为只读数据。

I/O 映像区实际上就是外部输入/输出设备状态的映像区，PLC 通过 I/O 映像区的各个位与外部物理设备建立联系。I/O 映像区每个位都可以映像输入/输出单元上的每个端子状态。

梯形图中的输入继电器、输出继电器的状态对应于输入/输出映像寄存器相应位的状态。I/O 映像区的建立使 PLC 工作时只和内存地址单元内所存的状态数据发生关系，而系统输出也只是给内存某一地址单元设定一个状态数据，用户程序存取映像寄存器中的数据要比存取输入、输出物理点快得多。这样不仅加快了程序执行速度，而且使控制系统在程序执行期间完全与外界隔开，从而提高了系统的抗干扰能力。此外，外部输入点的存取只能按位进行，而 I/O 映像寄存器的存取可按位、按字节、按字和按双字进行，因而使操作更快更灵活。

3. 内部标志位存储器（M）（中间继电器或通用辅助继电器）

内部标志位存储器也称内部线圈，它模拟继电器控制系统中的中间继电器，用于存放中间操作状态或存储其他相关数据。内部标志位存储器多以位（1bit）为单位使用，但也可以字节（8bit）、字（16bit）或者双字（32bit）为单位使用，其地址格式为

位地址：M［字节地址］.［位地址］，如 M31.7；

字节、字、双字地址：M［数据长度］［起始字节地址］，如 MB31、MW30、MD28；

CPU226 模块内部标志位存储器的有效地址范围为 M（0.0～31.7），共 256 点；MB（0～31），共 32 字节；MW（0～30），共 16 个字；MD（0～28），共 8 个双字。

4. 变量存储器（V）

变量存储器存放全局变量、程序执行过程中控制逻辑操作的中间结果或其他相关的数据。变量存储器是全局有效，全局有效是指同一个存储器可以在任一程序分区（主程序、子程序、中断程序）被访问。其地址格式为

位地址：V［字节地址］.［位地址］，如 V10.2；

字节、字、双字地址：V［数据长度］［起始字节地址］，如 VB200、VW1000、VD5116；

CPU226 模块变量存储器的有效地址范围为 V（0.0 ~ 5119.7），共 40960 点；VB（0 ~ 5119），共5120 字节；VW（0 ~ 5118），共2560 个字；VD（0 ~ 5116），共1280 个双字。

应当指出，变量存储器存储的数据可以是输入，也可以是输出。

5. 局部存储器（L）

局部存储器用来存放局部变量，局部存储器只是局部有效，局部有效是指某一局部存储器只能在某一程序分区（主程序、子程序、中断程序）中被使用。S7-200PLC只提供 64 个字节局部存储器（其中 LB60 ~ LB63 为 STEP7-Micro/WIN32V3.0 及其以后版本软件所保留），局部存储器可用作暂时存储器或为子程序传递参数。

CPU 可以按位、按字节、按字和按双字访问局部存储器，可以把局部存储器作为间接寻址的指针，但是不能作为间接寻址的存储器。其地址格式为

位地址：L［字节地址］.［位地址］，如 L53.5；

字节、字、双字地址：L［数据长度］［起始字节地址］，如 LB20、LW32、LD56；

CPU226 模块局部存储器的有效地址范围为 L（0.0 ~ 63.7），共512 点；LB（0 ~ 63），共64 字节；LW（0 ~ 62），共 32 个字；LD（0 ~ 60），共 16 个双字。

6. 顺序控制继电器存储器（S）（顺序控制继电器）

顺序控制继电器存储器用于顺序控制（或步进控制），顺序控制继电器指令基于顺序功能图（SFC）的编程方式，将控制程序的逻辑分段，从而实现顺序控制。其地址格式为

位地址：S［字节地址］.［位地址］，如 S31.1；

字节、字、双字地址：S［数据长度］［起始字节地址］，如 SB31、SW30、SD28；

CPU226 模块顺序控制继电器存储器的有效地址范围为 S（0.0 ~ 31.7），共256 点；SB（0 ~ 31），共 32 字节；SW（0 ~ 30），共 16 个字；SD（0 ~ 28），共 8 个双字。

7. 特殊标志位存储器（SM）（特殊标志继电器）

特殊标志位存储器即特殊内部线圈，它是用户程序与系统程序之间的界面，为用户提供一些特殊的控制功能及系统信息，用户对操作的一些特殊要求也通过特殊标志位存储器通知系统。特殊标志位存储器区域分为只读区域（SM0 ~ SM29）和可读写区域。在只读区的特殊标志位，用户只能使用其触点，例如，SM0.0 用于 PLC 的 RUN 监控，PLC 在 RUN 方式时 SM0.0 恒为 1；SM0.1 在程序运行的第一个扫描周期闭合，常用作初始化脉冲信号；SM0.4 能提供周期为 1min，占空比为 50% 的时钟脉冲；SM0.6 为扫描时钟，本次扫描为 1，下次扫描时置 0；…。

可读写特殊标志位用于特殊功能控制，例如，用于自由通信口设置的 SM30；用于定时中断间隔时间设置的 SM34/ SM35；用于高速计数器设置的 SM36 ~ SM65；用于脉冲串输出控制的 SM66 ~ SM85。

尽管特殊标志位存储器基于位存取，但也可以按字节、按字和按双字来存取数据，特殊标志位存储器的地址格式为

位地址：SM［字节地址］.［位地址］，如 SM0.1；

字节、字、双字地址：SM［数据长度］［起始字节地址］，如SMB196、SMW200、SMD546；

CPU226模块特殊标志位存储器的有效地址范围为SM（0.0～549.7），共4400点；SB（0～549），共550字节；SW（0～548），共275个字；SD（0～546），共136个双字。

表2-22和表2-23分别为SMB0的各个位功能描述和SM其他状态字功能表。

表2-22　SMB0的各个位功能描述

SMB0的各个位	功能描述
SM0.0	常闭触点，在程序运行时一直保持闭合状态
SM0.1	该位在程序运行的第一个扫描周期闭合，常用于调用初始化子程序
SM0.2	若永久保持的数据丢失，则该位在程序运行的第一个扫描周期闭合。可用于存储器错误标志位
SM0.3	开机后进入RUN方式，该位将闭合一个扫描周期。可用于启动操作前为设备提供预热时间
SM0.4	该位为一个1min时钟脉冲，30s闭合，30s断开
SM0.5	该位为一个1s时钟脉冲，0.5s闭合，0.5s断开
SM0.6	该位为扫描时钟，本次扫描闭合，下次扫描断开，不断循环
SM0.7	该位指示CPU工作方式开关的位置（断开为TERM位置，闭合为RUN位置）。利用该位状态。当开关在RUN位置时，可使自由口通信方式有效，开关切换至TERM位置时，同编程设备的正常通信有效

表2-23　SM其他状态字功能表

状态字	功能描述
SMB1	包含了各种潜在的错误提示，可在执行某些指令或执行出错时由系统自动对相应位进行置位或复位
SMB2	在自由接口通信时，自由接口接收字符的缓冲区
SMB3	在自由接口通信时，发现接收到的字符中有奇偶校验错误时，可将SM3.0置位
SMB4	标志中断队列是否溢出或通信接口使用状态
SMB5	标志I/O系统错误
SMB6	CPU模块识别（ID）寄存器
SMB7	系统保留

（续）

状　态　字	功 能 描 述
SMB8 ~ SMB21	I/O 模块识别和错误寄存器，按字节对形式（相邻两个字节）存储扩展模块 0 ~ 6 的模块类型、I/O 类型、I/O 点数和测得的各模块 I/O 错误
SMW22 ~ SMW26	记录系统扫描时间
SMB28 ~ SMB29	存储 CPU 模块自带的模拟电位器所对应的数字量
SMB30 和 SMB130	SMB30 为自由接口通信时，自由接口 0 的通信方式控制字节；SMB130 为自由接口通信时，自由接口 1 的通信方式控制字节；两字节可读可写
SMB31 ~ SMB32	永久存储器（EEPROM）写控制
SMB34 ~ SMB35	用于存储定时中断的时间间隔
SMB36 ~ SMB65	高速计数器 HSC0、HSC1、HSC2 的监视及控制寄存器
SMB66 ~ SMB85	高速脉冲输出（PTO/PWM）的监视及控制寄存器
SMB86 ~ SMB94 SMB186 ~ SMB194	自由接口通信时，接口 0 或接口 1 接收信息状态寄存器
SMB98 ~ SMB99	标志扩展模块总线错误号
SMB131 ~ SMB165	高速计数器 HSC3、HSC4、HSC5 的监视及控制寄存器
SMB166 ~ SMB194	高速脉冲输出（PTO）包络定义表
SMB200 ~ SMB299	预留给智能扩展模块，保存其状态信息

其自由端口控制寄存器标志见表 2-24。

表 2-24　自由端口控制寄存器标志

位　号	7　6	5	4　3　2	1　0
标志符	pp	d	bbb	mm
标志	pp = 00：不校验 pp = 01：奇校验 pp = 10：不校验 pp = 11：偶校验	d = 0 每字符 8 位数据 d = 1 每字符 7 位数据	bbb = 000：38400bit/s bbb = 001：19200bit/s bbb = 010：9600bit/s bbb = 011：4800bit/s bbb = 100：2400bit/s bbb = 101：1200bit/s bbb = 110：600bit/s bbb = 111：300bit/s	mm = 00 PPI/从站模式 mm = 01 自由口协议 mm = 10 PPI/主站模式 mm = 11 保留

8. 定时器存储器（T）（定时器）

PLC 在工作中少不了需要计时，定时器就是模拟继电器控制系统的时间继电器，累计时间增量，实现 PLC 计时功能的编程元件。定时器的工作过程与时间继电器基本相同，提前置入时间预定值，当定时器的输入条件满足时开始计时，当前值从 0 开始按一定的时间单位（时基）增加；当定时器的当前值达到预定值时定时器发生动作，发出中断请求，PLC 响应，同时发出相应的动作，即常开触点闭合，常闭触点断开；利用定时器的输入与输出触点可以得到控制所需要的延时时间。通常定时器的设定值由程序赋予，需要时也可在外部设定。S7-200 定时器的分辨率（时基或时基增量）分为 1ms、10ms、100ms 三种，见表 2-16。

（1）S7-200 定时器的三种类型

1）接通延时定时器。功能是定时器计时到时，定时器常开触点由 OFF 转入 ON。

2）断开延时定时器。功能是定时器计时到时，定时器常开触点由 ON 转入 OFF。

3）记忆接通延时定时器。功能是定时器累计时间到时，定时器常开触点由 OFF 转入 ON。

（2）定时器的三种相关变量

1）定时器的时间设定值（PT）。定时器的设定时间等于 PT 值乘以时基增量。

2）定时器的当前时间值（SV）。定时器的计时时间等于 SV 值乘以时基增量。

3）定时器的输出状态（0 或者 1）。

（3）定时器的编号　S7-200 有 256 个定时器 T，其编号的有效范围为 T（0 ~ 255）。

定时器存储器地址表示格式不仅是定时器的标号，它还包括两方面的变量信息：定时器位和定时器当前值；至于指令中所存储的是当前值还是定时器位，取决于所用指令，带位操作的指令存取定时器位，带字操作的指令存取定时器的当前值。例如：

```
LD      I0.1
TON     T35, 20
LD      T35          //访问定时器位
 =      Q0.2
LDI >   T35, +300    //访问定时器当前值，将当前值与 300 进行比较
 =      Q0.3
```

9. 计数器存储器（C）（计数器）

PLC 在工作中有时不仅需要计时，还需要计数功能。计数器就是实现 PLC 计数功能的器件，它累计其计数输入端脉冲电平由低到高的次数。它有三种类型：增计数、减计数、增减计数。通常计数器的设定值由程序赋予，需要时也可在外部设定。

（1）计数器的三种类型

1）增计数器　功能是每收到一个计数脉冲，计数器的计数值加 1。当计数值等于或大于设定值时，计数器由 OFF 转变为 ON 状态。

2）减计数器　功能是每收到一个计数脉冲，计数器的计数值减 1。当计数值由设定值减到 0 时，计数器由 OFF 转变为 ON 状态。

3）增减计数器　功能是既可以增计数，也可以减计数。当增计数时，每收到一个计数脉冲，计数器的计数值加 1。当计数值等于或大于设定值时，计数器由 OFF 转变

为 ON 状态。当减计数时，每收到一个计数脉冲，计数器的计数值减 1，当计数值小于设定值时，计数器由 ON 转变为 OFF 状态。

（2）计数器的三种相关变量

1）计数器的设定值（PV）。

2）计数器的当前值（SV）。

3）计数器的输出状态（0 或者 1）。

（3）计数器的编号　S7-200 有 256 个计数器 C，其编号的有效范围为 C（0 ~ 255）。

计数器存储器地址表示格式不仅是计数器的标号，它也包括两方面的变量信息：计数器位和计数器当前值。计数器位表示计数器是否发生动作的状态，当计数器的当前值达到预设值时，该位被置为 1；计数器当前值存储计数器当前所累计的脉冲个数，它用 16 位符号整数表示。指令中所存储的是当前值还是计数器位，取决于所用指令，带位操作的指令存取计数器位，带字操作的指令存取计数器的当前值。

10. 模拟量输入映像寄存器（AI）

模拟量输入模块将外部输入模拟信号的模拟量（如温度、压力）转换成 1 个字长（16 bit）的数字量，存放在模拟量输入映像寄存器中，供 CPU 运算处理，模拟量输入映像寄存器中的值为只读值。

模拟量输入映像寄存器的地址格式为 AIW［起始字节地址］，如 AIW60。其地址必须使用偶数字节地址来表示，如 AIW0、AIW2、AIW4 等。

CPU226 模块特殊标志位存储器的有效地址范围为 AIM（0 ~ 62），共 32 个字，即共有 32 路模拟量输入。

11. 模拟量输出映像寄存器（AQ）

CPU 运算的相关结果存放在模拟量输出映像寄存器中，供 D/A 转换器将 1 个字长（16bit）的数字量按比例转换成电流或电压等模拟量，以驱动外部模拟量控制的设备，模拟量输出映像寄存器中的值为只写值，用户不能读取模拟量输出值。

模拟量输出映像寄存器的地址格式为 AQW［起始字节地址］，如 AQW60。其地址必须使用偶数字节地址来表示，如 AQW0、AQW2、AQW4 等。

CPU226 模块特殊标志位存储器的有效地址范围为 AQM（0 ~ 62），共 32 个字，总共有 32 路模拟量输出。

12. 累加器（AC）

累加器是可以像存储器那样进行读/写的器件。例如，可以用累加器向子程序传递参数，或从子程序返回参数，以及用来存储计算的中间数据。

S7-200 CPU 提供了 4 个 32 位累加器，其地址格式为 AC［累加器号］，即 AC0 ~ AC3。

CPU 可以按字节、按字、按双字存取累加器中的数值。由指令标识符决定存取数据的长度。例如，使用 MOBV 指令以字节形式读/写累加器中的数据时，只能读/写累加器 32 位数据中的最低 8 位数据；使用 DECW 指令以字的形式读/写累加器中的数据时，只能读/写累加器 32 位数据中的最低 16 位数据。只有采取双字的形式读/写累加器中的数据时，才能一次读/写累加器的全部 32 位数据。

因为 PLC 的运算功能总离不开累加器，因此不能像占用其他存储器那样随便占用累加器。

13. 高速计数器（HC）

高速计数器用来累计高速脉冲信号，当高速脉冲信号的频率比 CPU 扫描速率更快时，必须要用高速计数器来计数。高速计数器的当前值寄存器为 32 位，读取高速计数器当前值应以双字（32 位）来寻址，高速计数器的当前值为只读值。

S7-200 各个高速计数器不仅计数频率高达 30kHz，而且有 12 种工作模式。

高速计数器的地址格式为 HS［高速计数器号］，如 HSC1。

CPU221 和 CPU222 有 4 个高速计数器（HSC0、HSC3、1SC4、HSC5）；CPU224 和 CPU226 有 6 个高速计数器，其有效地址范围为 HC（0~5）。

概括起来，这 13 大类编程软元（器）件名称及其寻址格式见表 2-25。

表 2-25 编程软元（器）件名称及直接寻址格式

元件符号（名称）	所在数据区域	位寻址格式	其他寻址格式
I（输入继电器）	数字量输入映像位区	Ax. y	ATx
Q（输出继电器）	数字量输入映像位区	Ax. y	ATx
M（通用辅助继电器）	内部存储器标志位区	Ax. y	ATx
SM（特殊标志继电器）	特殊存储器标志位区	Ax. y	ATx
S（顺序控制继电器）	顺序控制继电器存储器区	Ax. y	ATx
V（变量存储器）	变量存储器区	Ax. y	ATx
L（局部变量存储器）	局部存储器区	Ax. y	ATx
T（定时器）	定时器存储器区	无	Ax（仅字）
C（计数器）	计数器存储器区	无	Ax（仅字）
AI（模拟量输入映像寄存器）	模拟量输入存储器区	无	Ax（仅字）
AQ（模拟量输出映像寄存器）	模拟量输出存储器区	无	Ax（仅字）
AC（累加器）	累加器区	无	Ax
HC（高速计数器）	高速计数器区	无	Ax（仅双字）

注：表中 A 表示器件名称（如 I、Q、M 等），T 表示数据类型（如 B、W、D，若为位寻址无此项），x 表示字节地址，y 表示字节内的位地址。按位寻址的格式为：Ax. y，必须指定编程器件名称、字节地址和位号。

S7-200 PLC 的 13 大类编程器件和特性详见表 2-17，其操作数的有效编址范围详见表 2-18。这 13 大类编程软元（器）件既是 PLC 的硬件资源，又是学懂和用好 PLC，进行软件编程的根基，必须下大气力学会、掌握、熟记，并能灵活自如地应用。

2.2.4 S7-200 系列 PLC 的基本指令

S7-200 PLC 的指令丰富，软件功能强。它可以使用 56 条基本的逻辑处理指令、27 条数字运算指令、11 条定时器/计数器指令、4 条时钟指令、84 条其他应用指令，总计指令数多达 182 条。但限于本书篇幅，这里只介绍机床控制中最常用的基本指令，有关功能指令及特殊功能指令等仅给出其归纳列表，没做详尽介绍，使用时再查阅相关使用手册进行详尽开发应用。

1. S7-200 PLC 的基本逻辑指令

（1）逻辑取和线圈驱动指令（3 条） 逻辑取和线圈驱动指令为 LD、LDN 和 =。

LD（Load）：取指令。用于网络块逻辑运算开始的常开触点与左母线的连接。

LDN（Load Not）：取反指令。用于网络块逻辑运算开始的常闭触点与左母线的连接。

=（out）：线圈驱动指令。

LD、LDN 和 =3 条指令的用法如图 2-53 所示。

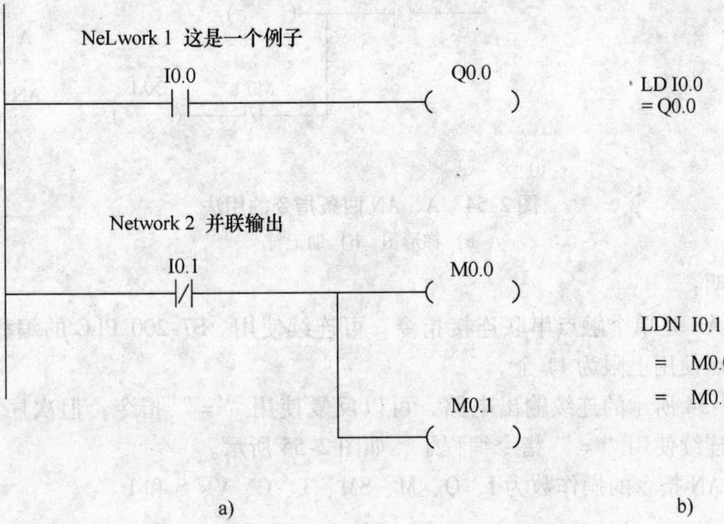

图 2-53 LD、LDN 和 =3 条指令的用法

a）梯形图 b）助记符

使用说明：

1）LD、LDN 指令不仅是用于网络块逻辑运算开始时与左母线相连的常开和常闭触点，在分支电路块的开始也要使用 LD、LDN 指令（与后面要介绍的 ALD、OLD 指令配合使用）。

2）并联的“=”指令可连续使用任意次。

3）在同一程序中不能使用双线圈输出，即同一个元器件在同一个程序中只能使用一次“=”指令。

4）LD、LDN、= 指令的操作数为 I、Q、M、SM、T、C、V、S 和 L。T 和 C 也作

为输出线圈，但在 S7-200 PLC 中输出时不是以使用“=”指令形式出现（见定时器和计数器指令）。

（2）触点串联指令（2 条） 触点串联指令为 A、AN。

A(AND)：“与”指令。用于单个常开触点的串联连接。

AN(And Not)：“与反”指令。用于单个常闭触点的串联连接。

A、AN 两条指令的用法如图 2-54 所示。

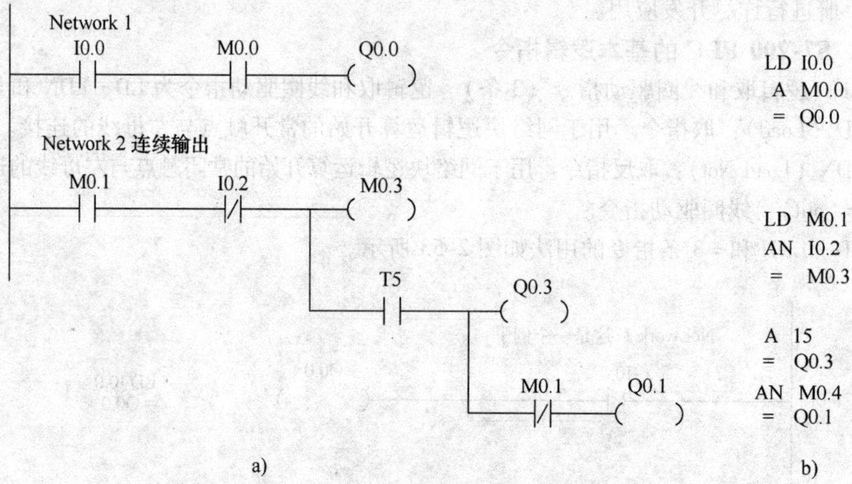

图 2-54 A、AN 两条指令的用法
a）梯形图 b）助记符

使用说明：

1）A、AN 是单个触点串联连接指令，可连续使用。S7-200 PLC 的编程软件中规定的串联触点使用上限为 11 个。

2）图 2-54 所示的连续输出电路，可以反复使用“=”指令，但次序必须正确，不然就不能连续使用“=”指令编程了，如图 2-55 所示。

3）A、AN 指令的操作数为 I、Q、M、SM、T、C、V、S 和 L。

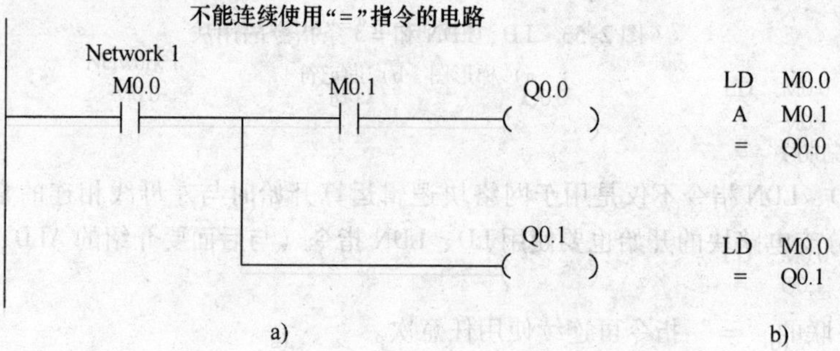

图 2-55 不能连续使用“=”指令的例子
a）梯形图 b）助记符

(3) 触点并联指令（2 条） 触点并联指令为 O、ON。

O（OR）：“或”指令。用于单个常开触点的并联连接。

ON（OrNot）：“或反”指令。用于单个常闭触点的并联连接。

O、ON 两条指令的用法如图 2-56 所示。

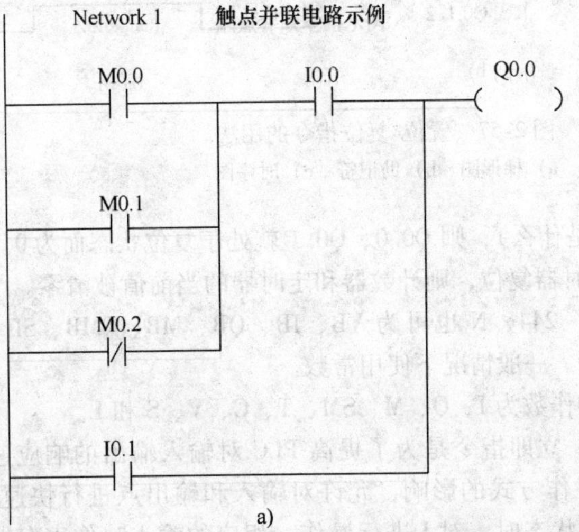


```
LD   M0.0
O    M0.1
ON   M0.2
A    I0.0
O    I0.1
=    Q0.0
```

b)

图 2-56 O、ON 两条指令的用法

a) 梯形图 b) 助记符

使用说明：

1) 单个触点的 O、ON 指令可连续使用。

2) O、ON 指令应从上个相并联接点的左端开始，到上个相并联接点的右端结束。

3) O、ON 指令的操作数为 I、Q、M、SM、T、C、V、S 和 L。

(4) 置位、复位指令（2 条） 置位（Set）/复位（Reset）指令的 LAD 和 STL 形式以及功能见表 2-26。

表 2-26 置位/复位指令功能表

指令名称	LAD	STL	功能
置位指令 Set	bit—（S）N	S，bit，N	从 bit 开始的 N 个元件置 1 并保持
复位指令 Reset	bit—（R）N	R，bit，N	从 bit 开始的 N 个元件置 0 并保持

置位/复位指令的用法如图 2-57 所示。

使用说明：

1) 对位元件来说一旦被置位，就保持在通电状态，除非对它复位；而一旦复位就保持在断电状态，除非再对它置位。

2) 置位/复位指令可以互换次序使用，但由于 PLC 采用扫描工作方式，所以写在后面的指令具有优先权（即后面的一条指令会对前面的指令进行覆盖）。如图 2-57 中，

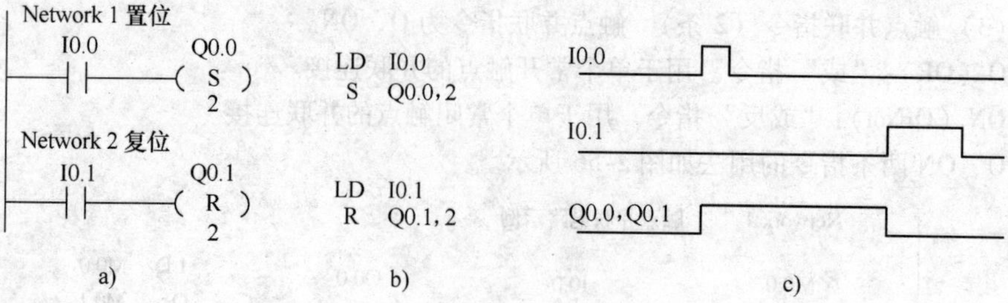

图 2-57　置位/复位指令的用法

a）梯形图　b）助记符　c）时序图

只要 I0.1 为 1（不管 I0.0 是什么），则 Q0.0、Q0.1 就处于复位状态而为 0。

3）如果对计数器和定时器复位，则计数器和定时器的当前值被清零。

4）N 的常数范围为 1～244，N 也可为 VB、IB、QB、MB、SMB、SB、LB、AC、常数、∗VD、∗AC 和∗LD。一般情况下使用常数。

5）置位/复位指令的操作数为 I、Q、M、SM、T、C、V、S 和 L。

（5）立即指令（9 条）　立即指令是为了提高 PLC 对输入输出的响应速度而设置的，它不受 PLC 循环扫描工作方式的影响，允许对输入和输出点进行快速直接存取。当用立即指令读取输入点的状态时，对 I 进行操作，相应的输入映像寄存器中的值并不更新；当用立即指令访问输出点时，对 Q 进行操作，新值同时写到 PLC 的物理输出点和相应的输出映像寄存器。

立即指令的名称和使用说明见表 2-27。

表 2-27　立即指令的名称和使用

指令名称	STL	LAD	使用说明
立即取	LDI bit	bit —| I |— ; bit —| /I |—	bit 只能为 I
立即取反	LDN1 bit		
立即或	OI bit		
立即或反	ONI bit		
立即与	AI bit		
立即与反	ANI bit		
立即输出	=1 bit	bit —(I)	bit 只能为 Q
立即置位	SI bit, N	bit —(I) N	1. bit 只能为 Q 2. N 的范围：1～128 3. N 的操作数同 S/R 指令
立即复位	R1 bit, N	bit —(I) N	

立即指令的用法如图 2-58 所示。

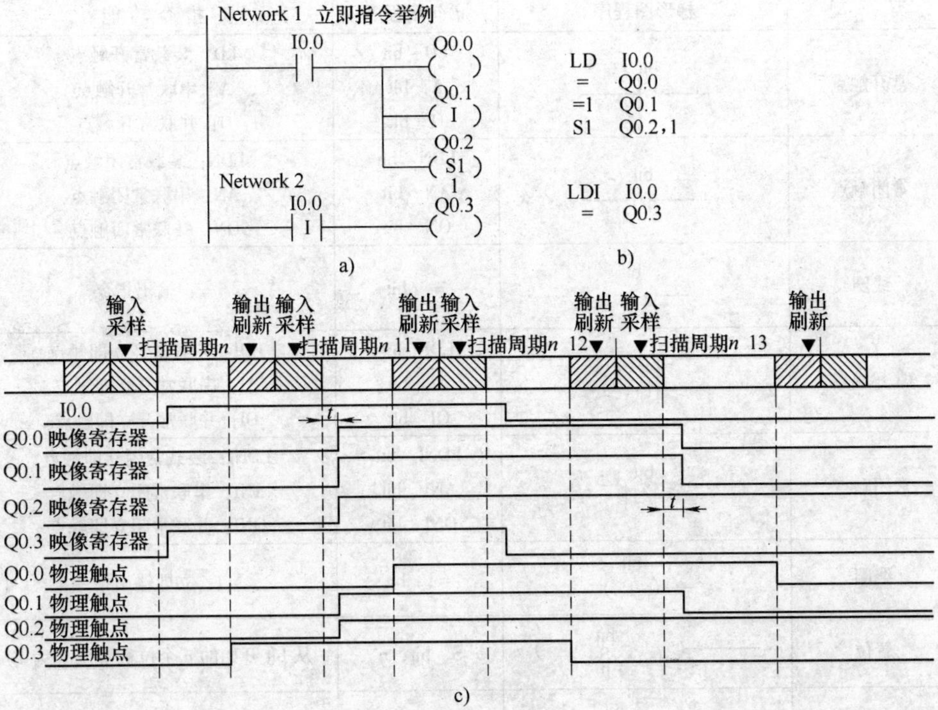

图 2-58 立即指令的用法

a）梯形图 b）助记符 c）时序图

在理解本例的过程中，一定要注意哪些地方使用了立即指令，哪些地方没有使用立即指令，要理解输出物理触点和相应的输出映像寄存器是不一样的概念，并且要结合 PLC 工作方式的原理来看时序图。图 2-58 中，t 为执行到输出点处程序所用的时间，Q0.0、Q0.1、Q0.2 的输入逻辑是 I0.0 的普通常开触点。Q0.0 为普通输出，在程序执行到它时，它的映像寄存器的状态会随着本扫描周期采集到的 I0.0 状态的改变而改变，而它的物理触点要等到本扫描周期的输出刷新阶段才改变；Q0.1、Q0.2 为立即输出，在程序执行到它们时，它们的物理触点和映像寄存器同时改变；而对 Q0.3 来说，它的输入逻辑是 I0.0 的立即触点，所以在程序执行到它时，Q0.3 的映像寄存器状态会随着 I0.0 即时状态的改变而立即改变，但它的物理触点要等到本扫描周期的输出刷新阶段才改变。

归纳总结上述单接点指令（6 条）、立即接点指令（6 条）、输出/置位/复位（3 条）和立即输出/立即置位/立即复位（3 条）指令，一共 18 条。这是 PLC 使用率最高的一些基本指令，现列于表 2-28 中，供读者对比分析记忆，灵活选择使用。

表 2-28 最常用的 18 条单接点和线圈指令

类 型	梯形图程序	语句表程序	指令功能
常开触点	bit —| |—	LD bit A bit O bit	LD：装载常开触点 A：串联常开触点 O：并联常开触点
常闭触点	bit —|/|—	LDN bit AN bit ON bit	LDN：装载常闭触点 AN：串联常闭触点 ON：并联常闭触点
线圈	bit —( )	= bit	=：输出指令
常开触点	bit —|||—	LDI bit AI bit OI bit	LDI：装载常开立即触点 AI：串联常开立即触点 OI：并联常开立即触点
常闭触点	bit —|/||—	LDNI bit ANI bit ONI bit	LDNI：装载常闭立即触点 ANI：串联常闭立即触点 ONI：并联常闭立即触点
线圈	bit —(|)	=I bit	=I：立即输出指令
置位	—(bit S n)	S bit，*n*	从 bit 开始的 *n* 个位被置位（为 1）
复位	—(bit R n)	R bit，*n*	从 bit 开始的 *n* 个位被置位（为 0）
立即置位	—(bit SI n)	SI bit，*n*	从 bit 开始的 *n* 个位被立即置位
立即复位	—(bit RI n)	RI bit，*n*	从 bit 开始的 *n* 个位被立即复位

（6）逻辑堆栈操作指令（6 条） 堆栈是一组能够存储和取出数据的暂存单元，堆栈中的数据一般按“先进后出”的原则存取。S7-200 使用一个 9 层堆栈来处理所有逻辑操作，它和计算机中的堆栈结构相同，栈顶用来存储逻辑运算的结果，下面的 8 位用来存储中间运算结果（见图 2-59）。每一次进行入栈操作，新值放入栈顶，栈底值丢失；每一次进行出栈操作，栈顶值弹出，栈底值补进随机数。表 2-29 为逻辑堆栈结构。

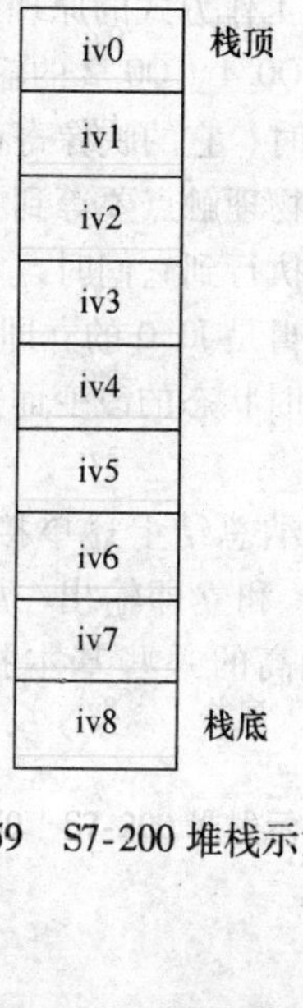

图 2-59 S7-200 堆栈示意图

在简单梯形图逻辑电路图触点的串、并联操作中，执行 LD 指令时，将指令指定的位地址中的二进制数据装载入栈项。执行 A（与）指令时，将指令指定的位地址中的二进制数和栈顶中的二进制数相“与”，结果存入栈顶。执行 O 指令时，将指令指定的位地址中的二进制数和栈顶中的二进制数相“或”，结果存入栈顶。在语句表指令系统中，其触点的串、并联关系可以用简单的与、或、非逻辑关系描述。

表 2-29 逻辑堆栈结构

名　称	堆栈结构	说　明
STACK0	S0	第一层堆栈（栈顶）
STACK1	S1	第二层堆栈
STACK2	S2	第三层堆栈
STACK3	S3	第四层堆栈
STACK4	S4	第五层堆栈
STACK5	S5	第六层堆栈
STACK6	S6	第七层堆栈
STACK7	S7	第八层堆栈
STACK8	S8	第九层堆栈

但在较复杂梯形图的逻辑电路图中，梯形图无特殊指令，绘制非常简单，但触点的串、并联关系不能全部用简单的与、或、非逻辑关系描述。语句表指令系统中设计了电路块的与操作、电路块的或操作指令、逻辑入栈指令 LPS、逻辑读栈指令 LRD（电路块指以 LD 为起始的触点串、并联网络）、逻辑出栈指令 LPP、装入堆栈指令 LDS n 等解决此类问题。

西门子公司的系统手册中把 ALD、OLD、LPS、LRD、LPP 和 LDS 等指令都归纳为堆栈指令，见表 2-30。

表 2-30 S7-200 的堆栈指令

指令类型	语句表程序	指令功能
栈装载“与”	ALD	电路块的“与”操作，用于串联连接多个并联电路块
栈装载“或”	OLD	电路块的“或”操作，用于并联连接多个串联电路块
逻辑入栈指令	LPS	该指令复制栈顶值并将其压入堆栈的下一层，栈中原来的数据依次下移一层，栈底值丢失
逻辑读栈指令	LRD	该指令将堆栈中第 2 层的数据复制到栈顶，2～9 层数据不变，原栈顶值消失
逻辑出栈指令	LPP	该指令使栈中各层的数据向上移动一层，第 2 层的数据成为新的栈顶值，栈顶原来的数据从栈内消失
装入堆栈指令	LDSn	该指令将堆栈中第 *n* 层的值复制到栈顶，而栈底值丢失，该指令应用较少

1）电路块连接指令（2 条）

① 串联电路块的并联连接指令。两个以上触点串联形成的支路叫串联电路块（或称串联电路分支）。

串联电路块（分支）的并联连接指令为 OLD。其指令无操作数。

OLD（OrLoad）：或块指令。用于串联电路块（分支）的并联连接。

OLD 指令的用法如图 2-60 所示。

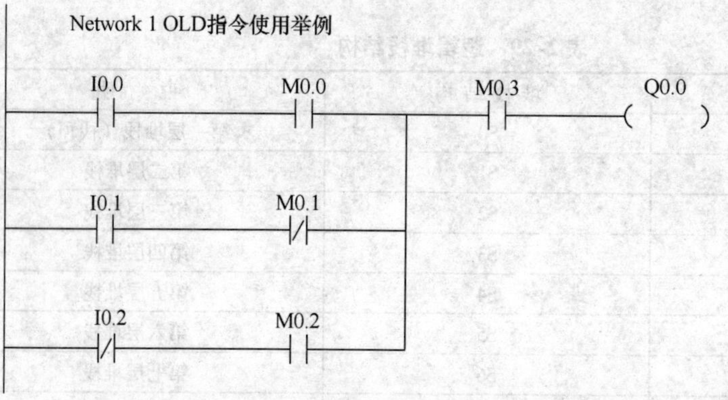

a)

```
LD   I0.0
A    M0.0
LD   I0.1
AN   M0.1
OLD
LDN  I0.2
A    M0.2
OLD
A    M0.3
=    Q0.0
```

b)

图 2-60　OLD 指令的用法

a）梯形图（OLD 串联块的并联连接）　b）助记符

使用说明：

a）除在网络块逻辑运算的开始（左母线上）使用 LD 和/或 LDN 指令外，在块电路的开始（分支母线上）也要使用 LD 和/或 LDN 指令。

b）可以依次使用 OLD 指令并联多个串联逻辑块，每完成一次块电路的并联时都要写上 OLD 指令。

c）OLD 指令无操作数。

② 并联电路块的串联连接指令。两条以上支路并联形成的电路叫并联电路块。

并联电路块的串联连接指令为 ALD，其指令无操作数。

ALD（AndLoad）：与块指令。用于并联电路块的串联连接。

ALD 指令的用法如图 2-61 所示。

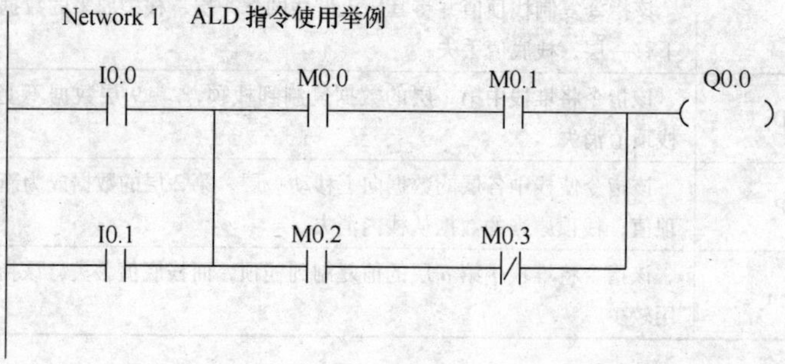

a)

```
LD   I0.0
O    I0.1
LD   M0.0
A    M0.1
LD   M0.2
AN   M0.3
OLD
ALD
=    Q0.0
```

b)

图 2-61　ALD 指令的用法

a）梯形图　b）助记符

使用说明：

a）除在网络块逻辑运算的开始（左母线上）使用 LD 和/或 LDN 指令外，在块电路的开始（分支母线上）也要使用 LD 和/或 LDN 指令。

b）可以依次使用 ALD 指令串联多个并联逻辑块，每完成一次块电路的串联连接时都要写上 ALD 指令。

c）ALD 指令无操作数。

③ OLD 和 ALD 指令的逻辑操作。触点的串/并联指令只能将单个触点与其他触点或电路串/并联。要想将图 2-62 中由 I3.2 和 T16 的触点组成的串联电路与它上面的电路并联，首先需要完成两个串联电路块的内部“与”逻辑运算（即触点的串联），这两个电路块分别用 LDN 和 LD 指令表示电路块的起始触点。前两条指令执行完后，“与”运算的结果 $S0 = \overline{I1.4} \cdot I0.3$ 存放在栈顶，第 3、4 条指令执行完后，“与”运算的结果 $S1 = I3.2 \cdot \overline{T16}$ 压入栈顶，原来在栈顶的 S0 被推到堆栈的第 2 层，第 2 层的数据被推到第 3 层，……，栈底的数据丢失。OLD 指令用逻辑“或”操作对堆栈第 1 层和第 2 层的数据相“或”，即将两个串联电路块并联，并将运算结果 $S2 = S0 + S1$ 存入堆栈的顶部，第 3 ~9 层中的数据依次向上移动一位。

图 2-62 中 OLD 后面的两条指令将两个触点并联，运算结果 $S3 = \overline{C24} + \overline{I1.2}$ 被压入栈顶，堆栈中原来的数据依次向下一层推移，栈底值被推出丢失。ALD 指令用逻辑“与”操作对堆栈第 1 层和第 2 层的数据相“与”，即将两个电路块串联，并将运算结果 $S4 = S2 \cdot S3$ 存入堆栈的顶部，第 3 ~ 9 层中的数据依次向上移动一位。

将电路块串/并联时，每增加一个用 LD 或 LDN 指令开始的电路块内部的运算结果，堆栈中就增加一个数据，堆栈深度加 1；每执行一条 ALD 或 OLD 指令，堆栈深度就减 1。

梯形图和功能块图编辑器自动地插入处理栈操作所需要的指令。在语句表中，必须由编程人员加入这些堆栈处理指令。

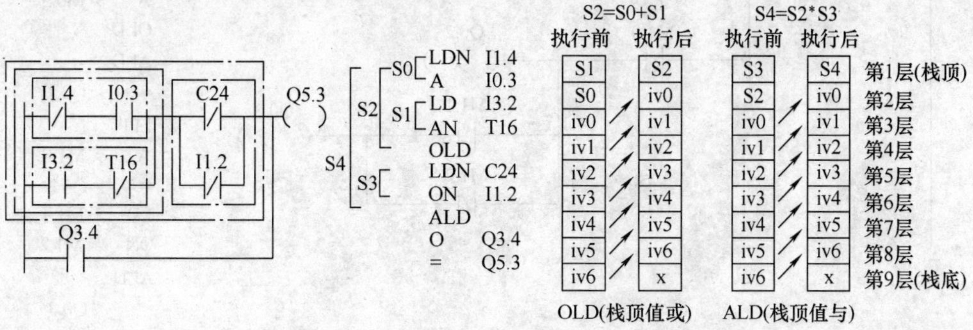

图 2-62　OLD 和 ALD 指令的逻辑操作

2）逻辑入栈 LPS、逻辑读栈 LRD 和逻辑出栈 LPP 指令（3 条）。这三条指令也称为多重输出指令，主要用于多个分支电路同时受一个或一组触点控制的复杂逻辑输出处理。

① LPS（Logic Push）：逻辑入栈指令（分支电路开始指令）。从梯形图中的分支结构中可以形象地看出，它用于生成一条新的母线，其左侧为原来的“主”逻辑块，右侧为新的“从”逻辑块，因此可以直接编程。从堆栈使用的角度来讲，LPS 指令的作用是把栈顶值复制后压入堆栈保存起来，防止丢失，以备恢复再用。

② LRD（Logic Read）：逻辑读栈指令。在梯形图分支结构中，当新母线左侧为“主”逻辑块时，LPS 开始右侧的第一个“从”逻辑块编程，LRD 开始第二个以后的“从”逻辑块编程。从堆栈使用的角度来讲，LRD 指令的作用是只读取最近 LPS 压入堆栈的内容，即恢复最近保存的内容供编程使用；而堆栈本身不进行 Pusn 和 Pop 工作，即 LPS 压入堆栈的内容仍继续保存着没丢失，以备继续恢复再用。

③ LPP（Logic Pop）：逻辑出栈指令（分支电路结束指令）。在梯形图分支结构中，LPP 用于 LPS 产生的新母线右侧的最后一个“从”逻辑块编程，它在读取完离它最近 LPS 压入堆栈内容的同时取消该条新母线。从堆栈使用的角度来讲，LPP 把堆栈弹出一级，堆栈内存依次上移，即将 LPS 压入堆栈保存的内容弹出，不需要再保存了。

上述三条指令的用法如图 2-63 ~ 图 2-65 所示。

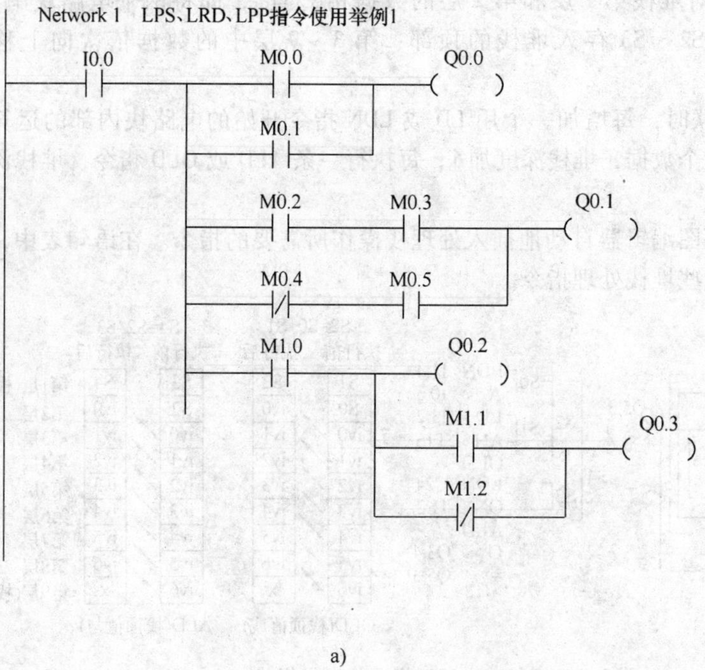

a)

```
LD    I0.0
LPS
LD    M0.0
O     M0.1
ALD
=     Q0.0
LRD
LD    M0.2
A     M0.3
LDN   M0.4
A     M0.5
OLD
ALD
=     Q0.1
LPP
A     M1.0
=     Q0.2
LD    M1.1
ON    M1.2
ALD
=     Q0.3
```

b)

图 2-63　LPS、LRD、LPP 三条指令的用法举例 1

a）梯形图　b）助记符

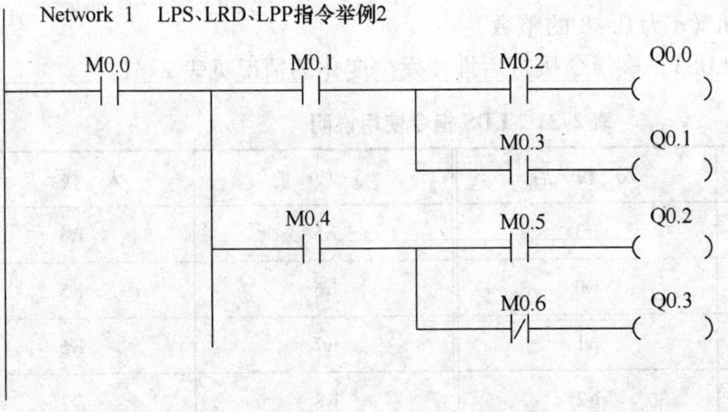

a)

```
LD    M0.0
LPS
A     M0.1
LPS
AN    M0.2
=     Q0.0
LPP
A     M0.3
=     Q0.1
LPP
A     M0.4
LPS
A     M0.5
=     Q0.2
LPP
AN    M0.6
=     Q0.3
```

b)

图 2-64　LPS、LRD、LPP 三条指令的用法举例 2

a）梯形图　b）助记符

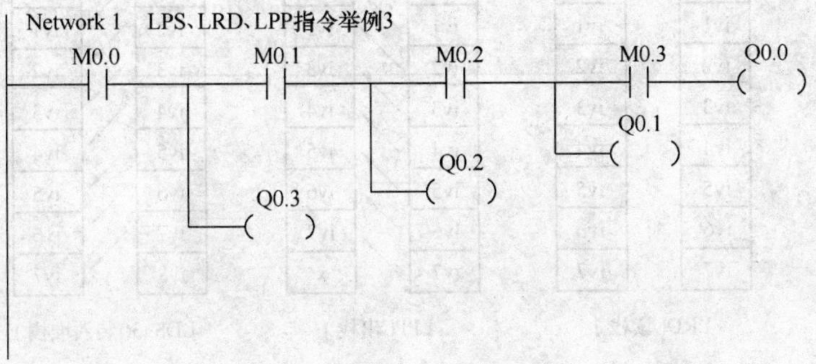


```
LD    M0.0
LPS
A     M0.1
LPS
A     M0.2
LPS
A     M0.3
=     Q0.0
LPP
=     Q0.1
LPP
=     Q0.2
LPP
=     Q0.3
```

a)

b)

图 2-65　LPS、LRD、LPP 三条指令的用法举例 3

a）梯形图　b）助记符

使用说明：

a）逻辑入栈 LPS、逻辑读栈 LRD 和逻辑出栈 LPP 指令可以嵌套使用，但受堆栈空间的限制，最多只能使用 9 次。

b）LPS 和 LPP 必须成对出现，它们之间根据需要可以插入使用 LRD 指令。

c）LPS、LRD、LPP 指令无操作数。

3）装入堆栈指令 LDS（Load Stack）（1 条）。它的功能是复制堆栈中的第 n 个值到栈顶，而栈底值丢失。该指令在编程中使用较少。

指令格式：LDS n（n 为 0 ~8 的整数）

例如执行指令：LDS3，该指令执行后堆栈发生变化的情况见表 2-31。

表 2-31　LDS 指令使用说明

入 栈 前	入 栈 后	入 栈 前	入 栈 后
iv0	iv3	iv5	iv4
iv1	iv0	iv6	iv5
iv2	iv1	iv7	iv6
iv3	iv2	iv8	iv7
iv4	iv3		

4）LPS、LRD、LPP、LDS 的堆栈操作。LPS、LRD、LPP、LDS 的堆栈操作如图 2-66所示。

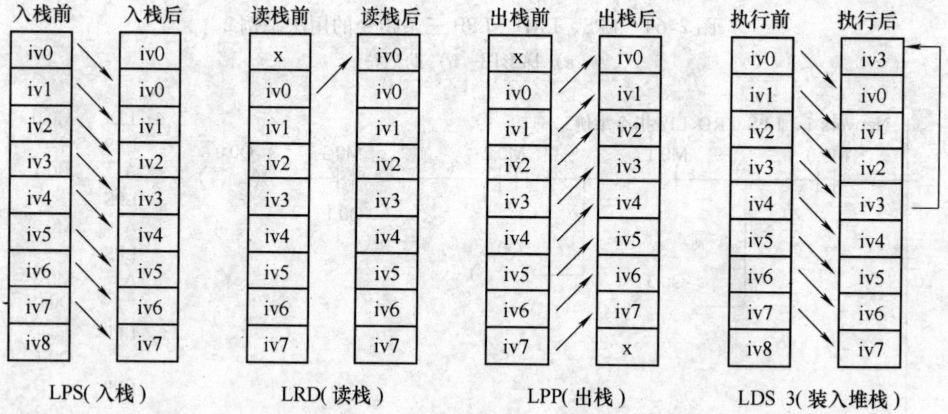

图 2-66　LPS、LRD、LPP、LDS 的堆栈操作

（7）RS 触发器指令（2 条）　RS 触发器指令在编程软件 Micro/WIN32V3.2 版本中才有。它包括两条指令：

SR（SetDominantBistable）：置位优先触发器指令。当置位信号（S1）和复位信号（R）都为 1 时，输出为 1。

RS（ResetDominantBistable）：复位优先触发器指令。当置位信号（S）和复位信号（R1）都为 1 时，输出为 0。

RS 触发器指令的 LAD 形式和真值表见表 2-32。bit 参数用于指定被置位或者被复位的 BOOL 参数。

表 2-32　RS 触发器指令的 LAD 形式和真值表

类　　型	梯形图程序	真　值　表			指 令 功 能
		S1	R	输出（bit）	
置位优先触发器指令（SR）	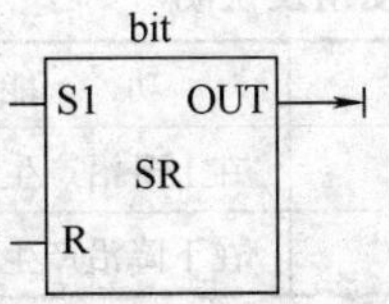	0	0	保持前一状态	置位优先，当置位信号（SI）和复位信号（R）都为 1 时，输出为 1
		0	1	0	
		1	0	1	
		1	1	1	
		S	R1	输出（bit）	
复位优先触发器指令（RS）	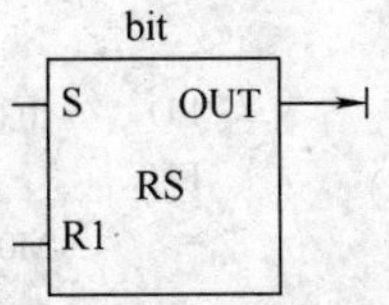	0	0	保持前一状态	复位优先，当置位信号（S）和复位信号（R1）都为 1 时，输出为 0
		0	1	0	
		1	0	1	
		1	1	0	

RS 触发器指令的用法如图 2-67 所示。

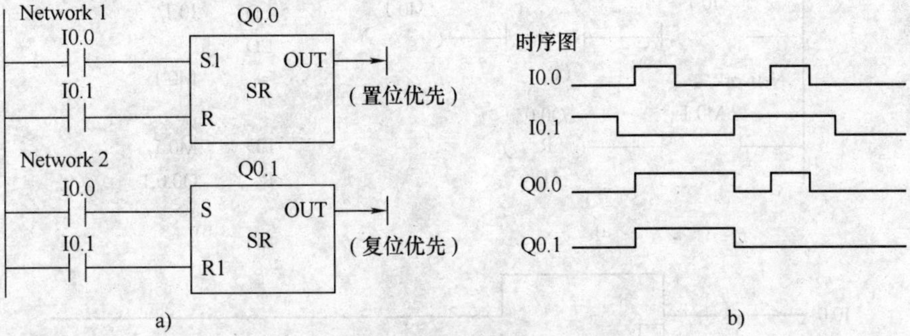

图 2-67　RS 触发器指令的用法
a）梯形图　b）波形图

使用说明：

1）触发器指令的语句表形式比较复杂，常使用梯形图形式。

2）符号 ——┤表示输出是一个可选的能流，可以级联或串联。

3）S、R1、S1、R、OUT 端的操作数包括 I、Q、M、SM、T、C、V、S、L 和能流。

4）bit 端的操作数为 I、Q、V、M 和 S。

5）电动机启动的触发器指令程序如图 2-68所示。由图可见，按下启动按钮 I0.0，在 I0.0 信号的上升沿置位 S1 端为 1，Q0.0 得电，电动机开始运行；按下停止按钮 I0.1，复位 R 端为 1，Q0.0 断电，电动机停止运行。

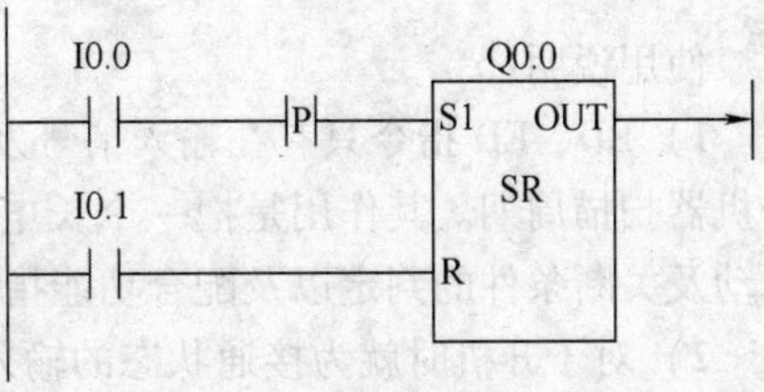

图 2-68　电动机启动的触发器指令程序

（8）边沿脉冲指令（2 条）　边沿脉冲指

令为 EU（Edge Up）、ED（Edge Down）。

边沿脉冲指令的使用及说明见表 2-33。

表 2-33　边沿脉冲指令的使用及说明

指令名称	LAD	STL	功能	说明
上升沿脉冲	─┤P├─	EU	在上升沿产生脉冲	无操作数
下降沿脉冲	─┤N├─	ED	在下降沿产生脉冲	

边沿脉冲指令 EU、ED 的用法如图 2-69 所示。

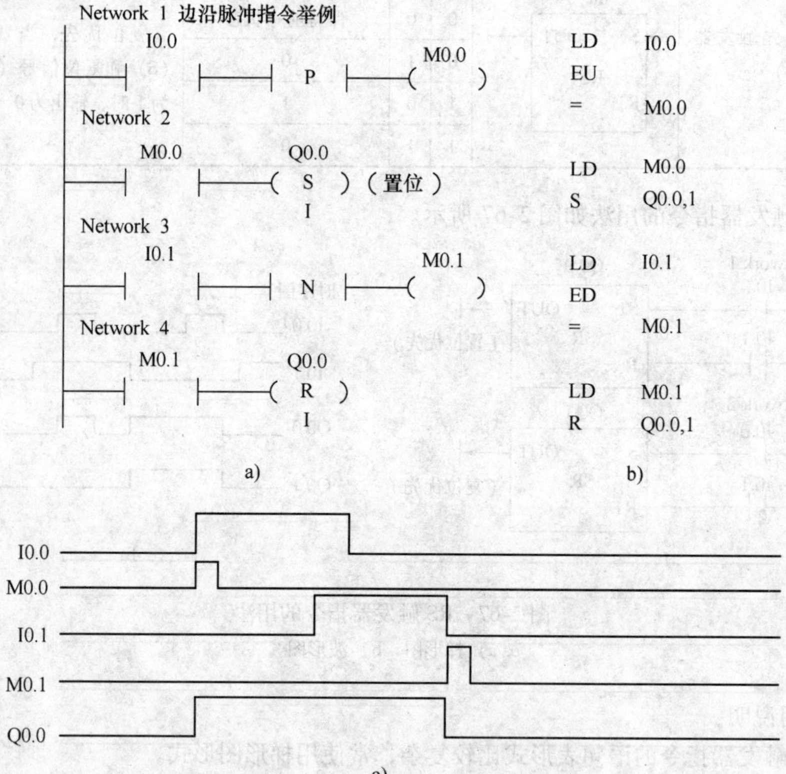

图 2-69　边沿脉冲指令 EU、ED 的用法

a）梯形图　b）助记符　c）时序图

使用说明：

1）EU、ED 指令只有在输入信号发生变化时才有效，其输出信号的脉冲宽度为一个机器扫描周期。其作用是把一个长电平输入信号变成一个窄脉冲输出信号，常用于启动及关断条件的判定以及配合功能指令完成一些逻辑控制任务。

2）对于开机时就为接通状态的输入条件，EU 指令不被执行。

3）EU、ED 指令无操作数。

（9）定时器指令（3 条） 定时器是 PLC 中最常用的元器件之一。用好、用对定时器对 PLC 程序设计非常重要。定时器编程时要预置定时值，在运行过程中当定时器的输入条件满足时，当前值从 0 开始按一定的单位增加；当定时器的当前值到达设定值时，定时器发生动作，从而满足各种定时逻辑控制的需要。下面从几个方面来详细介绍定时器的使用。

1）几个基本的概念

① 种类。S7-200 PLC 为用户提供了 3 种类型的定时器：接通延时定时器（TON）、有记忆接通延时定时器（TONR）和断开延时定时器（TOF）。

② 分辨率与定时时间的计算。单位时间的时间增量称为定时器的分辨率（时基）。S7-200 PLC 定时器有 3 个分辨率等级：1ms、10ms 和 100ms。

定时器定时时间 T 的计算：$T = PT \times S$。式中，T 为实际定时时间，PT 为设定值，S 为分辨率。例如：TON 指令使用 T97（为 10ms 的定时器），设定值为 100，则实际定时时间为

$$T = 100 \times 10\text{ms} = 1000\text{ms}$$

定时器的设定值 PT 数据类型为 INT 型。操作数可为 VW、IW、QW、MW、SW、SMW、LW、AIW、T、C、AC、＊AC、＊LD 和常数，其中常数最为常用。

③ 定时器的编号。定时器的编号用定时器的名称和它的常数编号（最大数为 255）来表示，即 T×××，如 T40。

定时器的编号包含两方面的变量信息：定时器位和定时器当前值。

定时器位：与其他继电器的输出相似，当定时器的当前值达到定时值 PT 时，定时器的触点动作。

定时器当前值：存储定时器当前所累计的时间，它用 16 位符号整数来表示，最大计数值为 32767。

定时器的分辨率和编号见表 2-34。

表 2-34 定时器的分辨率和编号

定时器类型	分辨率/ms	最大当前值/s	定时器编号
TONR	1	32.767	T0，T64
	10	327.67	T1 ~ T4，T65 ~ T68
	100	3276.7	T5 ~ T31，T69 ~ T95
TON，TOF	1	32.767	T32，T96
	10	327.67	T33 ~ T36，T97 ~ T100
	100	3276.7	T37 ~ T63，T101 ~ T255

从表 2-34 可以看出 TON 和 TOF 使用相同范围的定时器编号。需要注意的是，在同一个 PLC 程序中决不能把同一个定时器号同时用做 TON 和 TOF。例如在程序中，不

能既有接通延时（TON）定时器 T32，又有断开延时（TOF）定时器 T32。

2）定时器指令使用说明

① 接通延时定时器 TON（On-Delay Timer）。接通延时定时器用于单一时间间隔的定时。上电周期或首次扫描时，定时器位为 OFF，当前值为 0。输入端接通时，定时器位为 OFF，当前值从 0 开始计时，当前值达到设定值时，定时器位为 ON，当前值仍连续计数到 32767。输入端断开，定时器自动复位，即定时器位为 OFF，当前值为 0。接通延时定时器程序与时序图如图 2-70 所示。

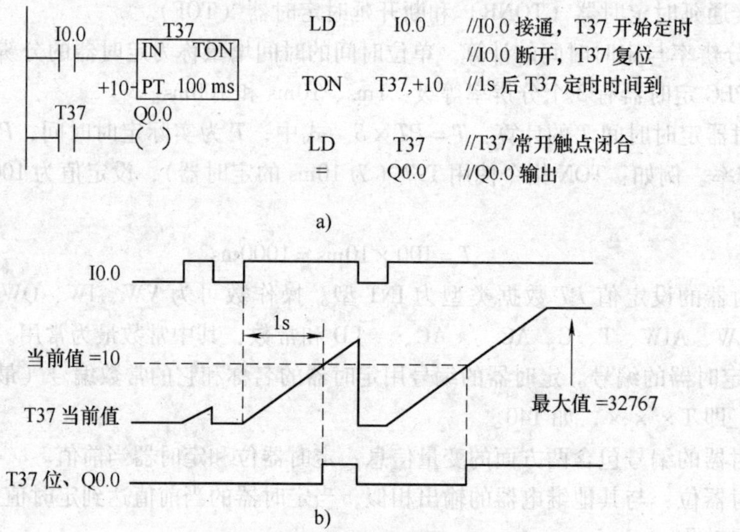

图 2-70 接通延时定时器程序与时序图

a）梯形图程序及指令表 b）时序图

② 断开延时定时器 TOF（Off-Delay Timer）。断开延时定时器用于断电后的单一间隔时间计时。上电周期或首次扫描时，定时器位为 OFF，当前值为 0。输入端接通时，定时器位为 ON，当前值为 0。当输入端由接通到断开时，定时器开始计时。当达到设定值时定时器位为 OFF，当前值等于设定值，停止计时。输入端再次由 OFF→ON 时，TOF 复位，这时 TOF 的位为 ON，当前值为 0。如果输入端再从 ON→OFF，则 TOF 可实现再次启动。断开延时定时器程序与时序图如图 2-71 所示。

③ 记忆接通延时定时器 TONR（RetentiveOn-DelayTimer）。记忆接通延时定时器具有记忆功能，它用于对许多间隔的累计定时。上电周期或首次扫描时，定时器位为 OFF，当前值保持在掉电前的值。当输入端接通时，当前值从上次的保持值继续计时；当累计当前值达到设定值时，定时器位为 ON，当前值可继续计数到 32767。需要注意的是，TONR 定时器只能用复位指令 R 对其进行复位操作。TONR 复位后，定时器位为 OFF，当前值为 0。掌握好对 TONR 的复位及启动是使用 TONR 指令的关键。记忆接通延时定时器程序与时序图如图 2-72 所示。

3 种定时器指令的 LAD、STL 格式及功能见表 2-35。

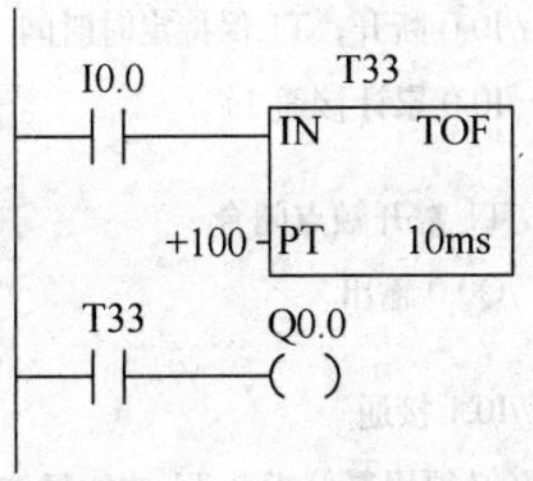

LD	I0.0	//I0.0 接通，T33 复位 //I0.0 断开，T33 开始定时
TOF	T33,+100	//1s 后 T33 定时时间到
LD	T33	//T33 常开触点 // 闭合
=	Q0.0	//Q0.0 输出，I0.0 断开 1s // 后，Q0.0 输出结束

a)

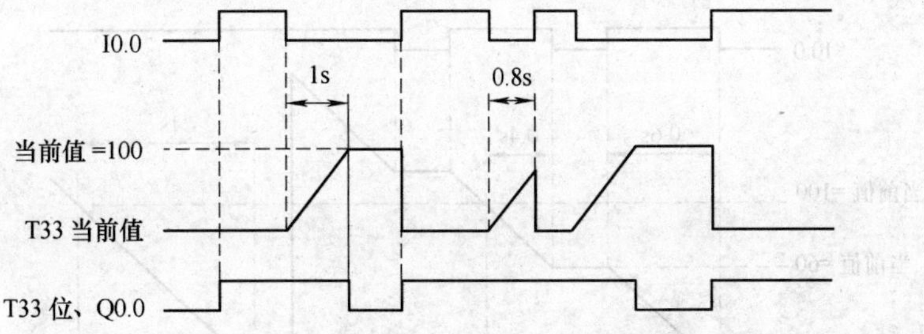

b)

图 2-71　断开延时定时器程序与时序图

a）梯形图程序及指令表　b）时序图

表 2-35　3 种定时器指令的 LAD、STL 格式及功能

定时器类型	梯形图程序	语句表程序	指 令 功 能
接通延时定时器（TON）	T××× IN TON PT	TON T×××，PT	使能输入端（IN）的输入电路接通时开始定时。当前值大于等于预置时间 PT 端指定的设定值时，定时器位变为 ON，梯形图中对应的定时器的常开触点闭合，常闭触点断开。达到设定值后，当前值继续计数，直到最大值时停止
断开延时定时器（TOF）	T××× IN TOF PT	TOF T×××，PT	使能输入端接通时，定时器当前值被清零，同时定时器位变为 ON。当输入端断开时，当前值从 0 开始增加达到设定值，定时器位变为 OFF，对应梯形图中常开触点断开，常闭触点闭合，当前值保持不变
保持型接通延时定时器（TONR）	T××× IN TONR PT	TONR T×××，PT	输入端接通时开始定时，定时器当前值从 0 开始增加；当未达到定时时间而输入端断开时，定时器当前值保持不变；当输入端再次接通时，当前值继续增加，达到设定值时，定时器位变为 ON

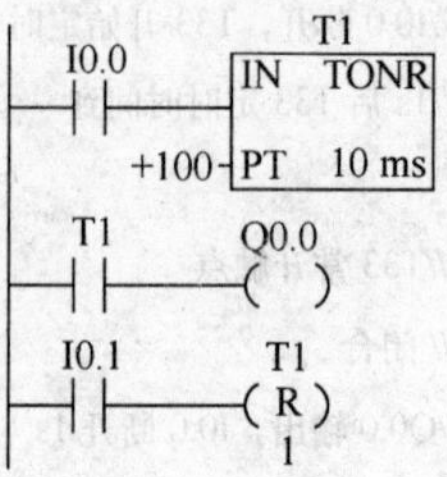

LD	I0.0	//I0.0 接通，T1 开始定时
		//I0.0 断开，T1 保持定时时间
TONR	T1,+100	//I0.0 累计接通 1s
LD	T1	//T1 常开触点闭合
=	Q0.0	//Q0.0 输出
LD	I0.1	//I0.1 接通
R	T1,1	// 必须用复位指令 T1 才能复位

a)

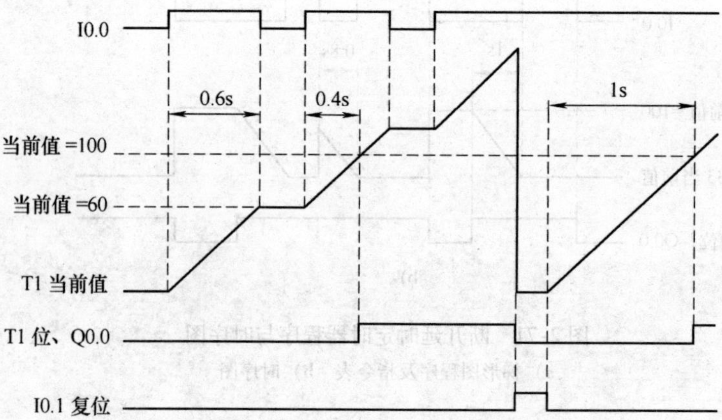

b)

图 2-72 记忆接通延时定时器程序与时序图

a）梯形图程序及指令表 b）时序图

使用说明：

a）T×××表示定时器号，IN 表示输入端，PT 端的取值范围是 1~32767。

b）接通延时定时器输入电路断开时，定时器自动复位，即当前值被清零，定时器位变为 OFF。

c）TON 与 TOF 指令不能共用同一个定时器号，即在同一程序中，不能对同一个定时器同时使用 TON 与 TOF 指令。

d）断开延时定时器 TOF 可以用复位指令进行复位。

e）保持型接通延时定时器只能用复位指令进行复位，即当前值被清零，定时器位变为 OFF。

f）保持型接通延时定时器可实现累计输入端接通时间的功能。

g）结合时序图分析程序，有助于更好地理解定时器指令的应用。

3）应用举例。使用定时器控制电动机正/反转的梯形图程序如图 2-73 所示。其工作过程如下：

按下系统总启动按钮 I1.0，系统启动。如果先按下正转启动按钮 I0.1，定时器 T37

开始得电计时，2s 后 Q0.1 得电，电动机开始正转；如果先按下反转启动按钮 I0.2，定时器 T38 开始得电计时，2s 后 Q0.2 得电，电动机开始反转；程序中 M0.1 和 M0.2 线圈起自锁作用，保证定时器输入端接通。

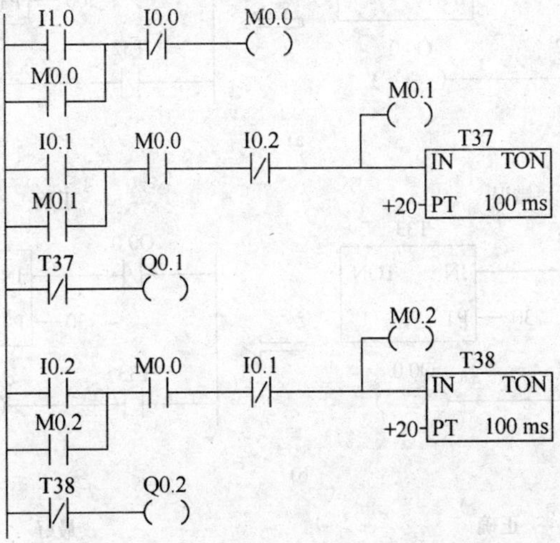

图 2-73 使用定时器控制电动机正/反转的梯形图程序

4）定时器的刷新方式和正确使用

① 定时器的刷新方式。在 S7-200 系列 PLC 的定时器中，1ms、10ms、100ms 定时器的刷新方式是不同的，从而在使用方法上也有很大的不同。这和其他 PLC 是有很大区别的。使用时一定要注意根据使用场合和要求来选择定时器。

a）1ms 定时器。1ms 定时器由系统每隔 1ms 刷新一次，与扫描周期及程序处理无关。它采用的是中断刷新方式。因此，当扫描周期大于 1ms 时，在一个周期中可能被多次刷新。其当前值在一个扫描周期内不一定保持一致。

b）10ms 定时器。10ms 定时器由系统在每个扫描周期开始时自动刷新，由于是每个扫描周期只刷新一次，故在一个扫描周期内定时器位和定时器的当前值保持不变。

c）100ms 定时器。100ms 定时器在定时器指令执行时被刷新，因此，100ms 定时器被激活后，如果不是每个扫描周期都执行定时器指令或在一个扫描周期内多次使用定时器指令，则都会造成计时失准，所以在后面讲到的跳转指令和循环指令段中使用定时器时，要格外小心。100ms 定时器仅用在定时器指令在每个扫描周期执行一次的程序中。

② 定时器的正确使用。图 2-74 所示为正确使用定时器的一个例子。它用来在定时器计时时间到时产生一个宽度为一个扫描周期的脉冲。

结合各种定时器的刷新方式规定，从图 2-74 中可以看出：

a）对 1ms 定时器 T32，在使用错误方法时，只有当定时器的刷新发生在 T32 的常闭触点执行以后到 T32 的常开触点执行以前的区间时，Q0.0 才能产生宽度为一个扫描

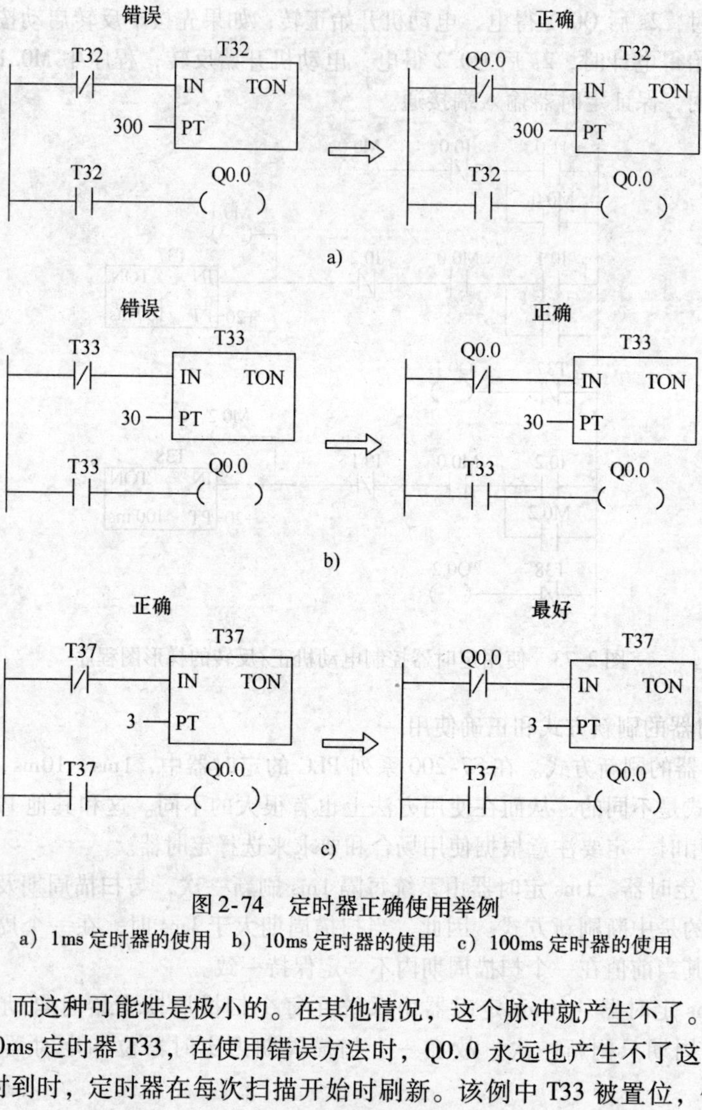

图 2-74　定时器正确使用举例

a）1ms 定时器的使用　b）10ms 定时器的使用　c）100ms 定时器的使用

周期的脉冲，而这种可能性是极小的。在其他情况，这个脉冲就产生不了。

b）对 10ms 定时器 T33，在使用错误方法时，Q0.0 永远也产生不了这个脉冲。因为定时器计时到时，定时器在每次扫描开始时刷新。该例中 T33 被置位，但执行到定时器指令时，定时器将被复位（当前值和位都被置 0）。当常开触点 T33 被执行时，T33 永远为 OFF，Q0.0 也将为 OFF，即永远不会被置位为 ON。

c）100ms 定时器在执行指令时刷新，所以当定时器 T37 到达设定值时，Q0.0 肯定会产生这个脉冲。改用正确使用方法后，把定时器到达设定值产生结果的元器件的常闭触点用作定时器本身的输入，则不论哪种定时器，都能保证定时器达到设定值时，Q0.0 产生宽度为一个扫描周期的脉冲。所以，在使用定时器时，要弄清楚定时器的分辨率，否则，一般情况下不便把定时器本身的常闭触点作为自身复位条件。在实际使用中，为了简单，100ms 的定时器常采用自复位逻辑，而且 100ms 定时器也是使用最多的定时器。

（10）计数器指令（3 条）　计数器用来累计输入脉冲的次数，在实际应用中用来对产品进行计数或完成复杂的逻辑控制任务。计数器的使用和定时器基本相似，编程时输入它的计数设定值，计数器累计它的脉冲输入端信号上升沿的个数。当计数达到设定值时，计数器发生动作，以便完成计数控制任务。

1）几个基本概念

① 种类。S7-200 系列 PLC 的计数器有 3 种：加（增）计数器 CTU、减计数器 CTD 和加减计数器 CTUD。

② 编号。计数器的编号用计数器名称和数字（0 ~ 255）组成，即 C × × ×，如 C60。

计数器的编号包含两方面的信息：计数器位和计数器当前值。

计数器位：计数器位和继电器一样是一个开关量，表示计数器是否发生动作的状态。当计数器的当前值等于设定值时，该位被置位为 1。

计数器当前值：其值是一个存储单元，它用来存储计数器当前所累计的脉冲个数，用 16 位符号整数来表示，最大值为 32767。

③ 计数器的输入端和操作数。设定值输入数据类型为 INT 型。操作数可为 VW、IW、QW、MW、SW、SMW、LW、AIW、T、C、AC、* VD、* AC、* LD 和常数。一般情况下使用常数作为计数器的设定值。

2）计数器指令使用说明

① 加计数器 CTU（Count Up）。首次扫描时，计数器位为 OFF，当前值为 0。在计数脉冲输入端 CU 的每个上升沿，计数器计数 1 次，当前值增加一个数值。当前值达到设定值时，计数器位为 ON，当前值可继续计数到 32767 后停止计数。复位输入端有效或对计数器执行复位指令，计数器自动复位，即计数器位为 OFF，当前值为 0。加计数程序与时序图如图 2-75 所示。

② 减计数器 CTD（Count Dow）。首次扫描时，计数器位为 OFF，当前值为预设定值 PV。在计数脉冲输入端 CD 的每个上升沿计数器计数 1 次，当前值减小一个数值。当前值减小到 0 时，计数器位置位为 1（ON），其后一直为 1。当复位输入端有效或对计数器执行复位指令，计数器自动复位，即计数器位为 OFF，当前值为设定值 PV。减计数程序与时序图如图 2-76 所示。

③ 加/减计数器 CTUD（Count Up/Down）。加/减计数器有两个计数脉冲输入端：CU 输入端用于递增计数，CD 输入端用于递减计数。首次扫描时，计数器位为 OFF，当前值为 0。CU 输入的每个上升沿都使计数器当前值增加一个数值。CD 输入的每个上升沿都使计数器当前值减小一个数值。当前值达到设定值时，计数器位置位为 1（ON）。

加/减计数器当前值计数到 32767（最大值）时，下一个 CU 输入的上升沿将使当前值跳变为最小值（-32767）；当前值达到最小值 -32767 后，下一个 CD 输入的上升沿将使当前值跳变为最大值 32767。复位输入端有效或只用复位指令对计数器执行复位操作后，计数器自动复位，即计数器位为 OFF，当前值为 0。加/减计数程序与时序图如图 2-77 所示。

3 种计数器指令的 LAD、STL 格式及功能见表 2-36。

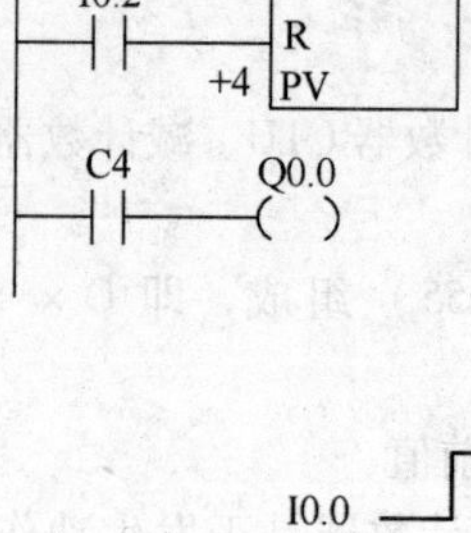

LD	I0.0	//I0.0 接通的上升沿，C4 当前值加 1
LD	I0.2	//I0.2 接通，C4 被复位
CTU	C4,+4	//C4 当前值大于等于设定值 4
LD	C4	//C4 常开触点闭合
=	Q0.0	//Q0.0 输出

a)

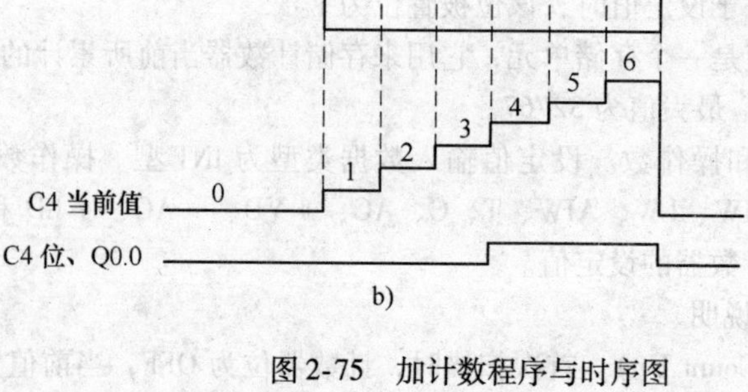

b)

图 2-75　加计数程序与时序图

a）梯形图程序及指令表　b）时序图

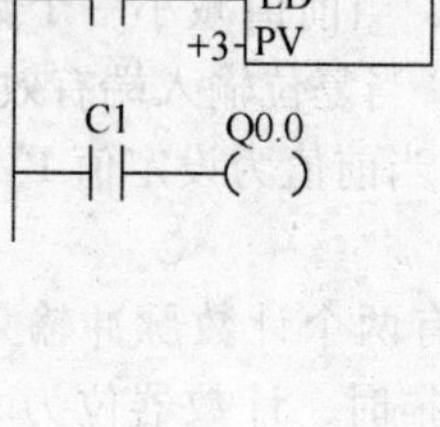

LD	I0.0	//I0.0 接通的上升沿，C1 从设定值开始当前值减 1
LD	I0.1	//I0.1 接通，C1 被复位
CTU	C1,+3	//C1 当前值从设定值 3 减到 0，停止计数
LD	C1	//C1 常开触点闭合
=	Q0.0	//Q0.0 输出

a)

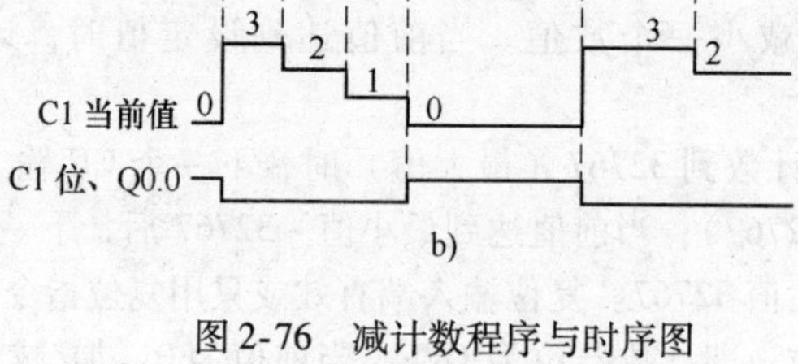

b)

图 2-76　减计数程序与时序图

a）梯形图程序及指令表　b）时序图

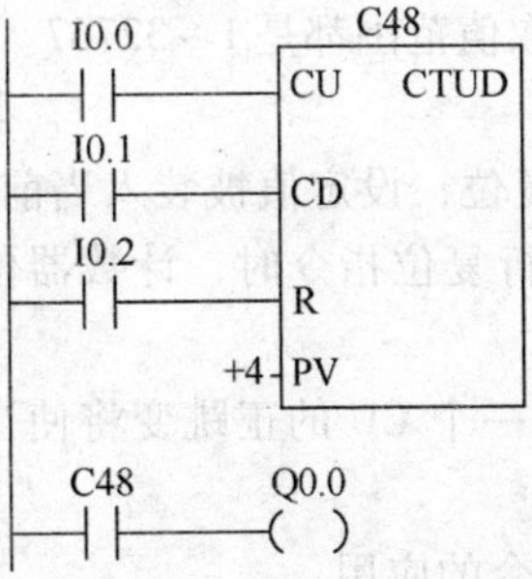


```
LD      I0.0     //I0.0 接通的上升沿，C48 当前值加 1
LD      I0.1     //I0.0 接通的上升沿，C48 从设定值
                 // 开始当前值减 1
LD      I0.2     //I0.2 接通，C48 被复位
CTUD    C48,+4   //C48 当前值大于等于设定值 4
LD      C48      //C48 常开触点闭合
=       Q0.0     //Q0.0 输出
```

a)

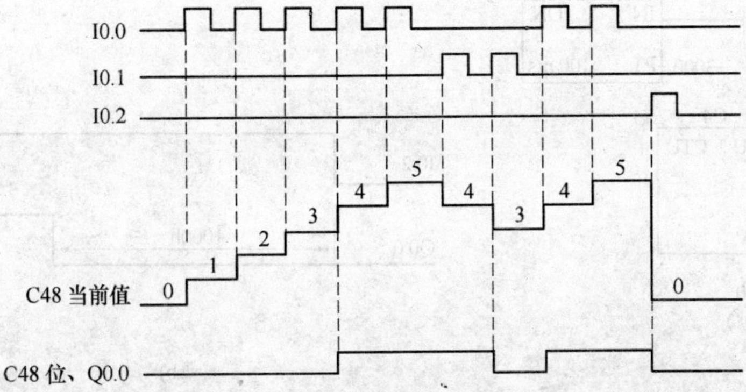

b)

图 2-77 加/减计数程序与时序图

a）梯形图程序及指令表 b）时序图

表 2-36 3 种计数器指令的 LAD、STL 格式及功能

计数器类型	梯形图程序	语句表程序	指令功能
加计数器（CTU）	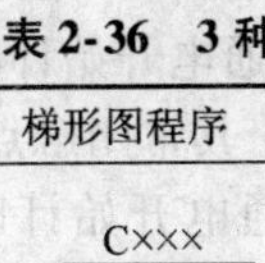	CTU C×××，PV	加计数器（CTU）的复位端 R 断开且脉冲输入端 CU 检测到输入信号正跳变时当前值加 1，直到达到 PV 端设定值时，计数器位变为 ON
减计数器（CTD）	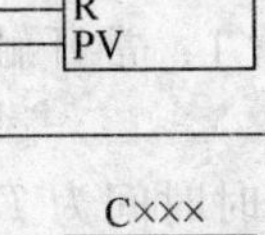	CTD C×××，PV	减计数器（CTD）的装载输入端 LD 断开且脉冲输入端 CD 检测到输入信号正跳变时当前值从 PV 端的设定值开始减 1，变为 0 时，计数器位变为 ON
加减计数器（CTUD）	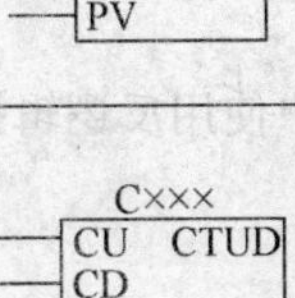	CTUD C×××，PV	加减计数器（CTUD）的复位端 R 断开且加输入端 CU 检测到输入信号正跳变时当前值加 1，当减输入端 CD 检测到输入信号正跳交时当前值减 1。当前值大于等于 PV 端设定值时，计数器位变为 ON

使用说明：

a）3 种计数器号的范围都是 0～255，设定值 PV 端的取值范围都是 1～32767。

b）可以使用复位指令对计数器进行复位。

c）减计数器的装载输入端 LD 为 ON 时，计数器位被复位，设定值被装入当前值；对于加计数器与加减计数器，当复位输入端 R 为 ON 或执行复位指令时，计数器位被复位。

d）对于加减计数器，当前值达到最大值 32767 时，下一个 CU 的正跳变将使当前值变为最小值-32767；反之亦然。

e）结合时序图分析程序，有助于更好地理解计数器指令的应用。

3）应用举例。用计数器扩大定时器的定时范围如图 2-78 所示。

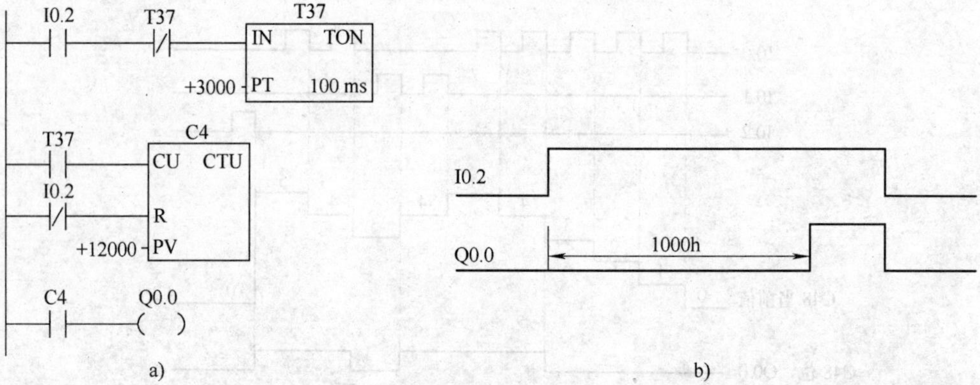

图 2-78　用计数器扩大定时器的定时范围

a）梯形图　b）时序图

开始时 I0.2 断开，T37 复位不计时，其当前值变为 0，PT 值设定为 3000（0.1s × 3000 = 300s = 5min）。当 I0.2 接通并保持时，T37 线圈通电开始计时，当其当前值等于设定值 3000，即 300s 的定时时间到时，T37 位被置 1，其常闭触点断开，使 T37 复位，当前值变为 0，同时常闭触点又复位接通，T37 线圈通电开始计时。T37 周而复始地工作，直到 I0.2 断开。T37 产生的 300s（5min）时钟脉冲送给 C4 计数，计满 12000 个数字后，C4 的当前值等于设定值，其计数器位被置 1，常开触点闭合，Q0.0 得电接通。

T37 为 100ms 定时器，经过 C4 扩大后，其总的定时时间为 $T_{\Sigma} = 0.1K_{T}K_{C} = 0.1\text{s} \times 3000 \times 12000 = 1000\text{h}$。

（11）NOT 及 NOP 指令（2 条）

1）取反指令 NOT。将复杂逻辑结果取反，为用户使用反逻辑提供方便。该指令无操作数，其 LAD 和 STL 形式为：

STL 形式：NOT

LAD 形式：—— [NOT] ——

2）空操作指令 NOP（No Operation）。该指令很少使用，甚至在西门子公司的系统手册中都未介绍。该指令主要在跳转指令的结束处或在调试程序中使用。该指令对用户程序的执行没有影响，其 LAD 和 STL 形式如下：

STL 形式：NOP　N

LAD 形式：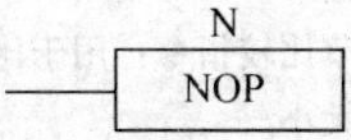

N 的范围：0～244。

(12) 结束及暂停指令（2 条）　结束指令 END、暂停指令 STOP 的 LAD、STL 及功能见表 2-37。

表 2-37　结束指令、暂停指令的 LAD、STL 及功能

梯形图程序	语句表程序	指 令 功 能
——（END）	END	条件结束指令：当条件满足时，终止用户主程序的执行
——（STOP）	STOP	停止指令：立即终止程序的执行，CPU 从 RUN 到 STOP

结束指令分为有条件结束指令（END）和无条件结束指令（MEND）。两条指令在梯形图中以线圈形式编程，无操作数。执行完结束指令后，系统结束主程序，返回主程序起点。

使用说明：

1）结束指令只能用在主程序中，不能在子程序和中断程序中使用。而有条件结束指令可用在无条件结束指令前结束主程序。

2）调试程序时，在程序的适当位置插入无条件结束指令可实现程序的分段调试。

3）可以利用程序执行的结果状态、系统状态或外部设置切换条件来调用有条件结束指令，使程序结束。

4）使用 Micro/Win32 编程时，编程人员不需手工输入无条件结束指令，该软件会自动在内部加上一条无条件结束指令到主程序的结尾。

(13) 数据的比较指令　在实际的控制过程中，可能需要对两个操作数进行比较，比较条件成立时完成某种操作，从而实现某种控制。比如初始化程序中，在 VW10 中存放着数据 100，模拟量输入 AIW0 中采集现场数据。当 AIW0 中数值小于或等于 VW10 中数值时 Q0.0 输出；当 AIW0 中数值大于 VW10 中数值时 Q0.1 输出；如何操作？这就要用到数据比较指令。

1）数据比较指令的格式及功能。数据比较指令是将两个操作数（数值及字符串）按指定的条件进行比较，操作数可以是整数，也可以是实数，在梯形图中用带参数和运算符的触点表示比较指令。比较触点可以装入，也可以串/并联。比较指令为上下限控制及数值条件判断提供了极大的方便。

比较指令的类型有：字节比较、整数比较、双字整数比较、实数比较和字符串比较。

比较指令的格式及功能见表 2-38 和表 2-39。

表 2-38　比较指令的格式及功能

梯形图程序	语句表程序	指 令 功 能
IN1 —|==B|— IN2	LDB = IN1，IN2（与母线相连） AB = IN1，IN2（与运算） OB = IN1，IN2（或运算）	字节比较指令：用于比较两个无符号字节数的大小
IN1 —|==I|— IN2	LDW = IN1，IN2（与母线相连） AW = IN1，IN2（与运算） OW = IN1，IN2（或运算）	字整数比较指令：用于比较两个有符号整数的大小
IN1 —|==D|— IN2	LDD = IN1，IN2（与母线相连） AD = IN1，IN2（与运算） OD = IN1，IN2（或运算）	双字整数比较指令：用于比较两个有符号双字整数的大小
IN1 —|==R|— IN2	LDR = IN1，IN2（与母线相连） AR = IN1，IN2（与运算） OR = IN1，IN2（或运算）	实数比较指令：用于比较两个有符号实数的大小
IN1 —|==S|— IN2	LDS = IN1，IN2（与母线相连） AS = IN1，IN2（与运算） OS = IN1，IN2（或运算）	字符串比较指令：用于比较两个字符串的ASCII 码字符是否相等

使用说明：

① 数据比较运算符有 =、<、<=、>、>= 和 < > 六种指令格式，字符比较运算符只有 = 和 < > 两种指令格式。

② 字整数比较指令，梯形图是 I，语句表是 W。

③ 数据比较 IN1、IN2 操作数的寻址范围为 I、Q、M、SM、V、S、L、AC | VD、LD 和常数。

④ 字节比较用于比较两个字节型整数值 IN1 和 IN2 的大小，字节比较是无符号的。整数比较用于比较两个一个字长的整数值 IN1 利 IN2 的大小，整数比较是有符号的，其范围是 16#80000000 ~ 16#7FFFFFF。

⑤ 实数比较用于比较两个双字长整数值 IN1 和 IN2 的大小。它们的比较也是有符号的，其范围为 -1.174494E-38 ~ -3.402823E+38，正实数范围为 +1.174494E-38 ~ +3.402823E+38。

⑥ 字符串比较用于比较两个字符串数据是否相同。字符串的长度不能超过 244 个字符。

2）数据比较的梯形图程序。前述初始化程序中的数据比较，可以通过图 2-79 中的梯形图程序来完成。

表 2-39 比较指令的方式

形式	方式				
	字节比较	整数比较	双字整数比较	实数比较	字符串比较
LAD (以==为例)	IN1 ─┤==B├─ IN2	IN1 ─┤==I├─ IN2	IN1 ─┤==D├─ IN2	IN1 ─┤==R├─ IN2	IN1 ─┤==S├─ IN2
STL	LDB=IN1, IN2 AB=IN1, IN2 OB=IN1, IN2 LDB<>IN1, IN2 AB<>IN1, IN2 OB<>IN1, IN2 LDB<IN1, IN2 AB<IN1, IN2 OB<IN1, IN2 LDB<=IN1, IN2 AB<=IN1, IN2 OB<=IN1, IN2 LDB>IN1, IN2 AB>IN1, IN2 OB>IN1, IN2 LDB>=IN1, IN2 AB>=IN1, IN2 OB>=IN1, IN2	LDW=IN1, IN2 AW=IN1, IN2 OW=IN1, IN2 LDW<>IN1, IN2 AW<>IN1, IN2 OW<>IN1, IN2 LDW<IN1, IN2 AW<IN1, IN2 OW<IN1, IN2 LDW<=IN1, IN2 AW<=IN1, IN2 OW<=IN1, IN2 LDW>IN1, IN2 AW>IN1, IN2 OW>IN1, IN2 LDW>=IN1, IN2 AW>=IN1, IN2 OW>=IN1, IN2	LDD=IN1, IN2 AD=IN1, IN2 OD=IN1, IN2 LDD<>IN1, IN2 AD<>IN1, IN2 OD<>IN1, IN2 LDD<IN1, IN2 AD<IN1, IN2 OD<IN1, IN2 LDD<=IN1, IN2 AD<=IN1, IN2 OD<=IN1, IN2 LDD>IN1, IN2 AD>IN1, IN2 OD>IN1, IN2 LDD>=IN1, IN2 AD>=IN1, IN2 OD>=IN1, IN2	LDR=IN1, IN2 AR=IN1, IN2 OR=IN1, IN2 LDR<>IN1, IN2 AR<>IN1, IN2 OR<>IN1, IN2 LDR<IN1, IN2 AR<IN1, IN2 OR<IN1, IN2 LDR<=IN1, IN2 AR<=IN1, IN2 OR<=IN1, IN2 LDR>IN1, IN2 AR>IN1, IN2 OR>IN1, IN2 LDR>=IN1, IN2 AR>=IN1, IN2 OR>=IN1, IN2	LDS=IN1, IN2 AS=IN1, IN2 OS=IN1, IN2 LDS<>IN1, IN2 AS<>IN1, IN2 OS<>IN1, IN2
IN1 和 IN2 寻址范围	IB, QB, MB, SMB, VB, SB, LB, AC, *VD, *AC, *LD, 常数	IW, QW, MW, SMW, VW, SW, LW, AC, *VD, *AC, *LD, 常数	ID, QD, MD, SMD, VD, SD, LD, AC, *VD, *AC, *LD, 常数	ID, QD, MD, SMD, VD, SD, LD, AC, *VD, *AC, *LD, 常数	(字符) VB, LB, *VD, *LD, *AC

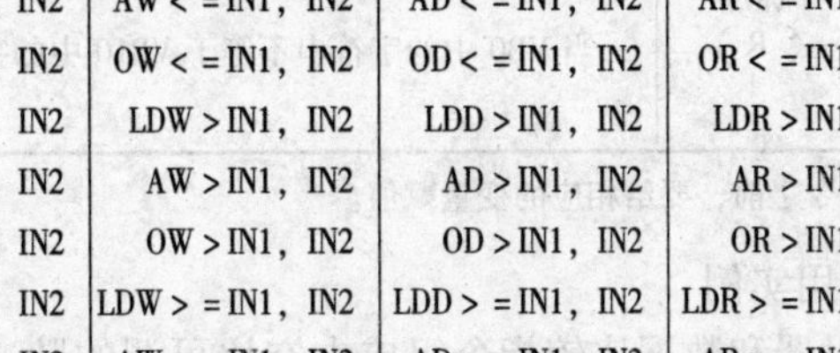

图 2-79 数据比较的梯形图程序

3）其他几种数据比较指令的编程举例见表 2-40。

表 2-40　其他几种数据比较指令的编程举例

程　序	说　明
IB0 <=B MB1 —— Q0.0 (S) 1	当 IBO 的数据小于等于 MB1 中的数据时，使 Q0.0 置位
MW10 <>I VW10 —— M0.0 (R) 1	当 MW10 中的数据不等于 VW10 中的数据时，使 M0.0 复位
QD0 >=D MD10 —— M0.0 (R) 1	当 QD0 中的数据大于等于 MD10 中的数据时，使 M0.0 复位
MD10 <R AC0 —— M0.0 (R) 1	当 MD10 中的数据小于 AC0 中的数据时，使 M0.0 复位
VB0 <>S VB10 —— M0.0 (R) 1	当 VB0 中的字符串不等于 VB10 中的字符串时，使 M0.0 复位

注：在尝试使用比较指令之前，要给相应的变量赋值。

4）数据比较的应用实例

① 实例 1：用定时器和数据比较指令组成占空比可调的脉冲时钟。M0.0 和 100ms 定时器 T37 组成脉冲发生器，数据比较指令用来产生宽度可调的方波，脉宽的调整由数据比较指令的第二个操作数实现。其梯形图程序和脉冲波形如图 2-80 所示。

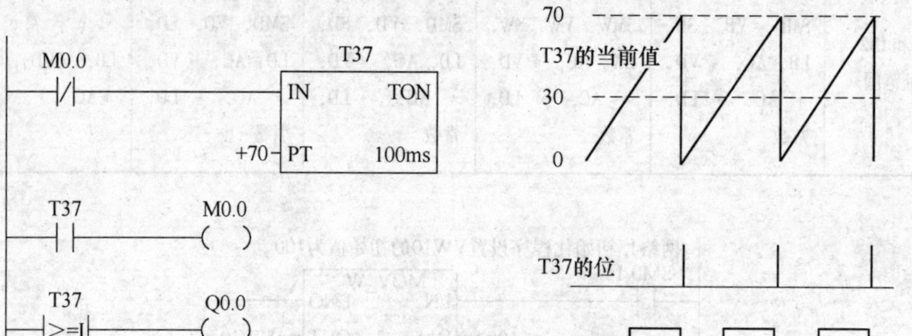

图 2-80　占空比可调的脉冲发生器的梯形图程序和脉冲波形

② 实例 2：模拟调整电位器的应用梯形图程序。调整模拟调整电位器 0，改变 SMB28 字节数值。实现：当 SMB28 数值小于或等于 50 时，Q0.0 输出；当 SMB28 数值在 50～150 时，Q0.1 输出；当 SMB28 数值大于 150 时，Q0.2 输出。其梯形图程序如图 2-81 所示。

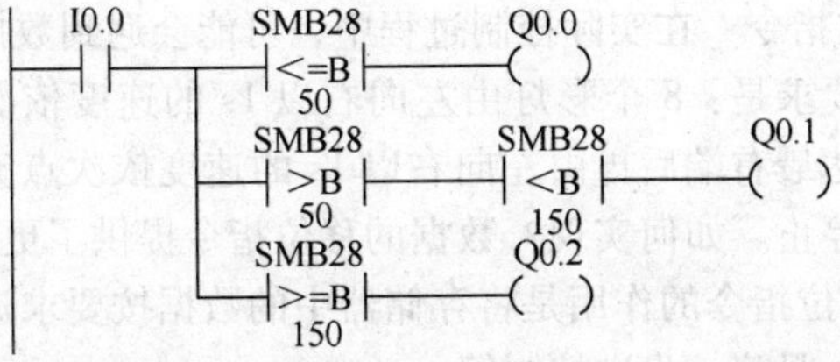

图2-81　调整模拟调整电位器0的梯形图程序

③ 实例3：三台电动机分时启动控制应用梯形图程序。控制要求：按下启动按钮后，三台电动机每隔2s分别依次启动；按下停止按钮，三台电动机每隔2s后依次停止。

首先进行I/O口地址分配，其I/O口地址分配见表2-41。

表2-41　三台电动机分时启动控制的I/O口地址分配

输入PLC地址	说　明	输出PLC地址	说　明
I0.0	启动按钮	Q0.0	电动机1
I0.1	停止按钮	Q0.1	电动机2
		Q0.2	电动机3

根据控制要求，利用比较指令，编写出三台电动机分时启动控制应用梯形图程序如图2-82所示。

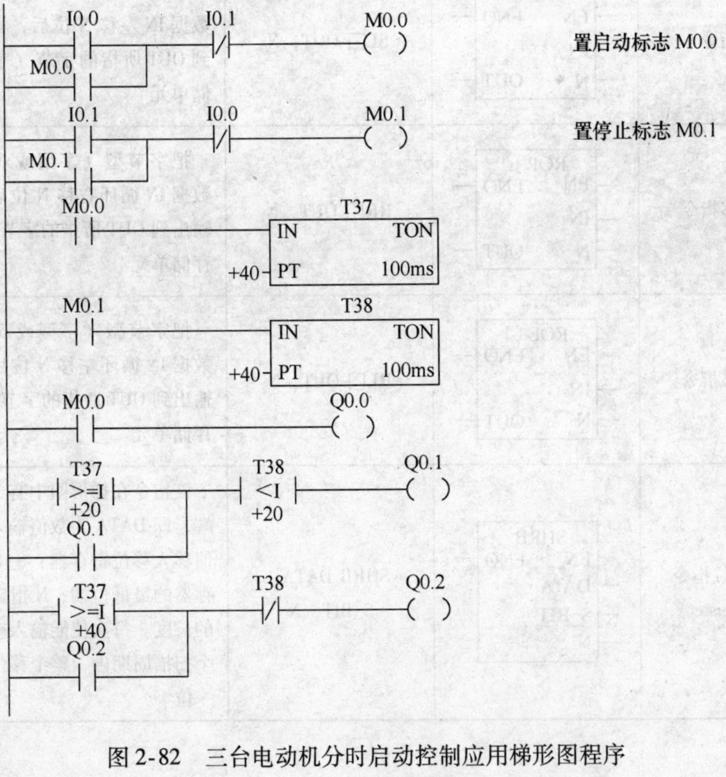

图2-82　三台电动机分时启动控制应用梯形图程序

(14) 数据的移位指令　在实际控制过程中，可能会遇到数据的移位控制。比如制作一个彩灯控制器，要求是：8个彩灯由左向右以1s的速度依次点亮，保持任意时刻只有一个彩灯亮；到达最右端后再由左向右以1s的速度依次点亮，如此循环；按下停止按钮后，彩灯循环停止。如何实现？数据的移位指令提供了更加简捷的方法。

1) 移位指令。移位指令的作用是将存储器中的数据按要求进行移位。在控制系统中可用于数据的处理、跟踪、步进控制等。

移位指令分为左/右移位、循环左/右移位、寄存器移位三类。前两类移位指令按移位数据的长度又分为字节型、字型、双字型三种。移位指令最大移位位数N小于、等于数据类型对应的位数。N为字节型数据。移位指令格式及功能见表2-42和表2-43。

表2-42　移位指令的类型

名　　称	指令格式		功能描述
	LAD	STL	
右移指令	SHR □ EN　ENO IN N　OUT	SR□ OUT，N	把字节型（字型或双字型）输入数据IN右移N位后，再将结果输出到OUT所指的字节（字或双字）存储单元
左移指令	SHL □ EN　ENO IN N　OUT	SL□ OUT，N	把字节型（字型或双字型）输入数据IN左移N位后，再将结果输出到OUT所指的字节（字或双字）存储单元
循环右移指令	ROR □ EN　ENO IN N　OUT	RR□ OUT，N	把字节型（字型或双字型）输入数据IN循环右移N位后，再将结果输出到OUT所指的字节（字或双字）存储单元
循环左移指令	ROL □ EN　ENO IN N　OUT	RL□ OUT，N	把字节型（字型或双字型）输入数据IN循环左移N位后，再将结果输出到OUT所指的字节（字或双字）存储单元
寄存器移位指令 (Shift Register)	SHRB EN　ENO DATA S_BIT N	SHRB DATA， S_BIT，N	该指令在梯形图中有3个数据输入端，即DATA为数值输入，将该位的值移入移位寄存器；S_BIT为移位寄存器的最低位端；N指定移位寄存器的长度。每次使能输入有效时，在每个扫描周期内，整个移位寄存器移动一位

表 2-43　移位指令格式及功能

梯形图程序	语句表程序	说　明
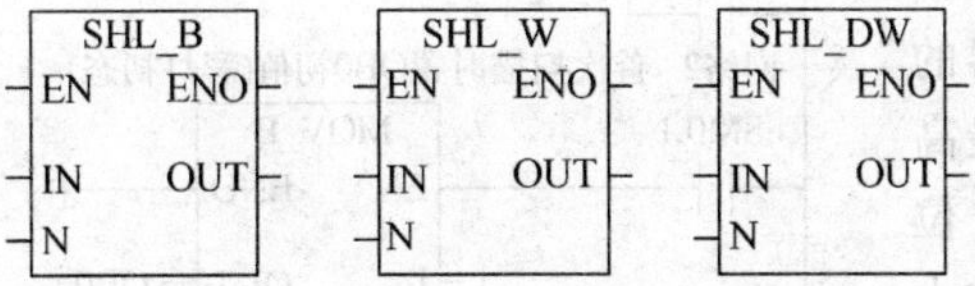	SLB OUT，N SLW OUT，N SLD OUT，N	字节、字、双字左移位指令
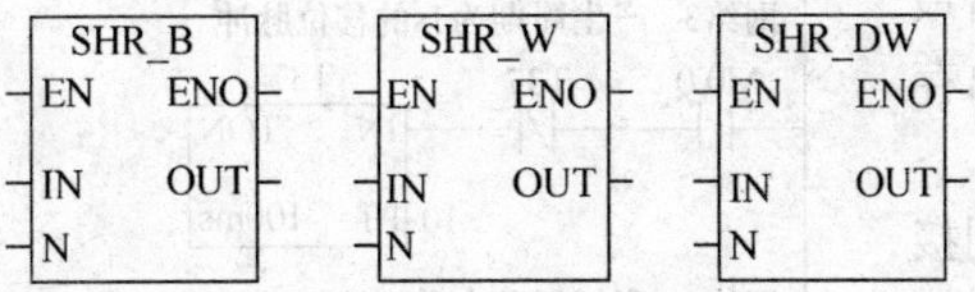	SRB OUT，N SRW OUT，N SRD OUT，N	字节、字、双字右移位指令
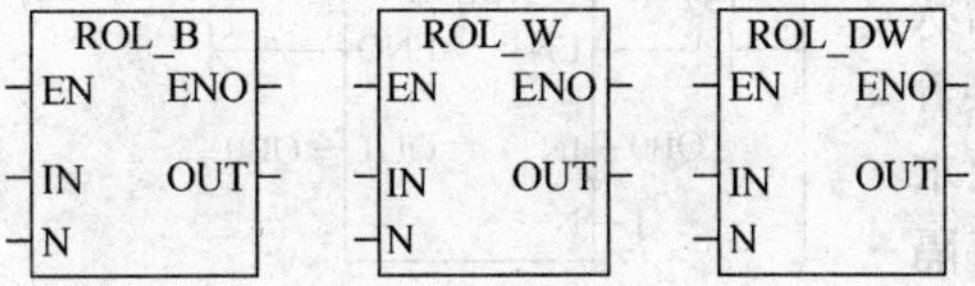	RLB OUT，N RLW OUT，N RLD OUT，N	字节、字、双字循环左移位指令
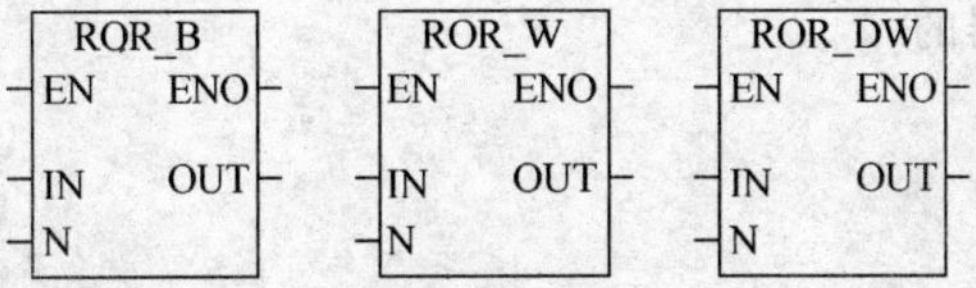	RRB OUT，N RRW OUT，N RRD OUT，N	字节、字、双字循环右移位指令
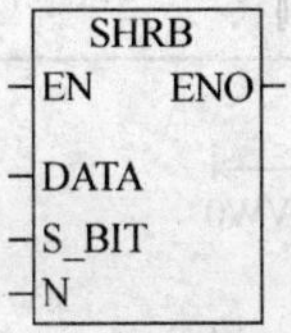	SHRB DATA， S_BIT，N	移位寄存器

使用说明：

① 对左移位指令，使能输入有效时，将输入的无符号数字节、字或双字左移 N 位后，移出位自动补 0，将结果输出到 OUT 指定的存储单元中。如果移位次数大于 0，最后一次移出位保存在溢出存储器位 SM1.1。如果移位结果为 0，零标识位 SM1.0 置 1。

② 对右移位指令，使能输入有效时，将输入的无符号数字节、字或双字左移 N 位后，移出位自动补 0，将结果输出到 OUT 指定的存储单元中。最后一次移出位保存在 SM1.1。

③ 对循环移位指令，将输入 IN 中的各位向左或向右循环移动 N 位后，送给输出 OUT。循环移位是环形的，即被移出来的位将返回到另一端空出来的位置。移出来的最后一位的数值放在溢出存储器位 SM1.1。

④ 对移位寄存器指令，SHRB 是移位长度可调的移位指令，将从 DATA 端输入的

二进制数值移入移位寄存器中。S_BIT 为寄存器的最低位地址。字节型变量 N 为移位寄存器的长度（1~64），N 为正值时表示左移位，输入数据（DATA）移入移位寄存器的最低位（S_BIT），并移出移位寄存器的最高位，移出的数据被放置在溢出内存位（SM1.1）中。N 为负值时表示右移位，输入数据移入移位寄存器的最高位中，并移出最低位（S_BIT），移出的数据被放置在溢出存储器位 SM1.1 中。

2）彩灯控制器的实现。8 个彩灯分别接在 Q0.0~Q0.7 上。可以采用字节的循环移位指令进行循环移位控制。置彩灯的初始状态为 QB0=1，即左边的第一盏彩灯亮；接着彩灯由左向右以 1s 的速度依次点亮，即要求字节 QB0 中的“1”用循环左移位指令每隔 1s 钟移动一位，因此需在 ROL_B 指令的 EN 端接一个 1s 的移位脉冲。8 个彩灯控制器的梯形图程序如图 2-83 所示。

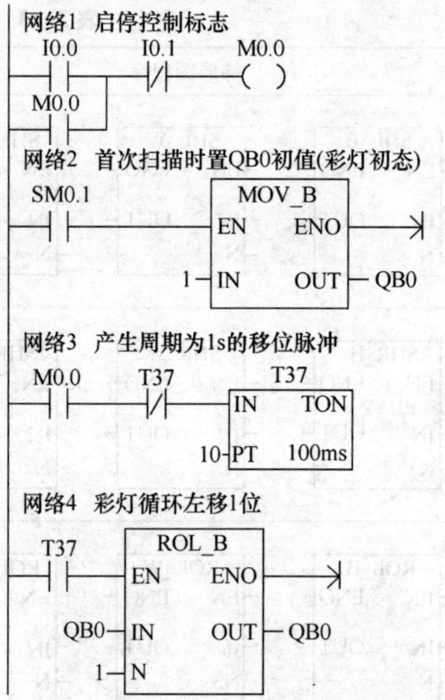

图 2-83　8 个彩灯控制器的梯形图程序

3）移位指令编程举例

① SHL_W 指令编程举例。见表 2-44。

表 2-44　SHL_W 指令编程举例

梯形图程序	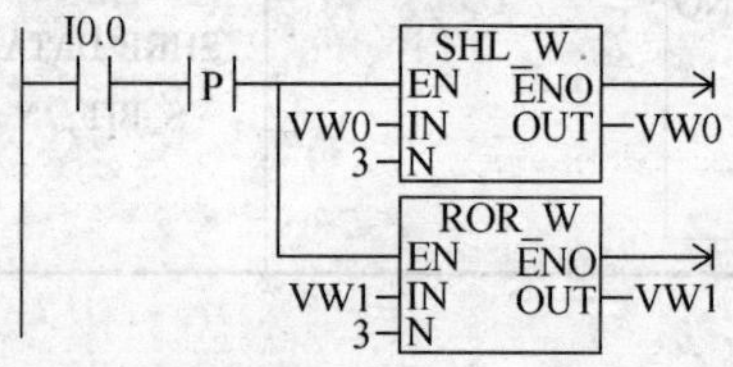
说明	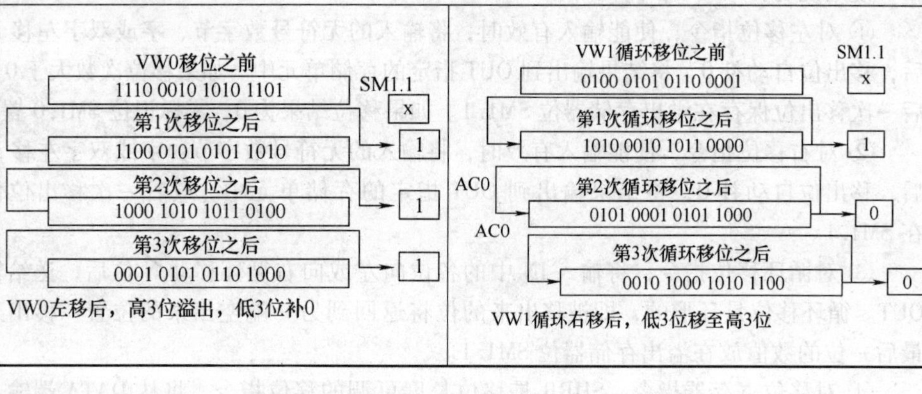

② SHRB 指令编程举例。见表 2-45。

表 2-45　SHRB 指令编程举例

梯形图程序	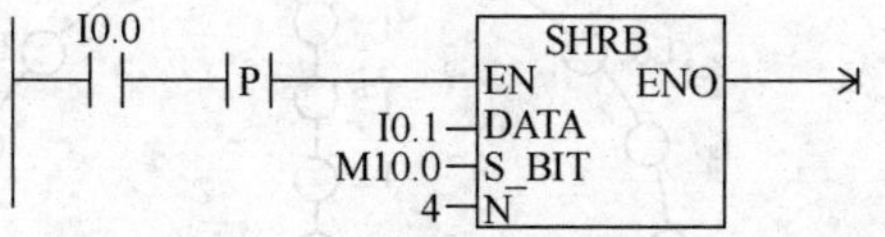
说明	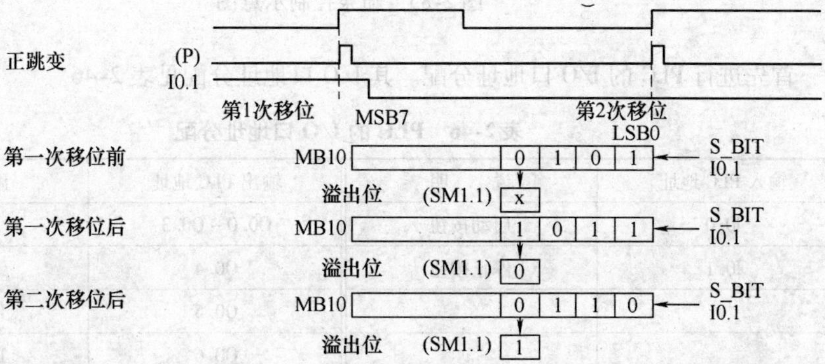

4）数据的移位指令应用实例

① 应用实例 1：用 I0.0 控制 16 个彩灯循环移位，由左向右以 2s 的速度依次 2 个为一组点亮，保持任意时刻只有 2 个彩灯点亮；到达最右端后，再由左向右依次点亮，如此循环；按下停止按钮后，彩灯循环停止。

16 个彩灯分别接在 Q0.0 ~ Q1.7 上。可以采用字节的循环移位指令，进行循环移位控制。置彩灯的初始状态为 QB0 = 3，即左边的第 1、2 盏彩灯亮；接着彩灯由左向右以 2s 的速度依次点亮，即要求字节 QB0 中的“11”用循环左移位指令每隔 2s 钟移动一位，因此需在 ROL_B 指令的 EN 端接一个 1s 的移位脉冲。16 个彩灯控制器的梯形图程序如图 2-84 所示。

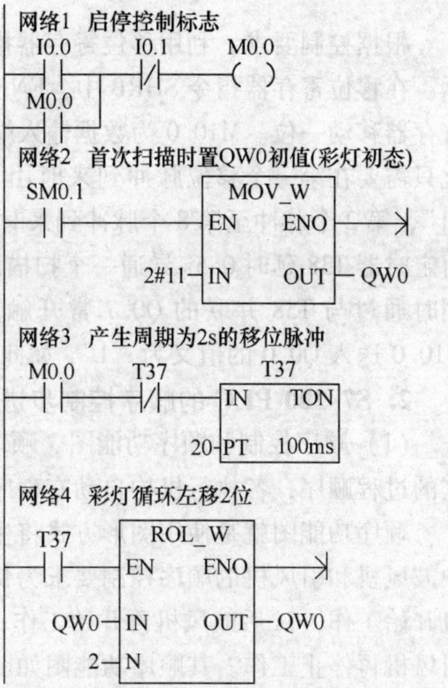

图 2-84　16 个彩灯控制器的梯形图程序

② 应用实例 2：用 PLC 构成对喷泉的控制。喷泉的 12 个喷水柱用 L1 ~ L12 表示，喷水柱的布局如图 2-85 所示。控制要求：按下启动按钮后，L1 喷 0.5s 后停；接着 L2 喷 0.5s 后停；接着 L3 喷 0.5s 后停；接着 L4 喷 0.5s 后停；接着 L5、L9 喷 0.5s 后停；

接着 L6、L10 喷 0.5s 后停；接着 L7、L11 喷 0.5s 后停；接着 L8、L12 喷 0.5s 后停；又接着第二轮 L1 喷 0.5s 后停；……；如此循环下去，直至按下停止按钮才停止喷泉。

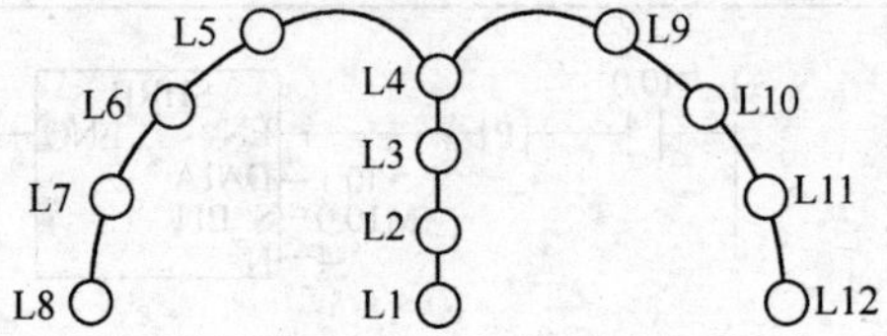

图 2-85　喷泉控制示意图

首先进行 PLC 的 I/O 口地址分配。其 I/O 口地址分配见表 2-46。

表 2-46　PLC 的 I/O 口地址分配

输入 PLC 地址	说　明	输出 PLC 地址	说　明
I0.0	启动按钮	Q0.0 ~ Q0.3	L1 ~ L4
I0.1	停止按钮	Q0.4	L5、L9
		Q0.5	L6、L10
		Q0.6	L7、L11
		Q0.7	L8、L12

根据控制要求，利用移位寄存器指令，编写出喷泉控制的梯形图程序如图 2-86 所示。在移位寄存器指令 SHRB 中，EN 连接移位脉冲 T37，每来一个脉冲上升沿，移位寄存器移动一位。M10.0 为数据输入端 DATA。按照控制要求，每次只有一个输出，因此只需要在第一个移位脉冲到来时由 M10.0 送入移位寄存器 S_BIT 位（Q0.0）一个“1”，第 2 个脉冲至第 8 个脉冲到来时由 M10.0 送入 Q0.0 的值均为“0”，这在程序中由定时器 T38 延时 0.5s 导通一个扫描周期实现；第 8 个脉冲到来时 Q0.7 置位为“1”，同时通过与 T38 并联的 Q0.7 常开触点使 M10.0 置位为“1”；第 9 个脉冲到来时由 M10.0 送入 Q0.0 的值又为“1”，如此循环下去，直至按下停止按钮才停止。

2. S7-200 PLC 的顺序控制步进指令

（1）顺序控制和顺序功能图　顺序控制是在各个输入信号的作用下，按照生产工艺的过程顺序，各执行机构自动有秩序地进行控制操作。

顺序功能图就是使用图形方式将生产过程表现出来。以图 2-87 中的波形给出的锅炉鼓风机和引风机的顺序控制要求为例，其工作过程是：按下启动按钮 I0.0 后，引风机开始工作，5s 后鼓风机再开始工作；按下停止按钮 I0.0 后，鼓风机停止工作，5s 后引风机再停止工作。其顺序功能图如图 2-88 所示。

1）顺序功能图的组成元件。顺序功能图主要用来描述系统的功能。将系统的一个工作周期根据输出量的不同划分为各个顺序相连的阶段，这些阶段称为步。使用内部位存储器 M 或顺序控制继电器 S 代表各步，在图 2-88 中用矩形方框表示。方框中可以用数字表示该步的编号，也可以用代表该步的编程元件的地址作为步的编号。在任何一步中，

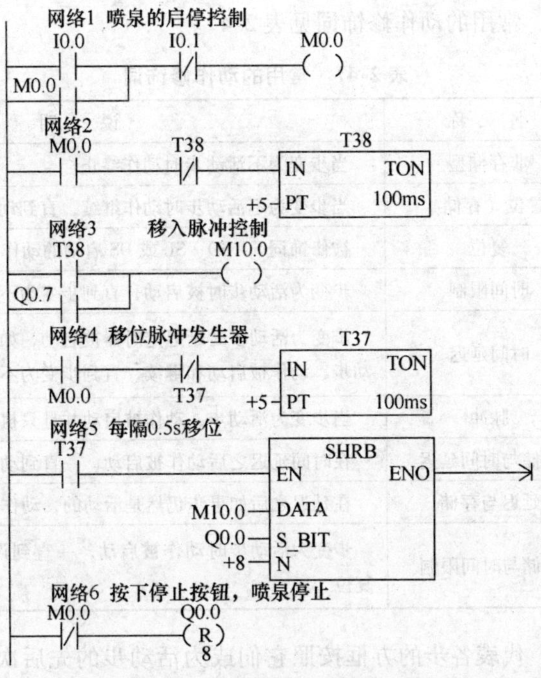

图 2-86 喷泉控制的梯形图程序

各输出量 ON/OFF 状态不变，但是相邻两步输出量的状态是不同的。任何系统都有等待启动命令的相对静止初始状态。与系统该初始状态相对应的步称为初始步，用双线方框表示。根据输出量的状态，图 2-88 中的一个工作周期可以划分为包括初始步在内的 4 步，分别用 M0.0 ~ M0.3 代表。当系统处于某一步所在的阶段时，该步称为“活动步”，其前一步称为“前级步”，后一步称为“后续步”，其他各步称为“不活动步”。

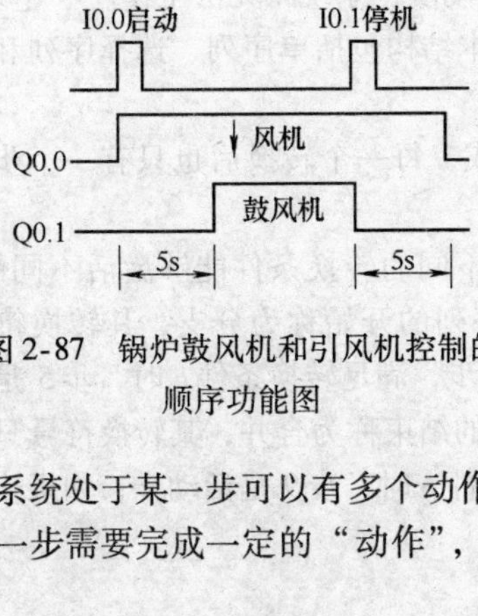

图 2-87 锅炉鼓风机和引风机控制的顺序功能图

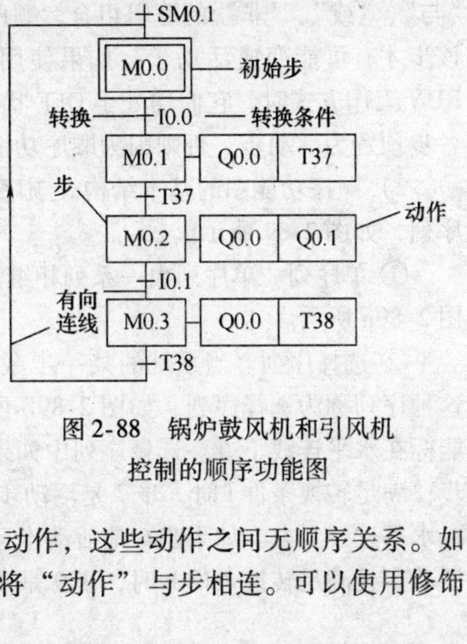

图 2-88 锅炉鼓风机和引风机控制的顺序功能图

系统处于某一步可以有多个动作，也可以无动作，这些动作之间无顺序关系。如果某一步需要完成一定的“动作”，用矩形方框将“动作”与步相连。可以使用修饰词对动作进行修饰，常用的动作修饰词见表2-47。

表2-47　常用的动作修饰词

修饰词	名称	说明
N	非存储型	当步变为不活动步时动作终止
S	置位（存储）	当步变为不活动步时动作继续，直到动作被复位
R	复位	被修饰词S、SD、SL或DS启动的动作被终止
L	时间限制	步变为活动步时被启动，直到步变为不活动步或设定时间到
D	时间延迟	步变为活动步时延迟定时器被启动，如果延迟之后步仍然是活动步，动作被启动和继续，直到步变为不活动步
P	脉冲	当步变为活动步，动作被启动并且只执行一次
SD	存储与时间延迟	在时间延迟之后动作被启动，一直到动作被复位
DS	延迟与存储	在延迟之后如果步仍然是活动的，动作被启动直到被复位
SL	存储与时间限制	步变为活动步时动作被启动，一直到设定的时间到或动作被复位

顺序功能图中，代表各步的方框按照它们成为活动步的先后次序顺序排列，并用有向连线将它们连接起来，步与步之间活动状态的进展按照有向连线规定的路线和方向进行。有向连线在从上到下或由左向右方向上的箭头可以省略，其他方向上的箭头必须标明。为了易于理解，在可以省略箭头的方向上也可以加上箭头。

与步和步之间有向连线垂直的短横线代表转换，其作用是将相邻的两步分开。旁边与转换对应的参量称为转换条件。转换条件是系统由当前步进入下一步的信号，分为三种类型：一是外部的输入条件，例如按钮、指令开关、限位开关的接通或断开等；二是PLC内部产生的信号，例如定时器、计数器等触点的接通；三是若干个信号“与”、“或”、“非”的逻辑组合。顺序功能图中，只有当某一步的前级步是活动步时，该步才有可能变成活动步。如果使用没有断电保持功能的编程器件代表各步，进入RUN工作方式时，它们均处于OFF状态，必须用初始化脉冲SM0.1作为转换条件，将各步预置为活动步，否则因为顺序功能图中没有活动步，系统将无法工作。

2）顺序功能图的基本结构。顺序功能图的基本结构包括单序列、选择序列和并行序列，如图2-89所示。

① 单序列。单序列由一系列相继激活的步组成，每一个转换后也只有一个步，如图2-89a所示。

② 选择序列。当系统的某一步激活后，满足不同的转换条件能够激活不同的步，这种序列称为选择序列，如图2-89b所示。选择序列的开始称为分支，其转换符号只能标在水平连线下方。选择序列中如果步4是活动步，满足转换条件c时，步5是活动步；满足转换条件f时，步7是活动步。选择序列的结束称为合并，其转换符号只能标在水平连线上方。如果步6是活动步且满足转换条件e时，步9是活动步；如果步8是活动步且满足转换条件h时，步9是活动步。

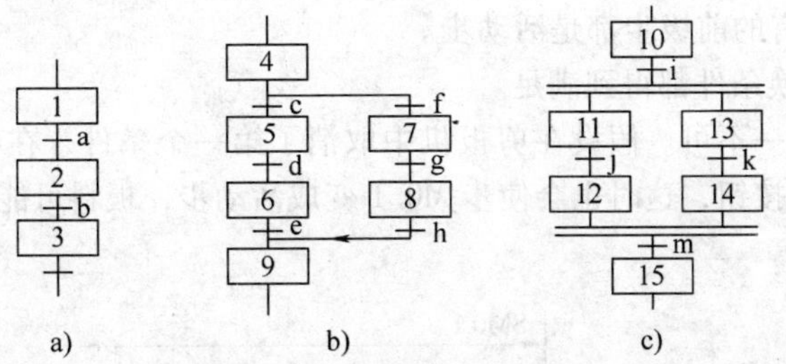

图 2-89 顺序功能图的基本结构
a）单序列 b）选择序列 c）并行序列

③ 并行序列。当系统的某一位活动后，满足转换条件能够同时激活几步，这种序列称为并行序列，如图 2-89c 所示。并行序列的开始称为分支，为强调转换的同步实现，水平连线用双线，水平双线上只允许有一个转换符号。

并行序列中当步 10 是活动步，满足转换条件 i 时，转换的实现将导致步 11 和步 13 是活动步。并行序列的结束称为合并，在表示同步的水平双线之下只允许有一个转换符号。当步 12 和步 14 同时是活动步且满足转换条件 m 时，步 15 才能变成活动步。

某剪板机的生产工艺示意图如图 2-90 所示。开始时压钳和剪刀在上限位，限位开关 I0.0 和 I0.1 为 ON，按下启动按钮 I1.0，其工作过程如下：首先板料右行（Q0.0 为 ON 并保持）至限位开关 I0.3 动作；然后压钳下行（Q0.1 为 ON 并保持），压紧板料后，压力继电器 I0.4 为 ON，压钳保持压紧；接着剪刀开始下行剪料（Q0.2 为 ON），当剪断板料后，I0.2 变为 ON，压钳和剪刀同时上行（Q0.3 和 Q0.4 为 ON，Q0.1 和 Q0.2 为 OFF）；当它们分别碰到限位开关 I0.0 和 I0.1 后，停止上行，都停止后，又开始下一周期的工作；最终剪完 10 块后停止在初始状态。其剪板机的顺序功能图如图2-91所示。图中三种序列全有。步 M0.0 是初始步，加计数器 C0 用来控制剪板料的次数，每次工作循环后 C0 的当前值加 1。没有剪完 10 块板料时，C0 的当前值小于设定值 10，其常闭触点闭合，满足转换条件$\overline{C0}$，将返回步 M0.1 处开始下一次循环。剪完 10 块板料时，C0 的当前值等于设定值 10，其常开触点闭合，满足转换条件 C0，即已剪完 10 块板料将返回初始步 M0.0，等待下一次启动命令。

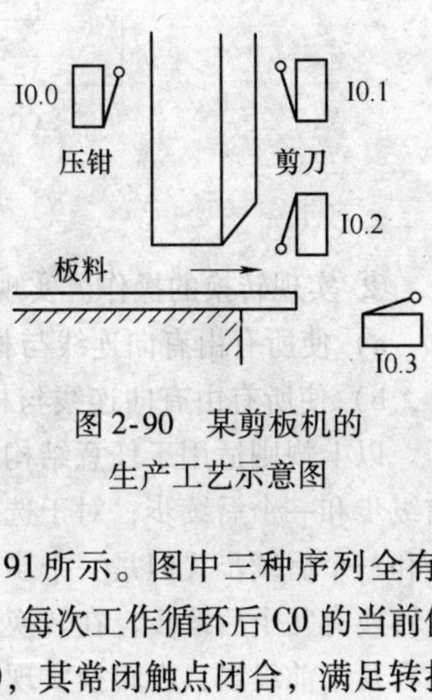

图 2-90 某剪板机的生产工艺示意图

步 M0.5、M0.7 是等待步，用来同时结束并行序列，只要步 M0.5、M0.7 都是活动步，当满足转换条件$\overline{C0}$时，步 M0.1 将变成活动步；当满足转换条件 C0 时，步 M0.0 将变成活动步。

3）顺序功能图的转换

① 转换实现的条件。顺序功能图中，转换的实现完成了步的活动状态的进展。转换实现必须同时满足以下两个条件：

a）该转换所有的前级步都是活动步。

b）相应的转换条件都得到满足。

这两个条件缺一不可。假设在剪板机中取消了第一个条件，在板料被压住的时候误操作按下了启动按钮，这时也会使步 M0.1 变成活动步，板料可能右行，因此会造成设备的误动作。

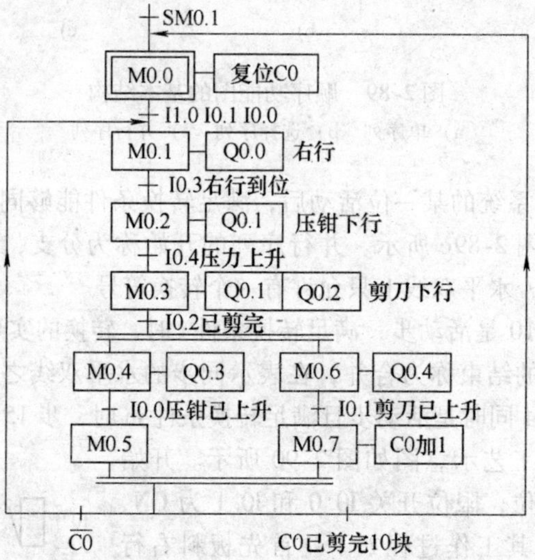

图 2-91　剪板机的顺序功能图

② 实现转换的操作。实现转换应完成以下两个操作：

a）使所有由有向连线与相应转换符号相连的后续步都变为活动步。

b）使所有由有向连线与相应转换符号相连的前级步都变为不活动步。

以上规则适用于任意结构中的转换。其区别是：对于单序列，一个转换仅有一个前级步和一个后续步；对于选择序列，分支处与合并处一个转换实际上只有一个前级步和一个后续步，但是一个步可能有多个前级步或多个后续步；对于并行序列，分支处转换有几个后续步，在转换实现时应同时将它们对应的编程元件置位，其合并处转换有几个前级步，在转换实现时应将它们对应的编程元件全部复位。

③ 绘制顺序功能图时的注意事项。绘制顺序功能图时应注意以下事项：

a）两个步绝对不能直接相连，必须用一个转换将它们分隔开。

b）两个转换也绝对不能直接相连，必须用一个步将它们分隔开。

c）初始步必不可少，一方面因为该步与其相邻步相比，从总体上说输出变量的状态各不相同；另一方面，如果没有该步，无法表示初始状态，系统也无法返回等待其动作的停止状态。

d）顺序功能图是由步和有向连线组成的闭环，即在完成一次工艺过程的全部操作之后，应从最后一步返回初始步，系统停留在初始状态；在连续循环工作方式时，应从最后一步返回下一工作周期开始运行的第一步。

4）应用实例

① 应用实例1：压力机的顺序功能图。压力机的生产工艺过程示意图如图2-92所示。初始状态时机械手在最左边，I0.4为ON；冲头在最上面，I0.3为ON；机械手松开，Q0.0为OFF。按下启动按钮I0.0，Q0.0变为ON，工件被夹紧，2s后Q0.1变为ON，机械手右行，直到碰到限位开关I0.1。以后顺序完成以下动作：冲头下行、冲头上行、机械手左行、机械手松开（Q0.0被复位为OFF），延时2s后，系统返回初始状态。各限位开关和定时器提供的信号是相应步之间的转换条件。试画出该压力机控制系统的顺序功能图。

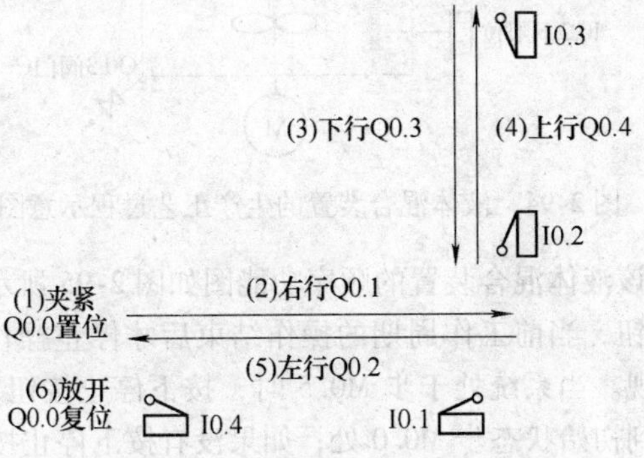

图2-92 压力机的生产工艺过程示意图

根据控制要求，可画出该压力机控制系统的顺序功能图如图2-93所示。该压力机控制系统的顺序功能图是由一系列相继活动的步组成的单序列结构。

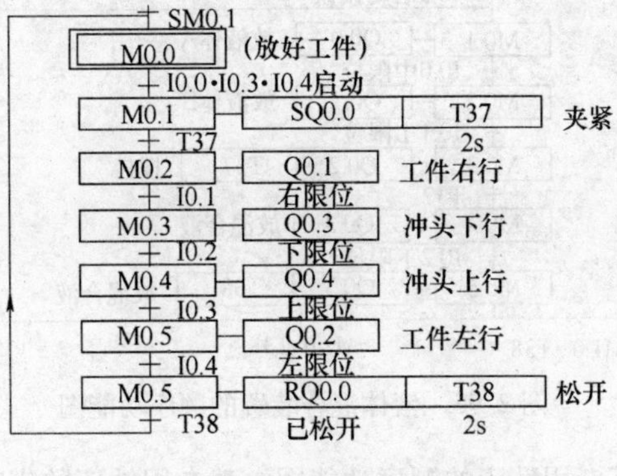

图2-93 压力机控制系统的顺序功能图

② 应用实例2：液体混合装置的顺序功能图。液体混合装置的生产工艺过程示意图如图2-94所示。上限位、中限位、下限位液位传感器被液体淹没时为1状态；阀门A、阀门B和阀门C为电磁阀，线圈通电时阀门打开，线圈断电时阀门关闭。开始时容器是空的，各阀门均关闭，各液位传感器均为0状态。按下启动按钮后，打开阀门A，液体A流入容器；当液面到达中限位时，中限位液位传感器变为ON，关闭阀门A，打开阀门B，液体B流入容器；当液面到达上限位时，上限位液位传感器变为ON，关闭阀门B，电动机M开始运行，搅拌液体。30s后停止搅拌，打开阀门C，放出混合液

体。当液面下降到下限位时，下限位液位传感器变为 ON，之后 5s 容器放空，关闭阀门 C，打开阀门 A，又开始下一周期的操作。按下停止按钮，当前工作周期的操作结束后，才停止操作，返回并停留在初始状态。

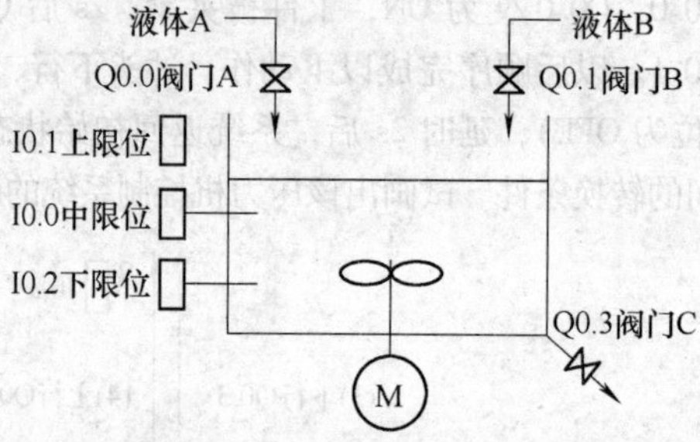

图 2-94　液体混合装置的生产工艺过程示意图

根据控制要求，该液体混合装置的顺序功能图如图 2-95 所示。

对于按下停止按钮，当前工作周期的操作结束后才停止操作的控制要求，在顺序功能图中用 M1.0 实现。当系统处于步 M0.5 时，按下停止按钮，系统满足 $\overline{M1.0} * T38$ 的转换条件，将返回到初始状态步 M0.0 处；如果没有按下停止按钮，系统满足 M1.0 * T38 的转换条件，将回到步 M1.0 处，开始下一个工作周期。系统处于任何一个阶段按下停止按钮时，都将进行到步 M0.5 处满足转换条件，当前工作周期才能结束。

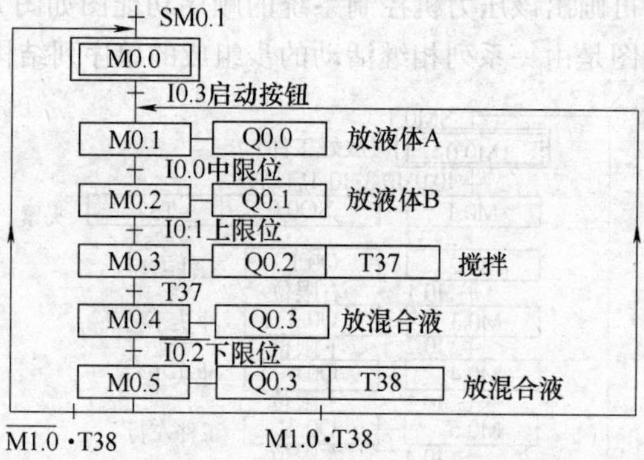

图 2-95　液体混合装置的顺序功能图

③ 应用实例 3：某专用钻床的顺序功能图。某专用钻床的生产工艺过程示意图如图 2-96 所示，该专用钻床使用两只钻头同时钻两个孔。在开始自动钻孔之前，两只钻头都在最上面初始位置，上限位开关 I0.3 和 I0.5 均为 ON。放好工件后，按下启动按钮 I0.0，工件被夹紧后两只钻头同时开始钻孔，钻到由限位开关 I0.2 和 I0.4 设定的深度位置时分别上行；返回到由限位开关 I0.3 和 I0.5 设定的起始位置时分别停止上行。两只钻头都到位后，工件被松开，松开到位后，一个工作周期结束，系统返回初始状态。

根据控制要求，专用钻床的顺序功能图如图 2-97 所示。从顺序功能图中可以看出：该系统由大小两只钻头和各自的限位开关组成了两个子系统。这两个子系统在钻孔过程中同时工作，形成并行序列。如果不使用并行序列，由于两个钻头的工作并不能绝对同

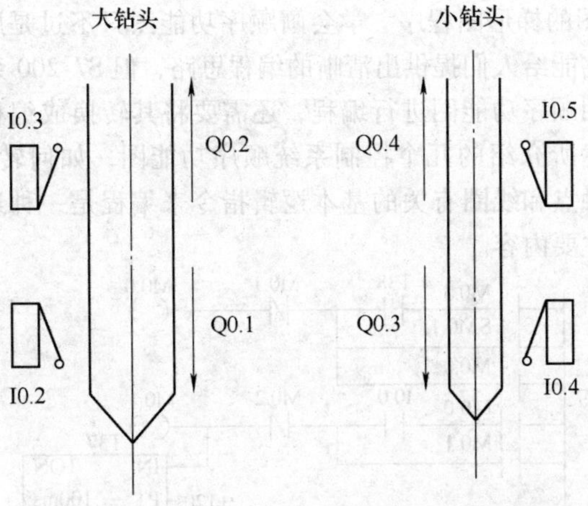

图 2-96　某专用钻床的生产工艺过程示意图

步，会对限位开关造成冲击，形成安全隐患，因此必须使用并行序列进行编程。

在顺序功能图中步 M0.4 和 M0.7 是两个等待步，用于保证两个钻头同步工作。其后的转换条件“=1”表示转换条件总是满足，只要步 M0.4 和 M0.7 都变为活动步，就能使 M1.0 变为活动步。

类似的顺序控制在生产中不胜枚举。

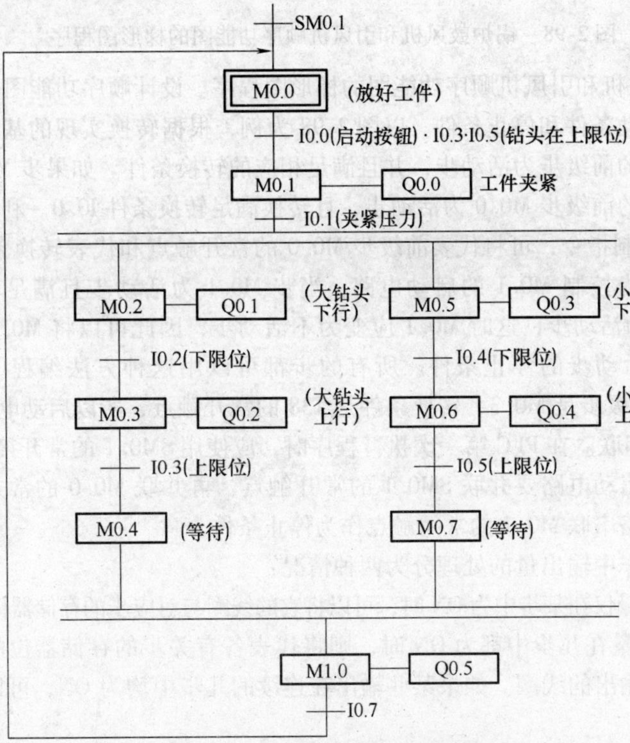

图 2-97　专用钻床的顺序功能图

（2）顺序功能图的梯形图程序　学会画顺序功能图只不过是顺序控制设计法的第一步辅助性工作，它能给人们提供出清晰的编程思路，但 S7-200 系列 PLC 提供的编程软件并不能直接使用顺序功能图进行编程，还需要将其转换成编程软件能够使用的梯形图程序。如对上述所介绍的几个控制系统顺序功能图，如何转换为梯形图程序呢？利用前面所学的与触点和线圈有关的基本逻辑指令来编程是一种通用的编程方法，也是本节需要掌握的主要内容。

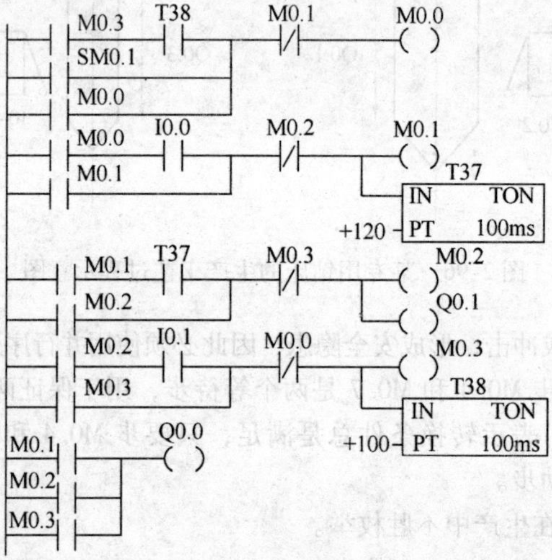

图 2-98　锅炉鼓风机和引风机顺序功能图的梯形图程序

1）锅炉鼓风机和引风机顺序功能图的梯形图程序。设计顺序功能图的梯形图程序的关键是找出启动条件和停止条件。以图 2-98 为例，根据转换实现的基本原则，转换实现的条件是它的前级步为活动步，并且满足相应的转换条件。如果步 M0.1 要变成活动步，条件是它的前级步 M0.0 为活动步，且转换满足转换条件 I0.0。利用与触点和线圈有关的 PLC 控制指令，可将代表前级步 M0.0 的常开触点和代表转换条件 I0.0 的常开触点串联，作为控制 M0.1 的启动电路；当步 M0.1 为活动步且满足转换条件 T37 时，步 M0.2 变为活动步；这时 M0.1 应变为不活动步，因此可以将 M0.2 为 1 作为使步 M0.1 变为不活动步的停止条件。所有的步都可以用这种方法编程。再以初始步 M0.0 为例，其前级步是 M0.3，转换条件是 T38 的常开触点，所以启动电路是 M0.3 和 T38 的常开触点串联。在 PLC 第一次执行程序时，应使用 SM0.1 的常开接点将 M0.0 变为活动步，所以启动电路要并联 SM0.1 的常开触点，再并联 M0.0 的常开触点作为保持条件；上述电路串联 M0.1 的常闭触点作为停止条件。

对于步的动作中输出量的处理分为两种情况：

① 某一输出量仅在某步中为 ON 时，可以将它的线圈与对应步的存储器位的线圈并联。

② 某一输出量在几步中都为 ON 时，则将代表各有关步的存储器位的常开触点并联后一起驱动该输出的线圈。如果某些输出在连续的几步中均为 ON，可以用置位与复位指令进行控制。

按照上述方法可得到锅炉鼓风机和引风机顺序功能图的梯形图程序如图 2-98 所示。

2）液体混合控制系统的梯形图程序。按照上述所介绍方法编写的图 2-95 所示液体混合系统顺序功能图的梯形图程序如图 2-99 所示。梯形图程序中 M1.0 用来实现在按下停止按钮后不会马上停止工作，而是在当前工作周期的操作结束后才停止运行。步 M0.1 之前是选择的合并。当步 M0.0 为活动步并且满足 I0.3 的转换条件或者步 M0.5 为活动步并且满足 M1.0 * T38 的转换条件时，步 M0.1 都能变为活动步。因此，步 M0.1 的启动电路由 M0.0、I0.3 或者 M0.5、M1.0、T38 的常开触点串联而成。

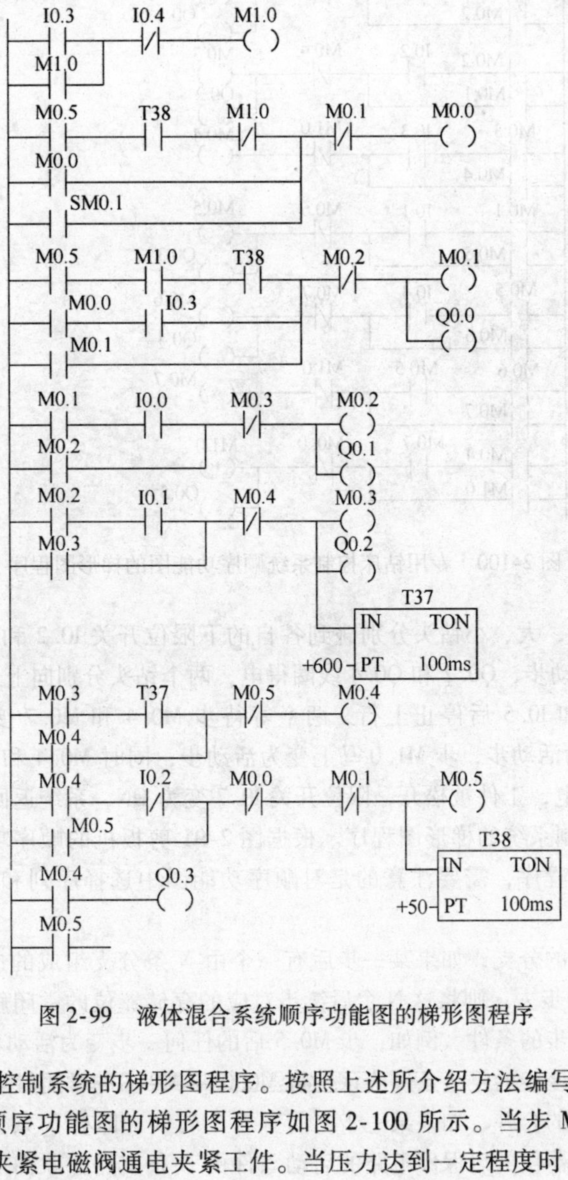

图 2-99　液体混合系统顺序功能图的梯形图程序

3）专用钻床控制系统的梯形图程序。按照上述所介绍方法编写的图 2-97 所示专用钻床控制系统顺序功能图的梯形图程序如图 2-100 所示。当步 M0.1 为活动步时，Q0.0 线圈得电，夹紧电磁阀通电夹紧工件。当压力达到一定程度时，压力继电器 I0.1

的常开触点接通即满足转换条件，这时步 M0.1 变为不活动步，而步 M0.2 和 M0.5 同时变为活动步，Q0.1 和 Q0.3 线圈得电，大小钻头同时向下运动进行钻孔。

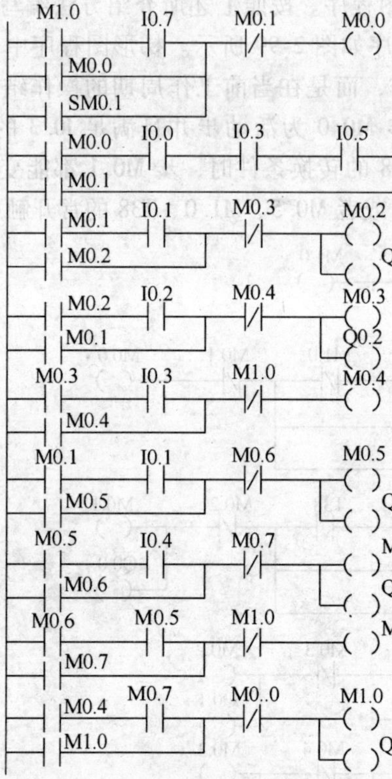

图 2-100　专用钻床控制系统顺序功能图的梯形图程序

当两个孔钻完，大、小钻头分别碰到各自的下限位开关 I0.2 和 I0.4 后，步 M0.3 和步 M0.6 变为活动步，Q0.2 和 Q0.4 线圈得电，两个钻头分别向上运动，碰到各自的上限位开关 I0.3 和 I0.5 后停止上行，两个等待步 M0.4 和 M0.7 变为活动步。只要 M0.4 和 M0.7 变为活动步，步 M1.0 马上变为活动步，同时 M0.4 和 M0.7 变为不活动步，线圈 Q0.5 得电，工件被松开，限位开关 I0.7 变为 ON，系统返回初始状态。

4）剪板机控制系统的梯形图程序。根据图 2-91 剪板机的顺序功能图设计剪板机控制系统的梯形图程序，需要注意的是对顺序功能图中选择序列和并行序列的分支、合并处的处理。

对于选择序列的分支，如果某一步后有一个由 N 条分支组成的选择序列，该步可能转换到不同的 N 步去，则将这 N 个后续步对应的存储器位的常闭触点与该步的线圈串联，作为结束该步的条件。例如，步 M0.5 后的任何一步变为活动步时，该步都应变为不活动步，所以该步的停止条件应该是将 M0.0 和 M0.1 的常闭触点进行串联。

对于选择序列的合并，如果某一步之前有 N 个转换，即有 N 条分支进入该步，则控制代表该步存储器位的启保停电路的启动条件由 N 条支路并联而成，各支路由某一前级步对应的存储器位的常开触点与相应转换条件对应的触点或电路串联形成。例如，步 M0.1 之前是一个选择序列的合并，当步 M0.5 和步 M0.7 为活动步且满足 C0 常闭触点的条件或步 M0.0 为活动步且满足 I1.0 * I0.1 * I0.0 的转换条件时，步 M0.1 都应变为活动步，所以对于步 M0.1，其启动条件是 M0.0 与 I1.0、I0.1、I0.0 常开触点串联或者 M0.5、M0.7 与 C0 常闭触点串联。

由此而得到的剪板机控制系统的梯形图程序如图 2-101 所示。

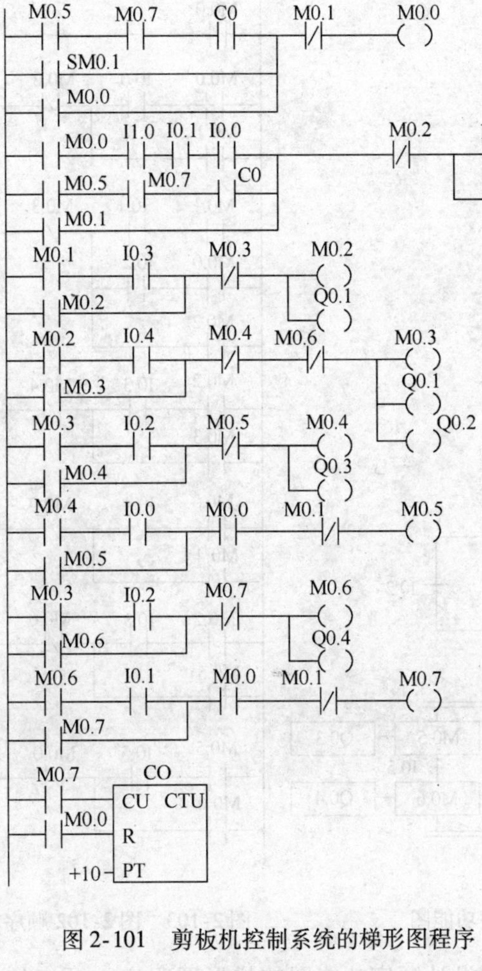

图 2-101　剪板机控制系统的梯形图程序

5）编写图 2-102 所示顺序功能图的梯形图程序。图 2-102 中在步 M0.0 后有一个选择序列的分支。当 M0.0 为活动步且满足 I0.0 的转换条件时，步 M0.1 变为活动步；当 M0.0 为活动步且满足 I0.2 的转换条件时，步 M0.2 变为活动步。无论哪个后续步变为活动步，M0.0 都应变为不活动步，所以应将 M0.1 和 M0.2 的常闭触点与 M0.0 的线圈串联作为其停止条件。

在 M0.2 之前是选择序列合并。当步 M0.1 为活动步且满足 I0.1 的转换条件或者在

M0.0 为活动步且满足 I0.2 的转换条件时，M0.2 都能变为活动步。所以步 M0.2 的启动条件由 M0.1 * I0.1 和 M0.0 * I0.2 并联构成。

图 2-102 顺序功能图的梯形图程序如图 2-103 所示。

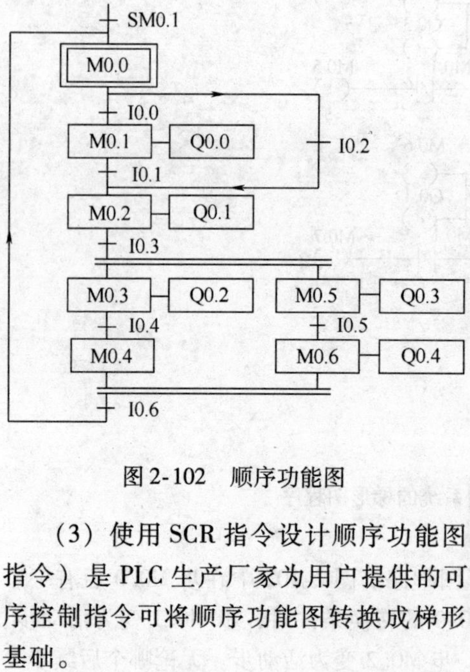

图 2-102　顺序功能图

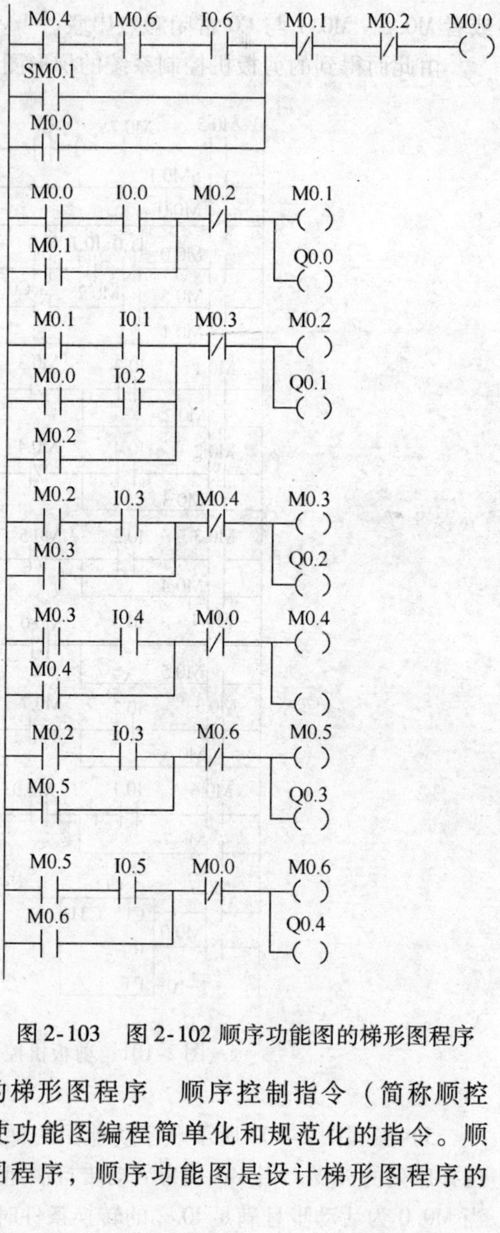

图 2-103　图 2-102 顺序功能图的梯形图程序

（3）使用 SCR 指令设计顺序功能图的梯形图程序　顺序控制指令（简称顺控指令）是 PLC 生产厂家为用户提供的可使功能图编程简单化和规范化的指令。顺序控制指令可将顺序功能图转换成梯形图程序，顺序功能图是设计梯形图程序的基础。

1）顺序功能图。顺序功能图 SFC（Sequential Function Chart）又称为功能流程图或功能图，它是描述控制系统的控制过程功能和特性的一种图形，也是设计 PLC 的顺序控制程序的有力工具。

用 SCR 指令设计的顺序功能图主要由步、转移、动作及有向线段等元素组成。如果适当运用组成元素，就可得到控制系统的静态表示方法，再根据转移连接规则模拟系统的运行，就可以得到控制系统的动态过程。步及步所对应的动作如图 2-104 所示，转移的符号如图 2-105 所示。

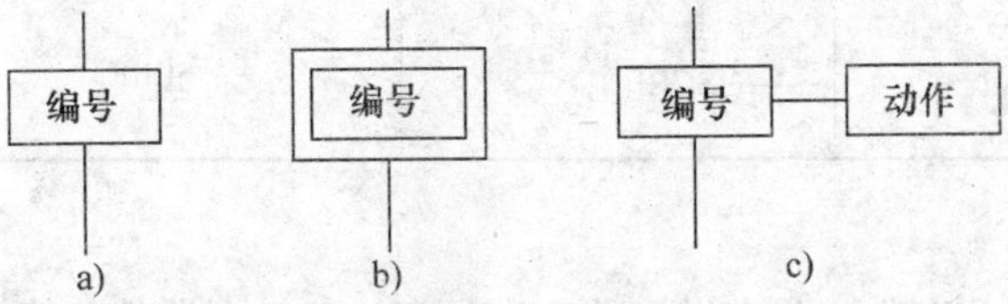

图 2-104　步及步所对应的动作

a）步　b）初始步　c）动作

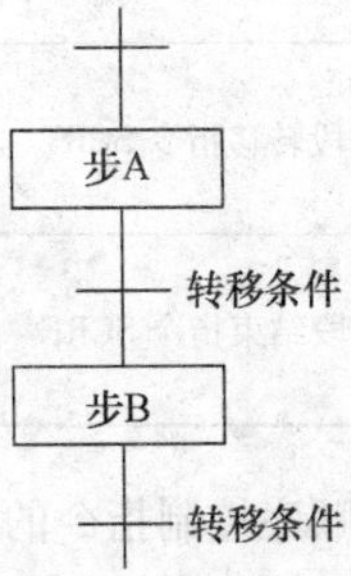

图 2-105　转移的符号

用 SCR 指令设计的顺序功能图的绘制规则如下：

① 步与步不能相连，必须用转移分开。

② 转移与转移不能相连，必须用步分开。

③ 步与转移、转移与步间的连接采用有向线段。从上向下画时，可以省略箭头；当有向线段从下往上画时，必须画上箭头，以表示方向。

④ 一个功能图至少要有一个初始步。

2）顺序控制指令（3 条）。顺序控制指令包含 3 部分：段开始指令 LSCR、段转移指令 SCRT 和段结束指令 SCRE。

① 段开始指令 LSCR（Load Sequence Control Relay）。段开始指令的功能是标记一个顺序控制程序段（或一个步）的开始，其操作数是状态继电器 Sx. y（如 S0. 0），Sx. y 是当前顺序控制程序段的标志位，当 Sx. y 为 1 时，允许该顺序控制程序段工作。

② 段转移指令 SCRT（Sequence Control Relay Transition）。段转移指令的功能是将当前的顺序控制程序段切换到下一个顺序控制程序段，其操作数是下一个顺序控制程序段的标志位 Sx. y（如 S0. 1）。当允许输入有效时，进行切换，即停止当前顺序控制程序段工作，启动下一个顺序控制程序段工作。

③ 段结束指令 SCRE（Sequence Control Relay End）。段结束指令的功能是标记一个顺序控制程序段（或一个步）的结束，每一个顺序控制程序段都必须使用段结束指令来表示该顺序控制程序段的结束。

在梯形图中，段开始指令以功能框的形式编程，段转移指令和段结束指令以线圈形式编程，指令格式见表 2-48。

表 2-48　顺序控制指令格式

指令名称	梯形图	STL
段开始指令 LSCR	??.? SCR	LSCR Sx. y
段转移指令 SCRT	??.? (SCRT)	SCRT Sx. y
段结束指令 SCRE	(SCRE)	SCRE

3）顺序控制指令的特点

① 顺序控制指令仅仅对元件 S 有效，状态继电器 S 也具有一般继电器的功能。

② 顺序控制程序段的程序能否执行取决于 S 是否被置位，SCRE 与下一个 LSCR 指令之间的指令逻辑不影响下一个顺序控制程序段程序的执行。

③ 不能把同一个元件 S 用于不同程序中，例如，如果在主程序中用了 S0.1，则在子程序中就不能再使用它。

④ 在顺序控制程序段中不能使用 JMP 和 LBL 指令，就是说不允许跳入、跳出或在内部跳转，但可以在顺序控制程序段的附近使用跳转指令。

⑤ 在顺序控制程序段中不能使用 FOR、NEXT 和 END 指令。

⑥ 在步发生转移后，所有的顺序控制程序段的元件一般也要复位，如果希望继续输出，可使用置位/复位指令。

⑦ 在使用功能图时，状态继电器的编号可以不按顺序安排。

4）顺序控制指令的编程。顺序功能图中除了使用内部位存储器 M 代表各步外，还可以使用顺序控制继电器 S 代表各步。使用 S 代表各步的顺序功能图设计梯形图程序时，需要用 SCR 指令。使用 SCR 指令时顺序功能图中的步用 S-bit 表示，其顺序功能图如图 2-106 所示。它与前面所述的顺序功能图完全相似，所不同的是要将代表各步的内部位存储器 M 换成顺序控制继电器 S。

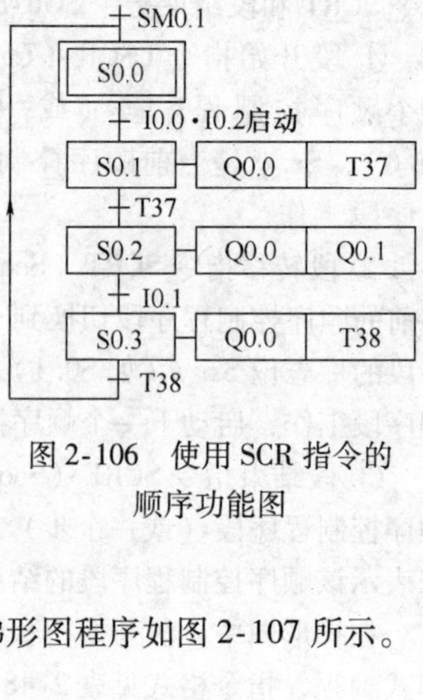

图 2-106　使用 SCR 指令的顺序功能图

对图 2-106，使用 SCR 指令编程时，在 SCR 段中使用 SM0.0 的常开触点驱动该步中的输出线圈，使用转换条件对应的触点或电路驱动转换到后续步的 SCR 指令。虽然 SM0.0 一直为 1，但是只有当某一步活动时相应的 SCR 段内的指令才能执行。相应的梯形图程序如图 2-107 所示。

5）编程举例

① 使用 SCR 指令编写图 2-94 液体混合系统的梯形图程序。使用 SCR 指令的液体

混合系统顺序功能图如图 2-108 所示，其梯形图程序如图 2-109 所示。在步 S0.5 之后是选择序列分支。当 S0.0 为 1 时，对应的 SCR 段被执行，如果满足 $\overline{\text{M1.0}}$ ＊T38 的转换条件，将转换到步 S0.0 处；如果满足 M1.0 ＊T38 的转换条件，将转换到步 S0.1。

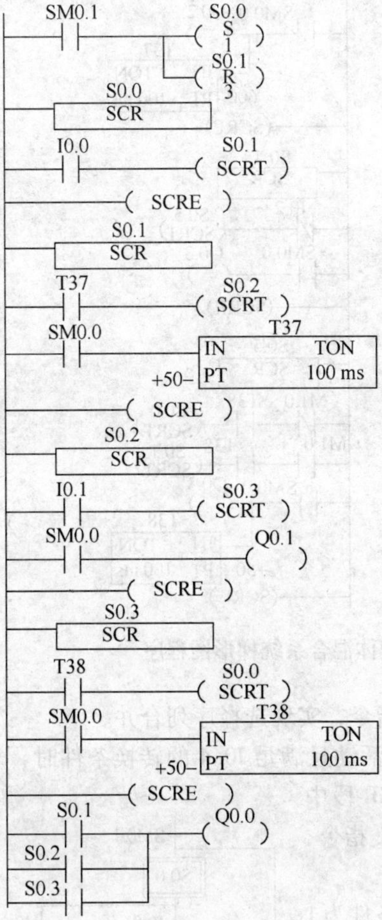

图 2-107　使用 SCR 指令编写的梯形图程序

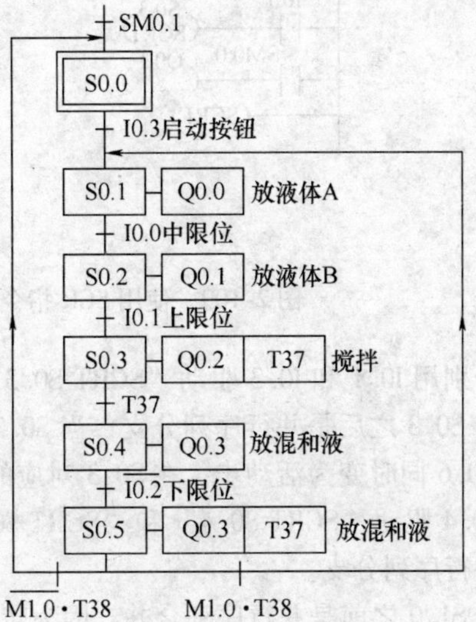

图 2-108　使用 SCR 指令的液体混合系统顺序功能图

② 使用 SCR 指令编写图 2-110 所示顺序功能图的梯形图程序。在图 2-110 所示顺序功能图中，步 S0.0 之后是一个选择序列分支。当该步活动，满足 I0.0 的转换条件时，步 S0.1 变为活动步；满足 I0.2 的转换条件时，步 S0.2 变为活动步。在梯形图程序中，当 S0.0 的 SCR 段被执行时，如果满足 I0.0 的转换条件，执行程序段中的“SCRT S0.1”指令，转换到步 S0.1 对应的 SCR 段；如果满足 I0.2 的转换条件，执行程序段中的“SCRT S0.2”指令，转换到步 S0.2 对应的 SCR 段。

步 S0.3 之前是选择序列合并。当步 S0.1 为活动步且满足 I0.1 的转换条件或者步 S0.2 为活动步且满足 I0.3 的转换条件时，步 S0.3 都能变为活动步。在对应的 SCR 段

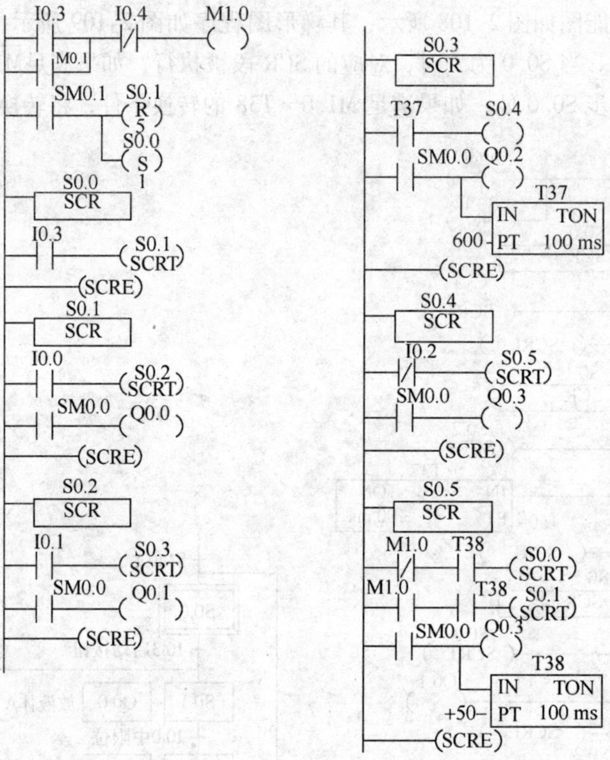

图 2-109　使用 SCR 指令的液体混合系统梯形图程序

中，分别用 I0.1 和 I0.3 驱动“SCRT S0.3”指令，实现选择序列合并。

步 S0.3 之后是并行序列分支，当 S0.3 步活动且满足 I0.4 的转换条件时，步 S0.4 和步 S0.6 同时变为活动步，在 S0.3 对应的 SCR 段中使用 I0.4 驱动“SCRT S0.4”和“SCRT S0.6”指令，实现并行序列分支。

步 S1.0 之前是并行序列合并。因为转换条件为 1 总是能够被满足，转换实现的条件是所有的前级步 S0.5 和 S0.7 都是活动步。在梯形图程序中，用 S0.5 和 S0.7 的常开触点串联置位、复位指令实现步 S1.0 变为活动步和步 S0.5、S0.7 变为不活动步。

图 2-110 所示顺序功能图对应的梯形图程序如图 2-111 所示。

2.2.5　S7-200 PLC 功能指令的归纳列表

一般的逻辑控制系统用软继电器、定时器、计数器及基本指令就可以实现。利用功能指令可以开发出更复杂的控制系统，以至构成网络控制系统。这些功

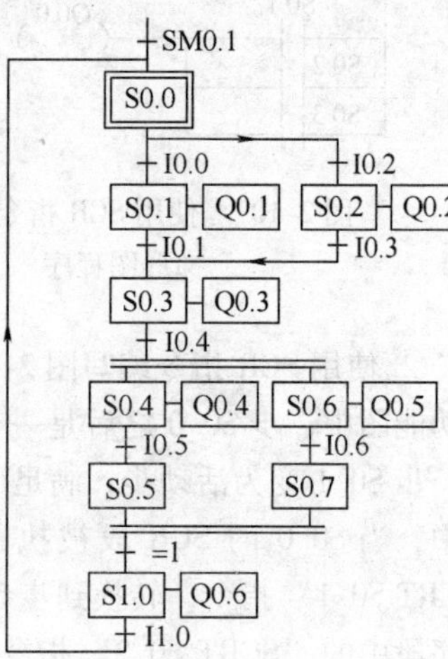

图 2-110　选择/并行序列的顺序功能图

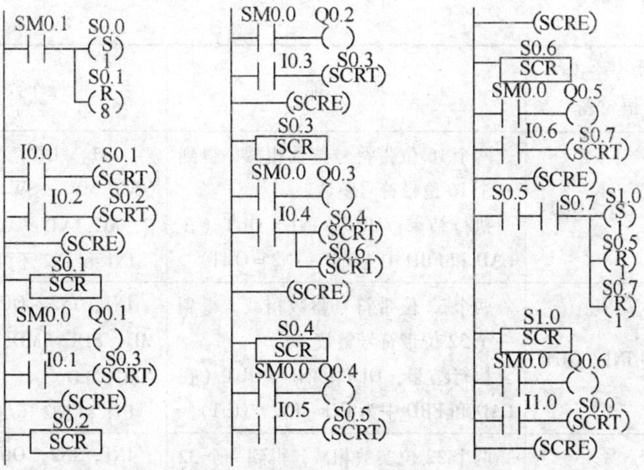

图 2-111　选择/并行序列的 SCR 指令程序

能指令实际上是厂商为满足各种客户的特殊需要而开发的通用子程序。功能指令的丰富程度及其合用的方便程序是衡量 PLC 性能的一个重要指标。

S7-200 的功能指令很丰富，大致包括算术与逻辑运算、传送、移位与循环移位、程序流控制、数据表处理、PID 指令、数据格式变换、高速处理、通信以及实时时钟等。

功能指令的助记符与汇编语言相似，略具计算机知识的人学习起来也不会有太大困难。但 S7-200 系列 PLC 功能指令毕竟太多，一般读者不必准确记忆其详尽用法，需要时可查阅产品手册。这里仅对 S7-200 系列 PLC 的功能指令作列表归纳，不再一一说明。

（1）四则运算指令（见表 2-49）

表 2-49　四则运算指令

名　称	指令格式（语句表）	功　能	操作数寻址范围
加法指令	+I IN1，OUT	两个 16 位带符号整数相加，得到一个 16 位带符号整数。 执行结果：IN1 + OUT = OUT（在 LAD 和 FBD 中为 IN1 + IN2 = OUT）	IN1，IN2，OUT：VW，IW，QW，MW，SW，SMW，LW，T，C，AC，*VD，*AC，*LD IN1 和 IN2 还可以是 AIW 和常数
	+D IN1，IN2	两个 32 位带符号整数相加，得到一个 32 位带符号整数。 执行结果：IN1 + OUT = OUT（在 LAD 和 FBD 中为 IN1 + IN2 = OUT）	IN1，IN2，OUT：VD，ID，QD，MD，SD，SMD，LD，AC，*VD，*AC，*LD IN1 和 IN2 还可以是 HC 和常数
	+R IN1，OUT	两个 32 位实数相加，得到一个 32 位实数。 执行结果：IN1 + OUT = OUT（在 LAD 和 FBD 中为 IN1 + IN2 = OUT）	IN1，IN2，OUT：VD，ID，QD，MD，SD，SMD，LD，AC，*VD，*AC，*LD IN1 和 IN2 还可以是常数

（续）

名　称	指令格式（语句表）	功　能	操作数寻址范围
减法指令	-I IN1, OUT	两个16位带符号整数相减，得到一个16位带符号整数。 执行结果：OUT - IN1 = OUT（在LAD和FBD中为IN1 - IN2 = OUT）	IN1, IN2, OUT: VW, IW, QW, MW, SW, SMW, LW, T, C, AC, *VD, *AC, *LD IN1和IN2还可以是AIW和常数
	-D IN1, OUT	两个32位带符号整数相减，得到一个32位带符号整数。 执行结果：OUT - IN1 = OUT（在LAD和FBD中为IN1 - IN2 = OUT）	IN1, IN2, OUT: VD, ID, QD, MD, SD, SMD, LD, AC, *VD, *AC, *LD IN1和IN2还可以是HC和常数
	-R IN1, OUT	两个32位实数相减，得到一个32位实数。 执行结果：OUT - IN1 = OUT（在LAD和FBD中为IN1 - IN2 = OUT）	IN1, IN2, OUT: VD, ID, QD, MD, SD, SMD, LD, AC, *VD, *AC, *LD IN1和IN2还可以是常数
乘法指令	* I IN1 OUT	两个16位符号整数相乘，得于一个16整数。 执行结果：IN1 * OUT = OUT（在LAD和FBD中为IN1 * IN2 = OUT）	IN1, IN2, OUT: VW, IW, QW, MW, SW, SMW, LW, T, C, AC, *VD, *AC, *LD IN1和IN2还可以是AIW和常数
	MUL IN1, OUT	两个16位带符号整数相乘，得到一个32位带符号整数。 执行结果：IN1 * OUT = OUT（在LAD和FBD中为IN1 * IN2 = OUT）	IN1, IN2: VW, IW, QW, MW, SW, SMW, LW, AIW, T, C, AC, *VD, *AC, *LD和常数 OUT: VD, ID, QD, MD, SD, SMD, LD, AC, *VD, *AC, *LD
	* D IN1 OUT	两个32位带符号整数相乘，得到一个32位带符号整数。 执行结果：IN1 * OUT = OUT（在LAD和FBD中为IN1 * IN2 = OUT）	IN1, IN2, OUT: VD, ID, QD, MD, SD, SMD, LD, AC, *VD, *AC, *LD IN1和IN2还可以是HC和常数
	* R IN1, OUT	两个32位实数相乘，得到一个32位实数。 执行结果：IN1 * OUT = OUT（在LAD和FBD中为IN1 * IN2 = OUT）	IN1, IN2, OUT: VD, ID, QD, MD, SD, SMD, LD, AC, *VD, *AC, *LD IN1和IN2还可以是常数
除法指令	/I IN1, OUT	两个16位带符号整数相除，得到一个16位带符号整数商，不保留余数。 执行结果：OUT/IN1 = OUT（在LAD和FBD中为IN1/IN2 = OUT）	IN1, IN2, OUT: VW, IW, QW, MW, SW, SMW, LW, T, C, AC, *VD, *AC, *LD IN1和IN2还可以是AIW和常数
	DIV IN1, OUT	两个16位带符号整数相除，得到一个32位结果，其中低16位为商，商16位为结果。 执行结果：OUT/IN1 = OUT（在LAD和FBD中为IN1/IN2 = OUT）	IN1, IN2: VW, IW, QW, MW, SW, SMW, LW, AIW, T, C, AC, *VD, *AC, *LD和常数 OUT: VD, ID, QD, MD, SD, SMD, LD, AC, *VD, *AC, *LD

（续）

名　称	指令格式（语句表）	功　能	操作数寻址范围
除法指令	/D IN1，OUT	两个32位带符号整数相除，得到一个32位整数商，不保留余数。 执行结果：OUT/IN1 = OUT（在LAD和FBD中为IN1/IN2 = OUT）	IN1，IN2，OUT：VD，ID，QD，MD，SD，SMD，LD，AC，*VD，*AC，*LD IN1和IN2还可以是HC和常数
	/R IN1，OUT	两个32位实数相除，得到一个32位实数商。 执行结果：OUT/IN1 = OUT（在LAD和FBD中为IN1/IN2 = OUT）	IN1，IN2，OUT：VD，ID，QD，MD，SD，SMD，LD，AC，*VD，*AC，*LD IN1和IN2还可以是常数
数学函数指令	SQRT IN，OUT	把一个32位实数（IN）开平方，得到32位实数结果（OUT）	IN，OUT：VD，ID，QD，MD，SD，SMD，LD，AC，*VD，*AC，*LD IN还可以是常数
	LN IN，OUT	对一个32位实数（IN）取自然对数，得到32位实数结果（OUT）	
	EXP IN，OUT	对一个32位实数（IN）取以e为底数的指数，得到32位实数结果（OUT）	
	SIN IN，OUT COS IN，OUT TAN IN，OUT	分别对一个32位实数弧度值（IN）取正弦、余弦、正切，得到32位实数结果（OUT）	
增减指令	INCB OUT	将字节无符号输入数加1 执行结果：OUT + 1 = OUT（在LAD和FBD中为IN + 1 = OUT）	IN，OUT：VB，IB，QB，MB，SB，SMB，LB，AC，*VD，*AC，*LD IN还可以是常数
	DECB OUT	将字节无符号输入数减1 执行结果：OUT - 1 = OUT（在LAD和FBD中为IN - 1 = OUT）	
	INCW OUT	将字（16位）有符号输入数加1 执行结果：OUT + 1 = OUT（在LAD和FBD中为IN + 1 = OUT）	IN，OUT：VW；IW，QW，MW，SW，SMW，LW，T，C，AC，*VD，*AC，*LD IN还可以是AIW和常数
	DECW OUT	将字（16位）有符号输入数减1 执行结果：OUT - 1 = OUT（在LAD和FBD中为IN - 1 = OUT）	
	INCD OUT	将双字（32位）有符号输入数加1 执行结果：OUT + 1 = OUT（在LAD和FBD中为IN + 1 = OUT）	IN，OUT：VD，ID，QD，MD，SD，SMD，LD，AC，*VD，*AC，*LD IN还可以是HC和常数
	DECD OUT	将字（32位）有符号输入数减1 执行结果：OUT - 1 = OUT（在LAD和FBD中为IN - 1 = OUT）	

（2）逻辑运算指令（见表2-50）

表2-50 逻辑运算指令

名　称	指令格式（语句表）	功　能	操 作 数
字节逻辑运算指令	ANDB IN1，OUT	将字节 IN1 和 OUT 按位作逻辑与运算，OUT 输出结果	IN1，IN2，OUT：VB，IB，QB，MB，SB，SMB，LB，AC，*VD，*AC，*LD IN1 和 IN2 还可以是常数
	ORB IN1，OUT	将字节 IN1 和 OUT 按位作逻辑或运算，OUT 输出结果	
	XORB IN1，OUT	将字节 IN1 和 OUT 按位作逻辑异或运算，OUT 输出结果	
	INVB OUT	将字节 OUT 按位取反，OUT 输出结果	
字逻辑运算指令	ANDW IN1，OUT	将字 IN1 和 OUT 按位作逻辑与运算，OUT 输出结果	IN1，IN2，OUT：VW，IW，QW，MW，SW，SMW，LW，T，C，AC，*VD，*AC，*LD IN1 和 IN2 还可以是 AIW 和常数
	ORW IN1，OUT	将字 IN1 和 OUT 按位作逻辑或运算，OUT 输出结果	
	XORW IN1，OUT	将字 IN1 和 OUT 按位作逻辑异或运算，OUT 输出结果	
	INVW OUT	将字 OUT 按位取反，OUT 输出结果	
双字逻辑运算指令	ANDD IN1，OUT	将双字 IN1 和 OUT 按位作逻辑与运算，OUT 输出结果	IN1，IN2，OUT：VD，ID，QD，MD，SD，SMD，LD，AC，*VD，*AC，*LD IN1 和 IN2 还可以是 HC 和常数
	ORD IN1，OUT	将双字 IN1 和 OUT 按位作逻辑或运算，OUT 输出结果	
	XORD IN1，OUT	将双字 IN1 和 OUT 按位作逻辑异或运算，OUT 输出结果	
	INVD OUT	将双字 OUT 按位取反，OUT 输出结果	

（3）数据传送指令（见表2-51）

表2-51　数据传送指令

名　称	指令格式（语句表）	功　能	操 作 数
单一传送指令	MOVB IN，OUT	将IN的内容拷贝到OUT中 IN和OUT的数据类型应相同，可分别为字，字节，双字，实数	IN，OUT：VB，IB，QB，MB，SB，SMB，LB，AC，*VD，*AC，*LD IN还可以是常数
	MOVW IN，OUT		IN，OUT：VW，IW，QW，MW，SW，SMW，LW，T，C，AC，*VD，*AC，*LD IN还可以是AIW和常数 OUT还可以是AQW
	MOVD IN，OUT		IN，OUT：VD，ID，QD，MD，SD，SMD，LD，AC，*VD，*AC，*LD IN还可以是HC，常数，*VB，*IB，*QB，*MB，*T，*C
	MOVR IN，OUT		IN，OUT：VD，ID，QD，MD，SD，SMD，LD，AC，*VD，*AC，*LD IN还可以是常数
	BIR IN，OUT	立即读取输入IN的值，将结果输出到OUT	IN：IB OUT：VB，IB，QB，MB，SB，SMB，LB，AC，*VD，*AC，*LD
	BIW IN，OUT	立即将IN单元的值写到OUT所指的物理输出区	IN：VB，IB，QB，MB，SB，SMB，LB，AC，*VD，*AC，*LD和常数 OUT：QB
块传送指令	BMB IN，OUT，N	将从IN开始的连续N个字节数据拷贝到从OUT开始的数据块 N的有效范围是1~255	IN，OUT：VB，IB，QB，MB，SB，SMB，LB，*VD，*AC，*LD N：VB，IB，QB，MB，SB，SMB，LB，AC，*VD，*AC，*LD和常数
	BMW IN，OUT，N	将从IN开始的连续N个字数据拷贝到从OUT开始的数据块 N的有效范围是1~255	IN，OUT：VW，IW，QW，MW，SW，SMW，LW，T，C，*VD，*AC，*LD IN还可以是AIW OUT还可以是AQW N：VB，IB，QB，MB，SB，SMB，LB，AC，*VD，*AC，*LD和常数
	BMD IN，OUT，N	将从IN开始的连续N个双字数据拷贝到从OUT开始的数据块 N的有效范围是1~255	IN，OUT：VD，ID，QD，MD，SD，SMD，LD，*VD，*AC，*LD N：VB，IB，QB，MB，SB，SMB，LB，AC，*VD，*AC，*LD和常数

(4) 移位与循环移位指令（见表2-52）

表2-52　移位与循环移位指令

名　称	指令格式（语句表）	功　能	操作数
字节移位指令	SRB OUT, N	将字节OUT右移N位，最左边的位依次用0填充	IN, OUT, N: VB, IB, QB, MB, SB, SMB, LB, AC, *VD, *AC, *LD IN和N还可以是常数
	SLB OUT, N	将字节OUT左移N位，最右边的位依次用0填充	
	RRB OUT, N	将字节OUT循环右移N位，从最右边移出的位送到OUT的最左位	
	RLB OUT, N	将字节OUT循环左移N位，从最左边移出的位送到OUT的最右位	
字移位指令	SRW OUT, N	将字OUT右移N位，最左边的位依次用0填充	IN, OUT: VW, IW, QW, MW, SW, SMW, LW, T, C, AC, *VD, *AC, *LD IN还可以是AIW和常数 N: VB, IB, QB, MB, SB, SMB, LB, AC, * VD, * AC, * LD, 常数
	SLW OUT, N	将字OUT左移N位，最右边的位依次用0填充	
	RRW OUT, N	将字OUT循环右移N位，从最右边移出的位送到OUT的最左位	
	RLW OUT, N	将字OUT循环左移N位，从最左边移出的位送到OUT的最右位	
双字移位指令	SRD OUT, N	将双字OUT右移N位，最左边的位依次用0填充	IN, OUT: VD, ID, QD, MD, SD, SMD, LD, AC, *VD, *AC, *LD IN还可以是HC和常数 N: VB, IB, QB, MB, SB, SMB, LB, AC, * VD, * AC, * LD, 常数
	SLD OUT, N	将双字OUT左移N位，最右边的位依次用0填充	
	RRD OUT, N	将双字OUT循环右移N位，从最右边移出的位送到OUT的最左位	
	RLD OUT, N	将双字OUT循环左移N位，从最左边移出的位送到OUT的最右位	
位移位寄存器指令	SHRB DATA, S_BIT, N	将DATA的值（位型）移入移位寄存器；S_BIT指定移位寄存器的最低位，N指定移位寄存器的长度（正向移位=N，反向移位=－N）	DATA, S_BIT: I, Q, M, SM, T, C, V, S, L N: VB, IB, QB, MB, SB, SMB, LB, AC, * VD, * AC, * LD, 常数

（5）交换和填充指令（见表2-53）

表2-53　交换和填充指令

名　　称	指令格式（语句表）	功　　能	操　作　数
换字节指令	SWAPIN	将输入字 IN 的高位字节与低位字节的内容交换，结果放回 IN 中	IN：VW，IW，QW，MW，SW，SMW，LW，T，C，AC，*VD，*AC，*LD
填充指令	FILL IN，OUT，N	用输入字 IN 填充从 OUT 开始的 N 个字存储单元 N 的范围为 1～255	IN，OUT：VW，IW，QW，MW，SW，SMW，LW，T，C，AC，*VD，*AC，*LD IN 还可以是 AIW 和常数 OUT 还可以是 AQW N：VB，IB，QB，MB，SB，SMB，LB，AC，*VD，*AC，*LD，常数

（6）表操作指令（见表2-54）

表2-54　表操作指令

名　　称	指令格式（语句表）	功　　能	操　作　数
表存数指令	ATT DATA，TABLE	将一个字型数据 DATA 添加到表 TABLE 的末尾。EC 值加 1	DATA，TABLE：VW，IW，QW，MW，SW，SMW，LW，T，C，AC，*VD，*AC，*LD DATA 还可以是 AIW，AC 和常数
表取数指令	FIFO TABLE，DATA	将表 TABLE 的第一个字型数据删除，并将它送到 DATA 指定的单元。表中其余的数据项都向前移动一个位置，同时实际填表数 EC 值减 1	DATA，TABLE：VW，IW，QW，MW，SW，SMW，LW，T，C，*VD，*AC，*LD DATA 还可以是 AQW 和 AC
	LIFO TABLE，DATA	将表 TABLE 的最后一个字型数据删除，并将它送到 DATA 指定的单元。剩余数据位置保持不变，同时实际填表数 EC 值减 1	
表查找指令	FND = TBL，PTN，INDEX FND < > TBL，PTN，INDEX FND < TBL，PTN，INDEX FND > TBL，PTN，INDEX	搜索表 TBL，从 INDEX 指定的数据项开始，用给定值 PTN 检索出符合条件（=，< >，<，>）的数据项 如果找到一个符合条件的数据项，则 INDEX 指明该数据项在表中的位置。如果一个也找不到，则 INDEX 的值等于数据表的长度。为了搜索下一个符合的值，在再次使用该指令之前，必须先将 INDEX 加 1	TBL：VW，IW，QW，MW，SMW，LW，T，C，*VD，*AC，*LD PTN，INDEX：VW，IW，QW，MW，SW，SMW，LW，T，C，AC，*VD，*AC，*LD PTN 还可以是 AIW 和 AC

（7）数据转换指令（见表2-55）

表2-55 数据转换指令

名 称	指令格式（语句表）	功 能	操 作 数
数据类型转换指令	BTI IN，OUT	将字节输入数据 IN 转换成整数类型，结果送到 OUT，无符号扩展	IN：VB，IB，QB，MB，SB，SMB，LB，AC，*VD，*AC，*LD，常数 OUT：VW，IW，QW，MW，SW，SMW，LW，T，C，AC，*VD，*AC，*LD
	ITB IN，OUT	将整数输入数据 IN 转换成一个字节，结果送到 OUT，输入数据超出字节范围（0～255）则产生溢出	IN：VW，IW，QW，MW，SW，SMW，LW，T，C，AIW，AC，*VD，*AC，*LD，常数 OUT：VB，IB，QB，MB，SB，SMB，LB，AC，*VD，*AC，*LD
	DTI IN，OUT	将双整数输入数据 IN 转换成整数，结果送到 OUT	IN：VD，ID，QD，MD，SD，SMD，LD，HC，AC，*VD，*AC，*LD，常数 OUT：VW，IW，QW，MW，SW，SMW，LW，T，C，AC，*VD，*AC，*LD
	ITD IN，OUT	将整数输入数据 IN 转换成双整数（符号进行扩展），结果送到 OUT	IN：VW，IW，QW，MW，SW，SMW，LW，T，C，AIW，AC，*VD，*AC，*LD，常数 OUT：VD，ID，QD，MD，SD，SMD，LD，AC，*VD，*AC，*LD
	ROUND IN，OUT	将实数输入数据 IN 转换成双整数，小数部分四舍五入，结果送到 OUT	IN，OUT：VD，ID，QD，MD，SD，SMD，LD，AC，*VD，*AC，*LD IN 还可以是常数 在 ROUND 指令中 IN 还可以是 HC
	TRUNC IN，OUT	将实数输入数据 IN 转换成双整数，小数部分直接舍去，结果送到 OUT	
	DTR IN，OUT	将双整数输入数据 IN 转换成实数，结果送到 OUT	IN，OUT：VD，ID，QD，MD，SD，SMD，LD，AC，*VD，*AC，*LD IN 还可以是 HC 和常数

（续）

名　　称	指令格式（语句表）	功　　能	操　作　数
数据类型转换指令	BCDI OUT	将 BCD 码输入数据 IN 转换成整数，结果送到 OUT。IN 的范围为0～9999	IN，OUT：VW，IW，QW，MW，SW，SMW，LW，T，C，AC，*VD，*AC，*LD IN 还可以是 AIW 和常数 AC 和常数
	IBCD OUT	将整数输入数据 IN 转换成 BCD 码，结果送到 OUT。IN 的范围为0～9999	
编码译码指令	ENCO IN，OUT	将字节输入数据 IN 的最低有效位（值为 1 的位）的位号输出到 OUT 指定的字节单元的低 4 位	IN：VW，IW，QW，MW，SW，SMW，LW，T，C，AIW，AC，*VD，*AC，*LD，常数 OUT：VB，IB，QB，MB，SB，SMB，LB，AC，*VD，*AC，*LD
	DECO IN，OUT	根据字节输入数据 IN 的低 4 位所表示的位号将 OUT 所指定的字单元和相应位置 1，其他位置 0	IN：VB，IB，QB，MB，SB，SMB，LB，AC，*VD，*AC，*LD，常数 OUT：VW，IW，QW，MW，SW，SMW，LW，T，C，AQW，AC，*VD，*AC，*LD
段码指令	SEG IN，OUT	根据字节输入数据 IN 的低 4 位有效数字产生相应的七段码，结果输出到 OUT，OUT 的最高位恒为 0	IN，OUT：VB，IB，QB，MB，SB，SMB，LB，AC，*VD，*AC，*LD IN 还可以是常数
字符串转换指令	ATH IN，OUT，LEN	把从 IN 开始的长度为 LEN 的 ASCⅡ码字符串转换成 16 进制数，并存放在以 OUT 为首地址的存储区中。合法的 ASCⅡ码字符的 16 进制值在 30H～39H，41H～46H 之间，字符串的最大长度为 255 个字符	IN，OUT，LEN：VB，IB，QB，MB，SB，SMB，LB，*VD，*AC，*LD LEN 还可以是 AC 和常数

（8）特殊指令　特殊指令见表 2-56。PLC 中一些实现特殊功能的硬件需要通过特殊指令来使用，可实现特定的、复杂的控制目的，同时程序的编制非常简单。

表 2-56 特殊指令

<table>
<tr><th>名 称</th><th>指令格式（语句表）</th><th>功 能</th><th>操 作 数</th></tr>
<tr><td rowspan="6">中断指令</td><td>ATCH INT，EVNT</td><td>把一个中断事件（EVNT）和一个中断程序联系起来，并允许该中断事件</td><td rowspan="2">INT：常数
EVNT：常数（CPU221/222：0～12，19～23，27～33；CPU224：0～23，27～33；CPU226：0～33）</td></tr>
<tr><td>DTCH EVNT</td><td>截断一个中断事件和所有中断程序的联系，并禁止该中断事件</td></tr>
<tr><td>ENI</td><td>全局地允许所有被连接的中断事件</td><td rowspan="4">无</td></tr>
<tr><td>DISI</td><td>全局地关闭所有被连接的中断事件</td></tr>
<tr><td>CRET1</td><td>根据逻辑操作的条件从中断程序中返回</td></tr>
<tr><td>RET1</td><td>位于中断程序结束，是必选部分，程序编译时软件自动在程序结尾加入该指令</td></tr>
<tr><td rowspan="6">通信指令</td><td>NETR TBL，PORT</td><td>初始化通信操作，通过指令端口（PORT）从远程设备上接收数据并形成表（TBL）。可以从远程站点读最多16个字节的信息</td><td rowspan="2">TBL：VB，MB，*VD，*AC，*LD
PORT：常数</td></tr>
<tr><td>NETW TBL，PORT</td><td>初始化通信操作，通过指定端口（PORT）向远程设备写表（TBL）中的数据，可以向远程站点写最多16个字节的信息</td></tr>
<tr><td>XMT TBL，PORT</td><td>用于自由端口模式。指定激活发送数据缓冲区（TBL）中的数据。数据缓冲区的第一个数据指明了要发送的字节数，PORT指定用于发送的端口</td><td rowspan="2">TBL：VB，IB，QB，MB，SB，SMB，*VD，*AC，*LD
PORT：常数（CPU221/222/224为0；CPU226为0或1）</td></tr>
<tr><td>RCV TBL，PORT</td><td>激活初始化或结束接收信息的服务。通过指定端口（PORT）接收的信息存储于数据缓冲区（TBL），数据缓冲区的第一个数据指明了接收的字节数</td></tr>
<tr><td>GPA ADDR，PORT</td><td>读取PORT指定的CPU口的站地址，将数值将入ADDR指定的地址中</td><td rowspan="2">ADDR：VB，IB，QB，MB，SB，SMB，LB，AC，*VD，*AC，*LD
在SPA指令中ADDR还可以是常数
PORT：常数</td></tr>
<tr><td>SPA ADDR，PORT</td><td>将CPU口的站地址（PORT）设置为ADDR指定的数值</td></tr>
</table>

（续）

名　　称	指令格式（语句表）	功　能	操　作　数
时钟指令	TODR T	读当前时间和日期并把它装入一个8字节的缓冲区（起始地址为T）	T：VB，IB，QB，MB，SB，SMB，LB，*VD，*AC，*LD
	TODW T	将包含当前时间和日期的一个8字节的缓冲区（起始地址是T）装入时钟	
高速计数器指令	HDEF HSC，MODE	为指定的高速计数器分配一种工作模式。每个高速计数器使用之前必须使用HDEF指令，且只能使用一次	HSC：常数（0~5） MODE：常数（0~11）
	HSC N	根据高速计数器特殊存储器位的状态，按照HDEF指令指定的工作模式，设置和控制高速计数器。N指定了高速计数器号	N：常数（0~5）
高速脉冲输出指令	PLS Q	检测用户程序设置的特殊存储器位，激活由控制位定义的脉冲操作，从Q0.0或Q0.1输出高速脉冲 可用于激活高速脉冲串输出（PTO）或宽度可调脉冲输出（PWM）	Q：常数（0或1）
PID回路指令	PID TBL，LOOP	运用回路表中的输入和组态信息，进行PID运算。要执行该指令，逻辑堆栈顶（TOS）必须为ON状态。TBL指定回路表的起始地址，LOOP指定控制回路号 回路表包含9个用来控制和监视PID运算的参数：过程变量当前值（PV_n），过程变量前值（PV_{n-1}），给定值（SP_n），输出值（M_n），增益（K_e），采样时间（T_s），积分时间（T_i），微分时间（T_d）和积分项前值（MX） 为使PID计算是以所要求的采样时间进行，应在定时中断执行中断服务程序或在由定时器控制的主程序中完成，其中定时时间必须填入回路表中，以作为PID指令的一个输入参数	TBL：VB LOOP：常数（0~7）

任务3　会使用所选用PLC最常用的编程器或编程工具软件

2.3.1　从程序输入到程序运行的基本流程

前面已介绍了PLC的编程元件、梯形图和指令与指令系统等，凭借经验，参照“继电器-接触器”控制系统的分析和设计方法，便可以设计出具有一定功能的PLC控制系统。有了编写好的PLC控制程序（梯形图、指令表、SFC等），还必须通过编程器将其输入到PLC中，才能被PLC执行完成预定的控制功能。因此，程序的编辑、修改、检查和监控是PLC开发应用中不可缺少的重要内容，是程序正确运行的重要环节。图2-112表示了从程序输入到程序运行的基本流程。

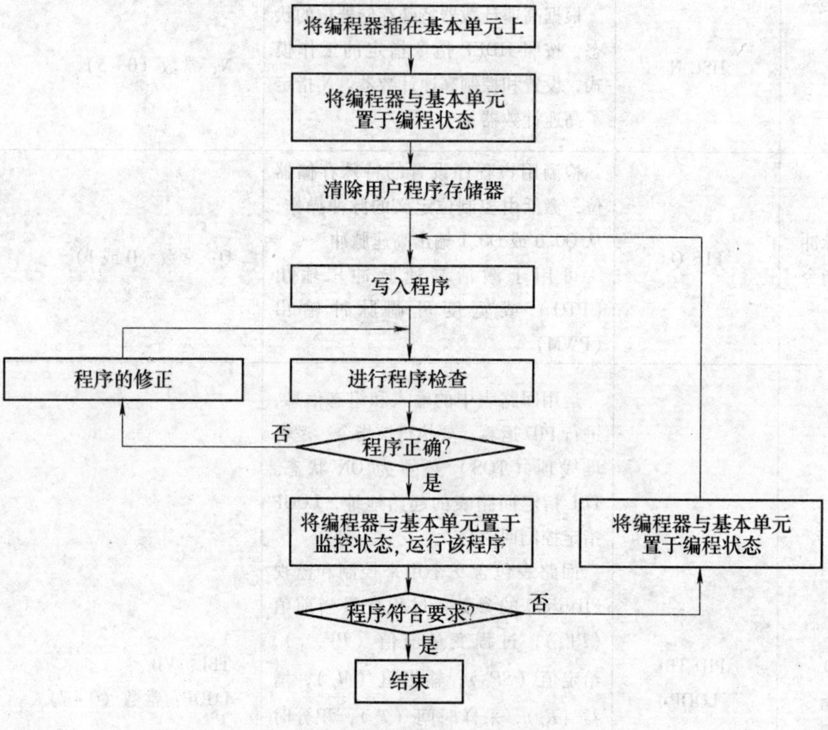

图2-112　从程序输入到程序运行的基本流程

用户程序的输入由编程器完成，所以学会了编程器的使用也就学会了程序的输入方法。编程器按结构、大小分为便携式编程器和图形编程器两大类。

便携式编程器又称简易编程器，具有体积小、重量轻、价格低廉、使用灵活方便等优点，但只能由指令字形式编程，通过显示器上的指令输入，并由液晶显示器加以显示。这种编程器的监控功能少，仅适用小型、微型PLC的编程要求。

图形编辑型编程器的功能比简易型编程器要强得多。在程序的输入、编辑方面，它不仅可以使用所有编程语言进行程序的输入与编辑，而且还可以对 PLC 程序、I/O 信号、内部编程元件等加文字注释与说明，为程序的阅读、检查提供了方便。在调试、诊断方面，图形编辑型编程器可以进行梯形图程序的实时、动态显示，显示的图形形象、直观，可以监控与显示的内容也远比简易型编程器要多得多。在使用操作方面，图形编辑型编程器不但可以与 PLC 联机使用，也能进行离线编程，而且还可以通过仿真软件进行系统仿真。图形编程器的主要功能如图 2-113 所示。

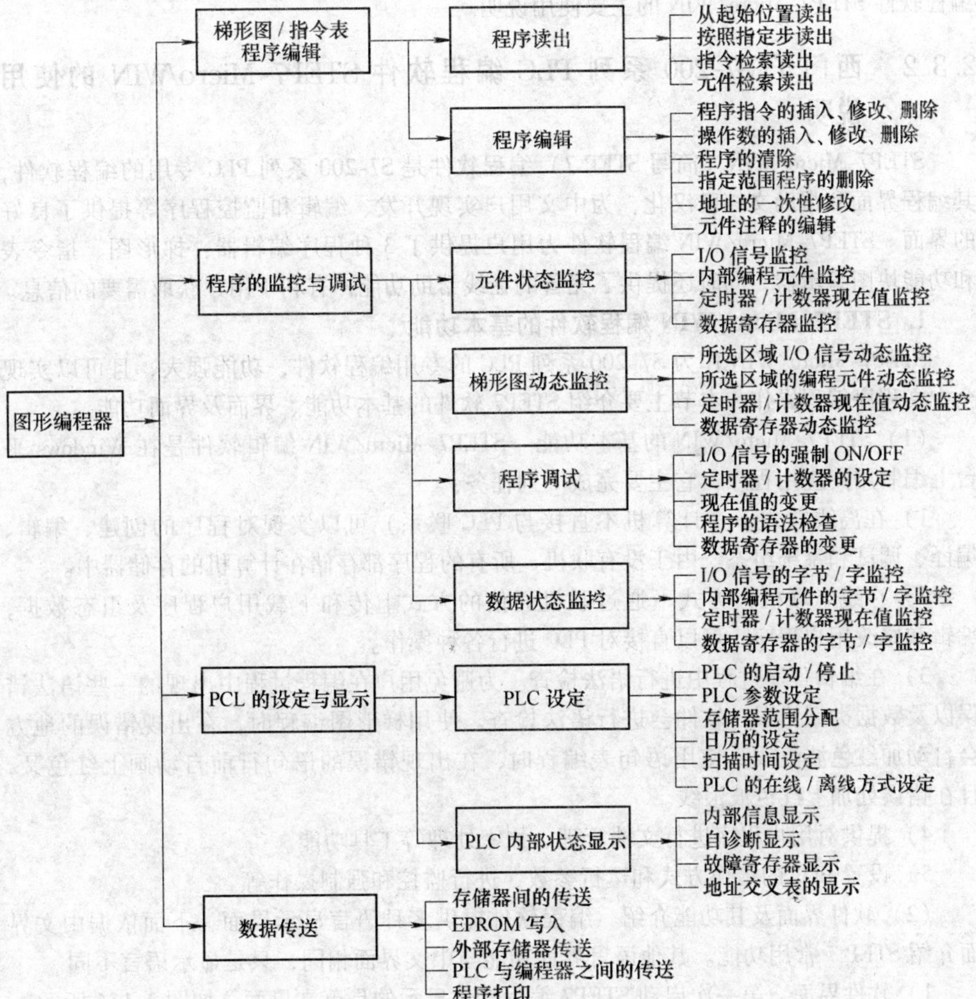

图 2-113　图形编程器的主要功能

图形编程器一般体积都比较大，现场调试与服务时使用、携带均不方便。微机加上适当的硬件接口和软件包，也可用来作为图形编程器。该方式也可直接编制梯形图，监控和测试功能也很强。对普遍拥有微机的用户，可省去 1 台编程器，并可充分利用原有微机的资源。

概言之，手动编程的特点是编程器携带方便，但输入程序时对操作人员要求较高；专用图形编辑编程器的使用范围受到一定的局限，价格通常较高，且其功能与安装了程序开发软件后的通用计算机无实质性的区别，目前已逐步被通用笔记本电脑所代替；电脑编程直观简单，灵活多变，且设计和改动程序方便，是 PLC 首选的编程工具。随着手提电脑和笔记本电脑的应用越来越广泛，手动编程的特点也已经显示不出其优越性。因此，目前 PLC 一般都采用电脑编程。本节就只介绍德国西门子 S7-200 系列 PLC 编程软件 STEP7-Micro/WIN 的主要使用说明。

2.3.2 西门子 S7-200 系列 PLC 编程软件 STEP7-Micro/WIN 的使用说明

STEP7-Micro/WIN（简写 STEP 7）编程软件是 S7-200 系列 PLC 专用的编程软件，其编程界面和帮助文档已汉化，为中文用户实现开发、编辑和监控程序等提供了良好的界面。STEP7-Micro/WIN 编程软件为用户提供了 3 种程序编辑器：梯形图、指令表和功能块图编辑器，同时还提供了完善的在线帮助功能，有利于用户获取需要的信息。

1. STEP7-Micro/WIN 编程软件的基本功能

STEP7-Micro/WIN 作为 S7-200 系列 PLC 的专用编程软件，功能强大，且可以实现全中文程序编程操作。本节主要介绍 STEP7 软件的基本功能、界面及界面功能。

（1）STEP7-Micro/WIN 的基本功能　STEP7-Micro/WIN 编辑软件是在 Windows 平台上编制用户应用程序，它主要完成下列任务：

1）在离线方式下（计算机不直接与 PLC 联系）可以实现对程序的创建、编辑、编译、调试和系统组态。由于没有联机，所有的程序都存储在计算机的存储器中。

2）在线（联机）方式下通过联机通信的方式上传和下载用户程序及组态数据，编辑和修改用户程序，可以直接对 PLC 进行各种操作。

3）在编辑程序过程中进行语法检查。为避免用户在编程过程中出现的一些语法错误以及数据类型错误，软件会进行语法检查。使用梯形图编程时，在出现错误的地方会自动加红色波浪线。使用语句表编程时，在出现错误的语句行前自动画上红色叉，且在错误处加上红色波浪线。

4）提供对用户程序进行文档管理、加密处理等工具功能。

5）设置 PLC 的工作方式和运行参数，进行监控和强制操作等。

（2）软件界面及其功能介绍　编程软件提供多种语言显示界面，下面依据中文界面介绍 STEP 7 常用功能。其他语言界面功能与中文界面相同，只是显示语言不同。

1）软件界面。第一次启动 STEP7 编程软件显示的是英文界面，如图 2-114 所示。

因为 STEP7 编程软件提供了多种显示语言，所以可以选择中文主界面。在图 2-114 中选择【Tools】/【Options】命令，打开【Options】对话框。在【Options】对话框中将【General】/【Language】的内容选择为“Chinese”，如图 2-115 所示；然后单击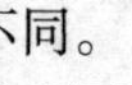按钮，弹出如图 2-116 所示的退出提示对话框；单击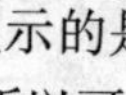按钮后，弹出是否保存对话框，如图 2-117 所示；单击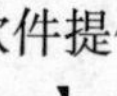按钮保存后，英文界面被关闭。再次启动 STEP7，出现中文界面，如图 2-118 所示。

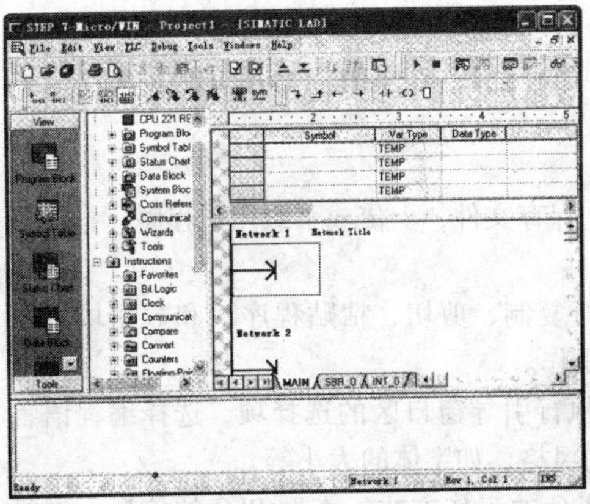

图 2-114　英文界面

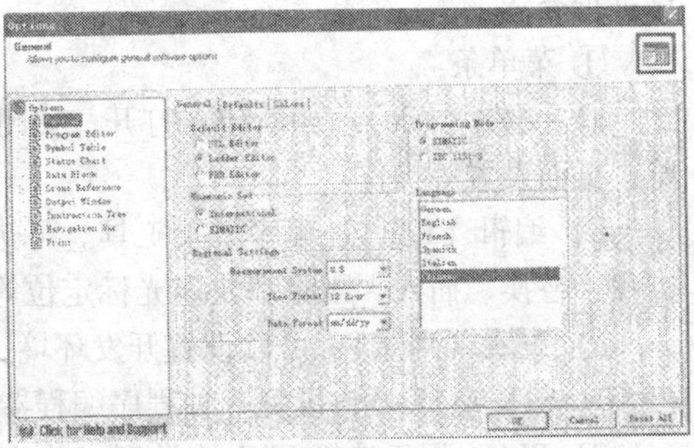

图 2-115　【Options】对话框

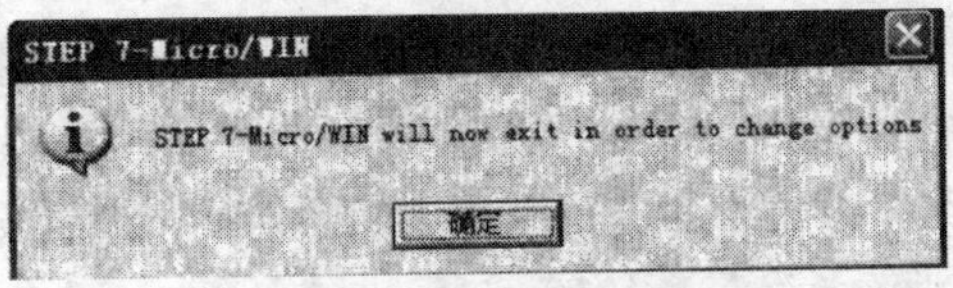

图 2-116　退出提示对话框

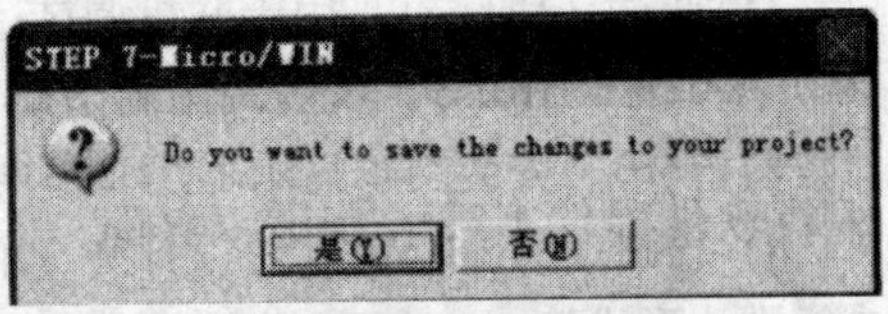

图 2-117　是否保存对话框

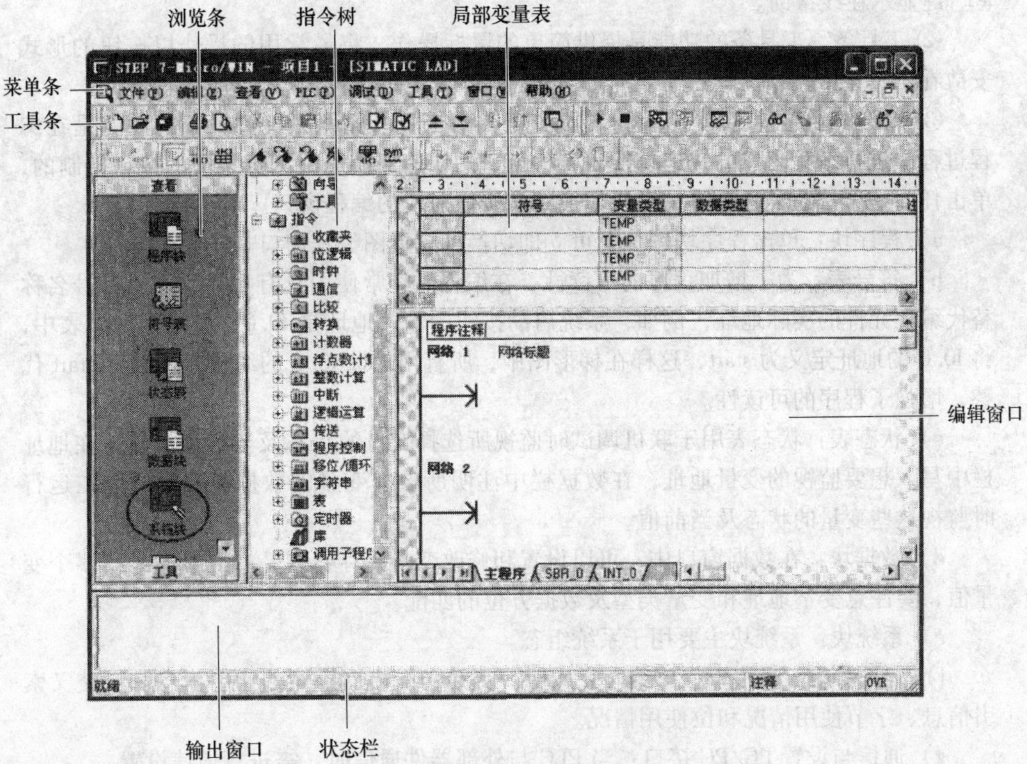

图 2-118　中文界面

2）界面功能。STEP7 编程软件的中文界面一般分为菜单条、工具条、浏览条、输出窗口、状态栏、编辑窗口、局部变量表和指令树等几个区域，这里分别对这几个区域进行介绍。

① 菜单条

a）文件（File）：如新建、打开、关闭、保存文件，上传或下载用户程序，打印预览，页面设置等操作。

b）编辑（Edit）：程序编辑工具。可进行复制、剪切、粘贴程序块和数据块以及查找、替换、插入、删除和快速光标定位等操作。

c）查看（View）：可以设置开发环境，执行引导窗口区的选择项，选择编程语言（LAD、STL 或 SFC），设置 3 种程序编程器的风格，如字体的大小等。

d）PLC：用于选择 PLC 的类型，改变 PLC 的工作方式，查看 PLC 的信息，进行 PLC 通信设置等功能。

e）调试（Debug）：用于联机调试。

f）工具（Tools）：可以调用复杂指令向导（包括 PID 指令、网络读写指令和高速计数器指令），安装文本显示器 TD200 等功能。

g）窗口（Windows）：可以打开一个或多个窗口，并进行窗口之间的切换，设置窗口的排放形式等。

h）帮助（Help）：可以检索各种相关的帮助信息。在软件操作过程中，可随时按 F1 键显示在线帮助。

② 工具条。工具条的功能是提供简单的鼠标操作，将最常用的操作以按钮的形式安放在工具条中。

③ 浏览条。通过选择【查看】/【浏览条】命令打开浏览条。浏览条的功能是在编程过程中进行编程窗口的快速切换。各种窗口的快速切换是由浏览条中的按钮控制的，单击任何一个按钮，即可将主窗口切换到该按钮对应的编程窗口。

a）程序块：单击程序块图标，可立即切换到梯形图编程窗口。

b）符号表：为了增加程序的可读性，在编程时经常使用具有实际意义的符号名称替代编程元件的实际地址，例如，系统启动按钮的输入地址是 I0.0，如果在符号表中，将 I0.0 的地址定义为 start，这样在梯形图中，所有用地址 I0.0 的编程元件都由 start 代替，增强了程序的可读性。

c）状态表：状态表用于联机调试时监视所选择变量的状态及当前值。只需在地址栏中写入想要监视的变量地址，在数据栏中注明所选择变量的数据类型就可以在运行时监视这些变量的状态及当前值。

d）数据块：在数据窗口中，可以设置和修改变量寄存器（V）中的一个或多个变量值，要注意变量地址和变量类型及数据方位的匹配。

e）系统块：系统块主要用于系统组态。

f）交叉引用：当用户程序编译完成后，交叉索引窗口提供的索引信息有：交叉索引信息、字节使用情况和位使用情况。

g）通信与设置 PG/PC 接口：当 PLC 与外部器件通信时，需进行通信设置。

④ 输出窗口。该窗口用来显示程序编译的结果信息，如各程序块（主程序、中断程序或子程序）的大小、编译结果有无错误、错误编码和位置等。

⑤ 状态栏。状态栏也称为任务栏，与一般任务栏功能相同。

⑥ 编辑窗口。编辑窗口分为3部分：编辑器、网络注释和程序注释。编辑器主要用于梯形图、语句表或功能图编写用户程序，或在联机状态下从PLC下载用户程序进行读程序或修改程序。网络注释是指对本网络的用户程序进行说明。程序注释用于对整个程序说明解释，多用于说明程序的控制要求。

⑦ 局部变量表。每个程序块都对应一个局部变量表。在带参数的子程序调用中，局部变量表用来进行参数传递。

⑧ 指令树。可通过选择【查看】/【指令树】命令打开，用于提示编程时所用到的全部PLC指令和快捷操作命令。

（3）系统组态　系统组态是指参数的设置和系统配置。单击浏览条里的系统块图标，如图2-119所示，即进入系统组态设置对话框，如图2-120所示。常用的系统组态包括断电数据保持、密码、输出表、输入滤波器和脉冲捕捉位等。下面将介绍这几种常用的系统组态的设置过程。

1）设置断电数据保持。在S7-200中，可以用编辑软件来设置需要保持数据的存储器，以防止出现电源掉电的意外情况时丢失一些重要参数。

当电源掉电时，在存储器M、T、C和V中，最多可以定义6个需要保持的存储器区。对于M，系统的默认值是MB0～MB13不保持；对于定时器T（只有TONR）和计数器C，只有当前值可以选择被保持，而定时器位和计数器位是不能保持的。单击图2-119中系统块下的【断电数据保持】进入图2-120所示的断电数据保持设置界面，对需要进行断电保持的存储器进行设置。

图2-119　系统组态设置对话框

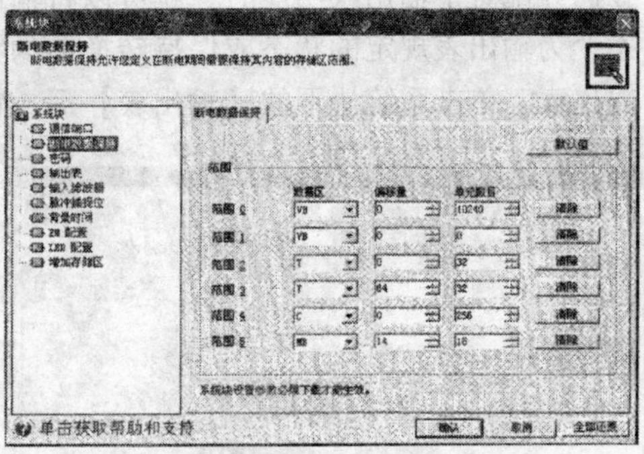

图2-120　断电数据保持设置界面

2）设置密码。设置密码指的是设置CPU密码，设置CPU密码主要是用来限制某些存取功能。S7-200对存取功能提供了4个等级的限制，系统的默认状态是1级（不受任何限制），S7-200的存取功能限制见表2-57。

表 2-57　S7-200 的存取功能限制

任　务	1 级	2 级	3 级	4 级
读写用户数据	不限制	不限制	不限制	需要密码
启动、停止、重启	不限制	不限制	不限制	需要密码
读写时钟	不限制	不限制	不限制	需要密码
上传程序文件	不限制	不限制	需要密码	需要密码
下载程序文件	不限制	需要密码	需要密码	需要密码
STL 状态	不限制	需要密码	需要密码	需要密码
删除用户程序、数据及组态	不限制	需要密码	需要密码	需要密码
取值数据或单次/多次扫描	不限制	需要密码	需要密码	需要密码
复制到存储器卡	不限制	需要密码	需要密码	需要密码
在 STOP 模式写输入	不限制	需要密码	需要密码	需要密码

设置 CPU 密码时，应先单击系统块下的【密码】，然后在 CPU 密码设置界面内选择权限，输入 CPU 密码并确认，如图 2-121 所示。如果在设置密码后又忘记了密码，无法进行受限制操作，只有清除 CPU 存储器，重新装入用户程序。清除 CPU 存储器的方法是：在 STOP 模式下，重新设置 CPU 出厂设置的默认值（CPU 地址、波特率和时钟除外）。选择菜单栏中的【PLC】/【清除】命令，弹出【清除】对话框，选择【ALL】命令，然后确定即可。如果已经设置了密码，则弹出【密码授权】对话框，输入“Clear”，就可以执行全部清除的操作。由于密码同程序一起存储在存储卡中，最后还要更新存储器卡，才能从程序中去掉遗忘的密码。

3）设置输出表。S7-200 在运行过程中可能会遇到由 RUN 模式转换到 STOP 模式，在已经配置了输出表功能时，就可以将输出量复制到各个输出点，使各个输出点的状态变为输出表规定的状态或保持转换前的状态。输出表也分为数字量输出表和模拟量输出表。单击系统块下的【输出表】后，输出表设置界面如图 2-122 所示。

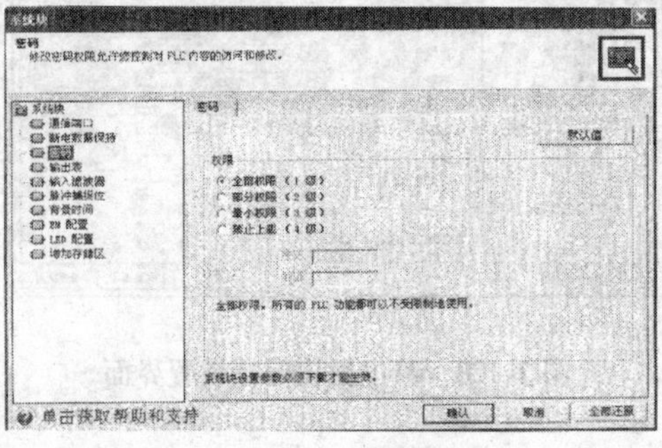

图 2-121　CPU 密码设置界面

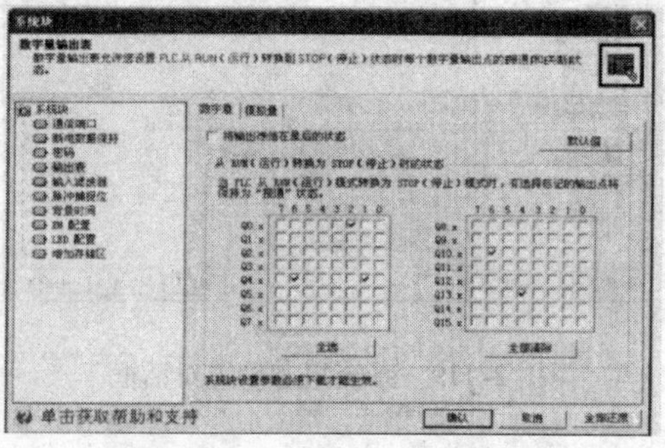

图 2-122　输出表设置界面

在图 2-122 中，只选择了一部分输出点，当系统由 RUN 模式转换到 STOP 模式时，在表中选择的点被置为 1 状态，其他点被置为 0 状态。如果选择【将输出冻结在最后的状态】命令，则不复制输出表，所有的输出点保持转换前的状态不变。系统的默认设置为所有的输出点都保持转换前的状态。

4）设置输入滤波器。单击系统块下的【输入滤波器】，进入输入滤波器设置界面。输入滤波器分为数字量输入滤波器和模拟量输入滤波器，下面分别来介绍这两种输入滤波器的设置。

① 设置数字量输入滤波。对于来自工业现场输入信号的干扰，可以通过对 S7-200CPU 单元上的全部或部分数字量输入点合理地定义输入信号延迟时间，来有效地控制或消除输入噪声的影响，这就是设置数字量输入滤波器的目的。输入延迟时间的范围为 0.2 ~ 12.8ms，系统的默认值是 6.4ms，如图 2-123 所示。

② 设置模拟量输入滤波器（使用机型：CPU222，CPU224，CPU226）。如果输入的模拟量信号是缓慢变化的，可以对不同的模拟量输入采用软件滤波的方式。模拟量输入滤波器设置界面如图 2-124 所示。

图 2-124 中有 32 个参数需要设定：选择需要滤波的模拟量输入地址，设定采样次数和设定死区值。系统默认参数为：选择全部模拟量参数，采样数为 64（滤波值是 64 次采样的平均值），死区值为 320（如果模拟量输入值与滤波值的差值超过 320，滤波器对最近的模拟量的输入值的变化将是一个阶跃函数）。

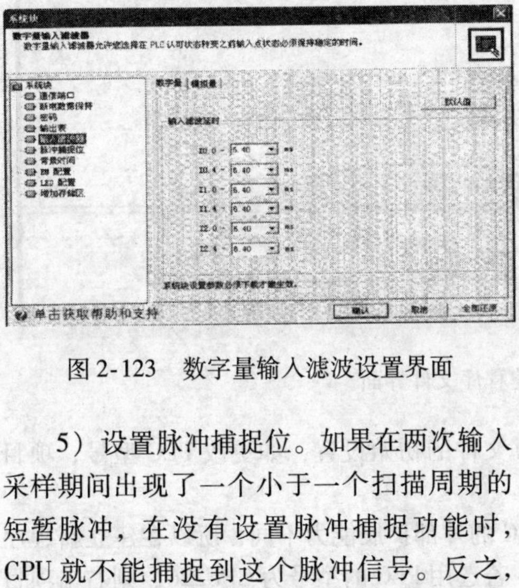

图 2-123　数字量输入滤波设置界面

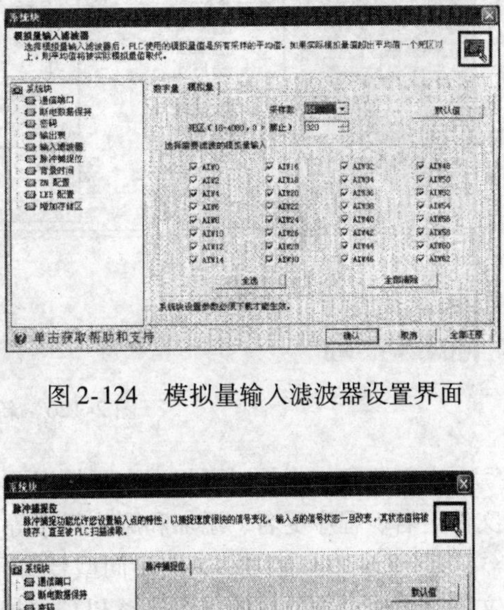

图 2-124　模拟量输入滤波器设置界面

5）设置脉冲捕捉位。如果在两次输入采样期间出现了一个小于一个扫描周期的短暂脉冲，在没有设置脉冲捕捉功能时，CPU 就不能捕捉到这个脉冲信号。反之，设置了脉冲捕捉功能 CPU 就能捕捉到这个脉冲信号。单击系统块下的【脉冲捕捉位】，进入脉冲捕捉位设置界面如图 2-125 所示。

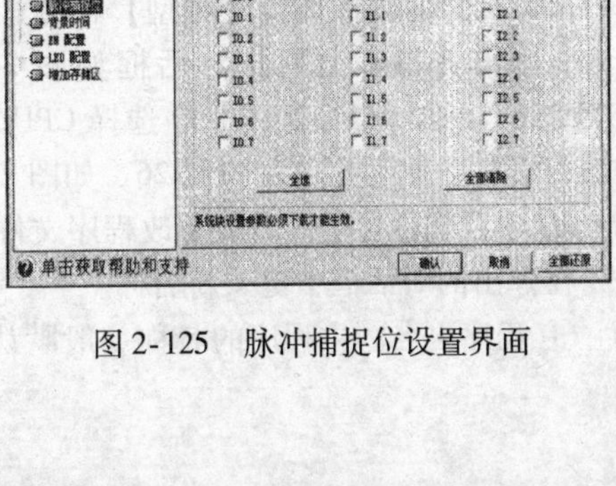

图 2-125　脉冲捕捉位设置界面

2. STEP7 编程软件的使用

STEP7 编程软件的使用是学习编程软件的重点，这里将按照对文件操作、编辑程序、下载、运行与停止程序的步骤进行 STEP7 使用的介绍。

（1）文件操作　STEP7 的文件操作主要是指新建程序文件和打开已有文件两种。

1）新建程序文件。新建一个程序文件，可选择【文件】/【新建】命令，或者单击工具条中的按钮来完成。新建的程序文件名字默认为“项目 1”，PLC 型号默认为 CPU221。程序文件建立后，程序块中包括一个主程序 MAIN（OB1），一个子程序 SBR_0（SBR0）和一个中断服务程序 INT 0（INT0）。新建程序文件界面如图 2-126 所示。

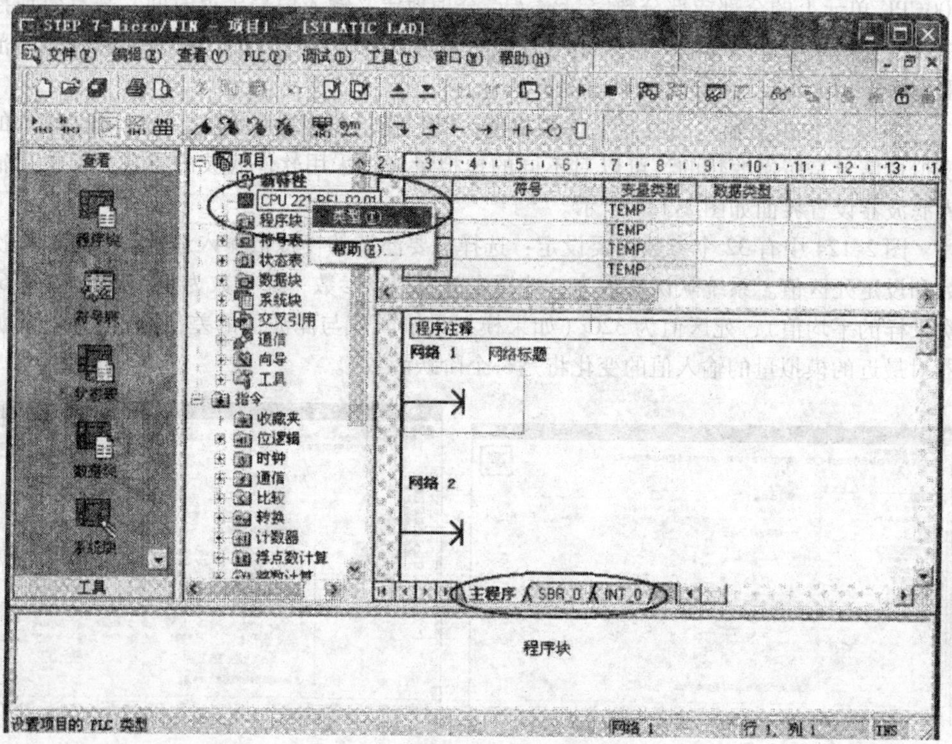

图 2-126　新建程序文件界面

在新建程序文件时可根据实际情况更改文件的初始设置，如更改 PLC 型号、项目文件更名、程序更名、添加和删除程序等。

① 更改 PLC 型号。因为不同型号的 PLC 的外部扩展能力不同，所以在建立新程序文件时，应根据项目的需要选择 PLC 型号。若选用 PLC 的型号为 CPU226，则右击项目 1（CPU221）的图标选择【类型】命令，如图 2-126 所示。或者选择【PLC】/【类型】命令，弹出【PLC 类型】对话框如图 2-127 所示，在【PLC 类型】文本框，选择“CPU226”，在【CPU 版本】中选择 CPU 的版本（在此选择 02.01），然后单击按钮，PLC 型号就更改为 CPU226，如图 2-128 所示。

② 项目文件更名。若要更改程序文件的默认名称，可选择【文件】/【另存为】命令，在弹出的对话框中键入新名称。

③ 程序更名。主程序的名称一般默认为 MAIN，不用更改。若更改子程序或者中

断服务程序名称，则在指令树的程序块文件夹下右击子程序名或中断服务程序名，在弹出的菜单中选择［重命名］命令，如图 2-129 所示，原有名称被选中，此时键入新的程序名代替即可。

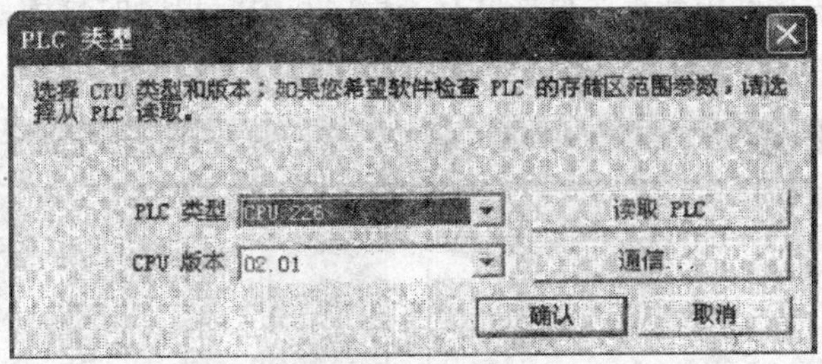

图 2-127 【PLC 类型】对话框

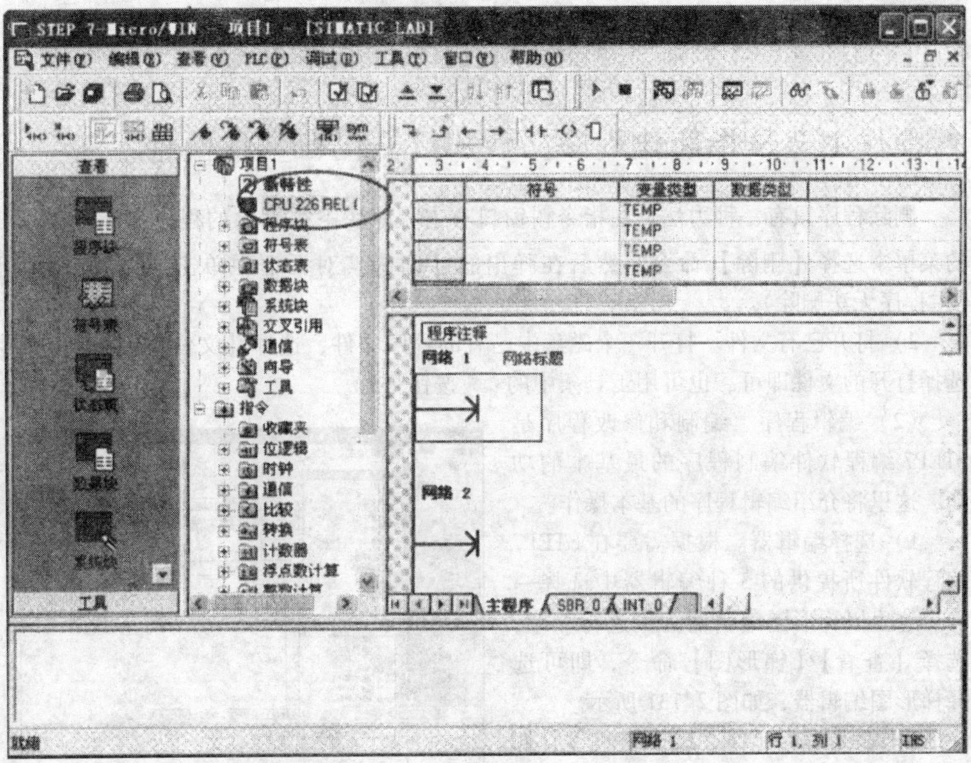

图 2-128 PLC 型号更改为 CPU226

④ 添加和删除程序。在项目程序中，往往不只一个子程序和中断程序，此时就应根据需要添加。在编程时，也会遇到删除某个子程序和中断程序的情况。

添加程序有 3 种方法：

a）选择【编辑】/【插入】/【子程序（中断程序）】命令进行程序添加工作。

b）在指令树窗口，右击程序块下的任何一个程序图标，在弹出的菜单中选择【插入】/

【子程序（中断程序）】命令。

c）在编辑窗口右击编辑区，在弹出的菜单中选择【插入】/【子程序（中断程序）】命令。

新生成的子程序和中断程序根据已有子程序和中断程序的数目，默认名称分别为 SBR_n 和 INT_0。插入子程序示意图如图 2-130 所示。

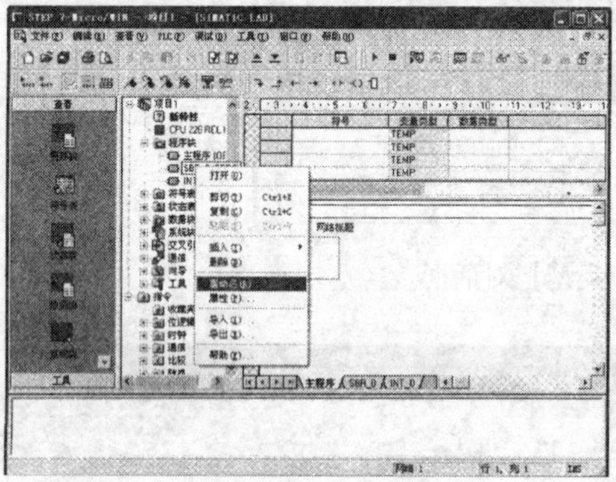

图 2-129　程序更名

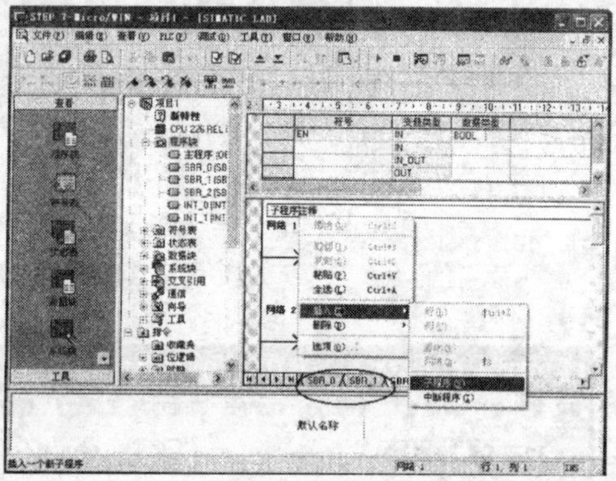

图 2-130　插入子程序示意图

删除程序只有一种力法：在指令树窗口右击程序块下需删除的程序图标，在弹出的菜单中选择【删除】命令，然后在弹出的【确认】对话框中单击 是(Y) 按钮即可（主程序无法删除）。

2）打开已有文件。打开一个磁盘中已有的程序文件，选择【文件】/【打开】命令选择打开的文件即可。也可用工具条中的按钮打开。

（2）编辑程序　编制和修改程序是 STEP7 编程软件编制程序的最基本的功能，这里将介绍编辑程序的基本操作。

1）选择编辑器。根据需要在 STEP7 编程软件所提供的 3 种编辑器中选择一种。这里以梯形图编辑器为例进行介绍，选择【查看】/【梯形图】命令，即可选择梯形图编辑器，如图 2-131 所示。

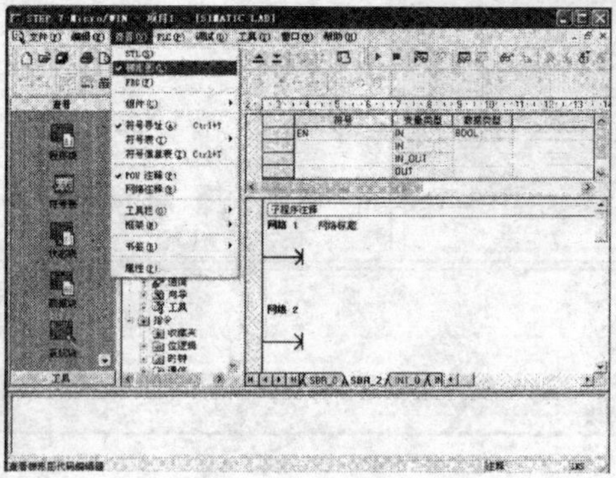

图 2-131　选择编辑器

2）输入编程元件。梯形图编程元件主要有触点、线圈、指令盒、标号及连接线，其中触点、线圈、指令盒属于指令元件，连接线分为垂直线和水平线，而垂直线包括下行线和上行线，水平线包括左行线和右行线。编程元件的输入方法有以下两种：

a）采用指令树中的指令，这些指令是按照类型排放在不同的文件夹中，主要用于选择触点、线圈和指令盒，直观性强。

b）采用指令工具条上的编程按钮，如图 2-132 所示。单击触点、线圈和指令盒按钮时，会弹出下拉菜单，可在下拉菜单中选择所需命令。

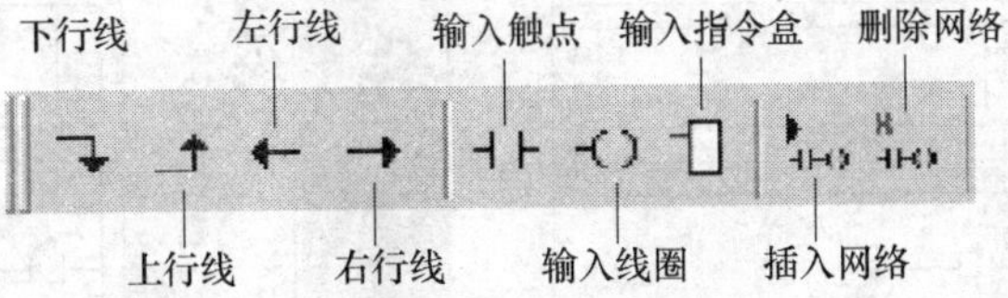

图 2-132　指令工具条上的编程按钮

① 放置指令元件。在指令树里打开需要放置的指令，将图 2-133 中“A”位置的指令拖曳至所需的位置，如“B”位置，指令就放置在指定的位置了，如图 2-134 所示。也可以在需要放置指令的地方单击（如图 2-133 所示的“B”），然后双击指令树中要放置的指令，例如图 2-133 中“A”的动合触点，那么指令自动出现在需要的位置上。

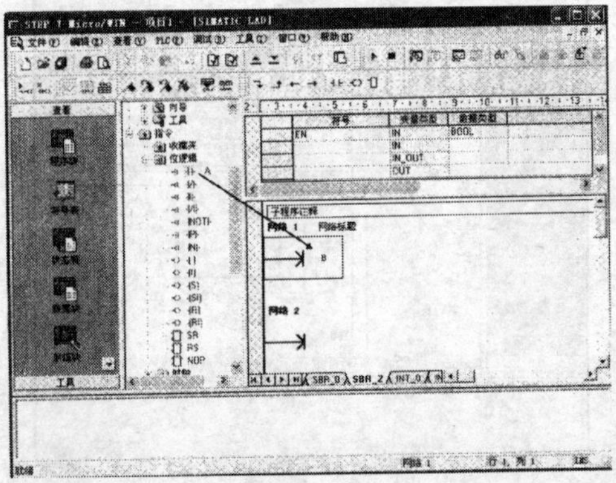

图 2-133　放置位置（触点类指令）

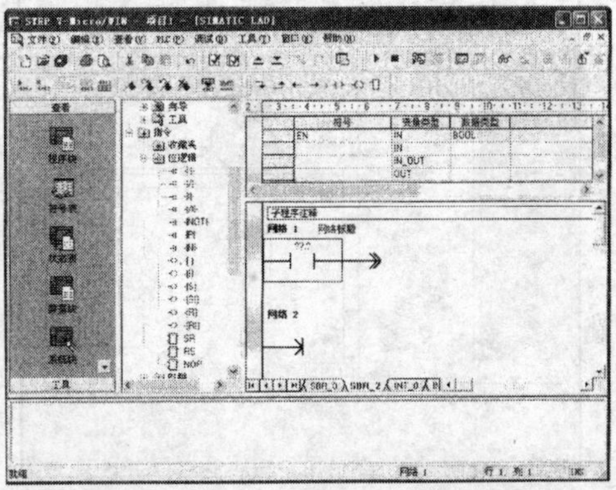

图 2-134　指令放置在指定位置

② 输入元件的地址。在图 2-134 中，单击指令的“?? . ?”，可以输入元件的地址“I0. 0”，如图 2-135 所示，然后按键盘的 Enter 键即可。

然后按照上述方法放置其他输入元件 I0. 1 和输出元件 Q0. 0，如图 2-136 所示。

③ 画垂直线和水平线

a）画垂直线。在图 2-136 中，单击 按钮完成如图 2-137 所示的触点并联程序；也可以将图 2-136 中的编辑方框放置在 I0. 0 上，单击 按钮，同样完成如图 2-137 所示的程序。

b）画水平线。将图 2-137 中的编辑方框重新放置在图 2-138 所示的位置上，单击 按钮完成水平线的绘制，如图 2-139 所示。然后在图 2-139 所示的编辑方框处放置线圈 Q0. 1，最后将编辑方框放置在 I0. 0 元件上，如图 2-140 所示。

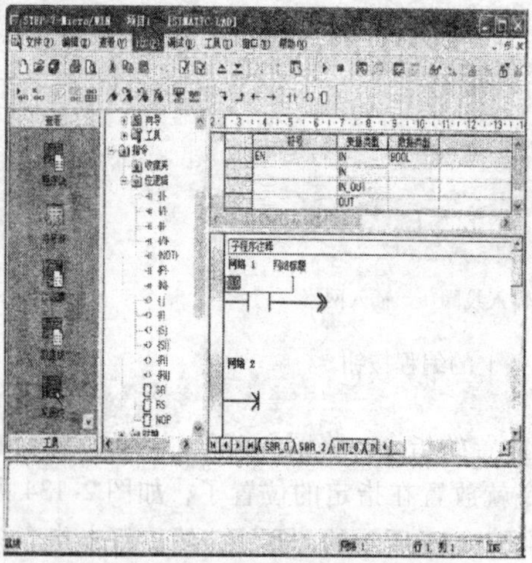

图 2-135　输入元件的地址

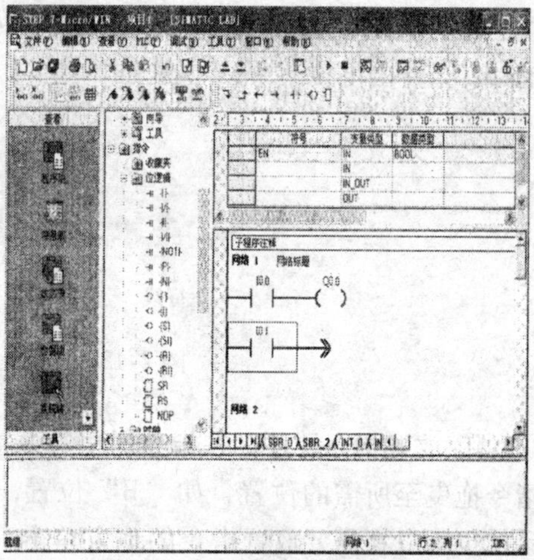

图 2-136　放置其他元件

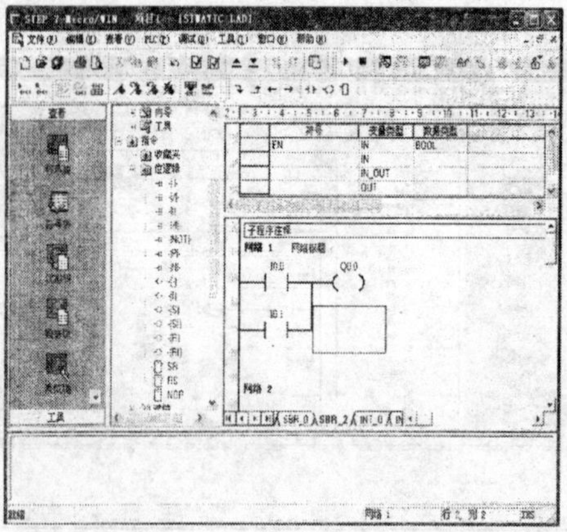

图 2-137　触点并联程序

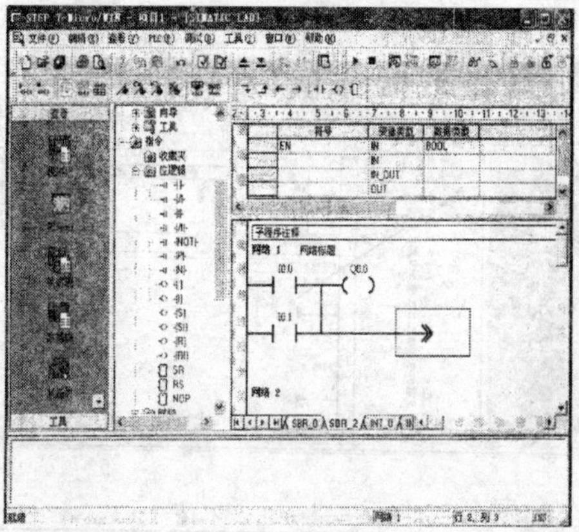

图 2-138　重新放置编辑方框

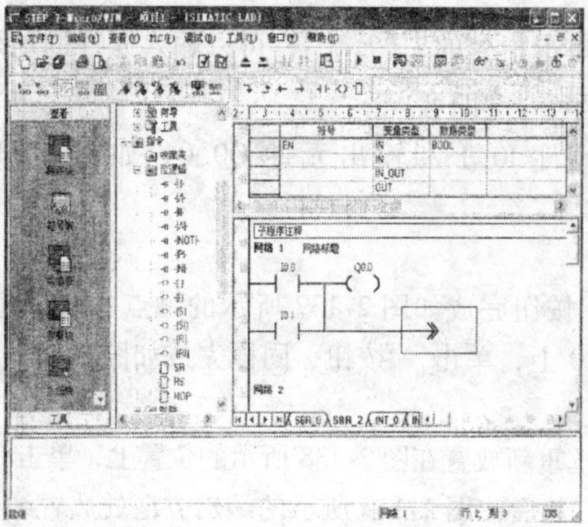

图 2-139　绘制水平线

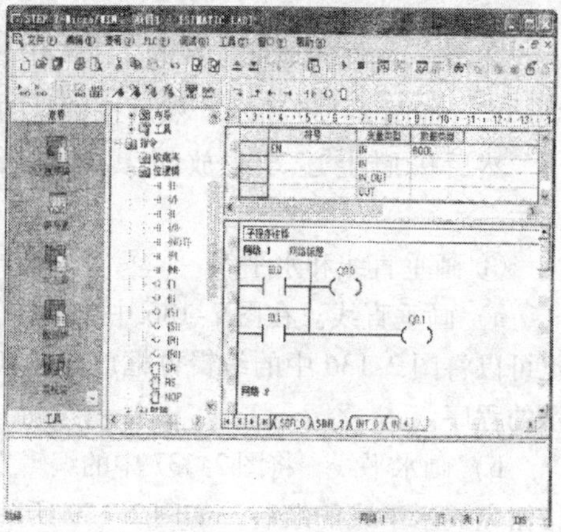

图 2-140　放置线圈 Q0.1

3）插入列和插入行

① 插入列。在图2-140中，选择【编辑】/【插入】/【列】命令就可以在I0.0前面插入一列的位置，如图2-141所示。然后将动合触点M0.0从指令树中拖曳到编辑方框所在位置并将编辑方框放置在元件Q0.1上，如图2-142所示。

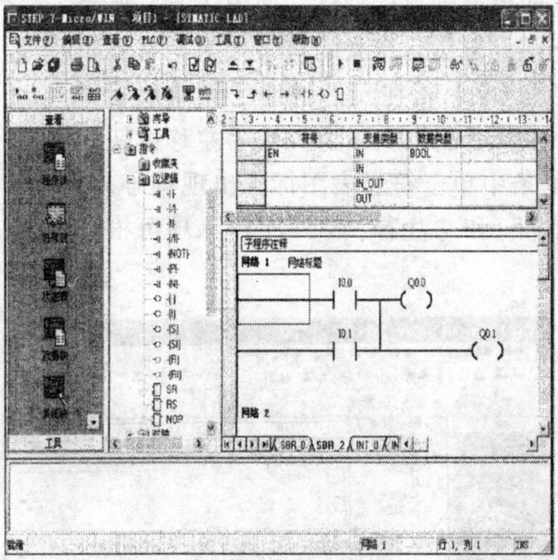

图2-141　插入一列

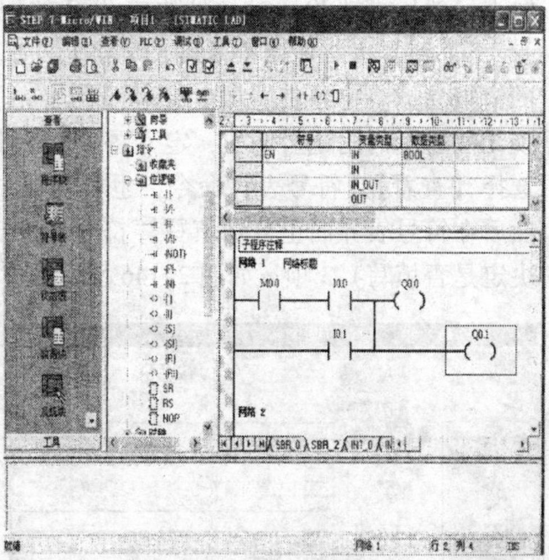

图2-142　放置M0.0

② 插入行。在图2-142中选择【编辑】/【插入】/【行】命令，就可以在Q0.1的上面插入一行，如图2-143所示。

然后在编辑方框处添加线圈M0.1，如图2-144所示。

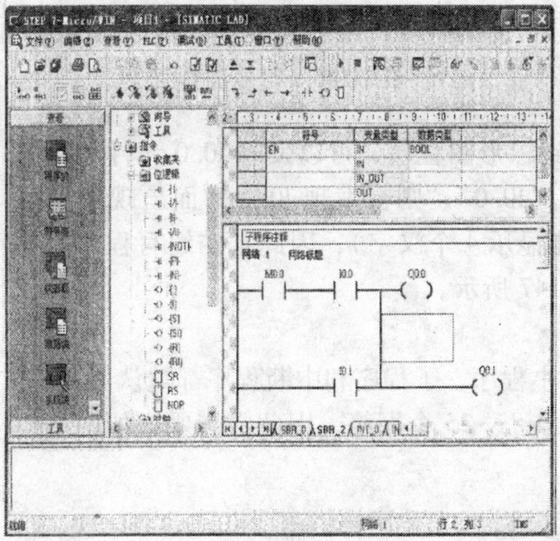

图2-143　插入一行

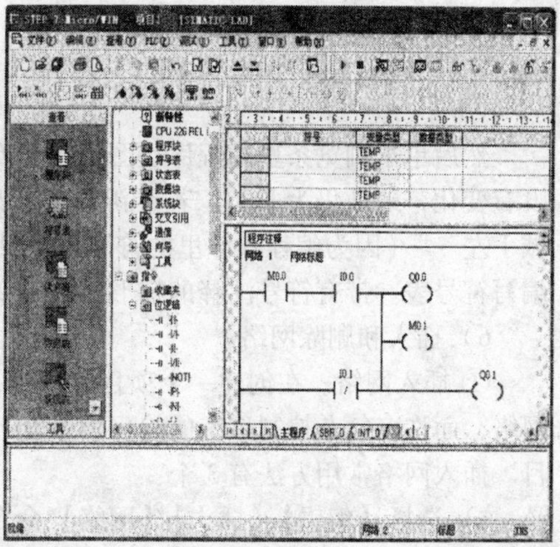

图2-144　添加线圈M0.1

4）更改指令元件。如果要把图2-144中的动合触点M0.0变为动断断点，动断触点I0.1变为立即动断触点I0.2，一般有两种方法：

① 把原来 M0.0 的动合触点和 I0.1 的动合触点删除，然后在相应的位置直接放置需要的指令。

② 把光标放置在 M0.0 的动合触点上面，然后双击指令树的动断触点，可以看到 M0.0 的动合触点改为动断触点了；利用同样的方法把 I0.1 的动断触点先改成立即动断触点，然后再把 I0.1 的地址改成 I0.2 的地址即可得到目标程序，如图 2-145 所示。

5）符号表。使用符号表，可将元件地址用具有实际意义的符号代替，有利于程序的清晰易读。符号表通常在编写程序前先进行定义，若在元件地址已经输入后则会出现无法显示的问题。例如，定义图 2-145 中的输入元件 I0.0 为机械手左移按钮，可以选择【查看】/【符号表】命令，也可以在浏览条中单击符号表图标，出现符号表界面，然后在符号表界面里分别填写“符号”、“地址”和“注释”（“注释”项可根据需要决定是否填写）3 项，如图 2-146 所示。

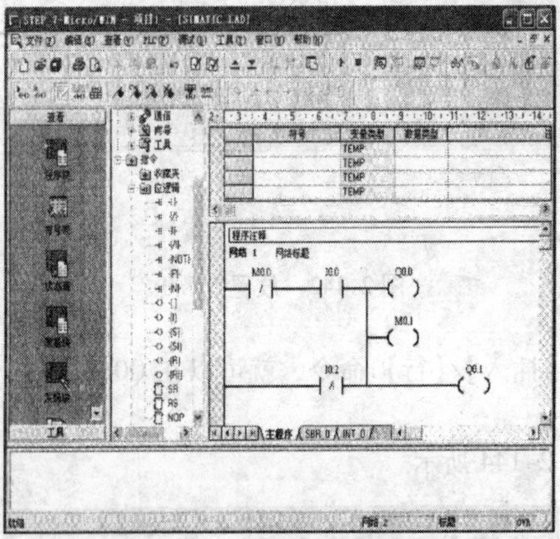

图 2-145　目标程序

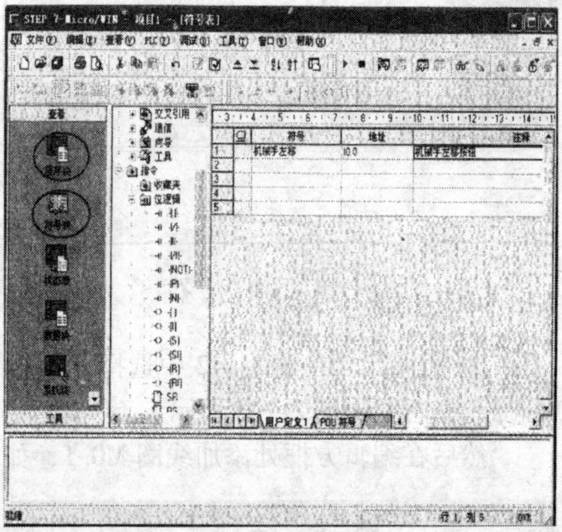

图 2-146　符号表界面

然后单击浏览条里的程序块图标，切换到梯形图程序，可以发现 I0.0 元件地址并没有变化，地址仍为 I0.0。若重新输入地址“I0.0”，则会发现 I0.0 前面出现了“机械手左 ~”（因为编程软件里的符号名称只能显示 4 个汉字），因此常在编写程序前先编写符号表。带有符号注释的梯形图如图 2-147 所示。

6）插入和删除网络

① 插入网络。在创建一个项目程序时，主程序、子程序和中断程序都默认为 25 个网络，而许多复杂控制系统的编程网络会远远超过 25 个网络，因此常需要增加网络数目。插入网络常用方法有 3 个：

a）选择【编辑】/【插入】/【网络】命令。

b）使用快捷键F3。

c）在编辑窗口右击，在出现的菜单中选择【插入】/【网络】命令。

② 删除网络。当某个网络程序不再需要时，应删除网络。先在要删除网络的任意位置点击一下，按照以下两种方法删除网络：

a）选择【编辑】/【删除】/【网络】命令。

b）在编辑界面右击，在出现的菜单中选择【删除】/【网络】命令。

7）编译。程序编制完成后，应进行离线编译操作检查程序大小、有无错误及错误编码和位置等。可以选择【PLC】/【编译］命令，也可以采用工具条中的编译按钮。其中，编译按钮 是完成对某个程序块的操作（比如中断程序），全部编译按钮 是对整个程序进行操作。

图 2-148 所示的是某个程序的编译结果。其中显示了程序大小、编译无错误等信息。

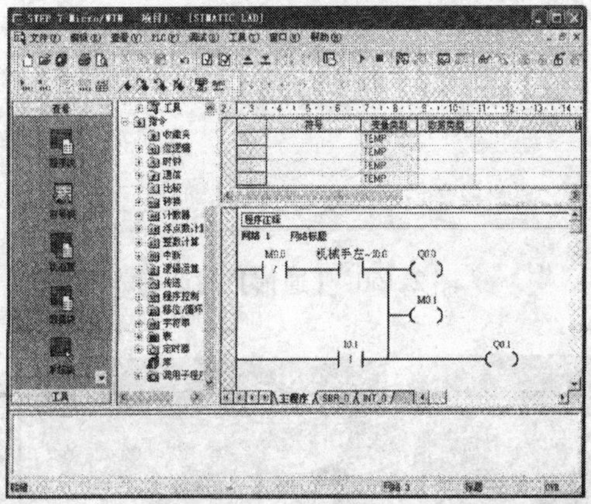

图 2-147　带有符号注释的梯形图

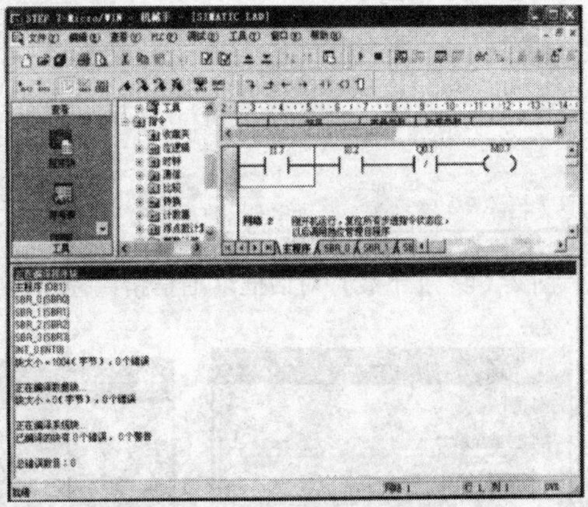

图 2-148　某个程序的编译结果

（3）下载、运行与停止程序　程序编制完成并编译无误后，就可将程序下载到 PLC 中运行。

1）下载程序。下载程序可单击 按钮将用户程序下载到 PLC 中。若没有设置通信连接，便会在【下载】对话框中出现通信错误提示，如图 2-149 所示。

使用 PC/PPI 或 USB/PPI 通信电缆把 S7-200 与编程计算机连接，然后单击 按钮，打开【通信】对话框，如图 2-150 所示。

在图 2-150 中，单击 设置 PG/PC 接口 按钮，打开【设置 PG/PC 接口】对话框，选择 PC/PPI cable（PPI），如图 2-151 所示，单击 属性(R)... 按钮，出现【属性】对话框。【属性】对话框中选择【本地连接】选项卡，设置本地编程计算机的通信口为“USB”，如图 2-152 所示。然后在［PPI］选项卡中设置“站参数”和“网络参数”，如图 2-153 所示，单击 确认 按钮后，完成通信属性设置。

最后单击图 2-150 中的双击刷新图标，出现正常通信的界面，单击 确认 按钮，关闭【通信】对话框后，单击 按钮，即可把项目程序下载到 PLC 中。

2）运行与停止程序

① 运行用户程序。把需要运行的用户程序下载到 PLC 中，再把 PLC 上的 RUN/TERM/STOP 开关扳至 RUN 位置，然后单击 按钮，自动弹出【RUN（运行）】对

话框，如图 2-154 所示，单击按钮，CPU 开始运行用户程序。查看 CPU 上的 RUN 指示灯是否点亮。

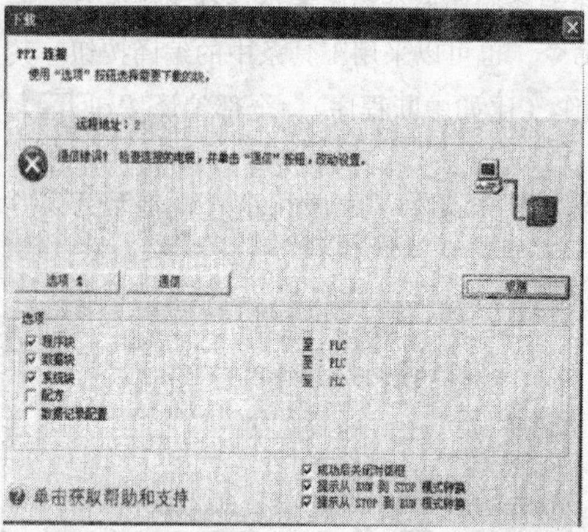

图 2-149 【下载】对话框（通信错误提示）

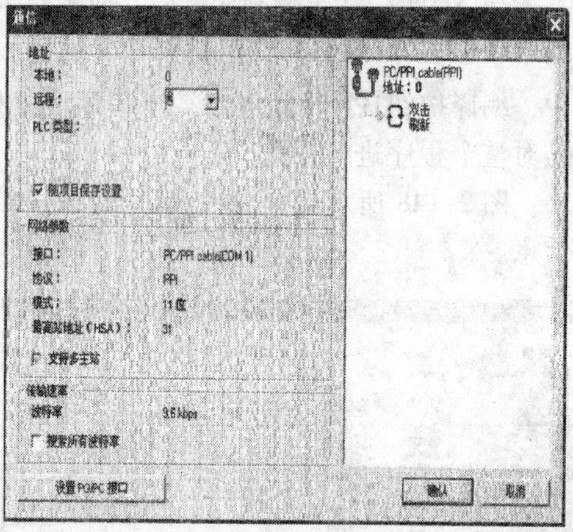

图 2-150 【通信】对话框

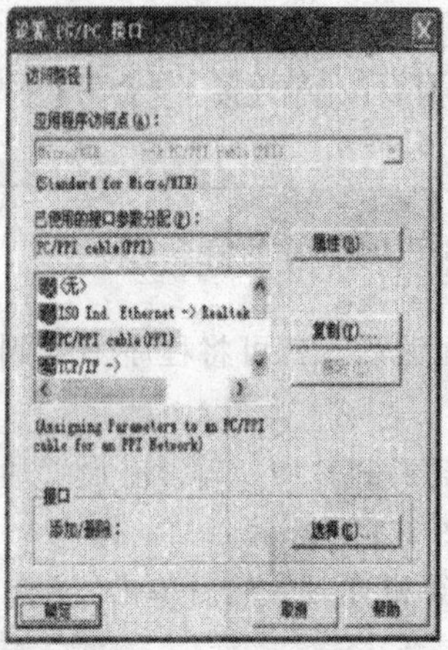

图 2-151 【设置 PG/PC 接口】对话框

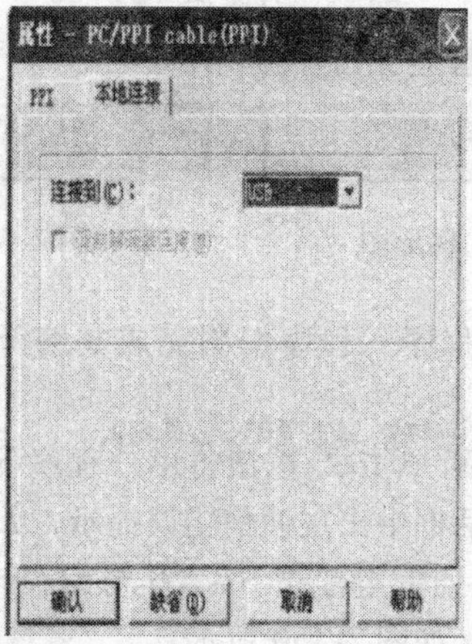

图 2-152 【属性】对话框

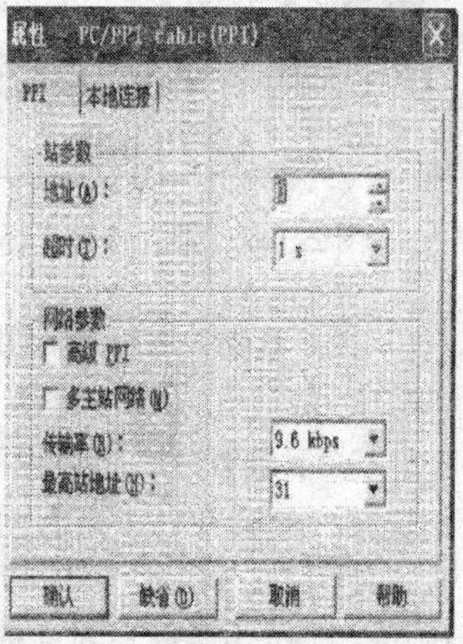

图 2-153 设置“站参数”和“网络参数”

② 停止运行用户程序。单击按钮，自动弹出【STOP（停止）】对话框。确认停止运行后，CPU 停止运行用户程序。查看 CPU 上的 STOP 指示灯是否点亮。

图 2-154 【RUN(运行)】对话框

综上所述，德国西门子 S7-200 系列 PLC 编程软件 STEP7-Micro/WIN 是一种图形编程器。一般图形编程器所具备的详尽功能如图 2-113 所示。限于篇幅，这里只介绍了 STEP7-Micro/WIN 的主要常用功能。其他功能有待于读者自主开发。

2.3.3 升级版 S7-200 编程软件 STEP7-Micro/WIN4.0 的基本使用

在 PLC 的使用过程中，编程软件是非常重要的工具，用户只能利用这个工具来进行 PLC 软件编程。西门子 S-200 系列 PLC 使用的 STEP7-Micro/WIN32 编程软件（现已不断地在升级）具有编程及程序调试等多种功能，是 PLC 用户不可缺少的开发工具。本节将以其升级版的 STEP7-Micro/WIN4.0 为对象，介绍其编程工具软件的基本使用方法。

1. S7-200 的编程软件及编程系统

STEP7-Micro/WIN32 编程软件是基于 Windows 的应用软件，由西门子公司专门为 S7-200 系列 PLC 设计开发。现在加上汉化程序后，可在全汉化的界面下进行操作，使中国的用户使用起来更加方便与实用。

S7-200 Micro PLC 的编程系统如图 2-155 所示，主要包括以下几个部分：

1）装有 STEP7-Micro/WIN32 编程软件的计算机。

2）S7-200 系列 PLC。

3）一根 PC/PPI 连接电缆。

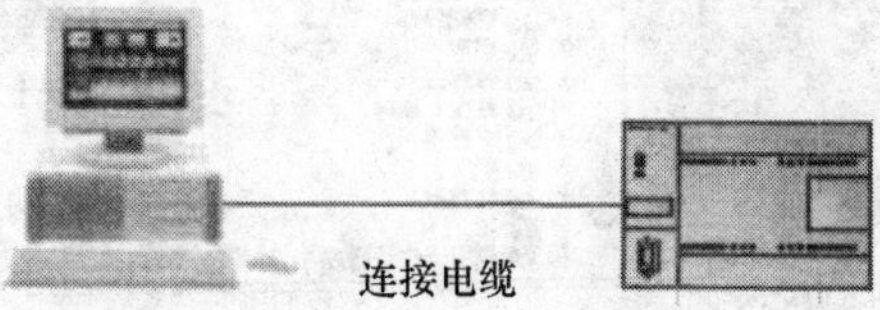

图 2-155　S7-200 Micro PLC 的编程系统

2. 升级版 STEP7-Micro/WIN4.0 的编程环境

目前西门子公司已经将 STEP7-Micro/WIN32 软件进行了不断的升级。本节将以其升级版的 STEP7-Micro/WIN4.0 中文版为编程环境进行介绍。这里将从 STEP7-Micro/WIN4.0 的主界面、软件中各编程元素的具体功能以及在软件中如何实现 PLC 与计算机通信等 3 个方面，对该版本软件的编程环境进行应用介绍。

（1）STEP7-Micro/WIN4.0 的主界面　首先熟悉 STEP7-Micro/WIN4.0 的编程环境的主界面，如图 2-156 所示。主要包含：

1）项目及组件。提供项目编程特性的组件群，包括程序块、符号表、状态图、数据块、系统块、交叉引用、通信与设置 PG/PC 接口组件。

2）指令树。为当前程序编辑器（LAD、FBD 或 STL）提供所有指令项目对象。

3）菜单栏。提供使用鼠标或键盘执行操作的各种命令和工具。

4）工具栏。提供常用命令或工具的快捷按钮。

（2）STEP7-Micro/WIN4.0 的具体功能

1）菜单栏。菜单栏如图 2-157 所示。

用户也可以定制菜单，在该菜单中增加自己的工具，操作步骤如下：

① 执行【工具】/【自定义】命令，如图 2-158 所示。

② 弹出【自定义】对话框，然后在该对话框中对新工具进行编辑操作，如图 2-159 所示。

2）工具栏。工具栏如图 2-160 所示。

① 标准工具栏。标准工具栏如图 2-161 所示。

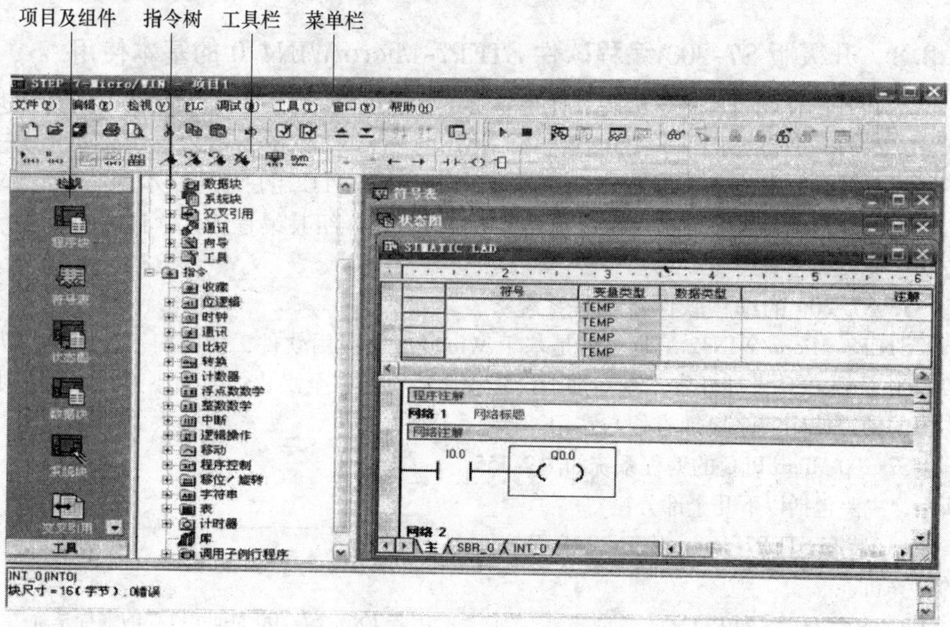

图 2-156　STEP7-Micro/WIN4.0 操作界面

图 2-157　菜单栏

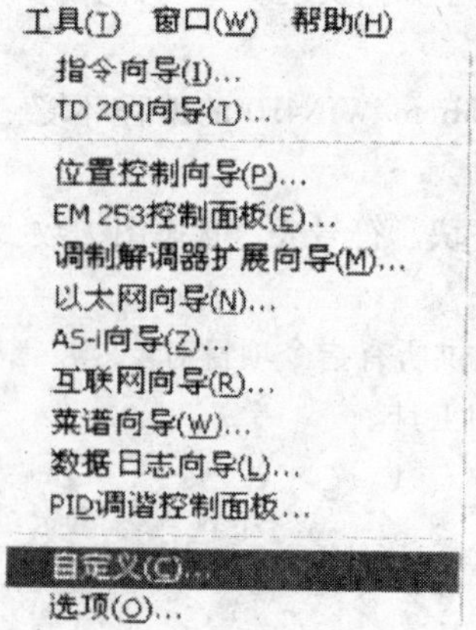

图 2-158　执行【自定义】命令

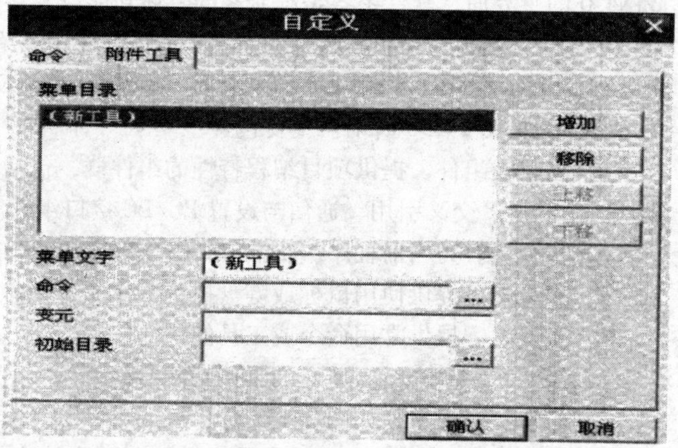

图 2-159　自定义新工具

图 2-160　工具栏

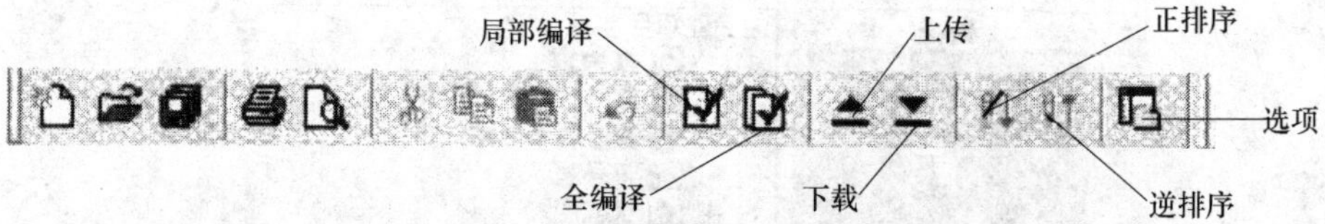

图 2-161　标准工具栏

局部编译：编译当前所在的程序窗口或数据窗口。

全编译：编译系统块、程序块和数据块。

② 调试工具栏。调试工具栏如图 2-162 所示。

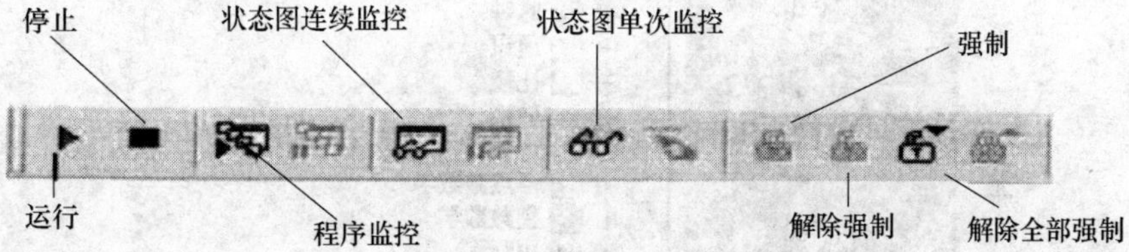

图 2-162　调试工具栏

③ 常用工具栏。常用工具栏如图 2-163 所示。

④ 梯形图（LAD）指令工具栏。梯形图指令工具栏如图 2-164 所示。

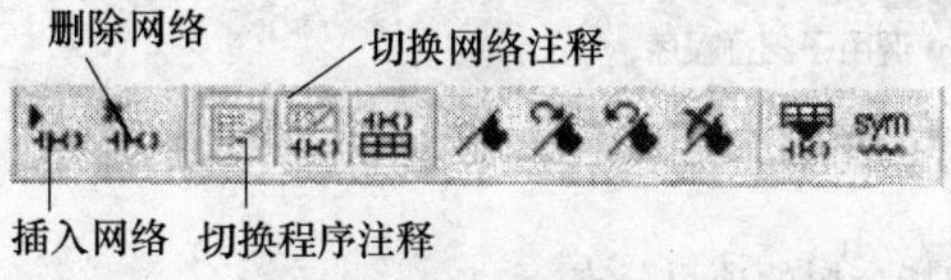

图 2-163　常用工具栏

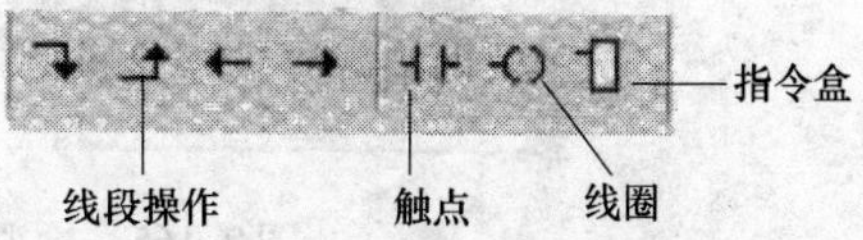

图 2-164　梯形图指令工具栏

3）项目及其组件。STEP7-Micro/WIN4.0 为每个实际的 S7-200 系统的用户程序生成一个项目，项目以扩展名为 .mwp 的单一文件格式保存。打开一个 .mwp 文件就打开了相应的工程项目。

使用检视区和指令树的项目分支可以查看项目的各个组件，并且可以在它们之间切换，如图 2-165 所示。用鼠标单击检视区组件图标，或者双击指令树分支可以快速到达相应的项目组件。

在 STEP7-Micro/WIN 中项目为用户提供程序和所需信息之间的联系，程序块、符号表、状态图、数据块、系统块、交叉引用、通信、设置 PG/PC 接口为所包含的项目组件。

① 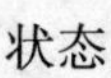程序块。程序块完成程序的编辑以及相关注释。程序包括主程序（OB1）、子程序（SBR）和中断程序（INT）。

单击按钮，进入【程序块】编辑窗口，如图 2-166 所示。

图 2-165　检视区和指令树的项目分支

【程序块】编辑窗口中各个选项的含义如下：

➢ 装订线：是位于“程序编辑器”窗口左侧的灰色区域，用于选择删除、复制或粘贴网络。

➢ 标尺：标尺位于程序块编辑窗口顶端，使用当前页面设置显示打印区域宽度。标尺可以根据区域设置显示公制或英制单位。

➢ 程序注解：程序注解位于程序中第一个网络之前，对程序进行详细注解。每条程序注解最多可以有 4096 个字符。

➢ 网络号码：网络号码用于定义单个网络。网络号码自动编号，范围为 1 ~ 65536。

➢ 网络标题：网络标题位于网络关键字和号码旁显示。每个标题最多可有 256 个字符。

➢ 网络注解：网络注解位于网络标题下方，对网络进行详细注解。每条网络注解最多可有 4 096 个字符。

② 符号表。符号表是允许程序员使用符号编址的一种工具。符号有时对程序员

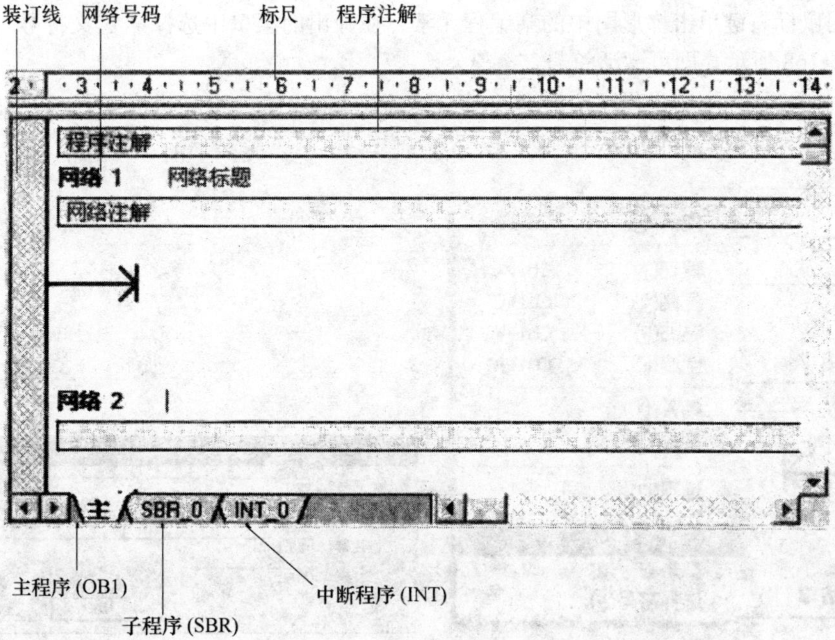

图 2-166 【程序块】编辑窗口

更加方便，能使程序逻辑更容易遵循。下载至 PLC 的编译程序将所有的符号转换为绝对地址，符号表信息不会下载至 PLC。

单击按钮，进入【符号表】编辑窗口，如图 2-167 所示。

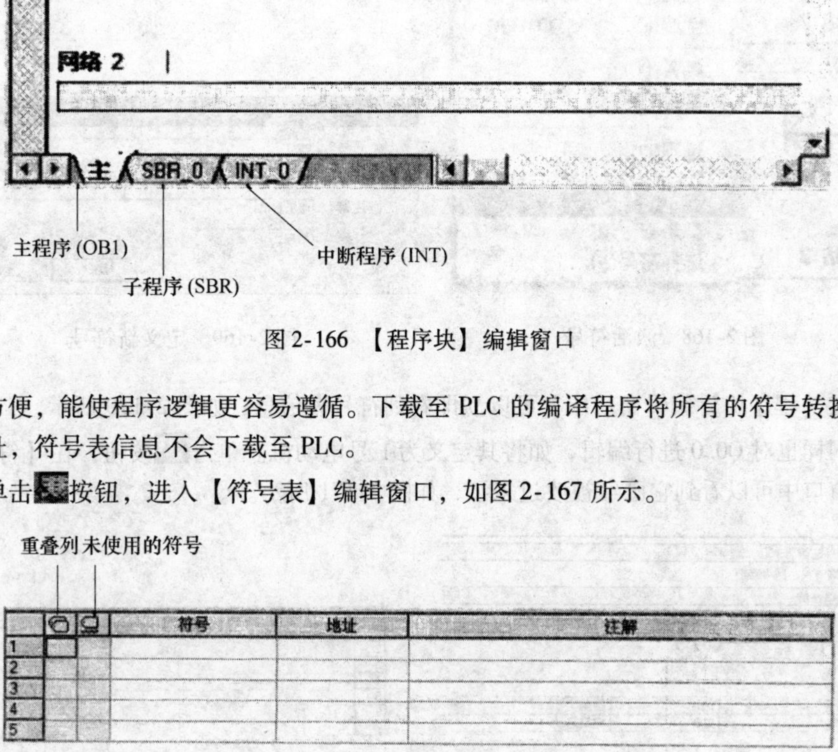

图 2-167 【符号表】编辑窗口

【符号表】编辑窗口中各个选项的含义如下：

➢：“重叠列”显示绝对地址共享部分。每次表格被修改时，“重叠”列被更新。

➢：“未使用的符号”列中列出程序中未被引用的所有符号，每次表格被修改时，该列被更新。

➢符号：定义、编辑或选择符号等命令，允许用户在使用程序编辑器或状态图时定义新符号，从列表中选取现有符号或编辑符号属性。新的赋值或修改后的赋值将被自动加入到符号表内。

用鼠标右键单击梯形图中的某编程元素，在弹出的菜单中选择“定义符号”命令，如图 2-168 所示，即可激活符号。

例如，将一个用户程序中的 I0.0 定义成 ON_1，表示“电动机启动”，即可定义一个新符号，如图 2-169 所示。

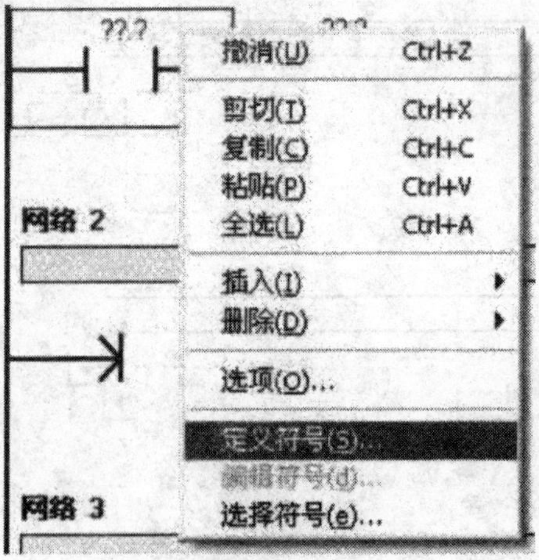

图 2-168　激活符号

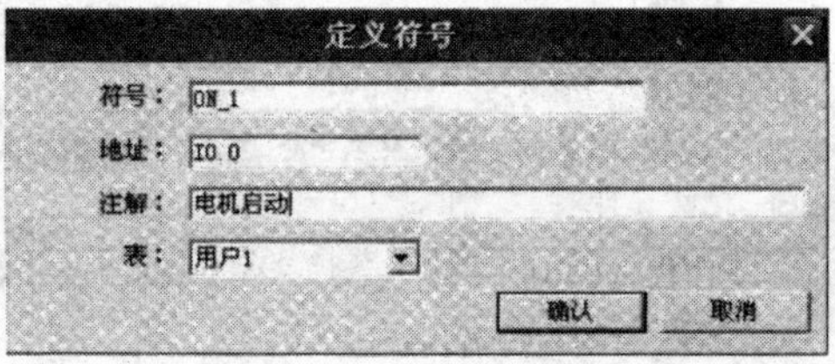

图 2-169　定义新符号

在【程序块】编辑窗口中，可以立即看到符号表信息，如图 2-170 所示。

同样也对 Q0.0 进行编辑，如将其定义为 1 号电动机。单击按钮，在【符号表】编辑窗口中可以看到它已经被改过来了，如图 2-171 所示。

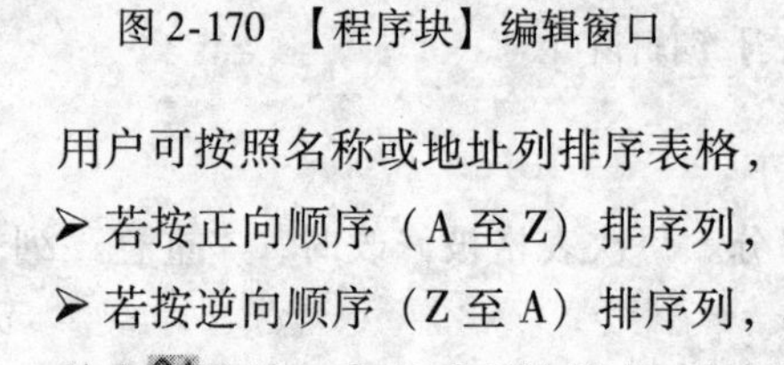

图 2-170　【程序块】编辑窗口

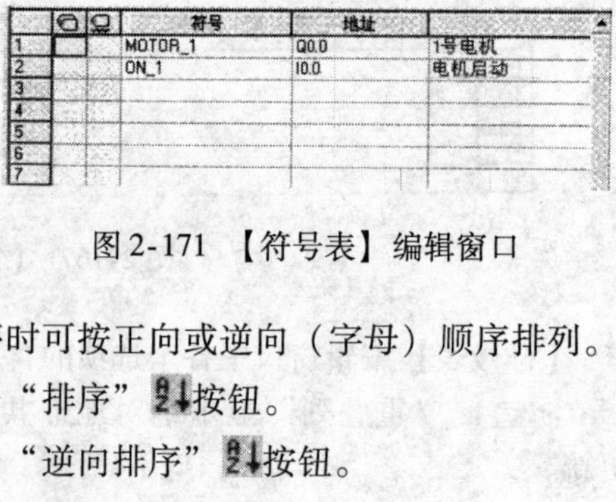

图 2-171　【符号表】编辑窗口

用户可按照名称或地址列排序表格，排序时可按正向或逆向（字母）顺序排列。

➢ 若按正向顺序（A 至 Z）排序列，单击“排序”按钮。

➢ 若按逆向顺序（Z 至 A）排序列，单击“逆向排序”按钮。

单击按钮，可以看到符号表已经重新排序了，如图 2-172 所示。

如果建立了多个符号表，用户可以在多个符号表之间自由切换，如图 2-173 所示。

③ 状态图。状态图用于在执行程序时观察数据。

单击按钮，就可以进入【状态图】编辑窗口进行编程操作了，如图 2-174 所示。

④ 数据块。数据块用于为 V 存储区指定初始值，由数据（如初始内存值、常量

值）和注解组成。

单击按钮进入【数据块】编辑窗口，可在窗口内输入地址和数据，如图 2-175 所示。

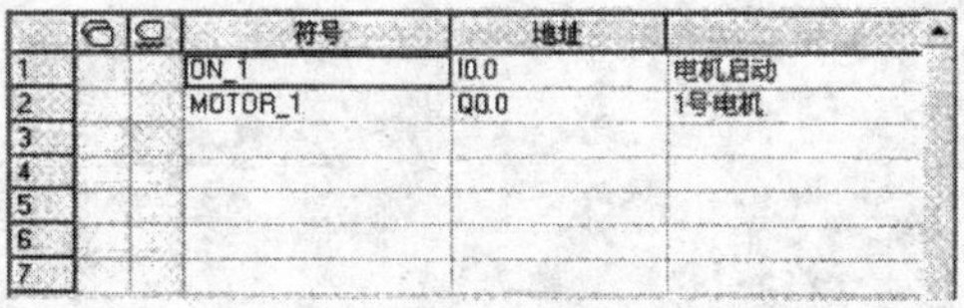

图 2-172　重新排序的符号表

图 2-173　多个符号表

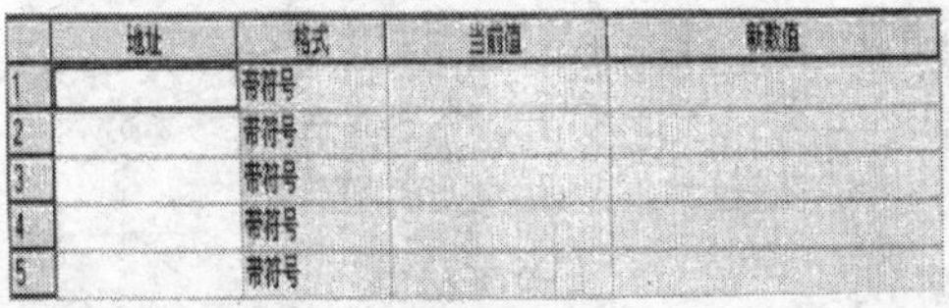

图 2-174　【状态图】编辑窗口

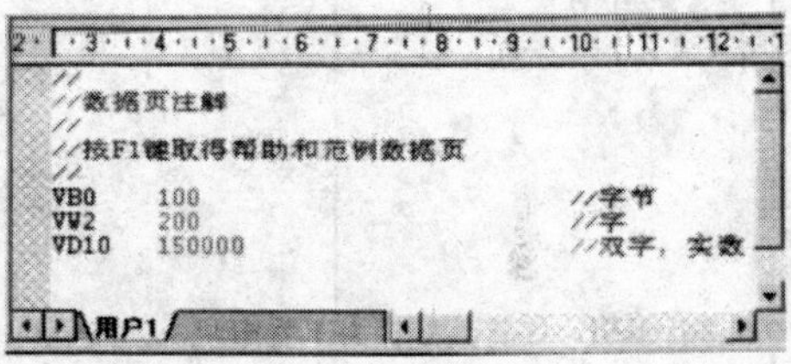

图 2-175　在【数据块】窗口中编辑地址和数据

下载后可以使用状态图观察 V 存储区，如图 2-176 所示。

注：数据块下载到 S7-200 CPU 的 EEPROM 内，CPU 掉电后数据不会丢失。

⑤ 系统块。系统块由配置信息组成，包括通信端口、保留性范围、密码、输出表、输出过滤器、脉冲截取位、背景时间、EM 配置、配置 LED、扩大内存。

图 2-176　使用状态图观察 V 存储区

单击按钮，进入【系统块】编辑窗口，如图 2-177 所示。【系统块】列表下的各个配置信息如下：

a）通信端口。系统块中的【通讯端口】界面用来配置 CPU 的通信端口属性，如图 2-178 所示。

b）保留性范围。用于设置 CPU 掉电时如何保存数据，如图 2-179 所示。

c）密码。用户可以设置密码以限制访问 S7-200 CPU 的内容或者限制使用某些功能，如图 2-180 所示。

➢ 全部（1 级）：最高权限。

➢ 部分（2 级）：中等权限。

➢ 最低（3 级）：最低权限。

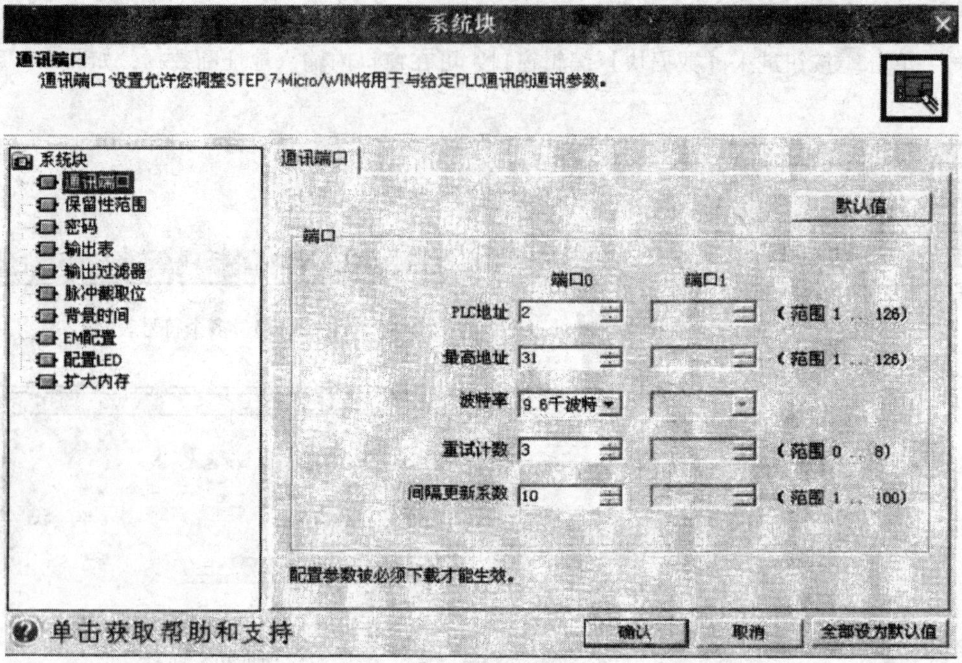

图 2-177 【系统块】编辑窗口

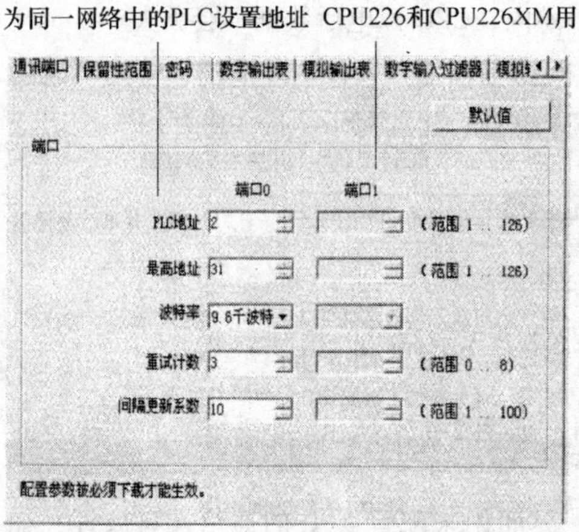

图 2-178 【通讯端口】选项卡

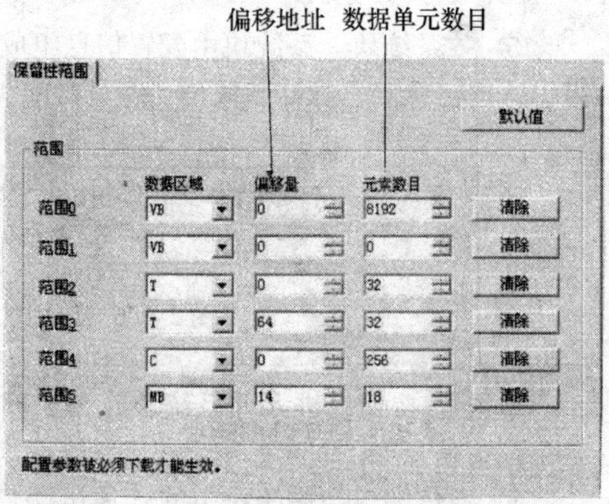

图 2-179 设置 CPU 掉电时的数据保存属性

表 2-58 显示了这些级别允许的不同存取功能。

表 2-58 各级别所允许的不同存取功能

操 作 说 明	1 级	2 级	3 级
读取控制器数据	允许	允许	允许
写入控制器数据	允许	允许	允许

（续）

操 作 说 明	1 级	2 级	3 级
开始、停止和启动控制器执行的重设	允许	允许	允许
读取和写入当日时间时钟	允许	允许	允许
上传程序块、数据或系数块	允许	允许	有限制
下载程序块、数据或系数块	允许	有限制	有限制
运行时间编辑	允许	有限制	有限制
删除程序块、数据块或系统块	允许	有限制	有限制
复制程序块、数据块或系统块到内存盒	允许	有限制	有限制
状态图中的数据强制功能	允许	有限制	有限制
单次或多次扫描作业	允许	有限制	有限制
在 STOP（停止）模式写入输出	允许	有限制	有限制
执行状态	允许	有限制	有限制

如果忘记密码而不能访问 CPU，可以在建立与 S7-200 CPU 的通信后，执行【PLC】/【清除】命令，清除密码，如图 2-181 所示。

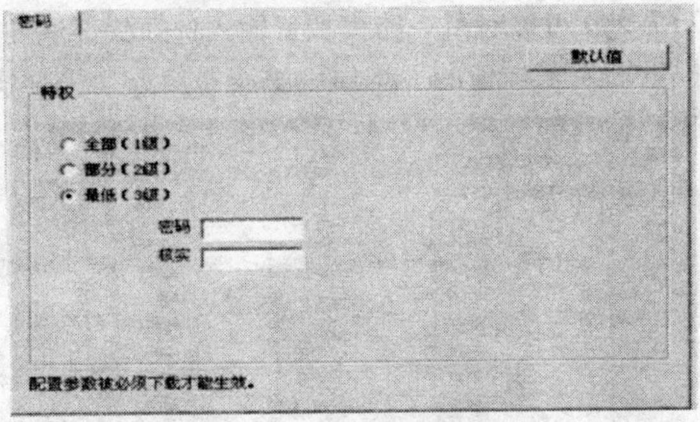

图 2-180　设置密码

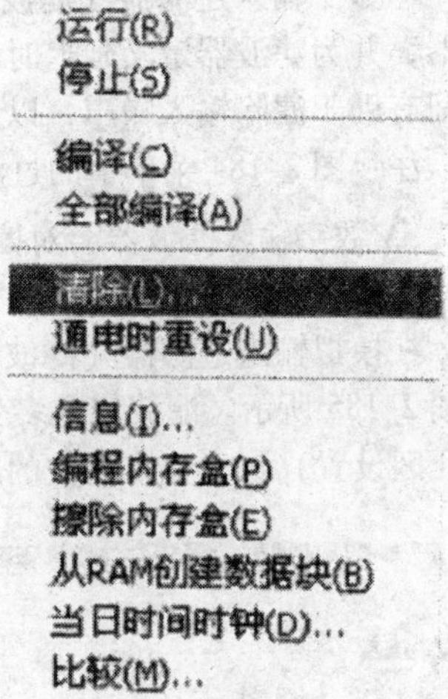

图 2-181　清除密码

d）数字输出表。在【数字输出表】选项卡中可以定义当 S7-200 CPU 从运行状态转到停止状态时，CPU 对数字输出点的操作，如图 2-182 所示。

e）模拟输出表。在【模拟输出表】选项卡中可以定义当 S7-200 CPU 从运行状态转到停止状态时，CPU 对模拟输出点的操作，如图 2-183 所示。

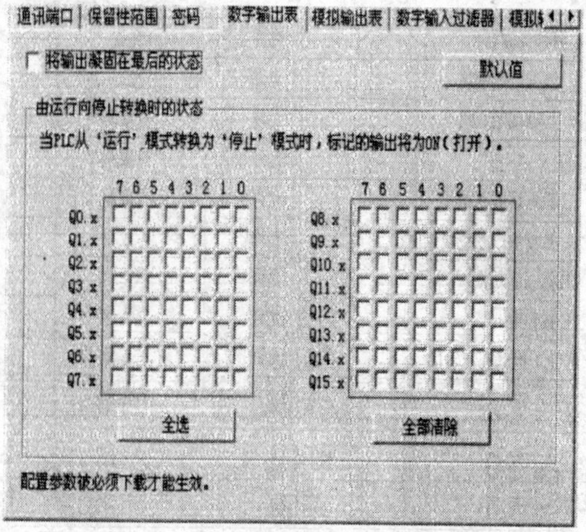

图 2-182 【数字输出表】选项卡

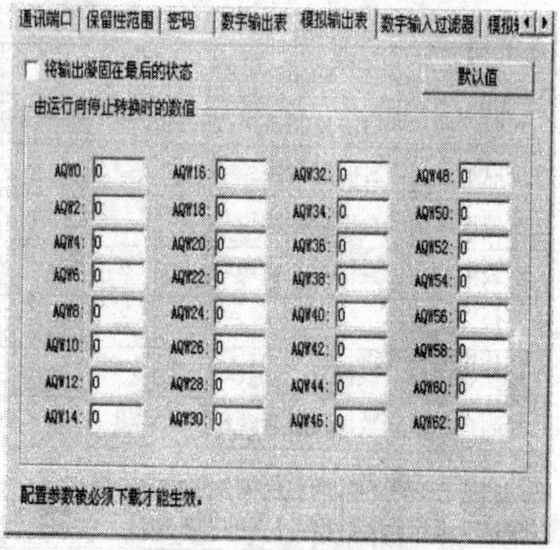

图 2-183 【模拟输出表】选项卡

⚠ 模拟输出表只支持 CPU224 和 CPU226。

f）输入过滤器（滤波器）。S7-200 允许用户为输入点选择输入滤波器，并通过软件进行滤波器参数的设置。根据输入信号的不同分为数字输入滤波器和模拟输入滤波器。

➢ 数字输入过滤器（滤波器）。S7-200 可以为 CPU 集成数字量输入点选择输入滤波器，并为滤波器定义延迟时间（在 0.2 ~ 12.8ms 可选），如图 2-184 所示。这个延迟时间有助于滤除输入噪声，以免引起输入状态不可预测的变化。

注：图 2-184 菜单中的过滤器即滤波器。

⚠ 数字输入滤波器会对读输入、输入中断和脉冲捕获产生影响。如果参数选择不当，应用程序有可能会丢掉一个中断事件或者脉冲捕捉。高速计数器不受此影响。

➢ 模拟输入过滤器（滤波器）。S7-200 可以对每一路模拟量输入选择软件滤波器，如图 2-185 所示。滤波值是多个模拟量输入采样值的平均值。滤波器参数（采样次数和死区设置）对于允许滤波的所有模拟输入都是相同的。

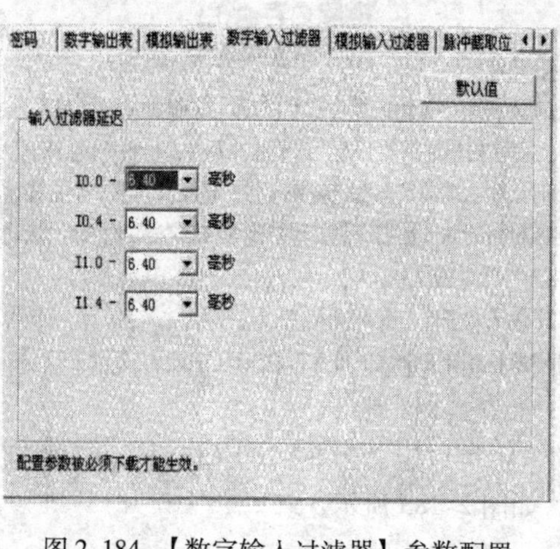

图 2-184 【数字输入过滤器】参数配置

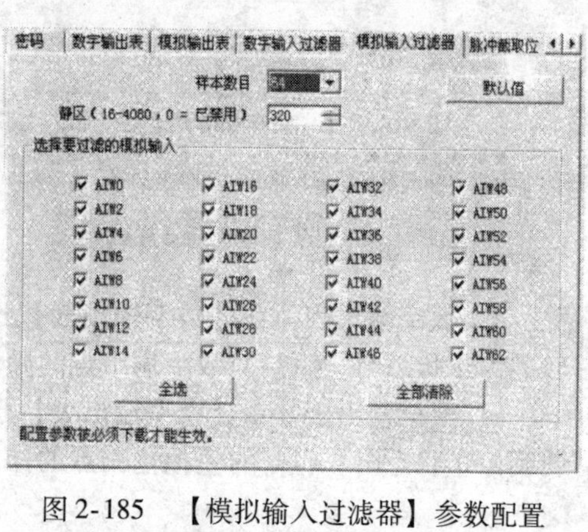

图 2-185 【模拟输入过滤器】参数配置

⚠ 模拟过滤器不适用于快速变化的模拟量。

死区设置是指如果模拟量信号经过模/数转换之后的值和平均值之差大于此处的设定值，则认为此采样值无效。

注：图 2-185 菜单中的过滤器即滤波器。

g）脉冲捕获功能。S7-200 为每个本机数字量输入提供脉冲捕获功能。脉冲捕获功能允许 PLC 捕捉到持续时间很短的脉冲。而在扫描周期的开始，这些脉冲不是总能被 CPU 读到。当一个输入设置了脉冲捕获功能时，输入端的状态变化被锁存并一直保持到下一个扫描循环刷新。这就确保了一个持续时间很短的脉冲被捕获到并保持到 S7-200 读取输入点。该功能可使用的最大数字输入数目取决于 PLC 的型号。

- CPU 221 最多允许 6 个数字输入。
- CPU 222 最多允许 8 个数字输入。
- CPU 224 最多允许 14 个数字输入。
- CPU 226 最多允许 24 个数字输入。

CPU 21X 型号不提供脉冲捕获功能。

用户可为每个数字输入分别启用脉冲捕获操作，如图 2-186 所示。

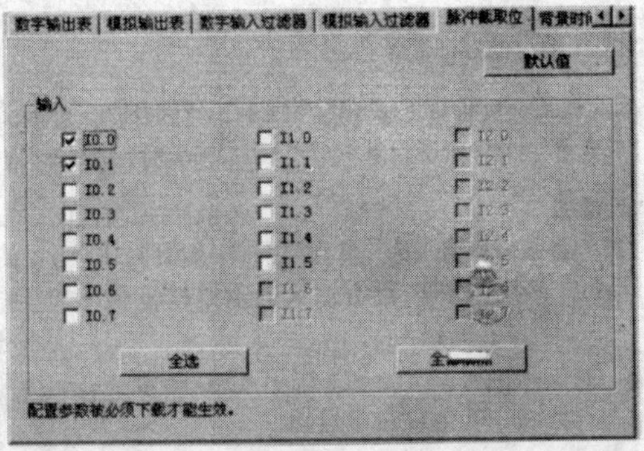

图 2-186　启用脉冲捕获的操作界面

使用脉冲捕获功能有助于检测短促的输入脉冲，如图 2-187 所示。

由于在数字输入通道结构框图中，脉冲捕获在数字输入滤波器之后，所以用户必须选择适当的滤波器参数，避免滤波器丢失脉冲，如图 2-188 所示。

启用脉冲捕获功能对各种不同输入条件的输出结果如图 2-189 所示。如果在某一特定扫描中存在一个以上脉冲，仅读取第一个脉冲。如果在某一特定扫描中有多个脉冲，则应当使用上升/下降边沿中断事件。

⚠此功能只能用于 CPU 集成的输入点。在使用脉冲捕捉功能时，必须要保证把输入滤波器的时间调整到脉冲不被滤掉，即在通过了输入滤波器后脉冲捕捉功能才有效。

⑥ 交叉引用。【交叉引用】编辑窗口允许用户检查表格，这些表格列举在程序中何处使用操作数以及哪些内存区已经被指定（位用法和字节用法）。在 RUN（运行）模式中进行程序编辑时，用户还可以检查程序目前正在使用的边缘号码（EU、ED）。交叉引用及用法信息不会下载至 PLC。

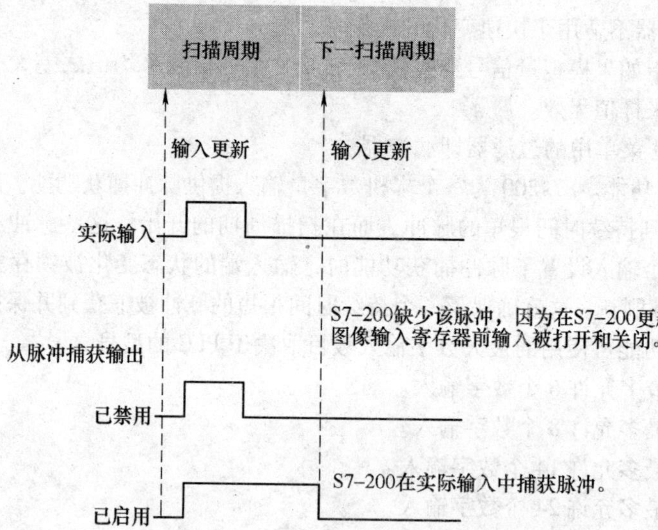

图 2-187　使用脉冲捕获功能检测短促的输入脉冲

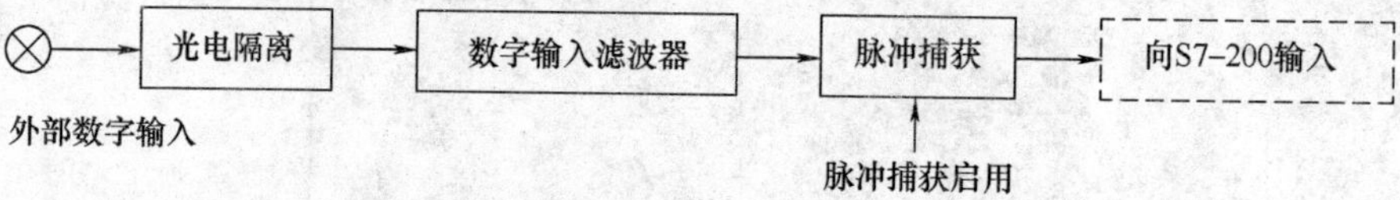

图 2-188　数字输入通道结构框图

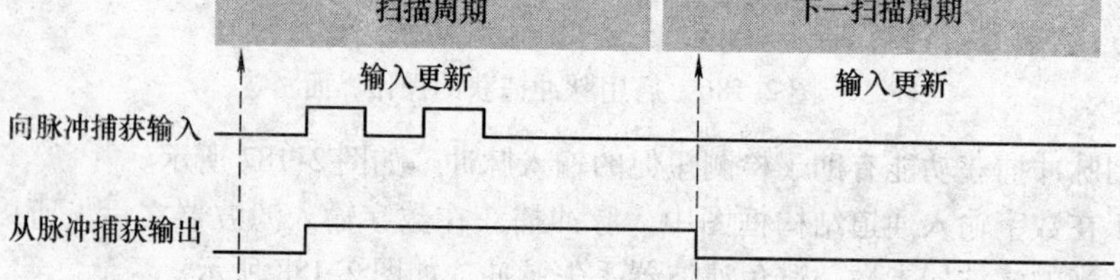

图 2-189　启用脉冲捕获功能对各种不同输入条件的输出结果

a）单击按钮，进入【交叉引用】编辑窗口。

b）若程序未编译，只显示提示信息，如图2-190所示。

c）编译后的显示如图2-191所示。

注：在【交叉引用】表中，用鼠标双击某一行可以立即跳转到引用相应元件的位置，交叉引用表对查找程序中冲突和重叠的数据地址十分有用。

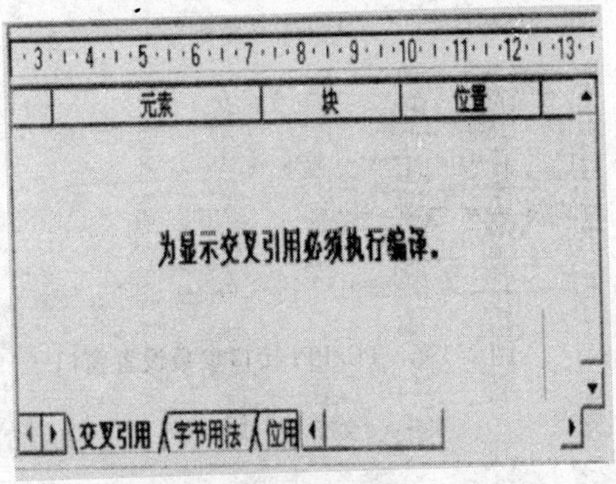

图2-190　程序未编译的【交叉引用】编辑窗口

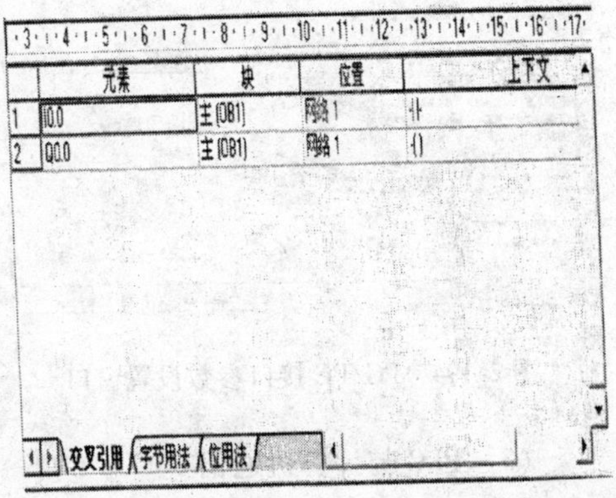

图2-191　编译后的【交叉引用】编辑窗口

⑦ 通讯。网络地址是用户为网络上每台设备指定的一个独特号码。该网络地址确保将数据传输至正确的设备，并从正确的设备检索数据。S7-200支持0～126的网络地址。

单击按钮，进入【通讯】编辑窗口，如图2-192所示。

每台S7-200 CPU的默认波特率为9.6千波特，默认网络地址为2。

⚠在设置S7-200选择参数后，必须在改动生效之前将系统块下载至S7-200。

双击图标，刷新通讯设置，这时可以看见CPU的型号和地址，说明通信正常，如图2-193所示。

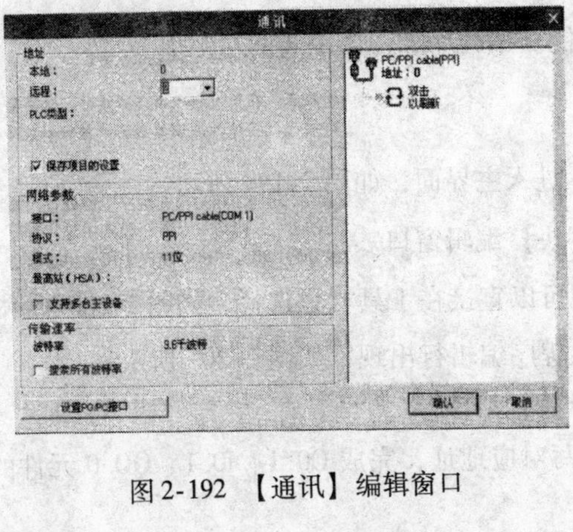

图2-192　【通讯】编辑窗口

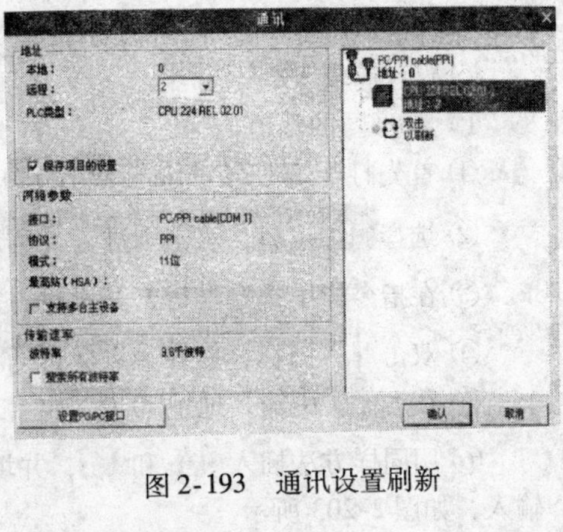

图2-193　通讯设置刷新

⑧ 设置 PG/PC 接口。单击按钮，进入 PG/PC 接口参数设置窗口，如图 2-194 所示。

单击【Properties】按钮，进行地址及通信速率的配置，如图 2-195 所示。

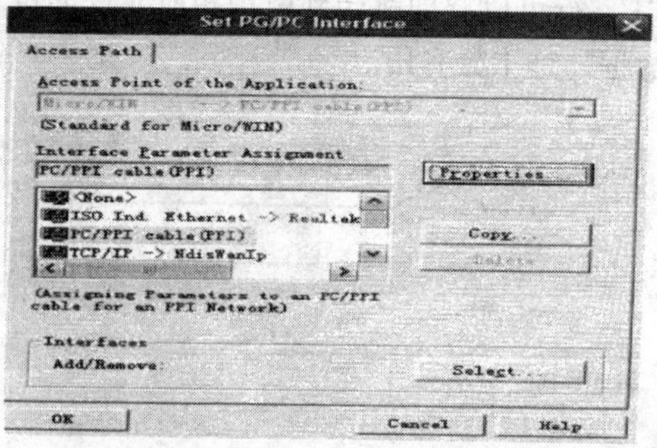

图 2-194 PG/PC 接口参数设置窗口

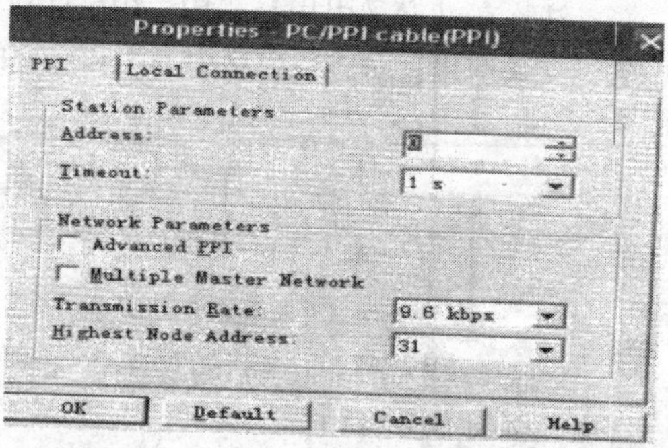

图 2-195 PC/PPI 接口参数设置窗口

（3）PLC 与计算机通信

1）与 CPU 通信，通常需要下列条件：

① PC/PPI（RS-232/PPI）电缆，连接 PG/PC 的串行通信口（COM 口）和 CPU 通信口。

② PG/PC 上安装 CP 卡，通过 MPI 电缆连接 CPU 通信口。

③ 其他通信方式见《S7-200 系统手册》。

2）基本的编程通信要求有以下几点：

① 带串行 RS232C 端口的 PG/PC，并已经安装了 STEP 7-Micro/WIN 3.2 软件。

② PC/PPI 编程电缆。

3. 升级版 STEP 7-Micro/WIN 4.0 软件的使用

上面介绍了 STEP 7-Micro/WIN 4.0 软件的编程环境，下面将主要通过图 2-196 所示一台电动机正反转控制实用程序的编辑示范来演示 STEP 7-Micro/WIN 4.0 软件的基本使用。

其语句表程序如图 2-197 所示；其功能块图程序如图 2-198 所示。

（1）程序输入

1）梯形图的编辑

① 首先打开 STEP 7-Micro/WIN 4.0，进入主界面，如图 2-199 所示。

② 选择按钮，双击则进入【程序块】编辑窗口。

③ 在指令树中选择 -| |- 常开触点，也可以直接在工具栏里选择，如图 2-200 所示。

④ 双击 -| |- 图标，常开触点会自动在程序编辑行出现，如图 2-201 所示。

⑤ 在?? . ? 中输入地址 I0.0，如图 2-202 所示。

⑥ 用同样方法插入 -|/|- 和 -( )，并填写对应地址，完成 Q0.1、I0.1、Q0.0 元件的输入，如图 2-203 所示。

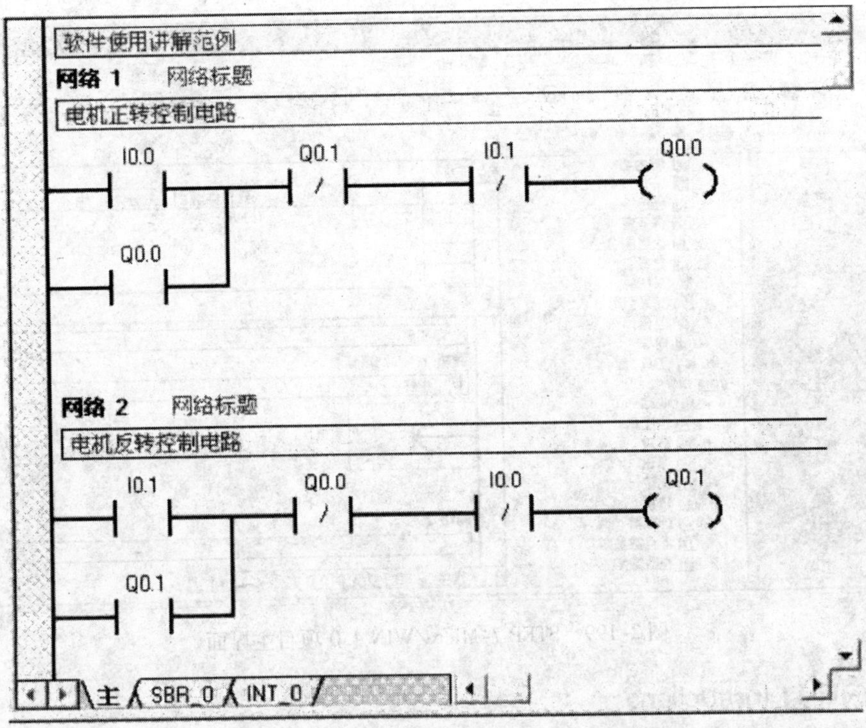

图 2-196　一台电动机正反转控制的梯形图程序

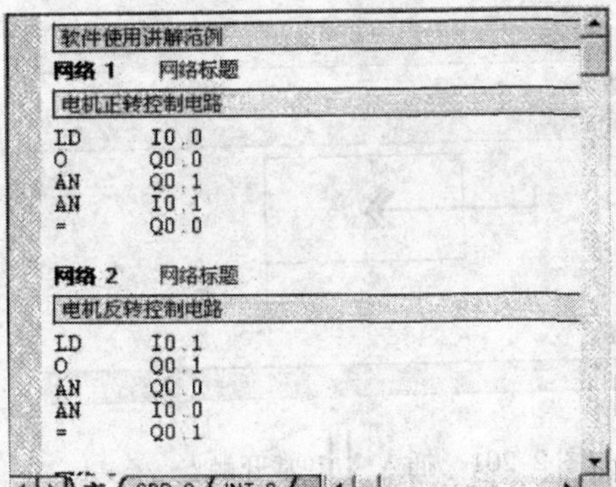

图 2-197　语句表程序

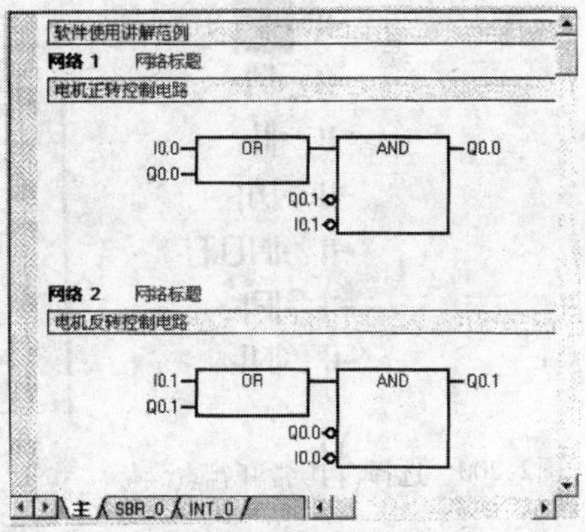

图 2-198　功能块图程序

⑦ 鼠标选中要输入的新元件位置，如图 2-204 所示。

⑧ 插入 ，并填写地址 Q0.0，如图 2-205 所示。

⑨ 单击 按钮，将 Q0.0 和 I0.0 进行并联，如图 2-206 所示。

“网络 2”的输入可以按照上面的操作同样进行，不过“网络 2”的结构和“网络 1”相似，可以采用更快捷的方式完成。

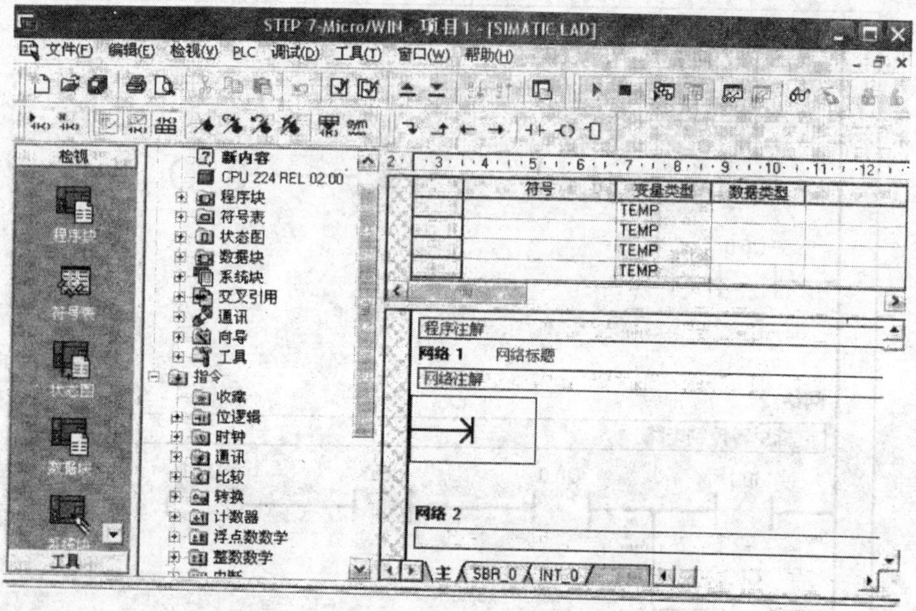

图 2-199　STEP 7-Micro/WIN 4.0 项目主界面

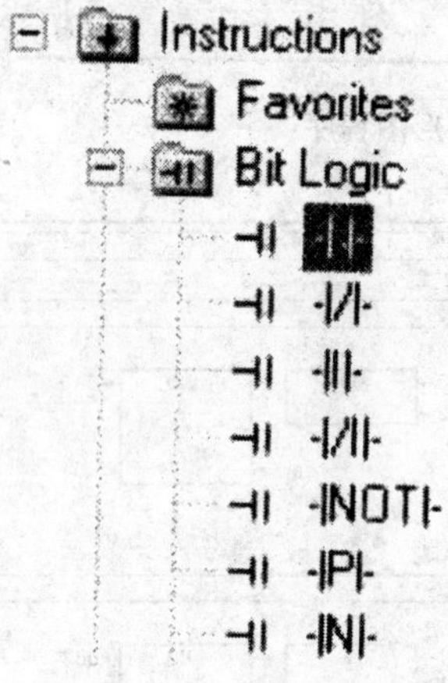

图2-200　选择 -| |- 常开触点

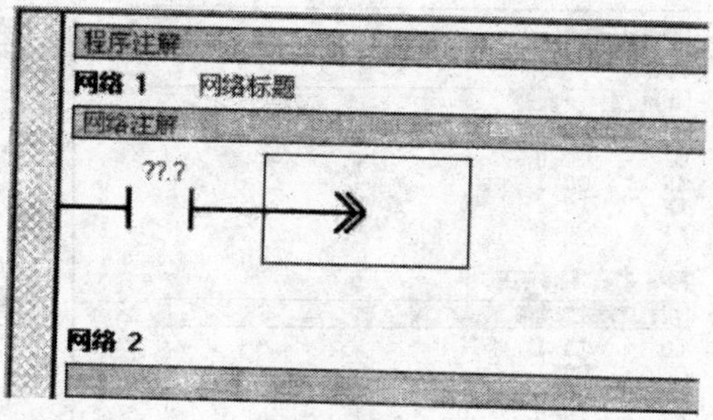

图 2-201　插入 -| |- 常开触点

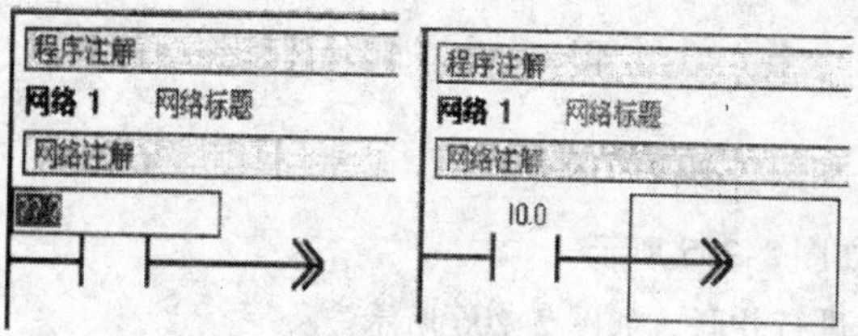

图 2-202　输入地址 I0.0

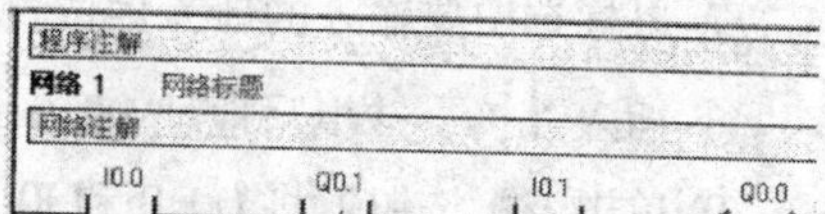

图 2-203　完成 Q0.1、I0.1、Q0.0
元件的输入

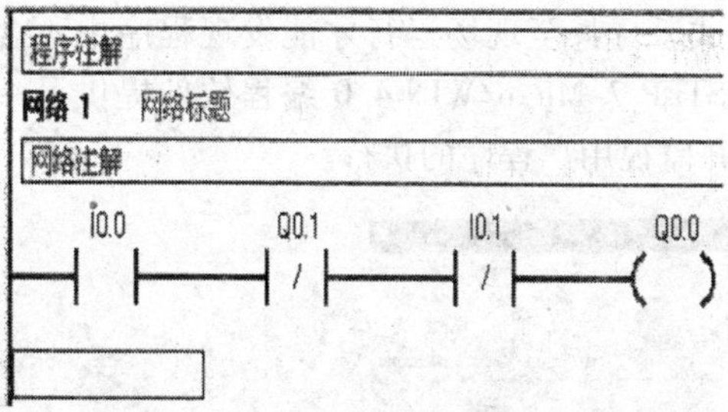

图 2-204 选中要输入的新元件位置

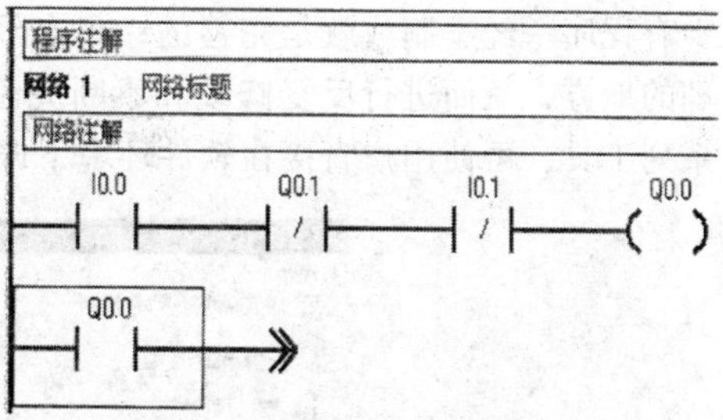

图 2-205 插入 -| |- 并填写地址 Q0.0

a）单击“网络 1”的装订线，然后单击鼠标右键，在弹出的快捷菜单中选择【复制】命令。

b）单击“网络 2”的装订线，然后单击鼠标右键，在弹出的快捷菜单中选择【粘贴】命令。修改对应的地址，并加上相应的注释，程序就编辑完成了。

2）语句表的编辑。执行【检视】/【STL】命令，可以直接进行语句表的编辑。

3）功能图的编辑。执行【检视】/【FBD】命令，可以直接进行功能图的编辑。

（2）程序编译与下载

1）程序的编译。执行【PLC】/【编译】命令，进行编译，如图 2-207 所示。

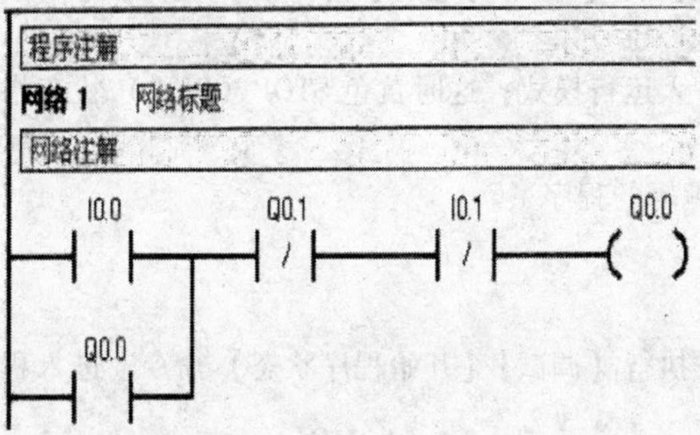

图 2-206 将 Q0.0 和 I0.0 进行并联

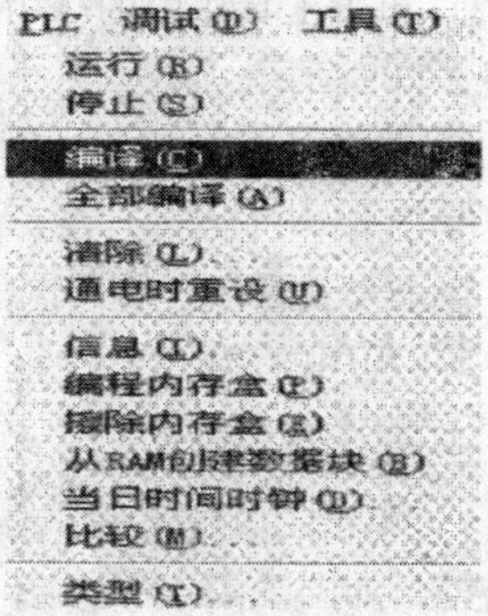

图 2-207 程序的编译

在信息框中可以看到编译成功的消息，表明编译成功。

注：输出窗口会显示程序块和数据块的大小，也会显示编译中发现的错误。双击错误信息可以在程序编辑器中跳转到相应程序段。

2）程序的下载

① 执行【文件】→【下载】命令，或直接在工具栏中单击按钮进行下载。

从 PG/PC 到 ST-200 CPU 为下载；从 S7-200 CPU 到 PG/PC 为上传。

注：下载操作会自动执行编译命令。

② 选择下载的块，这里选择程序块、数据块和系统块，可将所选择的块下载到 PLC 中，如图 2-208 所示。

（3）程序运行与调试　程序的调试及运行监控是程序设计开发中的重要环节，很少有程序一经编制成就是完善的；只有经过试运行甚至现场运行才能发现程序中不合理的地方，从而进行反复修改和不断完善。STEP 7-Micro/WIN 4.0 编程软件提供了一系列工具，可使用户直接在软件环境下调试并监视用户程序的执行。

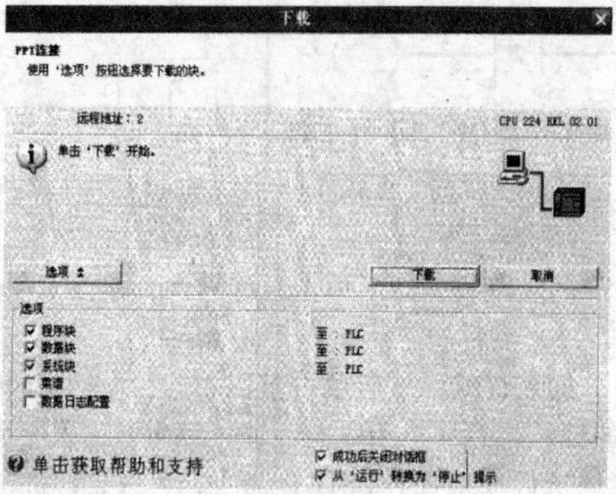

图 2-208　选择下载的程序块、数据块和系统块

1）程序的运行

① 单击工具栏中的 按钮，或执行【PLC】/【运行】命令弹出【运行】对话框，如图 2-209 所示。

② 单击【是】按钮，则 PLC 进入运行模式；这时黄色 STOP（停止）状态指示灯灭，绿色 RUN（运行）灯点亮。

接下来就可以开始调试前面所编辑的程序了。

2）程序的调试

① 程序状态监控

a）单击工具栏上的 按钮或执行【调试】/【开始程序状态】命令，进入程序状态监控，如图 2-210 所示。

图 2-209　改变 CPU 的运行状态

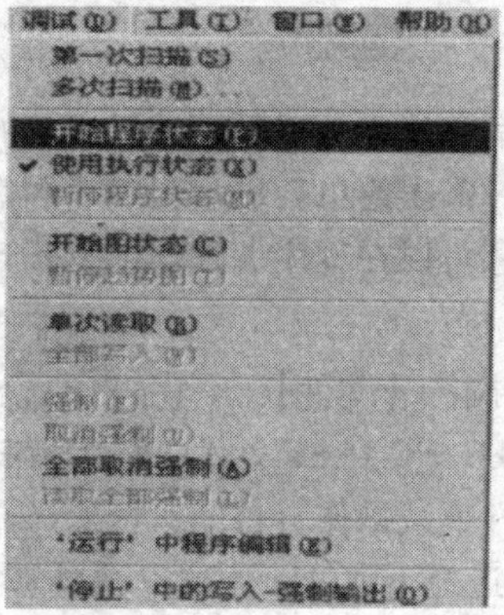

图 2-210　进入程序状态监控

b）启动程序运行监控，如图 2-211 所示。

注：“监控状态”下梯形图将每个元件的实际状态都显示出来。

⚠当 PLC 与计算机间的通信速率较慢时，程序监控状态不能完全如实显示变化迅速的元件状态。

c）如果接通 I0.0，则 Q0.0 也接通，如图 2-212 所示。

注：“能流”通过的元件将变色显示，通过施加输入，可以模拟程序实际运行，从而监控所运行的程序。

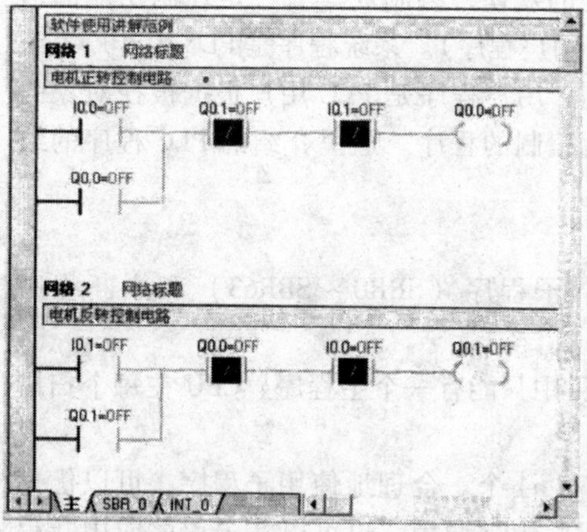

图 2-211 程序运行监控状态

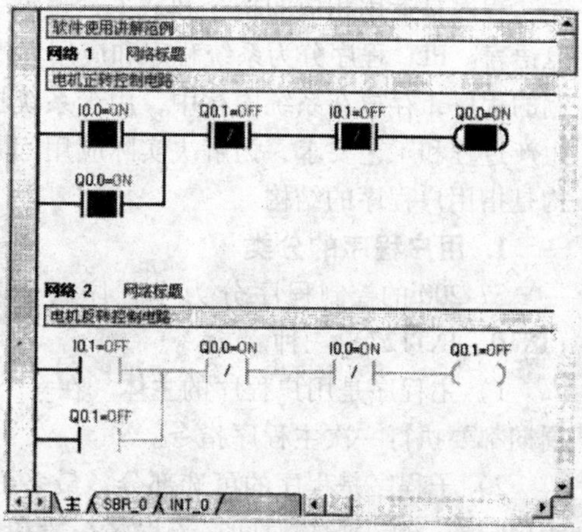

图 2-212 接通的 I0.0 和 Q0.0

② 状态图监控

a）单击检视区的状态图按钮，进入状态图监控方式。

b）单击按钮可以观察各个变量的变化情况，如图 2-213 所示。

c）单击装订线，选择程序段，单击鼠标右键，选择【创建状态图】命令，如图 2-214 所示，能快速生成一个包含所选程序段内各元件的新表格。

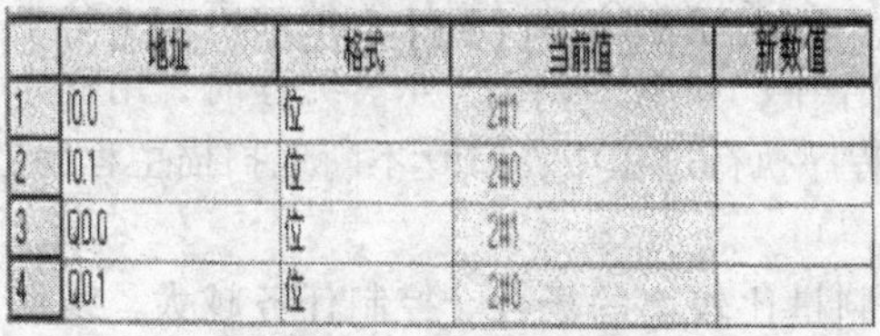

	地址	格式	当前值	新数值
1	I0.0	位	2#1	
2	I0.1	位	2#0	
3	Q0.0	位	2#1	
4	Q0.1	位	2#0	

图 2-213 各个变量的变化情况

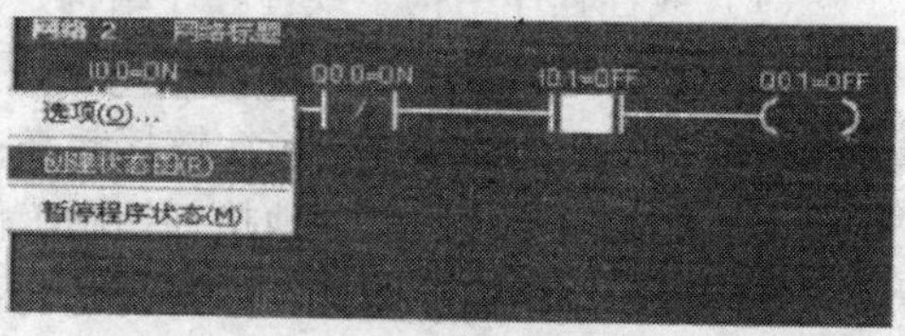

图 2-214 选择【创建状态图】命令

至此就完成了一个应用程序的编辑、编译、下载、运行、调试的整个过程。要熟练灵巧地掌握 S7-200PLC 的编程工具，还有待于反复地进行编程实践来提高。

任务 4 掌握 PLC 基本指令编程规则和编程技巧

PLC 控制系统主要由硬件和软件两大部分组成。硬件提供整个系统运行的物理平台，软件则提供硬件工作时所需的各种指令。一个好的控制系统很大一部分取决于软件系统是否结构合理，执行效率高。因此对于编程人员来讲，如何根据实际系统的控制要求编写出简洁、高效的程序是很重要的。本节是在指令系统的基础上，主要对 S7-200 PLC 程序的结构、编程规则和技巧、基本电路编程、顺序功能图编程等进行简要介绍。

2.4.1 S7-200 PLC 程序的结构

程序是运用相应的指令和数据，遵循一定的规律，编制成具有一定控制功能的信息语言。PLC 程序分为系统程序和应用程序（用户程序）。系统程序是 PLC 生产厂家编制的程序，存放在系统内存中，用于系统控制。用户程序是 PLC 用户根据被控对象的生产过程和工艺要求，为解决实际应用问题而编制的程序。这里介绍的 PLC 程序的结构是指用户程序的结构。

1. 用户程序的分类

S7-200 的控制程序分为主程序（OB1）、子程序（SBR0 ~ SBR63）和中断程序（INT0 ~ INT127）三种。

1）主程序是用户程序的主体。在一个项目中只能有一个主程序。CPU 在每个扫描周期都要执行一次主程序指令。

2）子程序是程序的可选部分，最多可以有 64 个。合理地使用子程序，可以优化程序结构，减少扫描时间。子程序一般在主程序中被调用，也可以在子程序或中断程序中被调用。只有被调用的子程序，才能够执行。

3）中断程序也是程序的可选部分，是用来及时处理与用户程序的执行时序无关的操作，或者不能事先预测何时发生的中断事件，最多可以有 128 个。它的调用由各种中断事件触发，而不是由用户程序调用。中断事件一般有输入中断、定时中断、高速计数器中断和通信中断等。可能在其他程序中使用的寄存器也不允许被中断程序改写。

2. S7-200 的程序结构

S7-200 PLC 的用户程序结构可分为两种：线性程序结构和分块程序结构。

（1）线性程序结构　线性程序结构是指一个工程的全部控制任务被分成若干个小的程序段，按照控制的顺序依次排放在主程序中，如图 2-215 所示。编程时，用程序控制指令将各个小的程序段依次链接起来；程序执行过程中，CPU 不断地扫描主程序，按照编写好的指令代码顺序地执行控制工作。

线性程序结构简单明了，但是仅适合控制量比较小的场合。控制任务越大，线性程序的结构就越复杂，PLC 执行效率就越低，系统越不稳定。

（2）分块程序结构　分块程序结构是指一个工程的全部控制任务被分成多个任务模块，每个模块的控制任务由子程序或中断程序完成。编程时，主程序和子程序（或中断程序）分开独立编写；在程序执行过程中，CPU 不断地扫描主程序，碰到子程序调用指令就转移到相应的子程序中去执行，如图 2-216 所示，遇到中断请求就调用相应的中断程序。

分块程序结构虽然复杂一点，但是可以把一个复杂的控制任务分解成多个简单的控制任务。分块程序有利于代码编写，而且程序调试也比较简单。所以，对于一些相对复杂的工程控制，建议使用分块程序结构。

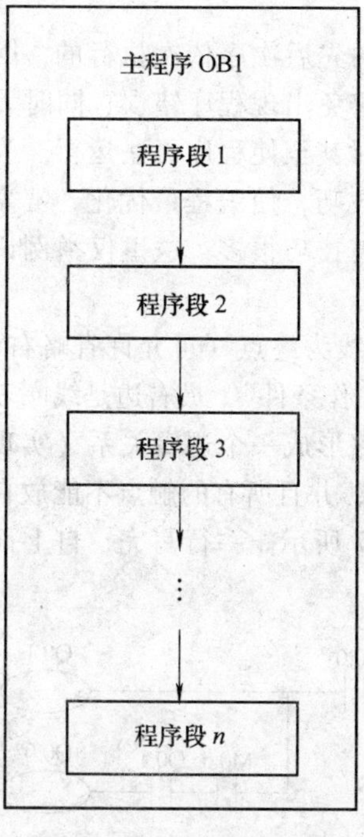

图 2-215　线性程序结构

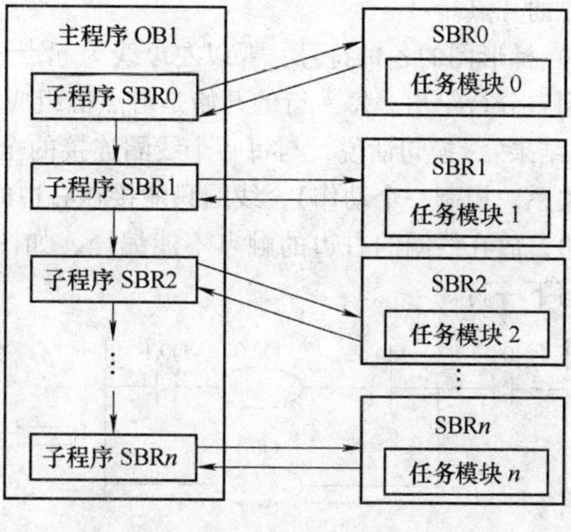

图 2-216　分块程序结构

2.4.2　PLC 梯形图的编程规则和技巧

1. 梯形图的特点

1）梯形图按自上而下、从左到右的顺序排列。

2）梯形图中的继电器不是物理继电器，每个继电器均为储存器中的一位，因此称为“软继电器”。当储存器相应位的状态为“1”时，表示该继电器线圈得电，其动合触点闭合或动断触点断开。

3）梯形图是 PLC 形象化的编程手段，梯形图两端的母线并非实际电源的两端，因此，梯形图中流过的电流也不是实际的物理电流，而是“概念”电流，是用户程序执行过程中满足输出条件的形象表现形式。

4）一般情况下，在梯形图中某个编号继电器线圈只能出现一次，而继电器触点（动合或动断）可无限次使用。

5）梯形图中，前面所示逻辑行逻辑执行结果将立即被后面逻辑行的逻辑操作所利用。而后面逻辑行逻辑执行结果本扫描周期内不影响前面逻辑行的逻辑操作，只有等待到下一个扫描周期才有作用。

6）梯形图中，除了输入继电器没有线圈，只有触点外，其他继电器既有线圈，又有触点。

7）PLC 总是按照梯形图排列的先后顺序（自上而下，从左到右）逐一处理。也就是说，PLC 是按循环扫描工作方式执行梯形图程序。因此，梯形图中不存在不同逻辑行同时开始执行的情况，使得设计时可减少许多连锁环节，从而使梯形图大大简化。

2. PLC 梯形图的编程规则与技巧

PLC 是逐行扫描、按照指令在用户程序存储器中的先后次序依次执行的，因此在编制梯形图程序时，必须遵循一定的规则，这样可以避免出现程序错误；同时元器件或触点排列顺序对程序执行可能会带来很大影响，有时甚至使程序无法运行。为了使程序简短、清晰，执行速度快，也要掌握一定的编程技巧，使编程最优化，常需要对梯形图电路加以变换和化简。PLC 梯形图的编程规则与技巧很多，这里仅举例说明其中重要的几点。

1）梯形图的各种符号，要以左母线为起点，右母线为终点（可允许省略右母线）从左到右分行绘出。每一行的开始是触点群组成的“工作条件”，最右边是线圈表达的“工作结果”。换句话说，与每一个线圈连接的全部支路形成一个逻辑关系（实现一组逻辑关系，控制一个动作），线圈只能接在右边的母线，并且所有的触点不能放在线圈的右边，放在线圈的右边的触点不能编译，如图 2-217 所示。一行写完，自上而下依次再写下一行。

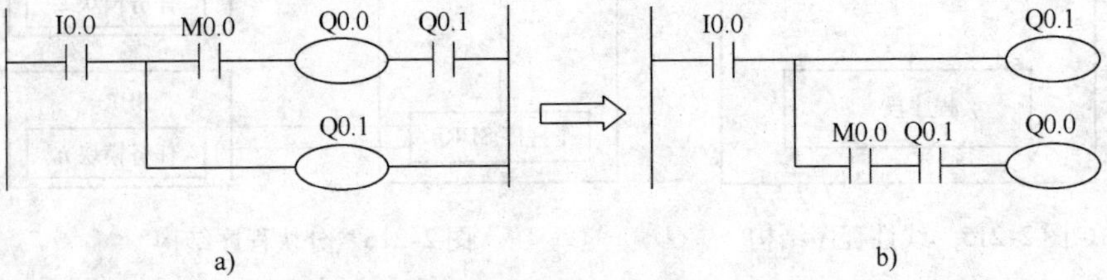

图 2-217　线圈的连接
a）错误　b）正确

2）在梯形图中，每行串联的触点数或每组并联的触点数理论上不受限制。但使用图形编程器编程时，它们要受到屏幕尺寸的限制。建议串联触点一行不超过 10 个，每组并联触点不超过 24 行，如图 2-218 所示。

3）在梯形图中，每组并联输出的线圈数或每组连续输出的线圈数理论上不受限制。但使用图形编程器编程时，它们要受到屏幕尺寸的限制。建议每组不得超过 24 行，如图 2-219 所示。

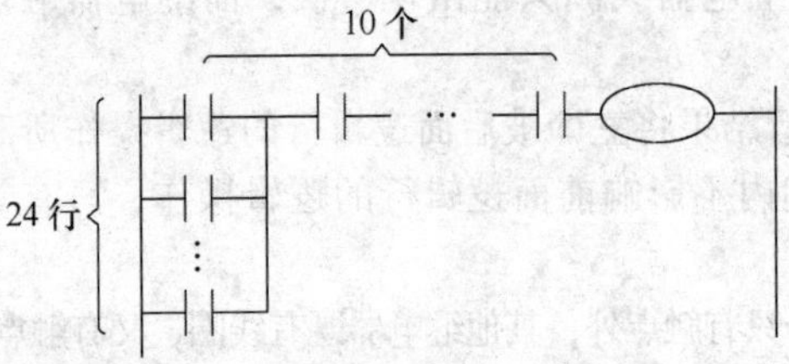

图 2-218　梯形图中的串/并联触点数

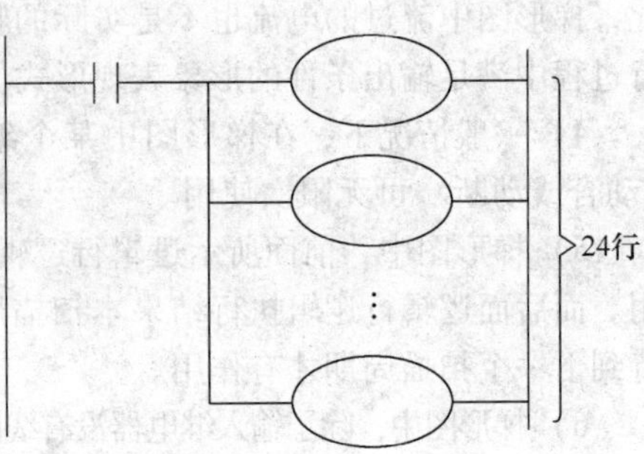

图 2-219　梯形图中的并联联线圈数

4）输入继电器的线圈只能由连接在 PLC 输入端子上的外部输入信号控制，所以梯形图中只有输入继电器的触点是用来表示对应输入端子上的输入信号，而没有线圈表示。

5）在梯形图中，所有编程元件的线圈不能与左母线直接连接，即它们之间必须连接有触点。如果需要 PLC 在开机时就有输出，可以通过一个没有使用的辅助继电器的常闭触点来连接，如图 2-220 所示。

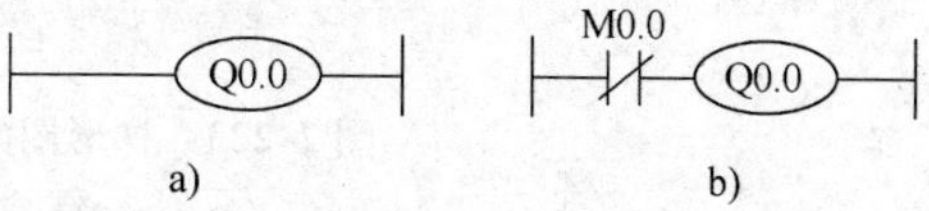

图 2-220　没有触点的线圈连接方法

a）错误　b）正确

6）在梯形图中，所有编程元件的线圈不能串联连接，如图 2-221 所示。

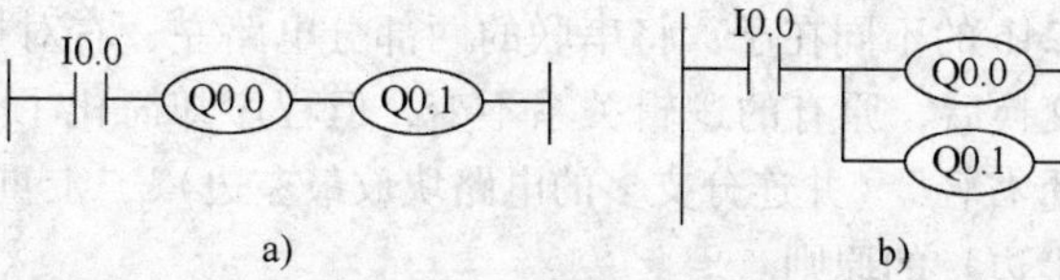

图 2-221　线圈位置的放置

a）错误　b）正确

7）某一线圈在同一程序中一般只能出现一次，否则容易引起误操作。如果在同一程序中同一元件的线圈使用两次或多次，称为双线圈输出。PLC 顺序扫描执行的规定，这种情况如果出现，前面的输出无效，最后一次输出有效，所以无论线圈的输出条件多么复杂，也禁止双线圈输出，如图 2-222 所示。只有在同一程序中绝不会同时执行的不同程序段中可以有相同的输出线圈。对于设置有跳转指令的程序，在两个跳转条件相反的跳转区内，可以使用同一编号的线圈。

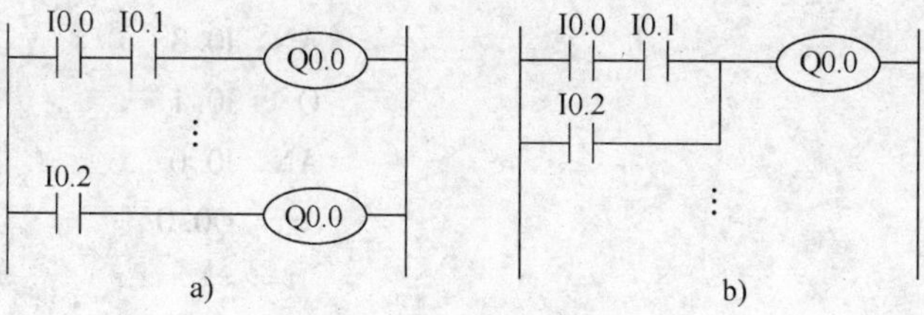

图 2-222　双线圈输出处理

a）错误　b）正确

8）不包含触点的分支应放在垂直方向，不可放在水平位置，以便于识别触点的组合和对输出线圈的控制路径，如图 2-223 所示。

9）电路简化。电路简化可使编程优化，从而使程序结构简单、步数最少、节省内存、提高对用户程序的响应速度；使得较难处理的电路编程变得容易。

① 多个串联支路并联时，应把串联触点最多的支路编排在最上方，这样可减少序步数，以节省存储器空间和缩短扫描周期。

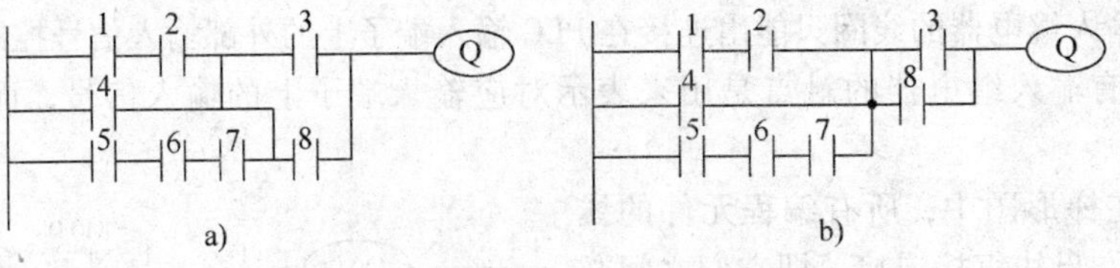

图 2-223　梯形图的编程规则说明示例

a）错误　b）正确

② 多个并联回路串联时，应把并联触点最多的回路编排在最左边，这样可减少序步数，以节省存储器空间和缩短扫描周期。

图 2-224 所示的两个梯形图实现的逻辑功能一样，但程序繁简程度却不同。图 2-224a 和图 2-224b 的不同在于：将串联的两部分电路左、右对换后，并联的两个分支上、下对换。变换后，原有的逻辑关系不变，但程序却简化了。经验证明，梯形图变换可遵循“左重右轻”（并连分支多的电路块放最左边）、“上重下轻”（串联接点多的电路分支放最上边）的原则。

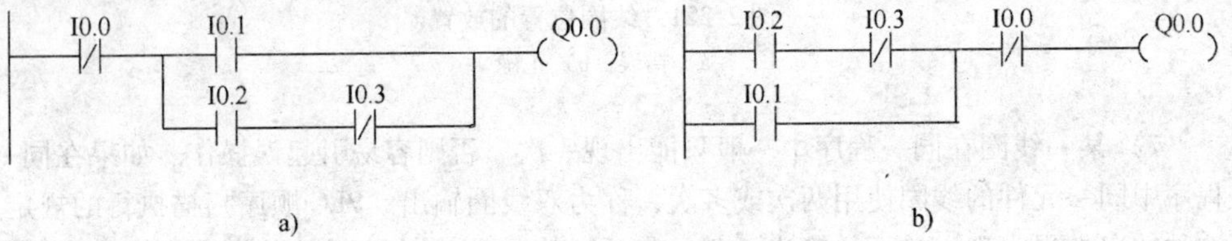

图 2-224　梯形图简化

图 2-224a 的语句表如下：

LDN　I0. 0

LD　I0. 1

LD　I0. 2

AN　I0. 3

OLD

ALD

=　Q0. 0

图 2-224b 的语句表如下：

LD　I0. 2

AN　I0. 3

O　I0. 1

AN　I0. 0

=　Q0. 0

③ 并联线圈电路从分支点到线圈之间，无触点的线圈应放在最上方，这样可以减少程序步数，以节省存储器空间和缩短扫描周期，如图 2-225 所示。

10）应使梯形图的逻辑关系尽量清晰明了，便于阅读检查和输入程序。编写 PLC 程序时，输入继电器 I、输出继电器 Q、辅助继电器 M、定时器 T、计数器 C 等编程元件的触点可以多次重复使用而不受限制。因此，在编程时应以回路清晰为主要目的，而无需用复杂的程序结构来减少触点的使用次数。图 2-226a 中的逻辑关系就不够清楚，给编程带来不便。改画为图 2-226b 后，程序虽然指令条数增多，但逻辑关系清楚，便于阅读和编程。

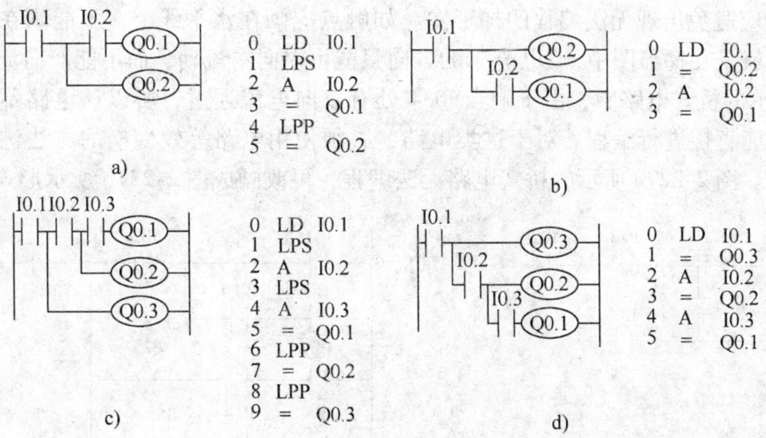

图 2-225 并联线圈电路的编排

a）不好 b）好 c）不好 d）好

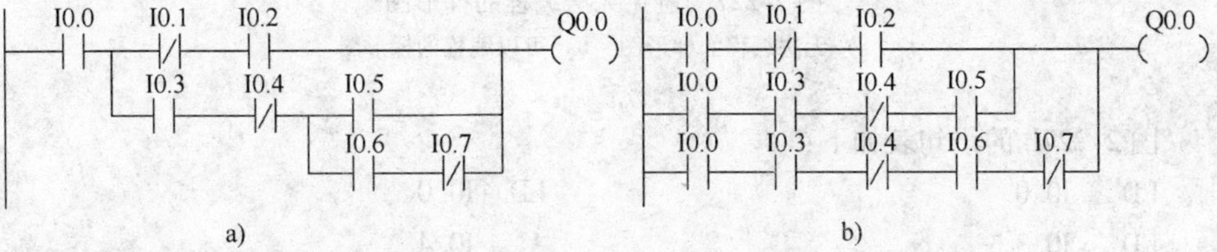

图 2-226 PLC 梯形图

图 2-226a 的语句表如下：

```
LD   I0.0
LDN  I0.1
A    I0.2
LD   I0.3
AN   I0.4
LD   I0.5
LD   I0.6
AN   I0.7
OLD
ALD
OLD
ALD
=    Q0.0
```

图 2-226b 的语句表如下：

```
LD   I0.0
AN   I0.1
A    I0.2
LD   I0.0
A    I0.3
AN   I0.4
A    I0.5
OLD
LD   I0.0
A    I0.3
AN   I0.4
A    I0.6
AN   I0.7
OLD
=    Q0.0
```

11）应避免出现无法编程的梯形图。如触点应画在水平线上，不能画在垂直分支线上，也就是在梯形图中，“电流”的方向只能由左向右流动，而不能双向流动。在图2-227所示的桥式电路中，由于触点I0.4处有双向电流通过，所以该电路不符合编程规则，不能直接进行编程。对于这类电路，必须使用电路等效变换的方法进行变换处理后编程。图2-227a所示的桥式电路无法编程，可改画成图2-227b所示形式。

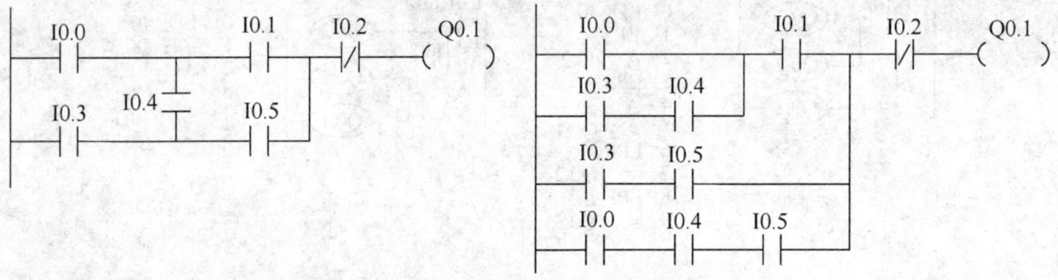

a) b)

图2-227 避免无法编程的梯形图

a）无法编程的梯形图 b）可以编程的梯形图

图2-227b的语句表如下：

LD I0.0
LD I0.3
A I0.4
OLD
A I0.1
LD I0.3
A I0.5
OLD
LD I0.0
A I0.4
A I0.5
OLD
AN I0.2
= Q0.0

12）对常闭触点输入的编程处理。对输入外部控制信号的常闭触点，在编制梯形图时要特别小心，否则可能导致编程错误。现以一个常用的电动机启动、停止控制电路为例，进行详细分析说明。

电动机启动和停止控制电路如图2-228a所示，使用PLC控制的输入输出接线图如图2-228b或图2-228d所示，对应的梯形图如图2-228c或图2-228e所示。从图2-228b中可见，由于停止按钮SB_2（常闭触点）和PLC的公共端COM已接通，在PLC内部电源作用下输入继电器I0.1线圈接通，这时在图2-228e中的常闭触点I0.1已断开，所以按下启动按钮SB_1（常开触点）时，输出继电器Q0.0不会动作，电动机不能启动。解决这类问题的方法有两种：一是把图2-228e中常闭触点I0.1改为常开触点I0.1，如图2-228c所示；二是把停止按钮SB_2改为常开触点，如图2-228d所示。

从上面分析可知，如果外部输入为常开触点，则编制的梯形图与继电器控制原理

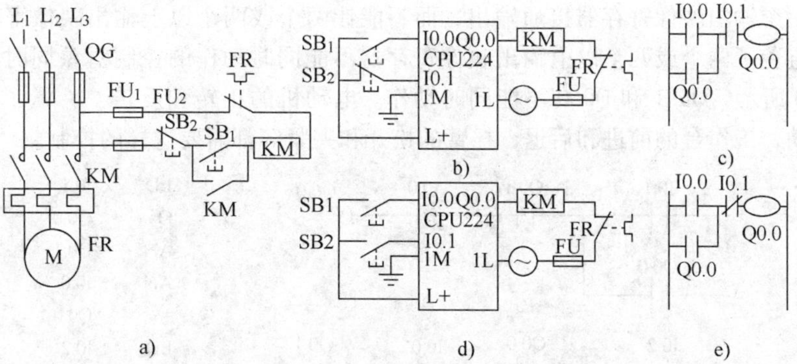

图 2-228　对电动机启动停止控制电路中常闭触点输入的编程处理

图一致；但是，如果外部输入为常闭触点，那么编制的梯形图与继电器控制原理图刚好相反。一般为了与继电器控制原理图相一致，减少对外部输入为常闭触点处理上的麻烦，在 PLC 的实际接线图中，尽可能不用常闭触点，而用常开触点作为输入，如图 2-228d 所示。

任务 5　掌握机床 PLC 控制常用的基本编程环节

和机床的电气控制一样，机床的 PLC 控制也大多是由一些最基本的、典型的逻辑控制电路环节组合而成的。如果能够熟练掌握一些最常用的 PLC 控制基本电路程序的设计原理、方法及编程技巧，在编制大型和复杂程序时，就能够轻车熟路，大大缩短编程的时间。

2.5.1　自锁、互锁和连锁控制

自锁、互锁和连锁控制是机床 PLC 控制电路中最基本的环节。常用于对输入开关和输出映像寄存器的控制电路。

(1) 自锁控制　自锁控制是 PLC 控制程序中常用的控制程序形式，也是人们常说的电动机“启-保-停”控制，如图 2-229 所示。

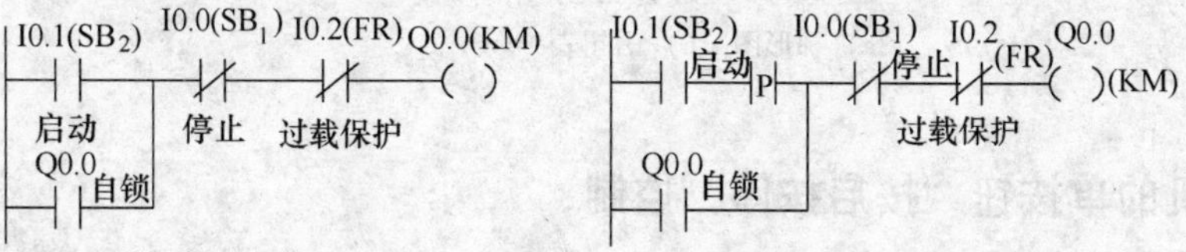

LD	I0.1
0	Q0.0
AN	I0.0
AN	I0.2
=	Q0.0

图 2-229　自锁控制

这种依靠自身触点保持继电器（接触器）线圈得电的自锁控制常用于以无锁定开关做启动开关，或用只接通一个扫描周期的触点去启动一个持续动作的控制电路。

(2) 互锁控制　互锁控制就是在两个或两个以上输出映像寄存器网络中，只能保证其中一个输出映像寄存器接通输出，而不能让两个或两个以上输出映像寄存器同时输出，避免了两个或两个以上输出映像寄存器不能同时动作的控制对象同时动作。如图2-230所示，Q0.1和Q0.0不能同时动作。电动机的正转和反转、Y-△、高/低速、能耗制动，工作台的前进和后退，摇臂的松开和夹紧等都需要这样的控制。

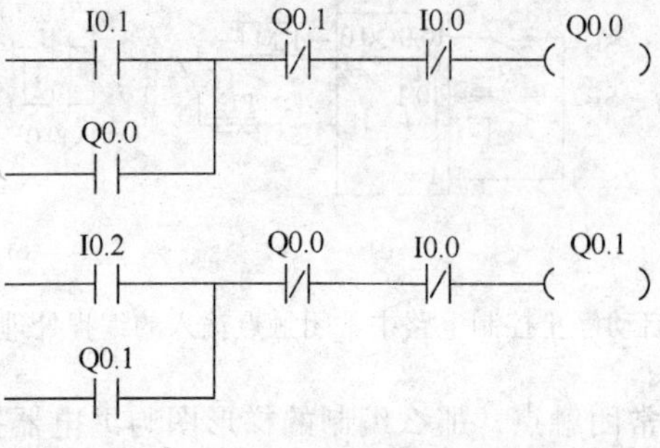


```
LD    I0.1
O     Q0.0
AN    Q0.1
AN    I0.0
=     Q0.0
LD    I0.2
O     Q0.1
AN    Q0.0
AN    I0.0
=     Q0.1
```

图2-230　互锁控制

（3）连锁控制　图2-231是一种互相配合控制程序段例子。它实现的功能是：只有当Q0.0接通时，Q0.1才有可能接通；只要Q0.0断开，Q0.1就不可能接通。也就是说，一方的动作是以另一方的动作为前提的。这种相互配合的连锁控制常用于一方动作后才允许另一方动作的对象，比如机床控制中只有冷却风机或液压泵电动机先启动后才允许主轴电动机启动等控制电路中。

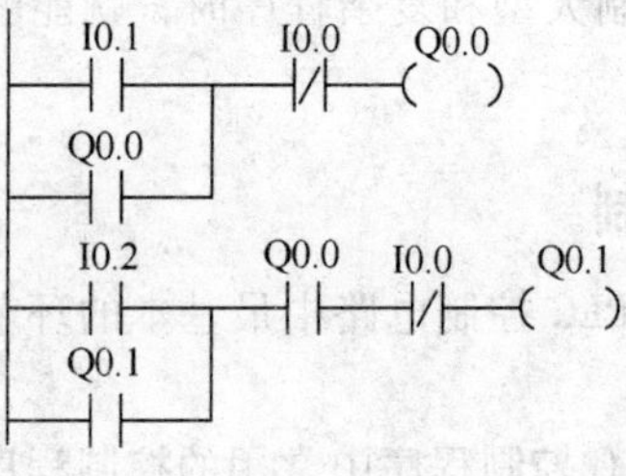

a)

```
LD  I0.1
O   Q0.0
AN  I0.0
=   Q0.0
LD  I0.2
O   Q0.1
A   Q0.0
AN  I0.0
=   Q0.1
```

b)

图2-231　连锁控制

a）梯形图　b）语句表

2.5.2　电动机的单按钮“按启按停”控制

在大多数电气设备的控制中，电动机的启动和停止操作通常是由两只按钮分别控制的。如果1台PLC控制多个这种具有启动/停止操作的设备，势必占用很多输入点。有时为了节省输入点，可通过软件编程，实现用单按钮实现电动机的启动/停止控制。即按一下该按钮，输入的是启动信号；再按一下该按钮，输入的则是停止信号；单数次为启动信号，双数次为停止信号。若PLC控制的接线图如图2-232所示，可实现的编程方法如下：

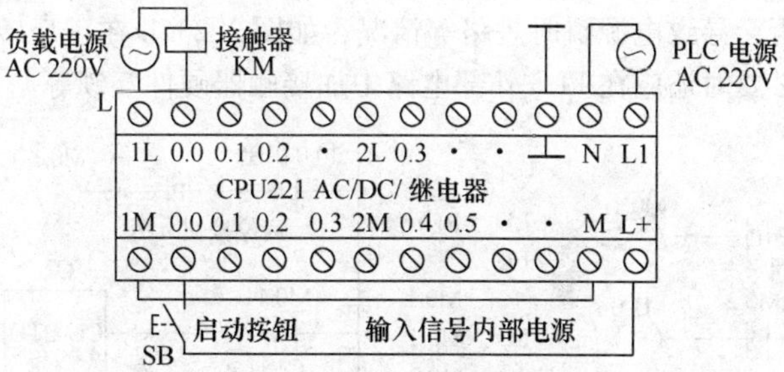

图 2-232 PLC 控制的接线图

（1）利用上升沿指令编程 PLC 控制电路的梯形图如图 2-233a 所示。I0.0 作为启动/停止按钮相对应的输入继电器，第一次按下时 Q0.0 有输出（启动）；第二次按下时 Q0.0 无输出（停止）；第三次按下时 Q0.0 又有输出；第四次按下时 Q0.0 无输出（停止）；……图 2-233c 为其工作时序图。

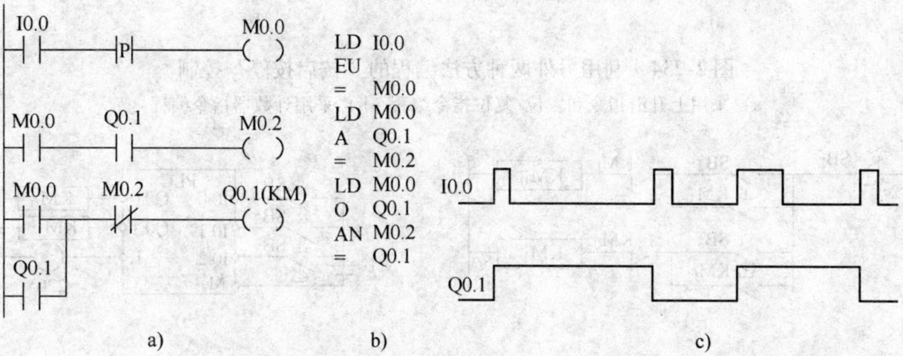

图 2-233 利用上升沿指令编程的“按启按停”控制

a）梯形图 b）语句表 c）时序图

（2）采用上升沿指令和置位/复位指令编程 采用上升沿指令和置位/复位指令编程的“按启按停”PLC 控制电路的梯形图和语句表如图 2-234a 所示，其工作时序图同图 2-233c。

（3）采用计数器指令编程 采用计数器指令编程的“按启按停”PLC 控制电路的梯形图和语句表如图 2-234b 所示，其工作时序图同图 2-233c。

2.5.3 电动机正、反转控制

电动机正、反转控制是电动机控制的重要内容，是机床控制中的典型环节，也是一个 PLC 控制系统开发人员必须熟练掌握和应用的重要环节。其电气控制原理图和 PLC 控制接线图如图 2-235 所示；PLC 控制的梯形图如图 2-236 所示。

该环节运用了自锁、互锁等基本控制程序，实现常用的电动机正、反转控制。因此，可以说基本控制程序是基本、大型和复杂程序的基础。在实际设计程序时，还要考虑控制动作是否会导致电源瞬时短路等情况，如图 2-236b 在正反转的转换过程中加上适当的延时；必要时还应在 PLC 外部电路中加接触器硬件互锁等。

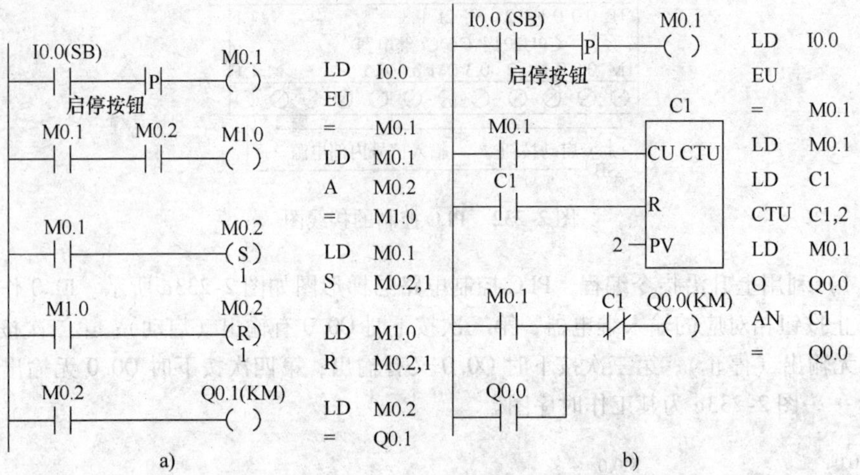

图 2-234 利用另外两种方法编程的“按启按停”控制

a）采用上升沿指令和置位/复位指令编程 b）采用计数器指令编程

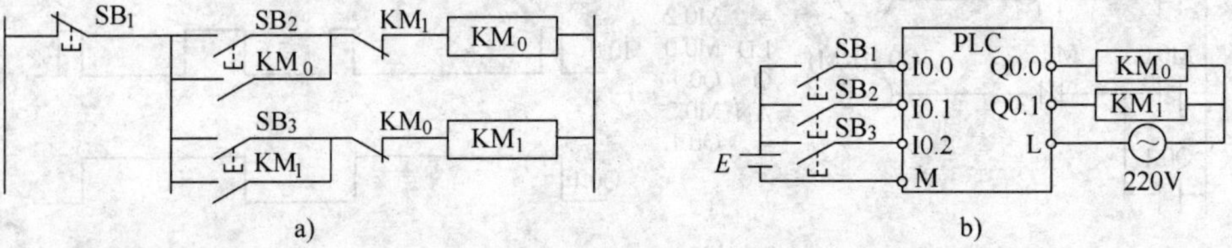

图 2-235 电气控制原理图和 PLC 控制接线图

a）电气控制原理图 b）PLC 控制接线图

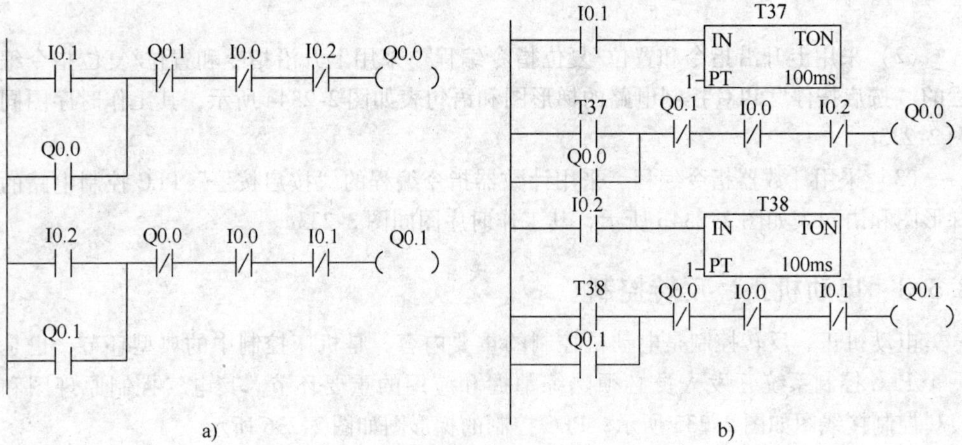

图 2-236 PLC 控制梯形图

a）不加延时的控制 b）加上延时的控制

2.5.4 行程开关控制的工作台自动循环控制电路

1）工作台工作示意图及 PLC 控制接线图如图 2-237 所示。

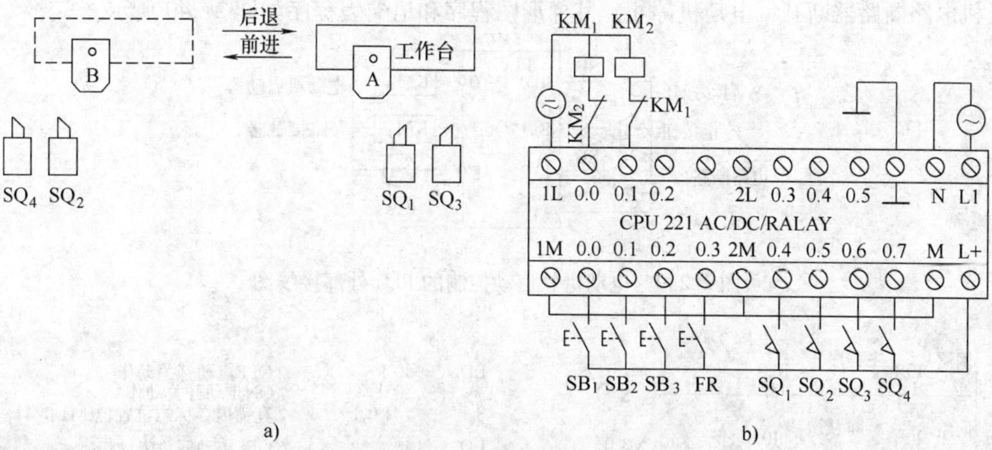

图 2-237 工作台工作示意图及 PLC 控制接线图
a）工作台工作示意图 b）PLC 控制接线图

2）PLC 控制的梯形图如图 2-238 所示。

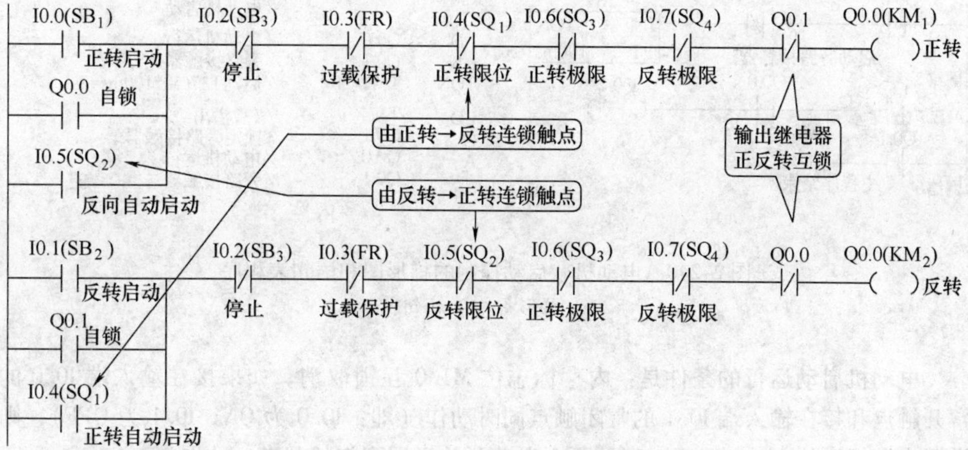

图 2-238 PLC 控制的梯形图

2.5.5 电动机的软启动控制

电动机的软启动控制又称为电动机定子串电阻启动控制，属电动机控制中的常见控制环节。电动机的软启动控制程序说明了带短路软启动开关的笼型三相异步电动机的自动启动过程。通过这种短路软启动控制，首先保证电动机减速启动，一定时间段后达到额定转速。图 2-239 是电动机的软启动控制的 PLC 外部接线图。其启动按钮接在输入端 I0.0，启动按钮闭合时实现电动机软启动。停止按钮接在输入端 I0.1，停止按钮断开时，电动机停止。电动机电路断路器接在输入端 I0.2，当电动机过载时电动机电路断路器断开，电动机停止。其梯形图程序和语句表程序如图 2-240 所示。

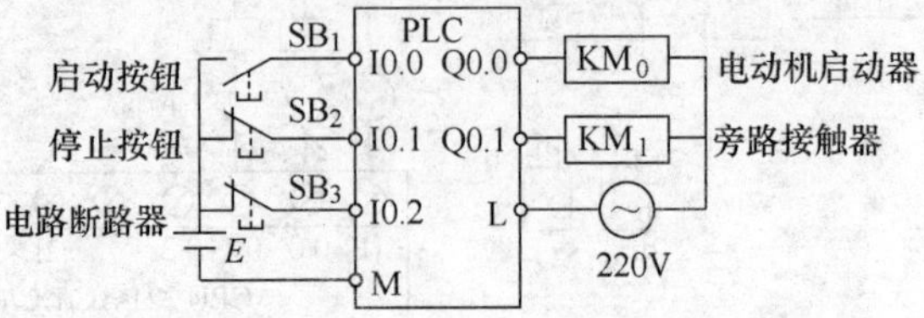

图 2-239　电动机软启动控制的 PLC 外部接线图

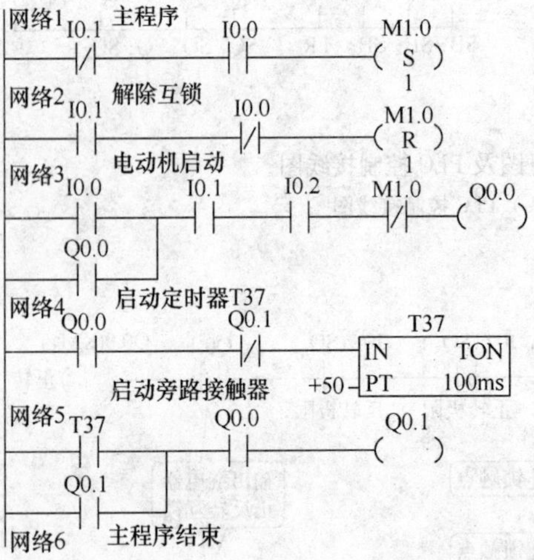

a)

```
LDN   I0.1        //OFF点动开关动作
A     I0.0        //ON点动开关动作
S     M1.0,1      //互锁内存标志位置位(M1.0=1)

LD    I0.1        //OFF点动开关未动作
AN    I0.0        //ON点动开关未动作
R     M1.0,1      //互锁内存标志位置位(M1.0=0)

LD    I0.0Q0.0    //ON点动开关未动作
O     I0.1        //锁定电动机启动器
A     I0.2        //OFF点动开关未动作
A     M1.0        //电动机电路断路器未动作
AN    Q0.0        //互连内存标志位未复位
=                 //电动机启动

LD    Q0.0        //电动机运行
AN    Q0.1        //旁路接触器
TON   T37,+50     //启动T37(50*100ms=5s)

LD    T37         //T37溢出
O     Q0.1        //锁定旁路接触器
A     Q0.0        //电动机运行
=     Q0.1        //旁路接触器
```

b)

图 2-240　电动机软启动控制的梯形图和语句表程序

a）梯形图　b）语句表

电动机启动运行的条件是：内存标志位 M1.0 互锁取消。如果接在输入端 I0.0 的常开触点和接在输入端 I0.1 的常闭触点同时动作（即：I0.0 为 ON，I0.1 为 OFF），则设置内存标志位 M1.0 互锁，直至两个点动开关又回到初始状态，才取消互锁。

内存标志位 M1.0 互锁取消后，按下 0.0 的常开触点，即 ON 时，无互锁（M1.0），电动机电路断路器（I0.2）常闭触点未动作，I0.1 的常闭触点未动作。另外，再通过对 Q0.0 动作或逻辑运算完成启动锁定。此时，启动电阻还未被短接，电动机定子串电阻减速启动。如果电动机已启动（Q0.0），并且用于旁路接触器的输出 Q0.1 还未被置位，计时器 T37 开始计时，计时 5s 后，如果电动机仍处于启动状态（Q0.0），则启动接在输出端 Q0.1 的旁路接触器，通过对 Q0.1 动作或逻辑运算完成旁路锁定，电动机正常运行。

2.5.6 电动机Y/△减压启动控制

电动机Y/△减压启动控制是异步电动机启动控制中的最典型控制环节，属常用控制小系统。其电气控制原理图和 PLC 控制接线图如图 2-241 所示；PLC 控制的梯形图如图 2-242 所示。

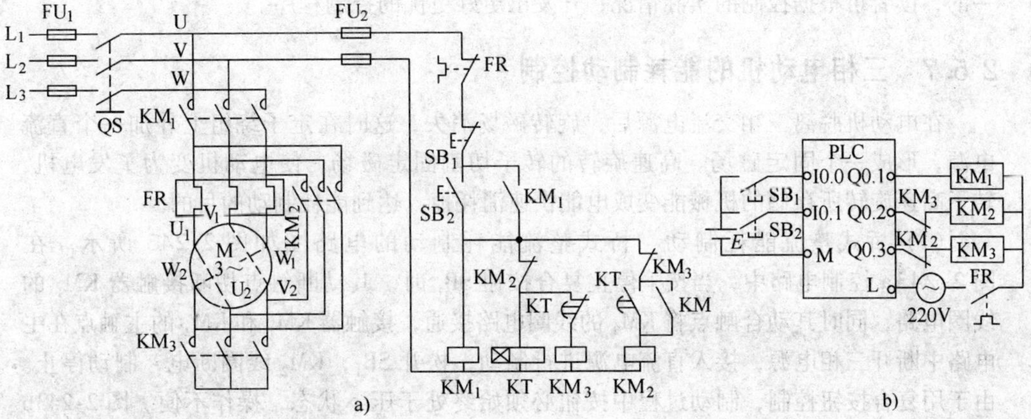

图 2-241 电气控制原理图和 PLC 控制接线图

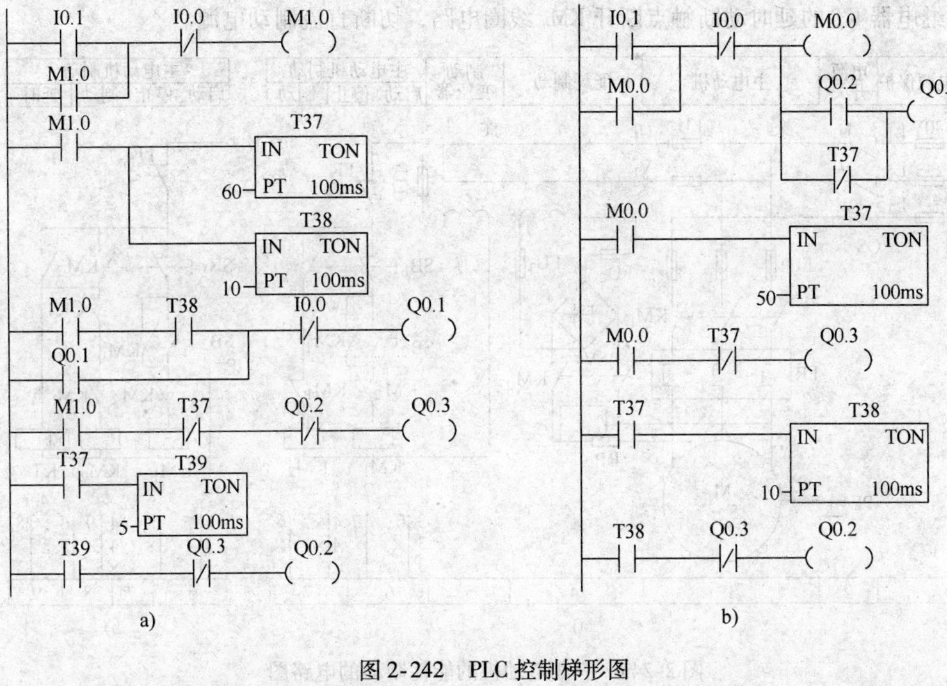

图 2-242 PLC 控制梯形图

在 2-242a 程序中，使用 T37、T38、T39 定时器将电动机的星形（Y）减压启动到三角形（△）全压运行过程进行控制，在 Q0. 2 和 Q0. 3 两梯级中，分别加入互锁触点

Q0.3 与 Q0.2，保证 KM_2 和 KM_3 不能同时通电，此外，定时器 T39 定时 0.5s，目的是使 KM_3 接触器断电灭弧，避免电源瞬时短路。在 2-242b 程序中，使用 T37 定时器，将 KM_1 和 KM_3 同时通电，电动机星形（Y）减压启动 5s，而后将 KM_1 断电，使用 T38 定时器，将 KM_2 通电后，再让 KM_1 通电，同样避免了电源瞬时短路。两控制程序均实现了电动机启动到平稳运行，说明实现相同的控制任务，可以设计出的控制程序不是唯一的，读者可根据控制的实际情况，开发出更好更优的控制程序。

2.5.7 三相电动机的能耗制动控制

在电动机脱离三相交流电源后，旋转磁场消失，这时在定子绕组上外加一个直流电源，形成一个固定磁场。高速旋转的转子切割固定磁场，使电动机变为了发电机，转子高速旋转所存储的机械能变成电能快速消耗掉，达到能耗制动的目的。

(1) 桥式整流能耗制动　桥式整流能耗制动的电路图如图 2-243 所示。在图 2-243a 控制电路中，当按下停止复合按钮 SB_1 时，其动断触点切断接触器 KM_1 的线圈电路，同时其动合触点将 KM_2 的线圈电路接通，接触器 KM_1 和 KM_2 的主触点在主电路中断开三相电源，接入直流电源进行制动，松开 SB_1，KM_2 线圈断电，制动停止。由于用复合按钮控制，制动过程中按钮必须始终处于压下状态，操作不便。图 2-243b 采用时间继电器实现自动控制，当复合按钮 SB_1 压下以后，KM_1 线圈失电，KM_2 和 KT 的线圈得电并自锁，电动机开始制动，KT 开始计时。KT 延时时间到，制动结束，时间继电器 KT 的延时动断触点断开 KM_2 线圈电路，切断直流制动电源。

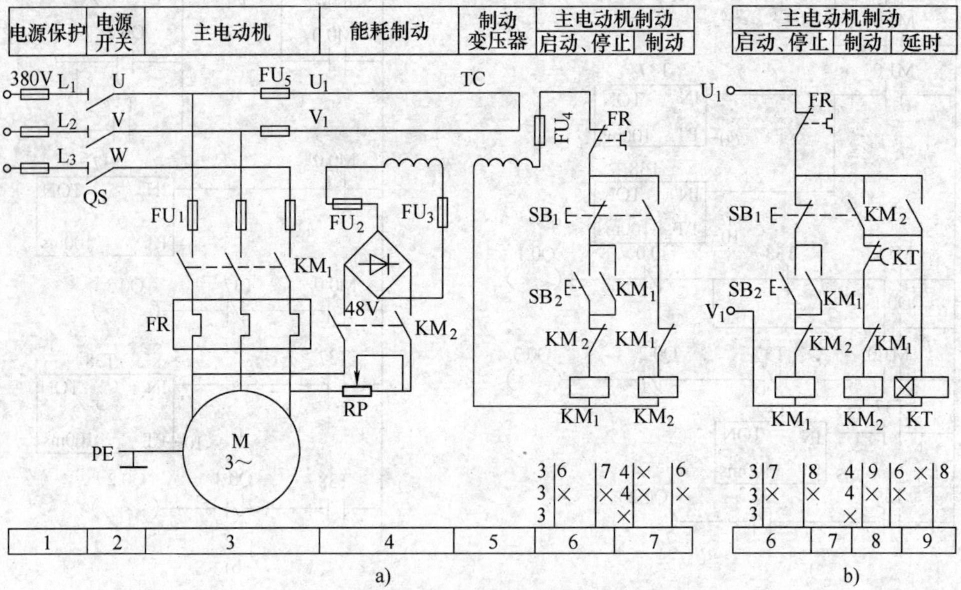

图 2-243　三相电动机的能耗制动的电路图

利用 PLC 实现三相异步电动机的能耗制动自动控制的 I/O 接线图和梯形图程序如图 2-244 所示。

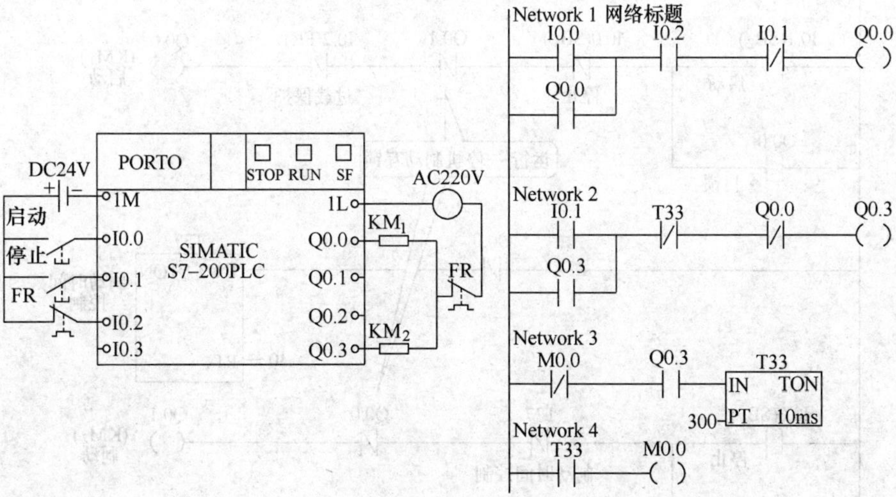

a) b)

图 2-244 三相电动机的能耗制动自动控制的 I/O 接线图和梯形图

a）I/O 接线图 b）梯形图程序

（2）单管能耗制动控制

1）电动机单管能耗制动控制的硬件电路图如图 2-245 所示。

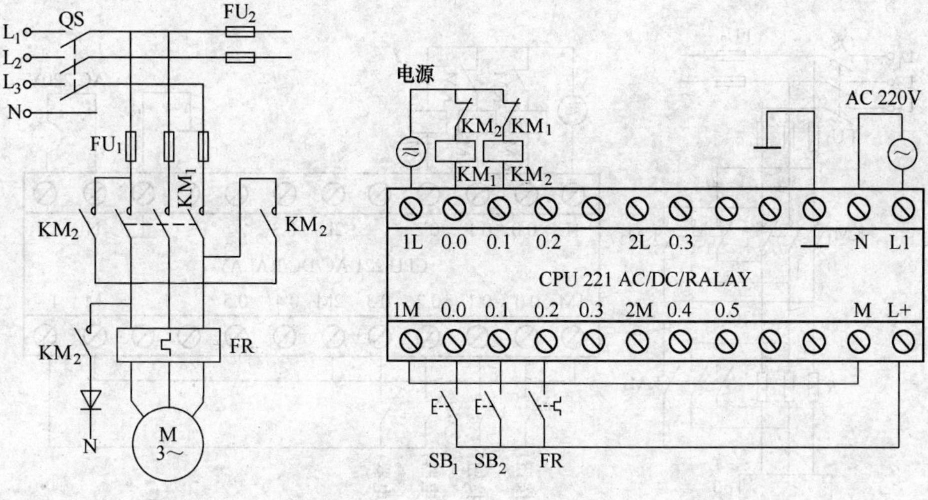

a) b)

图 2-245 电动机单管能耗制动控制的硬件电路图

a）主电路 b）PLC 的 I/O 接线

2）电动机单管能耗制动控制的梯形图程序如图 2-246 所示。

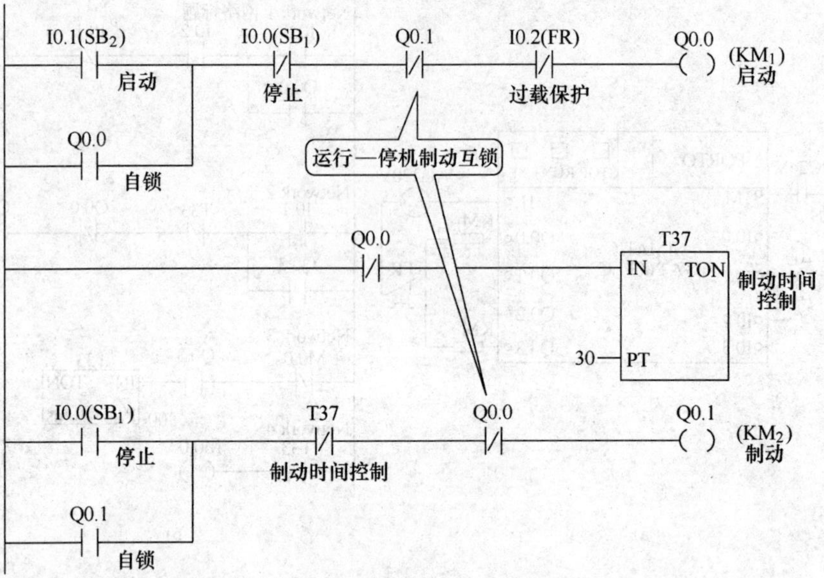

图 2-246　电动机单管能耗制动控制的梯形图程序

2.5.8　电动机串电阻减压启动和反接制动控制

（1）电动机串电阻减压启动和反接制动控制的硬件电路图如图 2-247 所示。

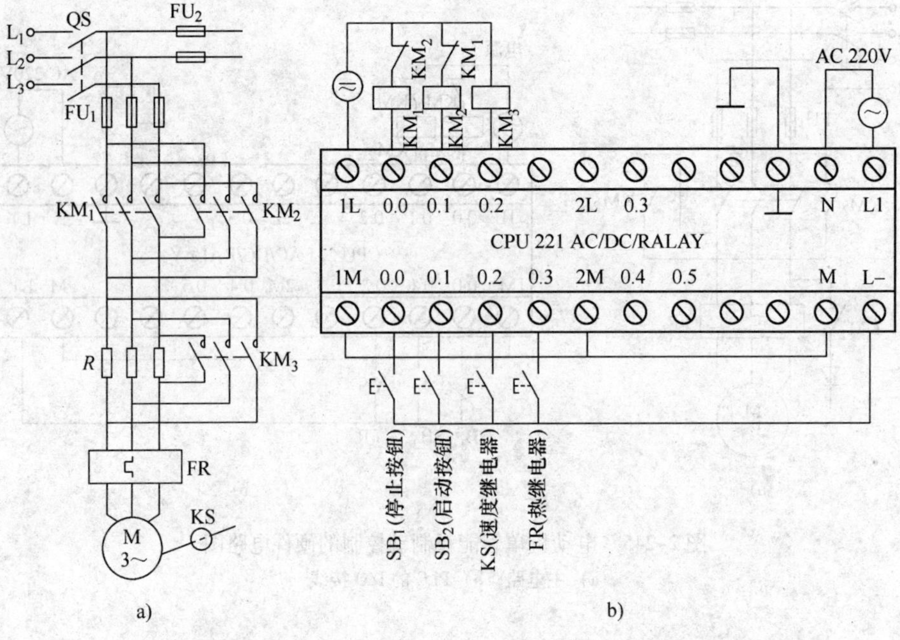

图 2-247　电动机串电阻减压启动和反接制动控制的硬件电路图

（2）电动机串电阻减压启动和反接制动控制的梯形图程序如图 2-248 所示。

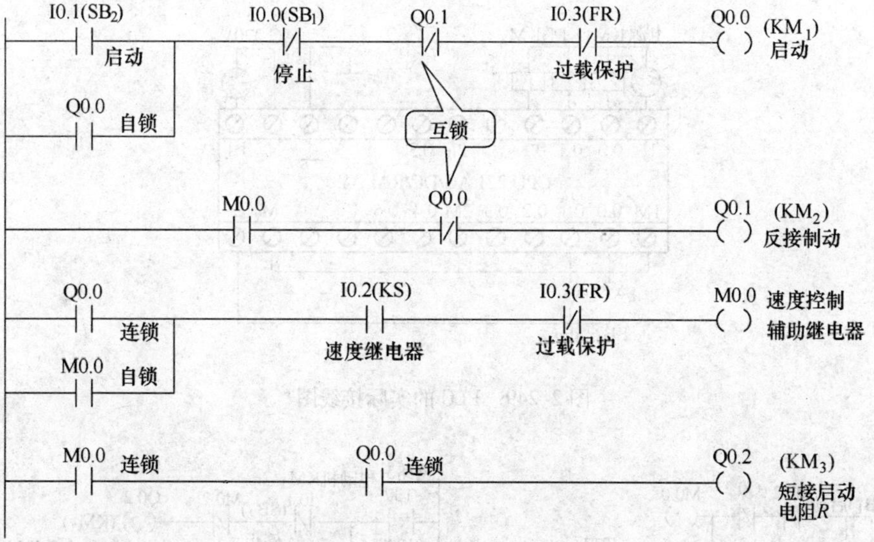

图 2-248　电动机串电阻减压启动和反接制动控制的梯形图程序

2.5.9　用比较指令编程的电动机顺启逆停 PLC 控制

（1）控制要求　有三台电动机 M_1、M_2 和 M_3，按下启动按钮，电动机按 M_1、M_2 和 M_3 顺序启动；按下停止按钮，电动机按 M_3、M_2 和 M_1 逆序停止。电动机的启动时间间隔为 1min，停止时间间隔为 30s。

（2）PLC 的 I/O 配置和实际接线图　PLC 的 I/O 配置见表 2-59，其实际接线图如图 2-249 所示。

表 2-59　PLC 的 I/O 配置

输入设备		PLC 输入继电器	输出设备		PLC 输出继电器
代号	功能		代号	功能	
SB_1	启动按钮	I0.0	KM_1	接触器	Q0.0
SB_2	停止按钮	I0.1	KM_2	接触器	Q0.1
			KM_3	接触器	Q0.2

（3）PLC 控制的梯形图程序　PLC 控制的梯形图程序如图 2-250 所示。图中电动机的启动和关断信号均为短信号。T38 为断电延时定时器，其计时到设定值后，当前值停在设定值不再计时。T38 的定时值设定为 600，这使得再次按启动按钮 I0.0 时，T38 不等于 600 的比较触点为闭合状态，M_1 能够正常启动。从图中可以看出，使用一

些复杂指令，可以将程序变得简单。

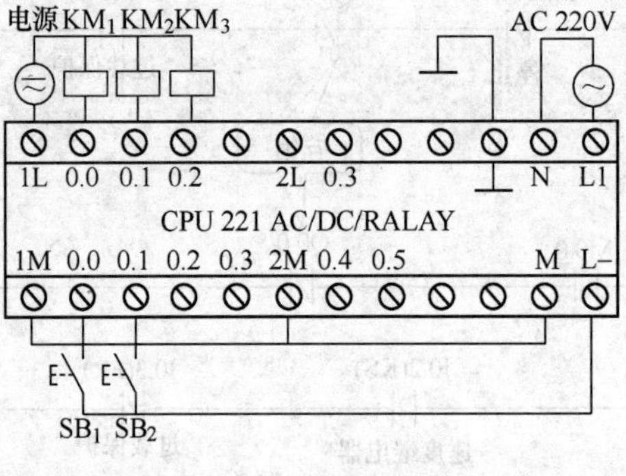

图 2-249 PLC 的实际接线图

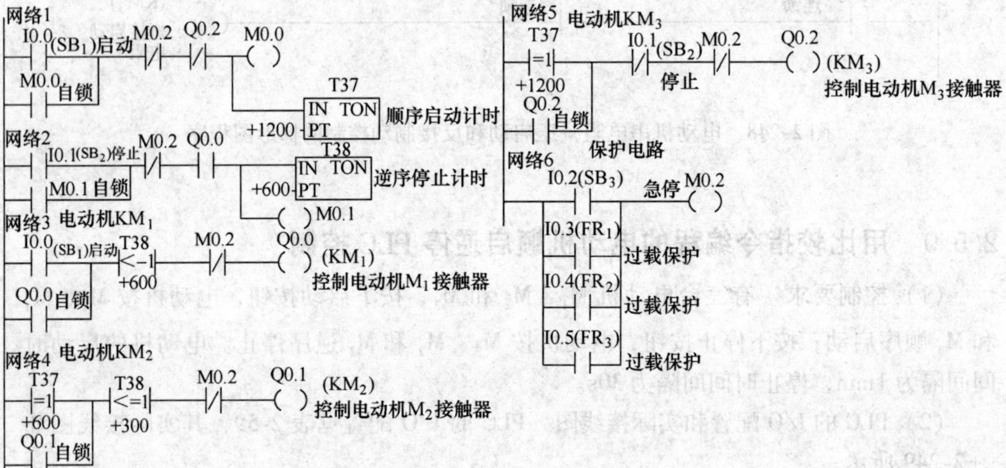

图 2-250 PLC 控制的梯形图程序

2.5.10 用移位寄存器指令编程的四台电动机 M_1 ~M_4 的 PLC 控制

（1）控制要求　启动的顺序为 $M_1 \rightarrow M_2 \rightarrow M_3 \rightarrow M_4$，顺序启动的时间间隔为 2min。启动完毕，进入正常运行，直到停机。

（2）PLC 的 I/O 配置及实际接线图　PLC 的 I/O 配置见表 2-60；其实际接线图如图 2-251 所示。

（3）顺序功能图和梯形图　四台电动机 M_1、M_2、M_3、M_4 PLC 控制的顺序功能图如图 2-252 所示，其梯形图如图 2-253 所示。

表 2-60 PLC 的 I/O 配置

输入设备		PLC 输入继电器	输出设备		PLC 输出继电器
代号	功能		代号	功能	
SB_1	启动按钮	I0.0	KM_1	接触器	Q0.0
SB_2	停止按钮	I0.1	KM_2	接触器	Q0.1
			KM_3	接触器	Q0.2
			KM_4	接触器	Q0.3

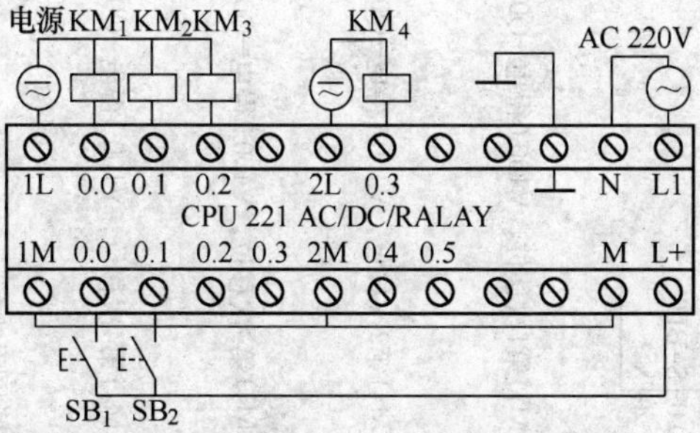

图 2-251 PLC 的实际接线图

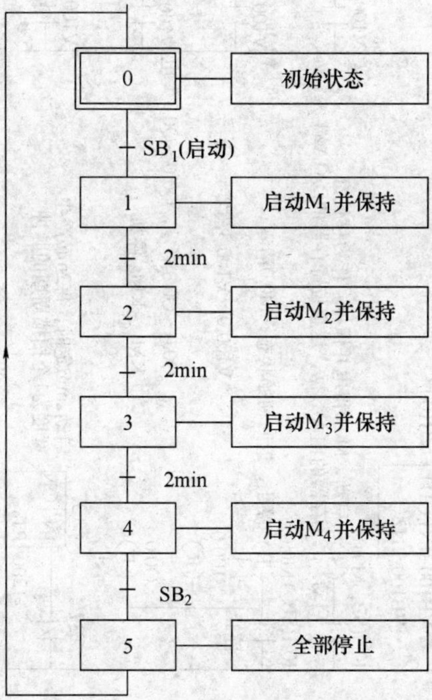

图 2-252 PLC 控制的顺序功能图

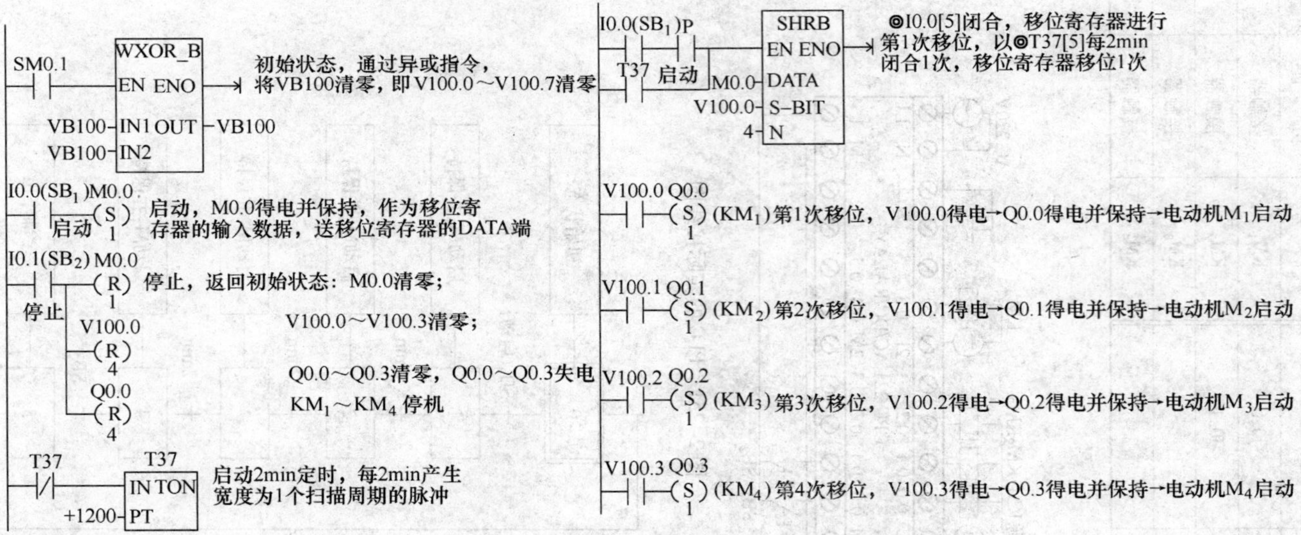

图 2-253　PLC 控制的梯形图程序

2.5.11 时间控制

在 PLC 控制系统中，时间控制用得非常多，其中大部分用于延时和定时控制。如在 S7-200 PLC 内部就有 3 种类型的定时器和 3 个等级分辨率（1ms、10ms 和 100ms）可以用于时间控制，用户在编程时会感到十分方便。

（1）瞬时接通/延时断开控制　瞬时接通/延时断开控制要求在输入信号有效时，马上有输出，而输入信号无效后，输出信号延时一段时间才停止，其梯形图和时序图如图 2-254 所示。在图 2-254a 中，当 I0.0 = ON 时，输出 Q0.0 = 0N 并自锁；当 I0.0 = 0FF 时，定时器 T37 工作，定时 3s 后，定时器常闭触点断开，使输出 Q0.0 断开。在图 2-254b 中，当 I0.0 瞬间接通后断开，则 Q0.0 = ON 且自锁；定时器 T37 工作 3s 后，定时器触点闭合，使输出 Q0.0 断开。

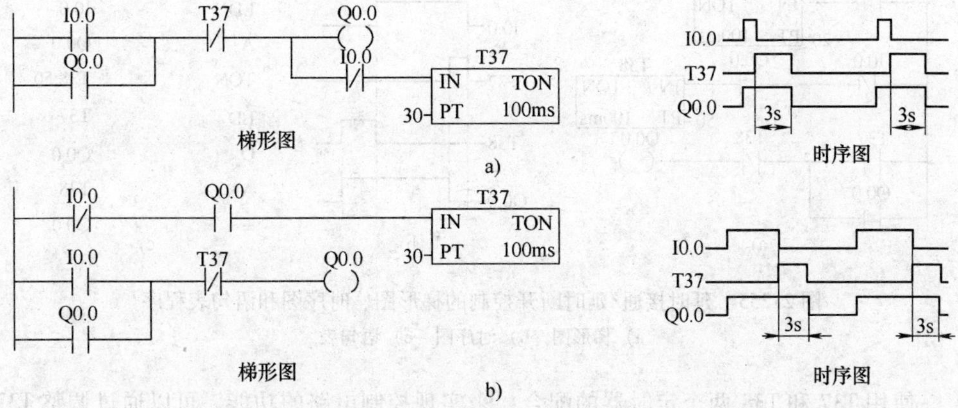

图 2-254　瞬时接通/延时断开控制的梯形图和时序图

在图 2-254 中，定时器工作因为 I0.0 变为 OFF 后，Q0.0 仍要保持得电状态 3s，所以 QO.0 的自锁触点是必需的。图 2-254a 和 b 的工作原理相同，只是梯形图结构不同。瞬时接通/延时断开控制的梯形图用断开延时定时器可以使程序更简单，读者可以自行编制其梯形图程序。图 2-254 梯形图对应的语句分别如下：

图 2-254a 的语句：

```
LD        I0.0
O         Q0.0
AN        T37
=         Q0.0
AN        I0.0
TON       T37, 30
```

图 2-254b 的语句：

```
LDN       I0.0
A         Q0.0
```

```
TON    T37, 30
LD     I0.0
O      Q0.0
AN     T37
=      Q0.0
```

（2）延时接通/延时断开控制　延时接通/延时断开控制要求输入信号 ON 后，停一段时间后输出信号才 ON；输入信号 OFF 后，输出信号延时一段时间才 OFF。与瞬时接通/延时断开控制相比，该控制电路多加了一个输入延时。其梯形图、时序图和语句表程序如图 2-255 所示。图中 T37 延时 2s 作为 Q0.0 的启动条件，T38 延时 5s 作为 Q0.0 的断开条件，两个定时器配合使用实现 Q0.0 的输出。

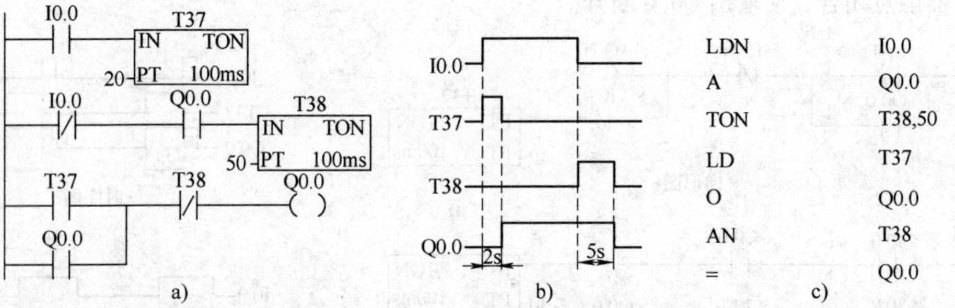

图 2-255　延时接通/延时断开控制的梯形图、时序图和语句表程序

a）梯形图　b）时序图　c）语句表

使用 T37 和 T38 两个定时器的配合，来实现控制电路的功能，可以通过调整 T37 和 T38 的设定时间，得到需要的延时时间。延时接通/延时断开控制的梯形图用接通延时定时器和断开延时定时器可以使程序更简单。读者可以自行编制其梯形图程序。

（3）多个定时器组合实现长延时控制　有些控制场合延时时间长，超出了定时器的定时范围，称为长延时。长延时电路可以以小时（h）、分钟（min）作为单位来设定。长延时控制可以使用多个定时器组合方式实现，也可以采用定时器和计数器组合方式实现，使用计数器组合也可以实现时钟控制。

多个定时器组合实现长延时的梯形图、时序图和语句表程序如图 2-256 所示。图中 Q0.0 的接通是由定时器 T38 实现的；Q0.2 的接通就是由定时器 T38 与 T39 共同定时实现的。

在图 2-256 中，当输入 I0.0 端接通时，T38 开始计时，经过 200s 后，其常开触点 T38 闭合，Q0.0 接通；同时启动 T39 开始计时，经过 1 000s 后，Q0.2 接通。由此可见，T38 和 T39 共同延时 200s + 1 000s = 1 200s 后 Q0.2 接通。

（4）定时器和计数器组合实现长延时控制　定时器和计数器组合实现长延时控制的梯形图和语句表如图 2-257 所示。图中，当输入 I0.0 端接通，T33 开始计时，经过 1s 后，其常开触点 T33 闭合，计数器 C0 开始递增计数；与此同时 T33 的常闭触点打开，T33 断电；常开触点 T33 打开，计数器 C0 仅计数一次。而后 T33 开始重新计时，

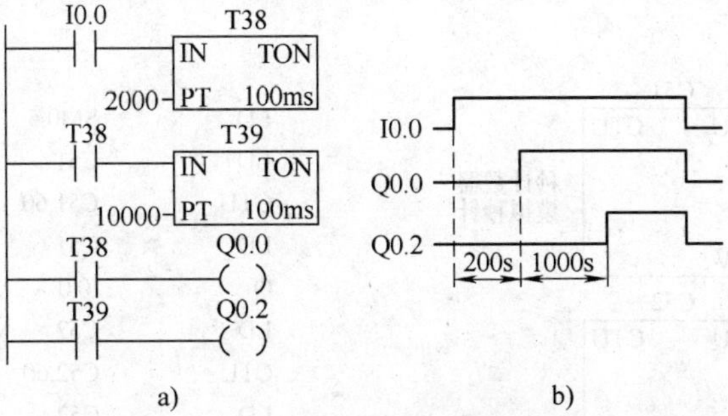

LD	I0.0
TON	T38,2000
LD	T38
TON	T39,10000
LD	T38
=	Q0.0
LD	T39
=	Q0.2

c)

图 2-256　定时器串联实现长延时控制的梯形图、时序图和语句表程序

a）梯形图　b）时序图　c）语句表

如此循环……；当 C0 计数器经过 1s × 20 = 20s 后，计数器 C0 有输出，其常开触点 C0 闭合，输出 Q0.0 接通。显然，输入 I0.0 端接通后，延时 20s 后输山 Q0.0 接通。

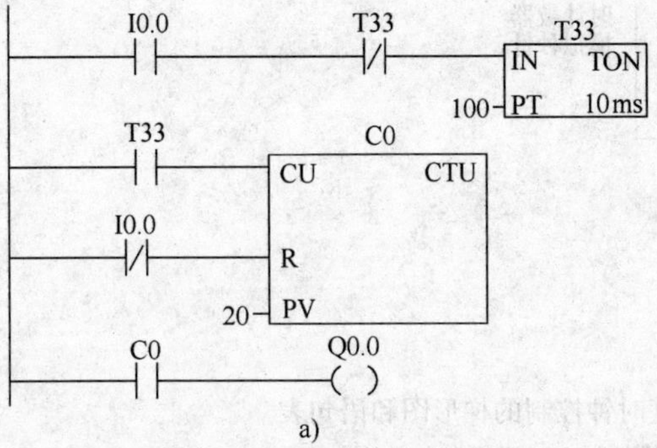

LD	I0.0
AN	T33
TON	T33,100
LD	T33
LDN	I0.0
CTU	C0,20
LD	C0
=	O0.0

b)

图 2-257　定时器和计数器组合实现长延时控制的梯形图和语句表程序

a）梯形图　b）语句表

由 T33 定时器和 C0 计数器组合实现长延时：由 T33 的 1s 定时器启动 C0 计数器计数，反复循环进行，到 C0 计数 20 次后，由于 C0 常开触点闭合，输出 Q0.0 接通实现 20s 长延时控制。

（5）计数器串联组合实现时钟控制　高精度时钟控制的梯形图和语句表如图 2-258所示。秒脉冲特殊存储器 SM0.5 作为秒发生器，用于计数器 C51 的计数脉冲信号，当计数器 C51 的计数累计值达到设定值 60 次时（即为 1min 时），计数器位置“1”，即 C51 的常开触点闭合，该信号将作为计数器 C52 的计数脉冲信号；计数器 C51 的另一常开触点使计数器 C51 复位（称为自复位式）后，使计数器 C51 从 0 开始重新计数。相似地，计数器 C52 计数到 60 次时（即为 1h 时）其两个常开触点闭合，一个作为计数器 C53 的计数脉冲信号，另一个使计数器 C52 自复位，又重新开始计数；计数器 C53 计数到 24 次时（即为 1 天），其常开触点闭合，使计数器 C53 自复位，又重新开始计数，从而实现时钟功能。输入信号 I0.1、I0.2 用于建立期望的时钟设置，即调整分针、时针。

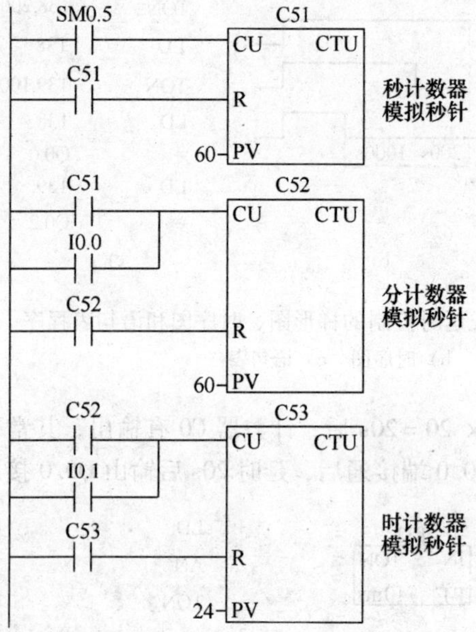

a)

LD	SM0.5
LD	C51
CTU	C51,60
LD	C51
O	I0.0
LD	C52
CTU	C52,60
LD	C52
O	I0.1
LD	C53
CTU	C53,24

b)

图 2-258　高精度时钟控制的梯形图和语句表

a）梯形图　b）语句表

计数器串联组合实现时钟控制，实现 24 小时（即 1 天）时钟控制，常称为高精度时钟控制，如果加入显示屏输出部分，就可以作为 PLC 电子时钟。

2.5.12　脉冲触发控制

脉冲触发控制在 PLC 控制中属于常见控制环节，可用微分操作指令或定时器实现。

（1）用微分操作指令实现脉冲触发　用微分操作指令┤P├或┤N├实现脉冲触发控制的梯形图、时序图及其语句表如图 2-259 所示。在输入 I0.0 的控制下，输出 Q0.0 不断实现翻转（ON/OFF…）。脉冲触发序列周期与输入信号 I0.0 的周期一致。

用基本微分操作指令┤P├或┤N├实现触发脉冲控制，程序简单，运行效率高，占用机时少，是非常适用的控制形式。

（2）用定时器实现周期脉冲触发控制　利用定时器实现周期脉冲触发，可根据需要灵活改变占空比。

用两个定时器产生脉冲触发的梯形图、时序图及其语句表如图 2-260 所示。当输入 I0.0 接通时，输出 Q0.0 为脉冲序列，接通和断开交替进行。接通时间为 1s，由定时器 T33 设定；断开时间为 2s，由定时器 T34 设定。

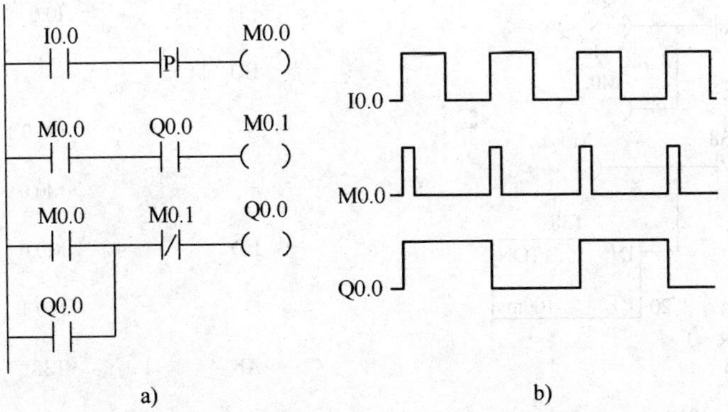


```
LD    I0.0
EU
=     M0.0
LD    M0.0
A     Q0.0
=     M0.1
LD    M0.0
O     Q0.0
AN    M0.1
=     Q0.0
```

c)

图 2-259　用微分操作指令实现脉冲触发的梯形图、时序图及其语句表

a）梯形图　b）时序图　c）语句表

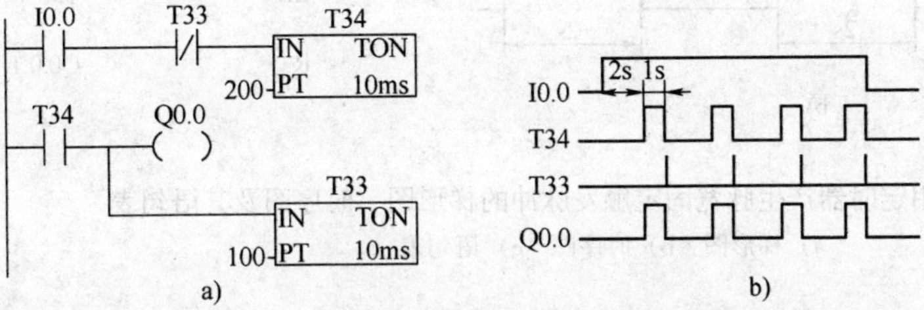


```
LD    I0.0
AN    T33
TON   T34,200
LD    T34
=     Q0.0
TON   T33,100
```

c)

图 2-260　用两个定时器产生脉冲触发的梯形图、时序图及其语句表

a）梯形图　b）时序图　c）语句表

周期脉冲触发控制程序也叫做闪烁控制程序（又称为振荡控制程序）。改变两个定时器 T33 和 T34 的时间常数，可以改变脉冲周期和占空比，是非常简捷适用的脉冲触发控制程序。

(3) 用定时器实现脉宽可控的脉冲触发控制　在输入信号宽度不规范的情况下，如果需要脉冲宽度可控的触发脉冲，可在周期脉冲触发控制程序的基础上，增加上升沿脉冲指令和 S/R 指令，结合定时器可以在输入信号宽度不规范的情况下，产生一个脉冲宽度固定的脉冲序列，该脉冲宽度通过改变定时器设定值 PT 进行调节。

使用定时器产生脉宽固定触发脉冲的梯形图、时序图及其语句表如图 2-261 所示。该图中使用了上升沿脉冲指令和 S/R 指令，找出 Q0.0 的开启和关断条件，使其不论在 I0.0 的宽度大于或小于 2s，都可以使 Q0.0 的宽度为 2s。然后让定时器 T38 的计时输入逻辑在上升沿脉冲宽度小于设定脉冲宽度时，对输入脉冲宽度进行扩宽；在上升沿脉冲宽度大于设定脉冲宽度时，对输入脉冲宽度进行截取；在两个上升沿脉冲之间的距离小于设定脉冲宽度时，对后产生的上升沿脉冲无效。此三种情况见图 2-261b 时序图；T38 在计时到后产生一个信号复位 Q0.0，然后自复位。

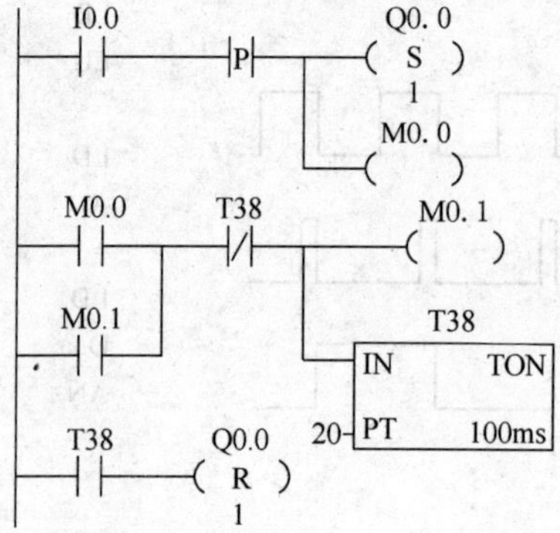

a)

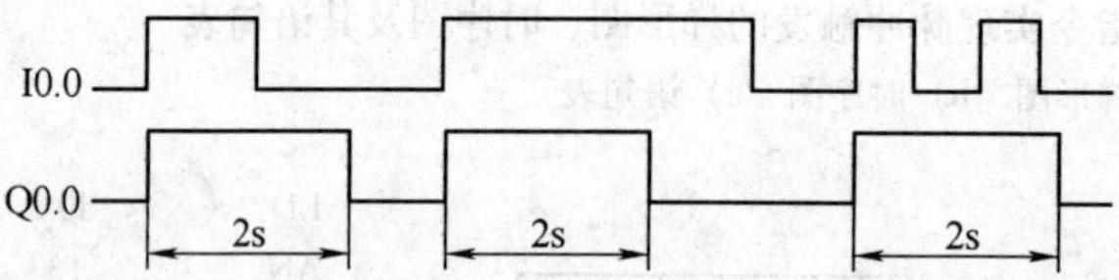

b)

LD	I0.0
EU	
S	Q0.0,1
=	M0.0
LD	M0.0
O	M0.1
AN	T38
=	M0.1
TON	T38,20
LD	T38
R	Q0.0,1

c)

图 2-261　使用定时器产生脉宽固定触发脉冲的梯形图、时序图及其语句表
a) 梯形图　b) 时序图　c) 语句表

应用了微分上升沿┫P┣指令，将 I0.0 的不规则输入信号，转化为瞬时触发信号，通过 S/R 指令将 Q0.0 置位或复位，Q0.0 置位时间长短由定时器 T38 设定值 PT 的大小决定，因此 Q0.0 的宽度不受 I0.0 接通时间长短的影响。

2.5.13　分频控制

在许多控制场合，需要对控制信号进行分频，常见的有二分频、四分频控制等。二分频控制即是将诸如输入信号脉冲 I0.1 分频输出，输出脉冲 Q0.0 为 I0.1 的二分频。

二分频电路的梯形图、时序图及其语句表如图 2-262 所示。当输入 I0.1 在 t_1 时刻接通（ON），此时内部标志位存储器 M0.0 上将产生单脉冲。然而输出映像寄存器 Q0.0 在此之前并未得电，其对应的常开触点处于断开状态。因此，扫描程序至第 2 行时，尽管 M0.0 得电，内部标志位存储器 M0.2 也不可能得电。扫描至第 3 行时，Q0.0 得电并自锁。此后这部分程序虽多次扫描，但由于 M0.0 仅接通一个扫描周期，M0.2 不可能得电。Q0.0 对应的常开触点闭合，为 M0.2 的得电做好了准备。等到 t_2 时刻，输入 I0.1 再次接通（ON），M0.0 上再次产生单脉冲。因此，在扫描第 2 行时，内部标志位存储器 M0.2 条件满足得电，M0.2 对应的常闭触点断开。执行第 3 行程序时，输出映像寄存器 Q0.0 断电，输出信号消失。以后，虽然 I0.1 继续存在，但由于 M0.0 是单脉冲信号，虽多次扫描第 3 行，输出映像寄存器 Q0.0 也不可能得电。在 t_3 时刻，输入 I0.1 第三次出现（ON），M0.0 上又产生单脉冲，输出 Q0.0 再次接通。t_4 时刻，输出 Q0.0 再次断电……得到输出正好是输入信号的二分频。这种逻辑每当有控制信号时，就将状态翻转（ON→OFF→ON→OFF→…），因此也可用作脉冲发生器。

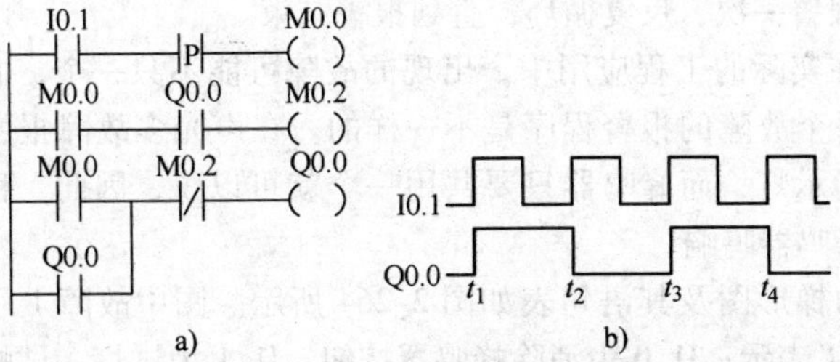


```
LD    I0.1
EU
=     M0.0
LD    M0.0
A     Q0.0
=     M0.2
LD    M0.0
A     Q0.0
AN    M0.2
=     Q0.0
```

c)

图 2-262　二分频电路的梯形图、时序图及其语句表

a）梯形图　b）时序图　c）语句表

用微分上升沿┫P┣指令和两个内部标志位存储器 M0.0 与 M0.2 将规则频率的 I0.1 输入信号，转化为脉宽为 I0.1 两倍的 Q0.0 信号输出。

2.5.14　故障报警控制

故障报警控制是电气自动控制系统中不可缺少的重要环节，也是 PLC 控制系统中的常用环节。标准的报警功能应该是声光报警。报警控制方式有单故障报警控制和多故障报警控制。

（1）单故障报警控制　单故障报警控制为用蜂鸣器和报警灯对一个故障实现的声光报警控制。单故障报警控制的梯形图、时序图及其语句表如图 2-263 所示。输入端子 I0.0 为故障报警输入条件，即 I0.0 = ON 要求报警。输出 Q0.0 为报警灯，Q0.1 为报警蜂鸣器。输入条件 I0.1 为报警响应。I0.1 接通后，Q0.0 报警灯从闪烁变为常亮，同时 Q0.1 报警蜂鸣器关闭。输入条件 I0.2 为报警灯的测试信号。I0.2 接通，则 Q0.0 接通。

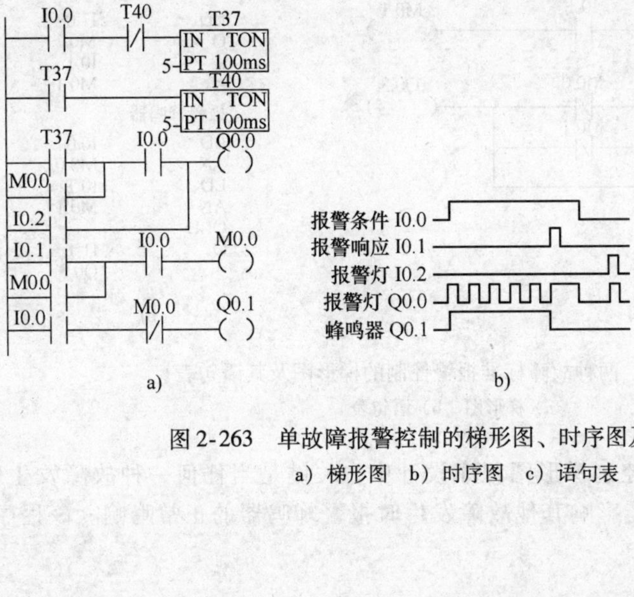


```
LD    I0.0
AN    T40
TON   T37,5
LD    T37
TON   T40,5
LD    T37
O     M0.0
A     I0.0
O     I0.2
=     Q0.0
LD    I0.1
O     M0.0
A     I0.0
=     M0.0
LD    I0.0
AN    M0.0
=     Q0.1
```

c)

图 2-263　单故障报警控制的梯形图、时序图及其语句表

a）梯形图　b）时序图　c）语句表

用定时器 T37 和定时器 T40 构成振荡控制程序，当故障报警条件 I0.0 接通后，每 0.5s Q0.0 和 Q0.1 通断声光报警一次，反复循环，直到报警结束。

（2）多故障报警控制　在实际的工程应用中，出现的故障可能不只一个，而是多个，这时的报警控制程序与一个故障的报警程序是不一样的。在声光多故障报警控制中，一种故障要对应于一个指示灯，而蜂鸣器只要共用一个就可以了，因此，程序设计时要将多个故障共用一个蜂鸣器鸣响。

两种故障标准报警控制的梯形图及其语句表如图 2-264 所示。图中故障 1 用输入信号 I0.0 表示；故障 2 用 I0.1 表示；I1.0 为消除蜂鸣器按钮；I1.1 为试灯、试蜂鸣器按钮。故障 1 指示灯用用 Q0.0 输出；故障 2 指示灯用信号 Q0.1 输出；Q0.3 为报警蜂鸣器输出信号。

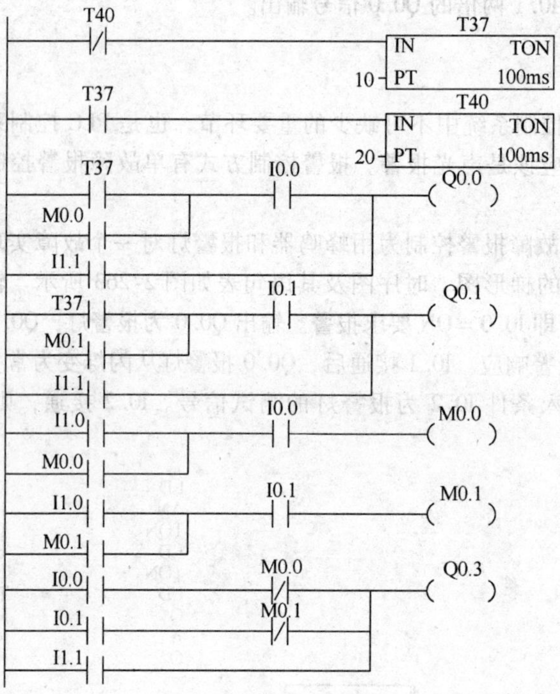

a)

```
脉冲发生器
LDN     T40
TON     T37,10
LD      T37
TON     T40,20
故障指示灯1
LD      T37
O       M0.0
A       I0.0
O       I1.1
=       Q0.0
故障指示灯2
LD      T37
O       M0.1
A       I0.1
O       I1.1
=       Q0.1
故障消除蜂鸣器逻辑1
LD      I1.0
O       M0.0
A       I0.0
=       M0.0
故障消除蜂鸣器逻辑2
LD      I1.0
O       M0.1
A       I0.1
=       M0.1
报警蜂鸣器
LD      I0.0
AN      M0.0
LD      I0.1
AN      M0.1
OLD
O       I1.1
=       Q0.3
```

b)

图 2-264　两种故障标准报警控制的梯形图及其语句表

a）梯形图　b）语句表

在两种故障标准报警控制梯形图程序设计中，关键是当任何一种故障发生时，按消除蜂鸣器按钮后，不能影响其他故障发生时报警蜂鸣器的正常鸣响。该程序由脉冲触发控制、故障指示灯、蜂鸣器逻辑控制和报警控制电路四部分组成，采用模块化设计，值得读者在实际使用时参考。照此方法可以设计实现更多的故障报警控制。

2.5.15 计数控制

（1）扫描计数控制　在某些应用场合下需要计算扫描次数，一般可采用扫描计数控制程序来实现。

扫描计数控制的梯形图、时序图及其语句表如图2-265所示。输入I0.0接通后，内部标志位存储器M0.0每隔一个扫描周期接通一次，扫描周期用T表示。计数器C100对扫描次数进行计数，达到设定值时计数器C100有输出，其常开触点C100接通，输出映像寄存器Q0.0启动。

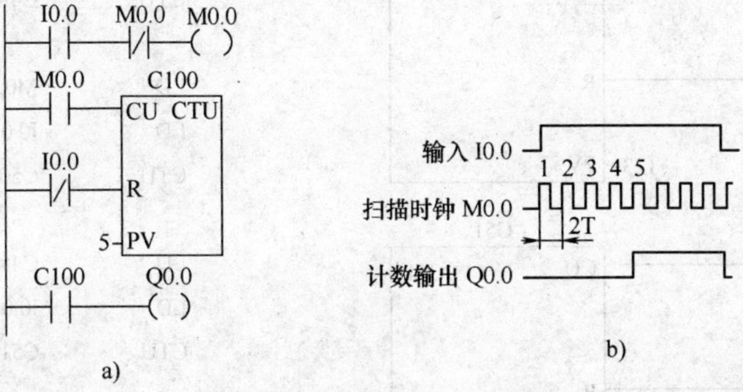


```
LD      I0.0
AN      M0.0
=       M0.0

LD      M0.0
LDN     I0.0
CTU     C100,5

LD      C100
=       Q0.0
```

c)

图2-265　扫描计数控制的梯形图、时序图及其语句表
a）梯形图　b）时序图　c）语句表

使用内部标志位存储器M0.0和计数器C100计数PLC内部扫描次数，程序简单适用，能很好地满足工程应用的需要。

（2）6位数计数控制　S7-200 PLC计数器的计数值范围为 -32767 ~ 32767，计数位数不超过5位数，如果要进行6位数计数，需要将计数器串联构成6位加法计数器。

某6位数计数控制的梯形图及其语句表如图2-266所示，其构成的6位数是456123。计数器输入脉冲I0.1，复位输入脉冲I0.0，当计数脉冲I0.1满123次后，C50计数器的常开触点C50接通，C48计数器在脉冲I0.1到来时计数，当C48计数器计满1 000次后，C51计数器计数一次，而后C48再计满1 000次后，C51计数一次，直到C51计数满456次，即共计数满 $456 \times (999 + 1) + 123 = 456\,123$ 次后，输出Q0.0接通。

将C48和C51计数器串联得到的计数次数，再与C50计数次数相加。C48计数器计满1 000次后，由其常开触点C48与M0.0共同复位，构成循环计数，叫做循环计数器。

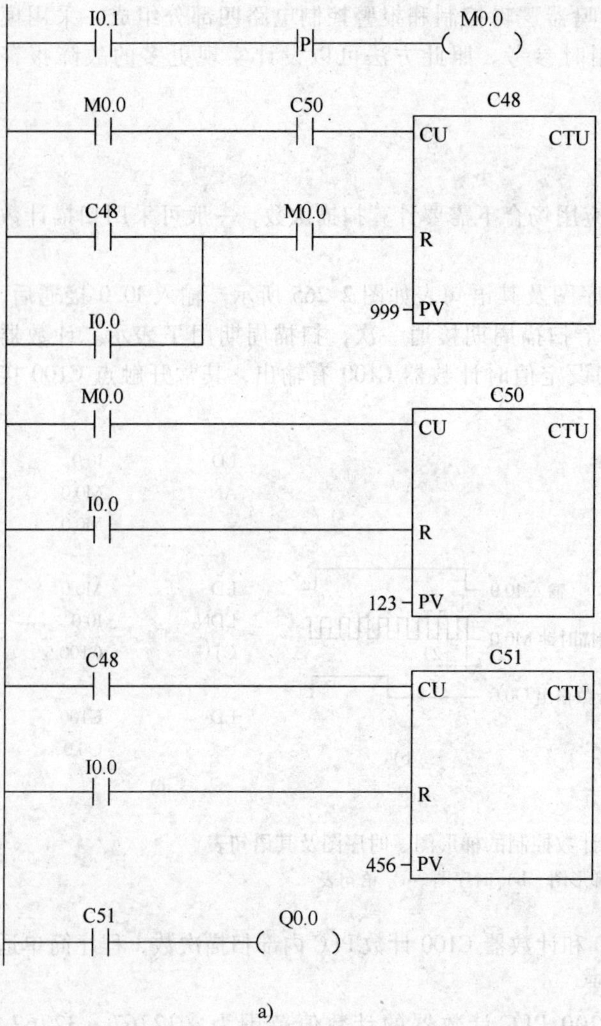


```
LD      I0.1
EU
=       M0.0

LD      M0.0
A       C50
LD      C48
O       I0.0
A       M0.0
CTU     C48,999

LD      M0.0
LD      I0.0
CTU     C50,123

LD      C48
LD      I0.0
CTU     C51,456

LD      C51
=       Q0.0
```

b)

图 2-266　某 6 位数计数控制的梯形图及其语句表

a）梯形图　b）语句表

2.5.16　顺序控制

顺序控制在工业控制系统中应用十分广泛。传统的“继电器-接触器”控制只能进行一些简单控制，且整个系统十分笨重庞杂，接线复杂，故障率高；对于有些更复杂的控制甚至根本实现不了。而用 PLC 进行顺序控制则变得轻松简便，可以用各种不同指令，编写出形式多样、简洁清晰的控制程序。就是一些非常复杂的控制也变得十分简单。

（1）用定时器实现时间顺序控制　用定时器可对被控对象实现时间顺序启停控制，用定时器编写的实现时间顺序控制的梯形图和语句表如图 2-267 所示。当 I0.0 总启动开关闭合后，Q0.0 先接通；经过 5s 后 Q0.1 接通，同时将 Q0.0 断开；再经过 5s 后 Q0.2 接通，同时将 Q0.1 断开；又经过 5s 后 Q0.3 接通，同时将 Q0.2 断开；再经过 5s 又将 Q0.0 接通，同时将 Q0.3 断开；……如此循环往复，实现了时间顺序启动/停止的控制。

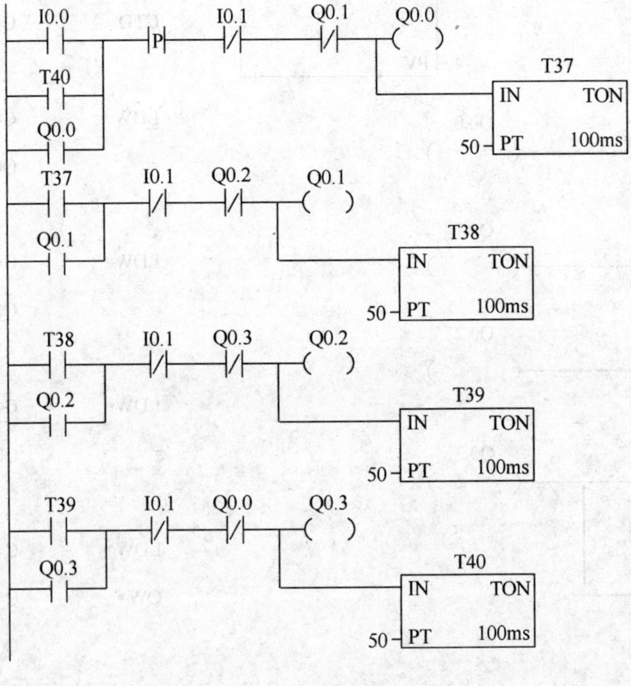

a)

```
LD    I0.0
O     T40
O     Q0.0
EU
AN    I0.1
AN    Q0.1
=     Q0.0
TON   T37,50

LD    T37
O     Q0.1
AN    I0.1
AN    Q0.2
=     Q0.1
TON   T38,50

LD    T38
O     Q0.2
AN    I0.1
AN    Q0.3
=     Q0.2
TON   T39,50

LD    T39
O     Q0.3
AN    I0.1
AN    Q0.4
=     Q0.3
TON   T40,50
```

b)

图 2-267　用定时器编写的实现时间顺序控制的梯形图和语句表

a）梯形图　b）语句表

用定时器实现时间顺序控制的实质就是运用定时器的定时与延时功能，在不同时间点上实现被控对象的启停。

(2) 用计数器实现顺序控制　用计数器减 1 计数的原理，可对被控对象实现顺序启停控制。用计数器实现顺序控制的梯形图和语句表如图 2-268 所示。当 I0.0 第一次闭合时 Q0.0 接通；第二次闭合时 Q0.1 接通；第三次闭合时 Q0.2 接通；第四次闭合时 Q0.3 接通，同时将计数器复位；又开始了下一轮计数，如此往复，实现了顺序控制。这里 I0.0 既可以是手动开关，也可以是内部定时时钟脉冲，后者可实现自动循环控制。程序中还使用了比较指令，只有当计数值等于比较常数时相应的输出才接通。所以每一个输出只接通一拍，且当下一输出接通时上一输出即断开。

利用减 1 计数器 C40 进行计数，由控制触点 I0.0 闭合的次数，驱动计数器计数，结合比较指令，将计数器的计数过程中间值与给定值比较，确定被控对象在不同计数

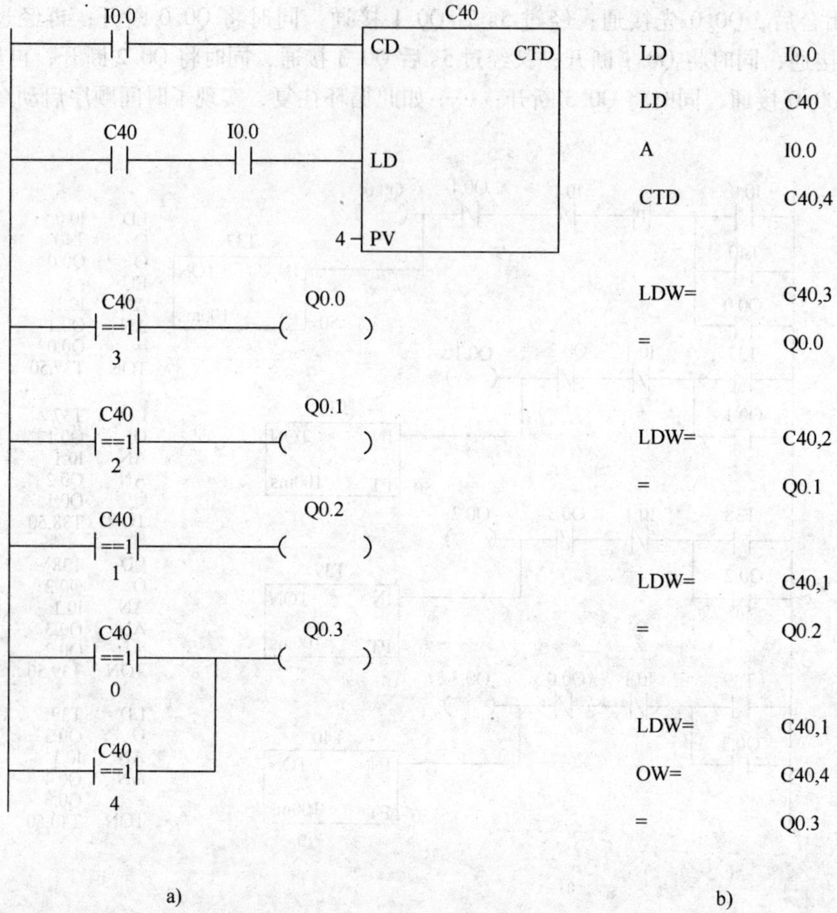

图 2-268　用计数器实现顺序控制的梯形图和语句表

a）梯形图　b）语句表

点上的启停，从而实现控制各输出接通的顺序。

（3）用移位指令实现顺序控制　用移位指令将移位数据存储单元中的数据位移动，当某数据位为“1”时，利用该位启动其后的输出，对被控对象实现顺序启停控制。

用左移移位指令编写的顺序控制梯形图和语句表如图 2-269 所示。利用一个开关触点 I0.1 实现对输出映像寄存器 Q0.0、Q0.1、Q0.2 和 Q0.3 的顺序控制。I0.1 为移位脉冲控制触点，I0.1 每闭合一次 VB1 左移一位。当 VB1 前 4 位初始值为 0 时，VB1 的第零位置为 1，即 V1.0 为 1，此时输出 Q0.0 被接通；当 I0.1 第一次闭合时 VB1 左移一位 1，于是 VB1 中 V1.1 接通，使输出 Q0.1 被接通，同时 V1.0 断开。此后 I0.1 每闭合一次，VB1 置位的 1 左移一位，使 VB1 的一位接通，从而接通一个输出端子。如此实现了将各输出顺序接通与断开。当 I0.1 第三次闭合时，Q0.3 被接通；当 I0.1 第四次闭合时，将 V1.0 各位复位，于是又开始了新一轮循环。

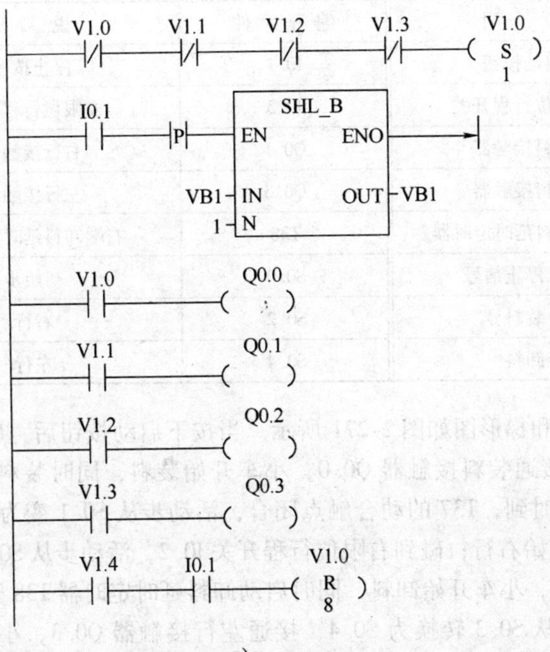

a)

```
LND     V1.0
AN      V1.1
AN      V1.2
AN      V1.3
S       V1.0,1

LD      I0.1
EU
SLB     VB1,1

LD      V1.0
=       Q0.0

LD      V1.1
=       Q0.1

LD      V1.2
=       Q0.2

LD      V1.3
=       Q0.3

LD      V1.4
A       I0.1
R       V1.0,8
```

b)

图 2-269　用左移移位指令编写的顺序控制梯形图和语句表

a）梯形图　b）语句表

用左移位指令将移位数据存储单元中的数据位左移，利用左移的位启动其后的输出，确定被控对象在不同移位点上的启停。

（4）用顺序控制功能指令实现顺序控制　运料小车的行程控制示意图如图 2-270 所示，控制要求如下：

1）初始位置，小车在左端，左限位行程开关 SQ_1 被压下。

2）按下启动按钮 SB_1，小车开始装料。

3）8s 后装料结束，小车自动开始右行，碰到右限位行程开关 SQ_2 后，停止右行，开始卸料。

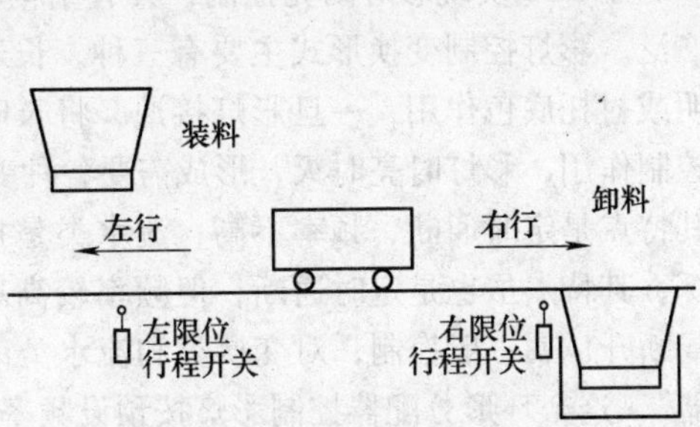

图 2-270　小车的行程控制示意图

4）5s 后卸料结束，小车自动左行，碰到左限位行程开关 SQ_1 后，停止左行，开始装料。

5）延时 8s 后，装料结束，小车自动右行，……如此循环；直到按下停止按钮 SB_2，在当前循环完成后，小车结束工作。

编程元件地址分配见表 2-61。

表 2-61　编程元件地址分配

编程元件	说　明	编程元件	说　明
I0.0	启动按钮	I0.1	停止按钮
I0.2	右限位行程开关	I0.3	左限位行程开关
Q0.0	装料接触器	Q0.1	右行接触器
Q0.2	卸料接触器	Q0.3	左行接触器
T37	左端装料延时定时器	T38	右端卸料延时定时器
M0.0	记忆停止信号	S0.0	初始步
S0.1	装料	S0.2	右行
S0.3	卸料	S0.4	左行

运料小车的状态流程图和梯形图如图 2-271 所示。当按下启动按钮后，I0.0 接通，活动步从 S0.0 变为 S0.1，接通装料接触器 Q0.0，小车开始装料，同时装料延时定时器 T37 开始计时；当 T37 计时到，T37 的动合触点闭合，活动步从 S0.1 变为 S0.2，接通右行接触器 Q0.1，小车开始右行；碰到右限位行程开关 I0.2，活动步从 S0.2 转换为 S0.3，接通卸料接触器 Q0.2，小车开始卸料，同时启动卸料延时定时器 T38 开始计时；当 T38 计时时间到，活动步从 S0.3 转换为 S0.4，接通左行接触器 Q0.3，小车开始左行；碰到左限位行程开关 I0.3，活动步从 S0.1 转换为 S0.1，重新开始装料；……如此循环。若要停止装、卸料，则按下 I0.1，小车停止工作。

2.5.17　循环控制

循环控制也是 PLC 控制的常见环节，如循环计数控制、周期连续进行的顺序控制等均属循环控制范畴，属于基本控制环节，诸如彩灯闪亮循环控制。

用 PLC 实现彩灯闪亮控制，具有结构简单、变换形式多样、价格低的特点，应用广泛。彩灯控制变换形式主要有三种，长通类、变换类和流水类。长通类是指彩灯照明或衬托底色作用，一旦彩灯接通，将长时间亮，没有闪烁；变换类是指彩灯的定时控制作用，彩灯时亮时灭，形成需要各种变换，如字形变换、色彩变换、位置变换等，其特点是定时通断，频率不高；流水类是指彩灯变换速度快，犹如行云流水、星光闪烁，其特点虽也是定时通断，但频率较高。对长通类亮灯，控制简单，只需一次接通或断开，属一般控制；对变换类和流水类闪亮，则要按预定节拍产生一个“环形分配器”，这个环形分配器控制彩灯按预设频率和花样变换闪亮。

彩灯闪亮循环控制的梯形图和语句表如图 2-272 所示。该环节控制 A、B、C、D 4 盏彩灯，工作时，按下启动按钮（即 I0.0 接通）4 盏灯间隔 2s 依次点亮，然后 4 盏灯以同样的频率同时闪烁 1 次，如此循环往复。按下停止按钮（即 I0.1 断开）后，4 盏灯全部熄灭。

该环节用定时器、比较指令和左移位指令构成彩灯循环闪亮的环形分配器，控制彩灯循环闪亮，属变换类和流水类彩灯闪亮控制。

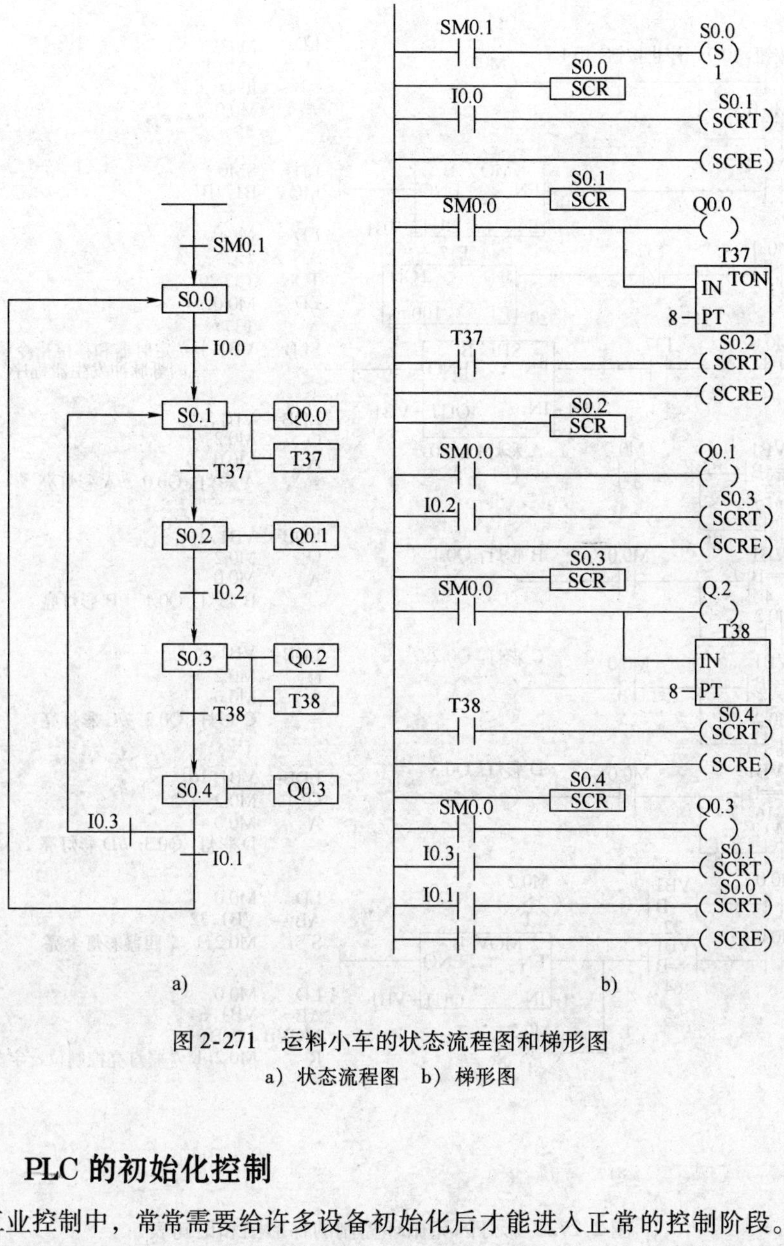

图 2-271　运料小车的状态流程图和梯形图
a）状态流程图　b）梯形图

2.5.18　PLC 的初始化控制

在工业控制中，常常需要给许多设备初始化后才能进入正常的控制阶段。这些初始化仅仅只在 PLC 通电一开始的阶段运行，当 PLC 正常运行后，不再执行这些初始化程序，使用顺序控制继电器指令很容易实现这样的控制。其梯形图和语句表程序如图 2-273 所示。

特殊继电器 SM0.1 仅仅在 PLC 上电开始产生一个扫描周期的接通，因此 S0.1 所控制的顺序程序段仅仅在 PLC 上电的第一个扫描周期内运行，也就是实现了设备的初始化控制。

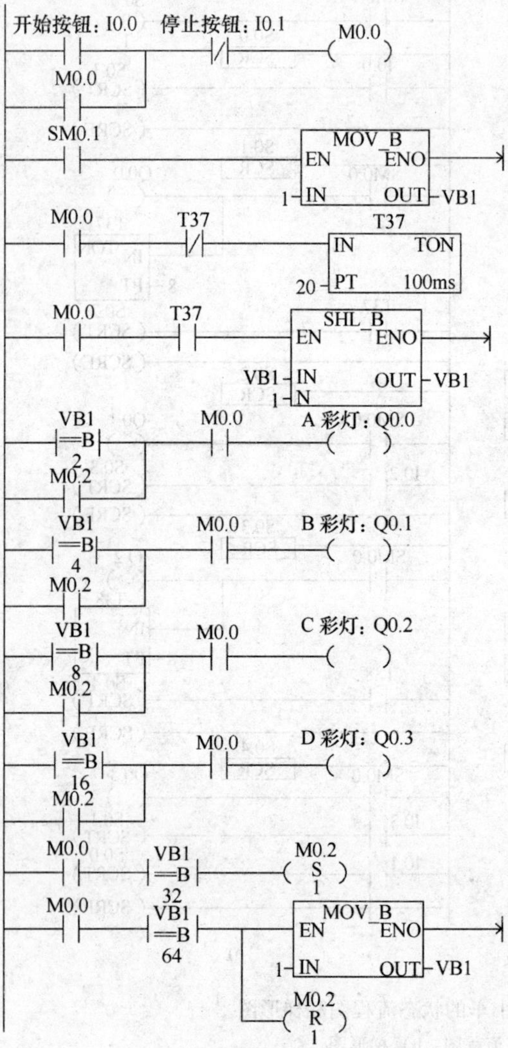

a)

```
LD     M0.0
O      SM0.1
AN     I0.1
=      M0.0

LD     SM0.1
MOV    B1,VB1

LD     M0.0
AN     T37
TON    T37,20
LD     M0.0
A      T37
SLB    VB1,1  // 定时器和移位指令构成彩灯
                 闪烁脉冲发生器程序

LDB=   VB1,2
O      M0.2
A      M0.0
=      A 彩灯：Q0.0  //A 彩灯亮

LDB=   VB1,4
O      M0.2
A      M0.0
=      B 彩灯：Q0.1  //B 彩灯亮

LDB=   VB1,8
O      M0.2
A      M0.0
=      C 彩灯：Q0.2  //C 彩灯亮

LDB=   VB1 16
O      M0.2
A      M0.0
=      D 彩灯：Q0.3  //D 彩灯亮

LD     M0.0
AB=    VB1,32
S      M0.2,1  // 四盏彩灯全亮

LD     M0.0
AB=    VB1,64
MOVB   1,VB1
R      M0.2,1  // 彩灯亮控制位、字节复位
```

b)

图 2-272　彩灯闪亮循环控制的梯形图和语句表

a）梯形图　b）语句表

2.5.19　PLC 故障控制

在 PLC 运行过程中会出现许多料想不到的故障，为了避免故障发生所带来严重的后果，需要采用一定的手段保证 PLC 正常运行或者使其停止运行。在这些情况下往往会用到有条件结束指令、停止指令以及看门狗复位指令。

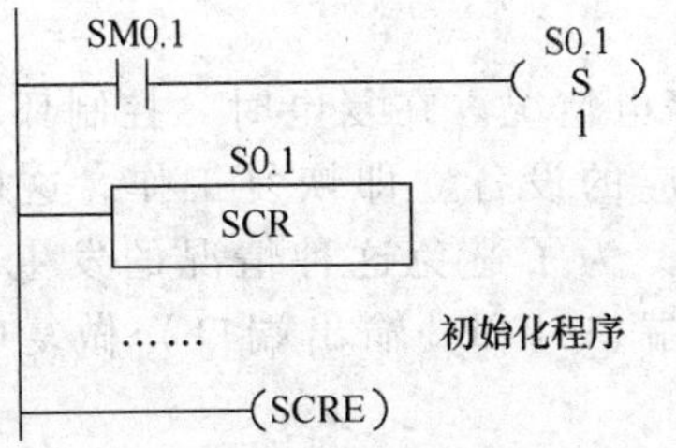


```
LD      SM0.1
S       S0.1，1
LSCR    S0.1
……      //初始化程序
SCRE
```

a)　　　　b)

图 2-273　设备初始化控制的梯形图和语句表

a）梯形图　b）语句表

PLC 故障控制的梯形图和语句表如图 2-274 所示。

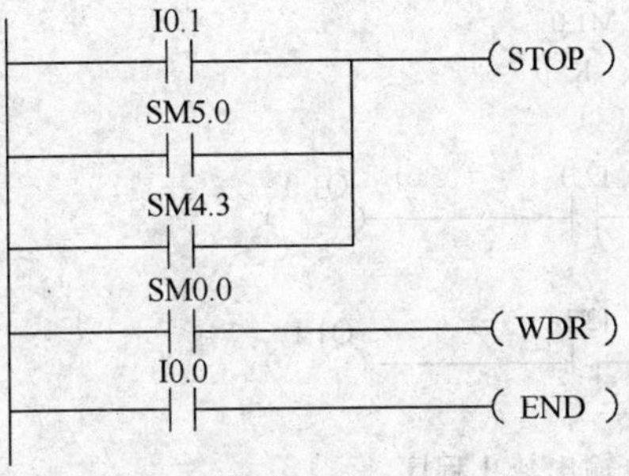


```
LD      I0.1
O       SM5.0
O       SM4.3
STOP
LD      SM0.0
WDR
LD      I0.0
END
```

a)　　　　b)

图 2-274　PLC 故障控制的梯形图和语句表

a）梯形图　b）语句表

在这个过程中，PLC 在以下 3 种情况下会执行 STOP 停止指令，从而停止 PLC 的运行，以防止事故的发生。

1）在 PLC 运行过程中如果现场出现了特殊情况，按下与 I0.1 相连接的按钮，使得 I0.1 位为 1。

2）PLC 系统出现 I/O 错误。

3）PLC 监测到系统程序出现了问题。

当循环程序很多或者中断很多时，虽然 PLC 是正常运行的，但会大大延长 PLC 的扫描周期而造成 WDT 故障。为了使 PLC 顺利运行，可以在适当的位置执行看门狗复位指令，重新触发 WDT，使其复位。

在 PLC 运行过程中，若不希望运行某一部分程序，则可在这段不希望运行的程序前面加上图 2-274 所示的最后一条指令，这样只要接通与 I0.0 相连的按钮，就会执行 END 指令，PLC 就会返回主程序起点，重新执行。

2.5.20 PLC的复电输出禁止控制

在实际控制工程中，可能遇到突发停电情况。在复电时，控制环境可能仍处于原先得电的工作状态，从而会使相应的设备立即恢复工作，这极易引发设备动作逻辑错乱，甚至发生严重事故。为了避免这种情况的发生，在PLC控制程序中需要对一些关键设备的控制端口（PLC输出端口）做复电输出禁止控制。

复电输出禁止程序运用了西门子PLC的特殊标志位存储器SM0.3，SM0.3为加电接通一个扫描周期，使M1.0置位为“1”，Q1.0和Q1.1无论在I2.0、I2.1处于什么状态，均无输出，该程序如图2-275所示。

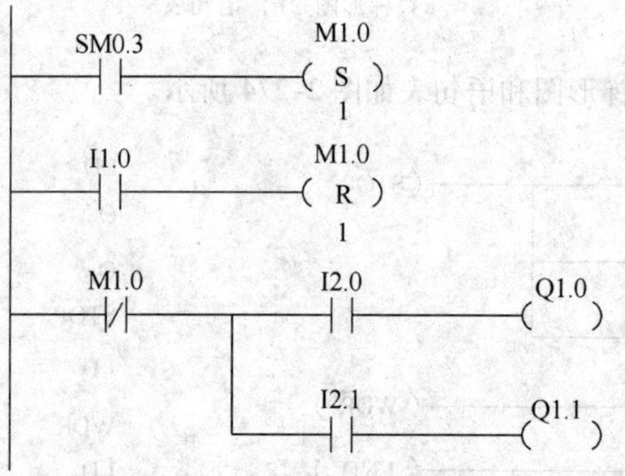

图2-275　复电输出禁止程序

由“继电器-接触器”控制电路的工作原理可知，“继电器-接触器”控制电路图中各行元器件是并列执行的，而复电输出禁止程序反映了PLC程序（用户程序）执行时不是并列执行的，而是按先后顺序执行的。这完全是由PLC的扫描工作原理所决定的，这对于正确编制PLC控制程序是至关重要的。

在PLC复电进入RUN状态后，PLC在自检及通信处理后，进行输入采样，而后按用户梯形图程序指令的要求，对于输出线圈按照从上到下的顺序执行，对于同一线圈按照由左向右的顺序依次执行，动作不可逆转（使用跳转指令的情况除外），最后输出刷新，之后循环往复执行，直至停止。对用户程序执行过程的理解是设计PLC用户程序的关键。

PLC复电输出禁止程序循环扫描执行过程如图2-276所示。PLC加电进入RUN状态后，SM0.3接通一个扫描周期，使M1.0置位为“1”，M1.0的常闭触点断开，从而切断了输出线圈Q1.0、Q1.1的控制逻辑，达到了输出被禁止的目的。当Q1.0、Q1.1所控制的设备准备好之后，譬如进入第2个循环时，可以转换I1.0的状态，使其为“1”，则M1.0被复位为“0”，对输出Q1.0、Q1.1的控制解除，并将控制权转移给I2.0、I2.1，此时若I2.0、I2.1为“1”，Q1.0、Q1.1置位为“1”。这样就避免了PLC复电后倘若I2.0、I2.1均处于ON状态导致Q1.0、Q1.1直接输出。复电输出禁止程序在工程实际中经常能用到，本程序可以根据工程具体情况，稍加改造就可应用。

第1个PLC循环I1.0=0	第2个PLC循环I1.0=1
SM0.3=1， M1.0=1	SM0.3=0， M1.0=1
I1.0=0， M1.0=1	I1.0=1， M1.0=0
I2.0=1， Q1.0=0	I2.0=1， Q1.0=1
I2.1=1， Q1.1=0	I2.1=1， Q1.1=1

图 2-276 PLC 复电输出禁止程序循环扫描执行过程

2.5.21 PLC 系统的多工况选择控制

在许多工业控制场合，不仅仅需要有自动控制的功能，还需要有手动控制的功能。当选择开关（或按钮）处于自动档的时候，PLC 自动执行自动控制程序而不执行手动程序；当选择开关（或按钮）处于手动档的时候，PLC 自动执行手动控制程序而不执行自动控制程序。依此类推，还可以有更多的工况功能选择，如返回原位、单步操作、单循环操作、自动多循环操作等。这种多工况选择功能可以用顺序控制来实现。用顺序控制实现自动/手动切换的程序梯形图和其所对应的语句表如图 2-277所示。

2.5.22 控制系统设计及编程常用图

采用 PLC 构建电气控制系统的核心工作是编制 PLC 的用户设备控制程序，因此程序编制过程实际上也是设备控制系统的设计过程。程序编制与设计过程一般包含 4 个主要步骤，其关系如图 2-278 所示，每一步工作生成相应的工作图。掌握这些编程常用图，对控制系统设计将会事半功倍。

1. 设备工作要求分析

电气控制系统的设计目标是能够控制设备完成给定的工作过程，因此在电气系统设计过程中，首先需要对被控设备进行分析，了解它的组成结构、驱动方式、循环工作过程与要求，分析触发设备工作状态转换的信号电器和驱动设备运动的执行电器种类，确定它们的数目，最终确定 PLC 输入和输出端口的对应关系，并用端子图或端子分配表的形式给予说明。

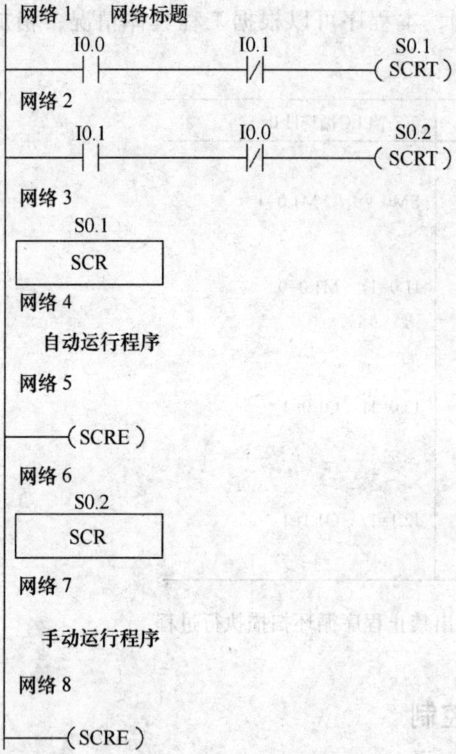

LD	I0.0
AN	I0.1
SCRT	S0.1
LD	I0.1
AN	I0.0
SCRT	S0.2
LSCR	S0.1
……	// 自动运行程序
SCRE	
LSCR	S0.2
……	// 手动运行程序
SCRE	

a) b)

图 2-277 多工况选择控制的梯形图和语句表

a）梯形图 b）语句表

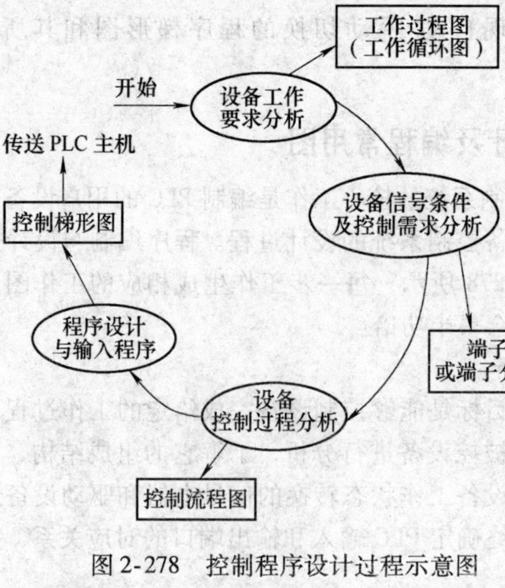

图 2-278 控制程序设计过程示意图

如图 2-279 所示为一进行自动循环工作的组合机床设备简图。机床有两个动力部件，机械动力滑台Ⅰ和机械动力滑台Ⅱ，分别由电动机 M_1、M_2 通过传动装置驱动，行程开关 SQ_1、SQ_2 是滑台Ⅰ的原位开关和终点限位开关；SQ_3、SQ_4 是滑台Ⅱ的原位开关和终点限位开关。

两个滑台循环工作过程相同，即电动机正转使滑台向前移动，到达行程终点后，压动终点限位开关 SQ_2 或 SQ_4，开关信号触发工作状态转换，使电动机反转，带动滑台向后移动，退回到起点位置后压下原位行程开关，各自完成一次循环过程。

当两个滑台组合构成组合机床后，两个分循环组合成整机工作循环，其自动循环工作过程采用如图 2-280 所示的方法表达，该图也称为设备工作循环图。工作循环图的形式可有多种，但是图中需要明确两个控制要素：一是组成工作过程的工作状态的数量和顺序关系；另一个是触发工作状态转换的信号及电器元件。图中工作过程由 3 个工作状态组成，信号电器为启动按钮 SB_2，终点位置行程开关为 SQ_2、SQ_4，原位行程开关为 SQ_1 和 SQ_3。

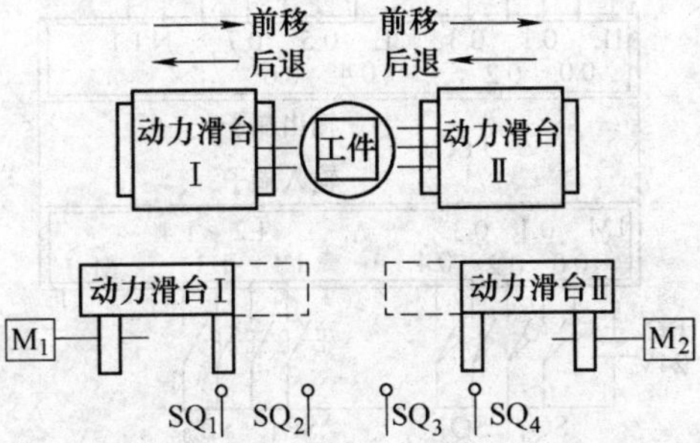

图 2-279　组合机床结构示意图

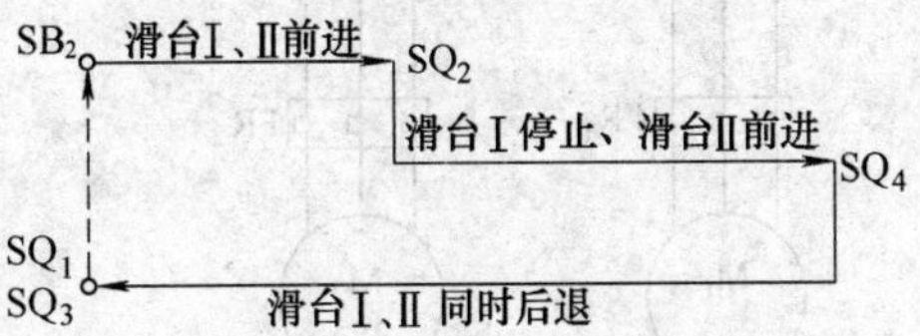

图 2-280　设备工作循环图

在循环图中，工作状态是设备完成具体工作的阶段，不同阶段的工作内容不同，换句话说，各阶段执行件（或执行电器）不同。

上例中，滑台前进与后退由电动机驱动，不同阶段，工作的电动机以及它们的转向不同。对电动机的转向控制是通过交流接触器完成的，因此电气系统控制的执行电器为交流接触器。滑台电动机的驱动电路如图 2-281 所示。

滑台电动机 M_1、M_2 的正反转分别由交流接触器 KM_1、KM_2、KM_3、KM_4 的主触点控制，交流接触器的线圈得电时，相应主触点闭合，接通电动机驱动电路，电动机转动。电动机的正反转组合状态对应于工作循环图中 3 个工作状态。

2. 设备信号条件与控制需求分析

PLC 工作时，需要由输入端口获取现场控制信号，并按控制要求，由输出端口送出驱动执行电器的控制信号。设备信号条件与控制需求分析的目的是确定进入

PLC 输入端口的信号和输出端口的信号，同时也是确定 PLC 输入/输出端口连接的电器元件。

例中组合机床工作状态转换信号由按钮和行程开关给出，因此 PLC 输入端口与这些电器连接；电动机驱动电路由交流接触器控制，PLC 输出端口信号的控制对象为交流接触器，端口连接器为交流接触器的电磁线圈。

确定与 PLC 连接的电器需要分配端口地址，端口地址与电器元件的接线关系是以端子图的形式表达。端子地址也可以采用赋值表的形式分配，提供编程使用。但在实际安装过程中，仍然需要端子图说明接线关系。

端子图例如图 2-282 所示，端子地址赋值表见表 2-62，具体应用需要按照所选 PLC 产品使用说明书要求绘制。

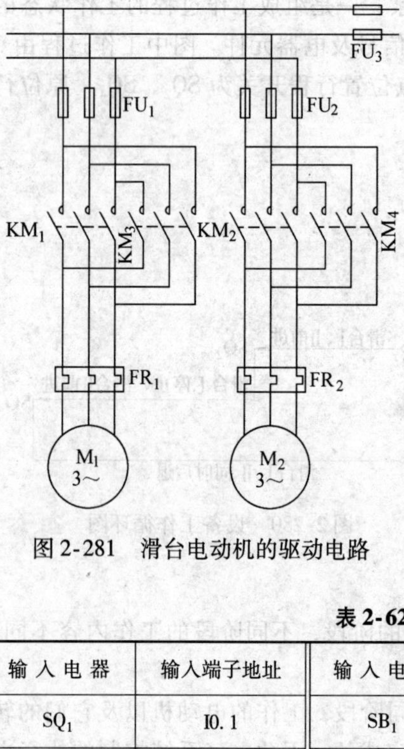

图 2-281　滑台电动机的驱动电路

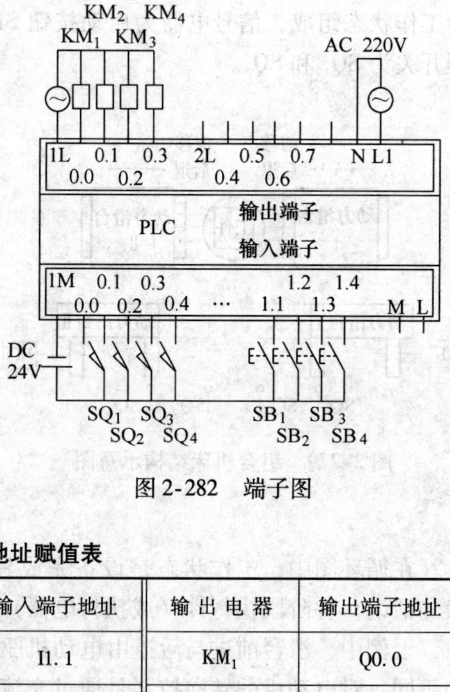

图 2-282　端子图

表 2-62　端子地址赋值表

输 入 电 器	输入端子地址	输 入 电 器	输入端子地址	输 出 电 器	输出端子地址
SQ_1	I0. 1	SB_1	I1. 1	KM_1	Q0. 0
SQ_2	I0. 2	SB_2	I1. 2	KM_2	Q0. 1
SQ_3	I0. 3	SB_3	I1. 3	KM_3	Q0. 2
SQ_4	I0. 4	SB_4	I1. 4	KM_4	Q0. 3

选用 PLC 产品的输入、输出端口数目必须满足处理信号数量的要求，并在此基础上增加一些备用端口，以满足设计变化和修改时的需求。

3. 设备控制过程分析

当控制设备的工作过程有较多种工作状态，针对每种状态又存在多个控制信号和执行元件时，需要使用设备控制流程图来说明系统的控制信号关系。

控制流程图设计是编制用户控制程序的一个重要工作阶段，在该工作阶段需要确定设备工作过程中各个工作状态之间的关系，确定每个工作状态所需要的控制条件与输出需求，并通过控制流程图来表达。

组成控制流程图有3个基本要素，即工作状态（也称工步）、状态开始与停止控制条件（工步控制条件）和状态内的输出执行件（执行件驱动信号），如图2-283a所示。

流程图设计过程，即是按照设备工作要求，安排各工作状态之间的顺序关系，配置控制各个工作状态转移的控制条件信号，设置各个工作状态的输出信号，以驱动相应的执行电器元件。机床的控制流程图如图2-283b所示，输出电器M为中间状态控制。

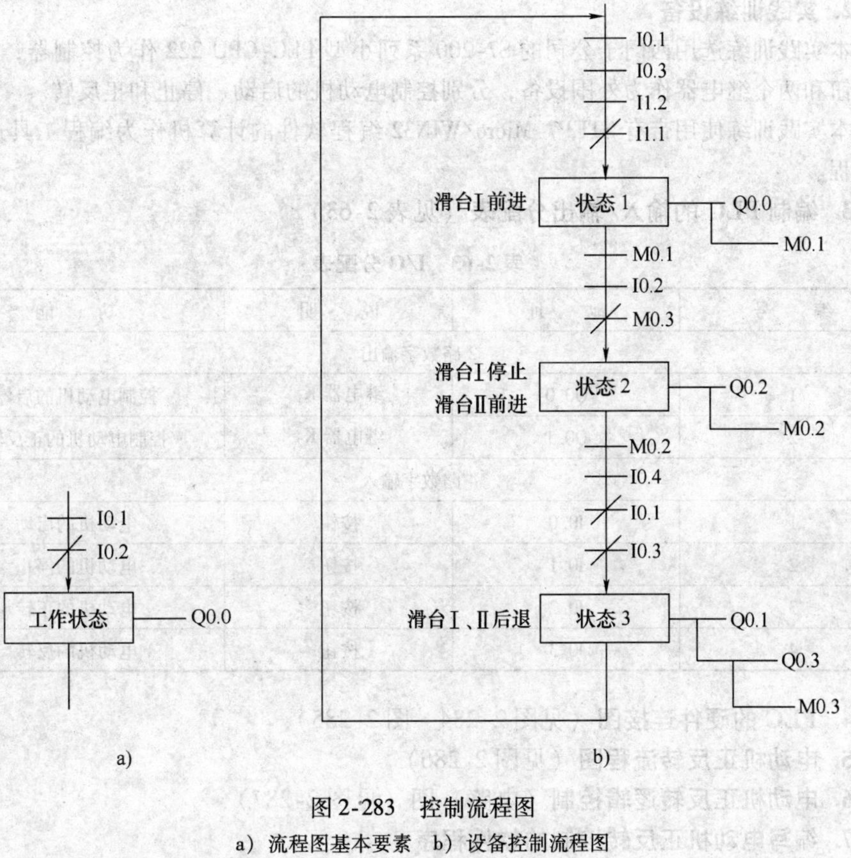

图2-283　控制流程图

a）流程图基本要素　b）设备控制流程图

4. 程序设计与输入程序

通过控制流程图设计，确定设备所有的工作状态和控制信号关系后，即可以编制PLC用户程序，实施这些控制功能。在编制PLC用户程序时，通常使用编程软件完成，并通过编程软件将用户程序传送给PLC主机，也就是进行PLC用户程序的编制与输入。

编制 PLC 控制程序，可以用指令表形式，也可用梯形图形式。梯形图形式的程序与指令表形式的程序可以通过软件互相转换，所以使用 PLC 编程软件编程时，一般采用编程人员自己熟悉的形式。

应注意的是，上述 4 个工作步骤在整个设计过程中，需要不断地互补和完善。

任务 6　进行嵌入 PLC 程序设计师（4 级）考试的实践训练

2.6.1　实践训练 1　电动机的 PLC 控制

1. 实践训练目的

本实践训练主要实现 PLC 控制电动机的启动、停止和正反转控制。

2. 实践训练设备

本实践训练选用西门子公司的 S7-200 系列小型 PLC-CPU 222 作为控制器；使用 4 个按钮和两个继电器作为外围设备，分别控制电动机的启动、停止和正反转。

本实践训练使用带有 STEP7-Micro/WIN32 编程软件的计算机作为编程工具进行软件编程。

3. 编制 PLC 的输入/输出分配表（见表 2-63）

表 2-63　I/O 分配表

编　号	地　址	说　明	功　能
2 路数字输出			
1	Q0.0	继电器 K_1	控制电动机的启停
2	Q0.1	继电器 K_2	控制电动机的正反转
4 路数字输入			
1	I0.0	按钮	电动机的启动
2	I0.1	按钮	电动机的停止
3	I0.2	按钮	电动机的正转
4	I0.3	按钮	电动机的反转

4. PLC 的硬件连接图（见图 2-284、图 2-285）

5. 电动机正反转流程图（见图 2-286）

6. 电动机正反转逻辑控制（电路）图（见图 2-287）

7. 编写电动机正反转控制的软件程序

（1）新建工程　单击“New”新建工程，如图 2-288 所示，然后弹出图 2-289 所示新建工程，默认“项目 1（CPU 226）”，可修改。右键单击此项弹出“类型”选项条。

（2）选择 CPU 类型　单击“类型”，如图 2-290 所示（注：单击指左键单击）。选择 CPU 类型，如图 2-291 所示。点击下拉条，选择 PLC 类型，按确定，完成 PLC 选型。

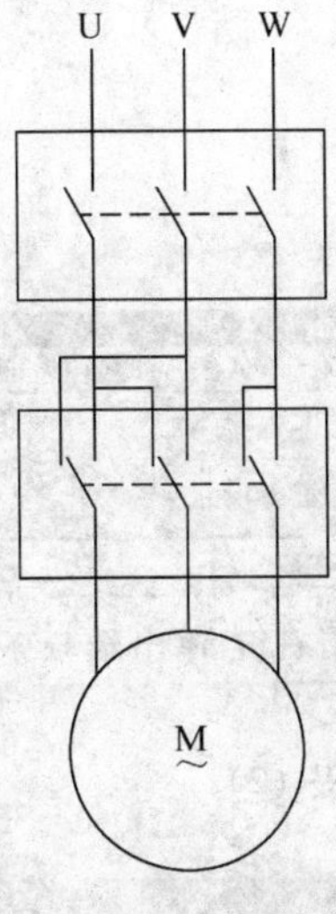

图 2-284　主电路

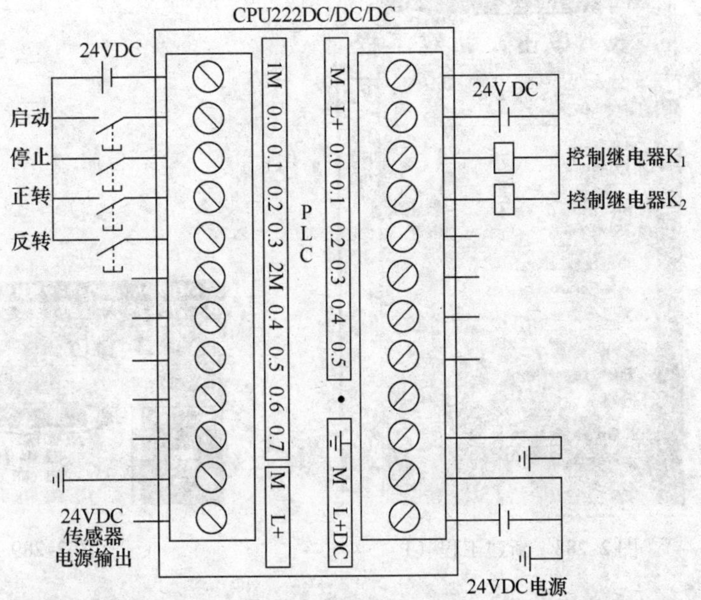

图 2-285　PLC 控制接线图

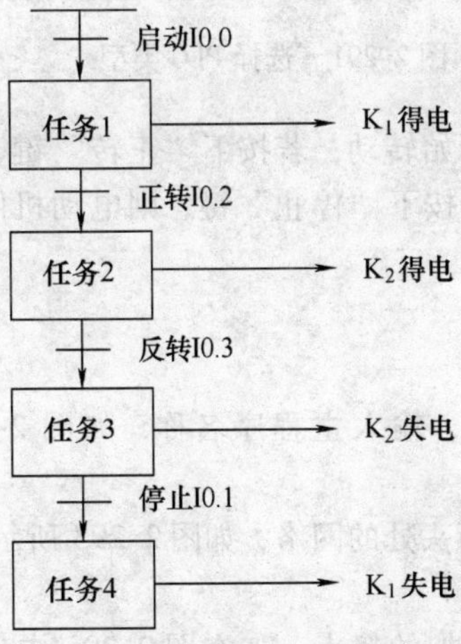

图 2-286　电动机正反转流程图

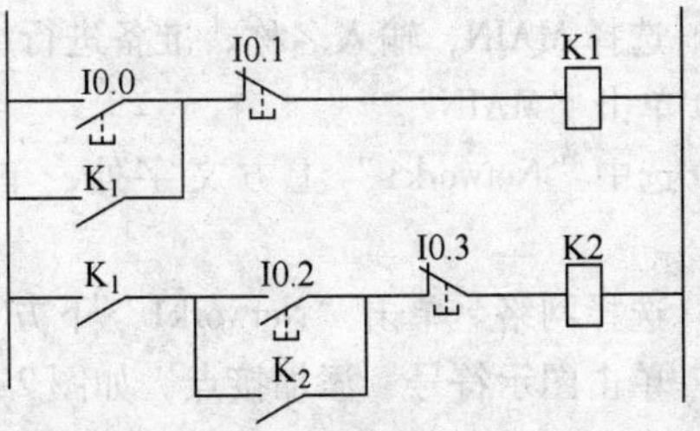

图 2-287　电动机正反转逻辑控制（电路）图

图 2-288　新建工程（1）

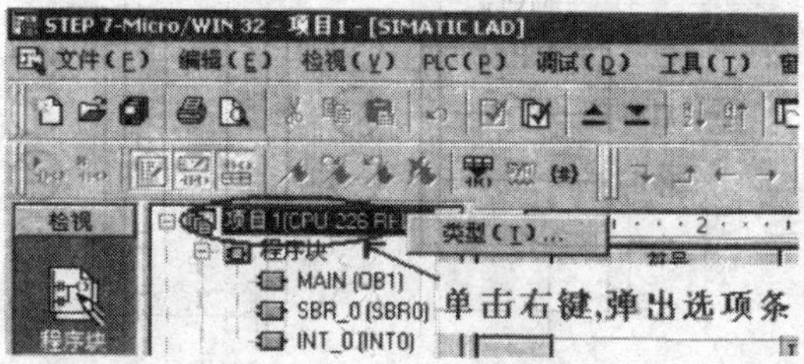

图 2-289　新建工程（2）

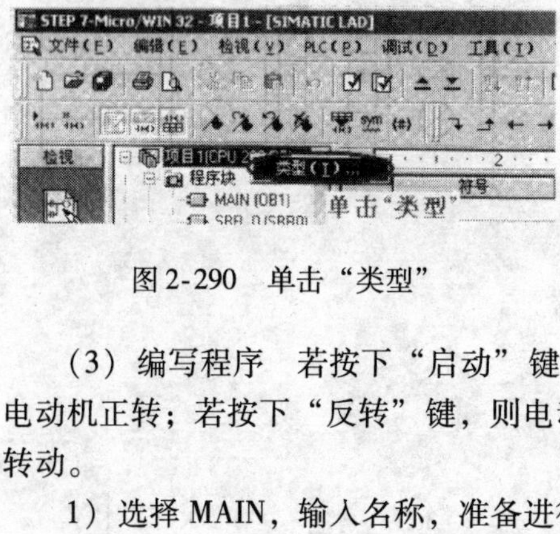

图 2-290　单击“类型”

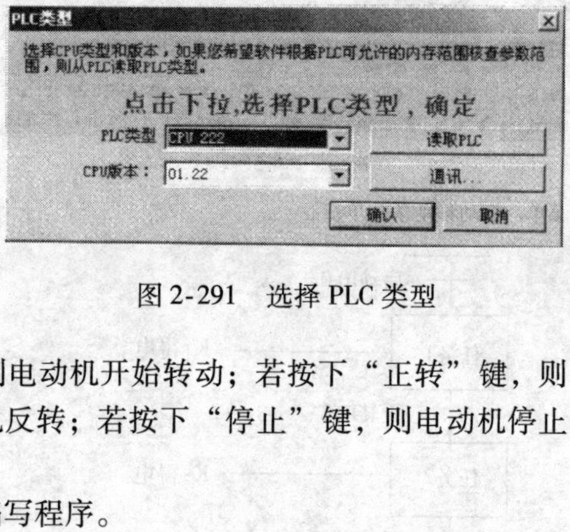

图 2-291　选择 PLC 类型

（3）编写程序　若按下“启动”键，则电动机开始转动；若按下“正转”键，则电动机正转；若按下“反转”键，则电动机反转；若按下“停止”键，则电动机停止转动。

1）选择 MAIN，输入名称，准备进行编写程序。

① 单击“MAIN”。

② 选中“Network1”上方文字处，单击全选后，输入主程序名称，如图 2-292 所示。

2）选择网络。单击“Network1”下方，选中有箭头处的网络，如图 2-293 所示。

3）单击图示符号，添加接点，如图 2-294 所示。

4）弹出图示菜单，拖动移动条，单击选择要添加的接点，如在图 2-295 中单击“-||-”。

5）在“?? . ?”处，单击选中，输入接点的编号“I0. 0”，如图 2-296 所示。

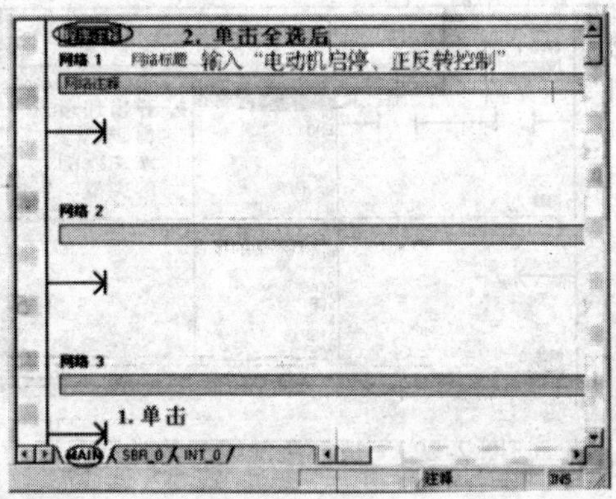

图 2-292　输入主程序名

图 2-293　选择网络

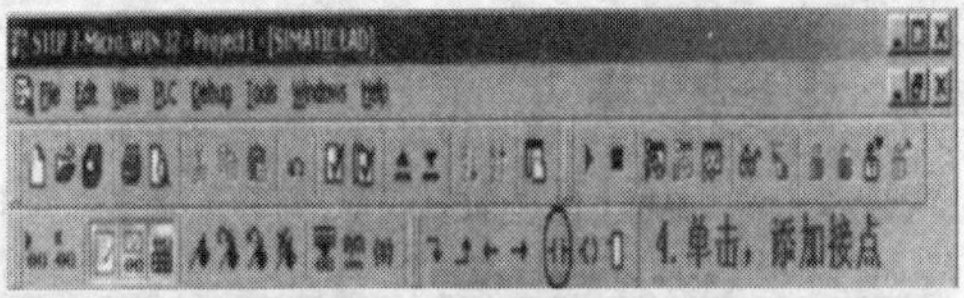

图 2-294　准备添加接点

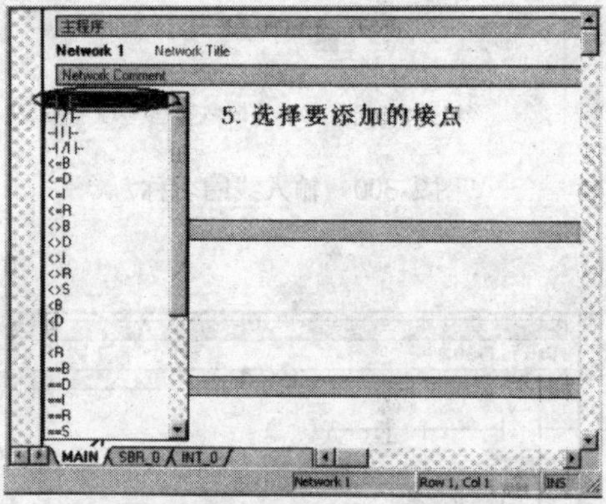

图 2-295　选择要添加的接点

输入编号的效果如图 2-297 所示。

图 2-296　输入接点编号

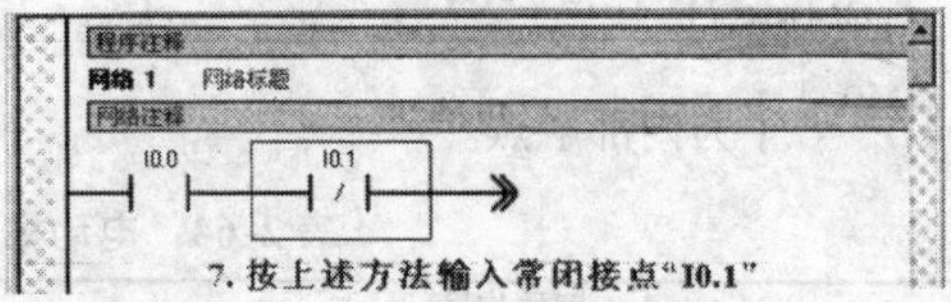

图 2-297　输入编号效果图

6）按上述方法输入常闭接点“I0. 1”，如图 2-297 所示。

7）添加线圈并实现自锁，如图 2-298 ~ 图 2-303 所示。

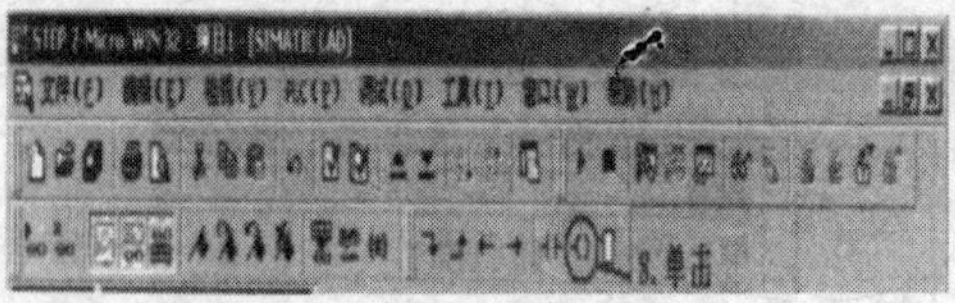

图 2-298　单击线圈按钮

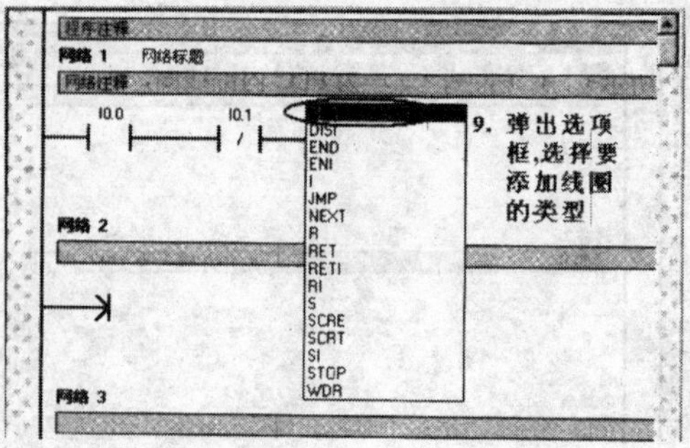

图 2-299　选择添加线圈的类型

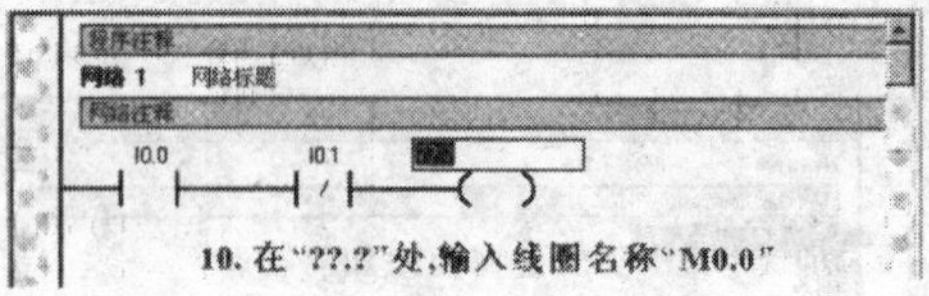

图 2-300　输入线圈名称

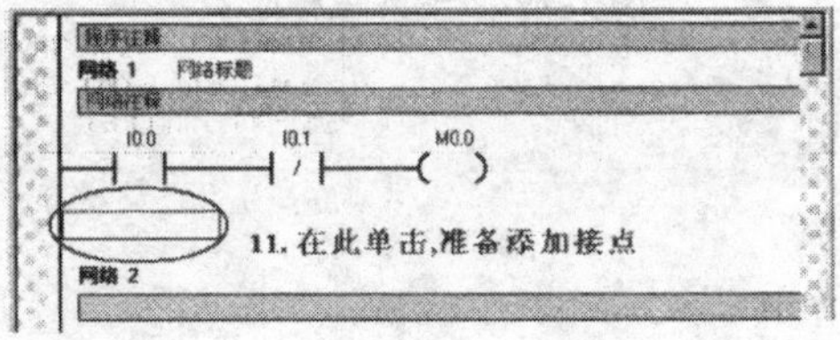

图 2-301　准备添加接点

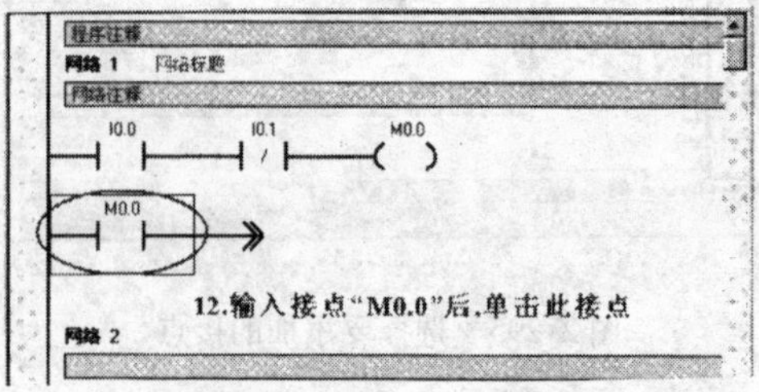

图 2-302　输入接点

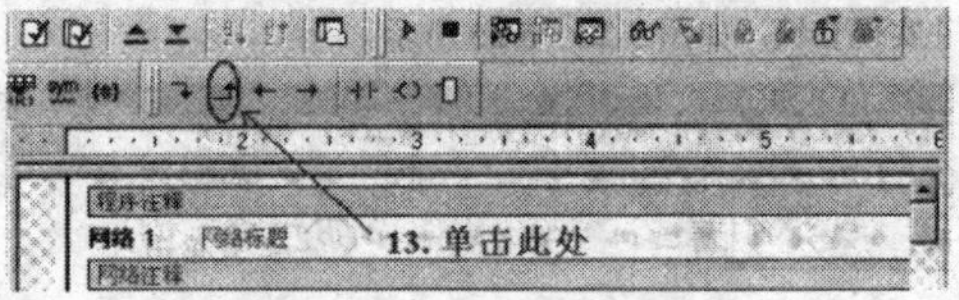

图 2-303　单击向上分支按钮

8）程序见表 2-64，—(M0.0)—，—(M0.1)—为 PLC 内部线圈，┤ M0.0 ├、┤ M0.1 ├为内部触点。

表 2-64　电动机正反转控制程序表

Network 1 网络标题 网络注释 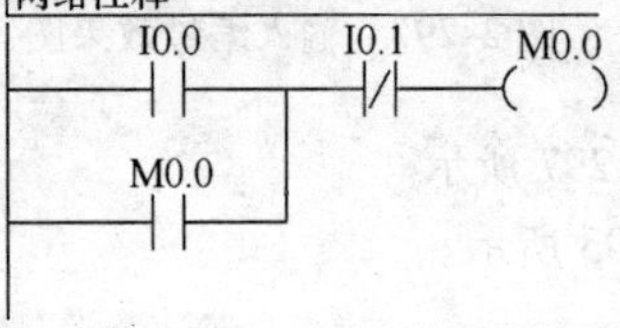	Network1 当 I0.0 输入为 I10.0 由常开变闭合，则 M0.0 得电，并对 I0.0 实现自锁 当 I0.1 输入为 1，I0.1 由常闭变断开则 M0.0 失电，并断开 I0.0 自锁

（续）

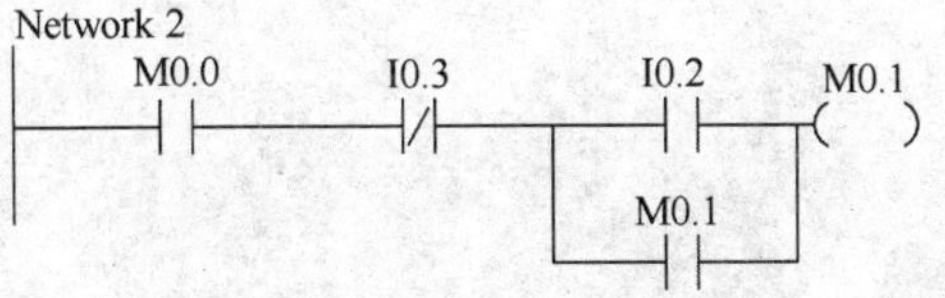	Network2 当 M0.0、I0.2 输入为 1，则 M0.1 得电，并对 I0.2 实现自锁 当 I0.3 为输入 1，I0.3 常闭变断开则 M0.1 失电，并断开 I0.2 自锁
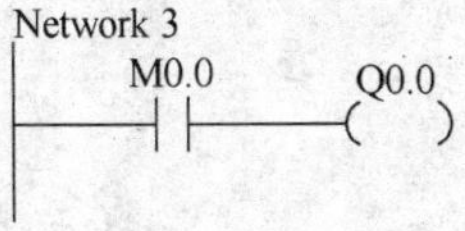	Network3 当 M0.0 为 1，则 Q0.0 得电， 当 M0.0 为 0，则 Q0.0 失电， 即实现电动机的启停
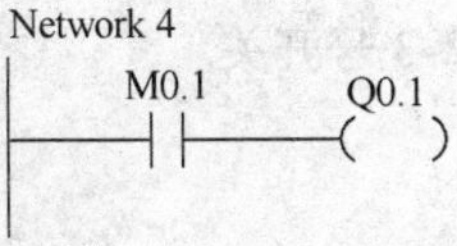	Network4 当 M0.1 为 1，则 Q0.1 得电， 当 M0.1 为 0，则 Q0.1 失电， 即实现电动机的正反转

8. 实践训练报告

1）实践训练目的。

2）实践训练设备及接线。

3）实践训练内容，写出控制要求。

4）实践训练步骤，分配 PLC 的 I/O 端口，画出实际接线图。

5）实践训练结论及程序分析，列出梯形图程序、指令字程序和说明。

6）实践训练注意事项。

7）实践训练小结。

2.6.2 实践训练 2 继电器类指令控制

1. 实践训练目的

1）熟悉和掌握所使用 PLC 以及实验训练设备的功能、特点及使用方法。

2）熟悉和掌握德国西门子 S7-200 系列 PLC 的硬、软件功能和性能。

3）掌握 S7-200 系列 PLC 继电器类指令的编程方法，根据要求编写控制程序。

2. 实践训练设备

1）S7-200 系列 PLC 主机模块。

2）S7-200 系列 PLC 实践训练设备的相关模板。

3）电源模板。

4）带有 STEP7-Micro/WIN32 编程软件的计算机。

3. 实践训练内容

1）设计照明灯的两地控制电路。

2）设计照明灯的三地控制电路。

3）电动机正反转控制电路。

4）小车直线行驶自动往返控制电路。

4. 实践训练步骤

（1）设计照明灯的两地控制电路

1）I/O 分配表：

① 输入信号：I0.0-1 号开关；I0.1-2 号开关。

② 输出信号：Q0.0-照明灯。

2）参考梯形图和语句表程序如图 2-304 所示。

（2）设计照明灯的三地控制电路

1）I/O 分配表：

① 输入信号：I0.0-1 号开关；I0.1-2 号开关；I0.2-3 号开关。

② 输出信号：Q0.0-照明灯。

2）参考梯形图和语句表程序如图 2-305 所示。

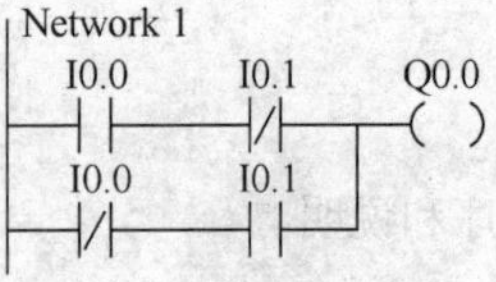


```
NETWORK   1
LD        I0.0
AN        I0.1
LDN       I0.0
A         I0.1
OLD
=         Q0.0
```

图 2-304　两地 PLC 控制

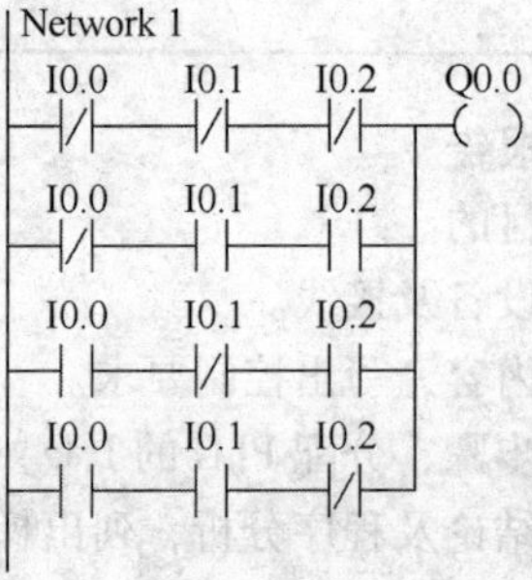


```
NETWORK   I
LDN       I0.0
AN        I0.1
AN        I0.2
LDN       I0.0
A         I0.1
A         I0.2
OLD
LDN       I0.0
AN        I0.1
A         I0.2
LDN       I0.0
A         I0.1
AN        I0.2
=         Q0.0
```

图 2-305　三地 PLC 控制

（3）电动机正反转控制电路

1）I/O 分配表：

① 输入信号：I0.0-正转按钮；I0.1-反转按钮；I0.2-停止按钮；I0.3-热继电器。

② 输出信号：Q0.0-正转线圈；Q0.1-反转线圈。

2）参考梯形图和语句表程序如图 2-306 所示。

（4）小车自动往返控制电路

1）I/O 分配表：

① 输入信号：I0.0 停止按钮；I0.1-正转按钮；I0.2-反转按钮；I0.3 热继电器；I0.4-正向限位开关；I0.5-反向限位开关。

② 输出信号：Q0.0-正转线圈；Q0.1-反转线圈。

2）参考梯形图和语句表程序如图 2-307 所示。

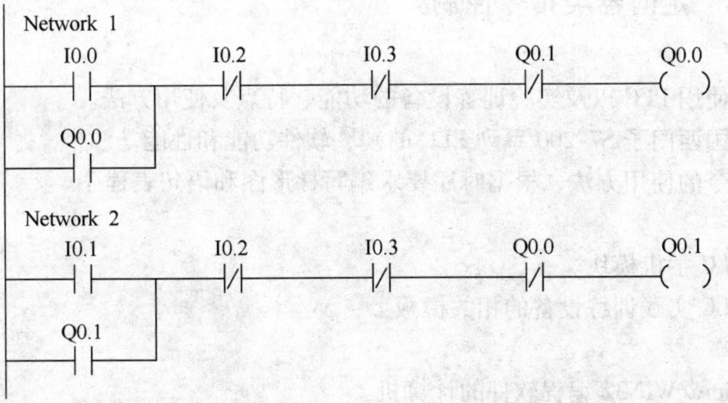


```
NETWORK    1
LD         I0.0
O          Q0.0
AN         I0.2
AN         I0.3
AN         Q0.1
=          Q0.2

NETWORK    2
LD         I0.1
O          Q0.1
AN         I0.2
AN         I0.3
AN         Q0.0
=          Q0.1
```

图 2-306　电动机正反转 PLC 控制

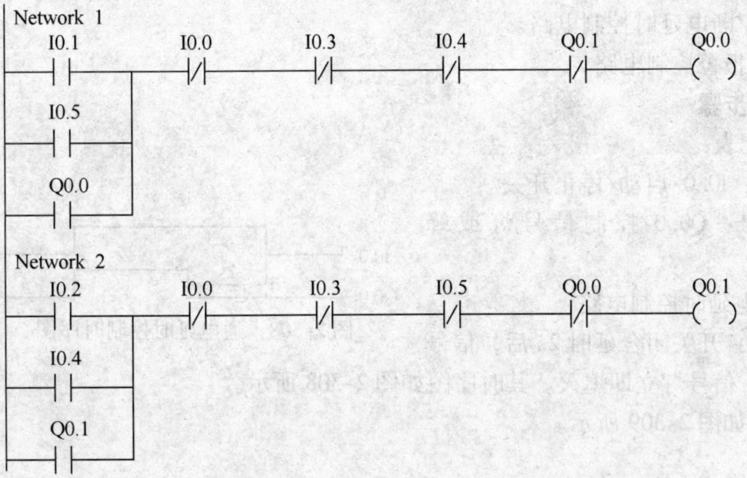


```
NETWORK    1
LD         I0.1
O          Q0.5
O          Q0.0
AN         I0.0
AN         I0.3
AN         I0.4
AN         Q0.1
=          Q0.0

NETWORK    2
LD         I0.2
O          I0.4
O          Q0.1
AN         I0.0
AN         I0.3
AN         I0.5
AN         Q0.0
=          Q0.1
```

图 2-307　小车自动往返 PLC 控制

5. 实践训练报告要求

侧面装订：

1）实践训练目的。

2）实践训练设备及接线。

3）实践训练内容，写出控制要求。

4）实践训练步骤，分配 PLC 的 I/O 端口，画出实际接线图。

5）实践训练结论及程序分析，列出梯形图程序、指令字程序和说明。

6）实践训练注意事项。

7）实践训练小结。

2.6.3 实践训练3 定时器类指令控制

1. 实践训练目的

1）熟悉和掌握所使用 PLC 以及实验训练设备的功能、特点及使用方法。

2）熟悉和掌握德国西门子 S7-200 系列 PLC 的硬、软件功能和性能。

3）掌握定时器指令的使用方法，根据时序要求编写梯形图和语句表程序。

2. 实践训练设备

1）S7-200 系列 PLC 主机模块。

2）S7-200 系列 PLC 实践训练设备的相关模板。

3）电源模板。

4）带有 STEP7-Micro/WIN32 编程软件的计算机。

3. 实践训练内容

1）设计通电延时控制电路。

2）设计断电延时控制电路。

3）设计通电/断电延时控制电路。

4）设计闪光报警控制电路。

4. 实践训练步骤

（1）I/O 分配表：

① 输入信号：I0.0-启动/停止开关。

② 输出信号：Q0.0-控制信号灯或蜂鸣器。

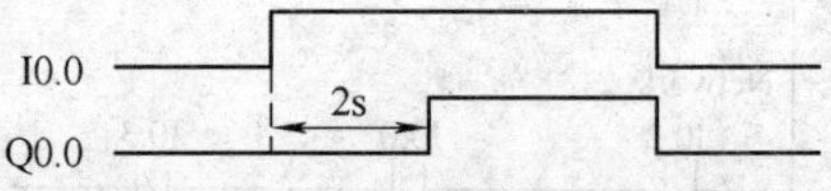

图 2-308 通电延时控制时序图

（2）设计通电延时控制电路

1）控制要求：开关闭合延时 2s 后，信号灯亮；开关断开，信号灯立即熄灭。其时序图如图 2-308 所示。

2）参考程序如图 2-309 所示。

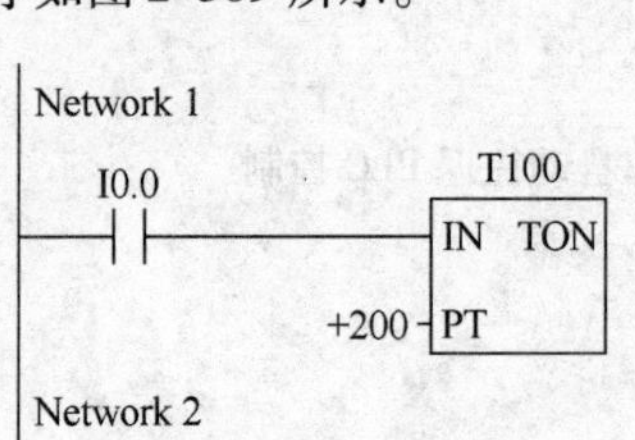


```
NETWORK   1
LD        I0.0
TON       T100,+200

NETWORK   2
LD        T100
=         Q0.0
```

图 2-309 通电延时控制参考程序

（3）设计断电延时控制电路

1）控制要求：开关闭合信号灯立即被点亮；开关断开，延时 2s 信号灯熄灭。其时序图如图 2-310 所示。

2）参考程序如图 2-311 所示。

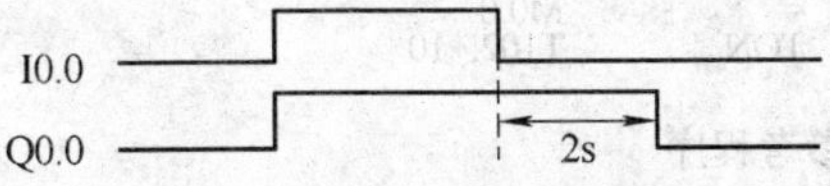

图 2-310　断电延时控制时序图

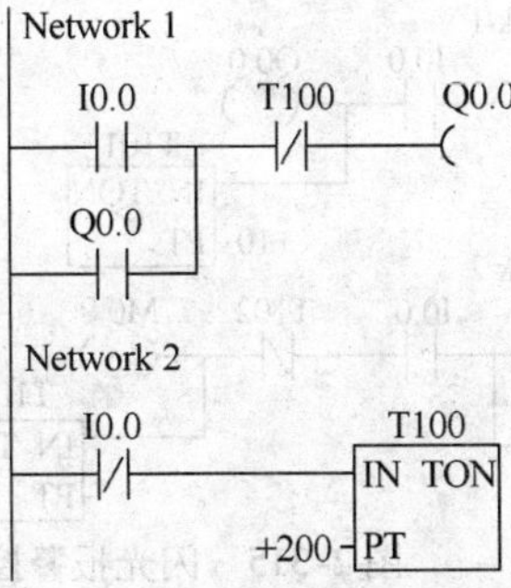


```
NETWORK   1
LD        I0.0
O         Q0.0
AN        T100
=         Q0.0

NETWORK   2
LDN       I0.0
TON       T100,+200
```

图 2-311　断电延时控制参考程序

（4）设计通电/断电延时控制电路

1）控制要求：开关闭合延时 2s 后，信号灯亮；开关断开，延时 2s 信号灯熄灭。其时序图如图 2-312 所示。

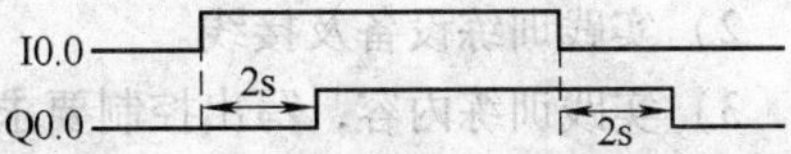

图 2-312　通电/断电延时控制时序图

2）参考程序如图 2-313 所示。

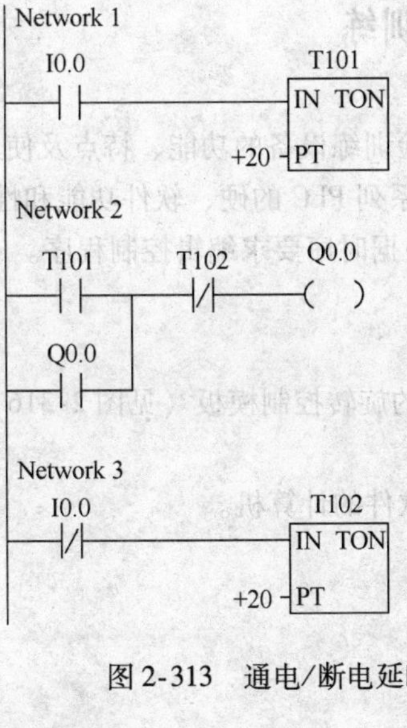


```
NETWORK  1
LD       I0.0
TON      T101,+20

NETWORK  2
LD       T101
O        Q0.0
AN       T102
=        Q0.0

NETWORK  3
LDN      I0.0
TON      T102,+20
```

图 2-313　通电/断电延时控制参考程序

（5）闪光报警控制电路

1）控制要求：开关闭合后，信号灯按 2s 的周期连续闪烁。开关断开，信号灯熄灭。其时序图如图 2-314 所示。

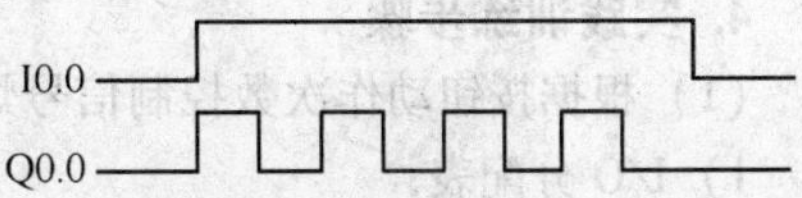

图 2-314　闪光报警控制时序图

2）参考程序如图 2-315 所示。

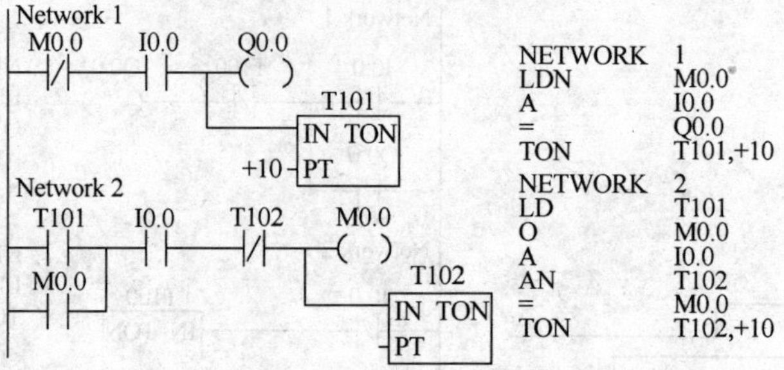

图 2-315 闪光报警控制参考程序

5. 实践训练报告

1）实践训练目的。

2）实践训练设备及接线。

3）实践训练内容，写出控制要求。

4）实践训练步骤，分配 PLC 的 I/O 端口，画出实际接线图。

5）实践训练结论及程序分析，列出梯形图程序、指令字程序和说明。

6）实践训练注意事项。

7）实践训练小结。

2.6.4 实践训练 4 计数器指令训练

1. 实践训练目的

1）熟悉和掌握所使用 PLC 以及实验训练设备的功能、特点及使用方法。

2）熟悉和掌握德国西门子 S7-200 系列 PLC 的硬、软件功能和性能。

3）掌握计数器指令的使用方法，根据时序要求编辑控制程序。

2. 实践训练设备

1）S7-200 系列 PLC 主机模块。

2）S7-200 系列 PLC 实践训练设备的旋转控制模板（见图 2-316）。

3）电源模板。

4）带有 STEP7-Micro/WIN32 编程软件的计算机。

3. 实践训练内容

1）根据按钮动作次数控制信号灯。

2）圆盘计数、定时旋转控制电路。

3）PLC 扫描周期测量电路。

4. 实践训练步骤

（1）根据按钮动作次数控制信号灯

1）I/O 分配表；

① 输入信号：I0.0-控制按钮。

② 输出信号：Q0.0-控制信号灯。

③ 计数器：C0、C1 记录按钮动作次数。

2）控制要求：按钮按下 3 次，信号灯亮；再按 2 次，灯灭，循环运行。其时序图如图 2-317 所示。

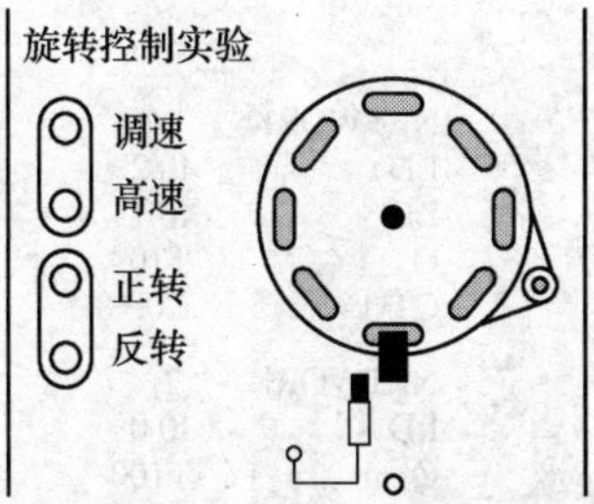

图 2-316　圆盘旋转控制模板

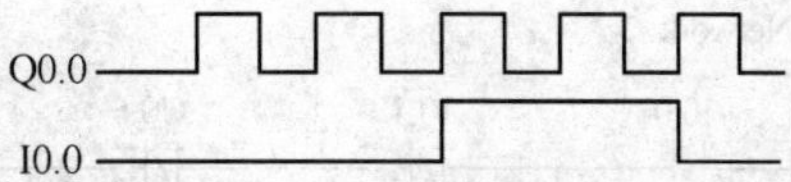

图 2-317　由按钮次数控制信号灯时序图

3）根据按钮动作次数控制信号灯参考程序如图 2-318 所示。

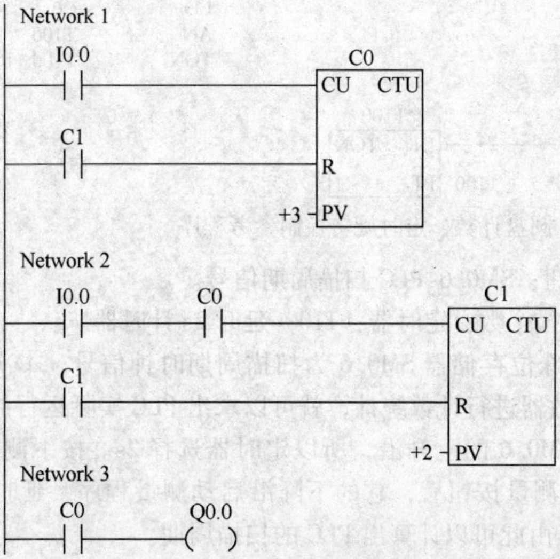


```
NETWORK    1
LD         I0.0
LD         C1
CTU        C0,+3
NETWORK    2
LD         I0.0
A          C0
LD         C1
CTU        C1,+2
NETWORK    3
LD         C0
=          Q0.0
```

图 2-318　根据按钮动作次数控制信号灯参考程序

（2）圆盘计数、定时旋转控制电路

1）I/O 分配表：

① 输入信号：I0.0-启动按钮；I0.1-停止按钮；I0.2-光电开关脉冲信号。

② 输出信号：Q0.0-控制信号灯。

③ 计数器：C0-光电脉冲计数。

④ 定时器：T100-延时 1s 定时器。

2）控制功能：圆盘启动后，旋转一周（对应光电开关产生 8 个计数脉冲）停止；延时 1s 后，继续旋转一周；以此规律重复运行，直到按下停止按钮时为止。

3）参考程序如图 2-319 所示。

（3）PLC 扫描周期测量电路

1）I/O 分配表；

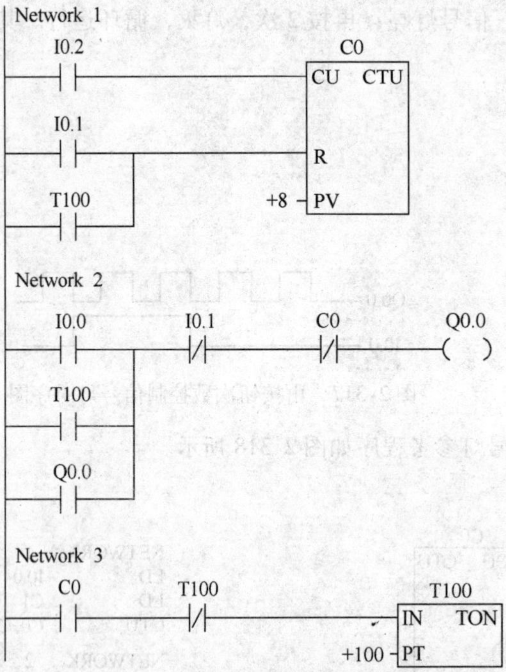


```
NETWORK    1
LD         I0.2
LD         I0.1
O          T100
CTU        C0,+8
NETWORK    2
LD         I0.0
O          T100
O          Q0.0
AN         I0.1
AN         C0
=          Q0.0
NETWORK    3
LD         C0
AN         T100
TON        T100,+100
```

图 2-319　圆盘计数、定时旋转控制参考程序

① 输入信号：I0. 0-测量按钮；SM0. 6-PLC 扫描周期信号。

② 计数器：C0-保存每秒扫描个数；定时器：T100-延时 2s 计时器。

2）工作原理：S7-200 的特殊位存储器 SM0. 6 为扫描周期时钟信号，本次扫描若为 1，下次扫描就为 0。使用计数器进行计数统计，就可以求出 PLC 实际运行的扫描周期。由于加法计数器仅能捕捉 SM0. 6 的上升沿，所以定时器选择 2s。按下测量按钮，计数器和计时器均被复位；松开测量按钮后，它的下降沿启动测量程序，延时 2s，C0 的数值即为每秒 PLC 扫描次数，由此可以计算出 PLC 的扫描周期。

参考程序如图 2-320 所示。

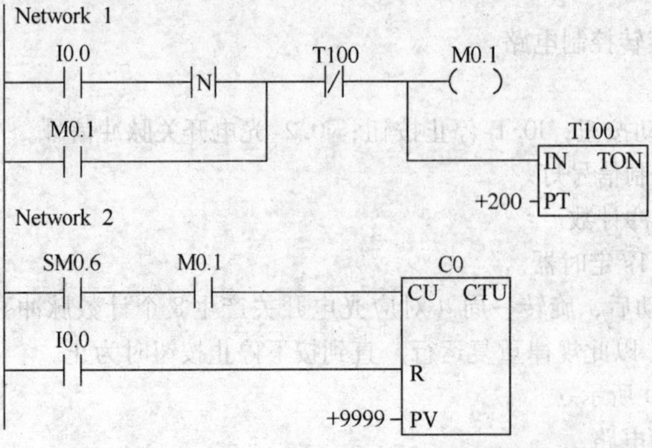


```
NETWORK    1
LD         I0.0
ED
O          M0.1
AN         T100
=          M0.1
TON        T100,+200

NETWORK    2
LD         SM0.6
A          M0.1
LD         I0.0
CTU        C1,+9999
```

图 2-320　PLC 扫描周期测量参考程序

5. 实践训练报告

1）实践训练目的。

2）实践训练设备及接线。

3）实践训练内容，写出控制要求。

4）实践训练步骤，分配 PLC 的 I/O 端口，画出实际接线图。

5）实践训练结论及程序分析，列出梯形图程序、指令字程序和说明。

6）实践训练注意事项。

7）实践训练小结。

2.6.5 实践训练 5 微分指令、锁存器指令控制

1. 实践训练目的

1）熟悉了解和掌握所使用 PLC 以及实验设备的功能、特点及使用方法。

2）熟悉德国西门子 S7-200 系列 PLC 的硬、软件功能和性能。

3）掌握微分指令、锁存器指令的使用方法，根据控制要求编辑控制程序。

2. 实践训练设备

1）S7-200 系列 PLC 主机模块。

2）S7-200 系列 PLC 实践训练设备的相关模板。

3）电源模板。

4）带有 STEP7-Micro/WIN32 编程软件的计算机。

3. 实践验训练内容

1）正微分指令控制电路。

2）正微分/负微分指令控制电路。

3）单输入按钮/单输出信号灯控制电路。

4）单输入按钮/双输出信号灯控制电路 1。

5）单输入按钮/双输出信号灯控制电路 2。

4. 实践训练步骤

（1）I/O 分配表：

① 输入信号：I0.0-启动/停止按钮。

② 输出信号：Q0.0-控制信号灯或蜂鸣器。

（2）正微分指令控制电路

1）控制要求：按钮闭合的时间无论长短，蜂鸣器均发出 1s 声响。

2）参考程序如图 2-321 所示。

（3）正微分/负微分指令控制电路

1）控制要求：按钮闭合或断开时，蜂鸣器均发出 1s 声响。

2）参考程序如图 2-322 所示。

（4）单输入按钮/单输出信号灯控制电路

1）控制要求：用一只按钮控制一盏灯，第一次按下时灯亮；第二次按下时灯灭；即按下奇数次时灯点亮，按下偶数次时灯熄灭。

2）参考程序如图 2-323 所示。

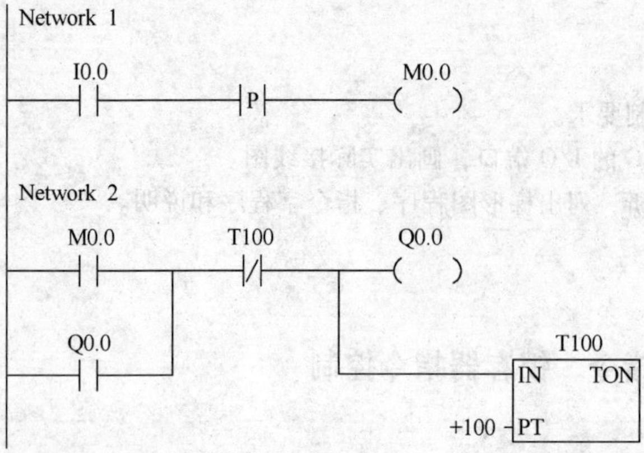


```
NETWORK  1
LD       I0.0
EU
=        M0.0

NETWORK  2
LD       M0.0
O        Q0.0
AN       T100
=        Q0.0
TON      C100,+100
```

图 2-321　正微分指令控制参考程序

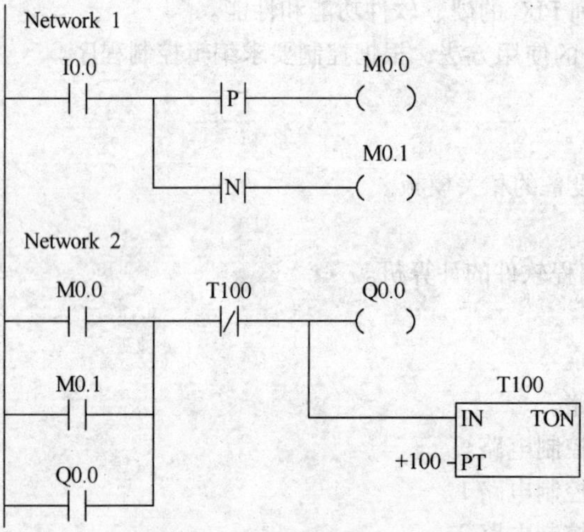


```
NETWORK  1
LD       I0.0
LPS
EU
=        M0.0
LPP
ED
=        M0.1
NETWORK  2
LD       M0.0
O        M0.1
O        Q0.0
AN       T100
=        Q0.0
TON      T100,+100
```

图 2-322　正微分/负微分指令控制参考程序

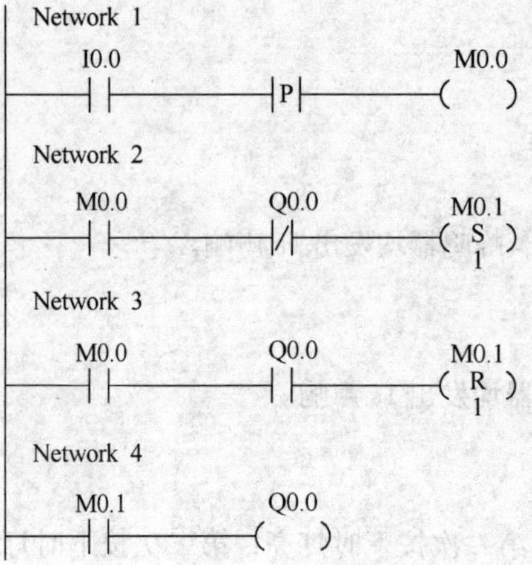


```
NETWORK  1
LD       I0.0
EU
=        M0.0
NETWORK  2
LD       M0.0
AN       Q0.0
S        M0.1
NETWORK  3
LD       M0.0
A        Q0.0
R        M0.1
NETWORK  4
LD       M0.1
=        Q0.0
```

图 2-323　单输入按钮/单输出信号灯控制参考程序

(5) 单输入按钮/双输出信号灯控制电路 1

1）控制要求：用一只按钮控制两盏灯，第一次按下时第一盏灯亮；第二次按下时第一盏灯灭，同时第二盏灯亮；第三次按下时两盏灯灭；按此规律循环执行。

2）参考程序如图 2-324 所示。

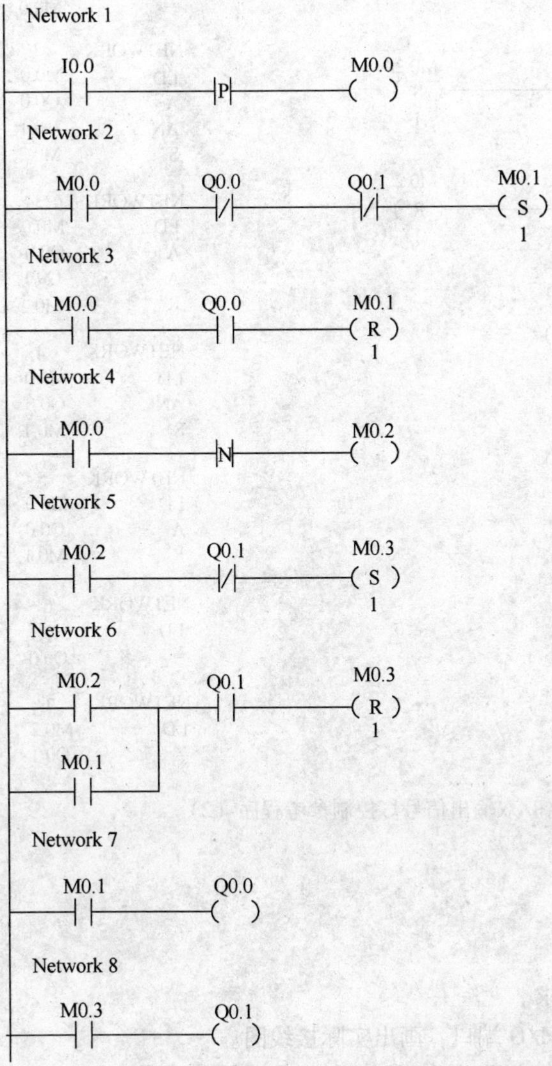


```
NETWORK    1
LD         I0.0
EU
=          M0.0

NETWORK    2
LD         M0.0
AN         Q0.0
AN         Q0.1
S          M0.1, 1

NETWORK    3
LD         M0.0
A          Q0.0
R          M0.1, 1

NETWORK    4
LD         M0.0
ED
=          M0.2

NETWORK    5
LD         M0.2
AN         Q0.1
S          M0.3

NETWORK    6
LD         M0.2
O          M0.1
A          Q0.1
R          M0.3, 1

NETWORK    7
LD         M0.1
=          Q0.0

NETWORK    8
LD         M0.3
=          Q0.1
```

图 2-324　单输入按钮/双输出信号灯控制参考程序（1）

(6) 单输入按钮/双输出信号灯控制电路 2

1）控制要求：用一只按钮控制两盏灯，第一次按下时第一盏灯亮；第二次按下时第一盏灯灭，同时第二盏灯亮；第三次按下时两盏灯同时亮；第四次按下时两盏灯同时灭。按此规律循环执行。

2）参考程序如图 2-325 所示。

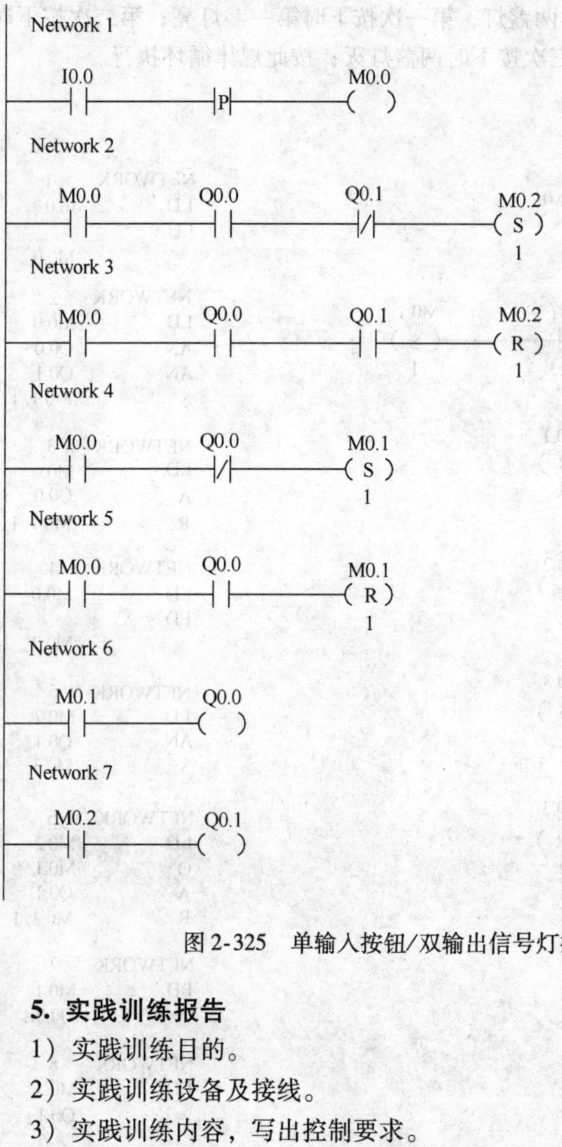


```
NETWORK  1
LD       I0.0
EU
=        M0.0

NETWORK  2
LD       M0.0
A        Q0.0
AN       Q0.1
S        M0.2, 1

NETWORK  3
LD       M0.0
A        Q0.0
A        Q0.1
R        M0.2, 1

NETWORK  4
LD       M0.0
AN       Q0.0
S        M0.1, 1

NETWORK  5
LD       M0.0
A        Q0.0
R        M0.1, 1

NETWORK  6
LD       M0.1
=        Q0.0

NETWORK  7
LD       M0.2
=        Q0.1
```

图 2-325　单输入按钮/双输出信号灯控制参考程序（2）

5. 实践训练报告

1）实践训练目的。

2）实践训练设备及接线。

3）实践训练内容，写出控制要求。

4）实践训练步骤，分配 PLC 的 I/O 端口，画出实际接线图。

5）实践训练结论及程序分析，列出梯形图程序、指令字程序和说明。

6）实践训练注意事项。

7）实践训练小结。

2.6.6　实践训练 6　移位指令控制

1. 实践训练目的

1）熟悉了解和掌握所使用 PLC 以及实验训练设备的功能、特点及使用方法。

2）熟悉德国西门子 S7-200 系列 PLC 的硬、软件功能和性能。

3）掌握移位指令的编程方法，根据控制要求编辑控制程序。

2. 实践训练设备

1）S7-200 系列 PLC 主机模块。

2）S7-200 系列 PLC 实践训练设备的相关模板。

3）电源模板。

4）带有 STEP7-Micro/WIN32 编程软件的计算机。

3. 实践训练内容

1）信号灯单方向顺序通断控制。

2）信号灯单方向顺序单通控制。

3）信号灯正序导通、反序关断控制。

4. 实践训练步骤

（1）信号灯单方向顺序通断控制

1）I/O 分配表：

① 输入信号：I0.0-运行开关；I0.1-停止开关。

② 输出信号：Q0.0～Q0.7，8 个信号灯控制。

③ 定时器；T100-控制信号灯依次通断的延时时间。

2）控制要求：8 个信号灯用两个按钮控制，一个作为移位按钮，一个作为停机复位按钮。当移位按钮按下时，信号灯依次从第一个灯开始向后逐个被点亮；按钮松开时，信号灯依次从第一个开始向后逐个熄灭。位移间隔时间为 0.5s，当停机按钮按下时，灯全部熄灭。

3）参考程序如图 2-326 所示。

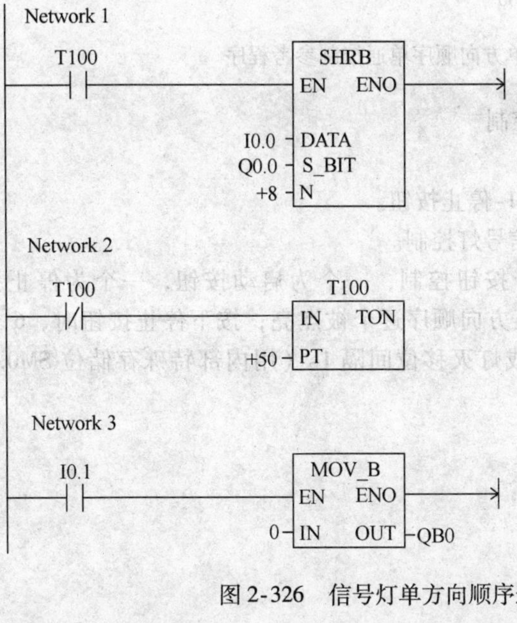


```
NETWORK   1
LD        T100
SHRB      I0.0, Q0.0, +8
NETWORK   2
LDN       T100
TON       T100, +50
NETWORK   3
LD        I0.1
MOVB      0, QB0
```

图 2-326　信号灯单方向顺序通断控制参考程序

（2）信号灯单方向顺序单通控制

1）I/O 分配表：

① 输入信号：I0.0-点动按钮；I0.1-连续运行按钮。

② 输出信号：Q0.0～Q0.7，8 个信号灯控制。

2）控制要求：8 个信号灯用三个按钮控制，实现单方向逐个按顺序亮，每次只有一个灯亮，所以称为单方向顺序单通控制。亮灯的移位方式有两种，一种为点动移位，用点动按钮实现，按钮每按下一次，亮灯向后移动一位；另一种为连续移位方式，按钮按下即可使亮灯连续向右位移，移位的间隔时间 1s（用内部特殊存储位 SM0.5 控制），亮灯位移可以重复循环。按下停机按钮，信号灯全部熄灭。

3）参考程序如图 2-327 所示。

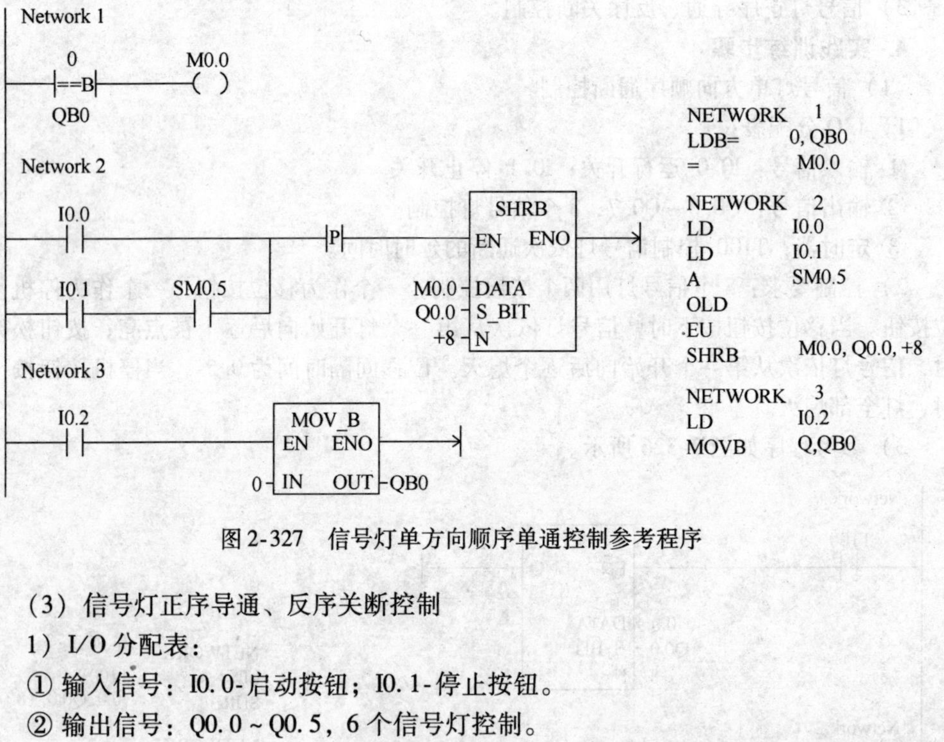

图 2-327　信号灯单方向顺序单通控制参考程序

（3）信号灯正序导通、反序关断控制

1）I/O 分配表：

① 输入信号：I0.0-启动按钮；I0.1-停止按钮。

② 输出信号：Q0.0～Q0.5，6 个信号灯控制。

2）控制要求：6 个信号灯用两个按钮控制，一个为启动按钮，一个为停止按钮。按下启动按钮时，6 个信号灯按正方向顺序逐个被点亮；按下停止按钮时，6 个信号灯按反方向顺序逐个熄灭。灯亮或灯灭移位间隔 1s（用内部特殊存储位 SM0.5 控制）。

3）参考程序如图 2-328 所示。

5. 实践训练报告

1）实践训练目的。

2）实践训练设备及接线。

3）实践训练内容，写出控制要求。

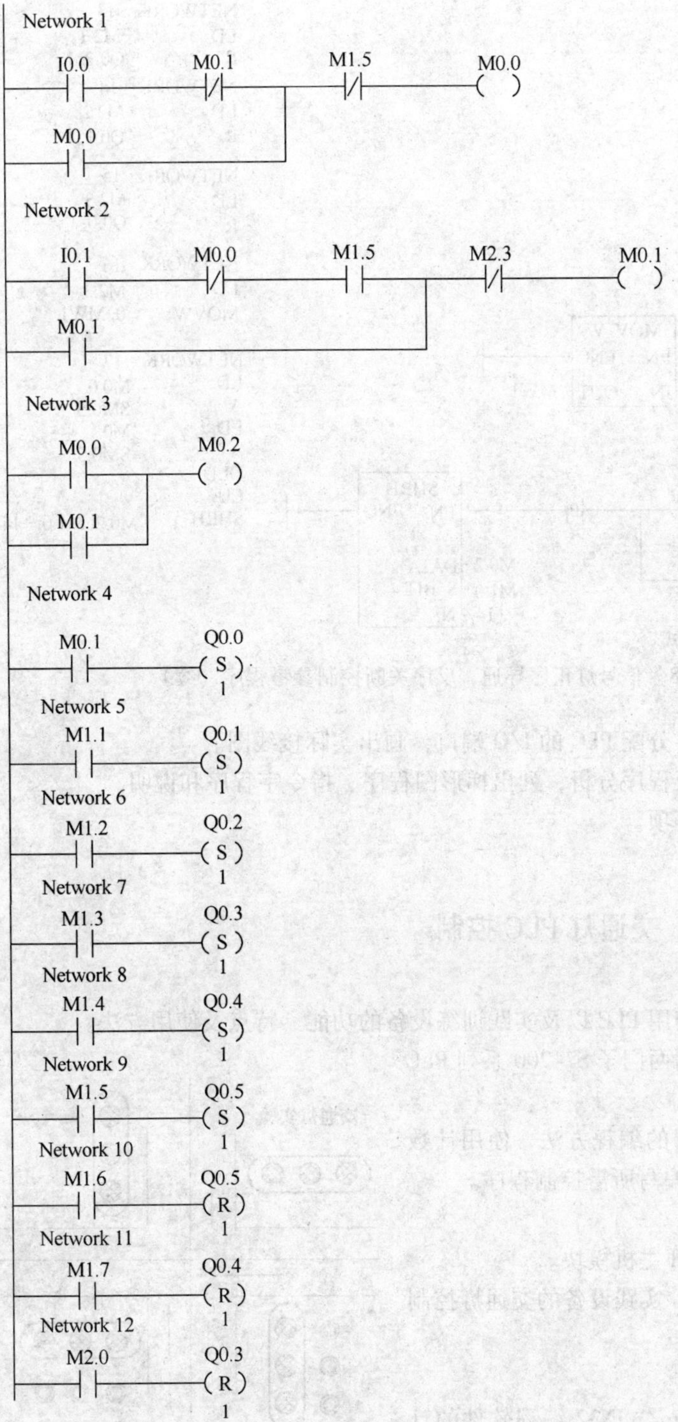


```
NETWORK    1
LD         I0.0
AN         M0.1
O          M0.0
AN         M1.5
=          M0.0
NETWORK    2
LD         I0.1
AN         M0.0
A          M1.5
O          M0.1
AN         M2.3
=          M0.1
NETWORK    3
LD         M0 .0
O          M0.1
=          M0.2
NETWORK    4
LD         M1.0
S          Q0.0, 1
NETWORK    5
LD         M1.1
S          Q0.1, 1
NETWORK    6
LD         M1.2
S          Q0.2, 1
NETWORK    7
LD         M1.3
S          Q0.3, 1
NETWORK    8
LD         M1.4
S          Q0.4, 1
NETWORK    9
LD         M1.5
S          Q0.5, 1
NETWORK    10
LD         M1.6
R          Q0.5, 1
NETWORK    11
LD         M1.7
R          Q0.4, 1
NETWORK    12
LD         M2.0
R          Q0.3, 1
```

图 2-328　信号灯正序导通、反序关断控制参考程序

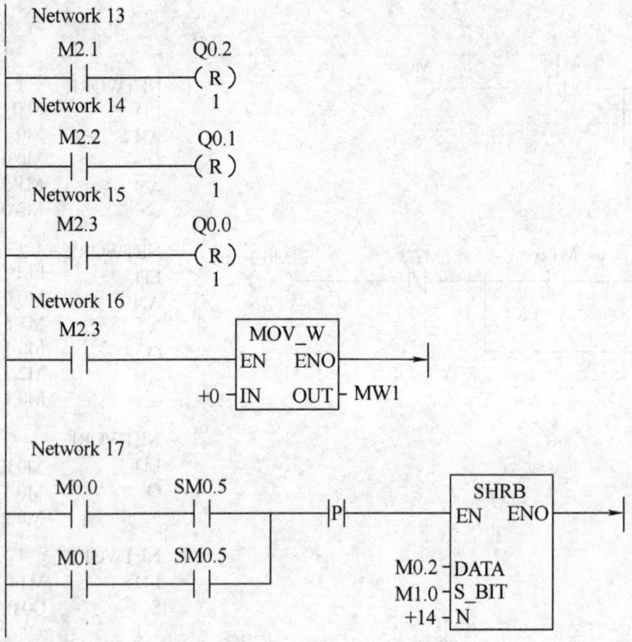


```
NETWORK  13
LD       M2.1
R        Q0.2, 1
NETWORK  14
LD       M2.2
R        Q0.1, 1
NETWORK  15
LD       M2.3
R        Q0.0, 1
NETWORK  16
LD       M2.3
MOVW     0, MW1
NETWORK  17
LD       M0.0
A        SM0.5
LD       M0.1
A        SM0.5
OLD
EU
SHRB     M0.2, M1.0, +14
```

图 2-328　信号灯正序导通、反序关断控制参考程序（续）

4）实践训练步骤，分配 PLC 的 I/O 端口，画出实际接线图。

5）实践训练结论及程序分析，列出梯形图程序、指令字程序和说明。

6）实践训练注意事项。

7）实践训练小结。

2.6.7　实践训练 7　交通灯 PLC 控制

1. 实践训练目的

1）熟悉和掌握所使用 PLC 以及实践训练设备的功能、特点及使用方法。

2）熟悉和掌握德国西门子 S7-200 系列 PLC 的硬、软件功能和性能。

3）掌握 PLC 计数器的编程方法，使用计数器完成时序控制功能，编写所需控制程序。

2. 实践训练设备

1）S7-200 系列 PLC 主机模块。

2）S7-200 系列 PLC 实践设备的交通灯控制模板（见图 2-329）。

3）电源模板。

4）带有 STEP7-Micro/WIN32 编程软件的计算机。

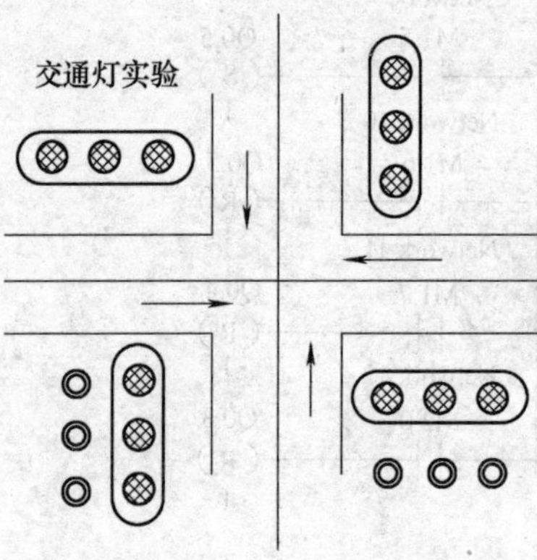

图 2-329　交通灯控制模板

3. 实践训练内容

1）设计灯光闪烁控制电路。

2）用 PLC 实现路口交通灯的自动控制。

4. 实践训练步骤

（1）灯光闪烁控制电路

1）I/O 分配表：

① 输入信号：I0.0-运行按钮；I0.1-停止按钮。

② 输出信号：Q0.0-信号灯。

③ 计数器：C0-控制信号灯亮的计数器；C1-控制信号灯灭的计数器。

④ SM0.5 为系统状态位，该位提供了一个周期为 1s、占空比为 0.5 的时钟。

在 PLC 实践训练装置上选择按钮和发光管，运行后观察发光管的显示状态。正常运行后，再调整时间常数，改变闪烁周期和发光管亮、灭的占空比。

2）控制要求：设计一个信号灯闪烁电路，亮 5s 灭 5s，循环运行。

3）参考程序如图 2-330 所示。

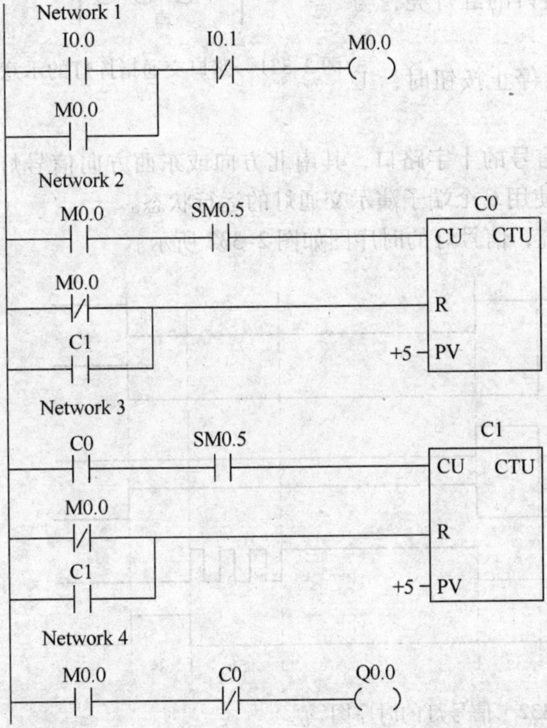


```
NETWORK  1
LD       I0.0
O        M0.0
AN       I0.1
=        M0.0

NETWORK  2
LD       M0.0
A        SM0.5
LDN      M0.0
O        C1
CTU      C0, +5

NETWORK  3
LD       C0
A        SM0.5
LDN      M0.0
O        C1
CTU      C1, +5

NETWORK  4
LD       M0.0
AN       C0.
=        Q0.0
```

图 2-330　灯光闪烁控制参考程序

（2）交通路口信号灯的控制电路

1）I/O 分配表：

① 输入信号：I0.0-运行按钮；I0.1-停止按钮。

② 输出信号：Q0.0-南北路口红色信号灯；Q0.1-南北路口黄色信号灯；
Q0.2-南北路口绿色信号灯；Q0.3-东西路口红色信号灯；
Q0.4-东西路口黄色信号灯；Q0.5-东西路口绿色信号灯。

③ 定数器：C0-绿色信号灯运行时间设定值（7s）；
C1-绿色信号灯闪烁时间设定值（闪3次）；
C2-黄色信号灯运行时间设定值（3s）。

2）控制要求：图2-331是一个十字路口交通指挥灯的示意图，采用PLC实现灯光控制。要求如下：

① 当启动开关接通时，系统开始工作，首先是东西通行，即东西绿灯亮，南北红灯亮。

② 东西绿灯工作到7s时，开始5s的闪烁，然后变为黄灯，黄灯工作3s后，东西路口的红灯亮，与此同时南北红灯熄灭，南北绿灯亮。

③ 南北绿灯工作到7s时，开始5s的闪烁，然后变为黄灯，黄灯工作3s后，南北路口的红灯亮，与此同时东西红灯熄灭，绿灯亮。

④ 按上述方式重复运行，按动停止按钮时，工作结束，所有信号灯都熄灭。

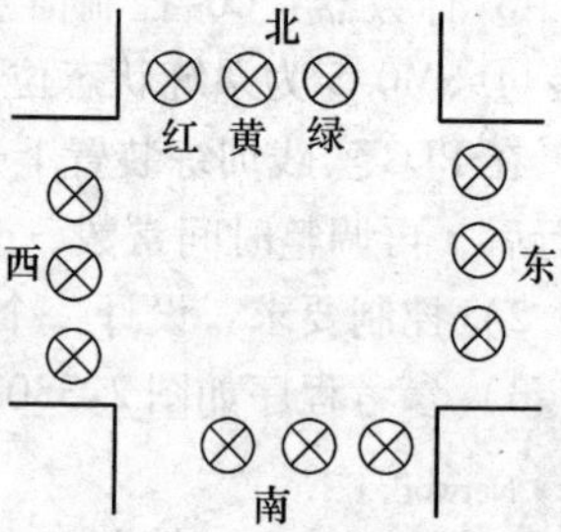

图2-331　路口交通指挥灯的示意图

对于一个仅有红、黄、绿三种信号的十字路口，其南北方向或东西方向信号灯的动作是一致的，所以PLC实验装置使用6个端子演示交通灯的运行状态。

可以看出这是一个时序控制系统，信号灯的时序图如图2-332所示。

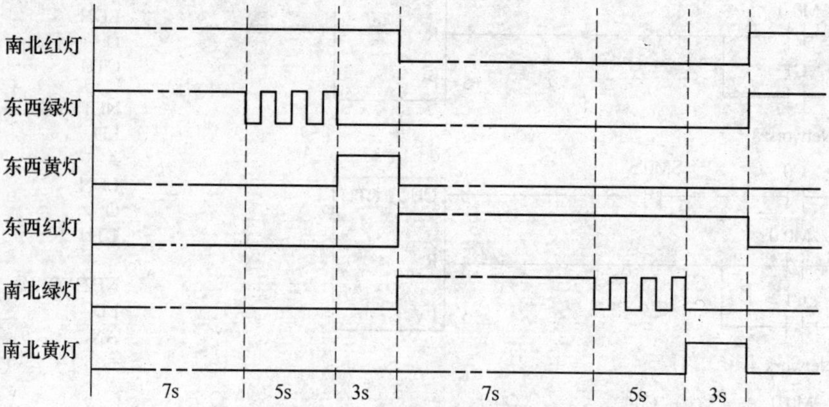

图2-332　信号灯的时序图

3）参考程序如图2-333所示。

5. 实践训练报告

1）实践训练目的。

2）实践训练设备及接线。

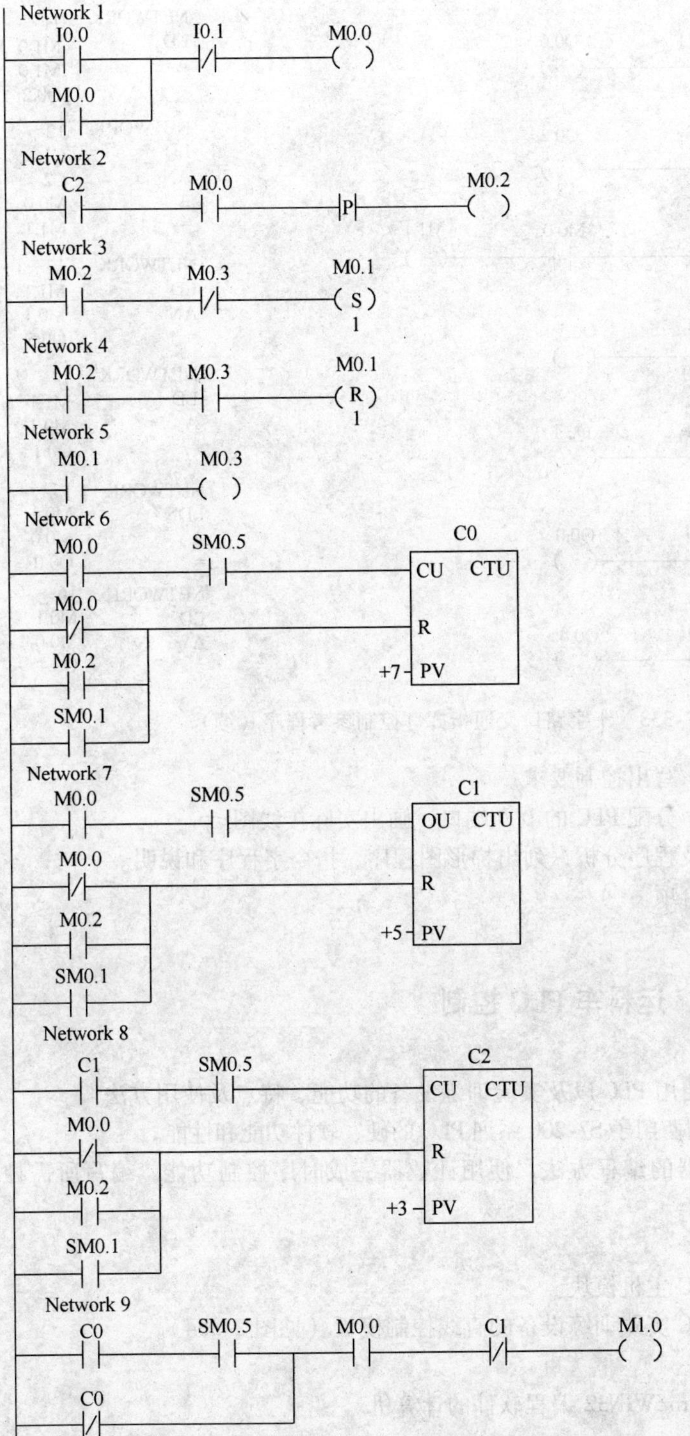


```
NETWORK   1
LD        I0.0
O         M0.0
AN        I0.1
=         M0.0
NETWORK   2
LD        C2
A         M0.0
EU
=         M0.2
NETWORK   3
LD        M0.2
AN        M0.3
S         M0.1, 1
NETWORK   4
LD        M0.2
A         M0.3
R         M0.1, 1
NETWORK   5
LD        M0.1
=         M0.3
NETWORK   6
LD        M0.0
A         SM0.5
LDN       M0.0
O         M0.2
O         SM0, 1
CTU       C0, +7
NETWORK   7
LD        CO
A         CM0.5
LDN       M0.0
O         M0.2
O         SM0, 1
CTU       C1, +5
NETWORK   8
LD        C1
A         SM0.5
LDN       M0.0
O         M0.2
O         SM0.1
CTU       C2, +3
NETWORK   9
LD        C0
A         SM0.5
ON        C0
A         M0.0
AN        C3
=         M1.0
NETWORK   10
LD        M1.0
AN        M0.1
=         Q0.6
```

图 2-333　十字路口交通指挥灯控制参考程序

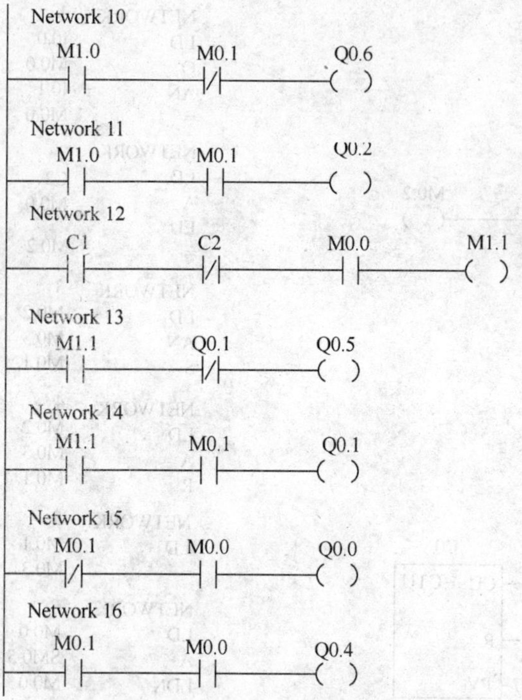


```
NETWORK 11
LD      M1.0
A       M1.0
=       Q0.2
NETWORK 12
LD      C1
AN      C2
A       M0.0
=       M1.1
NETWORK 13
LD      M1.1
AN      M0.1
=       Q0.5
NETWORK 14
LD      M1.1
A       M0.1
=       Q0.1
NETWORK 15
LDN     M0.1
A       M0.0
=       Q0.0
NETWORK 16
LD      M0.1
A       M0.0
=       Q0.4
```

图 2-333　十字路口交通指挥灯控制参考程序（续）

3）实践训练内容，写出控制要求。

4）实践训练步骤，分配 PLC 的 I/O 端口，画出实际接线图。

5）实践训练结论及程序分析，列出梯形图程序、指令字程序和说明。

6）实践训练注意事项。

7）实践训练小结。

2.6.8　实践训练 8　运料车 PLC 控制

1. 实践训练目的

1）熟悉和掌握所使用 PLC 以及实验训练设备的功能、特点及使用方法。

2）熟悉和掌握德国西门子 S7-200 系列 PLC 的硬、软件功能和性能。

3）掌握 PLC 计数器的编程方法，使用计数器完成时序控制功能，编写所需控制程序。

2. 实践训练设备

1）S7-200 系列 PLC 主机模块。

2）S7-200 系列 PLC 实践训练设备的直线控制模板（见图 2-334）。

3）电源模板。

4）带有 STEP7-Micro/WIN32 编程软件的计算机。

3. 实践训练内容

1）运料车的顺序控制。

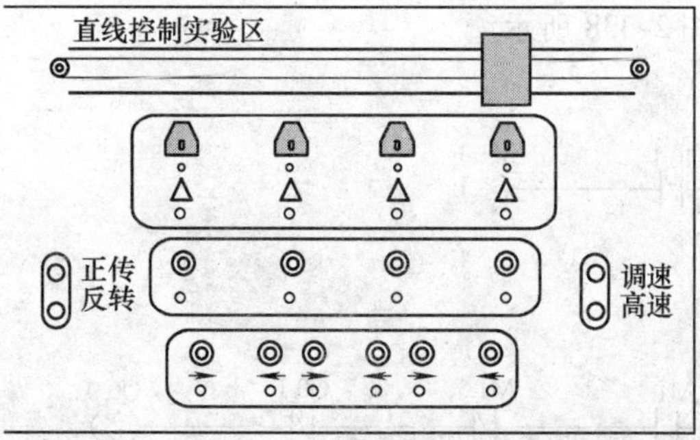

图 2-334　PLC 实验设备的直线控制模板

2）加工工序的步进控制。

3）运料车自动往返控制。

4. 实践验训练步骤

（1）运料车的顺序控制电路

1）I/O 分配表：

① 输入信号：I0.0-运行按钮；I0.1-停止按钮；I0.2-1 号行程开关；I0.3-3 号行程开关；I0.4-4 号行程开关。

② 输出信号：Q0.0-小车正向运行；Q0.1-小车反向运行；Q0.2-1 号行程开关到位指示灯；Q0.3-3 号行程开关到位指示灯；Q0.4-4 号行程开关到位指示灯。

③ 计数器：C1-启动次数计数器。

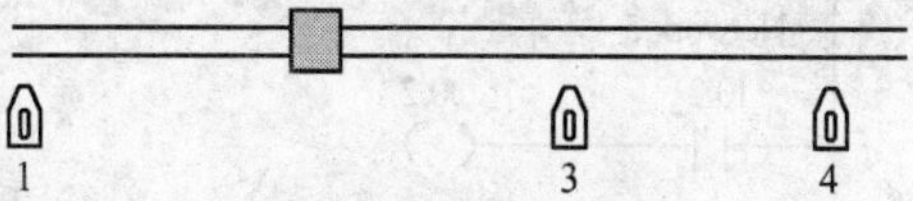

图 2-335　行程开关位置示意图

2）控制功能：在“直线运动实验区”选择 1 号、3 号和 4 号行程开关，如图 2-335 所示。启动后，电动机正转，运料小车从 1 号行程开关开始向右行驶；到达 3 号行程开关位置时电动机反转；小车返回到 1 号行程开关位置停止运行；第二次启动，3 号行程开关对小车无影响，只有到达 4 号行程开关时，运料小车才开始返回；到达 1 号行程开关位置后停止运行。

3）参考程序如图 2-336 所示。

（2）加工工序的步进控制

1）I/O 分配表：

① 输入信号：I0.1-运行按钮；I0.2-停止按钮。

② 输出信号：Q0.1 ~ Q0.4-1 号到 4 号工序的输出。

③ 计数器：C1-启动次数计数器。

2）控制要求：设某机械零件的加工分四道工序完成，共需 29s，其时序要求如图 2-337 所示。

控制开关闭合时，系统从第一道工序开始，按照图 2-337 顺序工作；当控制开关断开时，系统停止运行。下次启动时，系统又从第一道工序开始工作。这类完全按照时间间隔进行顺序控制的程序，可以全部使用定时器或采用定时器和计数器混合编程。

3）参考程序如图 2-338 所示。

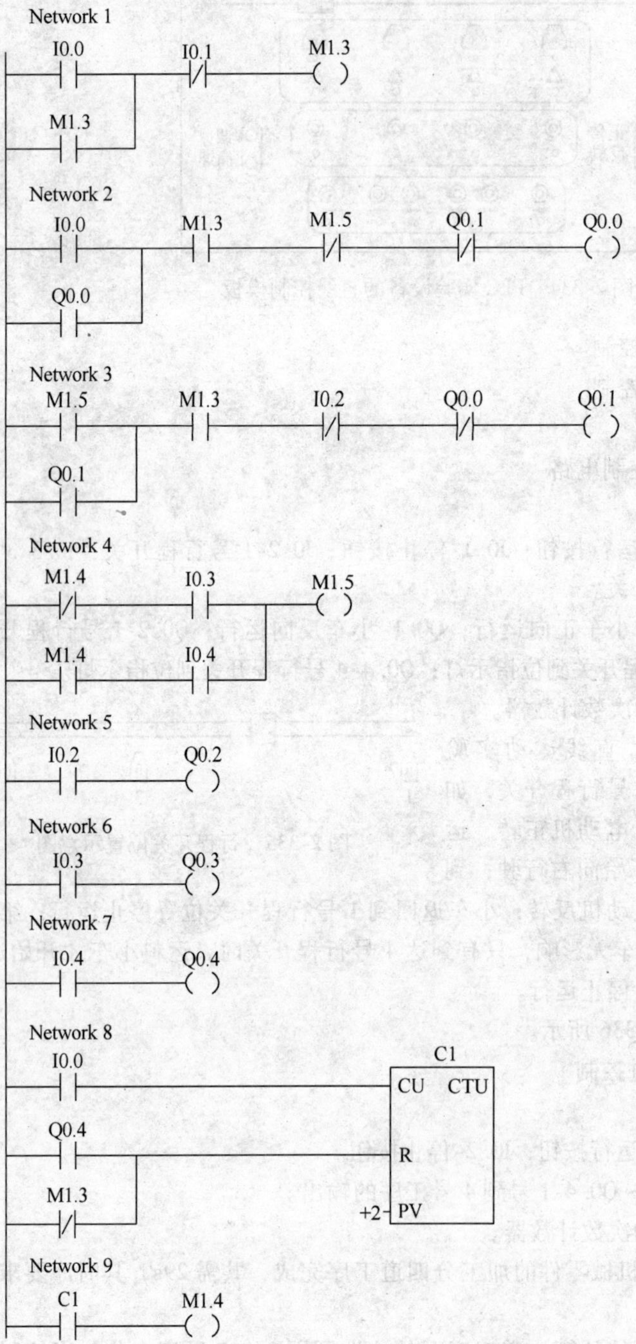


```
NETWORK   1
LD        I0.0
O         M1.3
AN        I0.1
=         M1.3

NETWORK   2
LD        I0.0
O         Q0.0
A         M1.3
AN        M1.5
AN        Q0.1
=         Q0.0

NETWORK   3
LD        M1.5
O         Q0.1
A         M1.3
AN        I0.2
AN        Q0.0
=         Q0.1

NETWORK   4
LD        M1.4
A         I0.3
LD        M1.4
A         I0.4
OLD
=         M1.5

NETWORK   5
LD        I0.2
=         Q0.2

NETWORK   6
LD        I0.3
=         Q0.3

NETWORK   7
LD        I0.4
=         Q0.4

NETWORK   8
LD        I0.0
LD        Q0.4
ON        M1.3
CTU       C1,+2

NETWORK   9
LD        C1
=         M1.4
```

图 2-336　运料车的顺序控制参考程序

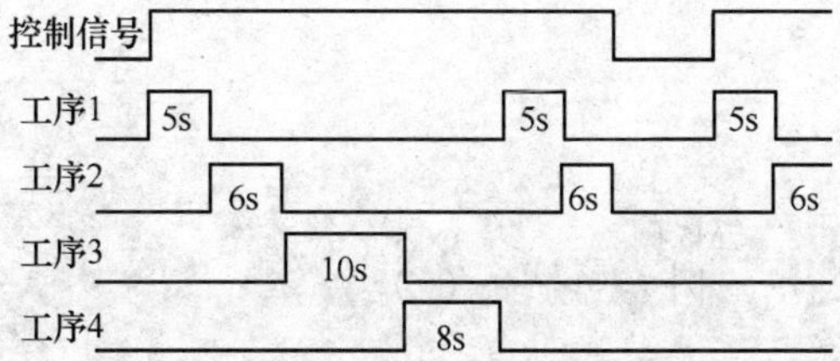

图 2-337　步进控制时序图

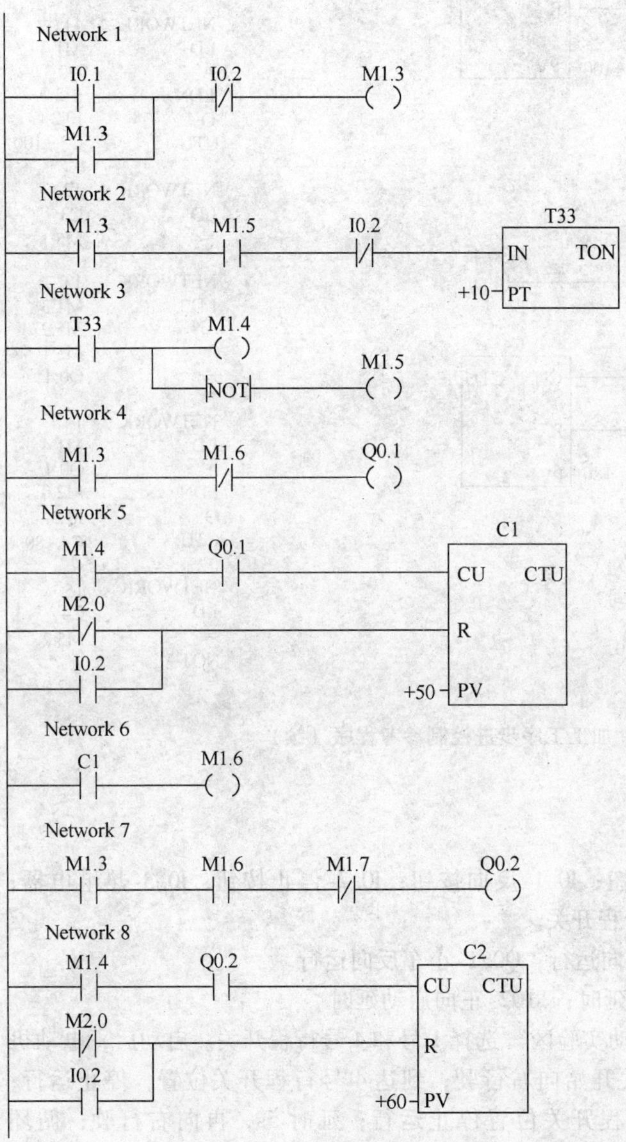


```
NETWORK   1
LD        I0.1
O         M1.3
AN        I0.2
=         M1.3
NETWORK   2
LD        M1.3
A         M1.5
AN        I0.2
TON       T33,+10
NETWORK   3
LD        T33
=         M1.4
NOT
=         M1.5
NETWORK   4
LD        M1.3
AN        M1.6
=         Q0.1
NETWORK   5
LD        M1.4
A         Q0.1
LDN       M2.0
O         I0.2
CTU       C1,+50
NETWORK   6
LD        C1
=         M1.6
NETWORK   6
LD        C1
=         M1.6
NETWORK   7
LD        M1.3
A         M1.6
AN        M1.7
=         Q0.2
NETWORK   8
LD        M1.4
A         Q0.2
```

图 2-338　加工工序步进控制参考程序

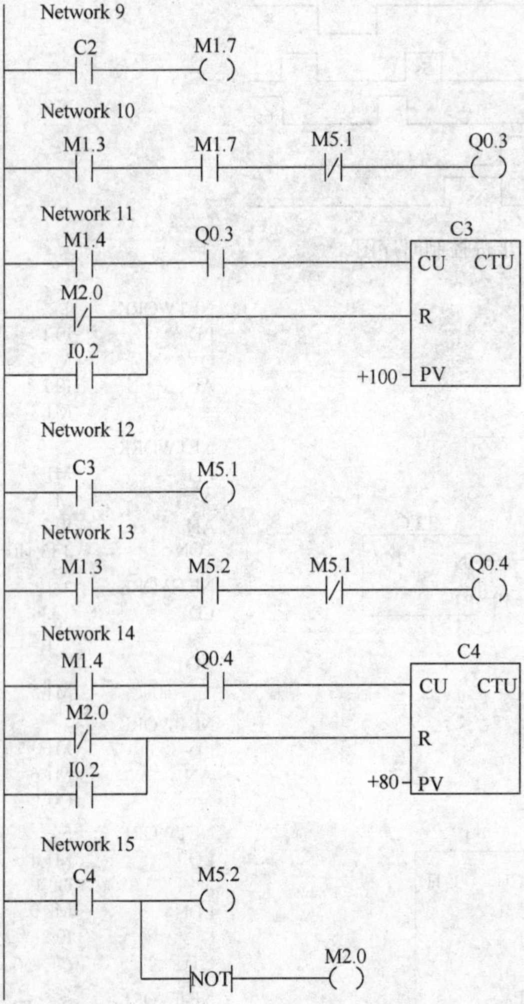


```
LDN      M2.0
O        I0.2
CTU      C2,+60

NETWORK  9
LD       C2
=        M1.7

NETWORK  10
LD       M1.3
A        M1.7
AN       M5.1
=        Q0.3

NETWORK  11
LD       M1.4
A        Q0.3
LDN      M2.0
O        I0.2
CTU      C3,+100

NETWORK  12
LD       C3
=        M5.1

NETWORK  13
LD       M1.3
AN       M5.2
A        M5.1
=        Q0.4

NETWORK  14
LD       M1.4
A        Q0.4
LDN      M2.0
O        I0.2
CTU      C4,+80

NETWORK  15
LD       C4
=        M5.2
NOT
=        M2.0
```

图 2-338　加工工序步进控制参考程序（续）

（3）运料车自动往返控制

1）I/O 分配表：

① 输入信号：I0.0-正向按钮；I0.1-反向按钮；I0.2-停止按钮；I0.3-热继电器；I0.4-4 号行程开关；I0.5-1 号行程开关。

② 输出信号：Q0.0-小车正向运行；Q0.1-小车反向运行。

③ 定时器：T101-反向启动延时；T102-正向启动延时。

2）控制要求：在“直线运动实验区”选择 1 号和 4 号行程开关。启动后，电动机正转，运料小车从 1 号行程开关开始向右行驶；到达 4 号行程开关位置，停止运行；延时 5s 后，小车返回到 1 号行程开关位置停止运行；延时 5s，再向右行驶；循环工作。

3）参考程序如图 2-339 所示。

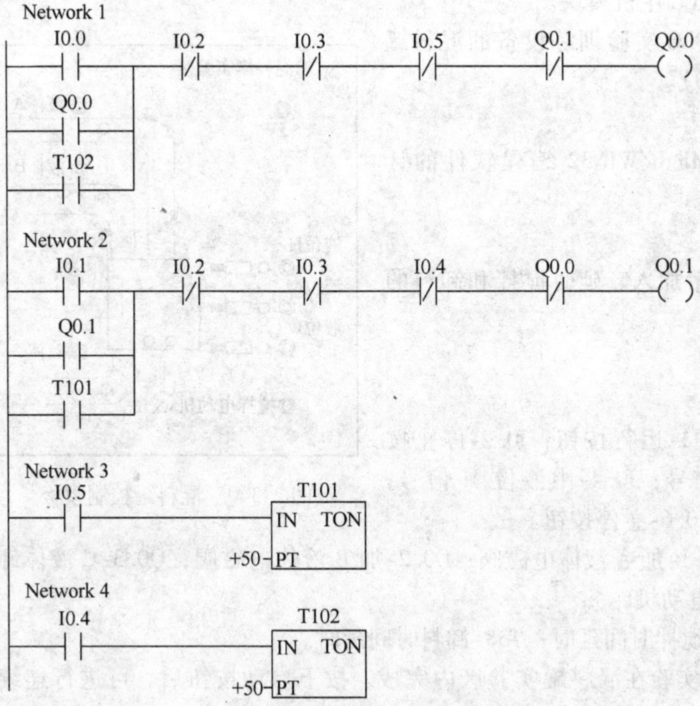


```
NETWORK 1
LD      I0.0
O       Q00
O       T102
AN      I0.2
AN      I0.3
AN      I0.5
AN      Q0.1
=       Q0.0
NETWORK 2
LD      I0.1
O       Q0.1
O       T101
AN      I0.2
AN      I0.3
AN      I0.4
AN      Q0.0
=       Q0.1
NETWORK 3
LD      I0.5
TON     T101,+50
NETWORK 4
LD      I0.4
TON     T102,+50
```

图 2-339　运料车自动往返控制

5. 实践训练报告

1）实践训练目的。

2）实践训练设备及接线。

3）实践训练内容，写出控制要求。

4）实践训练步骤，分配 PLC 的 I/O 端口，画出实际接线图。

5）实践训练结论及程序分析，列出梯形图程序、指令字程序和说明。

6）实践训练注意事项。

7）实践训练小结。

2.6.9　实践训练 9　混料罐 PLC 控制

1. 实践训练目的

1）熟悉和掌握所使用 PLC 以及实践训练设备的功能、特点及使用方法。

2）熟悉和掌握德国西门子 S7-200 系列 PLC 的硬、软件功能和性能。

3）熟悉混料罐的控制要求与程序设计方法，了解正常停机与紧急停机的差异。

2. 实践训练设备

1）S7-200 系列 PLC 主机模块。

2）S7-200 系列 PLC 实验训练设备的混料罐控制模板（见图 2-340）。

3）电源模板。

4）带有 STEP7-Micro/WIN32 编程软件的计算机。

3. 实践训练内容

编制 2 种液体定量加入、延时搅拌和卸料的控制程序。

4. 实践训练步骤

1）I/O 分配表

① 输入信号：I0.1-运行按钮；I0.2-停止按钮；I0.3-高液位 H 信号；I0.4-中液位 M 信号；I0.5-低液位 L 信号；I0.6-急停按钮。

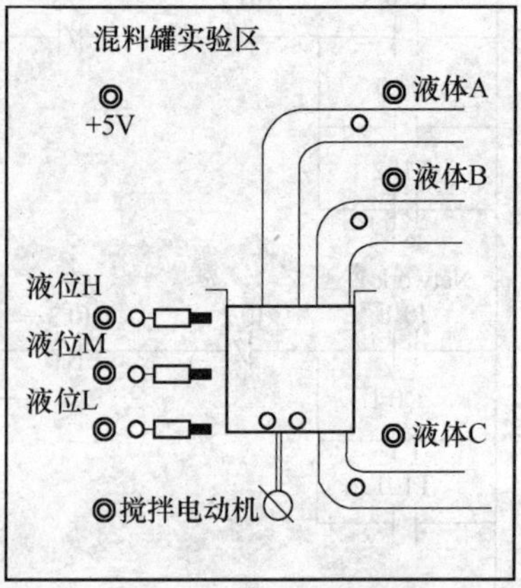

图 2-340　混料罐控制模板

② 输出信号：Q0.1-加 A 液体电磁阀；Q0.2-加 B 液体电磁阀；Q0.3-C 液体卸料电磁阀；Q0.4　搅拌电动机。

③ 计时器：T37-搅拌时间延时；T38-卸料时间延时。

2）控制功能：该实验在混料罐实验区内完成。按下启动按钮后，可进行连续混料。首先，液体 A 阀门打开，液体 A 流入罐内；当液位上升到 M 传感器检测位置时，液体 A 阀门关闭；液体 B 阀门打开，液体 A 流入罐内；当液位上升到 H 传感器检测位置时，液体 B 阀门关闭，搅拌电动机开始运行；延时 5s 后，停止搅拌；卸料阀门打开，混合液体 C 流出，液位开始下降；当液位降到 L 传感器检测位置时，延时 2s，卸料阀门关闭。然后进行下一个周期操作，循环运行。

在混料工作运行期间，若按下正常停机按钮，则等到该周期结束后，系统停止工作；若按下急停按钮，则卸料阀门立即打开，当液位降到 L 传感器检测位置时，停止工作。

3）参考程序如图 2-341 所示。

5. 实践训练报告

1）实践训练目的。

2）实践训练设备及接线。

3）实践训练内容，写出控制要求。

4）实践训练步骤，分配 PLC 的 I/O 端口，画出实际接线图。

5）实践训练结论及程序分析，列出梯形图程序、指令字程序和说明。

6）实践训练注意事项。

7）实践训练小结。

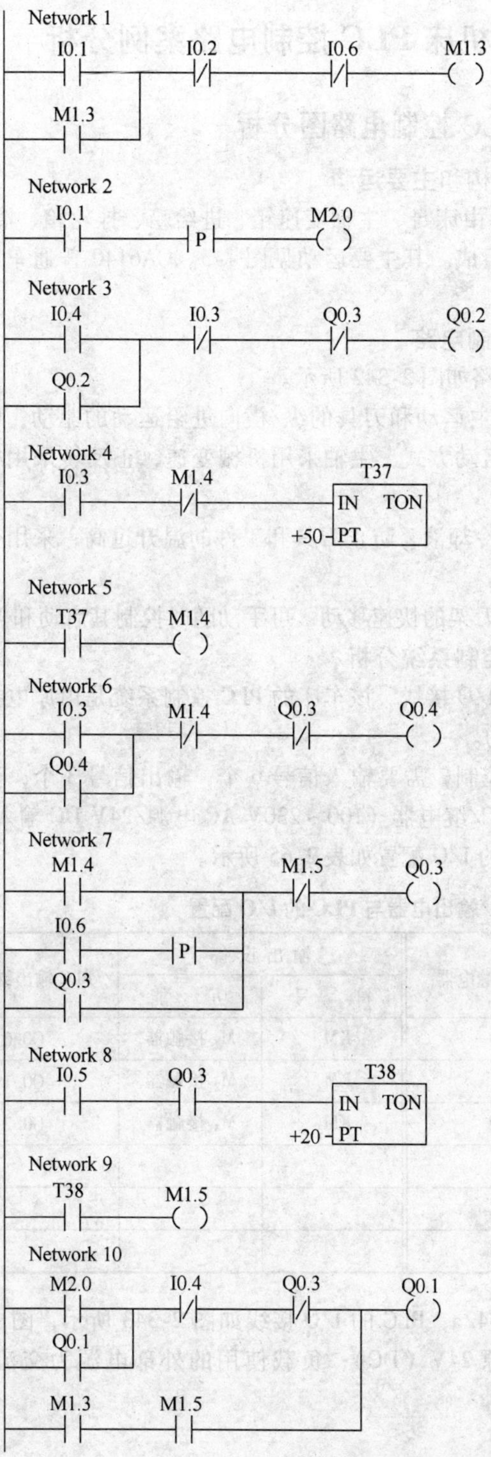


```
NETWORK  1
LD       I0.1
O        M1.3
AN       I0.2
AN       I0.6
=        M1.3

NETWORK  2
LD       I0.1
EU
=        M2.0

NETWORK  3
LD       I0.4
O        Q0.2
AN       I0.3
AN       Q0.3
=        Q0.2

NETWORK  4
LD       I0.3
AN       M1.4
TON      T37,+50

NETWORK  5
LD       T37
=        M1.4

NETWORK  6
LD       I0.3
O        Q0.4
AN       M1.4
AN       Q0.3
=        Q0.4

NETWORK  7
LD       M1.4
LD       I0.6
EU
OLD
O        Q0.3
AN       M1.5
=        Q0.3

NETWORK  8
LD       I0.5
A        Q0.3
TON      T38,+20

NETWORK  9
LD       T38
=        M1.5

NETWORK  10
LD       M2.0
O        Q0.1
AN       I0.4
AN       Q0.3
LD       M1.3
OLD
=        Q0.1
```

图 2-341　混料罐控制参考程序

任务7　进行典型机床PLC控制电路案例分析

2.7.1　CA6140普通车床的PLC控制电路图分析

1. CA6140普通车床的机械结构和主要运动

普通车床的结构见图1-1，主要由床身、主轴变速箱、进给箱、挂轮箱、溜板箱、溜板与刀架、尾架、丝杠、光杠等组成。其主要运动见图1-3。CA6140普通车床的结构外形图见图1-156a。

2. CA6140普通车床的电气控制电路

CA6140普通车床的电气控制电路如图2-342所示。

主电动机M_1：完成主轴旋转的主运动和刀具的纵/横向进给运动的驱动，电动机为三相笼型异步电动机，采用全压启动方式，主轴采用机械变速，正反转采用机械换向机构。

冷却泵电动机M_2：加工时提供冷却液，防止刀具和工件的温升过高；采用全压启动和连续工作方式。

刀架快速移动电动机M_3：用于刀架的快速移动，可手动随时控制其启动和停止。

3. CA6140普通车床的PLC控制系统分析

（1）PLC的I/O配置和PLC的I/O接线　该车床的PLC控制系统是由原电控装置采用移植设计法进行技术改造而成的。

由图2-342可知，要实现PLC控制，需要输入信号6个，输出信号3个，全部为开关量。PLC可选用CPU 221 AC/DC/继电器（100～230V AC电源/24V DC输入/继电器输出）。其输入/输出电器及PLC的I/O配置如表2-65所示。

表2-65　输入/输出电器与PLC的I/O配置

输入设备		PLC输入继电器	输出设备		PLC输出继电器
符　号	功　能		符　号	功　能	
SB_2	M_1启动按钮	I0.0	KM_1	M_1接触器	Q0.0
SB_1	M_1停止按钮	I0.1	KM_2	M_2接触器	Q0.1
FR_1	M_1热继电器	I0.2	KM_3	M_3接触器	Q0.2
FR_2	M_2热继电器	I0.3			
SA_1	M_2转换开关	I0.4			
SB_3	M_3点动按钮	I0.5			

PLC控制电路的主电路同图2-342a，PLC的I/O接线如图2-343所示，图中输入信号使用PLC提供的内部直流电源24V（DC）；负载使用的外部电源为交流220V（AC）；PLC电源为交流220V（AC）。

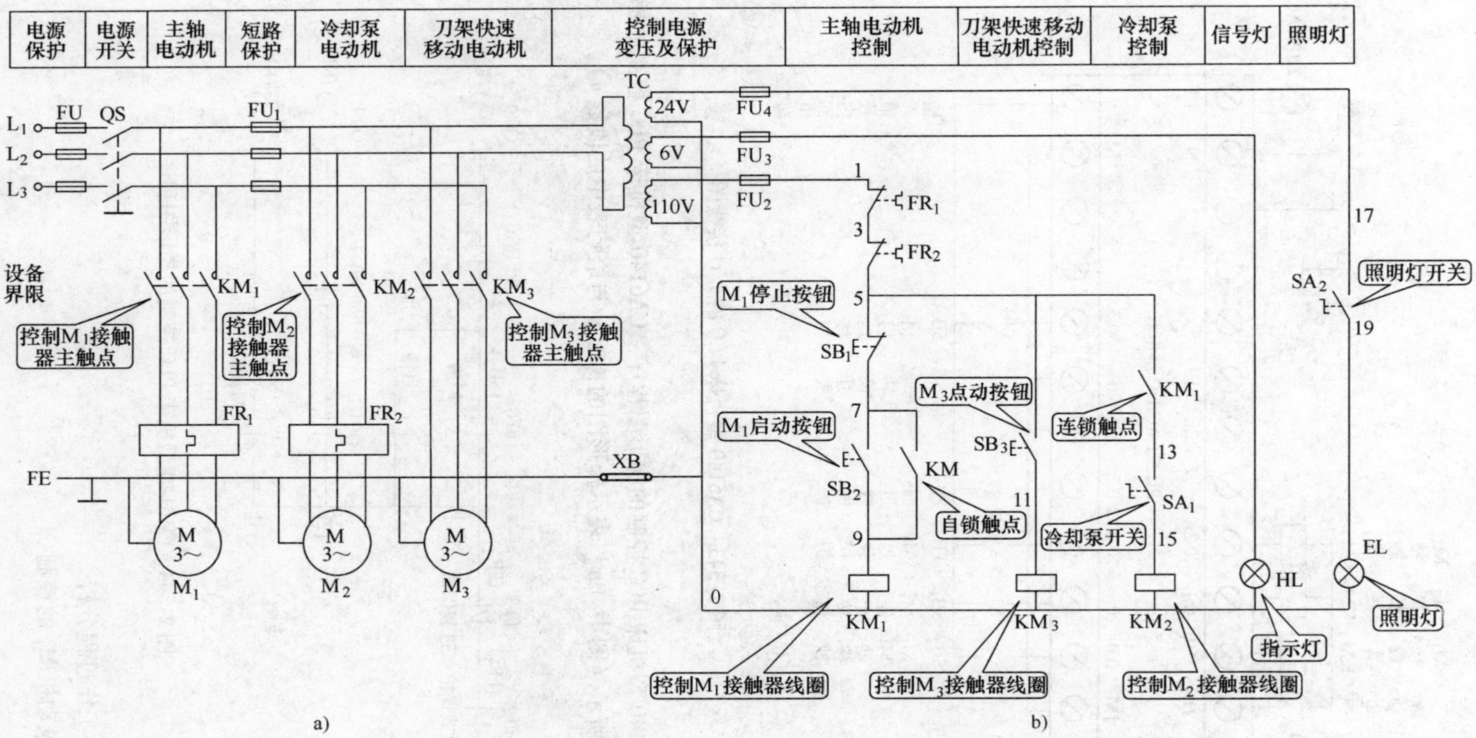

图 2-342 CA6140 普通车床的电气控制电路

a）主电路 b）控制电路

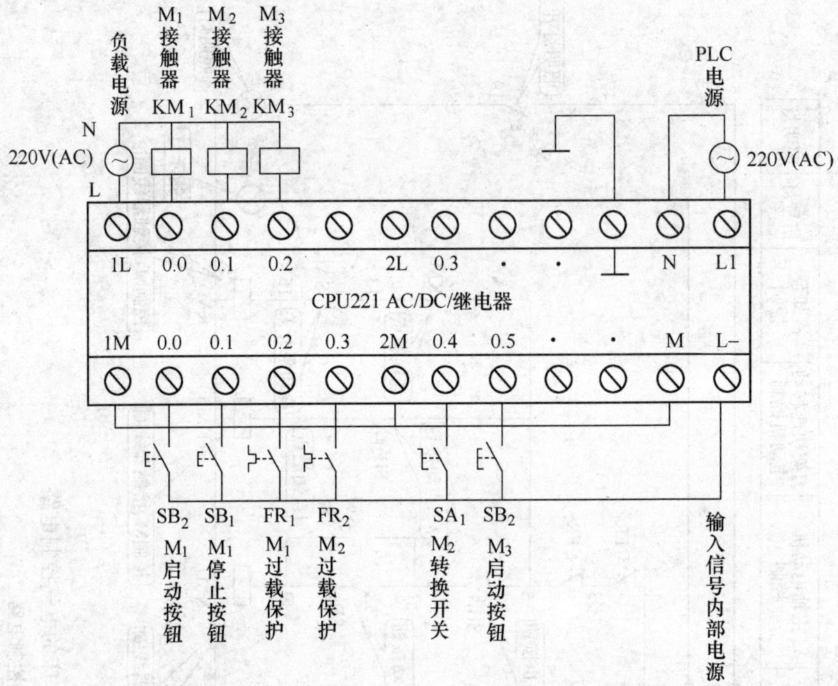

图 2-343　CA6140 型机床 PLC 的 I/O 接线图

（2）CA6140 型机床 PLC 控制的梯形图程序　CA6140 型机床 PLC 控制的梯形图程序如图 2-344 所示（图中［n］表示梯形图的梯级 n 与语句表中的段数 n）。

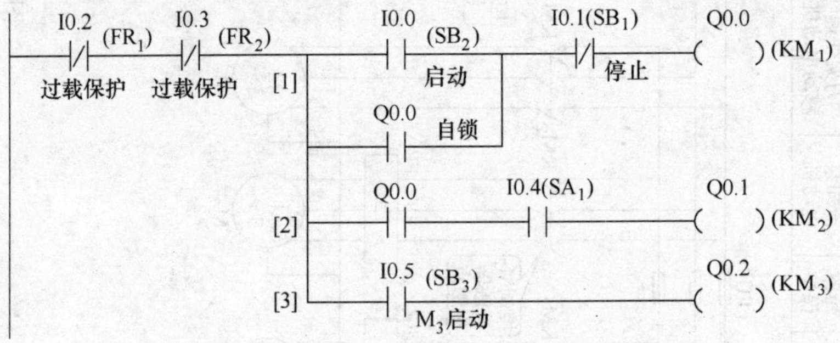

图 2-344　CA6140 型机床 PLC 控制的梯形图程序

（3）电路工作过程分析

1）主轴电动机 M_1 的控制

① 按下启动按钮 SB_2→② 输入继电器 I0.0 得电→③ ◎I0.0 闭合→④输出继电器 Q0.0 得电↓

→⑥ KM_1 得电吸合 → ⑦ 主轴电动机 M_1 全压启动并运行
⑧ ◎Q0.0[1] 闭合,自锁
⑤ ◎Q0.0[2] 闭合 → ⑨ 冷却泵电动机 M_2 允许工作

① M_1 运行［加“◎”前缀表示动合（常开）触点］。

② M_1 停止［加“#”前缀表示动断（常闭）触点］。

2）冷却泵电动机 M_2 的控制。◎Q0.0［2］闭合，冷却泵电动机 M_2 允许工作，接下来按下面的顺序执行。

① M_2 运行：合上转换开关 SA_1→输入继电器 I0.4 得电→◎I0.4 闭合→输出继电器 Q0.1 得电→KM_2 得电吸合→冷却泵电动机 M_2 全压启动后运行。

② M_2 停止：

按下停止按钮 SB_1→输入继电器 I0.1 得电→#I0.1 断开→输出继电器 Q0.0 失电↓

→KM_1 失电释放 → 电动机 M_1 断开电源,停止运行
◎Q0.0[1] 断开,解除自锁
◎Q0.0[2] 断开 → 冷却泵电动机 M_2 禁止工作

断开转换开关 SA_1→输入继电器 I0.4 失电→◎I0.4 断开→输出继电器 Q0.1 失电→KM_2 失电释放→冷却泵电动机 M_2 停止运行。

3）刀架快速移动电动机 M_3 控制。按下启动按钮 SB_3→输入继电器 I0.5 得电→◎I0.5［3］闭合→输出继电器 Q0.2 得电→KM_3 得电吸合→快速移动电动机 M_3 点动运行。

4）过载及断相保护。热继电器 FR_1、FR_2 分别对电动机 M_1 利 M_2 进行过载保护；由于快速移动电动机 M_3 为短时工作制，不需要过载保护。

当发生过载或断相时：热继电器 FR_1 或 FR_2 动作→FR_1 或 FR_2 的动合触点闭合→输入继电器 I0.2 或 I0.3 得电 → #I0.2 或 #I0.3 断开 → 输出继电器 Q0.0 失电→

→KM_1 失电释放 → 电动机 M_1 停止运转
◎Q0.0[2] 断开 → 输出继电器 Q0.1 失电 → KM_2 失电释放 → 电动机 M_2 停止运转

2.7.2 Z3040 摇臂钻床的 PLC 控制系统分析

摇臂钻床利用旋转的钻头对工件进行加工。它由底座、内外立柱、摇臂、主轴箱和工作台构成，主轴箱固定在摇臂上，可以沿摇臂径向运动；摇臂借助于丝杠，可以做升降运动；也可以与外立柱固定在一起，沿内立柱旋转。钻削加工时，通过夹紧装置，主轴箱紧固在摇臂上，摇臂紧固在外立柱上，外方柱紧固在内立柱上。

1. Z3040 摇臂钻床的机械结构和主要运动

（1）Z3040 摇臂钻床的机械结构　Z3040 摇臂钻床主要由底座、内立柱、外立柱、摇臂、主轴箱及工作台等部分组成，Z3040 摇臂钻床的结构组成如图 2-345 所示。

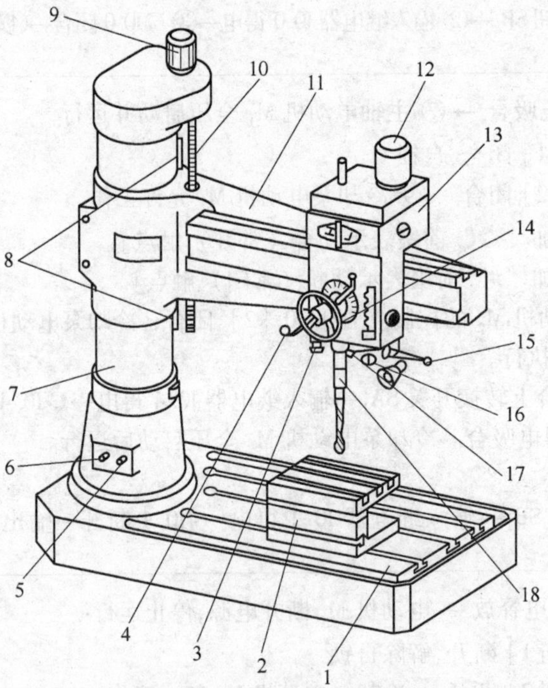

图 2-345　Z3040 型摇臂钻床的结构示意图

1—底座　2—工作台　3—进给量预置手轮　4—离合器操纵杆　5—电源自动开关　6—冷却泵自动开关　7—外立柱　8—摇臂上下运动极限保护行程开关触杆　9—摇臂升降电动机　10—升降传动丝杠　11—摇臂　12—主轴驱动电动机　13—主轴箱　14—电气设备操作按钮盒　15—组合阀手柄　16—手动进给小手轮　17—内齿离合器操作手柄　18—主轴

(2) Z3040 摇臂钻床的主要运动　摇臂钻床的内立柱固定在底座的一端，在它的外面套有外立柱，外立柱可绕内立柱回转 360°。摇臂的一端为套筒，它套装在外立柱上，并借助丝杠的正反转可沿外立柱作上下移动；由于该丝杠与外立柱连成一起，且升降螺母固定在摇臂上，所以摇臂不能绕外立柱转动，只能与外立柱一起绕内立柱回转。主轴箱是一个复合部件，它由主传动电动机、主轴和主轴传动机构、进给和变速机构以及机床的操作机构等部分组成，主轴箱安装在摇臂的水平导轨上，可通过手轮操作使其在水平导轨上沿摇臂移动。当进行加工时，由特殊的夹紧装置将主轴箱紧固在摇臂导轨上，外立柱紧固在内立柱上，摇臂紧固在外立柱上，然后进行钻削加工。钻削加工时，钻头一面进行旋转切削，一面进行纵向进给。

Z3040 型摇臂钻床的主运动为主轴旋转（产生切削）运动。进给运动为主轴的纵向进给。辅助运动包括摇臂在外立柱上的垂直运动（摇臂的升降），摇臂与外立柱一起绕内立柱的旋转运动及主轴箱沿摇臂长度方向的运动。对于摇臂在立柱上的升降时的松开与夹紧，Z3040 型摇臂钻则是依靠液压推动松紧机构自动进行的。Z3040 型摇臂钻床的结构与运动情况示意图如图 2-346 所示。

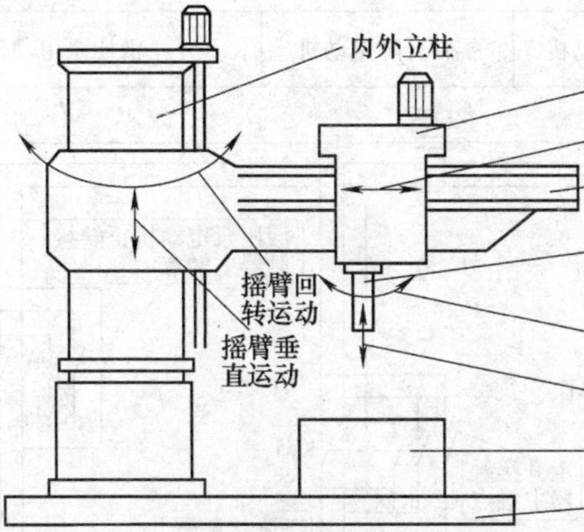

图 2-346　Z3040 型摇臂钻床的结构与运动情况示意图

2. Z3040 摇臂钻床的电气控制电路

Z3040 摇臂钻床的电气控制电路如图 2-347 所示。它主要包括主轴电动机 M_1 的控制、摇臂升降电动机 M_2、液压泵电动机 M_3 和冷却泵电动机 M_4 的控制以及立柱主轴箱的松开和夹紧控制等。

主轴电动机 M_1 提供主轴转动的动力，是钻床加工主运动的动力源；主轴应具有正反转功能，但主轴电动机只有正转工作模式，反转由机械方法实现。冷却泵电动机用于提供冷却液，只需正转。摇臂升降电动机提供摇臂升降的动力，需要正反转。液压泵电动机提供液压油，用于摇臂、立柱和主轴箱的夹紧和松开，也需要正反转。

Z3040 摇臂钻床的操作主要通过手轮及按钮实现。手轮用于主轴箱在摇臂上的移动，这是手动的。按钮用于主轴的启动/停止、摇臂的上升/下降、立柱主轴箱的夹紧/松开等操作，再配合限位开关实现对机床的调控。

（1）主轴电动机 M_1 的控制　按下按钮 SB_2，接触器 KM_1 得电吸合并自锁，主轴电动机 M_1 启动运转，指示灯 HL_3 亮。按下停止按钮 SB_1 时，接触器 KM_1 失电释放，M_1 失电停止运转。热继电器 FR_1 起过载保护作用。

（2）摇臂升降电动机 M_2 和液压泵电动机 M_3 的控制　按下按钮 SB_3（或 SB_4）时，断电延时时间继电器 KT 导电吸合，接触器 KM_4 和电磁铁 YA 得电吸合。液压泵电动机 M_3 启动运转，供给压力油，压力油经液压阀进入摇臂松开油腔，推动活塞和菱形块使摇臂松开。同时限位开关 SQ_2 被压住，SQ_2 的动断触头断开，接触器 KM_4 失电释放，液压泵电动机 M_3 停止运转。SQ_2 的动合触头闭合，接触器 KM_2（或 KM_3）得电吸合，摇臂升降电动机 M_2 启动运转，使摇臂上升（或下降）。若摇臂未松开，SQ_2 的动合触头不闭合，接触器 KM_2（或 KM_3）也不能得电吸合，摇臂就不可能升降。摇臂升降到所需位置时松开按钮 SB_3（或 SB_4），接触器 KM_2（或 KM_3）和时间继电器 KT 失电释放，电动机 M_2 停止运转，摇臂停止升降。时间继电器 KT 延时闭合的动断触头经延时闭合，使接触器 KM_5 吸合，液压泵电动机 M_3 反方向运转，供给压力油，使摇臂夹紧。

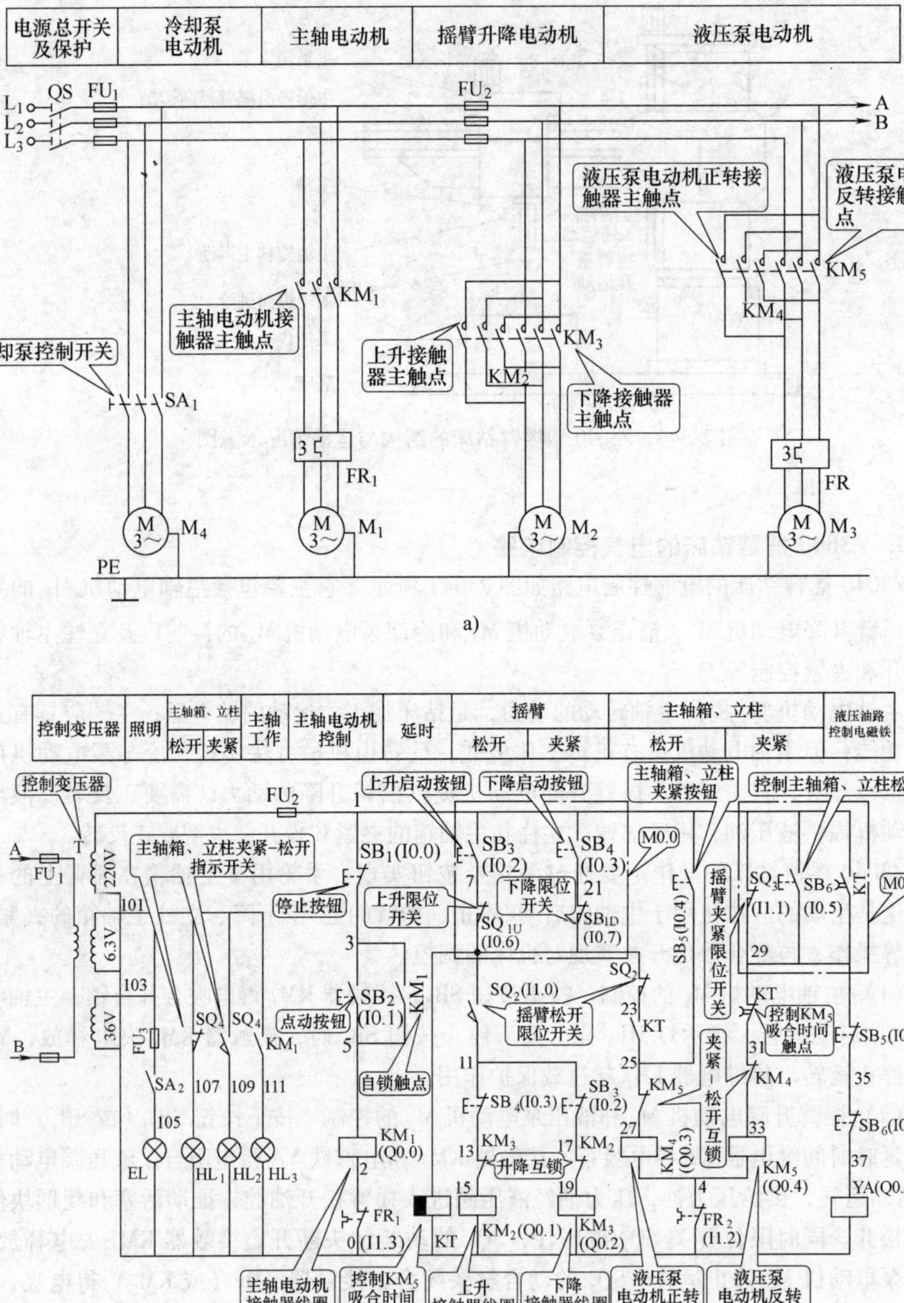

图 2-347　Z3040 摇臂钻床的电气控制电路

a）主电路　b）控制电路

摇臂夹紧后，经过机械液压系统，压住限位开关SQ_3，使接触器KM_5释放。同时，时间继电器KT的动合触头延时断开，电磁铁YA释放。液压泵电动机M_3停止运转。

KT的作用是控制KM_5的吸合时间，保证M_2停转、摇臂停止升降后再进行夹紧。摇臂的自动夹紧升降由限位开关SQ_3来控制。压合SQ_3，使KM_2或KM_3失电释放，摇臂升降电动机M_2停止运转。摇臂升降限位保护由上下限位开关SQ_{1U}和SQ_{1D}实现。上升到极限位置后，动断触头SQ_{1U}断开，摇臂自动夹紧，与松开上升按钮动作相同；下降到极限位置后，动断触头SQ_{1D}断开，摇臂自动夹紧，与松开下降按钮动作相同；SQ_1的两对动合触头需调整在“同时”接通位置，动作时一对接通、一对断开。

（3）立柱、主轴箱的松开和夹紧控制　按动松开按钮SB_5（或夹紧按钮SB_6），KM_4（或KM_5）吸合，M_3启动，供给压力油，通过机械液压系统使立柱和主轴箱分别松开（或夹紧），指示灯亮。主轴箱、摇臂和内外立柱3部分的夹紧均由M_3带动的液压泵提供压力油，通过各自的液压缸使其松开和夹紧。

（4）冷却泵电动机M_4的控制　冷却泵电动机M_4由转换开关SA_1控制。

3. Z3040摇臂钻床的PLC控制系统分析

（1）PLC的I/O配置及PLC的I/O接线　PLC的I/O配置见表2-66。

表2-66　PLC的I/O配置

输入设备		PLC输入继电器	输出设备		PLC输出继电器
代号	功能		代号	功能	
SB_1	主轴停止按钮	I0.0	KM_1	主轴电动机接触器	Q0.0
SB_2	主轴点动按钮	I0.1	KM_2	摇臂上升接触器	Q0.1
SB_3	摇臂上升按钮	I0.2	KM_3	摇臂下降接阻器	Q0.2
SB_4	摇臂下降按钮	I0.3	KM_4	液压电动机正转接触器	Q0.3
SB_5	主轴箱、立柱松开按钮	I0.4	KM_5	液压电动机反转接触器	Q0.4
SB_6	主轴箱、立柱夹紧按钮	I0.5	YA	液压电磁铁	Q0.5
SQ_{1U}	摇臂上升限位开关	I0.6			
SQ_{1D}	摇臂下降限位开关	I0.7			
SQ_2	摇臂松开限位开关	I1.0			
SQ_3	摇臂夹紧限位开关	I1.1			
FR_2	热继电器	I1.2			
FR_1	热继电器	I1.3			

PLC控制电路的主电路同图2-347a，PLC的I/O接线图如图2-348所示。

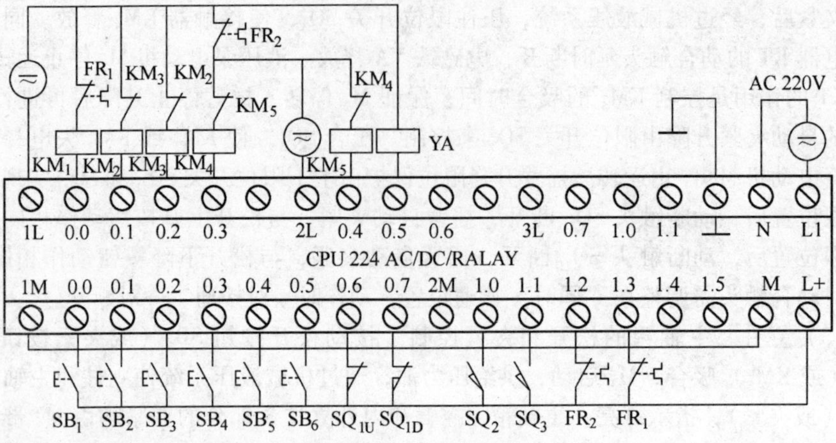

图 2-348　PLC 的 I/O 接线图

（2）Z3040 摇臂钻床 PLC 控制的梯形图程序（见图 2-349）

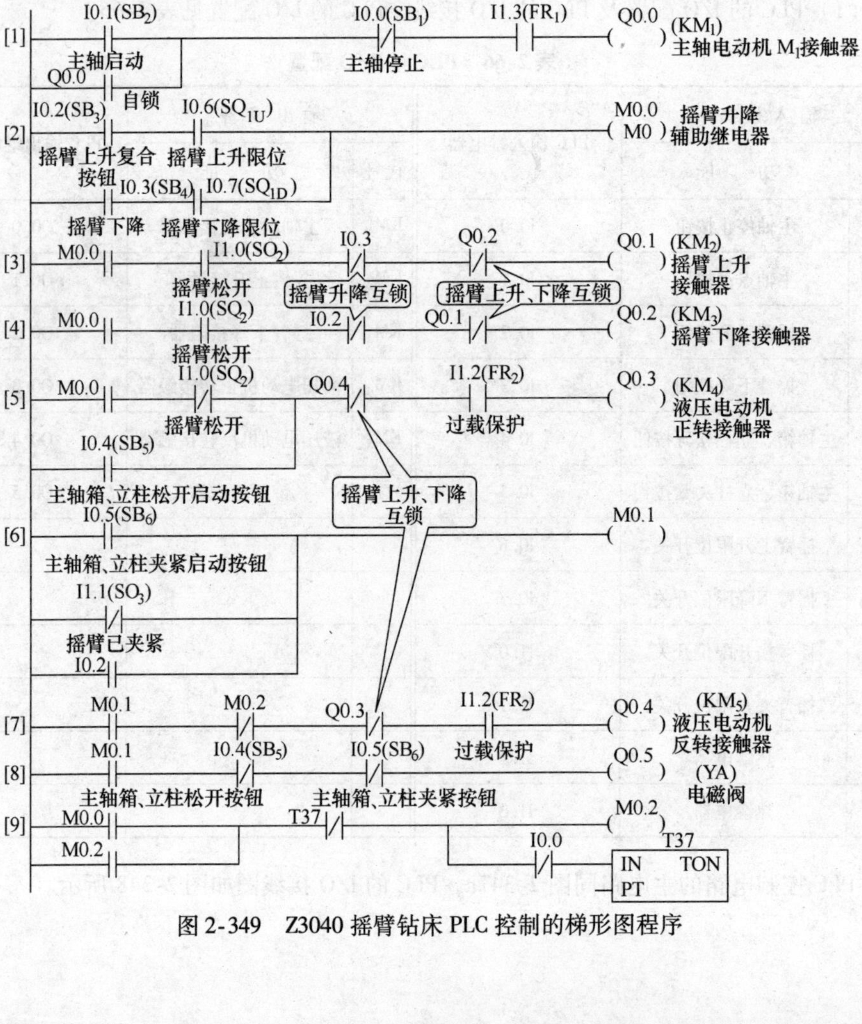

图 2-349　Z3040 摇臂钻床 PLC 控制的梯形图程序

（3）电路工作过程分析

1）主电动机 M_1 的控制

按下启动按钮 SB_2→输入继电器 I0.1 得电→◎I0.1［1］闭合→输出继电器 Q0.0［1］得电闭合并自锁→KM_1 得电吸合→主轴电动机 M_1 启动运转。

按下停止按钮 SB_1→输入继电器 I0.0 得电→#I0.0［1］断开→Q0.0［1］失电→KM_1 失电释放→电动机 M 停转。

2）摇臂的工作。预备状态（摇臂钻床平常或加工工作时）：SQ_3 受压→I1.1 得电→#I1.1［6］断开，SQ_2 未受压→I1.0 未得电→◎I1.0［3］断开、#I1.0［5］闭合。

① 摇臂松开：

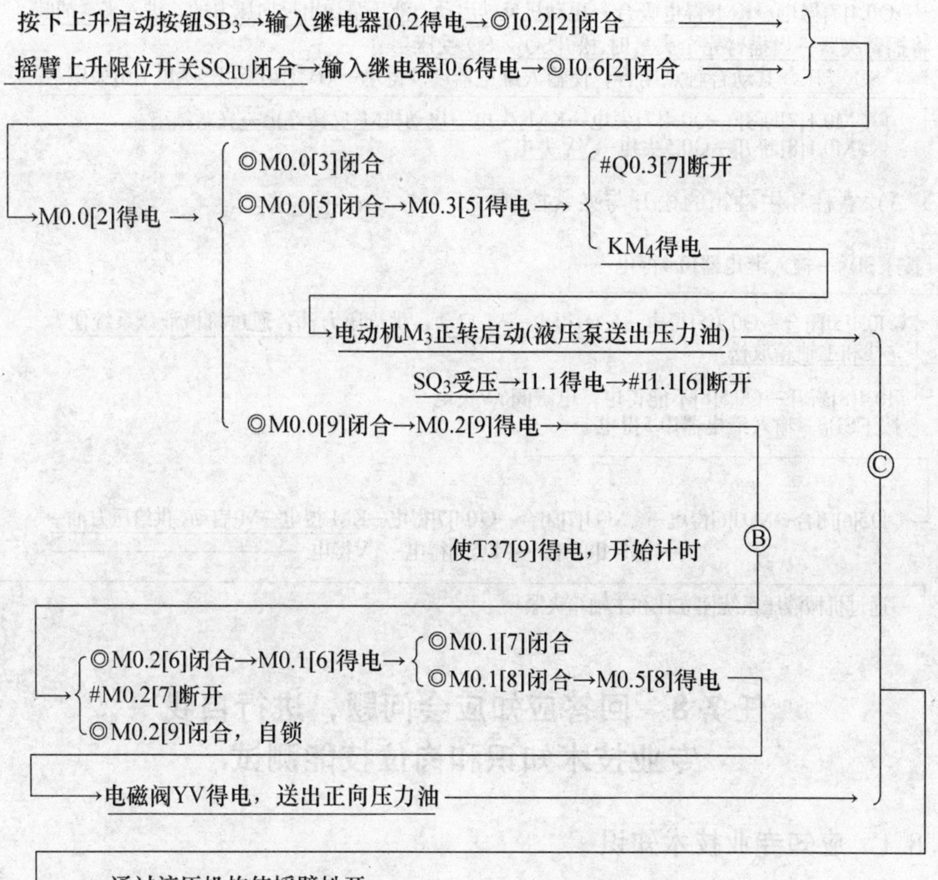

② 摇臂上升：当摇臂完全松开时，压下行程 SQ_2，其动合触点（◎I1.0）［3］、［4］闭合，动断触点（#I1.0［5］断开。

SQ_2受压，动合触点闭合,使输入继电器I1.0得电→

动合触点◎I1.0[3]闭合→
由于◎M0.0[3]已闭合→ } Q0.1[3]得电→KM_2得电→电动机M_2正转启动，带动摇臂上升

动断触点#I1.0[5]断开→M0.3[5]失电→

KM_4失电→电动机M_2正转停止（停止提供压力油，摇臂放松结束，维持放松状态）
#Q0.3[7]复位闭合→

③摇臂停止上升、夹紧：

松开按钮SB_3→输入继电器I0.2失电→◎I0.2[2]断开→M0.0[2]失电

◎M0.0[9]断开→
T37计时到→#T37[9]断开→ }

M0.2[9]失电→#M0.2[7]复位闭合→
T37[9]失电

→Q0.4[7]得电→KM_5得电吸合→电动机反转启动，液压泵送出反向压力的，进入夹紧油腔，将摇臂夹紧→当摇臂完全夹紧时,松开SQ_2、SQ_3受压

SQ_3受压、其动合触点闭合，使输入继电器I1.1得电→#I1.1[6]断开→M0.1[6]失电

◎M0.1[7]断开→Q0.4[7]失电→KM_5失电→电动机M_3反转停止→夹紧结束
◎M0.1[8]断开→Q0.5失电→YV失电

3）立柱和主轴箱的松开与夹紧控制

按下SB_5→输入继电器I0.4得电→

◎I0.4[5]闭合→Q0.3[5]得电→KM_4得电→M_3启动、供给压力油，通过机械液压系统使立柱和主轴箱放松
#I0.4[8]断开→Q0.5[8]不能得电，电磁阀YV失电

按下SB_6→输入继电器I0.5得电→

→◎I0.5[6]闭合→M0.1[6]得电→◎M0.1[7]闭合→Q 0.4[7]得电→KM_5得电→M_3启动、供给压力油→
→◎M0.1[8]闭合→M0.5[8]得电→YV得电→ }→

→通过机械液压系统使立柱和主轴箱夹紧

任务8　回答应知应会问题，进行自我专业技术知识和岗位技能测试

2.8.1　应知专业技术知识

1）什么是PLC？其定义中值得注意的几点是什么？

2）PLC有什么特点？其主要应用有哪些方面？

3）PLC与“继电器-接触器”控制系统比较有哪些相同和不同点？

4）PLC与PC（微机）控制系统比较有哪些相同和不同点？

5）PLC的新发展主要体现在哪些方面？

6）PLC的基本结构包括有哪些部分？

7）PLC 是采用什么工作方式工作的？其扫描周期是如何计算的？

8）PLC 的技术性能包含哪些内容？

9）一般 PLC 的内部寄存器区是如何划分的？有什么作用？

10）一般 PLC 是如何分类的？

11）PLC 的编程语言主要有哪几种？最常用的是哪种？

12）德国西门子公司 S7-200PLC 有什么特点？其基本单元和扩展单元有哪几种？

13）目前 S7-200 系列 PLC 的特殊模块已有哪些种类？

14）S7-200 系列 PLC 的主要硬、软件性能指标包含有哪些内容？

15）德国西门子公司 S7-200PLC 的 13 大编程器件是什么？各有什么特点和作用？

16）德国西门子公司 S7-200PLC 最常用的指令有多少？各是如何编程应用的？

2.8.2 应会专业岗位技能

1）会根据机床控制要求，选用 PLC。

2）会使用所选用 PLC 的编程工具或编程软件。

3）能用 PLC 实现机床电动机点动和长动控制，会实际安装接线和编程。

4）能用 PLC 实现机床电动机正反转控制，会实际安装接线和编程。

5）能用 PLC 实现机床电动机Y/△起动控制，会实际安装接线和编程。

6）能用 PLC 实现机床电动机能耗制动控制，会实际安装接线和编程。

7）能用 PLC 实现机床电动机反接制动控制，会实际安装接线和编程。

8）能用 PLC 实现机床电动机多地点控制，会实际安装接线和编程。

9）能用 PLC 实现多台机床电动机“顺启逆停”控制，会实际安装接线和编程。

10）能用 PLC 实现机床各种常用保护环节的控制，会实际安装接线和编程。

11）会阅读分析机床工作台电动机正反转自动循环 PLC 控制电路图。

12）会阅读分析机床双速电动机高低速制动 PLC 控制电路图。

13）会阅读分析 Z3040 摇臂钻床 PLC 控制原理图，并指出它采用了哪几种基本电路环节。

14）会阅读分析其他常用机床 PLC 控制原理图，并指出它采用了哪几种基本电路环节。

本项目小结

本项目从使用的角度出发，以工作过程为导向，将项目目标分解为 8 项任务。以工作任务来驱动，使学生认识机床控制中的 PLC 技术；熟知所使用 PLC 的硬软件资源；会使用所选用 PLC 最常用的编程器或编程工具软件；掌握 PLC 基本指令编程规则和编程技巧；掌握机床 PLC 控制的基本编程环节；进行嵌入 PLC 程序设计师（四级）考证的教学实践训练；以实地阅读分析 C650 普通车床 PLC 控制电路图为示范案例掌握阅读典型机床电气控制线路图的方法和技能；回答应知应会问题，进行自我专业技术知识和技能测试。工学结合、学用一致、理实一体、“教 + 学 + 做”一体化，使学生既掌握高技能应用型人才必备的理论知识，又训练了高职院校学生重实践的岗位技能、创新意识和综合素质，最终实现熟练阅读分析典型机床 PLC 控制线路图的项目目标。

项目3 如何

设计机床设备的电气控制系统

一、项目目标

按照机电一体化专业高素质、高技能应用型人才培养目标和高职高专学生就业职业岗位技能的要求，本项目要求学生在学会阅读常用机床的电气控制电路图，即能看懂常用机床的电气控制电路图，把前人的智慧精华和经验总结继承下来的基础上，继续提高，能够设计常用机床电气控制电路图。

二、任务驱动

根据项目目标，将其工作过程分解为7个工作任务。通过项目引导、任务驱动，使学生工学结合、理实一体、学用一致，既要掌握高素质、高技能应用型人才必备的专业技术理论知识，更着重训练学生工程实践的动手能力，培养学生的创新意识和综合素质，最终完成能设计常用机床的电气控制电路图的项目目标。

任务1　熟知机床电气控制系统设计的基本内容和一般原则
任务2　拟定任务书，掌握机床电力拖动方案确定原则和电动机的选择
任务3　了解机床电气控制电路图的设计方法
任务4　选择电气元器件
任务5　进行机床电气控制系统工艺设计
任务6　典型机床C6163型卧式车床电气控制系统的设计案例
任务7　回答应知应会问题，进行自我专业技术知识和岗位技能测试

三、任务驱动流程图（见图3-0）

四、项目情景条件

1）实用机床或者机床教学模型。
2）实用机床控制参考电路图。
3）实用机床电气设计手册。
4）各种机床用电动机的产品使用手册。
5）各种机床用低压电器的产品使用手册。
6）电气制图国家最新标准GB/T4728.1～13-1996～2000《电气简图用图形符号》。
7）机床常用的各种控制电路标准图册。

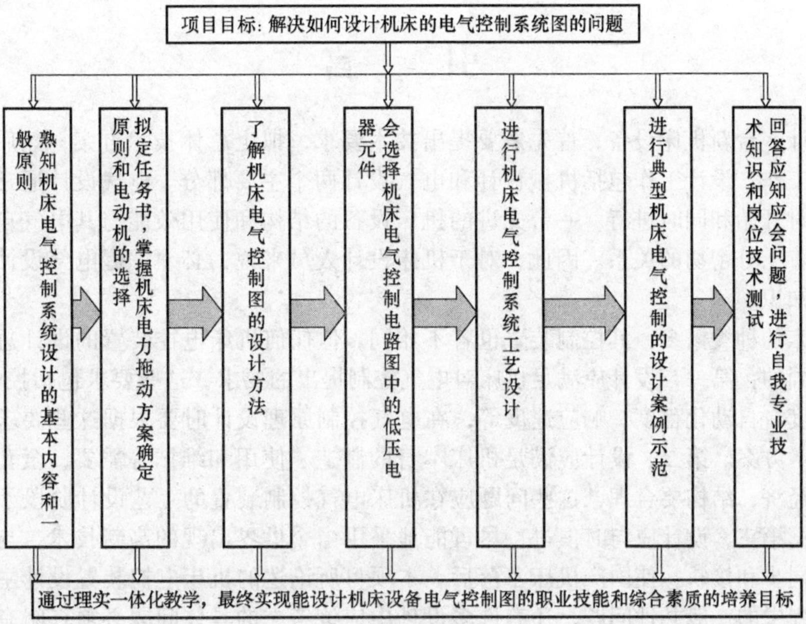

图 3-0　任务驱动流程图

8）电气控制电路图设计 CAD 工具软件。

9）机床电气控制设计技术要求或设计任务书。

五、教学环境设置和教学方法选择

任务 1　采用图示教学/讲解和观看实际生产演示或实习等现场教学相结合

任务 2　图示和课堂讲解相结合

任务 3　图示、课堂讲解和查阅技术资料相结合

任务 4　图示、课堂讲解和查阅技术资料相结合

任务 5　课堂讲解和工程设计相结合，提升工艺设计能力

任务 6　组织学生选择典型车床电气控制电路图进行实地设计演练，培养综合设计能力

任务 7　回答应知应会问题，进行自我专业技术知识和岗位技能测试，考核本项目目标真实完成情况

引　言

设计一台新机床设备，首先需要提出技术要求，拟定总体技术方案，然后才能进行设计工作。设计工作包括机械设计和电气设计两个主要部分。电气设计通常和机械设计同时开始和同时进行。一台先进的机床设备的结构和使用效能与其电气自动化的程度有着十分密切的关系。因此，对于机床设计人员来说，必须掌握电气设计和安装方面的知识。

机床的种类繁多，其控制装置也各不相同，但任何机床电控装置的设计总体原则却是相同的：第一，设计应满足机床对电气控制提出的要求，这些要求包括控制方式、控制精度、自动化程度、响应速度等，在电气控制原理设计时要根据这些要求制订出总体技术方案。第二，设计应满足机床本身的制造、使用和维护等需要，全套机床的造价要经济，结构要合理，这些问题应在机床电气控制装置的工艺设计阶段予以充分的考虑；第三，设计应与时俱进，尽可能地采用当今世界出现的高新技术，与国际先进技术同步和接轨，使国产机床不落后。本项目所论述的机床电控装置设计主要只是设计过程中的一般共性问题，还有许多设计中应该考虑的具体问题必须查阅有关的电气工程技术手册和资料，通过课程设计、毕业设计以及今后在技术工作岗位上亲身参加实践，在分析解决实际问题的过程中获得经验，提高自己的设计能力。

机床电气控制系统的设计就是根据机床机械设备和加工的工艺过程，设计出合乎要求的、经济合理的电气控制电路；并编制出设备制造、安装和维修使用过程中必须的图样和资料，包括电气原理图、安装图和接线图以及设备清单和说明书等。由于设计是灵活多变的，即使是同一功能，不同人员设计出来的电路结构也可能完全不同。因此，作为设计人员，应该随时发现和总结经验，不断丰富自己的知识，开阔思路，才能做出最为合格和技术先进的设计。

任务1　熟知机床电气控制系统设计的基本内容和一般原则

3.1.1　熟知机床电气控制系统设计的基本内容

要设计机床电气控制系统，必须熟知机床电气控制系统设计的基本内容。一般机床电气控制系统设计应包括以下内容：

1）拟定机床电气设计的技术条件（任务书）。

2）选择机床电气传动形式与控制方案。

3）确定机床传动电动机的容量和选型。

4）设计机床电气控制原理图。

5）选择机床电气元器件，制订机床电动机和电气元器件明细表。

6）画出机床电动机、执行电磁铁、电气控制部件以及检测元件的总布置图。

7）设计机床电气柜、操作台、电气安装板以及非标准电器和专用安装零件。

8）绘制机床电控设备装配图和接线图。

9）编写机床电控系统设计计算说明书和安装使用说明书。

根据机床设备的总体技术要求和电气系统的复杂程度不同，以上步骤可以有增有减，某些图样和技术文件的内容也可适当合并或增删。

3.1.2 掌握机床电气控制系统设计的一般原则

当机床设备的电力拖动方案和控制方案已经确定后，就可以进行机床电气控制电路的设计。机床电气控制电路的设计是机床电力拖动方案和控制方案的具体化实施，一般在设计时应该遵循以下原则。

1. 最大限度地实现机床设备和生产工艺对电气控制电路的要求

控制电路是为整个机床设备和生产工艺过程服务的。因此，在设计之前，要调查清楚机床的生产工艺要求，对机床设备的工作性能、结构特点和实际加工情况要有充分的了解。电气设计人员要深入现场对同类或相近的机床设备进行考查和调研，收集资料，加以综合分析，并在此基础上考虑控制方式、启动、反向、制动及调速的要求，设置各种连锁及保护装置，最大限度地实现机床设备和工艺对电气控制的要求。

2. 在满足机床生产要求的前提下，力求使控制电路简单、经济

1）尽量选用标准的、常用的或经过实际应用考验过的控制环节和电路。

2）尽量缩短连接导线的数量和长度。设计控制电路时，应合理安排各电器的位置，考虑到各个元件之间的实际接线，要注意机床电气柜、操作台和限位开关之间的连接线。如图 3-1 所示，启动按钮 SB_1 和停止按钮 SB_2 装在操作台上，接触器 K 装在电气柜内。图 3-1a 所示的接线不合理，按照图 3-1a 接线就需要由电气柜引出 4 根导线到操作台的按钮上。图 3-1b所示电路是合理的，它将起动按钮 SB_1 和停止按钮 SB_2 直接连接，两个按钮之间距离最小，所需连接导线最短。这样，只需要从电气柜内引出 3 根导线到操作台上，节省了一根导线。

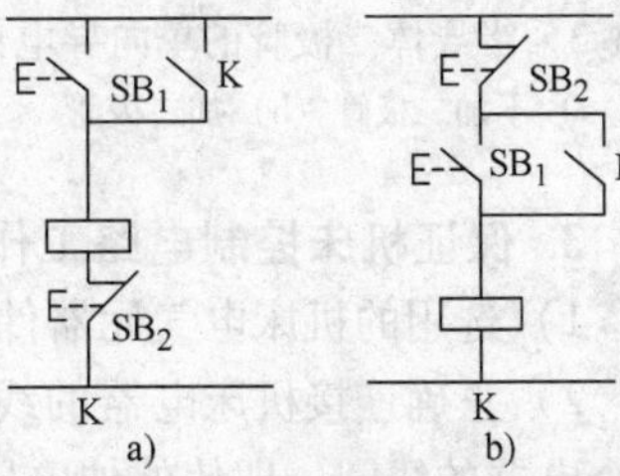

图 3-1 电气柜接线图
a）不合理电路 b）合理电路

3）尽量减少电气元器件的品种、规格和数量，并尽可能采用性能优良器件和标准件，同一用途尽量选用相同型号的电气元器件。

4）尽量减少不必要的触点以简化电路。在满足动作要求的条件下，电气元器件触点越少，控制电路的故障机率就越低，工作的可靠性越高。常用的方法如下：

① 在获得同样功能的情况下，合并同类触点，如图 3-2 所示。图 3-2b 将两个电路中间一触点合并，比图 3-2a 在电路上少了一对触点。但是在合并触点时应注意触点对额定电流值的容限。

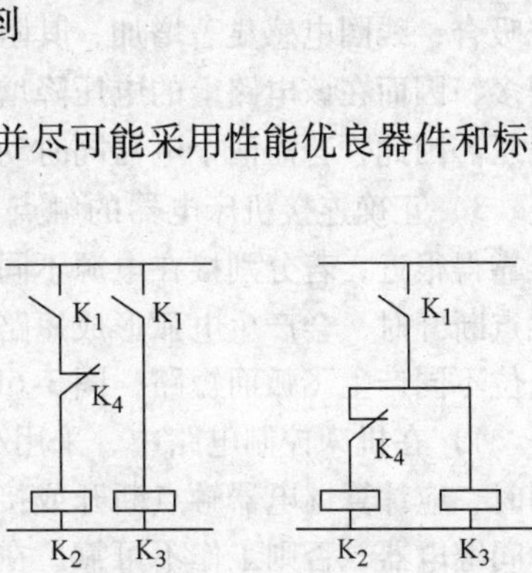

图 3-2 合并同类触点
a）未合并接点 b）合并接点

② 利用半导体二极管的单向导电性来有效地

减少触点数，如图 3-3 所示。对于弱电电气控制电路，这样做既经济又可靠。

③ 在设计完成后，可利用逻辑代数进行化简，以得到最简化的电路。

5）尽量减少电器不必要的通电时间，使电气元器件在必要时通电，不必要时尽量不通电，可以充分节约电能并延长电器的使用寿命。如图 3-4 为以时间原则控制的电动机减压起动电路图。图 3-4a 中接触器 KM_2 得电后，接触器 KM_1 和时间继电器 KT 就失去了作用，不必继续通电，但它们仍处于带电状态。图 3-4b 中电路比较合理，在 KM_2 得电后，切断了 KM_1 和 KT 的电源。

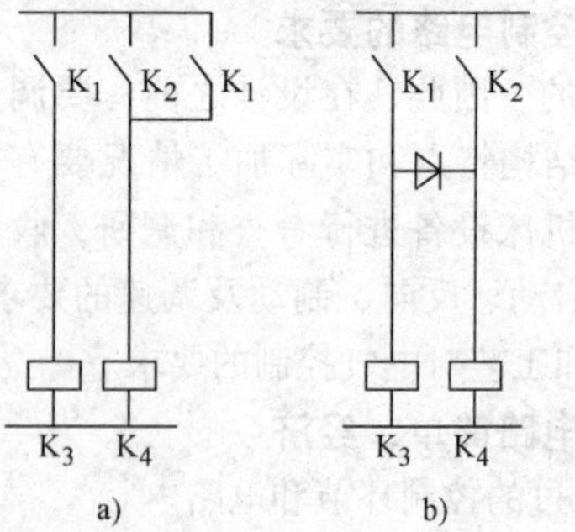

图 3-3　半导体二极管的单向导电性

a）不加二极管　b）加二极管

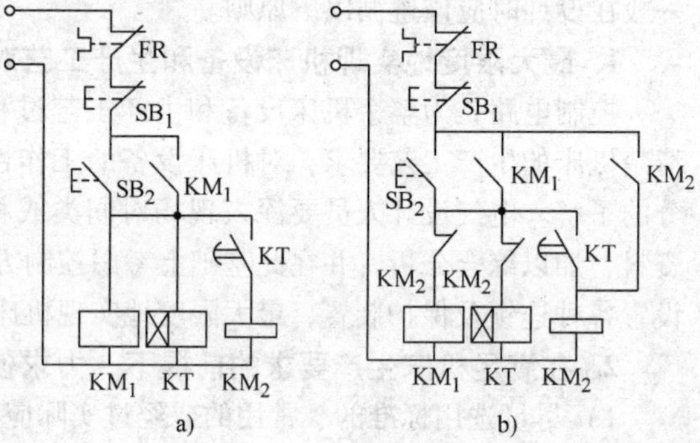

图 3-4　以时间原则控制的电动机减压起动电路

a）不合理电路　b）合理电路

3. 保证机床控制电路工作的可靠性和安全性

1）选用的机床电气元器件要可靠、牢固、动作时间短，抗干扰性能好。

2）正确连接机床电器的线圈。在交流控制电路中不能串联接入两个电器的线圈，即使外加电压是两个线圈额定电压之和，也是不允许的，如图 3-5 所示。因为每个线圈上所分配到的电压与线圈阻抗成正比，两个电器动作总是有先有后，不可能同时吸合。若接触器 KM_2 先吸合，线圈电感显著增加，其阻抗比未吸合的接触器 KM_1 的阻抗大得多，因而在该电路上的电压降增大，使 KM_1 的线圈电压达不到动作电压。因此，若需两个电器同时动作时，其线圈应该并联连接。

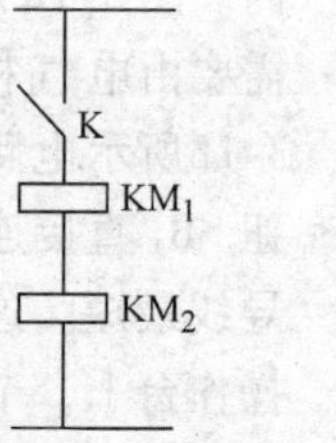

图 3-5　两个接触器线圈串联

3）正确连接机床电器的触点。同一电气元器件的常开和常闭触点靠得很近，若分别接在电源不同的相上，由于各相的电位不等，当触点断开时，会产生电弧形成短路。如图 3-6a 所示的开关 S_1 的常开和常闭触点间会因电位不同产生飞弧而短路，图 3-6b 所示开关 S_1 的电位相等，就不会产生飞弧。

4）在机床控制电路中，采用小容量继电器的触点来断开或接通大容量接触器的线圈时，应计算继电器触点断开或接通容量是否足够，不够时必须加小容量的接触器或中间继电器，否则工作不可靠。在频繁操作的可逆电路中，正反向接触器应选较大容量的接触器。

5）在电路中应尽量避免多个电器依次动作才能接通另一个电器控制电路的情况，如图 3-7a 所示。图 3-7b 为正确电路。

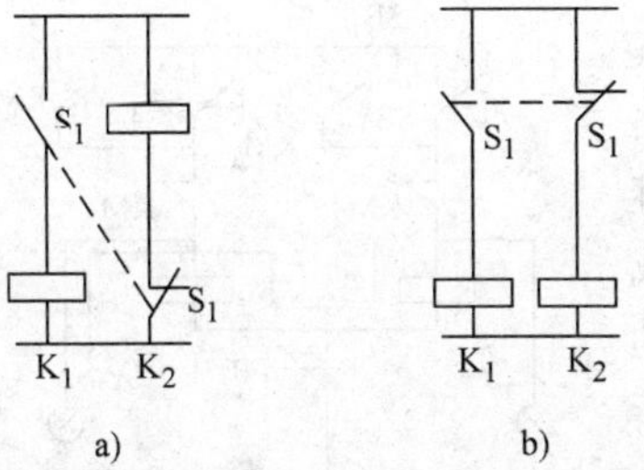

图 3-6　电器触点正确连接方式

a）产生飞弧　b）消除飞弧

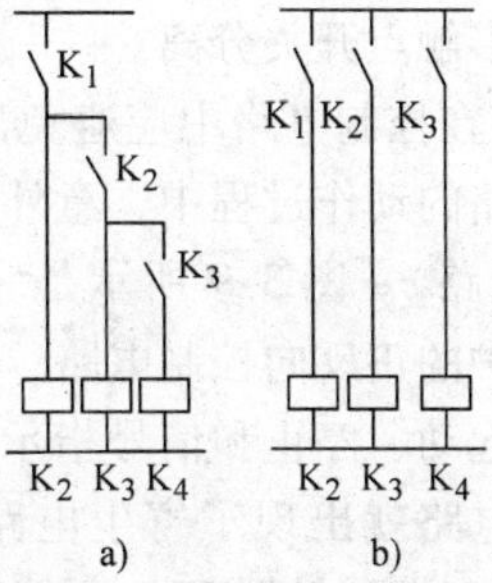

图 3-7　电器正确连接方式

a）不合理　b）减少元件依次动作

6）避免发生触点“竞争”与“冒险”现象。通常分析机床控制电路的电器动作及触点的接通和断开，都是静态分析，没有考虑其动作时间。实际上，由于电磁线圈的电磁惯性、机械惯性、机械位移量等因素，通断过程中总存在一定的固有时间（几十毫秒到几百毫秒），这是电气元器件的固有特性，其延时通常是不确定、不可调的。机床电气控制电路中，在某一控制信号作用下，电路从一个状态转换到另一个状态时，常常有几个电器的状态发生变化，由于电气元器件总有一定的固有动作时间，往往会发生不按预定时序动作的情况，触点争先吸合，发生振荡，这种现象称为电路的“竞争”。另外，由于电气元器件的固有释放延时作用，也会出现开关电器不按要求的逻辑功能转换状态的可能性，称这种现象为“冒险”。“竞争”与“冒险”现象都将造成机床控制电路不能按要求动作，引起机床控制失灵。

图 3-8a 所示为用时间继电器组成的反身关闭电路。当时间继电器 KT 的常闭触点延时断开后，时间继电器 KT 线圈失电，经 t_s 延时断开的常闭触点恢复闭合，而经 t_1 常开触点瞬时动作。如果 $t_s > t_1$ 则电路能反身关闭；如果 $t_s < t_1$ 则继电器 KT 就再次闭合。这种现象就是触点竞争。在此电路中增加中间继电器 KA 就可以解决，如图 3-8b 所示。

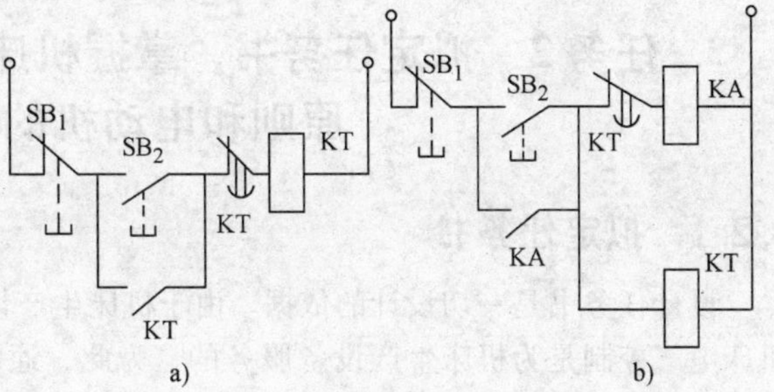

图 3-8　时间继电器组成的反身关闭电路

a）“竞争”与“冒险”　b）合理电路

要避免发生触点“竞争”与“冒险”现象的方法有：

① 应尽量避免许多电器依次动作才能接通另一个电器的控制电路。

② 防止电路中因电气元器件固有特性引起配合不良后果，当电气元器件的动作时间可能影响到控制电路的动作程序时，就需要用时间继电器配合控制，这样可清晰地反映元件动作时间及它们之间的互相配合。

③ 若不可避免，则应将产生“竞争”与“冒险”现象的触点加以区分、联锁隔离

或采用多触点开关分离。

7）在控制电路中应避免出现寄生电路。在电气控制电路的动作过程中，意外接通的电路叫寄生电路（或假电路）。图 3-9 所示是一个具有指示灯和热继电器保护的正反向控制电路。在正常工作时，能完成正反向起动、停止和信号指示；但当热继电器 FR 动作时，电路就出现了寄生电路（如图 3-9 中箭头所示），使正向接触器 KM_1 不能释放，起不了互锁保护作用。

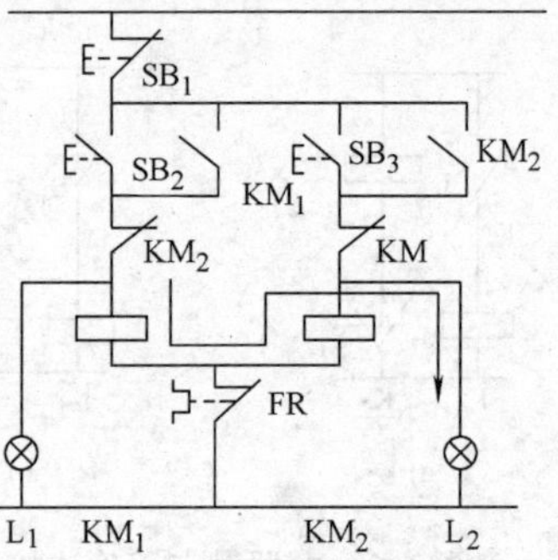

图 3-9　寄生电路

避免产生寄生电路的方法有：在设计机床电气控制电路时，严格按照“线圈、能耗元件下边接电源（或零线），上边接触点”的原则，降低产生寄生电路的可能性；还应注意消除两个电路之间产生联系的可能性，若不可避免应加以区分、联锁隔离或采用多触点开关分离。如将图中的指示灯分别用 KM_1、KM_2 的另外常开触点直接连接到上边的控制母线上，就可消除寄生电路。

8）设计的电路应能适应所在电网情况，根据现场的电网容量、电压、频率，以及允许的冲击电流值等，决定电动机是否直接或间接（减压）起动。

4. 操作和维修方便

机床电气设备应力求维修方便，使用安全。电气元器件应留有备用触点，必要时应留有备用电气元器件，以便检修、改接线用，为避免带电检修应设置隔离电器。控制机构应操作简单、便利，能迅速而方便地由一种控制形式转换到另一种控制形式，例如由手动控制转换到自动控制等。

任务 2　拟定任务书，掌握机床电力传动方案确定原则和电动机的选择

3.2.1　拟定任务书

设计任务书是一切设计的依据。由于机床生产设备是为机床加工生产工艺服务的，机床电气控制是为机床生产设备服务的，为此，通常机床电气设计任务书是由机床设备总体工艺人员提出工艺要求，由机床设备和电气设计人员根据机床使用环境、现场条件、技术水平和资金能力等因素共同商定设计方案，确定设计任务。

3.2.2　确定电力传动方式

机床电力传动方案是指确定机床传动电动机的类型、数量、传动方式及电动机的起动、运行、调速、转向、制动等控制要求，是机床电气设计的主要内容之一，为机床电气控制原理图设计及电气元器件选择提供依据。确定机床电力传动方案必须依据机床的精度、工作效率、结构以及运动部件的数量、运动要求、负载性质、调速要求以及投资额等条件。

机床电动机的传动方式有：单独拖动，一台设备只有一台电动机拖动；分立拖动，

由多台电动机分别驱动各个工作机构，通过机械传动链连接各个工作机构。

机床电气传动发展的趋势是缩短机械传动链，电动机逐步接近工作机构，以提高传动效率。因而在确定机床拖动方式时应根据机床工艺及结构的具体情况决定电动机的数量。

3.2.3 确定机床调速方案

不同的机床对象有不同的调速要求，为了达到一定的调速范围，可分别采用齿轮变速箱、液压调速装置、双速或多速电动机以及电气的无级调速等传动方案。

3.2.4 进行机床电动机的选择

机床电动机的选择包括电动机的种类、结构形式、额定转速和额定功率。机床电动机的种类和转速根据机床的调速要求选择，一般都应采用感应电动机，仅在起动、制动和调速不满足机床要求时才选用直流电动机；电动机的结构形式应适应机床结构和现场环境，可选用开启式、防护式、封闭式、防腐式甚至是防爆式电动机；电动机的额定功率根据机床的功率负载和转矩负载选择，使电动机容量得到充分利用。

1. 机床用电动机容量的选择

根据机床的负载功率（例如切削功率）就可选择电动机的容量。然而机床的载荷是经常变化的，而每个负载的工作时间也不尽相同，这就产生了使电动机功率如何最经济地满足机床负载功率的问题。机床电力拖动系统一般分为主拖动及进给拖动。

（1）机床主拖动电动机容量选择　多数机床负载情况比较复杂，切削用量变化很大，尤其是通用机床负载种类更多，不易准确地确定其负载情况。一般情况下为了避免复杂的计算过程，机床电动机容量的选择往往采用统计类比或根据经验采用工程估算方法，但这通常具有较大的宽裕度。因此通常采用调查统计类比或采用分析与计算相结合的方法来确定电动机的功率。

1）调查统计类比法。确定电动机功率前，首先进行广泛调查研究，分析确定所需要的切削用量，然后用已确定的较常用的切削用量的最大值，在同类同规格的机床上进行切削试验并测出电动机的输出功率，以此测出的功率为依据，再考虑到机床最大负载情况以及采用先进切削方法及新工艺等，类比国内外同类机床电动机的功率，最后确定所设计机床电动机功率，以此来选择电动机。这种方法有实用价值，以切削试验为基础进行分析类比，符合实际情况。

目前我国机床设计制造部门，往往都采用这种方法来选择电动机容量，即对机床主拖动电动机进行实测、分析，找出电动机容量与机床主要数据的关系，将此关系作为选择电动机容量的依据。

① 卧式车床主电动机的功率：

$$P = 36.5D^{1.54} \tag{3-1}$$

式中 P——主拖动电动机功率（kW）；

D——工件最大直径（m）。

② 立式车床主电动机的功率：

$$P = 20.0D^{0.88} \tag{3-2}$$

式中 P——主拖动电动机功率（kW）；

D——工件最大直径（m）。

③ 摇臂钻床主电动机的功率：

$$P = 0.0646D^{1.19} \tag{3-3}$$

式中 P——主拖动电动机功率（kW）；

D——工件最大钻孔直径（mm）。

④ 卧式镗床主电动机的功率：

$$P = 0.04D^{1.7} \tag{3-4}$$

式中 P——主拖动电动机功率（kW）；

D——镗杆直径（mm）。

⑤ 龙门铣床主电动机的功率：

$$P = \frac{1}{166}B^{1.75} \tag{3-5}$$

式中 P——主拖动电动机功率（kW）；

B——工作台宽度（mm）。

2）分析计算法。可根据机床总体设计中对机械传动功率的要求，确定机床拖动用电动机功率。知道机械传动的功率，即可计算出所需电动机功率：

$$P = P_1/\eta_1\eta_2 \tag{3-6}$$

式中 P——电动机功率；

P_1——机械传动轴上的功率；

η_1——生产机械效率；

η_2——电动机与生产机械之间的传动效率。

式（3-6）也可以表示为

$$P = P_1\eta_{总}，\eta_{总} = \eta_1\eta_2$$

式中 $\eta_{总}$——机床总效率，一般主运动为回转运动的机床，$\eta_{总}=0.7\sim0.855$；主运动为往复运动的机床，$\eta_{总}=0.6\sim0.7$（结构简单的取大值，复杂的取小值）。

计算出电动机的功率，仅仅是初步确定的数据，还要根据实际情况，进行分析，对电动机进行校验，最后确定其容量。

（2）机床进给运动电动机容量选择　机床进给运动的功率由有效功率和功率损失两部分组成。一般进给运动的有效功率都是比较小的，如通用车床进给有效功率仅为主运动功率的0.0015～0.0025；铣床为0.015～0.025；但由于进给机构传动效率很低，实际需要的进给功率，车床、钻床的有效功率约为主运动功率的0.03～0.05；而铣床则为0.2～0.25。一般地，机床进给运动传动效率为0.15～0.2，甚至还低。

车床和钻床，当主运动和进给运动采用同一电动机时，只计算主运动电动机功率即可。对主运动和进给运动没有严格内在联系的机床，如铣床，为了使用方便和减少电能的消耗，进给运动一般采用单独电动机传动，该电动机除传动进给外还传动工作台的快速移动。由于快速移动所需的功率比进给大得多，因此电动机功率常常是由快速移动所需要的功率而决定的。快速移动所需要的功率，一般由经验数据来选择，现列于表3-1中。

表3-1　机床快速移动所需要的功率值

机床类型		运动部件	移动速度/(m/min)	所需电动机功率/kW
卧式车床	$D_{工件}=400mm$	溜板	6~9	0.6~1.0
	$D_{工件}=600mm$	溜板	4~6	0.8~1.2
	$D_{工件}=1000mm$	溜板	3~4	3.2
摇臂钻床 $d_{工件}=35\sim75mm$		摇臂	0.5~1.5	1~2.8
升降台铣床		工作台	4~6	0.8~1.2
		升降台	1.5~2.0	1.2~1.5
龙门铣床		横梁	0.25~0.50	2~4
		横梁上的铣头	1.0~1.5	1.5~2
		立柱上的铣头	0.5~1.0	1.5~2

2. 电动机转速和结构形式的选择

电动机功率的确定是选择电动机的关键，但也要对转速、使用电压等级及结构形式等项目进行选择。

（1）确定机床调速方案　不同的机床对象有不同的调速要求，为了达到一定的调速范围，可分别采用齿轮变速箱、液压调速装置、双速或多速电动机以及电气的无级调速等传动方案。在选择机床调速方案时，可参考以下几点内容。

1）重型或大型机床设备主运动及进给运动，应尽可能采用无级调速。这有利于简化机械结构，缩小体积，降低制造成本。

2）精密机床，如坐标镗床、精密磨床、数控机床以及某些精密机械手，为了保证加工精度和动作的准确性，便于自动控制，也应采用电气无级调速方案。

3）一般中小型机床设备（如普通机床）没有特殊要求时，可选用经济、简单、可靠的三相笼型异步电动机，配以适当级数的齿轮变速箱。为了简化结构，扩大调速范围，也可采用双速或多速的笼型异步电动机。在选用三相笼型异步电动机的额定转速时，应满足工艺条件要求。

在选择电动机调速方案时，要保证电动机的调速特性与负载特性相适应，否则将会引起拖动工作的不正常，电动机不能充分合理地使用。例如，双速笼型异步电动机，当定子绕组由△联结改接成YY联结时，转速增加一倍，功率却增加很少，因此适用于恒功率传动。对于低速为Y联结的双速电动机改接成YY后，转速和功率都增加1倍，而电动机所输出的转矩却保持不变，适用于恒转矩传动。分析调速性质和负载特性，找出电动机在整个调速范围内的转矩、功率与转速的关系，以确定负载是需要恒功率调速还是恒转矩调速，为合理确定拖动方案和控制方案以及电动机和电动机容量的选择提供必要的依据。

（2）结构形式的选择　异步电动机由于结构简单坚固、维修方便、造价低廉，因此在机床中使用最为广泛。

电动机的转速越低则体积越大，价格也越高，功率因数和效率也就低，因此电动机的转速要根据机床机械的要求和传动装置的具体情况加以选定。异步电动机的同步转速有3000r/min、1500r/min、1000r/min、750r/min、600r/min等几种，这是由电动机的磁极对数的不同而定的。电动机转子转速由于存在着转差率，一般比同步转速约低2%～5%。一般情况下，可选用同步转速为1500r/min的电动机，因为这个转速下的电动机适应性较强，而且功率因数和效率也高。若电动机的转速与该机床机械的转速不一致，可选取转速稍高的电动机通过机械变速装置使其一致。

异步电动机的电压等级为380V。但要求宽范围而平滑的无级调速时，可采用交流变频调速或直流调速。

一般来说，金属切削机床都采用通用系列的普通电动机。电动机的结构形式按其安装位置的不同可分为卧式（轴为水平）、立式（轴为垂直）等。为了使拖动系统更加紧凑，使电动机尽可能地靠近机床的相应工作部位。如立铣、龙门铣、立式钻床等机床的主轴都是垂直于机床工作台的。这时选用垂直安装的立式电动机，可不需要锥齿轮等机构来改变转动轴线的方向了。又如装入式电动机，电动机的机座就是床身的一部分，它安装在床身的内部。

在选择电动机时，也应考虑机床的转动条件，对易产生悬浮飞扬的铁屑或废料，或切削液、工业用水等有损于绝缘的介质能侵入电动机的场合，选用封闭式结构为适宜。煤油冷却切削刀具的机床或加工易燃合金材料的机床应选用防爆式电动机。按机床电气设备通用技术条件中规定，机床应采用全封闭扇冷式电动机。机床上推荐使用防护等级最低为IP_{44}的交流电动机。在某些场合下，还必须采用强迫通风。

机床上常选用Y系列封闭自扇冷式笼型三相异步电动机，是全国统一设计的新的基本系列，它是我国取代JO_2系列的更新换代产品。其安装尺寸和功率等级完全符合IEC标准和DIN 42673标准。本系列采用B级绝缘，外壳防护等级为IP_{44}，冷却方式为ICO. 141。

YD系列三相异步电动机的功率等级和安装尺寸与国外同类型先进产品相当，因而具有互换性，便于机床配套出口。

3. 机床拖动中常用的典型交流异步电动机技术数据

交流异步电动机由于转子绕组不需与其他电源相接，而定子电流则直接取自交流电网，因此具有结构简单、制造使用维护方便、运行可靠以及力矩/惯量比大、起制动速度快、能耗小、重量轻、成本低等优点，被广泛应用于工农业和国民经济各部分。交流异步电动机品种及规格繁多，按转子结构分为笼型和绕线型电动机，其中笼型异步电动机又可分为单笼、双笼和深槽式；按定额工作方式分为连续定额工作、短时定额工作和断续定额工作的电动机；按防护类型分为开启式、防护式（防滴、网罩）、封闭式和防爆式电动机；按机座号及功率的大小，可分为大、中、小型和分马力电动机；按定额电压分，又可分为高压和低压两类。为机床电气设计方便，表3-2给出了机床拖动中常用的中、小型交流异步电动机的基本系列。限于篇幅，这里只给出一般常用Y系列三相异步电动机的技术数据。

表 3-2　机床拖动中常用的中、小型交流异步电动机的基本系列产品名称和型号

产品名称	型　号	旧产品型号
一般三相异步电动机	Y	J、JS、JX、JO、JSQ
绕线转子异步电动机	YR	JR、JRO、YR、JRQ
高起动转矩异步电动机	YQ	JQ、JQO、JH、JHO
高转差率异步电动机	YH	JH、JHO
多速异步电动机	YD	JD、JDO、JWD
高效率异步电动机	YX	
交流变频异步电动机	YP	
旁磁制动异步电动机	YEP	JPZ、JZD
电磁制动异步电动机	YEJ	
锥形转子制动电动机	YEZ	JZZ、ZD、ZDY
低振动低噪声电动机	YZC	JJO
低振动精密机床用电动机	YZS	AOM、AM
力矩异步电动机	YLJ	JLJ、AJ

Y 系列电动机是封闭自扇冷式鼠笼型转子三相异步电动机，其效率高、节能大、堵转转矩高、噪声低、振动小、运行安全可靠，适用于驱动无特殊性能要求的各种机床设备。其额定电压为380V，频率为50Hz。3kW 及以下为星形接法，4kW 及以上为三角接法。Y 系列小型三相异步电动机的技术数据见表3-3 及表3-4。

表 3-3　Y 系列（IP_{23}）小型三相异步电动机技术数据（380V，50Hz）

电动机型号	额定功率/kW	满载时				堵转电流/额定电流	堵转转矩/额定转矩	最大转矩/额定转矩
		定子电流/A	转速/(r/min)	效率（%）	功率因素			
Y160M-2	15	29	2910	88	0.88	7.0	1.7	2.2
160L1-2	18.5	36	2910	89	0.89	7.0	1.8	2.2
160L2-2	22	42	2910	89.5	0.89	7.0	2.0	2.2
Y160M-4	11	23	1460	87.5	0.85	7.0	1.9	2.2
160L1-4	15	30	1460	88	0.86	7.0	2.0	2.2
160L2-4	18.5	37	1460	89	0.86	7.0	2.0	2.2
Y160M-6	7.5	17	960	85	0.79	6.5	2.0	2.0
Y160L-6	11	25	960	86.5	0.78	6.5	2.0	2.0
Y160M-8	5.5	14	720	83.5	0.73	6.0	2.0	2.0
Y160L-8	7.5	18	720	85	0.73	6.0	2.0	2.0
Y180M-2	30	57	2940	89.5	0.89	7.0	1.7	2.2
Y180L-2	37	70	2940	90.5	0.89	7.0	1.9	2.2

（续）

电动机型号	额定功率/kW	满载时 定子电流/A	转速/(r/min)	效率（%）	功率因素	堵转电流/额定电流	堵转转矩/额定转矩	最大转矩/额定转矩
Y180M-4	22	43	1460	89.5	0.86	7.0	1.9	2.2
Y180L-4	30	58	1460	90.5	0.87	7.0	1.9	2.2
Y180M-6	15	32	970	88	0.81	6.5	1.8	2.0
Y180L-6	18.5	38	970	88.5	0.83	6.45	1.8	2.0
Y180M-8	11	26	720	86.5	0.74	6.0	1.8	2.0
Y180L-8	15	34	720	87.5	0.76	6.0	1.8	2.0
Y200M-2	45	84	2940	91	0.89	7.0	1.9	2.2
Y200L-2	55	103	2950	91.5	0.89	7.0	1.9	2.2
Y200M-4	37	71	1470	90.5	0.87	7.0	2.0	2.2
Y200L-4	45	86	1470	91.5	0.87	7.0	2.0	2.2
Y200M-6	22	44	970	89	0.85	6.5	1.7	2.0
Y200L-6	30	59	980	89.5	0.87	6.5	1.7	2.0
Y200M-8	18.5	41	730	88.5	0.78	6.0	1.7	2.0
Y200L-8	22	48	740	89	0.78	6.0	1.8	2.0
Y225M-6	37	71	980	90.5	0.87	6.5	1.8	2.0
Y225M-8	30	63	740	89.5	0.81	6.0	1.7	2.0
Y250S-6	45	87	980	91	0.86	6.5	1.8	2.0
Y250S-8	37	78	740	90	0.80	6.0	1.6	2.0

表3-4　Y系列（IP_{44}）小型三相异步电动机技术数据（380V，50Hz）

电动机型号	额定功率/kW	满载时 定子电流/A	转速/(r/min)	效率(%)	功率因素	堵转电流/额定电流	堵转转矩/额定转矩	最大转矩/额定转矩	转动惯量/kg·m²	质量/kg
Y801-2	0.75	1.8	2830	75	0.84	7.0	2.2	2.2	0.00075	16
Y802-2	1.1	2.5	2830	77	0.86	7.0	2.2	2.2	0.00090	17
Y801-4	0.55	1.5	1390	73	0.76	6.5	2.2	2.2	0.0018	17
Y802-4	0.75	2.0	1390	74.5	0.76	6.5	2.2	2.2	0.0021	18
Y90S-2	1.5	3.4	2840	78	0.85	7.0	2.2	2.2	0.0012	22
Y90L-2	2.2	4.7	2840	82	0.86	7.0	2.2	2.2	0.0014	25
Y90S-4	1.1	2.8	1400	78	0.78	6.5	2.2	2.2	0.0021	22
Y90L-4	1.5	3.7	1400	79	0.79	6.5	2.2	2.2	0.0027	27

（续）

电动机型号	额定功率/kW	满载时				堵转电流 额定电流	堵转转矩 额定转矩	最大转矩 额定转矩	转动惯量/kg·m²	质量/kg
		定子电流/A	转速/(r/min)	效率(%)	功率因素					
Y90S-6	0.75	2.3	910	72.5	0.70	6.0	2.0	2.0	0.0029	23
Y90L-6	1.1	3.2	910	73.5	0.72	6.0	2.0	2.0	0.0035	25
Y100L-2	3.0	6.4	2870	82	0.87	7.0	2.2	2.2	0.0029	33
Y100L1-4	2.2	5.0	1430	81	0.82	7.0	2.2	2.2	0.0054	34
Y10012-4	3.0	6.8	1430	82.5	0.81	7.0	2.2	2.2	0.0067	38
Y100L6	1.5	4.0	940	77.5	0.74	6.0	2.0	2.0	0.0069	33
Y112M-2	4.0	8.2	2890	85.5	0.87	7.0	2.2	2.2	0.050	45
Y112M-4	4.0	8.8	1440	84.5	0.82	7.0	2.2	2.2	0.0095	43
Y112M-6	2.2	5.6	940	80.5	0.74	6.0	2.0	2.0	0.0138	45
Y132S1-2	5.5	11	2900	85.5	0.88	7.0	2.0	2.2	0.0109	64
Y132S2-2	7.5	15	2900	86.2	0.88	7.0	2.0	2.2	0.0186	70
Y132S-4	5.5	12	1440	85.5	0.84	7.0	2.2	2.2	0.0214	68
Y132M-4	7.5	15	1440	87	0.85	7.0	2.2	2.2	0.0296	81
Y132S-6	3.0	7.2	960	83	0.76	6.5	2.0	2.0	0.0286	63
Y132M1-6J	4.0	9.4	960	84	0.77	6.5	2.0	2.0	0.0357	73
Y132M2-6	5.5	13	960	85.3	0.78	6.5	2.0	2.0	0.0449	84
Y132S-8	2.2	5.8	710	81	0.71	5.5	2.0	2.0	0.0314	63
Y132M-8	3.0	7.7	710	82	0.72	5.5	2.0	2.0	0.0395	79
Y160M1-2	11	22	2930	87.5	0.88	7.0	2.0	2.2	0.0377	117
Y160M2-2	15	29	2930	88.2	0.88	7.0	2.0	2.2	0.0449	125
Y160L2	18.5	36	2930	89	0.89	7.0	2.0	2.2	0.0550	147
Y160M-4	11	23	1460	88	0.84	7.0	2.2	2.2	0.0747	123
Y160L4	15	30	1460	88.5	0.85	7.0	2.2	2.2	0.0918	144
Y160M-6	7.5	17	970	86	0.78	6.5	2.0	2.0	0.0881	119
Y160L-6	11	25	970	87	0.78	6.5	2.0	2.0	0.116	147
Y160M1-8	4.0	9.9	720	84	0.73	6.0	2.0	2.0	0.0753	118
Y160M2-8	5.5	13	720	85	0.74	6.0	2.0	2.0	0.0931	119
Y160L-8	7.5	18	720	86	0.75	5.5	2.0	2.0	0.126	145
Y180M-2	22	42	2940	89	0.89	7.0	2.0	2.2	0.075	180
Y180M-4	18.5	36	1470	91	0.86	7.0	2.0	2.2	0.139	182
Y180L-4	22	43	1470	91.5	0.86	7.0	2.0	2.2	0.158	190

（续）

电动机型号	额定功率/kW	满载时				堵转电流/额定电流	堵转转矩/额定转矩	最大转矩/额定转矩	转动惯量/kg · m²	质量/kg
		定子电流/A	转速/(r/min)	效率(%)	功率因素					
Y180L-6	15	31	970	89.5	0.81	6.5	1.8	2.0	0.207	195
Y180L-8	11	25	730	86.5	0.77	6.0	1.7	2.0	0.203	184
Y200L1-2	30	57	2950	90	0.89	7.0	2.0	2.2	0.124	240
Y200L2-2	37	70	2950	90.5	0.89	7.0	2.0	2.2	0.139	255
Y200L-4	30	57	1470	92.2	0.87	7.0	2.0	2.2	0.262	270

3.2.5 掌握机床启动、制动和反向要求

一般情况下，由电动机完成机床的起动、制动和反向要比机械方法简单容易。机床主轴的启动、停止、正反转运动和调整操作，只要条件允许最好由电动机完成。

机床设备主运动传动系统的启动转矩一般都比较小，因此，原则上可采用任何一种启动方式。对于它的辅助运动，在启动时往往要克服较大的静转矩，必要时也可选用高启动转矩的电动机，或采用提高启动转矩的措施。另外，还要考虑电网容量，对电网容量不大而启动电流较大的电动机，一定要采取限制启动电流的措施，如Y-△起动、自耦调压器起动、定子电路串电阻减压起动等，以免电网电压波动较大而造成事故。

传动电动机是否需要制动，应视机床设备工作循环的长短而定。对于某些高速高效金属切削机床，宜采用电动机制动。如果对于制动的性能无特殊要求而电动机又需要反转时，则采用反接制动可使电路简化。在要求制动平稳、准确，即在制动过程中不允许有反转可能性时，则宜采用能耗制动方式。在某些机床设备中也常采用具有联锁保护功能的电磁机械制动（电磁抱闸），在有些场合下也可采用回馈制动等。

任务3　了解机床电气控制电路图的设计方法

机床电气控制电路有两种设计方法：一种是经验设计法，另一种是逻辑代数设计法。

3.3.1 经验设计法

所谓经验设计法就是根据机床生产工艺要求直接设计出控制电路。在具体的设计过程中常有两种做法：一种是根据机床的工艺要求，适当选用现有的典型电控环节和常用的控制原则，将它们有机地组合起来，综合成所需要的控制电路；另一种是根据机床工艺要求自行设计，随时增加所需的电气元器件和触点，以满足给定的工作条件。

1. 经验设计法的基本步骤

一般的机床电气控制电路设计包括主电路和辅助电路等的设计。

（1）主电路设计　主要考虑机床电动机的起动、点动、正反转、制动及多速电动机的调速、短路、过载、欠电压等各种保护环节以及联锁、照明和信号等环节。

（2）控制电路设计　主要考虑如何满足电动机的各种运转功能及生产工艺要求。设计步骤是根据机床对电气控制电路的要求和常用的控制原则，首先设计出各个独立环节的控制电路，然后再根据各个控制环节之间的相互制约关系，进一步拟定联锁控制电路等辅助电路的设计，最后再考虑根据电路的简单、经济和安全、可靠等原则，修改电路。

（3）反复审核电路是否满足设计原则　在条件允许的情况下，进行模拟试验，逐步完善整个机床电气控制电路的设计，直至电路动作准确无误。

2. 经验设计法的特点

1）易于掌握，使用很广，但一般不易获得最佳设计方案。

2）要求设计者具有一定的实际经验，在设计过程中往往会因考虑不周发生差错，影响电路的可靠性。

3）当电路达不到要求时，多用增加触点或电器数量的方法来加以解决，所以设计出的电路常常不是最简单经济的。

4）需要反复修改草图，一般需要进行模拟试验，设计速度慢。

3. 经验设计法设计举例

下面以设计龙门刨床横梁升降控制电路为例来说明经验设计法。

龙门刨床（或立车）上装有横梁机构，刀架装在横梁上，随着加工工件大小不同横梁机构需要沿立柱上下移动，在加工过程中，横梁又需要保证夹紧在立柱上不松动。横梁的上升与下降由横梁升降电动机来驱动，横梁的夹紧与放松由横梁夹紧放松电动机来驱动。横梁升降电动机装在龙门顶上，通过蜗轮传动，使立柱上的丝杠转动，通过螺母使横梁上下移动。横梁夹紧电动机通过减速机构传动夹紧螺杆，通过杠杆作用使压块夹紧或放松。龙门刨床横梁夹紧放松示意图如图 3-10 所示。

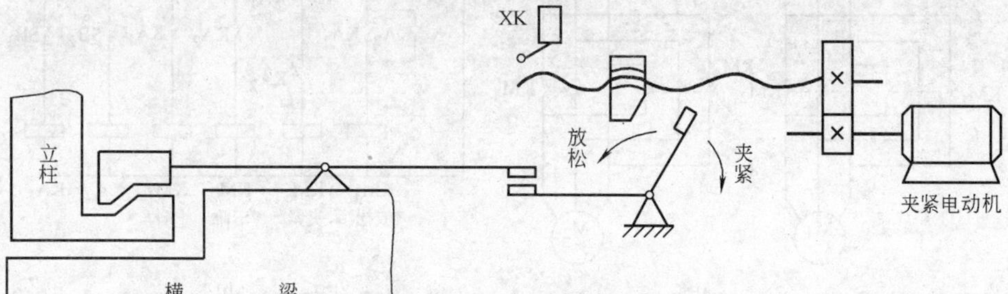

图 3-10　龙门刨床横梁夹紧放松示意图

龙门刨床横梁机构对电气控制系统的工艺要求如下：

1）刀架装在横梁上，要求横梁能沿立柱做上升、下降的调整移动。

2）在加工过程中，横梁必须紧紧地夹在立柱上，不许松动。夹紧机构能实现横梁的夹紧和放松。

3）在动作配合上，横梁夹紧与横梁移动之间必须有一定的操作程序，具体如下：

① 按动向上或向下移动按钮后，首先使夹紧机构自动放松。

② 横梁放松后，自动转换成向上或向下移动。

③ 移动到所需要的位置后，松开按钮，横梁自动夹紧。

④ 夹紧后夹紧电动机自动停止运动。

4）横梁在上升与下降时，应有上下行程的限位保护。

5）正反向运动之间，以及横梁夹紧与移动之间要有必要的联锁。

在了解清楚龙门刨床横梁机构上述生产工艺要求之后，就可以进行控制电路的设计了。

（1）设计主电路　根据横梁能上下移动和能夹紧放松的工艺要求，需要用两台电动机来驱动，且电动机能实现正反向运转。因此采用 4 个接触器 KM_1、KM_2 和 KM_3、KM_4，分别控制升降电动机 M_1 和夹紧放松电动机 M_2 的正反转，如图 3-11a 所示。因而，主电路就是控制两台电动机正反转的电路。

（2）设计基本控制电路　由于横梁的升降和夹紧放松均为调整运动，故都采用点动控制。采用两个点动按钮分别控制升降和夹紧放松运动，仅靠两个点动按钮控制 4 个接触器线圈是不够的，还需要增加两个中间继电器 KA_1 和 KA_2。根据工艺要求可设计出如图 3-11b 所示的草图。

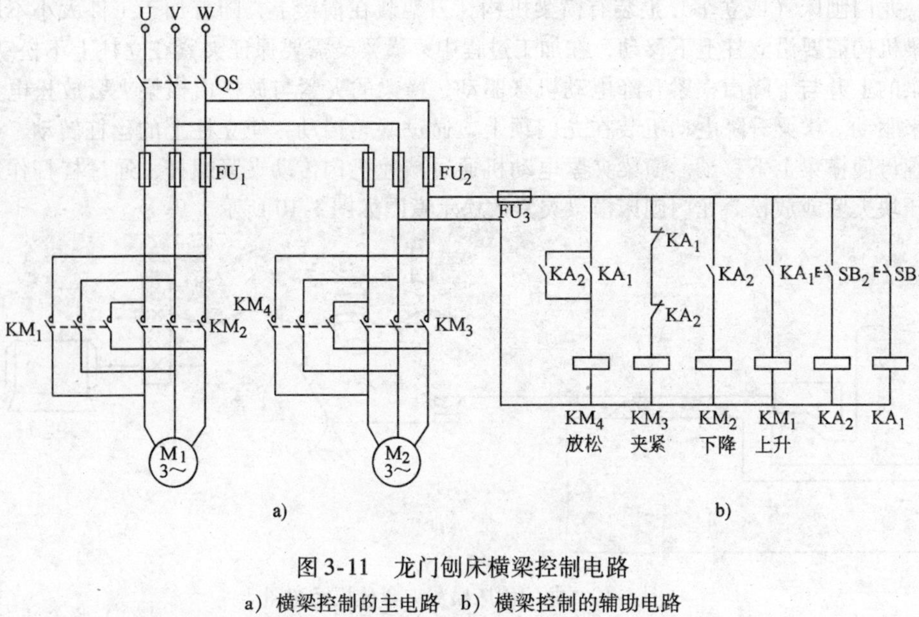

图 3-11　龙门刨床横梁控制电路

a）横梁控制的主电路　b）横梁控制的辅助电路

经仔细分析可知，该电路存在问题如下：

1）按动上升点动按钮 SB_1 后，接触器 KM_1 和 KM_4 同时得电吸合，横梁的上升与放松同时运行，按动下降点动按钮 SB_2，也出现类似情况。不满足“夹紧机构先放松，横梁后移动”的工艺要求。

2）放松线圈 KM_1 一直通电，使夹紧机构持续放松，没有设置检测元件检查横梁放松的程度。

3）松开按钮 SB_1，横梁不再上升，横梁夹紧线圈得电吸合，横梁持续夹紧，不能自动停止。

根据以上问题，需要恰当地选择控制过程中的变化参量，实现上述自动控制要求。

(3) 选择控制参量，确定控制原则

1）反映横梁放松程度的参量。可以采用行程开关 SQ_1 检测放松程度，如图 3-12 所示。当横梁放松到一定程度时，其压块压动 SQ_1，使常闭触点 SQ_1 断开，表示已经放松，接触器 KM_4 线圈失电；同时，常开触点 SQ_1 闭合，使上升或下降接触器 KM_1 或 KM_2 通电，横梁向上或向下移动。

2）反映横梁夹紧程度的参量。包括时间参量、行程参量和反映夹紧力的电流量。若用时间参量，不易调整准确度；若用行程参量，当夹紧机构磨损后，测量也不准确。这里选用反映夹紧力的电流参量是适宜的，夹紧力大，电流也大，故可以借助过电流继电器来检测夹紧程度。图 3-12 中，在夹紧电动机 M_2 夹紧方向的主电路中串联过电流继电器 KA_3，将其动作电流整定在额定电流的两倍左右。过电流继电器 KA_3 的常闭触点串接在接触器 KM_3 电路中。当夹紧横梁时，夹紧电动机 M_2 的电流逐渐增大，当超过过电流继电器整定值时，KA_3 的常闭触点断开，KM_3 线圈失电，自动停止夹紧电动机的工作。

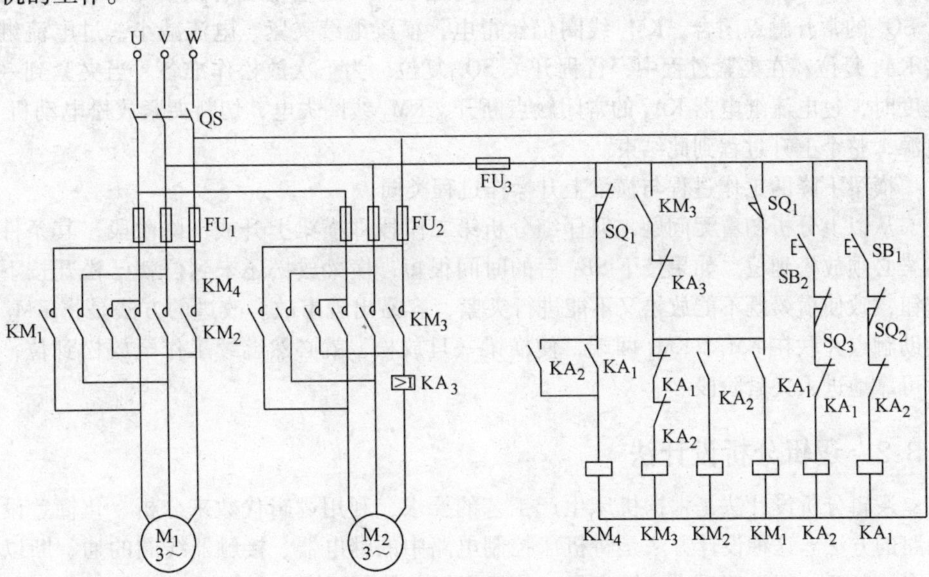

图 3-12 完整的控制电路图

3）设计联锁保护环节。采用行程开关 SQ_2 和 SQ_3 分别实现横梁上、下行程的限位保护。

图 3-12 为修改过的完整控制电路图。其中：

1）采用熔断器 $FU_1 \sim FU_3$ 作短路保护。

2）行程开关 SQ_1 不仅反映了放松信号，而且还起到了横梁移动和横梁夹紧之间的连锁作用。

3）中间继电器 KA_1、KA_2 的常闭触点，用于实现横梁移动电动机和夹紧电动机正反向运动的联锁保护。

4）电路的完善和校核。控制电路设计完毕后，往往还有不合理的地方，或者还有需要进一步简化或优化之处，应认真仔细地校核。对图 3-12 所示电路审核是对照生产机械工艺要求，反复分析所设计电路是否能逐条实现，是否会出现误动作，是否保证了设备和人身安全，是否还要进一步简化以减少触点或节省连线等。

下面分四个阶段对横梁移动和夹紧放松进行分析。

1）按下横梁上升点动按钮 SB_1，由于行程开关 SQ_1 的常升触点没有压合，M_1 不工作；中间继电器 KA_1 线圈得电，KM_4 线圈得电，夹紧放松电动机 M_2 放松。

2）当横梁放松到一定程度时，夹紧装置将 SQ_1 压下，夹紧放松电动机停止工作；SQ_1 常开触点闭合，驱动横梁在放松状态下向上移动。下降电动机工作将横梁压下，其常闭触点断开，KM_4 线圈失电，KM_1 线圈得电，升降电动机 M_1 起动。

3）当横梁移动到所需位置时，松开上升点动按钮 SB_1，KA_1 线圈失电，KM_1 线圈失电，使升降电动机 M_1 停止工作；由于横梁处于放松状态，SQ_1 的常开触点一直闭合，KA_1 常闭触点闭合，KM_3 线圈得电，使 M_2 反向工作，从而进入夹紧阶段。

4）当夹紧电动机 M_2 刚起动时，起动电流较大，过电流继电器 KA_3 动作，但是由于 SQ_1 的常开触点闭合，KM_3 线圈仍然得电；横梁继续夹紧，电流减小，过电流继电器 KA_3 复位；在夹紧过程中，行程开关 SQ_1 复位，为下次放松作准备。当夹紧到一定程度时，过电流继电器 KA_3 的常闭触点断开，KM_2 线圈失电，切断夹紧放松电动机 M_2 电源，整个上升过程到此结束。

横梁下降的工作过程与横梁上升操作过程类同。

从以上分析初看无问题，但仔细分析第二阶段即横梁上升或下降阶段，其条件是横梁必须放松到位。如果按下 SB_1 后的时间很短，横梁放松还未到位就已松开按下的按钮，致使横梁既不能放松又不能进行夹紧，容易出现事故。改进的方法是将 KM_4 的辅助触点并联在 KM_1、KM_2 两端，使横梁一旦放松，就必然继续工作至放松到位，然后可靠地进入夹紧阶段。

3.3.2 逻辑分析设计法

逻辑分析设计法是根据机床生产工艺的要求，利用逻辑代数来分析、化简、设计电路的方法。这种设计方法是将机床控制电路中的继电器、接触器线圈的通、断以及触点的断开、闭合等看成逻辑变量，并根据机床控制要求将它们之间的关系用逻辑函数关系式来表达，然后再运用逻辑函数基本公式和运算规律进行简化，根据最简式画出相应的机床电路结构图，最后再作进一步的检查和完善，即能获得需要的控制电路。

逻辑分析设计法较为科学，能够确定实现一个机床控制电路所必需的最少的中间记忆元件（中间继电器）的数目，以达到使逻辑电路最简单的目的，设计的电路比较简化、合理。但是当设计的机床控制系统比较复杂时，这种方法就显得十分繁琐，工作量也大。因此，如果将一个较大的、功能较为复杂的机床控制系统分成若干个互相联系的控制单元，用逻辑设计方法先完成每个单元控制电路的设计，然后再用经验设计方法把这些单元电路组合起来，各取所长，也是一种简捷的设计方法。

逻辑分析设计法可以使电路简化，充分利用电气元器件来得到较合理的电路。对复杂电路的设计，特别是数控生产自动线、组合机床等控制电路的设计，采用逻辑设计法比经验设计法更为方便、合理。

1. 逻辑代数基础

逻辑代数又称布尔代数或开关代数，包括逻辑变量和逻辑函数。

（1）逻辑变量　在逻辑代数中，将具有两种互为对立的工作状态的物理量称为逻辑变量。如作为电气控制的继电器、接触器等电气元器件线圈的通电与失电，触点的断开与闭合等，这里线圈和触点都相当于一个逻辑变量，其对立的两种工作状态可采用逻辑“1”和逻辑“0”表示。而且逻辑代数规定，应明确逻辑“1”和逻辑“0”所代表的物理意义。因此，在继电接触式电气控制电路中明确规定：

① 电气元器件的线圈通电为“1”状态，线圈失电为“0”状态。

② 触点闭合为“1”状态，触点断开为“0”状态。

③ 主令元件如按钮、主令控制器、行程开关等，触点闭合为“1”状态，触点断开为“ 0”状态。

④ 电气元器件 K_1、K_2、…的动合触点分别用 K_1、K_2、…表示；动断触点则分别 $\overline{K_1}$、$\overline{K_2}$、…表示。

（2）逻辑函数　在“继电器-接触器”控制电路中，把表示触点状态的逻辑变量称为输入逻辑变量；把表示继电器、接触器线圈等受控元件的逻辑变量称为输出逻辑变量；输出逻辑变量与输入逻辑变量之间所满足的相互关系称为逻辑函数关系，简称为逻辑关系。

2. 逻辑代数的运算法则

（1）逻辑与——触点串联　能够实现逻辑与运算的电路如图 3-13a 所示。逻辑表达式为：$K = A \cdot B$（“·”为逻辑与运算符号）。其表达的含义为：只有当触点 A 与 B 都闭合时，线圈 K 才得电。

（2）逻辑或——触点并联　能够实现逻辑或运算的电路如图 3-13b 所示。逻辑表达式为：$K = A + B$（“+”为逻辑或运算符号）。其表达的含义为：触点 A 或 B 中只要有一个闭合时，线圈 K 就可以得电。

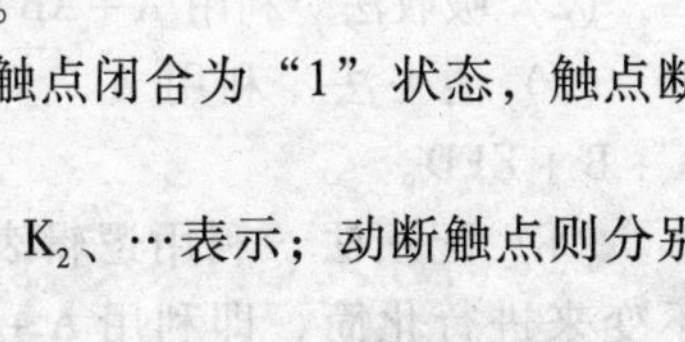

图 3-13　逻辑电路图

（3）逻辑非——动断触点　能够实现逻辑非运算的电路如图 2-13c 所示。逻辑表达式为：$K = \overline{A}$。其表达的含义为：触点 A 断开，则线圈 K 通电。

3. 逻辑代数的基本定理

1）交换律：$AB = BA$；$A + B = B + A$。

2）结合律：$A\ (B\ C) = (A\ B)\ C$；$A + (B + C) = (A + B) + C$。

3）分配律：$A\ (B + C) = A\ B + A\ C$；$A + (B\ C) = (A + B)(A + C)$。

4）重叠律：$A\ A = A$;；$A + A = A$。

5）吸收律：$A + AB = A$；$A\ (A + B) = A$；$A + \overline{A}B = A + B$。

6）非非律：$\overline{\overline{A}} = A$。

7）反演律：$\overline{A + B} = \overline{A}\,\overline{B}$；$\overline{AB} = \overline{A} + \overline{B}$。

4. 逻辑代数的化简

一般来说，从满足机床设备的工艺要求出发而列写的原始逻辑表达式往往都较为繁琐，涉及的变量较多，据此做出的电气控制电路图也较为繁琐。因此，在保证逻辑功能（生产工艺要求）不变的前提下，可以用逻辑代数的定理和法则将原始的逻辑表达式进行化简，以得到较为简化的电气控制电路图。化简时经常用到的常量和变量的关系为

$$A + 0 = A;\ A\ 0 = 0;\ A + 1 = 1;\ A \cdot 1 = A;\ A + \overline{A} = 1;\ A\ \overline{A} = 0$$

化简时经常用到的方法有

（1）合并项法　利用 $AB + A\overline{B} = A$，将两项合为一项。例如 $ABC + AB\overline{C} = AB$。

（2）吸收法　利用 $A + AB = A$，消去多余的因子。例如 $B + ABCDEF = B$。

（3）消去法　利用 $A + \overline{A}B = A + B$，消去多余的因子。例如 $\overline{A} + AB + EFD = \overline{A} + B + EFD$。

（4）配项法　利用逻辑表达式乘以一个“1”和加上一个“0”其逻辑功能不变来进行化简，即利用 $A + \overline{A} = 1$ 和 $A\ \overline{A} = 0$ 来配项。

5. 继电接触器开关的逻辑函数

继电接触器开关的逻辑电路，是以检测信号、主令信号、中间单元及输出逻辑变量的反馈触点作为输入变量，以执行元件作为输出变量而构成的电路。下面将通过两个简单的电路说明组成继电接触器开关的逻辑函数的规律，图 3-14 为起、停自锁电路。

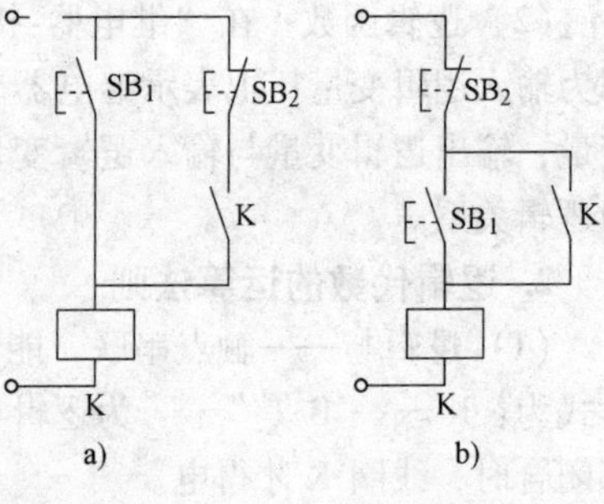

图 3-14　起、停自锁电路

对于图 3-14a，其逻辑函数为：$F_K = SB_1 + \overline{SB_2}K$

其一般形式为：$F_K = X_{开} + X_{关}K$ (3-7)

对于图 3-14b，其逻辑函数为：$F_K = \overline{SB_2}\ (SB_1 + K)$

其一般形式为：$F_K = X_{关}\ (X_{开} + K)$ (3-8)

式（3-7）和式（3-8）中的 $X_{开}$ 代表开启信号，$X_{关}$ 代表关闭信号。

实际起动、停止、自锁的电路，一般都有许多联锁条件，即控制一个线圈通、断电的条件往往都不止一个。对开启信号，当开启信号不只有一个主令信号，还必须具有其他条件才能开启时，则开启主令信号用 $X_{开主}$ 表示，其他条件称为开启约束信号，用 $X_{开约}$ 表示。可见，只有当条件都具备时，开启信号才能开启，则 $X_{开主}$ 与 $X_{开约}$ 是逻辑与的关系，用 $X_{开主}$、$X_{开约}$ 去代替式（3-7）、式（3-8）中的 $X_{开}$。

当关断信号不只有一个主令信号，还必须具有其他条件才能关断时，则关断主令信号用$X_{关主}$表示，其他条件称关断约束信号，用$X_{关约}$表示。可见，只有当信号全为“0”时，信号才能关断，则$X_{关主}$与$X_{关约}$是逻辑或的关系，用$X_{关主}$、$X_{关约}$去代替式（3-7）、式（3-8）中的$X_{关}$。

因此，起动、停止、自锁电路的扩展公式为

$$F_K = X_{开主}X_{开约} + (X_{关主} + X_{关约})\ K \tag{3-9}$$

$$F_K = (X_{关主} + X_{关约})(X_{开主}X_{开约} + K) \tag{3-10}$$

6. 逻辑分析设计法的基本步骤

电气控制电路的组成一般有输入电路、输出电路和执行元件等。输入电路主要由主令元件、检测元件组成。主令元件包含手动按钮、开关、主令控制器等。其功能是实现开机、停机及发生紧急情况下的停机等控制。这里，主令元件发出的信号称为主令信号。检测元件包含行程开关、压力继电器、速度继电器等各种继电器元件，其功能是检测物理量，作为程序自动切换时的控制信号，即检测信号。主令信号、检测信号、中间元件发出的信号、输出变量反馈的信号组成控制电路的输入信号。输出电路由中间记忆元件和执行元件组成。中间记忆元件即继电器，其基本功能是记忆输入信号的变化，使得按顺序变化的状态（以下称为程序）两两相区分。

执行元件分为有记忆功能的和无记忆功能的两种。有记忆功能的执行元件有继电器、接触器。无记忆功能的执行元件有电磁阀、电磁铁等。执行元件的基本功能是驱动机床设备的运动部件满足生产工艺要求。

逻辑分析设计法的基本步骤如下：

1）充分研究机床加工工艺过程，由机床生产工艺要求，绘出工作循环图或工作示意图。

2）确定执行元件和检测元件，按工作循环图做出执行元件的动作节拍表和检测元件状态表。

执行元件的动作节拍表由生产工艺要求决定，是预先提供的。执行元件动作节拍表实际上表明继电器、接触器等电器线圈在各程序中的通电、断电情况。

检测元件状态表根据各程序中检测元件状态变化编写。

3）根据主令元件和检测元件状态表写出各程序的特征数，确定待相区分组，增设必要的中间记忆元件，使待相区分组的所有程序区分开。

程序特征数，即由对应程序中所有主令元件和检测元件的状态构成的二进制数码的组合数。例如，当一个程序有两个检测元件时，根据状态取值的不同，则该程序可能有四个不同的特征数。

当两个程序中不存在相同的特征数时，这两个程序是相区分的；否则，是不相区分的。将具有相同特征数的程序归为一组，称为待相区分组。

根据待相区分组可设置必要的中间记忆元件，通过中间记忆元件的不同状态将各待相区分组区分开。

4）列写中间记忆元件和执行元件的逻辑函数式。

5）根据逻辑函数式建立电气控制电路图。

6）进一步检查、化简、完善电路，增加必要的联锁、保护等辅助环节，检查电路是否符合原控制要求、有无寄生电路以及是否存在触点竞争等现象。

进一步完善电路，完成以上 6 步，就可得到一张完整的机床控制原理图。

使用逻辑分析设计法能够加深对电路的分析与理解，有助于弄清机床电气控制系统中输入与输出的作用与相互关系，认识到继电接触器控制电路设计的实质，为学用 PLC 打下良好的基础。对于具体的设计方法，限于篇幅，本书不做深入介绍，感兴趣的读者可参阅有关参考书。

3.3.3 原理设计中应注意的几个问题

1）控制电压按控制要求选择，符合标准等级。在控制电路简单、不需经常操作、安全性要求不高时，可以直接采用电网电压，即交流 380V 或 220V。当考虑安全要求时，应采用控制变压器将控制电路与主电路电气上隔离开。照明电路采用 36V 以下安全电压。带指示灯的按钮采用 6.3V 电压。晶体管无触点开关一般需要直流 24V 电压。对于微机控制系统，应注意弱电电源与强电电源之间的隔离，不能共用零线，以免引起电源干扰。

2）尽可能减少电气元器件品种、规格与数量。便于维修和更换，降低成本。

3）正常情况下，尽可能减少通电电气元器件数量，以利于节约能源，延长电气元器件寿命，减少故障。

4）合理使用电器触点。接触器、时间继电器往往触点不够用，可以增加中间继电器来解决。

5）合理安排电器触点。避免因电器动作时间有差别，造成“触点竞争”。避免因操作不当，造成“误动作”。避免因某个元器件损坏，造成“短路”。避免出现“寄生电路”。

6）设置必要的短路、过载保护，防止故障进一步扩大。

7）设置必须的急停或总停按钮，以防万一出现故障时，切断整个控制电路，进而切断主电源。

8）设置必要的手动控制电路，方便设备调试和维修。

9）设置必要的指示灯、电压表、电流表，随时反映系统运行状态，及时发现故障。

任务 4　选择电气元器件

控制电路设计完成后，则要根据电器产品目录选择所需的各种控制电器。正确合理地选择常用电气元器件是控制电路安全运行、可靠工作的保证。为使设计者能真正选择出合适的电气元器件，本任务特给出了一些常用电气元器件的技术参数。

3.4.1 继电器的选择

1. 电磁式电流、电压、中间继电器

常用的电磁式继电器产品有：JL14 交直流电流继电器；L18 交直流过电流继电器；JT18 直流通用继电器；DY-50Q/50T 系列、DJ100 系列电压继电器；JZ7、JZ8、JZ15、DZ-650、DZ-690（T90）、JS23 等中间继电器；JZC1、JZC2、JZC4、3TH80、3TH82 等系列接触器式中间继电器；BZS-10、BZS-10J 型延时中间继电器以及用作直流电压、时间、欠电流、中间继电器的 JT3 系列等。

常用的 JT18、JZ15 系列继电器技术参数见表 3-5、表 3-6。

表 3-5　JT18 系列继电器技术参数

额定绝缘电压/V		440
额定工作电压 U/V		24、48、110、220、440（电压继电器、时间继电器）
额定电流 I/A		1.6、2.5、4、6、10、16、25、40、63、100、160、250、400、630（欠电流继电器）
延时等级/s		1、3、5（延时继电器）
额定操作频率/次		1200（时间继电器除外）
动作等级	电压继电器	冷态线圈：吸引电压：30% ~50% U（可调），释放电压：7% ~20% U（可调）
	时间继电器	断电延时：(0.3 ~0.9)s、(0.8 ~3)s、(2.5 ~5)s
	欠流继电器	吸引电流：30% ~65%（可调）
延时误差		重复误差 < ±9%，温度误差 < ±20%，电源波动误差 < ±15%，精度稳定误差 < ±20%
电压和欠电流继电器误差		重复误差 < ±10%，整定值误差 < ±15%
触点额定发热电流/A		10
触点额定工作电压/V		交流 380；直流 220
机械寿命/万次		可换部分：300；不可换部分：1000
电寿命/万次		50

表 3-6　JZ15 系列继电器技术参数

型号	触点额定电压/V		额定发热电流/A	触点组合形式		触点额定容量		额定操作频率/(次/h)	吸引线圈额定电压 U/V		动作时间/s
	交流	直流		动合	动断	交流/VA	直流/W		交流	直流	
JZ15-62	127	48		6	2				127	48	
JZ15-26	220	110	10	2	6	1000	90	1200	220	110	≤0.05
JZ15-44	380	220		4	4				380	220	

常用的中间继电器 JZ7 和 JZ8 技术数据见表 3-7、表 3-8。

表 3-7　JZ7/JZ8 系列中间继电器技术数据

型号	吸引线圈			触点参数									动作值或整定值	操作频率/(次/h)	机械寿命/万次	电寿命/万次
	额定电压/V		消耗功率	额定电流/A	触点数		通断能力									
	交流	直流			动合	动断										
JZ7—22	12 24	—	12V · A 起动时为 75V · A	5	2	2	直流：220V，接通 0.2A，分断 0.2A 交流：1.06 × 380V，接通 50A，λ = 0.4 时，1.05 × 440V，接通 2A，分断 0.25A，$T = 0.05s$						吸引线圈工作电压范围：85% ~105% U_N	1200	300	100
JZ7—41	36 48				4	1										
JZ7—42	110 127				4	2										
JZ7—44	220 380				4	4										
JZ7—53	420				5	3										
JZ7—62	440				6	2										
JZ7—80	500				8	0										
JZ8—62$^{J}_{Z}$		12	交流 10V · A 直流 7.5V · A	5	6	2	电压/V		AC 380	DC 110	DC 220	DC 440	吸引线圈动作电压范围：85% ~105% U_N，动作释放时间 <0.5s	2000	1000	—
JZ8—44$^{J}_{Z}$	110 127	24 48			4	4	接通电流/A		2.2	6	3	2				
JZ8—26$^{J}_{Z}$	220 380	110 220			2	6	分断电流/A	电感负载	2.2	1	0.5	0.25				
JZ8—80$^{J}_{Z}$					8	0		电阻负载	2.2	2	1	0.5				

表 3-8　常用中间继电器技术数据

型　号	线圈电压/V	延时时间范围/s	触头容量		延时触头数量				瞬时触头数量		操作频率/(次/h)
			电压/V	额定电流/A	线圈通电延时		线圈断电延时				
					常开	常闭	常开	常闭	常开	常闭	
JS7—1A	交流 50Hz 时：24、36、	0.4～60							1	1	
JS7—2A	110、220、380、420；				1	1	1	1			
JS7—3A	交流 60Hz 时：24、36、	及	380	5	1	1	1	1			600
JS7—4A	110、220、380、440	0.4～180							1	1	
JS23—1			交流：	交流：	1	1			0	2	
JS23—2			220	380V 时	1	1			1	3	
JS23—3		0.2～30	380	0.79	1	1			2	2	
JS23—4	交流：110、220、380	及	直流：	直流：			1	1	0	4	600
JS23—5		10～180	110	220V 时			1	1	1	3	
JS23—6			220	0.14～0.27			1	1	2	2	

选用电磁式继电器时应考虑继电器线圈电压或电流满足控制电路的要求，同时还应按照控制需要区别选择过电流继电器、欠电流继电器、过电压继电器、欠电压继电器、中间继电器等，另外要注意交流与直流之分。选择中间继电器一般根据负载电流的类型、电压等级和触点数量来选择。

2. 时间继电器

机床常用空气阻尼式时间继电器的技术数据见表 3-9。

表 3-9　机床常用空气阻尼式时间继电器的技术数据

型　号	线圈电压/V	延时时间范围/s	触头容量		延时触头数量				瞬时触头数量		操作频率/(次/h)
			电压/V	额定电流/A	线圈通电延时		线圈断电延时				
					常开	常闭	常开	常闭	常开	常闭	
JS7—1A	交流 50Hz 时：24、36、	0.4～60							1	1	
JS7—2A	110、220、380、420；				1	1	1	1			
JS7—3A	交流 60Hz 时：24、36、	及	380	5	1	1	1	1			600
JS7—4A	110、220、380、440	0.4～180							1	1	
JS23—1			交流：	交流：	1	1			0	2	
JS23—2			220	380V 时	1	1			1	3	
JS23—3		0.2～30	380	0.79	1	1			2	2	
JS23—4	交流：110、220、380	及	直流：	直流：			1	1	0	4	600
JS23—5		10～180	110	220V 时			1	1	1	3	
JS23—6			220	0.14～0.27			1	1	2	2	

选择时间继电器主要从继电器类型、延时方式（通电延时和断电延时）、线圈电压等方面考虑。凡是对延时要求不高的场合，一般采用价格较低的 JS7-A 系列时间继电

器，要求较高时可采用 JS20 系列晶体管式时间继电器。

3. 热继电器

热继电器有两相和三相结构之分。三相热继电器又可分为带断相保护型和不带断相保护型。目前常用的热继电器有国内设计生产的产品，也有从国外引进生产的产品。其中 JR0、JR5、JR9、JR10、JR15、JR16 系列产品为国内设计生产的产品，其技术数据见表 3-10；其中最常用的 JR0-4 系列热继电器的更详细技术数据见表 3-11。

表 3-10　国产系列热继电器技术数据

型　号	额定电压/V	额定电流/A	热元件电流调节范围/A	主 要 用 途
JR0—20/3	交流 50Hz，380V	20	0.25～22	用于长期工作或间断工作的一般电动机的过载保护
JR0—40		40	0.4～40	
JR0—150/3		150	40～160	
JR5—7～44/1	500V 以下	7～44	7～48	用于交直流电压至 500V 的电气装置内作电动机过载保护元件
JR5—52～196/1		52～200	52～215	
JR5—8.5～51/2		8.5～52	8.5～56	
JR5—61～176		61～200	61～200	
JR9—60	600V 及以下	7.2～17	4.5～17	JR9 作交流电动机或线路的过载和短路保护；JR9—A 作交流电动机和线路的过载保护，亦可用于磁力起动器和控制屏上
JR9—60A		26～62	16.6～62	
JR9—300		38～125	24～125	
JR9—300A		176～310	124～310	
JR10—10	交流 50Hz，380V	0.27～10	0.25～10	用于电流至 10A 以下的电力线路中
JR15—10/2		10	0.25～11	在电力线路中作交流电动机的过载保护
JR15—40/2		40	6.8～45	
JR15—100/2		100	32～100	
JR15—150/2		150	68～150	
JR16—20/3 JR16—20/3D	交流 50Hz 或 60Hz 380V 以下	20	0.25～22	在电力线路中，作为长期工作制、间断工作制的一般交流电动机的过载保护，并能在三相电流严重不平衡时起到保护作用。D 表示断相保护
JR16—60/3 JR16—60/3D		60	14～63	
JR16—150/3 JR16—150/3D		150	40～160	
JR16B—20/3 JR16B—20/3D		20	0.25～22	在电力线路中，作长期工作或间断长期工作的一般电动机的过载保护及断相保护
JR16B—60/3 JR16B—60/3D		60	14～63	
JR16B—150/3 JR16B—150/3D		150	40～160	

表 3-11　JR0-4 系列热继电器的技术数据

型号	额定电流/A	热元件等级		型号	额定电流/A	热元件等级	
		热元件额定电流/A	热元件额定电流调节范围/A			热元件额定电流/A	热元件额定电流调节范围/A
JR0-4	40	0.64 1.0 1.6 2.5 4.0 6.4 10.0 16.0 25.0 40.0	0.40~0.64 0.64~1.0 1.0~1.6 1.6~2.5 2.5~4.0 4.0~6.4 6.4~10.0 10.0~16.0 16.0~25.0 25.0~40.0	JR0-60/3 JR0-60/3D	60	22.0 32.0 45.0 63.0	14.0~22.0 20.0~32.0 28.0~45.0 40.0~63.0
				JR0-150/3 JR0-150/3D	150	63.0 85.0 120.0 160.0	40.0~63.0 53.0~85.0 75.0~120.0 100.0~160.0

从国外引进生产的产品主要有：与 LC1-D 系列交流接触器配套使用的 LR1-D 系列热继电器；与 TB40~58 系列交流接触器配套使用的 3UA5 系列热继电器；其技术数据见表 3-12。

表 3-12　国外引进生产的 LR1-D、3UA5 系列热继电器技术数据

型　号	电流调整范围/A	AC3 下可控制电动机功率/kW					可接插的接触器
		220V	380V	415V	440V	660V	
LR1—D09301	0.1~0.16	—	—	—	—	—	LC1—D09~D32
LR1—D09302	0.16~0.25	—	—	—	—	—	
LR1—D09303	0.25~0.4	—	—	—	—	—	
LR1—D09304	0.4~0.63	—	—	—	—	0.37	
LR1—D09305	0.63~1	—	—	—	—	0.55	
LR1—D09306	1~1.6	—	0.37	—	0.55	0.75~1.1	
LR1—D09307	1.6~2.5	0.37	0.55~0.75	1.1	0.75~1.1	1.5	
LR1—D09308	2.5~4	0.55~0.75	1.1~1.5	1.5	1.5	2.2~3	
LR1—D093010	4~6	1.1	2.2	2.2	2.2	4	
LR1—D093012	5.5~8	1.5	3	3~3.7	3~3.7	5.5	
LR1—D093014	7~10	2.2	4	4	4	7.5	
LR1—D12316	10~13	3	5.5	5.5	5.5	10	
LR1—D16321	13~18	4	7.5	9	9	15	

（续）

型　号	电流调整范围/A	AC3 下可控制电动机功率/kW					可接插的接触器
		220V	380V	415V	440V	660V	
LR1—D25322	18 ~ 25	5.5	11	11	11	18.5	LC1—D09 ~ D32
LR1—D32353	23 ~ 32	7.5	15	15	15	—	
LR1—D32355	28 ~ 40	—	15	15	15	—	
LR1—D40353	23 ~ 32	7.5	15	15	15	22	LC1—D40、D50 D63
LR1—D40355	30 ~ 40	10	18.5	22	22	30	
LR1—D63357	38 ~ 50	11	22	25	25	37	
LR1—D63359	48 ~ 57	15	25	30	30	45	
LR1—D63361	57 ~ 66	18.5	30	37	37	55	
LR1—D80363	63 ~ 80	22	33 ~ 37	40 ~ 45	40 ~ 45	59 ~ 63	LCD—D80
3UA5000—0A ~ K	0.1 ~ 1.25	—	—	—	—	—	
3UA5000—1A ~ K	1 ~ 12.5	—	—	—	—	—	
3UA5200—0A ~ K	0.1 ~ 1.25	—	—	—	—	—	3TB42、43
3UA5200—1A ~ K	1 ~ 12.5	—	—	—	—	—	
3UA5200—2A ~ C	10 ~ 25	—	—	—	—	—	
3UA5900—2A ~ P	10 ~ 63	—	—	—	—	—	3TB42 ~ 48

热继电器选择时要从电动机的工作环境、起动情况、负载性质等因素来考虑。一般轻载起动、长期工作的电动机或间断长期工作的电动机选择两相结构的热继电器；当电源电压的均衡性和工作环境较差时可选三相结构的热继电器；三角形联结的电动机应选用带断相保护装置的热继电器。根据热继电器的额定电流应大于电动机额定电流的原则选择热继电器的型号。根据热继电器热元件额定电流应略大于电动机额定电流的原则选定热元件额定电流值。根据型号和热元件额定电流确定热元件整定电流的调节范围。一般将热继电器的整定电流调整到电动机的额定电流。对过载能力差的电动机，可将热元件整定值调整到电动机额定电流的 0.6 ~ 0.8 倍；对起动时间长、拖动冲击性负载或不允许停车的电动机，热元件的整定电流应调节到电动机额定电流的 1.1 ~ 1.15 倍。

4. 速度继电器

常用的速度继电器有 JY1 型和 JFZ0 型。JY1 型能在 3000r/min 以下可靠工作；JFZ0-1 型适用于 300 ~ 1000r/min；JFZ0-2 型适用于 1000 ~ 3600r/min；JFZ0 型有两对动合、动断触点。一般速度继电器转轴在 120r/min 左右即能动作，在 100r/min 以下触点复位。

JY1 型和 JFZ0 型速度继电器的主要技术参数列于表 3-13。

表 3-13　JY1 型和 JFZ0 型速度继电器的主要技术参数

型　号	触点容量		触点数量		额定工作转速/(r/min)	允许操作频率/(次/h)
	额定电压/V	额定电流/A	正转时动作	反转时动作		
JY1 JFZ0	380	2	1 组转换触点	1 组转换触点	100 ~ 3 600 300 ~ 3 600	<30

速度继电器可按安装位置和转速范围选用。JY1 型转速范围较大，JFZ0 型有两种规格和转速范围。另外从触点分断能力看，JY1 要比 JFZ0 大一些。

5. 温度继电器

温度继电器在电路中用于监测重要电器元器件温度的变化，当电路中某元器件温度高于某限定值时，温度继电器动作，切断电路电源，从而起到保护该元器件不因过高的温度而损坏。常用的温度继电器有 JW2 系列，其技术数据见表 3-14。

表 3-14　JW2 系列温度继电器技术数据

型　号	额定电压/V	额定电流/A	额定动作温度/℃	动作温度范围/℃	回复温度/℃	用　途
JW2—50	交流：50Hz 或60Hz，500 直流：200	1	50	50 ~ 75 ±3	5 ~ 15	用于控制电路中随安装处介质温度的变化使触头快速分断或接通电路
JW2—60			60			
JW2—70			70			
JW2—80			80	80 ~ 120 ±5	5 ~ 20	
JW2—95			95			
JW2—105			105			
JW2—115			115		5 ~ 25	
JW2—125			125	125 ~ 150 ±8	5 ~ 30	
JW2—135			135			
JW2—145			145			
JW2—160			160	160 ±10	5 ~ 40	

温度继电器可按使用条件和温控范围选用。

3.4.2　接触器的选择

接触器根据其主触点通过电流种类不同分交流、直流两种。

1. 交流接触器

交流接触器的种类较多，就目前来看，主要分为国产型和国外引进型。

（1）国产型主要产品　国产型主要产品有 CJ0、CJ10、CJX1、CJ15、CJ20、CKJ 等系列产品；其中 CJ10、CJ10Z 为常规系列交流接触器，其技术数据见表 3-15。

表 3-15　CJ10、CJ10Z 系列交流接触器技术数据

型号	额定电流/A	控制电动机最大功率/kW			1.05 倍 U_N 时通断能力/A		操作频率/次·h^{-1}		电寿命/万次		机械寿命/万次	10s 热稳定电流	动稳定电流（峰值）	质量/kg
		220V	380V	500V	380V	500V	AC-3	AC-4	AC-3	AC-4				
CJ10-5	5	1.2	2.2	2.2	50	40								0.26
CJ10-10	10	2.2	4	4	100	80								0.5
CJ10-20	20	5.5	10	10	200	160								0.95
CJ10-40	40	11	20	20	400	320		—		—				1.85
CJ10-60	60	17	30	30	600	480	600		60		300	$>7I_N$	$>50I_N$	4.44
CJ10-100	100	29	50	50	1 000	800								6.5
CJ10-150	150	47	75	75	1 500	1 200								8.5
CJ10Z-10	10	2.2	4	4	100	80		600		20				
CJ10Z-20	20	5.5	10	10	200	160		300		15				
CJ10Z-40	40	11	20	20	400	320		300		10				

1）CJX1 为普通小型系列交流接触器，技术条件符合 IEC 国际电工标准，为 CJ0、CJ10 交流接触器的更新换代产品。CJX1 系列交流接触器技术数据见表 3-16。

表 3-16　CJX1 系列交流接触器技术数据

型号	额定绝缘电压/V	额定发热电流/A	额定工作电流/A	AC3 使用类别时，可控制三相笼型异步电动机的最大功率/kW			线圈电压等级/V	吸引线圈消耗功率/V·A		通电持续率（%）	操作频率/(次/时)	
				220V	380V	660V		起动	吸持		AC3	AC4
CJX1—9	600	20	9	2.2	4	5.5	(50Hz) 24、36、42、48、110、127、220、380 (60Hz) 24、42、110、220、440、460	64 (cosΦ = 0.84)	8.3 (cosΦ = 0.29)	40	120	300
CJX1—12			12	3	5.5	7.5						
CJX1—16		31.5	16	4	7.5	11					600	300
CJX1—22			22	5.5	11	11						
CJX1—30		50	30	8.2	15	15						
CJX1—37		80	37	12	18	30						
CJX1—45			45	15	22	37						

2）CJ15 系列交流接触器主要用于工频无感应电炉控制设备和其他类似的电力电路中作远距离接通和断开电路之用。其主触点采用具有抗熔焊和耐磨损的银基合金材料，并采用了单断点结构，而灭弧装置采用纵缝式陶土灭弧罩，且有去离子栅装置，故灭弧性能好，工作可靠。CJ15 系列交流接触器技术数据见表 3-17。

3）CJ20 系列交流接触器为全国统一设计的交流接触器，其最高电压可达 1140V，最大电流可达 630A。CJ20 系列交流接触器的用途与 CJX1 系列交流接触器基本相同，只不过 CJX1 为小容量交流接触器，CJ20 系列交流接触器的额定电压可达 380～1140V，额定电流为 6.3～630A，在某些方面补充了 CJX1 系列交流接触器的不足。CJ20 系列交流接触器技术数据见表 3-18。

4）CKJ 系列真空交流接触器为比较先进的接触器，由于采用了真空技术，故触点系统磨损小，灭弧容易。特别适用于易燃易爆的场合。CKJ 系列真空交流接触器技术数据见表 3-19。

表 3-17　CJ15 系列交流接触器技术数据

型　号	极数	额定电压 U_E/V	额定电流 I_E/A	最大允许操作频率/(次/h)	主触点接通与分断能力							吸引线圈电压/V	辅助触头		
					接　通			分　断			试验次数		额定电压/V	额定电流/A	组合情况
					电压/V	电流/A	cosΦ	电压/V	电流/A	cosΦ					
CJ15—1000	2 极或 3 极	500	1000	60	$1.1U_e$	$4I_E$	0.65	$1.1U_E$	$4I_E$	0.65	20	50Hz 交流 380 或 220	交流 380 或直流 220	10	三常开、三常闭
		1000				$3I_E$			$1.3I_E$						
CJ15—2000		500	2000			$4I_E$			$4I_E$						
		1000				$3I_E$			$1.3I_E$						
CJ15—4000	1 极	1000	4000	50		$2I_E$			$1.3I_E$						

表 3-18　CJ20 系列交流接触器技术数据

型　号	额定绝缘电压/V	额定工作电压/V	额定发热电流/A	继续周期工作制下的额定工作电流/A	AC3 类工作制下的控制功率/kW	在额定负载下额定操作频率/(次/h)			吸引线圈动作性	
						AC2	AC3	AC4	吸合电压	释放电压
CJ20—6.3	660	220	6.3	6.3	1.7	—	—	—	85% ~ 110% 额定电压下，可靠吸合（煤矿用产品下限留有 10% 的裕量）	<70% 额定电压可靠释放（煤矿用产品为 65%），又不低于 10% 的裕量
		380		6.3	3	300	1200	300		
		660		3.6	3	120	600	120		
CJ20—10		220	10	10	2.2	—	—	—		
		380			4	300	1200	300		
		660			7.5	120	600	120		
CJ20—16		220	16	16	4.5	—	—	—		
		380		16	7.5	300	1200	300		
		660		13.5	11	120	600	120		
CJ20—25		220	32	25	5.5	—	—	—		
		380		25	11	300	1200	300		
		660		16	13	120	600	120		
CJ20—40		220	55	55	11	—	—	—		
		380		40	22	300	1200	300		
		660		25	22	120	600	120		
CJ20—63		220	80	63	18	—	—	—		
		380		63	30	300	1200	300		
		660		40	35	120	600	120		
CJ20—100		220	125	100	28	—	—	—		
		380		100	50	300	1200	300		
		660		63	50	120	600	120		
CJ20—160		220	220	160	48	—	—	—		
		380		160	85	300	1200	300		
		660		100	85	120	600	120		
CJ20—250		220	315	250	80	—	—	—		
		380		250	132	300	600	300		
		660		200	190	120	300	30		
CJ20—400		220	400	400	115	—	—	—		
		380		400	200	300	600	120		
		660		250	200	120	300	30		
CJ20—630		220	630	630	175	—	—	—		
		380		630	300	300	600	120		
		660		400	350	120	300	30		
CJ20—160/11		1140	220	80	85	30	300	30		
CJ20—630/11			400	400	400	30	120	30		

表 3-19　CKJ 系列真空交流接触器技术数据

型　号	极数	额定电压/V	额定电流/A	固有闭合时间/s	固有分断时间/s	每小时允许操作次数		接通与分断能力	
						AC3 时	短时（20s 内操作）	接通	分断
CKJ—100	3	660 或 1140	100	<0.2	<0.1	300	3600	—	—
CKJ—125			125						
CKJ1—160			160			—	—	—	—
CKJ1—250			250						
CKJ1—300			300						
CKJ5—250			250			300	2000	2500A	2500A
CKJ5—400			400					4000A	3200A
CKJ5—600			600			300	1200	6000A	4800A
CKJ5—600/1	1		600	—	—	—	—	—	—

（2）国外引进型主要产品　自改革开放以来，我国开始引进国外先进技术，特别是我国加入 WTO 以后，更加快了先进技术、先进生产工艺及先进设备引入的步伐。交流接触器的引进就是典型事例，我国从国外引进的先进交流接触器有：LC1-D 系列交流接触器、LC2-D 系列机械联锁交流接触器、3TB40 ~ 58 系列空气电磁式交流接触器。

1）LC1-D 系列交流接触器是引进法国 TE 公司制造技术的产品，符合 IEC 国际电工标准。它可与 LA1-D 辅助触点组成积木式辅助触点组；与 LA2-D（通电延时）、LA3-D（断电延时）空气延时触点组成延时接触器；与 LR1-D 系列热继电器直接插接安装，组成磁力起动器。主要用于 50Hz 或 6Hz，电压至 660V 及以下，电流至 80A 的负载电路中供远距离、频繁地通断主电路和起、停交流电动机之用。LC1-D 系列交流接触器技术数据见表 3-20。

表 3-20　LC1-D 系列交流接触器技术数据

型　号			LC1—D09	LC1—D12	LC1—D16	LC1—D18	LC1—D25	LC1—D32	LC1—D40	LC1—50	LC1—D63	LC1—80	LC1—95
额定工作电流/A		AC3	9	12	16	18	25	32	40	50	63	80	95
		AC4	4	5	7	7	10	13	16	20	25	32	45
主触点性能	可控制单相电动机容量/kW	100 ~ 110V	0.4	0.5	0.75	0.75	1.1	1.5	1.5	2.2	3.7	—	—
		200 ~ 220V	0.75	1.1	1.5	1.5	2.2	3	3.7	5.5	—	—	—
	AC3 时可控制三相笼型异步电动机容量/kW	220V	2.2	3	4	4	5.5	7.5	11	15	18.5	22	25
		380V	4	5.5	7.5	7.5	11	15	18.5	22	30	37	45
		415V	4	5.5	9	9	11	15	22	25	37	45	45
		440V	4	5.5	9	9	11	15	22	30	37	45	45
		660V	5.5	7.5	7.5	7.5	15	18.5	30	33	37	45	45

（续）

型　号			LC1—D09	LC1—D12	LC1—D16	LC1—D18	LC1—D25	LC1—D32	LC1—D40	LC1—50	LC1—D63	LC1—80	LC1—95
主触点性能	AC1 电阻负载电流/A <40℃		25	25	32	32	40	50	60	80	80	125	125
	约定发热电流/A <40℃		25	25	32	32	40	50	60	80	80	125	125
	可接通的最大电流/A		250	250	300	300	450	550	800	900	1000	1100	1200
	可断开的最大电流/A	440V	250	250	300	300	450	550	800	900	1000	1100	1200
		500V	175	175	250	250	400	480	800	900	100	1100	1200
		660V	85	85	120	120	180	200	400	500	630	640	700

LA1-D 辅助触点组技术数据见表 3-21。

表 3-21　LA1-D 辅助触点组技术数据

型　号	触头组合/对	额定绝缘电压/V	约定发热电流/A	电寿命/万次	机械寿命/万次	最高操作频率/(次/s)	可接通最小负载	接线端可连接导线
LA1—D11 LA1—D20 LA1—D22 LA1—D40 LA1—D04	常开 + 常闭 2 常开 2 常开 +2 常闭 4 常开 4 常闭	660	10	50 ~ 500	1000	3	0.6mV · A	1 ~2 根软线或硬线，截面积为：1.5 ~2.5mm²

LA2-D、LA3-D 空气延时触点技术数据见表 3-22。

表 3-22　LA2-D、LA3-D 空气延时触点技术数据

型　号	LA2—D22	LA2—D24	LA3—D22	LA3—D24
延时特点	通电延时		断电延时	
延时范围/s	0.1 ~30	10 ~180	0.1 ~30	10 ~180
延时触头组合/对	常开 + 常闭			
额定绝缘电压/V	660			
约定发热电流/A	10			
电寿命/万次	50 ~500			
机械寿命/万次	250			
最高操作频率/(次/s)	3			
可接通最小负荷/(mV · A)	0.6			
延时重复误差	±5%			
延时稳定性误差	±30%			
温度误差	0.25%			
接线端可连接导线	1 ~2 根软导线或硬线截面积为 1.5 ~2.5mm²			

2）LC2-D 系列机械联锁交流接触器是在 LC1-D 系列交流接触器的基础上加装机械联锁装置组成的，它可以对两台可逆接触器进行联锁，防止短路事故的发生，并与 LR1-D 系列热继电器组合，可对电动机进行过载保护。主要用于 50Hz 或 6Hz，电压至 660V 及以下，电流至 80A 及以下电路中，供远距离控制三相笼型异步交流电动机起动、停止及可逆运转之用。LC2-D 系列交流接触器技术数据见表 3-23。

表 3-23 LC2-D 系列交流接触器技术数据

型号			LC2—D099	LC2—D129	LC2—169	LC2—189	LC2—259	LC2—329	LC2—403	LC2—503	LC2—633	LC2—803	LC2—953
额定工作电流/A <440V		AC3	9	12	16	18	25	32	40	50	63	80	—
		AC4	4	5	7	—	10	—	16	20	25	32	—
可控制单相电动机容量/kW		110V	0.4	0.55	0.75	—	1.1	—	1.5	2.2	3.7	—	—
		220V	0.75	1.1	1.5	—	2.2	—	3.7	—	—	—	—
可控制三相电动机容量/kW	AC3	220V	2.2	3	4	4	5.5	7.5	11	15	18.5	22	25
		380V	4	5.5	7.5	7.5	11	15	18.5	22	30	37	45
		415V	4	5.5	9	9	11	15	22	25	37	45	45
		440V	4	5.5	9	9	11	15	22	30	37	45	45
		660V	5.5	7.5	7.5	7.5	15	18.5	30	33	37	45	45
	AC4	220V	0.4	0.4	0.75	0.5	0.75	1.5	2.7	2.7	3.7	3.7	3.7
		440V	0.75	1.5	2.2	1.6	2.7	3	5.5	5.5	7.5	11	12
约定发热电流/A			25	25	32	32	40	50	60	80	80	125	125
电寿命/万次		AC3	200	200	200	200	200	200	200	200	160	160	160
		AC4	20	15~20	7~20	7~20	7~15	7~15	7~10	7	6~7	5~7	5~7

3）3TB40~58 系列空气电磁式交流接触器是从德国西门子公司引进技术生产的产品，其技术符合 EIC 国际电工标准。3TB40~58 系列空气电磁式交流接触器可与 3UA5 系列热继电器组成磁力起动器。主要用于 50Hz 或 6Hz，电压至 660V（3TB40~42 型）、750V（3TB44 型）、1000V（3TB46~44 型），额定工作电流 9~32A 及 60~630A 的电路中，供中远距离接通、断开电源和频繁地起动、停止交流笼型异步交流电动机之用，3TB40~58 系列交流接触器技术数据见表 3-24。

2. 直流接触器

直流接触器的结构较交流接触器简单，它主要由铁芯与衔铁、电磁线圈、触点系统和灭弧装置等组成。直流接触器主要用于 600V 及以下、额定电流至 1500 A 及以下的各种直流电力电路的接通与分断，供直流电动机的频繁起动、停止、换向、反接制动、调速之用。

表 3-24　3TB40～58 系列交流接触器技术数据

型号	额定绝缘电压/V	额定发热电流/A	AC1 类负载（55℃时）不间断工作制额定电流/A	AC2 及 AC3 类负载（笼型异步电动机或绕线转子异步电动机）						AC4 类负载（100% 点动）在 380～415V 下触头寿命为 20 万次时额定电流/A	辅助触头			在 AC3 类工作制下		机械寿命/万次	吸引线圈功率损耗	
				380V 时额定工作电流/A	660V 时额定工作电流/A	可控制电动机功率/kW					额定绝缘电压/V	额定发热电流/V	触头对数	操作频率/（次/h）	电寿命/万次		起动/W	保持/W
						220V	380～415V	550V	600V									
3TB40		22		9	7.2		4		5.5					1000	120		68	
3TB41	660			12	9.5		5.5		7.5							150	68	
3TB42		35		16	13.5		7.5		11					750	120		69	10
3TB42				22	13.5		11		11								69	
3TB44	750	55		32	18		15		15				一常开、一常闭或二常开、二常闭				71	
3TB46			80	45	15	22	30	37	24		660	10		500	100	10	152	16
3TB47			90	63	18.5	30	37	37	28									
3TB48			100	75	22	37	45	55	34								300	26
3TB50	1000		160	110	37	55	75	90	52								470	32
3TB52			200	170	55	90	110	132	72								640	40
3TB54			300	250	75	132	160	200	103								980	48
3TB56			400	400	115	200	255	355	120								1340	84
3TB58			630	630	190	325	430	560	150								5850	470

常用的直流接触器有：CZ0 系列、CZ16 系列、CZ17 系列。其技术数据见表 3-25。

表 3-25　CZ0、CZ16、CZ17 系列直流接触器技术数据

型　号	额定电压/V	额定电流/A	额定操作频率/(次/h)	主触头及数目		分断电流/A	飞弧距离/mm		辅助触头及数目	
				常开	常闭		440V 时	660V 时	常开	常闭
CZ0—40/20	440	40	1200	2	—	160	15		2	2
CZ0—40/02			600	—	2	100	15		2	2
CZ0—100/10		100	1200	1	—	400	40		2	2
CZ0—100/01			600	—	2	250	35		2	1
CZ0—100/20			1200	2	—	400	40	40	2	2
CZ0—150/10		150	1200	1	1	600	40		2	2
CZ0—150/01			600	—	—	375	35		2	1
CZ0—150/20			1200	2	—	600	40	50	2	2
CZ0—250/10		250	600	1	1	1000	100	160	5（其中 1 对常开，另 4 对可组合成常开或常闭）	
CZ0—250/20			600	2	—	1000	100	140		
CZ0—400/10		400	600	1	—	1600	140	180		
CZ0—400/20			600	2	—	1600	120	160		
CZ0—600/10		600	600	1	—	2400	170	220		
CZ16—1000/10	660	1000	600	—	—	4000				
CZ16—1500/10		1500	600	—	—	6000				
CZ17—150/10	24	150	600	1	1	600			2	2
CZ17—150/11	48		600	1	1	600			2	2

选择接触器主要考虑主触点的额定电流、线圈额定电压及操作频率等。

确定主触点额定电流时按下式进行计算：

$$I_N \geqslant \frac{P_N}{(1 \sim 1.4)\ U_N}$$

式中，I_N为接触器额定电流；P_N、U_N为电动机额定功率和额定电压。

主触点的额定电压应大于或等于负载的额定电压，线圈的额定电压值应等于控制电路电压。选择操作频率时要注意，当通断电流较大及通断频率过高时会引起触点过热，甚至熔焊，所以操作频率若超过规定值时应选用额定电流大一级的接触器。

3.4.3　熔断器的选择

常用的熔断器有瓷插式熔断器、螺旋式熔断器、封闭式熔断器及快速熔断器。

1）常用瓷插式熔断器为 RC1A 系列，它为 RC1 瓷插式熔断器的换代产品。RC1A 系列瓷插式熔断器技术数据见表 3-26。

表 3-26　RC1A 系列瓷插式熔断器技术数据

型　号	额定电压/V	熔断器额定电流值/A	可配熔体额定电流值/A	用铜线做熔体时最大限度直径/mm	极限分断电流/A
RC1A—5	380V	5	2、2.5	0.25	250
RC1A—10		10	2、4、6、10	0.46	500
RC1A—15		15	15	0.56	500
RC1A—30		30	20、25、30	0.91	1500
RC1A—60		60	40、50 60	1.42	3000
RC1A—100		100	80、100	1.83	3000
RC1A—200		200	120、150、200	—	3000

2）螺旋式熔断器的代表产品为 RL1 系列，其技术数据见表 3-27。

表 3-27　RL1 系列螺旋式熔断器技术数据

型　号	额定电压/V	额定电流/A	可配熔体额定电流值/A	额定分断电流值/A	
				交流 380V	直流 440V
RL1—15	380	15	2、4、5、6、10、15	25000	5000
RL1—60		60	20、25、30、35、40、50、60	25000	5000
RL1—100		100	60、80、100	50000	10000
RL1—200		200	100、125、150、200	50000	10000

3）封闭式熔断器可分为两种：一种是无填料封闭式熔断器；另一种是有填料封闭式熔断器。

无填料封闭式熔断器主要代表品为 RM10 系列，其技术数据见表 3-28。

表 3-28　RM10 系列无填料封闭式熔断器技术数据

型　号	熔断器额定电压值/V	熔断器额定电流值/A	可选熔体额定电流值/A
RM10—15	交流：220；380 或 500 直流：220；440	15	6、10、15
RM10—60		60	15、20、25、35、45、60
RM10—100		100	60、80、100
RM10—200		200	100、125、160、200
RM10—350		350	200、225、260、300、350
RM10—600		600	350、430、500、600

有填料封闭式熔断器主要代表品为 RT0 系列，其技术数据见表 3-29。

4）快速熔断器的外形结构与螺旋式熔断器相同，它是为了防止硅半导体器件由于电路的短路造成损坏而设计的一种能在极短的时间内切断电路的短路保护器材，具有熔断迅速、结构简单、工作可靠等特点。主要用于硅半导体整流器件的短路保护和过电流保护。例如晶闸管整流、晶闸管调压、晶闸管电力变换等。

常用的快速熔断器有 RLS1、RLS2、RS0、RS3 等系列，其技术数据见表 3-30。

表 3-29　RT0 系列有填料封闭式熔断器技术数据

型　号	额定电压值/V	额定电流值/A	可选熔体额定电流值/A	极限分断能力/A	
				交流 380V	直流 440V
RT0—50	交流：380 直流：440	50	5、10、15、20、30、40、50	50000	25000
RT0—100		100	30、40、50、60、80、100		
RT0—200		200	80、100、120、150、200		
RT0—400		400	150、200、250、300、350、400		
RT0—600		600	350、400、450、500、550、600		
RT0—1000		1000	700、800、900、1000		

表 3-30　RLS1、RLS2、RS0、RS3 等系列快速熔断器技术数据

型　号	额定电压值/V	额定电流值/A	可选熔体额定电流值/A	额定分断电流值/kA		功率因数 cosΦ
				110%额定电压下	380V 或 500V	
RLS1—10	380 及以下	10	3、5、10	—	50	小于或等于 0.25
RLS1—50		50	15、20、25、30、40、50			
RLS1—100		100	60、80、100			
RLS2—30	500	30	15、20、25、30	—		0.1～0.2
RLS2—63		63	35、45、50、63			
RLS2—100		100	75、80、90、100			
RS0—50/2.5	250	50	30、50	50	—	小于或等于 0.25
RS0—100/2.5		100	50、80			
RS0—200/2.5		200	150、200			
RS0—350/2.5		350	250、350			
RS0—500/2.5		500	400、500			
RS0—50/5	500	50	30、50	40	—	
RS0—100/5		100	50、80			
RS0—200/5		200	150、200			
RS0—350/5		350	250、320			
RS0—500/5		500	400、480			
RS0—350/7.5	750	350	320、350	30	—	

快速熔断器熔断特性	熔体额定电流倍数	熔断时间
	1.1 倍	4h 不熔断
	6 倍	小于或等于 0.02s

熔断器选择包括熔断器种类、额定电压、熔断器额定电流和熔体额定电流等内容。而关键是选择确定熔体额定电流。熔体额定电流与负载性质有关，下面将分别予以介绍。

1）对电灯照明、电阻炉等平稳负载，熔体额定电流等于或略大于实际负载电流。

对输配电电路，熔体的额定电流应等于或略小于电路的安全电流。

2）对于异步电动机，单台时：

$$I_{Nr}=(1.5\sim2.5)\ I_{Nd}$$

式中，I_{Nr}为熔体额定电流；I_{Nd}为电动机额定电流。多台时：

$$I_{Nr}=(1.5\sim2.5)\ I_{Ndmax}+\Sigma I_{Nd}$$

式中，I_{Ndmax}为容量最大的一台电动机的额定电流，ΣI_{Nd}为其余各台电动机额定电流之和。

3.4.4 常用控制电器的选择

控制电器又称为“主令电器”，是专门控制其他电器执行电路通断的元件。常用的控制电器有按钮、行程开关等。

1. 按钮

常用按钮的技术数据见表3-31。

表3-31 常用按钮的技术数据

型号	形式	触头数		信号灯		额定电压、电流及控制容量	按钮	
		常开	常闭	电压/V	功率/W		钮数	颜色
LA10—1	元件	1	1			电压：交流380V 直流220V 电流5A 容量：交流300VA 直流60W	1	黑绿红
LA10—1K	开启式	1	1				1	黑绿红
LA10—2K	开启式	2	2				2	黑红或绿红
LA10—3K	开启式	3	3				3	黑绿红
LA10—1H	保护式	1	1				1	黑绿或红
LA10—2H	保护式	2	2				2	黑红或绿红
LA10—3H	保护式	3	3				3	黑绿红
LA10—1S	防水式	1	1				1	黑绿或红
LA10—2S	防水式	2	2				2	黑红或绿红
LA10—3S	防水式	3	3				3	黑绿红
LA10—2F	防腐式	2	2				2	黑红或绿红
LA12—11	元件	1	1				1	黑绿或红
LA12—22J	元件（紧急式）	1	1				1	红
LA12—22	元件	2	2				1	黑绿或红
LA12—22J	元件（紧急式）	2	2				1	红
LA14—1	元件（带指示灯）	2	2	6	<1		1	乳白
LA15—1	元件（带指示灯）	1	1				1	红绿黄白
LA18—22	一般式	2	2				1	红绿黄白黑
LA18—44	一般式	4	4				1	红绿黄白黑
LA18—66	一般式	6	6				1	红绿黄白黑
LA18—22J	紧急式	2	2				1	红
LA18—44J	紧急式	4	4				1	红
LA18—66J	紧急式	6	6				1	红

（续）

型　　号	形　　式	触头数		信号灯		额定电压、电流及控制容量	按　　钮	
		常开	常闭	电压/V	功率/W		钮数	颜色
LA18—22X2	旋钮式	2	2				1	黑
LA18—22X3	旋钮式	2	2				1	黑
LA18—44X	旋钮式	4	4				1	黑
LA18—66X	旋钮式	6	6				1	黑
LA18—22Y	钥匙式	2	2				1	锁芯本色
LA18—44Y	钥匙式	4	4				1	锁芯本色
LA18—66Y	钥匙式	6	6				1	锁芯本色
LA19—11A	一般式	1	1				1	红绿蓝黄白黑
LA19—11J	紧急式	1	1				1	红
LA19—11D	带指示灯式	1	1	6	<1		1	红绿蓝白黑
LA19—11DJ	紧急带指示灯	1	1	6	<1		1	红
LA20—11	一般式	1	1				1	红绿黄蓝白
LA20—11J	紧急式	1	1			电压：	1	红
LA20—11D	带指示灯式	1	1			交流 380V	1	红绿黄蓝白
LA20—11DJ	紧急带指示灯	1	1	6	<1	直流 220V	1	红
LA20—22	一般式	2	2	6	<1	电流 5A	2	红绿黄蓝白
LA20—22J	紧急式	2	2			容量：	2	红
LA20—22D	带指示灯式	2	2	6	<1	交流 300VA	1	红黄绿监白
LA20—2K	开启式	2	2			直流 60W	2	白红或绿红
LA20—3K	开启式	3	3				3	白绿红
LA20—2H	保护式	2	2				2	白红或绿红
LA20—3H	保护式	3	3				3	白绿红
LA30—11	一般式	1	1				1	红黄绿白黑蓝
LA30—22	一般式	2	2				1	红黄绿白黑蓝
LA30—33	一般式	3	3				1	红黄绿白黑蓝
LA30—44	一般式	4	4				1	红黄绿白黑蓝
LA30—11M	蘑菇按钮	1	1				1	红黄绿黑蓝
LA30—22M	蘑菇按钮	2	2				1	红黄绿黑蓝
LA30—33M	蘑菇按钮	3	3				1	红黄绿黑蓝
LA30—44M	蘑菇按钮	4	4				1	红黄绿黑蓝
LA30—11K	锁扣按钮	1	1				1	红黄绿黑蓝
LA30—22K	锁扣按钮	2	2				1	红黄绿黑蓝
LA30—33K	锁扣按钮	3	3				1	红黄绿黑蓝
LA30—44K	锁扣按钮	4	4				1	红黄绿黑蓝

（续）

型号	形式	触头数		信号灯		额定电压、电流及控制容量	按钮	
		常开	常闭	电压/V	功率/W		钮数	颜色
LA30—11D	带灯按钮	1	1	6	<1	电压：交流380V 直流220V 电流5A 容量：交流300VA 直流60W	1	红黄绿白蓝
LA30—22D	带灯按钮	2	2				1	红黄绿白蓝
LA30—33D	带灯按钮	3	3				1	红黄绿白蓝
LA30—44D	带灯按钮	4	4				1	红黄绿白蓝
LA30—11D/M	带灯蘑菇按钮	1	1				1	红黄绿白蓝
LA30—22D/M	带灯蘑菇按钮	2	2				1	红黄绿白蓝
LA30—33D/M	带灯蘑菇按钮	3	3				1	红黄绿白蓝
LA30—44D/M	带灯蘑菇按钮	4	4				1	红黄绿白蓝
LA30—11X/2	旋钮按钮	1	1				1	白
LA30—22X/2	旋钮按钮	2	2				1	白
LA30—33X/2	旋钮按钮	3	3				1	白
LA30—44X/2	旋钮按钮	4	4				1	白
LA30—11Y	钥匙按钮	1	1				1	锁芯本色
LA30—22Y	钥匙按钮	2	2				1	锁芯本色
LA30—33Y	钥匙按钮	3	3				1	锁芯本色
LA30—44Y	钥匙按钮	4	4				1	锁芯本色
LA30—11W	杠杆按钮	1	1				1	黑
LA30—22W	杠杆按钮	2	2				1	黑
LA30—33W	杠杆按钮	3	3				1	黑
LA30—44W	杠杆按钮	4	4				1	黑

从表3-31可以看出，按钮的结构形式有多种，并有不同颜色。按钮的选择应：

1）根据用途和使用场合选择型号和形式。

2）按工作状态指示和工作情况的要求选择按钮和指示灯的颜色。

3）按控制电路的需要选定钮数。

2. 行程开关

行程开关又称为“位置开关”或“限位开关”。常用位置开关有LX19、LX21、LX22、JLXK1及JLXW5系列。LX19、LX21、LX22的技术数据见表3-32。

表3-32 LX19、LX21、LX22行程开关的技术数据

型号	额定电压	额定电流/A	触头数		结构形式
			常开	常闭	
LX19K	交流：50Hz或60Hz、380V 直流：220V以下	5	1	1	元件
LX19—111					单轮，滚轮装在传动杆内侧，能自动复位
LX19—121					单轮，滚轮装在传动杆内侧，能自动复位
LX19—131					单轮，滚轮装在传动杆凹槽内，能自动复位
LX19—212					双轮，滚轮装在U形传动杆内侧，不能自动复位
LX19—222					双轮，滚轮装在U形传动杆内侧，不能自动复位
LX19—232					双轮，滚轮装在U形传动杆内外侧，不能自动复位
LX19—001					无滚轮，仅有径向传动杆，能自动复位

（续）

型　号	额定电压	额定电流/A	触头数		结构形式
			常开	常闭	
LX21—21 LX21—22 LX21—23	交流：50Hz、380V 直流：220V	5	1	1	防水式 保护式
LX22—1 LX22—2 LX22—3 LX22—4 LX22—6	交流：50Hz、 380V 以下 直流：440V 以下	20	—	—	带有滚子的垂直臂 用蜗杆传动，凸轮带微动开关 带有滚子的叉形臂 带有三个位置的叉形臂 带有两个操作臂用操杆推动操作臂

位置开关的选择主要考虑其结构形式、触点数目、电压电流等级等因素。

3.4.5 常用低压开关的选择

低压开关在机床中是最常用的一种电器，几乎任何一个控制电路都离不开低压开关。机床中使用的低压开关主要有刀开关、组合开关、断路器等。

1. 刀开关的选择

刀开关又可分为胶盖瓷底刀开关和封闭式负荷开关。

常用的胶盖瓷底刀开关为 HK1 和 HK2 系列，其技术数据见表 3-33。

表 3-33　HK1 和 HK2 系列胶盖瓷底刀开关技术数据

型　号	极　数	额定电压值/V	额定电流值/A	可控制电动机最大容量值/kW		可配用熔丝直径/mm	
				220V	380V		
HK1—15	2	220	15	1.5	—	熔丝	1.45 ~ 1.59
HK1—30	2	220	30	3.0	—		2.30 ~ 2.52
HK1—60	2	220	60	4.5	—		3.36 ~ 4.00
HK1—15	3	380	15	—	2.2		1.45 ~ 1.59
HK1—30	3	380	30	—	4.0		2.30 ~ 2.52
HH1—60	3	380	60	—	5.5		3.36 ~ 4.00
HK2—10	2	250	10	1.1	—	熔丝	0.25
HK2—15	2	250	15	1.5	—		0.41
HK2—30	2	250	30	3.0	—		0.56
HK2—15	3	380	15	—	2.2		0.45
HK2—30	3	380	30	—	4.0		0.71
HH2—60	3	380	60	—	5.5		1.12

常用的封闭式负荷开关为 HH3、HH4、HH10 和 HH11 系列，其技术数据见表 3-34。

选择刀开关时应根据它在电路中的作用和它在成套配电装置中的安装位置来确定它

表 3-34 HH3、HH4、HH10 和 HH11 系列封闭式负荷开关技术数据

型号	极数	额定电压值/V	额定电流值/A	熔体额定电流值/A	可控制电动机功率/kW	熔体	
						熔体材料	熔丝直径/mm
HH3—10/2			10	6、10	1.1		0.26、0.35
HH3—15/2			15	6、10、15	2.2		0.26、0.35、0.46
HH3—20/2			20	10、15、20	3	紫铜丝	0.35、0.46、0.65
HH3—30/2			30	20、25、30	5		0.65、0.71、0.81
HH3—60/2	2	220	60	40、50、60	11		1.02、1.22、1.32
HH3—100/2			100	60、80、100	15		1.32、1.62、1.81
HH3—200/2			200	150、200	15	紫铜片	—
HH4—15/2			15	10、15	2.2	熔丝	1.03、1.25、1.98
HH4—30/2			30	20、25、30	5	紫铜丝	0.61、0.71、0.80
HH4—60/2			60	40、50、60	11		0.92、1.07、1.20
HH3—10/3			10	6、10	1.1		0.26、0.35
HH3—15/3			15	6、10、15	2.2		0.26、0.35、0.46
HH3—20/3			20	10、15、20	3	紫铜丝	0.35、0.46、0.65
HH3—30/3			30	20、25、30	5		0.65、0.71、0.81
HH3—60/3	3	380	60	40、50、60	11		1.02、1.22、1.32
HH3—100/3			100	60、80、100	15		1.32、1.62、1.81
HH3—200/3			200	150、200	15	紫铜片	—
HH4—15/3			15	10、15	2.2	熔丝	1.03、1.25、1.98
HH4—30/3			30	20、25、30	5	紫铜丝	0.61、0.71、0.80
HH4—60/3			60	40、50、60	11		0.92、1.07、1.20
HH10—10/3	3	380	10	6、10			0.26、0.35
HH10—15/2	2	220	15	10、20			0.26、0.35、0.46
HH10—20/3	3	380	20	25、30		紫铜丝	0.35、0.46、0.65
HH10—30/3	3	380	30	40、60			0.65、0.71、0.81
HH10—60/3	3	380	60	80、100			1.02、1.22、1.32
HH10—100/3	3	380	100				1.32、1.62、1.81
HH11—100/3，2	3，2	380	100	60、80、100			—
HH11—200/3，2	3，2		200	100、150、200		紫铜片	—
HH11—300/3，2	3，2	220	300	200、250、300			—
HH11—400/3，2	3，2		400	300、350、400			—

的结构形式。刀开关的额定电流，一般应等于或大于所关断电路中的各个负载额定电流的总和。若负载是电动机，则要考虑其起动电流，故应选用额定电流大一级的刀开关。

2. 组合开关的选择

组合开关实际上也称“转换开关”。在实际应用中，组合开关又可分为无限位型组合开关和有限位型组合开关；另外还有一种“万能转换开关”。

1）常用的无限位型组合开关为 HZ10 系列，主要用于机床中电源的引入开关，交流频率 50Hz、电压 380V 及以下、直流 220V 及以下的电气设备中作不频繁接通、断开

电路之用；以及转换电源或负载，测量三相电压，调节电加热器的并、串联和作为电动机功率小于5.5kW时的不频繁直接起动和停止之用。HZ10系列无限位型组合开关技术数据见表3-35。

表3-35 HZ10系列无限位型组合开关技术数据

型号	额定电压值/V	额定电流值/A	可控制电动机功率/kW	用途	备注
HZ10—10 HZ10—25 HZ10—60 HZ10—100	交流：380 直流：220	10 25 60 100	1.7 4 5.5 —	在电气线路中作接通和断开电路；换接电源及负载；测量三相电压；控制小型异步电动机起动、停止等	可取代HZ1、HZ2系列等老产品

2）常用的有限位型组合开关为HZ3系列。有限位型组合开关指的是组合开关的手柄在正、反转时，其转动位置是受限制的。有限位型组合开关又称“倒顺开关”，它分为三档：即“停”、“正转”、“反转”档。通常情况下，“停”档在中间位置，从“停”档扳到“正转”档位置，组合开关手柄转动45°空间角度，电路上接通负载（电动机）的正转电源；从“停”档扳到“反转”档位置，组合开关手柄向相反的方向转动45°空间角度，电路上接通负载（电动机）的反转电源；因此，它主要用于交流50Hz、电压380V的电路中作为引入开关，及功率小于5.5kW的小型异步电动机的正转、反转控制双速异步电动机的变速控制。HZ3系列有限位型组合开关技术数据见表3-36。

表3-36 HZ3系列有限位型组合开关技术数据

型号	额定电流/A	可控制电动机容量/kW			罩壳	面板	手柄型式	鼓轮节数	安装地点	开关重量/kg	适用范围
		220V	380V	500V							
HZ3—131	10	2.2	3	3	有	—	普通	3	机床外部	0.92	控制电动机起动、停止
HZ3—132	10	2.2	3	3	有	—	普通	3	机床外部	0.92	控制电动机倒、顺、停
HZ3—133	10	2.2	3	3	—	—	普通	3	控制屏	0.60	控制电动机倒、顺、停
HZ3—161	35	5.5	7.5	7.5	—	—	普通	6	控制屏	0.95	控制电动机倒、顺、停
HZ3—431	10	2.2	3	3	—	有	加长	3	机床内部	0.80	控制电动机起动、停止
HZ3—432	10	2.2	3	3	—	有	加长	3	机床内部	0.80	控制电动机倒、顺、停
HZ3—451	10	2.2	3	3	—	有	加长	5	机床内部	1.15	△/YY、Y/YY变速
HZ3—452	5（110V）； 10（220V）	—	—	—	—	有	加长	5	机床内部	1.15	控制电磁吸盘

组合开关主要根据电源种类、电压等级及电动机容量来选用。其额定电流选择时要考虑负载类型。当用于照明或电热电路时，组合开关的额定电流应等于或大于被控制电路中各负载电流的总和。当用于电动机电路时，组合开关的额定电流一般取电动机额定电流的1.5~2.5倍。

3）万能转换开关主要作为控制电路的转换及配电设备的远距离控制，亦可作为小容量电动机的起动、制动、换向控制。常用的有 LW5、LW6 系列。

万能转换开关与转换开关类别、型号表示方法及适用场合见表 3-37。

表 3-37　万能转换开关与转换开关类别、型号表示方法及适用场合表

类别及名称	型号表示方法	适用场合	说明
HS 型刀型转换开关	表示方法同 HD 型开关，只是 HS 型为双投开关，而 HD 型为单投刀开关	同 HD 型刀开关	HS11～13 可取代 HD11～13 老系列，其技术参数与 HD11～13 共用一个部颁标准
手拧式转换开关 HZ 系列转换开关 HZ5 系列	HZ 5 — □ / □ □ □ HZ—类组代号 5—设计代号 □—额定电流 □—控制电动机功率 □—定位特征代号 □—接线图编号	作电流 60A 以下的机床线路中的电源开关，控制线路中的换接开关，以及电动机的起动、停止、变速、换向等	可代替 HZ1-3 系列产品
手拧式转换开关 HZ 系列转换开关 HZ10 系列	HZ 10 — □ □ / □ HZ—类组代号 10—设计代号 □—额定电流 □—类型 □—极数	作电流 100A 以下的换接电源开关，三相电压的测量、调节电热电路中电阻的串关开关，控制不频繁操作的小型异步电动机正反转	1）可取代 HZ1、HZ2 等老产品 2）HZ—10M 系列气密式的技术参数和规格均与之相同，用于一些耐腐蚀的特殊场合
手拧式转换开关 LW 系列万能转换开关 LW2 系列	LW 2 — □ LW—类组代号 2—设计代号 □—类型：YZ—自复讯号灯型；Z—定位自复型；W—自复型；Y—讯号灯；H—钥匙型；无字母—普通型	作电流在 10A 以下的远距离控制开关，或各种电气仪表、微电机的转换开关	可取代 LW1、LW4 及 HZ3 等系列老产品
手拧式转换开关 LW 系列万能转换开关 LW5 系列	LW 5 — 15 □ □ / □ LW—类组代号 5—设计代号 15—额定电流 □—定位特征代号 □—接线图编号 □—接触系统档数	作电压 500V、电流 15A 以下的主令电器，测量仪表、控制伺服电动机及交直流辅助电路的转换开关，其中 LW5 型 5.5kW 手动转换开关可供 5.5kW 以下电动机的起动、变速和换向用	可取代 LW1、LW4、HZ3 等系列转换开关

（续）

类别及名称			型号表示方法	适用场合	说明
手拧式转换开关	LW系列万能转换开关	LW6系列	LW 6 — □ / □ — LW—类组代号 6—设计代号 □—基本规格代号（用触点数目表示） □—辅助规格代号：第一位字母表示定位特征代号；第二位以后数字表示接线图编号 热带产品代号：TH为温带性	作电流5A以下的机床控制电路中的控制开关，也可不频繁控制380V、2kW以下的三相异步电动机	
		LWX1系列	LWX1 — □ □/□ □ — □ □ — □ ① ② ③ ④ ⑤ ⑥ ⑦	在电压250V和电流5A以下的线路中，作配电设备远距离控制开关及各种仪表的转换开关	
其他转换开关	XH1		XH1-V为电压表换相开关	用于电压500V以下多相电路中换相检测各相电压	
	换相开关		XH1-A为电流表换相开关	用于5A以下的电流互感器的次级中，换相检测各相电流	

① 用拼音字母表示开关型号；无字母为手柄不可取出，带定位及限位；“Y”表示带信号灯手柄，有定位及限位；“H”表示手柄可取出，带定位及限位；“W”表示带自复机构；“Z”表示带自复机构及定位。

② 用数字表示凸轮形式，数字的个数（零除外）为凸轮总数，数字的排列次序，依照凸轮型号从手柄向后，其装配的先后顺序列出（系指原始位置），即1、1a、2、3、4、5、6、6a、7、8、9、20、40等型。其中20型在转轴上有90°自由行程；40型有45°自由行程；其余随轴传动。

③ 用拼音字母表示面板形式，“E”为方形；“Y”为圆形。

④ 用数字表示手柄形式，有1、4、6、7、8五种。

⑤ 表示定位器形式，“8”为45°定位；90°定位则不表示。

⑥ 表示有无限位装置，有者以“X”表示，无者不表示。

⑦ 表示凸轮的排列形式，当凸轮原始位置不按标准形式排列时，以“A”表示为特殊形式排列。此项不标明，则按标准型号排列。

万能转换开关主要是根据工作电压和工作电流选用合适的系列，按控制要求选触点数量及手柄形式和定位特征。

3. 断路器的选择

断路器又称为自动开关，常用的有 DZ5、DZ10、DZ12、DZ13、DZ15、DZ20、DZ23、C45N、C45AD、NC100 等系列，其中 DZ5、DZ10、DZ12 系列在过去应用较为广泛。目前，由于先进新产品的不断涌现，用户更趋向宠爱优质的新产品，例如 DZ23、C45N、C45AD、NC100 等系列。常用的断路器技术数据见表 3-38、表 3-39 所示。

表 3-38　DZ5、DZ10、DZ23 系列断路器技术数据

型号	额定电压/V	主触头额定电流/A	极数	脱扣器形式	热脱扣器额定电流/A	电磁脱扣器瞬时动作整定值/A	最大分断电流/A
DZ5—10 DZ5—10F	交流 380	10	2	复式电磁式	0. 15 ~ 20	为电磁脱扣器额定电流的 8 ~ 12 倍，一般出厂时整定于 10 倍	1000
DZ5—20	直流 220	20	2 或 3	复式电磁式无脱扣			1200
DZ5—25	交流 220	25	1	液体阻尼式电磁脱扣	0. 5 ~ 25		2000
DZ5B—50		50	1		2. 5 ~ 50		2500
DZ5—50	交流 380	50	3		10 ~ 50		2500
DZ10—100	交流 200 ~ 380	100	3	复式、电磁式、热脱扣式、无脱扣式	15 ~ 100		12000
DZ10—250		250	3		100 ~ 250		30000
DZ10—600		600	3		200 ~ 600		50000
DZ10—100R		100	3		60 ~ 100		100000
DZ10—200R		200	3		120 ~ 200		100000
DZ23—40B	单极：220/380 多极：380	6，10，16，25，32	1 2 3 4	—	—		6000
DZ23—40C		0. 5，1，2，3，4，6，10，16，25，32，40					
DZ23B—63		6，10，16，20，25，32，40，50，63					10000

选择断路器时应考虑额定电压、额定电流及允许切断的极限电流等，断路器脱扣器的额定电流应等于或大于负载允许的长期平均电流，断路器的极限分断能力要大于或等于电路最大短路电流。作电动机保护用时，长延时电流整定值等于电动机额定电流。电动机额定电流 6 倍长延时，电流整定值的可延回时间大于或等于电动机实际起动时间。对笼型电动机，瞬时整定电流等于 8 ~ 15 倍的电动机额定电流。

表 3-39　C45N、C45AD、NC100 系列断路器技术数据

型　　号	额定电压/V	额定电流 I_{IV}/A	极数	电流分断能力/A	脱扣器形式	瞬时分断电流/A
C45N	240	1，3，6，10，16，20，25，32，40，50，63，（在30℃时）	1、2、3、4	I_{IV} = 1 ~ 40A 时为 6000 I_{IV} = 50 ~ 63A 时为 4500	电磁式热脱扣式	5 ~ 10I_{IV}
C45AD	415	1，3，6，10，16，20，25，32，40（在30℃时）		4500		10 ~ 14I_{IV}
NC100	380/415	63，80，100（在40℃时）		10000		C 型：7 ~ 10I_{IV} D 型：10 ~ 14I_{IV}

3.4.6　电磁铁的选择

电磁铁在机床等自动控制系统中是一种将电磁能转换为机械能的电气元器件，它主要由接触器或继电器控制其电源的通断。电磁铁有直流和交流之分，机床上常用的电磁铁按其作用可分为牵引电磁铁、制动电磁铁和阀用电磁铁等。

1. 牵引电磁铁的选择

牵引电磁铁在机床等自动控制系统中主要用做推斥或牵引机械装置。它主要由铁心、衔铁及线圈组成。线圈通电后，由铁心吸引衔铁，对机械装置进行牵引。

常用的牵引电磁铁有 MQ1、MQ3 系列，其技术数据见表 3-40。

表 3-40　MQ1、MQ3 系列牵引电磁铁技术数据

型　　号	使 用 方 式	吸引线圈电压/V	额定吸力/N	额定行程/mm	通电率（%）	操作次数/(次/h)
MQ1-5101	拉动	110 127 220 380	15	20	100	600
MQ1-5102			30	20	10	400
MQ1-5111			30	25	100	600
MQ1-5112			50	25	10	400
MQ1-5121			50	25	100	200
MQ1-5122			80	25	10	400
MQ1-5131	推动		80	25	100	200
MQ1-5132			150	25	10	400
MQ1-5141			150	50	100	200
MQ1-5151			250	30	100	200
MQ1-6101			10	20	100	600
MQ1-6102			30	20	10	400
MQ1-6111			30	25	100	600
MQ1-6112			50	25	10	400
MQ1-6121			50	25	100	200
MQ1-6122			80	25	10	400
MQ1-6131			80	25	100	200
MQ1-6132			150	25	10	400

（续）

型　号	使用方式	吸引线圈电压/V	额定吸力/N	额定行程/mm	通电率（%）	操作次数/(次/h)
MQ3-6.2N1	推拉两用	36 110 220 380	6.2	10	60	1200
MQ3-7.8N1			7.8	10		1200
MQ3-9.8N1			9.8	10		1200
MQ3-12.5N1			12.5	10		1200
MQ3-15.7N1			15.7	20		600
MQ3-19.6N1			19.6	20		600
MQ3-24.5N1			24.5	20		600
MQ3-31N1	拉动		31	20		600
MQ3-39N1			39	20		600
MQ3-49N1			49	30		600
MQ3-62N1			62	30		600
MQ3-78N1			78	30		600
MQ3-98N1			98	30		600
MQ3-123N1			123	40		300
MQ3-157N1			157	40		300
MQ3-196N1			196	40		300
MQ3-245N1			245	40		300

2. 制动电磁铁的选择

制动电磁铁和牵引电磁铁没有本质上的区别，也都是由线圈通电后，铁心产生吸力，吸引衔铁，由衔铁牵引抱闸装置，对电动机进行抱闸或松开抱闸。制动电磁铁有交、直流之分；单、三相之分；还有通电抱闸和断电抱闸之分。一般情况下采用断电抱闸电磁铁，即电动机通电时，制动电磁铁线圈也得电，此时抱闸松开；当电动机失电时，制动电磁铁线圈也失电，抱闸装置在弹簧力的作用下，将电动机轴抱住，制动电动机，使电动机迅速停转。

制动电磁铁一般用于机床、起重设备控制的制动中，常用的有单相电磁铁 MZD1 系列及三相电磁铁 MZS1 系列，其技术数据分别见表 3-41、表 3-42。

表 3-41　MZD1 系列单相电磁铁技术数据

型　号	额定电压/V	磁铁力矩/kg·cm		衔铁重量的力矩/kg·cm	回转角度/(°)	额定回转角度杠杆之位移/mm
		暂载率 40%	暂载率 10%			
MZD1-100	200、380、500	55	30	5	7.50	3
MZD1-200		400	200	36	5.50	3.8
MZD1-300		1000	400	92	5.50	4.4

3. 阀用电磁铁

阀用电磁铁主要应用于电磁换向阀中。电磁换向在机床的液压系统中常用来改变液体的流动方向、液体分配、接通及关闭油路等。

换向阀有各种结构，如二位二通、二位四通、三位四通、三位五通等。所谓的二

表 3-42 MZS1 系列三相电磁铁技术数据

型号	额定电压/V	暂载率（%）	吸力（包括衔铁质量/kg	衔铁质量/kg	衔铁额定行程/mm	视在功率	
						吸合瞬间功率	保持吸合功率
MZS1-6	220/380 或 290/500	25、40、100	8	2	20	2700	330
MZS1-7			10	2.8	40	7700	500
MZS1-15			20	4.5	50	14000	750
MZS1-25			35	11.2	50	23000	750
MZS1-25B			35	11.2	50	23000	750
MZS1-25A			38	11.2	50	23000	750
MZS1-45H			70	24.6	50	44000	2500
MZS1-80H			115	33.31	60	96000	3500
MZS1-100H			140	38.23	80	120000	5500

位二通，就是换向阀的阀芯可以在电磁铁的作用下处于阀体中的两个不同位置，但只有两个通口，即一进一出。

阀用电磁铁有交流和直流之分，视其控制系统所用电源而选定。

电磁铁的选择应根据其作用、使用场合、技术参数等综合考虑决定。

3.4.7 控制变压器的选择

选择控制变压器主要是确定其容量。从保证已经吸合的那些电器在起动其他电器吸合时仍能保证都可靠地吸合的原则考虑，可用下式确定其容量：

$$P_B \geqslant 0.6\sum P_{xc} + 0.25\sum P_{qdj} + 0.125\sum P_{qd}$$

式中 P_B——控制变压器容量（VA）；

P_{xc}——电磁器件的吸持功率（VA），见表 3-43；

P_{qdj}——继电器、接触器起动功率（VA）；

P_{qd}——电磁铁起动功率（VA）。

从控制变压器长期运行的温升来考虑，这时变压器容量应大于或等于最大工作负荷的功率，可用下式确定其容量：

$$P_B \geqslant K_f\sum P_{xc}$$

式中 K_f——变压器容量的储备系数，一般 K_f 取 1.1 ~1.5。

表 3-43 常用交流电器的起动与吸持功率（均为有效功率）

电器型号	起动功率 P_{qd}/VA	吸持功率 P_{xc}/VA	P_{qd}/P_{xc}
JZ7	75	12	6.3
CJ10-5	35	6	5.8
CJ10-10	65	11	5.9
CJ10-20	140	22	6.4
CJ10-40	230	32	7.2
CJ0-10	77	14	5.5

（续）

电 器 型 号	起动功率 P_{qd}/VA	吸持功率 P_{xc}/VA	P_{qd}/P_{xc}
CJ0-20	156	33	4.75
CJ0-40	280	33	8.5
MQ1-5101	~450	50	9
MQ1-5111	~1000	80	12.5
MQ1-5121	~1700	95	18
MQ1-5131	~2200	130	17
MQ1-5141	~10000	480	21

当电动机和所有的电气元器件选定之后，就可以制订出机床电动机和电气元器件明细表。

任务5　进行机床电气控制系统工艺设计

在完成机床电气原理设计及电气元器件选择之后，就应进行机床电气控制的工艺设计，目的是为了满足机床电气控制设备的制造和使用等要求。

机床电气控制系统工艺设计内容包括以下几点：

1）机床电气控制设备总体配置，即总装配图、总接线图。

2）机床电气控制各部分的电器装配图与接线图，并列出各部分的元件目录清单等技术资料。

3）机床电气控制设备使用、维修说明书。

3.5.1　机床电气设备总体配置设计

机床电气设备中各种电动机及各类电气元器件根据各自的作用，都有一定的装配位置，在构成一个完整的机床自动控制系统时，必须划分组件。以龙门刨床为例，可划分机床电器部分（各拖动电动机、抬刀机构电磁铁、各种行程开关和控制站等）、机组部件（交磁放大机组、电动发电机组等）以及电气箱（各种控制电气、保护电器、调节电器等）。根据各部分的复杂程度又可划分成若干组件，如印制电路组件、电器安装板组件、控制面板组件、电源组件等。同时要解决组件之间、电气箱之间以及电气箱与被控制装置之间的连线问题。

1. 划分组件的原则

1）功能类似的元件组合在一起。例如用于机床操作的各类按钮、开关、键盘、指示检测、调节等元件集中为控制板组件，各种继电器、接触器、熔断器、照明变压器等控制电器集中为电器板组件，各类控制电源、整流、滤波元件集中为电源组件等。

2）尽可能减少组件之间的连线数量，接线关系密切的控制电器置于同一组件中。

3）强弱电控制器分离，以减少干扰。

4）力求整齐美观，外形尺寸、重量相近的电器组合在一起。

5）便于检查与调试，需经常调节、维护和易损元件组合在一起。

2. 电气控制设备的各部分及组件之间的接线方式

1）电器板、控制板，机床电器的进出线一般采用接线端子（按电流大小及进出线数选用不同规格的接线端子）。

2）电器箱与被控制设备或电器箱之间采用多孔接插件，便于拆装、搬运。

3）印制电路板及弱电控制组件之间宜采用各种类型标准接插件。

总体配置设计是以机床电气控制系统的总装配图与总接线图形式来表达的。图中应以示意形式反映出机电设备部分主要组件的位置及各部分接线关系、走线方式及使用管线要求等。

总装配图、接线图是进行分部设计和协调各部分组成一个完整系统的依据。总体设计要使整个系统集中、紧凑，同时在场地允许条件下，对发热严重、噪声和振动大的电气部件，如电动机组、起动电阻箱等尽量放在离操作者较远的地方或隔离起来；对于多工位加工的大型设备，应考虑两地操作的可能；总电源紧急停止控制应安放在方便而明显的位置。总体配置设计合理与否将影响到机床电气控制系统工作的可靠性，并关系到机床电气系统的制造、装配、调试、操作以及维护是否方便。

3.5.2 机床电气元器件布置图的设计及电器部件接线图的绘制

总体配置设计确定了各组件的位置和连线后，就要对每个组件中的电气元器件进行设计，机床电气元器件的设计图包括布置图、接线图、电气箱及非标准零件图的设计。

1. 机床电气元器件布置图

机床电气元器件布置图是依据机床电控总原理图中的部件原理图设计的，是某些电气元器件按一定原则的组合。布置图是根据电气元器件的外形绘制，并标出各元件间距尺寸。每个电气元器件的安装尺寸及其公差范围，应严格按产品手册标准标注，作为底板加工依据，以保证各电器的顺利安装。

同一组件中电气元器件的布置要注意的问题如下：

1）体积大和较重的电气元器件应装在电器板的下面，而发热元件应安装在电器板的上面。

2）强弱电分开并注意弱电屏蔽，防止外界干扰。

3）需要经常维护、检修、调整的电气元器件安装位置不宜过高或过低。

4）电气元器件的布置应考虑整齐、美观、对称，外形尺寸与结构类似的电器安放在一起，以利加工、安装和配线。

5）电气元器件布置不宜过密，要留有一定的间距，若采用板前走线槽配线方式，应适当加大各排电器间距，以利布线和维护。

各电气元器件的位置确定以后，便可绘制电气元器件布置图。在电气元器件布置图设计中，还要根据本部件进出线的数量（由部件原理图统计出来）和采用导线规格，选择进出线方式，并选用适当接线端子板或接插件，按一定顺序标上进出线的接线号。

2. 机床电气元器件接线图

机床电气元器件接线图是部件中各电气元器件的接线图。电气元器件的接线要注意的问题如下：

1）接线图和接线表的绘制应符合 GB/T 6988.1—2008 中的规定。

2）电气元器件按外形绘制，并与布置图一致，偏差不要太大。

3）所有电气元器件及其引线应标注与电气原理图中相一致的文字符号及接线号。

4）与电气原理图不同，在接线图中同一电气元器件的各个部分（触点、线圈等）必须画在一起。

5）电气元器件接线图一律采用细线条，走线方式有板前走线及板后走线两种，一般采用板前走线。对于简单电气控制部件，电气元器件数量较少，接线关系不复杂，可直接画出元件间的连线。但对于复杂部件，电气元器件数量多，接线较复杂的情况，一般是采用走线槽，只需在各电气元器件上标出接线号，不必画出各元件间连线。

6）接线图中应标出配线用的各种导线的型号、规格、截面积及颜色要求。

7）部件的进出线除大截面导线外，都应经过接线板，不得直接进出。

3. 机床电气箱及非标准零件图的设计

在机床电气控制系统比较简单时，控制电器可以附在机床机械内部，而在控制系统比较复杂或由于生产环境及操作的需要，通常都带有单独的机床电气控制箱，以利于制造、使用和维护。

机床电气控制箱设计要考虑电气箱总体尺寸及结构方式、方便安装、调整及维修要求，并利于箱内电器的通风散热。

大型机床控制系统，电气箱常设计成立柜式或工作台式，小型机床控制设备则设计成台式、手提式或悬挂式。

3.5.3 机床电气元器件清单汇总和设计使用说明书的编写

在机床电气控制系统原理设计及工艺设计结束后，应根据各种图样，对本机床需要的各种零件及材料进行综合统计，按类别绘出外购成品件汇总清单表、标准件清单表、主要材料消耗定额表及辅助材料消耗定额表。

机床电气控制系统设计及使用说明书是设计审定及调试、使用、维护机床过程中必不可少的技术资料。机床电气控制系统设计及使用说明书应包含的主要内容如下：

1）机床拖动方案选择依据及本设计的主要特点。

2）机床电气控制系统设计主要参数的计算过程。

3）机床电气控制系统各项技术指标的核算与评价。

4）机床电气控制系统设备调试要求与调试方法。

5）机床电气控制系统使用、维护要求及注意事项。

任务6　典型机床 C6163 型卧式车床电气控制系统的设计案例

3.6.1 C6163 卧式车床的主要结构及设计要求

1. 主要结构

CW6163 型卧式车床实物图如图 3-15 所示，属于普通的小型车床，性能优良，应用较广泛。其主轴运动的正、反转由两组机械式摩擦片离合器控制，主轴的制动采用液压制动器，进给运动的纵向左右运动、横向前后运动及快速移动均由一个手柄操作控制。可完成工件最大车削直径为630mm，工件最大长度为1500mm。

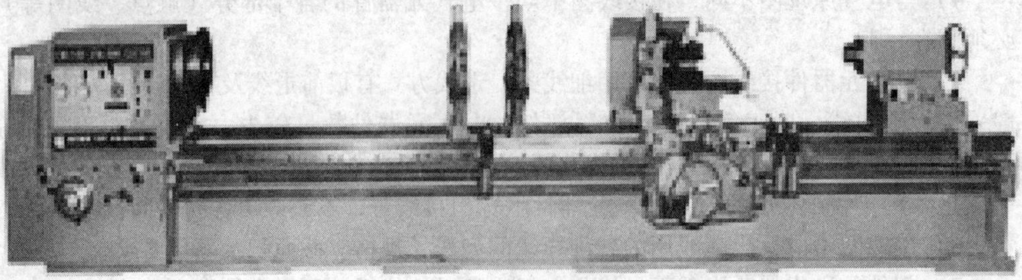

图3-15 CW6163型卧式车床实物图

2. 对电气控制的要求

1）根据工件的最大长度要求，为了减少辅助工作时间，要求配备一台主轴运动电动机和一台刀架快速移动电动机，主轴运动的起、停要求两地点操作控制。

2）车削时产生的高温，可由一台普通冷却泵电动机加以控制。

3）根据整个生产线状况，要求配备一套局部照明装置及必要的工作状态指示灯。

3. 电动机的选择

根据设计要求，由机械主体设计计算得知，本设计需配备三台电动机，各自分别为：

1）主轴电动机：M_1，型号选定为Y160M-4，性能指标为：11kW、380V、22.6A、1460r/min。

2）冷却泵电动机：M_2，型号选定为JCB-22，性能指标为：0.125 kW、380V、0.43A、2790r/min

3）快速移动电动机：M_3，型号选定为Y90S-4，性能指标为：1.1kW、380V、2.7A、1400r/min。

3.6.2 C6163卧式车床电气控制电路图的设计

1. 主电路设计

（1）主轴电动机M_1　根据设计要求，主轴电动机的正、反转由机械式摩擦片离合器加以控制，且根据车削工艺的特点，同时考虑到主轴电动机的功率较大，最后确定M_1采用单向直接起动控制方式，由接触器KM进行控制。对M_1设置过载保护（FR_1），并采用电流表PA根据指示的电流监视其车削量。由于向车床供电的电源开关要装熔断器，所以电动机M_1没有用熔断器进行短路保护。

（2）冷却泵电动机M_2及快速移动电动机M_3　由于M_2和M_3的功率及额定电流均较小，因此可用交流中间继电器K_1和K_2来进行控制。在设置保护时，考虑到M_3属于短时运行，故不需设置过载保护。

综合以上的考虑，可绘出CW6163型卧式车床的主电路图，如图3-16所示。

2. 控制电路的设计

（1）主轴电动机 M_1的控制设计　根据设计要求，主轴电动机要求实现两地控制。因此，可在机床的床头操作板上和刀架拖板上分别设置起动按钮 SB_3、SB_4和停止按钮 SB_1、SB_2来进行控制。

（2）冷却泵电动机 M_2 和快速移动电动机 M_3 的控制设计　根据设计要求和 M_2、M_3 需完成的工作任务，确定 M_2 采用单向起、停控制方式，M_3 采用点动控制方式。

综合以上的考虑，设计出 CW6163 型卧式车床的控制电路，如图 3-16 所示。

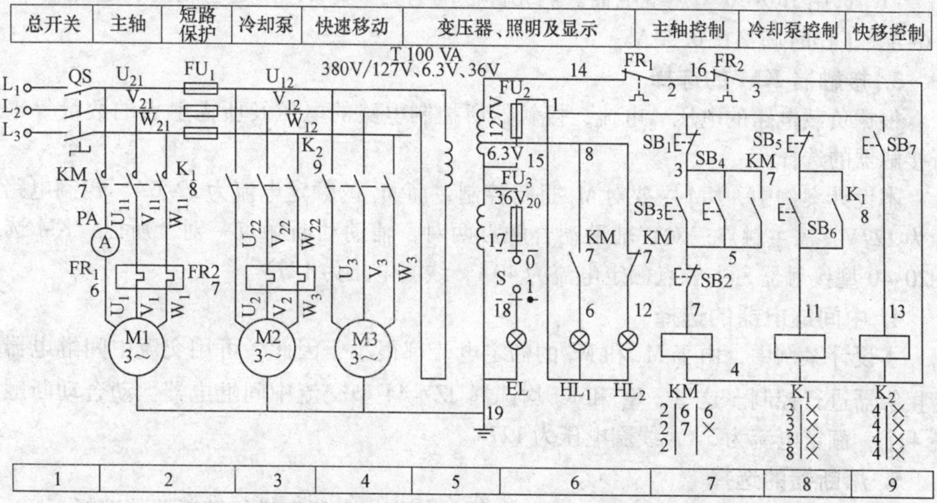

图 3-16　CW6163 型卧式车床的主电路图

3. 局部照明及信号指示电路的设计

局部照明设备用照明灯 EL、灯开关 S 和照明电路熔断器 FU_3 来组合。

信号指示电路由两路构成：一路为三相电源接通指示灯 HL_2（绿色），在电源开关 QS 接通以后立即发光，表示机床电气电路已处于供电状态；另一路指示灯 HL_1（红色），表示主轴电动机是否运行。两路指示灯 HL_1 和 HL_2 分别由接触器 KM 的动合和动断触点进行切换通电显示。

由此，设计出 CW6163 型卧式车床的照明及信号指示电路图，如图 3-16 所示。

3.6.3　C6163 卧式车床电气元器件的选择

在电气原理图设计完毕之后，就可以根据电气原理图进行电气元器件的选择工作。本设计案例中需选择的电气元器件如下：

1. 电源开关 QS 的选择

QS 的作用主要是用于电源的引入及控制 M_1 ~ M_3起、停和正、反转等。因此 QS 的选择主要考虑电动机 M_1 ~ M_3 的额定电流和起动电流。由已知 M_1 ~ M_3 的额定电流数值，通过计算可得额定电流之和为 25.73A，同时考虑到，M_2、M_3 虽为满载起动，但功率较小；M_1 虽功率较大，但为轻载起动。所以，QS 最终选择组合开关：HZ10-25/3 型，额定电流为 25A。

2. 热继电器 FR 的选择

根据电动机的额定电流进行热继电器的选择。

由 M_1 和 M_2 的额定电流，现选择如下：

FR_1 选用 JR0-40 型热继电器。热元件额定电流 25A，额定电流调节范围为 16～25A，工作时调整在 22.6A。

FR_2 选用 JR0-40 型热继电器。热元件额定电流 0.64A，额定电流调节范围为 0.4～0.64A，工作时调整在 0.43A。

3. 接触器 KM 的选择

根据负载电路的电压、电流，接触器所控制电路的电压及所需触点的数量等来进行接触器的选择。

本设计案例中，KM 主要对 M_1 进行控制，而 M_1 的额定电流为 22.6A，控制电路电源为 127V，需主触点三对，辅助动合触点两对，辅助动断触点一对。所以，KM 选择 CJ20-40 型接触器，主触点额定电流为 40A，线圈电压为 127V。

4. 中间继电器的选择

本设计案例中，由于 M_2 和 M_3 的额定电流都很小，因此，可用交流中间继电器代替接触器进行控制。这里，K_1 和 K_2 均选择 JZ7-44 型交流中间继电器，动合动断触点各 4 个，额定电流为 5A，线圈电压为 127V。

5. 熔断器的选择

根据熔断器的额定电压、额定电流和熔体的额定电流等进行熔断器的选择。

本设计案例中涉及的熔断器有三个：FU_1、FU_2、FU_3。这里主要分析 FU_1 的选择，其余类似。

FU_1 主要对 M_2 和 M_3 进行短路保护，M_2 和 M_3 的额定电流分别为 0.43A、2.7A。因此，熔体的额定电流为

$$I_{FU1} \geqslant (1.5 \sim 2.2)\ I_{N\max} + \Sigma I_N$$

计算可得 $I_{FU1} \geqslant 7.18A$，因此，FU_1 选择 RL1-15 型熔断器，熔体电流为 10A。

6. 按钮的选择

根据需要的触点数目、动作要求、使用场合、颜色等进行按钮的选择。

本设计案例中，SB_3、SB_4、SB_6 选择 LA-18 型按钮，颜色为黑色；SB_1、SB_2、SB_5 也选择 LA-18 型按钮，颜色为红色；SB_7 的选择型号相同，但颜色为绿色。

7. 照明及指示灯的选择

照明灯 EL 选择 JC2 型，交流 36V、40W，与灯开关 S 成套配置；指示灯 HL_1 和 HL_2 选择 ZSD-0 型，指标为 6.3V、0.25A，颜色分别为红色和绿色。

8. 控制变压器的选择

变压器的具体计算、选择请参照有关书籍。本设计案例中，变压器选择 BK-100VA，380V、220V/127V、127、36V、6.3V。

综合以上的选择，给出 CW6163 型卧式车床的电气元器件明细表，见表 3-44。

表 3-44 CW6163 型卧式车床的电气元器件明细表

符号	名称	型号	规格	数量
M_1	三相异步电动机	Y160M-4	11kW，380V，22.6A 1460r/min	1
M_2	冷却泵电动机	JCB-22	0.125kW，0.43A，2790r/min	1
M_3	三相异步电动机	Y90S-4	1.1kW，2.7A，1400r/min	1
QS	组合开关	HZ10-25/3	三极，500V，25A	1
KM	交流接触器	CJ20-40	40A，线圈电压 127V	1
K_1、K_2	交流中间继电器	JZ7-44	5A，线圈电压 127V	2
FR_1	热继电器	JR0-40	热元件额定电流 25A，整定电流 22.6A	1
FR_2	热继电器	JR0-40	热元件额定电流 0.64A，整定电流 0.43A	1
FU_1	熔断器	RL1-15	500V，熔体 10A	1
FU_2，FU_3	熔断器	RC1-15	500V，熔体 2A	2
T	控制变压器	BK-100	100V A，380V/127V、36V、6.3V	1
SB_3、SB_4、SB_6	控制按钮	LA-18	5A，黑色	3
SB_1、SB_2、SB_5	控制按钮	LA-18	5A，红色	3
SB_7	控制按钮	LA-18	5A，绿色	1
HL_1、HL_2	指示灯	ZSD-0	6.3V，绿色 1，红色 1	2
EL、S	照明灯及灯开关		36V，40W	2
PA	交流电流表	62 T2	0～50A，直接接入	1

3.6.4 绘制电气元器件布置图和电气安装接线图

依据电气原理图的布置原则，结合 CW6163 型卧式车床的电气原理图的控制顺序对电气元器件进行合理布局，目标是：连接导线最短，导线交叉最少。

电气元器件布置图完成之后，再依据电气安装接线图的绘制原则及相应的注意事项进行电气安装接线图的绘制。这样，所绘制的电气元器件布置图如图 3-17 所示，电气安装接线图如图 3-18 所示，电气接线图中管内敷线明细表见表 3-45。

表 3-45 CW6163 型卧式车床的电气接线图中管内敷线明细表

代号	穿线用管（或电缆类型）内径/mm	电线 截面/mm^2	电线 根数	接线号
#1	内径 15 聚氯乙烯软管	4	3	U_1、V_1、W_1
#2	内径 15 聚氯乙烯软管	4	2	U_1、U_{11}
		1	7	1、3、5、6、9、11、12
#3	内径 15 聚氯乙烯软管	1	13	U_2、V_2、W_2、U_3、V_3、W_3、1、3、5、7、13、17、19
#4	G3/4（in）螺纹管			

（续）

代　号	穿线用管（或电缆类型）内径/mm	电　线		接　线　号
		截面/mm^2	根数	
#5	15 金属软管	1	10	U_3、V_3、W_3、1、3、5、7、13、17、19
#6	内径 15 聚氯乙烯软管	1	8	U_3、V_3、W_3、1、3、5、7、13
#7	18×16mm^2 铝管			
#8	11 金属软管	1	2	17、19
#9	内径 8 聚氯乙烯软管	1	2	1、13
#10	YHZ 橡套电缆	1	3	U_3、V_3、W_3

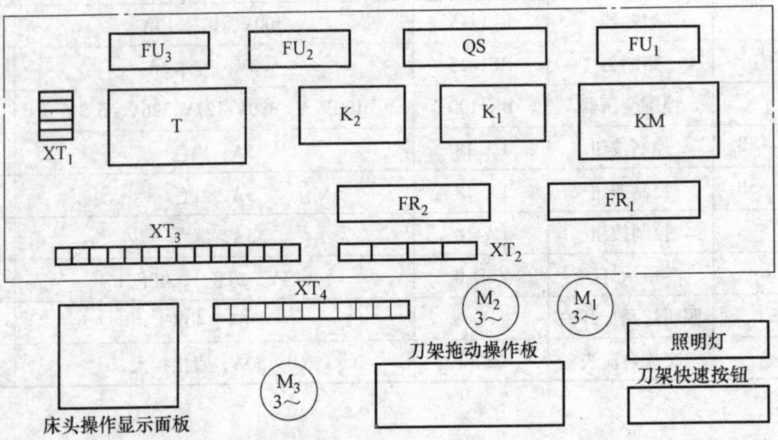

图 3-17　CW6163 型卧式车床电气元器件布置图

3.6.5　检查和调整电气元器件

根据电气元器件明细表中所列的元件，配齐电气设备和电气元器件，并结合前面所讲述的内容，逐件对其检验、检查和调整电气元器件。

3.6.6　电气控制柜的安装配线

（1）制作安装底板　CW6163 型卧式车床电气电路较复杂，根据电气安装接线图，其制作的安装底板有柜内电器板（配电盘）、床头操作显示面板和刀架拖动操作板共三块，对于柜内电器板，可以采用 4mm 的钢板或其他绝缘板作其底板。

（2）选配导线　根据车床的特点，其电气控制柜的配线方式选用明配线。根据 CW6163 型卧式车床的电气接线图中管内敷线明细表中已选配好的导线进行配线。

（3）规划安装线和弯电线管　根据安装的操作规程，首先在底板上规划安装的尺寸以及电线管的走向线，并根据安装尺寸锯电线管，根据走线方向弯管。

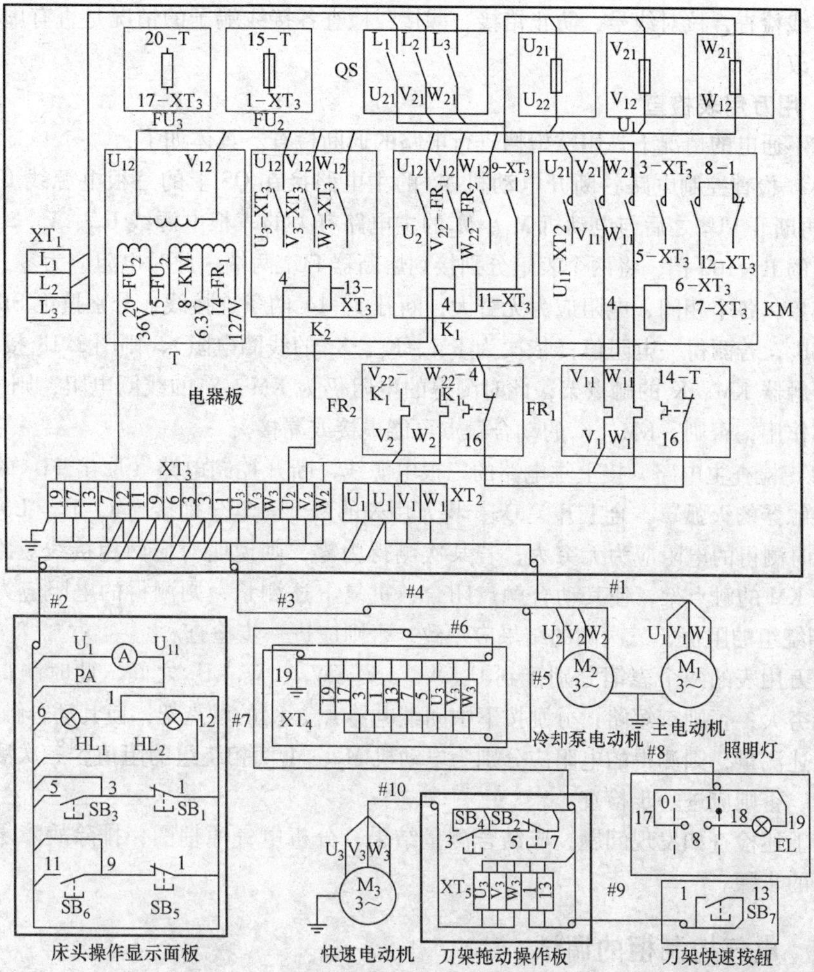

图 3-18　CW6163 型卧式车床电气安装接线图

（4）安装电气元器件　根据安装尺寸线进行钻孔，并固定电气元器件。

（5）电气元器件的编号　根据车床的电气原理图给安装完毕的各电气元器件和连接导线进行编号，给出编号标志。

（6）接线　根据接线的要求，先接控制柜内的主电路、控制电路，再接柜外的其他电路和设备，包括床头操作显示面板、刀架拖动操作板、电动机和刀架快速按钮等。特殊的、需外接的导线接到接线端子排上，引入车床的导线需用金属导管保护。

3.6.7　电气控制柜的安装检查

1. 常规检查

根据 CW6163 型卧式车床的电气原理图及电气安装接线图，对安装完毕的电气控制柜逐线检查，核对线号，防止错接、漏接；检查各接线端子的情况是否有虚接情况，以及时改正。

2. 用万用表检查

在不通电的情况下，用欧姆档进行电路的通断检查。具体如下：

（1）检查控制电路　断开电动机 M_1 的主电路接在 QS 上的三根电源线 U_{21}、V_{21}、W_{21}，再断开 FU_1 之后与电动机 M_1、M_2的主电路有关的三根电源线 U_{12}、V_{12}、W_{12}，用万用表的 R×100 档，将两个表笔分别接到熔断器 FU_1 两端，此时电阻应为零，否则有断路现象；各个相间，电阻应为无穷大；断开 1、14 两条连接线，分别按下 SB_3、SB_4、SB_6、SB_7，若测得一电阻值（依次为 KM、K_1、K_2 的线圈电阻），则图 3-18 接线正确；按下接触器 KM、K_1的触点架，此时测得的电阻仍为 KM、K_1的线圈电阻，则 KM、K_1自锁起作用，否则，KM、K_1的动合触点可能虚接或漏接。

（2）检查主电路　接上主电路的三根电源线，断开控制电路（取出 FU_1 的熔芯），取下接触器的灭弧罩，合上开关 QS，将万用表的两个表笔分别接到 L_1-L_2、L_2-L_3、L_3-L_1，此时测得的电阻应为无穷大；若某次测得为零，则说明对应两相接线短路；按下接触器 KM 的触点架，使其动合触点闭合，重复上述测量，则测得的电阻应为电动机 M_1两相绕组的阻值，三次测的结果应一致，否则应进一步检查。

将万用表的两个表笔分别接到 U_{12}-V_{12}、V_{12}-W_{12}、W_{12}-U_{12}之间，此时测得的电阻应为无穷大，否则有短路；分别按下中间继电器 K_1、K_2的触点架，使其动合触点闭合，重复上述测量，则测得的电阻应分别为电动机 M_2、M_3两相绕组的阻值，三次测的结果应一致，否则应进一步检查。

经上述检查如发现问题，应结合测量结果，分析电气原理图，排除故障之后再进行以下的步骤。

3.6.8　电气控制柜的调试

经以上检查准确无误后，可进行通车试车。

（1）空操作试车　断开图 3-18 中 M_1 主电路接在 QS 上的三根电源线 U_{21}、V_{21}、W_{21}和 M_2、M_3 主电路接在 FU_1 之后的三根电源线 U_{12}、V_{12}、W_{12}，合上电源开关 QS，使得控制电路得电。按下起动按钮 SB_3 或 SB_4，KM 应吸合并自锁，指示灯 HL_1 应亮；按下 SB_2 或 SB_1，KM 应断电释放，指示灯 HL_2 应亮。合上开关 S，局部照明灯 EL 应亮，断开 S，照明灯 EL 则灭。K_1、K_2 的检查类同。

（2）空载试车　第一步通过之后，断电接上 U_{12}、V_{12}、W_{12}，然后送电，合上 QS。按下 SB_3 或 SB_4，观察主轴电动机 M_1 的转向、转速是否正确；再接上 U_{21}、V_{21}、W_{21}，按下 SB_6 和 SB_7，观察冷却泵电动机 M_2 和快速移动电动机 M_3 的转向、转速是否正确。空载试车时，应先拆下连接主轴电动机和主轴变速箱的皮带，以免转向不正确损坏传动机构。

（3）带负荷试车　在机床电气电路和所有机械部件安装调试后，按照 CW6163 型卧式车床的各项性能指标及工艺要求，进行逐项试车。

3.6.9 编制 CW6163 型卧式车床的设计说明书和使用说明书，完善相关图样和资料（从略）

任务 7 回答应知应会问题，进行自我专业技术知识和岗位技能测试

3.7.1 应知专业技术知识

1）机床电气控制设计中应遵循的总体原则是什么？

2）机床电气控制设计的内容包括哪些方面？一般原则包括哪些方面？

3）如何根据设计要求选择拖动方案与控制方式？

4）如何根据设计要求选择机床传动电动机？

5）机床电气控制电路的设计方法通常有哪两种？各有什么特点？最常用的设计方法是哪一种？

6）经验设计法的基本步骤有哪些？

7）逻辑设计法的基本步骤有哪些？

8）继电器常用的有哪几种？如何选用？

9）接触器常用的有哪几种？如何选用？

10）熔断器常用的有哪几种？如何选用？

11）控制电器常用的有哪几种？如何选用？

12）低压开关常用的有哪几种？如何选用？

13）控制变压器常用的有哪几种？如何选用？

14）机床电气控制系统工艺设计包含哪些内容？

15）什么是机床电气设备总体配置设计？包含哪些方面的内容？如何进行设计？

16）如何进行机床电气元器件布置图的设计及电器部件接线图的绘制？

17）机床电气控制系统设计及使用说明书应包含哪些主要内容？

18）C6163 卧式车床电气控制电路图的设计包含哪些内容？

3.7.2 应会专业岗位技能

1）会根据任务书的要求设计一般常用中小型机床的电气原理图。

2）会根据任务书的要求选择机床传动电动机。

3）会根据电气原理图选择机床用各种低压电气元器件。

4）会将所选用的各种低压电气元器件安装组成机床用低压控制设备（柜、屏、箱、台）。

5）会根据电气原理图，进行机床电气控制柜的安装配线。

6）会根据电气原理图，进行机床电气控制系统的安装检查及外部配线。

7）会根据电气原理图，进行机床电气控制系统的调整试车。

8）会编写机床用设计及使用说明书等技术文件。

9）试用经验设计法设计一个小型吊车的控制电路。小型吊车有 3 台电动机，横梁电机 M_1 带动横梁在车间前后移动，小车电动机 M_2 带动提升机构在横梁上左右移动，提升电动机 M_3 升降重物。3 台电动机都采用直接起动，自由停车，要求如下：

① 3 台电动机都能正常起、保、停。

② 在升降过程中，横梁与小车不能动。

③ 横梁具有前、后极限保护，提升有上、下极限保护。

10）试用经验设计法设计一个加工零件的孔和倒角的机床，其加工过程为："快进→工进→停留光刀→。该机床有三台电动机，M_1：主电动机，4kW；M_2：工进电动机，1.5kW；M_3：快进电动机，0.8kW。要求如下：

① 工作台工进到终点或返回到原位后，有行程开关使其自动停止，设限位保护，为保证工进准确定位，需采取制动措施。

② 快进电动机可进行点动调整，但在工作进给时点动无效。

③ 设急停按钮。

11）试参照 C6163 型卧式车床电气控制系统设计的方法、内容、步骤和过程，进行一台实用机床的电气控制系统的完整设计。

本项目小结

本项目从使用的角度出发，以工作过程为导向，将项目目标分解为 7 项任务。以工作任务来驱动，使学生熟知熟识机床电气控制系统设计的基本内容和一般原则；拟定任务书，掌握机床电力拖动方案确定原则和电动机的选择；了解机床电气控制电路图的设计方法；选择电气元器件；以实地设计 CW6163 型卧式车床电气控制电路图为示范案例掌握设计典型机床电气控制电路图的方法和技能；回答应知应会问题，进行自我专业技术知识和技能测试。工学结合、学用一致、理实一体、"教 + 学 + 做"一体化，使学生既掌握高技能应用型人才必备的理论知识，又训练培训了高职院学生重实践的岗位技能、创新意识和综合素质，最终实现能熟练设计一般机床实用电气控制电路图的项目目标。

项目 4

如何设计机床的 PLC 控制系统

一、项目目标

按照机电一体化专业高素质、高技能应用型人才培养目标和高职高专学生就业职业岗位技能的要求，本项目要求学生在学会阅读分析常用机床电气与 PLC 控制电路图，即能看懂常用机床电气与 PLC 控制电路图，把前人所进行机床 PLC 控制改造或创新设计的智慧精华和经验总结继承下来的基础上，继续提高，能够设计常用机床设备 PLC 控制的电路图，包括对传统机床电气控制的 PLC 改造设计、新机床的 PLC 控制创新设计以及 PLC 在机床设备现代高新技术中的应用设计。

二、任务驱动

根据项目目标，将其工作过程分解为 5 个工作任务。通过项目引导、任务驱动，使学生工学结合、理实一体、学用一致，既要掌握高素质、高技能应用型人才必备的专业技术理论知识，更着重训练学生工程实践的动手能力，培养学生创新意识和综合素质，最终完成能够设计常用机床的 PLC 控制电路图的项目目标。

任务 1　熟知机床 PLC 控制系统设计的基本原则和基本内容
任务 2　实地进行传统机床 PLC 控制系统的改造设计案例
任务 3　实地进行新型机床设备的 PLC 控制系统创新开发设计案例示范
任务 4　实地进行 PLC 在现代机床高新技术变频器中的应用设计案例示范
任务 5　回答应知应会问题，进行自我专业技术知识和岗位技能测试

三、任务驱动流程图（见图 4-0）

四、项目情景条件

1）实用机床或者机床教学模型。
2）实用机床 PLC 控制设计参考电路图。
3）机床设计所使用 PLC 主机。
4）所使用 PLC 的编程工具或带有 PLC 编程软件的计算机。
5）机床 PLC 控制常用的各种基本电路环节图集。
6）机床 PLC 控制系统设计用 CAD 软件及设计参考资料。
7）机床 PLC 安装/接线/调试/维修常用电工工具及万用表等。

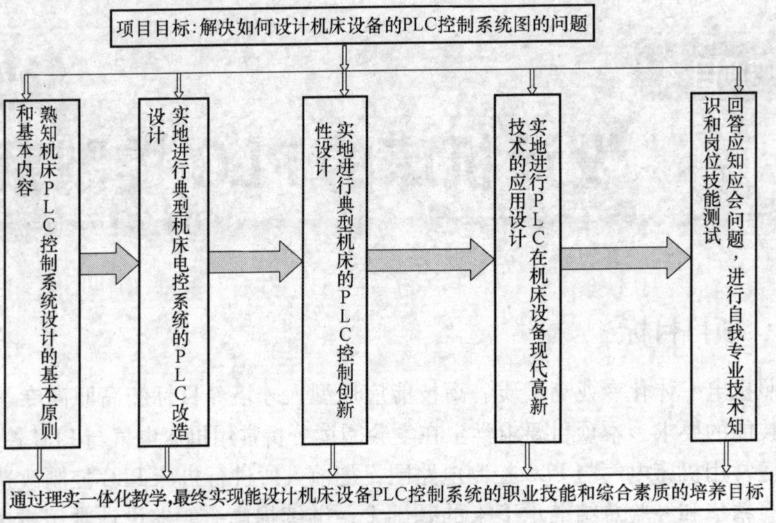

图 4-0　任务驱动流程图

8）机床 PLC 控制设计技术要求或设计任务书。

五、教学环境设置和教学方法选择

任务 1　采用多媒体图示和黑板讲解相结合的方法教学

任务 2　采用课堂讲解示范和学生实地设计实践相结合的方法教学

任务 3　采用课堂讲解示范和学生实地设计实践相结合的方法教学

任务 4　采用课堂讲解示范和学生实地设计实践相结合的方法教学

任务 5　通过回答应知应会问题，进行自我专业技术知识和岗位技能测试，考核本项目目标真实的完成情况

引　言

设计任何一个机床 PLC 控制系统，如同设计任何一种机床电气控制系统一样，其目的都是通过控制被控对象机床来实现其机械加工的生产工艺要求，提高生产效率和产品质量。

任务 1　熟知机床 PLC 控制系统设计的基本原则和基本内容

4.1.1　机床 PLC 控制系统设计的基本原则

在设计 PLC 控制系统时，应遵循以下基本原则：

1）机床 PLC 控制系统应能控制机床设备最大限度地满足机床的生产工艺要求。设计前，应深入生产现场进行实地考查和调查研究，搜索资料，并与机床的机械设计人员和实际操作人员密切配合，共同拟定机床控制方案，协同解决设计中出现的各种问题。

2）在满足生产工艺要求的前提下，力求使 PLC 控制系统越简单、越经济、操作使用及维护维修越方便越好。

3）要充分保证 PLC 控制系统的安全和可靠性。

4）考虑到今后加工生产的可持续发展和机床工艺的不断改进，在配置 PLC 硬件设备时应适当留有一定的扩展裕量。

4.1.2　机床 PLC 控制系统设计的基本内容

机床 PLC 控制系统是由 PLC 与机床输入、输出设备连接而成的。因此，机床 PLC 控制系统设计的基本内容应包括以下主要内容：

1）选择机床输入设备（按钮、操作开关、限位开关、传感器等）、输出设备（继电器、接触器、信号灯等执行元件）以及由输出设备驱动的控制对象（电动机、电磁阀等）。这些设备属于一般的电器元件，其选择的方法已在项目 3 中作了详细介绍。

2）PLC 的选择。PLC 是 PLC 控制系统的核心部件。正确选择 PLC 对于保证整个控制系统的技术经济性能指标将起着重要的决定性作用。选择 PLC，主要包括机型、容量的选择以及 I/O 模块、电源模块等的选择。

3）分配 I/O 点，绘制 PLC 的实际接线图。

4）控制程序设计，包括控制系统流程图、状态转移图、梯形图、语句表（即指令字程序清单）等的设计。控制程序是控制整个机床系统工作的软件，是保证机床系统工作正常、安全、可靠的关键。因此，设计的机床控制程序必须经过反复调试、修改，直到满足机床生产工艺要求为止。

5）必要时还要设计机床控制台（柜）等。

6）编制机床 PLC 控制系统的技术文件。包括设计说明书、电气图及电器元件明细表。传统的电气图，一般包括电气原理图、电器布置图及电气安装图。在 PLC 控制系统中，这一部分图统称为“硬件图”。它在传统电气图的基础上增加了 PLC 部分，因此在电气图中应增加 PLC I/O 接口的实际接线图。

另外，在机床 PLC 控制系统中的电气图中还应包括控制程序图（梯形图），通常称它为“软件图”。向机床用户提供“软件图”，可便于机床用户在生产发展或工艺改进时修改程序，并有利于机床用户在维护或维修时分析和排除故障。

4.1.3 机床 PLC 控制系统设计的一般步骤

设计机床 PLC 控制系统的一般步骤如图 4-1 所示。主要包括：

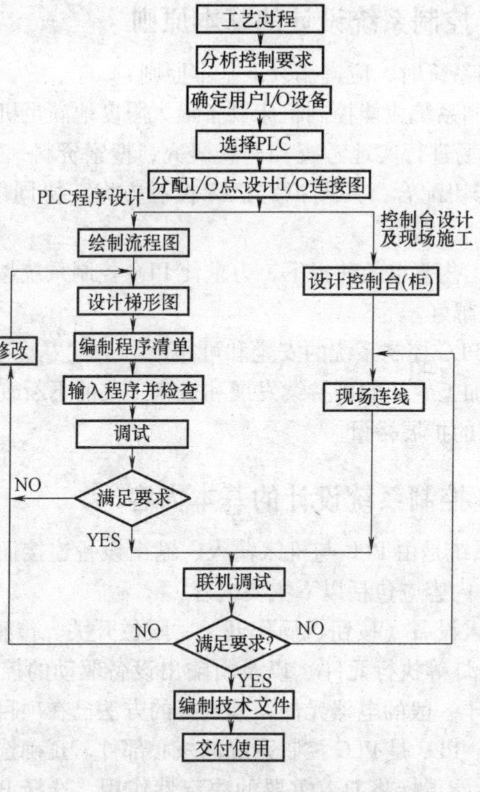

图 4-1 机床 PLC 控制系统设计步骤

1）深入了解和分析被控对象的工艺条件和控制要求。

① 被控对象就是受控的机床等机械设备、电器设备、生产线或生产过程。

② 控制要求主要指控制的基本方式、应完成的动作、自动工作循环的组成、必要的保护和连锁等。对较复杂的控制系统，可用功能图表或状态流程图的形式全面表达出来，必要时还可将控制任务分成几个独立部分，这样可化繁为简，有利于编程和调试。

③ 根据生产的工艺过程分析控制要求，具体了解需要完成的动作（动作顺序、动作条件、必须的保护和连锁等）、操作方式（手动、自动；连续、单周期、单步等）。

2）确定 PLC 控制系统的输入、输出设备，并选择 PLC 类型。

根据被控对象对 PLC 控制系统的功能要求，确定系统所需的输入、输出设备。常用的输入设备有按钮、选择开关、行程开关、传感器等，常用的输出设备有继电器、接触器、指示灯、电磁阀等。

根据已确定的 I/O 设备，统计出所需要的输入信号和输出信号的点数，选择合适的 PIC 类型，包括机型、存储容量、I/O 模块、电源模块的选择等。对于开关量控制的应用系统，如对小型泵的顺序控制、单台机械的自动控制等，当对控制速度要求不高时，可选用超小型或微型 PLC。对于以开关量控制为主，带有部分模拟量控制的控制系统，如工业生产中常遇到的温度、压力、流量、液位等连续量的控制，应选用带有 A/D 转换的模拟量输入模块和带有 D/A 转换的模拟量输出模块，配接相应的传感器及变送器（对温度控制系统可选用温度传感器直接输入的温度模块）和驱动装置，并选择运算功能较强的小型 PLC。

对于控制比较复杂的中、大型控制系统，如闭环控制、PID 调节、通信联网等，可选择中、大型 PLC，如三菱公司 Ans/QnAs 系列 PLC。当系统的各个控制对象分布在不同的位置时，应根据各部分的具体要求来选择 PLC，以组成分布式控制系统。

3）分配 I/O 点。根据被控对象的 I/O 信号及所选定的 PLC 型号，分配 PLC 的硬件资源，为梯形图的各种继电器或触点进行编号，列出 I/O 点分配表或画出 I/O 端子实际接线图。一般来说，输入点与输入设备一一对应，输出点与输出设备也一一对应，按系统配置的通道和继电器号，对每一个输入设备和输出设备进行编号，并以表格的形式全部列出来。个别情况下，也有两个设备共用一个输入点，那就应该在接入 PLC 的输入点之前，按逻辑关系先接好线，如将两个按钮先串联（或并联）后再接到 PLC 的输入点上。在分配 PLC 的 I/O 点时，应注意以下几点：

① 明确 I/O 通道范围。不同型号的 PLC，其 I/O 通道的范围是不一样的，应根据所选 PLC 型号，查阅相应的编程手册，不可张冠李戴。

② 合理使用内部辅助继电器。内部辅助继电器不对外输出，不能直接连接外部器件，而是在控制其他内部继电器、定时器/计数器时作数据存储或数据处理用。从功能上讲，内部辅助继电器相当于传统电控柜中的中间继电器，只供编程使用。

③ 分配定时器/计数器。应注意定时器和计数器的编号和设定常数。不同的 PLC 有不同的规定值，不得乱用。

④ 数据存储器。在数据存储、数据转换及数据运算等场合，经常需要处理以通道为单位的数据，此时应用数据存储器很方便。数据存储器中的内容，即使在 PLC 断电、运行开始或停止时也能保持不变。数据存储器也应根据程序设计的需要和在程序中的用途合理安排，避免重复使用。

分配完 I/O 点后，就可进行 PLC 程序设计，同时还可进行控制柜或操作台的设计和现场施工。

4）画出系统的控制流程图或时序（工作）波形图。对较复杂的控制系统，在设计梯形图程序之前，应根据生产工艺要求先画出控制流程图或波形图，以清晰地表明每步动作的顺序和转换条件，方便 PLC 程序设计；对于较简单的控制系统，则可省去这一步。

5）设计应用系统的梯形图程序。根据系统的控制流程图或波形图设计 PLC 梯形图程序，即所谓的编程。这一步是整个应用系统设计的核心工作，也是比较困难的一步。常用的编程方法有经验设计法、逻辑设计法、波形图设计法和流程图设计法等。要设计好梯形图，首先要深入了解控制要求，同时还要有一定的电气设计的实践经验。在编写程序过程中，可以借鉴现成的标准程序，但必须弄懂这些程序段，否则会给后续工作带来困难。编写程序过程中，要注意及时对编出的程序进行注释，以免忘记其相互关系，要随编随注。注释包括程序的功能、逻辑关系说明、设计思想、信号的来源和去向，以方便阅读和调试。

6）将程序输入 PLC。当使用简易编程器将程序输入 PLC 时，需要先将梯形图转换成指令助记符，以便输入。当使用 PLC 的辅助编程软件在计算机上编程时，可通过 RS-232C 电缆将程序下载到 PLC 中。

7）系统调试。系统调试分为两个阶段，第一阶段为模拟调试，第二阶段为现场运行调试。在程序输入 PLC 后，应首先进行模拟调试。因为在程序设计过程中，难免会有疏漏的地方，因此在将 PLC 连接到现场设备之前，必须进行模拟调试，以排除程序中的错误，同时也为现场运行调试打好基础，缩短现场调试的周期。在模拟调试时，外接适当数量的输入开关作为模拟输入信号，通过输出模块上的发光二极管来观察 PLC 的输出是否满足要求，发现问题立即修改和调整程序，直到满足控制要求。

在 PLC 软、硬件设计和控制柜及现场施工完成后，就可进行整个系统的现场运行调试。如果控制系统由几个部分组成，则先作局部调试，然后进行整体调试；如果控制程序的步序较多，则可先进行分段调试，然后再连接起来总调试。调试中发现的问题，要逐一排除，直至调试成功。

现场调试完成后，为防止程序遭到破坏或丢失，可将已调试通过的用户程序写入 EPROM 或 EEPROM，将程序固化，并使 PLC 执行 EPROM 或 EEPR0M 中的用户程序。为方便修改和不断完善，当然也可写入由锂电池保护的 RAM 中。

8）编制技术文件。系统技术文件包括设计和使用维护维修说明书、电路原理图、电器布置图、电器元件明细表、PLC 梯形图等。

9）经试生产后竣工验收，交付使用。

4.1.4 机床 PLC 控制系统常用的设计和编程方法

1. 经验设计法

所谓经验设计法，就是在典型控制环节程序段的基础上，根据被控对象的具体要求，凭经验进行组合、修改，以满足控制要求。例如，要编制一个控制一台电动机正、反转的梯形图程序，可将两个“启-保-停”环节梯形图组合，再加上互锁的控制要求进行修改即可。有时为了得到一个满意的设计结果，需要进行多次反复调试和修改，增加一些辅助触点和中间编程元件。这种设计方法没有普遍的规律可遵循，具有一定的试探性和随意性，最后得到的结果也不是唯一的，而且设计所用的时间、质量与设计者的经验有关。经验设计法对于简单控制系统的设计是非常有效的，并且它是设计复杂控制系统的基础，要很好地掌握。但这种方法主要依靠设计者的经验，所以要求设计者在平常的工作中注意收集与积累工业控制系统和生产上常用的各种典型环节程序段，从而不断丰富自己的经验。

2. 逻辑设计法

有不少工业控制都是通过继电器、接触器、开关等电器元件来实现的，而继电器、接触器、开关的触点都只有两种状态，即吸合或断开，因此，可用“1”和“0”两种取值的逻辑代数设计电器控制线路。PLC 的早期应用就是替代继电器控制系统，因此用逻辑设计方法同样也适用于 PLC 应用程序的设计。基本逻辑函数和运算式与梯形图、指令助记符有着严密的对应关系。当一个逻辑函数用逻辑变量的基本运算式表达出来后，实现这个逻辑函数的梯形图也就确定了。

逻辑设计法是以逻辑代数为理论基础，根据生产过程中各工步之间各个检测元件（输入元件）状态的不同变化，列出检测元件表和中间各记忆元件，再根据各输出的动作情况列出各输出元件的动作表或工作顺序表，然后根据以上输入元件、输出元件状态的表格，列出检测元件（输入元件）、中间各记忆元件和输出元件的逻辑表达式，最后转换成梯形图。

逻辑设计法的优点是逻辑严密，当这种方法使用熟练后，甚至可直接由逻辑函数表达式写出对应的指令助记符程序。但当系统较为复杂，难以用列表法表示各元件状态变化关系时，这种方法就显示不出其优越性了，且设计周期也较长。

3. 波形图设计法

波形图设计法是根据控制要求先画出对应信号的工作波形图，然后找出各信号状态转换的时刻和条件，再对应时间用逻辑关系去组合，从而设计出梯形图程序。波形图设计法对于按时间先后顺序动作的时序控制系统的设计尤为方便。如城市交通指挥灯时序控制系统。

4. 流程图设计法

流程图是用框图表示系统的工作过程，以及输入条件与输出之间关系的一种图形。流程图设计法特别适合那些按动作先后顺序进行工作的顺序控制系统，这种设计方法规律性很强，虽然编出的程序偏长，但程序结构清晰，可读性好。

5. 调用子程序编程方法

PLC 的工作原理是自上而下、从左到右地循环扫描程序，周而复始。对于复杂的控制系统，程序的执行时间可能会超出主机的扫描周期，影响主机的正常工作。

对应于某一设备设计的某段子程序，以隐含的方式存放于存储器（RAM）中。当某个输入点的状态变化时，扫描程序调用相应的数据字，并由此去调用相应的子程序。这种调用子程序的方法，节约了主机的扫描时间，提高了主机的运行速度和处理数据的能力，在编制复杂的控制系统程序时常被采用。

6. 矩阵式编程方法

有些生产过程需要任意组合，采用矩阵式编程方法设计 PLC 控制程序，能方便地实现流程的组合和控制。这特别适用于连锁顺序需要变化的场合。

在数学中，矩阵是由若干个数按特定的行和列规定所排成的方阵。对 PLC，矩阵是指多个寄存器的组合：以寄存器为行，以寄存器的位为列，组成 PLC 矩阵。

因为寄存器是 16 位，所以矩阵的列也是 16。有的 PLC，最多可允许 256 个寄存器同时作矩阵运算。

矩阵的每一个位都有一定的意义。首先，它代表某个设备，所有设备都按照流程的启动、停止顺序，由矩阵的低位向高位排列，每个设备只占用一个固定不变的位置。另外，设备的各种信息组成了各个矩阵，每个矩阵代表了所有设备的同一种信息，而一个设备的所有信息在各个矩阵中占据同一个位置。这个位置取决于设备排列顺序。例如某台定尺送料辊，按其设备顺序排列在第 20 位，在矩阵中就处于第 2 行第 4 列的点。因此，有关定尺送料辊的所有信息，在各个短阵中都占据同一行和同一列的点。

在实际编程中，建立了多种矩阵，分别代表了流程的组成方式、设备状态及控制指令。要了解点地址与寄存器之间的关系，才能正确地建立各种矩阵。

短阵式编程方法对 PLC 的要求是：矩阵运算指令丰富，运算长度长，并有足够的寄存器。例如 GE S6 PLC 有 16K 寄存器，运算长度可达 256 个字，就特别适于采用矩阵式编程方法。

7. 步进式编程方法

利用 PLC 内部的逻辑功能指令，可使逻辑设计更加简单与合理。例如：应用移位寄存器指令 SFT 作步进工作的节拍发生器。步进编程方法为：

1）根据工艺流程，以一个完整的动作作为一步。

2）选择步指令。步指令用于将完成一工步的那部分程序子程序化。步指令借助步逻辑条件（即移位寄存器相应位的状态），使程序按步执行，正确实现工艺流程。

3）用移位寄存器指令 SFT 作步进节拍发生器。要正确使用逻辑条件，保证正确的时序效果。

4）输出逻辑设计。输出逻辑设计分为两步以上复用输出（即两步以上对同一输出点进行操作）和不复用输出两种。

5）分支逻辑设计。它反映不同的加工零件需要采用不同的工艺，要求正确选用不同的逻辑条件。

步进程序的特点是，程序按步执行，只在一步之内存在相关信号的连锁关系。

步进编程方法可将逻辑设计分步进行，简化了逻辑的连锁关系，减少错误。另外需要改变工艺时，只需改动相应的程序段，对整个程序不会产生影响。

8. 功能表图编程方法

功能表图也称为状态转移图，它是描述控制系统的控制过程、功能和特性的一种图形，也是设计 PLC 顺序控制功能的工具。功能表图是在梯形图、控制系统流程图、指令（语句）表和高级语言之上的图形语言。它不涉及实现所描述的控制功能的具体技术。

用顺序控制方式来编制 PLC 的梯形图程序时，将系统的工作过程分解成若干个清晰的连续的阶段，这些阶段称为“步”或“状态”。步与步之间由“转换”分隔。相邻的步具有不同的“动作”。当相邻两步之间的转换条件得到满足时，就实现了转换，表示上一步活动结束而开始进行下一步活动，不会产生步的活动的重叠。一个步可以是动作的开始、持续或结束。一个工作过程分步越多，描述工艺流程就越精确。

任务2　用PLC技术改造传统机床电气控制系统的设计案例

学习PLC技术的一个突出重要应用就是能够用PLC技术对大量存在的原有传统落后的机床电气控制进行技术改造，变为由先进的PLC进行控制，使其升级换代，发挥更大效用。本任务就以某卧式镗床继电器控制系统为案例，将其改造设计为PLC控制系统。

4.2.1　移植设计法

对原有机床继电器控制系统进行PLC改造设计通常采用移植设计法。用PLC控制取代继电器控制已是大势所趋，用PLC改造继电器控制系统，即根据原有的继电器电路图来设计PLC梯形图显然是一捷径。这是由于原有的继电器控制系统经过长期的使用和考验，已经被证明能完成系统要求的控制功能，而继电器电路图又与PLC的梯形图极为相似，因此可以将继电器电路图经过适当的“翻译”，直接转化为具有相同功能的PLC梯形图程序，所以将这种设计方法称为“移植设计法”或者“翻译法”。这种设计方法没有改变系统的外部特性，对于操作工人来说，除了控制系统可靠性提高了之外，改造前后的系统没有什么区别，他们不用改变长期形成的操作习惯。这种设计方法一般不需要改动控制面板及器件，因此可以减少硬件改造的费用和改造的工作量。

继电器电路图是一个纯硬件电路图。将它改造为PLC控制时，需要用PLC的外部接线图和梯形图来等效继电器电路图。可以将PLC想象成是一个控制箱，其外部接线圈描述了这个控制箱的外部接线，梯形图是这个控制箱的内部“线路图”，梯形图中的输入位和输出位是这个控制箱与外部世界联系的“接口继电器”，这样就可以用分析继电器电路图的方法来分析PLC控制系统。在分析梯形图时可以将输入位的触点想象成对应的外部输入器件的触点，将输出位的线圈想象成对应的外部负载的线圈。外部负载的线圈除了受梯形图的控制外，还能受外部触点的控制。

将继电器控制电路图转换成为功能相同的PLC控制外部接线图和梯形图的步骤如下：

1）了解和熟悉被控设备的工作原理、工艺过程和机械的动作情况，根据继电器电路图分析和掌握控制系统的工作原理。

2）确定PLC的输入信号和输出负载。继电器电路图中的交流接触器和电磁阀等执行机构如果用PLC的输出位来控制，它们的线圈在PLC的输出端。按钮、操作开关和行程开关、接近开关等提供PLC的数字量输入信号，继电器电路图中的中间继电器和时间继电器的功能用PLC内部的存储器位和定时器来完成，它们与PLC的输入位、输出位无关。

3）选择PLC的型号，根据系统所需要的功能和规模选择CPU模块、电源模块、数字量输入和输出模块，对硬件进行组态，确定输入输出模块在机架中的安装位置和它们的起始地址。

4）确定 PLC 各数字量输入信号与输出负载对应的输入位和输出位的地址，画出 PLC 的外部接线图。各输入和输出在梯形图中的地址取决于它们的模块的起始地址和模块中的接线端子号。

5）确定与继电器电路图中的中间继电器、时间继电器对应的梯形图中的存储器和定时器、计数器的地址。

6）根据上述的对应关系画出梯形图。

4.2.2 对某卧式镗床原有电气控制系统的 PLC 改造设计

镗床是一种精密加工机床，主要用于加工工件上的精密圆柱孔。这些孔的轴心线往往要求严格地平行或垂直，相互间的距离也要求很准确。这些要求都是钻床难以达到的。而镗床本身刚性好，其可动部分在导轨上的活动间隙很小，且有附加支撑，所以，能满足上述加工要求。

镗床除能完成镗孔工序外，在万能镗床上还可以进行镗、钻、扩、铰、车及铣等工序，因此，镗床的加工范围很广。

按用途的不同，镗床可分为卧式镗床、坐标镗床、金刚镗床及专门化镗床等。本节仅对最常用的卧式镗床电气控制进行分析。

卧式镗床用于加工各种复杂的大型工件，如箱体零件、机体等，是一种功能很全的机床。除了镗孔外，还可以进行钻、扩、铰孔以及车削内外螺纹、用丝锥攻螺纹、车外圆柱面和端面。安装了端面铣刀与圆柱铣刀后，还可以完成铣削平面等多种工作。因此，在卧式镗床上，工件一次安装后，即能完成大部分表面的加工，有时甚至可以完成全部加工，这在加工大型及笨重的工件时，具有特别重要的意义。

1. 卧式镗床的结构和主要运动

（1）卧式镗床的主要结构　卧式镗床的外形结构如图 4-2 所示。主要由床身、尾架、导轨、后立柱、工作台、镗床、前立柱、镗头架、下溜板、上溜板等组成。

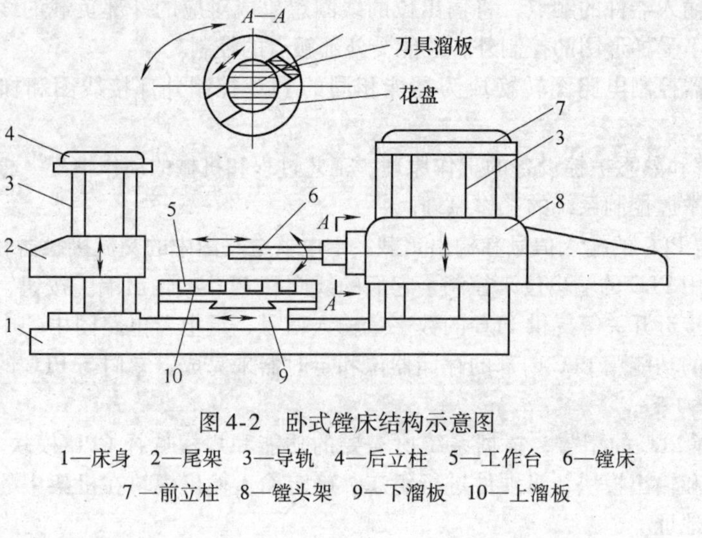

图 4-2　卧式镗床结构示意图

1—床身　2—尾架　3—导轨　4—后立柱　5—工作台　6—镗床

7—前立柱　8—镗头架　9—下溜板　10—上溜板

(2) 卧式镗床的主要运动　卧式镗床的床身 1 是由整体的铸件制成，床身的一端装有固定不动的前立柱 7，在前立柱的垂直导轨上装有镗头架 8，可以上下移动。镗头架上集中了主轴部件、变速箱、进给箱与操纵机构等部件。切削刀具安装在镗轴前端的锥孔里，或装在平旋盘的刀具溜板上。在工作过程中，镗轴一面旋转，一面沿轴向做进给运动。平旋盘只能旋转，装在上面的刀具溜板可在垂直于主轴轴线方向的径向做进给运动。平旋盘主轴是空心轴，镗轴穿过其中空部分，通过各自的传动链传动，因此可独立转动。在大部分工作情况下，使用镗轴加工，只有在用车刀切削端面时才使用平旋盘。

卧式镗床后立柱 4 上安装有尾架 2，用来夹持装在镗轴上的镗杆的末端。尾架 2 可随镗头架 8 同时升降，并且其轴心线与镗头架轴心线保持在同一直线上。后立柱 4 可在床身导轨上沿镗轴轴线方向上做调整移动。

加工时，工件安放在床身 1 中部的工作台 5 上，工作台在溜板上面，上溜板 10 下面是下溜板 9，下溜板安装在床身导轨上，并可沿床身导轨运动。上溜板又可沿下溜板上的导轨运动，工作台相对于上溜板可做回转运动。这样，工作台就可在床身上作前、后、左、右任一个方向的直线运动，并可做回旋运动。再配合镗头架的垂直移动，就可以加工工件上一系列与轴线相平行或垂直的孔。

由以上分析，可将卧式镗床的运动归纳如下：

主运动：镗轴的旋转运动与平旋盘的旋转运动。

进给运动：镗轴的轴向进给、平旋盘刀具溜板的径向进给、镗头架的垂直进给、工作台的横向进给与纵向进给。

辅助运动：工作台的回旋、后立柱的轴向移动及垂直移动。

(3) 卧式镗床的拖动特点及控制要求　镗床加工范围广，运动部件多，调速范围广，对电力拖动及控制提出的要求如下：

1）主轴应有较大的调速范围，且要求恒功率调速，往往采用机电联合调速。

2）变速时，为使滑移齿轮能顺利进入正常啮合位置，应有低速或断续变速冲动。

3）主轴能作正反转低速点动调整，要求对主轴电动机实现正反转及点动控制。

4）为使主轴迅速、准确停车，主轴电动机应具有电气制动。

5）由于进给运动直接影响切削量，而切削量又与主轴转速、刀具、工件材料、加工精度等因素有关，所以一般卧式镗床主运动与进给运动由一台主轴电动机拖动，由各自传动链传动。主轴和工作台除工作进给外，为缩短辅助时间，还应有快速移动，由另一台快速移动电动机拖动。

6）由于镗床运动部件较多，应设置必要的连锁和保护，并使操作尽量集中。

2. 某卧式镗床原有的电气控制原理图

某卧式镗床继电器控制系统原有的电气控制原理图如图 4-3 所示，它包括主电路、控制电路、照明电路和指示电路。镗床的主轴电动机 M_1 是双速异步电动机，中间继电器 KA_1 和 KM_2 控制主轴电动机的启动和停止；接触器 KM_1 和 KM_2 控制主轴电动机的正反转；接触器 KM_4、KM_5 和时间继电器 KT 控制主轴电动机的变速；接触器 KM_3 用来短接串在定子回路的制动电阻。SQ_1、SQ_2 和 SQ_3、SQ_4 是变速操纵盘上的限位开关，

SQ_5 和 SQ_6 是主轴进刀与工作台移动互锁限位开关，SQ_7 和 SQ_8 是镗头架和工作台的正、反向快速移动开关。

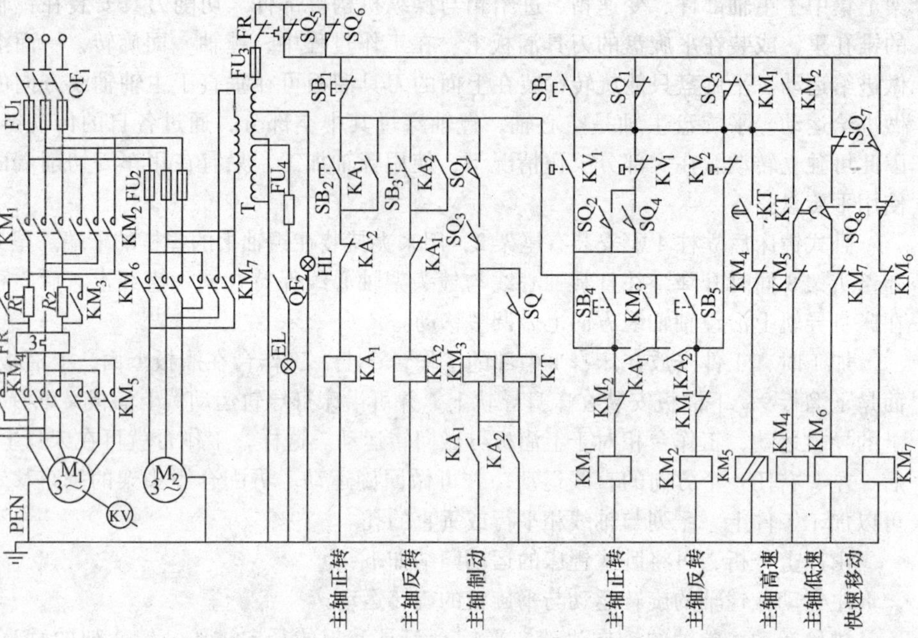

图 4-3　某卧式镗床继电器控制系统的电气控制原理图

3. PLC 控制的改造设计

在改造后设计的 PLC 控制系统外部接线图中，其主电路、照明电路和指示电路同原电路保留不变，只是其控制电路的功能改由 PLC 实现。根据原控制电路中输入/输出信号的数量选择适用的 PLC，并进行 I/O 端口的地址分配，画出 PLC 控制的 I/O 实际接线图如图 4-4 所示。

根据 PLC 的 I/O 对应关系，再加上原控制电路（见图 4-3）中 KA_1、KA_2 和 KT 分别与 PLC 内部的 M300、M301 和 T37 相对应，可设计出 PLC 控制的梯形图和语句表如图 4-5 所示。

4. 设计说明

设计过程中应注意梯形图与继电器电路图的区别。梯形图是一种软件，是 PLC 图形化的程序，PLC 梯形图是串行工作的，而在继电器电路图中，各电器可以同时动作（并行工作）。

根据原继电器控制电路图设计 PLC 控制的外部接线图和梯形图时应注意以下问题：

（1）应遵守梯形图语言中的语法规定　由于工作原理不同，梯形图不能照搬继电器电路中的某些处理方法。例如在继电器电路中，依据原理触点是可以放在线圈两侧的（但不提倡，避免使用）；但是在梯形图中，线圈必须放在电路的最右边（触点绝对不能放在线圈两侧）。

（2）适当地分离继电器电路图中的某些电路　设计继电器电路图时的一个基本原则是尽量减少图中使用的触点的个数，因为这意味着成本的节约，但是这往往会使某些线圈的控制电路交织在一起；而在设计 PLC 控制梯形图时首要的问题是设计的思路要清楚，设计出的梯形图容易阅读和理解，并不是特别在意是否多用了几个触点，因为这不会增加硬件的成本，只是在输入程序时需要多花一些时间。

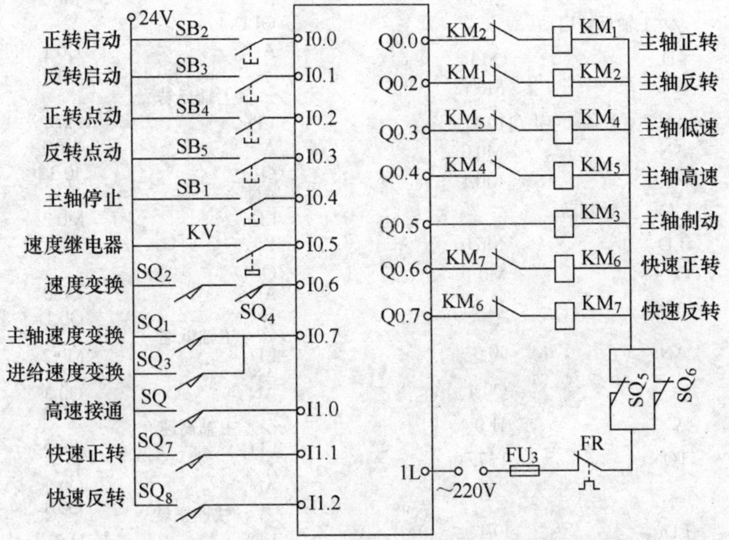

图 4-4　PLC 控制的 I/O 实际接线图

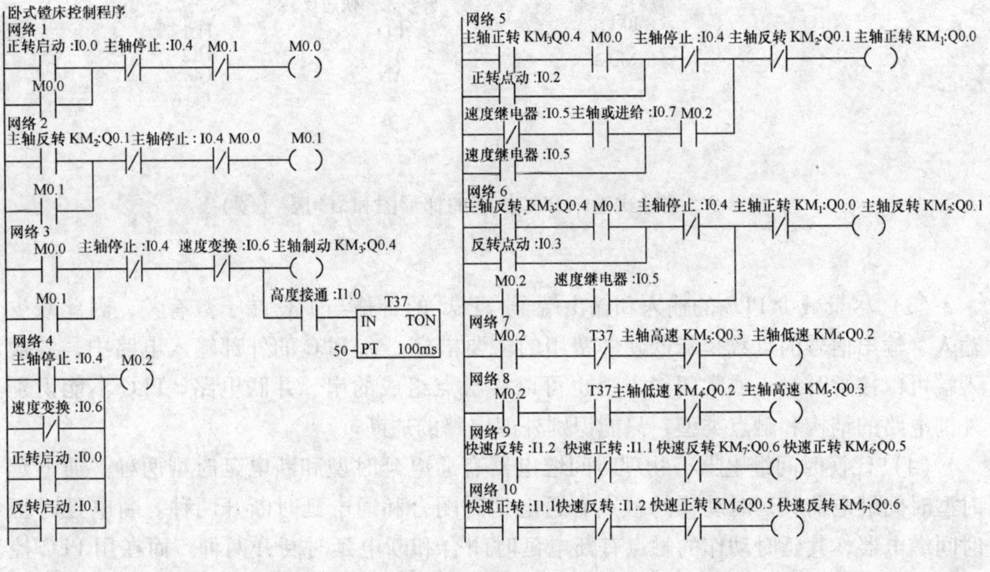

a)

图 4-5　某卧式镗床 PLC 控制的梯形图和语句表

a）梯形图

```
// 卧式镗床控制程序
// 主轴正转启动
LD      I0.0
O       M0.0
AN      I0.4
AN      M0.1
=       M0.0
// 主轴反转启动
LD      Q0.1
O       M0.1
AN      I0.4
AN      M0.0
=       M0.1
//  主轴制动
LD      M0.0
O       M0.1
AN      I0.4
AN      I0.6
=       Q0.4
A       I1.0
TON     T37,50

LD      I0.4
ON      I0.6
O       I0.0
O       I0.1
=       M0.2
```

```
//  主轴正转
LD      Q0.4
A       M0.0
O       I0.2
AN      I0.4
LDN     I0.5
A       I0.7
O       I0.5
A       M0.2
OLD
AN      Q0.1
=       Q0.0
//  主轴反转
LD      Q0.4
A       M0.1
O       I0.3
AN      I0.4
LD      M0.2
A       I0.5
OLD
AN      Q0.0
=       Q0.1
//  主轴低速
LD      M0.2
AN      T37
AN      Q0.3
=       Q0.2
//  主轴高速
LD      M0.2
A       T37
AN      Q0.2
=       Q0.3
//  快速正转
LD      I1.2
AN      I1.1
AN      Q0.6
=       Q0.5
//  快速反转
LD      I1.1
AN      I1.2
AN      Q0.5
=       Q0.6
```

b)

图 4-5　某卧式镗床 PLC 控制的梯形图和语句表（续）

b）语句表

（3）尽量减少 PLC 的输入和输出端子　PLC 的价格与 I/O 端子数有关，因此减少输入、输出信号的点数是降低硬件费用的主要措施。在 PLC 的外部输入电路中，各输入端可以接常开触点或常闭触点，也可以接触点组成的串、并联电路。PLC 不能识别外部电路的结构和触点类型，只能识别外部电路的通断。

（4）代换时间继电器　物理时间继电器有通电延时型和断电延时型两种。通电延时型时间继电器其延时动作的触点有通电延时闭合和通电延时断开两种。断电延时型时间继电器，其延时动作的触点有断电延时闭合和断电延时断开两种。而在用 PLC 控制时，时间继电器可以用 PLC 的定时器或计数器或者是二者的组合来代替，使用方便、灵活可靠、精度高。

（5）设置中间单元　在梯形图中，若多个线圈都受某一触点串、并联电路的控制。

为了简化电路，在梯形图中可以设置中间单元，即用该电路来控制某存储位，在各线圈的控制电路中使用其常开触点。这种中间元件类似于继电器电路中的中间继电器。

（6）设立外部硬件互锁电路　控制异步电动机正反转的交流接触器如果同时动作，将会造成三相电源短路。为了避免出现这样的事故，应在 PLC 外部设置硬件互锁电路。

（7）重新确定外部负载的额定电压　PLC 双向晶闸管输出模块一般只能驱动额定电压 AC 220V 的负载，如果系统原来的交流接触器的线圈电压为 380V，应换成 220V 的线圈，或是设置外部中间继电器进行电压转换。

任务 3　新型机床设备的 PLC 控制系统创新开发设计

学习 PLC 技术的另一个突出重要应用就是应用 PLC 技术创新设计以前没有的新型机床设备 PLC 控制系统，开发研制新的现代化机床设备，赶超世界先进水平，缩短我国机床设备与世界先进国家之间的技术差距。下边仅以搬运工件的机械手为例，介绍其创新开发设计的方法。

4.3.1　单工况下的搬运机械手 PLC 控制设计

1. 机械手搬运工件的生产工艺过程分析

机械手将工件从 A 点向 B 点移送的工艺过程示意图如图 4-6 所示。机械手的上升、下降与左移、右移都是由双线圈两位电磁阀驱动气缸来实现的。抓手对物件的松开、夹紧是由一个单线圈两位电磁阀驱动气缸完成，只有在电磁阀通电时抓手才能夹紧。该机械手工作原点在左上方，按①下降→②夹紧→③上升→④右移→⑤下降→⑥松开→⑦上升→⑧左移的顺序依次运行。

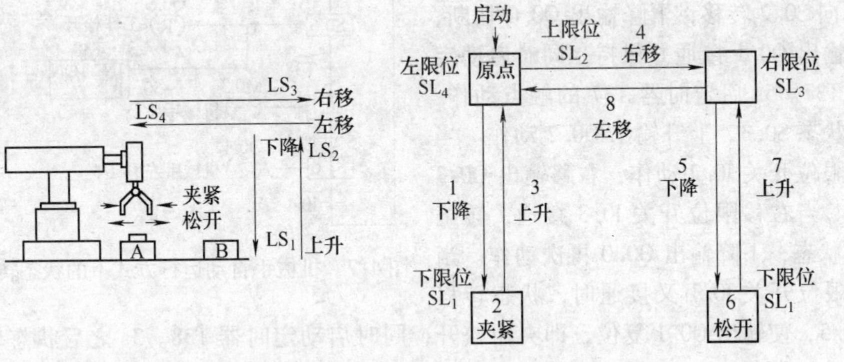

图 4-6　机械手工作过程示意图

2. PLC 的 I/O 接点地址

根据搬运机械手的工艺过程和控制要求，选择 PLC，并进行其 I/O 接点地址分配，见表 4-1，必要时亦可画出 PLC 控制的实际接线图（这里从略了）。

表 4-1　I/O 接点地址分配

输入信号		输出信号	
启动按钮 SB_1	I0.0	原始位置指示灯 HL	Q0.0
停止按钮 SB_2	I0.5	下行电磁阀	Q0.1
下限位开关 LS_1	I0.1	上行电磁阀	Q0.2
上限位开关 LS_2	I0.2	右行电磁阀	Q0.3
右限位开关 LS_3	I0.3	左行电磁阀	Q0.4
左限位开关 LS_4	I0.4	夹紧电磁阀	Q0.5

3. 机械手自动运行方式的状态转移图

状态转移图是状态编程法的重要工具。状态编程法的一般设计思想是：将一个复杂的控制过程分解为若干个工作状态，弄清各工作状态的工作细节（状态功能、转移条件和转移方向），再依据总的控制顺序要求，将这些工作状态联系起来，就构成了状态转移图，简称为 SFC 图。根据机械手搬运工件的工艺过程，可以编写出机械手自动运行方式下的状态转移图如图 4-7 所示。

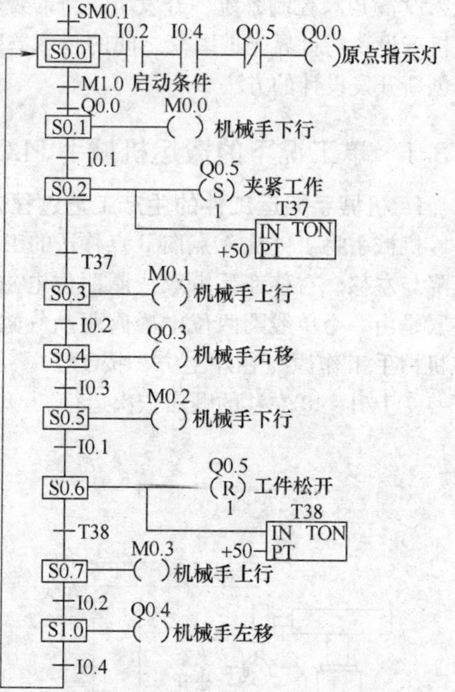

图 4-7　机械手自动运行方式下的状态转移图

S0.0 为初始状态，用双线框表示。当辅助继电器 M1.0、Q0.0 接通时，状态从 S0.0 向 S0.1 转移，下降输出 Q0.0 动作。当下限位开关 I0.0 接通时，状态 S0.1 向 S0.2 转移，下降输出 Q0.0 切断，夹紧输出 Q0.1 接通并保持。同时启动定时器 T37。5s 后定时器 T37 的触点动作，转至状态 S0.3，上升输出 Q0.2 动作。当上升限位开关 I0.2 动作，右移输出 Q0.3 动作。当右移限位开关 I0.3 接通，转至 S0.4 状态，下降输出 Q0.0 再次动作。当下降限位开关 I0.1 又接通时，状态转移至 S0.5，使输出 Q0.1 复位，即夹钳松开，同时启动定时器 T38。3s 之后状态转移到 S0.6，上升输出 Q0.2 动作。到上限位开关 I0.2 接通，状态转移至 S0.7，左移输出 Q0.4 动作，到达左限位开关 I0.4 接通，状态返回 S0.0，在没有按下停止按钮时，又进入下一个循环，直到按下停止按钮为止。

4. PLC 控制的用户程序设计

根据状态转移图就可以编写出机械手自动运行方式下的梯形图程序，如图 4-8 所示。

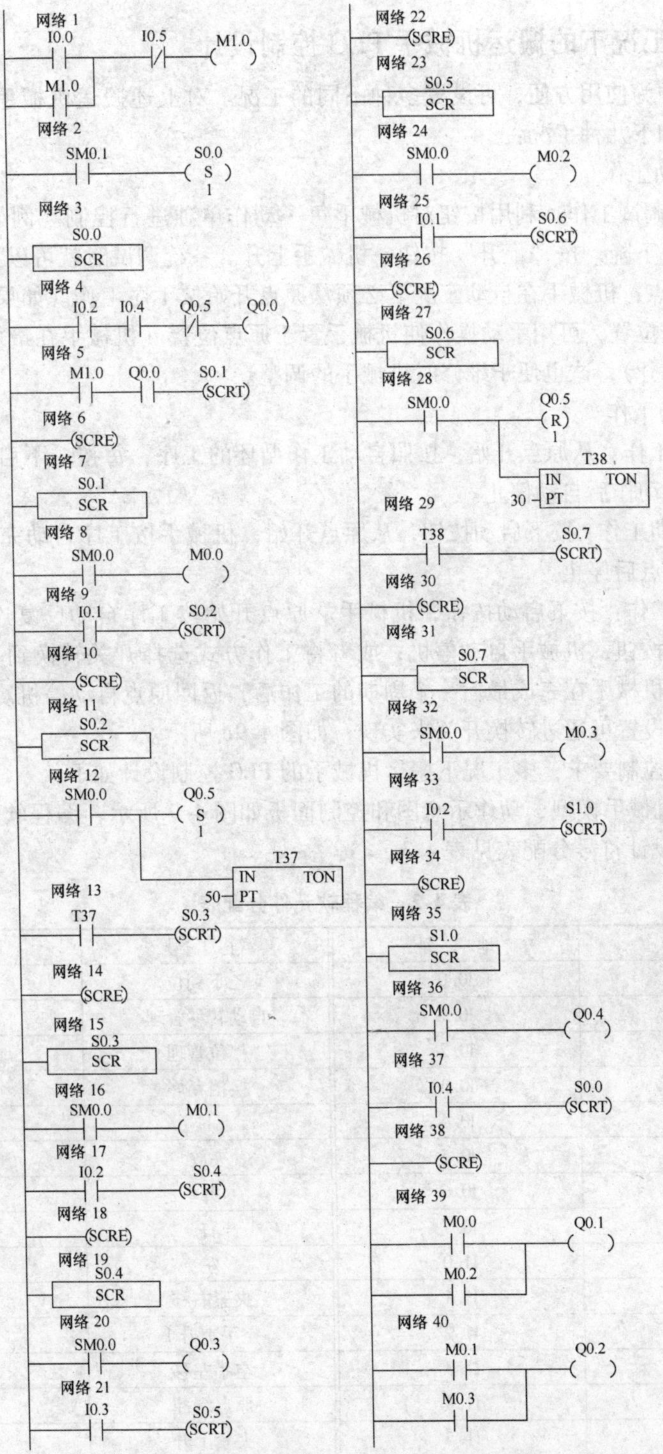

图 4-8 机械手自动运行方式的梯形图程序

4.3.2 多工况下的搬运机械手 PLC 控制设计

在实际中为使用方便，可设置多种不同的工况。对上述搬运机械手的控制要求通常可设置为如下几种工况：

（1）手动工作

1）机床调试工作：利用按钮对机械手每一动作单独进行控制。例如，按“下降”按钮，机械手下降；按“上升”按钮，机械手上升。系统调试时就可以选择手动工作。

2）回原点：机械手在自动工况下必须从原点开始按工序工作。如果机械手因某种原因不在原点位置，可用手动操作使机械手置于原点位置（机械手在最左边和最上面，且夹紧装置松开），这也便于维修时机械手的调整。

（2）自动工作

1）单步工作：从原点开始，按照自动工作循环的工序，每按一下启动按钮，机械手完成一步的动作后自动停止。

2）单周期工作：按下启动按钮，从原点开始，机械手按工序自动完成一个周期的动作，返回原点后停止。

3）连续工作：按下启动按钮，机械手从原点开始按工序自动反复连续循环工作，直到按下停止按钮，机械手自动停机；或者将工作方式选择开关转换到“单周期”工作方式，此时机械手在完成最后一个周期的工作后，返回原点自动停机。

多工况的设置可通过转换开关来实现，如图 4-9c 所示。

根据以上控制要求，多工况下搬运机械手的 PLC 控制设计如下：

1）搬运机械手模型、动作示意图和控制面板如图 4-9 所示；编程软元件分配表见表 4-2，程序设计符号分配表见表 4-3。

表 4-2 编程软元件分配表

符　号	地　址	符　号	地　址
调试挡	I0.0	乙下到位	I2.2
回原点挡	I0.1	自动转移管理	VB0
单步	I0.2	挡位管理	VB1
半自动	I0.3	换挡允许	VB2
全自动	I0.4	下	Q0.0
回原点	I0.5	夹放	Q0.1
启动	I0.6	升	Q0.2
停止	I0.7	右	Q0.3
下降令	I1.0	左	Q0.4
上升令	I1.1	夹紧右移	S1.0
右移令	I1.2	空手上升 1	S1.1
左移令	I1.3	空手左移	S1.2
夹紧令	I1.4	原点缓冲	S1.3
松开令	I1.5	夹紧上升	S1.4

（续）

符　　号	地　　址	符　　号	地　　址
甲下到位	I1.6	空手上升2	S1.5
上到位	I1.7	夹紧下降	S1.6
左限位	I2.0	放	S1.7
右限位	I2.1	自动状态缓冲	S3.1
左下降	S2.0	全自动标志	M0.3
夹紧状态	S2.1	手动挡标志	M0.4
夹紧上升状态	S2.2	原点挡标志	M0.5
夹紧右移状态	S2.3	已回原点	M0.6
夹紧下降状态	S2.4	定义原点	M0.7
松开状态	S2.5	停止标志	M1.0
右空手上升	S2.6	回原点停止	M1.2
空手左移状态	S2.7	启动回原点	M1.3
单步挡标志	M0.1	转移信号	M1.4
半自动标志	M0.2	启动信号	M1.5

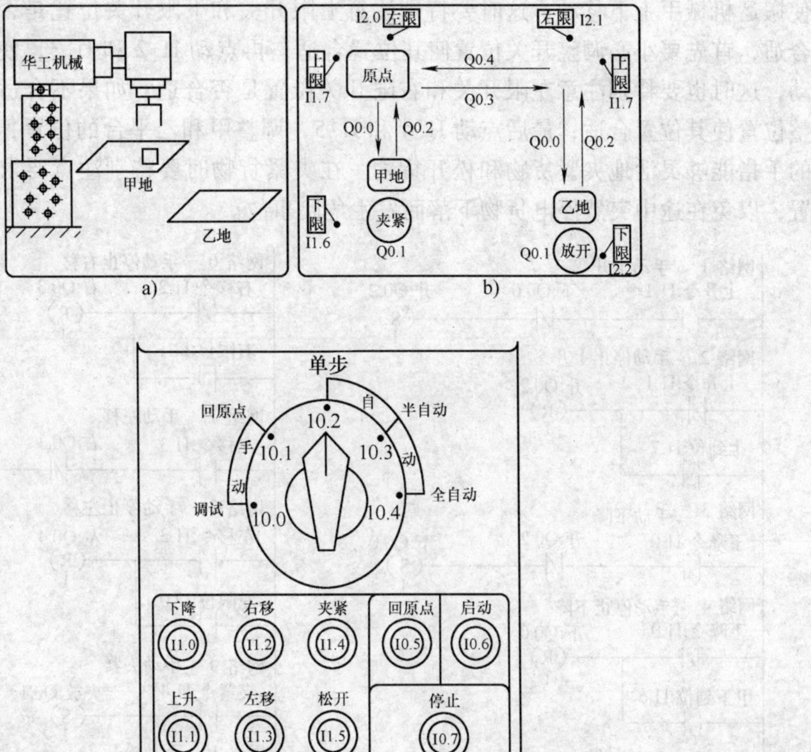

图4-9　搬运机械手模型、动作示意图和控制面板

a）搬运机械手模型　b）动作示意图　c）控制面板

表 4-3 程序设计符号分配表

符　　号	地　　址
SHOU_D	SBR0
HUI_L	SBR1
ZI_D	SBR2
DANG_G	SBR3
INT_0	INT0
主	OB1

2）搬运机械手各工况下的 PLC 控制程序采用主程序调用子程序的程序结构进行编制。按照控制要求先编制出各工况下及其各工况选择的子程序，然后再编制出系统主程序。所编制的各工况下及其各工况选择的子程序和系统主程序如图 4-10 ~ 图 4-14 所示。

3）首先把搬运机械手按照要求将输入与输出的线路接好，把图 4-10 ~ 图 4-14 所示的控制程序下载到 PLC 中。

4）手动调试操作：把控制面板的挡位开关扳动到调试挡位置，I0.0 接通，监控 PLC 的程序，这时执行主程序、手动调试子程序和挡位管理子程序。点动 I1.0 和 I1.1，使搬运机械手上下移动，这时要特别注意上限开关和下限开关位置是否合适？如果不合适，首先要小心调整开关位置使其位置合适；再点动 I1.2 和 I1.3，使机械手左右移动，这时也要特别注意左限开关和右限开关位置是否合适？如果不合适，马上小心调整位置使其位置合适；最后点动 I1.4 和 I1.5，调整甲和乙平台的位置，使搬运机械手的手指能够灵活地夹紧货物和松开货物。在夹紧货物时要特别注意要求有机械连锁装置，以免在途中突然停电货物下落而发生危险事故。

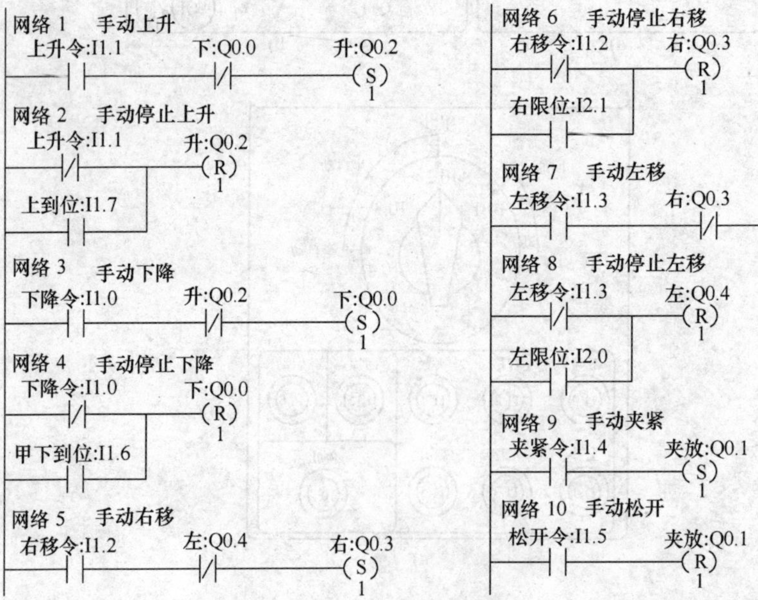

图 4-10 手动调试挡子程序（SBR0）

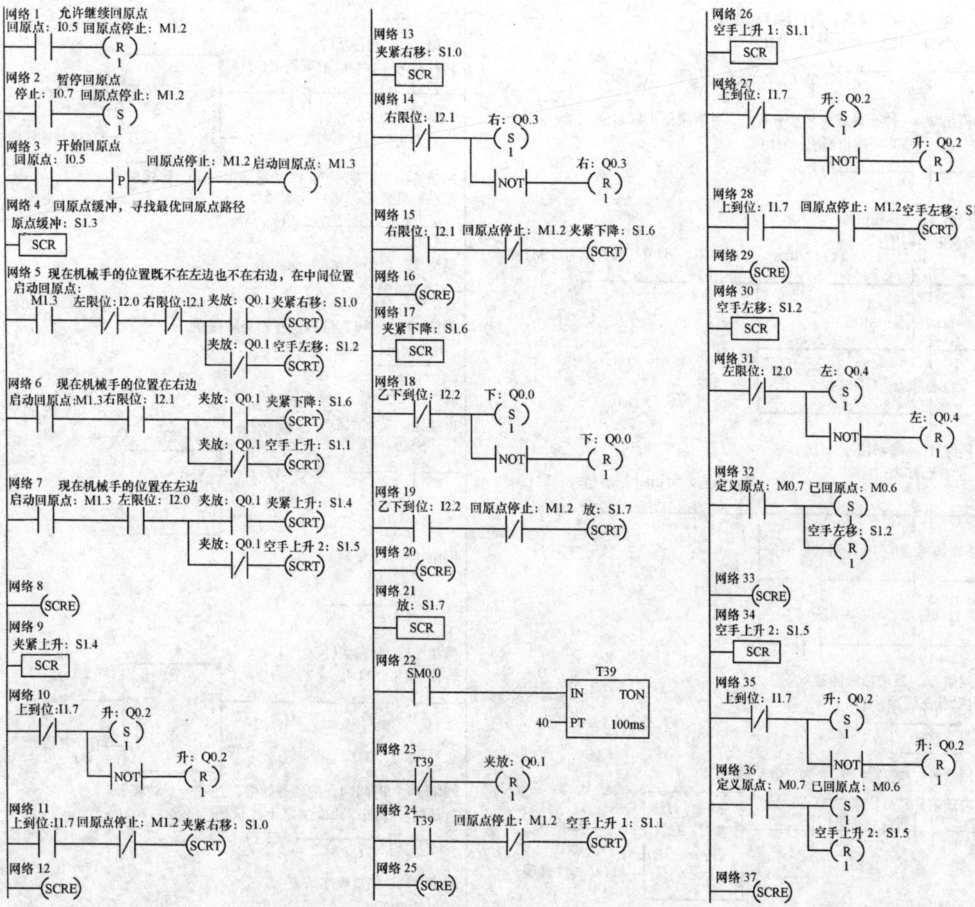

图 4-11　回原点子程序（SBR1）

5）回原点操作：手动调试结束后，可以把控制面板的挡位开关扳动到回原点挡位置，I0.1 应该接通，监控 PLC 程序，这时执行主程序、回原点子程序和挡位管理子程序，按动控制面板的回原点开始按钮 I0.5，机械手自动判断当前的位置，找到最优回原点的路径。当需要暂停时，可以按动控制面板上的停止按钮，即可停止；需要继续运行，按动控制面板的回原点按钮即可。回原点的路径按照机械手当前所在位置不同有 6 种情况，如图 4-15 所示。

机械手当前位置在图 4-15 所示的“1”位置，当接通 I0.5 时，S1.4 状态接通；

机械手当前位置在图 4-15 所示的“2”位置，当接通 I0.5 时，S1.5 状态接通；

机械手当前位置在图 4-15 所示的“3”位置，当接通 I0.5 时，S1.0 状态接通；

机械手当前位置在图 4-15 所不的“4”位置，当接通 I0.5 时，S1.2 状态接通；

机械手当前位置在图 4-15 所示的“5”位置，当接通 I0.5 时，S1.6 状态接通；

机械手当前位置在图 4-15 所示的“6”位置，当接通 I0.5 时，S1.1 状态接通。

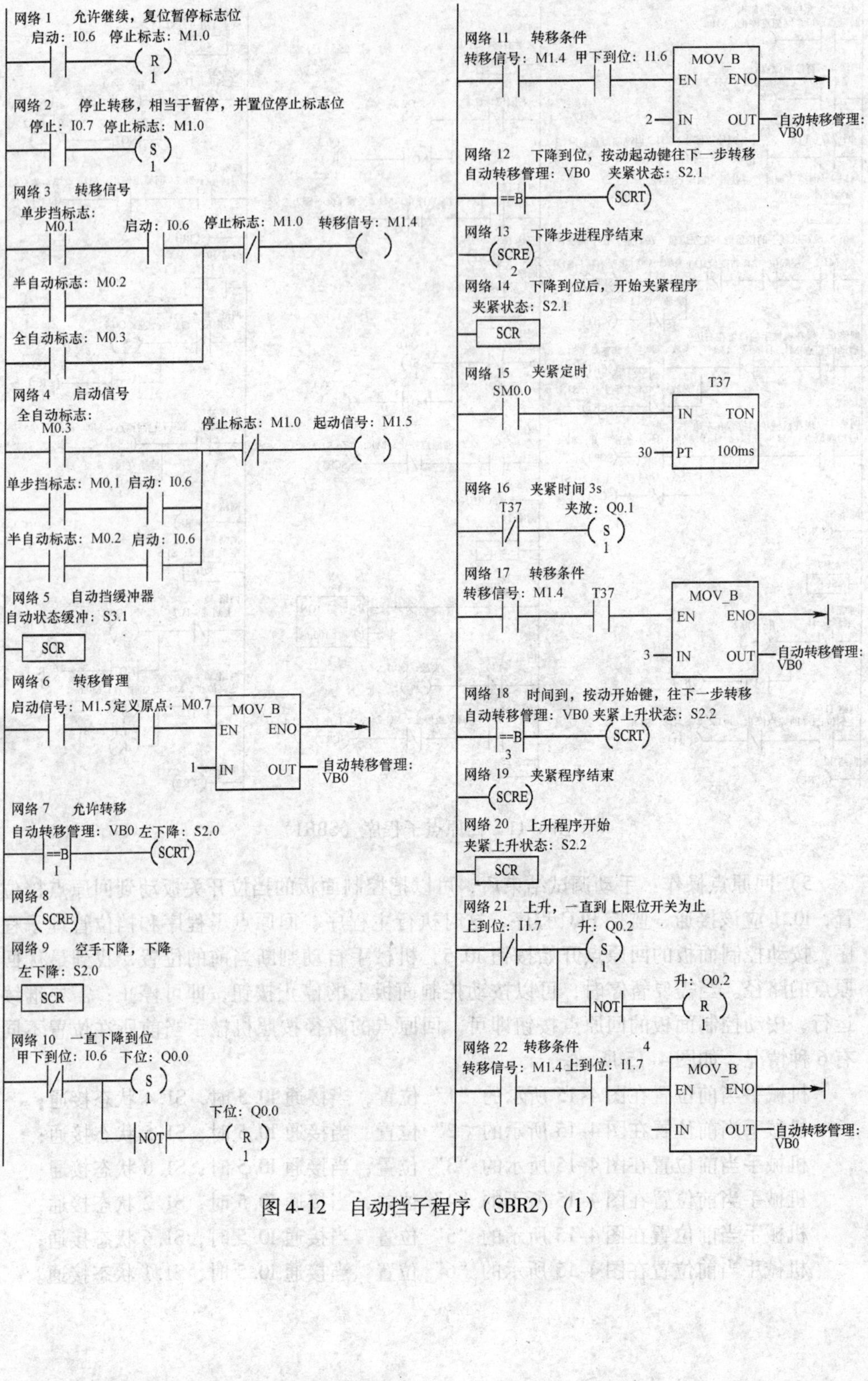

图 4-12　自动挡子程序（SBR2）（1）

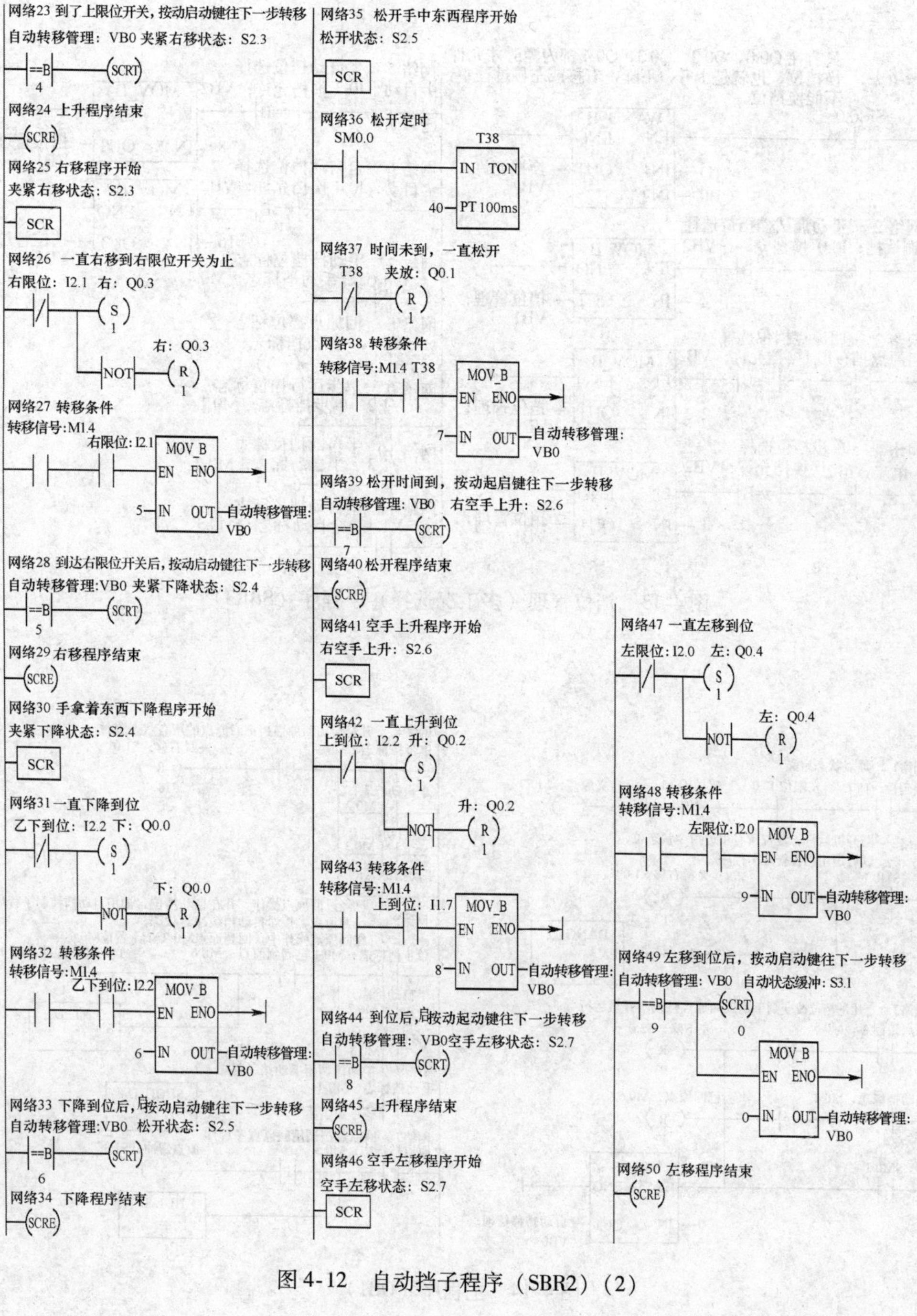

图 4-12　自动挡子程序（SBR2）（2）

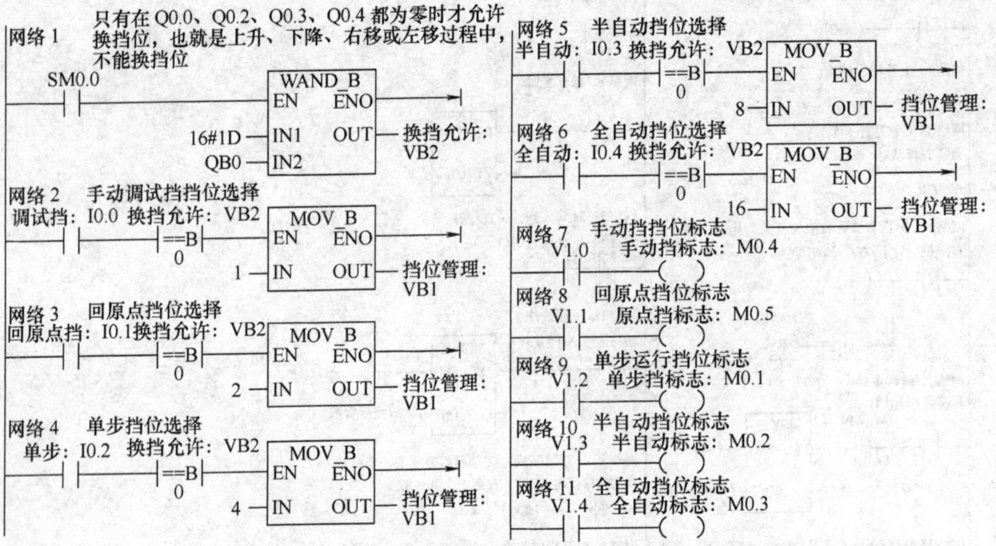

图 4-13 挡位管理（多工况选择）子程序（SBR3）

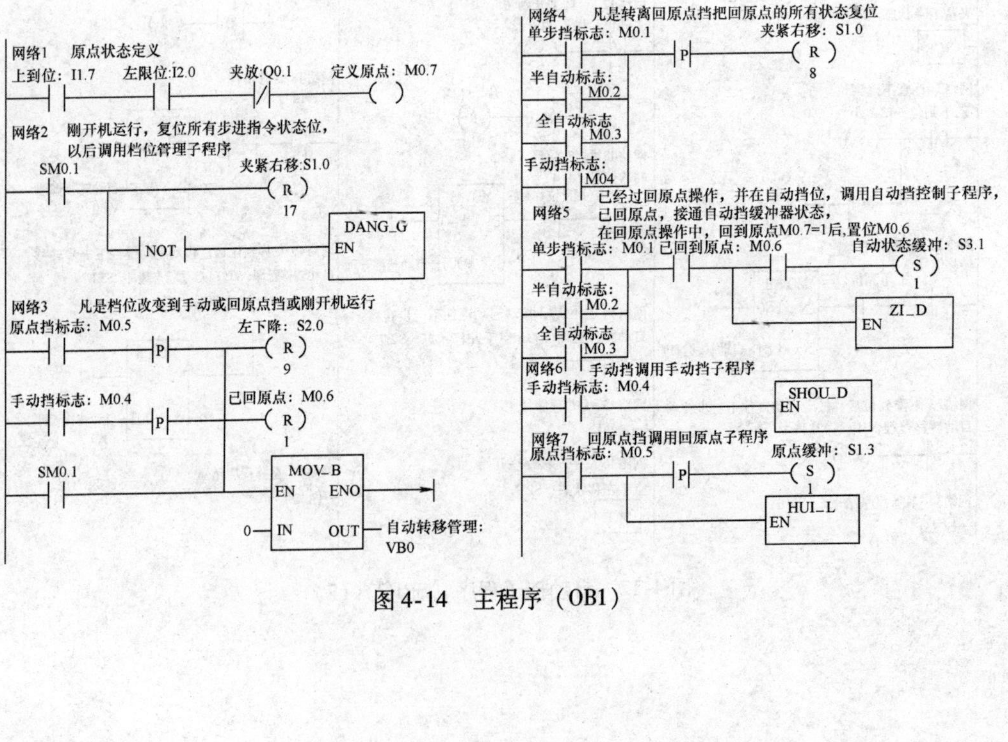

图 4-14 主程序（OB1）

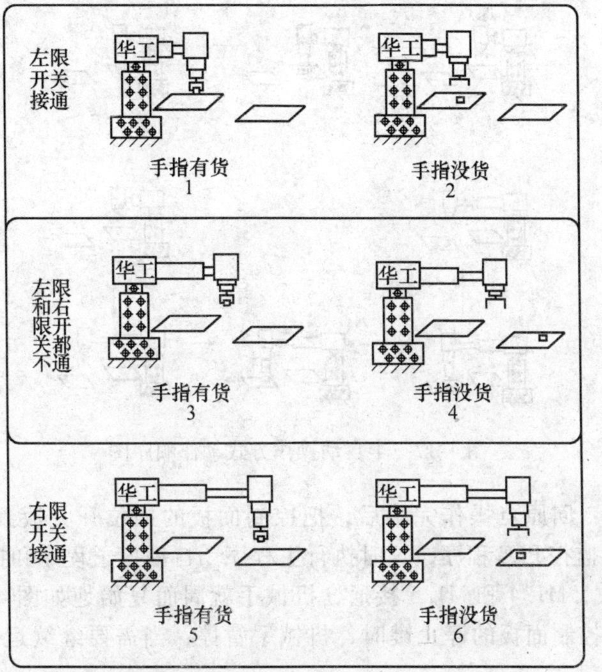

图 4-15　机械手回原点操作时可能的 6 种位置

当机械手回到原点后，监控 PLC 的程序 M0.6 和 M0.7 的状态，应该是接通了。

6）自动操作：注意每次开机都必须在回原点操作完毕后才能进入自动操作状态。

自动挡中又分 3 种操作模式：单步（见图 4-16）、半自动（见图 4-17）和全自动操作（见图 4-18）。经过回原点操作后，自动挡的 3 种工作模式可以随时转换。

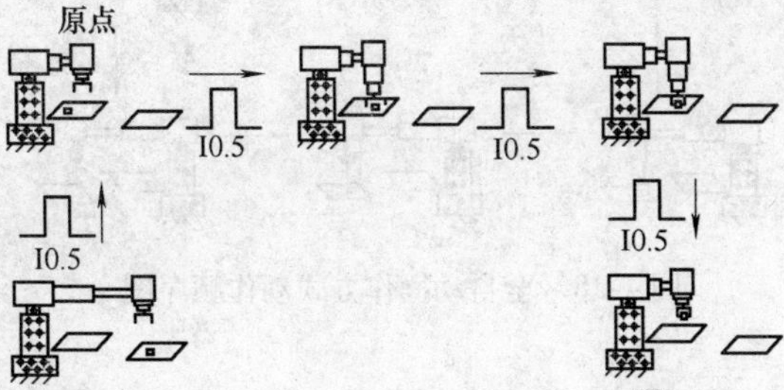

图 4-16　单步操作方式动作顺序图

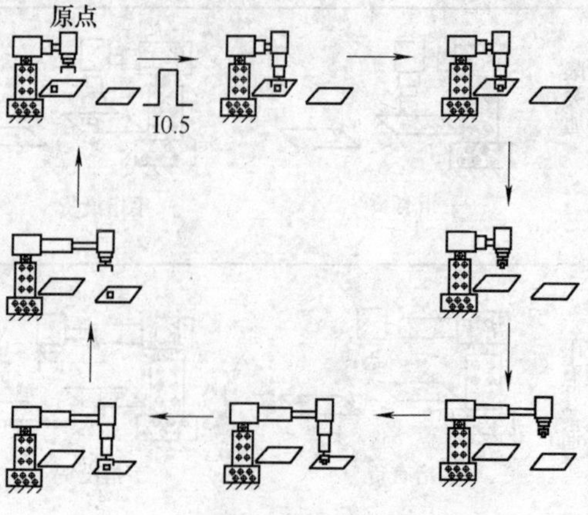

图 4-17　半自动操作方式动作顺序图

全自动操作：回原点操作完毕后，把控制面板的挡位开关扳到全自动挡位置，I0.4 应该接通，监控 PLC 程序，这时执行主程序、自动挡子程序和挡位管理子程序，只接通 I0.6 一次，M1.4 和 M1.5 接通，机械手就周而复始地如图 4-18 所示动作运行，一直到接通控制面板的停止键时，机械手暂停；当需要继续运行时，按动启动键即可。

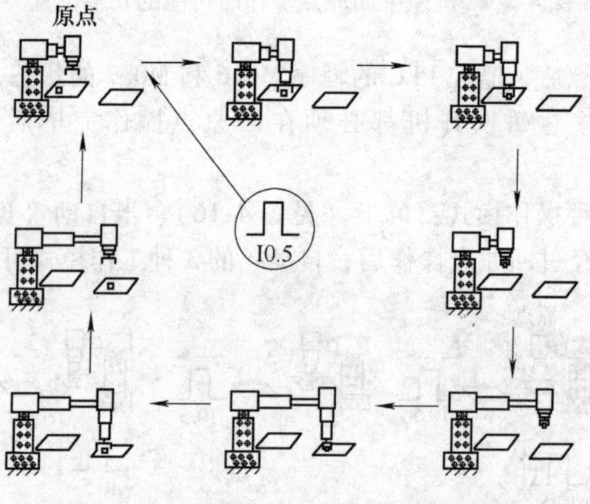

图 4-18　全自动操作方式动作顺序图

任务 4　PLC 在现代机床设备高新技术-变频器中的应用设计

随着现代高新技术的日益发展和电子产品价格的不断降低，变频器在现代机床控制中的应用越来越广泛。变频器在现代机床控制系统中主要作为执行机构来使用，有的变频器还有闭环 PID 控制和时间顺序控制的功能。PLC 和变频器都是以计算机技术为基础的现代工业控制产品，将二者有机地结合起来，用 PLC 来控制变频器，是当代机床控制中经常遇到的问题。常见的控制要求有：

1）用 PLC 控制变频电动机的旋转方向、转速和加速、减速时间。

2）实现电动机的工频电源和变频电源之间的切换。

3）实现变频器与多台电动机之间的切换控制。

4）通过通信实现 PLC 对变频器的控制，将变频器纳入工厂自动化通信网络。

4.4.1 变频器输出频率的控制

1. PLC 控制变频器输出频率的方法

（1）用 PLC 的模拟量输出模块提供变频器的频率给定信号　PLC 模拟量输出模块输出的直流电压或直流电流信号送给变频器的模拟量转速给定输入端，用模拟量输出信号控制变额器的输出频率。这种控制方式的硬件接线简单，但是 PLC 的模拟量输出模块价格较高，模拟信号可能会受到干扰信号的影响。

（2）用 PLC 的数字量输出信号有级调节变频器的输出频率　PLC 的数字量输出/输入点一般可以与变频器的数字量输入/输出点直接相连，这种控制方式的接线简单，抗干扰能力强。用 PLC 的数字量输出模块可以控制变频器的正/反转、有级调节转速和加/减速时间。虽然只能有级调节，但是对于大多数系统，这也足够用了。

（3）用串行通信提供频率给定信号　PLC 和变频器之间的串行通信除了可以提供频率给定信号外，还可以传送大量的参数设置信息和状态信息。S7-200 和西门子的变频器都带有 RS-485 通信接口，使用 USS 协议可实现 S7-200 与西门子变频器的通信。

（4）用 PLC 的高速脉冲输出信号作为频率给定信号　某些变频器有高速脉冲输入功能，可以用 PLC 输出的高速脉冲的频率作为变频器的频率给定信号。

2. 与频率给定值有关的变频器参数设置

变频器通过参数设置，来确定接收频率指令的方法。以安川的 F7 系列为例，可以用参数 b1-01 设置 5 种频率指令的输入方法：

1）通过变频器的数字式操作器。

2）通过模拟量输入端子 A1，用电位器输入电压形式的频率给定值；通过端子 A2 可以输入电压或电流形式的频率给定值。

3）通过 Modbus 通信。

4）通过可选用的卡。

5）通过脉冲输入端子 RP 输入脉冲，用参数 H6-01 设置脉冲信号是 PID 控制器的反馈值或设定值，用参数 H6-01 设置对应于 100% 变频器输出频率的脉冲频率值。

3. 变频器的转速和电动机旋转方向的控制

下面将通过一个案例介绍用 PLC 控制变频器的方法。

PLC 的输入点 I0.0 和 I0.1 用来接收按钮 SB_1 和 SB_2 的指令信号（见图 4-19），通过 PLC 的输出点 Q0.0 和接触器 KM 控制变频器电源的接通和断开。

按下“接通电源”按钮 SB_1，I0.0 变为 1 状态，使 Q0.0 置位，接触器 KM 的线圈得电，其主触点闭合，接通变频器的电源。

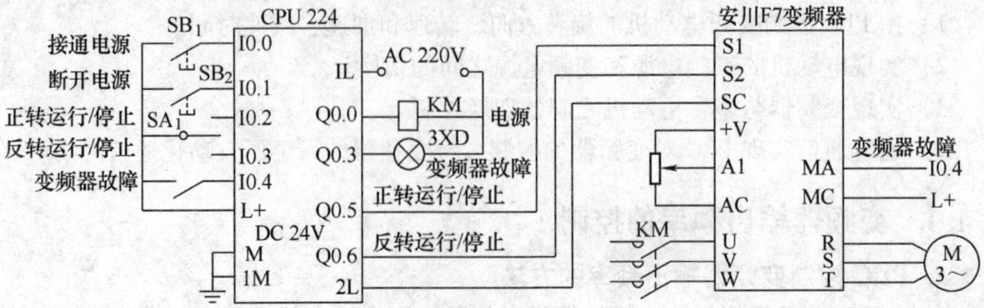

图 4-19　正反转控制电路

按下“断开电源”按钮 SB_2，I0.1 变为 1 状态，如果 I0.2 和 I0.3 均为 0 状态（SA_1 在中间位置），变频器未运行，则 Q0.0 被复位，使接触器 KM 线圈断电，其主触点断开，变频器电源被切断。变频器出现故障时，I0.4 的常开触点接通，亦使 Q0.0 复位，使变频器的电源断电，同时用 Q0.3 显示变频器故障信号。

三位置旋钮开关 SA_1 通过 I0.2 和 I0.3 控制电动机的正转、反转运行或停止。“正转运行/停止”开关接通时正转，断开时停机。“反转运行停止”开关接通时反转，断开时停机。变频器的输出频率由接在模拟量输入端 A1 的电位器控制。

将 SA_1 旋至“反转运行”位置，I0.3 变为 1 状态，使 Q0.6 动作，变频器的 S2 端子被接通，电动机反转运行。

将 SA_1 旋至中间位置，I0.2 和 I0.3 均为 0 状态，使 Q0.5 和 Q0.6 的线圈断电，变频器的 S1 和 S2 端子都处于断开状态，电动机停机。

当电动机正转或反转时，I0.2 或 I0.3 的常闭触点断开，使 SB_2 对应的 I0.1 不起作用，以防止在电动机运行时切断变频器的电源（见图 4-20）。

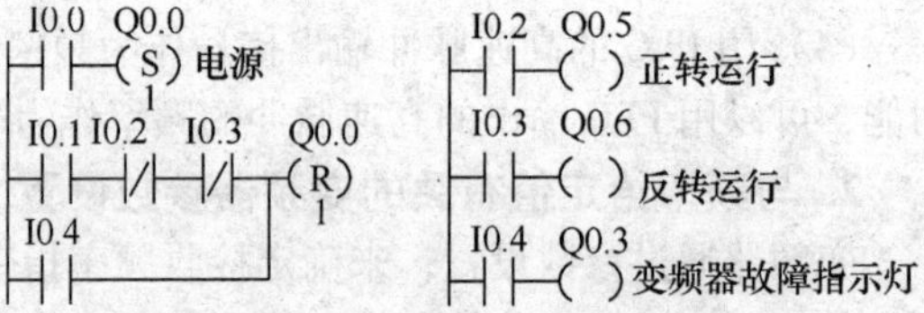

图 4-20　正反转控制的梯形图

4. 电动机的多段转速与升降速时间的控制

有很多设备并不需要连续调节转速，只要能切换若干段固定的转速就行了。几乎所有的变频器都有设置多段转速的功能，只需要用变频器的 2 点或 3 点数字量输入信号，就可以切换 4 段或 8 段转速，可以避免使用昂贵的 PLC 模拟量输出模块来连续调节变频器的输出频率。有的设备要求一个或两个转速段的转速给定值可以由操作人员调整，这一功能可以用接在变频器模拟量给定信号输入端的电位器来实现。其他段的转速则用变频器的参数来设置，在运行时操作人员不能修改它们。

可以用类似的方法，用变频器的一个或两个输入信号，来切换两挡或 4 挡加/减速时间，加速时间和减速时间的值用参数来设置。

5. 用按钮切换电动机的多段转速

图 4-21 用 Q0.0 和 Q0.1 来控制安川 F7 系列变频器转速的方向，用 Q0.4 ~ Q0.6 控

制变频器的 8 段转速，用按钮 SB_3 和 SB_4 控制转速的切换。按一次“加段号”按钮，转速的段号加 1，第 7 段时按“加段号”按钮不起作用。按一次“减段号”按钮，转速的段号减 1，第 0 段时按“减段号”按钮不起作用。在变频器内部用参数设定各段速度的值。

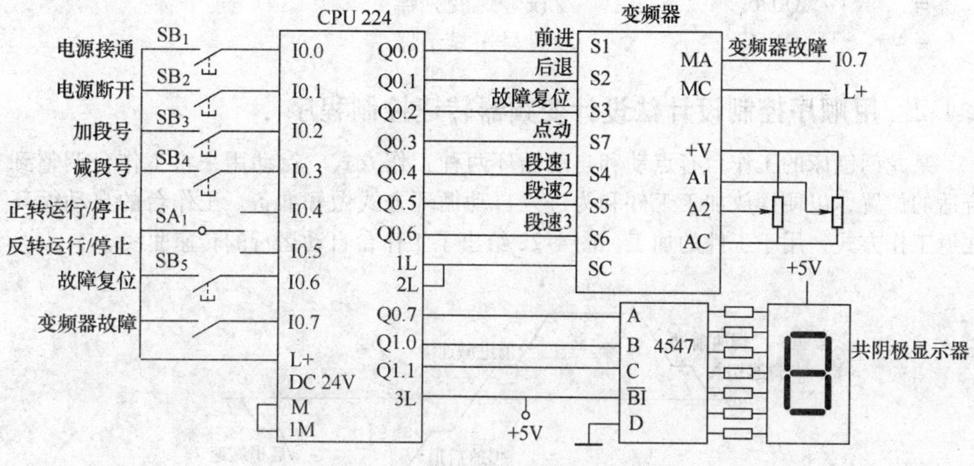

图 4-21　多段转速切换的硬件电路

段号用一只七段 LED 共阳极显示器来显示，用共阳极七段译码驱动芯片 4547 来控制七段显示器。CPU 224 的继电器输出点分为 3 组，1L ~ 3L 是各组的公共点。控制段速的 Q0.4 ~ Q0.6 为第 2 组；显示段号的 Q0.7 ~ Q1.1 为第 3 组，使用 DC 5V 电源电压。

F7 系列变频器的输入端子为多功能端子，需要用参数 H1-02 ~ H1-05 来指定端子 S4 ~ S7 的功能，用参数 b1-01 和 H3-09 来设置模拟量输入端子 A1 和 A2 的功能。

下面是控制 8 段转速的程序：

```
LD       SM0.1          //开机时设置段号的初始值
MOVB     0, MB10
LD       I0.2
EU                      //在 I0.2 的上升沿
AB<      MB10, 7        //并且 MB10 的值小于 7
INCB     MB10           //段号 MB10 加 1
LD       I0.3
EU                      //在 I0.3 的上升沿
AB>      MB10, 0        //并且 MB10 的值大于 0
DECB     MB10           //段号 MB10 减 1
LD       M10.0
=        Q0.4           //段号送变频器
=        Q0.7           //段号送显示器
```

```
LD      MI0.1
=       Q0.5        //段号送变频器
=       Q1.0        //段号送显示器
LD      MI0.2
=       Q0.6        //段号送变频器
=       Q1.1        //段号送显示器
```

4.4.2 用顺序控制设计法设计变频器转速控制程序

某龙门刨床的工作台有点动和自动循环两种工作方式。点动用来将工作台调整到合适的位置，以便摆放加工工件和为进入自动循环方式做好准备。工作台的自动循环往返工作方式，用于工件的加工。图4-22给出了工作台自动运行的转速曲线。

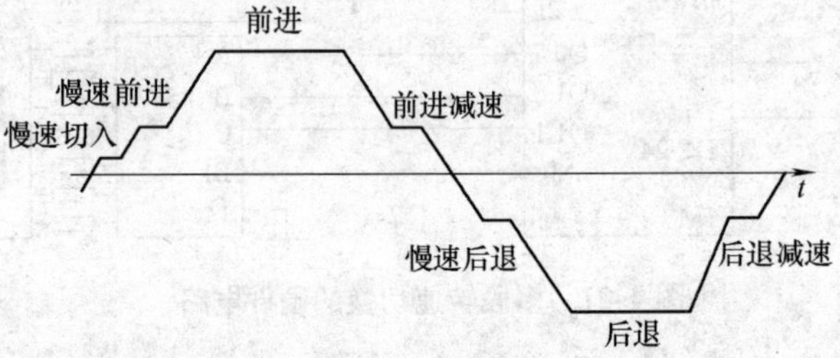

图4-22 工作台自动运行的转速曲线

变频器的7种转速用输入端子S4～S7（见图4-23）来切换，表4-4给出了龙门刨床工作台主拖动电动机各段的转速与端子S4～S7状态之间的关系。

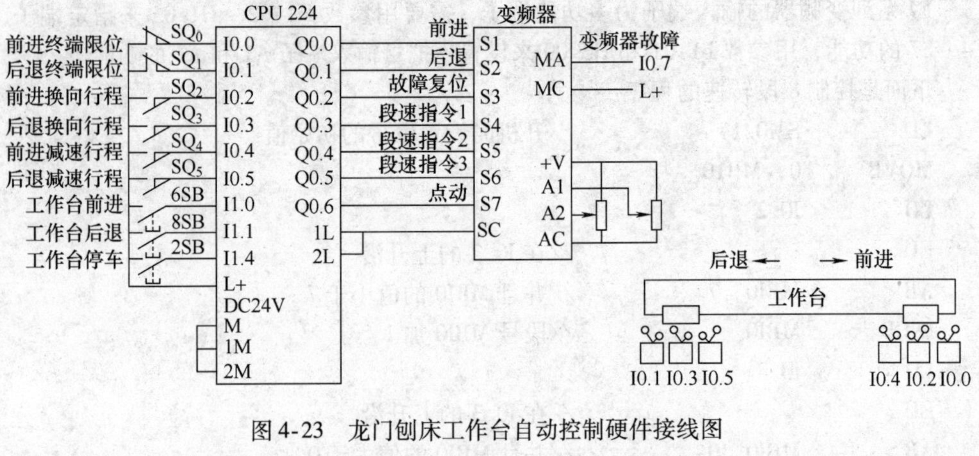

图4-23 龙门刨床工作台自动控制硬件接线图

根据表4-4，可以确定工作台自动运行的各阶段（即顺序功能图中的各步）对应的变频器的转速段号和各步的动作（见图4-24）。

参数d1-01～d1-08分别用于设置段速1～8的频率值，参数d1-017用于设置点动频率。

表 4-4　变频[illegible]

速度编号	S4(Q0.3) 段速指令 1	S5(Q0.4) 段速指令 2	S6(Q0.5) 段速指令 3	点[illegible]	选择的速度	龙门刨床工作台状态
1	OFF	OFF	OFF	OFF	[illegible]	前进
2	ON	OFF	OFF	OFF	[illegible]输入的速度	后退
3	OFF	ON	OFF	OFF	[illegible]入的速度	慢速切入
4	ON	ON	OFF	OFF	速[illegible]	前进减速
5	OFF	OFF	ON	OFF	速度 5	后退减速
6	ON	OFF	ON	OFF	速度 6	慢速前进
7	OFF	ON	ON	OFF	速度 7	慢速后退
8	ON	ON	ON	OFF	速度 8	—
9	—	—	—	ON	点动转速	点动

工作台自动循环往返运动由装在床身的 4 只行程开关来控制（见图 4-23），其中 I0.4 和 M0.5 为减速行程开关，I0.2 和 I0.3 为换向行程开关。用终端限位开关（对应于 I0.0 和 I0.1）的常闭触点为 PLC 提供输入信号，防止在故障时工作台冲出极限位置。

在工作台进入自动循环往返运动之前，应在点动模式下使工作台处于前进减速行程开关 I0.4 和后退减速行程开关 I0.5 之间，变频电动机的冷却风机和液压泵应处于运行状态。

在工作台自动循环运行过程中，用 Q0.0 和 Q0.1 分别控制工作台的前进和后退，用 Q0.3 ~ Q0.5 控制各段的转速切换。

外部设备（液压泵、风机和变频器）运行正常时，M5.1 为 1 状态。左、右终端限位开关未动作时，它们的常闭触点闭合，I0.0 和 I0.1 为 1 状态；未按停止按钮时，I1.4 的常闭触点闭合。以上条件同时满足时，M5.0 的线圈通电（见图 4-24），才能进行自动运行。

在工作台自动运行的过程中，只要外部设备有故障（M5.1 为 OFF）、按了停止按钮 I1.4 或终端限位开关 I0.0 和 I0.1 动作（变为 0 状态），M5.0 的线圈都会断电，使 M0.1 ~ M0.7 的线圈全部断电，除初始步之外的其他步全部都变为不活动步，输出点均为 0 状态，工作台停止运动。同时初始步 M0.0 变为活动步，为下次启动工作台自动运行作好准备。

在初始步，如果外部设备运行正常（M5.1 为 ON），并且前进减速行程开关 I0.2 和前进换向行程开关 I0.4 都没有动作（均为 0 状态），按下前进按钮 I1.0，步 M0.1 变为活动步，工作台前进。碰到前进减速行程开关 I0.4，M0.2 变为 1 状态（见顺序功能图），开始减速运行。碰到前进换向行程开关 I0.2，M0.3 变为 1 状态，工作台慢速后退。离开前进减速行程开关 I0.4 时，M0.4 变为 1 状态，工作台快速后退。后退行程开

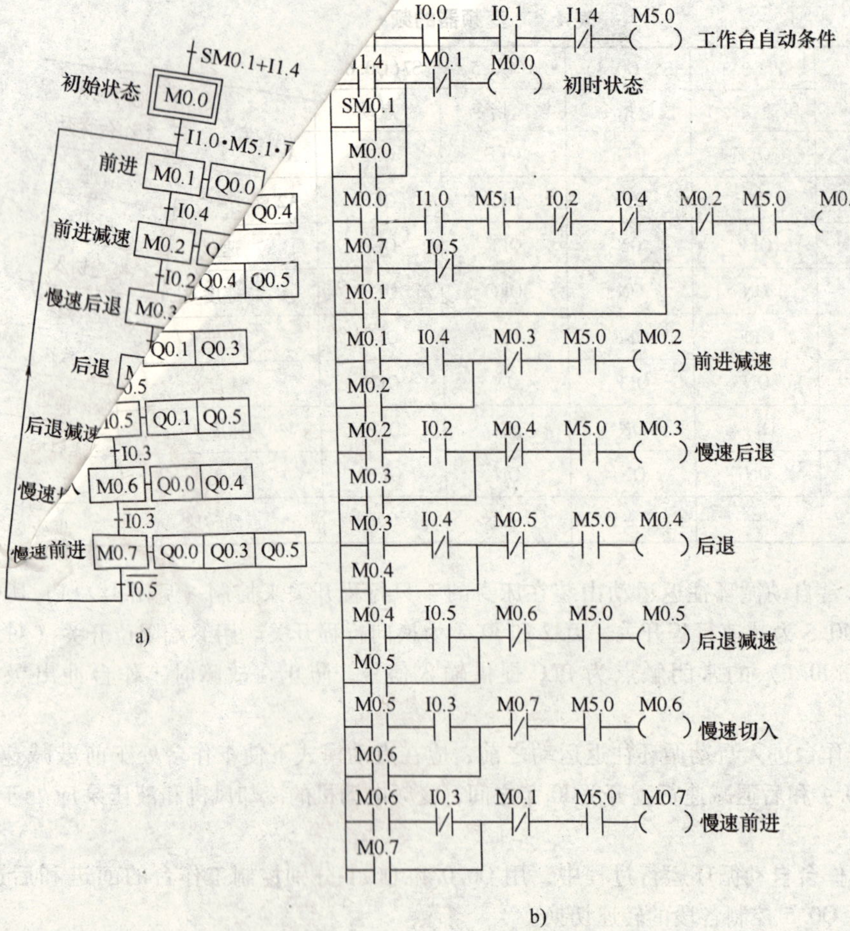

图 4-24　工作台自动循环往返顺序功能图与梯形图
a）顺序功能图　b）梯形图

关 I0.5 动作时，M0.5 变为 1 状态，工作台减速后退。后退换向行程 I0.3 动作时，M0.6 变为 1 状态，工作台进入慢速切入阶段，以防止工件边沿接触刀具时崩裂。离开后退换向行程开关 I0.3 时，M0.7 变为 1 状态，工作台慢速前进。离开后退减速行程开关 I0.5 时，M0.1 变为 1 状态，工作台快速前进，开始下一周期的操作。这样工作台将按图 4-22 所示的速度曲线周期性地自动运行。

在 PLC 上电时，初始化脉冲 SM0.1 的常开触点闭合一个扫描周期，使初始步 M0.0 变为活动步。

根据系统的顺序功能图，用“启-保-停”电路设计出控制各步的梯形图（见图 4-24），从顺序功能图可以看出每个输出继电器在哪几步为 1 状态，由此可以设计出与速度控制有关的输出继电器的控制电路（见图 4-25）。

表 4-4　变频器的频率切换表

速度编号	S4(Q0.3)	S5(Q0.4)	S6(Q0.5)	S7(Q0.6)	选择的速度	龙门刨床工作台状态
	段速指令 1	段速指令 2	段速指令 3	点动		
1	OFF	OFF	OFF	OFF	A1 端子输入的速度	前进
2	ON	OFF	OFF	OFF	A2 端子输入的速度	后退
3	OFF	ON	OFF	OFF	速度 3	慢速切入
4	ON	ON	OFF	OFF	速度 4	前进减速
5	OFF	OFF	ON	OFF	速度 5	后退减速
6	ON	OFF	ON	OFF	速度 6	慢速前进
7	OFF	ON	ON	OFF	速度 7	慢速后退
8	ON	ON	ON	OFF	速度 8	—
9	—	—	—	ON	点动转速	点动

工作台自动循环往返运动由装在床身的 4 只行程开关来控制（见图 4-23），其中 I0.4 和 M0.5 为减速行程开关，I0.2 和 I0.3 为换向行程开关。用终端限位开关（对应于 I0.0 和 I0.1）的常闭触点为 PLC 提供输入信号，防止在故障时工作台冲出极限位置。

在工作台进入自动循环往返运动之前，应在点动模式下使工作台处于前进减速行程开关 I0.4 和后退减速行程开关 I0.5 之间，变频电动机的冷却风机和液压泵应处于运行状态。

在工作台自动循环运行过程中，用 Q0.0 和 Q0.1 分别控制工作台的前进和后退，用 Q0.3 ~ Q0.5 控制各段的转速切换。

外部设备（液压泵、风机和变频器）运行正常时，M5.1 为 1 状态。左、右终端限位开关未动作时，它们的常闭触点闭合，I0.0 和 I0.1 为 1 状态；未按停止按钮时，I1.4 的常闭触点闭合。以上条件同时满足时，M5.0 的线圈通电（见图 4-24），才能进行自动运行。

在工作台自动运行的过程中，只要外部设备有故障（M5.1 为 OFF）、按了停止按钮 I1.4 或终端限位开关 I0.0 和 I0.1 动作（变为 0 状态），M5.0 的线圈都会断电，使 M0.1 ~ M0.7 的线圈全部断电，除初始步之外的其他步全部都变为不活动步，输出点均为 0 状态，工作台停止运动。同时初始步 M0.0 变为活动步，为下次启动工作台自动运行作好准备。

在初始步，如果外部设备运行正常（M5.1 为 ON），并且前进减速行程开关 I0.2 和前进换向行程开关 I0.4 都没有动作（均为 0 状态），按下前进按钮 I1.0，步 M0.1 变为活动步，工作台前进。碰到前进减速行程开关 I0.4，M0.2 变为 1 状态（见顺序功能图），开始减速运行。碰到前进换向行程开关 I0.2，M0.3 变为 1 状态，工作台慢速后退。离开前进减速行程开关 I0.4 时，M0.4 变为 1 状态，工作台快速后退。后退行程开

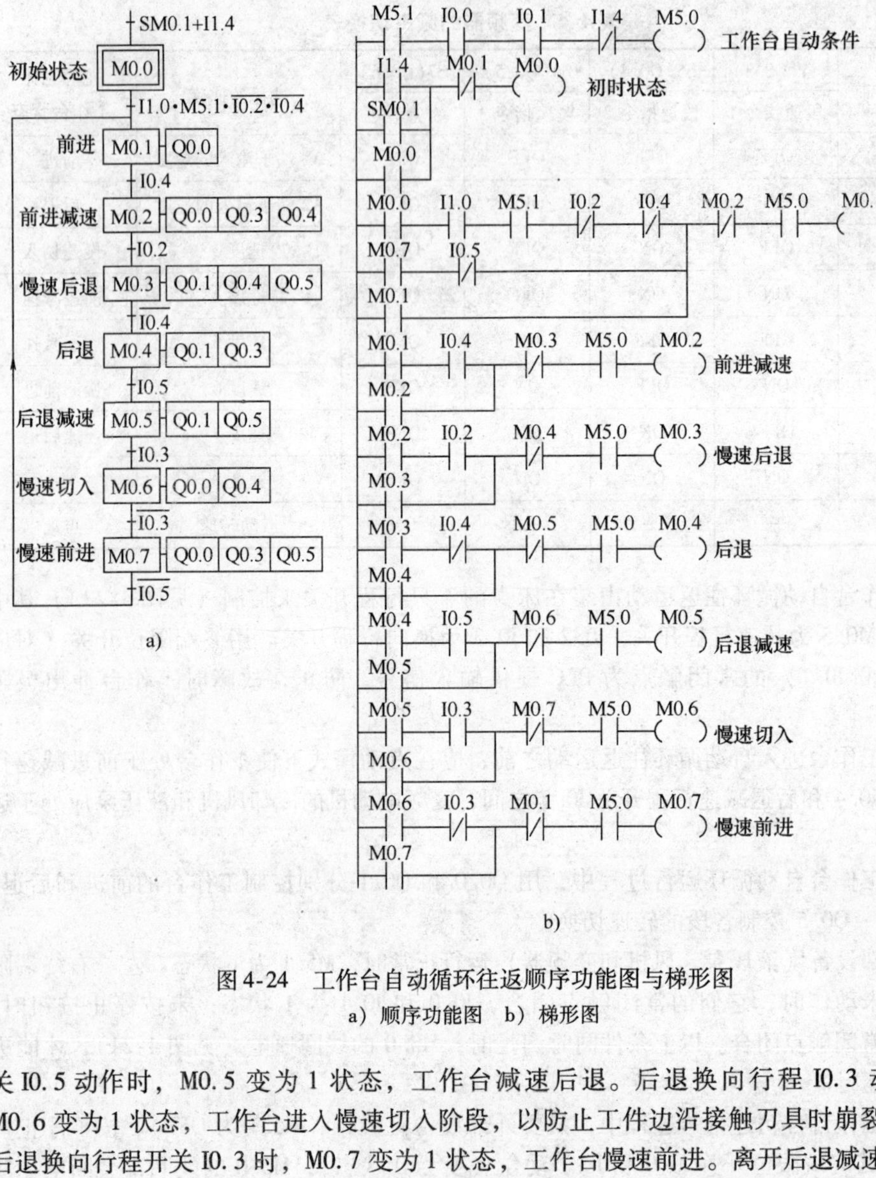

图 4-24 工作台自动循环往返顺序功能图与梯形图

a）顺序功能图 b）梯形图

关 I0.5 动作时，M0.5 变为 1 状态，工作台减速后退。后退换向行程 I0.3 动作时，M0.6 变为 1 状态，工作台进入慢速切入阶段，以防止工件边沿接触刀具时崩裂。离开后退换向行程开关 I0.3 时，M0.7 变为 1 状态，工作台慢速前进。离开后退减速行程开关 I0.5 时，M0.1 变为 1 状态，工作台快速前进，开始下一周期的操作。这样工作台将按图 4-22 所示的速度曲线周期性地自动运行。

在 PLC 上电时，初始化脉冲 SM0.1 的常开触点闭合一个扫描周期，使初始步 M0.0 变为活动步。

根据系统的顺序功能图，用“启-保-停”电路设计出控制各步的梯形图（见图 4-24），从顺序功能图可以看出每个输出继电器在哪几步为 1 状态，由此可以设计出与速度控制有关的输出继电器的控制电路（见图 4-25）。

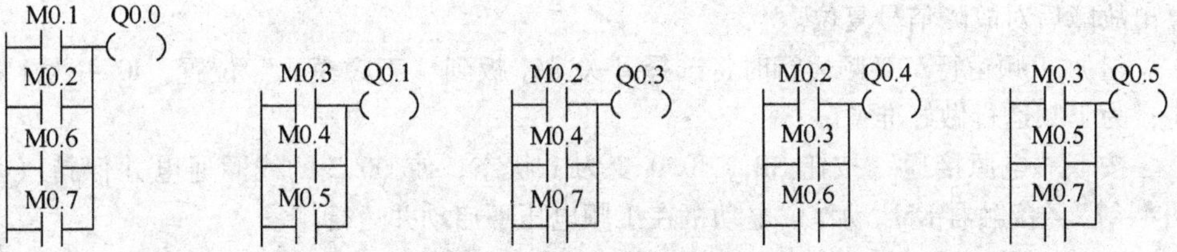

图 4-25　输出电路

4.4.3　用 PLC 切换电动机的变频电源和工频电源

为了保证在变频器出现故障时设备仍能继续运行，很多设备都要求设置工频运行和变频运行两种模式。有的还要求变频器因为故障跳闸时，可以自动切换为工频运行方式，同时发出报警信号。

1. 单台电动机的电源切换

在工频/变频电源切换控制电路中（见图 4-26），接触器 KM_1 和 KM_2 动作时为变频运行，KM_3 动作时工频电源直接接到电动机。

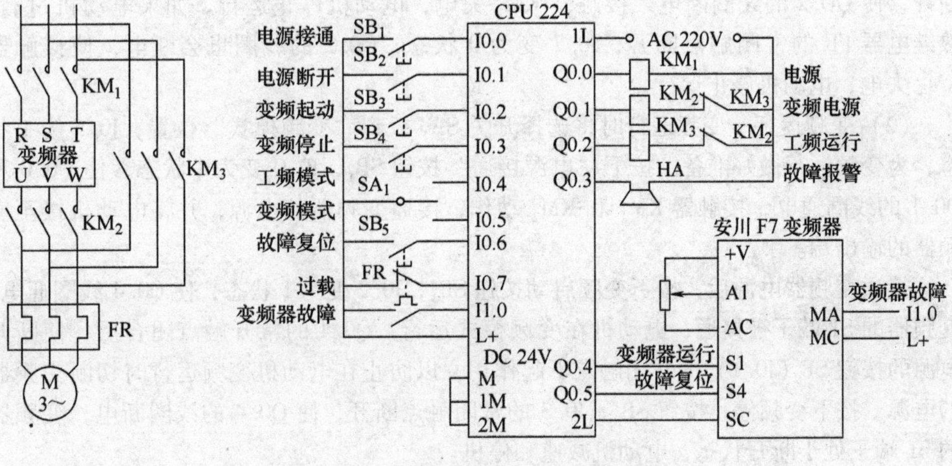

图 4-26　工频/变频电源切换控制电路

工频电源如果接到变频器的输出端，将会损坏变频器，所以 KM_2 和 KM_3 绝对不能同时动作，相互之间必须设置可靠的互锁。

即使采取了上述措施，也仅能保证 KM_2 和 KM_3 的线圈不会同时通电。如果在运行时维修人员或操作人员用手按压某个接触器的活动触点部分，仍有可能使 KM_2 和 KM_3 的主触点同时接通，导致变频器损坏。因此建议 KM_2 和 KM_3 采用交流接触器的机械连锁。

在工频运行时，变频器不能对电动机进行过载保护，所以设置了热继电器 FR，用它提供对工频运行时的过载保护。

旋钮开关 SA_1 用于切换 PLC 的工频运行模式或变频运行模式，按钮 SB_5 用于变频器出故障后对故障信号复位。

（1）工频运行　工频运行时将选择开关 SA_1 扳到“工频模式”位置，I0.4 为 1 状态，为工频运行做好准备。

按下“电源接通”按钮 SB_1，I0.0 变为 1 状态，使 Q0.2 的线圈通电并保持（见图 4-27），接触器 KM_3 动作，电动机在工频电压下启动并运行。

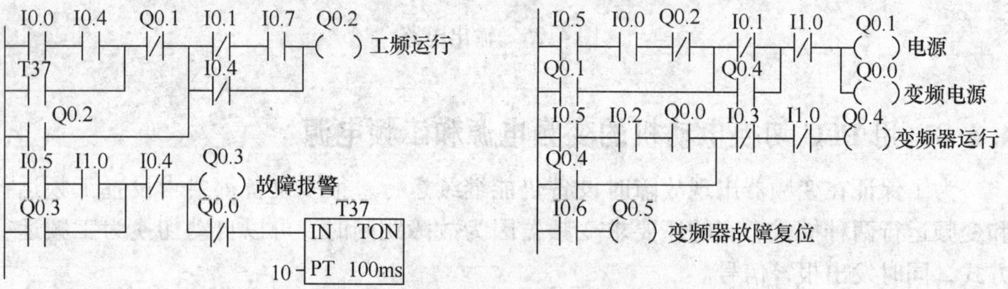

图 4-27　电源切换控制梯形图

工频运行时 I0.4 的常闭触点断开，按下“电源断开”按钮 SB_2，I0.1 的常闭触点断开，使 QO.2 的线圈断电，接触器 KM_3 失电，电动机停止运行。如果电动机过载，热继电器 FR 的常闭触点断开，I0.7 变为 0 状态，Q0.2 的线圈也会断电，使接触器 KM_3 失电，电动机停止运行。

（2）变频运行　变频运行时将选择开关 SA_1 扳到“变频模式”位置，I0.5 为 1 状态，为变频运行做好准备。按下“电源接通”按钮 SB_1，I0.0 变为 1 状态，使 Q0.0 和 Q0.1 的线圈通电，接触器 KM_1 和 KM_2 动作，接通变频器的电源，并将电动机接至变频器的输出端。

接通变频器电源后，按下变频启动按钮 SB_3，I0.2 变为 1 状态，使 Q0.4 线圈通电，变频器的 S1 端子被接通，电动机在变频模式运行。Q0.4 的常开触点闭合后，使断开电源的按钮 SB_2(I0.1）的常闭触点不起作用，以防止在电动机变频运行时切断交频器的电源。按下变频停止按钮 SB_4，I0.3 的常闭触点断开，使 Q0.4 的线圈断电，变频器的 S1 端子处于断开状态，电动机减速和停机。

（3）故障时的电源切换　如果变频器出现故障，变频器内部的 MA 与 MC 端子之间的常开触点闭合，使 PLC 的输入点 I1.0 变为 1 状态，Q0.1、Q.0 和 Q0.4 的线圈断电，接触器 KM_1 和 KM_2 线圈断电，变频器的电源被断开。Q0.4 使变频器的输入端子 S1 断开，变频器停止工作。另一方面，Q0.3 的线圈通电并保持，声光报警器 HA 动作，开始报警。同时 T37 开始计时，定时时间到时，使 Q0.2 的线圈通电并保持，电动机自动进入工频运行状态。

操作人员接到报警信号后，应立即将开关 SA_1 扳到“工频模式”位置，输入继电器 I0.4 动作，使控制系统正式进入工频运行模式。另一方面，使 Q0.3 线圈断电，停止声光报警。

处理完变频器的故障，重新通电后，应按下故障复位按钮 SB_5，I0.6 变为 1 状态，使 Q0.5 线圈通电，接通变频器的故障复位输入端 S4，使变频器的故障状态复位。

2. 互为备用的两台电动机的工频/变频电源切换

图 4-28 中的两台电动机互为备用，工作时只使用一台设备，每台电动机都能用工频电源或变频电源驱动。因为要使用工频电源，每台电动机均应配备用于过载保护的热继电器。与图 4-26 相同，用 KM_1、KM_2 和 KM_3 实现工频和变频电源的切换，用 KM_4 和 KM_5 实现两台电动机的切换。与图 4-26 相比，PLC 的输入回路应增加选择电动机 M_1 或 M_2 的 2 位置旋钮开关。在 PLC 的输出回路，除了 KM_2 和 KM_3 之间的硬件互锁电路外，还应设置 KM_4 和 KM_5 之间的硬件互锁电路，以保证工作时只有一台电动机运行。

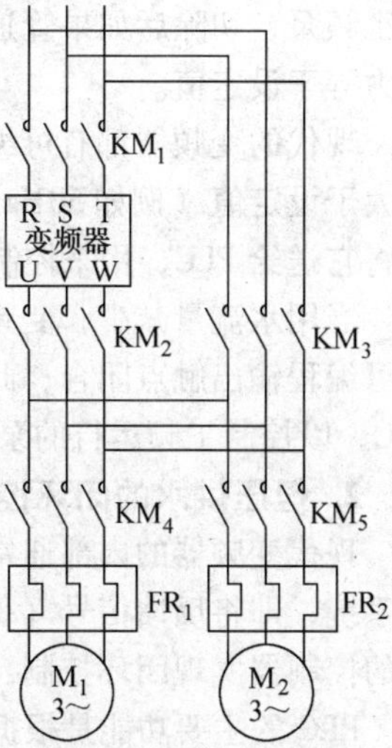

图 4-28 主电路图

4.4.4 用变频器实现泵站恒压供水控制

1. 恒压供水的基本控制

供水系统的加压泵站通常采用多泵并联的供水方式，过去多用人工来控制投入运行的工频水泵的台数，使出口压力控制在允许的范围内。这种手工控制方式的水压不稳定，很难满足恒压用水的高要求，过高的水压还会造成能量的浪费。

用变频器和压力闭环控制可以保证泵站的出口压力基本恒定。为了节省投资，一般只配备一台变频器，某一台电动机用变频器驱动，其他电动机仍然用工频电源驱动。多泵并联恒压供水系统中，只要其中最大的一台泵是变频调速泵，其余各泵是工频恒速泵，就可以实现多泵并联恒压变流量供水。因为变频器的价格基本上与其功率成正比，最经济的方案是各并联水泵电动机的输出功率相同。

为了实现工频泵的自动投入和切除，需要给 PLC 提供管道压力信号或变频器的频率信号。可以用电接点压力表给 PLC 提供压力过高和压力过低的触点信号，电接点压力表的价格便宜，工作可靠。

图 4-29 是多泵并联供水的水泵电动机主接线示意图，PLC 可以选择任意一台电动机作变频运行，其余各台电动机由工频驱动。根据当前的供水量和泵站出口处的水压，控制工频运行的水泵的台数，对供水量和水压进行粗调，用变频电动机进行细调。假设各泵的电动机容量相同，当用水流量小于一台泵的流量时，由一台变频泵自动调速供水。随着用水流量的增大，由于闭环控制的作用，变频泵的转速自动升高，以维持恒压；如果变频泵的转速升高到工频转速时，管道出口水压仍未达到设定值，则启动一台工频泵；依此类推，直到出口压力达到设定值。

当用水量减少时，变频泵的频率将自动减小，降到某一设定值时，如果管道压力仍高于设定值，则切除一

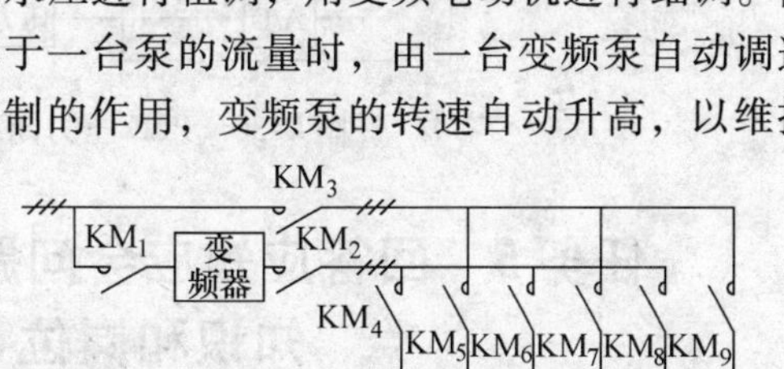

图 4-29 多泵并联供水的水泵电动机主接线示意图

台工频泵，切除后如果管道压力仍然过高，再切除一台工频泵，依此类推，直到管道压力等于设定值。

现代的变频器都有可编程的输出触点，例如可以对触点编程，使它在变频器的频率大于设定值（例如50Hz）时闭合，此信号相当于电接点压力表的压力过低信号，可以将它送给PLC，用来控制自动投入工频运行的泵。

当用水流量减少，变频泵的转速下降到水泵不出水的临界值之前，变频器的另一个可编程输出触点闭合，此信号相当于电接点压力表的压力过高信号，可以将它送给PLC，以控制工频运行的泵自动退出。

2. 恒压供水的闭环控制

现代变频器的内部通常都有一个PI控制器或PID控制器，用于恒压供水的闭环控制系统，即将反馈信号（例如压力信号）接到变频器的反馈信号输入端，用变频器内部的控制器实现闭环控制，以减少压力偏差，保持水压恒定。

PLC的主要功能是根据管道的出口压力，控制工频电源供电的水泵数量，通过数字量输出信号给变频器提供启动/停止命令，对泵站总的供水量进行粗调。

这种设计方案的控制器和执行器（即变频器）是一体化的，具有硬件成本低、使用方便、可靠性较高、编程工作量少的优点，应优先采用。可以使用安装在水泵出水管道上的压力传感器，将压力信号转换为直流电流信号或电压信号，用于水压的闭环控制。

变频器时刻跟踪管网压力与压力给定值之间的偏差变化情况，经变频器内部的PID运算，调节变频器的输出频率，改变变频器驱动的水泵转速。变频器的输出频率越高，泵站的出口压力就越高。选择最佳的输出频率，既能保证供水的压力，又能防止压力过高，还可以节约大量的能量。

如果用PLC来做闭环控制器（见图4-30），既需要配置模拟量输入模块（A/D转换器）来输入压力信号，还需要模拟量输出模块（D/A转换器）给变频器提供频率给定信号，增加的硬件投资较多。其优点是模拟量闭环控制与数字量逻辑控制融为一体，PLC可以利用压力反馈信号来实现工频泵的投入和切除，压力信号还可以用于监控和报警等功能。

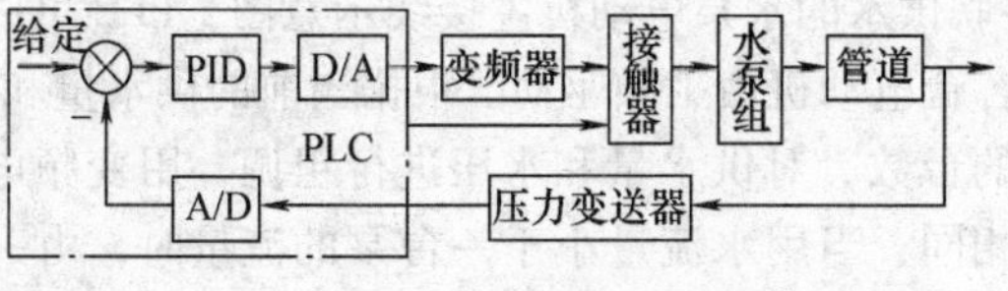

图4-30　PLC压力闭环控制系统框图

任务5　回答应知应会问题，进行自我专业技术知识和岗位技能测试

4.5.1　应知专业技术知识

1）机床PLC控制系统设计的基本原则是什么？

2）机床 PLC 控制系统设计的基本内容有哪些？

3）机床 PLC 控制系统设计的一般步骤有哪些？

4）如何运用翻译法对传统机床电控装置进行 PLC 控制技术的改造设计？

5）试分析运用 PLC 控制技术对某卧式镗床电控系统进行技术改造设计的方法、步骤以及全过程。

6）试分析运用 PLC 控制技术开发搬运工件机械手的设计思路和设计过程。

7）了解变频器的电路组成和工作原理，试分析 PLC 在变频器的外部控制端子上的应用连接设计方法、步骤和过程。

4.5.2 应会专业岗位技能

1）参照运用 PLC 控制技术对某卧式镗床电控系统进行技术改造设计的全过程，举一反三，自行进行用 PLC 技术对其他常用典型机床电控系统的技术改造设计。

2）参照运用 PLC 控制技术对开发搬运工件机械手的创新设计思路和设计过程，举一反三，自行进行用 PLC 技术对新型机床设备的创新设计。

3）参照 PLC 在机床设备现代高新技术中的应用设计思路和设计过程，举一反三，自行进行用 PLC 技术对更多机床设备现代高新技术应用设计。

4）试设计一个加工零件的孔和倒角的机床 PLC 控制系统，其加工过程为："快进→工进→停留光刀→快退"。该机床有三台电动机：M_1：主电动机 4kW；M_2：工进电动机 1.5kW；M_3：快进电动机 0.8kW。要求如下：

① 工作台工进到终点或返回到原位后，有行程开关使其自动停止，设限位保护，为保证工进准确定位，需采取制动措施。

② 快进电动机可进行点动调整，但在工作进给时点动无效。

③ 设急停按钮。

本项目小结

本项目从使用的角度出发，以工作过程为导向，将项目目标分解为 5 项任务。以工作任务来驱动，使学生熟识机床 PLC 控制系统设计的基本原则、基本内容和常用设计方法；实地将某卧式镗床电气控制电路改造为 PLC 控制、进行机械手搬运工件的 PLC 控制创新设计以及 PLC 在机床设备现代高新技术中的应用设计；回答应知应会问题，进行自我专业技术知识和技能测试。工学结合、学用一致、理实一体、"教 + 学 + 做"一体化，使学生既掌握高技能应用型人才必备的理论知识，又训练了高职院校学生重实践的岗位技能、创新意识和综合素质，最终实现熟练设计一般机床 PLC 控制线路图的项目目标。

本模块是在已初步掌握阅读和分析电气控制线路能力的基础上，阐述了机床 PLC 控制的设计原则、内容、方法和步骤；给出了机床 PLC 控制系统设计示范案例，力图使读者通过举一反三，掌握机床 PLC 控制系统设计的方法，能有效地改造我国大量存在的原有传统旧机床老设备和自主创新、开发研制出现代机床新设备。

设计机床 PLC 控制系统有其一般的原则，用户必须认真遵照这些基本原则设计线路，才能避免出现一些常见的故障，使设计的线路安全、可靠。

设计机床 PLC 控制系统有技术改造和自主研发创新两大类。对原有传统旧机床老设备的改造设计常采用翻译法；对新机床的自主研发创新，常借助于流程图、状态转移图。

PLC 控制技术是近代刚发展起来的高新科学技术，大多数读者学习 PLC 的目的主要在于对 PLC 的开发应用，要从熟练掌握它的硬件资源和编程工具入手，先学习别人的编程思想、编程方法和技巧，通过边学边练、熟能生巧，最终灵活、熟练掌握 PLC 的开发应用技术。

项目5 如何进行机床电气与 PLC 控制系统常见故障的维修

一、项目目标

按照机电一体化专业高素质、高技能应用型人才培养目标和高职高专学生就业职业岗位技能的要求，本项目要求学生在学会阅读分析和设计常用机床电气与 PLC 控制电路图的基础上，继续提高，能够进行机床电气与 PLC 控制系统常见故障的维修。

二、任务驱动

根据项目目标，将其工作过程分解为 3 个工作任务。通过项目引导、任务驱动，使学生工学结合、理实一体、学用一致，既要掌握高素质、高技能应用型人才必备的专业技术理论知识，更着重训练学生工程实践的动手能力，培养学生创新意识和综合素质，最终实现能够维修机床电气与 PLC 控制系统常见故障的项目目标。

任务 1　实地进行机床电气控制系统常见故障的维修

任务 2　实地进行机床 PLC 控制系统的安装、调试、故障分析与维护

任务 3　回答应知应会问题，进行自我专业技术知识和岗位技能测试

三、任务驱动流程图（见图 5-0）

四、项目情景条件

1）实用机床或者机床教学模型。

2）实用机床电气控制电路图。

3）实用机床 PLC 控制电路图。

4）实用机床电气与 PLC 控制设计与使用说明书。

5）机床 PLC 安装/接线/调试/维修常用电工工具及万用表等。

6）机床电气与 PLC 控制工程实践训练基地或者校企合作实习工厂等。

五、教学环境设置和教学方法选择

任务 1　采用讲解方法和常用电气故障维修实践相结合的方法教学

任务 2　采用讲解方法和常用 PLC 故障维修实践相结合的方法教学

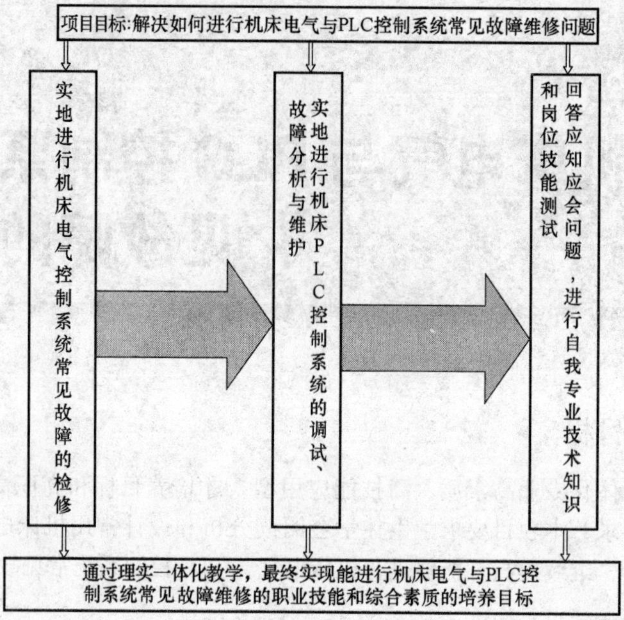

图 5-0　任务驱动流程图

任务 3　通过回答应知应会问题，进行自我专业技术知识和岗位技能测试，考核本项目目标真实的完成情况

引　言

人需要保养方能健康长寿，设备需要维修方能经久耐用。机床电气与 PLC 控制系统故障的维修是机床设备安全生产、延长使用寿命的重要保障，是机电一体化专业高职高专学生重要的岗位专业技能，也是机床电气与 PLC 控制技术课程重要的教学目标。

任务 1　实地进行机床电气控制系统常见故障的维修

机床的种类很多，现仅以最常用笼型异步电动机拖动的“继电器-接触器”控制的机床电气控制电路为例来示范分析其常见故障的维修。

机床电气故障，论其原因，大致有两种情况，一是自然故障，二是人为故障。自然故障是由机床在运行当中各种元器件老化、机床本身的振动等诸多因素引起；人为故障是因机床在运行过程中操作人员使用不当或不熟练的检修人员在检修过程中造成的扩大性故障等。不论是自然故障还是人为故障，只要出了故障就应该及时进行检修。本任务主要讨论机床电气控制故障的常用检修方法及步骤。

5.1.1　机床电气设备发生故障后的一般检查和分析方法

1. 了解故障发生的经过情况

了解故障前的工作情况及故障后的症状，对处理故障很重要，这便于根据电气设备的工作原理来分析和处理故障，必须格外重视。

2. 认真分析故障产生的原因或范围

了解故障情况后，再对照电气原理图进行分析。如果电路比较简单，则可以很快找到故障的原因；如果电路比较复杂，则根据故障的现象分析故障的范围可能发生在原理图中的哪个单元，以便进一步进行分析诊断；对于大型或重要机床设备的电气事故，还常常召开事故分析会，专门进行事故分析和研究处理排除方法。

3. 进行外观检查

在了解到故障的范围后，应进一步对该范围内的电器进行外观检查。为了安全起见，外观检查一般要在切断电源的情况下进行。主要检查熔断器、继电器、接触器和行程开关等的固定螺钉和接线螺钉是否松动？有无断线的地方？有没有线圈烧坏或触点熔焊等现象？电器的活动机构是否灵活？等等。在外观无法检查出故障时，可用仪器、仪表及检查装置进行检查。在用仪器检查时，有的是在电源断电情况下进行的，也有的要在电源通电情况下进行。

4. 断电检查

断开电源开关，一般用万用表的电阻挡检查故障区域的元件及电路是否有开路、短路或接地现象。有时还可借助绝缘电阻表及其他装置进行检查。断电检查如找不到故障原因，则可以进行通电检查。

5. 通电检查

通电检查即是带电作业，一定要特别注意人身安全和设备安全。通电检查应在不带负载下进行，以免发生事故。在有下列情况时不能进行通电检查：

1）发生飞车和打坏传动机构。

2）因短路烧坏熔断器熔丝，原因尚未查明。

3）通电会烧坏电动机和电器等。

4）尚未确定相序是否正确等。

通电检查时应根据动作顺序来检查有故障的电路。操作一只开关或按钮时，观察电路的有关继电器和接触器是否按要求顺序进行工作？如果发现一个电器不能进行正常工作，则该电器或有关的电路可能有故障，再进一步通电检查故障的原因。一般用万用表的电压挡检查电路有无开路的地方。在使用万用表时要注意挡位，测电压时绝不允许错用电流挡和电阻挡，以免烧坏万用表。有时怀疑某触点接触不良，也可用导线短接该触点进行试验，此法称为短接法。有时也可用验电笔进行检查，但此法有时若有串电回路时，易造成假象。用验电笔进行检查时，一定要事先对验电笔的氖管进行检查。还可用灯泡检查故障所在，此方法较简单，材料易取，检查指示明显。

通电检查时应注意以下几点；

1）随时注意总停按钮和电源总开关所在地方，发现不正常情况应立即停车检查。

2）不要随意触动带电电器。

3）养成单手操作习惯。

4）一般可断开主电路，检查控制电路。

每次排除故障后应及时总结，这样可以积累经验，使再次发生类似故障时能迅速排除。

5.1.2 机床电气故障常采用的检测方法

机床电气故障常采用的检测方法主要有电压法、电阻法、短路法、开路法和电流法等。

1. 电压法

利用仪表测量线路上某点的电压值来判断确定机床电气故障点的范围或元器件故障的方法叫电压法或电压测量法。

用电压法测量机床电气故障时，应根据该线路上的电压值，选择好万用表的量程进行测量。例如，某机床液压泵电动机控制电路，其主电路和控制电路如图5-1所示。若按下液压泵电动机 M_1 的启动按钮 SB_3，液压泵电动机 M_1 不启动。根据故障现象。这时可用电压法检查。如果按下液压泵电动机 M_1 的启动按钮 SB_3，接触器 KM_1 闭合，但液压泵电动机 M_1 不能启动，这是主电路的问题。可以用万用表交流500V挡测量 U_{12}、V_{12}、、W_{12}点三相是否有

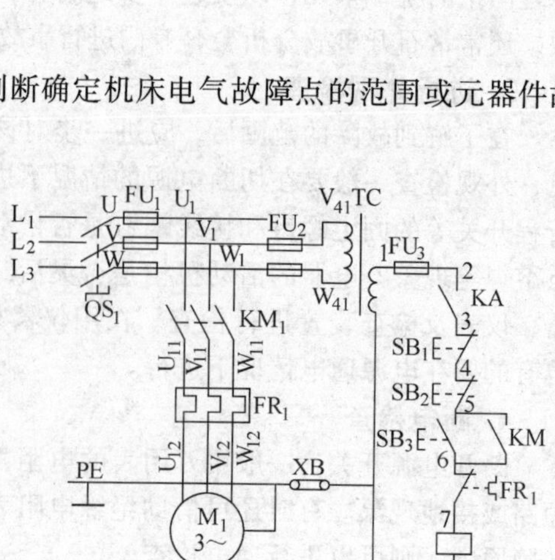

图5-1 某机床液压泵电动机控制电路

380V 电压。如果有 380V，则液压泵电动机 M_1 有问题，应检查电动机 M_1。若一相没有或三相都没有 380V 电压，则测量 U_{11}、V_{11}、W_{11}点有没有 380V 电压，如果有，则 FR_1 断路；如果没有，测量 U_1、V_1、W_1点是否有 380V 电压，若有，则 KM_1 主触头接触不好；若无，则往上检查。依此类推，直至查出主电路上的故障点。如果按下液压泵电动机 M_1 启动按钮 SB_3（KA 预先闭合），KM_1 没有闭合，则为控制电路的故障，这时可用万用表交流 250V 挡测量 1 号线和 0 号线的电压是否为 110V，若没有 110V 电压，则为变压器 TC、FU_1 或电源有问题，重点检查这些元器件。若有 110V，依次测量 2 号、3 号、4 号、5 号线与 0 号线的电压是否为 110V，然后按下液压泵电动机 M_1 的启动按钮 SB_3，测量 6 号、7 号线与 0 号线的电压是否为 110V。直至检查出控制线路上的故障点。电压法检测控制线路上故障点的示意图如图 5-2 所示。

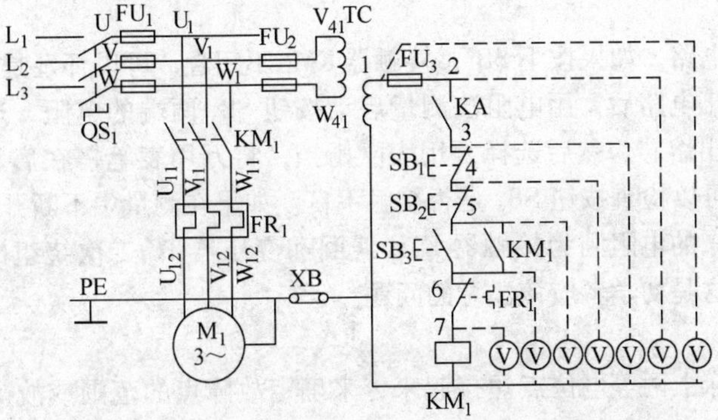

图 5-2　电压法检测控制线路上故障点的示意图

用电压法检测电路的故障点简单、明了、直观，但应注意线路中的交流电压和直流电压的测量，并应注意选用万用表电压的量程，切不可错用万用表的电流挡或电阻挡在线路上带电进行测量，以免烧坏万用表。

2. 电阻法

利用仪表测量线路上某点或某个元器件的通断来确定故障点的方法叫电阻法。

用电阻法来检查机床故障时，应先切断机床电源，然后用万用表电阻挡对有怀疑的线路或器件进行测量。例如在图 5-2 中，若用电压法测量主电路 U_{12}、V_{12}、W_{12}点上无 380V 电压，但测得 U_{11}、V_{11}、W_{11}点上有 380V 电压，则可怀疑 FR_1 断路，此时可用万用表 $R\times1$ 挡或 $R\times10$ 挡分别测量 U_{11}与 U_{12}、V_{11}与 V_{12}、W_{11}与 W_{12}两点之间的电阻值，进一步断定 FR_1 是否断路。对于图 5-1 中的控制电路，如果按下按钮 SB_3，接触器 KM_1 不闭合，则可断定从 0 号线到 1 号线有断点。切断电源，用万用表 $R\times1$ 挡或 $R\times10$ 挡分别测量线路上每两点之间的电阻值，当测量到某两点之间的电阻为无穷大时，则该两点或该元器件为故障点，如图 5-3 所示。用电阻法测量同电压法一样，同样简单、明了、直观，它主要用在检测元器件好坏或线路的通断上，但特别要注意在测量前一定要切断机床电源，否则会烧坏万用表。

用电阻法检查电路时还应注意的一个问题是：有时应断开电路中某些元件。例如，

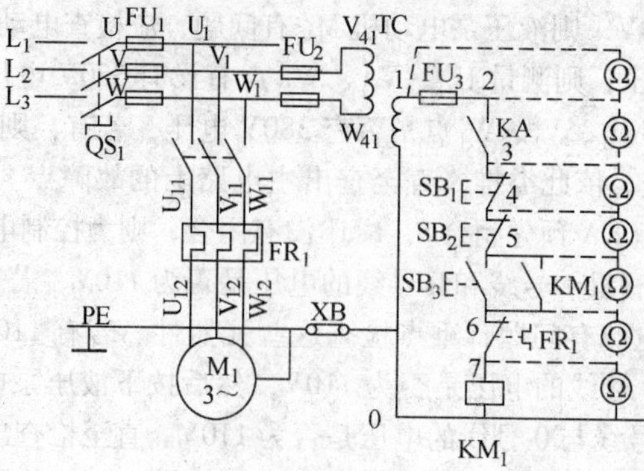

图 5-3　电阻法检测控制线路上故障点的示意图

对于图 5-3 所示电路，如果按下 SB_3，接触器 KM_1 不闭合，可以怀疑是启动按钮 SB_3 接触不良。断开机床电路后，用电阻法测量启动按钮 SB_3 两端的电阻，这时可以将熔断器 FU_2 旋开，取出熔芯，然后选择万用表欧姆挡，将万用表笔搭在启动按钮 SB_3 的两端，按下 SB_3 就可以检查按钮 SB_3 是否接触不良。如果在测量中不断开熔断器 FU_2，那么万用表测量出来的电阻则为接触器 KM_1 线圈和变压器 TC 二次绕组的电阻值，这样会出现误测量。这是初学者应该注意的问题。

3. 短路法

用导线将机床上两等电位点短接起来，来确定故障点的范围或故障点的方法叫短路法。

如图 5-1 所示电路中，若按下 SB_3，接触器 KM_1 不闭合，可以断定 0 号线至 1 号线有断点。用导线短接 1 号线和 7 号线，KM_1 应吸合，否则 0 号线或 KM_1 线圈本身有断路点。如 KM_1 吸合，可证明断点在 1 号线至 7 号线之间，然后将 1 号线与 6 号线短接，看 KM_1 是否吸合，若不吸合，则 FR_{10}有断路点；若吸合，可分别将 2 号线、3 号线、4 号线、5 号线和 6 号线短接，依次排查，最终找出断点故障，如图 5-4 所示。

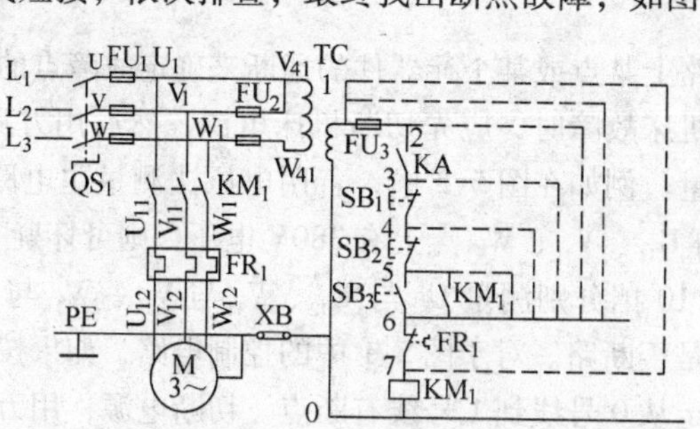

图 5-4　短路法检测控制线路上故障点的示意图

短路法简单、实用，查找故障快捷、迅速，是电气熟练维修人员常用的方法之一。它主要用在机床控制电路的故障检查上。但在使用过程中一定要注重“等电位”点的概念，不能随意进行短路。例如在图 5-1 中，1 号线与 7 号线为“等电位”点，即在 1

号线与 7 号线之间没有串接任何耗能器件能使 1 号线和 7 导线产生电位差，可以短接。但是 1 号线与 0 号线就不是等电位点了，它们之间接了一 个 KM_1 的线圈，存在 110V 的电压差，如果将它们短接，就会发生短路事故，这是读者在使用短路法之前务必要弄清楚的重要概念。

4. 开路法

在检修机床电路中，有时为了检测特殊需要，必须将电路断开进行检查，这种方法叫做开路法。

例如，在图 5-1 所示电路中，如果按下 SB_3，接触器 KM_1 闭合，电动机不启动，但有“嗡、嗡”声，可以断定电动机缺相。但是究竟是电动机本身绕组断路还是电源缺相？这时必须断开电动机的三相电源进行测量，否则在测量时若电动机处于缺相运行状态，可能会烧毁电动机。如果测量线路上均有 380V 电压，则证明电动机有问题，应重点检查电动机，否则应检查主电路。

5. 电流法

用测量通过某线路上的电流是否正常的方法来确定故障点的方法叫电流法。电流法一般使用在特殊的情况下，这里不作详细讨论。

机床电气故障的检修方法大致为以上所述，在运用中每种方法又可互相渗透，交错使用，读者可在实际工作中灵活掌握，切不可机械模仿，生搬硬套。

5.1.3 机床电气故障常采用的检修步骤

对于初学者来说，一旦机床出现电气故障，怎样去检修，如何确定检修步骤是很重要的。机床电气故障检修一般可分为以下几个步骤。

1. 准备工作

准备工作包括准备必须的工具、仪表、机床电路图和其他资料等。

2. 读图

对于要检修的机床，首先必须读懂电路原理图。如果原理图都弄不清楚，根本就无法进行检修。初学者对有的电路图一时弄不清楚，这不要紧，慢慢地读，在读图的过程中分清主电路、控制电路及其他部分，并将主电路和控制电路化整为零，明确哪部分控制电路控制哪部分主电路。慢慢习惯了，自然会读图了。

对于如何阅读和分析机床电路图已在项目 1 进行详尽论述，这里不再赘述。

3. 通过“一问、二看、三听、四摸、五操作”，弄清楚故障现象和故障发生前后的情况

一问：向机床操作者询问了解故障发生的前后情况；故障是突然发生的还是经常发生的？有什么异常现象出现？有什么失常现象等。这样准确掌握初始的第一手资料，有利于判断故障发生的部位，迅速找出故障点。

二看：认真观察机床电器或线路的表面情况。有的故障能一目了然，例如看元器件或导线连接处有无烧焦痕迹，熔断器内的熔芯是否熔断等。根据具体情况采取相应的措施予以排除，这样可以事半功倍。

三听：启动机床，听电动机、控制变压器、接触器、继电器等是否有异常声和闭合声。

四摸：当机床运行一段时间后，切断电源，用手模有关电器的外壳或电磁线圈，检查是否有不正常的发热现象等。

五操作：从启动机床开始，对机床的所有功能进行一一操作演示，在一步一步的操作中仔细观察操作过程，从中查找发现机床的电气故障，以利于迅速准确无误地确定机床的电气故障范围。

4. 根据故障现象结合电路图分析故障大致范围

由以上“问、看、听、摸、操作”等过程基本弄清楚故障的现象后，这时即可结合电路图分析故障的大致范围，然后采用相应的检测方法，找出故障点。

现仍以图5-1来说明。故障现象为按下 SB_3，M_1 不启动。这时就可以用“听”来分析判断是主电路的问题还是控制电路的问题。如果我们听到有接触器的闭合声，M_1 不启动，这时可以断定为主电路的问题，应用电压法检测主电路的三相电压是否正常？若听不到接触器的闭合声，可断定为控制电路的故障，此时可用电压法、电阻法或短路法对电路进行检测，找出电气故障点。

5. 更换元器件

故障点找出后，需要更换元器件。更换元器件时，新的元器件必须符合机床原有元器件的标准，比如额定电压值、额定电流值、功率等。例如，接触器在更换时不但要注意它的额定电流值，还要注意它的额定电压值。机床上一般使用110V电压的接触器，绝对不能将额定电压为24V的接触器装上，否则会烧毁接触器线圈；也不能将额定电压为380V的接触器装上，这样将会造成接触器通电后接触器不闭合或吸力不足产生振动，使接触器线圈中电流增大而烧毁接触器线圈。

5.1.4 典型机床常见故障的类型分析

现以CA6140车床为例进行典型机床常见故障的类型分析。CA6140车床电气原理图、电气安装接线图、部分电器在CA6140车床上的安装位置如图1-101～图1-103所示。

1. 漏电自动开关合不上

1）未用钥匙将锁子开关 SA_3 断开。

2）电气箱盖子未盖好，开关 SQ_2 未压上。

2. 三台电动机均不能启动

1）交换齿轮箱罩未放上或未放好，使开关 SQ_1 压不上，SQ_1 触点不能闭合。

2）控制电路熔断器 FU_6 接触不良。

3）若指示灯HL不亮，动力配电箱总熔断器或熔断器 FU_3 熔断。

4）电源无电压。

3. 主轴电动机不能启动

1）热继电器已动作过，其常闭触点尚未复位。这时应检查热继电器 FR_1 动作的原因。可能的原因是：

① 长期过载；

② 热继电器规格选配不当。

③ 热继电器整定电流值太小。

待消除故障产生的因素后，再将热继电器触点按复位按钮复位。

2）接触器 KM_1 不吸合。可能的原因是：

① 启动按钮内的触点接触不良，使 SB_1 不能接通。

② 接触器 KM_1 线圈引出线断开或已损坏。

3）电动机 M_1 损坏，应修复或更换。

4. 按下主轴电动机启动按钮 SB_1，电动机发出嗡嗡声，不能启动

这是电动机缺一相电源造成的。可能的原因是：

1）动力配电箱熔断器一相熔断。

2）接触器 KM_1 有一对常开主触点接触不良。

3）电动机三根引出线有一根断线。

4）电动机绕组有一相绕组开焊。

发生这种故障时应立即切断电源，否则会烧坏电动机。排除故障后再重新启动，直到正常工作为止。

5. 主轴电动机启动后，松开启动按钮，电动机停止

该故障的原因是无自锁。接触器 KM_1 自锁用的常开辅助触点接触不良或接线松开。

6. 按下停止按钮，主轴电动机 M_1 不停止

1）接触器主触点熔焊在一起或被杂物卡住。也可能是有接触器铁心剩磁，使衔铁不能复位，主触点也就无法复位。

2）停止按钮常闭触点被卡住，不能断开。

3）停止按钮绝缘击穿。

7. 冷却泵电动机 M_2 不能启动

1）主轴电动机未启动，应先启动主轴电动机。

2）旋转开关 SA_2 触点不能闭合。

3）熔断器 FU_1 熔体熔断。

4）热继电器 FR_2 动作，未复位。

5）接触器 KM_2 线圈损坏。

6）冷却泵电动机已损坏。

8. 快移电动机不能启动

1）停止按钮 SB_2 触点不能闭合。

2）点动按钮 SB_3 不能闭合。

3）接触器 KM_3 线圈断线或损坏。

4）熔断器 FU_2 熔体熔断。

5）电动机 M_3 损坏。

9. 照明灯不亮

1）灯泡 EL 已坏。

2）照明开关 SA_1 已损坏。

3）熔断器 FU_5 熔体熔断。

4）变压器一、二次绕组烧毁。

10. 指示灯不亮

1）灯泡 HL 已坏。

2）灯泡底座接线断开。

3）熔断器 FU_4 熔体熔断。

5.1.5 CA6140 型普通车床电气控制线路故障检修实例

1. 三台电动机均不能启动

故障现象：合上电源总开关 QF，电源指示灯 HL 亮，但按下 SB_1、SB_3 及扳动 SA_2，三台电动机均不能启动运转。

故障分析：扳动 SA_2，冷却泵电动机 M_2 不能启动运转，是因为冷却泵电动机 M_2 必须在主轴电动机 M_1 启动后才能启动运转，故 M_2 不能启动运转可以不考虑为故障。至于按下 SB_1、SB_3 不启动运转，但当合上 QF_1 时，电源指示灯 HL 亮，则可以认为是控制电路中 SQ_1 未闭合（交换齿轮箱罩未放上或未放好）、KM 及 KA_2 线圈公共回路中有问题，故查找故障点应从它们的共有线路入手。

故障检查排除：合上电源总开关 QF，首先确定交换齿轮箱罩是否放上并放好。若 SQ_1 已闭合，分别按下 SB_1、SB_3，接触器 KM_1 和 KM_3 不闭合；按短路法用导线短接 2 号线和 4 号线，分别按下 SB_1、SB_3；接触器 KM_1 和 KM_3 仍不闭合；用导线短接 2 号线和 6 号线，再按 SB_1，接触器 KM_1 依然不闭合，故怀疑是 FR_1 触点不通或者接触器 KM_1 和 KM_3 线圈的 0 号线与从控制变压器 TC 引出来的 0 号线有断点。将从控制变压器引出来的 0 号线和 KM_3 线圈的 0 号线用导线短接，并按 SB_3 闭合，工作台快速移动电动机 M_3 能点动运转，说明接触器 KM_1 和 KM_3 的 0 号线与从控制变压器 TC 引出来的 0 号线之间确有断点。仔细查找，发现控制变压器 0 号线接往接触器 KM_1 和 KM_3 线圈的接线脱落。经询问工作人员得知，在此之前，因机床照明原因有人检修过机床照明故障，但未修理好。接上脱线，故障排除。此故障属于人为扩大性故障。

2. 工作台不能快速移动

故障现象：扳动操作杆，压下点动按钮 SB_3，工作台不能快速移动。

故障分析：工作台不能快速移动，可能为主电路的问题，也可能为控制电路的问题。如何判别是主电路或控制电路问题？只要扳动操纵杆，压下点动按钮 SB_3，观察 KM_3 是否闭合就可以判断。

故障检查排除：扳动操纵杆，压下点动按钮 SB_3，KM_3 不闭合，由此确定为控制电路故障。按“短路法”用导线将控制电路中 2 号线和 8 号线短接，KM_3 闭合；再用导线短接 2 号线和 4 号线，KM_3 闭合；这说明是点动按钮 SB_3 常开触点接触不良，拆下 SB_3，发现 SB_3 有油污垢，按下 SB_3，用万用表电阻挡测量 SB_3 常开触点电阻值为无穷大。更换 SB_3 后，故障排除。

任务2　实地进行机床 PLC 控制系统的安装、调试、故障分析与维护

PLC 是一种新型的通用自动化控制装置，因其高可靠性、低维修率得到了工业控制领域的高度认同。虽然厂家在设计制造时已采取了很多措施，使它比较能够适应工业环境，目前机床 PLC 控制系统的应用也已相当普及，但在某些场合，其安装、调试、维修工作仍然有待于规范化，特别是当生产环境过于恶劣，电磁干扰特别强烈或者安装使用不当时，就可能造成程序错误或运算错误，从而产生误输入或引起误输出，这将会造成设备的失控和误动作，从而不能保证 PLC 的正常运行。为确保其控制系统的稳定可靠，需要严格注意 PLC 的安装，并采取必要的抗干扰措施。而当 PLC 出现故障时，及时进行 PLC 的维修也是非常必要的。为了能够迅速、规范地完成现场的安装、调试与维修工作，使得系统可靠、安全地工作，本任务将介绍 PLC 的安装与拆除，包括 PLC 的安装环境、S7-200 与扩展模块的安装与拆除的注意事项和步骤、抑制电路和抗干扰措施、PLC 故障检查、维修以及系统调试等方面的基本方法与具体步骤，以供读者参考。

5.2.1　S7-200 系列 PLC 的安装与维修

1. PLC 的安装和拆除

使用 PLC 时首先要会安装和拆除。安装和拆除都要严格按照步骤进行，以免造成人身伤害或损坏设备。

（1）PLC 的安装环境　为保证 PLC 工作的可靠性，尽可能地延长其工作使用寿命，在安装时一定要注意周围的环境，其安装场合应该满足以下几点：

1）环境温度应在 0～55℃范围内，相对湿度应在 35%～85%范围内。

2）周围无易燃和腐蚀性气体，无过量的灰尘和金属微粒等。

3）避免过度的振动或冲击。

4）不能受太阳光的直射或水的溅射。

5）PLC 的所有单元必须在断电时安装。

6）为防止静电对 PLC 组件的影响，在接触 PLC 前，应先用手接触某一接地的金属物体，以释放人体所带的静电。

7）注意 PLC 机体周围的通风和散热条件，切勿将导线头、铁屑等杂物通过通风窗落入机体内。

（2）S7-200 安装注意事项

1）避免 S7-200 设备受热和受到高电压与电噪声的干扰。

2）布置系统设备的常规原则是始终将产生高压和高电噪声的设备与低压、逻辑控制类型的设备（比如 S7-200、断路器等）分开。

3）在配置 S7-200 面板的内部布局时，要考虑到发热设备，将电气类型设备放在机柜的较冷区域中。

4）在面板中设备布线的线路，要避免使用 AC 电力配线和高能量、快速转换的 DC 配线，应避免将低压导线和通信电缆放在同一托盘中。

5）S7-200设备设计成自然对流冷却，要正确冷却，在设备上方和下方必须提供至少25mm的间隙，而且需要至少75mm的深度。规划S7-200系统的布局时，为配线和通信电缆连接留出足够的间隙。为配置S7-200系统布局时有附加的灵活性，可使用I/O扩展电缆。

（3）安装或拆除S7-200　S7-200可以安装在面板或标准DIN横杆上，如图5-5所示。S7-200的方向可以为水平或垂直。对于垂直安装，允许的最高环境温度降低10℃，将S7-200CPU安装在任何扩展模块下方。

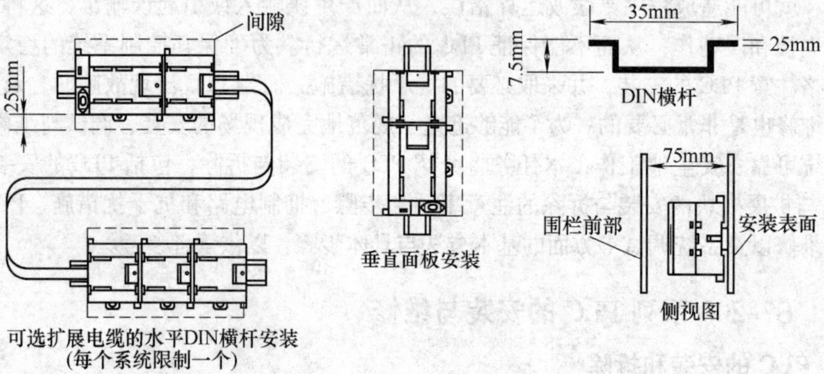

图5-5　S7-200的安装

1）先决条件。安装或拆除任何电气设备之前，首先要确保已经断开该设备的电源，还要确保已经断开任何相关设备的电源。在带电情况下试图安装或拆除S7-200或相关设备可能会导致电击或设备出现故障，甚至会损坏设备，或者会导致人员严重受伤或死亡。

安装或拆除任何电气设备时，应始终确保S7-200使用正确的模块或等同的设备。如果安装错误的模块，S7-200的程序会不可预测地运行或损坏设备，或导致现场人员严重遭受伤害或死亡。在使用相同的型号来更换S7-200设备时，还要确保方向和位置正确。

2）安装尺寸。S7-200 CPU和扩展模块均有安装孔，以帮助安装到面板上，安装形式如图5-6所示。表5-1所示为S7-200CPU的安装尺寸。

表5-1　S7-200CPU的安装尺寸

S7-200模块	宽度A/mm	宽度B/mm
CPU221和CPU222	90	82
CPU224	120.5	112.5
扩展模块：4点和8点DC和继电器I/O（8I、4Q、8Q、4I/4Q）和模拟输出（2AQ）	196	188
扩展模块：16点数字I/O（16I、8I、8Q）、模拟I/O（4AI、4AI/4AQ）、RTD、热电偶、PROFIBUS、以太网、互联网、自动化系统接口、8点AC（8I和8Q）、调制解调器	71.2	63.2
扩展模块：32点数字I/O（16I/16Q）	137.3	129.3

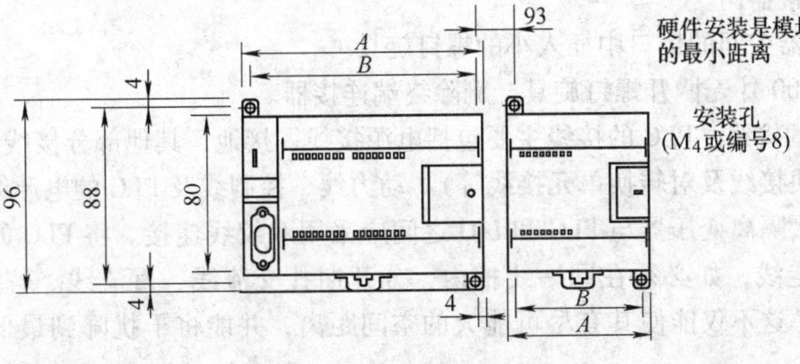

图 5-6　S7-200CPU 的安装形式

（4）安装 CPU 和扩展模块　安装 S7-200 和扩展模块的步骤如下：

1）面板安装

① 定位、钻孔和撬开安装孔（M4 或美国标准号 8），使用图 5-5 所示的尺寸。

② 使用适合的螺钉将模块固定在面板上。

③ 如果使用扩展模块，将扩展模块带状电缆连接到访问门下面的扩展端口连接器中。

2）标准 DIN 横杆安装

① 每隔 75mm 将横杆固定在安装面板上。

② 打开 DIN 夹片（位于模块底部），并将模块背面挂到 DIN 横杆上。

③ 如果使用扩展模块，将扩展模块带状电缆连接到访问门下面的扩展端口连接器上，向下旋转模块至 DIN 模板，合上夹片。仔细检查夹片是否将模块牢固地拴在横杆上。为了避免损坏模块，夹片安在安装孔的凸起上，而不要直接安在模块的前端。

④ 如果 S7-200 用于高振动电位环境中或垂直安装 S7-200，使用 DIN 横杆十分有用。

（5）拆除 CPU 和扩展模块　拆除 S7-200 和扩展模块的步骤如下：

1）从 S7-200 拆除电源。

2）断开连接到模块的所有配线和电缆，大部分 S7-200 CPU 和扩展模块具有可移动的连接器，以使得此工作更容易。

3）如果有扩展模块连接到正在拆除的单元上，打开访问门，将扩展模块带状电缆从邻近的模块断开。

4）拧下安装螺钉或打开 DIN 夹片，拆除模块。

（6）安装和拆除接线盒连接器

1）安装连接器

① 打开连接器门。

② 将连接器与单元上的插针对齐，在连接器底部边缘内对齐连接器的导线边缘。

③ 按下并旋转连接器，直到其啮合到位，仔细检查以确保连接器正确并完全啮合。

2）拆除连接器

① 打开连接器门。

② 在连接器中间的槽口中插入小的螺钉旋具。

③ 从 S7-200 外壳撬开螺钉旋具，删除终端连接器。

（7）PLC 的接线　PLC 的接线主要包括电源接线、接地、其他部分接线（包括I/O 接线、扩展模块接线及对转换单元接线等）。动力线、控制线及 PLC 的电源线和 I/O 线应该分别配线，隔离变压器与 PLC 和 I/O 之间应采用双绞线连接。将 PLC 的 I/O 线和大功率线分开走线，如必须在同一线槽内，分开捆扎交流线、直流线。若条件允许，最好分槽走线，这不仅能使其有尽可能大的空间距离，并能将干扰降到最低限度，如图 5-7 所示。

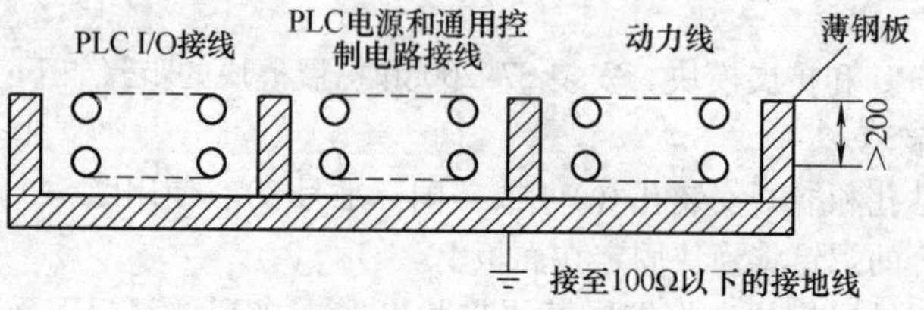

图 5-7　同一电缆线槽内铺设 I/O 接线和动力电缆

PLC 应远离强干扰源，如电焊机、大功率硅整流装置和大型动力设备，不能与高压电器安装在同一个开关柜内。在柜内 PLC 应远离动力线（二者之间距离应大于 200mm），如图 5-8 所示。

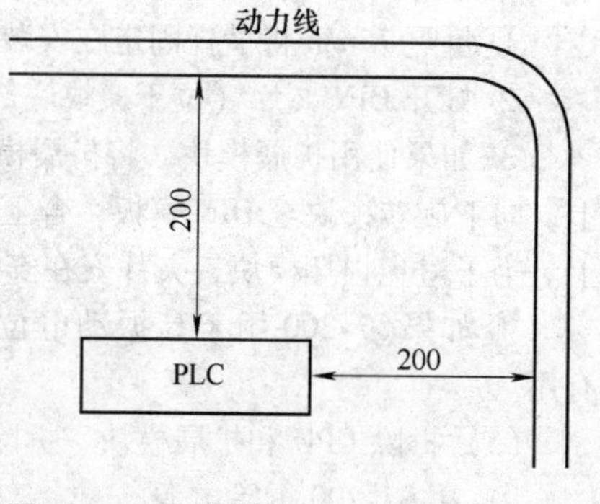

图 5-8　PLC 安装位置与动力线的距离

1）先决条件

① 为任何电气设备接地或安装导线之前，首先要确保已经断开该设备的电源，还要确保已经断开任何相关设备的电源。

② 为 S7-200 和相关设备布线时，确保遵守所有使用的电气代码，根据所有使用的国家和本地标准安装和操作所有设备。

③ 设计 S7-200 系统的接地和布线时，始终要考虑安全问题，S7-200 等电子控制设备可能会发生故障，并导致受控或监控设备的意外运行。因此，应该使用独立于 S7-200 的安全装置进行保护，以防止可能的设备损坏或人身伤害。

2）绝缘

① S7-200AC 电源边界和 AC 电路的 I/O 边界额定为 1500V AC，这些绝缘边界经检查证实为提供 AC 线路和低压电路的安全隔离。

② 所有连接到 S7-200 的低压电路（例如 24V 电源）都必须经过许可的电源供电，这些电源提供与 AC 电路和其他高压电路的安全绝缘。这种电源包括国际电气安全标准中定义的双层绝缘，根据不同的标准，输出等级为 SELV、PELV、Class2 或限制电压。

③ 将不绝缘或单层绝缘物体用于提供来自 AC 线路的低压电路，可能会导致在认

为安全接触的电路中产生危险的电压，例如通信电路和低压传感器线路。

3）电源布线

① 为 S7-200 设计和布线时，提供单个断开开关，同时用来给 S7-200 CPU 电源、所有输入电路和所有输出电路断电。提供过电流保护（例如熔断器或断路器）来限制供电电路上的故障电流，也可在每个输出电路中放置熔断器或其他电流限制器来提供附加的保护。

② 为任何可能遭受闪电电涌的线路安装合适的电涌抑制设备。

③ 避免将低压信号线和通信电缆放在与 AC 导线和高能量、快速转换的 DC 导线相同的线盒中，始终要成对布线，中性线或公共线与热线或信号线成对。

④ 尽可能使用最短的导线，确保导线尺寸正确以输送需要的电流，连接器允许的导线尺寸为 $0.3 \sim 2mm^2$。使用屏蔽导线可以很好地防止电气噪声。

⑤ 为由外部电源供电的输入电路布线时，请在该电路中安装过电流保护设备。对于由 S7-200 的 24V DC 传感器供电的电路，外部保护并无必要，因为传感器电源已经经过电流限制。

⑥ 大部分 S7-200 模块都具有可移动的连接器用于用户布线。注意要防止连接器松开，确保连接器固定牢靠并且导线牢固地安装在连接器中，要避免损坏连接器，必须小心，不要将螺钉拧得过紧。

⑦ 要防止安装中不需要的电流，S7-200 在某些点提供绝缘边界。为系统规划布线时，应该考虑这些绝缘边界。

4）接地

① 接地的最佳方法是确保 S7-200 和相关设备的所有公共点与接地接头都接到单个点，该单个点应直接连接到系统的接地地面。

② 如果要改善电气噪声保护，建议将所有 DC 公共回路连接到相同的单个点接地地面，将 24V DC 传感器供电共同端（M）连接到接地处。

③ 所有地线都应该越短越好，并且使用大尺寸的导线，例如 $2mm^2$（14AWG）。

④ 确定接地位置时，务必考虑安全接地要求和保护性中断设备的正确操作。

5）其他部分接线

① 控制单元输入端子接线。外部开关设备与 PLC 之间的输入信号均通过输入端子进行连接。在进行输入端子接线时，应注意以下几点：

a）输入线尽可能远离输出线、高压线及电动机等干扰源。

b）交流型 PLC 的内藏式直流电源输出可用于输入；直流型 PLC 的直流电源输出功率不够时，可使用外接电源。

c）切勿将外接电源加到交流型 PLC 的内藏式直流电源的输出端子上；切勿将用于输入的电源并联在一起，更不可将这些电源并联到其他电源上。

② 控制单元输出端子接线。PLC 与输出设备之间的输出信号均通过输出端子进行连接。在进行输出端子接线时，应注意以下几点：

a）输出线尽可能远离高压线和动力线等干扰源。

b）各输出端既可独立输出，又可采用公共并接输出。当各负载使用不同电压时，可采用独立输出方式；当各负载使用相同电压时，可采用公共输出方式。

c）若输出端接感性负载，需根据负载的不同情况接入相应的保护电路。在交流感性负载两端并接 RC 串联电路；在直流感性负载两端并接二极管保护电路；在带低电流负载的输出端并接一个泄放电阻以避免漏电流的干扰。以上保护器件应安装在距离负载 50cm 以内。

d）在 PLC 内部输出电路中没有熔断丝，为防止因负载短路而造成输出短路，应在外部输出电路中安装熔断器或设计紧急停车电路。

③ 扩展单元接线。若一台 PLC 的输入/输出点数不够，还可将 S7 系列的基本单元与其他扩展单元连接起来使用。具体配置视不同的机型而定。当要进行扩展配置时，请参阅有关的用户手册。

④ S7 系列 PLC 的 A/D、D/A 转换单元接线。A/D、D/A 转换单元的具体接线方法这里不赘述。下面是连接时的注意事项：

a）A/D 转换单元。为防止输入信号上有电磁感应和噪声干扰，应使用两线双绞式屏蔽电线，建议将屏蔽电缆接到框架接地端，若需将电压范围选择端短路，应直接在端子板上短接，不要拉出引线短接；应使主回路接线远离高压线；应确保使用同一组电源线对控制单元和 A/D 单元进行供电。

b）D/A 转换单元。为防止输出信号上有电磁感应和噪声干扰，应使用两线双绞式屏蔽电缆。建议将屏蔽电缆接到负载设备的接地端，在同一通道上的电压输出和电流输出不能同时使用，没有使用的输出端子应开路；应使主回路接线远离高压线；应确保使用同一组电源线对控制单元和 D/A 单元进行供电。

（8）抑制电路　安装带抑制电路的感应负载，以便在控制输出断开时限制电压上升。抑制电路保护输出不因高感应开关电流过高而发生故障。此外，抑制电路在切换感应负载时限制产生的电气噪声。

抑制电路的效果取决于应用情况，并且在特定用途时必须要进行检验，始终确保抑制电路中使用的所有组件都达到应用中使用的等级。

1）用于 DC 负载的抑制电路。图 5-9 所示是 DC 负载的抑制电路。大部分应用中，在感应负载上并联一个二极管（A）就够了，如果在应用中需要更短的断开时间，那么建议串联稳压二极管（B），确保正确调整稳压二极管的人小，使输出电路中的电流量适合。

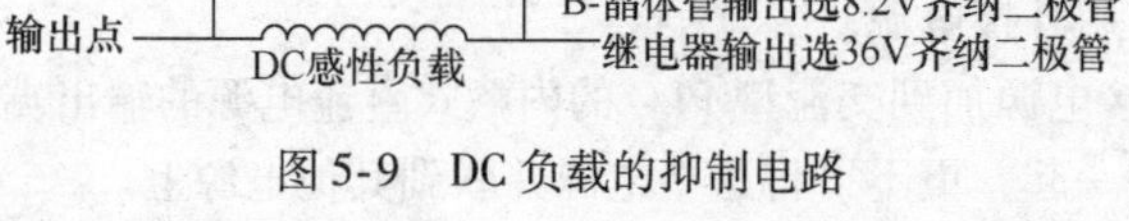

图 5-9　DC 负载的抑制电路

2）用于 AC 负载的抑制电路。图 5-10 所示是 AC 负载的抑制电路。使用继电器或 AC 输出来转换 115V/230V AC 负载时，按图 5-10 所示布置电阻/电容网络，与 AC 负载并联。也可以使用金属氧化物变阻器（mov）来限制峰值电压，确保 mov 的工作电压至少高于额定线路电压20%。

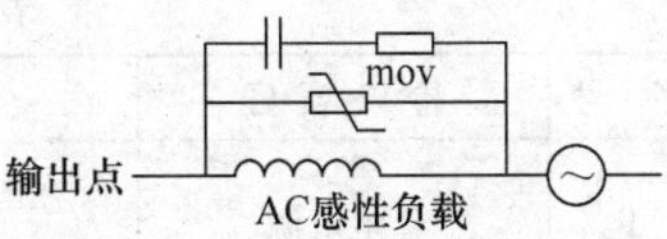

图5-10 AC负载的抑制电路

（9）抗干扰措施 PLC系统可能会受到电网、接地系统的电磁及变频器的干扰，针对这些情况，应采取以下防干扰措施：

1）电源的合理处理，抑制电网的干扰。对于电源引入的电网干扰，可以安装一台带屏蔽层的变比为1:1的隔离变压器，以减少设备与地之间的干扰，还可以在电源输入端串接LC滤波电路。

2）正确选择接地点，完善接地系统。PLC控制系统的地线包括系统地、屏蔽地、交流地和保护地等。接地系统对PLC系统的干扰主要是各个接地点电位分布不均，不同接地点间存在地电位差，引起地环路电流，影响系统正常工作。例如电缆屏蔽层必须仅一点接地，如果电线屏蔽层两端A、B都接地，就存在地电位差，有电流流过屏蔽层，当发生异常状态如雷击时，地线电流将更大。

此外，屏蔽层、接地线和大地有可能构成闭合环路，在变化磁场的作用下，屏蔽层内又会出现感应电流，通过屏蔽层与芯线之间的耦合，干扰信号回路。若系统地与其他接地处理混乱，所产生的地环流就可能在地线上产生不等电位分布，影响PLC内逻辑电路和模拟电路的正常工作。PLC工作的逻辑电压干扰容限较低，逻辑地电位的分布干扰容易影响PLC的逻辑运算和数据存储，造成数据混乱。模拟地电位的分布将导致测量精度下降，引起对信号测控的严重失真和误动作。

3）对变频器干扰的抑制。对变频器干扰的处理一般有下面几种方式：

① 加隔离受压器，主要是针对来自电源的传导干扰，可以将绝大部分的传导干扰阻隔在隔离变压器之前。

② 使用滤波器，滤波器具有较强的抗干扰能力，还能防止将设备本身的干扰传导给电源，有些还兼有尖峰电压吸收功能。

③ 使用输出电抗器，在变频器到电动机之间增加交流电抗器主要是减少变频器输出在能量传输过程中线路产生电磁辐射，影响其他设备正常工作。

2. PLC故障检查和维修

PLC在使用过程中，会受到环境的影响或者随着使用时间的增加，元器件出现故障或老化的现象，因此要对PLC进行定期检查与故障维修，以延长PLC的使用寿命。

（1）定期维护检修 PLC的主要构成元器件是以半导体器件为主体，考虑到环境的影响，使用时间的增加，元器件总是要老化，因此定期检修与做好日常维护是非常必要的。这就需要有一支具有一定专业技术水平、熟悉设备情况和掌握设备工作原理等的检修队伍，做好对设备的日常维修。

对检修工作要制定一个制度，按期执行，保证设备运行状况的最优。每台PLC都有确定的检修时间，一般以每6个月至1年检修一次为宜。当外部环境条件较差时，可以根据情况把检修间隔时间缩短。定期检修的内容见表5-2。

表 5-2 PLC 定期检修的内容

序号	检修项目	检修内容	判断标准
1	供电电源	在电源端子处测量电压波动范围是否在标准范围内	电压波动范围：85% ~ 110%供电电压
2	外部环境	环境温度	0℃ ~55℃
		环境湿度	35% ~85% RH，不结露
		尘土、盐分、铁粉等是否有堆积	不堆积
		是否有溅上水或油等	无
		是否在有腐蚀性气体、可燃性气体的环境下	无
		振动	幅度小于 0.5mm，频率 10 ~55Hz
		附近是否有噪声发生源	无
3	输入/输出用电源	在输入/输出端子处测电压变化是否在标准范围内	以各输入/输出规格为准
4	安装状态	各单元是否可靠固定 电缆的连接器是否完全插紧 外部配线的螺钉是否松动	无松动 无松动 无异常
5	元件寿命	电池、继电器、存储器等	以各元件规格为准

（2）PLC 的故障分析和处理　和一般电子电路构成的电器故障分析和维修一样，PLC 的维修可以概括为从故障的现象出发，经电路工作原理的分析及测试确定故障的部位，并用好的电路及元件代换损坏的部分，完成电路功能的复现。也就是说，故障维修最关键的工作是快速找到故障点。

1）PLC 整体检查。寻找故障点的工作是由外及内、由大到小的过程。所谓由外及内是指寻找故障的观察及测试总是由机器的外部开始扩展到内部。由大到小则是指先确定故障的大致类型及部位，如在哪块板子上，直到找到具体的故障元件。这里就以 S7 系列为例来介绍 PLC 的整体检查流程，如图 5-11 所示。

2）故障处理。PLC 常见故障及处理方法见表 5-3。

（3）S7-200 的故障信息诊断　这里以程序错误为主诊断 S7-200 的故障信息。当出现故障时，查看 S7-200 故障信息，判断故障来源。进入 STEP7-Micro/WIN32 主菜单，单击【PLC】/【信息】进入查看 S7-200 故障信息，故障信息可分为以下 3 类：

1）致命错误。致命错误导致 CPU 停止执行用户程序。依据错误的严重性，一个致命错误会导致 CPU 无法执行某个或所有功能。处理致命错误的目标是 CPU 进入安全状态，可以对当前存在的错误状况进行询问并响应。当一个致命错误发生时，CPU 会执行以下任务：

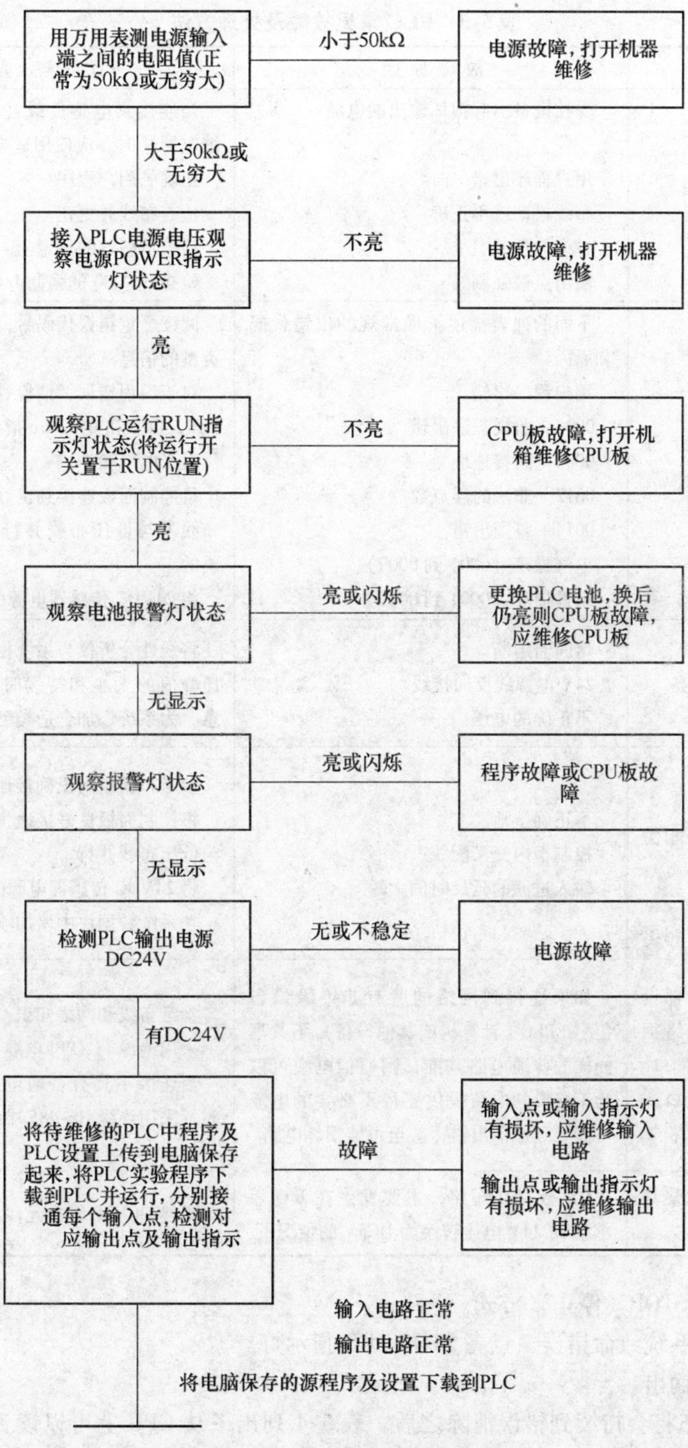

图 5-11　PLC 的整体检查流程

表 5-3 PLC 常见故障及处理方法

故障现象	故障原因	可能的解决方案
输出停止工作	受控设备引起损坏输出的电涌 用户程序出错 布线松动或不正确 过多的负载 输出点被强制	当连接到电感负载（例如电动机或继电器）时，应使用适当的抑制电路 正确的用户程序 检查布线并更正 检查负载点的额定值 检查 S7-200 的强制 I/O
S7-200 上的 SF（系统故障）灯点亮	下面的列表描述了最常规的出错代码和原因 用户程序出错 0003—监视程序出错 0001—间接地址 0012—非法的浮点数 0014—范围出错 电气噪声（0001 到 0009） 组件损坏（0001 到 0009）	阅读严重错误代码号，获取有关出错类型的信息 对于编程错误，请检查 FOR，NEXT，JMP，LBL 和 Compare 指令的使用 对于电气噪声 将控制面板连接到良好的接地且高压布线不与低压布线并行，这是非常重要的 将 24VDC 传感器电源的 M 端接地
没有 LED 点亮	熔断器熔断 24V 电源线反向接线 不正确的电压	将线性分析仪与系统相连以检查过电压峰值的大小和持续时间。基于此信息，为系统添加合适类型的制动器装置
与高能设备相关的间歇操作	不正确接地 控制柜内交叉配线 输入过滤的延尺时间太短	参考布线指南正确接地 将控制面板良好接地，且高压布线不与低压布线并行 将 24VDC 传感器电源的 M 端接地 在系统数据块中增加输入过滤延迟
当连接到外部设备时，通信网络损坏计算机上的端口、S7-200 上的端口或 PC/PPI 电缆损坏	如果连接到网络的所有非绝缘设备（例如 PLC、计算机或其他设备）不共享同样的普通电路基准，则通信电缆可以为不必要的电流提供路径不必要的电流可能导致通信出错，甚至可能损坏电路	参考布线和网络知识 采用绝缘 PC/PPI 电缆 当连接不具有普通电气基准的机器时，采用绝缘 RS-485 中继器
电源接通就烧坏熔断器	I/O 板存在短路，主要发生在 I/O 板承载 DC24V 电压转换为 DC5V 的情况下	更换 DC-DC 转换元件

① 进入 STOP（停止）方式。

② 显示系统致命错误，点亮 STOP LED 指示灯。

③ 断开输出。

这种状态将会持续到错误消除之后。表 5-4 列出了从 CPU 上可以读到的致命错误代码及其含义。

表 5-4 致命错误代码及其含义

错误代码	错误描述	错误代码	错误描述
0000	无致命错误	000A	存储器卡失灵
0001	用户程序检查错误	000B	存储器卡上用户程序检查错误
0002	编译后的梯形图程序检查错误	000C	存储器卡配置参数检查错误
0003	扫描看门狗超过错误	000D	存储器卡强制数据检查错误
0004	内部 EEPROM 错误	000E	存储器卡默认输出表值检查错误
0005	内部 EEPROM 用户程序检查错误	000F	存储器卡用户数据、DBI 检查错误
0006	内部 EEPROM 配合参数检查错误	0010	内部软件错误
0007	内部 EEPROM 强制数据检查错误	0011	比较触点间接寻址错误
0008	内部 EEPROM 默认输出表值检查错误	0012	比较触点非法值错误
0009	内部 EEPROM 用户数据、DBI 检查错误	0013	存储器卡空或 CPU 不识别该卡

2）运行时刻程序错误。在非程序正常运行中，可能会产生非致命错误（如寻址错误)。在这种情况下，CPU 会产生一个非致命的错误代码。表 5-5 列出了这些非致命错误代码及其含义。

表 5-5 非致命错误代码及其含义

错误代码	错误描述
0000	无错误
0001	执行 HDEF 之间，HSC 不允许
0002	输入中断分配冲突，已分配给 HSC
0003	到 HSC 的输入分配冲突，已分配给输入中断
0004	在中断程序中企图执行 ENI、DISI 或 HDEF 指令
0005	第一个 HSC/PLS 未执行完之前，又企图执行同编号的第二个 HSC/PLS
0006	间接寻址错误
0007	TODW（写实时时钟）或 TODR（读实时时钟）数据错误
0008	用户子程序嵌套层数超过规定
0009	在程序执行 XMT 或 RCV 时，通信口 0 又执行另一条 XMT 或 RCV 指令
000A	在同一 HSC 执行时，又企图用 HDEF 指令再定义该 HSC
000B	在通信口 1 上同时执行 XMT 或 RCV 指令

（续）

错误代码	错误描述
000C	时钟卡不存在
000D	重新定义已经使用的脉冲输出
000E	PTO 个数设为 0
0091	范围错（带地址信息），检查操作数范围
0092	某条指令的计数域错误（带计数信息）
0094	范围错（带地址信息），写无效存储器
009A	用户中断程序试图转换成自由口通信模式

3）编译规则错误。当下载一个程序时，CPU 将对该程序进行编译，如果 CPU 发现程序违反编译规则（如非法指令），CPU 就会停止下载程序，并生成一个非致命编译规则错误代码。表 5-6 列出了编译规则错误代码及其含义。

表 5-6　编译规则错误代码及其含义

错误代码	错误描述
0080	程序太大，无法编译
0081	堆栈溢出，必须把一个网络分成多个网络
0082	非法指令
0083	无 MEND 或主程序中不允许的指令
0085	无 FOR 指令
0086	无 NEXT 指令
0087	无标号
0088	无 RET
0089	无 RETI 或中断程序中有不允许的指令
008C	标号重复
008D	非法标号
0090	非法参数
0091	范围错（带地址信息），检查操作数范围
0092	指令计数错误（带计数信息），确认最大计数范围
0093	FOR/NEXT 嵌套层数超出
0095	无 LSCR 指令（装载 SCR）
0096	无 SCRE 指令（SCR 结束）或 SCRE 前面有不允许的指令
0097	程序中有不带编号的或带编号的 EU/ED 指令
0098	在 RUN 模式中的非法编辑（尝试在程序中用未编号的 EU/ED 指令编辑）
009B	非法的索引（指定起始位置数值 0 的字符串操作）
009C	最大指令长度超出

无论出现上述哪种故障信息，只要根据错误代码代表的含义直接修改源程序即可。

5.2.2 PLC 控制系统的调试

1. 调试前的准备

技术资料是调试与维修工作的指南，它在调试与维修工作中起着至关重要的作用，借助于技术资料可以大大提高调试与维修工作的效率。

PLC 控制系统的调试工作，一般来说都是由系统硬件、软件设计者本人承担，调试者应对设备、生产现场的控制要求非常了解，对自己设计的 PLC 程序了如指掌，因此，调试所需要的基本技术资料准备一般比较充分与具体。通常情况下，调试人员应具备以下资料，以便开展并完成调试工作。

1）设备的控制要求汇总表。

2）设备电气与 PLC 控制原理图。

3）设备电气与 PLC 接线图。

4）设备电气元件与 PLC 布置图。

5）PLC 使用手册、编程手册。

6）设备 PLC 程序清单（初稿）。

7）PLC 特殊功能模块、专用控制装置（如变频器、驱动器等）的使用说明书等。

但是，设备到达生产现场（用户）后，PLC 控制系统的调试工作有可能不是由设计者本人承担，因此，调试人员需要有对设备、生产现场的控制要求、系统设计思想的了解与熟悉过程，为此，现场调试人员应在以上资料的基础上增加以下资料：

1）设备的操作手册（包括设备的控制要求与动作过程）。

2）设备主要部件的结构原理示意图。

3）设备液压、气动、润滑系统图。

4）设备最终的 PLC 程序清单等。

设备的控制要求汇总表是系统设计的依据，也是检验系统软件、硬件设计正确与否的标准，在调试阶段，需要根据以上要求，逐一试验 PLC 用户程序的设计正确性。一般情况下，设备的控制要求汇总表仅仅是系统设计者的设计准备资料，并不向用户提供，因此，当非设计者本人进行调试与维修时，需要通过设备的操作手册（包括设备的控制要求与动作过程，安装和调整的方法与步骤等），主要部件的结构原理示意图，液压、气动、润滑系统图，熟悉设备控制要求，了解设备动作情况。

设备电气与 PLC 控制原理图、电气与 PLC 接线图、电器元件布置图是检查系统硬件连接、安装的技术文件。在调试阶段或维修时必须以此为依据来检查系统的硬件连接情况或确认故障部位，资料必须与实际线路、元器件安装相符合。

PLC 使用与编程说明书，既是调试人员调试用户程序，对 PLC 程序进行修改的参考资料，也是其他人员分析、理解 PLC 程序，详细了解、分析机床动作过程、动作条件、动作顺序以及各信号之间的逻辑关系的依据。用于最终调试或维修的 PLC 程序清单应是设备生产厂家的设计人员在完成调试后的最终版本。

虽然 PLC 程序可以通过从现场 PLC 下载等方法得到，但这样的 PLC 程序往往无注释，阅读程序需要花费一定的时间。为了调试与维修方便，最好使用生产厂家提供的、具有注释的 PLC 文件，生产厂家在设备出厂时也应予以提供。

PLC 特殊功能模块、专用控制装置（如变频器、驱动器等）的使用说明书，是系统中使用的功能模块、伺服驱动、变频器等特殊部件的原理与连接说明书，主要包括以上部件的连接与控制要求、调试要点等，它是系统调试与维修的重要参考资料。当设备中使用了控制装置、功能部件时，设备生产厂家也应将其提供给用户，以便这些部件发生故障时，调试、维修人员可以进行现场处理。

2. 调试与维修工具

合格的调试、维修工具是进行 PLC 系统调试与维修的基本条件。PLC 控制系统常用的调试与维修工具主要有以下几种。

（1）数字万用表　数字万用表可用于大部分电器参数的准确测量，以判别电器元件的性能好坏。用于 PLC 系统调试与维修的数字万用表，应满足基本测量范围以及精度的一定要求。

（2）PLC 编程器　PLC 编程器主要用于 PLC 用户程序的输入、编辑、调试和监控。对于小型 PLC 简单顺序控制程序的现场调试与维修，可使用价格便宜、体积小、携带方便的便携式编程器；对于大型复杂 PLC 控制系统的调试与维修，必须使用能进行实时、动态显示，图形形象、直观的图形编程器。

（3）示波器　当 PLC 系统中使用脉冲输入输出模块、模拟量输入输出模块等功能模块时，调试与维修时需要使用示波器。示波器可以用于检测系统中的高速脉冲信号、连续模拟量信号的动态波形，如脉冲输出、脉冲输入波形，编码器、光栅的输出波形，测速反馈等模拟量输入、速度给定等模拟量输出的动态波形等，还可以用于检测系统中的其他部件，如开关电源、显示器等装置的各级电压、电流波形。示波器在 PLC 控制系统调试、维修时，可以根据系统的实际情况酌情使用。用于 PLC 系统调试、维修用的示波器，通常选用频率带宽为 10～100MHz 的双通道示波器。

3. 调试前的基本检查

为了保证调试工作的顺利进行，在进行系统调试前，应根据系统设计规定的要求，认真对照系统、设备的设计要求与图样，进行各项检查。尽可能排除设备在安装、制造过程中存在的各类问题，改正控制系统在安装、连接等过程中可能存在的不合理、不正确因素。

（1）设备基本状况检查　设备基本状况检查通常包括如下内容：

1）机械部件检查

① 设备的机械、液压、气动部件是否已经安装就绪？设备的工作条件是否均已经符合运行的要求？

② 设备的可动部件是否均已经可以自由移动？可动部件的停止位置是否恰当？

③ 设备的各种检测开关、传感器是否能够可靠发信？位置的调整是否合适？是否已经可靠安装与固定？

2）外部条件检查

① 设备的进线电源电压、频率、接地线、接地电阻是否满足设备要求？

② 设备的工作环境（温度、湿度等）是否满足 PLC 工作条件。电气柜、操纵台等

部件的安装位置是否受到阳光的直射？

③ 设备的周围是否有强烈振动或者其他强电磁干扰设备？如果有，是否已经对设备采取了有效的减振、电磁屏蔽与防护措施？

④ 设备的周围是否有足够的维修空间？

（2）电气检查

1）部件安装检查

① 电气柜安装、固定、密封是否良好？是否能够有效防止切削液或粉末进入柜内？空气过滤器（如果安装）清洁状况是否良好？

② 电气柜内部的风扇、热交换器等部件是否可以正常工作？PLC 上的防尘罩（防尘纸）是否已经取下？

③ 电气柜内部的 PLC 模块、其他控制装置的表面、内部是否有线头、螺钉、灰尘、金属粉末等异物进入？

④ 控制系统各模块、部件的数量是否齐全？模块、部件的安装是否牢固、可靠？

⑤ 系统的总线、扩展电缆是否已经正确连接？连接器插头是否完全插入、拧紧？模块地址设置（如需要）是否正确？

⑥ 系统操作面板上的按钮有无破损？安装是否可靠？设定位置是否正确？

⑦ 继电器、电磁铁以及电动机等电磁部件的噪声抑制器是否已经按照要求安装？

2）部件连接检查

① 电气柜与设备间的连接电线是否有破损？电缆拐弯处是否有破裂、损伤现象？

② 电源线与信号线布置是否合理？电缆连接是否正确、可靠？

③ 机床电源进线是否可靠接地？接地线的规格是否符合要求？

④ 信号屏蔽线的接地是否正确？端子板上接线是否牢固、可靠？系统接地线是否连接可靠？

⑤ 系统的总线、扩展电缆是否已经正确连接？连接器插头是否完全插入、拧紧？模块地址的设置（如需要）是否正确？

⑥ 全部低压 PLC 输入端（如 DC24V）与高压（如 AC220V）控制回路间有无短路或不正确的连接？

⑦ 全部 PLC 的输出有无短路现象等？

4. PLC 现场调试的基本步骤

PLC 的现场调试是检查、优化 PLC 控制系统硬件、软件设计，提高控制系统可靠性的重要步骤。为了防止调试过程中可能出现的问题，确保调试工作的顺利进行，现场调试应在完成控制系统的安装、连接、用户程序编制后，按照规定的步骤进行。

尽管在不同场合使用的 PLC 型号、控制对象、控制要求各不相同，但 PLC 控制系统现场调试的基本方法与步骤相似。通常来说，调试应按照图 5-12 所示的步骤进行。

由图 5-12 可见，PLC 控制系统的现场调试主要可分为调试前的检查、硬件调试、软件调试三个阶段。

调试前的检查包括 PLC 安装检查、连接检查、电源电压检查等步骤，检查的具体要求已在前节叙述。其中，特别需要注意以下几点：

1）调试（通电）前应确保PLC上的防尘纸已经取下。

2）PLC各输入、输出模块的地址已经正确分配与设定（需要时），且I/O信号的地址已经做了明确的标记。

3）PLC必须已经按照要求进行可靠接地，接地系统必须符合规范。

4）确认PLC全部低压输入端（如DC24V）与高压（如AC220V）控制回路间无短路或不正确的连接。

5）确认全部PLC的输出无短路现象。

6）确认PLC的扩展电线已经可靠连接，且已经安装终端电阻（需要时）。

在以上检查完成后，可以进入PLC控制系统的试运行阶段（包括硬件调试与软件调试两个阶段）。

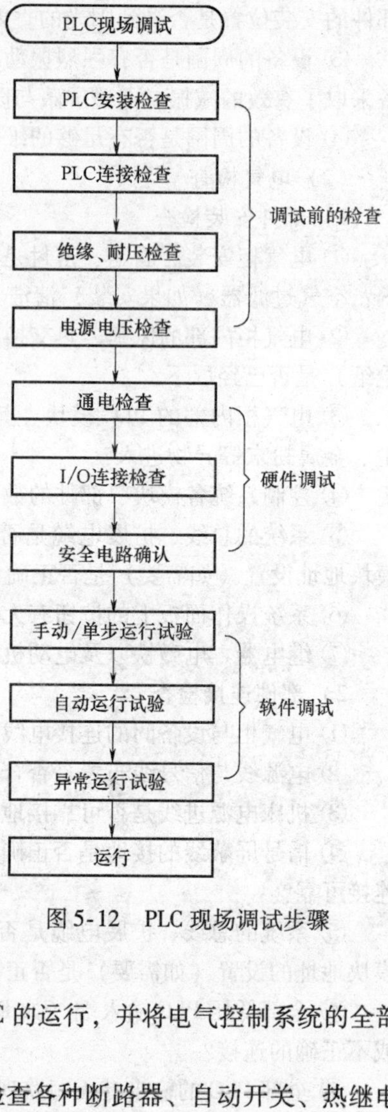

图5-12　PLC现场调试步骤

5. PLC硬件调试

在基本检查确认无误后，可以进一步进行PLC控制系统的硬件调试。PLC的硬件调试主要可分为通电检查、手动旋转电动机试验、I/O连接检查、安全电路确认等。

（1）通电检查　通电检查的主要目的是确认强电控制线路以及PLC外围线路的工作情况。以图5-13a所示的主电路与图5-13b所示控制电路为例，通电检查可以分为以下步骤进行：

1）首先将PLC运行开关置“STOP”，停止PLC的运行，并将电气控制系统的全部断路器（自动开关）均置于“OFF”状态。

2）根据电气控制原理图的要求，依次设定、检查各种断路器、自动开关、热继电器等的保护电值。如在图5-13中Q_2应设定0.25A，确认F_5、F_6、F_{12}均为2A等。

3）检查设备电源输入，并确认应与电气控制原理图设计要求相符合。如在图5-13中L_1、L_2、L_3间线电压为AC380V，L_1-N、L_2-N、L_2-N间相电压为AC220V等。

4）合上总电源开关，按照电气控制原理图，逐页、依次测量检查各线路连接点的电压，确认符合原理图的要求。如在图5-13中Q_2、F_5上两端点之间的电压为AC380V等。

5）按照电气控制原理图，逐页、依次合上各断路器、自动开关，依次测量检查各线路连接点的电压，确认符合原理图的要求。如在图5-13a中，首先接通Q_2，检查接触器K_1、K_2上端U_3、V_3、W_3每两点间的电压为AC380V。在图5-13b中，首先接通F_5，检查变压器T_2的一次绕组7-8两点间电压为AC380V，T_2二次绕组的电压：9-11

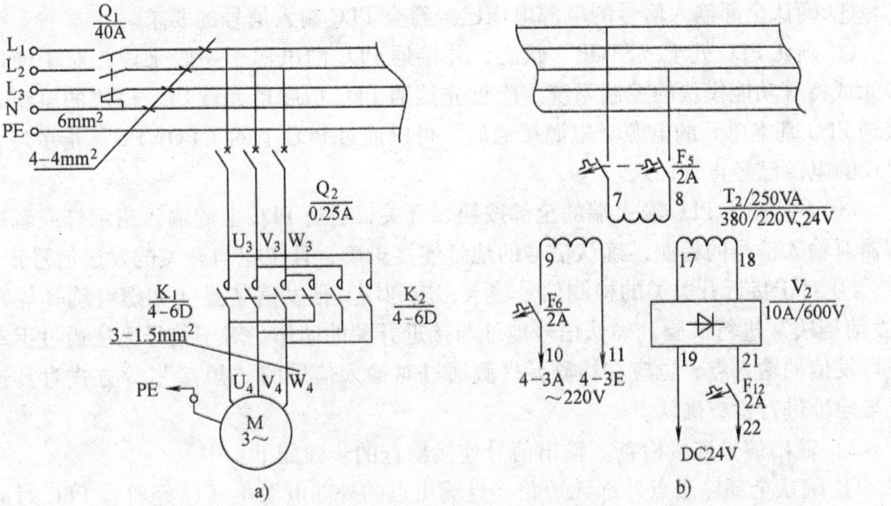

图 5-13 通电检查电路举例

a）主电路 b）控制电路

两点间电压为 AC220V；17-18 两点间电压为 AC24V；19-21 两点间电压为 DC24V 等。然后接通 F_6，测量 10-11 两点间电压为 AC220V；接通 F_{12}，测量 19-22 两点间电压为 DC224V 等。

注意：检查过程中如出现断路器、自动开关“跳闸”或者不能合上的情况，表明相应的回路中存在短路，应立即检查对应线路，找出短路点，然后才能进行下一步试验。

（2）手动旋转电动机试验 在合上全部断路器、自动开关并测量无误后，就可以进行电动机的旋转试验。电动机旋转试验应通过手动按下接触器上部的机械连锁部件进行，不可以使用线圈通电的形式试验。

如在图 5-13a 中，应手动按下接触器 K_1 上部的机械连锁部件，并确认电动机转向与要求相符（正转），必要时交换电动机电枢的“相序”，确保转向正确。然后手动按下 K_2 上部的机械连锁部件，并确认电动机转向与要求相符（反转）。

注意：为防止手动旋转电动机检查过程中，出现因接触器辅助触点的“吸合”而引起其他线路的接通，应断开 AC220V 或 DC24V 等控制回路中断路器、自动开关，切断控制回路的电源，如图 5-13b 中的 F_6、F_{12}或 F_5 等。

在全部检查进行完成后，关断控制系统动力线路的断路器、自动开关，对于使用气动、液压控制的设备，应关闭气源、液压源。同时保留用于 PLC 电源、输入信号、输出信号的外部供电电源，以便进行下一步 PLC 输入/输出连接的检查。

（3）I/O 连接检查 在 I/O 连接检查前应确认控制系统动力线路的断路器、自动开关已经断开，气动、液压系统的气源、液压源已经关闭。然后按照以下步骤进行 I/O 信号的检查：

1）输入信号连接检查。输入信号连接检查的步骤如下：

① 确认全部输入信号的电源电压已经符合 PLC 输入信号的要求。

② 确认 PLC 处于“STOP”状态，并接通 PLC 的电源。一般来说，对于使用扩展单元或特殊功能模块的控制系统，应首先接通 PLC 扩展单元或功能模块的电源，然后接通 PLC 基本单元的电源。电源接通后，可以通过 PLC 上的“POWER”指示灯，确认 PLC 的电源已经正常加入。

③ 手动按压 PLC 输入端的全部按钮、开关，通过 PLC 上的输入指示灯或者通过编程器对输入信号的检测，确认信号的地址连接正确，且按钮与开关的发送信号正常。

④ 对于接近开关类的检测信号输入，应利用其他发信装置（如螺钉旋具等）代替“发信挡块”进行试验，确认信号地址与接近开关的动作。对于信号无法通过手动方式进行发信的输入点，也应在检测元件侧通过对输入信号的“短接”等方式对其连接情况与地址进行检查确认。

2）输出信号连接检查。输出信号连接检查的步骤如下：

① 确认全部输出点外部无短路，且输出点的外部电源电压已经符合 PLC 对应输出信号的要求。

② 确认 PLC 处于“STOP”状态，且 PLC 的电源已经正常加入。

③ 在调试现场有编程器的场合，通过对输出信号的强制 ON/OFF，检查输出端连接的执行元件动作情况与输出地址连接的正确性。

④ 在现场无编程器或无法对 PLC 输出进行强制 ON/OFF 的场合，也应通过对 PLC 的输出进行模拟（如“短接”PLC 输出点两端）动作，检查 PLC 输出地址连接与对应的执行元件动作情况。

（4）安全电路确认　安全电路是指用于设备紧急分断、安全保护等的保护电路，这部分线路必须由继电器-接触器等电磁动作元件所组成，而不可以通过 PLC 进行控制，线路的具体设计方法与要求可以参见本书项目 3 的有关内容。

在进行 PLC 软件调试前，必须对线路中的安全电路的动作进行一一确认，保证控制系统的保护电路能够可靠动作，真正起到安全保护的作用。对于紧急分断电路，应进行多次通断试验，确认其安全性与可靠性。

6. PLC 软件调试

在 PLC 硬件调试完成后，就可以进行 PLC 控制系统的软件调试。在 PLC 的软件调试前，应首先利用外部编程器对所编制的程序进行语法、程序结构等检查，排除程序中的语法与结构错误。然后将程序输入 PLC，并根据如下步骤进行软件调试。

（1）手动/单步运行试验　PLC 软件调试的第一步应对程序中的动作进行手动/单步运行试验，试验的基本方法与步骤如下：

1）确认控制系统中动力线路的断路器、自动开关已经断开，气动系统的气源、液压系统的液压源都已切断。

2）检查 PLC 内部程序，确认输入程序正确。

3）接通 PLC 电源，将 PLC 运行开关置于“RUN”位置，使 PLC 进入运行状态。

4）确认 PLC 的“POWER”、“RUN”指示灯亮。当 PLC 出现诸如“PROG-E”、“CPU-E”、“ERROR”、“BATTERY ERROR”之类报警灯亮时，表明 PLC 存在软件、

硬件、电池等方面的报警，应首先排除故障，然后进行进一步的调试。

5）根据PLC程序的设计，在设备手动运行方式下逐一对机械的动作进行单步调试，并通过观察PLC的输出确认动作的正确性。

在单步调试时，最好在断开动力线路、气动系统的气源、液压系统的液压源的情况下进行；对于调试过程中需要的开关动作，可以通过手动发信的方式进行。

6）通过观察PLC的输出，在全部单步动作的正确性得到确认后，可以接通动力线路、气动系统的气源、液压系统的液压源，进行实际机械动作试验，确认机械部件动作正常。

7）逐一调整机械运动部件的动作，检测开关的位置等，使得机械部件的运动速度、工作压力、工作行程等参数与设计要求相符合。

（2）自动运行试验　在手动/单步运行试验完成后，可以进行系统的自动运行试验。自动运行试验原则上应在系统全部动力线路、气动系统的气源、液压系统的液压源正常工作的情况下进行。试验时应注意以下几点：

1）自动运行试验建议分步进行，即对机械部件的特定部分，通过采取必要的措施（如采用手动发信等方式）进行单独的自动循环试验，然后再进行整体试验。

2）为避免自动运行过程中可能出现的问题，对于运动部件，可以通过调整检测开关、发信元件位置等方式减少机械部件的实际运动行程，以保证运动行程留有足够的余量，防止事故发生。

3）在全部自动运行动作试验完成后，恢复运动部件的检测开关、发信元件位置，进行整体试验。

（3）异常运行试验　异常运行试验的目的是提高系统可靠性，尽可能避免不应有的事故发生。异常运行试验可以进行如下几项：

1）外部突然断电实验。当设备在手动或自动运行时，不论在何种情况下，对于外部的突然断电，均能可靠停止，且通过规定的操作步骤能使设备恢复正常工作。

2）紧急分断试验。当设备在手动或自动运行时，不论在何种情况下，对于紧急分断操作（如按下控制面板上的急停按钮），均能使得设备可靠停止，且通过规定的操作步骤能恢复正常工作。

3）检测开关不良试验。应考虑到系统检测开关不良的可能性，特别是对于容易产生机械部件碰撞、干涉、影响安全的部件，应对行程终点检测等信号作异常试验，必须保证即使某一检测开关不良或者损坏，仍然不会发生安全事故。

4）执行元件不良试验。应考虑到系统执行元件不良的可能性，特别是对于容易产生机械碰撞、干涉、影响安全的执行部件，应对其进行异常试验，必须保证即使某一执行元件不良或者损坏，仍然不会发生安全事故。

5）保护回路动作试验。应考虑到系统保护回路动作的可能性，特别是对于断路器、自动开关等保护器件，应对其进行异常试验，必须保证在保护器件动作时，设备能够可靠停止，且通过规定的操作步骤，能恢复正常工作。

任务3 回答应知应会问题，进行自我专业技术知识和岗位技能测试

5.3.1 应知专业技术知识

1）机床电气设备发生故障后，一般应进行哪些检查和分析？
2）机床电气故障常采用的检测方法有哪些？
3）机床电气故障常采用的检修步骤有哪些？
4）典型机床常见故障的类型有哪些？
5）如何进行 PLC 的安装和拆除？
6）如何进行 PLC 的故障检查和维修？
7）PLC 控制系统调试前应进行哪些准备工作？
8）PLC 控制系统调试前应进行哪些检查工作？
9）PLC 现场调试的基本步骤有哪些？
10）PLC 硬件调试主要有哪些内容？
11）PLC 软件调试的基本步骤有哪些？
12）通过本项目的学习掌握了哪些技术知识？

5.3.2 应会专业岗位技能

1）如何用电压法检测控制线路上的故障点？
2）如何用电阻法检测控制线路上的故障点？
3）如何用短路法检测控制线路上的故障点？
4）如何用开路法检测控制线路上的故障点？
5）如何通过“一问、二看、三听、四摸、五操作”，弄清楚故障现象？
6）如何实地动手进行 PLC 的安装和拆除？
7）如何实地动手快速查找出 PLC 的故障点并进行维修？
8）如何实地动手进行 PLC 控制系统的硬件调试？
9）如何实地动手进行 PLC 控制系统的软件调试？
10）如何实地动手进行 PLC 控制系统的异常运行试验？
11）通过本项目的训练掌握了哪些操作技能？

本项目小结

本项目从使用的角度出发，以工作过程为导向，将项目目标分解为 3 项任务。以工作任务来驱动，使学生熟练掌握如何进行机床电气控制系统常见故障的维修，如何进行机床 PLC 控制系统的安装、调试和常见故障的维修，回答应知应会问题，进行自我专业技术知识和技能测试；工学结合、学用一致、理实一体、“教 + 学 + 做”一体化，使学生既掌握高技能应用型人才必备的专业技术知识，又训练了高职院校学生重实践的岗位技能、创新意识和综合素质，最终实现熟练维修一般机床电气与 PLC 控制

系统常见故障的项目目标。

本模块是在已初步掌握阅读、分析和设计电气与 PLC 控制线路的基础上，阐述了机床电气与 PLC 控制系统常见故障的检修方法、检修步骤、检修流程图；CA6140 车床常见故障类型及检修实例、德国西门子公司 S7-200 系列 PLC 的故障检修规范等，力图使读者通过举一反三，掌握机床电气与 PLC 控制系统维修方法，能有效地维护好机床电气与 PLC 控制系统的正常运行。

机床电气与 PLC 控制系统常见故障的维修是机电一体化及相关专业高职高专学生重要的职业岗位技能，也是本课程重要的教学目标，必须熟练掌握。

项目 6

拓展与提高：几种常用典型复杂机床设备电气与 PLC 控制设计 / 维修案例

一、项目目标

按照机电一体化专业高素质、高技能应用型人才培养目标和高职高专学生就业职业岗位技能的要求，本项目要求学生在学会阅读分析、设计一般常用机床电气与 PLC 控制电路图和能够进行机床电气与 PLC 控制系统常见故障维修的基础上，继续拓展与提高，能够进行一些较复杂机床设备电气与 PLC 控制系统的设计和维修。

二、任务驱动

根据项目目标，将其工作过程分解为 5 个较复杂机床设备电气与 PLC 控制设计/维修案例。通过项目引导、任务驱动，使学生工学结合、理实一体、学用一致，既要掌握高素质、高技能应用型人才必备的专业技术理论知识，更着重训练学生工程实践的动手能力，培养学生创新意识和综合素质，最终实现能够设计和维修一些较复杂机床设备电气与 PLC 控制系统的项目目标。

案例 1　C5225 型立式车床的电气与 PLC 控制

案例 2　T610 型卧式镗床的电气与 PLC 控制

案例 3　M7475 型立轴圆台平面磨床的电气与 PLC 控制

案例 4　B2012A 型龙门刨床的电气与 PLC 控制

案例 5　双面单工液压传动组合机床的电气与 PLC 控制

三、任务驱动流程图（见图 6-0）

四、项目情景条件

1）一些较复杂机床或者机床教学模型。

2）较复杂机床电气控制参考电路图。

3）较复杂机床 PLC 控制参考电路图。

4）实用机床电气与 PLC 控制设计手册。

5）较复杂机床电气与 PLC 控制设计参考资料。

6）机床电气与 PLC 控制工程实践训练基地或者校企合作实习工厂等。

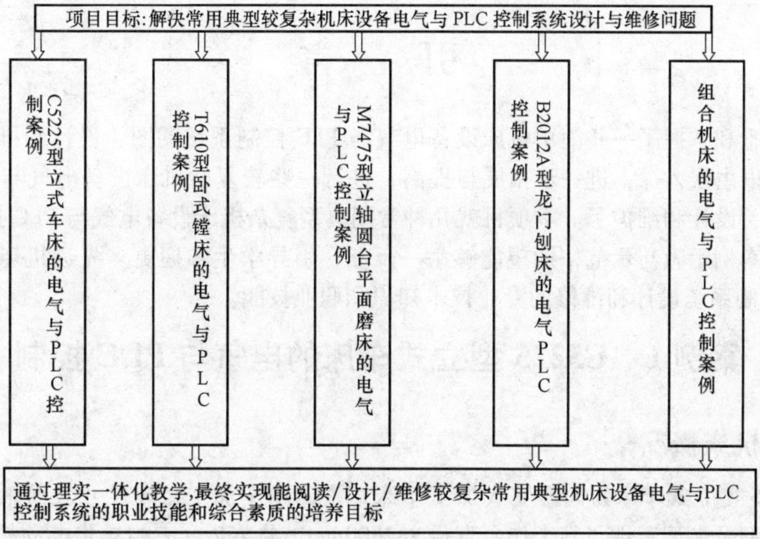

图6-0　任务驱动流程图

五、教学环境设置和教学方法选择

通过课堂讲解和学生参与讨论，边学习边进行设计实践的方式来完成本项目目标。

引　言

在熟悉和掌握了一些简单机床设备电气与 PLC 控制系统阅图、设计和维护的基础上，就可以由浅入深，进一步拓展与提高，进行一些较复杂机床设备电气与 PLC 控制系统阅图、设计和维护了。本项目就几种常用典型复杂机床设备电气与 PLC 控制设计/维修进行案例示教与示范，期望能够举一反三，引导学生掌握更多先进机床设备电气与 PLC 控制系统设计和维修的专业技术知识和职业技能。

案例 1　C5225 型立式车床的电气与 PLC 控制

6.1.1　机床概况

C5225 型立式车床为大型立式加工车床，主要用于加工径向尺寸大而轴向尺寸相对小的重型及大型工件。其工作台直径为 2500mm，共装 7 台三相异步电动机，机床的全部主要用电设备均由 380V 电源供电，控制电路的电压为 220V。

主拖动电动机 M_1 通过变速箱能实现 16 种转速的变换。横梁的两端装有两个进给箱，在进给箱的后部装有刀架进给和快速移动电动机各一台。两个立柱上各装有一个侧刀架和进给箱。每个进给箱上装有刀架进给和快速移动电动机各一台。

机床的主运动为工作台的旋转运动。进给运动包括垂直刀架的垂直移动和水平移动，侧刀架的横向移动和上下移动。辅助运动有横梁的上下移动。

6.1.2　电控特点及拖动要求

1）工作台由主电动机经变速箱直接启动。因立车在工作时主要是正向切削，所以电动机只需要正向转动。但是为了调整工件或刀具，电动机必须有正、反向点动控制。

2）由于工作台直径大、重量大、惯性也大，所以必须在停车时采取制动措施。

3）工作台的变速由电气、液压装置和机械联合实现。

4）由于机床体积大，操作人员的活动范围也大，采用悬挂按钮站来控制，其选择开关和主要操作按钮都置于其上。

5）在车削时，横梁应夹紧在立柱上，横梁上升的程序是松开夹紧装置→横梁上升→最后夹紧。当横梁下降时，丝杠和螺母间出现的空隙，影响横梁的水平精度，故设有回升环节，使横梁下降到位后略为上升一下。所以横梁下降的程序是松→动→回升→紧。

6）必须有完善的连锁与保护措施。

6.1.3　C5225 型立式车床电气控制设计

C5225 型立式车床电气控制电路原理图如图 6-1 所示。

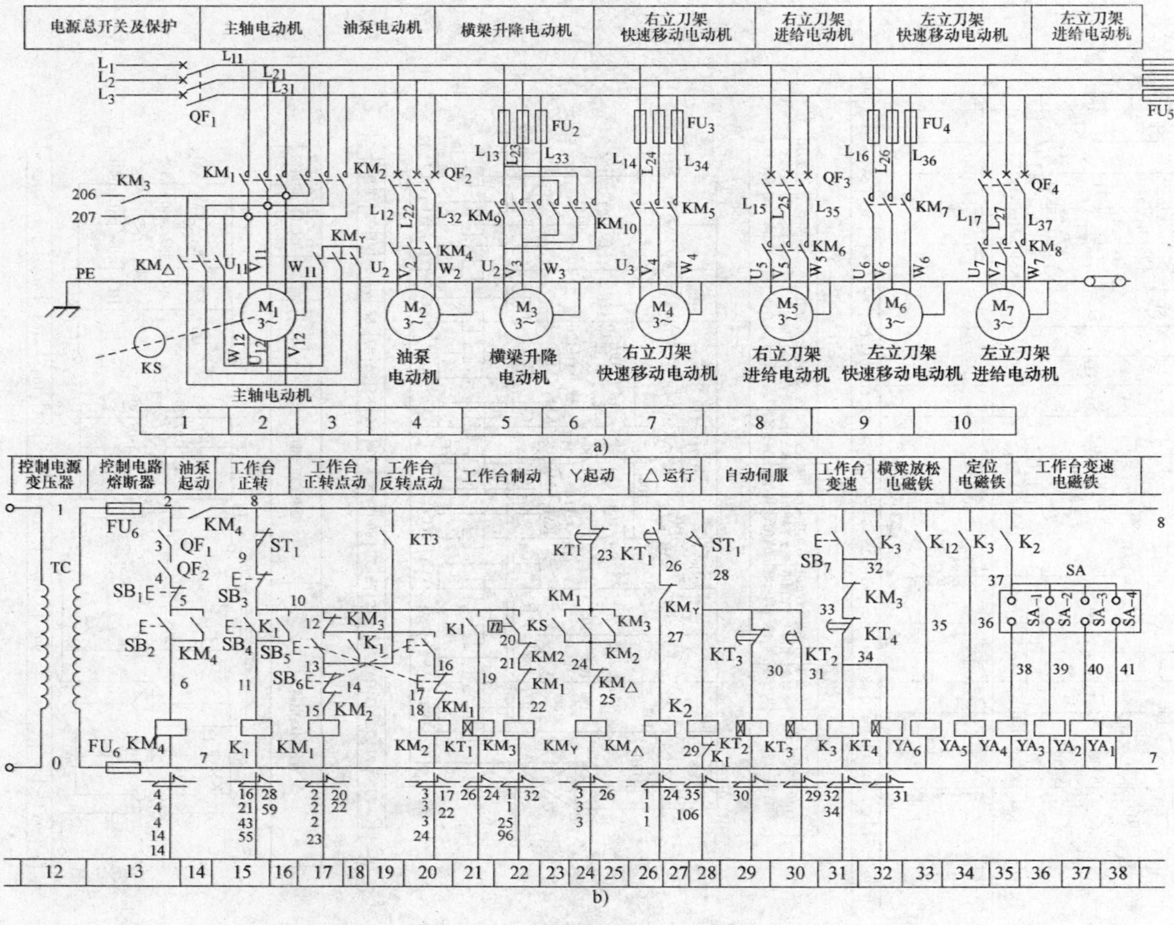

图 6-1 C5225 型立式车床电气控制电路原理图

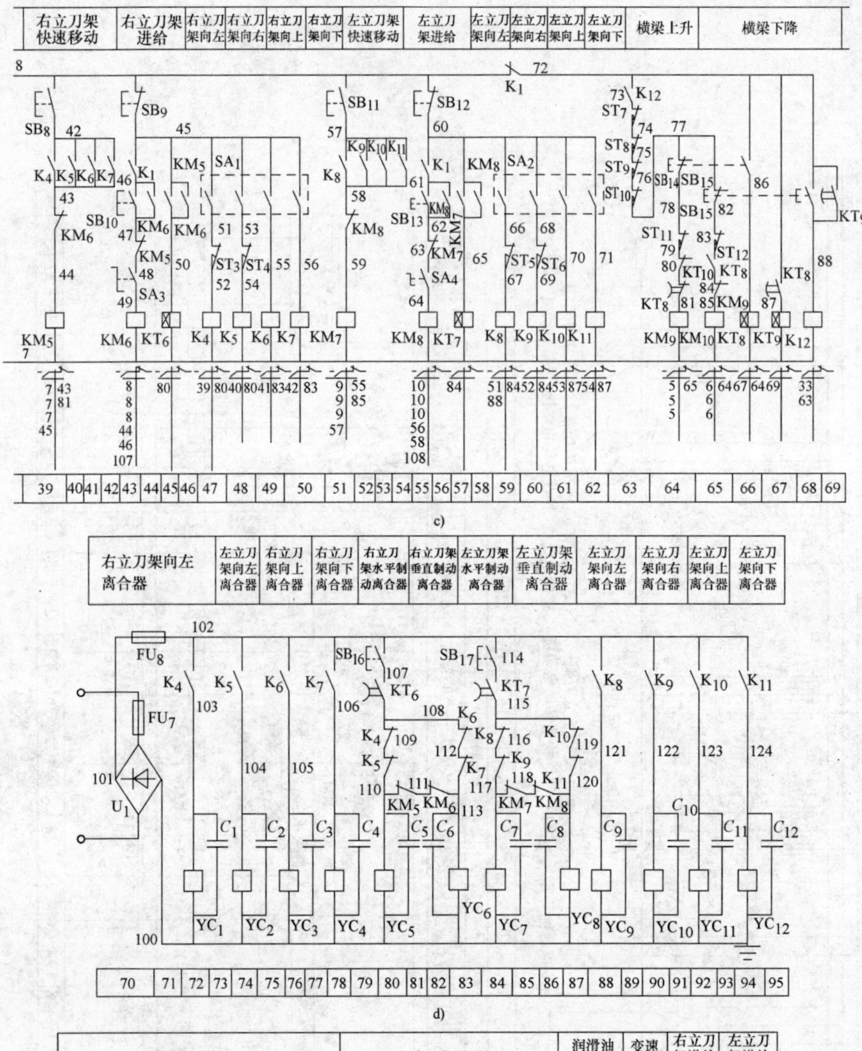

图 6-1 C5225 型立式车床电气控制电路原理图（续）

从图 6-1a 可知，C5225 型立式车床由 7 台电动机拖动：主轴电动机 M_1，液压泵电动机 M_2，横梁升降电动机 M_3，右立刀架快速移动电动机 M_4，右立刀架进给电动机 M_5，左立刀架快速移动电动机 M_6，左立刀架进给电动机 M_7。从图 6-1b、c 可知，只有在液压泵电动机 M_2 启动运行、机床润滑状态良好的情况下，其他电动机才能启动。

1. 液压泵电动机 M_2 控制

按下按钮 SB_4，接触器 KM_4 闭合，液压泵电动机 M_2 启动运转，同时 14 区接触器 KM_4 的常开触点闭合，接通了其他电动机控制电路的电源，为其他电动机的启动运行做好了准备。

2. 主拖动电动机 M_1 控制

主拖动电动机 M_1 可采用Y-△减压启动控制，也可采用正、反转点动控制，还可采用停车制动控制，由主拖动电动机 M_1 拖动的工作台还可以通过电磁阀的控制来达到变速的目的。

（1）主拖动电动机 M_1 的Y-△减压启动控制　按下按钮 SB_4（15 区），中间继电器 K_1 闭合并自锁，接触器 KM_1 线圈（17 区）通电闭合，继而接触器 KM_Y线圈（24 区）通电闭合，同时时间继电器 KT_1 线圈（21 区）通电闭合，主拖动电动机 M_1 开始Y-△减压启动。经过一定的时间，时间继电器 KT_1 动作，接触器 KT_1 线圈断电释放，接触器 KM_Y线圈断电，接触器 $KM_\triangle$线圈（26 区）通电闭合，主拖动电动机 $M_{1\triangle}$ 接法全压运行。

（2）主拖动电动机 M_1 正、反转点动控制　按下正转点动按钮 SB_5（17 区），接触器 KM_1 线圈通电闭合，继而接触器 KM_Y通电闭合，主拖动电动机 M_1 正向Y接法点动启动运转。按下反转点动按钮 SB_6（20 区），接触器 KM_2 线圈（20 区）通电闭合，继而触器 KM_Y通电闭合，主拖动电动机 M_1 反向Y接法点动启动运转。

（3）主拖动电动机 M_1 停车制动控制　当主拖动电动机 M_1 启动运转时，速度继电器 KS 的常开触点（22 区）闭合。按下停止按钮 SB_3（15 区），中间继电器 K_1、接触器 KM_1、时间继电器 KT_1、接触器 $KM_\triangle$线圈失电释放，接触器 KM_3 线圈通电闭合，主拖动电动机 M_1能耗制动。当速度下降至 100r/min 时，速度继电器的常开触点（22 区）复位断开，主拖动电动机 M_1 制动停车完毕。

（4）工作台的变速控制　工作台的变速由手动开关 SA 控制，改变手动开关 SA 的位置（电路图中 35～38 区），电磁铁 YA_1～YA_4 有不同的通断组合，可得到工作台各种不同的转速。表 6-1 列出了 C5225 型立式车床转速表。

表 6-1　C5225 型立式车床转速表

电磁铁	SA 转换开关触点	花盘各级转速、电磁铁及 SA 通断情况															
		2	2.5	3.4	4	6	6.3	8	10	12.5	16	20	25	31.5	40	50	63
YA_1	SA_1	−	+	+	−	+	−	+	−	+	−	+	−	+	−	+	−
YA_2	SA_2	+	+	−	−	+	−	+	−	+	+	−	−	+	+	−	−
YA_3	SA_3	+	+	+	+	−	−	−	−	+	+	+	+	−	−	−	−
YA_4	SA_4	+	+	+	+	+	+	+	+	−	−	−	−	−	−	−	−

说明：表中“+”表示接通状态，“−”表示断开状态。

将 SA 扳至所需转速位置，按下按钮 SB_7（31 区），中间继电器 K_3、时间继电器 KT_4 线圈通电吸合，继而电磁铁 YA_5 线圈通电吸合，接通锁杆油路，锁杆压合行程开关 ST_1（28 区）闭合，使中间继电器 K_2、时间继电器 KT_2 线圈通电吸合，变速指示灯 HL_2 亮，相应的变速电磁铁（YA_1 ~ YA_4）线圈通电，工作台得到相应的转速。

时间继电器 KT_2 闭合后，经过一定的时间，KT_3 线圈通电闭合，使接触器 KM_1、KM_Y 通电吸合，主拖动电动机 M_1 做短时启动运行，促使变速齿轮啮合。变速齿轮啮合后，ST_1 复位，中间继电器 K_2、时间继电器 KT_2、KT_3、电磁铁 YA_1 ~ YA_4 失电释放，完成工作台的变速过程。

3. 横梁升、降控制

（1）横梁上升控制　按下横梁上升按钮 SB_{15}（68 区），中间继电器 K_{12} 通电吸合，继而横梁放松电磁铁 YA_6（33 区）通电吸合，接通液压系统油路，横梁夹紧机构放松，然后行程开关 ST_7、ST_8、ST_9、ST_{10}（63 区）复位闭合，接触器 KM_9 线圈（64 区）通电闭合，横梁升降电动机 M_3 正向启动运转，带动横梁上升。松开按钮 SB_{15}，横梁停止上升。

（2）横梁下降控制　按下横梁下降按钮 SB_{14}（66 区），时间继电器 KT_8（66 区）、KT_9（67 区）及中间继电器 K_{12}（68 区）线圈通电吸合，继而横梁放松电磁铁 YA_6（33 区）通电吸合，接通液压系统油路，横梁夹紧机构放松，然后行程开关 ST_7、ST_8、ST_9、ST_{10}（63 区）复位闭合，接触器 KM_{10} 线圈（65 区）通电闭合，横梁升降电动机 M_3 反向启动运转，带动横梁下降。松开按钮 SB_{14} 横梁下降停止。

4. 刀架控制

（1）右立刀架快速移动控制　将十字手动开关 SA_1 扳至“向左”（47 区 ~ 50 区）位置，中间继电器 K_4（47 区）通电吸合，继而右立刀架向左快速离合器电磁铁 YC_1 线圈（72 区）通电吸合。然后按下右立刀架快速移动电动机 M_4 的启动按钮 SB_8（39 区），接触器 KM_5 通电吸合，右立刀架电动机 M_4 启动运转，带动右立刀架快速向左移动。松开按钮 SB_8，右立刀架快速移动电动机 M_4 停转。

同理，将十字手动开关 SA_1 扳至“向右”、“向上”、“向下”位置，分别可使右立刀架各移动方向电磁离合器电磁铁 YC_2 ~ YC_4（74 区 ~ 79 区）线圈吸合，从而控制右立刀架向右、向上、向下快速移动。

与右立刀架快速移动控制的原理相同，左立刀架快速移动通过十字手动开关 SA_2（59 区 ~ 62 区）扳至不同位置来控制电磁离合器电磁铁 YC_9 ~ YC_{12} 的通断，按下左立刀架快速移动电动机 M_6 启动按钮 SB_{11}（51 区）控制左立刀架快速移动电动机 M_6 的启停来实现。

（2）右立刀架进给控制　在工作台电动机 M_1 启动的前提下，将手动开关 SA_3（43 区）扳至接通位置，按下右立刀架进给电动机 M_5 启动按钮 SB_{10}，接触器 KM_6 通电吸合，右立刀架进给电动机 M_5 启动运转，带动右立刀架工作进给。按下右立刀架进给电动机 M_5 的停止按钮 SB_9，右立刀架进给电动机 M_5 停转。

左立力架进给电动机 M_7 的控制过程相同。

（3）左、右立刀架快速移动和工作进给制动控制　当右立刀架快速移动电动机 M_3 或右立刀架进给电动机 M_4 启动运转时，时间继电器 KT_6 通电闭合，80 区瞬时闭合延时断开触点闭合。当松开右立刀架快速进给移动电动机 M_3 的点动按钮 SB_8 或按下右立刀架进给电动机 M_4 的停止按钮 SB_9 时，接触器 KM_5 或 KM_6 失电释放，由于 KT_6 为断电延时，因而 80 区中的时间继电器 KT_6 的瞬时闭合延时断开触点仍然闭合，此时按下右立刀架水平制动离合器按钮 SB_{16}（80 区），右立刀架水平制动离合器电磁铁 YC_5、YC_6 线圈通电吸合，使制动离合器动作，对右立刀架的快速进给及工作进给进行制动。

左立刀架快速移动和工作进给制动控制的工作过程相同。

6.1.4 C5225 型立式车床 PLC 控制设计

1）C5225 型立式车床 PLC 控制输入输出点分配表见表 6-2。

表 6-2 C5225 型立式车床 PLC 控制输入输出点分配表

输入信号			输出信号		
名称	代号	输入点编号	名称	代号	输出点编号
总停止按钮	SB_1	I0.0	润滑指示灯	HL_1	Q0.0
总启动开关、按钮	SB_2、QF_1、QF_2	I0.1	变速指示灯	HL_2	Q0.1
电动机 M_1 停止按钮	SB_3	I0.2	主轴电动机 M_1 正转接触器	KM_1	Q0.2
电动机 M_1 启动按钮	SB_4	I0.3	主轴电动机 M_1 反转接触器	KM_2	Q0.3
电动机 M_1 正转点动	SB_5	I0.4	主轴电动机 M_1 制动接触器	KM_3	Q0.4
电动机 M_1 反转点动	SB_6	I0.5	主轴电动机Y形启动接触器	KM_Y	Q0.5
工作台变速按钮	SB_7	I0.6	主轴电动机△形启动接触器	$KM_\triangle$	Q0.6
右立刀架快速移动按钮	SB_8	I0.7	液压泵电动机 M_2 接触器	KM_4	Q0.7
右立架进给停止按钮	SB_9	I1.0	右立刀架快速移动电动机接触器	KM_5	Q1.0
右立刀架进给启动	SB_{10}、SA_3	I1.1	右立刀架进给电动机接触器	KM_6	Q1.1
左立刀架快速移动按钮	SB_{11}	I1.2	右立刀架快速移动电动机接触器	KM_7	Q1.2
左立刀架进给停止按钮	SB_{12}	I1.3	左立刀架进给电动机接触器	KM_8	Q1.3
左立刀架进给启动	SB_{13}、SA_4	I1.4	横梁上升接触器	KM_9	Q1.4
横梁下降按钮	SB_{14}	I1.5	横梁下降接触器	KM_{10}	Q1.5
横梁上升按钮	SB_{15}	I1.6	工作台变速电磁铁	YA_1	Q1.6
右立刀架制动按钮	SB_{16}	I1.7	工作台变速电磁铁	YA_2	Q1.7
左立刀架制动按钮	SB_{17}	I2.0	工作台变速电磁铁	YA_3	Q2.0

（续）

输入信号			输出信号		
名　称	代号	输入点编号	名　称	代号	输出点编号
工作台变速选择	SA_{-1}	I2.1	工作台变速电磁铁	YA_4	Q2.1
	SA_{-2}	I2.2	定位电磁铁	YA_5	Q2.2
	SA_{-3}	I2.3	横梁放松电磁铁	YA_6	Q2.3
	SA_{-4}	I2.4	右立刀架向左离合器电磁铁	YC_1	Q2.4
右立刀架向左	SA_{1-1}	I2.5	右立刀架向右离合器电磁铁	YC_2	Q2.5
右立刀架向右	SA_{1-2}	I2.6	右立刀架向上离合器电磁铁	YC_3	Q2.6
右立刀架向上	SA_{1-3}	I2.7	右立刀架向下离合器电磁铁	YC_4	Q2.7
右立刀架向下	SA_{1-4}	I3.0	右立刀架水平制动离合器电磁铁	YC_5	Q3.0
左立刀架向左	SA_{2-1}	I3.1	右立刀架垂直制动离合器电磁铁	YC_6	Q3.1
左立刀架向右	SA_{2-2}	I3.2	左立刀架水平制动离合器电磁铁	YC_7	Q3.2
左立刀架向上	SA_{2-3}	I3.3	左立刀架垂直制动离合器电磁铁	YC_8	Q3.3
左立刀架向下	SA_{2-4}	I3.4	左立刀架向左离合器电磁铁	YC_9	Q3.4
速度继电器	KS	I3.5	左立刀架向右离合器电磁铁	YC_{10}	Q3.5
压力继电器	KP	I3.6	左立刀架向上离合器电磁铁	YC_{11}	Q3.6
自动伺服行程开关	ST_1	I3.7	左立刀架向下离合器电磁铁	YC_{12}	Q3.7
右立刀架向左限位开关	ST_3	I4.0			
右立刀架向右限位开关	ST_4	I4.1			
左立刀架向左限位开关	ST_5	I4.2			
左立刀架向右限位开关	ST_6	I4.3			
横梁上升下降行程开关	ST_7、ST_8、ST_9、ST_{10}	I4.4			
横梁上升限位行程开关	ST_{11}	I4.5			
横梁下降限位行程开关	ST_{12}	I4.6			

2）C5225 型立式车床 PLC 控制接线图如图 6-2 所示。

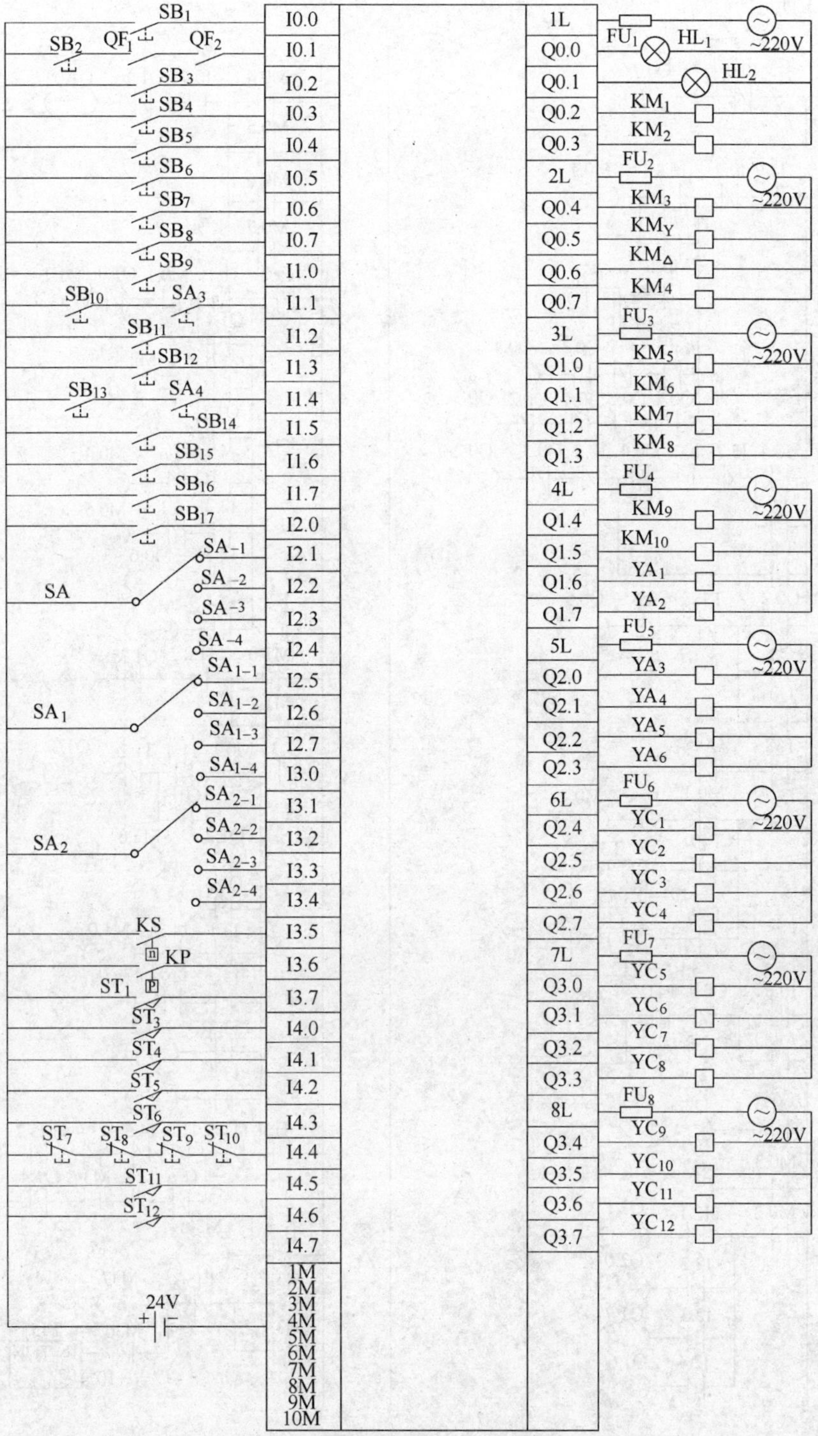

图 6-2　C5225 型立式车床 PLC 控制接线图

3）根据 C5225 型立式车床的控制要求，设计出 C5225 型立式车床 PLC 控制梯形图如图 6-3 所示。

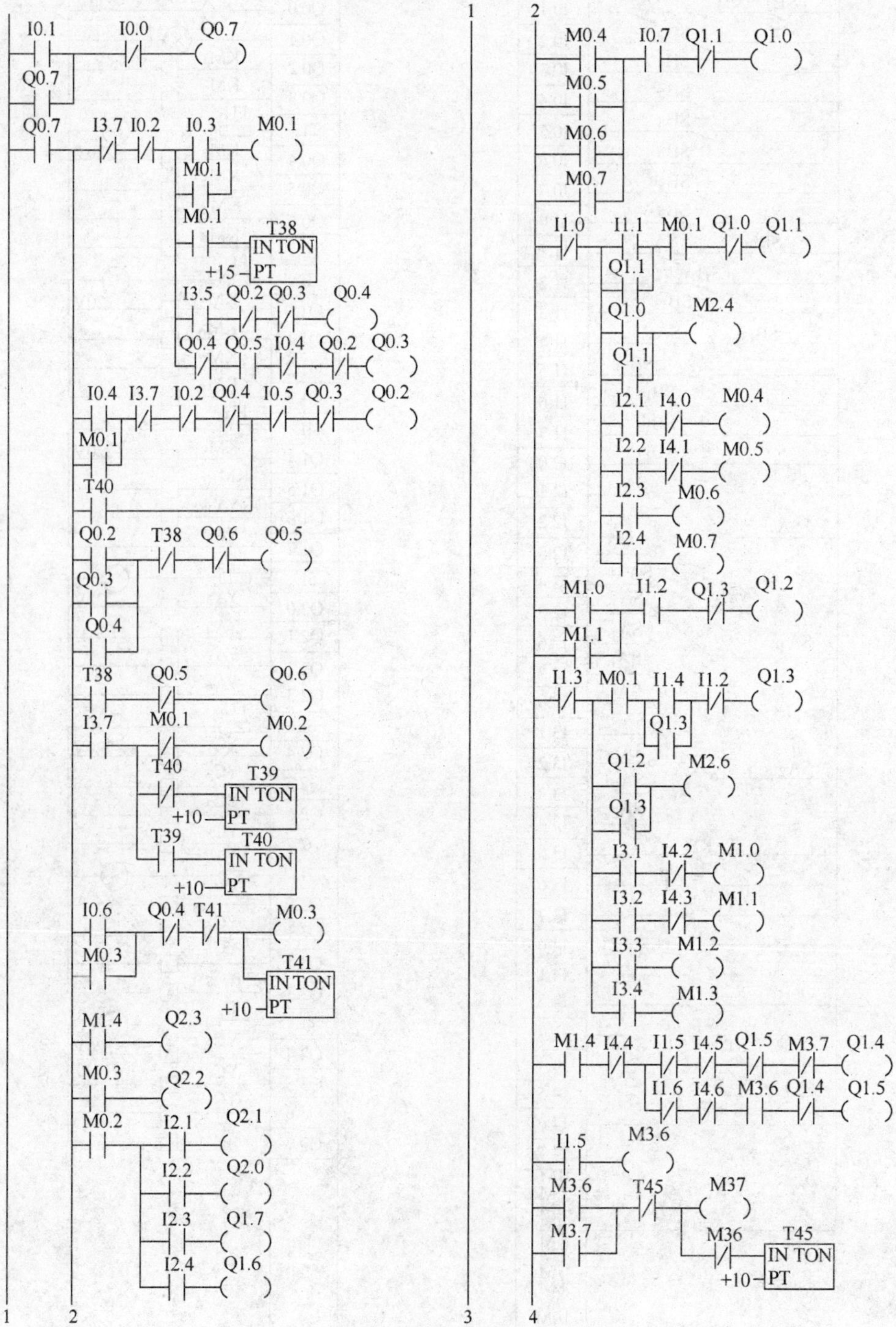

图 6-3　C5225 型立式车床 PLC 控制梯形图

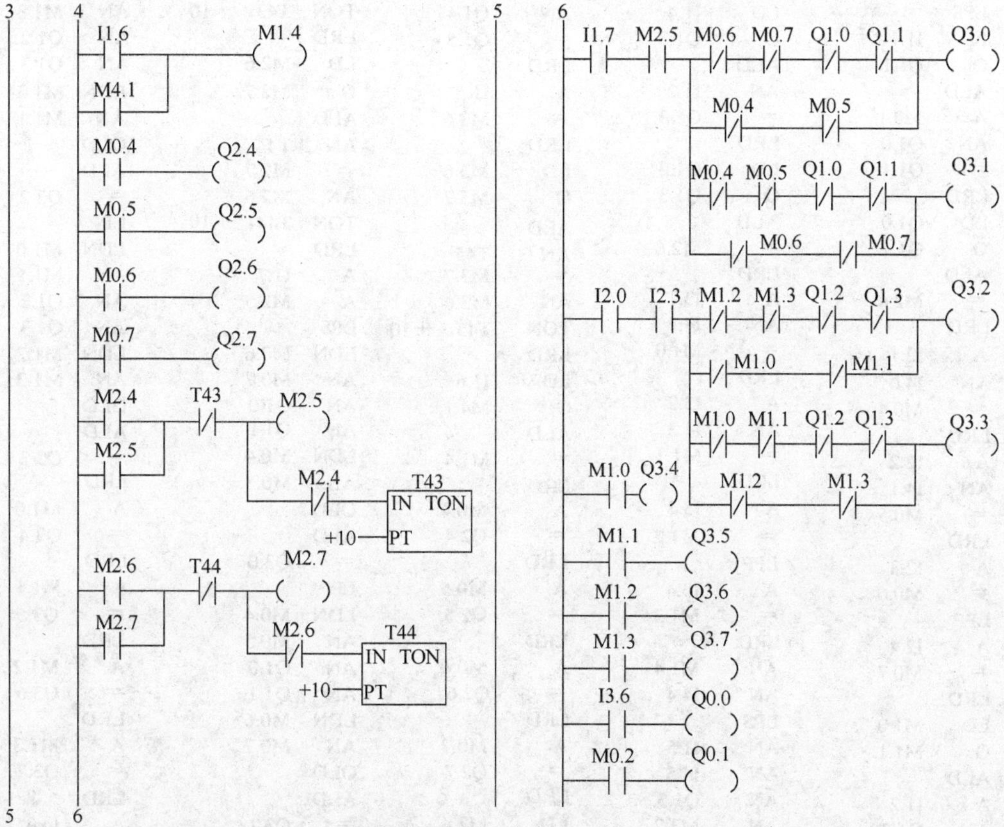

图 6-3　C5225 型立式车床 PLC 控制梯形图（续）

4）根据接线图，参照梯形图，就可写出 C5225 型立式车床 PLC 控制指令语句表。

LD　I0.1	＝　Q0.4	O　Q0.3	TON　T40，＋10	LRD
O　Q0.7	LPP	O　Q0.4	LRD	A　I2.2
AN　I0.0	AN　Q0.4	ALD	LD　I0.6	＝　Q2.0
＝　Q0.7	A　I0.5	AN　T38	O　M0.3	LRD
LD　Q0.7	AN　I0.4	AN　Q0.6	ALD	A　I2.3
LPS	AN　Q0.2	＝　Q0.5	AN　Q0.4	＝　Q1.7
AN　I3.7	＝　Q0.3	LRD	AN　T41	LPP
AN　I0.2	LRD	A　T38	＝　M0.3	A　I2.4
LPS	LD　I0.4	AN　Q0.5	TON　T41，＋10	＝　Q1.6
LD　I0.3	O　M0.1	＝　Q0.6	LRD	LRD
O　M0.1	AN　I3.7	LRD	A　M1.4	LD　M0.4
ALD	AN　I0.2	A　I3.7	＝　Q2.3	O　M0.5
＝　M0.1	AN　Q0.4	LPS	LRD	O　M0.6
LRD	O　T40	AN　M0.1	A　M0.3	O　M0.7
A　M0.1	ALD	＝　M0.2	＝　Q2.2	ALD
TON　T38，＋15	AN　I0.5	LRD	LRD	A　I0.7
LRD	AN　Q0.3	AN　T40	A　M0.2	AN　Q1.1
A　I3.5	＝　Q0.2	TON　T39，＋10	LPS	＝　Q1.0
AN　Q0.2	LRD	LPP	A　I2.1	LRD
AN　Q0.3	LD　Q0.2	A　T39	＝　Q2.1	AN　I1.0

```
LPS
LD    I1.1
O     Q1.1
ALD
A     M0.1
AN    Q1.0
=     Q1.1
LRD
LD    Q1.0
O     Q1.1
ALD
=     M2.4
LRD
A     I2.1
AN    I4.0
=     M0.4
LRD
A     I2.2
AN    I4.1
=     M0.5
LRD
A     I2.3
=     M0.6
LPP
A     I2.4
=     M0.7
LRD
LD    M1.0
O     M1.1
ALD
A     I1.2
AN    Q1.3
=     Q1.2
LRD
AN    I1.3
LPS
A     M0.1
LD    I1.4
O     Q1.3
ALD
AN    I1.2
=     Q1.3
LRD
LD    Q1.2
O     Q1.3
ALD
=     M2.6
LRD
A     I3.1
AN    I4.2
=     M1.0
LRD
A     I3.2
AN    I4.3
=     M1.1
LRD
A     I3.3
=     M1.2
LPP
A     I3.4
=     M1.3
LRD
A     M1.4
AN    I4.4
LPS
AN    I1.5
AN    I4.5
AN    Q1.5
AN    M3.7
=     Q1.4
LPP
AN    I1.6
AN    I4.6
A     M3.6
AN    Q1.4
=     Q1.5
LRD
A     I1.5
=     M3.6
LRD
LD    M3.6
O     M3.7
ALD
AN    T45
=     M3.7
AN    M3.6
TON   T45，+10
LRD
LD    I1.6
O     M4.1
ALD
=     M1.4
LRD
A     M0.4
=     Q2.4
LRD
A     M0.5
=     Q2.5
LRD
A     M0.6
=     Q2.6
LRD
A     M0.7
=     Q2.7
LRD
LD    M2.4
O     M2.5
ALD
AN    T43
=     M2.5
AN    M2.4
TON   T43，+10
LRD
LD    M2.6
O     M2.7
ALD
AN    T44
=     M2.7
AN    M2.6
TON   T44，+10
LRD
A     I1.7
A     M2.5
LPS
LDN   M0.6
AN    M0.7
AN    Q1.0
AN    Q1.1
LDN   M0.4
AN    M0.5
OLD
ALD
=     Q3.0
LPP
LDN   M0.4
AN    M0.5
AN    Q1.0
AN    Q1.1
LDN   M0.6
AN    M0.7
OLD
ALD
=     Q3.1
LRD
A     I2.0
A     I2.3
LPS
LDN   M1.2
AN    M1.3
AN    Q1.2
AN    Q1.3
LDN   M1.0
AN    M1.1
OLD
ALD
=     Q3.2
LPP
LDN   M1.0
AN    M1.1
AN    Q1.2
AN    Q1.3
LDN   M1.2
AN    M1.3
OLD
ALD
=     Q3.3
LRD
A     M1.0
=     Q3.4
LRD
A     M1.1
=     Q3.5
LRD
A     M1.2
=     Q3.6
LRD
A     M1.3
=     Q3.7
LRD
A     I3.6
=     Q0.0
LPP
A     M0.2
=     Q0.1
```

6.1.5 C5225型立式车床的常见故障及检修

机床电气常用短接法检查故障。在运用短接法检查故障时，要注意观察电器的动作程序，然后才能确定需要短接的开关、触点及导线。

(1) 按下SB_4，主拖动电动机不能启动　观察接触器KM_4是否吸合。如不吸合，测量2~7是否有电压。确定电压正常后，按下SB_2，看KM_4是否吸合。如不吸合，可短接2~3、3~4、5~6。当排除KM_4故障或看到KM_4吸合后，可断定故障在KM_4以后的电路。

看K_1是否吸合，如不吸合，可能是KM_4的常开触点（2~8）、SB_4的常开触点（10~11）、SB_3及ST_1常闭触点（8~10）接触不良。检查时，可短接2~8、8~9、9~10、10~11，分别进行试验。如短接到某两标号后，继电器K_1吸合，故障就在这两标号之间所包含的触点或导线。必须注意，在短接ST_1（8~9）时，必须确认工作台变速已结束，否则将会把齿轮打坏或出现其他事故。如对齿轮啮合情况不甚了解，可改用电压法进行检查。

经以上检查，KM_1 仍不吸合，故障可能是 K_1 常开触点（12~13）、SB_6（13~14）、KM_2 常闭触点（14~15）、KM_3 常闭触点（10~12）接触不良或线路断路及接触器 KM_1 线圈故障。具体检查方法同上。其他电器不工作都可用短接法来检查。

（2）工作台变速故障

工作台变速分四步进行：第一步锁杆抬起；第二步变速电磁铁根据 SA 变速开关接通情况，推动齿轮动作；第三步电动机自动伺服；第四步齿轮啮合后锁杆复位。检查故障时，可根据这四步的工作情况进行检查。

当按下 SB_7 后，锁杆不动作，可按下列步骤检查：

观察电磁铁 YA_5 是否吸合。如不动作，看继电器 K_3 是否动作。若不动作，可短接触点 SB_7（8~32）、KM_3 常闭触点（32~33）、KT_4（33~34），这样可以检查出继电器 K_3 的故障。如 K_3 工作时间太短，可调整 KT_4 的延时时间。

观察锁杆是否在抬起位置，如锁杆不动，可短接 K_3 的触点（8~36），观察电磁铁 YA_5 的动作。如 YA_5 吸合而锁杆不动，故障在液压装置和机械部分。

经检查或看到锁杆抬起，观察变速电磁铁是否在相应位置动作。变速开关 SA 扳到 SA_{-4}（37~41）和 SA_{-1}（37~36）的位置，看电磁铁 YA_1 和 YA_4 是否吸合，并注意电动机是否作伺服冲动。经检查以上动作均正常，只是锁杆不能恢复原位，说明液压和机械方面有故障。

（3）横梁升降故障　检查时间继电器 KT_8 是否动作。如不动作，可在按着 SB_{14} 的情况下，短接 SB_{14}（72~86）。如 KT_8 仍不动作，故障在其本身。如时间继电器 KT_8 吸合而 KT_9 不吸合，可短接 KT_8 的延时触点（72~87），检查 KT_9 的故障，用同样的方法可检查出 K_{12} 不动作的故障点。

对于中间继电器 K_{12} 吸合而横梁不下降故障。因横梁下降接触器 KM_{10} 的线圈电路中串联的触点较多，其中任一触点接触不良或不闭合，都会导致 KM_{10} 不吸合，用短接法检查更为方便。

这种故障，检查前应注意检查横梁夹紧装置是否放松。若确认横梁已放松，可在按住按钮 SB_{14} 的情况下，逐个短接 K_{12}（72~73）、ST_7（73~74）、ST_8（74~75）、ST_9（75~76）、ST_{10}（76~77）、SB_{15}（77~82）、ST_{12}（82~83）、KT_8（83~84）、KM_9（84~85）。当短接到某处，接触器 KM_{10} 吸合，说明故障就在于此。特别强调，ST_7~ST_{10} 是夹紧装置控制的行程开关，绝对不能用长短接法短接标号 73 至 77 来检查故障，这是因为四个行程开关在横梁放松时才闭合，如因某原因有一夹紧装置没有放松，同时短接四个行程开关，会使升降电动机、丝杠和其他机构损坏。

（4）利用电气控制柜中的接线端子板检查电路故障　在运用局部短接法时，对所检查的电气开关都要打开护盖进行检查。有的开关直接装在机床较狭窄的部位，检查很费时间而且很难接触到接线柱。在这种情况下，可利用电气控制柜和接线盒来检查故障。下面以左立刀架为例分析故障的检查方法。

当把 SA_3 扳向左，按下按钮 SB_{11} 刀架不作快速移动时，观察电动机 M_6 是否启动，如不启动，故障在其控制电路中；观察 K_8 是否吸合，如不吸合，可在电气控制柜的接

线端子板上短接 SB_{12}：（8～60）、SA_2（60～66）、ST_5（66～67）各接线柱。如 K_8 吸合，看接触器 KM_7 是否吸合。如不吸合，可短接 SB_{11}（8～57）、K_8（57～58）、KM_8（58～59），便可检查出 KM_7 不吸合的故障点。

利用电气控制柜内的接线端子板检查电路故障，既可进行局部短接，又可进行长短接；不但可短接电器的触点，而且可短接连接导线，检查时方便省力。

案例 2　T610 型卧式镗床的电气与 PLC 控制

6.2.1　T610 型卧式镗床的电气与 PLC 控制设计

T610 型卧式镗床的电气控制电路图和液压系统均较为复杂。它主要包括机床中的主轴旋转、平旋盘旋转、工作台转动、尾架升降用电动机拖动；主轴和平旋盘刀架进给、主轴箱进给、工作台的纵向及横向进给、各部件的夹紧采用液压传动控制等。

1. T610 型卧式镗床电气控制设计

T610 型卧式镗床电气控制线路原理图如图 6-4 所示。

从图 6-4a 可知，T610 型卧式镗床由主轴电动机 M_1、液压泵电动机 M_2、润滑泵电动机 M_3、工作台电动机 M_4、尾架电动机 M_5、钢球无级变速电动机 M_6、冷却泵电动机 M_7 拖动。

图 6-4b 为机床各种工作状态的指示灯及机床照明灯电路控制原理图。

（1）液压泵电动机 M_2、润滑泵电动机 M_3 的控制　T610 型卧式镗床在对工件进行加工前必须先启动液压泵电动机 M_2 和润滑泵电动机 M_3。在图 6-4 第 28 区中，按下按钮 SB_1，接触器 KM_5、KM_6 线圈通电吸合并自锁，液压泵电动机 M_2、润滑泵电动机 M_3 启动运转；按下按钮 SB_2，接触器 KM_5、KM_6 失电释放，液压泵电动机 M_2、润滑泵电动机 M_3 停止运转。

（2）机床启动准备控制电路　液压泵电动机 M_2、润滑泵电动机 M_3 启动运转后，当机床中的液压油具有一定压力时，压力继电器 KP_2 动作，第 52 区中 KP_2 常开触点闭合，KP_2 的常闭触点断开，为主轴电动机 M_1 的正转点动和反转点动做好了准备。当压力继电器 KP_3 动作时，接通中间继电器 K_{17} 和 K_{18} 线圈的电源，为主轴平旋盘进给、主轴箱进给及工作台进给作准备。

（3）主轴电动机 M_1 的控制　主轴电动机 M_1 可进行正、反转Y-△减压启动控制，也可进行正、反转点动控制和停止制动控制。

1）主轴电动机 M_1 正、反转Y-△减压启动控制。按下 30 区中的按钮 SB_4，中间继电器 K_1 线圈通电吸合并自锁，中间继电器 K_1 线圈通电吸合，中间继电器 K_1 在 17 区中 204 号线与 207 号线间的常开触点、31 区中 9 号线与 10 号线间的常开触点、35 区中 9 号线与 15 号线间的常开触点、38 区中 21 号线与 22 号线间的常开触点闭合。继而接通信号指示灯 HL_4 的电源，HL_4 发亮，表示主轴电动机 M_1 正在正向旋转，并为接通时间继电器 KT_1 线圈电源做好了准备。中间继电器 K_1 的闭合，也接通了接触器 KM_1 线圈的电源，接触器 KM_1 通电吸合。

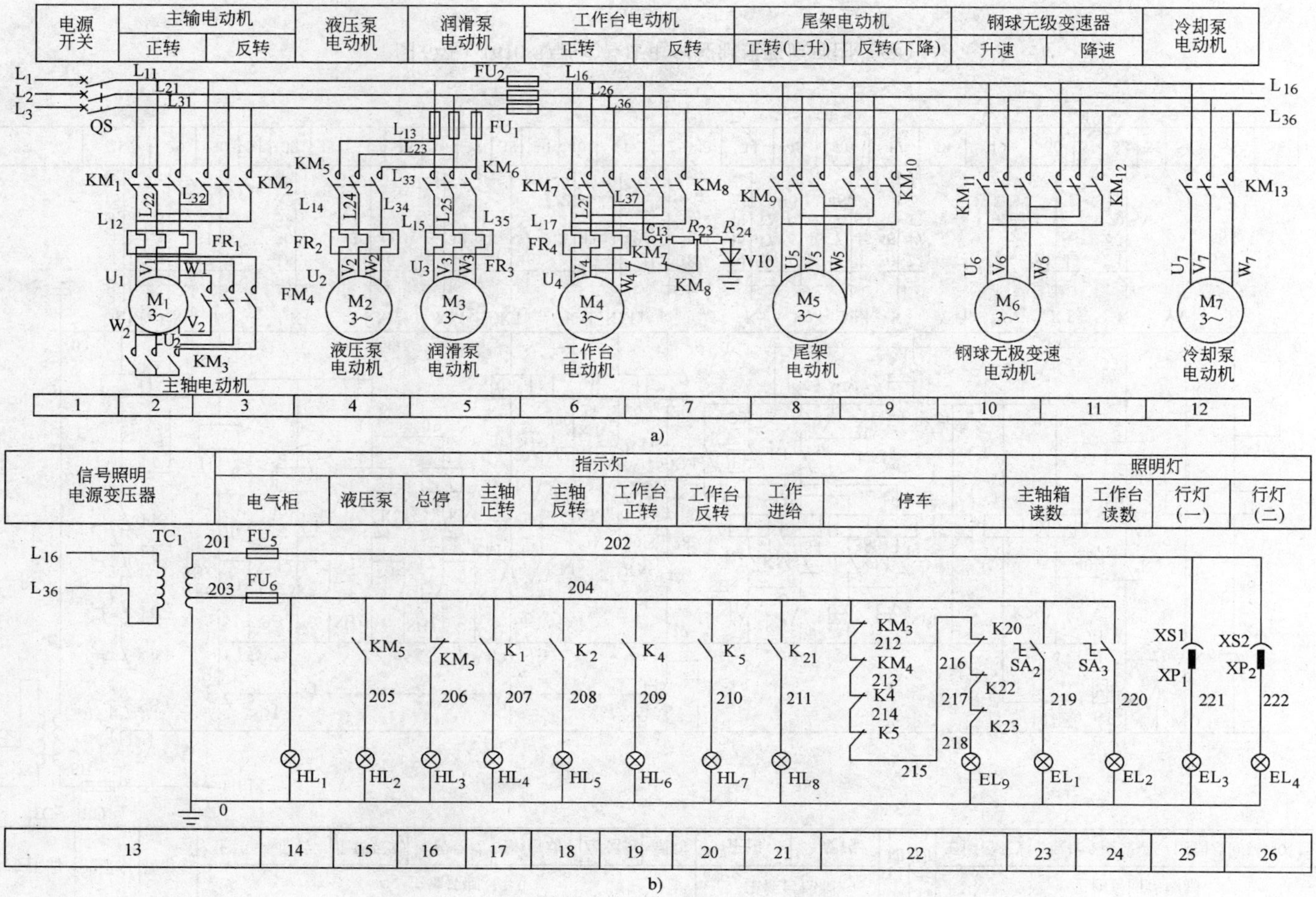

图 6-4　T610 型卧式镗床电气控制线路原理图

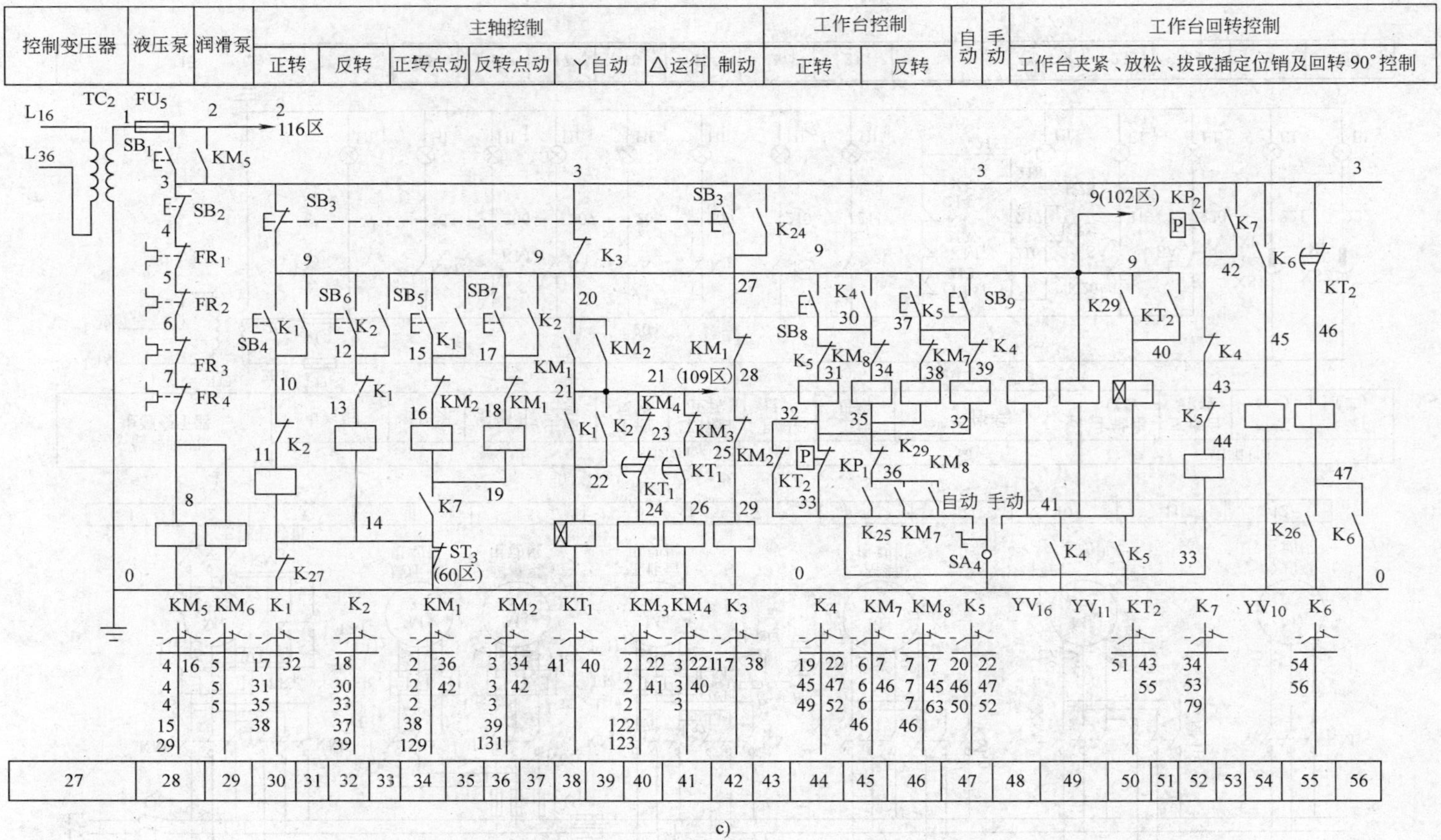

图 6-4　T610 型卧式镗床电气控制线路原理图（续）

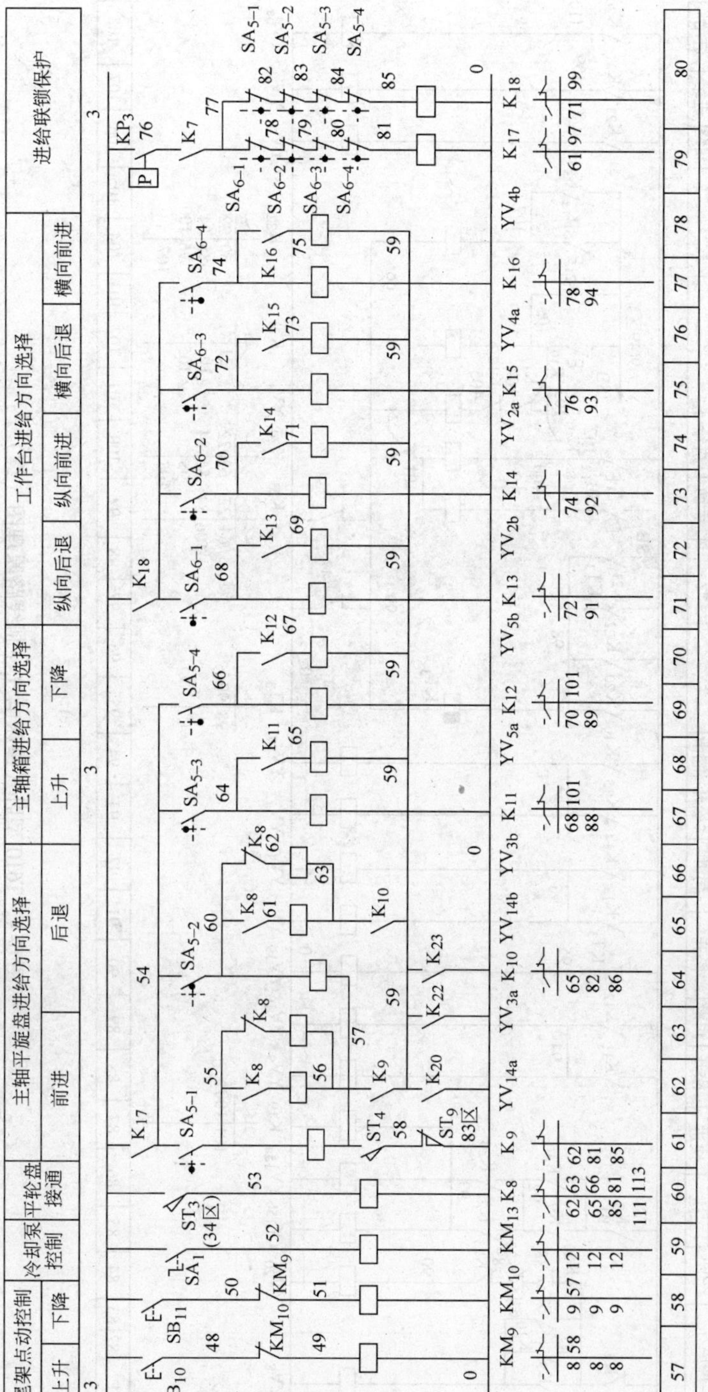

d)

图 6-4 T610 型卧式镗床电气控制线路原理图（续）

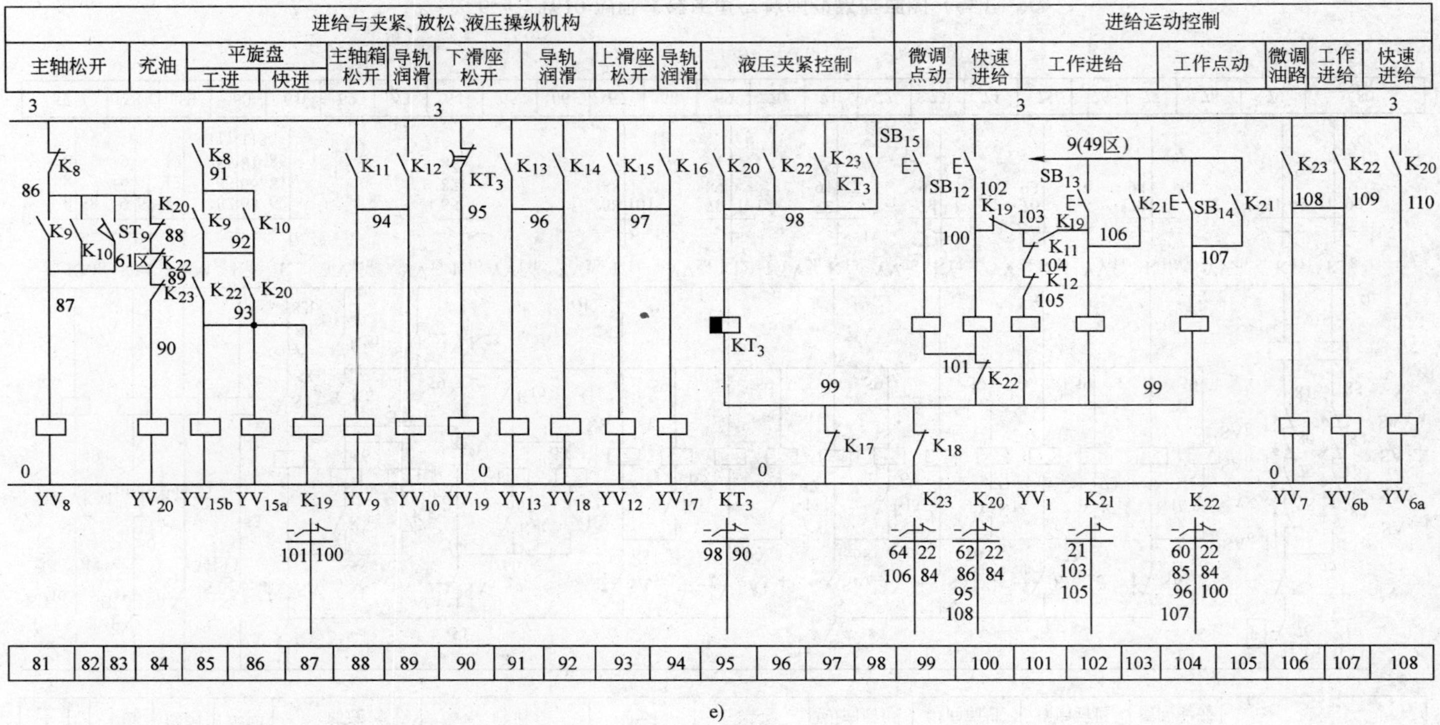

e)

图 6-4　T610 型卧式镗床电气控制线路原理图（续）

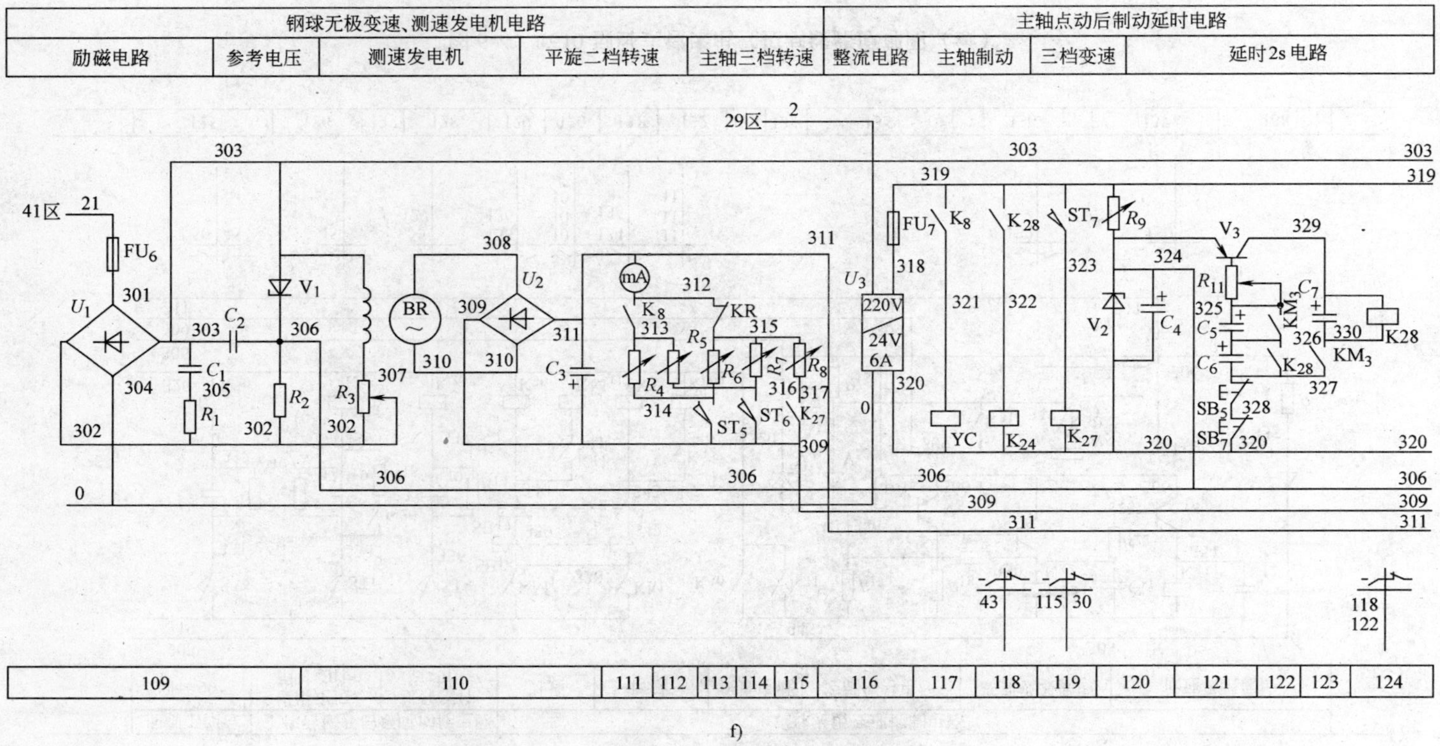

f)

图 6-4　T610 型卧式镗床电气控制线路原理图（续）

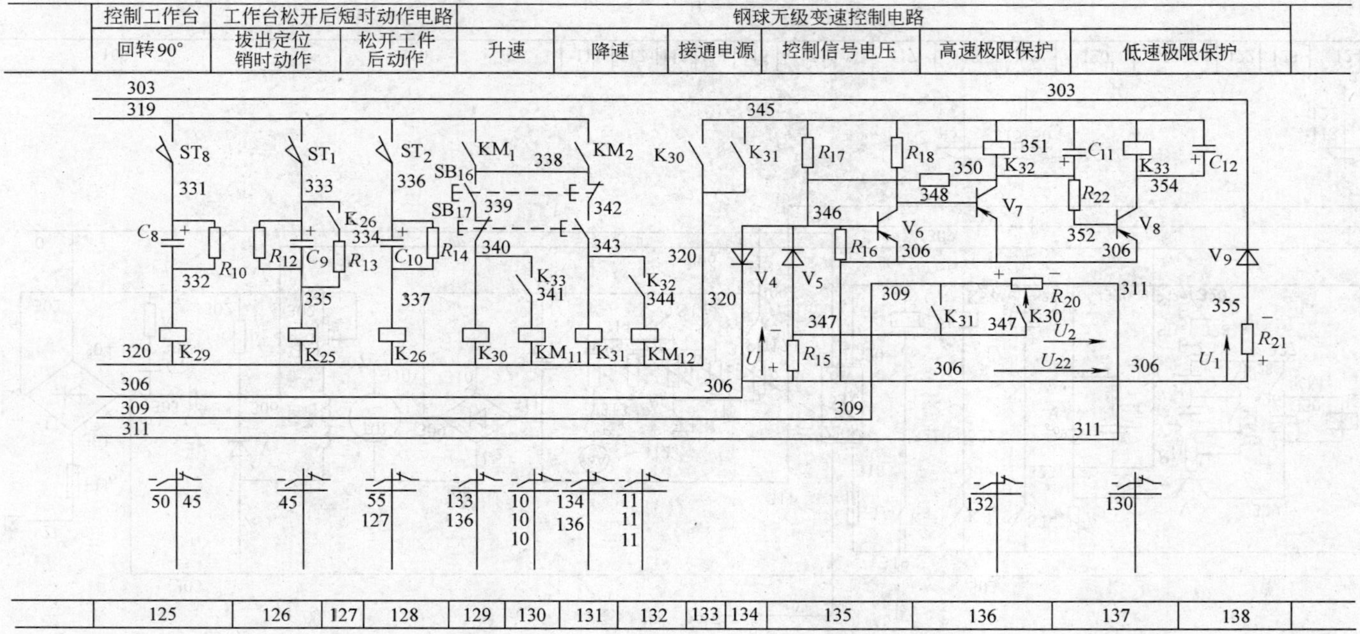

g)

图 6-4　T610 型卧式镗床电气控制线路原理图（续）

接触器 KM_1 闭合，切断接触器 KM_2 线圈的电源通路及中间继电器 K_3 线圈的电源通路，接通主轴电动机 M_1 的正转电源，为主轴钢球无级变速做好准备；继而 38 区中的时间继电器 KT_1 线圈和 40 区中的接触器 KM_3 线圈通电吸合，主轴电动机 M_1 绕组接成Y接法正向减压启动。

经过一定的时间，时间继电器 KT_1 动作，切断接触器 KM_3 线圈的电源，接触器 KM_3 失电释放；继而接通接触器 KM_4 线圈的电源，接触器 KM_4 通电闭合，主轴电动机 M_1 的绕组接成△接法正向全压运行。

当需要主轴电动机 M_1 制动停止时，按下主轴电动机 M_1 的制动停止按钮 SB_3，中间继电器 K_1 线圈、接触器 KM_1 线圈失电释放，继而接触器 KM_4 失电释放。中间继电器 K_1、接触器 KM_1、接触器 KM_4 的所有常开、常闭触点复位，主轴电动机 M_1 断电。但由于惯性的作用，主轴继续旋转。然后按钮 SB_3 在 42 区中 3 号线与 27 号线间的常开触点闭合，中间继电器 K_3 通电吸合，接通主轴制动电磁铁 YC 的电源，对主轴进行抱闸制动。松开按钮 SB_3，中间继电器 K_3、主轴制动电磁铁 YC 失电，完成主轴的停车制动过程。

主轴电动机 M_1 的反向Y-△减压启动过程与正向Y-△减压启动过程完全相同，请读者自行完成其减压启动过程的分析。

2）主轴电动机 M_1 点动启动、制动停止控制。当需要主轴电动机 M_1 正转点动时，按下主轴电动机 M_1 的正转点动按钮 SB_5，接触器 KM_1 线圈通电闭合（此时液压泵电动机 M_2 和润滑泵电动机 M_3 启动后中间继电器 K_7已闭合），继而接触器 KM_3 线圈通电闭合，接触器 KM_3 闭合。主轴电动机 M_1 的绕组接成Y接法减压启动运转。

接触器 KM_3 闭合的同时，接触器 KM_3 在 122 区及 123 区中 325 号线与 326 号线间的常开触点及 326 号与 327 号线间的常开触点闭合短接电容器 C_5 和 C_6，消除电容器 C_5、C_6 上的残余电量，为主轴电动机 M_1 点动停止制动作准备。

松开主轴电动机 M_1 的正转点动按钮 SB_5，接触器 KM_1 和接触器 KM_3 断电释放，其常开常闭触点复位，主轴电动机 M_1 断电，但在惯性的作用下主轴继续旋转。此时按钮 SB_5 的常闭触点也复位闭合，通过晶体管电路控制，使中间继电器 K_{28}通电闭合，继而中间继电器 K_{24}线圈通电闭合，中间继电器 K_3 线圈通电闭合，并切断时间继电器 KT_1 线圈、接触器 KM_3 线圈、接触器 KM_4 线圈的电源通路。

中间继电器 K_3 闭合，接通主轴电动机 M_1 的制动电磁铁 YC 的电源，制动电磁铁 YC 动作，对主轴进行制动，使主轴电动机 M_1 迅速停车。

主轴电动机 M_1 点动反转启动、停止制动控制过程与主轴电动机 M_1 点动正转启动、停止制动控制过程相同。

（4）平旋盘的控制　平旋盘也是由主轴电动机 M_1 拖动工作的。30 区中中间继电器 K_{27}在 14 号线与 0 号线间的常闭触点为平旋盘误入三档速度时的保护触点；34 区中行程开关 ST_3 的常闭触点及 60 区中行程开关 ST_3 的常开触点担负着接通和断开主轴或平旋盘进给的转换作用；111 区和 112 区中电阻器 R_4 和 R_5 分别调整平旋盘的两档转速。

主轴的速度调节和平旋盘的速度调节是用一个速度操作手柄进行的，主轴有三档速度（即当113区、114区、119区中行程开关ST_5、ST_6、ST_7闭合时有三档不同的主轴速度）。平旋盘则只有两档速度（即当113区、114区中行程开关ST_5、ST_6闭合时平旋盘有两档不同的速度）。在119区电路中，当速度操作手柄误操作将速度扳到三档位置时，中间继电器K_{27}闭合，其在30区中14号线与0号线间的常闭触点断开，切断接触器KM_1、KM_2及中间继电器K_1、K_2线圈的电源，主轴电动机M_1反而不能启动运转，已启动运行的则停止运行。

（5）主轴及平旋盘的调速控制　主轴及平旋盘的调速是通过电动机M_6拖动钢球无级变速器实现的。当钢球变速拖动电动机M_6拖动钢球无级变速器正转时，变速器的转速就上升；当钢球变速拖动电动机M_6拖动钢球无级变速器反转时，变速器的转速就下降。当变速器的转速为3000r/min时，测速发电机BR发出的电压约为50V，此时有关元件应立即动作，切断钢球拖动电动机M_6的正转电源，使变速器的转速不再上升。当变速器的转速为500r/min时，测速发电机BR发出的电压约为8.3V，有关元件也应立即动作，切断钢球拖动电动机M_6的反转电源，使变速器的转速不再下降。

1）主轴升速控制。当需要主轴升速时，按下129区中钢球无级变速升速启动按钮SB_{16}，按钮SB_{16}在130区中338号线与339号线间的常开触点闭合，接通中间继电器K_{30}线圈的电源，中间继电器K_{30}通电吸合，其在133区320号线与345号线间的常开触点和136区中347号线与电阻器R_{20}的中间抽头线相连接的常开触点闭合。

中间继电器K_{30}在133区中320号线与345号线间的常开触点闭合，接通了钢球无级变速电子控制电路的电源；中间继电器K_{30}在136区中347号线与电阻器R_{20}的中间抽头线相连接的常开触点闭合，接通了从110区中交流测速发电机BR发出的电压经整流滤波后由309号线和311号线输出加在电阻器R_{20}上经中间抽头分压后的部分电压U_2。这个电压U_2与由303号线与306号线从109区中引来加在138区中电阻R_{21}上的参考电压U_1经过电阻R_{15}后反极性串联进行比较，并在电阻R_{15}上产生一个控制电压U，$U=|U_2-U_1|$。当参考电压U_1高于测速发电机BR输出电压中的部分电压U_2时，在电阻R_{15}中有电流流过，亦即在135区中306号线与347号线之间有电流流过，且电流方向是从306号线流向347号线，此时306号线的电位高于347号线。由于306号线与135区中三极管V_6的发射极相连接，而347号线与135区中的二极管的阳极相连接，故三极管V_6处于截止状态，此时控制电压U对钢球无级变速电子控制电路不起作用。三极管V_6在由306号线和320号线在120区中稳压二极管V_2两端取出的给定电压作用下饱和导通。其通路为：120区中306号线→135区306号线→三极管V_6发射极→三极管V_6基极→346号线→电阻R_{17}→345号线→中间继电器K_{30}常开触点→133区320号线→120区320号线。由于三极管V_6饱和导通，故三极管V_7截止，而三极管V_8饱和导通，此时中间继电器K_{32}串联在三极管V_8的基极回路中，流过中间继电器K_{32}的电流较小，因此中间继电器K_{32}不闭合，但中间继电器K_{33}通电闭合。中间继电器K_{33}在130区中340号线与341号线间的常开触点闭合，接通接触器KM_{11}线圈的电源，接触器KM_{11}通电吸合，其在10区的主触点接通钢球变速拖动电动机M_6的正转电源，钢球拖动电动机M_6正向启动运转，拖动钢球无级变速器升速。当升到所需的转速时，松开钢球无级变速升速启动按钮SB_{16}，中间继电器K_{30}失电释放，其133区、136区中的常开触点复

位断开，使得中间继电器 K_{33} 和接触器 KM_{11} 相继失电释放，钢球变速拖动电动机 M_6 停止正转，完成升速控制过程。

若按下主轴升速启动按钮 SB_{16} 一直不松开，则主轴的转速一直上升，而与主轴同轴相连的测速发电机 BR 的转速也随之上升。当变速器的转速达到 3000r/min，从测速发电机 BR 发出的电压经整流滤波后取出的取样电压 U_2 略高于参考电压 U_1；在 135 区电阻 R_{15} 两端的电压中，347 号线的电位高于 306 号线的电位，故流过电阻 R_{15} 上的电流方向为从 347 号线流入 306 号线。此时控制电压 U 使二极管 V_4 和 V_5 立即导通，三极管 V_6 的发射极加上反偏电压；三极管 V_6 立即截止；三极管 V_7 基极电压降低，立即进入饱和状态，其集电极电位急剧下降，使三极管 V_8 基极电位上升而截止；中间继电器 K_{33} 失电释放，继而接触器 KM_{11} 失电释放，钢球变速拖动电动机 M_6 停止正转。而三极管 V_7 饱和导通，中间继电器 K_{32} 通电吸合动作，132 区中的常开触点虽然闭合，但此时按钮 SB_{16} 并未松开，按钮 SB_{16} 在 131 区中 338 号线与 342 号线间的触点没有复位闭合，且按钮 SB_{17} 也没有按下去，按钮 SB_{17} 在 131 区中 342 号线与 343 号线间的常开触点也没有闭合，因此中间继电器 K_{31} 和接触器 KM_{12} 不会通电吸合，钢球拖动电动机 M_6 不会反转。

2）主轴降速控制。当需要主轴降速时，按下 131 区中钢球无级变速降速启动按钮 SB_{17}，按钮 SB_{17} 在 342 号线与 343 号线间的常开触点闭合，接通中间继电器 K_{31} 线圈的电源，中间继电器 K_{31} 通电吸合，其在 134 区 320 号线与 345 号线间的常开触点和 136 区中 309 号线与 347 号线间的常开触点闭合。中间继电器 K_{31} 在 134 区中 320 号线与 345 号线间的常开触点闭合，接通了钢球无级变速电子控制电路的电源；中间继电器 K_{31} 在 136 区中 309 号线与 347 号线间的常开触点闭合，接通了从 110 区中交流测速发电机 BR 发出的电压经整流滤波后由 309 号线和 311 号线输出加在电阻器 R_{20} 上的电压 U_{22}。电压 U_{22} 与由 303 号线和 306 号线从 109 区中引来加在 138 区中电阻 R_{21} 上的参考电压 U_1 经过电阻 R_{15} 后反极性串联进行比较，并在电阻 R_{15} 上产生一个控制电压 U，$U=U_{22}-U_1$。由于 U_{22} 大于 U_1，因而在电阻 R_{15} 上产生的控制电压为上正下负，即 347 号线端为正，306 号线端为负。此时二极管 V_4、V_5 导通，三极管 V_6 截止，三极管 V_7 饱和导通，三极管 V_8 截止。三极管 V_7 饱和导通，使得中间继电器 K_{32} 通电动作，中间继电器 K_{32} 在 132 区中的常开触点闭合，接通接触器 KM_{12} 线圈的电源，接触器 KM_{12} 通电闭合，其 11 区中的主触点接通钢球变速拖动电动机 M_6 的反转电源，钢球变速拖动电动机 M_6 反向启动运转，拖动变速器减速。当转速降到所需速度时，松开钢球无级变速降速启动按钮 SB_{17}，中间继电器 K_{31} 失电释放，其 134 区、136 区中的常开触点复位断开，使得中间继电器 K_{32} 和接触器 KM_{12} 相继失电释放，钢球变速拖动电动机 M_6 停止反转，完成降速控制过程。

若按下主轴降速启动按钮 SB_{17} 一直不松开，则主轴的转速一直下降，而与主轴同轴相连的测速发电机 BR 的转速也随之下降。当变速器的转速下降至 500r/min，从测速发电机 BR 发出的电压经整流滤波后取出的取样电压 U_{22} 低于参考电压 U_1；在 135 区电阻 R_{15} 两端的电压中，347 号线的电位低于 306 号线的电位，故流过电阻 R_{15} 上的电流方向为从 306 号线流入 347 号线。此时控制电压 U 使二极管 V_4 和 V_5 立即截止，三极管

V_6 在由 306 号线和 320 号线在 12 区中稳压二极管 V_2 两端取出的给定电压作用下饱和导通，三极管 V_7 立即截止，使得中间继电器 K_{32} 断电释放，继而接触器 KM_{12} 失电释放，钢球变速拖动电动机 M_6 停止反转，三极管 V_8 饱和导通，中间继电器 K_{33} 通电吸合动作，130 区中的常开触点虽然闭合，但此时按钮 SB_{17} 并未松开，按钮 SB_{17} 在 129 区中 339 号线与 340 号线间的触点没有复位闭合，且按钮 SB_{16} 也没有按下去，按钮 SB_{16} 在 129 区中 338 号线与 339 号线间的常开触点也没有闭合，因此中间继电器 K_{30} 和接触器 KM_{11} 不会通电吸合，钢球拖动电动机 M_6 不会正转。

3）平旋盘的调速控制。平旋盘的调速控制原理与主轴的调速控制原理相同，不同之处在于平旋盘调速时，应将平旋盘操作手柄扳至接通位置。

（6）进给控制　机床的进给控制分为主轴进给、平旋盘刀架进给、工作台进给及主轴箱的进给控制等。机床的各种进给运动都是由控制电路控制电磁阀的动作，从而控制液压系统对各种进给运动进行驱动的。

1）主轴向前进给控制

① 初始条件：平旋盘通断操作手柄扳至“断开”位置；液压泵电动机 M_2 和润滑泵电动机 M_3 已启动且运转正常；压力继电器 KP_2（52 区）、KP_3（79 区）的常开触点已闭合；中间继电器 K_7（52 区）、K_{17}（79 区）、K_{18}（80 区）通电闭合。

② 操作：将十字开关 SA_5 扳至左边位置档，中间继电器 K_{18} 失电释放，而中间继电器 K_{17} 仍然通电吸合。

③ 松开主轴夹紧装置：当机床使用自动进给时，行程开关 ST_4 在 61 区中的常开触点闭合，中间继电器 K_9 通电闭合，为电磁阀 YV_{3a} 线圈的通电做好了准备。且 K_9 接通了电磁阀 YV_8 线圈的电源，YV_8 动作，接通主轴松开油路，使主轴夹紧装置松开。

④ 主轴快速进给控制：当需要主轴快速进给时，按下 100 区中的点动快速进给按钮 SB_{12}，中间继电器 K_{20} 线圈和电磁阀 YV_1 线圈通电。电磁阀 YV_1 动作，关闭低压油泄放阀，使液压系统能推动进给机构快速进给。中间继电器 K_{20} 动作，使电磁阀 YV_{3a} 通电动作，主轴选择前进进给方向，且 K_{20} 接通快速进给电磁阀 YV_{6a} 线圈的电源，电磁阀 YV_{6a} 动作。电磁阀 YV_{3a} 和电磁阀 YV_{6a} 动作的组合使机床压力油按预定的方向进入主轴液压缸，驱动主轴快速前进。

松开点动快速进给按钮 SB_{12}，中间继电器 K_{20} 失电释放，电磁阀 YV_1、YV_{3a}、YV_{6a} 先后失电释放，完成主轴快速进给控制过程。

⑤ 主轴工作进给控制：当需要主轴工作进给时，按下 102 区中的工作进给按钮 SB_{13}，中间继电器 K_{21} 线圈通电吸合并自锁，接通工作进给指示信号灯电源，工作进给指示灯亮，显示主轴正在工作进给，同时接通中间继电器 K_{22} 线圈的电源，继而接通了电磁阀 YV_{3a} 和 YV_{6b} 的电源，电磁阀 YV_{3a} 和 YV_{6b} 动作，主轴以工作进给速度移动。

当需要停止主轴工作进给时，按下 30 区中的主轴停止按钮，或将十字开关 SA_5 扳至中间位置挡，主轴停止工作进给。

⑥ 主轴点动工作进给控制：当需要主轴点动工作进给时，按下 104 区中的主轴点动工作进给按钮 SB_{14}，中间继电器 K_{22} 通电闭合，继而接通了电磁阀 YV_{3a} 和 YV_{6b} 的电源，电磁阀 YV_{3a} 和 YV_{6b} 动作，使高压油按选择好的方向进入主轴油箱，主轴以工作进

给速度移动。

松开主轴点动工作进给按钮 SB_{14}，中间继电器 K_{22} 失电释放，继而电磁阀 YV_{3a} 和 YV_{6b} 失电，主轴停止进给。

⑦ 主轴进给量微调控制：当主轴需要对进给量进行微调控制时，按下 99 区中主轴微调点动按钮 SB_{15}，中间继电器 K_{23} 通电闭合，继而接通电磁阀 YV_{3a} 和 YV_7 的电源，电磁阀 YV_{3a} 和 YV_7 通电动作，使主轴以很微小的移动量进给。

松开主轴微调点动按钮 SB_{15}，主轴停止微调量进给。

2）平旋盘进给控制。平旋盘的进给控制与主轴的进给控制相同，它也有点动快速进给、工作进给、点动工作进给、点动微调进给控制，同样由按钮 SB_{12}、SB_{13}、SB_{14}、SB_{15} 分别控制。当需要对平旋盘进行控制时，只需将平旋盘通断操作手柄扳至接通位置，其他操作与主轴进给控制相同。

3）主轴后退运动控制。主轴后退运动控制与主轴进给控制相同，也有点动快速进给、工作进给、点动工作进给、点动微调进给控制，同样由按钮 SB_{12}、SB_{13}、SB_{14}、SB_{15} 分别控制。当需要对主轴进行后退运动控制时，应将平旋盘通断操作手柄扳至断开位置，并将十字开关 SA_5 扳至右边位置挡，其他操作与主轴的进给控制相同。

4）主轴箱的进给控制。主轴箱可上升或下降进给。将十字开关 SA_5 扳至上边位置挡，主轴箱上升进给；将十字开关 SA_5 扳至下边位置挡，主轴箱下降进给。

① 主轴箱上升进给控制：将十字开关 SA_5 扳至上边位置挡，67 区中的 $SA_{5\text{-}3}$ 常开触点闭合，SA_5 其他常开触点断开；80 区中的 $SA_{5\text{-}3}$ 常闭触点断开，SA_5 其他常闭触点闭合。中间继电器 K_{17} 闭合，同时中间继电器 K_{11} 通电闭合，继而接通电磁阀 YV_9、YV_{10} 的电源。电磁阀 YV_9 动作，驱动主轴箱夹紧机构松开；电磁阀 YV_{10} 动作，供给润滑油对导轨进行润滑。中间继电器 K_{11} 接通主轴箱向上进给电磁阀 YV_{5a} 的电源，主轴箱被选择为向上进给。分别按下按钮 SB_{12}、SB_{13}、SB_{14}、SB_{15}，可分别进行主轴箱上升的点动快速进给、工作进给、点动工作进给及点动微调进给控制。

② 主轴箱下降进给控制：将十字开关 SA_5 扳至下边位置挡，69 区中的 $SA_{5\text{-}4}$ 常开触点闭合，SA_5 其他常开触点断开；80 区中的 $SA_{5\text{-}4}$ 常闭触点断开，SA_5 其他常闭触点闭合。中间继电器 K_{17} 闭合，同时 69 区中间继电器 K_{12} 通电闭合。中间继电器 K_{12} 接通电磁阀 YV_9、YV_{10} 的电源，电磁阀 YV_9、YV_{10} 动作，驱动主轴箱夹紧机构松开及对导轨进行润滑。中间继电器 K_{12} 接通主轴箱向下进给电磁阀 YV_{5b} 的电源，主轴箱被选择为下降进给。分别按下按钮 SB_{12}、SB_{13}、SB_{14}、SB_{15}，可分别进行主轴箱下降的点动快速进给、工作进给、点动工作进给及点动微调进给控制。

5）工作台的进给控制。工作台的进给控制分为纵向后退、纵向前进、横向后退和横向前进方向进给。

① 工作台纵向后退进给控制：将十字开关 SA_6 扳至左边位置挡，71 区中的 $SA_{6\text{-}1}$ 常开触点闭合，SA_6 其他常开触点断开；79 区中的 $SA_{6\text{-}1}$ 常闭触点断开，SA_6 其他常闭触点闭合。这使得中间继电器 K_{17} 断开，中间继电器 K_{18} 闭合。中间继电器 K_{18} 接通中间继电器 K_{13} 的电源，中间继电器 K_{13} 通电闭合，接通电磁阀 YV_{13}、YV_{18} 的电源。电磁阀 YV_{13}，YV_{18} 动作，驱动下滑座夹紧机构松开及供给导轨润滑油。中间继电器 K_{13} 接通工

作台纵向后退进给电磁阀 YV_{2b}的电源，工作台被选择为纵向后退进给。分别按下按钮 SB_{12}、SB_{13}、SB_{14}、SB_{15}，可分别进行工作台纵向后退运动的点动快速进给、工作进给、点动工作进给及点动微调进给控制。

② 工作台纵向前进进给控制：工作台纵向前进进给控制的原理与工作台纵向后退进给控制原理相同。在对工作台进行纵向前进进给控制时，须将十字开关 SA_6 扳至右边位置挡。

③ 工作台横向后退进给控制：当需要工作台横向后退进给时，将十字开关 SA_6 扳至上边位置挡，75 区中的 SA_{6-3} 常开触点闭合，SA_6 其他常开触点断开；79 区中的 SA_{6-3} 常闭触点断开，SA_6 其他常闭触点闭合。中间继电器 K_{17}断开，中间继电器 K_{18}闭合。中间继电器 K_{18}接通中间继电器 K_{15}的电源，中间继电器 K_{15}接通电磁阀 YV_{12}、YV_{17}的电源，电磁阀 YV_{12}、YV_{17}动作，驱动上滑座夹紧机构松开及供给导轨润滑油。中间继电器 K_{15}接通工作台横向后退进给电磁阀 YV_{4b}的电源，工作台被选择为横向后退进给。分别按下按钮 SB_{12}、SB_{13}、SB_{14}、SB_{15}，可分别进行工作台纵向后退运动的点动快速进给、工作进给、点动工作进给及点动微调进给控制。

④ 工作台横向前进进给控制：工作台横向前进进给控制的原理与工作台横向后退进给控制原理相同。在对工作台进行横向前进进给控制时，须将十字开关 SA_6 扳至下边位置挡。

(7) 工作台回转控制　工作台回转运动由回转工作台电动机 M_4 拖动，工作台的夹紧及放松和回转 90°的定位由液压系统控制。可以手动控制机床工作台的回转运动，也可以自动进行控制。

1）工作台自动回转控制。将 47 区中工作台回转自动及手动转换开关 SA_4 扳至“自动”挡，按下 44 区中工作台正向回转启动按钮 SB_8，中间继电器 K_4 通电闭合，继而接通电磁阀 YV_{16}和 YV_{11}的电源，电磁阀 YV_{16}和 YV_{11}通电动作。同时中间继电器 K_4 切断中间继电器 K_7线圈的电源，中间继电器 K_7 失电释放，继而切断中间继电器 K_{17}、K_{18}线圈的电源通路，使工作台在回转时其他进给不能进行。

电磁阀 YV_{16}动作，接通工作台压力导轨油路，给工作台压力导轨充压力油。电磁阀 YV_{11}动作，接通工作台夹紧机构的放松油路，使夹紧机构松开。工作台夹紧机构松开后，机械装置压下行程开关 ST_2，ST_2 在 128 区中的常开触点被压下闭合，中间继电器 K_{26}在电子装置的控制下短时闭合，接通中间继电器 K_6 线圈的电源，中间继电器 K_6 通电闭合并自锁，并接通电磁阀 YV_{10}的电源，YV_{10}通电动作，将定位销拔出并使传动机构的蜗轮与蜗杆啮合。

在拔出定位销的过程中，机械装置压下行程开关 ST_1，ST_1 在 126 区中的常开触点被压下闭合，短时接通中间继电器 K_{25}线圈的电源，中间继电器 K_{25}短时闭合，接通接触器 KM_7 线圈电源，接触器 KM_7 通电闭合并自锁，使工作台回转拖动电动机 M_4 拖动工作台正向回转。

当工作台回转过 90°时，压合行程开关 ST_8，ST_8 在 125 区中的常开触点闭合，短时接通中间继电器 K_{29}线圈的电源，中间继电器 K_{29}通电闭合，切断接触器 KM_7 线圈电源通路，接触器 KM_7 失电释放，工作台回转电动机 M_4 断电停止正转，完成正向回转。

同时，中间继电器 K_{29}在 50 区中的常开触点闭合，接通通电延时时间继电器 KT_2 线圈的电源。时间继电器 KT_2 通电闭合并自锁，为中间继电器 K_4 断电做好了准备。

KT_2 在 55 区中的延时断开常闭触点经过通电延时一定时间后断开，切断中间继电器 K_6 线圈的电源，使电磁阀 YV_{10}断电，传动机构的蜗轮与蜗杆分离，定位销插入销座，压力继电器 KP_1 动作，中间继电器 K_4 断电释放，时间继电器 K_2、电磁阀 YV_{11}及 YV_{16}失电，工作台夹紧，完成工作台自动回转的控制。

2）工作台回转电动机 M_4 的停车制动控制。工作台回转电动机 M_4 的停车制动控制电路结构比较简单，它采用了电容式能耗制动线路。当工作台回转电动机 M_4 停车时，接触器 KM_7 或 KM_8 失电释放，在 7 区中接触器 KM_7 或 KM_8 的常闭触点复位闭合，电容器 C_{13}通过电阻 R_{23}对工作台回转电动机 M_4 绕组放电产生直流电流，从而产生制动力矩对工作台回转电动机 M_4 进行能耗制动，工作台回转电动机 M_4 迅速停止转动。

3）工作台手动回转控制。将 48 区中的工作台回转自动及手动转换开关 SA_4 扳至“手动”挡，则可对工作台进行手动回转控制。此时电磁阀 YV_{16}、YV_{11}通电动作，电磁阀 YV_{11}使工作台松开，电磁阀 YV_{16}使压力导轨充油。工作台松开后，压下 128 区中的行程开关 ST_2，ST_2 的常开触点被压下闭合，继而中间继电器 K_{26}、K_6 及电磁阀 YV_{10}先后通电动作并将定位销拔出，此时即可用手轮操作工作台微量回转，实现工作台手动回转控制。

（8）尾架电动机 M_5 和冷却泵电动机 M_7 的控制

1）尾架电动机 M_5 的控制。尾架电动机 M_5 的控制电路为点动控制电路。当按下尾架电动机 M_5 的正转点动按钮 SB_{10}时，尾架电动机 M_5 正向启动运转，尾架上升；当按下尾架电动机 M_5 的反转点动按钮 SB_{11}时，尾架电动机 M_5 反向启动运转，尾架下降。

2）冷却泵电动机 M_7 的控制。冷却泵电动机 M_7 由单极开关 SA_1 控制接触器 KM_{13}线圈电源的通断来进行控制。当单极开关 SA_1 闭合时，冷却泵电动机 M_7 通电运转；当单极开关 SA_1 断开时，冷却泵电动机 M_7 停转。

2. T610 型卧式镗床 PLC 控制设计

1）T610 型卧式镗床 PLC 控制输入输出点分配表见表 6-3。

表 6-3　T610 型卧式镗床 PLC 控制输入输出点分配表

输入信号			输出信号		
名　称	代号	输入点编号	名　称	代号	输出点编号
电动机 M_2、M_3 启动按钮	SB_1	I0.0	电动机 M_1 正转接触器	KM_1	Q0.0
电动机 M_2、M_3 停止按钮、热继电器	SB_2、FR_1 ~ FR_4	I0.1	电动机 M_1 反转接触器	KM_2	Q0.1
主轴电动机 M_1、制动停止按钮	SB_3	I0.2	电动机 M_1 Y启动接触器	KM_3	Q0.2

（续）

输入信号			输出信号		
名　称	代号	输入点编号	名　称	代号	输出点编号
电动机 M_1 正转Y-△减压启动按钮	SB_4	I0.3	电动机 $M_{1\triangle}$ 运行接触器	KM_4	Q0.3
电动机 M_1 正转Y-△减压启动按钮	SB_5	I0.4	液压泵电动机 M_2 接触器	KM_5	Q0.4
主轴电动机 M_1 正转点动按钮	SB_6	I0.5	润滑泵电动机 M_3 接触器	KM_6	Q0.5
主轴电动机 M_1 反转点动按钮	SB_7	I0.6	工作台电动机 M_4 正转接触器	KM_7	Q0.6
工作台电动机 M_4 正转启动按钮	SB_8	I0.7	工作台电动机 M_4 反转接触器	KM_8	Q0.7
工作台电动机 M_4 反转启动按钮	SB_9	I1.0	尾架电动机 M_5 正转接触器	KM_9	Q1.0
尾架电动机 M_5 正转点动	SB_{10}	I1.1	尾架电动机 M_5 反转接触器	KM_{10}	Q1.1
尾架电动机 M_5 反转点动按钮	SB_{11}	I1.2	钢球变速拖动电动机 M_6 升速接触器	KM_{11}	Q1.2
机床快速点动进给按钮	SB_{12}	I1.3	钢球变速拖动电动机 M_6 降速接触器	KM_{12}	Q1.3
机床工作进给按钮	SB_{13}	I1.4	冷却泵电动机 M_7 接触器	KM_{13}	Q1.4
机床工作点动进给按钮	SB_{14}	I1.5	平旋盘接通继电器	K_8	Q1.5
机床微动进给点动按钮	SB_{15}	I1.6	电磁阀	YV_0	Q1.6
钢球变速拖动电动机 M_6 升速按钮	SB_{16}	I1.7	电磁阀	YV_1	Q1.7
钢球变速拖动电动机 M_6 降速按钮	SB_{17}	I2.0	电磁阀	YV_{2a}	Q2.0
压力继电器	KP_1	I2.1	电磁阀	YV_{2b}	Q2.1
压力继电器	KP_2	I2.2	电磁阀	YV_{3a}	Q2.2
压力继电器	KP_3	I2.3	电磁阀	YV_{3b}	Q2.3
冷却泵电动机 M_7 手动控制开关	SA_1	I2.4	电磁阀	YV_{4a}	Q2.4
工作台回转自动控制开关	$SA_{4\text{-}1}$	I2.5	电磁阀	YV_{4b}	Q2.5

（续）

输入信号			输出信号		
名　称	代号	输入点编号	名　称	代号	输出点编号
工作台回转手动控制开关	SA_{4-2}	I2.6	电磁阀	YV_{5a}	Q2.6
主轴、平旋盘“前进”方向进给	SA_{5-1}	I2.7	电磁阀	YV_{5b}	Q2.7
主轴、平旋盘“后退”方向进给	SA_{5-2}	I3.0	电磁阀	YV_{6a}	Q3.0
主轴箱“上升”	SA_{5-3}	I3.1	电磁阀	YV_{6b}	Q3.1
主轴箱“下降”	SA_{5-4}	I3.2	电磁阀	YV_{7}	Q3.2
工作台“纵向后退”	SA_{6-1}	I3.3	电磁阀	YV_{8}	Q3.3
工作台“纵向前进”	SA_{6-2}	I3.4	电磁阀	YV_{9}	Q3.4
工作台“横向后退”	SA_{6-3}	I3.5	电磁阀	YV_{10}	Q3.5
工作台“横向前进”	SA_{6-4}	I3.6	电磁阀	YV_{11}	Q3.6
行程开关	ST_{1}	I3.7	电磁阀	YV_{12}	Q3.7
行程开关	ST_{2}	I4.0	电磁阀	YV_{13}	Q4.0
行程开关	ST_{3}	I4.1	电磁阀	YV_{14a}	Q4.1
行程开关	ST_{4}	I4.2	电磁阀	YV_{14b}	Q4.2
行程开关	ST_{5}	I4.3	电磁阀	YV_{15a}	Q4.3
行程开关	ST_{6}	I4.4	电磁阀	YV_{15b}	Q4.4
行程开关	ST_{7}	I4.5	电磁阀	YV_{16}	Q4.5
行程开关	ST_{8}	I4.6	电磁阀	YV_{17}	Q4.6
行程开关	ST_{9}	I4.7	电磁阀	YV_{18}	Q4.7
继电器	K_{32}	I5.0	电磁阀	YV_{19}	Q5.0
继电器	K_{33}	I5.1	电磁阀	YV_{20}	Q5.1
			停车动电磁铁	YC	Q5.2
			停车指示灯	HL_{9}	Q5.3
			Ⅲ挡变速控制继电器	K_{27}	Q5.4
			主轴（平旋盘）一挡	K_{34}	Q5.5
			主轴（平旋盘）二挡	K_{35}	Q5.6

2）T610 型卧式镗床 PLC 控制接线图如图 6-5 所示。

3）根据实际接线图和 T610 型卧式镗床的控制要求，设计出 T610 型卧式镗床 PLC 控制梯形图如图 6-6 所示。

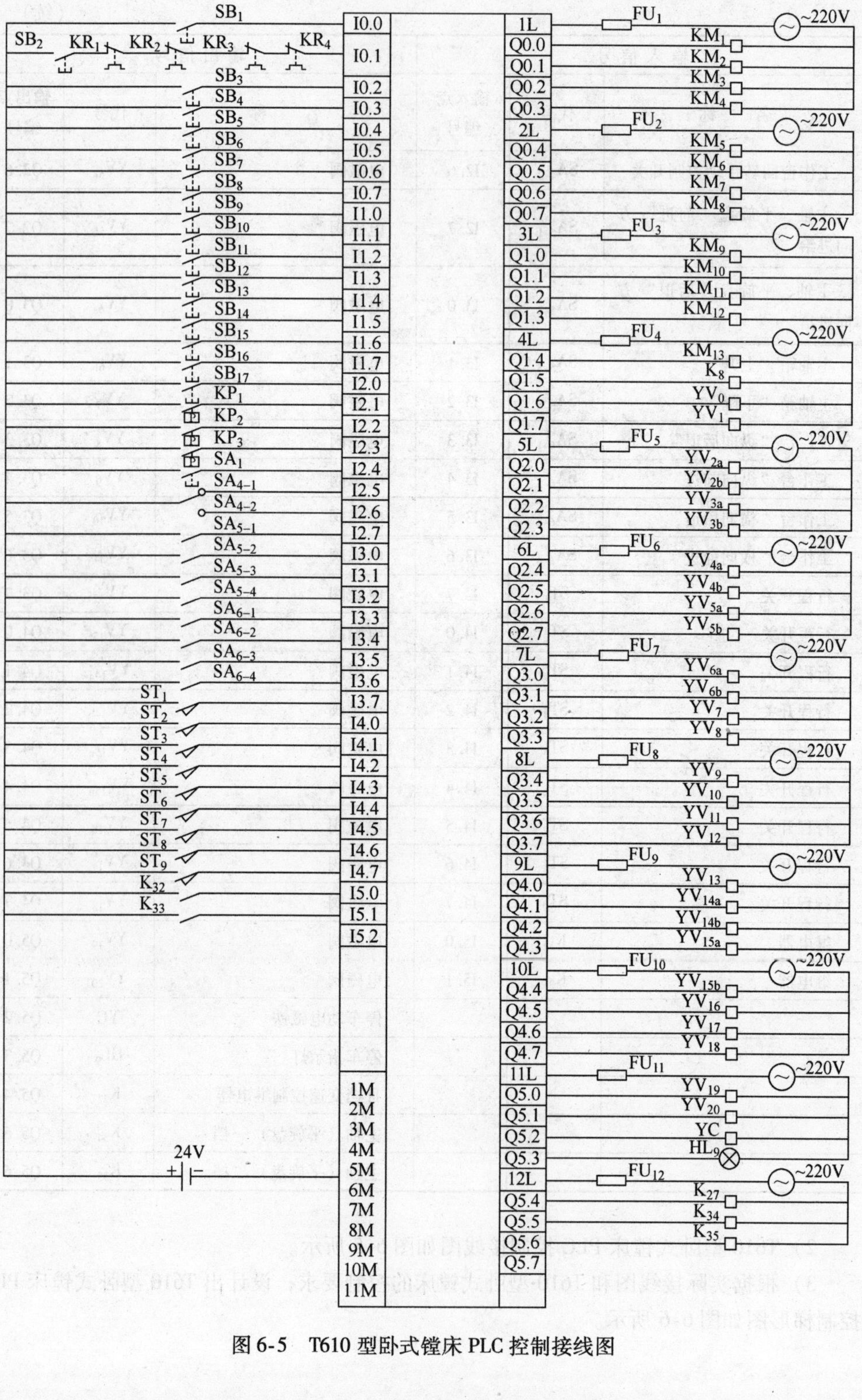

图 6-5　T610 型卧式镗床 PLC 控制接线图

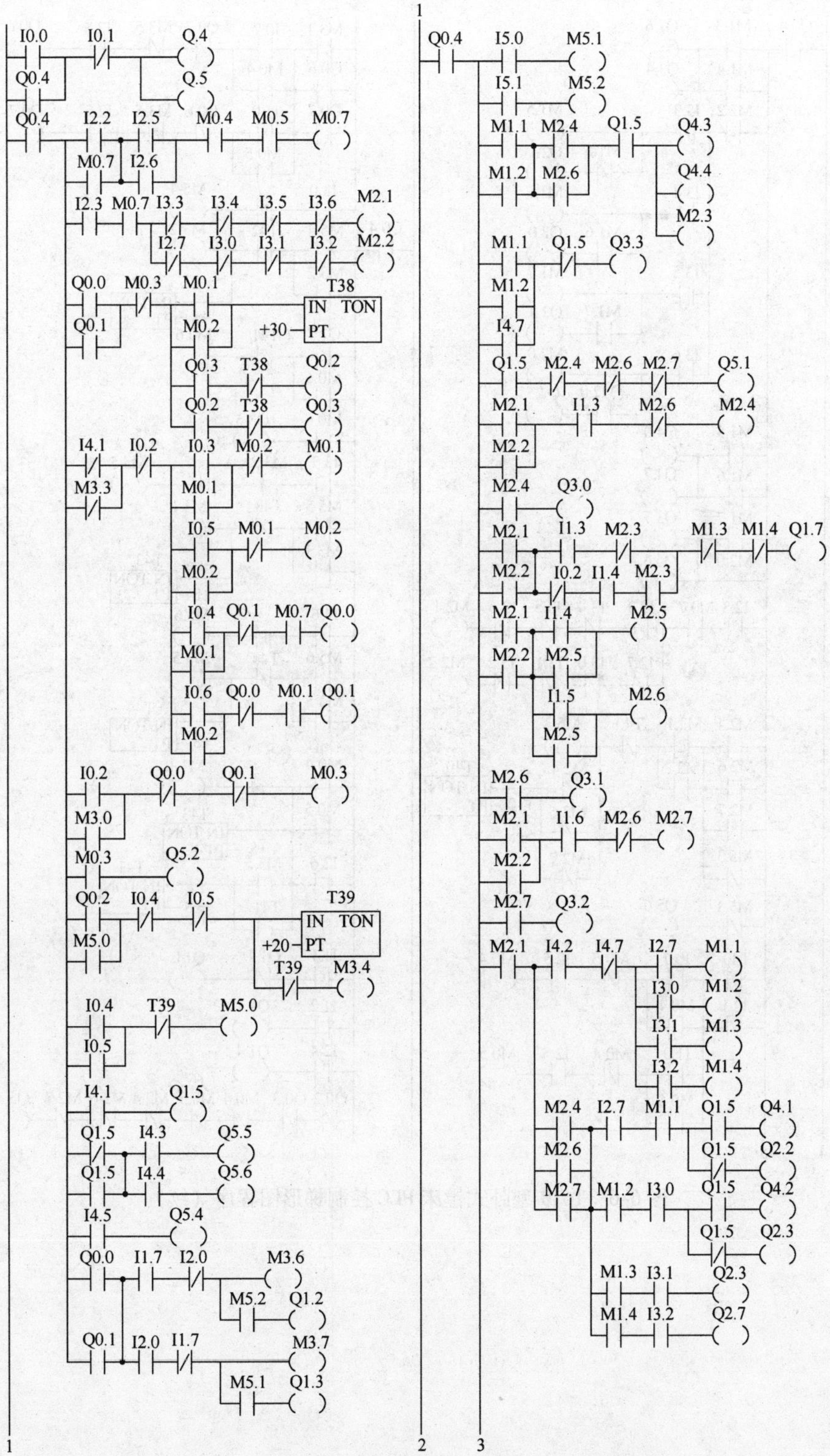

图 6-6　T610 型卧式镗床 PLC 控制梯形图程序

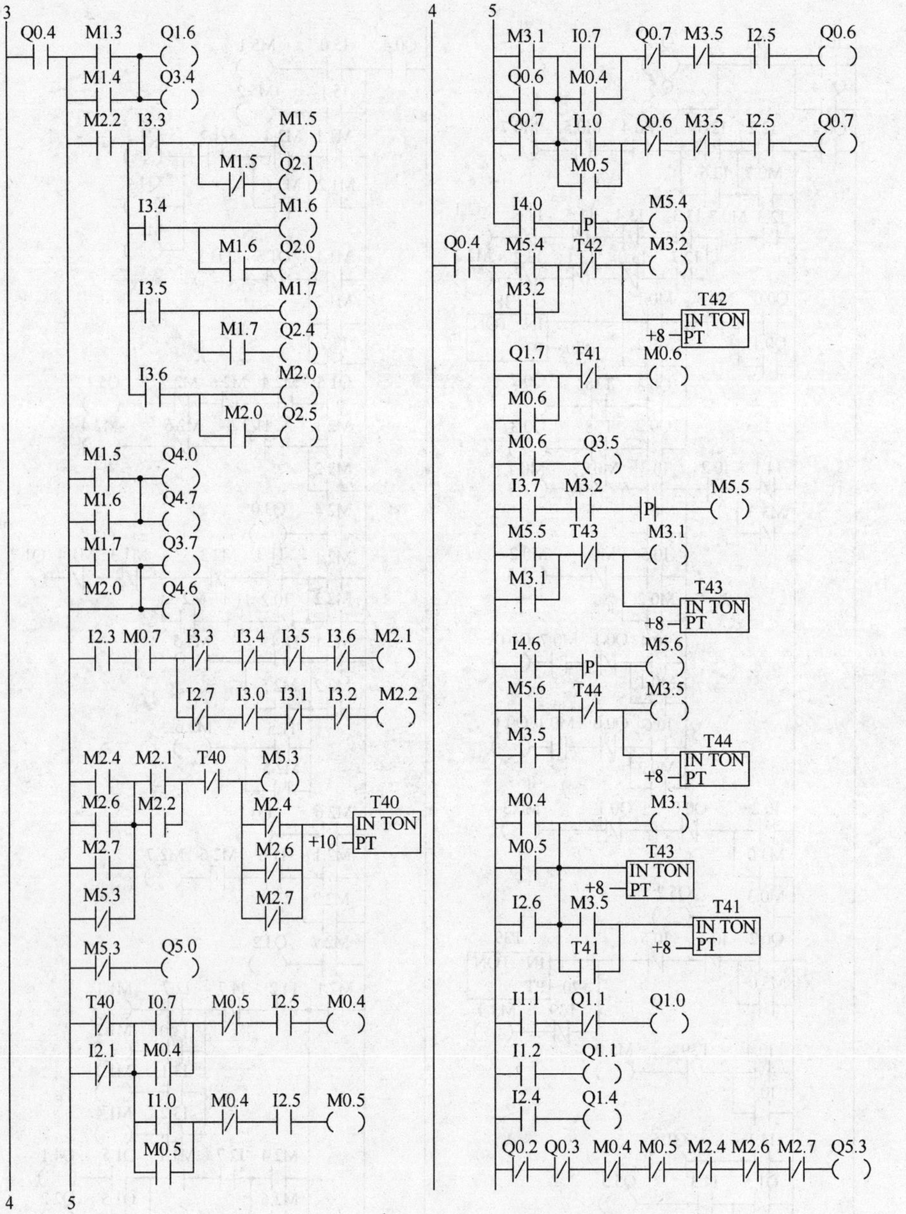

图6-6　T610 型卧式镗床 PLC 控制梯形图程序（续）

4）对照梯形图，编写出 T610 型卧式镗床 PLC 控制指令语句表。

```
LD    I0.0
O     Q0.4
AN    I0.1
=     Q0.4
=     Q0.5
LD    Q0.4
LPS
LD    I2.2
O     M0.7
LD    I2.5
O     I2.6
ALD
A     M0.4
A     M0.5
=     M0.7
LRD
A     I2.3
A     M0.7
LPS
AN    I3.3
AN    I3.4
AN    I3.5
AN    I3.6
=     M2.1
LPP
AN    I2.7
AN    I3.0
AN    I3.1
AN    I3.2
=     M2.2
LRD
LD    Q0.0
O     Q0.1
ALD
AN    M0.3
LPS
LD    M0.1
O     M0.2
ALD
TON   T38，+30
LRD
A     Q0.3
AN    T38
=     Q0.2
LPP
A     Q0.2
AN    T38
=     Q0.3
LRD
LDN   I4.1
ON    M3.3
ALD
AN    I0.2
LPS
LD    I0.3
O     M0.1
ALD
AN    M0.2
=     M0.1
LRD
LD    I0.5
O     M0.2
ALD
AN    M0.1
=     M0.2
LRD
LD    I0.4
O     M0.1
ALD
AN    Q0.1
A     M0.7
=     Q0.0
LPP
LD    I0.6
O     M0.2
ALD
AN    Q0.0
A     M0.1
=     Q0.1
LRD
LD    I0.2
O     M3.0
ALD
AN    Q0.0
AN    Q0.1
=     M0.3
LRD
A     M0.3
=     Q5.2
LRD
LD    Q0.2
O     M5.0
ALD
AN    I0.4
AN    I0.5
TON   T39，+20
AN    T39
=     M3.4
LRD
LD    I0.4
O     I0.5
ALD
AN    T39
=     M5.0
LRD
A     I4.1
=     Q1.5
LRD
LDN   Q1.5
O     Q1.5
ALD
LPS
A     I4.3
=     Q5.5
LPP
A     I4.4
=     Q5.6
LRD
A     I4.5
=     Q5.4
LPP
LD    Q0.0
O     Q0.1
ALD
LPS
A     I1.7
AN    I2.0
=     M3.6
A     M5.2
=     Q1.2
LPP
A     I2.0
AN    I1.7
=     M3.7
A     M5.1
=     Q1.3
LD    Q0.4
LPS
A     I5.0
=     M5.1
LRD
A     I5.1
=     M5.2
LRD
LD    M1.1
O     M1.2
ALD
LD    M2.4
O     M2.6
ALD
A     Q1.5
=     Q4.3
=     Q4.4
=     M2.3
LRD
LD    M1.1
O     M1.2
O     I4.7
ALD
AN    Q1.5
=     Q3.3
LRD
A     Q1.5
AN    M2.4
AN    M2.6
AN    M2.7
=     Q5.1
LRD
LD    M2.1
O     M2.2
ALD
A     I1.3
AN    M2.6
=     M2.4
LRD
A     M2.4
=     Q3.0
LRD
LD    M2.1
O     M2.2
ALD
LD    I1.3
AN    M2.3
LDN   I0.2
A     I1.4
A     M2.3
OLD
ALD
AN    M1.3
AN    M1.4
=     Q1.7
LRD
LD    M2.1
O     M2.2
ALD
LPS
LD    I1.4
O     M2.5
ALD
=     M2.5
LPP
LD    I1.5
O     M2.5
ALD
=     M2.6
LRD
A     M2.6
=     Q3.1
LRD
LD    M2.1
O     M2.2
ALD
A     I1.6
AN    M2.6
=     M2.7
LRD
A     M2.7
=     Q3.2
LPP
A     M2.1
LPS
A     I4.2
AN    I4.7
LPS
A     I2.7
=     M1.1
LRD
A     I3.0
=     M1.2
LRD
A     I3.1
=     M1.3
LPP
A     I3.2
=     M1.4
LPP
LD    M2.4
O     M2.6
O     M2.7
ALD
LPS
A     I2.7
A     M1.1
LPS
A     Q1.5
=     Q4.1
LPP
AN    Q1.5
=     Q2.2
LRD
A     M1.2
A     I3.0
LPS
A     Q1.5
=     Q4.2
LPP
AN    Q1.5
=     Q2.3
LRD
A     M1.3
A     I3.1
=     Q2.3
LPP
A     M1.4
A     I3.2
=     Q2.7
LD    Q0.4
LPS
LD    M1.3
O     M1.4
ALD
=     Q1.6
=     Q3.4
LRD
A     M2.2
LPS
A     I3.3
=     M1.5
AN    M1.5
=     Q2.1
LRD
A     I3.4
=     M1.6
A     M1.6
=     Q2.0
LRD
A     I3.5
=     M1.7
A     M1.7
=     Q2.4
LPP
A     I3.6
=     M2.0
A     M2.0
=     Q2.5
```

```
LRD
LD    M1.5
O     M1.6
ALD
=     Q4.0
=     Q4.7
LRD
LD    M1.7
O     M2.0
ALD
=     Q3.7
=     Q4.6
LRD
A     I2.3
A     M0.7
LPS
AN    I3.3
AN    I3.4
AN    I3.5
AN    I3.6
=     M2.1
LPP
AN    I2.7
AN    I3.0
AN    I3.1
AN    I3.2
=     M2.2
LRD
LD    M2.4
O     M2.6
O     M2.7
O     M5.3
ALD
LD    M2.1
O     M2.2
ALD
AN    T40
=     M5.3
LDN   M2.4
ON    M2.6
ON    M2.7
ALD
TON   T40，+10
LRD
AN    M5.3
=     Q5.0
LRD
LDN   T40
ON    I2.1
ALD
LPS
LD    I0.7
O     M0.4
ALD
AN    M0.5
A     I2.5
=     M0.4
LPP
LD    I1.0
O     M0.5
ALD
AN    M0.4
A     I2.5
=     M0.5
LRD
LD    M3.1
O     Q0.6
O     Q0.7
ALD
LPS
LD    I0.7
O     M0.4
ALD
AN    Q0.7
AN    M3.5
A     I2.5
=     Q0.6
LPP
LD    I1.0
O     M0.5
ALD
AN    Q0.6
AN    M3.5
A     I2.5
=     Q0.7
LPP
A     I4.0
EU
=     M5.4
LD    Q0.4
LPS
LD    M5.4
O     M3.2
ALD
AN    T42
=     M3.2
TON   T42，+8
LRD
LD    Q1.7
O     M0.6
ALD
AN    T41
=     M0.6
LRD
A     M0.6
=     Q3.5
LRD
A     I3.7
A     M3.2
EU
=     M5.5
LRD
LD    M5.5
O     M3.1
ALD
AN    T43
=     M3.1
TON   T43，+8
LRD
A     I4.6
EU
=     M5.6
LRD
LD    M5.6
O     M3.5
ALD
AN    T44
=     M3.5
TON   T44，+8
LRD
LD    M0.4
O     M0.5
O     I2.6
ALD
=     M3.1
TON   T43，+8
LD    M3.5
O     T41
ALD
TON   T41，+8
LRD
A     I1.1
AN    Q1.1
=     Q1.0
LRD
A     I1.2
=     Q1.1
LRD
A     I2.4
=     Q1.4
LPP
LDN   Q0.2
AN    Q0.3
AN    M0.4
AN    M0.5
AN    M2.4
AN    M2.6
AN    M2.7
=     Q5.3
```

6.2.2 T610 型卧式镗床常见的电控故障分析

T610 型卧式镗床控制电路的某一个工作状态要涉及几个电器同时动作。例如，主轴电动机正转，必须在中间继电器 K_1、接触器 KM_1、KM_3、KM_4 或 KM_5 等动作后，才能完成。因此，采用强迫闭合法检查电路故障就比较方便。

（1）主轴电动机不能启动　故障的主要原因是：启动按钮 SB_4、SB_5 或停止按钮 SB_3 损坏或接触不良；接触器 KM_1、KM_2、KM_3 或 KM_5 线图断线、接线脱落及主触点接触不良或接线脱落；热继电器 FR_1 动作过；电源开关 QF 跳闸；这些情况都可能引起主轴电动机不能启动，应逐项采用强迫闭合法检查排除。

（2）主轴电动机不能停止　主要是由于接触器 KM_1、KM_2、KM_4 或 KM_5 的主触点熔焊在一起造成的，断开电源后更换接触器 KM_1、KM_2、KM_4 或 KM_5 的主触点即可。

（3）主轴电动机低、高速不能正常切换　主要是由于行程开关 ST_3、ST_9、时间继电器 KT 故障所致，应逐个检查排除。

（4）主轴电动机不能点动控制　主要检查点动按钮 SB_5 和 SB_7，检查其动合触点是否损坏或接线是否脱落。

（5）工作台不能控制　故障的主要原因是：启动按钮 SB_8 和 SB_9 损坏、接触不良或接线脱落；接触器 KM_7 或 KM_8 线圈及主触点损坏或接线脱落；M_4 电动机故障等。

其他部分常见电控故障的检查方法与主轴电动机类同，限于篇幅，本书从略。

案例 3　M7475 型立轴圆台平面磨床的电气与 PLC 控制

所有用砂轮、砂带、油石、研磨剂等为工具对金属表面进行加工的机床，称为磨床。

磨床的加工特点是可以获得高的加工精度和低的表面粗糙度，因此，磨床主要用于零件的精加工工序，特别是淬硬钢件和高硬度特殊材料的零件表面。随着科学技术的不断发展，对仪器、设备零部件的精度和表面粗糙度要求越来越高，各种高硬度材料的应用日益增多，以及由于精密铸造和精密锻造技术的不断发展，有可能将毛坯不经其他切削加工而直接由磨床加工后形成成品。因此，现代机械制造业中磨床的使用越来越广泛，磨床在机床总量中的比重也在不断上升。

由于被加工零件的加工表面、结构形状、尺寸大小和生产批量的不同，磨床也有不同的种类。主要类型有：

1）外圆磨床：主要用于磨削外回转表面。

2）内圆磨床：主要用于磨削内回转表面。

3）平面磨床：用于磨削各种平面。

4）导轨磨床：用于磨削各种形状的导轨。

5）工具磨床：用于磨削各种工具，如样板、卡板等。

6）刀具刃具磨床：主要用于刃磨各种刀具。

7）各种专门化磨床：用于专门磨削某一类零件的磨床。如曲轴磨床、花键轴磨床、球轴承套圈沟磨床等。

8）精磨机床：用于对工件进行光整加工，获得很高的精度和低的表面粗糙度。

本节仅以立轴圆台平面磨床为例介绍平面磨床的电气和 PLC 控制。

6.3.1　M7475 型立轴圆台平面磨床的结构

M7475 型立轴圆台平面磨床的结构外形图如图 6-7 所示，它采用立柱布局工作台拖板移动形式。磨头垂直进给、工作台拖板纵向移动和工作台旋转运动均为滑动导轨结构机械传动，磨头垂直升降由滚珠丝杠交流电动机驱动并有机动进给和零位停止装置，其特点是磨头功率大，生产效率高。

6.3.2 外圆磨床的运动形式

外圆磨床主要用于磨削外圆柱面和外圆锥面，它包括下列几种类型：普通外圆磨床、万能外圆磨床、无心外圆磨床等。

在外圆磨床上一般有两种基本的磨削方法，纵磨法和切入磨法。它们的主运动都是砂轮的旋转运动，只是进给运动方式有所不同。纵磨法如图6-8a所示，砂轮在旋转的同时，作间歇横向进给运动（s_1），工件旋转并作纵向往复进给运动（s_2）。切入磨法如图6-8b所示，砂轮旋转并连续横向进给，而工件只有回转运动，没有纵向往复运动。

图6-7 M7475型立轴圆台平面磨床的结构外形图

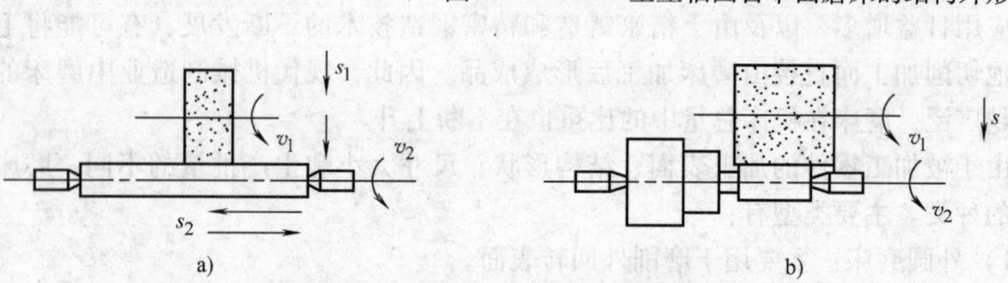

图6-8 外圆磨削的两种基本方法

外圆磨床作为机床加工的重要磨削工具，其主要的运动形式可归纳为：

（1）主运动 砂轮的旋转运动。

（2）进给运动 进给运动包括砂轮的升降运动、工作台的转动和工作台的移动。

（3）辅助运动 工作台的自动工进等。

6.3.3 M7475型立轴圆台平面磨床的电气与PLC控制设计

M7475型立轴圆台平面磨床主要使用立式砂轮头及砂轮端面对工件进行磨削加工。

1. M7475型立轴圆台平面磨床的电气控制设计

M7475型立轴圆台平面磨床各电动机的电气控制电路原理图如图6-9所示。从图6-9电路中可以看出，M7475型立轴圆台平面磨床由六台电动机拖动：砂轮电动机M_1、工作台转动电动机M_2、工作台移动电动机M_3、砂轮升降电动机M_4、冷却泵电动机M_5、自动进给电动机M_6。

按钮SB_1为机床的总启动按钮；SB_9为总停止按钮；SB_2为砂轮电动机M_1的启动按钮；SB_3为砂轮电动机的停止按钮；SB_4、SB_5为工作台移动电动机M_3的退出和进入

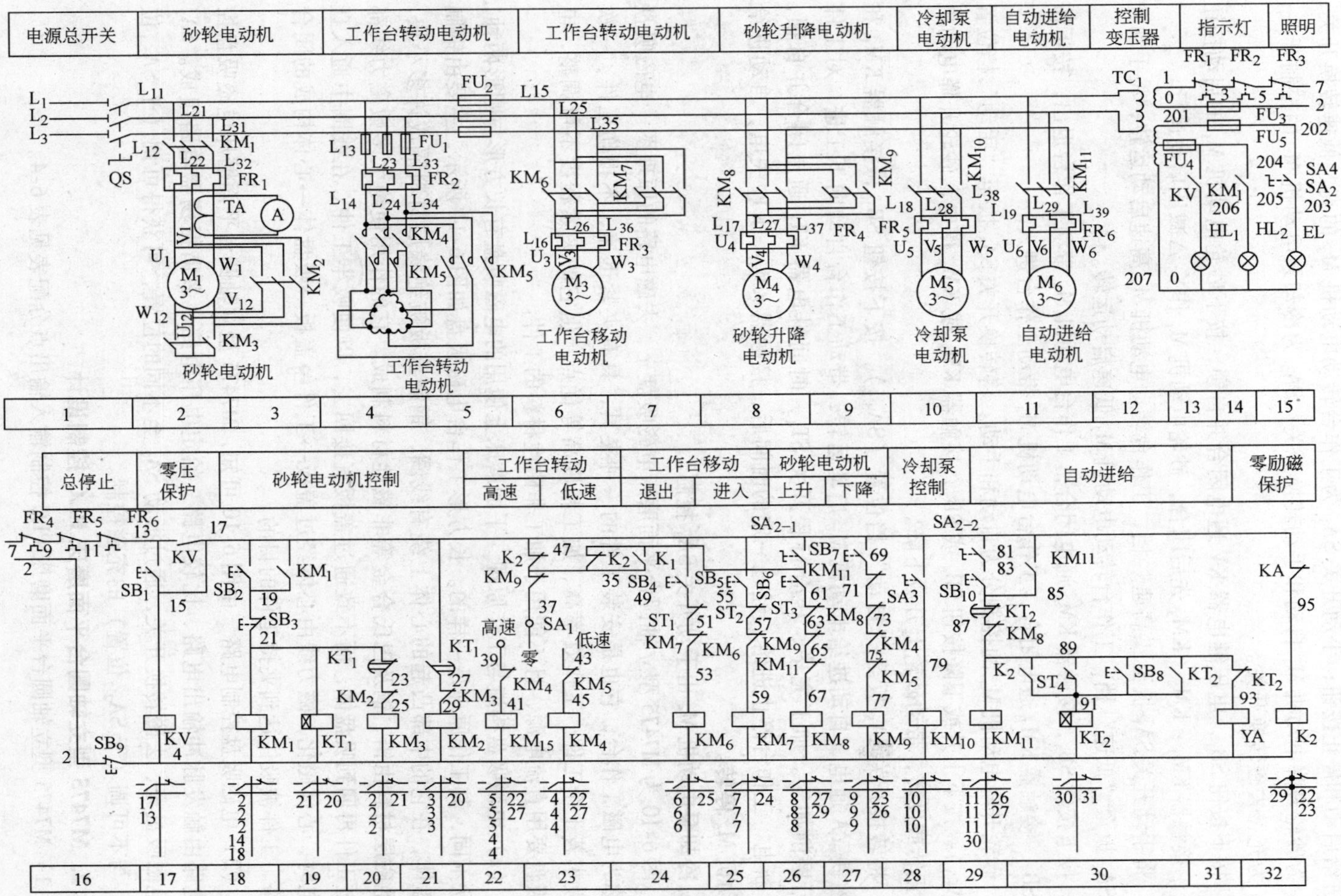

图 6-9 M7475 型立轴圆台平面磨床各电动机电气控制电路原理图

的点动按钮；SB_6、SB_7 为砂轮升降电动机 M_4 的上升、下降点动按钮；SB_8、SB_{10} 为自动进给启动和停止按钮；手动开关 SA_1 为工作台转动电动机 M_2 的高、低速转换开关；SA_5 为砂轮升降电动机 M_4 自动和手动转换开关；SA_3 为冷却泵电动机 M_5 的控制开关；SA_2 为充、去磁转换开关。

按下按钮 SB_1，电压继电器 KV 通电闭合并自锁，按下砂轮电动机 M_1 的启动按钮 SB_2，接触器 KM_1、KM_2、KM_3 先后闭合，砂轮电动机 M_1 作Y-△减压启动运行。

将手动开关 SA_1 扳至“高速”档，工作台转动电动机 M_2 高速启动运转；将手动开关 SA_1 扳至“低速”档，工作台转动电动机 M_2 低速启动运转。

按下按钮 SB_4，接触器 KM_6 通电闭合，工作台电动机 M_3 带动工作台退出；按下按钮 SB_5，接触器 KM_7 通电闭合，工作台电动机 M_3 带动工作台进入。

砂轮升降电动机 M_4 的控制分为自动和手动。将转换开关 SA_5 扳至“手动”档位置（$SA_{5\text{-}1}$），按下上升或下降按钮 SB_6 或 SB_7，接触器 KM_8 或 KM_9 得电，砂轮升降电动机 M_4 正转或反转，带动砂轮上升或下降。

将转换开关 SA_5 扳至“自动”挡位置（$SA_{5\text{-}2}$），按下按钮 SB_{10}，接触器 KM_{11} 和电磁铁 YA 通电，自动进给电动机 M_6 启动运转，带动工作台自动向下工进，对工件进行磨削加工。加工完毕，压合行程开关 ST_4，时间继电器 KT_2 通电闭合并自锁，YA 断电，工作台停止进给，经过一定的时间后，接触器 KM_{11}、KT_2 失电，自动进给电动机 M_6 停转。

冷却泵电动机 M_5 由手动开关 SA_3 控制。

图 6-10 为 M7475 型立轴圆台平面磨床电磁吸盘充、去磁电路的原理图。电磁吸盘又称为电磁工作台，它也是安装工件的一种夹具，具有夹紧迅速、不损伤工件、一次能吸牢若干个工件、工作效率高、加工精度高等优点。但它的夹紧程度不可调整，电磁吸盘要用直流电源，且不能用于加工非磁性材料的工件。

（1）电磁吸盘构造与工作原理　平面磨床上使用的电磁吸盘有长方形与圆形两种，形状不同，其工作原理是一样的。长方形工作台电磁吸盘如图 6-11 所示，主要由钢制吸盘体，在它的中部凸起的心体上绕有线圈，钢制盖板被绝缘层材料隔成许多小块，而绝磁层材料由铅、铜及巴氏合金等非磁性材料制成。它的作用使绝大多数磁力线都通过工件再回到吸盘体，而不致通过盖板直接回去，以便吸牢工件。在线圈中通入直流电时，心体磁化，磁力线由心体经过盖板→工件→盖板→吸盘体→心体构成的闭合磁路。工件被吸住达到夹持工件的目的。

（2）电磁吸盘控制电路　由图 6-10 可知，M7475 型立轴圆台平面磨床电磁吸盘控制电路由触发脉冲输出电路、比较电路、给定电压电路、多谐振荡器电路组成。SA_2 为电磁吸盘充、去磁转换开关，通过扳动 SA_2 至不同的位置，可获得可调（于 $SA_{2\text{-}1}$ 位置）与不可调（于 $SA_{2\text{-}2}$ 位置）的充磁控制。

2. M7475 型立轴圆台平面磨床 PLC 控制设计

1）M7475 型立轴圆台平面磨床 PLC 控制输入输出点分配表见表 6-4。

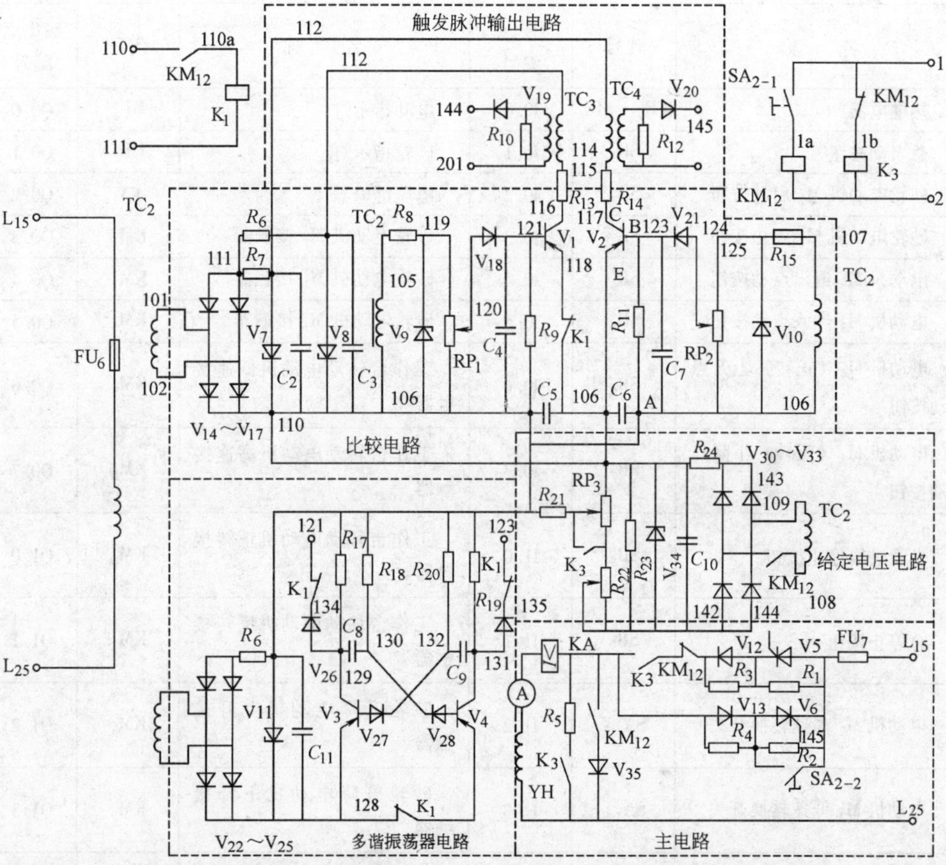

图 6-10　M7475 型立轴圆台平面磨床电磁吸盘充、去磁电路的原理图

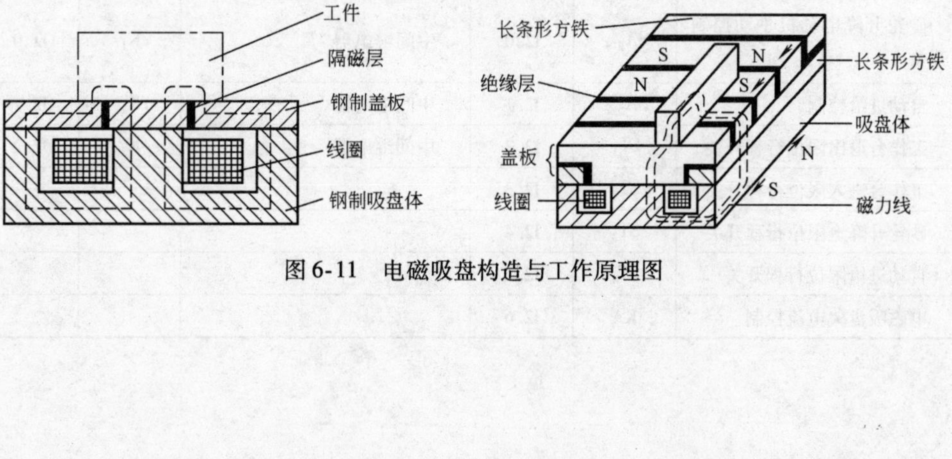

图 6-11　电磁吸盘构造与工作原理图

表6-4　M7475型立轴圆台平面磨床PLC控制输入输出点分配表

输入信号			输出信号		
名　　称	代号	输入点编号	名　　称	代号	输出点编号
热继电器	FR_1 ~ FR_6	I0.0	电动指示灯	HL_1	Q0.0
总启动按钮	SB_1	I0.1	砂轮指示灯	HL_2	Q0.1
砂轮电动机 M_1 启动按钮	SB_2	I0.2	电压继电器	KV	Q0.2
砂轮电动机 M_1 停止按钮	SB_3	I0.3	砂轮电动机 M_1 接触器	KM_1	Q0.3
电动机 M_3 退出点动按钮	SB_4	I0.4	砂轮电动机 M_1 接触器	KM_2	Q0.4
电动机 M_3 进入点动按钮	SB_5	I0.5	砂轮电动机 M_1 接触器	KM_3	Q0.5
电动机 M_4（正转）上升点动按钮	SB_6	I0.6	工作台转动电动机低速接触器	KM_4	Q0.6
电动机 M_4（反转）下降点动按钮	SB_7	I0.7	工作台转动电动机高速接触器	KM_5	Q0.7
自动进给停止按钮	SB_8	I1.0	工作台移动电动机正转接触器	KM_6	Q1.0
总停止按钮	SB_9	I1.1	工作台移动电动机反转接触器	KM_7	Q1.1
电动机 M_2 高速转换开关	SA_{1-1}	I1.2	砂轮升降电动机上升接触器	KM_8	Q1.2
电动机 M_2 低速转换开关	SA_{1-2}	I1.3	砂轮升降电动机下降接触器	KM_9	Q1.3
自动进给启动按钮	SB_{10}	I1.4	冷却泵电动机接触器	KM_{10}	Q1.4
电磁吸盘充磁可调控制	SA_{2-1}	I1.5	自动进给电动机接触器	KM_{11}	Q1.5
电磁吸盘充磁不可调控制	SA_{2-2}	I1.6	电磁吸盘控制接触器	KM_{12}	Q1.6
冷却泵电动机控制	SA_3	I1.7	自动进给控制电磁铁	YA	Q1.7
砂轮升降电动机手动控制开关	SA_{5-1}	I2.0	中间继电器	K_1	Q2.0
自动进给控制	SA_{5-2}	I2.1	中间继电器	K_2	Q2.1
工作台退出限位行程开关	ST_1	I2.2	中间继电器	K_3	Q2.2
工作台进入限位行程开关	ST_2	I2.3			
砂轮升降上限位行程开关	ST_3	I2.4			
自动进给限位行程开关	ST_4	I2.5			
电磁吸盘欠电流控制	KA	I2.6			

2）根据 PLC 的 I/O 口的地址分配表，画出 M7475 型立轴圆台平面磨床 PLC 控制的实际接线图，如图 6-12 所示。

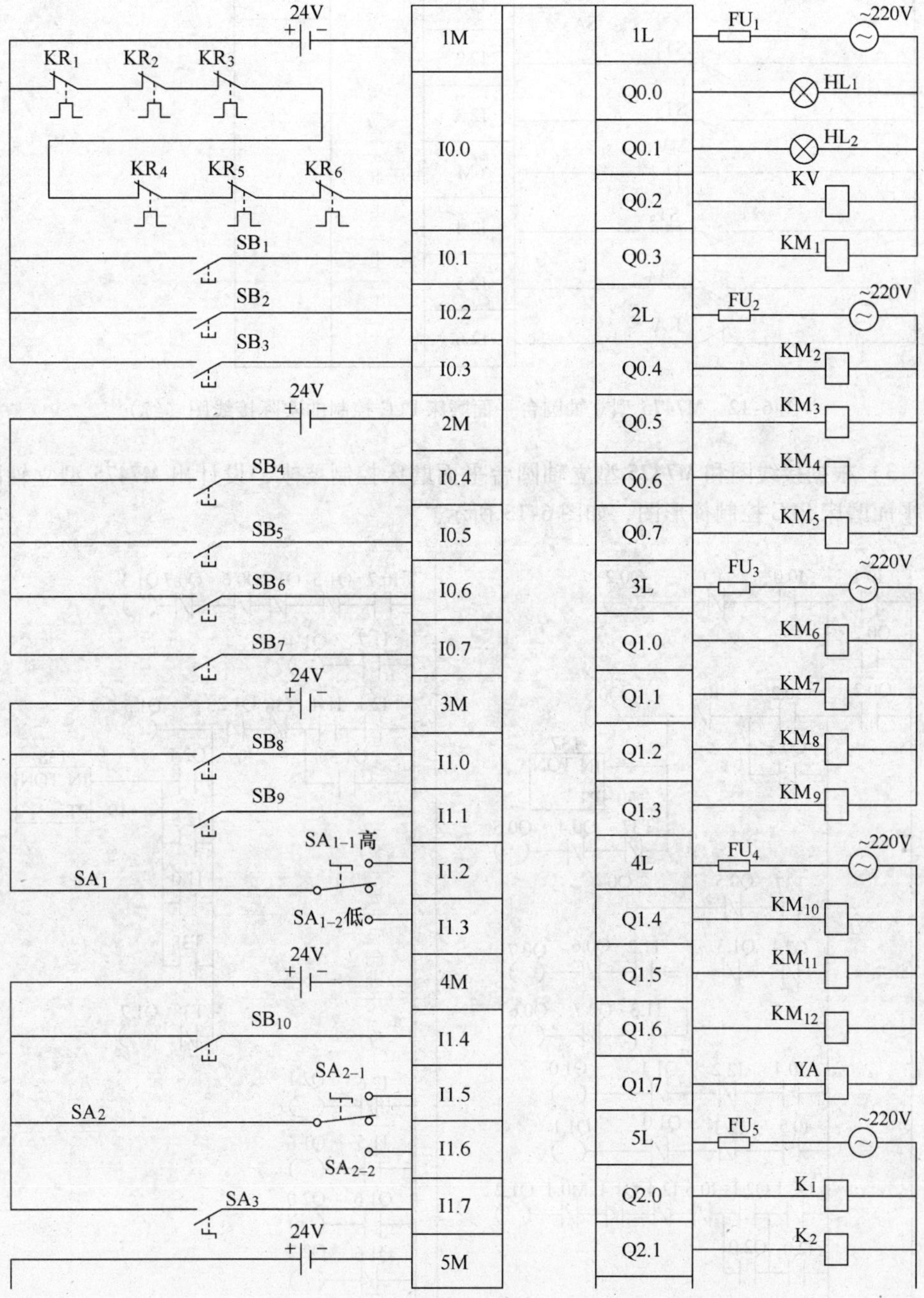

图 6-12　M7475 型立轴圆台平面磨床 PLC 控制的实际接线图

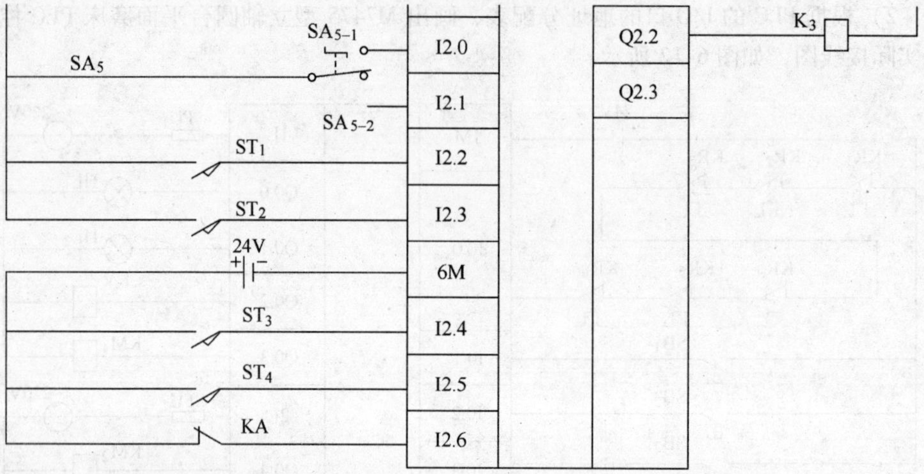

图 6-12　M7475 型立轴圆台平面磨床 PLC 控制的实际接线图（续）

3）根据接线图和 M7475 型立轴圆台平面磨床控制要求，设计出 M7475 型立轴圆台平面磨床 PLC 控制梯形图，如图 6-13 所示。

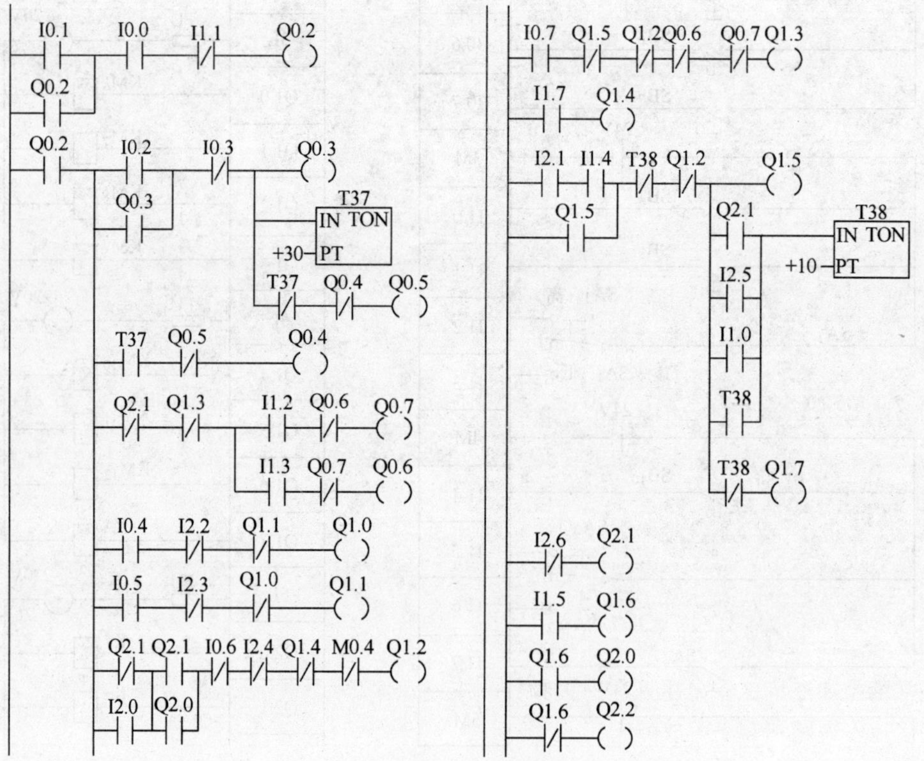

图 6-13　M7475 型立轴圆台平面磨床 PLC 控制梯形图

4）对照梯形图，编写出 M7475 型立轴圆台平面磨床 PLC 控制指令语句表。

LD	I0.1	=	Q0.4	AN	I2.3	AN	Q0.6	O	T38
O	Q0.2	LRD		AN	Q1.0	AN	Q0.7	ALD	
A	I0.0	AN	Q2.1	=	Q1.1	=	Q1.2	TON	T38，+10
AN	I1.1	AN	Q1.3	LRD		LRD		LPP	
=	Q0.2	LPS		LDN	Q2.1	A	I1.7	AN	T38
LD	Q0.2	A	I1.2	O	I2.0	=	Q1.4	=	Q1.7
LPS		AN	Q0.6	ALD		LRD		LRD	
LD	I0.2	=	Q0.7	LD	Q2.1	LD	I2.1	AN	I2.6
O	Q0.3	LPP		O	Q2.0	A	I1.4	=	Q2.1
ALD		A	I1.3	ALD		O	Q1.5	LRD	
AN	I0.3	AN	Q0.7	AN	I0.6	ALD		A	I1.5
=	Q0.3	=	Q0.6	AN	I2.4	AN	T38	=	Q1.6
TON	T37，+30	LRD		AN	Q1.4	AN	Q1.2	LRD	
AN	T37	A	I0.4	AN	M0.4	LPS		A	Q1.6
AN	Q0.4	AN	I2.2	=	Q1.2	=	Q1.5	=	Q2.0
=	Q0.5	AN	Q1.1	LRD		LD	Q2.1	LPP	
LRD		=	Q1.0	A	I0.7	O	I2.5	AN	Q1.6
A	T37	LRD		AN	Q1.5	O	I1.0	=	Q2.2
AN	Q0.5	A	I0.5	AN	Q1.2				

6.3.4 M7475 型立轴圆台平面磨床的故障

1）砂轮只能下降不能上升。观察接触器 KM_8 是否吸合，如电压正常且接触器无声音，可测量线圈电阻。如电路不通，可确定为断路。如有一定阻值又无法确定电阻是否正常，可对比同型号的完好的接触器线圈。如电阻高很多，说明线圈断路；小很多，说明线圈短路。如接触器有“嗡嗡”声但不吸合，可能是机械部分的故障。这种故障可用置换法来试验，用一同型号的接触器重新换上，如故障消失，即判断为接触器本身的故障。

2）电磁吸盘吸力不够。这种故障可用对比法来检查，首先检查各操作控制器件是否工作正常；然后根据控制原理图检查整流电源部分各元器件是否工作正常；逐步测量各部分的电压来进行逐点排查。在检查时，要注意先用简单的方法，后用复杂的方法。

3）电磁吸盘控制电路短路。如果 FU_6 熔断后，更换新的熔体后继续熔断，可判断为短路。检查的重点是电磁吸盘的接插器口和电磁吸盘进线口，原因是电磁吸盘随机床工作台活动，运动频繁，而且冷却液直接喷洒在上面，很容易造成短路。电磁工作台线圈损坏需重绕时，应持慎重态度，因拆卸很费力，线圈绕好后要用沥青灌注在台座内，所以修理应一次成功。绕制线圈的匝数及导线规格应与原来的一致。若选的导线截面偏小，则电阻大，线圈通过的电流小，电磁工作台吸力比原来的减小，影响使用。修理完毕，应进行吸力实验，用电工纯铁或 10 号钢制成试块，跨放在两极之间，用弹簧在垂直方向测试，应达到 $70N/cm^2$。线圈对地绝缘应不小于 5MΩ。因为加工时经常用冷却液且工作台往复运动很频繁，应注意两出线端的密封和加牢，否则容易出现接地、短路和断路等故障。

案例 4　B2012A 型龙门刨床的电气与 PLC 控制

龙门刨床是机械加工工业中重要的工作母机。龙门刨床主要用于加工各种平面、槽及斜面，特别是大型及狭长的机械零件和各种机床床身、工作导轨等。龙门刨床的电气控制电路比较复杂，它的主拖动动作完全依靠电气自动控制来执行。本节以B2012A型龙门刨床为例进行解析介绍龙门刨床的电气与PLC控制。

6.4.1 龙门刨床的结构组成

龙门刨床主要用于加工大型零件上长而窄的平面或同时加工几个中、小型零件的平面。

龙门刨床主要由床身、工作台、横梁、顶梁、立柱、立刀架、侧刀架等部分组成，如图6-14所示。它因有一个龙门式的框架而得名。

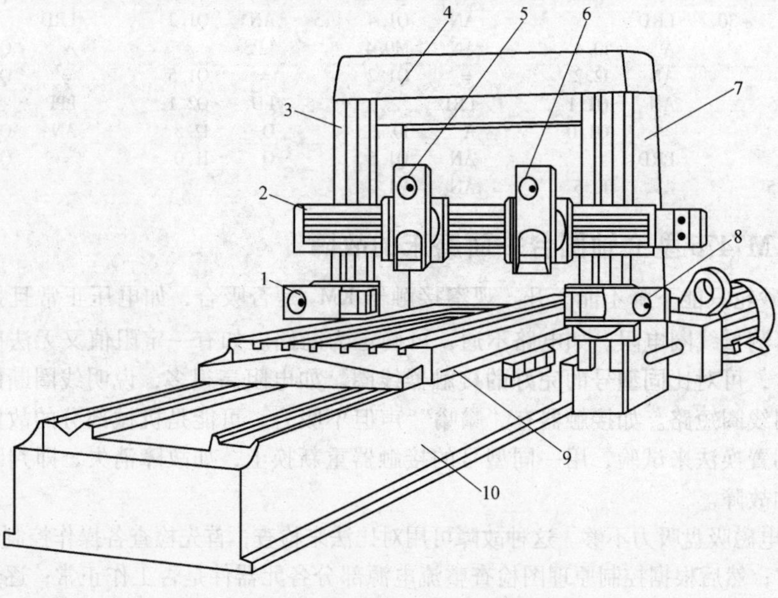

图6-14 龙门刨床机床的组成结构图

1、8—侧刀架 2—横梁 3、7—立柱 4—顶梁 5、6—立刀架 9—工作台 10—床身

6.4.2 龙门刨床的运动

龙门刨床在加工时，床身水平导轨上的工作台带动工作作直线运动，实现主运动。装在横梁上的立刀架5、6可沿横梁导轨作间歇的横向进给运动，以刨削工作的水平平面。刀架上的滑板（溜板）可使刨刀上、下移动，作切入运动或刨削竖直平面。滑板还能绕水平轴调整至一定的角度位置，以加工倾斜平面。装在立柱上的侧刀架1和8可沿立柱导轨在上下方向间歇进给，以刨削工件的竖直平面。横梁还可沿立柱导轨升降至一定位置，以根据工件高度调整刀具的位置。

6.4.3 龙门刨床生产工艺对电控的要求

龙门刨床加工的工件质量不同，用的刀具不同，所需要的速度就不同，加之

B2012A 型龙门刨床是刨磨联合机床，所以要求调速范围一定要宽。该机床采用以电动机扩大机作励磁调节器的直流发电机-电动机系统，并加两级机械变速（变速比 2:1），从而保证了工作台调速范围达到 20:1（最高速 90r/min，最低速 4.5r/min）。在低速挡和高速挡的范围内，能实现工作台的无级调速。B2012A 型龙门刨床能完成如图 6-15 所示三种速度特性的要求。

在高速加工时，为了减少刀具承受的冲击和防止工件边缘的剥型。切削工作的开始，要求刀具慢速切入；切削工作的末尾，工作台应自动减速，以保证刀具慢速离开工件。为了提高生产效率，要求工作台返回速度要高于切削速，如图 6-15a 所示。图中，0 ~ t_1 为工作台前进启动阶段；t_1 ~ t_2 为刀具慢速切入工件阶段；t_2 ~ t_3 为加速至稳定工作速度阶段；t_3 ~ t_4 为切削工件阶段；t_4 ~ t_5 为刀具减速退出工件阶段；t_5 ~ t_6 为反向制动到后退启动阶段；t_6 ~ t_7 为高速返回阶段；t_7 ~ t_8 为后退减速阶段；t_8 ~ t_9 为后退反向制动阶段。

若切削速度与冲击为刀具所能承受，利用转换开关，可取消慢速切入环节，如图 6-15b 所示。当机床作磨削加工时，利用转换开关，可把慢速切入和后退减速都取消，如图 6-15c 所示。

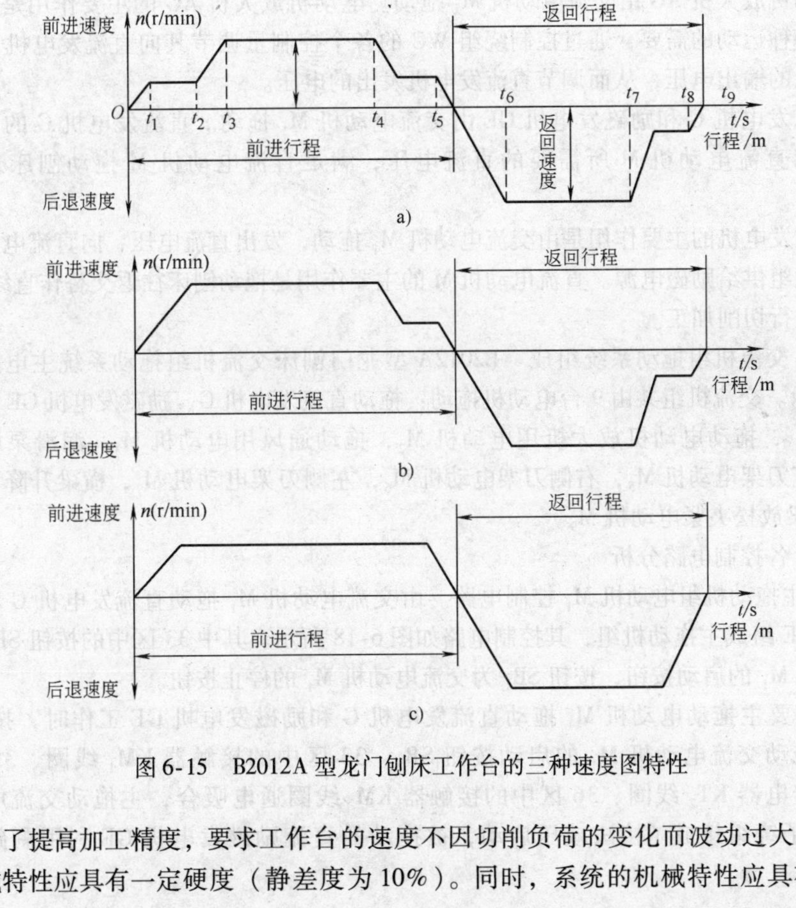

图 6-15　B2012A 型龙门刨床工作台的三种速度图特性

为了提高加工精度，要求工作台的速度不因切削负荷的变化而波动过大，即系统的机械特性应具有一定硬度（静差度为 10%）。同时，系统的机械特性应具有陡峭的挖土机特性（下垂特性），即当电动机短路或超过额定转矩时，工作台拖动电动机的转速应快速下降，以致停止，使发电机、电动机、机械部分免于损坏。

机床应能单独调整工作行程与返回行程的速度；能作无级变速，且调速时不必停车。要求工作台运动方向能迅速平滑地改变，冲击小；刀架进给和抬刀能自动进行，并有快速回程；有必要的连锁保护，通用化程度高，成本低，系统简单，易于维修等。

6.4.4 龙门刨床的电气与 PLC 控制设计

1. B2012A 型龙门刨床电气控制设计

B2012A 型龙门刨床电气控制电路原理图如图 6-16 ~ 图 6-19 所示。其中图 6-16 为直流发电-拖动系统电路原理图；图 6-17 为 B2012A 型龙门刨床主拖动系统及抬刀电路原理图；图 6-18 为主拖动机组Y/△启动及刀架控制电路原理图；图 6-19 为 B2012A 型龙门刨床横梁及工作台控制电路原理图。

（1）直流发电-拖动系统组成　直流发电-拖动系统主电路如图 6-16 所示，它包括电动机放大机 AG、直流发电机 G、直流电动机 M 和励磁发电机 GE。

电动机放大机 AG 由交流电动机 M_2 拖动。电动机放大机 AG 的主要作用是根据机床刨床各种运动的需要，通过控制绕组 WC 的各个控制量调节其向直流发电机 G 励磁绕组供电的输出电压，从而调节直流发电机发出的电压。

直流发电机 G 和励磁发电机 GE 由交流电动机 M_1 拖动。直流发电机 G 的主要作用是发出直流电动机 M 所需要的直流电压，满足直流电动机 M 拖动刨床运动的需要。

励磁发电机的主要作用是由交流电动机 M_1 拖动，发出直流电压，向直流电动机 M 的励磁绕组供给励磁电源。直流电动机 M 的主要作用是拖动刨床往返交替作直线运动，对工件进行切削加工。

（2）交流机组拖动系统组成　B2012A 型龙门刨床交流机组拖动系统主电路如图 6-17 所示。交流机组共由 9 台电动机拖动：拖动直流发电机 G、励磁发电机 GE 用交流电动机 M_1，拖动电动机放大机用电动机 M_2，拖动通风用电动机 M_3，润滑泵电动机 M_4，垂直刀架电动机 M_5，右侧刀架电动机 M_6，左侧刀架电动机 M_7，横梁升降电动机 M_8 和横梁放松夹紧电动机 M_9。

（3）各控制电路分析

1）主拖动机组电动机 M_1 控制电路。由交流电动机 M_1 拖动直流发电机 G 和励磁发电机 GE 组成主拖动机组，其控制电路如图 6-18 所示。其中 33 区中的按钮 SB_2 为交流电动机 M_1 的启动按钮，按钮 SB_1 为交流电动机 M_1 的停止按钮。

当需要主拖动电动机 M_1 拖动直流发电机 G 和励磁发电机 GE 工作时，按下 33 区中主拖动交流电动机 M_1 的启动按钮 SB_2，33 区中的接触器 KM_1 线圈、35 区中的时间继电器 KT_2 线圈、36 区中的接触器 KM_Y 线圈通电吸合，主拖动交流电动机 M_1 的定子绕组接成Y接法减压启动，被拖动的直流励磁发电机 GE 利用剩磁开始发电。

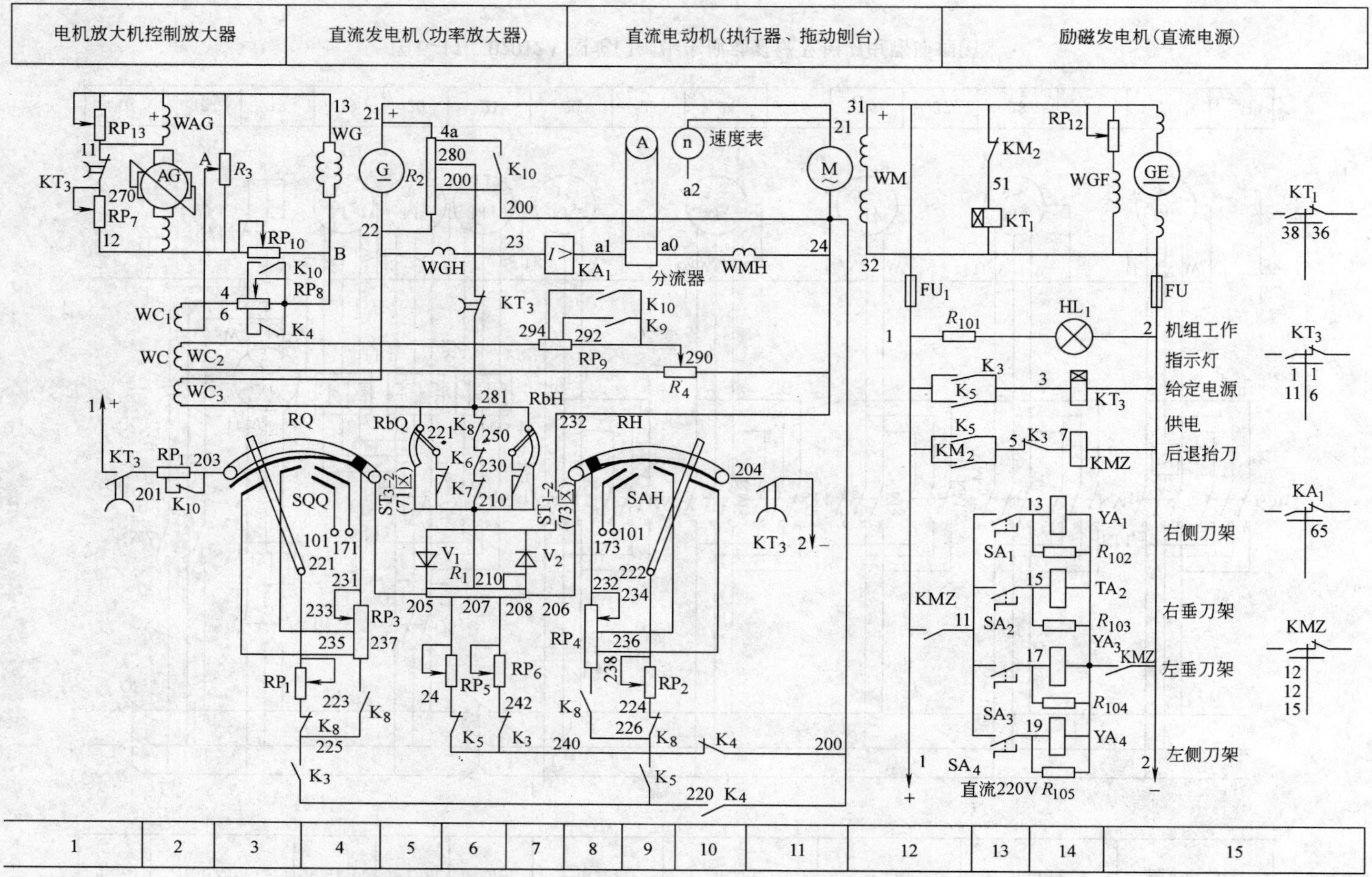

图 6-16　B2012A 型龙门刨床直流发电-拖动系统电路原理图

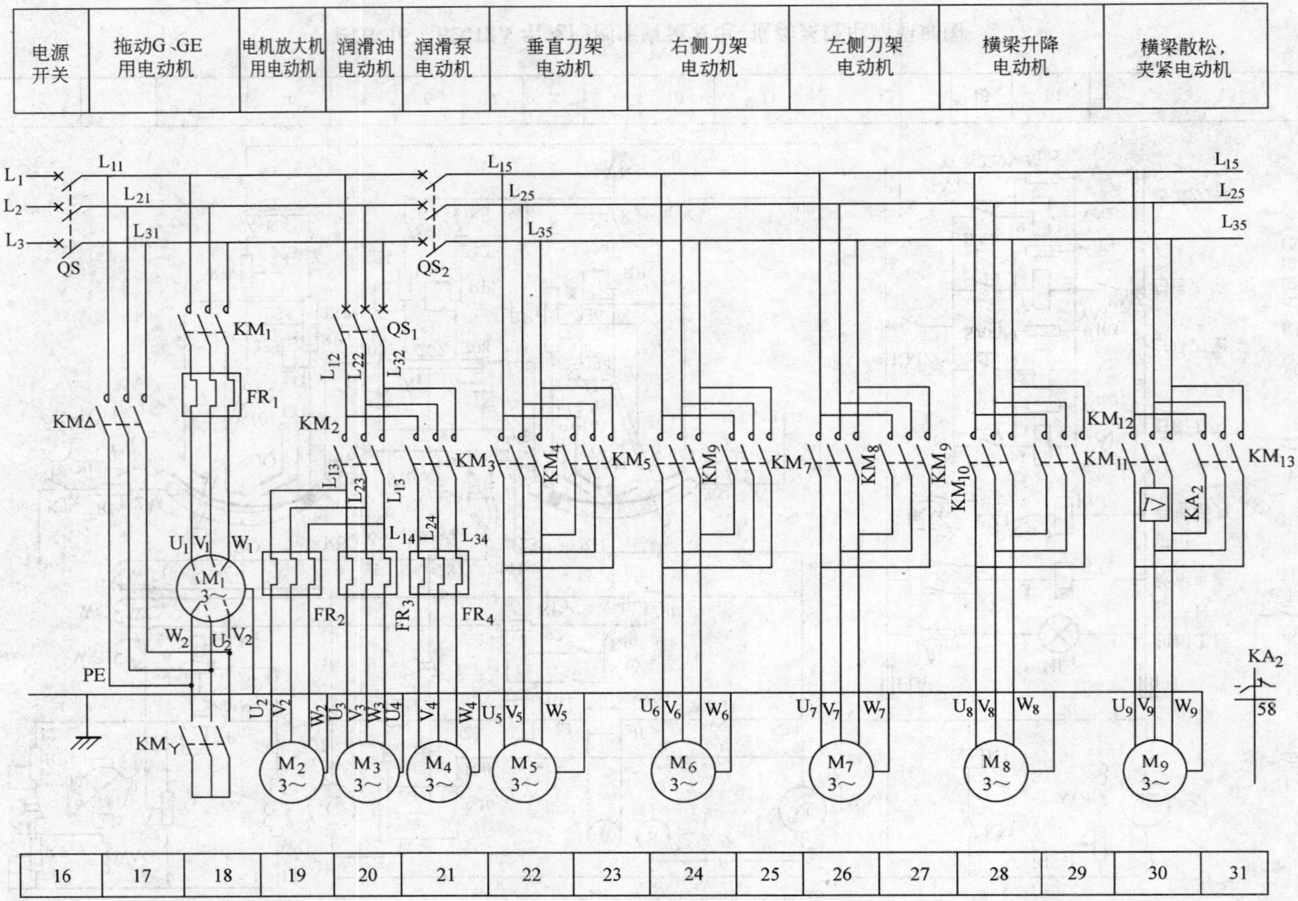

图 6-17　B2012A 型龙门刨床主拖动系统及抬刀电路原理图

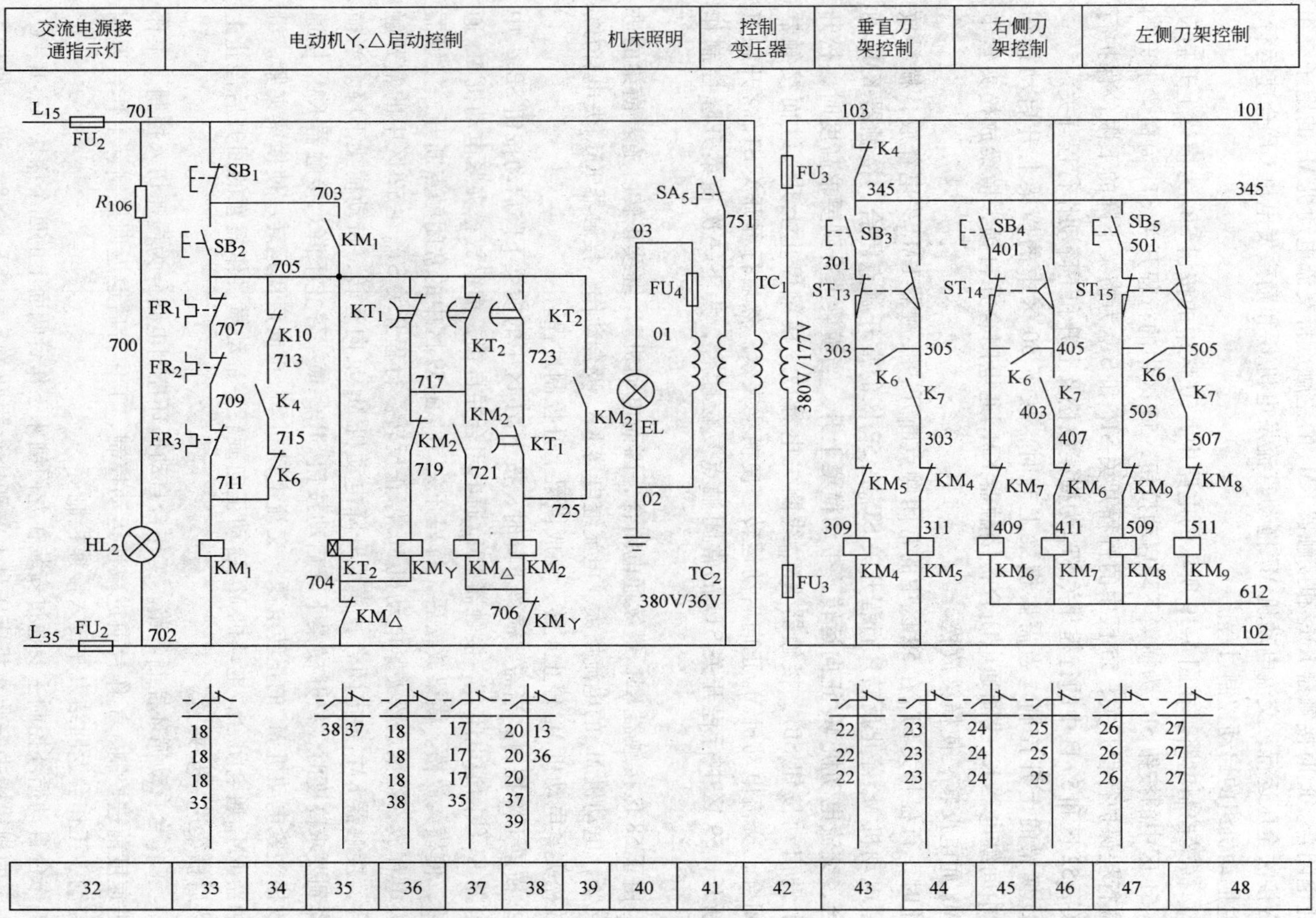

图 6-18　主拖动机组Y/△启动及刀架控制电路原理图

接触器 KM_2 通电闭合自锁，其在20区中的主触点闭合，接通交流电动机 M_2、M_3 的电源，交流电动机 M_2、M_3 分别拖动电动机放大机AG和通风机工作。同时，接触器 $KM_\triangle$ 通电闭合。此时接触器 KM_1 和接触器 $KM_\triangle$ 的主触点将交流电动机 M_1 的定子绕组接成△接法全压运行，交流电动机 M_1 拖动直流发电机G和励磁发电机GE全速运行，完成主拖动机组的启动控制过程。

2）横梁控制电路。在图6-19所示的电路中，50区中的按钮 SB_6 为横梁上升启动按钮，51区中的按钮 SB_7 为横梁下降启动按钮，53区中的行程开关 ST_7 为横梁上升的上限位行程保护行程开关，55区中的行程开关 ST_8 和 ST_9 为横梁下降的下限位保护行程开关，52区和59区中的行程开关 ST_{10} 为横梁放松及上升和下降动作行程开关。

① 横梁的上升控制。当需要横梁上升时，按下50区中的横梁上升启动按钮 SB_6，中间继电器 K_2 线圈通电闭合，接触器 KM_{13} 通电闭合并自锁，横梁放松夹紧电动机 M_9 通电反转，使横梁放松。

此时，行程开关 ST_{10} 在59区中的常闭触点断开，接触器 KM_{13} 失电释放，横梁放松夹紧电动机 M_9 停止反转。行程开关 ST_{10} 在52区的常开触点闭合，接触器 KM_{10} 通电闭合，交流电动机 M_8 正向运转，带动横梁上升。当横梁上升到要求高度时，松开横梁上升启动按钮 SB_6，接触器 KM_{10} 线圈失电释放，横梁停止上升。继而接触器 KM_{12} 闭合，交流电动机 M_9 正向启动运转，使横梁夹紧。然后行程开关 ST_{10} 常开触点复位断开，59区中行程开关 ST_{10} 的常闭触点复位闭合，为下一次横梁升降控制作准备。

但由于58区接触器 KM_{12} 继续通电闭合，因而电动机 M_9 继续正转。随着横梁的进一步夹紧，电动机 M_9 的电流增大。电流继电器 KA_2 吸合动作，接触器 KM_{12} 失电释放，横梁放松夹紧电动机 M_9 停止正转，完成横梁上升控制过程。

② 横梁下降控制。当需要横梁下降时，按下51区中的横梁下降启动按钮 SB_7，中间继电器 K_2 线圈通电闭合，接触器 KM_{13} 通电闭合并自锁，横梁放松夹紧电动机 M_9 通电反转，使横梁放松。横梁放松后，行程开关 ST_{10} 在59区中的常闭触点断开，接触器 KM_{13} 失电释放，横梁放松夹紧电动机 M_9 停止反转。行程开关 ST_{10} 在52区中的常开触点闭合，接触器 KM_{11} 通电闭合，横梁升降电动机 M_8 反向运转，带动横梁下降。当横梁下降到要求高度时，松开横梁下降启动按钮 SB_7，横梁停止下降。接触器 KM_{12} 接通横梁放松夹紧电动机 M_9 的正转电源，交流电动机 M_9 正向启动运转，使横梁夹紧。继而接触器 KM_{10} 通电闭合，电动机 M_8 启动正向旋转，带动横梁作短暂的回升后停止上升，然后横梁进一步夹紧。

3）工作台自动循环控制电路。工作台自动循环控制电路分为慢速切入控制、工作台工进速度前进控制、工作台前进减速运动控制、工作台后退返回控制、工作台返回减速控制、工作台返回结束并转入慢速控制等。

工作台自动循环控制主要通过安装在龙门刨床工作台侧面上的四个撞块A、B、C、D按一定的规律撞击安装在机床床身上的四个行程开关 ST_1、ST_2、ST_3、ST_4，使行程开关 ST_1、ST_2、ST_3、ST_4 的触点按照一定的规律闭合或断开，从而控制工作台按预定的要求进行运动。

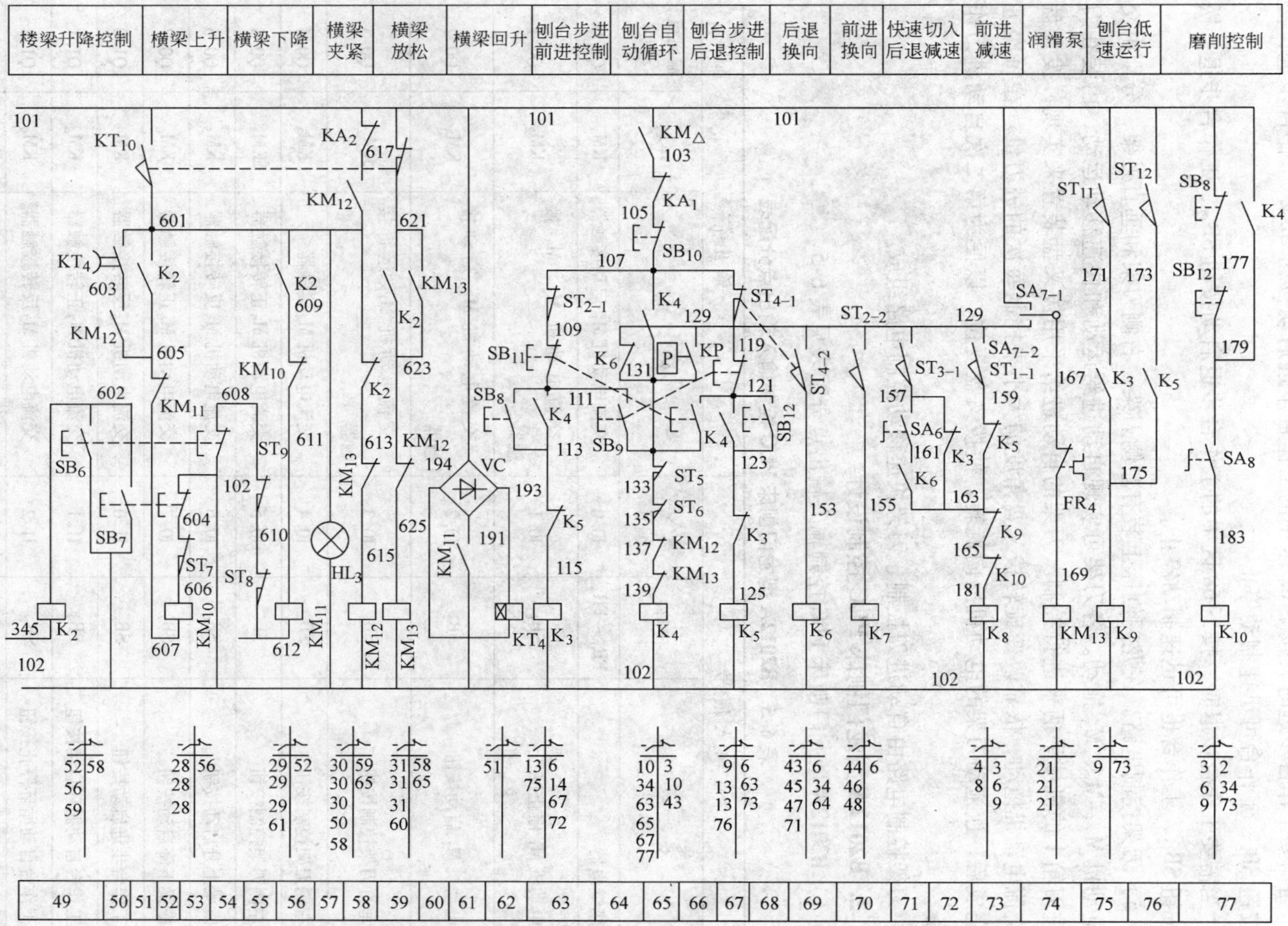

图 6-19　B2012A 型龙门刨床横梁及工作台控制电路原理图

4）工作台步进、步退控制。工作台的步进、步退控制主要用于在加工工件时调整机床工作台的位置。

当需要工作台步进时，按下62区中的工作台步进启动按钮 SB_8，工作台步进；松开按钮 SB_8，工作台可迅速制动停止。

当需要工作台步退时，按下68区中的工作台步退启动按钮 SB_{12}，工作台步退；松开按钮 SB_{12}，工作台也可迅速制动停止。

5）刀架控制电路。在龙门刨床上装有左侧刀架、右侧刀架和垂直刀架，分别由交流电动机 M_7、M_6、M_5 拖动。各刀架可实现自动进给运动和快速移动运动，由装在刀架进刀箱上的机械手柄来进行控制。刀架的自动进给采用拨叉盘装置来实现，拨叉盘由交流电动机拖动，依靠改变旋转拨叉盘角度的大小来控制每次的进刀量。在每次进刀完成后，让拖动刀架的电动机反向旋转，使拨叉盘复位，以便为第二次自动进刀作准备。

刀架控制电路由自动进刀控制、刀架快速移动控制电路组成。

2. B2012A 型龙门刨床 PLC 控制设计

1）B2012A 型龙门刨床 PLC 控制输入输出点分配表见表6-5。

表6-5　B2012A 型龙门刨床 PLC 控制输入输出点分配表

输入信号			输出信号		
名　称	代号	输入点编号	名　称	代号	输出点编号
热继电器	$FR_1 \sim FR_4$	I0.0	交流电动机 M_1 启动接触器	KM_1	Q0.0
电动机 M_1 停止按钮	SB_1	I0.1	交流电动机 M_2、M_3 接触器	KM_2	Q0.1
电动机 M_1 启动按钮	SB_2	I0.2	交流电动机 M_{1Y} 启动接触器	KM_Y	Q0.2
垂直刀架控制按钮	SB_3	I0.3	交流电动机 $M_{1\triangle}$ 运行接触器	$KM_\triangle$	Q0.3
右侧刀架控制按钮	SB_4	I0.4	交流电动机 M_4 接触器	KM_3	Q0.4
左侧刀架控制按钮	SB_5	I0.5	交流电动机 M_5 正转接触器	KM_4	Q0.5
横梁上升启动按钮	SB_6	I0.6	交流电动机 M_5 反转接触器	KM_5	Q0.6
横梁下降启动按钮	SB_7	I0.7	交流电动机 M_6 正转接触器	KM_6	Q0.7
工作台步进启动按钮	SB_8	I1.0	交流电动机 M_6 反转接触器	KM_7	Q1.0
工作台自动循环启动按钮	SB_9	I1.1	交流电动机 M_7 正转接触器	KM_8	Q1.1
工作台自动循环停止按钮	SB_{10}	I1.2	交流电动机 M_7 反转接触器	KM_9	Q1.2
工作台自动循环后退按钮	SB_{11}	I1.3	交流电动机 M_8 正转接触器	KM_{10}	Q1.3
工作台步进启动按钮	SB_{12}	I1.4	交流电动机 M_8 反转接触器	KM_{11}	Q1.4

（续）

输入信号			输出信号		
名　称	代号	输入点编号	名　称	代号	输出点编号
工作台循环前进减速行程开关	ST_1	I1.5	交流电动机 M_9 正转接触器	KM_{12}	Q1.5
工作台循环前进换向行程开关	ST_2	I1.6	交流电动机 M_9 反转接触器	KM_{13}	Q1.6
工作台循环后退减速行程开关	ST_3	I1.7	工作台步进控制继电器	K_3	Q1.7
工作台循环后退换向行程开关	ST_4	I2.0	工作台自动循环控制继电器	K_4	Q2.0
工作台前进终端限位行程开关	ST_5	I2.1	工作台步退控制继电器	K_5	Q2.1
工作台后退终端限位行程开关	ST_6	I2.2	工作台后退换向继电器	K_6	Q2.2
横梁上升限位行程开关	ST_7	I2.3	工作台前进换向继电器	K_7	Q2.3
横梁下降限位行程开关	ST_8	I2.4	工作台前进减速继电器	K_8	Q2.4
横梁下降限位行程开关	ST_9	I2.5	工作台低速运行继电器	K_9	Q2.5
横梁放松动作行程开关	ST_{10}	I2.6	磨削控制继电器	K_{10}	Q2.6
工作台低速运行行程开关	ST_{11}	I2.7			
工作台低速运行行程开关	ST_{12}	I3.0			
自动进刀控制行程开关	ST_{13}	I3.1			
自动进刀控制行程开关	ST_{14}	I3.2			
自动进刀控制行程开关	ST_{15}	I3.3			
润滑泵电动机 M_4 手动控制	$SA_{7\text{-}1}$	I3.4			
润滑泵电动机 M_4 自动控制	$SA_{7\text{-}2}$	I3.5			
磨削控制开关	SA_8	I3.6			
压力继电器	KP	I3.7			
过电流继电器	KA_1	I4.0			
过电流继电器	KA_2	I4.1			
时间继电器	KT_1	I4.2			
手动控制开关	SA_6	I4.3			

2）B2012A 型龙门刨床 PLC 控制接线图，如图 6-20 所示。

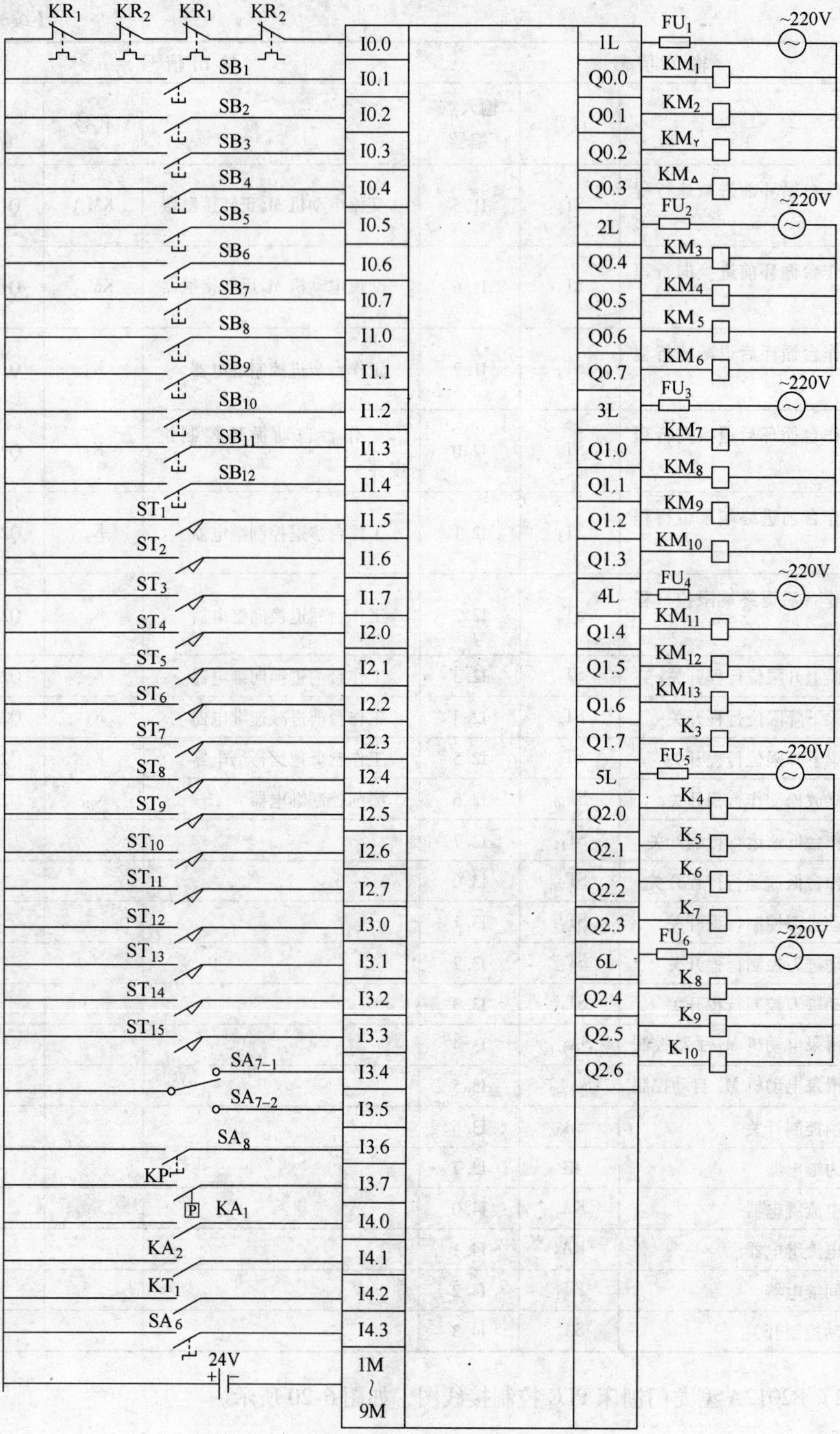

图 6-20　B2012A 型龙门刨床 PLC 控制接线图

3）根据 B2012 型龙门刨床的控制要求，设计出 B2012A 型龙门刨床 PLC 控制梯形图，如图 6-21 所示。

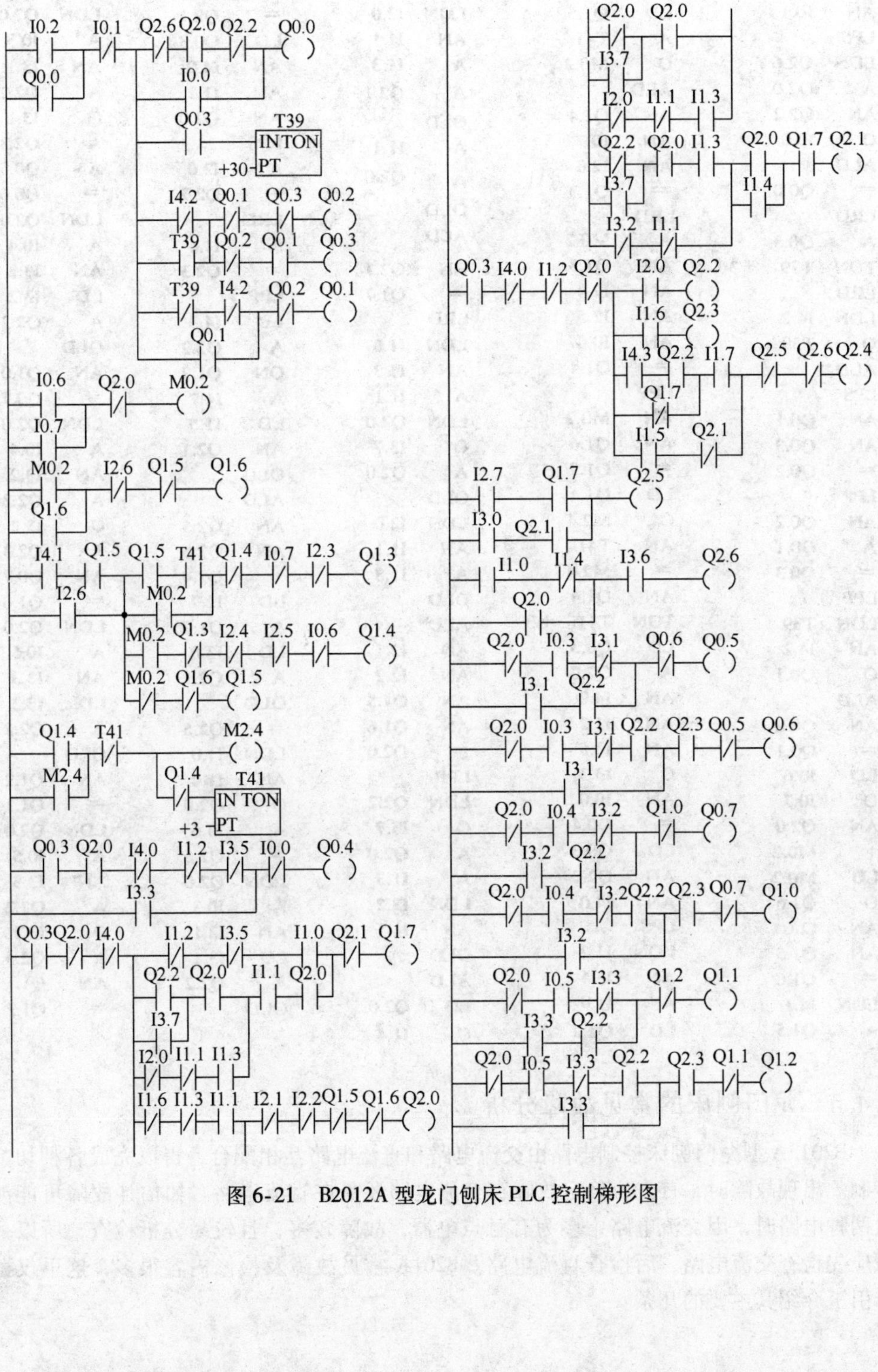

图 6-21　B2012A 型龙门刨床 PLC 控制梯形图

4）对照梯形图，编写出 B2012A 型龙门刨床 PLC 控制指令语句表。

```
LD    I0.2
O     Q0.0
AN    I0.1
LPS
LDN   Q2.6
A     Q2.0
AN    Q2.2
O     I0.0
ALD
=     Q0.0
LRD
A     Q0.3
TON   T39，+30
LRD
LDN   I4.2
O     T39
ALD
LPS
AN    Q0.1
AN    Q0.3
=     Q0.2
LPP
AN    Q0.2
A     Q0.1
=     Q0.3
LPP
LDN   T39
AN    I4.2
O     Q0.1
ALD
AN    Q0.2
=     Q0.1
LD    I0.6
O     I0.7
AN    Q2.0
=     M0.2
LD    M0.2
O     Q1.6
AN    I2.6
AN    Q1.5
=     Q1.6
LDN   I4.1
A     Q1.5
O     I2.6
LPS
LD    Q1.5
A     T41
O     M0.2
ALD
AN    Q1.4
AN    I0.7
AN    I2.3
=     Q1.3
LRD
A     M0.2
AN    Q1.3
AN    I2.4
AN    I2.5
AN    I0.6
=     Q1.4
LPP
AN    M0.2
AN    Q1.6
=     Q1.5
LD    Q1.4
O     M2.4
AN    T41
=     M2.4
AN    Q1.4
TON   T41，+3
LD    Q0.3
A     Q2.0
AN    I4.0
AN    I1.2
AN    I3.5
O     I3.3
AN    I0.0
=     Q0.4
LD    Q0.3
AN    Q2.0
AN    I4.0
LPS
LDN   I1.2
AN    I3.5
A     I1.0
LD    Q2.2
O     I3.7
A     Q2.0
LDN   I2.0
AN    I1.1
A     I1.3
A     Q2.1
OLD
A     I1.1
A     Q2.0
OLD
ALD
AN    Q2.1
=     Q1.7
LRD
LDN   I1.6
AN    I1.3
A     I1.1
LDN   Q2.0
O     I3.7
A     Q2.0
OLD
LDN   I2.0
AN    I1.1
A     I1.3
OLD
ALD
AN    I2.1
AN    I2.2
AN    Q1.5
AN    Q1.6
=     Q2.0
LPP
LDN   Q2.2
O     I3.7
A     Q2.0
A     I1.3
LDN   I3.2
AN    I1.1
OLD
ALD
LD    Q2.0
O     I1.4
ALD
AN    Q1.7
=     Q2.1
LD    Q0.3
AN    I4.0
AN    I1.2
AN    Q2.0
LPS
A     I2.0
=     Q2.2
LRD
A     I1.6
=     Q2.3
LPP
LD    I4.3
A     Q2.2
ON    Q1.7
A     I1.7
LD    I1.5
AN    Q2.1
OLD
ALD
AN    Q2.5
AN    Q2.6
=     Q2.4
LD    I2.7
A     Q1.7
LD    I3.0
A     Q2.1
OLD
=     Q2.5
LDN   I1.0
AN    I1.4
O     Q2.0
A     I3.6
=     Q2.6
LDN   Q2.0
A     I0.3
AN    I3.1
LD    I3.1
A     Q2.2
OLD
AN    Q0.6
=     Q0.5
LDN   Q2.0
A     I0.3
AN    I3.1
A     Q2.2
O     I3.1
A     Q2.3
AN    Q0.5
=     Q0.6
LDN   Q2.0
A     I0.4
AN    I3.2
LD    I3.2
A     Q2.2
OLD
AN    Q1.0
=     Q0.7
LDN   Q2.0
A     I0.4
AN    I3.2
A     Q2.2
O     I3.2
A     Q2.3
AN    Q0.7
=     Q1.0
LDN   Q2.0
A     I0.5
AN    I3.3
LD    I3.3
A     Q2.2
OLD
AN    Q1.2
=     Q1.1
LDN   Q2.0
A     I0.5
AN    I3.3
A     Q2.2
O     I3.3
A     Q2.3
AN    Q1.1
=     Q1.2
```

6.4.5 龙门刨床的常见故障分析

B2012A 型龙门刨床控制电路由交流电路和直流电路互相配合，得以完成各种切削控制。出现故障时，首先应确定故障在交流电路还是在直流电路。如估计故障可能涉及两种电路时，因交流电路中多为有触点电器，故障较多，且较易分析检查，所以一般应先检查交流电路，后检查直流电路。B201A 常见故障及检修内容很多，这里仅抛砖引玉介绍其主要的几条：

（1）夹紧电动机烧毁　在龙门刨床诸电动机中，横梁夹紧电动机 M_8 损坏率最高，其原因可能是：电流继电器 KA_2 失灵，按规定，电动机 M_8 的电流达到 2.2 ~ 2.5A 时，串联在其主电路中的电流继电器 KA_2 应动作，自动切断接触器 KM_{12} 线圈电路。由于电流电器 KA_2 调整不当或修理时不用仪表测量而凭经验随便调整，使电流继电器动作电流太大，电动机 M_8 长时间过电流而烧毁。检修时应严格调整好电流继电器动作电流。

（2）放松时电动机烧毁　由于电流继电器整定得过大，使横梁夹得过紧，机械部分卡住。到放松时，接触器 KM_{13} 吸合，电动机不转，长时间通过堵转电流而烧毁。

（3）启动电动机组工作台自行“飞车”　发电机的励磁绕组接反，励磁绕组接反后，发电机的剩磁电压通过自消磁电路，把产生抵消剩磁电压的作用变成加强剩磁电压的作用，使发电机自励，发电机与电动机扩大机过电压，工作台产生高速而失控。

（4）工作台低速时蠕动　工作台在低速切削时（特别是磨削时），产生停止与滑动相交替的运动，在电气上称为蠕动。产生蠕动的原因一般是油的粘度太低，提高润滑油的粘度可使蠕动消失。如果蠕动速度在 2 ~ 3m/min 以上，可通过适当加强电压负反馈和电流正反馈及其他稳定措施来解决。

（5）工作台换向越位过大或工作台跑出　刨床说明书上规定，换向越位，最高速时不超过 250 ~ 280mm。如过大，工作台将脱出蜗杆，严重时会造成人身和设备事故，越位过大故障现象有两种：

1）双向越位均过大。有四种原因：①加速度调节器放在了“反向平稳”一边（工作台高速时应放在“越位减小”一边）；②反向前工作台不减速。看继电器 K_8 是否吸合，不吸合可短 K_9（163 ~ 165）、K_{10}（165 ~ 181），或检查 K_8 本身故障；③工作台侧面上的 4 个撞块位置调整不当。工作台高速时，应把减速与换向撞块 A 与 B、C 与 D 的距离调大。在最长行程时，应降低工作台的速度；④电阻器 RP_3、RP_4 调整不当或接触不良。测量 RP_3、RP_4（235-237 或者 238-236）阻值，不应大于 55Ω；233-237 或者 238-234 的阻值不应大于 100Ω。当测量的数值与标准差别不大时，可检查导线接点的接触情况。

另外，电压负反馈较弱，减速制动不强或失灵，稳定环节调得过强，截止电压调整不当等，均能引起越位过大。调整时，不要片面追求减小越位，一般在不碰到限位开关 ST_5、ST_6 的情况下，可适当放宽越位距离。

2）某一方向越位过大（以前进为例）。有三种原因：①减速器开关失灵，可能是开关损坏或位置太低，触点不能切换，触点 $ST_{1\text{-}1}$（129-159）接触不良，继电器 K_8 不吸合；②继电器触点接触不良，继电器 K_3（157-163 和 220-225）、K8（237-225）接触不良会造成减速失灵；③换向开关或继电器失灵，把电压表接于触点 107-109，当 $ST_{2\text{-}1}$ 闭合时，看有无电压，有电压，说明换向开关触点不良，否则继电器 K_3 本身或电路有故障。

（6）工作台换向越位过小　电动机制动越快，工作台反向时越位就越小，这样势必引起主电路制动电流过大，会使电动机电刷下的火花严重，并会给机械部分带来过大的打击，影响电动机和机床的寿命。另外，在进刀量较大时，还会产生进刀不能走完就反向的缺点。因为进刀的时间主要取决于换向时越位的时间，即后退末了从碰撞

行程开关 ST_4 开始，经过一段越位，到变为前进时使转向开关复位为止的一段时间。换向越位的最小距离规定为在最高速时不小于 30～50mm。造成换向越位过小的原因和处理方法正好与越位过大相反，首先应把加速度调节器放在“反向平衡”一边。一般在电压负反馈调好的情况下，可适当加强稳定环节或减弱减速制动强度，使换向越位不致过小。还可以将电动机扩大机补偿绕组的并联电阻减小一些，以减小电动机扩大机的补偿强度，增大换向越位。

（7）工作台反向冲击　由传动机构间隙过大，缺乏润滑及电气参数调整不当等原因造成，如电压负反馈、电流正反馈过强等。以上各环节可参照机床说明书进行调整。

（8）工作台停车爬行　爬行是指发电机-电动机系统无输入条件下，工作台仍在以较低的速度运动。爬行发生的时间，或在开车前，或在停车后。造成爬行的原因是剩磁电压的影响。停车爬行有两种情况，一是削磁作用太弱，电压负反馈、自消磁环节及欠补偿能耗制动环节调整不当，电路接触不良或断路；另一种情况是消磁作用太强，造成反向磁化，形成停车后反向爬行。对于第一种情况，主要应检查有关触点、接头、电路是否断路、接触不良等，而系统在出厂时已经调整好，不宜随便调整。对于第二种情况，主要是因某些环节调整不当而造成，必须对自消磁和欠能耗制动环节进行适当调整。

（9）工作台停车震荡　在停车时，工作台来回摆动若干次，叫做停车震荡。其震荡幅度一般逐渐减小，但有时震荡幅度不变，更甚者振荡幅度会越来越大。发生振荡的原因在于稳定环节不起作用，如 WC_1 绕组断线或电路断路。如 WC_1 绕组接反，不但不能抑制电动机扩大机输出电压的突变，反而起到增强的作用，致使振荡幅度越来越大。电动机扩大机电刷位置调整不当，也会造成停车振荡。

（10）工作台反向不正常　前进调速手柄放在低速位置时，工作台碰触减速开关即反向运动，减速开关复位后又恢复原来方向，这样来回不断运动。其原因是前进调速电位器上 101 与 231 短路，或后退调速电位器上 101 与 234、236 间短路。另外，RP_3 上的 231、233、235、237 接点与 RP_4 上 232、234、236、238 接点中任一对接点互换后，也会发生碰减速开关反向的现象。

（11）加速调节器不起作用　加速调节器是两个阻值为 300Ω 的电位器，放在“反向平稳”一边（即加大电阻值），减速时有减弱制动强度的作用；换向时起减小强励磁倍数的作用。所以，过渡过程平稳，但电位器的调节必须在行程开关 ST_{3-2} 和 ST_{1-2} 闭合后才能起作用，如某触点接触不良，某方向的加速调节器就不起作用。另外，若把 211 与 212 互换了位置，加速调节器也不起作用。

（12）液压泵压力继电器的故障：

1）油压符合要求，但微动开关触点 KP 不闭合。油压开关调整不当，位置太高，压力油不能使顶杆推动开关 KP（131-129）闭合，工作台开不动。

2）油压太小（或无压力），但是触点 KP 不跳开。如把压力开关调得太低，会造成油压不足或液压泵尚未工作时触点 KP 不断开的故障。工作台若继续运行，会造成严重事故。

（13）直流系统接地　这种故障会引起机床无规则运动，甚至是异常运动，而且在运行时还会造成一定的危险。

（14）接触器、继电器铁心粘住造成的故障　其故障现象多数表现为机床无规则的异常运动，有时也能造成危险。例如，继电器 K_3 的铁心粘住，就会使工作台控制电路失灵而造成工作台在前进方向跑出。横梁上下接触（KM_{10}、KM_{11}）铁心粘住，就会使限位开关不起作用而发生碰撞事故。

案例 5　双面单工液压传动组合机床的电气与 PLC 控制

前面主要介绍了通用机床的控制，在机床加工中工序只能一道一道地进行，不能实现多道、多面同时加工。其生产效率低，加工质量不稳定，操作频繁。为了改善生产条件，满足生产发展的专业化、自动化要求，人们经过长期生产实践的不断探索、不断改进、不断创造，逐步形成了各类专用机床，专用机床是为完成工件某一道工序的加工而设计制造的，可采用多刀加工，具有自动化程度高、生产效率高、加工精度稳定、机床结构简单、操作方便等优点。但当零件结构与尺寸改变时，需重新调整机床或重新设计、制造，因而专用机床又不利于产品的更新换代。

为了克服专用机床的不足，在生产中又发展了一种新型的加工机床。它以通用部件为基础，配合少量的专用部件组合而成，具有结构简单、生产效率和自动化程度高等特点。一旦被加工零件的结构与尺寸改变时，能较快地进行重新调整，组合成新的机床。这一特点有利于产品的不断更新换代，目前在许多行业得到广泛的应用。这就是本节要介绍的组合机床。

6.5.1　组合机床的结构组成

组合机床是由一些通用部件及少量专用部件组成的高效自动化或半自动化专用机床。可以完成钻孔、扩孔、铰孔、镗孔、攻螺纹、车削、铣削及精加工等多道工序，一般采用多轴、多刀、多工序、多面、多工位同时加工，适用于大批量生产，能稳定地保证产品的质量。单工位三面复合式组合机床由底座、立柱、滑台、切削头、动力箱等通用部件，多轴箱、夹具等专用部件以及控制、冷却、排屑、润滑等辅助部件组成。

通用部件是经过系列设计、试验和长期生产实践考验的，其结构稳定、工作可靠，由专业生产厂成批制造，经济效果好，使用维修方便。一旦被加工零件的结构与尺寸改变时，这些通用部件可根据需要组合成新的机床。在组合机床中，通用部件一般占机床零部件总量的 70% ~80%；其他 20% ~30% 的专用部件由被加工件的形状、轮廓尺寸、工艺和工序决定。

组合机床的通用部件主要包括以下几种：

（1）动力部件　动力部件用来实现主运动或进给运动，有动力头、动力箱和各种切削头。

（2）支承部件　支承部件主要为各种底座，用于支承、安装组合机床的其他零部件，它是组合机床的基础部件。

（3）输送部件　输送部件用于多工位组合机床，用来完成工件的工位转换，有直线移动工作台、回转工作台、回转鼓轮工作台等。

（4）控制部件　用于组合机床完成预定的工作循环程序。它包括液压元件、控制挡铁、操纵板、按钮盒及电气控制部分。

（5）辅助部件　辅助部件包括冷却、排屑、润滑等装置，以及机械手、定位、夹紧、导向等部件。

6.5.2　组合机床的工作特点

组合机床主要由通用部件装配组成，各种通用部件的结构虽有差异，但它们在组合机床中的工作却是协调的，能发挥较好的效果。

组合机床通常是从几个方向对工件进行加工，它的加工工序集中，要求各个部件的动作顺序、速度、启动、停止、正向、反向、前进、后退等均应协调配合，并按一定的程序自动或半自动地进行。加工时应注意各部件之间的相互位置，精心调整每个环节，避免大批量加工生产中造成严重的经济损失。

单工位三面复合式组合机床结构示意图如图6-22所示。

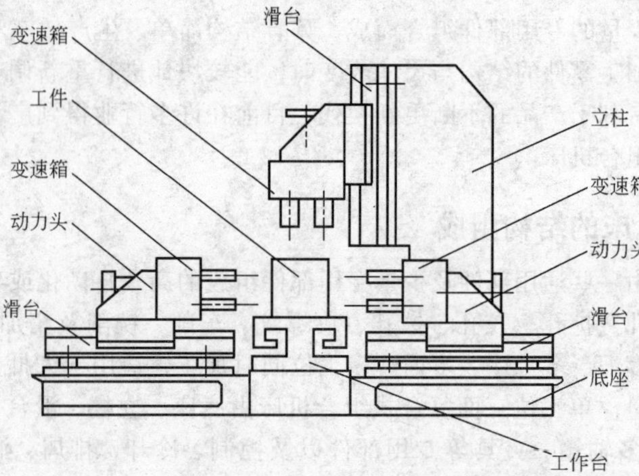

图6-22　单工位三面复合式组合机床结构示意图

6.5.3　双面单工液压传动组合机床的电气与PLC控制设计

1. 双面单工液压传动组合机床的电气控制

双面单工液压传动组合机床电气控制电路原理图如图6-23所示。双面单工液压传动组合机床由左、右动力头电动机 M_1、M_2 及冷却泵电动机 M_3 三台电动机拖动。在双面单工液压传动组合机床控制电路中，手动开关 SA_1 为左动力头单独调整开关，SA_2 为右动力头单独调整开关，SA_3 为冷却泵电动机的工作选择开关。

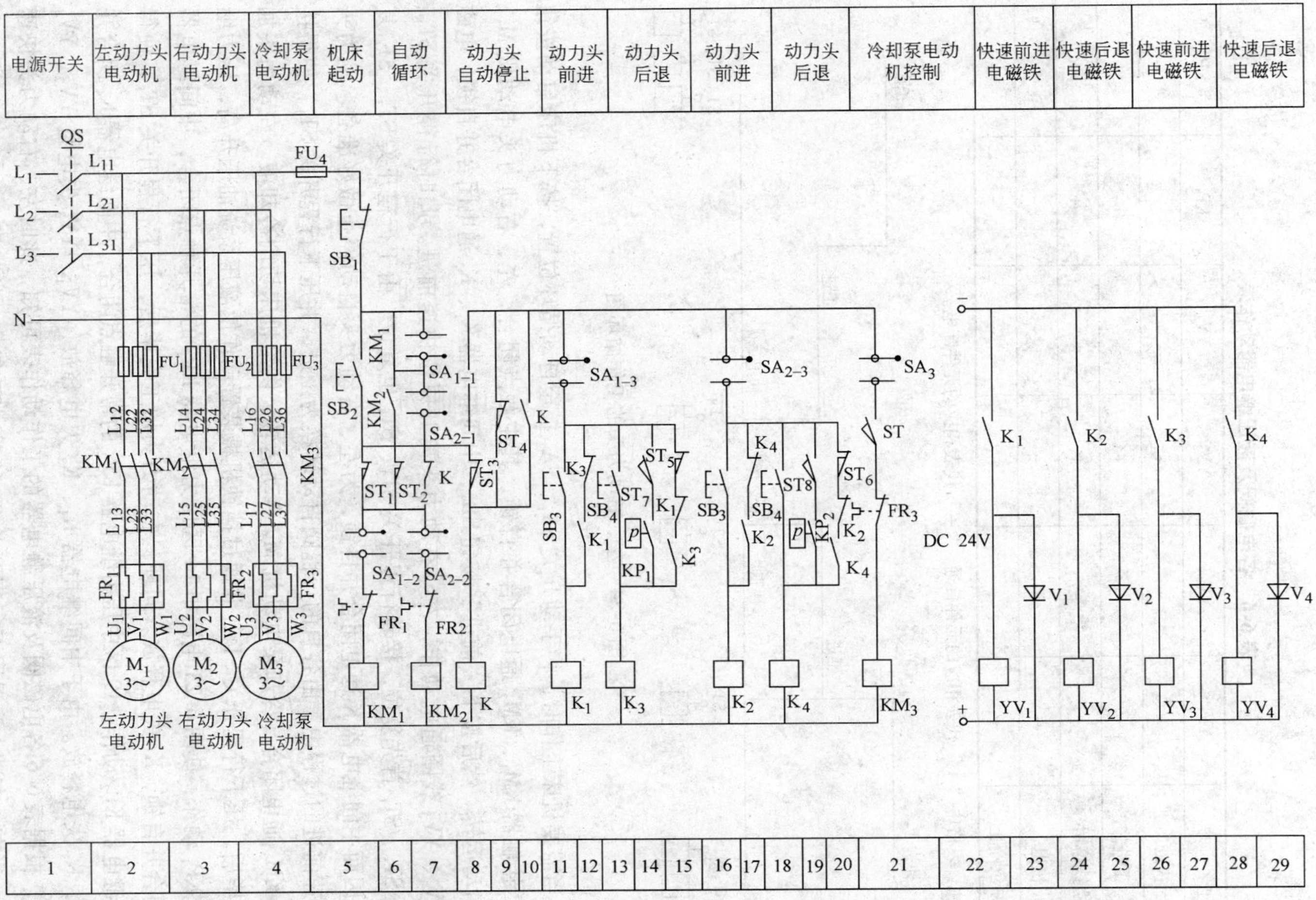

图 6-23　双面单工液压传动组合机床电气控制电路原理图

各电磁阀及液压继电器的工作动作表见表6-6；左、右动力头的工作循环图如图6-24所示。当左、右动力头在原位时，行程开关ST_1、ST_2、ST_3、ST_4、ST_5、ST_6被压下。

表6-6　各电磁阀及液压继电器动作表

工　步	YV_1	YV_2	YV_3	YV_4	KP_1	KP_2
快进	+	−	+	−	−	−
工进	+	−	+	−	−	−
挡铁停留	+	−	+	−	+	+
快退	−	+	−	+	−	−
原位停止	−	−	−	−	−	−

注：表格中“+”代表相应的元件接通，“−”代表相应的元件断电。

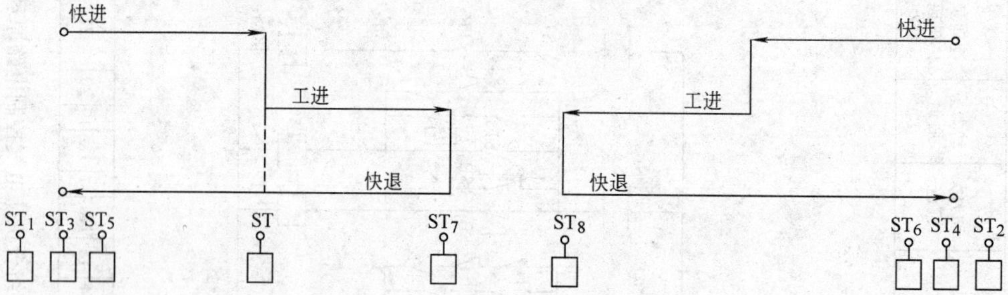

图6-24　左、右动力头的工作循环图

当需要机床工作时，将手动开关SA_1、SA_2扳至自动循环位置，按下机床启动按钮SB_2，接触器KM_1、KM_2通电闭合并自锁，其主触点闭合，左、右动力头电动机M_1、M_2启动运转。然后按下“前进”按钮SB_3，中间继电器K_1、K_2通电闭合并自锁，电磁阀YV_1、YV_3线圈通电动作，左、右动力头离开原位快速前进。此时行程开关ST_1、ST_2、ST_5、ST_6首先复位，接着行程开关ST_3、ST_4也复位。由于行程开关ST_3、ST_4复位，因而中间继电器K通电闭合并自锁，为左、右动力头自动停止做好准备。动力头在快速前进的过程中，由各自的行程阀自动转换为工进，并压下行程开关ST_1，使得接触器KM_3通电闭合，冷却泵电动机M_3启动运转，供给机床切削冷却液。左动力头加工完毕后，压下行程开关ST_7，并通过挡铁机械装置动作使液压系统油压升高，压力继电器KP_1动作，使图6-23电路中14区压力继电器KP_1的常开触点闭合，中间继电器K_3闭合并自锁，K_1失电释放。同理，右动力头加工完毕后，压下行程开关ST_8，使得压力继电器KP_2动作，19区中压力继电器KP_2的常开触点闭合，中间继电器K_4闭合并自锁，K_2失电释放。由于中间继电器K_1、K_2失电释放，YV_1、YV_3失电且YV_2、YV_4通电，根据表6-6各电磁阀及液压继电器的工作动作表可知，此时左、右动力头快速后退。当左、右动力头退回至行程开关ST处时，ST复位，接触器KM_3失电释放，冷却泵电动机M_3停转。而当左、右动力头退回至原位时，首先压下行程开关ST_3、ST_4，

然后压下行程开关 ST_1、ST_2、ST_5、ST_6，接触器 KM_1、KM_2 失电释放，左、右动力头电动机 M_1、M_2 停转，完成一次循环加工过程。

图中按钮 SB_4 为左、右快退手动操作按钮，按下 SB_4，能使左、右动力头退至原位停止。

2. 双面单工液压传动组合机床 PLC 控制

1）双面单工液压传动组合机床 PLC 控制输入输出点分配表见表 6-7。

表 6-7　双面单工液压传动组合机床 PLC 控制输入输出点分配表

输入信号			输出信号		
名　称	代号	输入点编号	名　称	代号	输出点编号
总停止按钮	SB_1	I0.0	左动力头电动机 M_1 接触器	KM_1	Q0.0
总启动按钮	SB_2	I0.1	右动力头电动机 M_2 接触器	KM_2	Q0.1
动力头前进按钮	SB_3	I0.2	冷却泵电动机 M_3 接触器	KM_3	Q0.2
动力头退回原位按钮	SB_4	I0.3	电磁阀	YV_1	Q0.4
自动循环行程开关	ST_1、ST_2	I0.4	电磁阀	YV_2	Q0.5
动力头自动停止行程开关	ST_3、ST_4	I0.5	电磁阀	YV_3	Q0.6
自动循环行程开关	ST_5	I0.6	电磁阀	YV_4	Q0.7
自动循环行程开关	ST_6	I0.7			
左动力头后退行程开关、压力继电器	ST_7、KP_1	I1.0			
左动力头后退行程开关、压力继电器	ST_8、KP_2	I1.1			
冷却液泵电动机启停行程开关及控制元件	ST、SA_3、FR_3	I1.2			
热继电器	FR_1	I1.3			
热继电器	FR_2	I1.4			
手动开关	SA_1	I1.5			
手动开关	SA_2	I1.6			

2）双面单工液压传动组合机床 PLC 控制接线图如图 6-25 所示。

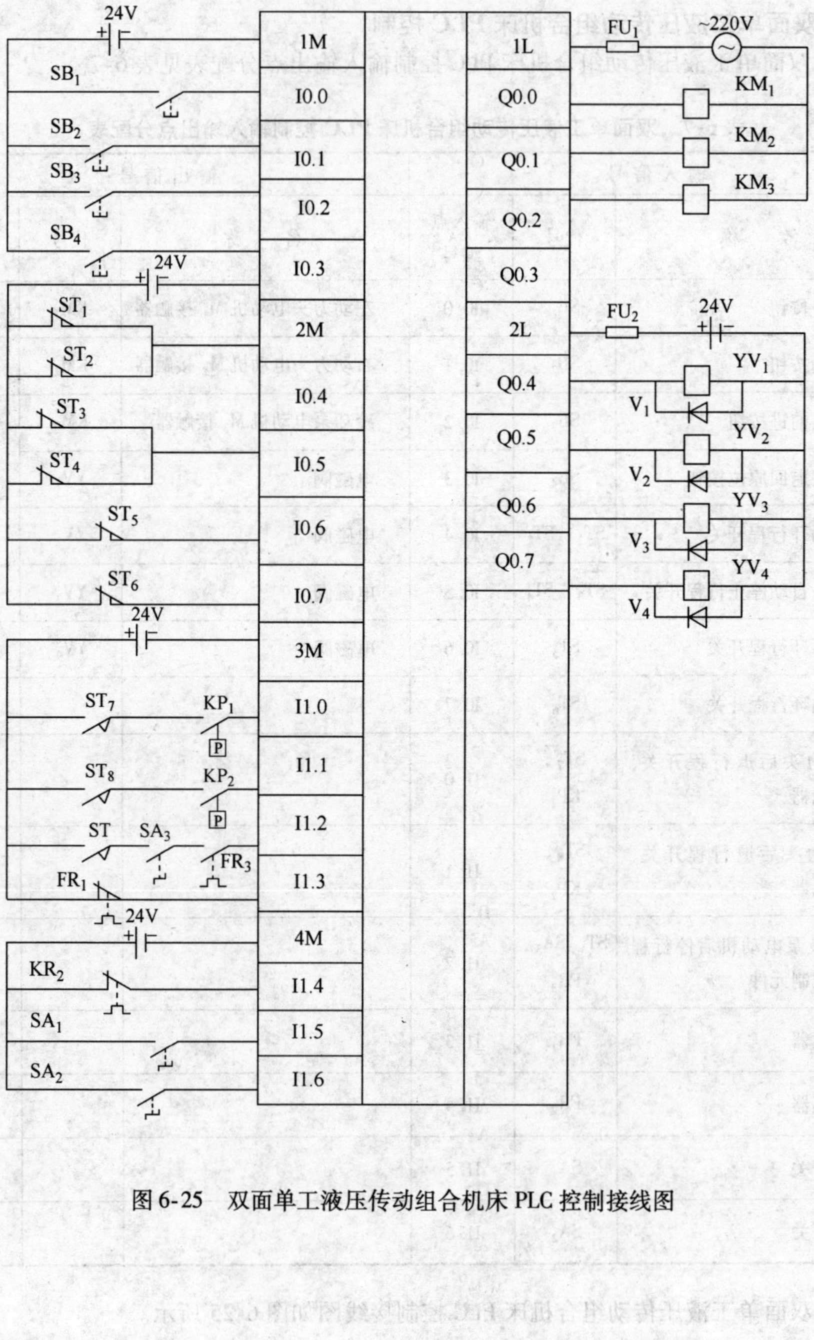

图 6-25　双面单工液压传动组合机床 PLC 控制接线图

3）根据接线图，对照梯形图（见图 6-26），编写出双面单工液压传动组合机床 PLC 控制指令语句表。

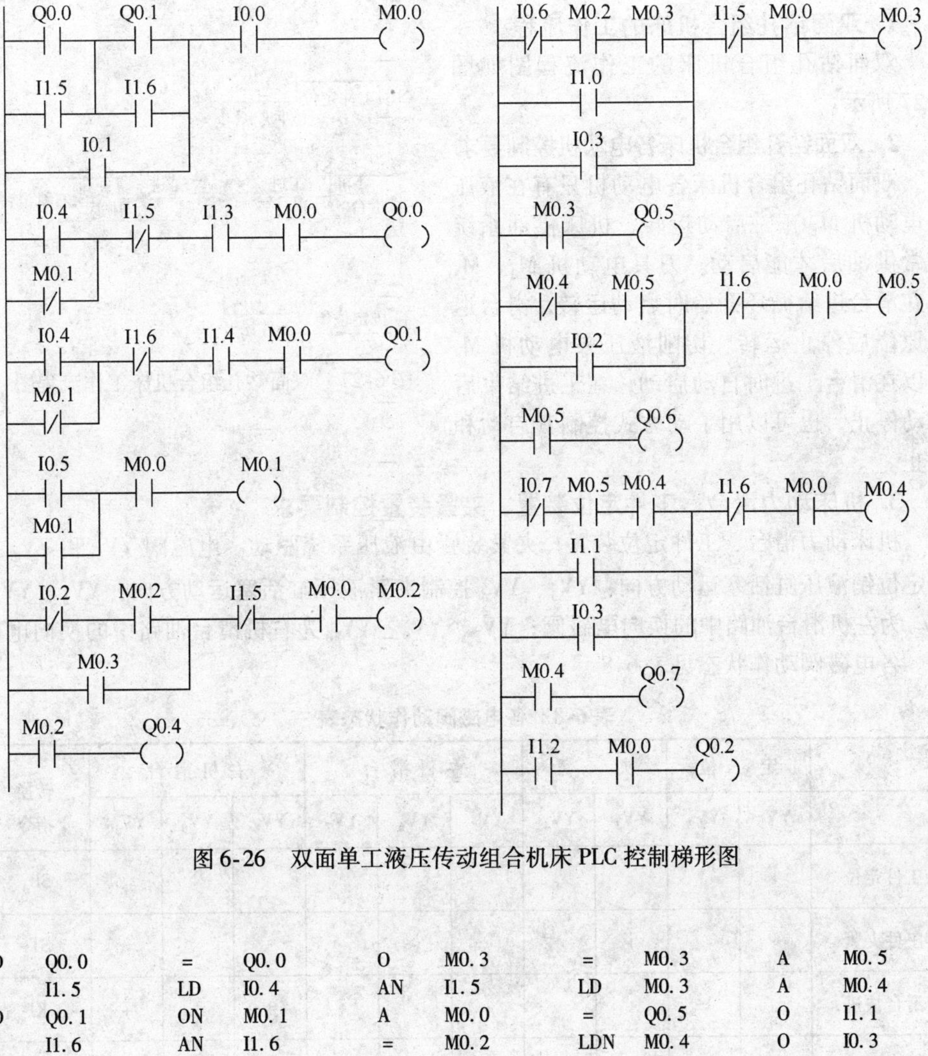

图 6-26　双面单工液压传动组合机床 PLC 控制梯形图

LD	Q0. 0	=	Q0. 0	O	M0. 3	=	M0. 3	A	M0. 5
O	I1. 5	LD	I0. 4	AN	I1. 5	LD	M0. 3	A	M0. 4
LD	Q0. 1	ON	M0. 1	A	M0. 0	=	Q0. 5	O	I1. 1
O	I1. 6	AN	I1. 6	=	M0. 2	LDN	M0. 4	O	I0. 3
ALD		A	I1. 4	LD	M0. 2	A	M0. 5	AN	I1. 6
O	I0. 1	A	M0. 0	=	Q0. 4	O	I0. 2	A	M0. 0
A	I0. 0	=	Q0. 1	LDN	I0. 6	AN	I1. 6	=	M0. 4
=	M0. 0	LD	I0. 5	A	M0. 2	A	M0. 0	LD	M0. 4
LD	I0. 4	O	M0. 1	A	M0. 3	=	M0. 5	=	Q0. 7
ON	M0. 1	A	M0. 0	O	I1. 0	LD	M0. 5	LD	I1. 2
AN	I1. 5	=	M0. 1	O	I0. 3	=	Q0. 6	A	M0. 0
A	I1. 3	LDN	I0. 2	AN	I1. 5	LDN	I0. 7	=	Q0. 2
A	M0. 0	A	M0. 2	A	M0. 0				

6.5.4 双面钻孔组合机床的电气与 PLC 控制设计

双面钻孔组合机床主要用于在工件的两相对表面上钻孔。

1. 双面钻孔组合机床的工作流程

双面钻孔组合机床的工作流程图如图 6-27 所示。

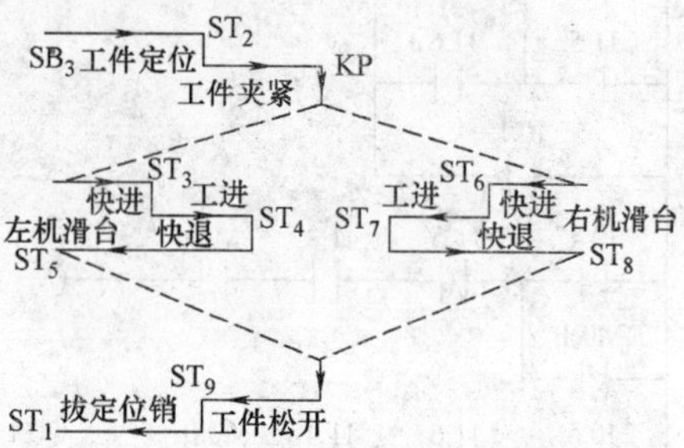

图 6-27 双面钻孔组合机床工作流程图

2. 双面钻孔组合机床各电动机控制要求

双面钻孔组合机床各电动机只有在液压泵电动机 M_1 正常启动运转、机床供油系统正常供油后才能启动。刀具电动机 M_2、M_3 应在滑台进给循环开始时启动运转，滑台退回原位后停止运转。切削液压泵电动机 M_4 可以在滑台工进时自动启动，在工进结束后自动停止，也可以用手动方式控制其启动和停止。

3. 机床动力滑台、工件定位装置、夹紧装置控制要求

机床动力滑台、工件定位装置、夹紧装置由液压系统驱动。电磁阀 YV_1 和 YV_2 控制定位销液压缸活塞运动方向：YV_3、YV_4 控制夹紧液压缸活塞运动方向：YV_5、YV_6、YV_7 为左机滑台油路中的换向电磁阀；YV_8、YV_9、YV_{10} 为右机滑台油路中的换向电磁阀。各电磁阀动作状态见表 6-8。

表 6-8 各电磁阀动作状态表

	定位		夹紧		左机滑台			右机滑台			转换指令
	YV_1	YV_2	YV_3	YV_4	YV_5	YV_6	YV_7	YV_8	YV_9	YV_{10}	
工件定位	+										SB_4
工件夹紧			+								ST_2
滑台快进			+		+		+	+		+	KP
滑台工进			+		+			+			ST_3、ST_6
滑台快退			+			+			+		ST_4、ST_7
松开工件				+							ST_5、ST_8
拔定位销		+									ST_9
停止											ST_1

注：表中“+”表示电磁阀线圈接通。

从表6-8中可以看到，电磁阀 YV_1 线圈通电时，机床工件定位装置将工件定位；当电磁阀 YV_3 通电时，机床工件夹紧装置将工件夹紧；当电磁阀 YV_3、YV_5、YV_7 通电时，左机滑台快速移动；当电磁阀 YV_3、YV_8、YV_{10}通电时，右机滑台快速移动；当电磁阀 YV_3、YV_5 或 YV_3、YV_8 通电时，左机滑台或右机滑台工进；当电磁阀 YV_3、YV_6 或 YV_3、YV_9 通电时，左机滑台或右机滑台快速后退；当电磁阀 YV_4 通电时，松开定位销；当电磁阀 YV_2 通电时，机床拔开定位销；定位销松开后，撞击行程开关 ST_1，机床停止运行。

当需要机床工作时，将工件装入定位夹紧装置，按下液压系统启动按钮 SB_4，机床按以下步骤工作：（按下液压系统启动按钮 SB_4→）工件定位和夹紧→左、右两面动力滑台同时快速进给→左、右两面动力滑台同时工进→左、右两面动力滑台快退至原位→夹紧装置松开→拔出定位销。在左、右动力滑台快速进给的同时，左机刀具电动机 M_2、右机刀具电动机 M_3 启动运转，提供切削动力。当左、右两面动力滑台工进时，切削液泵电动机 M_4 自动启动。在工进结束后，切削液泵电动机 M_4 自动停止。在滑台退回原位后，左、右机刀具电动机 M_2、M_3 停止运转。

4. 双面钻孔组合机床电气主电路设计

如图6-28所示。双面钻孔组合机床电气主电路由液压泵电动机 M_1、左机刀具电动机 M_2、右机刀具电动机 M_3 和切削液泵电动机 M_4 拖动。

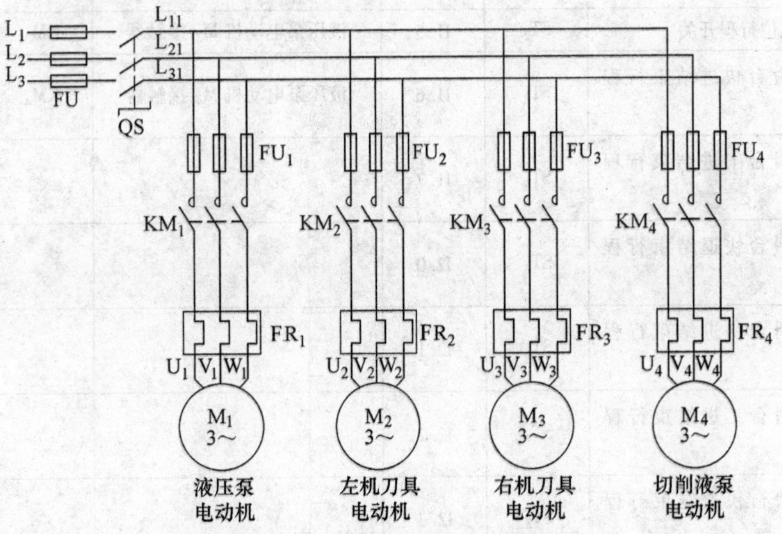

图6-28　双面钻孔组合机床电气主电路

5. 双面钻孔组合机床PLC控制设计

1）双面钻孔组合机床PLC控制输入输出点分配表见表6-9。

表 6-9　双面钻孔组合机床 PLC 控制输入输出点分配表

输入信号			输出信号		
名　称	代号	输入点编号	名　称	代号	输出点编号
工件手动夹紧按钮	SB_0	I0.0	工件夹紧指示灯	HL	Q0.0
总停止按钮	SB_1	I0.1	电磁阀	YV_1	Q0.1
液压泵 M_1 启动按钮	SB_2	I0.2	电磁阀	YV_2	Q0.2
液压系统停止按钮	SB_3	I0.3	电磁阀	YV_3	Q0.3
液压系统启动按钮	SB_4	I0.4	电磁阀	YV_4	Q0.4
左刀具电动机 M_2 点动按钮	SB_5	I0.5	电磁阀	YV_5	Q0.5
右刀具电动机 M_3 点动按钮	SB_6	I0.6	电磁阀	YV_6	Q0.6
夹紧松开手动按钮	SB_7	I0.7	电磁阀	YV_7	Q0.7
左机快进点动按钮	SB_8	I1.0	电磁阀	YV_8	Q1.0
左机快退点动按钮	SB_9	I1.1	电磁阀	YV_9	Q1.1
右机快进点动按钮	SB_{10}	I1.2	电磁阀	YV_{10}	Q1.2
右机快退点动按钮	SB_{11}	I1.3	液压泵电动机 M_1 接触器	KM_1	Q1.3
松开工件定位行程开关	ST_1	I1.4	液压泵电动机 M_2 接触器	KM_2	Q1.4
工件定位行程开关	ST_2	I1.5	液压泵电动机 M_3 接触器	KM_3	Q1.5
左机滑台快进结束行程开关	ST_3	I1.6	液压泵电动机 M_4 接触器	KM_4	Q1.6
左机滑台工进结束行程开关	ST_4	I1.7			
左机滑台快退结束行程开关	ST_5	I2.0			
右机滑台快进结束行程开关	ST_6	I2.1			
右机滑台工进结束行程开关	ST_7	I2.2			
右机滑台快退结束行程开关	ST_8	I2.3			
工件压紧原位行程开关	ST_9	I2.4			
工件夹紧压力继电器	KP	I2.5			
手动和自动选择开关	SA	I2.6			

2）双面钻孔组合机床 PLC 控制接线图如图 6-29 所示。

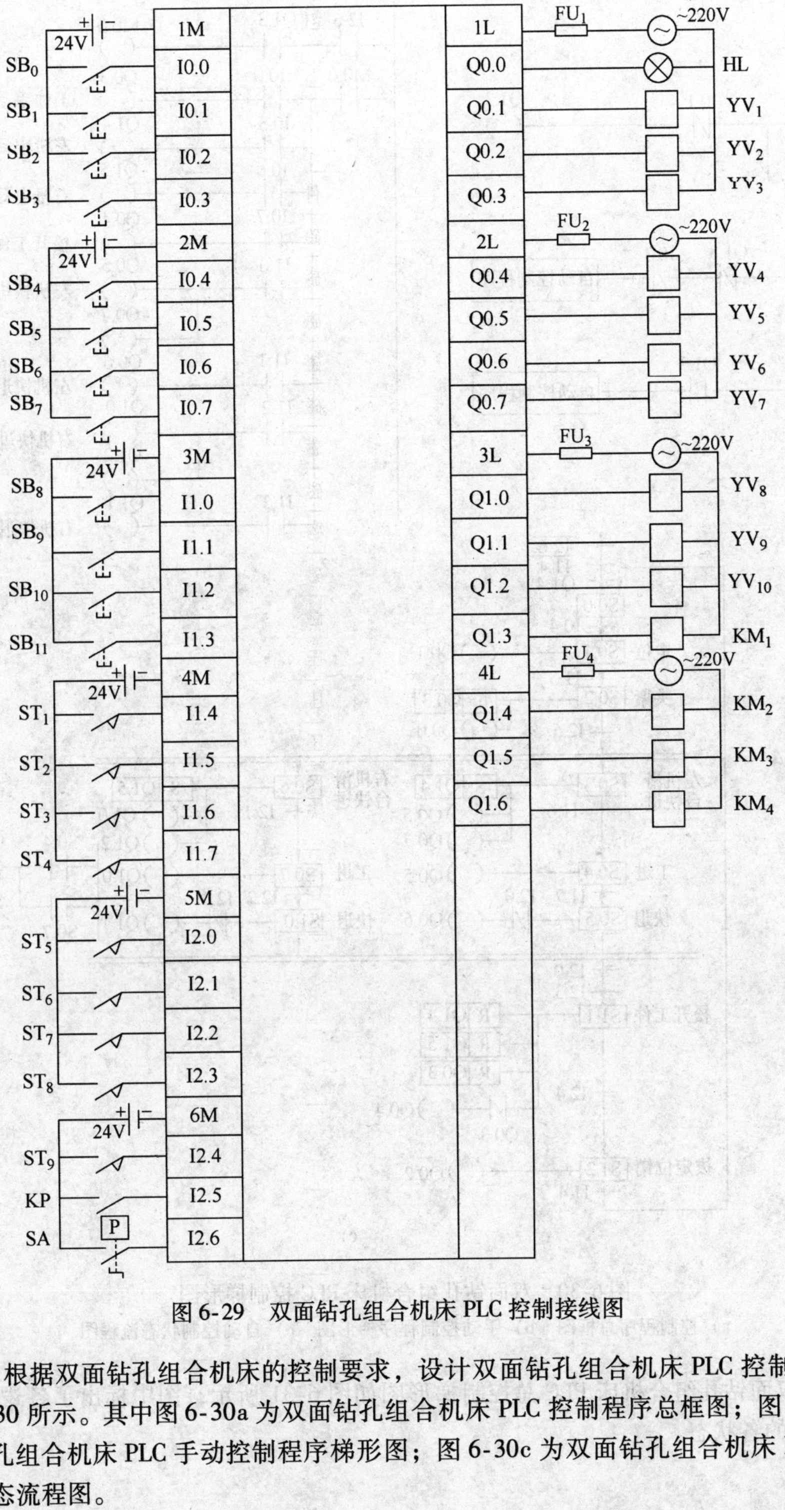

图 6-29　双面钻孔组合机床 PLC 控制接线图

3）根据双面钻孔组合机床的控制要求，设计双面钻孔组合机床 PLC 控制梯形图，如图 6-30 所示。其中图 6-30a 为双面钻孔组合机床 PLC 控制程序总框图；图 6-30b 为双面钻孔组合机床 PLC 手动控制程序梯形图；图 6-30c 为双面钻孔组合机床 PLC 自动控制状态流程图。

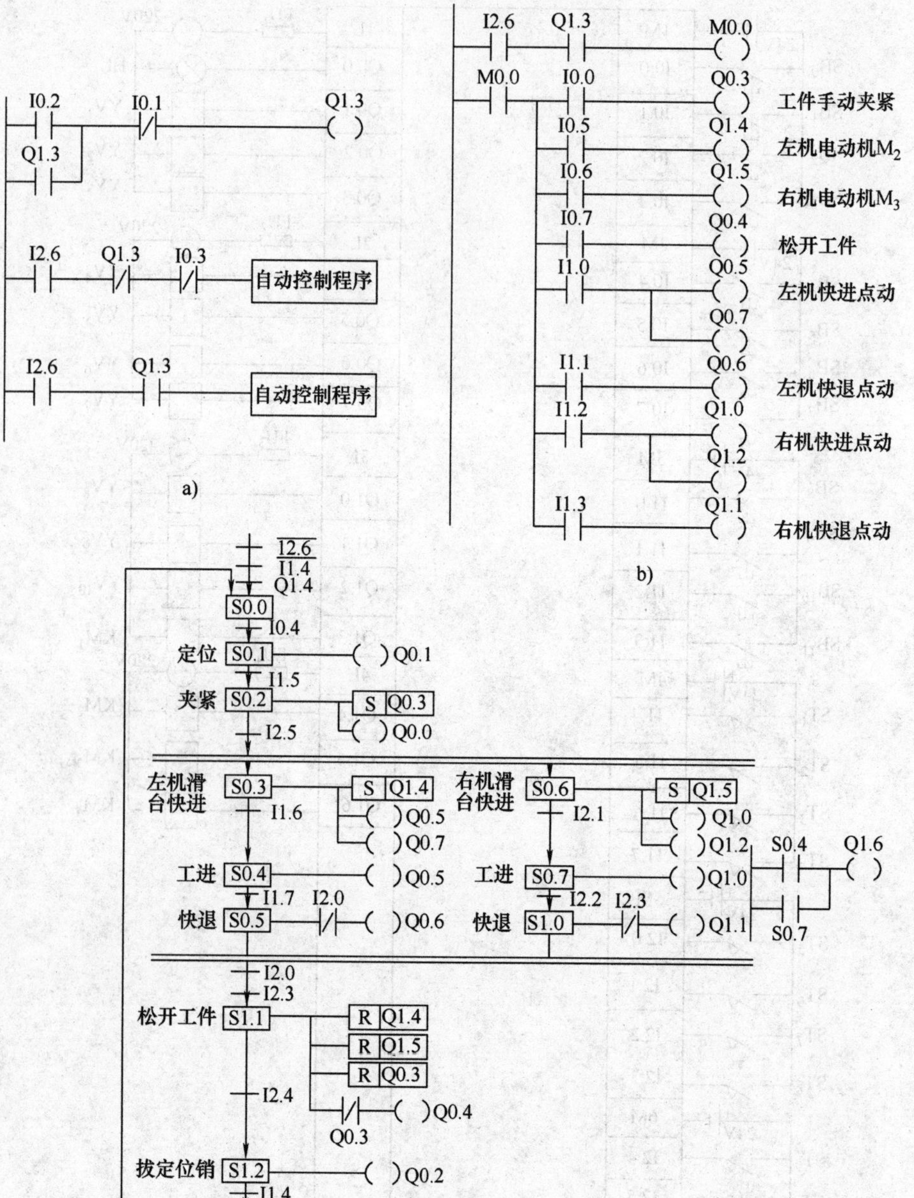

图 6-30　双面钻孔组合机床 PLC 控制梯形图

a）控制程序总框图　b）手动控制程序梯形图　c）自动控制状态流程图

4）双面钻孔组合机床 PLC 总控制梯形图如图 6-31 所示，图中标出了各逻辑行所控制机床的各状态。

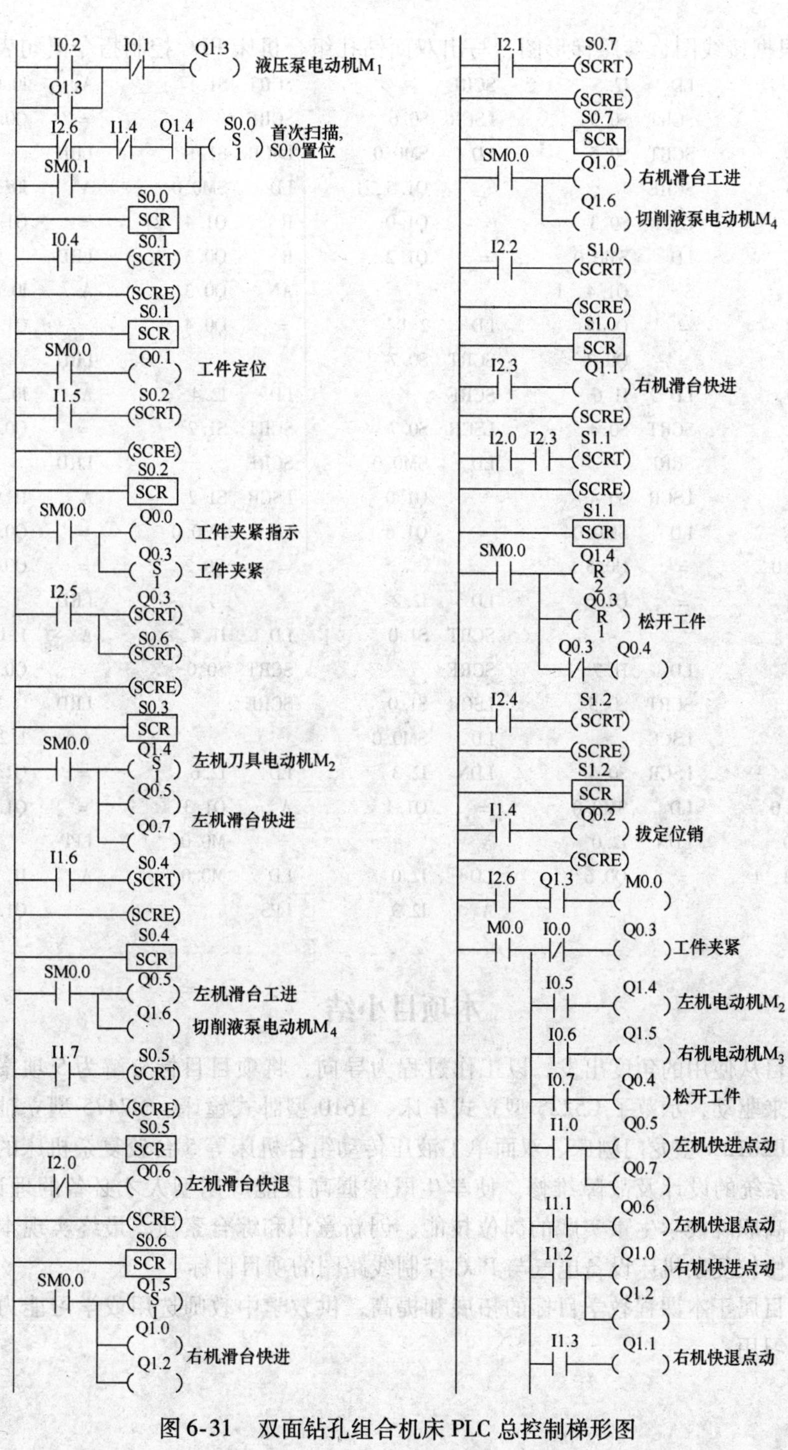

图6-31　双面钻孔组合机床PLC总控制梯形图

5）根据接线图，参照梯形图，写出双面钻孔组合机床 PLC 控制指令语句表。

LD	I0.2	LD	I2.5	SCRE		SCRT	S1.1	A	I0.0
O	Q1.3	SCRT	S0.3	LSCR	S0.6	SCRE		=	Q0.3
AN	I0.1	SCRT	S0.6	LD	SM0.0	LSCR	S1.1	LRD	
=	Q1.3	SCRE		S	Q1.5, 1	LD	SM0.0	A	I0.5
		LSCR	S0.3	=	Q1.0	R	Q1.4, 2	=	Q1.4
LDN	I2.6	LD	SM0.0	=	Q1.2	R	Q0.3, 1	LRD	
AN	I1.4	S	Q1.4, 1			AN	Q0.3	A	I0.6
A	Q1.4	=	Q0.5	LD	2.1	=	Q0.4	=	Q1.5
S	S0.0, 1	=	Q0.7	SCRT	S0.7			LRD	
LSCR	S0.0	LD	I1.6	SCRE		LD	I2.4	A	I0.7
LD	I0.4	SCRT	S0.4	LSCR	S0.7	SCRT	S1.2	=	Q0.4
SCRT	S0.1	SCRE		LD	SM0.0	SCRE		LRD	
SCRE		LSCR	S0.4	=	Q1.0	LSCR	S1.2	A	I1.0
LSCR	S0.1	LD	SM0.0	=	Q1.6	LD	SM0.0	=	Q0.5
LD	SM0.0	=	Q0.5			=	Q0.2	=	Q0.7
=	Q0.1	=	Q1.6	LD	I2.2			LRD	
				SCRT	S1.0	LD	I1.4	A	1.1
LD	I1.5	LD	I1.7	SCRE		SCRT	S0.0	=	Q0.6
SCRT	S0.2	SCRT	S0.5	LSCR	S1.0	SCRE		LRD	
SCRE		LSCE		LD	SM0.0			A	1.2
LSCR	S0.2	LSCR	S0.5	LDN	I2.3	LD	I2.6	=	Q1.0
LD	SM0.0	LD	SM0.0	=	Q1.1	A	Q1.3	=	Q1.2
=	Q0.0	LDN	I2.0			=	M0.0	LPP	
S	Q0.3, 1	=	Q0.6	LD	I2.0	LD	M0.0	A	I1.3
				A	I2.3	LPS		=	Q1.1

本项目小结

本项目从使用的角度出发，以工作过程为导向，将项目目标分解为 5 项案例。以工作任务来驱动，示范了 C5225 型立式车床、T610 型卧式镗床、M7475 型立轴圆台平面磨床、B2012A 型龙门刨床、双面单工液压传动组合机床等 5 台较复杂机床的电气与 PLC 控制系统的设计及故障维修。使学生既掌握高技能应用型人才必备的理论知识，又训练了高职院校学生重实践的岗位技能、创新意识和综合素质，最终实现本项目能设计和维修较复杂机床设备电气与 PLC 控制线路图的项目目标。

本项目属于本课程教学目标的拓展和提高，供教学中教师选用或学习能力较强同学自主学习用。

附　录

附录 A　电气图常用图形符号和文字符号新/旧标准对照表

名称		新标准 图形符号	新标准 文字符号	旧标准 图形符号	旧标准 文字符号
一般三极开关			QS	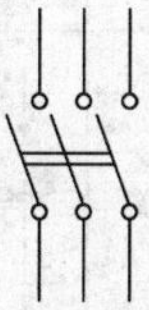	K
低压断路器			QF	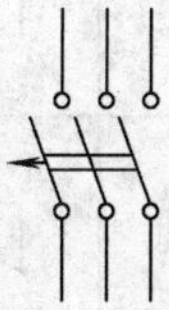	UZ
位置开关	常开触点		SQ (T)	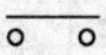	XK
	常闭触点				
	复合触点	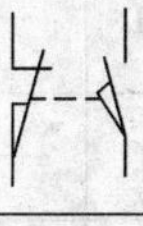			
熔断器			FU		RD
按钮	起动		SB		AN

名称		新标准 图形符号	新标准 文字符号	旧标准 图形符号	旧标准 文字符号
按钮	停止	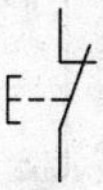	SB	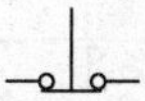	AN
	复合	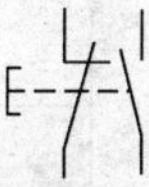		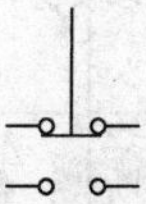	
接触器	线圈	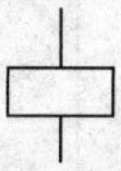	KM	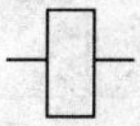	C
	主触点	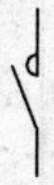		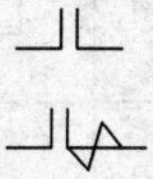	
	常开辅助触点	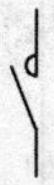		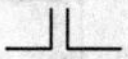	
	常闭辅助触点			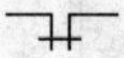	
速度继电器	常开触点	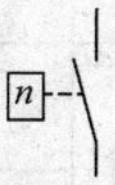	KS		SDJ
	常闭触点	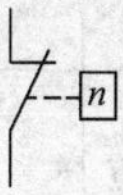		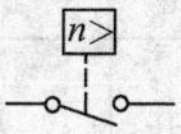	
时间继电器	线圈	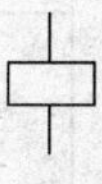	KT	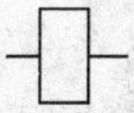	SJ

（续）

名称		新标准 图形符号	新标准 文字符号	旧标准 图形符号	旧标准 文字符号
时间继电器	延时闭合常开触点		KT	或	SJ
	延时断开常闭触点			或	
	延时闭合常闭触点			或	
	延时断开常开触点			或	
热继电器	线圈		FR（KR）		RJ
	常闭触点				
继电器	中间继电器线圈		KA		ZJ
	欠电压继电器线圈		KU		QYJ
	过电压继电器线圈		KU		GYJ
	常开触点		相应继电器符号		相应继电器符号
	常闭触点				

名称		新标准 图形符号	新标准 文字符号	旧标准 图形符号	旧标准 文字符号
继电器	欠电流继电器线圈	I<	KI		QLJ
	过电流继电器线圈	I>	KI		GLJ
转换开关			SA		HK
制动电磁铁			YB		DT
电磁离合器			YC		CH
电位器			RP		W
桥式整流装置			UC		ZL
照明灯			EL		ZD
信号灯			HL		XD
电阻器			R		R
插头和插座			X		CZ
电磁铁			YA		DT
电磁吸盘			YH		DX

（续）

名称	新标准 图形符号	新标准 文字符号	旧标准 图形符号	旧标准 文字符号
串励直流电动机	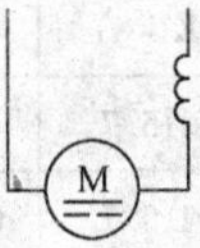	M	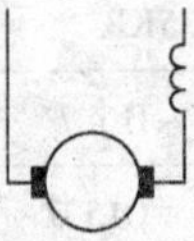	ZD
并励直流电动机	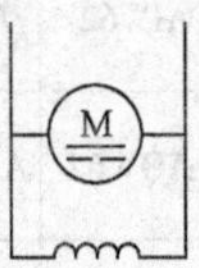		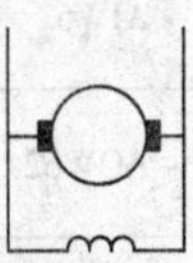	
他励直流电动机	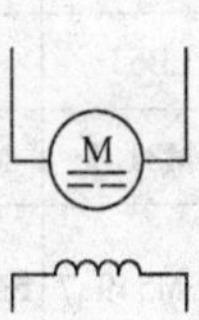			
复励直流电动机	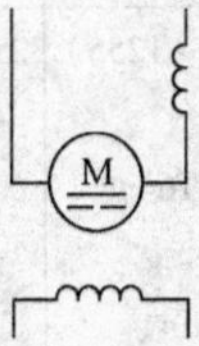		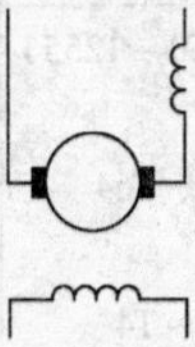	
直流发电机		G		ZF
三相笼型异步电动机		M		D
三相绕线转子异步电动机		M	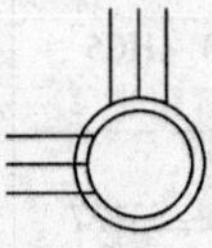	D

名称	新标准 图形符号	新标准 文字符号	旧标准 图形符号	旧标准 文字符号
单相变压器	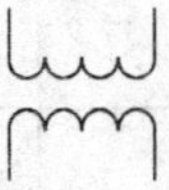	T	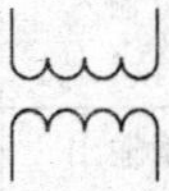	B
整流变压器				ZLB
照明变压器				ZB
隔离变压器		TC		B
三相自耦变压器		T		ZOB
半导体二极管		V		D
PNP 型三极管		V		T
NPN 型三极管		V		T
晶闸管	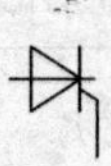	V		SCR

附录 B　S7-200 系列 PLC 的系统配置

描　述	CPU221	CPU222	CPU224	CPU226	CPU226XM
用户程序大小	2KB	2KB	4KB	4KB	8KB
用户数据大小	1KB	1KB	2.5KB	2.5KB	5KB
输入映像寄存器	I0.0 ~ I15.7	I0.1 ~ I15.7	I0.0 ~ I15.7	I0.0 ~ I15.7	I0.0 ~ I15.7
输出映像寄存器	Q0.0 ~ Q15.7	Q0.0 ~ Q15.7	Q0.0 ~ Q15.7	I0.0 ~ I15.7	Q0.0 ~ Q15.7
模拟量输入（只读）	—	AIW0 ~ AIW30	AIW0 ~ AIW62	AIW0 ~ AIW62	AIW0 ~ AIW62
模拟量输出（只写）	—	AQW0 ~ AQW30	AQW0 ~ AQW62	AQW0 ~ AQW62	AQW0 ~ AQW62
变量存储器（V）	VB0 ~ VB2047	VB0 ~ VB2047	VB0 ~ VB5119	VB0 ~ VB5119	VB0 ~ VB10239
局部存储器（L）	LB0 ~ LB63	LB0 ~ LB63	LB0 ~ LB63	LB0 ~ LB63	LB0 ~ LB63
位存储器（M）	M0.0 ~ M31.7	M0.0 ~ M31.7	M0.0 ~ M31.7	M0.0 ~ M31.7	M0.0 ~ M31.7
特殊存储器（SM）	SM0.0 ~ SM179.7	SM0.0 ~ SM299.7	SM0.0 ~ SM549.7	SM0.0 ~ SM549.7	SM0.0 ~ SM549.7
只读定时器	SM0.0 ~ SM29.7	SM0.0 ~ SM29.7	SM0.0 ~ SM29.7	SM0.0 ~ SM29.7	SM0.0 ~ SM29.7
有记忆接通延迟 1ms	256（T0 ~ T255）	256（T0 ~ T255）	256（T0 ~ T255）	256（T0 ~ T255）	256（T0 ~ T255）
有记忆接通延迟 10ms	T0、T64	T0、T64	T0、T64	T0、T64	T0、T64
有记忆接通延迟 100ms	T1 ~ T4、T65 ~ T68	T1 ~ T4、T65 ~ T68	T1 ~ T4、T65 ~ T68	T1 ~ T4、T64 ~ T68	T1 ~ T4、T65 ~ T68
	T5 ~ T31 T69 ~ T95	T5 ~ T31 T69 ~ T95	T5 ~ T31 T69 ~ T95	T5 ~ T31、T69 ~ T95	T5 ~ T31、T69 ~ T95
接通/关断延迟 1ms	T32、T96	T32、T96	T32、T96	T32、T96	T32、T96
接通/关断延迟 10ms	T33 ~ T36 T97 ~ T100	T33 ~ T36 T97 ~ T100	T33 ~ T36 T97 ~ T100	T33 ~ T36 T97 ~ T100	T33 ~ T36 T97 ~ T100
接通/关断延迟 100ms	T37 ~ T63 T101 ~ T225	T37 ~ T63 T101 ~ T225	T37 ~ T63 T101 ~ T225	T37 ~ T63 T101 ~ T225	T37 ~ T63 T101 ~ T225
计时器	C0 ~ C255	C0 ~ C255	C0 ~ C255	C0 ~ C255	C0 ~ C255
高速计数器	HC0、HC3、HC4、HC5、	HC0、HC3、HC4、HC5	HC0 ~ HC5	HC0 ~ HC5	HC0 ~ HC5
顺序控制继电器（S）	S0.0 ~ S31.7	S0.0 ~ S31.7	S0.0 ~ S31.7	S0.0 ~ S31.7	S0.0 ~ S31.7
累加寄存器	AC0 ~ AC3	AC0 ~ AC3	AC0 ~ AC3	AC0 ~ AC3	AC0 ~ AC3

（续）

描　述	CPU221	CPU222	CPU224	CPU226	CPU226XM
跳转/标号	0～255	0～255	0～255	0～255	0～255
调用子程序	0～63	0～63	0～63	0～63	0～63
中继程序	0～127	0～127	0～127	0～127	0～127
正/负跳转	256	256	256	256	256
PID 回路	0～7	0～7	0～7	0～7	0～7
端口	端口 0	端口 0	端口 0	端口 0	端口 0

附录 C　S7-200 系列 PLC 的常用指令

表 C-1　S7-200 系列 PLC 触点指令

指　令			梯形图符号	数据类型	操　作　数	指 令 功 能
标准触点	动合	LD bit	|—| |— Bit	BOOL	I、Q、V、M、SM、S、T、C、L、能流	装载，动合触点与左侧母线相连；由动合触点开始的逻辑行或梯级
		A bit	Bit —| |—			与，动合触点与其他程序段相串联
		O bit	Bit —| |—			或，动合触点与其他程序段相并联
	动断	LDN bit	|— Bit —|/|—			非装载，动断触点与左侧母线相连接。由动断触点开始的逻辑行或梯级
		AN bit	Bit —|/|—			非与动断触点与其他程序段相串联
		ON bit	Bit —|/|—			非或动断触点与其他程序段相并联
立即触点	动合	LDI bit	|—|I|— Bit		I	立即半载，动合立即触点与左侧母线相连接。由动合立即触点开始的逻辑行或梯级
		AI bit	Bit —|I|—			立即与，动合立即触点与其他程序段相串联
		OI bit	Bit —|I|—			立即或，动合立即触点与其他程序段相并联
	动断	LDNI bit	|—|/I|— Bit			立即非装载，动断立即触点与左侧母线相连接。由动断立即触点开始的逻辑行或梯级
		ANI bit	—|/I|— Bit			立即非与，动断立即触点与其他程序段相串联
		ONI bit	Bit —|/I|—			立即非或，动断立即触点与其他程序段相并联

（续）

指令			梯形图符号	数据类型	操作数	指令功能
取反		NOT bit	─┤NOT├─	BOOL	—	取反，改变能流输入的状态
正负跳变	正	EU bit	─┤P├─		—	检测到一次正跳变，能流接通一个扫描周期
	负	ED bit	─┤N├─		—	检测到一次负跳变，能流接通一个扫描周期

表 C-2　S7-200 系列 PLC 线圈指令

指令		梯形图符号	数据类型	操作数	指令功能
输出	=	──(Bit)	位：BOOL	Q、V、M、SM、S、T、C、L	将运算结果输出到某个继电器
立即输出	=I	──(Bit I)	位：BOOL	Q	立即将运算结果输出到某个继电器
置位与复位	S	──(Bit S N)	位：BOOL N：BYTE	位：I、Q、V、M、SM、S、T、C、L N：IB、QB、VB、SMB、SB、LB、AC、*VD、*LD、*AC、常数	将从指定地址开始的N个点置位
	R	──(Bit R N)	位：BOOL N：BYTE	位：I、Q、V、M、SM、S、T、C、L N：IB、QB、VB、SMB、SB、LB、AC、*VD、*LD、*AC、常数	将从指定地址开始的N个点复位
立即置位与立即复位	SI	──(Bit SI N)	位：BOOL N：BYTE	位：I、Q、V、M、SM、S、T、C、L N：IB、QB、VB、SMB、SB、LB、AC、*VD、*LD、*AC、常数	立即将从指定地址开始的N个点置位
	RI	──(Bit RI N)	位：BOOL N：BYTE	位：I、Q、V、M、SM、S、T、C、L N：IB、QB、VB、SMB、SB、LB、AC、*VD、*LD、*AC、常数	立即将从指定地址开始的N个点复位

注：带“*”的存储单元具有变址功能。

表 C-3 定时器指令

	接通延时定时器	有记忆接通延时定时器	断开延时定时器
指令的表达形式	TON T × × ,PT 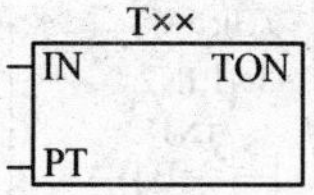	TONR T × × ,PT 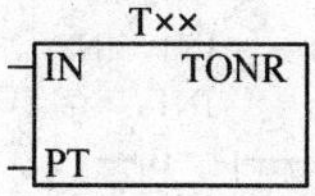	TOF T × × ,PT 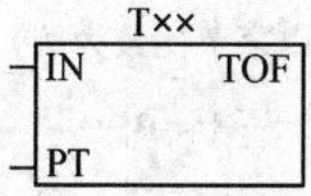
操作数的范围及类型	T × × :（WORD）常数 T0 ~ T255 IN:（BOOL）I、Q、V、M、SM、S、T、C、L、能流 PT:（INT）IW、QW、VW、MW、 SMW、T、C、LW、AC、AIW、＊VD、＊LD、＊AC、常数		

表 C-4 计数器指令

	加计数器指令	减计数器指令	加减计数器指令
指令的表达形式	CTU C × × ,PV 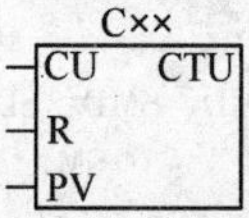	CTD C × × ,PV 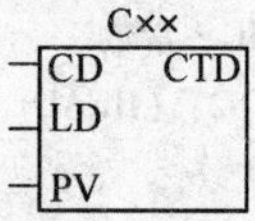	CTUD C × × ,PV 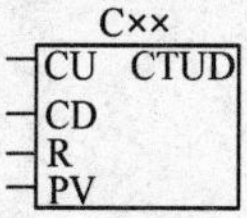
操作数的范围及类型	C × × :（WORD）常数 C0 ~ C255 CU、CD、LD、R（BOOL）I、Q、V、M、SM、S、T、C、L、能流 PV:（INT）IW、QW、VW、MW、 SMW、T、C、LW、AC、AIW、＊VD、＊LD、＊AC、常数		

表 C-5 整数加法和整数减法指令

指令的表达形式	操作数的含义及范围	指令功能及指令对标志位的影响
+I IN1、IN2 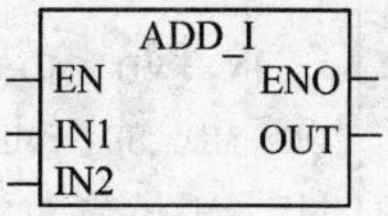	IN1、IN2：IW、QW、VW、MW、SMW、SW、T、C、LW、AC、AIW、＊VD、＊AC、＊LD 常数 OUT：IW、QW、VW、MW、SMW SW、LW、T、C、AC、＊VD、＊AC、＊LD 在 LAD 中：IN1 + INW = OUT IN1 - IN2 = OUT 在 STL 中：IN1 + OUT = OUT OUT - IN1 = OUT	整数的加法和减法指令把两个 16 位整数相加或相减，产生一个 16 位结果（OUT） 这些指令影响下面的特殊存储器位：SM1.0（零）；SM1.1（溢出）；SM1.2（负）
-I IN1、IN2 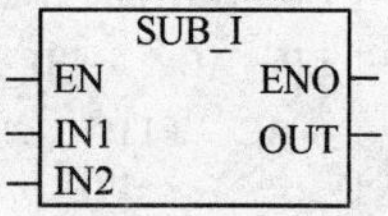		

表 C-6 数值比较指令

触点基本类型	从母线取用比较触点	串联比较触点	并联比较触点
（以字节比较为例） ─┤==B├─ ─┤<>B├─ ─┤>=B├─ ─┤<=B├─ ─┤>B├─ ─┤<B├─	LDB＝ ＝IN1，IN2 IN1 ├──┤==B├─ IN2	LD Bit AB＝＝IN1.IN2 N IN1 ├─┤├─┤==B├─ IN2	LD Bit OB＝ ＝IN1,IN2 N ├──┤ ├── IN1 ├──┤==B├── IN2
	LDB＝，LDB＜ LDB＞，LDB＜＞ LDB＜＝，LDB＞＝	AB＝，AB＜ AB＞，AB＜＞ AB＜＝，AB＞＝	OB＝，OB＜ OB＞，OB＜＞ OB＜＝，OB＞＝
操作数的含义及范围	IN1、IN2：(BYTE) IB、QB、VB、MB、SMB、SB、LB、AC、＊VD、＊LD、＊AC、常数 IN1、IN2：(INT) VW、IW、QW、MW、SW、SMW、LW、AIW、T、C、AC、＊VD、＊AC、＊LD、常数 IN1、IN2：(DINT) ID、QD、VD、MD、SMD、SD、LD、AC、＊VD、＊LD、＊AC、HC、常数 IN1、IN2：(REAL) ID、QD、VD、MD、SMD、SD、LD、AC、＊VD、＊LD、＊AC、常数 OUT：(BOOL) I、Q、V、M、SM、S、T、C、L、能流		

表 C-7 字节、字、双字、实数传送指令

传 送 方 式	字 节 传 送	字 传 送	双 字 传 送	实 数 传 送
指令的表达形式	MOV_B IN,OUT MOV_B ─EN ENO─ ─IN OUT─	MOV_W IN,OUT MOV_W ─EN ENO─ ─IN OUT─	MOV_DW IN,OUT MOV_DW ─EN ENO─ ─IN OUT─	MOV_R IN,OUT MOV_R ─EN ENO─ ─IN OUT─
操作数的含义及范围	IN：IB、QB、VB、MB、SMB、SB、LB、AC、＊VD、＊AC、＊LD、常数 OUT：QB、VB、MB、SMB、SB、LB、AC、＊VD、＊AC、＊LD	IN：IW、QW、VW、MW、SMW、SW、T、C、LW、AIW、AC、＊VD、＊AC、＊LD、常数 OUT：IW、QW、VW、MW、SW、SMW、T、C、LW、AC、AQW、＊VD、＊AC、＊LD	IN：ID、QD、VD、MD、SMD、SD、LD、AC、HC、&IB、&QB、&MB、&SB、&T、&C、＊VD、＊AC、＊LD、常数 OUT：VD、ID、QD、MD、SMD、SD、LD、AC、＊VD、＊AC、＊LD	IN：VD、ID、QD、MD、SD、SMD、LD、AC、常数、＊VD、＊AC、LD OUT：VD、ID、QD、MD、SD、SMD、LD、AC、＊VD、＊AC、＊LD

注：标有“&”的存储单元为指针。

表 C-8　字节、字、双字左移和右移指令

项　目	指令的表达形式	操作数含义及范围		
		输入/输出	类型	操作数范围
字节右移指令	SHR_B EN ENO IN OUT N SRB OUT.N	IN	BYTE	IB、QB、VB、MB、SMB、SB、LB、AC、＊VD、＊LD、＊AC、常数
字节左移指令	SHL_B EN ENO IN OUT N SLB OUT.N	OUT	BYTE	IB、QB、VB、MB、SMB、SB、LB、AC、＊VD、＊AC、＊LD
		输入/输出	类型	操作数范围
字右移指令	SHB_W EN ENO IN OUT N SRW OUT.N	IN	WORD	IW、QW、VW、MW、SMW、SW、LW、T、C、AC、AIW、＊VD、＊LD、＊AC、常数
字左移指令	SHL_W EN ENO IN OUT N SLW OUT.N	OUT	WORD	IW、QW、VW、MW、SMW、SW、T、C、LW、AC、＊VD、＊AC、＊LD
		输入/输出	类型	操作数范围
双字右移指令	SHR_DW EN ENO IN OUT N SRD OUT.N	INT	KWORD	ID、QD、VD、MD、SMD、SD、LD、AC、HC、＊VD、＊LD、＊AC、常数
双字左移指令	SHL_DW EN ENO IN OUT N SLD OUT.N	OUT	DWORD	ID、QD、VD、MD、SMD、SD、LD、AC、＊VD、＊LD、＊AC

表 C-9　字节、字、双字循环移位指令

项　目	指令的表达形式	操作数含义及范围		
		输入/输出	类型	操作数范围
字节循环右移	ROR_B EN ENO IN OUT N RRB OUT.N	IN	BYTE	IB、QB、VB、MB、SMB、SB、LB、AC、＊VD、＊LD、＊AC、常数
字节循环左移	ROL_B EN ENO IN OUT N RLB OUT.N	OUT	BYTE	IB、QB、VB、MB、SMB、SB、LB、AC、＊VD、＊AC、＊LD
		N	BYTE	IB、QB、VB、MB、SMB、SB、LB、AC、＊VD、＊LD、＊AC、常数

（续）

项　目	指令的表达形式	操作数含义及范围		
		输入/输出	类型	操作数范围
字右循环移	ROR_W EN　ENO IN　OUT N RRW OUT.N	IN	WORD	IW、QW、VW、MW、SMW、SW、LW、T、C、AC、AIW、＊VD、＊LD、＊AC、常数
字左循环移	ROL_W EN　ENO IN　OUT N RLW OUT.N	OUT	WORD	IW、QW、VW、MW、SMW、SW、T、C、LW、AC、＊VD、＊AC、＊LD
		N	BYTE	IB、QB、VB、MB、SMB、SB、LB、AC、＊VD、＊LD、＊AC、常数
		输入/输出	类型	操作数范围
双字循环右移	ROR_DW EN　ENO IN　OUT N DRD OUT.N	INT	DWORD	ID、QD、VD、MD、SMD、SD、LD、AC、HC、＊VD、＊LD、＊AC、常数
双字循环左移	ROL_DW EN　ENO IN　OUT N RLD OUT.N	OUT	DWORD	ID、QD、VD、MD、SMD、SD、LD、AC、＊VD、＊LD、＊AC
		N	BYTE	IB、QB、VB、MB、SMB、SB、LB、AC、＊VD、＊LD、＊AC、常数

表 C-10　移位寄存器指令

项　目	指令的表达形式	操作数含义及范围		
		输入/输出	类型	操作数范围
移位寄存器指令	SHRB EN　ENO DATA S_BIT N SHR B DATA,S-BIT.N	DATA，S-BIT	BOOL	I、Q、V、M、SM、S、T、C、L
		N	BYTE	IR、QB、VB、MB、SMB、SB、LB、AC、＊VD、＊LD、＊AC、常数

表 C-11　跳转及标号指令

指令的表达形式		操作数的含义及范围
跳转指令 JMP N N ——(JMP)	标号指令 LBL N N LBL	N：WORD 常数 0 ~ 255

表 C-12　子程序指令

指令的表达形式		数据类型及操作数
子程序调用指令: CALL SBR-N SBR-N EN	子程序条件返回指令: CRET ——(RET)	N：WORD 常数 CPU221、CPU222、CPU224、CPU226：0 ~ 63 CPU226XM：0 ~ 127

附录 D　常用的部分特殊标志位存储器 SM

SM 位	功　能
SM0.0	该位始终为 1
SM0.1	该位在首次扫描时为 1，可用于调初始化子程序
SM0.2	若保持数据丢失，则该位在一个扫描周期中为 1，该位可用做错误存储器位，或用来调用特殊启动顺序功能
SM0.3	开机后进入 RUN 方式，该位将 ON 一个扫描周期。该位可用做在启动操作之前给设备提供一个预热时间
SM0.4	该位提供了一个高低电平各为 30s、周期为 1min 的时钟脉冲
SM0.5	该位提供了一个高低电平各为 0.5s、周期为 1s 的时钟脉冲
SM0.6	该位为扫描时钟，本次扫描时置 1，下次扫描置 0。可用做扫描计数器的输入
SM0.7	该位指示 CPU 工作方式开关的位置（0 为 TERM 位置，1 为 RUN 位置）。当开关在 RUN 位置时，用该位可使自由端口通信方式有效，当切换至 TERM 位置时，CPU 可以与编程设备正常通信
SM1.0	零标志，当执行某些指令的结果为 0 时，将该位置 1
SM1.1	错误标志，当执行某些指令的结果溢出或检测到非法数据时，将该位置 1
SM1.2	负数标志，当执行数学运算，其结果为负数时，将该位置 1
SM1.3	试图除以零时，将该位置 1
SM1.4	当执行 A'IT（Add to Table）指令时，试图超出表范围时，将该位置 1
SM1.5	当执行 LIFO 或 FIFO 指令时，试图从空表中读数时，将该位置 1
SM1.6	当试图把一个非 BCD 数转换为二进制数时，将该位置 1
SM1.7	当 ASCⅡ码不能转换为有效的十六进制数时，将该位置 1

注：其他特殊存储器标志位可参见 S7-200 系统手册。

参 考 文 献

[1] 高安邦，田敏，俞宁，等. 德国西门子 S7-200 PLC 工程应用设计 [M]. 北京：械机工业出版社，2011.

[2] 高安邦，薛岚，刘晓艳，等. 三菱 PLC 工程应用设计 [M]. 北京：机械工业出版社，2011.

[3] 高安邦，田敏，成建生，等. 机电一体化系统设计实用案例精选 [M]. 北京：中国电力出版社，2010.

[4] 隋秀凛，高安邦. 实用机床设计手册 [M]. 北京：机械工业出版社，2010.

[5] 高安邦，成建生，陈银燕. 机床电气与 PLC 控制技术项目教程 [M]. 北京：机械工业出版社，2010.

[6] 高安邦，杨帅，陈俊生. LonWorks 技术原理与应用 [M]. 北京：机械工业出版社，2009.

[7] 高安邦，孙社文，单洪，等. LonWorks 技术开发和应用 [M]. 北京：机械工业出版社，2009.

[8] 高安邦，等. 机电一体化系统设计实例精解 [M]. 北京：机械工业出版社，2008.

[9] 高安邦，智淑亚，徐建俊. 新编机床电气与 PLC 控制技术 [M]. 北京：机械工业出版社，2008

[10] 高安邦，等. 机电一体化系统设计禁忌 [M]. 北京：机械工业出版社，2008.

[11] 高安邦. 典型电线电缆设备电气控制 [M]. 北京：机械工业出版社，1996.

[12] 张海根，高安邦. 机电传动控制 [M]. 北京：高等教育出版社，2001.

[13] 朱伯欣. 德国电气技术 [M]. 上海：上海科学技术文献出版社，1992.

[14] 朱立义. 冷冲压工艺与模具设计 [M]. 重庆：重庆大学出版社，2006.

[15] 张立勋. 电气传动与调速系统 [M]. 北京：中央广播电视大学科学出版社，2005.

[16] 徐建俊. 电机与电气控制项目教程 [M]. 北京：机械工业出版社，2008.

[17] 徐建俊. 电机与电气控制 [M]. 北京：清华大学出版社，2004.

[18] 徐建俊. 电工考工实训教程 [M]. 北京：北京交通大学出版社，2005.

[19] 徐建俊. 机电设备控制与维修 [M]. 北京：电子工业出版社，2002.

[20] 史宜巧，等. PLC 技术与应用 [M]. 北京：机械工业出版社，2009.

[21] 周建清. 机床电气控制（项目式教学）[M]. 北京：机械工业出版社，2008.

[22] 王芹，藤今朝. 可编程控制器技术与应用（西门子 S7-200 系列）[M]. 天津：天津大学出版社，2008.

[23] 瘳常初. S7-200 PLC 基础教程 [M]. 2 版. 北京：机械工业出版社，2009.

[24] 瘳常初. PLC 编程及应用 [M]. 3 版. 北京：机械工业出版社，2009.

[25] 姜建芳. 西门子 S7-200 PLC 工程应用技术教程 [M]. 北京：机械工业出版社，2010.

[26] 常斗南. PLC 运动控制实例及解析（西门子）[M]. 北京：机械工业出版社，2010.

[27] 孙承志，等. 西门子 S7-200/300/400 PLC 基础与应用技术 [M]. 北京：机械工业出版社，2009.

[28] 杨后川，等. 西门子 S7-200 PLC 应用 100 例 [M]. 北京：电子工业出版社，2009.

[29] 李艳杰，等. S7-200 PLC 原理与实用开发指南 [M]. 北京：机械工业出版社，2009.